KB040132

공해의 역사를 말한다

전후일본공해사론

공해의 역사를 말한다
전후일본공해사론

▬
인쇄 2016년 8월 5일 1판 1쇄　**발행** 2016년 8월 10일 1판 1쇄

지은이 미야모토 겐이치　**옮긴이** 김해창　**펴낸이** 강찬석
펴낸곳 도서출판 미세움　**주소** (150-838) 서울시 영등포구 도신로51길 4
전화 02-703-7507　**팩스** 02-703-7508　**등록** 제313-2007-000133호
홈페이지 www.misewoom.com

정가 50,000원

▬
SENGO NIHON KOGAISHIRON
by Ken'ichi Miyamoto
© 2014 by Ken'ichi Miyamoto
New Introduction copyright © 2016 by Ken'ichi Miyamoto
First published 2014 by Iwanami Shoten, Publishers, Tokyo.
This Korean edition published 2016
by Misewoom Publishers, Seoul
by arrangement with the Proprietor c/o Iwanami Shoten, Publishers, Tokyo

이 책의 한국어판 저작권은 저작권자와의 독점계약으로 미세움에 있습니다.
저작권법에 의해 한국 내에서 보호를 받는 저작물이므로 무단전재와 복제를 금합니다.

▬
이 도서의 국립중앙도서관 출판예정도서목록(CIP)은 서지정보유통지원시스템 홈페이지(http://seoji.nl.go.kr)와
국가자료공동목록시스템(http://www.nl.go.kr/kolisnet)에서 이용하실 수 있습니다.
CIP제어번호: CIP2016016831

ISBN 978-89-85493-07-9　　93530

잘못된 책은 구입한 곳에서 교환해 드립니다.
이 책의 판매금 중 일부는 공해소송 등 공해문제해결에 앞장서고 있는 단체를 위해 쓰입니다.

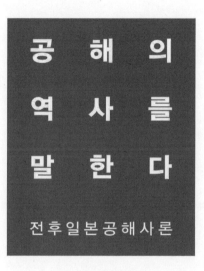

공해의
역사를
말한다

전후일본공해사론

미야모토 겐이치 지음

김 해 창 옮김

『전후일본공해사론』 한국어판 서문

『전후일본공해사론』을 출판한 목적은 전후 일본 공해문제의 역사적 교훈을 명확히 하여 앞으로의 지구환경을 보전하고 평화롭고 안전한, 지속가능한 사회(Sustainable Society)를 어떻게 만들어가야 하는지를 제시하는 것이었다. 이는 일본 시민을 대상으로 하였지만 동시에 아시아의 연구자나 시민도 읽었으면 하는 생각이 있었다. 그것은 아시아 여러 나라가 일본이 경험한 공해나 환경파괴와의 싸움에 직면해 있기 때문이다. 일본인의 실패와 성공의 역사적 교훈은 반드시 참고가 되리라 생각한다. 이 일본 공해의 역사적 교훈에 관해서는 책 전체를 읽었으면 하지만 다음 몇 가지가 중요하다.

일본공해사의 교훈

전후 일본은 급격한 경제성장을 이뤘지만 이 정치·경제 시스템에 중대한 결함이 있어 심각한 공해가 발생했다. 구미의 연구자는 일본은 근대화에 따른 온갖 공해를 경험한 '공해선진국'이라고 말했다. 이 심각한 건강피해나 자연환경의 파괴를 막아낸 것은 시민의 격렬한 공해반대 여론과 운동이었다. 시민은 이 피해를 구제하고, 환경을 재생하기 위해 독자적인 사회운동을 일으켰고 2가지 민주주의제도를 사용해 해결의 길을 열었다. 하나는 민주주의의 기초인 지방자치권을 행사해 지자체를 개혁해 엄격한 환경규제를 추진하고, 중앙정부의 법제나 행정을 개혁하도록 했다. 시민의 지방자치권이 약한 곳에서는 공해재판을 통해 오염기업이나 정부의 책임을 추궁했다. 이 시민의 여론과 운동 결과, 세계에서 가장 엄격한 환경기준이 채택됐고, 사회문제가 된 산업공해대책은 획기적인 진전을 보아 대기오염이나 수질오염은 해결됐고 세계 최초의 공해건강피해보상제도가 만들어져 공해환경의 구제가 진전됐다.

1977년 OECD는 일본의 환경정책 리뷰에서 '일본은 수많은 공해방제의 전투에서는 승리했지만 환경의 질을 높이기 위한 전쟁에서는 승리하지 못했다'고 평가했다. 그 뒤 경제의 글로벌화, 금융공황과 신자유주의로 인한 규제완화, 더욱이 노동운동 등 사회운동의 퇴조에 의해 환경행정도 후퇴를 거듭했다.

시민의 건강이나 안전보다도 경제성장을 우선하는 정·관·재·학 복합체의 시스템은 '원전마피아' 등으로 불리며, 정치적으로도 강력한 힘을 갖고 있다. 일본 정부는 사상최대의 피해를 낸 후쿠시마 원전공해의 원인의 해명이나 복구공사가 완료되지 않은 상황에서 국민의 반대를 무릅쓰고 원전의 재개나 원전수출로 접어들었다. 미나마타병의 역학조사가 아직도 행해지지 않고 있는 정부의 실패로 인해 피해의 전체 모습을 알 수가 없다. 정부가 미나마타병의 판정기준을 좁게 잡아 약 7만 명의 피해자를 정치적으로 구제하고 있지만 피해자는 더 늘어나 구제를 요구하는 재판이 계속되고 있다. 경제의 전 과정에서 발생하는 석면피해는 2015년에 기계산업 구보타아마가사키 공장에서만 300명이 넘는 공해환자가 발생함으로써 겨우 대책이 시작됐다. 이미 석면으로 인해 2만 명 이상의 노동재해·공해의 희생자가 나왔고 앞으로도 매년 1000명 이상의 피해자가 나올 것이다. 이들 문제는 전후공해사의 역사적 교훈을 기업이나 정부가 살리지 못하고 있기 때문에 나온 것이다. 일본의 공해는 끝나지 않았다.

일본의 한국에 대한 공해수출

이 책은 전후 일본 공해의 전모를 사회과학적으로 밝힌 것이다. 아시아의 공해·환경파괴는 전후 일본의 피해·원인·가해책임과 공통성이 있으며, 피해의 구제·정책수단·환경재생 등 환경정책이나 사회운동에 관해서도 일본의 경험이 시사하는 바가 많다. 그러나 나라마다 전혀 다른 문제도 있다. 한국의 경우는 일본 식민지지배, 그리고 해방, 한국전쟁, 군사정권으로부터 민주주의투쟁을 통한 해방 등의 역사가 사회문제나 사회운동에 대해 독자적인 성격을 보여주고 있다. 특히 군사정권으로부터의 해방이라는 스스로 쟁취한 민주주의운동의 힘은 일본의 사회운동에서는 볼 수 없는 저력을 갖고 있다. 이들 일본과 다른 전모를 글로 쓸 수는 없지만 여기서는 일본의 한국에 대한 공해수출에 관해서 기술하고자 한다.

지금 아시아의 공해문제의 초점이 되고 있는 석면재해를 예로 들어보기로 한다. 석면은 내열성, 내화성 등에서 기적의 광물이라고 할 정도로 유효하고 값싸기 때문에 건축재, 발전기, 선박, 자동차, 군함 등의 무기, 우주개발 등 다방면에 사용되고, 특히 경제성장기에는 중화학공업이나 도시화에 따른 인프라나 주택에 지금까지는 없어서는 안 될 중요한 물질이었다. 이 때문에 석면은 석면폐·중피종이나 폐암이라는 치명적인 피해를 가져오는 사실이 의학에서는 자명해, 1960년에는 사용을 금지했음에도 불구하고 대량으로 다방면에 사용됐다.

전전 식민지시대, 한국에는 석면광산이 있었는데 이는 주로 일본의 군사용으로 개발된 것으로 보인다. 석면을 흡입해 중피종이나 폐암이 발생하는데는 15~60년의 세월이 걸린다. 이 때문에 원인 규명이 어렵고 피해자가 호소하지 않으면 대책이 늦어질 가능성이 있다. 또 중피종의 진단의학도 뒤쳐져 있다. 이 때문에 전전의 석면피해는 충분히 규명되지 않았고 앞으로 해명돼야 할 것이다.

전후엔 일본 최대의 석면사용 제조기업인 니치아스(일본석면)의 자회사가 부산을 중심으로 자리 잡아 노동재해가 발생했다. 초등학교나 주거가 공장 근처에 있었기에 공해 가능성도 있다. 석면사용 기업은 그 뒤 철거됐지만 일부는 인도네시아로 진출하였다. 석면문제는 일본 기업의 전형적인 공해 수출이다. 한국의 석면문제 연구는 급속히 진전돼 일본 리쓰메이칸(立命館) 대학 석면연구회와의 교류도 추진되고 있다. 현재 세계적으로는 최대 석면 소비국은 중국이다. 여기서는 최근 노동재해에 관한 조사나 구제제도가 만들어지고 있지만 공해의 연구는 뒤쳐져 있다. 아시아에서 석면 없는 사회를 하루빨리 만들어내지 않으면 안 되는데, 그러기 위해 정보공개와 더불어 한일 연구자가 해야 할 역할은 크다.

전후 한국의 산업공해로 최대의 피해를 낸 곳은 온산·울산지구의 중화학공업지역일 것이다. 이는 본문에도 소개했듯이 온산병이나 농어업 피해라는 큰 사회문제가 발생했다. 온산병 대책은 군사정권하에서 주민의 집단 이주라는 강제적인 수단을 취했기 때문에 피해자가 분산돼 완전히 해명하지 못했다고 생각한다. 온산병은 한때 이타이이타이병이 아닐까 하는 의심을 산 시기도 있었는데, 하라다 마사즈미 등이 중금속의 복합적 오염이 아닐까 추정하였다. 피해자가 분산되고 기업이 생산공정을 바꿨기 때문에 완전한 규명은 어렵다. 중요한 것은 이 지역의 개발이 1965년 한일기본조약에 의한 것이라는 점이다. 당시 베트남전쟁이 행해지고 있었고 한국은 미국의 요청으로 출병했다. 일본은 일본국 헌법 제9조에 의해 해외파병은 금지돼 있었고 그 대신 한일기본조약에 의한 한국에 대한 배상명목의 자본투하 등 경제협력으로 일본 정부는 미국 정부의 양해를 얻은 것이다. 그러나 그것은 본문에서 기술했듯이 한국에 대한 공해수출이 된 것이다. 1973년의 한국의 외국인투자의 90%는 일본 기업이었다.

2015년 9월, 아베 정권은 헌법을 위반해 집단적 자위권을 용인했다. 이 때문에 앞으로는 극동에 유사시 경제적 부담으로는 우선 미국의 요청으로 해외파병 우려가 높고, 아베 내각이 위헌이라며 시민의 반대운동이 일어나고 있다. 이대로 가면 일본은 미군에 가담해 제2차 냉전을 아시아에서 일으킬 우려가 있다. 이는 전쟁이라는 최악의 환경파괴를 일으킬 가능성이 있다.

한국 연구자와의 교류

나는 1964년에 교토 대학 위생공학과 쇼지 히카루 교수와 더불어 『무서운 공해』(이와나미신서)를 출판했다. 이것이 일본에서 최초의 공해에 대한 학제적 계몽서이다. 이 저서는 비밀리 한국에 반출돼 옥중 활동가 사이에 읽혀졌다고 한다. 1970년대에 오사카 시립대학에 와 있던 한국 유학생으로부터 공해문제를 시민에게 인식시키도록 하려면 어떻게 하면 좋겠느냐는 상담을 받고, 이 신서와 같이 신문기사를 활용해 '공해일기'를 만드는 방법을 가르쳐주었는데 그것이 실행으로 옮겨진 모양이다.

본서에 있는 바와 같이 1979년 정부의 환경정책의 후퇴에 반대해 그 진전을 꾀하기 위해 나는 사무국장으로서 일본환경회의를 설립했다. 그 뒤 이회의는 1991년에 아시아태평양환경회의를 발족시켰다. 이후 서울대 전 환경대학원 김정욱 원장의 노력으로 한일교류를 중심으로 아시아의 환경 NGO와 연구자의 교류가 계속되고 있다.

나와 한국연구자와의 교류는 그보다 앞서고 있다. 1985년 가나자와시에서 한국·중국·소련·일본의 연구자에 의한 최초의 환일본해(동해)학술심포지엄이 열렸다. 이때 서울대 환경대학원 초대원장이던 노융희 교수가 일본을 방문해 한국의 도시문제에 대해 보고를 했다. 지금까지 한일간에 민간기업이나 정부간의 교류는 있었지만 학계의 자주적인 교류의 길을 처음으로 열었다. 이후 특히 군사정권이었던 한국에서 제도가 뒤쳐져 있던 지방자치나 환경문제에 대한 한일교류가 활발해진 것이다. 나의 『사회자본론』(1967년, 1976년 개정판, 유히카쿠), 『도시경제론』(1980년, 치쿠마서방), 『환경경제학』(1989년, 신판 2007년, 이와나미서점) 등이 한국에서 번역됐다. 이와 같이 한국의 연구자와의 관계, 특히 노 선생이나 김 선생과의 우정은 깊어 이 두 분은 가장 마음을 터놓을 수 있는 친구이다.

이 『전후일본공해사론』은 2015년 9월 한국 파주시에서 파주출판문화재
단으로부터 저작상을 받았다. 이 상은 한국·중국·일본·대만·홍콩의 출
판계 리더가 모여 동아시아의 출판물 가운데서 선정한 것이다. 이 책은 일
본 국내에서도 연구자에 의해 최고의 표창인 일본학사원(Academy)상 등 3가
지 상을 받았는데, 아시아 사람들에게 읽히고 싶은 나의 희망에서 보자면
파주출판문화상이 가장 기념할 만한 중요한 상이었다.

번역·출판에 대한 감사인사

이 책은 출판되자마자 일본 어메니티연구회(JARC) 부회장인 다카하시 가
쓰히코 씨를 통해 경성대학교 김해창 교수로부터 번역하고 싶다는 연락을
받았다. 이 책은 일본어로 800페이지에 이르고, 방대한 사건자료·연구문헌
과 일본 독자적인 용어·인명·지명이 수록돼 있다. 이 번역은 매우 어려움
이 많을 것으로 생각한다. 이를 김해창 교수가 단기간에 정확하게 번역을
해주셨다. 이는 정말 영광이며 마음으로부터 감사드린다. 또 1000페이지에
이르는 방대한 분량의 전문서를 출판해주신 미세움 출판사 강찬석 대표와
멋진 편집을 해주신 임혜정 편집장께도 마음으로부터 감사드린다.

올해 8월 15일은 한국이 일본제국주의에서 해방된 지 71년이 되는 해이
다. 이 책이 한국과 일본의 인민의 평화와 환경보전을 위한 자주적이고 우
호적인 학술교류의 기념이 됐으면 더 이상 기쁠 수가 없겠다.

감사합니다.

2016년 5월
미야모토 겐이치

추천사

불과 50~60년 전만 하더라도 대한민국은 세계 최빈국 중의 하나로 선진국의 수혜를 받았던 국가였다. 이후 잘살아보자는 구호 아래 산업화와 지하자원개발이 무분별하게 진행되었다. 그 결과, 21세기의 대한민국은 경제 강국으로 도약하였지만, 급격한 산업화와 경제개발은 도시문제와 환경오염 문제를 일으켰고 사회 전반에 걸쳐 크고 작은 피해를 낳았다. 그중 환경오염의 주범인 공해는 온 인류가 가장 먼저 해결해야 할 과제로 대두되고 있다.

공해문제를 해결하기 위해서는 과거의 역사를 되짚어보고 인류가 그동안 물질적 풍요를 위해 너무나도 많은 것을 희생시켜왔다는 사실을 반성하여 이제라도 바로 잡아야 한다. 지금의 환경문제는 한 나라의 문제가 아닌 세계 공존의 문제로서, 세계가 함께 공감하고 풀어야 할 숙제임을 자각하고 있다.

이러한 때에 내가 존경하는 오랜 친구이자 행동하는 지식인인 미야모토 겐이치 교수의 『전후일본공해사론』이 한국어로 번역 출간하게 됨으로써 전문가나 후학은 물론 공해 문제를 해결하고자 하는 일반 독자들에게 훌륭한 지침서로의 역할을 하게 될 것이라 생각한다. 비록 이웃나라의 공해사이지만 우리의 모범 사례로써 문제제기와 함께 해결점을 모색하는 데 큰 스승이 되기에 충분한 책이 될 것을 확신한다. 환경과 공해문제는 남의 일이 아닌 곧 닥칠 우리의 일이기에 선례를 교훈삼아 미래를 대처하는 일은 나의 일만이 아닌 세계 공존의 방법이 아닐까 한다. 특히 동아시아 출판인들이 공동으로 운영하는 제4회 파주북어워드에서 저작상을 수상한 것은 이 책이 한국 사회에 미칠 영향을 방증하는 일일 것이다.

또한 저탄소 사회와 원전문제를 끊임없이 제기하며 시민들과 함께 해온 김해창 교수가 번역을 맡는다고 하니 이론과 실천의 모범적인 사례라 아니 할 수 없겠다. 도시계획과 환경문제에 관한 양서를 전문적으로 출간하는 미세움 출판사에서 발간하게 된 점 또한 이 책이 사회 전반에 확산되어 공해문제를 되돌아볼 수 있는 기회를 만들 것이라 믿는다.

2016년 6월
서울대 환경대학원 초대원장
노융희

추천사

탐욕과 속임수와 폭력이 난무하고 파멸을 향하여 미친 듯이 달려가는 어지러운 세상에서 우리가 존경하고 믿을 만한 사람을 찾기가 힘든데, 미야모토 겐이치 선생님은 우리가 따르고 배워야 할 몇 안 되는 분 중의 한 분이시다. 일본을 대표하는 환경학자로서 원래 경제학을 전공하셨지만 그중에 환경경제학을 하셨고 일본에서 지금껏 환경운동을 이끈 존경받는 어른으로 잘 알려진 분이시다. 연약해 보이는 점잖은 학자이시지만 환경문제로 인하여 고통을 받는 사람들을 위하여 그리고 올바른 세상을 만들기 위하여 돈과 권력에 몸을 굽히지 않고 사회의 불의와 거짓에 단호하고 용감하게 맞서서 진실을 외친 분이시다. 그리고 일본만이 아니라 한국과 동아시아와 세계를 향하여 말씀하시는 학자이시다.

선생님은 그 동안 많은 책을 쓰셨는데, 이번에 쓰신 『전후일본공해사론』은 그 동안의 모든 연구내용을 모든 정열을 쏟아 정리한 책이다. 일본은 전후에 급격한 경제성장을 하면서 세계 제일의 경제밀도를 이룩한 나라가 되었는데, 그에 따라 세계에서 가장 밀집된 공해문제를 겪게 되었다. 끈질긴 인내심으로 대기오염으로 인한 천식과 중금속 중독에 의한 미나마타병과 이타이이타이병과 같은 일본의 환경문제를 조사하고 직접 소송에 참여하고 정책을 제안함으로써 일본의 환경규제를 세계에서 가장 엄격한 수준으로 올려놓는 데 기여하였고, 일본의 부패한 토건사업, 수많은 사람들을 죽인 석면공해와 후쿠시마 재난으로 드러난 원자력 발전소 등의 환경문제를 연구하였다. 그리고 대안으로 지속가능한 세상을 만들기 위한 정책들을 제안해 오셨다. 일본의 이러한 환경문제는 곧 우리나라와 동아시아와 세계 각국으로 퍼져가고 있어서 이것은 일본만의 문제가 아니라 세계가 당면한 문제이다. 이 책은 이 모든 방대한 내용들을 학문적으로 집대성한 책이다. 이 책을 번역한 김해창 교수는 책의 중요한 가치를 깨닫고서는 오랜 동안 정성을 들여 직접 번역하느라고 많은 수고를 하셨다. 이 책에는 많은 열정과 정성과 노력이 들어간 만큼 많은 사람들에게 교훈과 올바른 지식을 주고 세상이 가야 할 길을 비춰주게 되기를 바란다.

2016년 6월
서울대학교 환경대학원 명예교수
김정욱

역자 머리말

　요즘 우리의 일상은 안전하지 않다. 언제 어디서 무슨 사건사고가 터질지 늘 불안한 마음이다. 대한민국=사고공화국이란 오명을 지울 수는 없을까. 시민의 삶의 질이 크게 떨어지고 있다.

　환경·공해문제만 봐도 최근에 미세먼지문제는 심각한 지경이다. 예전에 비해 맑은 날이 적고 집주변에는 마스크를 쓰고 산책하는 사람들이 적잖이 눈에 띈다. 게다가 건강에 치명적인 초미세먼지 농도는 OECD 회원국 평균의 두 배에 이를 정도로 대기환경이 급속도로 악화되고 있다고 한다. 2016년 5월 OECD가 발표한 '2016년 더 나은 삶 지수(BLI)'에서 한국은 대기환경에서 OECD 34개 회원국을 포함한 조사대상 38개국 중 꼴찌를 기록했다. 미국 예일 대학과 콜롬비아 대학 공동연구 결과인 '환경성과지수(EPI) 2016'에서 우리나라의 공기 질은 100점 만점에 45.51점을 받아 전체 조사대상 180개국 중 173위를 기록했다. 특히 초미세먼지(PM 2.5) 노출 정도는 174위, 이산화질소 노출 정도는 180개국 중 180위로 꼴찌였다. 우리나라 미세먼지의 주범은 절반이 중국·몽골 등지에서 날아오는 황사를 비롯한 각종 공해물질, 그리고 나머지는 석탄화력발전소를 포함한 산업부문, 디젤경유차량 등 수송부문이 차지하고 있다고 한다. 그런데 그동안 정부가 클린디젤이라며 경유차 보급에 앞장서온데다 최근엔 대책이라고 내놓은 것이 애꿎은 고등

어구이를 미세먼지의 주범으로 몰아 국민들로부터 공분을 자아내고 있다.

더욱이 최근 옥시로 대표되는 가습기살균제 피해가 사망자만 수백 명이 넘는 심각한 공해문제로 드러나 충격을 주고 있다. 1994년부터 2011년까지 8년 동안 판매된 가습기살균제로 인해 영유아나 산모가 사망하거나 폐 손상 등의 심각한 건강 피해를 입은 사건이 2016년에 접어들어서야 가장 큰 사회적 문제로 등장했다. 정부가 4차 가습기살균제 피해신고 접수를 시작한 지 한 달 만에 사망피해신고가 238건이 접수되는 등 지금까지 접수된 전체 피해자 수는 총 2339명(사망자 464명, 생존환자 1875명)에 이른다. 이 문제를 사회적 이슈화하는 데 앞장서온 환경보건시민센터측이 추정하는 가습기살균제의 잠재적 피해자 수가 최대 220만 명인데 비해 현재 접수된 피해자는 전체의 1%도 채 안 된다고 한다. 인체에 유해한 가습기 살균제 제조·판매 제품(업체)으로 드러난 것만 해도 PHMG계열에 옥시싹싹(옥시레킷벤키저), 와이즐렉(롯데마트), 홈플러스(홈플러스), PGH계열에는 세퓨(버터플라이이펙트), 그리고 MCIT계열에는 애경가습기메이트(애경), 이플러스(이마트) 등이 있는데, 이들 기업의 경영윤리가 땅에 떨어진 것은 말할 것도 없고, 이에 무관심·무책임했던 정부와 학계, 법조계, 언론계의 문제 또한 심각하다. 옥시싹싹을 제조한 옥시레킷벤키저는 대형 로펌 김앤장을 통해 자사의 행위에 위법성이 없다는 주장을 폈는가 하면 옥시가 유해성 실험보고서를 조작하는 데 뒷돈을 받고 참여한 서울대 조 모 교수 등이 뒤늦게 구속됐다. 피해자들은 PHMG의 국내 반입 허락과 유해성 검사 실시 생략에 책임을 물어 전 환경부장관인 강현욱, 김명자 씨를 고발했다. 분노한 시민단체와 소비자들의 불매운동이 이어지고 있다. 가습기살균제 피해 또한 2014년 4월 16일 세월호 참사에서 보듯이 명백한 인재이다. 그럼에도 책임지는 사람이 없다. 국가의 존재이유를 되묻지 않을 수 없는 일이 일상으로 일어나고 있다.

이런 시대에 일본의 양심적 지성인 미야모토 겐이치 선생의 『공해의 역사를 말한다 - 전후일본공해사론』을 우리말로 번역하게 된 것은 개인적으로 참으로 영광이다. 일본 도쿄의 시민환경단체인 AMR의 다카하시 가쓰히코 부회장으로부터 미야모토 선생의 책을 선물 받았는데 이 책이 한국의 대학 도서관에 널리 보급됐으면 좋겠다는 의견을 주셨다. 그런데 일본어로 누가 이 두꺼운 책을 읽겠나. 번역을 한 번 해볼까 생각은 들었으나 너무 분량도 많고, 난해한 이 책을 누가 사서 보겠나 싶어 선뜻 손이 가지 않았다. 그러나 책을 읽고 나서는 정말 감동을 받았고 이 책을 꼭 번역해야겠다는 사명감이 생겼다. 그래서 주위 일본 유학파 학자들과 이 책을 두고 스터디모임을 제안하기도 했다.

미야모토 겐이치 선생은 일본의 대표적인 환경경제학자로 케인스경제학과 마르크스경제학을 비판 검증하는 형식으로 공공정책이나 지역경제를 연구해 '미야모토경제학'이라고 해도 좋을 독자적인 학문적 영역을 구축한 분이다. 대만 타이페이 출생으로 나고야 대학에서는 주로 경제사상사를 공부했으며 교토 대학에서 경제학 박사를 받았다. 그 뒤, 가나자와 대학 법학부, 오사카 시립대학 상학부 교수, 시가 대학 학장을 역임했다. 욧카이치 공해를 최초로 소개했고 관련 소송에서 원고측 증인으로 나섰으며, 캐나다 원주민 수은조사 등 일본 국내외의 환경·공해 현장에서 적극적인 사회적 발언을 꾸준히 해왔다. 1997년에는 일본학술회 회원이 됐고, 2016년 일본 학사원(學士院)상을 수상했다. 『사회자본론』(1967), 『일본의 도시문제』(1969), 『일본의 공해』(1975), 『재정개혁』(1977), 『도시경제론』(1980), 『현대의 도시와 농촌』(1982), 『현대자본주의와 국가』(1983), 『자치의 역사와 전망』(1986), 『일본의 환경문제』(1987), 『환경경제학』(1989), 『환경과 개발』(1992), 『환경정책의 국제화』(1995), 『환경과 자치』(1996), 『일본사회의 가능성』(2000), 『지속가능한 사회를 향해』(2006) 등 단독저서 30여 권을 비롯해 모두 70여 권의 저술이 있다.

『전후일본공해사론』은 이러한 미야모토 선생의 삶과 일본 사회를 한 권으로 녹여낸 책이라 할 수 있다. 미야모토 선생의 학문적 토대가 된 것이 바로 일본의 전후 공해의 역사였고, 이를 실천적 지성인의 눈으로 풀어낸 것이 바로 이 책이다. 책을 읽으면서 페이지마다 드러난 미야모토 선생의 삶을 그대로 느낄 수 있었기에 선생에 대한 존경심이 절로 우러나 순간순간 감동했다. 미야모토 선생님은 1997-98년 내가 상남언론재단의 해외연수자로 일본에 있던 당시 교토에서 열린 지구온난화교토회의(COP3)의 한 포럼에서 잠시 뵌 적이 있고, 7-8년 전에는 당시 황한식 부산대 교수의 초청으로 부산대에 오신 선생님을 만나 뵙고, 번역출판을 하기로 한 뒤엔 2015년 10월 경기도 파주출판단지에서 이 책으로 '2015 파주북어워드' 저작상 수상자로 선정돼 수상식에 참석하신 선생님을 사모님과 함께 뵐 기회를 가졌다. 사모님인 에이코 여사도 일본 전교조 1세대로 80대 중반이신데 지난해 『평화와 평등을 추구하며 - 한 여성교사의 발자취』라는 제목의 자서전을 펴내셨다. 참으로 대단한 부부이시다.

이 책을 굳이 번역하게 된 것은 이 책이 『전후일본공해사론』으로 일본의 공해사례가 주를 이루지만 저자가 한국어판 서문에서도 밝혔듯이 일본의 공해수출 차원에서 보면 바로 우리나라를 비롯한 아시아의 공해이야기이기도 하다. 특히 전후 일본의 공해사건은 오늘날 대한민국의 공해와도 연결되는 바로, 우리의 현재와 미래에 대한 이야기이기도 하기에 '타산지석'으로 삼을 충분한 이유가 있기 때문이다.

첫째, 이 책은 공해사론이지만 일본의 경제발전의 이면사이기도 하다. 국가주도 경제발전의 이면를 그대로 보여주고 있다. 요즘 우리가 만나는 성장정체, 양극화, 지역불균형의 모습이 일본의 경제성장정책과 기업의 추진과정에서 어떻게 흘러왔는지를 생생하게 보여주고 있다. 소위 국책사업 또는 공공사업의 빛과 그림자가 그대로 나타나 있다.

둘째, 이 책은 또한 일본 시민사회가 어떻게 공해에 대응해왔는지를 생생하게 기록한 투쟁사이다. 공해재판을 통해 지금 우리가 만나게 될 온갖 공해에 대한 투쟁기록이 상세히 소개돼 있다. 따라서 우리가 환경공해문제에 대책을 세우기 위해서도 이 책을 읽는 것이 큰 도움이 될 것이다. 특히 시민사회가 어떻게 투쟁을 했는지, 이기는 싸움이 뭔지를 알 수 있게 하는 투쟁전략서이기도 하다.

셋째, 이 책은 오늘날 사회에서 지식인의 역할이 얼마나 중요한지를 보여주는 일본의 지성사이기도 하다. 미야모토 선생을 비롯한 일본의 지식인들이 어떻게 공해문제 해결에 참여했고 어떤 활약을 했는지를 잘 보여준다. 또한 그러한 과정에서 일본의 정·관·재·학의 마피아의 실체를 피부로 느낄 수 있다.

넷째, 이 책은 단순한 역사적 사실을 나열한 것이 아니라 지속가능한 발전, 지속가능한 사회를 위해 국가정책이 어떻게 달라져야 하고, 지방분권이 어떻게 돼야 하는지, 특히 지자체가 해야 할 일에 대해 많은 것을 보여주는 민주주의와 지방분권의 교과서이기도 하다. 조례제정 문제나 혁신지자체가 환경개선을 위해 얼마나 노력했는지를 알게 해준다. 공해와 민주주의가 얼마나 밀접한 관계가 있는지, 민주주의가 살아있지 않으면 피해구제를 제대로 받지 못한다는 사실을 재판을 통해 알게 한다. 또한 원인자가 사기업인 공해문제에서 피해발생에 대해 적절한 행정조치를 강구하지 않고 방치한 책임이 정부에 있다는 사실을 신랄하게 묻고 있다. 이는 바로 우리나라의 가습기살균제 피해문제와도 바로 연결되는 것 아닐까.

다섯째, 이 책은 환경문제에 대해 대안을 제시하는 환경정책 제안서이기도 하다. 미야모토 선생이 직접 참여한 일본환경회의의 구성 제안은 매우 선진적이고 실질적인 제안으로 일본의 환경의식 확산 및 대안제시 기능을 확대시켰다. 또한 오늘날 전 지구적 문제인 기후변화, 특히 지구온난화문제의 해결방안을 실질적으로 다루고 있다. 그리고 야나가와 하수도재생, 오타루 운하보전운동, 비와코 호수 보전주민운동 등 도시재생을 중심으로 한 마을 만들기 사례도 자세히 소개돼 있다.

끝으로 이 책은 인본주의 서적이다. 이 책을 읽으면서 미야모토 선생이 갖고 있는 일본을 비롯한 아시아 인민에 대한 애정이 돋보인다. 이제는 국가주의에 매몰된 한 나라의 국민이 아니라 국경을 초월한 인민으로서의 인권 차원에서 의식의 공감을 할 수 있게 한다.

이 책의 내용은 크게 1, 2부로 나뉜다. 1부에서는 제1장에서 일본의 종전 이후 전후부흥과 환경문제를, 제2장에선 1960년대의 고도경제성장시대와 이에 따른 공해문제를 다룬다. 제3장에선 공해반대운동이나 공해대책기본법, 그리고 혁신지자체와 환경권, 공해국회와 환경청 창설에 대해 다루고 있다. 제4장에선 공해재판이 나오게 된 배경과 이타이이타이병재판, 니가타미나마타병재판, 욧카이치공해재판, 구마모토미나마타재판 등 4대 공해재판을 자세히 다룬다. 제5장은 공공사업공해와 재판에 대해 소개하고 있는데 특히 오사카공항 공해재판과 고속도로공해재판, 신칸센공해재판 등이 자세히 나와 있다. 제6장은 공해대책의 성과와 평가를 주로 하고 있는데 공해건강피해보상법에 대한 평가와 스톡공해와 오염자부담원칙을 소개하고 있다.

2부에서는 공해에서 환경문제로 전환하면서 제7장은 전후 경제체제의 변화와 환경정책을 주로 소개하고, 제8장에서는 환경문제의 국제화로 다국적기업과 환경문제, 특히 아시아의 환경문제와 일본의 책임을 이야기하면서 공해수출에 대한 사례를 다루고 있다. 제9장에서는 공해대책의 전환과 환경재생으로 공해건강피해보상법의 전면 개정과 환경기본법의 문제점, 그리고 환경재생에 대해 소개하고 있다. 제10장에서는 '공해는 아직도 끝나지 않았다'며 미나마타병문제가 아직 해결되지 않고 있는 상황, 끝나지 않는 석면재해, 그리고 후쿠시마원전사고를 소개하고 있다. 마지막장에서는 우리가 흔히 알고 있는 지속가능한 사회를 저자는 '유지가능한 사회'라는 개념을 바탕으로 성장인가 정상상태인가를 묻고 생활의 예술화를 강조하며 유지가능한 사회와 유지가능한 도시계획, 그리고 유지가능한 내발적 발전의 필요성을 제기하면서 끝을 맺고 있다. 이와 함께 전후 일본공해사연표도 정리해놓았다. 평소 자료정리에 꼼꼼한 선생의 면모를 다시 확인할 수 있다.

이 책을 번역하는 데 어려움이 많았다. 초기에는 스터디그룹을 통해 가능한 빨리 공동번역도 생각했으나 번역을 하다 보니 되레 용어나 문체 등에서 일관성의 문제로 어려움이 많아 포기할 수밖에 없었다. 스터디를 통해 번역의 방향을 잡게 해준 동아대 김영하 교수와 노익환 박사께 특히 고마움을 전한다.

일본의 공해는 이제 남의 나라 이야기가 아니다. 우리나라도 많은 공해문제가 있다. 이들 공해문제에 대해 이제는 직시해야 한다. 특히 온산병, 낙동강페놀사태, 석면 피해, 삼성전자 백혈병문제 등의 기업관련 공해는 심각하다. 1985년 정부가 공해병으로 인정한 온산병은 1980년대 초반 울산 온산공단에서 지역주민 1천여 명이 전신마비 증상을 보인 뒤 이들 주민을 2km 떨어진 곳으로 집단이주를 시켰지만 아직도 정확한 원인이 밝혀지지 않았다. 석면피해 또한 2009년부터 사용 금지되고, 2010년 석면피해구제법이 제정돼 환경오염으로 인한 건강피해를 보상하는 우리나라 최초의 공해병 대책이라고는 하지만 단일 환경질환의 피해규모로 최대이자 현재진행형이다.

환경보건시민센터와 서울대 보건대학원 직업환경건강연구실이 2016년 6월 5일 환경의 날을 계기로 발표한 국내 환경성 질환자는 석면 피해 2012명(35.7%), 가습기살균제 피해 1848명(32.8%), 시멘트공장 인근 피해 1763명(31.3%), 연탄공장 인근 피해 8명(0.1%) 등 모두 5631명으로 집계됐는데 이러한 공해병에 대해 징벌적 손해배상 등 제도 도입을 촉구하고 있다.

더욱이 문제가 되는 것은 이명박 정부에서 밀어붙인 4대강사업과 같은 국책사업 또는 공공사업의 환경파괴적 구조를 막는 일이 매우 중요하다. 지자체간의 이전투구를 벌여 왔던 영남권 신공항 건설사업은 정부의 "김해공항 확장 발표"로 사실상 백지화됐지만 정작 중요한 공해문제는 지금도 논의되지 않고 있다. 일본의 경우도 고속도로 주변 소음, 신칸센 주변 소음과 진동, 공항의 항공기소음공해문제가 심각했고 대부분 소송으로 이어졌다. 또한 주한미군과 관련된 환경오염문제도 적지 않다. 2010년 2월 미8군 용산기지에서 독극물인 포름알데히드를 한강에 무단방류한 사건이 환경단체에 적발되기도 했고, 최근엔 주한미군의 탄저균 등 생화학실험실 부산 미 8부두 배치운용계획도 심각하다. 특히 '주피터 프로그램'으로 명명된 이 계획은 올해 11월 상용장비를 설치해 내년부터 2년간 시범운용할 것이라는 계획이 밝혀져 부산시민들의 반발을 사고 있다. 이와 관련해선 불평등한 SOFA 내 환경조항 신설 및 환경오염 피해에 대한 원상회복과 손해배상의 의무조항 등을 포함시켜야 한다는 국민적 요구가 높아지고 있다.

그리고 무엇보다 후쿠시마 원전사고에 대한 교훈을 잊어선 안 된다는 생각이 강하게 든다. 우리나라, 특히 부산의 경우는 고리원전단지가 앞으로 잠재적인 화약고일 수밖에 없다. 2015년 고리1호기 폐쇄 부산범시민운동을 통해 2017년 6월부터 고리1호기는 폐쇄에 들어가지만 아직도 정부는 신고리 5, 6호기 건설을 졸속 허가하는 등 원전확대정책을 고수하고 있고, 재생가능에너지에 대한 투자는 미루고 있다. 무엇보다 부산울산경남지역을 비롯한 우리나라 국민의 원전사고 피해 우려가 높은 실정이다.

어쨌든 이 책이 나오게 된 게 정말 기쁘다. 번역 과정에서 저자의 옥고에 행여 흠이 생기지 않았는지 걱정된다. 이와 관련해서는 순전히 역자가 감당해야 할 몫이다. 그러나 이 책은 역자 혼자 해낸 것이 아니다. 이 책이 나오기까지 감사해야 할 분들이 많다. 무엇보다 귀한 책을 저술하시고 이 책의 한국어판 번역을 허락해주신 미야모토 선생님께 진심으로 감사와 존경의 말씀을 드린다. 그리고 이 책을 역자에게 권해주신 큰형님 같은 AMR 다카하시 부회장님, 그리고 용어 등의 사용에 조언을 주신 경성대 정장표 교수를 비롯한 학과교수님들, 부산대 강상목 교수님, 부경대 김창수 교수님, 경북대 김경남 교수님께도 고마운 마음을 전한다. 그리고 무엇보다 어려운 가운데 흔쾌히 출판을 결심하신 미세움 강찬석 대표님, 그리고 어려운 번역체를 독자가 알기 쉽게 매끄러운 문체로 가다듬어 주신 임혜정 편집장님께 진심으로 감사드린다. 또한 미야모토 선생님과 막역한 친구 분이면서도 원로 환경학자이신 노융희 전 서울대 환경대학원 초대원장님과 4대강반대 및 탈핵운동에 앞장서 오신 김정욱 전 서울대 환경대학원장님께서는 기꺼이 추천의 글을 써주셨다. 두 분께 깊은 감사를 드린다. 그리고 바쁘신 가운데서도 책표지에 압축적인 추천글을 써주신 박원순 서울특별시장님, 윤순진 서울대 환경대학원 교수님, 그리고 가습기살균제 피해소송에 앞장서온 최예용 환경보건시민센터 소장님께도 진심으로 감사드린다.

아울러 언제나 늘 그러듯이 지난한 번역작업을 지켜보면서 곁에서 조언을 아끼지 않은 아내와 나름 일상에서 분투하고 있는 두 아들에게 사랑한다는 말을 전한다. 삶의 쾌적성을 의미하는 어메니티는 흔히 '있어야 할 것이 있어야 할 곳에 있는 것'이라고 말한다. 우리 사회에서 책임질 자리에 있으면서 책임지지 않는 소위 지도자들의 각성을 촉구하고, 공해로 인해 피해를 입은 수많은 인민들에게 진심으로 연대와 위로의 마음을 전하며, 앞으로 공해 없는 세상, 사고 없는 나라, 지속가능한 사회를 만들어가는 일에 지식인으로서의 각오를 새롭게 다지며 이 책을 독자 여러분께 전한다.

2016년 6월
경성대 연구실에서
김해창

차 례

서장

전후 일본 공해사론의 목적과 구성

제1절 역사적 교훈

전후 초토화된 가운데 사반세기 사이에 중화학공업화와 대도시화를 추진한 일본은 미국에 이은 경제대국이 됐다. 그러나 이 고도성장의 시기에 일본은 많은 사회문제를 노출했다. 특히 세계사에 남을 심각한 공해문제가 발생한 것이다.

도쿄나 오사카 등 대도시나 공업도시는 겨울철에는 낮부터 헤드라이트를 켜지 않으면 운전이 안 될 정도로 스모그(2㎞ 앞이 안 보이는 연무)에 뒤덮이고, 강은 악취를 발생시켜 고기가 살지 않는 오염하천이 됐다. 공해의 원점이라는 '미나마타병(水俣病)'은 2번에 걸쳐 발생해 피해자는 수만 명이 넘었다. '이타이이타이병(イタイイタイ病)'은 그 말이 상징하듯이 잔혹한 병으로, 카드뮴 중독에 의한 희생자는 수백 명(인정환자 196명, 요관찰자 404명)이 넘고, 카드뮴에 오염돼 정화가 필요한 농지는 7575㏊를 넘어섰다. '욧카이치 천식'을 일으킨 대기오염공해는 대도시권이나 공업지역을 중심으로 확산되어, 공해건강피해보상법(공건법)이 인정한 대기오염 환자가 최고 때 10만 명이나 됐다. 1970년대 초에는 언론에 공해 보도가 없는 날이 없을 정도로 공해는 일상화됐고 전국적으로 발생했다. 이미 1960년대 후반에는 공해가 중대한 정치문제가 됐다.

이 공해문제는 고도경제성장을 한 정치·경제·사회시스템 그 자체로부터 발생한 것이다. 공해 피해자를 구제하고, 공해를 극복하기 위해서 일본인은 독창적인 방법으로 필사의 노력을 거듭했다. 미나마타병처럼 아직도 해결이 되지 않고 있고, 더욱이 원전피해나 석면공해처럼 점차 난제가 발생하면서 많은 어려움과 싸우고 있다. 그것을 극복하기 위해 노력해 온 일본인의 업적은 경제대국의 형성에 공헌했을 당시 일본인의 성과와 마찬가지로 평가될 만하다. 이 공해문제와 대책의 역사에 관한 기록은 중국을 비롯해 근대화를 추진하면서 심각한 공해로 괴로워하고 있는 개도국에는 중요한 교훈이 될 것이다. 이 책은 그 역사적 교훈을 명확히 하여, 그것이 특히 일본 안팎에서 충분히 활용되고 있지 않는 현실에 대해 경종을 울리고자 한다.

1 전후 일본 공해문제의 역사적·국제적 특징

'공해선진국'

공업화·도시화라는 근대화에 따른 공해·환경파괴는 영국의 산업혁명 이래 각국에서 발생했다. 일본에서는 아시오, 히타치, 벳시의 광독(鑛毒) 사건이나 오사카의 매연문제 등 전전에도 심각한 공해가 발생하여 그 대책을 위해 선조들은 고투했다. 그러나 제2차 세계대전 이후의 공해·환경문제는 그때까지의 문제와는 양적으로나 질적으로 다르다. 그것은 무수한 화학물질·중금속을 사용하는 대량생산·유통·소비·폐기의 전 경제과정에 있어 환경침해가 발생해 공장·사업소 주변만이 아니라 전 국토를 넘어 지구환경 전체에 영향을 미칠 정도의 문제가 되었다. 이 때문에 선진공업국에서는 가장 중요한 사회문제로 삼아 1960년대 후반이 돼서는 환경법제를 정비하고, 주무관청으로 환경부를 만들었다.(표 3-2 참조)

일본 정부나 학계는 새로운 사회문제에 직면하면 구미의 선진사례를 참고하고 그것을 일본 현실에 적용해 제도나 대책을 고안해왔다. 그런데 환경법제, 주무관청 등 공해대책의 조직 또는 환경과학의 연구는 1960년대 전까지 구미에 선례가 적고, 대책이나 연구는 거의 일본과 같은 시기에 시작된 것이었다. 더욱이 일본의 공해는 구미에 선례가 없는 심각한 사례였던 것이다. 미국의 연구자들에게 일본은 '공해선진국'이라는 비아냥을 들을 정도로 현대의 주요 공해·환경문제의 모든 현상을 경험했기에 그 이론이나 대책을 독자적으로 세우지 않으면 안 되었다. 특히 1970년대 전반에는 4대 공해 재판에서 피해자가 승리하고 공건법이 제정되는 등 공해대책이 진전되어, '공해선진국'은 대책의 선진성이라는 평가를 얻을 정도가 되었다. 그러나 1980년대 후반 이래 환경문제는 변화했고 그 평가 역시 바뀌었다. 세계 환경문제의 주도권은 일본에서 EU로 옮겨갔다고 해도 좋다. 그것은 일본의 전후 사회의 변모와 관련이 있다.

이 책은 주로 패전 직후부터 1990년대 중반까지의 시대를 다룬다. 환경문제 가운데서도 가장 심각한 공해문제에 초점을 두고, 피해의 역사와 실태, 원인과 책임, 대책(고발·구제·예방·재생)에 관해 기술한다. 환경보전에 관해서는 초기의 운동을 소개하는 정도에 머문다. 그래서 여기서는 본론에 들어가기 전에 전후 일본의 공공문제의 특징을 역사적·국제적으로 비교해 기술하고자 한다.

피해의 특징 - 건강·생활장애

전전의 광독 사건이나 공장의 공해는 주로 농림어업에 피해를 냈다. 벳시의 스미토모(住友) 금속광업이나 오사카 알칼리의 대기오염은 쌀농사를 중심으로 농작물에 피해를 입혔다. 히타치(日立) 광산의 연해(煙害) 사건은 주로 임업에 피해를 입혔다. 아시오 광독 사건은 농림어업에 피해를 입혔을 뿐만 아니라, 야나카촌을 폐허로 만들고 유민을 낳아 오늘날 원전피해의 전신이라 할 만큼 커뮤니티의 붕괴를 가져온 것을 보더라도 피해의 중심은 농림어업이며 농촌이다. 확실히 당시의 아황산가스의 농도로 말하면 건강 피해가 발생했다고 추정할 수 있지만, 그것은 직접 분쟁의 대상이나 배상요 구가 되지 않았다. 전전의 공해 사건은 주로 광공업의 환경오염에 의한 농 림어업의 경제적 피해였다. 소위 산업 간의 대립이었다.[2]

전후의 공해 사건은 제1장에서 기술하는 것처럼 전전과 마찬가지로 광공 업의 환경침해로 인한 농림어업의 피해로부터 비롯되고 있다. 그러나 전후 공해의 주된 특징은 주민의 건강피해이다. 대량의 사망자와 중증환자가 나 오는 인적 피해이다. 결국 기본적 인권의 침해이지만 재산권·영업권의 침 해만이 아니라 오히려 인격권·환경권의 침해이다. 그만큼 사회문제로서는 심각했다. 미나마타병·이타이이타이병은 농림어업의 침해이기도 하지만 주된 분쟁은 건강피해의 발생이었다. 욧카이치 공해를 비롯한 대기·수질 오염 게다가 소음·진동 등의 공해는 건강과 생활환경의 침해였다. 물적 재 산권의 침해가 아닌 만큼 발생원의 책임을 명확히 하는 것이나 피해의 인 정은 제도적으로 새로운 과제가 됐다. 다른 나라와는 달리 행정이나 사법의 피해를 인정하는 데 역학(疫學) 등의 공중위생학에 의한 피해 및 원인규명 이 중시되었던 것이다.[3]

구미의 경우도 건강피해는 발생하고 있었다. 유명한 영국의 런던 스모그 사건이 그것이다. 미국 로스앤젤레스의 자동차 대기오염 사건도 건강피해 이다. 제2차 세계대전 후의 환경문제는 건강피해가 발생할 정도로 환경오 염이 심각해지고 있었고, 일본에서만 일어난 현상은 아니라는 의미다. 그러 나 구미의 환경문제의 핵심은 자연환경이나 생활환경의 침해라는 어메니티 의 문제가 중심이었다. 일본 최초로 형성된 공해론은 후술하는 바와 같이 뉘선스*나 이미시온**을 참고했는데, 이들은 모두 재산권, 특히 토지소유 권의 침해이다. 일본은 재산권의 침해도 있지만 인적 피해가 중심이었기 때

---

* Nuisance: 공해·불쾌감
** Immission: 악취·소음·진동 등의 피해

문에 공해법제나 재판은 독자적인 이론을 만들지 않으면 안 되었다.

중국을 비롯한 개도국의 공해는 일본과 마찬가지로 건강침해가 중심이 되고 있다. 따라서 역학을 중시한 일본의 공해대책이나 이론이 가장 참고가 될 것이다.

시스템 공해 - '시장의 결함'과 '정부의 실패'

전후 일본의 정치·경제·사회의 시스템은 많이 변했다. 제2장에서 기술하는 바와 같이 농업 중심의 산업구조는 공업, 특히 중화학공업 중심의 산업구조로 바뀌어 농촌인구는 급격히 도시 특히 3대 도시권에 집중됐다. 철도 중심의 교통체계로 자동차수송이 더해지자 고속도로 등 도로망의 정비가 진전돼 물자·인원의 대량·고속수송이 시작됐다. 전전에 일본인의 생활은 '질실강건(質實剛健)'이자 '자원절약'이며 '아낀다'는 말이 모토였지만, 미국적인 대량소비생활이 유입되어 유행이 되자 정반대로 '1회용품'이 권장되는 듯한 '풍요로운 시대'가 꿈이 되었다.

이러한 '경제대국'을 만들어낸 경제·사회시스템이 심각한 공해를 낳는 원인이 됐다. 제2장에서 기술하는 바와 같이 대도시권이나 공업도시는 공장이나 사업소가 배출하는 오염물이 쌓이고 복합적으로 섞여 환경을 침해했다. 전후 일본 정부는 경제성장을 정책의 제1목표로 삼았다. 1960년 안보투쟁에 나타난 국민소득배증계획은 전후 정치의 상징이며 이후 성장정책이 반복되었다. 그 중심이 된 것이 댐이나 도로·항만 등 교통통신수단의 건설을 중심으로 한 사회자본 충실정책과 지역개발이며, 그것은 국토를 한순간에 바꾸는 것과 같은 환경변화를 초래했다. '시장의 실패'라고 불리는 공해를 제거하고, 규제하고, 공공재로서의 환경을 보전하는 역할은 정부에 맡겨졌다. 그런데 일본 정부는 그 역할을 게을리 한데다 스스로 공공사업을 벌여 환경을 파괴해 공해를 낳았다. '시장의 실패'와 '정부의 실패'가 중첩됨으로써 전후 일본의 공해는 심각해지고, 공해·환경대책은 오랜 기간 동안 정체된 것이다.

공해의 원점이라는 미나마타병은 짓소가 저지른 범죄라고 할 만큼 유기수은의 유출로 인해 생긴 것이지만, 동시에 이 원인물질 유출의 규제를 게을리 해 쇼와(昭和) 전공의 니가타미나마타병을 재발시키고 피해 구제를 게을리 한 정부의 책임은 막중하다. 미나마타병은 짓소와 쇼와 전공이 일으킨 기업공해인 동시에, 정관재(政官財)(일부 기업옹호 연구자를 포함해 정관재학) 복합체가 일으킨 시스템 공해인 것이다. 그것은 일본 전후 공해의 모든 사례에 공통된다. 오늘날 중국 등 개도국의 공해는 이 일본의 정관재학 복합체가 일으킨 공해와 같은 시스템 공해이며, 이 복합체의 시스템을 개혁 또는 해체하지 않는 한 기본적 해결은 없을 것이다. 이것은 과거 소비에트사회주의의 공해에도 말할 수 있는 것으로, 일당독재의 정치·경제시스템이 경제성장정책을 취하면 공해는 피하기 어렵다. 이 역사적 교훈이 있음에도 불구하고 일본 자체가 시스템 개혁에 이르지 못하고 있었다. '원전마피아'에 의한 '원전 안전신화'가 붕괴되면서 유례를 찾기 어려운 방사능공해 피해를 입고 있는데, 이것은 궁극적으로 시스템 공해라고 말할 수 있지 않을까. 더욱이 이 비상사태에도 불구하고 '원전마피아'는 재생·지속하고 있지 않는가 말이다.

일본인은 이러한 시스템 공해를 제어해서 고도성장기에 정책을 어떻게 전진시켜 푸른 하늘을 되찾을 수 있었을까.

공해·환경정책의 특징 - 시민운동·지자체 개혁과 공해재판

심각한 공해를 해결하기 위해 일본 독자적인 방법이 창조됐다. 독일의 환경법학자 레빈다나 환경정치학자 와이트너는, 독일이 환경보전의 제도나 정책을 위에서부터 정당이나 전문가가 만든 것에 비해 일본은 주민의 여론이나 운동, 즉 아래로부터 발의됐다고 보았다.[4]

정부는 경제성장주의로 개발을 추진하기 위해 공해방지나 환경보전은 뒤로 미뤄왔다. 이 때문에 심각한 공해를 방지하기 위해 주민의 여론이나 운동이 공해를 고발하고 대책을 요구하지 않을 수 없었다. 피해고발, 오염자부담원칙(Polluter Pays Principle)에 의한 피해의 구제, 환경기준, 총량규제, 환경영향사전평가, 예방원칙 등 공해대책의 원리는 주민 여론과 운동 가운데서 생겨났다. 이 주민의 요구가 공해대책으로 실현되기 위해서 2가지 일본 독자적인 방법이 취해졌다.(제3장 참조)

첫 번째는 주민의 공해반대·환경보전의 여론과 운동이 강한 지역에서 언론의 간접적인 지지 아래 지자체 단체장 선거에서 환경보전파 후보를 당선시켜 정부보다도 선진적인 공해대책이나 환경보전정책을 추진했다. 그것은 혁신지자체라고 불리고, 자민당정권에 반대하는 사공(社共) 양당(한때는 공명당)과 총평(総評) 등의 노동운동, 그리고 그 시기에 대두한 시민운동의 지지로 성립됐다. 혁신지자체는 1960년대 중반부터 약 20년에 걸쳐 도쿄도, 오사카부, 교토부, 시가현, 후쿠오카현, 요코하마시, 가와사키시, 나고야시, 교토시, 고베시 등 대도시권의 지자체를 중심으로 성립해, 전국의 3분의 1을 차지했다. 혁신지자체는 정부보다도 엄격한 환경기준을 조례로 제정해 법률은 아니지만 기업에 사회적 책임을 지우는 공해방지협정을 만들어 행정지도를 통해 환경정책을 추진했다. 이 압력으로 인해 정부는 1970년 공해국회를 열어 환경법체계를 제정하고 다음해 그 집행기관으로 환경청을 발족시켰다. 전후 헌법에서는 지방자치가 지방행정의 핵심이 됐고, 그 민주주의 원칙 위에 기본적 인권의 확립을 주민이 실현한 것이다. 미국의 환경경제학자 밀즈는 미국의 지자체는 기업유치를 우선하기에 환경정책에 그다지 힘을 쏟지 않지만, 일본의 지자체가 선진적인 환경정책을 맡은 것을 높이 평가하였다.[5]

두 번째는 공해재판이다(제4·5장 참조). 지자체가 기업과 하나가 되어 있는 듯한 '기업촌(城下町)'에서는 피해자가 사회적으로 차별받고 공해를 고발하지 못하며, 주민의 공해반대 여론이나 운동도 약하다. 여기서는 행정의 규제도 어렵다. 이 때문에 소수파였던 피해자가 최후의 수단으로 재판소에 구제를 청구한 것이다. 공해는 이타이이타이병이나 미나마타병과 같이 피해자는 다수이며 그 피해가 다양하고 개별인과관계를 증명하기 어렵다. 게다가 욧카이치 공해의 경우, 대기오염 이외의 원인으로도 발생하는 천식은 비특이성 질환이며 발생원도 다수이고 개별인과관계를 과학적으로 엄밀하게 증명하기가 불가능하다. 앞서 말한 밀즈는 대기오염공해는 행정에 맡겨야 하는 것으로 재판은 가령 일부 피해자가 승소할 수 있다고 해도 대부분의 피해자가 구제되지는 않기 때문에 불공정이 생긴다고 말하였다.[6] 그러나 당시 일본에서는 행정에 기대를 걸 수 없었고, 피해자는 절망에 빠져 있었다. 이 어려운 공해재판은 후술하는 바와 같이 변호사와 연구자의 노력으로 법리가 만들어져 승소해 민사재판에서 구제를 실현했다. 그리고 그 성과 위에 세계 최초의 공건법을 만들어냈다.

구미의 연구자 입장에서 보면 지자체 개혁과 공해재판은 일본 독자적인 공해대책이다. 이것은 정관재학 복합체라는 경제성장주의의 사회 시스템 가운데 전후 일본의 헌법체제에 의해 규정되었던 기본적 인권, 지방자치와 사법의 자립, 즉 삼권분립의 제도를 이용해 주민이 그들의 권리를 구사했기 때문이다. 이는 중요한 역사적 교훈이다.

2 역사적 의미 개념으로서의 공해 - 정의와 보완

공해는 Environmental Polution 또는 Polution이라고 번역되는데, 일본의 독자적인 개념이다. 일본의 공해연구 영역에서 말하자면 Environmental Problems라고 하는 쪽이 맞을지도 모르겠다. 이 환경문제와 공해 간의 관계는 나중에 언급하겠다. 여기서는 공해개념의 역사적 의미를 따라가 보고자 한다.

1967년 공해대책기본법에서 공해는 일상용어에서 법률용어가 되어 그 구체적인 7종의 인위적 환경침해현상을 규정했지만, 애매하고 한정적인 개념이었다. 공해라는 단어는 경제성장에 따라 생긴 사회적 재해를 총괄하기에 맞으며, 1970년 도쿄심포지엄에서는 Pollution은 물리적 개념이라 고가이(KOGAI)라고 하는 쪽이 환경파괴(Environmental Disruption)에 의한 사회적 피

해를 나타내는 총괄개념으로 어울리기에 이것을 쓰나미(TSUNAMI)와 마찬
가지로 국제어로 하는 게 어떠냐고 외국 연구자가 제안했을 정도였다. 그런
데 공해라고 하는 단어는 어떻게 해서 일본에 생겨나서 정착되었는가.

메이지 초기에 공해는 공익 또는 공리(公利)의 반대개념으로 사용되었으
며, 법률용어로는 1869년 하천법에 사용되었다. 산업혁명을 거쳐 다이쇼(大
正) 중기에 공업화와 도시화가 진전되자 공장의 매연, 오수, 소음이 주변 시
민의 일상생활을 침해하게 되었다. 이렇게 되자 넓은 의미인 공익의 반대개
념이 아니라 '공중위생의 해악'으로 공해가 규정되어 경제활동에 따른 환경
침해에 한정해서 대책을 강구하는 지방조례가 만들어지게 되었다. '연통(煙
筒)조례'나 '발동기조례' 등이 그것이다. 특히 도시정책으로서의 공해대책이
필요하게 되자 대기오염방지 등의 조례가 만들어져 공해개념이 오늘날처럼
환경오염으로 인한 공중위생의 해악으로 수렴되게 되었다.

위생공학자 쇼지 히카루와 내가 1964년 일본 최초의 학제적 계몽서『무
서운 공해(恐るべき公害)』(이와나미신서)를 출판했을 때에는 국어사전에 공해라
는 단어가 없었다. 그래서 공해를 정의하기 위해 우선 참고를 했던 것이 독
일법의 Immission과 영미법의 Nuisance이다. 독일 민법 906조에는 이미시
온에 관해 규정되어 있다. 그것에 따르면 가스, 증기, 악취, 연기, 열, 진동
및 다른 토지로부터 오는 유사작용의 침입으로 토지소유자의 이용이 침해
되는 현상을 가리킨다. 자기 토지에 침입하는 이미시온에 대해서는 원칙으
로는 물권에 기초한 차폐(배제, 정지, 예방을 포함한다)가 가능하다. 뉘선스는 영
미사전에는 '타인의 토지 자체 및 토지에 대해 관계있는 권리의 사용공여에
불법으로 간섭하는 것을 말한다. 불법행위는 자기 또는 타인의 토지에서 원
고가 소유하는 토지로 각종 유해물, 물, 연기, 가스, 열, 진동, 전기, 병원균,
동물, 식물 등이 날아들게 하거나 방치하는 행위를 말한다'고 되어 있다.
Nuisance는 Public과 Private로 나뉘고, Public Nuisance는 '국민 일반, 도
시주민 또는 불특정다수집단, 즉 공중이 가진 공통의 권리 행사를 방해하는
행위'로 되어 있다.[7]

당초에는 이들 구미의 법개념에서 유추를 했지만 이들 법개념에서는 물권의 토지소유권에 대한 침해가 중심이 되어 있었다. 이에 비해 일본의 공해는 경제적 피해만이 아니라 건강장애라는 인격권의 침해가 중심이 되고 있었다. 환경 가운데 사유권이 확립되어 있는 것은 토지이기에 공해를 생각할 경우에 토지소유권의 침해를 생각하는 것은 매우 중요하며, 공공사업으로 인한 환경파괴는 토지소유권의 침해행위이다. 그러나 전후 일본의 공해의 특징은 대규모의 일상적 경제활동으로 인한 주민의 건강·생명의 침해였다. 물적 소유권이나 이웃관계의 피해가 아니었다. 구미법을 참고할 수는 있었지만, 일본 독자적인 공해의 정의와 법리·정책이 필요했다. 일본 현실에 공해 개념이 정착되는 역사를 다시 한 번 되돌아보자.

종전 후 최초의 공해를 법개념으로 한 것은 1949년 도쿄도 공장공해방지조례이다. 그러나 일상어가 된 것은 1960년대부터이다. 1964년 요코하마시 기획실의 『공해에 관한 시민의식조사』에서는 공해에 관하여 '관심이 있다'고 답한 사람이 73.3%, '공해 가운데 가장 두려운 것이 대기오염이라는 사실을 알고 있다'고 한 사람이 실제로 85.4%였다. 더욱이 주목을 받은 것은 공해방지를 위해 '주민운동이 필요하다'고 답한 사람이 76%에 이르고 있었다. 1965, 66년의 도쿄도, 오사카시, 가와사키시 등의 여론조사에 따르면 시민의 거의 60%가 공해를 느끼고 있다고 의사표시를 하였다. 앞서 설명한 바와 같이 전전에도 공해라는 용어가 있어 법개념으로는 사용되었지만, 1960년 중반이 돼서 일상용어가 된 것이다.

왜 그랬을까?

전전의 경우에는 공해는 국지적 현상으로 주로 농작물이나 수산물의 피해를 가리키고, 산업 간의 대립이 주를 이뤘다. 아시오와 시사카지마 사건을 광독 사건이라고 했던 것처럼 원인물질이 끼친 해독을 가리켰다. 그러나 전후 대기·수질오염, 소음 등은 전국적으로 특히 도시의 일반적·일상적 현상이 되었고, 경제적 손해라기보다는 건강·생명의 손실이라는 인권침해가 됐다. 고도성장기까지의 공해는 일상상태가 아니라 사건이었다. 앞서 말

한 도쿄도의 〈공장공해방지조례〉의 해설에는 공해가 진정(陳情)행정이라고
도 되어 있다. 진정이 행정당국의 창구에 접수되어야 비로소 공해가 되는
것이다.

그러나 고도성장기 이후 공해는 사건이라기보다는 일상의 생활침해가
되고 주민은 진정이 아니라 운동으로 문제해결을 생각하게 됐다. 고모리 다
케시에 따르면 전전의 일본에는 국민 측에서 고발할 권리가 보장돼 있지
않았기 때문에 공해라는 용어가 흔한 단어가 아니라 익숙하지 않았지만, 전
후에는 기본적 인권과 민주주의가 확립되면서 국민이 기업이나 정부를 향
해 목소리를 낼 수 있게 된 때에 공해의식이 통념화됐다고 볼 수 있다.[8] 종
전 직후, 주민은 행정기관에 '진정'해 문제해결을 꾀하고자 했지만 1963~64
년의 시즈오카현 미시마·누마즈·시미즈 2시1정의 공해반대 예방운동이
정부와 기업의 콤비나트 개발의 저지에 성공한 이래, 환경오염·파괴를 공
해로 인식해 그것을 주민 여론과 운동으로 해결하는 길이 열린 것이다. 공
해대책기본법은 이러한 공해반대 여론과 운동이 고도성장·지역개발을 저
지할 것을 두려워해 등장한 것이라고 볼 수 있다.

3 공해대책기본법과 사회과학의 공해 개념

1967년 공해대책기본법 2조1항은 '이 법률에 있어 "공해"란 사업활동 그
밖에 사람의 활동에 따라 생기는 상당범위에 걸친 대기오염, 수질오염, 소
음, 진동, 지반침하(광물의 채굴을 위한 토지의 굴착으로 인한 것을 제외. 이하 마찬가지)
및 악취로 인해 사람의 건강 또는 생활환경에 관련된 피해가 생기는 것을
말한다'라고 규정하였다(1970년에 토지오염이 추가됐다). 이 정의는 나중의 환경기
본법에도 그대로 계승되었다. 이 정의의 기초가 된 것은 1966년 8월 중앙공
해심의회의 중간보고였다. 이 보고에서는 공해의 특징을 널리 일반공중이
나 지역사회에 미치는 것일 것, 발생원이 불특정다수이지만 특정되더라도
인과관계의 입증이 곤란하고 책임이 불명확하며, 사법상 구제조치가 곤란

한 것이라고 들었다. 이것은 앞의 Public Nuisance 개념을 염두에 두고 제안한 것일 것이다. 이 개념에 비추면 4대 공해재판을 비롯한 일본의 공해재판은 거의가 사해(私害)였지 공해는 아니게 된다. 현실에서 사용되고 있는 공해는 법률 문구 그대로의 사업활동 그 밖에 사람의 활동에 따라 발생하는 상당범위에 걸친 환경침해를 가리키는 것이라고 해도 좋다.

이 법률을 둘러싸고는 제3장에서 상세히 서술하는 바와 같이 연구자·변호사·피해자조직으로부터 강한 비판이 나왔다. 그것은 법의 제1조 2항에 '생활환경의 보전은 경제의 건전한 발전과 조화가 이루어지도록 하는 것으로 한다'는 조화조항이 있기 때문이다. 이 조화론은 뒤에 1970년 개정으로 삭제되지만 실제 환경행정은 조화론이었으며, 정책결정은 형식적으로는 비용편익분석에 바탕을 두지만 실제 국가의 정책은 경제우선 논리가 지배적이었다. 또한 재판도 비교형량을 원칙으로 해 국가의 시책, 즉 공공사업과 같은 경우에는 공공성이 수인한도의 척도가 되었다. 전후 공해·환경보전의 과학이나 그에 기초한 여론과 운동은 조화론과 더불어 경제우선주의와의 싸움이며, 지금도 그 과제는 계속되고 있다고 해도 과언이 아니다.

이 법률은 공해의 범위를 앞서 말한 바와 같이 전형적인 7대 공해에 한정하고 있다. 중요한 광해로 인한 지반침하와 원전 등의 방사능은 광업법과 원자력관계법에 위탁돼 있다. 그것은 두 법이 무과실책임제도를 취하고 있다는 것이 큰 이유였겠지만, 그 뒤의 개정으로 공해대책기본법도 무과실책임을 원칙으로 하게 되었다. 후술하는 바와 같이 후쿠시마원전재해 뒤까지 방사능을 공해법제에 의한 규제에서 제외시킨 것은 확실히 환경정책으로부터의 규제를 두려워해 원전을 추진하는 부처에 행정을 일원화하기 위한 것이었다. 그밖에도 일조권이나 전파장애 등의 피해가 재판에 부쳐져 있었지만 법에서부터 멀어져 있었다. 본래 법에서는 공해의 범위를 7가지에 한정하지 않고 '등(等)'으로 해서 제한하지 말았어야 했다.

쇼지 히카루와 나는 이 새로운 심각한 사회현상을 가능한 한 현장에 가서 그 조사자료를 일본 안팎에서 모은 환경문제의 연구와 비교한 결과를 학문의 협업으로 이룬 2번째 계몽서 『일본의 공해』(이와나미신서, 1975년)로 출판했다. 거기서 다음과 같이 공해를 정의했다.

공해란,
(1) 도시화·공업화에 따라 대량의 오염물의 발생이나 집적의 불이익이 예상되는 단계에 있어서,
(2) 생산관계로 규정돼 기업이 이윤추구를 위해 환경보전이나 안전의 비용을 절약해 대량 소비생활양식을 보급하고,
(3) 국가(지자체를 포함)가 공해방지정책을 게을리 하거나 환경보전의 공공지출을 충분히 하지 않은 결과로 발생하는
(4) 자연 및 생활환경의 침해에 있어 그로 인해 인간의 건강장애 또는 생활곤란이 발생하는 사회적 재해이다.[9]

이 책의 분석에 사용된 개념이나 방법론은 『환경경제학 신판』(이와나미서점)에 따르고 있다. 상세한 것은 그것을 참고했으면 하지만 본론에 들어가기 전에 주요한 개념에 관해 스케치해 두고자 한다.

제2절 일본 공해사론의 방법과 구성

1 환경문제의 이론적 스케치

환경문제의 전체상

전후 일본의 공해문제는 그 기저에 지역·국토의 변용이 있고, 지구환경의 변화가 있다. 미나마타병을 예로 들면, 인간의 건강장애가 나타나기 전에 어패류·조류나 고양이의 이변 등 생태계의 변화가 나타났다. 그것은 확실히 환경의 침해나 어메니티(생활의 질)의 악화가 일어난 것이다. 다시 말하

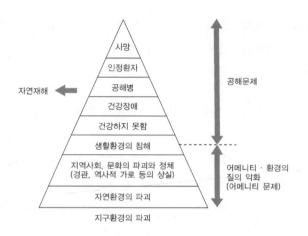

그림 1 환경문제의 전체상

면 미나마타가 '기업촌'이 돼 기업에 주민이 지배되자 공해는 은폐되어 버렸다. 미나마타병은 전전에 발생한 것이다. 〈그림 1〉은 환경문제의 피라미드를 나타내고 있다. 결국 공해문제는 환경문제의 최종국면에 나타나는 것으로, 지역·국토의 환경이 악화해 커뮤니티의 어메니티 악화가 누적된 결과로 일어나는 것이다.[10]

　따라서 공해대책은 피해자의 구제로 끝낼 것이 아니라, 그것이 두 번 다시 일어나지 않도록 환경의 재생, 커뮤니티의 복원·형성이 되어야만 한다. 더욱이 지구환경의 변용도 어메니티를 악화시켜, 결국에는 대규모 공해를 만들어내는 것이다. 공해와 환경의 질(어메니티 문제) 게다가 지구환경문제는 각각 구체적 현상·원인·대책은 다르지만 서로 단절된 것이 아니라 〈그림 1〉과 같이 연속돼 있다. 이것은 환경운동가, 연구자나 정책담당자가 잊어서는 안 될 원칙이라 할 것이다.

재해론의 전체상 속에서의 공해론

　1970년대에 공해가 일상용어가 되자 모든 사회적 재해를 공해라 부르는 경향이 생겼다. 스몬병* 등의 약물피해 또는 카네미유증** 등의 식품피해

등도 공해라고 부르게 됐다. 확실히 이들은 기업의 경제활동에서 생긴 재해
이며, 정부·지자체가 적당한 정책을 취하지 않았기 때문에 피해가 확대됐
다는 점에서는 미나마타병이나 욧카이치 공해와 사회적 원인이 같다. 다만
약품이나 식품은 상품이어서 본래는 질병을 치료하든지 생명·건강을 유지
하는 사용가치(효용)가 있기 때문에 소비자가 구입하는 것이다. 그런데 그것
이 반대로 독극물이어서 건강이나 생명을 빼앗은 것이다. 이것은 명백히 상
도덕에 반하는 기업의 위법한 과실이며, 범죄이다. 따라서 공해는 기업이나
개인의 과실이 아니라도 생산공정이나 유통·소비과정에서 배출된 폐기물
에 의해 환경을 오염시키고 생태계나 인간의 생명·건강에 영향을 주는 재
해이다. 욧카이치 공해와 같이 기업이 법을 지켜도 대기오염을 규제하는 법
이 없거나 있어도 느슨하기 때문에 피해가 발생한 것이다. 미나마타병을 일
으킨 짓소의 경우처럼 범죄라고 할 수 있는 경우도 있지만 대부분의 공해
는 일상적으로 발생하는 시스템 공해인 것이다.

　이미 설명했듯이 공해는 노동재해와 비슷한 피해가 발생한다. 유해물의
단기간의 농후오염인 노동재해에서 명백해진 질환을 바탕으로 해 공해의
증상과 원인이 밝혀져 왔다. 미나마타병, 이타이이타이병, 석면공해도 명백
히 노동재해에서 유추해 원인을 확정할 수 있었다. 그러나 유해물이 환경을
매개로 해 신체를 침해하는 공해와 유해물이 직접 신체를 침해하는 노동재
해는 다른 것이다. 공해의 과학·행정이 지체되어 여전히 환경재해로서의
미나마타병이나 이타이이타이병을 노동재해와 동일시하기 때문에 미나마
타병이 해결되지 않는 것이다. 또 노동재해와 달리 산업공해의 피해자는 기
업에 어떠한 이해관계가 없이 일방적으로 피해를 입는다. 임금 등의 경제적
이익을 얻고 있는 노동자의 피해에 비해 주민의 피해에 대한 기업의 책임
은 무겁다.

---

* 아급성 척수 시신경 신경증으로 키노포름에 의한 중독성 질환
** 카네미라는 미강유 제조업체의 기름 속에 있던 폴리염화비페닐에 의한 중독

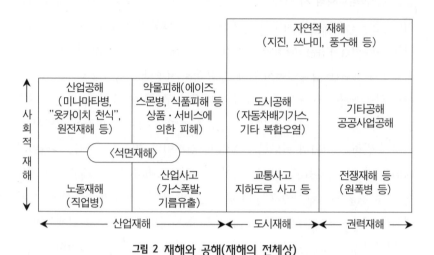

그림 2 재해와 공해(재해의 전체상)

　이들 개별의 재해는 독자적인 성격이 있지만 동시에 〈그림 2〉처럼 다른 재해와 연속성 또는 중복성을 갖고 있다. 석면재해처럼 노동재해와 공해가 동일한 지역에서 연속해서 일어나는 경우가 있다. 안전을 무시한 생산공정은 환경재해로 연결되는 것이다.

　원전재해는 자연재해와 사회적 재해와의 연속성을 보였다. 자연재해의 제1차적 원인(근본원인)은 자연현상이지만, 2차적 요인(확대요인)은 사회적 결함(방재대책, 도시계획, 사회자본의 미정비 등)에 있다. 그 원인이 직접·간접적으로 사회에 있다는 의미에서 공해와 자연재해는 공통된 점이 있다. 지하의 가스·물을 다 뽑아내어 지반침하가 일어나고 있는 지역에서는 침수 등의 자연재해가 많이 발생한다. 후쿠시마의 원전재해는 지진, 쓰나미와 사고라고 하는 3중의 연속재해이다. 안전의 종합정책이 약한 나라에서는 복합적인 재해가 많다. 종합적인 재해론과 정책이 필요하다. 이 그림은 각각 재해의 원인의 차이를 명확히 함과 동시에 연속해서 복합화하고 있는 것을 그림으로 나타낸 것이다. 지금 일본에서는 종합적인 재해론이 필요한 것 아닌가?

공해·환경피해의 사회적 특징

공해·환경피해의 사회적 특징은 크게 3가지이다. 첫째로 피해는 생물적 약자로부터 시작된다. 환경이 오염된 경우 식물에서는 전나무와 같이 대기오염에 약한 식물이 자취를 감춰버린다. 과거 일본의 기업촌에는 전나무가 무사의 상징처럼 무성했었지만 전쟁재해와 전후 자동차배기가스 오염으로 자취를 감춰버리고 말았다.

인간의 경우도 대기오염 등의 환경악화는 연소자, 고령자나 환자에게 큰 영향을 미친다. 1987년 3월 말 공건법의 대기오염(제1종) 인정환자 9만 8694명의 연령별 구성에서는 14세 이하 연소자 33.9%, 60세 이상의 고령자 28.5%로, 둘을 합하면 62.4%가 된다. 미나마타병도 마찬가지로 발병 때에는 연소자(태아성 미나마타병을 포함)나 고령자가 많았다. 이타이이타이병은 출산경험이 있는 중년 여성에게 많이 발생했다. 여기에는 지리적 원인도 있는데, 대기·수질오염과 같은 국지오염의 경우, 주택의 주변이 하루 행동범위인 연소자, 고령자나 전업주부가 유해물에 24시간 노출되기 때문이다. 이들은 영업활동이나 일을 하고 있지 않기에 기업에게는 손해가 되지 않는다. 시장제도 아래에서는 대책이 무시되기 쉽기 때문에 시장원리에서 벗어나 사회적으로 구제를 하지 않으면 피해는 드러나지 않는다.

두 번째로 피해는 사회적 약자에 집중된다. 고소득자는 좋은 환경, 견고한 주택, 영양가 높은 음식을 선택할 수 있지만, 저소득자는 공장·사업소나 고속도로 주변처럼 환경이 나쁜 지역에서 열악한 주거에 살고, 영양이 부실한 음식으로 생활하지 않을 수 없다. 과거 공건법이 지정한 41곳 대기오염지역의 대부분은 저소득·저중간소득자의 주거가 많은 지역이었다. 사회적 약자는 오염이 심해져도 환경이 좋은 지역으로 이전하기 어렵고, 자력으로 직업을 바꾸거나 적정한 의료를 받지 못한 채 빈곤과 더불어 생활이 궁핍해진다. 또 사회적으로 차별을 받고 있어도 개인으로서는 행정이나 재판에 공해를 호소할 힘이 없어 공해는 드러나지 않는다. 구미에서는 소수민족에 피해자가 많고 또한 구제가 어려운 것으로 조사되었다. 따라서 사회적인 구제조치가 필요하다. 본론에서는 피해자가 행정이나 사법에 어떻게 구제를 요구해 고군분투했는지가 서술돼 있다. 일본에서는 1970년대에 공건법이 만들어졌지만 현재는 대기오염환자를 새로 인정한 것은 없다. 미나마타병 환자 구제를 위한 특별조치법은 2012년에 끝이 났고, 석면환자를 위한 특별조치법이 있지만 적극적으로 기능하지는 않는다.

세 번째로 공해·환경파괴는 다른 경제적 손실과 달리 사후의 보상으로는 해결이 어려울 만큼 되돌릴 수 없는 절대적 손실을 포함하고 있다. 공해로 인한 건강피해는 대부분은 불치병이라 원상회복이 어렵고, 사망에 이르면 되돌릴 수가 없다. 일본은 해양국가이지만 그 해안을 매립해버려 도쿄 만, 오사카 만은 자연해안이 거의 없다. 유럽의 해변도시가 바다쪽에서 보더라도 아름다운 경관을 유지하고 있는데 반해, 일본의 대표적인 해안도시는 콘크리트로 둘러싸인 채 굴뚝과 항만사업의 크레인밖에 보이지 않는다. 무질서한 초고층빌딩의 난립, 도심을 종횡으로 가로지르는 고속도로와 신칸센 등 유럽 사람을 놀라자빠지게 만드는 도시 경관의 파괴 등은 원래 상태로 되돌릴 수 없는 손실이다. 이처럼 불가역적 손실이 포함돼 있기에 공해·환경파괴 재판에서는 금전배상에 머물지 않고 환경정책을 요구하는 금지조치가 필요하다. 그리고 공해·환경정책은 무엇보다도 예방에 도움이 되는 환경사전영향평가 제도나 계획행정이 요구되는 것이다.

폴리시믹스로서의 환경정책

전술한 바와 같이 일본에서는 공해나 환경파괴 피해의 인정, 피해의 원인 규명, 피해구제에 많은 시간과 노력을 필요로 했다. 그리고 독자적인 방법으로 해결했는데, 그것은 행정이나 사법에 의한 직접규제와 일본형 오염자부담 원칙에 의한 오염자부과금의 효과가 컸다. 결국 폴리시믹스(Policy Mix)에 의한 것이었다. 이 경우, 여론이나 운동을 배경으로 한 압력이 효과를 거둔 것이다. 환경정책은 크게 나눠 직접규제, 경제적 수단, 환경교육에 의한 자발적 규제가 있다. 최근에는 신자유주의의 영향도 있어 규제를 완화하고 가능한 한 시장제도에 맡겨 기업의 자율적 규제나 경제적 수단으로 추진하려는 경향이 강해지고 있다. 가령 ISO14000(사업체 내 환경평가)시리즈와 같이 기업의 내부에서 환경정책을 행한다. 정부·지자체가 관여하는 상한선이 있는 배출권거래제도가 아니라 기업의 자유판단이 강한 배출권거래를 추진하고 있다. 1970년대 이래 공해규제의 강화, 에너지위기나 자원리사이클링기술이 향상되자 에코비즈니스라 불리는 산업이 자동차산업에 필적하는 산업이 되고, 기업의 환경정책도 진전되고 있다. 그러나 이것은 어디까지나 시장의 제약이 있기 때문에 에코비즈니스의 논리만으로는 환경문제를 해결할 수가 없다.

환경정책의 원칙은 오염자부담원칙, 일본형 오염자부담원칙, 확대생산자책임원칙, 특히 예방원칙으로 계속 발전하고 있다. 원전재해나 석면재해는 예방원칙이 적용되지 않은 최대의 실패사례일 것이다. 여기서는 이하 본문을 이해하기 위해 필요한 이론의 스케치를 보였다. 그리고 이러한 이론이 역사 속에서 생겼다는 사실을 이 책을 읽으면 이해할 수 있을 것이다.

2 이 책의 방법과 시기구분

공해의 연구는 새롭지만 현재로서는 미나마타병 등의 개별 공해 사건에 관해서는 많은 업적이 출판되고 있다. 대기오염학회의 대기오염사 등 특정현상의 통사(通史)도 간행되고 있다.[11] 또 지역사로서 기타큐슈시의 『기타큐슈시 공해대책사』[12] 등이 있다. 그러나 일본의 공해 전체를 다루는 통사는 가와나 히데유키의 『다큐멘터리 일본의 공해』[13]와 이지마 노부코(편저)의 『공해·노동재해·직업병연표』[14]의 2가지 문헌 이외에는 없다. 또 일본과학자회의(편)의 『환경문제자료집성』[15]은 주요한 공해·환경문제 자료를 제공하고 있다. 이들 노작은 이 책을 작성하는 데 참고가 됐다. 이러한 문헌은 있지만 전후 일본 정치·경제의 발달사와 결부시킨 공해사는 이 책이 처음일 것이다. 통사라고 했지만 이 책은 제목 그대로 '공해사론'이다.

전후 일본 공해사론의 방법 - 시스템 분석과 정책결정 과정의 중시

이 책은 공해사가 아니라 공해사론이라고 했다. 그 의미는 공해 사건과 대책의 다큐멘트사(史)가 아니고, 연표와 같이 모든 공해문제의 통사도 아니기 때문이다. 앞서 언급한 바와 같이 일본 공해의 역사적인 교훈을 명확히 하는 데에 중점을 두었다. 공해·환경의 과학은 새롭기 때문에 현장에 가지 않으면 알 수 없는 경우가 많다. 다행히도 나는 공해연구위원회의 회원 등 학제적인 팀에서 일본 안팎의 중요한 공해지역 또는 환경오염·파괴가 예측되는 중요한 경제개발예정지역을 조사할 수 있었다. 또 재판이나 주민운동에도 연구자로 참여했다. 사회활동으로 일본환경학회에서의 일은 1970년대 이래 전후 공해사의 물결 속에 있었던 것 같은 경험이었다. 말할 것도 없이 현상을 조사해 경험하는 것만으로는 부족하지만 점차 공해·환경론도 체계화할 수 있게 되고, 그것이 새로운 공해연구를 지탱해주었다. 이 책은 내가 현장에서 경험한 것 중에서 이론화한 다음에 가장 중요하다고 생각한 공해·환경문제에 중점을 두고 그 역사를 썼다. 그런 의미에서 통사도 아니고 사사(私史)도 아니고 공해사론(公害史論)이다.

공해·환경문제는 학제적인 연구가 필요하다. 쓰루 시게토의『공해의 정치경제학』에서는 공해의 연구를 소재(素材: 의학·공학·생태학 등의 분석)에서부터 체제(정치학·경제학·사회학의 분석)로 분석해나가되, 단순한 기능론으로 끝나지 않도록 특히 공해의 본질을 경제체제로 귀착시키는 것을 보여주었다. 나는『환경경제학』에서는 소재에서 체제로라고 직접 논리를 전개하지는 않고, 독자적인 시스템 분석이 필요한 환경론으로서 소재와 체제의 성격을 모두 갖춘 다음과 같은 항목으로 시스템의 틀을 구성하여 공해·환경문제의 양태, 원인, 대책의 변화를 명확히 하는 중간 시스템론을 제창했다.

(1) 공사(公私) 모두 자본형성에 있어서 기업은 최대한 이윤을 좇아 행동하는데 공해방지 등의 안전대책은 어느 정도 취했는가. 거기에 대응해 공공부문이 공해방지를 위한 사회자본이나 규제조직을 어떻게

예산화하고 행동했는가.

(2) 산업구조(농업, 공업, 특히 중화학공업, 서비스업의 산업배치)와 에너지체계를 어떻게 형성했고, 그에 따라 어떠한 환경정책을 취했는가.

(3) 지역구조(도시 특히 대도시·공업도시와 농촌의 생산력과 인구배치)가 어떻게 형성됐고, 집적의 불이익은 어떻게 발생했는가.

(4) 교통체계(사람흐름·물류·정보흐름)는 철도 등의 대중교통 중시인가, 자동차교통 중시인가. 이로 인해 교통사고·공해·혼잡 등 사회적 비용이 어떻게 발생했는가.

(5) 생활양식은 도시적 대량소비 생활양식인가 농촌형 자급자족 생활양식인가. 대량소비에 의한 낭비와 폐기물 등의 처리가 어떻게 일어났는가.

(6) 폐기물(가정폐기물·산업폐기물) 처리방법과 리사이클링에 의해 어떠한 환경의 유지 또는 파괴가 행해졌는가.

이들 6개 항목은 근대화 이후 자본주의의 상품시장제도 가운데 생겨나 현재로 발전해 온 것으로 경제체제에 기인하는 것인 동시에, 인간의 평균 지력(知力)이나 행동력을 넘은 과학기술, 특히 공학 소재 그 자체에도 기인하고 있기 때문에 중간 시스템이라고 부른 것이다.

(7) 공공적 개입의 틀에 의해 환경문제의 상황은 바뀐다. 현대는 민주주의에 바탕을 둔 공공적 개입의 제도를 유지하고 있다. 헌법에 의한 기본적 인권, 민주주의와 자유, 특히 사상·표현의 자유를 보장할 틀과 그것이 어떻게 잘 지켜지고 있는지에 따라 공해의 고발, 주민의 여론과 운동, 미디어의 보도, 행정의 대응, 소송의 틀이 정해진다.

이처럼 공해·환경문제는 정치·경제·사회의 종합적 시스템에 기본적인 규정을 받아들이고 있다고 할 수 있다. 공해는 각각의 양태, 원인, 대책에 차이가 있지만, 전후 일본처럼 심각한 피해를 전국에 미치고 중대한 사회문제가 된 것은 이 시스템에 문제가 있었기 때문이다. 어쩌면 지금의 중국이나 아시아 국가의 공해에도 공통되는 것인데, 이는 폐해를 가진 시스템이 존속하고 있기 때문이다. 이 책은 이 시스템의 변화, 중복, 공공적 개입의 틀의 변화를 역사를 꿰는 붉은 실로 쓰고 있다.

이 책에서는 정책형성과정을 중시하고 있다. 일본은 법치국가이기에 주민의 요구가 행정을 개혁하고 재판에서 판결이 나와 의회에서 법안이 통과돼 정책이 정해지는데, 이 정책결정과정이 공해·환경대책의 성격을 결정한다고 해도 과언이 아니다. 재판에서는 가해기업이나 국가의 환경정책의 본질이 적나라하게 드러난다. 중요한 문제에서는 대책을 둘러싸고 격렬한 논쟁이 거듭되고 그런 가운데 정부정책의 본질과 결정사항의 문제점이 분명해지기 때문이다. 4대 공해재판, 공공사업재판, 공해대책기본법의 조화론 논쟁이나 환경기본법에서 군사와 원전에 관한 논쟁 등이 그것을 나타내고 있다. 재판과 의회에서의 논쟁에 커다란 지면을 할애한 것은 이런 의미에서이다.

대상이 되는 시기와 구분

1945년 패전 때부터 1990년대 중반까지가 본론의 대상이다. 이 시기는 경제사로 보면 경제부흥기(1945~59년), 고도성장기(1960~75년), 석유불황과 국제화(1976~91년)로 나눌 수 있다. 공해사도 크게는 이 시기구분에 따라 움직이고 있지만 사건은 반드시 특정 시기에 끝나지 않는다. 가령 구마모토미나마타병이나 이타이이타이병은 일반적으로 고도성장기에 발생한 것처럼 쓰여 있지만, 실제는 본론의 제1장에서 말하는 바와 같이 경제부흥기에 발생하고 있었다. 그러나 그것으로 끝나지 않는다. 미나마타병은 아직도 해결되지 않고, 재판은 전 시기에 걸쳐 행해지고 있다. 이타이이타이병은 재판 이래 1970년대의 불황기에 카드뮴 부정설이 재연되고 피해자는 진실을 규명하기 위해 국제회의를 개최하고 특히 공해를 근절하기 위해 매년 가미오카 광산의 배수·매연조사와 연구를 계속해 결국 완전히 공해를 방제한다는 일본 공해사상 공해근절의 빛나는 역사를 만들었다. 시기는 구분하지만 개개의 중요한 공해문제는 전 역사에 등장하기에 경제사와 같은 명확한 시기 구분은 없다.

공해사 가운데서는 말할 것도 없이 고도성장기가 공해, 공해의 반대 여론과 운동, 행정·재판 등의 전개, 공해과학의 진전 등 근대사 가운데서도 가장 화려하게 사건과 문제가 발생했다. 이 때문에 이 책에서는 4개의 장으로 나눠 그에 대해 서술을 하고 있다. 1970년대 후반 이래 도시형 공해의 중심이 옮겨지고 또 어메니티를 요구하는 자연·경관·역사적 가로 보존의 환경문제와 정책에 대한 관심이 커졌다. 나는 도시경제학도 전공을 해 이 어메니티운동에도 참가했기에 소재는 많지만 공해사론이기에 최소한에 머물렀다. 그러나 앞서 기술한 것처럼 공해와 어메니티 문제는 연결돼 있어 종합적으로 대책이 고려되었으면 한다. 어메니티 문제가 크게 부각되자 의식적으로 공해문제를 은폐해 이제 공해는 끝났다는 의견이 커졌다. 확실히 공해의 양상은 바뀌었다. 그러나 중간 시스템이 바뀌지 않는 한 공해는 형태를 바꿔 나타난다. 이 책은 1990년대에서 일단락 지었지만 그 뒤에도 커다란 사회문제이며, 앞으로 오랜 기간 피해가 나올 스톡공해인 석면, 원전 재해에 대해서는 보론적으로 다루었다.

나는 본래 메이지유신 이후의 공해사론을 쓸 생각으로 준비를 해왔다. 아시오 광독 사건 이래 공해 사건이나 재판·행정은 잔혹한 피해를 냈지만, 아시오 사건의 재현을 두려워한 기업은 히타치의 세계 제일 높은 굴뚝이나 시사카지마의 세계 최초의 배연탈황, 오사카시의 대기오염방지법 등 당시로서는 최고의 공해대책을 하고 있었다. 전쟁과 패전으로 인해 이 대책의 사상이나 기술이 계승되지 못한 것이 전후 공해의 원인 중 하나이다. 따라서 전전 공해사를 써서 전후의 단절과 계승을 명확히 하는 것이 정공법일 것이다. 그러나 전전의 공해사는 전후처럼 자료나 통계가 갖춰지지 않아 똑같이 구성하기란 불가능했다. 또 나와 뜻을 함께 해서 현장에 들어가 고투했던 시미즈 마코토, 우이 준, 하라다 마사즈미, 다지리 무네아키, 하나야마 유즈루 등 존경하는 친구들이 이미 돌아가셔서 전후의 증언을 남기는 일을 서두르지 않을 수 없게 됐다. 그래서 전전 공해사론은 남겨두고 전후 공해 사론을 우선 출판했다. 언젠가는 이 책과 같은 형식은 아니지만 전전의 에 피소드를 써보고 싶다.

주

1 '과도하게 공업화된 다른 나라들은 이렇게 해서 일본을 자국의 장래의 견본으로 삼을 수 있다. 일본의 환경악화로 인한 사람들의 건강문제는 세계의 주목을 받았다. …… 인간에 의한 환경 파괴의 매우 복잡하고 위험한 결과가 세계의 다른 어떤 지역보다도 먼저 일본과 그 근해에 나 타날 것이다. …… 공업사회에서 계속 나타나고 있는 이러한 문제에 대해 문화수준이 높고, 기술도 있는 국민이 어떻게 대처할 것인지를 연구하기에는 일본이 아주 좋은 재료이다.' ノ リ・ハドレ他著, 本間義人・黒岩徹訳『夢の島から見た日本研究』(サイマル出版会, 1975) p.3.

2 일본 공해의 역사적 교훈에 관해 전전의 개설은 다음 소론에 있다. 宮本憲一「日本の 公害-歴 史的教訓」(『環境と公害』 2005年 夏号, 35巻1号). 또한 이 책의 서설은「公害史論序説(『彦根論 叢』 382号, 2010年 1月), K. Miyamoto, *Japanese Environmental Policy: Lesson from Experience and Remaining Problems*(I. J. Miller, J. A. Thomas and B. L. Walker eds, Japan at Nature's Edge-The Environment Context of Global Power. University of Hawai Press, 2013)에도 기술했다.

3 와이트너는 일본의 환경정책의 특징은 역학조사를 축으로 해 건강피해대책을 추진해 온 것에 있다고 기술하였다. 당시 서독에서는 1962년에 루르 지방에 대기오염의 역학조사를 실시해 과잉사망 156명이라는 보고가 있었지만 이후 진전은 없다. 또 겨울의 대기오염이 심한 때에는 노인의 사망률이 15% 상승한다는 기록도 있고 특히 1983년 무렵부터 유유아(乳幼児) 사망률 상승과 아동의 건강장애에 관한 대중의 관심이 깊어지고 있으나 역학조사는 충분하지 않다고 한다. 대기오염공해 연구비가 1976~80년 사이에 8억 마르크 나와 있으나 인간의 건강관련에 는 800만 마르크밖에 나와 있지 않다. H. Weidner. *Air Pollution Controll Strategies and Policies in the Federal Republic of Germany: Laws, Regulations, Implementation and Principal Shortcomings*, Berlin: Edition Sigma, 1986, pp.37-38.
일본의 공해에 있어서 역학의 역할과 의의에 관해서는 津田敏秀『医学者は公害事件で何をし てきたか』(岩波書店, 2004)를 참조.

4 Eckard Rehbinder, *Instrumente des Umweltrecht*. ドイツ憲法判例研究会編『人間・化学・環 境』(信山社, 1999), H. Weidner, "*Die Erfolge der Japanischen Umweltpolitik*", S. Tsuru. & H. Weidner, *Ein Modell für uns: Die Erfolge der Japanischen Umweltpolitik*, Köln: Verlag Kipenheuer & Witsch, 1985. 독일과 일본의 환경정책에 차이가 벌어진 것을 두고 독일의 자

연보호와 비교해 일본은 공해가 심하고 건강이 중심이었던 것이 아닌가 하는 지적이 있다. 吉村良一『公害・環境私法の展開と今日的課題』(法律文化社, 2002)

5 E. S. Mills, *The Economics of Environmental Quality*, N. Y. : Norton, 1978, pp.237-264. 또는 동일한 평가를 법률가도 하고 있다. Gresser, K. Fujikura and A. Morishima, *Environmental Law in Japan*, The MIT Press, Cambridge, 1981, pp.245-252.

6 Cf. Mills, Ibid.

7 영국의 공중위생과 뉘선스의 역사에 관해서는 다음 문헌이 참고가 됐다. 工藤雄一「公害法(1863年アルカリ工場規制法の成立」(『社会経済史学』第40巻 第6号). 武居良明「イギリス産業革命における公衆衛生問題」(『社会経済史学』第40巻 第4号), 武居良明「公衆衛生問題を通じてみた十九世紀イギリスの行政改革」(『社会経済史学』第42巻 第3号」

8 小森武「国民の意識と運動」(都留重人編『現代資本主義と公害』岩波書店, 1981) pp.37-38.

9 庄司光・宮本憲一『日本の公害』(岩波書店, 1975). 이 정의는 쓰루 시게토의『公害の政治経済学』(岩波書店, 1972) pp.29-30에서 보인 다음의 정의를 기초로 하고 있다. '공해란 A 기술진보가 점점 생산의 사회적 성격을 강하게 띠어가는 단계에 있어서, 따라서 경제주체의 외부로부터 받은 영향이 크고, 그것이 외부에 미치는 영향도 큰 단계에 있어서, B 경제주체의 사기업적인 자율자책(自主自責)의 원칙을 계속하는 한, C 집적의 편리, 즉 외부경제를 이용하려고 하는 적극적 동기도 전해져, 집적경향은 저절로 강해지는 것이며, D 외부에 미치는 영향은 최소한의 방제가 행해지는 것만으로, 주변지역에 집적해, 양의 질로의 전환을 낳지만, E 그 결과에 관해서는 개개의 경제 주체와의 인과적 결합이 실증하기 어려운 경우가 많아서 개개의 경제주체는 책임을 피하고, F '외부' 즉 통상은 불특정다수의 기업 내지는 개인, 예외적으로는 특정 기업 내지 개인에 대해 실질적 피해를 낳는 사태'

10 좌담회「公害研究20余年の実績と新たな発展をめざして」(『環境と公害』1925年 秋号, 22巻 1号) 중에 쓰루 시게토는 '정확하게는, 공해는 영어로 "disamenities inflicted upon public"이라는 식으로 번역된 것이다. 그것은 의미는 전하고 있지만 너무 길어 효과가 없기에 "KOGAI"라고 하는 사람이 외국인 중에도 몇몇 있습니다'라고 한다. 쓰루는 어메니티의 결여를 공해로 생각했으며, 내 환경문제의 피라미드는 이러한 사고방식에 가깝다.

11 「大気汚染協会史」(『大気汚染学会誌』24巻 5・6, 1989)

12 北九州市『北九州市公害対策史』『同解析編』(北九州市, 1998)

13 川名英之『ドキュメント日本の公害』全13巻(緑風出版, 1987-96)

14 飯島伸子編著『公害・労災・職業病年表』(公害対策技術同友会, 1977, すいれん舎, 新版 2007). 또 이 이다(飯島)의 사업을 계승해 일본과 세계의 연표가 만들어졌다. 環境総合年表編集委員会編『環境総合年表-日本と世界』(すいれん舎, 2010). 이것은 일본 독자적 연표학이라고 할 수 있는 걸작이다.

15 日本科学者会議編『環境問題資料集成』全14巻(旬報社, 2001-03)

제1부

전후 공해문제의 역사적 전개

1971년 9월 미나마타시민회의 회장 히요시 후미코 씨, 구마모토미나마타병 원고인단장 와타나베 에이조 씨 등과 함께 포즈를 취한 저자. 왼쪽에서 세 번째가 저자인 미야모토 겐이치 선생. 그 좌우가 히요시, 와타나베 씨. 일본의 전통적인 조문 복장을 하고 있다.

　전쟁은 최대의 환경파괴이다. 제2차 세계대전으로 일본은 약 300만 명의 인명을 잃고, 제조업설비의 약 40%가 소실되고, 자연·문화재 등의 귀중한 환경을 잃었다. 전후 부흥은 기아상태에서 출발해 1950년의 한국전쟁과 1952년의 강화조약을 거쳐 경제가 부흥했지만 안전을 무시한 경제재건이었다. 이 제1장은 경제부흥기에 발생한 광해·펄프수 오염 사건과 더불어 공해의 원점이라고 할 미나마타병과 이타이이타이병의 초기 역사를 다루었다.

　1954년부터 국민소득배증계획을 거쳐 20년에 이르는 고도성장에 의해 세계 제2위의 경제대국이 되었다. 그것은 중화학공업화·도시화를 진전시켜 대량생산·유통·소비의 경제시스템을 만들었다. 이 정·관·재 복합체의 시스템은 '기적의 경제성장'을 성취했지만 동시에 그 시스템이 국토 전체를 공해의 도가니로 만들었다. 제2장은 심각한 공해상황과 그 전형인 욧카이치와 게이요 공해를 소개한다.

　공해대책이 시작되는 계기는 정부의 개발을 중단시킨 시즈오카현 미시마·누마즈의 시민운동과 그 파급이다. 정부는 1967년 공해대책기본법을 제정했다. 그러나 이것은 산업의 발달을 우선시하는 타협적인 성격을 띠고 있어 공해를 중지시키지 못했다. 시민은 일본 독자의 지자체 개혁과 공해재판이라는 2가지 방법을 통해 해결의 길을 열었다. 제3장은 소위 혁신지자체가 정부보다 엄격한 공해조례·방지협정을 시행해 정책변경을 서두르고, 1970년 국내외에 전례 없던 공해반대 여론의 압력 아래 정부가 공해국회를 열어 환경14법을 제정하고 다음해 환경청을 발족시킨 사실을 기술한다.

　제4, 5장은 공해재판을 다루고 있다. 제4장은 최후의 구제를 사법에 구한 이타이이타이병, 니가타·구마모토미나마타병, 욧카이치 공해의 4대 재판을 다룬다. 이 재판은 힘겨웠지만 여론의 압력과 당사자의 노력으로 완전승소를 했다. 제5장은 공공사업에 의한 공해재판으로, 이때의 쟁점은 '환경권인가 공공성인가?'라고 할 정도로 공권력의 공해대책에 정면으로 도전한 중대한 재판이었다.

　제6장은 고도성장기까지의 심각한 공해문제에 대해, 무엇이 해결됐는지, 어떠한 정책수단이 유효했는지, 무엇이 과제로 남았는지에 대해 일본 안팎의 평가를 검토했다.

제 1 장
전후 부흥과 환경문제

제1절 전후 부흥기(1945~59년)의 경제와 정치

1 전재(戰災) 부흥과 한국전쟁 특수

전쟁은 최대의 환경파괴이다. 제2차 세계대전의 피해는 아직 완전히 드러나지 않고 있다. 일본의 경우, 민간인 사망자 약 70만 명, 군인군속 사망자 약 240만 명에 이르렀다. 경제안정본부의 『태평양전쟁으로 인한 일본의 피해종합보고서』(1949년 4월)에 따르면 본토 국부(國富)의 직접·간접피해는 〈표 1-1〉과 같이 643억 엔(국부의 25.4%)에 이른다. 공업 특히 에너지부문과 기계·기구공업, 화학공업에 괴멸적 피해가 나왔다.

한편 이시카와현, 돗토리현 이외 119개 도시가 피해를 입었고 역사적 경관이 사라지는 등 주요 도시는 전멸에 가까운 피해를 입었다. 주택은 약 236만 호가 소실되었는데, 그 중 80%의 피해가 도쿄·히로시마·나가사키·오사카·고베·요코하마·나고야의 7개 도시에서 났다. 전시 중에는 자재가 부족해서 국토보전이나 산림·농지정비 같은 공공사업이 충분하지 못했다. 이 때문에 농업생산력은 떨어지고 황폐한 도시지역에 재해가 빈발하게 됐다. 이처럼 생산력이 떨어져 황폐해진 도시인 국토에 약 1000만 명

표 1-1 태평양전쟁으로 인한 본토의 국부 피해

(단위: 100만 엔)

	직접피해		간접피해	
	금액	피해율	금액	피해율
총액	49,673	-	-	-
A 자산적 일반국부	48,649	19.2	15,629	6.2
(1) 건축물	17,016	18.8	5,204	5.8
(2) 항만·운하	17	1.0	115	6.5
(3) 교량	55	1.9	46	1.6
(4) 공업용 기계	4,684	20.1	3,310	14.2
(5) 철도 및 궤도	104	0.8	780	6.2
(6) 모든 차량	364	12.5	275	9.4
(7) 선박	6,564	71.9	795	8.7
(8) 전기·가스	898	6.0	720	4.8
(9) 전신·전화·방송	243	12.3	50	2.5
(10) 수도	271	12.4	95	4.4
(11) 소장 재화	17,446	21.5	47	0.1
(12) 잡화	987	15.9	256	4.1
(13) 분류 곤란	-	-	3,936	-
B 기타 국부	1,024			

주: 経済安定本部 「太平洋戦争による我国の被害綜合報告書」(『1949年経済白書』). 오키나와현을
    제외한다.

의 식민지 등 외지에서 들어온 사람과 제대군인이 몰려들었다. 이렇게 해서
문자대로 기아상태인 최악의 환경에서 전후는 시작됐다.

유엔이 점령지의 기본정책을 결정하게 됐지만 실제 관리는 맥아더 장군
의 미군사령부(GHQ)에 위탁됐다. 이 시기의 최대 문제는 심각한 인플레이
션이었다. 평화가 찾아오자 급속한 수요 확대에 생산이 따르지 못하는 것이
저변에 깔려 있었는데, 군사자금을 정리하면서 일본은행권을 방출해 전시
통제제도를 폐지한 것 등으로 인해 물가가 치솟았다. 도쿄 소매물가는
1934~36년을 기준으로 하면 1949년에는 243배가 됐다(1952년에는 300배). 암
시장 물가는 더욱 폭등했다. 정부는 수요를 억제하기 위해 통화·소득관리
를 행하는 등 대책을 취하고, 경사생산방식*으로 전력, 석탄, 철강, 해운,

비료 등에 보조금을 지급하고 부흥금융공고(公庫: 1947년 설립된 정책금융기관, 이

하 '부금(復金)'이라 약칭함)를 설립해 집중적으로 투자해 어려움을 이겨내려고

했다. 당시 중요산업은 부금융자, 일반회계에서 나오는 가격차 보조금(시가

를 웃도는 원가의 차액 보조금)과 무역자금특별회계에서 나오는 수출입보조금(미

국 원조물자 처분대금)으로 지탱됐다. 부금의 원자(原資)나 가격차 보조금은 일본

은행 인수채권이었기에 인플레는 가속화되는 반면 중요산업은 능률적으로

개선되지 않고 비효율경영이 계속됐다.[1]

　1948년 중국혁명을 목전에 둔 가운데 미국의 대일정책이 바뀌었다. 지금

까지의 전쟁을 일으키지 않고 민주주의국가로 재건하는 정책에서 극동의

반공세력의 동맹국으로 독립시키기 위해 자본주의경제의 재건 및 안정, 국

제화와 공업화를 추진하기 위해 인플레의 수습을 단행하게 됐다. 미군사령

부는 일본 정부에 '경제안정 9원칙'을 지령하고 1949년 그 실행을 위해 디

트로이트은행 최고책임자인 도지를 공사로 파견했다. 그는 일명 '도지라인'

을 만들어 시장경제로 이행하기 위해 ①종합균형예산, ②경제통제의 폐지,

③단일환율 1달러=360엔을 시행했다. 그는 일본 경제가 살얼음판 위를 걷

듯이 불안정하다고 해 살얼음판격인 부금융자와 가격차 보조금 등의 보조

금을 모두 폐지하고, 정리해고 등 산업의 합리화와 자본축적을 추진했다.

1950년 재정제도의 안정을 위해 콜롬비아 대학의 재정학 권위자인 샤우프

박사를 중심으로 한 세제개혁조사단이 일본을 방문해 재정개혁에 대한 의

견을 내놓았다. 이들 개혁으로 인플레는 극적으로 수습됐지만 성장은 느려

지고 국제화의 시련이 시작돼 디플레에 의한 심각한 불황이 시작됐다.

　1950년 6월 한국전쟁이 시작됐다. 그것은 일본 오키나와를 냉전기의 전진

기지로 삼는 것과 동시에 전쟁물자 조달에 따른 특수를 누리며 일본 경제를

단번에 일으켜 세웠다. 1950년 경제성장률 11%, 1951년 13%로 광공업생산

---

* 생산기반을 다지기 위해 기초가 될 물자생산에 자본·노동력 등을 집중 투자하여 육성하고, 다음 중
점 산업에 그 과정을 반복하는 방식

은 1950년 22%, 1956년에는 35%가 증가해 전전 수준으로 회복했다. 특수의 규모는 3년간 누계로 약 10억 달러에 이르고, 당시 연간수출고에 필적할 정도로 커졌다. 특수경기는 최초로 '가차만 경기'*라고 불렸던 섬유 등 경공업제품에서 시작해 기계, 금속, 철강 등으로 옮겨갔다. 1951년 일본개발은행 등 설비투자를 담당하는 정책금융기관이 정비됐다. 같은 해 사업합리화심의회는 「일본 산업의 합리화책에 관하여」를 발표해 전력·해운·석탄·철강·화학 등 중점산업의 합리화·기술혁신이 시작됐다. 생산의 증강은 공해문제의 시작이었다. 그것은 전전의 중국을 중심으로 경공업제품을 수출하던 구조에서 미국 중심의 수출로 성장하는 구조이다. 한국전쟁 휴전과 더불어 경기는 침체되었다. 당시 중화학공업제품은 국제적으로는 20~30% 더 비쌌고, 국제수지의 적자와 더불어 금융긴축이 시작돼 1954년 가을까지 불황이 계속됐다. 그 사이 강화조약이 체결되면서 국제사회에 복귀도 하고 재정금융도 개혁하여 1954년 말에는 다음의 고도성장의 서곡이 시작됐다.[2]

2 신헌법 제정과 전후 개혁

1946년 11월 3일 일본국 헌법이 공포되고 다음해인 1947년 5월 3일 시행됐다. 이 헌법은 전전의 메이지헌법체제를 한꺼번에 바꾸는 것이었다. 메이지헌법의 천황주권을 폐지하고 국민주권을 인정하며 천황은 국민통합의 상징이 됐다. 헌법은 전쟁을 포기하고 평화, 기본적 인권(특히 남녀평등), 민주주의(삼권분립과 지방자치)를 기조로 했다. 이러한 헌법의 규정은 구미의 시민혁명의 성과이며 특히 이 헌법은 그 뒤 복지국가의 사회권을 포함하고 있다. 그뿐만이 아니라 제2차 세계대전의 교훈을 살려 전쟁의 포기·영구평화라는 인류의 이상을 규정한 획기적인 것이었다.

---

* '직기를 찰카당 하면 만금이 벌린다'는 말에서 우리말 찰카당에 해당하는 '가차'에다 만금의 '만'이 합해져 만들어진 말이다.

이 헌법제정을 전후로 해 일본의 근대화를 저해해 온 기생(寄生)지주제를 폐지하기 위한 농지개혁이 두 차례에 걸쳐 추진되고 가족제도의 개혁이 추진됐다. 또 시장제도를 추진하기 위해 재벌이 해체되었고, 노동조합법을 제정해 노동3권이 인정됐다. 교육의 민주화도 이뤄졌다. 이들은 점령정책이라는 제약이 있었지만, 일본의 근대화·민주화를 추진시켜 나중에 고도성장의 기반을 만들었다. 즉, 전전의 전쟁경제가 아니라 평화경제를 기조로 해 한 번도 전쟁을 일으키지 않고 군사비라는 낭비를 줄여 기술도 민간에서 필요한 물자를 중심으로 개발한 것이 국민생활을 안정시켜 고도성장을 가능하게 했다. 농지개혁과 가족제도의 개혁은 노동력이 자유롭게 이동할 수 있게 해 공업화와 도시화를 가속시켰다. 교육의 민주화는 고등교육을 대중화하고 기술혁신과 과학의 발달에 기여했다. 노동기본권의 확립을 통해 전전에 비해 노동조건이 개선됐다. 이러한 것이 생산성을 향상시켜 국내시장을 확대시켰다. 이처럼 전후 헌법체제와 그 개혁이 경제대국을 낳은 제도의 기조가 됐다. 다만 동시에 이 경제대국은 일본형 정·관·재 유착을 주체로 한 기업중심의 기업사회·미국에 의존한 기업국가가 되어버렸다. 이 전후 개혁은 다른 나라처럼 시민혁명에 의해 창조된 것이 아니다. 이 때문에 국민의식이 자주적으로 바뀌지 않아 항상 전전의 제도로 되돌아가려고 하고 개헌의 움직임이 일고 있었다. 한편 나중에 기술하겠지만 시민운동과 같은 사회운동은 이 헌법 등의 전후 민주주의의 권리를 살려 경제대국의 부작용을 시정하고 사회문제의 해결을 진전시켰다. 가령 공해나 환경파괴에 반대하는 근거는 헌법 제13조, 제25조에 규정된 행복추구권이며, 이것이 인격권과 환경권의 근거가 되고 있다.[3]

3 강화조약과 미일안보조약

1951년 9월 샌프란시스코에서 대일 평화조약을 맺고, 다음해인 1952년 4월 발효돼 일본은 독립국으로서 국제사회로 복귀했다. 1952년 IMF 가입,

1955년 GATT 가입 등 국제 경제 무대에 등장해 1956년 12월에는 유엔 가입이 가결됐다. 그러나 대일평화조약은 전면 강화조약이 아니라 서방진영에 가입하는 것으로 중국과 소련 등은 참가하지 않았다. 평화조약 제3조에 의해 오키나와는 미국의 시책 아래 놓여졌다. 더욱이 일본의 국제적 위치에 있어 가장 커다란 문제는 강화조약과 표리일체로 미일안전보장조약이 체결된 것이다. 이 조약에서는 극동에 있어 국제평화·안전유지, 외부로부터의 일본 무력침공(외부로부터의 교사 또는 간섭에 의한 내란, 소요를 포함)에 대처하기 위해 미군의 배치를 인정한다는 것이다. 이로 인해 지금까지 일본에 주둔해 있던 미군기지 약 300곳(1400㎢, 오사카부의 80%의 면적)이 무기한 대여되게 됐다. 그 결과, 일본은 헌법체제와 병행해 미일안보체제가 있고, 국가에 있어 가장 중요한 안전보장문제는 헌법 제9조 규정을 넘어 미국 정부의 세계전략에 의해 결정되게 되고, 그 영향은 경제정책과 환경정책에 미쳐 사실상 일본은 미국의 '속국'이라는 평가를 받게 됐다. 이 조약의 구체적 내용을 결정한 것이 국회의 승인 없이 1952년 2월 조인한 미일행정협정이다. 이 협정에서는 기지에 관해서는 미군의 배타적 관리권이 인정돼 일본의 법률이 적용되지 않고 미군의 사건·사고에 대한 재판에 미군의 우선권이 인정되고 기지 반환시 원상회복의무도 면제됐다. 1960년에 안보조약은 개정됐지만 이 행정협정은 미일지위협정으로 그 내용이 계속 이어졌다. 이 때문에 일본 국내에 사실상 치외법권의 조차지가 생긴 셈이 되었다. 따라서 독립 후도 기지 내의 공해·환경파괴는 물론 항공기소음이나 위험물질을 기지 밖으로 유출, 특히 해방된 기지 이전적지의 환경오염의 제거책임 등에 관해 일본의 공해·환경정책을 적용할 수 없고, 항공기 등의 사고, 미군·군속의 범죄와 마찬가지로 일상적인 공해가 기지 주변의 주민생활을 계속 파괴시키게 됐다.

1952년 독립함으로써 미국의 대외원조가 바뀌기 시작했다. 1954년 체결된 MSA(상호안전보상법)와 같은 군사원조를 제외하고, 대충(代充)자금과 같은 경제원조는 끊겼다. 일본 독자적인 산업정책이 전개됐다. 고도성장의 서곡이 시작된 것이다.

4 전후 정치 · 경제 · 사회체제의 확립

1950년대 후반에 전후 사회체제의 기초가 확립됐다. 그것은 고도성장의 출발점이었던 1954~57년 '진무(神武)경기*'가 시작돼 1959~61년의 '이와토(岩戸)경기**'의 과정으로 형성됐다. 그것은 이후 환경파괴의 구조적 원인이기도 하다. 이하 조목조목 설명하고자 한다.

민간경제부문의 특징

첫째로 한국전쟁 특수 이후 일본 경제는 시장경제제도하에 미국 시장 중심의 수출진흥을 통해 국제적으로 성장을 추진하는 경제구조가 형성됐다. 전후 급속한 부흥의 원인은 국제적으로 보아 지식수준이 높은 노동자가 주택사정 등 열악한 생활환경을 참으면서 저임금 · 장기간노동으로 근면하게 일했기 때문이다. 특수시대는 해외귀국자나 제대군인 등의 실업자가 주된 노동력의 공급원이었다. 그 뒤에는 농지개혁으로 농업생산성이 높아졌기 때문에 농촌의 잉여노동력이 생겼고 가부장적인 가족제도가 붕괴되고 지역의 이주가 자유로워진 농민이 고용을 찾아 도시로 대량 이동하기 시작했다. 이것이 고도성장을 담당하는 노동력이 됐다.

둘째는 1950년대부터 전후형(戰後型) 중화학공업화가 시작됐다. 전전의 중화학공업은 군수중심이었지만, 전후는 헌법 제9조에 의해 군수는 제한을 받았고 전기제품 · 자동차 등의 내구소비재, 화학 · 기계제품, 외항제품, 외항선 등의 민수가 주체가 됐다. 가령 철강업에서는 소비재의 박판(薄板)이 필요하게 되고 설비투자는 연속압연부문(스트리프밀)을 중심한데서 나타났다. 이 중화학공업의 생산성 향상은 미국 등의 외국 기술의 도입이 큰 효과를

---

* 진무천황 이래 최대의 경기라는 의미. 진무천황은 기원전 660년에 즉위한 것으로 알려져 있다.
** 진무천황을 거슬러 일본 왕실의 근상신에 해당하는 아마테라스 오미카미가 바위동굴(이와토)에 숨었다는 전설에 빗대서 '진무경기'보다 더 호황기를 일컫는 말. 우리나라로 치면 '단군 이래 최대의 경기'라는 표현 정도라 볼 수 있다.

보였다. 특징적인 것은 최신 기술력을 가진 공장이 임해부에 건설되기 시작했다는 것이다. 그 전형이 당시 경제상황에서는 무모하다고 할 정도였던 1956년 가와테쓰(川鉄)의 지바 공장 건설이었다. 이것은 그 뒤 고도성장의 상징임과 동시에 공해대책의 표적이 되기도 했다.[4]

셋째는 재벌을 대신한 기업집단의 형성이다. 1953년 독점금지법의 완화로 미쓰이(三井)·미쓰비시(三菱)·스미토모(住友)·산와(三和)·후지(富士)·다이이치칸긴(第一勸銀) 계열의 6대 기업집단이 경쟁형 과점을 형성했다. 은행이 주체가 돼 기업그룹이 형성된 것은 일본의 기업투자가 증권회사에 의한 직접투자보다도 은행에 의한 간접금융으로 이뤄졌기 때문이다. 상업은행인 은행이 장기투자를 하면 리스크가 커지는데 그것을 보장한 것이 일본개발은행 등의 정책금융이며, 니치긴(日銀)이 제공한 오버론(over loan: 초과 대부)이다. 이러한 기업집단이 생긴 이때쯤부터 도요타, 혼다, 마쓰시타 등 신흥 기업이 성장했다. 기업의 90%는 중소기업이며, 이것이 대기업과 2중구조를 이뤄 일본 경제의 특성이 됐다.

공공부문의 특징

넷째는 재정에 의한 성장정책이다. 재정법은 전전의 실패에서 교훈을 얻어 적자국채를 인정하지 않아 고도성장기는 초건전재정이었다. 게다가 민간경제의 성장을 조성했다. 그 비밀은 경제성장에 의한 예산보다도 세수가 늘어난 '자연증수(增收)'를 소득세 감세와 복지로 돌리지 않고 생산기반을 위한 공공사업이나 기업감세 등으로 돌렸기 때문이다. 또 장기안정예금인 우체국저금이나 감포자금*을 원자**로 한 재정투융자계획이 민간금융을 보완하고 개발 등을 통해 설비투자로 돌려 도로 등의 공공사업을 촉진했다.

---

* 간이생명보험(簡易生命保險)의 약칭인 감포(簡保)의 자금. 2007년 10월 실시된 우정민영화 이전에 일본정부·일본우정공사가 해왔던 생명보험 사업을 말함.
** 原資: 투·융자의 바탕이 되는 자금

이러한 성장정책을 추진한 주체로서 경제단체연합회(경단련)을 중심으로
하는 재계, 보수가 연합해 절대다수가 된 자민당, 점령하에 온전히 살아난
관료기구, 특히 경제관료에 의한 정·관·재 유착구조가 1955년 전후에 형
성됐다. 이것이 시장제도하에 다른 나라에서는 유례를 볼 수 없는 국가주도
의 경제성장정책을 추진하고 또 미일안보체제를 유지한 이유이다. 한편 이
시기에는 사회당이 통일되고 야당은 헌법개정을 추진하려는 정부여당의 움
직임을 저지하기 위해 중의원 의원 정수 3분의 1을 차지했다. 이 55년체
제*가 고도성장기의 정치시스템이다.

도시화와 국민생활

1950년대 중반에 전쟁피해의 복구가 끝나고 산업구조의 변화와 생활양
식의 근대화가 진전되자 급속한 도시화가 시작됐다. 1953년 정부는 전후개
혁에 의해 교육과 민생사업 등을 위탁할 수 있는 행·재정 규모를 만들기
위해 강제적으로 시정촌(市町村)을 합병했다. 이것은 위로부터의 도시화정책
이라고 해도 좋다. 후술하는 〈표 1-5〉처럼 1945년 전국인구에서 차지하는
도시인구의 비율은 27.8%였다. 그것이 1955년에는 56.6%가 되고, 1960년에
는 63.9%로 급증하였다. 이 도시화에도 불구하고 주택, 상하수도, 도시공원
등 도시시설의 정비는 현저히 늦어졌다. 도시건설은 무계획적으로 추진돼
공장지역이 주택지역 가까이 조성되고, 산림·농지 등의 녹지대는 사라졌
다. 1968년 겨우 도시계획법이 제정됐다. 그것은 늦은 감이 있었다.

전후의 예술문화는 전전의 유럽문화에서 미국문화 중심으로 변화했다.
그와 함께 생활양식도 전전의 절약내핍에서 대량소비의 미국형 생활양식으
로 변모했다. 1950년대 후반에는 텔레비전, 세탁기, 카메라 등의 내구소비
재가 보급되기 시작했다. 그것은 가능한 한 물건을 오래 갖고 있는 것이 아

---

* 일본에서 여당인 자유민주당, 제1야당인 일본사회당이 차지하는 체제를 이르는 말로, 1955년에 이
구도가 성립됐다.

니라, 끝없이 새로운 제품을 바꿔 사게 해 폐기해감으로써 에너지나 물 그리고 원료를 낭비하고, 대량 폐기물을 내게 됐다. 이러한 도시화와 생활양식의 변화는 공해·환경파괴 등의 도시문제를 일으키게 됐다.

제2절 **본원적 공해문제의 발생** - 1950년대의 공해문제

전후 경제부흥에 있어 정부는 공해문제는 전혀 고려하지 않았다. 전전의 공해대책의 교훈은 전쟁 중에 잊어버렸고, 전후로 계승되지 않았다. 앞 절에서 기술한 바와 같이 정부는 생산력의 회복을 제일로 삼고, 경사생산방식으로 중화학공업을 추진했다. 이 때문에 석탄 등 광산의 공해, 철강·화학·펄프산업의 공해가 시작되고 미나마타병, 이타이이타이병 등의 심각한 공해의 원인도 이 시기에 시작됐다. 광공업공해는 규제가 없는 산업혁명기의 공해와 같은 상황이었다. 또 1950년대 후반이 되자 도시화가 진전돼 도쿄나 오사카와 같이 산업이나 인구에서는 구미의 대도시에 필적하는 도시조차 상하수도·도로·공원 등의 도시시설이 정비되지 않은 상태였고 주택공급에도 진전이 없었다. 대기·수질오염, 소음 등의 공해가 심각해지고 공중위생은 나빠졌다. 그것은 19세기의 도시문제 그대로였다. 이 시기의 공해는 전전 일본 사회에 기본적인 인권이 확립되지 않은 상황이 계속되고 있다는 의미에서 '본원적 공해'라 부르고자 한다. 그러나 그 성격은 자유자본주의 시대였던 구미의 공해나 전전 일본의 공해와 같은 것은 아니었다. 확실히 현대 세계의 대량생산·유통·소비·폐기의 경제와 도시사회의 공해현상이었고, 그것은 1950년대 후반의 고도성장의 시작과 더불어 분명해졌다.

1 공해의 진정(陳情)

전국 공해의 상황이 분명해진 것은 1960년대 들어서부터이지만, 이미 공해조례가 제정된 지방단체에서는 조례에 바탕을 두고 공해의 진정을 받아들이고 있었다. 그 최초의 전국통계가 〈표 1-2〉의 1958년 공해진정건수이다. 같은 시기에 〈표 1-3〉처럼 도도부현(都道府県)별로 공해진정건수의 통계가 있다. 이 2가지 표는 각 현의 보고 기준이 제멋대로이고, 피해건수나 피해인구도 서로 다르다. 또 다음 장에서 소개하는 『무서운 공해』의 「공해일기」처럼 어디서 어떠한 피해가 있었는지는 알 수가 없다. 그것은 불완전하지만 이미 전국에 걸쳐 공해가 발생하고 특히 매연, 공장배수, 소음피해가 크고 주민이 참을 수 있는 한도를 넘어 관공서에 진정을 내지 않을 수 없는 상황이 시작되고 있음을 의미하는 것이었다.

도쿄도의 〈공장공해방지조례〉 해설에 공해는 '진정행정'으로 기술돼 있다. 당시는 관계당국의 창구에 신청이 되지 않으면 공해는 사건으로 취급되지 않았다. 그러나 어디에 접수를 하면 되는지는 조례에도 규정이 없었다. 그래서 요코하마시에서는 시청 위생과를 비롯한 경찰서, 현청 등 여러 곳에

표 1-2 공해진정건수(1958년)

	피해건수	피해인구	1인당 피해인구
매연	1,792	588,849	329
유독가스	292	111,918	383
분진	1,916	472,437	247
소계	4,000	1,173,204	293
소음	6,617	252,303	38
진동	1,629	44,806	28
소계	8,246	297,109	36
공장폐수	1,433	148,892	104
광산폐수	33	48,996	1,485
소계	1,466	197,888	135

자료: 후생성 환경위생과 조사

표 1-3 공해진정건수 도도부현별 통계

부현명	대기오염		소음·진동		부현명	대기오염		소음·진동	
	건수	피해인구	건수	피해인구		건수	피해인구	건수	피해인구
홋카이도	105	13,427	50	5,246	시가	-	-	1	20
아오모리	16	15,884	6	1,110	교토	47	9,585	7	5,430
이와테	11	15,120	4	5,510	오사카	413	38,674	1,092	28,690
미야기	13	2,825	11	2,398	효고	105	126,845	336	10,480
아키타	-	-	-	-	나라	14	1,496	-	-
야마가타	139	6,244	125	5,671	와카야마	44	16,730	11	2,000
후쿠시마	7	1,320	-	-	돗토리	7	1,945	3	85
이바라키	-	-	-	-	시마네	6	360	1	100
도치키	123	8,119	1	2,500	오카야마	27	12,815	9	10,285
군마	19	5,500	2	1,100	히로시마	72	23,235	116	13,990
사이타마	17	2,978	6	3,848	야마구치	18	107,410	9	21,235
지바	4	600	2	1,500	도쿠시마	16	1,711	1	75
도쿄	876	26,280	3,336	100,080	가가와	11	1,430	3	150
가나가와	57	11,514	69	5,701	에히메	24	19,897	-	-
니가타	12	7,750	7	340	고치	1	1,583	-	-
도야마	7	4,380	3	820	후쿠오카	121	76,595	-	100
이시카와	9	132	31	486	사가	19	7,998	-	-
후쿠이	-	-	-	-	나가사키	41	20,689	40	3,920
야마나시	-	-	-	-	구마모토	4	2,074	4	385
나가노	19	1,793	10	980	오이타	20	12,395	8	2,450
기후	3	7,010	3	35	미야자키	8	4,480	3	270
시즈오카	21	-	33	-	가고시마	67	18,973	117	12,370
아이치	403	45,808	2,779	44,894					
미에	22	12,010	7	2,855	계	2,968	695,614	8,246	297,109

주: 1)빈칸은 불명 2)1958년 후생생 환경위생 조사

서 접수를 받고 있었다. 원래 진정은 보건소가 일괄 정리해 감시원에 보내
처리를 하게 돼 있었다. 오사카시는 공해행정의 긴 전통이 있어서인지 진정
의 60% 이상이 우선 보건소에 접수되고 있었다.

1961년 4월 오사카시 위생국 「공해진정처리의 분석에 관하여」에 따르면
'공해문제가 사회적 관심 속에서 떠들썩한 문제가 되고 있다. 그럼에도 현
재, 정부에서는 전혀 공해의 법적 대책이 강구되지 않고 공해사실 발생이

있는 여러 도시 또는 도도부현에서 행정지도 내지는 도도부현 조례에 의해서만 처리되고 있는 실정이다. 우리 오사카시에서도 마찬가지라 볼 수 있는데 (공해는) 법적 규제 없이 보건소의 환경위생감시원은 실태 현지조사, 공해방제 쪽으로 지도하고 있지만 경우에 따라서는 환경위생감시원이 아무리 노력해도 해결할 수 없는 경우도 있고 또 때로는 쌍방의 감정문제의 실타래마저 조정하게 되는 경우도 있다'고 기술돼 있다. 이 보고서는 현상을 타개하기 위해 258건의 진정 사건을 조사해 분석한 것이다. 진정이 적절했던 것이 167건(74.7%), 공해발생원은 공장이 193건(74.8%)으로 거의 대부분이 민사 사건인 사해(私害)라는 편이 맞지만 사법이 아니라 행정이 해결할 필요가 있다. 사건 가운데 공해방지조례에 저촉되는 것이 157건(60.8%)으로 다수를 차지하고 있다. 조례가 만들어진 지 10년이 되었지만 이것을 이해하고 있는 사람은 진정인의 약 절반, 가해인은 40%에 불과했다. 담당자인 감시원에게는 법적 권한이 없어 입법화를 바란다는 결론으로 매듭지어져 있다. 법적으로 정비되어 있지 않았음에도 불구하고 중대한 사회문제가 돼 관공서에 진정을 넣어 해결을 맡겼던 것이 당시의 상황이었다.[5] 그러나 1960년대 이후가 되면 공해는 진정으로는 해결할 수 없는 정치·경제적으로 중대한 사회문제가 돼 시민운동으로 발전한다. 이어서 문제별로 1950년대 공해문제의 상황을 기술한다.

2 광독 사건의 재발

전후 부흥기는 국내자원의 개발이 중점과제로 떠올라 농업과 더불어 석탄을 중심으로 광산개발이 추진됐다. 특히 한국전쟁 이후 안전을 무시한 증산이 추진돼 전전부터 있었던 광해 사건이 재발하게 됐다. 이것은 1970년대까지 계속되는데 여기서 정리해둔다.

아시오 광독 사건

다이쇼(大正) 말기부터 침묵을 지켜왔던 아시오 광독 사건이 1958년 5월부터 모리타촌을 중심으로 사회문제가 됐다. 아시오 광산이 쌓아둔 슬러그(鑛滓)가 태풍이나 홍수로 와타라세가와 강으로 흘러가 하류 쪽에 피해를 내고 있었다. 그해의 재해는 비와 관계없이 관리되지 않고 있던 미나모토 고로자와 퇴적장이 파괴되면서 입은 것이다. 피해마을은 3개시 3개군 6000ha에 이르렀다. 고가(古河) 광업은 보상요구에 대해 이미 1953년에 '마치야바(待矢場) 양언(兩堰)토지개량구의 광독과 농업수리에 관한 보상요구는 일절하지 않는다'고 돼 있다며 뿌리쳤다. 이 시기까지의 보상교섭이라는 것은 마을이나 농협의 유력자가 광업소에 개인적으로 직접교섭을 하러가서 매수돼 끝나거나 계약서에 관해서도 피해자에게 명확하게 알리지 않고 유력자 사이에 처리되고 있었던 것이다. 모리타촌의 온다 쇼이치는 이러한 악습을 단절하기 위해서 '모리타촌 광독근절기성동맹회'를 만들어 예전처럼 유력자에게 교섭을 일임하지 않고 피해자 전원이 노력할 것, 보상이 아니라 정부가 책임지고 발생원을 방지할 것 등의 방침을 내걸고 투쟁을 시작했다. 정부는 수질2법[〈공공용수역의 수질보전에 관한 법률〉(수질보전법)과 〈공장배수 등의 규제에 관한 법률〉(공업배수규제법)]을 적용해 와타라세가와 강을 지정수역으로 정했지만, 이 제도 자체와 행정에 결함이 있어 해결로는 이어지지 않았다. 1972년 3월, 와타라세가와 광독근절기성동맹회는 광업법 115조에 근거해 고가 광업에게 농업피해의 보상을 요구해 중앙공해심사회에 조정을 신청했다. 그 뒤에도 신청자를 늘여 최종 신청자는 973명, 청구대상면적 470ha, 청구액 39억 138만 엔이었다. 그해 4월에 군마현은 광독의 원인이 아시오 광산에 있다고 인정했다. 동을 골라내고 정련하는 과정에서 생기는 폐기물은 14곳의 퇴적장에 1125㎡가 쌓였고, 동·비소·카드뮴 등의 중금속이 포함돼 있었다. 현은 이 조사결과를 고가 광업에 전해 보상과 대책을 요구했다. 공적 기관이 아시오 광독 사건의 원인을 고가 광업이라 단정한 것은 처음으로 이것은 이타이이타이병 재판의 원고승소가 영향을 미쳤다.

1974년 5월 공해등조정위원회(상기 중앙공해심사위원회의 바뀐 이름)는 고가 광업의 책임을 인정해 15억 5000만 엔의 보상, 아리코시자와(有越沢) 퇴적장 등의 시설에서 중금속유출의 방지대책, 토양개량사업 등의 조기 실현을 요구했다. 1983년 1월, 공해방제특별토지개량사업이 시작됐다. 총사업비 49억 4000만 엔으로 고가 광업이 51%를 부담했다. 이렇게 해서 메이지 초기 이래 100년 이상을 끌어온 아시오 광독 사건은 막을 내렸다. 그간의 공해에 비해 보상이나 토양복원은 너무 작았지만, 전후 민주주의 속에서 피해자의 용기가 드디어 결실을 보았다고 할 수 있다.[6]

이타이이타이병

이타이이타이병은 아시오 광독 사건 이래의 전형적인 광독 사건이다. 광독 사건의 긴 역사 가운데 처음으로 농어업 피해만이 아니라 인간의 피해를 명확히 해서 재판과 그 뒤 출입조사를 통해 피해의 구제, 환경재생, 발생원에 대한 완전한 공해방지를 한 보기 드문 사례이다.

이타이이타이병은 카드뮴의 섭취로 인한 다발성 근위(近位)뇨세관기능이상증과 골연화증을 주된 특징으로 하고 장기간 노출되어 발생하는 만성질환이다. 허리와 무릎의 욱신거리는 통증에서 시작돼 집오리 마냥 엉덩이를 흔들며 걷다가 점차 걸을 수 없게 되고 넘어지면 쉽게 뼈가 부러진다. 전신에 수십여 곳의 골절이 생기고, 신장이 30cm 정도 줄어든 환자도 있다. 피해자는 출산경험이 있는 중년 여성이 많았는데, 환자는 전염병 환자처럼 지역에서 차별을 받고 격리되거나 인연을 끊고 살게 되며 이로 인해 가정파괴에 이르는 사례도 있었다. 통상 골연화증과 달라서 쉽게 골절이 되고 엄청나게 아파서 '아야 아야(이타이 이타이)'라는 신음소리가 나기 때문에 병원 내에서는 '아야아야 씨(이타이이타이상)'라고 불렀다. 『도야마신문(富山新聞)』의 핫타 기요노부 기자가 이타이이타이병이라고 쓴 것이 시작이었다고 한다.[7]

이타이이타이병은 기후현 미쓰이 금속광업 가미오카 사업소의 공장·폐기물퇴적장의 폐수로 인해 진즈가와 강 하류 선상지(그림 4-1 처럼 오노가와 강과 이다가와 강으로 둘러싸인 지역으로 야쓰오정 이외의 지역)의 물과 토양이 오염되어 그 물과 쌀을 섭취한 주민에게 생긴 질병이다. 가미오카 사업소에서 방출된 카드뮴은 856t으로 추계되고 있다.

이타이이타이병 발생에 관해 1913년이라고도 하지만 공식적인 발견은 전후인 1946년이며, 1955~59년을 정점으로 하고 카드뮴 중독증으로 판명된 것은 1961년이다. 농어업에 끼친 피해는 1872년부터 발생했다고 전해진다. 1910년 스미토모 금속광산과 도요(東予) 연해(煙害)동맹 사이에 매연피해 방지에 관한 협정이 체결됐지만, 전국적으로 그때부터 광산기업이 주민과의 분쟁을 회피하기 위해 배상 또는 위로금이나 지역진흥비를 갹출하는 습관을 들이게 된다. 가미오카 광산은 매연피해문제는 가미오카정이, 수질오염문제는 도야마현 진즈가와 강 유역의 농어민이 요구를 해오면 분쟁을 회피하기 위해 위로금이나 진흥비를 내놓고 있었다. 종전 직후 폐기물이 퇴적장의 붕괴로 인해 하천을 오염시켜 농어업에 피해가 발생했기 때문에 1948년 도야마현 부지사를 위원장으로 하는 '도야마현 진즈가와 광독대책협의회'가 결성됐다. 이 협의회는 지자체와 농어민만이 아니라 가미오카 광산 관계자도 들어온 조직으로, 피해를 방지한다고는 하지만 발생원의 방지대책을 요구하는 것이 아니라 보상금을 둘러싼 중개의 장이었다. 1950년 당시 피해면적은 2300ha, 수확감소 예상은 3000가마에 이른다고 돼 있다. 이 때문에 1951년에는 위로금과 생활장려금이 전년의 90만 엔에서 325만 엔으로 올랐다. 그 뒤 미쓰이 금속광업은 제해(除害)설비를 설치했다는 이유로 위로금을 줄여서 1954년 이후 270만 엔, 1960년 이후 225만 엔, 1965년 이후 250만 엔이 됐다. 어업보상에 관해서는 1949년부터 매년 25만 엔이 지급됐다. 이 위원회는 가해자와 피해자를 한자리에 모으면서 협의장소는 우나즈키 온천으로 정하는 등 교섭이라기보다는 타협의 장이었기에 이타이이타이병과 같은 심각한 건강피해는 다뤄지지 않았다.[8]

앞서 말한 것처럼 전전에 이타이이타이병으로 보이는 질병이 발생하고 있었지만 원인불명으로 방치되고 있었다. 1946년, 전쟁터에서 돌아와 후추정에서 병원을 상속받은 하기노 노보루는 신경통 환자가 이상하게 많은 것에 놀랐다. 그는 고노 미노루와 공동으로 1955년 제174회 일본임상외과의학회에서 '이타이이타이병(도야마현 풍토병)'이라는 주제로 보고를 했다. 고노 미노루는 골연화증과 유사한 이 질병을 비타민D의 효과가 일시적이어서 보조요인으로 섭취해야 할 비타민이나 무기질이 충분하기 못하기 때문에 오는 식생활의 무지와 농번기에는 평균 18시간의 노동과 겨울철이 긴 데 따른 일조시간 부족 등의 과로와 나쁜 기후풍토를 원인으로 들었다. 당초 이러한 영양부족 및 기후풍토와 관계가 있다고 하는 원인설이 많았다. 하기노 노보루도 처음에는 이러한 학설을 주장했지만 환자가 진즈가와 강 중류지역의 일정지역에 많이 발생하고 있는 데서 점차 광독설로 기울었다. 1957년 12월 제12회 도야마현의학회에서 처음으로 피해지를 흐르는 아연과 납이 포함된 복류수(伏流水)를 주원인으로 본다고 발표했다.

1960년 8월 진즈가와 광독대책 후추정 지구협의회는 농수해 연구자인 요시오카 긴이치 도호(同朋) 대학 교수에게 '농업피해의 원인 규명'을 의뢰했다. 요시오카 긴이치는 원인불명의 질환이 특정지역에 다발하고 있는 경우에는 역학조사가 효과적이라고 생각했다. 그는 환자가 진즈가와 강 수계의 물을 관개용수에 사용하고 있는 범위 내에서만 발생하고 있는 사실에 주목했다. 그리고 같은 수계의 토양·식물·어류와 대상지역의 그것들을 채취하고, 또 환자의 병리해부 자료를 빌려 그것을 오카야마 대학의 고바야시 준 교수에게 분석을 의뢰했다. 고바야시 준은 진즈가와 강 수계의 각 시료에 이상하게 많은 카드뮴을 발견했다. 요시오카는 외국의 문헌을 조사해 프랑스의 카드뮴전지공장에서 만성적인 노동재해로 이타이이타이병과 같은 증상의 환자가 발생하고 있다는 사실을 발견했다. 그리고 그것을 종합해 「진즈가와 강 수계 광해연구보고서」를 발표했다.[9] 그 보고서에는 이타이이타이병이 가미오카 광산에서 유출된 카드뮴이라는 사실이 추정되었다. 하기노는 요시오카와 공동으로 1961년 6월 24일 일본정형외과학회에서 이타이이타이병은 가미오카 광산에서 배출된 카드뮴 중독이라는 사실을 발표했다.

이에 대해 가미오카 광산은 이 학설은 '실증이 없는 독선적이고 비약적인 견해'라며 부정했다.[10] 도야마현은 1961년 12월 15일에 도야마현 지방특수병대책위원회를 설치해 완전 백지상태에서 기초조사를 다시 하는 방침을 발표했다. 그러나 이 위원회에는 카드뮴설을 발표한 3명은 제외되었고 앞의 고노 미노루나 지역의 보건부도 들어가 있지 않았다. 확실히 광독설을 부인하려는 편성이었다. 마쓰나미 쥰이치의 지적처럼 그 조사내용을 보면 '영양설을 보강하기 위한 조사였다'고 해도 과언이 아니다.[11] 나는 이 시기에 가나자와 대학 법문학부에 재임하고 있으면서 공해에 관심을 가지기 시작한 때로, 가나자와 대학 의학부 공중위생의 교수로 이타이이타이병 연구의 중심이었던 시게마쓰 이쓰죠와도 교류가 있었다. 당시 나는 지역개발 연구를 하고 있었고 욧카이치 공해문제를 연구하게 되었다. 후술하는 바와 같이 이 시기는 정부가 제시한 신산업도시・공업특별지역의 지정을 둘러싸고 격렬한 경쟁과 술수가 난무했다. 전국 대부분의 현이 지정되기 위해 중앙에 진정을 냈지만 도야마현은 그 가운데서도 과하리만큼 열의를 갖고 행정을 신산업도시 지정에 집중했다.[12] 현으로서는 이러한 시기에 이타이이타이병이 '공해'라고 발표되면 신산업도시 유치에 결정적인 장애가 될 것이라 생각했기 때문일 것이다. 이타이이타이병을 미쓰이 금속광업이 일으킨 공해로 인정하지 않았다.

정부는 1963년에 가나자와 대학 의학부를 중심으로 한 '후생성의료연구 이타이이타이병연구위원회'를 발족시켰고, 문부성은 기관연구로서 마찬가지로 가나자와 대학 의학부를 중심으로 '이타이이타이병 연구반'을 만들었다. 두 연구회는 최초의 종합적인 연구를 실시해 귀중한 성과도 얻었지만 발생원의 상황을 알지 못했기 때문에 다음과 같은 모호한 결론을 남기고 해산했다.

'원인물질로는 중금속, 특히 카드뮴의 용의가 농후하지만 카드뮴 단독 원인설에 무리가 있고, 영양상의 장애도 원인의 하나로 생각된다. … 현재까지의 성적만으로 참된 원인을 단정하기는 무리인 것 같다.[13]'

그 뒤 1967년에 일본공중위생협회가 후생성의 위탁을 받고 '이'병 연구팀을 만들어 연구가 계속됐다. 그리고 1968년 5월 8일, 소노다 후생성 장관이 후생성의 견해를 발표했다. 거기서는 '만성중독의 원인물질로 환자발생지를 오염시키고 있는 카드뮴에 관해서 대조하천의 하천수 및 그 유역의 논·토양 중에 존재하는 카드뮴농도와 큰 차가 없는 정도로 보이는 자연계에서 생겨나는 것 외에는 진즈가와 강 상류의 미쓰이 금속광업 주식회사 가미오카 광업소의 사업활동에 수반해 배출된 것 이외에는 발견되지 않는다'고 해 미쓰이 금속광업에 의한 공해라는 사실을 인정했다. 그러나 카드뮴이 체내에 쌓여서 달라진 거동, 대사나 밸런스 등에 관해서는 아직 학술적으로는 밝혀진 것이 많지 않다고 했다.[14] 이 같은 유보조건이 남았기에 재판 중에서의 논쟁을 낳았고, 또다시 재판 뒤에 '반격'이 된 원인을 되묻는 일이 생긴 것이다.

카드뮴의 노동재해에 관해서는 앞 세기에 걸쳐 기록이 있다. 또 만성의 노동재해에 관해서도 기록이 있고, 그 중에는 앞서 요시오카 긴이치가 인용한 것처럼 이타이이타이병과 유사한 골연화증을 보인 사례도 있었다. 그러나 이것들은 모두 경구(經口)에 의한 것이 아니고 환경재해도 아니다. 선행연구가 없는 이타이이타이병은 최초의 환경오염으로 인한 만성중독이며, 오염된 음용수나 쌀 등의 먹을거리의 섭취에 의한 것이었다. 더욱이 특정지역에 다수의 심각한 피해가 출산경험이 있는 중년 여성에게 집중 발생했다. 그것만으로 카드뮴 그 이상을 생각할 여지를 남기고 그 뒤 연구성과를 기다리게 되었다.

1961년에 원인이 명확해졌지만 미쓰이 금속광업을 상대로 한 운동은 진전이 없었다. 앞서 말한 바와 같이 현은 공해를 부정했지만 1967년 12월 도야마현 이타이타이병 환자인정심사회를 통해 요치료자 93명, 요관찰자 150명을 인정하고 다음해인 1968년 1월부터 의료대책을 시행했다. 해당 지역에서는 공해로 인정되면 쌀이 팔리지 않게 되고, 취직이나 결혼에 지장을 받게 되며, 환자는 차별을 받기에 운동이 일어나기 어려운 상황이었다. 하기노 의사도 이름을 파는 매명(賣名)행위 아닌가라는 비판도 있어 한때는 보험의(医) 자격을 박탈당해 고립돼 오랫동안 침묵을 지키지 않을 수 없었다.

그러나 기대했던 정부나 현의 연구가 모호해지자 피해자는 스스로 운동을 시작하지 않으면 안 된다고 생각하게 됐다. 1966년에 드디어 이타이이타이병 대책협의회를 결성해[15] 회장에 고마쓰 요시히사를 선출했다. 1967년 5월과 8월에는 미쓰이 금속광업에 집단교섭을 하러 갔다. 그러나 광산측의 태도는 냉랭했고 정중한 듯했으나 무례하기 짝이 없었다. 소마쓰 회장은 이렇듯 기업이 원인을 인정하지 않고 정부와 현의 태도가 모호한 상황에서 환자의 괴로움을 구제하기 위해서는 재판 이외에는 없다고 생각하게 됐다. 니가타미나마타병이나 욧카이치 공해로 재판이 제기돼 전국적으로 공해반대 여론이 강해져 피해자의 고립은 해소되는 경향이 생겼다. 고마쓰 회장은 다른 재판을 관찰한 경험을 바탕으로 집집마다 피해자를 방문해 소송의 결의를 타진했다. 그리고 변호사와 상담해 1967년 12월에 제소를 결의한 것이다. 지금까지의 농어업 피해에 대해서는 다른 단체의 교섭에 맡겨서 일본에서 최초로 광해로 인한 건강피해의 배상을 요구하기로 했다. 그 뒤의 경과는 제4장으로 넘긴다.

3 공업의 원시적 공해문제

경사생산방식으로 생산력이 회복된 철강·화학·펄프공업으로 대기오염과 수질오염이 시작됐다. 당시 에너지는 석탄이었기 때문에 대기오염은 매연 분진으로 인한 스모그, 펄프공업 등에 의한 하천오염은 유기물로 인한 것으로 모두 악취를 동반했다. 당시 공장공해에 관한 전국 데이터는 없다. 조금 연대가 내려가지만 1961년의 주요도시 가령 도쿄도 구(區) 지역의 강하매연 분진량은 〈그림 1-1〉과 같이 매월 20t을 넘는 곳이 많았고, 세계 최고의 오염을 기록했다. 앞 절에서 본 것과 같이 1950년 한국전쟁 특수 이래 급격히 생산력이 확대되었다. 생산지수로 보면 철강, 화학, 펄프는 모두 1950년에 비해 1955년은 2배, 1960년은 4배로 이상한 상승을 하고 있었다. 그러나 이 시기에는 안전에 대한 투자가 생략됐기에 광공업에서는 과거에 없던 노동재해가 많이 발생한 것으로 보인다. 반면 공해대책은 거의 무시되고 있었다. 기업이 공해방지에 투자하기 시작한 것은 공해반대의 여론이 커지고, 개발은행 등 정부금융이나 보조금·감세 등의 재정적 수단이 취해진 1965년 이후의 일이다. 이 때문에 모든 공해가 공장 주변에서 발생해 환경이 오

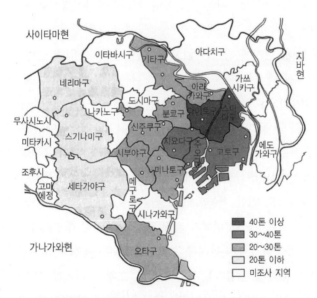

주: ○표는 관측지점을 나타낸다.
출처: 東京都 「都市公害の概況」(1962年 12月)

그림 1-1 강하 매연분진량에 의한 도쿄도 구(區) 지역
대기오염분포도
(1961년, t/㎢/월)

염되고 건강피해가 발생해 〈표 1-2〉와 같이 지자체에 진정을 냈지만 개선
된 지역은 적었다.

전형적인 공장공해인 하치반(八幡) 제철(나중의 신닛테쓰(新日鐵) 하치반 공장)과
닛폰질소(1950년 신닛폰질소비료, 1965년 짓소, 이하 짓소) 미나마타 공장의 공해는 다
음 절에서 다루고, 여기서는 전전부터 계속돼 온 금속정련에 따른 공해, 특
히 농작물에 입힌 피해에 대해 약 40년을 계속해 온 농민의 반대투쟁의 결
과, 처음으로 재판에서 기업의 과실을 인정한 안나카 공해문제를 다루고자
한다. 또 전후 초기의 가장 심각한 물환경을 파괴했던 펄프산업의 공해를
간단히 소개한다.

안나카 공해(광해)

안나카 공해는 아시오 광독 사건이나 이타이이타이병처럼 광물에서 금
속을 뽑아내 정제하는 과정에서 생기는 공해였기에 광해라고도 하지만 다
른 사건과 달리, 현지에 광산은 없고 원료를 이동·수입해 정련·가공하는
공장이었기 때문에 여기서는 공장공해로 다룬다. 원인기업은 도보(東邦) 아
연(옛 닛폰아연제련)으로 1937년 군마현의 현재 안나카시에 제련소를 창설하여
전기아연, 카드뮴 등 비철금속을 제련했다. 1949년 전기아연 월생산 400t이
었지만 다음해부터 카드뮴 등 아연광배요로(亞鉛鑛焙燒爐)와 유황공장을 증설
해 1968년에는 아연생산으로 세계 제2위의 생산력에 이르렀다. 이미 전전
부터 아황산가스로 인한 식물피해나 공장배수로 인한 토양오염 피해가 나
왔고, 이 공장의 확장으로 피해가 커질 것을 두려워한 주민이 1949년 9월에
대회를 열어 공장확장 절대반대를 결의하여 현지사에게 반대진정서를 제출
했다. 공장은 통산성 광업과장, 황산과장을 초청해 현지를 시찰시켰다. 그
들은 현지에 광독 피해는 없다는 것, 새로운 배요로의 SO_2(이산화황)은 황산
공장의 원료가 되기에 피해가 아니며 공장의 확장은 필요하다고 말했다. 이
요쿠 요시오 군마현지사는 '일본 재건의 입장 등 대국적으로 고려해 이 공
장은 확장하지 않을 수 없다'고 하고, 12월 건설성은 확장공사를 허가했지

만 농민의 상경집회의 압력으로 보류되었다. 다음해인 1950년 1월 도보 아
연 피해지구 농민대회가 열리고 이후 후지마키 다쿠지를 지도자로 하여 현
과 정부에 확장반대의 진정을 재삼 넣었다.

당시는 지역 국회의원으로 나중에 총리가 된 나카소네 야스히로나 후쿠
다 다케오도 고문이 되었는데, 나카소네는 '우리 군마의 다나카 쇼조*를
불사하겠다'는 메시지를 보냈다. 피해를 증명하기 위해 도쿄 대학 농학부에
자료를 보냈는데, 그보다 앞서 니시가하라(西ヶ原) 농업시험소가 조사를 했
지만 위에서부터 내려온 명령으로 그 보고의 발표는 저지됐다. 후지마키 등
농민대표는 4월 20일 국회청원을 내고 요시다 시게루 수상도 면회를 했지
만 '알았다'는 대답뿐이었다. 이 농민운동에도 불구하고 공장의 확장은 4월
11일에 결정됐다. 이 결정 때문에 농민운동은 분열되었고 이후 보상요구가
중심이 되었다. 당시 노동조합은 회사 측에 서 있어 '피해상황은 선동에 가
깝다'고 하는 태도였다. 다음해 이 확장된 공장에서 노동재해가 속출해
1953년 5월에는 조합이 작업환경과 노동조건 개선을 요구하며 파업에 돌입
했지만 분열공작으로 종언을 고했다. 안전을 무시한 공장에서는 노동재해
와 공해가 연속해서 일어나고 있었지만 노동조합은 그것을 인식하지 않았
고, 회사이기주의로 스스로에게 짐이 될 때까지 주민과의 공동투쟁을 생각
하지 못했음을 보여주었다. 그 뒤, 공장은 기본적 대책을 취하지 않았기 때
문에 1952년 경토(耕土)는 적갈색의 독토(毒土)로 변해 보리밭 1필당 1~2표
(俵=1표는 60kg)로 감소했다. 현(県) 농업시험소 조사에서도 공장에 가까울수
록 토양의 피해가 크다는 사실이 보고됐다. 1957년 8월에 현은 「도보 아연
광해대책의 경과와 개요」에서 240정보(町歩)의 논이 황폐해져 농민폭동 사
건으로 번질 우려가 있어 항구대책을 취해야 한다고 보고하였다. 그러나 주
민의 반대에도 불구하고 동전해(銅電解)공장의 확장이 인정됐다. 이러한 상

---

* 1841~1913. 도치기현 출생. 일본 최초의 공해사건이라고 할 아시오 광독사건을 고발한 정치인으로
  6선의 중의원 역임

황에서 주민이 폭동을 일으킬 것을 두려워한 회사는 보상협정을 피해농민 974세대와 체결해 770만 엔을 지불했다. 그러나 이것은 1세대당 7915엔에 불과했다. 1958년에는 밭작물은 수확이 전혀 없게 되고 먹을 쌀도 없는 상황이 되자 이농자가 속출하게 되었다.

피해가 심각하고 피해농민의 반대가 계속되었음에도 불구하고 도보 아연이 지역경제·재정에 기여하는 효과가 높았기 때문에 대책은 부진했다. 전기가 된 것은 1968년 5월에 후생성이 이타이이타이병을 공해병으로 인정한 것이다. 이것으로 지역에서는 카드뮴오염의 조사, 주민건강검진이 시작되고 1950년에 주민운동이 시작되고 처음으로 공해반대집회가 열렸다. 청년법률가협회의 지원을 받아 1972년에 107명의 농민이 도보 아연을 상대로 카드뮴 등으로 인한 손해배상을 청구했다. 그 뒤 실로 14년이란 긴 재판투쟁이 1986년 9월 22일에 재판소의 화해를 통해 해결됐다. 이에 따르면 인체 등의 생활피해는 인정하지 않고, 농업피해에 대하여 4억 5000만 엔의 화해금(청구액의 3분의 1)과 기업이 이후의 공해방지에 노력하기로 하고 화해했다. 재판으로 기업의 과실이 인정되고 그 뒤 교섭에서 공해방지협정이 체결되면서 제3자인 감시기관과 주민의 참여가 인정됐다. 전후 개혁에도 불구하고 정부·현이 기업 측에 서고 농민이 고립되었던 이 사건은 그 피해의 보상이나 예방이 얼마나 어려운지를 보여주었다.[16]

종이·펄프공업 공해문제

전쟁 중에서부터 전후 부흥기에 걸쳐 국민생활 중 가장 기아상태에서 욕구가 강했던 것은 식량·주택과 더불어 종이·종이제품이었다. 평화의 도래와 산업·교육의 회복, 문화국가로 전환되자 급격하게 종이·종이가공품 수요가 늘어났다. 종이·펄프, 종이가공공업 관련 사업소는 1948년의 2033곳에서 1960년의 7483곳으로 3.7배, 종사자는 9만 5000명에서 25만 4000명으로 2.7배, 원료사용량은 22배, 제조품 출하액은 342억 엔에서 5848억 엔으로 17배로 확대됐다. 그러나 통산성이 주요 266개 공장에 관해 조사한 바로

표 1-4 산업별 수질오염 피해사례수

	석탄	종이펄프	방적	전분	화학	기타 계
1954년	45	118	117	99	72	706
1956년	40	91	42	110	57	478

주: 小田橋貞寿·洞沢勇 「河川の汚濁とその浄化への動き」(全国市長会 『河川の浄化と都市美』
1959年). p.13.

는 1961년 처리시설의 보유율은 54.5%에 불과하고, 제조공정도 생산비가
싼 아황산펄프(SP)나 쇄목(碎木)펄프가 주를 이루었다. 이 때문에 유기질이
현저히 많고, 섬유가 포함된 대량의 배수가 나와 하천이나 해역을 오염시켜
농업이나 어업에 심각한 피해를 냈다. 그뿐만 아니라 산자수명이라고 하던
하천이나 해역이 배수의 탄닌이나 수지 등으로 인해 적갈색이 되어 경관이
바뀌어버렸다.

수산청 조사에서는 1956년 수질오탁으로 인한 어업피해는 478건, 관계사
업수는 3078, 피해금액은 8억 엔에 이르렀다. 6500만 엔이었던 1950년의 피
해액보다 12배나 늘어나 사회문제가 됐다. 〈표 1-4〉와 같이 가해기업 가운
데는 종이·펄프가 20% 가까워 커다란 발생원이 되고 있었다.[17]

고쿠사쿠 펄프로 인한 이시카리가와 강 오염

홋카이도의 모천이라고 하는 이시카리가와 강의 오염은 심각했다. 원인
은 공장폐수였는데, 오탁수의 80%로 일일 약 26만의 폐수를 흘려보낸 고
쿠사쿠(国策) 펄프가 주 원인이었다. 고쿠사쿠 펄프는 1939년에 창설됐다.
이 아사히카와 공장은 앞서 기술한 아황산펄프 방식으로 목재에서 녹여낸
리그닌, 당류, 황산화물, 수지 등을 폐수처리하지 않고 그대로 흘려보냈다.
1963년에 드디어 이시카리가와 강의 수질기준이 결정됐는데, 당시 BOD(생
물화학적 산소요구량) 280ppm, SS(부유물질량) 250ppm인 상황이었다. 당연히 심
각한 피해가 농업과 어업에 발생했다. 1957년 이시카리가와 강 수질정화
촉진연맹이 발족해 고쿠사쿠 펄프에 대책을 요구하고 아사히카와시가 알

선에 들어어갔다. 그러나 정화시설에는 5억 엔이 들기 때문에 회사는 보상으로 끝내려고 농업피해에 대해 연 130만 엔을 보상했다. 한편 어류는 내수면에서는 거의 사멸해, 주된 수입이었던 게 어획은, 1950년 오토에 포획장에서 9933마리를 잡았던 것이 1955년에는 626마리로 줄어들어 이시카리가와 강에서는 어업소득이 5%까지 떨어졌고, 수질기준이 정해졌지만 이시카리가와 강이 맑은 물로 회복돼 게가 되돌아오기까지는 긴 시간을 기다려야 했다.[18]

혼슈 제지에 의한 에도가와 강 오염 사건

1958년 3월 도쿄도 에도가와구 히가시시노자키정에 있는 혼슈(本州) 제지 에도가와 공장은 쇄목펄프에서 세미케미컬펄프(CP)로 제조공정을 바꿔 4월 1일부터 조업을 시작했다. 이 세미케미컬펄프는 이미 기술한 바와 같이 유기질이 많고 황산암모니아 등의 펄프폐액을 대량 배출해 강물을 적갈색으로 바꾸어놓았다. 우이 준은 『공해원론』에서 이 때문에 도시 근교에는 들어설 수 없는 비상식적인 짓을 했다고 썼다. 하류의 어민이 탁해진 강물을 발견한 4월 6일 이후 어획량이 줄기 시작했다. 23일 어민대표가 공장과 교섭했지만 공장측은 개선조치를 취하지 않았다. 5월 들어 폐수에 의한 피해가 확산되자 도쿄도와 지바현의 9개 어협은 항의운동을 했다. 5월 24일 어민 약 400명이 공장에 항의해 공장은 일단 방류를 정지했지만 상호 협의는 정리되지 않았다. 6월 들어 도쿄도와 지바현 수산과가 가사이우라에서 우라야스 해안을 조사해 피해를 확인했다. 도쿄도와 지바현의 권고로 7일부터 방류는 정지하고 교섭이 시작됐다. 그런데 공장은 무슨 생각이었는지 9일에 갑자기 방류를 강행했다. 분노한 어민이 항의하기 시작해 10일에는 우라야스 어협에 1000명이 모인 집회를 열어 방류반대를 결의했다. 그 중 700명이 정장(町長)을 선두로 진정단을 조직해 국회로 가서 자민당 간사장, 지바현 지역구 중의원 가와시마 쇼지로에게 해결에 노력해 줄 것을 요청했다. 그리고 도쿄도에도 방류를 정지시키라는 민원을 넣었다. 가와시마는 11일에 도쿄도와 수산청 입회하에 협의할 것을 제안해 회사 측과 어민대표 모두 이것을 수용했다. 그 뒤 어민들이 직접 공장으로 가서 방류정지를 요구하고자 오후 6시가 지나 공장에 도착했다. 공장은 문을 걸어 잠그고 교섭 중에 방류한 것을 사과하지 않았다. 어민들은 공장에 난입해 돌을 던져 유리창을 깨고 테이블을 부수기도 했다. 오후 9시 50분 경찰 600명이 실력행사에 들어가 어민 4명을 폭력행위와 퇴거불응죄로 체포하자 격앙된 어민들과 난투극을 벌여 쌍방 부상자가 나왔지만 어민들은 공장 밖으로 밀려나왔다.

11일 관계부처가 모여 협의했지만 정리가 되지 않은 채 도쿄도는 공장공해방지조례 제8조에 근거해 공장설비를 개선해 공장폐수가 무해함이 증명될 때까지 작업중지를 요구했다. 6월 30일 전국어협이 연대해 '수질오염방지대책 전국어민대회'를 열어 국회에 호소했다. 그 결과 국회에서 다뤄져 12월 16일 중의원 상공위원회가 〈공공용수역의 수질보전에 관한 법률〉과 〈공장배수 등의 규제에 관한 법률〉을 수정, 가결했다. 혼슈 제지는 1억 5000만 엔을 들여 방제장치를 설치하고 도쿄도의 검사를 받은 뒤 1959년 3월 25일에 조업허가를 받았다. 어민에게는 총 5100만 엔을 보상금으로 지불했다. 경찰은 체포된 어민 30명을 생계가 달린 우발적 행위로 불기소처분을 내렸다.

이렇게 해서 일본 최초의 공해법이 제정됐다. 이 사건에 대해서 가와나 히데유키는 '피해주민이 여론을 배경으로 법과 시책을 정비·개선시킨 공해문제의 전형적인 형태'라고 평가하였다.[19] 그 요인으로는 정부의 비호 아래 도쿄에서 언론과 여론의 지지를 얻은 것, 각지에서 문제가 되고 있던 종이·펄프공해의 전형이었던 것, 어민이 강력하게 들고 일어나 지역에서 국회 정부부처까지 관심을 갖게 한 것을 들고 있다. 확실히 도쿄에서 일어났기 때문에 미나마타병에 비하면 정부의 대응이 빨랐다. 다음 절에서 다루겠지만, 이 수질2법은 이후 공해법과 마찬가지로 공해를 근절하기보다는 기업의 공해대책에 한도를 정하는 것 같은 조화론적인 성격을 갖고 이후 법제의 원형을 만들었다. 기업은 이 사건을 두고 법도 수질기준도 없는 시대

에서 해결방안이 서지 않았고, 폐수에 관해서는 문제가 없었다고 『혼슈제
지사사(社史)』에 밝혔다. 이러한 반성 없는 회고에 당시 기업의 본질을 볼
수가 있다.

펄프·종이공업의 공해는 그 뒤에도 고치(高知) 펄프 사건(1948년에 이미 반
대운동), 1951~52년 고코쿠(興國) 인견펄프가 사이키 만을 오염시켜 연안 어
민 4만 5000명이 반대운동을 벌인 사건, 다고노우라 퇴적오(염)물 사건* 등
각지에서 사건이 계속되었다.

제3절 대도시의 공해

1 사상 유례없는 급속한 도시화와 도시시설(사회적 생활수단)의
절대적 부족

1950년대를 전기로 이후의 고도성장기에 세계사상 유례가 없는 급속한
도시화가 시작됐다. 〈표 1-5〉와 같이 1945년의 도시인구는 2000만 명, 도시
화율은 27.8%였다. 이것은 미국의 1880년의 도시화율과 같다. 그러던 것이
1955년에는 5000만 명, 56.6%, 그리고 1965년 6700만 명, 68.5%, 1970년에
는 7500만 명, 72.1%가 돼 같은 연대의 미국과 같은 수준에 이르렀다. 미국
은 농업국으로서 늦게 도시화됐기 때문에 20세기에 들어서서야 속도가 빨
라졌지만, 일본은 그 이상으로 미국이 1세기가 걸린 도시화를 25년 만에 이
루었다. 앞서 기술한 바와 같이 전쟁피해는 심각했고, 특히 대도시는 거의
가 파괴되었다. 그럼에도 불구하고 전후 급속한 경제부흥은 〈표 1-6〉에서
처럼 4대 공업지대, 특히 도쿄, 오사카, 나고야 3대 도시권으로 공장이 집중

---

* 시즈오카현 후지시의 다고노우라 항에서 1960년대에서 1970년대 전반에 발생했다.

표 1-5 도시화의 변천

연도	전국인구 (만 명)	도시인구 (만 명)	도시화율* (%)	도시수	미국	
					도시인구 (만 명)	도시화율* (%)
					(1880년)	
1890	4,097	320	7.8	47	1,413	28.2
1920	5,596	1,010	18.0	83	5,416	51.2
1930	6,445	1,544	24.0	107	6,896	56.2
1940	7,311	2,758	37.7	166	7,442	56.5
1945	7,200	2,002	27.8	206	-	-
1950	8,320	3,137	37.7	254	9,647	64.0
1955	8,927	5,053	56.6	496	-	-
1960	9,341	5,968	63.9	561	12,527	69.9
1965	9,828	6,736	68.5	567	-	-
1970	10,467	7,543	72.1	588	14,933	73.5
1975	11,194	8,496	75.9	644	-	-

주: 일본은 「国勢調査」, 미국은 "Almanac"에 따른다.
　*도시화율＝도시인구÷전국인구

표 1-6 전후 4대 공업지대(1958년)
(전국에 대한 규모)　　　　　　　　　　　(단위 %)

지역명	공장수	종사자수	출하액
게이힌 공업지역	13.0	19.5	22.9
주쿄 공업지역	10.1	12.8	11.1
한신 공업지역	11.4	16.9	20.9
기타큐슈 공업지역	2.9	3.8	4.6
합계	31.4	53.0	59.5

주: 「昭和33(1958)年工業統計表」

한 것이다. 이러한 공업화와 관련해 인구가 집중됐다. 특히 중앙집권적인 점령군과 정부의 경제통제로 인해 지나치게 도쿄로 집중되기 시작했다. 특히 고도성장기에는 중화학공업화와 관리중추기능이나 교육문화기능이 집중적으로 모이면서 3대 도시권이 형성됐다. 다음 장에서 이 대도시권 형성과 환경문제에 대해 다루겠지만 전후 부흥기에 이미 이상한 도시화가 가져온 심각한 일본만의 대도시 공해를 그려보기로 하자.

도시는 농촌과 같이 생산지가 널리 분산돼 농가 한 채 한 채가 흩어져 있는 산거(散居)형이 아니라 좁은 지역에 사업소와 주거지가 모여 있다. 도시의 발전은 기업이나 개인이 집적의 이익을 얻기 위한 것이다. 도시의 사업소나 주택은 공동 건물이나 아파트를 이용하고 있다. 대부분의 시민은 맨션·아파트 등의 집합주택에 거주한다. 이 때문에 시민은 농민처럼 우물을 갖고 쓰레기나 분뇨를 스스로 처리할 수가 없다. 상하수도, 청소시설, 에너지, 공동수송기관, 특히 의료·복지·교육 등 사회적 소비가 충족되지 않으면 도시의 생활양식은 성립할 수가 없다. 그런데 전전의 일본 도시는 기본적인 도시시설이 정비돼 있지 않았다. 그 기본적인 이유는 자금·자원이 부국강병을 위해 사용돼 국민생활의 향상에 돌아가지 않았기 때문이다. 그래서 일본의 시민은 도시에 생활하면서 수도 대신 공동 우물을 사용하고, 분뇨는 변소에 모아서 농가 비료로 환원하고 폐기물은 청소업자에게 팔아 처리했다. 그것은 생태적인 생활양식으로 하천이 분뇨로 오염되지는 않았지만, 그런 완전순환방식은 오늘날 관점에서는 개선될 점이 있었다. 하지만 도시화가 진전되면서 시설이 모자라 위생상태가 악화되어도 참고 견디며 생활하고 있었던 것이다. 더욱이 전쟁피해는 주택과 도시시설을 대부분 파괴했다.

신헌법체제에서 정부는 기본적 인권을 지키기 위해 우선 주택과 도시의 생활환경을 정비해야 했지만, 생산력 증강을 위해 기업의 설비투자를 우선으로 추진해 공공투자는 도로·항만·댐 등 산업기반에 먼저 투자되었다.

도쿄도에는 종전 후 불과 반년 사이에 약 70만 인구가 유입되었고, 이후에도 1950년대에 걸쳐 도쿄에는 매년 30만 명의 인구가 증가했다. 심각한 파괴를 입은 공장은 계속 건설되어 1951년 말에는 3만 7000개에 이르렀고, 매년 5000개 정도 증가했다. 날림 주택, 급조 공장, 미정비 생활환경시설로 도시화가 추진된 것이다.

〈표 1-7〉은 하수도 보급률을 나타내고 있다. 오래 전부터 분뇨를 하천에

표 1-7 하수도 보급률의 비교

	시가지 면적 (㏊)	동 인구 (천 명)	처리면적률 (%)	처리인구률 (%)
도쿄	41,301	7,288	21.7	23.2
오사카	18,100	2,616	16.9	5.0
교토	6,128	1,051	19.2	3.2
샌프란시스코	12,140	800	88.4	95.0
서베를린	32,500	2,200	55.4	85.0
스톡홀름	3,415	390	67.8	84.6

주: 全国市長会 『河川の浄化と都市美』(1959年) p.55.

버리는 습관이 있던 구미의 경우, 19세기에 콜레라, 장티푸스의 대유행을 겪고 나서야 하수도 건설이나 하천오염방지사업이 추진됐다. 〈표 1-7〉과 같이 구미의 도시에서는 하수도가 거의 100% 완비돼 있다. 그런데 일본에서는 1960년 현재 하수도를 부설하고 있는 것은 556개 시 가운데 149개 시(전 시의 26.9%)로, 대부분은 건설 중이었기 때문에 하수처리율은 4.5%, 수세식 화장실이 있는 인구는 5%에 머물렀다. 이것으로 알 수 있는 것처럼 일본 도시의 대부분은 하수도가 1㎝도 없었고, 도쿄조차 하수도 처리인구는 23%에 머물렀으며, 분뇨처리는 대부분 소위 '퍼세식'으로 그대로 해상에 버렸다. 또 수도(상수도, 간이수도, 전용수도)의 보급률은 1960년 3월 현재 49%에 불과했다. 앞서 언급한 바와 같이 도시계획이 미비하고, 그 행정이 뒤처졌기 때문에 공장과 주택이 혼재하고, 대기오염이나 소음·진동이라는 공장 공해가 일상사가 됐다. 동시에 도시의 주택·환경시설의 빈곤에 따른 도시 공해가 중복되어 나타났다.

『무서운 공해』는 이 시기 대도시의 공해에 관해 다음과 같이 기술하였다.

'오늘날 대도시는 모든 공해의 집적소가 돼 "이 세상의 끝"이라고도 할 정도로 큰 사고가 매달 일어나고 있다.[20]'

표 1-8 대도시의 공해진정 건수

	도쿄도				오사카부	
	1949~61년 총계		1962년도		1954~62년 총계	
	건수	비율	건수		건수	비율
대기오염	2,951	30.3	공장 956 도시 566		2,358	31.1
수질오염	177	1.8	불명		313	4.1
소음·진동	6,326	64.9	공장 1,184 도시 544		4,905	64.8
기타	294	3.0	-		-	-
총계	9,748	100.0	공장 2,140 도시 1,110		7,576	100.0

출처: 東京都 「都市公害の概況」(1962年 12月) 및 大阪府 「大阪府公害施策の概要」(1962年).

〈표 1-8〉은 도쿄도와 오사카부의 공해 민원을 나타내고 있다. 두 지역의 1962년 공해 개황을 보면, 공장공해에서 점차 도시공해가 늘어나고 주택지역 내의 소규모 가내공장의 소음·진동에서 대기업의 대기·수질오염이 눈에 띈다. 도쿄도와 오사카부는 공해부를 설치했지만 민원을 접수해 그 일부를 처리하는 데도 힘에 부쳐 적극적인 예방조치를 취하지는 못했다. 도쿄도와 오사카시에 대해 상황을 알아보자.

2 도쿄도의 공해

대기오염

대기오염은 강하분진량과 PbO_2(과산화납)법에 의해 SO_2 측정이 시행됐다. 이미 1952년 12월 5~9일에 런던 스모그 사건이 발생해 고농도 부유분진과 SO_2에 의해 평시보다도 3500~4000명의 과잉 사망자가 발생해 세계를 놀라게 했다. 이 외신으로 대기오염대책 필요성은 초미의 관심사가 되었고 조례는 만들어졌지만 효과는 없었다. 당시는 영국과 마찬가지로 석탄이 대기

표 1-9 구미와 일본의 도시 강하분진량

(단위: t/k㎡/월)

	강하분진량
베를린	4.8
런던	11.5
맨체스터	6.4
로스앤젤레스	7.7
피츠버그	16.4
디트로이트	14.8
뉴욕	25.7
도쿄	23.0
오사카	20.7

주: 厚生省 『厚生白書』(1962年版)

오염의 주범이었는데, 나중에 석유가 에너지의 주역이 될 때까지는 SO_2보다도 강하분진량과 스모그가 오염의 지표였다. 1958년 강하분진량은 〈표 1-9〉와 같이 도쿄나 오사카는 구미 대도시보다 많고, 매연 도시 피츠버그보다도 훨씬 많았는데, 지금과 달리 당시 미국 제일의 공업도시 뉴욕에 필적하는 분진량을 기록하였다. 〈그림 1-1〉(49쪽)과 같이 상공업지역의 오염이 심각했다. 특히 히비야의 치요다(千代田) 지업(紙業)빌딩의 관측점은 1961년 1월 135t이라는 놀라운 기록을 보이고 있다. 이 때문에 스모그(시정 2㎞ 이하)가 겨울을 중심으로 발생했다. 뒤의 〈그림 1-2〉(67쪽)와 같이 1950년대에는 연간 60일 넘게 스모그가 발생했다. SO_2도 증가하기 시작해 1962년 12월 도쿄 도청 앞에 월간 하루 평균 0.136ppm을 기록했다.

이 때문에 동식물의 피해만이 아니라 건강피해 사건이 신문에 보도되었다. 그러나 그에 대한 조사도 없었고 구제조치도 없었다. 이 대기오염의 주원인은 조례의 적용을 받고 있던 공장 1만 2000개의 굴뚝에서 나오는 매연이었다. 거기에 2800개의 목욕탕 굴뚝, 특히 무수한 빌딩·가옥 난방매연도 가세했다. 또 1970년대에는 새로운 대기오염의 주범인 자동차 교통량도 하루 350만 대에 이르렀다.

도시문제로서의 수질오염

전전 일본은 상하수도 시설이 늦은 것에서도 알 수 있듯이 도시 하천의 오염은 농어업의 피해로 불거졌지만, 시민의 건강이나 환경의 문제가 되지 않았고 수질오염대책은 미뤄졌다. 급속한 중화학공업화와 도시화와 더불어 음용수, 상수도수원의 필요와 관광 등으로 오염된 수변환경을 포함한 수질오염은 도시문제가 됐다. 과거에는 물의 도시였던 도쿄의 신가시가와 강의 물줄기와 오사카의 시내하천의 오염은 그 전형적인 사례이다.

신가시가와 강 주변은 통산성과 도쿄도가 용수형 공장을 유치한 적도 있어 공장 하수의 무법지대라 불려왔다. 당시 총리부 자원조사회가 권고한 수질기준은 수돗물 등 산업용수로서의 BOD는 2ppm 이하, 오염한계점은 5ppm이었지만 1960년 1월 시무라바시 다리 부근의 BOD는 34ppm에 이르렀고, 우키마바시 다리 부근에서는 DO(용존산소)는 완전히 없어졌다. 지천인 샤쿠지이가와 강, 간다가와 강은 쓰레기와 분뇨 등 가정오수의 무법지대라 불렸다. 간다가와 강 아사쿠사바시 다리 부근에서는 BOD가 128ppm, 시모다바시 다리 아래에서는 대장균이 1959년 7월 최고치인 1cc 중 59,000마리를 웃돌았다. 이렇게 해서 하구에 가까운 스미다가와 강 우마야바시 다리 부근의 BOD는 310ppm에 이르렀다. 종전 직후, 이 부근에서는 장어, 기타 어류가 잡히고 명물인 '검은머리물떼새'가 날아다니기도 했지만, 불과 10여 년 사이에 악취가 심하고 황화수소나 메탄가스가 발생해 먹물 섞인 시궁창 같은 하천으로 변했다.

비교적 깨끗한 에도가와 강도 어업피해를 낸 공장폐수 사건을 일으켰다. 또 도민의 음용수의 65%를 공급하던 다마가와 강도 빠르게 오염되고 있었다. 다마가와 정수장에서는 전기세탁기가 보급되면서 비누 대신 사용하게 된 합성세제의 거품이 쓰레기와 뒤섞여 하수처리장으로 흘러들어 정화하기 어려워진데다가, 활성탄으로 여과한다 해도 비용이 많이 들어 갈수기에는 여과하기가 어렵게 됐다.

수질오염이 된 원인은, 첫째로 공장폐수 처리시설의 미정비이다. 가령 다마가와 강 연안에 있던 4명 이상의 종업원을 둔 회사 가운데 처리시설을 갖춘 곳은 27%에 불과했다. 둘째로는 하수도가 정비되지 않아 쓰레기나 분뇨의 불법투기, 공장 및 가정의 하수가 처리되지 않은 채 유입되었기 때문이다. 다마가와 강의 합성세제가 하수처리장의 처리능력을 떨어뜨리는 등 하천오염의 악순환이 시작됐다. 도쿄도가 스미다가와 강 수계를 1961~62년에 조사해보니 오염원은 공장폐수가 60%, 가정하수가 40%로 추정됐지만, 기업측은 도쿄도의 조사가 불충분하다며 오염의 원인은 양쪽에 있지만 가정하수쪽이 더 크다고 했다. 하천정화가 제대로 되지 않은 것은 1958년의 수질2법에 의한 스미다가와 강 수계의 수질기준이 1963년도 시점에서 각 부처 특히 통산성과 농림성의 합의를 얻지 못한 채 그때까지도 결정이 되지 않았기 때문이었다. 대책으로 하수도를 설치하기로 한 도쿄도는 이 수계에 국가보조금사업으로 1963년도부터 3년 동안 150억 엔을 들여 시설을 만들기로 했다. 그러나 여전히 공장의 폐수처리는 개선되지 않은 현 상황에서 공장이 폐수를 하수도로 흘려보내면 처리는 어려워진다. 하수도는 빗물도 받아들이는 배수(排水) 역할도 하고 있어서 이 설비만으로는 오염이 해결되기 어렵다. 그러나 이 시기의 수질오염 상황은 얼마나 일본의 공해대책이나 도시정책이 뒤쳐져 있었는지를 상징적으로 보여주고 있다.

소음 · 진동 - 소리의 폭력

급격한 경제부흥과정에서 일상생활에서 시민을 가장 괴롭힌 것은 소음 · 진동이었다. 소음이 심해져 진동처럼 느껴진다 해서 당시의 민원은 어느 쪽인지 구별돼 있지 않았다. 도심이나 공장지역의 시민은 공장 · 상업 · 교통 소음에 24시간 내내 노출돼 있었기에 불쾌감이 높고, 정신상태나 장기의 움직임이 불안정해졌다. 쇼지 히카루의 선구적 연구에 의하면 40~45폰을 초과하면 듣는 사람의 4분의 1 이상에게서 정서적 불안, 수면방해, 일상생활의

표 1-10 도쿄도 용도지역별 소음레벨

(단위: 폰)

	주택지구	상업지구	공업지구
평균	57	63	69
최저	47	53	54
최고	68	81	82

주: 東京都 『都市公害の槪況』(1962年 12月)

장애(회의, 독서, 공부 등에 지장 초래)가 나타난다. 1954년 3월 27일, 일본공중위생협회는 후생성 장관의 '공해대책'에 관한 자문에서 주택지역의 소음레벨은 낮시간 50폰, 밤시간 45폰, 상업지역 60폰과 55폰, 공업지대 70폰과 60폰이라고 답했다. 그러나 이 기준은 지켜지지 않은 채 〈표 1-10〉과 같이 1962년 상황에서도 '소리 폭력'이라고 해도 좋을 정도로 높은 수준이었다.

도쿄도 교육청 조사에서는 소음으로 수업에 방해를 받는 학교는 전체의 10%, 163개 교에 이른다고 했다. 후술할 '공해일기'에 의하면 당시 소음을 참지 못해 자살 혹은 부모자식 동반 자살미수나 소음원인 공장주 살인 사건 등의 사건이 빈발했다. 또한 도쿄나 오사카에 머무는 외국인이 느끼는 어려움은 소음이 심해 잠을 잘 수 없다는 것이었다. 그러나 정부의 대책은 더뎠고, 제5장에 밝히는 바와 같이 공해관계법의 소음기준은 일률적이지 않았다. 공장이나 주택의 기준은 제각각 달랐는데, 특히 교통소음은 항공, 도로, 철도(신칸센) 등 기준이 나뉘어져 있었다. 더욱이 교통소음에 관해서는 재판에서 정부가 제소를 당한 뒤에야 제정되는 상황이었다. 이처럼 소음대책은 생활환경보전보다는 경제우선이었다.

지반침하

전전에 매설한 지하수·가스관이 지반침하를 불러왔다. 『도쿄도와 공해』(1970년)에 따르면 지반침하가 일반적으로 문제가 된 것은 1932년경으로 1938년에는 침하가 최고에 이르렀다. 1944년부터 1947년에 걸쳐 고토 지구

의 지반침하가 멈추었다. 그러나 1955년경부터 전전을 능가하는 지반침하
가 시작됐다. 조금 뒤지만 1969년 현재, 도쿄도가 조사한 바로는 도내 면적
570㎢의 54%인 309㎢가 침하지역이며, 아라카와 강 하구 부근과 가메이도
부근은 연간 22cm, 아라카와 강 동쪽 지구는 10cm씩 가라앉고 있었다. 해
수면보다 낮은 제로미터지대*는 58㎢에 이르렀다.

지반침하는 구조물에 영향을 준다. 구조물의 뒤틀림은 지층의 수축으로
인해 생기고 갑작스런 지반침하는 호안・수도・가스 등의 지하매설물에 피
해를 준다. 마을의 교량이 홍예다리**로 만든 것은 지반침하를 고려한 것이
다. 특히 위험한 것은 1959년 이세 만 태풍으로 생긴 나고야 남부의 재해는
제로미터지대가 침수된 것이다. 지반침하는 원래대로 되돌릴 수가 없다. 이
때문에 용수를 규제하지 않으면 안 된다. 1956년 정부는 공업용수법을 제정
해 공업용수를 규제하기 시작했다. 또 도쿄도는 고조(高潮)대책을 위해 1980
년부터 약 1800억 엔을 들여 사업을 하고 있다. 공해가 자연재해와 결합돼
심각한 재해가 되는 전형적인 사례가 지반침하이며, 그 뒤에도 오랜 기간
주민에게 피해를 입히게 된다.[21]

3 오사카의 공해문제

오사카시는 도쿄 23구와 마찬가지로 폭격으로 엄청난 피해를 입었지만
한국전쟁 특수를 계기로 섬유산업을 중심으로 급격한 부흥을 이뤘다. 오사
카시는 면적당 사업소의 생산고가 일본에서 가장 높은 만큼 공해의 오염원
밀도도 높았는데, 특히 임해부는 인접한 아마가사키의 공장공해가 미치는
영향이 심각했다. 1950년대 후반부터 고도성장기의 오사카시는 지옥의 모
습이었다.

---

* 지반침하 등으로 만조 시에는 해면보다 낮아지는 연안 지역
** 양쪽 끝은 처지고 가운데는 높여서 무지개처럼 만든 다리

대기오염문제

전전의 오사카는 대기오염이 심각해 그 대책이 추진됐다. 전쟁으로 중단
됐다고는 하지만 1922년부터 강하분진량이 조사돼 있다. 그 조사를 맡았던
쇼지 히카루는 그 성적의 일부를 〈표 1-11〉과 같이 소개하였다.

표와 같이 불용성 물질을 보면 패전 직후인 1946년은 가장 낮은 1937년
경의 3분의 1 이하로 매우 정상이었다. 그러나 그 뒤 경제성장과 더불어 다
시 증가해 1951년에는 전전을 넘어섰다. 도시의 공기 중에는 흡습성(吸濕性)
미립자가 많기에 공기가 그다지 습하지 않아도 수증기를 뭉쳐 짙은 안개가
생기기 쉽다. 스모그(2km 앞이 보이지 않는 연무)는 공업오염물로 오염된 연기와
안개의 혼합이다. 특히 분진이 많은 경우에 발생한다. 〈그림 1-2〉는 오사카
시와 도쿄도의 짙은 연무의 누적변화이다. 경제부흥과정에서 석탄에 의한
에너지 사용의 증대와 더불어 스모그 발생이 일상화됐다. 1960년에 가장 많
이 발생했는데 오사카시에서는 실제로 160일 정도를 기록했다. 스모그는
주로 10월부터 3월 겨울철에 발생하는데, 이것은 매일같이 공기가 오염돼
있다는 것을 의미한다. 당시 나는 공기가 깨끗한 가나자와에 살고 있었는
데, 조사차 겨울철에 오사카에 갔다가 공기가 푸르스레하고 쾌쾌한 악취가

표 1-11 오사카시 강하분진량의 연간 변화

(t/k㎡/월)

	1931-40	1946-47	1948	1950	1951	1955	1956	1957	1958	1959
불용성 물질	9.83	2.64	5.16	8.24	11.05	11.05	12.44	12.45	11.48	10.85
작열감 (灼熱減)	1.78	0.71	1.36	2.46	2.25	2.44	1.89	1.87	1.55	1.82
증발잔사 (蒸発残渣)	8.92	—	5.01	8.23	10.59	8.12	4.35	5.21	3.91	3.47
SO_3	3.45	—	2.42	5.07	6.49	3.85	2.52	2.54	2.35	1.96
Cl	0.63	—	0.59	0.58	0.53	0.31	0.28	0.22	0.28	0.36

주: 庄司光「最近の煤煙問題」(『燃料及燃焼』第28巻7号)

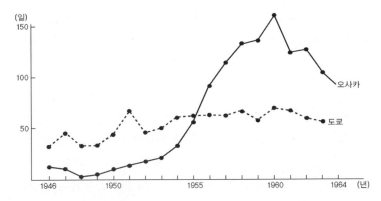

주: 1) 1965년 이후 스모그 발생일수는 다시 늘어나는 경향을 보이고 있다.
2) 오사카시 공해대책부 조사.
그림 1-2 오사카(도쿄)의 짙은 연무 일수 누년 변화(1946~64)

나며 맑은 날에도 전차나 자동차가 헤드라이트를 켜고 달리는 모습을 보고
놀랐다. 1960년 이후 석탄에서 석유로 전환이 시작되자 스모그는 감소하기
시작했지만 눈에 보이지 않는 SO₂ 피해가 심각해졌다.

스모그 피해는 얼굴이나 옷이 더러워지고, 때로는 교통체증이나 사고의
원인이 되지만 무엇보다도 시민의 호흡기 악화가 커다란 사회문제가 됐다.
도쿄권에서는 '요코하마 천식'이라고 불렸듯이 1946년 이 시의 항만지역에
있던 미국관계자에게 대기오염질환이 발생한 사실이 발표됐다. 또 1959년
2월부터 8월에 걸쳐 도야마 도시오가 가와사키시의 초등생의 폐기능과 대
기오염의 관계를 조사해 유의미한 관계가 있다는 사실을 밝혔다. 오사카권
의 경우에는 전전부터 임해부에 모여든 중화학공업의 대기오염이 심했던
아마가사키시에서 1958년 9월부터 12월까지 스즈키 다케오가 중학교 저학
년 학생을 상대로 대기오염과 관계있는 질환의 데이터와 오염의 관계를 조
사했다. 그 결과 중학교 학생에게서 소위 유행성 감기와 부유분진농도 사이
에 유의미한 관계가 있다는 사실을 밝혀냈다. 스즈키는 대기오염의 증가는
급성호흡기질환을 증가시킨다는 결론을 내렸다. 아마가사키시에서는 이 시

기에 대기오염을 조사해 시민의 건강과의 관계가 명확히 드러났지만 기업의 협력은 얻지 못했다.

수질오염

에도기의 오사카는 동양의 베니스라고 불릴 만큼 시내를 하천이나 수로가 종횡으로 흐르고, '물의 도시(水都)'다운 아름다운 경관을 자랑했었다. 일본 3대 축제의 하나인 텐진마쓰리(天神祭)는 도사보리가와 강에 배를 띄우는 물의 축제이다. 과거 나카노시마에는 수영훈련(水練) 학교가 있었고, 옛날 이야기로는 물밑의 돌이 보일 정도로 맑았다고 한다. 네야가와 강의 물은 식수로 사고파는 물장사가 이뤄질 정도였다. 쇼와 초기에는 오염이 심했지만 패전 직후에는 시내 하천이 모두 깨끗해졌다. 그러나 〈그림 1-3〉과 같이 1950년 이후 급격히 나빠졌다. 1960년대 초에는 네야가와 강의 교바시 다리 부근에서는 BOD가 50ppm을 넘었고, 나카노시마로 흐르는 도사보리가와 강 텐진바시 다리 부근은 30ppm을 넘고 악취가 나는 오염천이 됐다. 오사카시의 하천 수질은 식수로나 환경적으로나 최악의 상황이 됐다.

오사카 만의 해수오염은 고베에서 오사카 부근에 이르는 연안부가 가장

주: 오사카시 공해대책부 조사

그림 1-3 오사카 시내 주요하천 BOD 경년(經年) 변화도

심했는데, 그 주요 오염원은 하수와 산업폐수로 오염된 크고 작은 하천의 유입이었다. 오사카부 수산시험소의 조사에 의하면 요도가와 강 및 간자키가와 강, 아지가와 강, 시리나시가와 강, 기즈가와 강 등 그 지천의 하구에서는 1956년 1~6월 평균 대장균군 최고 확인수가 2~15만, 때로는 수십만에 이르렀고, BOD는 10ppm 이상이 됐다. 이 하천수의 오염은 오사카항 밖약 2km에 걸친 해역의 해저부가 분뇨로 오염되는 데까지 영향을 미쳤다. 이원인은 야네가와 강 주변에 자리 잡은 중소공장에서 처리되지 않고 흘려버린 폐수와 교토에서 오사카에 이르는 요도가와 강 유역의 시정촌 대부분이 하수도가 설치되지 않은 상태였기에 가정·사업소 하수로 인한 것이었다.

지반침하

오사카 만 안에 집중된 공장은 전쟁 중부터 지하수·가스를 빼내 쓰다보니 지반침하가 시작됐지만 패전 직후 공장조업의 생산이 중지됐던 1945~48년에는 〈그림 1-4〉와 같이 침하는 멈췄다. 이 그림과 같이 지하수

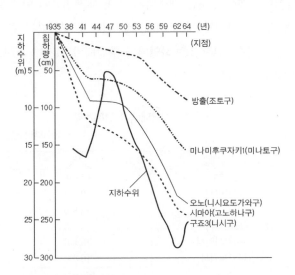

주: 오사카시 공해대책부 조사

그림 1-4 오사카 시내 지반침하 및 지하수위의 경년 변화도

위가 5m 내려가면 지반이 50cm 내려가 확실히 지하수를 빼낸 것이 지반침하의 원인이라는 것을 알 수 있다. 이것은 이 지역에서 전전에 조사한 와다치 기요오의 조사결과이다. 1950년대부터 고도성장기에 걸쳐 지반침하는 극한에 이르렀다. 오사카시 니시구 구죠에서는 1935년부터 1962년까지 누적침하량이 280cm에 이르렀다. 1959년부터는 시에서 규제를 시작했지만 침하지역은 침수가 일어났는데, 1961년 제2무로토(室戶) 태풍으로 11만 가옥이 침수되고, 재해피해자 47만 명, 피해액은 887억 엔을 웃돌았다. 시는 방조제를 쌓았지만 지반침하로 허물어졌고, 방재를 위해 다시 보수하였다. 특히 지하수 사용을 억제하기 위해 공업용 수도를 만들고 원가를 나눠 공장에 공급했다. 그 결과 드디어 침하는 멈췄다. 그 사이 니시요도가와 강 서단 1㎢는 앞바다에 옛날 공장의 굴뚝만이 보일 정도로 수몰되고 환경이 심각하게 파괴되었다.

〈표 1-12〉는 지반침하대책비의 전체계획인데, 도쿄도, 나고야시, 오사카시, 아마가사키시에게는 커다란 부담이었다. 오사카시와 아마가사키시는 이밖에도 방재나 항만·수로를 개축하기 위한 대책비용이 아주 많이 들게 돼 그것이 두 도시의 도시계획을 지체시킨 결과를 빚었다고 한다. 이러한 사회적 비용은 지하수를 뽑아 쓴 사업자가 부담해야 했지만 전혀 원인자부담은 이루어지지 않았다.[22]

표 1-12 지반침하대책비 전체계획

(단위:백만 엔)

도시명	금액
도쿄도	84,575
니가타시	8,284
나고야시	35,940
오사카시	50,400
아마가사키시	15,100
가와사키시	10,800
합계	205,099

주: 地盤沈下対策都市協議会 『地盤沈下と闘う工業都市』(1963年)

제4절 **공해대책**

1 기업의 대책

대기오염대책

1950년대에는 기업이 생산력향상을 최우선으로 해 공해방지는 지방공공단체가 강력하게 지시하지 않는 한 거의 무시해왔다. 당시 공장을 조사한 쇼지 히카루는 대기오염에 대해 다음과 같이 말하였다.

'공장의 근대화, 시설의 올바른 유지관리, 보일러 취급자의 훈련과 교육, 이 모든 것이 충분하지 않다. 대기오염방지를 위한 먼지제거 장치시설 등을 갖추고 유지·관리하기 위한 노력이 적다. 이러한 것이 대기오염을 증대시키고 있다. 또 노동환경을 정화하기 위해서는 유해가스, 증기, 분진을 작업장 밖으로만 내보내버리면 된다는 안이한 생각이 공장에 인접한 주민에게 피해를 주고 있다.[23]'

2005년에 발각된 1950년대부터 1960년대에 걸쳐 발생했던 구보타의 석면 주민피해 등은 유해한 석면을 공장 안에서 처리하지 않고 주변으로 확산시켜버린 그야말로 주민의 안전을 무시한 생산에 의한 것이었다. 제한되어 있지만, 당시 기업의 대책에 관해 1960년대 초까지의 실태를 조사한『무서운 공해』의 내용을 요약하고자 한다.

스모그의 원인인 석탄의 연료소비량의 85%는 제조업과 공익사업이었다. 매연을 발생시키는 시설은 약 8만 2000곳으로 추정되고 그 중 보일러는 약 6만여 개였다. 일본에서는 이미 19세기 중반부터 제진(除塵)장치인 백필터가 사용되었고, 코트렐 전기집진기는 1906년에 도입돼 10년 뒤 황산, 시멘트공장에 사용되기 시작했지만 값이 비쌌기 때문에 좀처럼 보급되지 않았다. 1959년에는 배출연기에 분진회수장치를 도입한 하치반 제철 제3제강공장이 배연대책모델공장으로 전기집진기를 시험운용했다. 1960년경 벤트리 스크

러버 방식에서 효율이 좋은 전기집진기를 채택하는 경우가 늘어났고, 석탄
화력발전소에서는 주류를 이뤘다.

전 사업소의 조사는 아니지만 통산성이 8개 지역, 271개 공장에 대해 조
사한 결과는 〈표 1-13〉과 같다. 1960년도에 대형미분탄 보일러와 시멘트를
굽는 데 사용하는 킬른을 제외하고, 집진장치는 거의 대부분 설치돼 있지
않았다. 당시 시뻘건 연기로 신문을 장식한 산소제강법의 평로(平爐)는 19%
에 머물렀다. 시멘트 킬른의 경우 100% 설치돼 있었던 것은 제해장치가 원
료회수장치를 겸하고 있었기 때문이었다.

표 1-13 집진설비의 설비비율(조사대상에서 차지하는 비율, %)

1960년도 조사		1961년도 조사	
수관식(水管式) 보일러(미분탄 제외)	3	대형 미분탄 보일러	90
금속용해로(주로 용선로(溶銑爐))	9	평로(산소제강법 평로)	35(19)
금속가열로	4	시멘트 킬른	100
직화로	3	주: 通産省·厚生省「大気汚染便覧」	

효율이 좋은 집진장치를 부설하면 분진을 막을 수 있는 것으로 야마구치
현 우베시의 대책에서 밝혀졌다. 우베시의 공업은 화력발전소, 우베 흥산시
멘트공장, 우베 질소공장, 우베 조달(曹達)공장, 교와(協和) 발효 우베 공장이
주 공장이었는데, 발열량 35000칼로리, 회분(灰分) 45%를 포함한 저품위탄
을 사용하고 있었다. 이 석탄은 연간 사용량이 100만t을 넘었고 강하분진량
이 최악이었던 1951년에는 ㎢당 월 55t에 이르렀다. 야마구치현립 의과대학
의 노세 요시카쓰는 조사에서 대기오염이 환자의 상태를 악화시킨다고 밝
혔다. 원숭이한테까지 코털이 생길 정도로 오염이 심했다. 그 뒤 우베 흥산
을 비롯해 관계사업소가 약 5억 엔을 투자한 결과, 1959년에는 강하분진량
이 반으로 줄어들었다. 기업의 노력으로 매연을 어느 정도 방지할 수 있다
는 사실을 보여주었다. 그러나 분진문제가 해결된 것은 연료를 석탄에서 석

유로 전환했기 때문이었다. 그 뒤 오염의 주범이 분진에서 SO_2으로 바뀌고, 그 피해도 우베 방식으로는 해결할 수 없었다. SO_x(이산화황산화물)에 대해서는 연소가스를 알칼리 가령 수산화칼슘으로 세정하는 방식이 고려됐지만 욧카이치 공해 사건이 터지기 전에는 실용화되지 않았다.

　기업의 대기오염대책비에 관한 전국 자료는 없다. 통산성이 조사한 집진장치 설치비에 따르면 철강 A사(평로 6기, 냉각용 순수(純水)장치를 포함) 13억 엔, 철강 B사(평로 7기) 3.3억 엔, 전력 C사(기관(氣罐) 4기) 2.3억 엔, 시멘트 D사(시멘트 킬른) 4640만 엔이다.

공장폐수처리

　1960년대 초 오수 또는 폐액을 발생시키는 생산시설이 있는 공장, 사업장의 수는 대략 2만 2000곳, 광산은 3600곳이었다. 전국의 주요 산업에서 소비되는 담수량의 약 절반, 하루 약 1200만t이 처리를 필요로 하는 공장폐수량이었다. 통산성의 조사에서는 1961년 11월 30일 현재, 집계한 1587개 공장 가운데 배수처리시설을 갖추고 있는 곳은 736개 공장으로 46%에 불과했다. 업종별 처리시설의 보유율을 보면 석유화학, 사진감광재료, 석유정제, 철강(고로(高爐)를 가진 경우) 등이 100%였다. 이미 분쟁을 일으키고 있던 종이펄프가 55%, 발효가 67%밖에 보유하고 있지 않았다. 100% 보유하고 있다고 해서 완전히 정화된 배수를 흘려버린다고는 말할 수 없다. 그 뒤 환경문제가 정책과제가 된 시기의 『경제백서』(1973년판)에서는 기업의 BOD 처리율은 1965년 0%, 1970년도 8.9%에 머물고 있다. 결국 배수처리시설을 갖추고 있더라도 그것을 어떻게 사용하고 있는지는 의문이었다. 당시 내가 조사한 경우에도 100% 배수처리시설을 가지고 있는 석유콤비나트의 해수오염이 심해 어민과의 분쟁이 일어났다. 1961년 통산성 조사에서는 조사 전 배수구의 약 70%가 공공 하수도로 흘러가지 않고 하천이나 해역으로 직접 흘렀다. 이 배수처리비에 관해서는 1961년의 「공장배수통계표」에 따르면 1587개 조사공장의 연생산액 3조 6846억 엔 중에 처리설비의 취득금액은

131억 엔이었다. 폐수처리비용은 t당 600~700엔인 셈이다. 유지비와 상각
비를 합쳐 생산액에서 차지하는 비율은 종이펄프 266개 공장의 평균이
0.29%, 석유정제 24개 공장평균 0.07%, 철강 0.03%로, 그 당시 주요산업의
수질오염대책비는 경제적으로 턱없이 모자랐다.

기업의 공장입지 - 과실의 시작

공해대책은 발생원대책이 기본인데, 사업소 공해의 경우에는 발생원인
공장 등의 영업시설과 주거·학교·병원 등 생활시설을 분리하는 것이 효
과적인 대책이다. 도시계획의 교과서에는 공장지역은 주거지역에서 바람이
부는 방향으로 2㎞ 이상 떨어진 곳에 자리 잡는 것이 바람직하다고 돼 있
다. 전후부흥기에서부터 고도성장기에 걸쳐 도시계획이나 국토계획 등의
토지이용계획은 경제성장이 우선이었고 그에 따른 환경보전 사상이나 정책
은 없었다. 기업의 입지에 있어서 군사적인 제약은 없어지고 경영전략이 우
선됐다. 이 때문에 기업은 집적의 이익을 찾아 교통·에너지·정보의 시설
등의 사회자본이 충실하고 노동시장이 성숙하며 시장이 큰 대도시권의 내
부에 자리를 잡았다. 제1절에서 말한 바와 같이 전후부흥기의 국제경제는
아시아와의 관계보다 구미 특히 미국과의 관계가 중심이 됐고, 원료를 수
입·가공해서 수출하는 수출진흥형 중화학공업의 공장은 태평양측의 3대
도시권에 들어서기 시작했다. 1950년대는 철강의 합리화계획이 추진돼 특
히 옛 하치반 제철 도바타의 신예공장이나 이치마다 일본은행 총재의 반대
를 무릅쓰고 건설된 가와사키(川崎) 철강의 지바 공장은 선강일관(銑鋼一貫)
체제라는 공장 내의 합리화를 한 것이 아니라 전용항만과 공장을 일체화한
일본 특유의 임해제철소의 선구가 됐다. 이것은 앞으로 기업입지의 성장모
델이 된 동시에 일본의 도시 성격을 왜곡시키는 것이 됐다. 임해부는 도시
의 생활환경으로서는 최적인 지역이었지만 공장의 입지가 우선되면서 생활
환경으로서의 성격을 잃고 특히 그 뒤 고도성장기의 매립이나 개발에 의해
완전히 변했다. 더욱이 모여든 공장으로 인구밀집지역인 대도시에 공해가

들이닥쳤다. 기업이 잘못 들어선 것은 이 시기에 비롯됐다.

공해대책의 동기 - 분쟁대책

이 시기에 기업이 자발적으로 제해시설을 설치한 예는 거의 없다. 자발적으로 설치한 것은 폐기물을 원료로 해 회수할 수 있는 경우가 많았다. 그 이외의 설치는 주로 2가지 이유였다.

첫째는 피해를 입은 주민이 공장과 분쟁을 일으킨 경우이다. 공장오염의 경우에는 앞서 통산성의 조사공장 가운데, 225개 공장(14%)이 분쟁을 일으켰고(1958년 이전 119건, 1959년부터 1961년까지 97건), 업종별로는 종이펄프업 65건, 섬유공장 25건 등이 많았다. 이 경우 해결법은 보상을 한 것이 74건, 제해시설을 설치한 것이 100건, 양쪽 모두 실행한 것이 6건이었다. 이러한 해결의 경우 기업은 보상금과 제해시설을 비교해 싼 쪽을 선택했다.

둘째는 지자체나 국가가 조례나 법률을 정해 제해설비의 설치를 요구하거나 행정조치를 강행한 경우이다. 앞의 우베시, 옛 하치반시, 아마가사키시, 가와사키시의 일부 공장이 제해설비의 설치를 단행한 것은 지자체가 주민운동을 배경으로 공해대책에 적극 나섰기 때문이었다.

2 지자체의 대책

공해법에 우선한 지방조례

환경은 공공재이며, 그 보전의 책임은 공공기관에 있다. 공공기관의 최대 임무는 환경보전에 있다고 해도 좋다. 그러나 정부는 경제부흥에만 전념했고 공해대책을 최초로 시작한 것은 전전에 대책 경험이 있었던 다음과 같은 지자체였다.

'도쿄도(조례 제정 1949년), 가나가와현(동 1951년), 오사카시(동 1954년), 후쿠오카현(동 1955년).'

도쿄도는 〈공장공해방지조례〉였고, 오사카는 보다 넓게 〈사업소공해방지조례〉였는데, 공장공해의 방지가 목적이었다. 이들 조례에 공해로 규정된 것은 나중의 공해대책기본법과 거의 같았는데, 대기오염(매연, 분진, 유해가스), 수질오염(배수, 폐액), 소음·진동, 악취였다. 이들 공장공해를 규제대상으로 삼아 공장을 신설·증설할 때는 사전에 지사의 승인을 받아야 하고, 공해 발생 우려가 있을 때는 인가시 설비 개선 등을 의무화함으로써 공해를 사전에 방지하려는 것이었다. 조례에 따라 법적으로 사전에 방지할 조치가 취해졌지만 현실은 제2절에서 말한 바와 같이 심각한 환경파괴가 일어났고 대책을 요구하는 민원은 해마다 늘어나는 상황이었다. 비교적 일찍 조례가 만들어진 것은 전후 헌법에 의해 지방자치가 인정돼 지자체가 지역의 실태에 맞춰 법률 없이도 자율적으로 조례를 만들 수 있었기 때문이다. 그러나 조례가 만들어진 뒤부터 공해행정이 실행된 것은 아니었다. 가령 후쿠오카현의 공해방지조례가 제정될 때 현에 있던 100여 개의 대형 공장으로 구성된 후쿠오카현 경영자협회는 조례 반대입장을 밝혔다. 그리고 제정 후에도 이 조례의 시행을 제약하기 위한 '요망'을 발표했다. 여기서는 오늘날의 지상 과제는 광공업의 확대·발전에 있지만, 이 조례를 적용하면 현존 사업소의 확충이 어렵고, 앞으로 공장 유치도 실패하게 돼 생산이 위축되고 침체될 우려가 있기에 '원칙적인 입장에서 이 조례의 제정은 시기상조'라고 단정했다. 다음 절의 옛 하치반시(현 기타큐슈시 하치반구)에 대해 말하겠지만 이러한 위협은 말뿐이 아니라 행정을 방해하며 현실로 나타났다. 결국 이 시기는 법치국가가 맞는지 의심스러울 정도로 지역을 지배하는 기업의 힘이 지자체의 행정을 웃돌고 있었던 것이다. 이처럼 조례를 제정해도 공해행정이 앞으로 나아갈지 여부는 지역 민주주의의 성숙도에 따라 보증이 없었던 것이다.

조례의 기본적 결함

공해문제가 규제될 수 없었던 이유에는 지자체 행정을 둘러싼 지역의 정치적 상황만이 아니라 당시 조례 자체에도 결함이 있었다.

첫째는 규제기준이 없거나 있어도 느슨했기 때문이다. 도쿄도의 경우는 규제기준이 없었다. 수질오염에 관해서는 '현저한 폐액을 발생시키고, 공해를 낳을 우려가 있는 경우'라는 규정이었다. 폐액의 종류나 오염의 정도 등은 정해져 있지 않고 행정의 재량에 맡겨져 있었기에 공장의 힘이 강하면 없었던 일로 되는 경우가 많았다. 이에 비해 오사카부의 조례는 유해가스기준을 제시하고 있다. 당시 다른 나라에서도 규제기준이 정해져 있지 않은 때에 이것을 정한 것은 뛰어난 것이지만 참고할 연구가 국내에는 충분하지 않았기에 노동위생기준을 채용했다. 즉, SO_2은 5ppm, NO_2(이산화질소)는 5ppm, 폐액 중의 수은은 10ppm으로 정했다. 말할 것도 없이 노동자가 유해 가스에 노출되는 것은 하루 8시간, 주 48시간이지만 주민은 하루 24시간, 주 168시간이다. 따라서 이 기준으로는 공해를 방지하기는커녕 허용하는 셈이 된다. 그렇지만 이 오사카부의 기준은 선구적이었기에 나중에 한국이 채택하는 실패의 반복을 낳게 된다. 이는 세계적인 공해과학과 대책이 지체됨을 반영한 것이었다.[24]

둘째는 공해방지조례의 벌칙이 마련돼 있지 않아 그 적용이 이뤄지지 않았다는 것이다. 도쿄도의 〈공장공해방지조례〉에서는 현저한 공해를 일으키는 공장에 대해서는 공해를 방지하는 데 필요한 한도에서 설비의 제거, 변경, 수선, 사용금지 등의 행정조치를 취할 수 있게 돼 있다. 또 사업주가 허위신청 등을 한 때는 벌칙이 적용된다. 그러나 이 행정조치나 벌칙은 좀처럼 적용되지 않았다. 적용되더라도 가벼운 벌이었다. 사업주에게 있어서는 큰 부담이 되지 않았던 것이다. 다른 부현(府県)의 조례도 마찬가지였다.

셋째는 공해의 예방조치는 기업의 자율성에 맡겼고, 공해행정은 민원이 있는 경우에만 발동했기 때문이다.

어떤 경우라도 다음에 기술하는 바와 같이 중앙정부의 대책은 나아가지 않는 단계에서 지자체가 자율적으로 행하는 데에는 나중의 혁신지자체 때와 같이 주민의 지지를 업고 기업이나 정부와 대립하더라도 주민의 생활환경의 보전을 제일로 삼는 자세가 필요했다. 이 시기의 지자체는 중요한 행정은 중앙정부의 지시를 기다렸고, 생활환경과 산업활동의 타협점을 찾는데 행정의 목적을 두었기 때문에 공해를 방지하는 것이 불가능했을 것이다.

3 국가(중앙정부)의 공해대책

생활환경오염기준법안의 좌절

1955년 8월에는 후생성이 〈공해방지에 관한 법률안 요강〉, 9월에는 통산성이 〈산업 실시에 따른 공해의 방지 등에 관한 법률안(가칭) 요강〉을 작성하지만 내각 회의에는 올라가지 못했다. 이들 요강에서는 지자체의 규정을 참고해 공해의 추상적 규정 없이 오염을 구체적으로 열거해 대기오염(매연, 분진, 유해가스), 수질오염(배수, 폐액)을 대상으로 했으며, 후생성은 소음·진동, 악취, 광선을 넣었고, 통산성은 지반침하를 넣었다. 후생성안에는 조화 조항이 없지만 통산성안에는 산업의 합리적 발달에 이바지하는 것을 목적으로 내세우고 있다. 두 안의 공통된 특색은 전국의 전 사업소를 대상으로 하는 것이 아니라, 후생성안은 도쿄도의 특별구, 20만 명 이상의 도시 및 도도부현 지사가 지정하는 지역에 한정하고, 통산성안은 제철업, 화학공업, 종이펄프업 등 14개 업종과 정령(政令)에서 지정하는 업종에 한정돼 있었다. 지방조례와 마찬가지로 공해가 우려될 시설을 설치할 때에는 공해방지조치를 도도부현 지사에게 제출하도록 했다. 이들 요강은 이미 공해가 정치문제가 되기 시작해 어떤 형태든지 행정적 대응을 하지 않으면 안 됐다는 것을 나타내고 있다.

후생성은 1955년 12월에 〈생활환경오염방지기준법안 요강〉을 냈지만 법안은 제출되지 않았다. 1957년 이 요강은 국회에 제출될 예정으로 공개한 것인데 각계로부터 의견이 나왔다. 이미 미나마타에서는 100명에 가까운 환자가 발생했지만 원인을 둘러싸고 대립이 있어 기본적 대책은 취해지지 않았다. 요강은 '건강한 생활환경의 조성을 촉진하기 위해 공해로 인한 보건위생상의 장애를 배제하고, 생활환경의 오염방지를 꾀하는 것을 목적으로 할 것'이라고 돼 있다. 공해의 범위는 앞서 〈공해방지에 관한 법률안 요강〉과 마찬가지였는데, 그 중에서 악취가 빠진 대신 방사능이 들어갔다. 또 공해물의 배출·발생기준을 정해 규제하는 것으로 돼 있지만 구체적 방향은 후생성에 설치된 중앙공해심사위원회에 위임했다.

이 법안은 경단련, 일본화학공업협회, 도쿄상공회의소, 간사이경제연합회 등이 시기상조라며 하나같이 반대했기에 정부 부처안에서 분열이 일어나 유산돼버리고 말았다. 당시 후생성은 이 반대를 무릅쓰고 법안을 제정할 힘이 없었다.[25] 이처럼 국가의 대책이 늦어지고 있는 사이에 공해는 전국으로 확산됐다.

최초의 공해법인 수질2법

수질2법은 혼슈 제지 공해로 피해를 입은 어민과 직접 교섭하여 제정된 최초의 공해법이다. 당시 전국적으로 수질오염으로 인해 농어업 피해가 나타났는데, 이 사건을 계기로 전국 어민들이 정부에 공해대책을 요구하는 운동을 일으킨 것이 법안 작성의 동기가 됐다. 그런 의미에서 이 법은 전전의 공해문제의 성격이었던 공업 대 농어업의 대립이었고, 산업정책으로서의 공해대책이었다. 그러나 수질오염은 농어업에만 피해를 주는 것이 아니다. 온가가와 강, 마쓰우라가와 강, 아이노우라가와 강, 요도가와 강 등 8개 하천의 16개 상수도[26]에 피해를 준 것과 같이, 시민의 건강문제나 도시의 환경파괴가 심각한 문제가 됐다. 그러나 아직 시민이 공해문제로 운동을 일으킬 단계까지는 이르지 않아 산업정책으로 시작한 수질오염대책은 건강이나 생활환경문제로 이행되지는 못했다.

앞서 말한 바와 같이 1958년 12월 〈공용용수역의 수질 보전에 관한 법률〉과 〈공장배수 등의 규제에 관한 법률〉이 제정됐다. 전자는 그 목적을 '공공수역의 수질 보전을 꾀하고, 아울러 수질의 오염에 관한 분쟁 해결에 이바지하기 위해 이에 필요한 기본적 사상을 정함으로써 산업의 상호조화와 공중위생의 향상에 기여한다'고 밝혔다. 농어업과 공업의 상호조화라는 산업정책과 공공위생의 향상과의 종합적인 목적을 들었지만 각 부처에는 그 목적을 뒷받침할 종합환경행정의 담당관청이 없었다. 그래서 이 법률의 담당관청을 경제기획청에 두었다. 수질보전에 관해서는 이미 하수도법이나 광산보안법이 있기에 새롭게 공장배수의 규제법을 만들어 하수도, 공장사업장 등에서 나오는 배수를 총괄하는 수질보전법을 만든 것이다. 이 법률에서는 오염이 뚜렷한 지정수역을 정해 그 수역마다 배수의 수질기준을 정하기로 했다. 또 분쟁처리를 위한 중개원제도를 두었다. 이로 인해 그동안 지방자치단체가 필요로 했던 규제기준이 정해져야 했다. 그러나 그것은 간단히 정해질 문제가 아니었다.

이 수질2법의 첫 번째 문제점은 각 부처의 섹셔널리즘 때문에 규제기준이 정해지지 않았다는 것이다. 이 법률에서는 개개 행정이 각 부처에 일임돼 그 조정을 경제기획청에 맡겼다. 그 결과, 공장측의 담당 관청으로는 통산성, 공중위생은 후생성, 하천과 항만 관리에는 건설성과 운수성, 어류보호와 농산물 가공공장의 담당은 농림성, 법의 주무관청으로서 조성 담당은 경제기획청으로 6개 관청이 권한을 다퉜다. 이 때문에 시행 후 4년이 지난 1962년 4월에서야 법을 만드는 원동력이었던 에도가와 강의 규제기준이 겨우 정해지는 상황이었다.

이 법률은 지금까지의 지자체 조례와 마찬가지로 맹목적으로 민간기업을 따르는 경향이 있었고 기업의 동의가 없으면 대책을 세울 수도, 강제할 수도 없었다. 당시 이미 심각한 사회문제가 된 미나마타병 대책을 위한 지정이 늦어져, 질소가 원인인 아세트알데히드의 생산을 그만 둔 1968년에야 겨우 이 법률을 적용해 공해라고 인정했다. 또 대증치료에 그친 이 법률은 사건이 일어난 뒤 대응하거나 미나마타와 같이 사건이 일어나도 대응하지 않았기 때문에 예방은 되지 않았다. 1960년대에 들어서면서 각종 개발법이 시행되었지만 이 법률이 개발지역의 수질기준을 미리 정하는 경우도 없었다. 이 때문에 오염은 확산됐다. 여기서 이후 공해법과 공해행정의 결함, 널리 말하면 기업 등의 경제행위를 우선하는 '정부의 실패'가 단적으로 드러난 것이다.[27]

제5절 전형적인 공해

　지금까지의 공해사에서는 1960년 소득이 갑절로 늘어난 고도성장기부터 공해문제가 시작된 것같이 서술하고 있지만 이 장에서 밝히는 바와 같이 공해문제는 전후 부흥기에 그 경제·사회적 원인을 축적해왔고, 1954년 이래 경제성장 과정에서는 고도성장의 원형이 형성됐다고 할 만하다. 여기서는 전후 공해의 원형이 되는 3가지 사례를 소개하고자 한다.

1 석탄 광해와 '환경복원'

광해 소사(鑛害小史)

　석탄은 이 시기 에너지의 주역이었고, 일본이 보유한 최대의 지하자원이었다. 이 때문에 전시중에는 마구 채굴해 연 생산량이 5000만t을 넘었다. 1945년에는 연 2230만t까지 내려갔지만 한국전쟁 이후 급격히 올라 1959년에는 5300만t을 생산했다. 이 가운데 전전부터 광해 문제가 집중된 후쿠오카현은 크고 작은 300여 개의 탄광에서 2300만t을 생산했다. 후쿠오카현이 '광해센터'라고 불린 것은 이곳의 탄광이 평지의 지하를 채굴했기 때문에 지반침하를 일으켜 농지나 주택 등에 심각한 피해를 냈기 때문이다. 전시중에 국가가 증산을 요청했을 때는 안전도 무시한 채 무리하게 석탄을 캐냈다. 이 때문에 노동재해와 공해가 일어난 것이다. 광해 문제는 이미 전전부터 심각했다. 이 때문에 피해농민으로부터 농지복구 요구가 나왔다.

이시무라 젠스케의 『광공업의 연구』에 의하면 1926년 미쓰비시 광업이
후쿠오카현 가호군 이즈카정 나마즈타의 땅이 거진 농지에 대해 경지정리
조합의 17정보(5만 1000평) 복구사업에 1만 5000엔을 기부했다. 그 뒤 1929년
에는 광해 피해지가 7000정보(2100만 평)에 이르렀고, 관계군·시정촌(市町村)
장이나 농회장*은 정부에게 이 복구사업에 관한 사업비의 6분의 5를 보조
해줄 것을 요청했지만 광업법에 광해 피해복구의 규정이 없다는 이유로 받
아들여지지 않았다. 민사재판에서는 지방유력자인 광업주를 상대로 가난하
고 약한 농민은 대항도 못하고 결국 분루를 삼켜야 하는 상황이 계속 됐다.
그 뒤 한때 소액으로 나오던 보조금도 1934년에는 중지됐고, 광업법이 개정
되기를 기다려야만 했다.

1939년 3월 광업법이 개정됐다. 이 법률에서는 토지의 굴삭, 광수(鑛水),
배수의 방류, 사석광(捨石鑛)의 퇴적, 광연(鑛煙)의 배출로 인해 타인에게 손
해를 끼칠 때 손해발생시의 광업자, 광업권 소실시의 광업자가 손해배상의
의무를 지도록 했다. 석탄광구의 광업권자는 손해배상의 담보로 석탄의 수
량에 걸맞게 매년 일정한 금액에 상당하는 국채를 공탁한다. 이것을 어기면
조업정지토록 했다. 당시 땅이 꺼진 농지는 5800정보(1740만 평), 광독수(鑛毒
水)로 피해를 입은 농지는 1900정보(570만 평)였다. 배상은 금전배상을 원칙
으로 하고 원상회복은 예외로 했다. 원상회복을 모두 인정하면 석탄업자의
부담이 너무 커진다는 것이 특별한 경우로 삼은 이유였다. 그 점에서는 석
탄업 보호를 위한 규정이라고 할 수 있다. 이 같은 문제점이 있었지만 이
개정으로 인해 무과실책임이 인정돼 나중의 이타이이타이병 재판에 적용됐
다. 이 경우 구제가 불가능한 경우가 많았고, 이에 대해서는 국가가 복구를
조성하는 것이 당연했지만 국고보조는 인재(人災)에는 적용할 수 없다고 해
농지개량비의 일부를 충당하는 것으로 함으로써 정치적 해결을 했다. 그러

---

* 마을농(農)회장의 약칭. 농정에 대한 주요사항을 시장 또는 농업위원회에 자문·건의하거나 마을
농정을 직접 추진하는 일을 한다. 마을에서 호선된 1명을 지자체 단체장이 임명하도록 돼 있다.

나 환경재생은 나아지지 않았고 전후를 맞았다.[28]

전후의 광해 문제

패전 후 얼마 안 돼 1946년에 조직된 후쿠오카현 광해대책연락협의회가 광해 문제를 해결하는 전국의 중심지 역할을 했다. 후쿠오카현 광해대책연락협의회 편의 『석탄과 공해』에 의하면 대책은 다음과 같이 진행됐다. 1947년 행정조치에 의한 복구가 시작됐다. 1948년에는 석탄풀자금제도에 의한 복구, 1950년에는 〈특별광해복구임시조치법〉이 제정돼 1950~58년에 걸쳐 전쟁 중에 광해 방지의 규칙을 어기고 채굴해 생긴 '특별광해지'가 복구됐다. 이 법률은 사회정책적인 성격을 띠고 있었기에 광업법의 원칙과 같이 오염자부담원칙을 바탕에 두고 복구비를 사업자가 부담하는 것이 아니었다. 공사비 105억 엔 가운데 법이 정한 사업자의 납부금은 36억 엔에 머물렀고, 나머지는 국고보조금(전체의 52%)이나 지방공공단체가 부담(동 7%)하게 되었다. 이러한 전쟁시의 난개발로 인한 특별광해지 대책만이 아니라 일반광해지의 복구도 필요했다.

당시 광해지의 상황은 다음과 같다.

(1) 농지가 지반침하로 인해 농사를 지을 수 없는 상태가 돼 경작불능
(2) 도로, 제방, 교량, 항만 등의 토목시설의 파손
(3) 학교 등 공공시설, 가옥, 택지, 묘지의 파손
(4) 상하수도, 우물의 피해
(5) 철도, 궤도의 침수
(6) 광독수로 인한 농업용수의 오염

1952년 8월 〈임시석탄광해복구법〉이 제정됐다. 이것은 앞서 기술한 일반광해지 복구를 위한 10년 시한입법이었다. 그간 후쿠오카현의 대상지역은 농지 6076정보(1828만 8천 평), 건물 337만 평 등으로 〈표 1-14〉와 같이 복구예산은 234억 엔이었다. 이 법률은 앞서 특별광해지의 경우와 마찬가지로

표 1-14 광해복구사업비(전국)

대 상	건 수	복구비(천 엔)	비율(%)
토 목	1,774	3,015,128	12.9
농 지	31,657	10,312,902	44.0
수 도	2,217	4,247,311	18.2
철 도	54	188,813	0.8
학 교	124	353,032	1.5
건 물	358만 평	5,000,088	21.4
기 타	7	279,903	1.2
계	42,964	23,397,177	100.0

주: 福岡県鉱害対策協議会編 『石炭と鉱害』(1969年)

광업법에 의한 배상의무자에게 적용할 오염자부담원칙은 일부분이었다. 사업자에게는 일반 공공사업을 추진해 일부를 부담시키기로 했다. 이 사업을 위해 광해복구사업단이 설립됐다. 대상사업에 따라 다른데, 사업자의 부담은 농지·농업용 시설에 대해서는 사업비의 35%이며, 지반 등의 복구비는 50% 등으로 돼 있다. 이 사업은 나중의 〈농용지(農用地)의 토양오염 방지 등에 관한 법률〉의 전신이다. 광해대책이 농업정책이라는 산업정책과 하나가 돼 추진됐다. 이러한 한계가 있지만 피해 구제에 머물지 않고 환경재생의 시작이라는 점에 주목했으면 한다.[29]

2 하치반 제철소의 공해문제 – 지역독점과 도시환경의 파괴

'철이 곧 국가다'

기타큐슈시는 정부의 지역개발에 의한 도시 만들기의 역사적인 견본이다. 전전의 기타큐슈는 석탄을 에너지로 하치반 제철소, 고쿠라(小倉) 육군 공작창 등을 기간으로 하는 중화학공업의 거점으로서 대륙으로 가는 군사활동의 기지였고, 아시아와의 무역항이었다. 1963년, 5개시가 통합하여 기

타큐슈시가 탄생했다. 5개시 가운데 고쿠라시만 도심지였고 다른 지역은
농촌이었는데, 메이지 정부의 개발에 의해 급격히 도시화됐다. 그 기동력이
된 것은 관영 하치반 제철소의 설립이었다. 1896년 제국의회는 공업화와 군
사화의 중심이 되는 제철소 건설을 결정했다.

당시 하치반촌은 351가구, 1229명의 가난에 찌든 마을이었지만 시가(市
價)의 절반 값으로 용지를 제공하는 등의 노력으로 유치에 성공해 1901년
용광로가 가동됐다. 그 뒤 동양 최대의 제철소로 발전한 하치반촌은 1900년
에는 정(町)으로, 1917년에는 시로 승격, 전시중에는 인구 30만 명의 대도시
가 됐다. 패전으로 재벌이 해체되는 등의 영향을 받아 조직이 바뀌었지만
철은 산업의 쌀이며 철은 곧 국가라는 전전부터 이어져 온 지배력은 변함
이 없고, 역대 사장은 경단련 회장 등 재계의 제왕으로 군림했다. 고도성장
초기까지는 통산성 장관이 취임식을 마치면 바로 하치반 제철소에 인사차
들릴 정도였다.

전전부터 '하치반의 검은 새'라고 불릴 정도로 대기오염이 심각했다. 그
러나 매연에 대한 반대여론이나 운동은 일어나지 않았다.『하치반 제철소
50년사』에는 다음과 같이 쓰여 있다.

'반세기를 통해 하치반시에는 제철소를 대상으로 매연문제가 일어나
지 않았다. 파도를 압도하는 불꽃도, 하늘로 솟구치는 연기도 그것은 제
철소의 약진임과 동시에 하치반시의 환희였다. 하치반시와 제철소 50년
의 연결고리는 유례없는 완벽을 보인 것이라 할 수 있다.[30]'

이렇게 시는 하치반 제철소의 한 부서와 같고 시민은 소속원 같은 이 상
황이 전후에도 계속된 것이다. 그 뒤에도 일본에서는 '기업도시'나 '기업촌'
이라고 불릴 정도의 도시가 생겼는데, 하치반 더 나아가 기타큐슈는 그 전
형이었다.

'공해지옥'

옛 하치반시(이하, 5개시 통합 이전은 하치반시라고 한다)의 대기오염 상황은 〈표
1-15〉에 나타난 바와 같이 매연이 월 50t을 넘었다. 하치반시와 도바타시에
서는 1953년 11월부터 대기오염을 측정하기 시작했지만 본격적인 조사는
기타큐슈 전역에 53개소의 관측점을 만든 1959년 6월부터 시작됐다. 건강

표 1-15 하치반시(기타큐슈시 하치반구)의 대기오염 상황

	1959.5~60.4		1960.5~61.4		1961.5~62.4	
	강하분진	아황산가스	강하분진	아황산가스	강하분진	아황산가스
공업지역	51.35	0.76	49.19	1.00	54.16	0.95
상업지역	24.71	0.45	22.07	0.43	19.77	0.41
주택지역	23.69	0.55	21.24	0.65	20.76	0.62
전원지역	16.08	0.40	10.63	0.32	14.30	0.30
총평균	26.23	0.53	23.21	0.58	23.93	0.55

주: 1) 강하분진량은 t/㎢/월, 아황산가스 SO_3는 mg/일/100㎠ PbO_2의 1개월 평균
    2) 八幡市衛生部『八幡市大気汚染調査報告』第3報(1962年 12月)

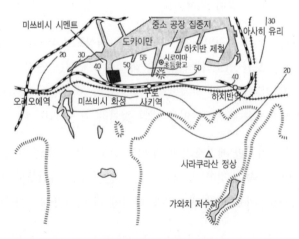

주: 八幡市衛生部『八幡市大気汚染調査報告』第3報(1962年 12月)
그림 1-5 하치반시 강하분진 등량선(t/㎢/월)

유지 수준인 월 평균 10t 이하라는 기준치와 비교하면 보통 상황이 아니다. 강하분진량을 등량선으로 나타내보면 〈그림 1-5〉와 같이 하치반 시가지 대부분은 약 30t 전후의 분진이 내리고 있음을 알 수 있다. 특히 하야시 에이다이가 『하치반의 공해』에서 인간이 살 곳이 아닌 공해지옥으로 단정한 하치반 제철과 미쓰비시 화성(化成) 사이에 끼어 있던 시로야마(城山) 초등학교의 관측점에서는 최고 85t, 평균 64t, 최저라 해도 31t의 오염도를 보이고 있다. 이곳 주택의 지붕은 쌓인 분진의 무게로 기와가 떨어지는 사례도 있었다고 한다. 초등학교의 수영장의 표면은 분진으로 시커멓고, 수영을 하면 온몸이 검댕 투성이가 되기 때문에 효율이 좋은 정화시설을 사용하지 않을 수 없었다. 아동이 그린 태양은 분진에 오염돼 황색이었다고 한다.[31]

대기오염이 인체에 미치는 영향 조사는 규슈 대학 의학부 위생학교실 사루다 나미오에 위탁해, 1958년에 하치반시 국민건강보험카드(7만 5477건)와 후쿠오카시 서부사회보험카드(16만 4542건)에 의한 역학조사, 1960년에 하치반시 국민건강보험카드와 후쿠오카시의 같은 카드에 의한 역학조사, 1962년에 하치반시, 후쿠오카시, 야나가와시의 각 국민건강보험카드에 의한 역학조사가 이루어졌다. 대기오염에 관계있다고 보이는 호흡기계, 이비인후계, 안과 등의 질환 및 암을 특수질병으로 뽑아내 비교했다. 그 결과, 호흡기계에 대해서는 명확한 차이는 없었고, 이비인후계에 대해서는 하치반시가 대조지역에 비해 높았다. 또 폐암이나 상기도암의 발생률은 오염지구인 하치반시가 높았다. 나중에 문제가 된 호흡기질환에서 왜 차이가 나지 않았는지는 불명확하지만 강하분진과 SO_x의 영향 차이인지도 모르겠다. 1960년 7월과 1961년 11월 규슈 대학 소아과교실 나가야마 도쿠로 등에게 아동건강조사를 위탁했다. 오염지구 하치반시 시로야마 초등학교, 오구라(尾倉) 중학교, 비오염지구 하치반시 고야노세(木屋瀬) 초등학교, 고야노세 중학교, 다음 해는 하치반시 시로야마 초등학교, 에다미쓰다이(枝光台) 중학교, 비오염지구 고쿠라시 도쿠리쿠(德力) 초등학교, 기쿠(企救) 중학교에서 ①심신조화도 조사 ②폐환기기능을 주로 한 건강진단을 실시했다. 대기오염의 호소는 야마

시로 초등 98.6%, 오구라 중학교 55.5%, 비오염지구 고야노세 초·중학교
에서는 각각 2%였다. 호소한 것은 세탁물과 의복, 실내나 가구가 더러워지
고, 공기에 더러운 냄새가 난다는 것 등이었다. 호흡기증상의 호소로는 기
침, 쌕쌕거림 및 천식발작, 호흡곤란, 코막힘, 급성기도감염증이었고, 빈도를
비교해보면 오염지구가 호흡기증상의 호소가 높았다. 폐기능검사에서는 현
저한 차이는 나타나지 않았다. 나중에 도바타구 36개 지구의 피해가 심각해
졌는데, 강하분진 이상으로 SO_x의 건강영향쪽이 명확하게 나타난 것 같다.[32]

열악한 생활환경

이 일본 제일의 철과 석탄의 콤비나트 도시의 생활환경은 열악했다. 쓰
레기소각장은 1933년 이후 30년 가까이 흐르도록 신설되지 않았다. 분뇨정
화조는 1959년도에 건설이 계획됐고, 하수도는 시로 승격되자 실로 45년만
인 1962년부터 건설이 시작되었다. 이 때문에 바다에 버려진 '퍼세식' 분뇨
의 91%가 공장의 미처리 배수와 섞여 도카이 만이나 히비키나다의 어장을
전멸로 몰아갔고 어민들은 손해배상을 요구해왔다. 또한 법정전염병 특히
이질에 걸린 비율이 1955년부터 1961년까지 7년간 후쿠오카현 내 31개 보
건소 가운데 최대였던 일도 있었다. 즉, 이 7년간의 환자수는 6770명으로,
인구 10만 명당 이질에 걸린 비율이 197.7명을 넘었다. 이것은 후쿠오카현
전체 비율의 2배, 후쿠오카시의 약 3배였다.

이 대공업도시의 나쁜 생활환경의 비밀을 푸는 열쇠는 하치반 제철소를
비롯한 대기업의 도시 만들기가 쥐고 있었다. 시의 토지 가운데 공장용지나
주택용지로 적합한 곳은 대기업이 독점했고, 일반주민의 택지는 구하기 어
려웠다. 기타큐슈시 전체로 약 3만 가구의 주택이 부족했지만 1953~60년
도에 걸쳐 건설된 공영주택은 5183가구밖에 되지 않았다. 더욱이 비교적 공
해가 적은 토지에는 제철소 사택이 건설됐고, 공영주택은 기차 노선 주변이
나 공장 인접지에 지어졌다. 물도 기업이 독점으로 이용히는 경향이 있었
다. 온가가와 강에서 끌어다 쓰는 기타큐슈 수도는 이미 1945년경부터 선

탄* 배수로 오염되기 시작했다. 이 하천이나 무라사키가와 강의 물이용권
은 대기업이 대부분을 독점하고 있었다. 시민의 음용수는 부족해 여름철에
단수가 되기 일쑤였다. 공업용수는 1㎥당 4엔 50전(원가 9엔)에 공급되고 있
었지만 음용수는 기타큐슈 4개시의 경우 24엔(고베시 14엔)으로 매우 비쌌다.
하치반 제철소는 병원, 학교, 마을회관과 같은 지역시설을 만들어 지역에
공헌했다고 생각할지 모르겠지만 그것은 영주(領主)가 영민(領民)에게 내린
시혜정책이나 마찬가지일 뿐 시민으로서의 공동체를 만드는 것은 아니었
다. 피츠버그시의 멜론재단과 같이 고등교육이나 문화 발전에 기여한 것이
아니었다.[33]

기업의 공해인식과 대책

앞서 말한 바와 같이 1955년 후쿠오카현 〈공해방지조례〉가 제정된 때에,
대기업 공장으로 구성된 후쿠시마현 경영자협회는 시기상조라고 반대성명
을 냈다. 그해 규슈 대학이 하치반시를 중심으로 관측을 시작했던 때에는
누군가가 하룻밤 사이에 관측기를 전부 파괴한 사건이 있었다. 당시 현 위
생부의 공해담당 기사인 K씨에 따르면 하치반 제철의 최고책임자를 만나
조례가 만들어진 이상 이러한 폭력적 저항은 곤란하다고 항의했고, 조례에
따라 공해대책을 세웠다고 하자, 자신의 회사가 한 것은 아니지만 하치반시
에 살고 있으면서 제철소에 불만을 품고 있는 사람은 시에서 나가야 하며,
공해가 싫다며 불만 있는 사람은 그의 토지를 보상금으로 사버리면 된다고
했다고 한다. 그는 나에게 이곳이 법치국가인지 한탄했다고 말했다. 나중에
말하게 될 욧카이치시와 같은 전후의 기업도시와 달리, 하치반 제철은 국가
를 지탱하고 도시를 만들어 시민을 먹여살려 왔다는 자부심이 있었다. 매연
문제 등으로 시민이 항의하는 일은 없을 것이라는 인식이 있었다. 드디어

---

* 選炭: 채굴한 석탄을 주로 물리적·기계적 방법으로 제품이 될 석탄인 정탄(精炭)으로 제조하기까
지의 작업과정을 말함

1959년 기타큐슈 5개시 대기오염협의회가 53개소 관측점을 설치해 아황산가스와 강하분진을 조사하기 시작함과 동시에 기업의 공해방지설비를 진단하기 시작했다. 그때 제출된 하치반 제철소 「매연 등 방지대책의 현황 및 문제점」(1962년 12월)을 보면 매연방지대책이 얼마나 뒤쳐졌는지를 명확히 알 수 있다.

그것을 보면, '1958년도 하반기부터 제3제강에 시험장치 1기를 착공했고, 1959년 2월에 완성해 그 집진율은 만족스러웠지만 물의 순환 사용을 위한 펌프 러너가 침수돼 곧 못쓰게 되었고, 그 뒤 케이싱도 구멍이 나는 등 보수에 문제가 잇달아 생겨 장기간 사용하는 데 인정을 얻기까지는 1959년 가을이 돼서야 가능했다.' 이와 병행해 벤트리 타입의 집진장치를 설치했지만 장기간 보수에 문제가 있고 전력·물 등의 운영비용이 경제적이지 않아 전체를 벤트리 타입으로 실시하지 않고, 설비비는 비교적 높지만 전력, 물의 사용이 적은 전기 집진장치를 시험적으로 채택했다. 1961년도부터 1963년에 걸쳐 제4제강소에 전기 집진기를 채택해 고장시를 제외하고는 문제가 사라졌다고 보고되었다. 조례가 제정된 지 7년 이상이 지나 드디어 기술적 대책이 완성된 상황이었다. 1959년 2월에 시작해 1962년 12월 현재까지의 집진장치에 대한 투자는 8억 4300만 엔(개조비를 포함해 9억 3500만 엔)이었다.[34]

정부도 1962년의 〈분진배출의 규제 등에 관한 법률〉(이하 〈분진규제법〉이라고 약칭한다)을 지향해 규제를 할 방침을 정한 것도 있고, 기업도 집진장치를 정비해 하치반시의 대기업 6개사의 집진장치는 1956년 66대에서 1962년까지 205대(조례적용시설의 78%)가 정비됐다. 그러나 그 효과는 충분하지는 않았다. 제철소에만 30m 이상의 굴뚝이 약 150개가 있을 만큼 공장의 집적도가 높았기 때문에 여전히 월 30t의 분진이 내렸다. 효과가 있었던 것은 연료의 전환이었다. 석탄은 연 60만t에서 1962년에 32만t으로 줄었고, 중유는 8000t에서 8만t으로 늘어났다. 그 결과, 강하분진은 점차 감소하기 시작했지만 대신 SO_2이 증대했다. 이에 대한 발생원(發生源) 대책은 세워져 있지 않았다.

시민의 공해인식과 반대운동

1964년 6월 기타큐슈시에 온 유엔 조사단은 이 거리를 '무질서하게 발전한 호감가지 않는 성격을 모두 갖춘 도시'라고 불렀다. 이러한 최악의 환경에 있으면서도 주민은 제철소의 공해에 대해서는 침묵을 지켰다. 공해방지조례에 근거한 공해심사청구가 1962년까지 24건 나왔지만 하치반 제철소와 관계된 것은 한 건도 없었다. 1962년까지는 제철소의 시뻘건 연기의 피해는 컸지만 1961년 공해상담카드 214건 가운데 그것을 호소한 경우는 하나도 없었다. 하치반의 시민은 '연기로 먹고 살고 있다'는 의식을 갖고 있어서 하치반 제철소를 비판하기란 불가능하다는 것이었다. 이 기업주의의 시민감정에 편승해 공해는 방치돼 온 것이다. 이러한 폐쇄된 상태에 있었던 시민의 공해인식을 바꾼 것은 도바타구의 산로쿠 지구 부인회의 공해반대 학습운동이었다. 앞서 말한 하야시 에이다이가 『하치반의 공해』에서 이 운동의 역사를 정확하게 묘사하였다. 도바타구는 면적이 좁고, 공장이 밀집해 있기 때문에 하치반구와 변함없는 대기오염지구였다. 특히 기타큐슈 지역에서 산로쿠 지구는 하치반구 시로야마 지구에 이어 강하분진량이 많고 SO_x 양은 최대였다. 산로쿠 부인회의 「분진조사(Ⅱ)」에는 당시의 피해실정이 다음과 같이 밝혀져 있다.

'창을 닫아두고 있는데도 들어오는 분진으로 발바닥은 시꺼멓고 다다미는 끈적끈적해 더럽고 하루 두세 번씩 청소를 해야 하는 주부의 골칫거리입니다. 특히 현영(県営) 아파트와 그 주변은 분진 때문에 하루 종일 따끔거려 매일 노이로제에 걸릴 정도였다고 합니다. 이 아파트에서는 회사쪽으로 난 창은 종이나 양초로 틈을 막아버려 한여름에는 낮에도 창문을 못열어 통풍조차 할 수 없고 환기통을 붙이지 않으면 여름을 날 수 없다고 합니다. 주부로서는 세탁이 부담입니다. 아이들이 밖에서 놀다 들어오면 검댕투성이, 남편의 와이셔츠 등은 아예 바깥에 말릴 수가 없고, 집에서 빨 수 없는 것은 세탁소에 맡기기 때문에 다른 지구에 살던 때보다

세탁비가 많이 드는데, 그 액수도 연간으로 따지면 큰 금액이 됩니다.'

이것은 냉방기가 없던 시대였긴 해도 얼마나 분진이 심했는지 알 수 있다.

산로쿠 부인회는 사회교육 주사(主事) 하야시 에이다이가 시사한 바도 있어 야마구치 대학에 가서 노세 요시카쓰 교수의 지도를 받아 공해 피해를 밝혀보기로 했다. 그 결과, 대기오염과 아동병결률(病欠率)에 상관관계가 있다는 사실을 밝힐 수 있었다. 이 학습회를 거듭해 공해의 인식을 깊이 한 것은 전후 시민운동의 기본적 방법이었는데, 이것이 오랜 기간을 거쳐 그 성과를 실생활에 끌어들이고 시민을 계몽한 것이 독창적이다. 학습회의 성과를 갖고 산로쿠 부인회는 기업, 시의회, 시청과 교섭해 구체적인 공해대책을 취했다. 기업도시에서 시작된 이 시민운동이 없었다면 그 뒤 기타큐슈 시의 공해대책의 진전은 없었을 것이다.[35]

3 미나마타병 문제 - 세계 최대의 공해 사건과 원인 규명의 역사

미나마타병은 화학공장 등에서부터 바다나 하천으로 배출된 메틸수은화합물을 어패류가 직접 흡수하거나 먹이사슬을 통해 체내에 고농도로 축적돼, 이를 일상적으로 대량 섭취한 주민 가운데 발생한 중독성 중추신경질환이다. 구마모토미나마타병의 경우는 짓소의 아세트알데히드 제조공정에서 부산물로 나온 유기수은과 대량으로 바다 속으로 흘러나간 무기수은이 유기화해 어패류에 축적된 것으로 돼 있다. 환자의 공통된 증상은 사지 말초신경의 감각장애로 시야협착, 언어장애, 운동실조, 난청 등의 장애가 복합적인 경우가 있고, 시라기 히로쓰구는 장기나 혈관으로 스며드는 전신병이라고 했다. 초기 중증환자가 미쳐 죽어가듯이 불치의 잔혹한 질환이다. 또 하라다 마사즈미 등의 연구에서 밝혀진 태아성 미나마타병과 같이 모친의 뱃속에서부터 독극물을 섭취했기 때문에 심한 신체장애를 가진 미나마타병 환자도 나왔다. 이 질환이 언제부터 시작돼 언제 끝날지, 전수조사를 한 번도 한 적이 없기에 피해의 전모는 아직 알 수 없다. 이미 6만 명이 넘는 '환자'가 나오고 있다. 세계를 충격에 몰아넣은 구마모토미나마타병은 1956년 5월에 공식 발견됐지만 정부가 이것을 공해병으로 인정한 것은 제2의 니가타미나마타병이 발견된 뒤인 1968년 9월이었다. 그 해까지 짓소는 아세트알데히드를 계속 생산해 유해물을 흘리고 있었다. 그 사이 환자는 방치되거나 은폐돼 나중에 말하는 바와 같이 어업도 불가능하고 겨우 몇푼 안 되는 위로금으로 빈궁한 처지에 놓여 있었던 것이다. 무슨 이유로 정부가 공해를 인정하기까지 12년이나 걸렸던 것인가.

미나마타병이 공장폐액으로 인한 것이라는 의심은 공식 발견되던 해에는 명확했고, 구마모토현 어업과는 미나마타 만의 어획금지를 제안했다. 1958~59년 구마모토 대학 기병(奇病) 의학연구반이 유기수은중독이라는 사실을 발견한 단계에서 공장이 수은을 사용하고 있던 공정의 생산을 일시중지해 조사를 했다면 호소카와 박사의 고양이 실험 등으로 그 원인은 알 수 있었을 것이다. 지금부터 말하는 바와 같이 짓소는 스스로 그 피해를 없애는 노력을 해야 했으나 석유화학으로 이행하기 위해 증산을 계속했고, 위로금계약으로 피해자의 운동을 침묵시켰다. 정부는 미나마타 만의 어획규제를 거부하고 화학공업의 증산을 옹호했으며, 원인 규명을 바라는 후생성 연구반의 작업을 못하게 하는 등 제2미나마타병을 발생시킨 중대한 과실이 드러날 때까지 원인불명이라는 이유를 들어 수질2법으로 공해를 규제하지 않았던 것이다. 구마모토 대학은 이 초기의 어려웠던 원인규명에 있어서 획기적인 업적을 냈으나 일본화학공업협회(이하, 화학공업협회라고 약칭한다)와 정부로 구성된 연구자는 어민에게 책임을 지우는 듯한 아민*설 등을 발표해 진상규명을 방해했다. 미나마타병은 짓소의 범죄였지만 공해문제의 원점이라고 불린다. 그것은 전후 일본 사회의 특질인 정관재학 복합체에 의한 정

---

* amine: 암모니아의 수소원자를 탄화수소기로 치환한 화합물의 총칭

치·경제·과학이 인간의 안전이나 기본적 인권보다도 경제적 이익이나 정치적 지배욕망을 우선한 시스템에 의해 일어난다는 사실을 명확히 했기 때문이다. 또 이러한 시스템의 지역판인 기업촌 미나마타 지역에서는 피해자가 차별받고 인권을 주장하기가 어려워져 피해가 은폐됐다는 사실이 중요하다. 결국 지역에 민주주의가 없으면 피해자는 구제받지 못한다는 사실을 보여준 점에서도 미나마타병이 공해의 원점이라고 불리는 이유이다.

지금까지 미나마타병은 고도성장시대의 공해라고 불리고 있지만 전후 부흥기에 발생했다. 그러나 고도성장을 지향해 전기화학에서 석유화학으로 이전을 앞당기기 위해 노후기계를 계속 사용해가며 대대적인 증산을 했던 것이 원인의 하나이며, 그 뒤에도 고도성장기의 공해대책이 실패하는 데 영향을 주었기에 이타이이타이병과 마찬가지로 고도성장기의 공해라고 불렸을 것이다.[36]

미나마타병은 공식발견 이래 60년 이상 흘렀지만 아직도 해결의 기미가 보이지 않는다. 본론에서는 이를 위해 4기에 걸쳐 이 문제를 다루고자 한다.

제1기는 원인규명의 시기(1956~68년)로 이것은 제1장에서 다룬다.
제2기는 짓소의 법적 책임확정과 피해구제의 시작 시기(1968~77년)로 제4
　　장에서 다룬다.
제3기는 정부가 인정기준을 변경하여 벌인 미나마타병의 증상 논쟁과 국
　　가의 법적 책임을 묻는 시기(1977~95년)로 제7장에서 다룬다.
제4기는 정치적 해결과 짓소의 분사화(分社化)와 참된 해결을 지향하는
　　시기(1995년~현재)로 제10장에서 다룬다.

이 장에서는 제1기의 원인규명까지를 다룬다. 이 선구적 업적은 우이 준의 『공해의 정치학』이다. 또 의학의 규명에 대해서는 하라다 마사즈미의 『미나마타병』이 있고, 보다 상세한 것은 미나마타병 제1차 판결 등의 재판자료이다. 제1기의 원인규명 과정이나 내용은 이미 엄청난 문헌으로 정리됐고, 정부기관의 「미나마타병의 비극을 되풀이하지 않기 위하여」에

도 똑같은 경과가 기재돼 있다. 여기서는 이에 더한 단계의 기술은 없지만 가장 뒤늦었던 공학적 원인규명의 하나로서 니시무라 하지메·오카모토 다쓰아키가 쓴 『미나마타병의 과학』을 소개한다. 이에 관해서도 반론이 있는데 그 의미에서는 원인규명 특히 무기수은의 유기화에 대해서는 남은 과제가 아닐까 하고 문외한의 의견으로 생각하고 있다.

공장배수로 오염된 고기 대량섭취설의 확정(1956~57년)

짓소 미나마타 공장은 다섯 차례에 걸쳐 공습으로 큰 피해를 입었고, 또 패전과 동시에 한국의 공장 등 자산의 80%를 잃었다. 1945년 10월에 암모니아 합성과 황산암모늄의 생산을 재개했고, 다음해 아세트알데히드·초산 공장의 생산 재개, 국책에 편승해 비료를 생산, 특히 1949년부터는 염화비닐의 제조를 재개, 1952년에는 아세틸렌법(法) 옥타놀 제조를 개시했다. 전후의 증산은 1959년에 최고조에 이르렀다. 짓소는 수력발전에 의한 전기화학이며, 풍부한 석회석을 이용해 카바이트에서 아세틸렌을 만들어 그것을 가공해 가소제인 알데히드·초산, 염화비닐을 만드는 유기합성화학의 톱메이커였다. 그러나 전후 중동에서 석유자원이 발견되고, 그 값싼 원료를 이용해서 화력발전이나 석유화학이 생기자 비용이 높은 전기화학은 1959년 전후를 계기로 급속히 쇠퇴했다. 이 때문에 빨리 기계 등의 자산을 상각하려고 증산이 이루어졌다.

미나마타병은 아세트알데히드의 생산과정에서 촉매로 사용된 수은이 염화메틸수은을 부산물로 생산해 그것이 미나마타 만에서 시라누이카이 해로 유출된 데다 공장배수로 인해 대량 퇴적된 질 낮은 무기수은이 유기수은으로 전화되고, 이들에 오염된 어패류를 먹은 사람에게 일어나는 신경질환이다. 이러한 사실이 해명돼 대책이 취해지기까지는 오랜 시간이 걸렸다. 아세트알데히드의 생산은 1932년부터 시작됐고, 다른 원인도 있어서 계속해서 어업피해가 일어났던 것이다. 미나마타병은 전전인 1941년 11월 태아성 미나마타병으로 의심이 가는 여성, 1947년 2월에는 미나마타병 환자가 발생했을 가능성이 있지만 확인된 제1호 환자의 발생은 1953년 12월이라고 한다. 그에 앞서 증산이 시작된 1950~52년에 생태계에 이상이 나타나 어패류, 조류, 특히 고양이에게 수은중독이 나타났다. 그러나 일본의 과학은 벽이 있어 생태학과 의학 간의 연대가 없었고, 이러한 이상은 어획이 감소하는 경제문제가 터지자 인식됐을 뿐 인간의 건강과의 관계는 지나쳤던 것이다.

1956년 4월 21일 미나마타시 쓰키노우라의 배 목수인 다나카 요시아키의 다섯 살짜리 딸 시즈코가 팔다리를 마음대로 못 움직이고 말이 어눌해져 짓소 미나마타 공장 부속병원으로 옮겨졌다. 그 뒤에도 3명의 환자가 입원한 것을 보고 병원장 호소카와 하지메는 미나마타 보건소(이토 하스오 소장)에 '원인불명의 중추신경질환이 발생했다'고 신고했다. 이 4명의 환자가 발견된 1956년 5월 1일이 공식발견일이 되었다. 구마모토현 위생부는 구마모토 대학 의학부에 원인규명을 의뢰해, 8월 24일에 미나마타기병(奇病) 의학연구반(이하 구마모토 대학 연구반)이 조직됐다. 그리고 2개월 뒤에는 전염병이 아니고, 미나마타 만산 어패류에 포함된 신경친화성이 강한 독극물에 의한 중독이라고 결론내렸다. 당초 원인물질은 정확히 밝혀지지는 않고, 망간, 셀렌이나 타륨 등의 중금속이 의심됐다. 이 물질들로 동물실험을 성공하지 못하여 위험물질을 밝혀내지는 못했지만 짓소의 공장배수에 포함된 독극물에 의한 피해라는 사실은 명확했다.

구마모토현 위생부나 수산과에서는 어획금지와 배수규제의 필요성을 느끼고, 식품위생법을 근거로 어획을 금지하는 취지를 후생성에 알렸다. 1957년 9월 후생성 공중위생국장은 미나마타 만 안의 모든 고기가 독성이 있는 것은 아니라고 해 이 조치를 취하지 않았다. 그러나 사태가 심각하여 국가와 현은 어민에게 조심할 것을 요청했다. 어획의 전면금지가 아니라 어민 개인의 판단에 맡겼기 때문에 오염 고기는 계속 잡혀 판매되었고, 오염은 확산됐다. 짓소는 중금속설을 부정하고 규제조치를 전혀 취하지 않았다. 그러나 공장배수를 미나마타 만에 방류하는 것이 위험하다고 생각했는지

1958년 9월부터 아세트알데히드·초산생산공정 배수는 하치반 저류장(pool)을 거쳐 미나마타가와 강 하구로 비밀리에 흘리기 시작했다. 시라누이카이 해로 방출된 폐액으로 미나마타 만 주변만이 아니라 아시키타 지구와 아마쿠사 지역으로 피해가 확산되게 됐다.

1958년 정부는 최초의 공해법으로 수질2법을 제정했지만 앞서 말한 바와 같이 업계의 반대나 각 부처 간의 분파주의에 휘둘려 수질기준을 정할 때를 놓쳐 미나마타 만에는 10년 뒤에야 적용되었다. 만약 이 시기에 어획이 금지되고 배수를 정지시켰더라면 〈표 1-16〉(105쪽)의 유기수은 유출자료 등으로 보아 대부분의 환자를 구할 수 있지 않았을까. 통한의 과실이다.

진실을 둘러싼 분쟁 - 유기수은설과 위로금계약에 의한 은폐

1959년 3월, 다케우치 다다오 구마모토 대학 교수(병리학)는 『구마모토의학회잡지』에 미나마타병은 농약의 생산과정에서 유기수은의 영향을 받은 노동자의 증상으로, 발견자의 이름을 붙인 핸터 랏셀 증후군과 유사하다고 발표했다. 구마모토 대학 연구반은 배수구로부터 만내(灣內)에 걸쳐 대량의 수은을 발견했고, 7월 14일에는 원인물질로서 유기수은설을 발표했다. 그러나 저질(底質)의 수은으로 동물실험에서는 미나마타병은 발생하지 않았고, 또 유기수은이 어떠한 제조공정에서 발생하는지는 불명확했다. 그해 10월 호소카와 하지메는 아세트알데히드·초산공장의 배수에서 나온 먹이로 고양이 실험(고양이 400호 실험)을 해 미나마타병의 발병을 확인했다. 구마모토 대학이 주장한 학설이 맞다고 인정했고, 확실한 증거를 얻기 위해 이것을 니시다 에이이치 공장장에게 보고하여 실험을 계속할 것을 요청했다. 그러나 공장측은 호소카와가 계속 실험하도록 허가하지 않았고, 이 중대한 고양이 400호 실험 결과는 발표되지 못했다.

11월에 구마모토 대학 연구반의 발표에 근거해 후생성 식품위생조사회는 '미나마타병은 미나마타 만의 어패류 중 특정 종의 유기수은화합물에 의한' 것이라 단정해 후생성 장관에게 보고했다. 후생성 공중위생국장과 수산청 장관은 미나마타병은 미나마타 만에서 어획된 어패류를 섭취함으로써 발병한 것으로, 그 유독물질은 대체로 유기수은화합물이라 생각되기에 화학공장의 공장배수에 적절한 조치를 취하도록 통산성 경공업국장에게 요청했다. 이에 대해 통산성 경공업국장은 유기수은화합물설에는 많은 의문점이 있어 미나마타병의 원인을 일률적으로 짓소의 배수로 돌릴 수는 없다고 근본적 대책을 부정했다. 그러나 현지의 상황을 고려해 공장에서 시라누이카이 해로 배수를 방류하는 것은 중지시키고, 배수처리시설을 완비하도록 요청하겠다고 말하는 정도에 머물렀다. 이것은 여론을 무마시킬 정도의 대책에 불과했다.

한편 짓소 및 화학공업협회는 구마모토 대학 연구반의 보고는 실증성이 없다고 맹렬히 반대했다. 짓소는 1959년 7월, 아세트알데히드의 합성촉매로 황산수은을 사용했고, 그 뒤 다시 염화비닐의 합성촉매로 염화제이수은을 사용했지만 그 생산과정에서 유기수은화합물을 생성한 사실이 없고 확인된 것은 무기수은이며, 만내의 진흙에 포함된 것도 금속수은이었다고 발표해 구마모토 대학의 유기수은설을 부정했다. 화학공업협회의 오시마 이사는 폭약설을 주장했고, 도쿄 공업대학 교수 기요우라 라이사쿠는 1960년 4월에 단백질의 부패에서 일어나는 아민에 의한 중독설을 주장했다. 이는 부패한 어패류를 먹은 주민이 잘못했다는 것이 된다. 통산성이 후생성에 압력을 넣었다고 하는데, 유기수은설은 채택되지 않은 채 향후 연구와 검토를 계속하기로 하고 후생성 장관은 식품위생조사회 수은특별부회를 사실상 해산했다. 이렇게 해서 정부는 1968년까지 미나마타병의 원인을 공식적으로는 불명이라고 했던 것이다. 제2의 중대한 실정(失政)이었다.

이러한 상황하에서 어획량이 감소해 생활이 어려워진 어민은 짓소를 상대로 배상, 퇴적오물의 제거, 폐액정화장치의 설치를 요구했다. 그러나 짓소의 태도는 성의가 없었고, 1959년 8월에 미나마타어협이 제1차 어민투쟁을, 10월 17일에는 구마모토현 어련(漁連)이 제2차 어민투쟁을 벌였다. 이러한 분쟁 중에 중의원 미나마타문제조사단이 11월 2일에 미나마타 공장과

피해자를 조사했다. 현의 어련은 이 기회에 대회를 열어 대회 대표가 공장
장을 만나 배수를 전면 중지할 것을 협의하자고 했지만 공장은 이를 거부
했다. 어민은 이에 항의해 공장 안으로 난입했다. 이를 저지하려는 공장측
과 경찰관과 난투극을 벌여 쌍방 수십 명이 다쳤다. 그 결과, 어협은 어업피
해보상문제를 짓소와 직접 교섭하지 않고 제3자 기관에 위임했다. 지사와
미나마타 시장 등을 포함한 '시라누이카이 어업분쟁조정위원회'는 짓소의
책임을 명확히 하지 않은 채 어업의 손해배상을 1억 엔으로 했다. 더욱이
구마모토현 어련은 '신일본짓소 미나마타 공장 배수의 질과 양이 더 나빠지
지 않는 한 과거의 배수가 질병의 원인이라고 결정되어도 일절 추가보상을
요구하지 않는다'고 하는 사후 위로금계약과 같은 계약을 맺었다. 이 공장
난입 사건으로 현경은 수백 명의 어민을 폭행용의자로 구류하고 심문해
141명을 서류송치, 55명을 기소했다. 재판 결과, 어협의 최고간부 3명에게
는 징역 1년에 8개월의 실형이, 52명에게는 벌금형이 부과됐다. 이 사람들
대부분이 나중에 미나마타병 환자로 확진되었고 그 중 3명이 자살했다. 공
해 사건에서는 가해자가 아니라 피해자가 처벌된다. 더욱이 에도가와 강의
사건에서는 정부가 수질2법을 제정했지만 벽지인 미나마타에서는 쥐꼬리
만한 보상과 일방적인 탄압으로 끝났다. 명백한 지방차별이었다.

미나마타병 환자·가족은 1957년 8월 15일에 피고와의 교섭과 회원 상호
부조를 목적으로 미나마타병환자가정상조회(이하 상조회, 회장 와타나베 에이조)를
결성해 1958년 9월경부터 원인규명 등에 관해 힘써 줄 것을 구마모토현과
미나마타시에 진정을 계속 넣었다. 같은 해 11월 25일에 상조회는 미나마타
병의 원인이 공장배수에 있다는 것은 사회적 사실이기에 환자 78명분의 보
상금으로 총액 2억 3400만 엔(1인당 300만 엔)을 지불할 것을 짓소에 요구했다.
그러나 짓소는 미나마타병이 공장배수와 관계가 있다는 것은 명확하지 않
다며 요구에 응할 수 없다고 회답했다. 이 회답을 받고 상조회 회원은 공장
정문 앞에 텐트를 치고 12월 27일까지 농성을 계속했다. 상조회와 미나마타
시의회, 시장의 알선조정 요청을 받아 구마모토현 데라모투 고사쿠 지사는

짓소 사장 요시오카 기이치와 만나 미나마타병이 회사와 관계가 없다고만
해서는 더 이상 현민의 납득을 얻을 수 없다고 해 환자 보상의 요구에 응할
것을 설득했고 회사는 강경하게 반대했지만 12월 30일 결국 동의했다. 그러
나 그 명목은 보상이 아니라 위로금으로 하기로 하고 다음과 같은 계약서
를 썼다.

즉, 사망자에게는 발병에서부터 사망까지의 연수에 따라 성인 10만 엔,
미성년자 3만 엔을 곱해 위로금을 산정했고, 거기에 조위금 30만 엔, 장례
비 2만 엔을 더했다. 또 생존자에게는 연금 성인 연 10만 엔, 미성년자 3만
엔을 지불한다는 것이었다. 이것은 당시의 노동재해 등의 보상제도를 참고
로 한 것이라고는 하지만 환자의 요구에는 10분의 1도 못 미치는 낮은 액
수였다. 더욱이 문제는 이 계약의 다음 조항이었다.

제4조 갑(짓소)은 장래 미나마타병이 갑의 공장배수에 기인하지 않은 사
     실이 결정된 경우에는 그 달 이후 위로금은 교부하지 않는 것으로
     한다.
제5조 을(환자의 대리인인 상조회의 간부)은 장래 미나마타병이 갑의 공장배수
     에 기인하는 사실이 결정된 경우라 하더라도 새로운 보상금의 요
     구는 일절 하지 않는 것으로 한다.

교섭 과정에서 환자 가운데에는 금액과 제5조에 관해 반대하는 이도 있
었지만 궁핍에 찌들린 생활에다, 세월의 여울을 넘기 힘든 상황도 있었기에
울며 겨자 먹기식으로 조인하지 않을 수 없었다. 공장은 호소카와의 고양이
400호 실험에서 구마모토 대학의 유기수은설이 맞다는 것을 알았음에도 불
구하고 정식 배상요구가 일 것을 두려워한 나머지 이러한 비겁한 수단을
택했을 것이다. 실은 그 뒤 1968년 9월에 후생성이 공장배수 안의 메틸수은
이 원인이라는 사실을 인정한 뒤에도 이 위로금계약을 행사하였다. 제1차
미나마타병 재판에서도 짓소는 이것을 보상금이었다고 항변하였다. 이에
대해 판결은 다음과 같이 단정했다.

'위로금계약은 가해자인 피고(짓소)가 당연히 손해배상의무를 부정해 환자들의 정당한 손해배상청구에 응하려 하지 않고, 피해자인 환자 내지 그 근친자의 무지와 경제적 궁핍상태에 편승해 생명, 신체의 침해에 대한 보상액으로서는 극단적으로 낮은 금액의 위로금을 지불했고, 그 대신에 손해배상청구권을 일절 포기시키는 것이기에 민법 제90조에 소위 공공질서와 미풍양속에 위반하는 것으로 인정될 소지가 상당해 무효이다.[37]'

위로금의 교부인원은 당초보다 1명 늘어나 79명이었고, 지불총액은 8686만 엔으로 앞서 말한 어업보상보다도 적었다. 이 위로금계약 이후 후생성 관할의 미나마타병환자 진사(診査)협의회가 환자를 인정하거나 증상을 판단하게 됐지만 신규환자는 공식적으로 발견되기 어렵게 됐다. 1960년 시라누이카이 해 연안 주민 1000명의 모발 수은조사에서 5명이 미나마타병, 1961~62년에 태아성 미나마타병 환자 16명이 인정돼 추가됐지만 짓소가 공해대책을 추진했기에 미나마타병은 끝났다는 잘못된 여론 조작이 계속됐다. 이렇게 된 데는 구마모토 대학 연구반이 1960년에 미나마타병이 수습됐다고 잘못 발표한 사실, 더욱이 1961년에는 어패류의 오염은 사라졌다는 보도도 있어서 미나마타시 어협은 1962년 4월 미나마타 만 수역을 제외하고 어획을 시작했고, 1964년 5월에는 미나마타 만 내의 어획도 시작됐다. 이 때문에 미나마타병은 끝나기는커녕 오히려 확산돼 갔다.

유기수은설의 확정을 둘러싼 학계와 정부 · 짓소의 대립, 게다가 니가타미나마타병의 발생

1962년 2월에 미나마타 공장 연구반이 기술부에게 아세트알데히드 정류탑 폐약 가운데 메틸수은화합물이 존재했고, 이 물질이 미나마타병의 원인이라 보고했지만 회사는 극비에 붙여 공표하지 않았다. 구마모토 대학 연구반은 회사의 방해로 인해 공장 안에 들어가 폐수를 채취할 수 없었지만 이

전에 채취해놓은 아세트알데히드 생산공정의 슬러지에서 메틸수은을 검출했다. 1962년 학회에서 '미나마타병의 원인은 미나마타 만산 어패류를 섭취해 발생한 증세로, 독성물질은 메틸수은화합물'이라고 발표했다. 조개와 공장폐기물의 성분차이가 검토사항으로 남아있었지만 이로써 유기수은설은 완전히 학회에서 승인됐다. 기요우라 라이사쿠의 아민설은 국제적으로도 국내적으로도 학계에서는 부정됐다.

그러나 놀랍게도 짓소는 이에 굴복하지 않고 아세트알데히드의 생산을 계속해 수은을 계속 흘렸다. 그리고 나를 포함해 공해연구자에게는 기요우라의 논문을 보내 유기수은설을 계속 부정했다. 정부도 마찬가지 태도였다. 나는 1963년 여름에 후생성을 방문해 미나마타병 문제 담당관과 만났다. 그는 내가 미나마타병의 원인에 대해 묻자 구마모토 대학 연구반의 논문집을 가지고 와서 개인적으로서는 유기수은설이 옳다고 생각하지만 통산성은 다른 견해를 갖고 있기에 정부의 공식견해로서는 원인불명이라고 했다. 통산성은 비밀리에 아세트알데히드의 생산공정을 갖고 있는 공장을 조사했지만 규제는 하지 않았다.

이 놀라울 짓소, 즉 화학공업 옹호책은 중대한 실패를 낳았다. 1964년 니가타미나마타병이 발생한 다음해 5월에 '어패류의 섭취로 인한 유기수은중독환자가 아가노가와 강 유역에 발생'이라고 공식적으로 발표됐다. 공해반대 여론이 강해졌고, 구마모토미나마타병의 실패를 교훈삼은 니가타현의 대응은 빨랐다. 이 사건에 대해서는 후술하기에 생략하지만 이때에 이르러서도 정부의 구마모토미나마타병 대책은 움직이지 않았다. 1967년 4월에는 후생성 니가타특별연구반은 니가타미나마타병의 원인은 짓소와 마찬가지인 아세트알데히드 생산공정의 폐수에서 유래한 메틸수은중독이라고 보고했다.

1968년 9월 26일 정부는 구마모토미나마타병은 짓소 미나마타 공장, 니가타미나마타병은 쇼와 전공 가노세 공장의 폐수가 원인이라며 이 둘을 공해병으로 처음 인정했다. 미나마타병은 실로 공식발견으로부터 12년, 구마모토 대학의 유기수은설로부터 9년, 학회가 유기수은설을 완전히 인정한 뒤부터도 5년(6년설도 있다)이라는 긴 세월이 걸렸다. 이 정부의 공해인정에 앞서 5월 18일에 짓소는 아세트알데히드의 생산을 중지했다. 그동안의 전기화학의 시대는 끝나고 석유화학으로의 이행이 완료돼 기업이나 화학공업계에 있어서도 미나마타병문제는 과거 일이 됐다.

원인 규명과 그 공식인정에 관한 서술이 길어졌는데, 실은 여기에 일본의 공해문제 나아가서는 시장제도하에 있어서의 산업공해의 성격과 정관재복합체라고 불리는 현대정치의 본질이 집약돼 있다.

그 후의 원인 규명에서

지금까지의 원인 규명의 경과를 최초로 밝힌 것은 우이 쥰의 『공해의 정치학』이다.[38] 후술하는 바와 같이 그 후의 미나마타병 재판을 통해 더 정확하게 많은 것이 밝혀져 그 자료를 바탕으로 쓴 것이지만 미나마타병의 원인이 완전히 밝혀진 것은 아니다. 아사오카 미에 변호사가 교토미나마타병 재판에서 이미 1930년에 독일 장거(Zanger)의 아세트알데히드 제조공장 노동자의 유기수은중독에 관한 연구가 있었고, 그 이후의 연구를 자세히 소개한 스웨슨(1949년) 연구를 발견해 자료로 제출하였다. 이것은 헌트-러셀(Hunter-Russel)이 연구한 농약수은공장의 노동재해보다도 미나마타병의 원인을 명확히 하는 것이다.[39] 또 사건발생 당시 미나마타를 조사했던 미국인 카랜드 박사는 1960년 수은중독에 관해 중대한 권고를 했다. 짓소의 경영자나 기술자는 이 문헌들을 입수해 읽지 않았을까. 읽지 않았다면 태만일 것이다. 또 구마모토 대학 연구반은 왜 이 직접적인 문헌을 읽지 않고 헌트러셀증후군을 미나마타병 증상의 전형으로 고집했을까.

이 사건을 통해 짓소의 비밀주의가 원인규명을 방해했다는 사실이 밝혀졌지만 재판에서 책임이 명확해진 뒤에도 공장 관계자는 재판의 증언 이외에 호소카와 박사와 같이 자신의 책임을 명확히 하지도 않았고 내부자료를 충분히 내놓지도 않았다. 또 외부 연구자의 원인 규명, 특히 생산공정에 관

한 연구가 적은 가운데 니시무라 하지메・오카모토 다쓰아키의『미나마타
병의 과학』과 이지마 다카시의『기술의 묵시록』이 뛰어난 작품이었다.

니시무라 하지메와 오카모토 다쓰아키는 아세트알데히드는 전전부터 생
산되고 있었는데도 왜 1959년에 미나마타병이 많이 발생했는지, 다른 지역
에도 아세트알데히드 생산공정을 가진 전기화학공장이 있었는데도 왜 짓소
미나마타 공장과 쇼와 전공 가노세 공장에서 미나마타병이 발생했는지를
밝히려고 했다. 그들은 양자화학이라는 새로운 과학방법을 사용해 그동안
의 연구평가와 새로운 지식을 종합해 다음과 같이 결론을 냈다.

'메틸수은 배출량은 1951년 이전에는 아세트알데히드 1만t당 8kg 정도
였지만 이후는 1만t당 약 40kg이 됐습니다. 이 비율의 변화는 조촉매(助觸
媒)의 변경이 원인입니다. 1951년까지 조촉매에 이산화망간을 사용했던
때는 메틸수은의 생성이 억제됐습니다만 산화제를 농초산(濃硝酸)으로 바
꿔 이산화망간을 사용하지 않은 뒤부터 메틸수은 생성비율이 5배로 뛰어
올랐습니다. 이산화망간이 억제적으로 작용하는 것은 그 강한 산화작용
때문으로 메틸수은으로 가는 중간체가 분해돼버리기 때문입니다.[40]'

짓소가 짓소만의 이산화망간을 조촉매로 사용하기를 그만둔 것은 모액
(母液) 전체를 끝없이 버리기 위해 황산과 수은의 소비량이 많아지면 경제
성이나 생산성이 나빠지기 때문이었다. 그런데 이 변경 뒤의 기술적 실패로
인해 메틸수은화합물을 포함한 모액의 폐기 유출이 증대했다. 이것은 1930
년대부터 사용해 온 기기가 낡았기 때문이다. 거기에 더해 비용절감을 위해
조촉매인 황산철 대신 불순물이 많은 황산공장의 폐기물을 3년 이상 계속
사용했다. 또 프로세스 용수(用水)를 관리하지 못해 반응기(反應器) 내의 염소
이온농도가 높기 때문에 염화메틸수은이 증발해 기기 밖으로 나가기 쉬웠
다고 한다.

니시무라와 오카모토는 이 결론이 태아성 미나마타병의 발생 등의 피해
와 맞아 증명할 수 있었다고 한다. 나는 양자화학을 모르기 때문에 이 결

론을 학문적으로 평가할 수는 없지만 제대로 도출된 추론이며, 짓소가 얼마나 안전을 무시하고 경제성 우선으로 범죄적 행위를 했는지를 기술론부터 명확히 해놓았다고 생각한다. 다만 잠재되어 있는 미나마타의 피해자는 재판 등의 사회적 상황에서 드러나기 때문에 그 과정에서 증명하기 위해 사용하는 메틸수은의 배출량과 피해자의 발생량 사이의 정확한 상관은 없을 것이다.

짓소가 소비해 유출한 수은양의 연차별 통계는 구마모토미나마타병 형사 사건 제1심에서 제시됐다. 그에 따라 다시 니시무라 등의 메틸수은 유출 추계를 넣은 것이 〈표 1-16〉이다. 후지키 모토는 재판에 제출한 감정서 안에 기타무라 쇼지와 이루카야마 가쓰로 등의 실험에서 아세트알데히드 생산량에 대한 메틸수은의 생성량 비율이 0.0035~0.005%라는 사실로 미루어 1968년까지의 메틸수은의 생성량은 15.6~21.8t이 되고, 회수분을 빼면 해역에 유출된 메틸수은은 약 3.7t으로 추정했고, 판결은 이것을 채택했다. 니시무라 등의 추계는 0.62t이었다. 상당한 차이가 있지만 이 책에서는 니시

표 1-16 짓소의 아세트알데히드 생산과 메틸수은 해역 유출량

연차	알데히드생산 (t)	수은사용 (kg)	유출 (kg)	해역에 메틸수은유출량 (kg)
1946-51	23,065	89,548	7,557	91.25
1951	6,248	24,876	1,943	23.30
1952	6,148	25,128	2,285	48.40
1952-59	121,768	503,029	42,156	457.572
1959	35,896	149,327	10,926	94.792
1960	45,151	110,620	4,956	24.00
1960-68	226,047	246,320	10,408	67.79
합계	456,352	1,185,127	81,302	616.612

주: (1) 해역으로의 메틸수은 유출량은 西村肇, 岡本達明 『水俣病の科学』(日本評論社, 2001年), 그 이외는 『熊本水俣病刑事事件第一審判決』에서 작성.
(2) 니시무라 등에 따르면 1960년부터 시작된 오니·폐수처리가 효과가 있어 메틸수은의 유출량은 4분의 1이 됐다고 한다. 따라서 그 이전까지는 생산과정에서의 메틸수은이 그대로 해역으로 유출됐다고 추계하고 있다.

무라 등의 추계를 제시했다.

해역에 유출된 수은은 앞의 통계에는 81t이라는 믿을 수 없을 정도의 방대한 양이었고, 이것이 바닥 진흙에 축적돼 미생물로 메틸화해서 저생 어류 등의 오염을 낳았다. 이 문제는 아세트알데히드의 생산이 중지된 뒤에도 남았고 미나마타 만은 매립되었다.

주

1. 경사생산방식을 주창한 아리사와 히로미 도쿄 대학 교수는 '석탄, 철강의 강력한 생산재개에서부터 순차적으로 일반 생산수준이 높아지게 된다. 소위 경사진 생산재개계획이다. 우리들은 이를 경사생산방식이라고 부른다.'(有沢広己『学問と思想と人間と』毎日新聞社, 1957年) p.220. 전후 경제정책을 추진한 관료 가운데 평화경제론자로서 가장 뛰어난 실적을 얻은 미야자키 이사무는 당시의 일을 다음과 같이 말하였다. '일본의 재건에 대해 종전 직후, 경사생산방식(공급력대책)으로 할지 아니면 안정공황도 불사하고 금융재정면(수요안정)부터 먼저 재건을 도모할 것인지 하는 고민이 있었습니다. 저는 안정본부에 있었기 때문에 어느 쪽이냐하면 경사생산방식에 관계하고 있어서 그것이 당시 경제정책의 주류로 기본적인 사고이며, 또한 그것이 옳았다고 지금도 생각합니다.'(宮崎勇『証言戦後日本経済―政策形成の現場から』(岩波書店, 2005年) p.4-5. 당시 석탄의 비율은 진주군과 경사생산부문에 주어졌기에 기타 산업은 흡사 찌꺼기같은 것이었다. 그리고 일반가정용 난방은 전혀 없었다. 이 경사생산방식을 지지한 부흥금융공고(1947년 1월에 일본흥업은행 부흥금융부의 사업을 계승해 설립)의 융자는 1948년 말의 잔고를 보면 석탄광업 49.7%, 전력 20%, 화학(비료)공업 8.9%를 차지하고 있다. 宇沢弘文・武田晴人『日本の政策金融』第1巻(京大出版会, 2009年) pp.44-65. 하치반제철의 공해, 미나마타병, 석탄광해라는 전후 공해의 시작은 이 경사생산방식에 의한 것이라고 해도 과언이 아니다. 또 이 공급중시의 경제정책이야말로 다음에 오는 고도성장정책으로 계승돼 국민생활의 충족은 부차적이 된다.

2. '한국전쟁이야말로 동서냉전의 세계에서 일본을 서측진영에 최종적으로 결합시키고, 또한 대륙과의 전통적인 연대에서 단절된 일본 경제에 새로운 국제적 기회를 넓히는 것이었다. 이 전쟁이야말로 미국으로 하여금 일본의 기지 및 공업력이 극동에 있는 미국의 정책을 위해 불가결하다는 사실을 확신시켰다. 그것은 비군사화, 민주화에서 '반공의 방벽'(로열성명)으로 목표를 옮기는 미국의 점령정책 전환에 전후의 뒤처리를 한 것이다.' 成忠男他著『現代日本経済史』(筑摩書房, 1976年) p.133. 미야자키 이사무는 한국전쟁 뒤 조건이 나온 가운데 '미국의 정책에 매우 좌우되는 듯한 경제정책이 됐다. 그것은 기본적으로 오늘날도 변함없다. … 어쨌든 일본 경제의 완전한 자주자립이란 극히 최근까지 없었던 것 아닐까 하고 나는 생각하고 있다.'(앞의 책, pp.70-71) 이 대미종속하의 경제부흥과 한국특수에 의한 경제의 '자립'은 현재도

계속되는 미일동맹과 일본 경제의 국제구조의 성격을 결정했다고 해도 과언이 아니다. 이에 대해서는 다음 절에서 말하는 강화조약과 미일안보조약에 의해 확정됐다고 해도 좋을 것이다.

3. 이 획기적인 신헌법과 미일안보조약은 모순되며, 더욱이 미일안보조약은 헌법보다도 우위에 서 있는 데에 전후 정치의 기본적인 문제가 있다. 中村政則『戦後史』(岩波新書, 2005年)

4. 1955년부터 고도성장이 시작돼 1956년의 『경제백서』는 '더 이상 『전후』는 아니다.'라고 하고, 앞으로의 성장은 기술혁신과 근대화로 지탱될 것이라고 말했다. 이 고도성장의 개시를 이무라 기요코는 '신예중화학공업의 일거 확립'과 '새로운 재생산구조의 형성'이라고 하였다. 井村喜代子『現代日本経済論(新版)』(有斐閣, 2000年) 제3장 참조. 이는 다음 장에 시작되는 공해의 원인의 새로운 양상이 된다.

5. 大阪市衛生局環境衛生課「公害陳情処理の分析について」(1961年 4月).

6. '약 39억 엔의 보상요구에 대해 15억 5000만 엔의 보상이었기 때문에 금액적으로 말하면 농민측의 승리라고는 말할 수 없다. 그러나 첫째로 고가 광업측에 광독피해의 책임을 인정하게 한 것, 둘째로 그때까지의 '농업진흥'이라든지 '기부'라는 형태가 아니라 정식으로 손해배상으로 보상금을 지불하게 한 것은 1세기에 걸친 아시오 광독사건 가운데서도 처음있는 일이며, 획기적인 것이었다.'(東海林吉郎, 菅井益郎『通史足尾鉱毒事件1877-1984』(新曜社, 1984年). 쇼지(東海林) 등은 이 공조위(公調委)가 밀실에서 행해졌다는 것, 보상금을 공적으로 비축하지 않고 개인에게 분배했다는 것은 문제 소지가 있다고 했다. 홋카이도 등으로 이주된 광독사건 피해자를 방문해 온다 쇼이치의 고투를 그린 역작은 이 장에서 하치반의 공해문제의 해결에 공헌한 하야시 에이다이의 『望郷』(亜紀書房, 1972年)이다.

7. 이타이이타이병문제는 문헌이 많다. 본서에서 특히 참고한 것은 다음의 저서이다. 재판기록으로서 イタイイタイ病訴訟弁護団『イタイイタイ病判決』全6巻(総合図書, 1971~73年). 미쓰이 금속광업주식회사 가미오카 광업소의 광해문제를 에도기부터 오늘날까지를 서술해 가미오카 광산의 발생원대책의 문제점과 재판 후의 대책을 분명히 한 역작은 倉知三夫・利根川治夫・畑明郎編『三井資本とイタイイタイ病』(大月書店, 1979年). 위의 저작에서는 이타이이타이병의 병상론(病像論)에 대해서는 언급하고 있지 않지만 거기에 역점을 두고, 이타이이타이병문제의 전체상을 분명히 한 것이 다음의 저작. 松波淳一『定本 カドミウム被害百年 回顧と展望』(桂書房, 2010年). 저자는 변호인단의 일원이지만 카드뮴 질환에 대해서 방대한 문헌을 소개해 사건의 진상을 명백히 했다. 재판 뒤 출입조사를 통해 공해의 근절에 노력한 기록을 중심으로 한 저작. 畑明郎『イタイイタイ病』(実教出版, 1994年). 이타이이타이병에 관한 국제심포지엄의 성과를 영어 일어로 기록한 당해문제의 결정판. K. Nogawa, M. Kurachi, M. Kasuya eds, *Advances in the Prevention Environmental Cadmium Pollution did Countermeasures*. 能川浩二・倉知三夫・加須屋実 『カドミウム環境汚染の予防と対策における進歩と成果』(栄光ラボラトリ, 1999年).

8. 앞의 『三井資本とイタイイタイ病』, pp.162-178.

9. 吉岡金市「神通川水系鉱害研究報告書—農業被害と人間鉱害(イタイイタイ病)」, 1961年. 小林稔『水の健康診断』(岩波新書, 1971年).

10. 『北日本新聞』1961年 7月 5日号.

11. 松波淳一, 앞의 책, p.31.

12. 宮本憲一『地域開発はこれでよいか』(岩波新書, 1973年) 참조.

13. 松波淳一, 앞의 책, pp.35, 70.

14. 「富山県におけるイタイイタイ病に関する厚生省の見解」(日本科学者会議編 『環境問題資料集

成』第8巻, 旬報社, 2003年, pp.86-89).

15. 江川節雄『富山イタイイタイ病闘争小史』(本の泉社, 2010年), pp.55-61.

16. 高田新太郎編著『安中鉱害—農民闘争40年の証言』(御茶の水書房, 1975年).

17 小田橋貞寿, 洞沢勇「河川の汚濁とその浄化への動き」, 中野陽, 山田貴司, 林裕貴「産業廃水の
    処理による河川の浄化対策」(全国市長会『河川の浄化と都市美』1959年).

18 「連続特集・川をきれいにしよう『石狩川』」(『日本用水』1963年 7月号)「石狩川(B)水域に係る
    指定水域および水質基準」(『用水と廃水』1964年 9月号)

19. 河合義和「本州製紙江戸川工場の無処理排水に実力で抗議した浦安漁民」(『公害対策Ⅰ』有斐閣,
    1969年), 川名英之『ドキュメント日本の公害』第1巻(緑風出版, 1987年), p.158.

20. 庄司光・宮本憲一『恐るべき公害』(岩波新書, 1964年), p.43.

21. 東京都公害研究所編『公害と東京都』(東京都公害研究所, 1970年) 이 항의 도쿄공해에 관한 내
    용은 이 저서에 많이 의존하고 있다.

22 이 오사카 공해에 관한 자료는 庄司光「大気汚染の歴史的概観」(1965年), 宮本憲一「大阪の公
    害・環境政策史に学ぶ」(大阪市公文書館『研究紀要』第19号, 2007年 3月)

23. 앞의『恐るべき公害』p.108.

24. 「大阪事業場公害防止条例, 同施行規則」(1954年 4月 14日 施行)

25. 橋本道夫『私史公害行政史』(朝日新聞社, 1988年)pp.44-45.

26. 앞의『恐るべき公害』, p.163.

27. 가와나 히데유키는 수질2법의 결합으로 첫째로 전체가 산업과 수질보전책과의 조화라고 돼
    있는 것, 둘째는 지정수역에 돼 있어서 피해가 커진 뒤에야 지정되는 땜질식이라는 것, 셋째
    로 규제기준이 느슨해 현상을 따라가는데 급급하다는 것을 들고 있다. 川名英之 앞의 책,
    pp.226-227.

28. 石村善助『鉱業権の研究』(勁草書房, 1960年), pp.534-535.

29. 福岡県鉱害対策連絡協議会『石炭と鉱害』(福岡県公害対策連絡協議会, 1969年)

30. 『八幡製鉄所五十年誌』(非売品, 八幡製鉄所, 1950年), p.382.

31. 앞의『恐るべき公害』, pp.36-42.

32. 宮本憲一 「北九州市のおいたちと市民のくらし」(自治労・北九州市職員労働組合編 『市民白書
    シリーズNo.1』1966年) 참조.

33. 위의 책

34. 八幡製鉄所「煤煙等防止対策の現況ならびに問題点」(1962年 12月)

35. 林栄代『八幡の公害』(朝日新聞社, 1971年)

36. 미나마타병은 아직도 해결되지 않은 것도 있어서인지, 엄청난 논문저작이 나와 있다. 그러나
    아직 짓소 본체의 이 문제에 대한 역사적인 자료가 나와 있지 않는 것, 정부 부처 내 특히 통
    산성이나 과학기술청으로부터 환경재해로서의 자료가 나와 있지 않는 것, 미나마타병의 전모
    를 알기 위한 역학조사(피해자 전원 건강조사가 행해지고 있지 않는 것)가 실시되고 있지 않
    기 때문에 아직 해명되지 않은 것이 있다. 역사도 제2기까지가 많고, 그 이후가 적기 때문에
    통사라고 할 수 없는 것 아닌가. 여기서는 내 경험에서 추천할 수 있는 것을 펼치고자 한다.
    본문에 소개한 宇井純『公害の政治学—水俣病を追って』(三省堂新書, 1968年), 原田正純『水
    俣病』(岩波新書, 1972年)는 이 문제의 입문서이며 정본일 것이다. 하라다의 저서・편저는 수
    십 권에 이르지만 다음 3부작이 대표적일 것이다.『水俣病にまなぶ旅』(日本評論社, 1985年),
    『水俣病が映する世界』(同社, 1989年),『水俣への回帰』(同社, 2007年). 그 뒤에는 『水俣学講義

』(同社, 2004년 이후 5집)가 나와 있다. 초기의 연구로는 熊本大学医学部水俣病研究班『水俣病-有機水銀中毒に関する研究』(1966年, 소책자, 水俣病研究会編『水俣病に対する企業の責任-チッソの不法行為』(水俣病を告発する会, 1970年)가 있다. 초기의 사회과학에서 나온 연구는 의외로 적다. 色川大吉編『水俣の啓示』(筑摩書房, 1995年), 宮本憲一編『公害都市の再生・水俣』(筑摩書房, 1977年). 이 가운데 논문을 보충해 특히 니가타미나마타병을 넣어 당시 정부 특히 통산성의 책임과 현장에서 고투했던 구마모토현의 방대한 자료로 행정책임을 해명한 역작은 深井純一『水俣病の政治経済学』(勁草書房, 1999年)이다. 그가 일관되게 공해문제의 해결을 배상에 의존하는 것은 어쩔 수 없다고 해도 기본적 해결이 되지 않는다고 지적해온 것은 중요한 유언이다.

재판에서는 기업이나 정부도 원고로부터 요구된 자료를 내지 않을 수 없다. 또한 원고도 동서고금의 자료를 모아 논증하지 않으면 안 된다. 공해문제에서는 기업이나 정부의 비밀이 많기 때문에 재판을 통해 자료가 공개되고, 의견이 적나라하게 개진되는 경우가 많다. 미나마타병의 경우는 1995년에 정치적으로 해결될 때까지 많은 재판이 행해졌기 때문에 그 기록은 미나마타병연구를 위한 보고라고 해도 과언이 아니다. 모든 자료가 수록돼 있지 않을지는 몰라도 필요한 자료의 대부분이 수록돼 있는데 본론에서 참고한 것은 水俣病被害者・弁護団全国連絡会『水俣病裁判全史』全5巻(日本評論社, 1998-2001年)이다. 게다가 공개하면 지금은 곤란한 사람도 있을지도 모르겠지만 정부가 주도해 만들어졌고, 당초 의도로는 1995년 정치적 해결로 미나마타병은 해결됐다고 하는 사실을 내외에 보일 생각으로 11차례의 모임시간과 경비를 들인 것이 水俣病に関する社会科学的研究会「水俣病の悲劇を繰り返さないために-水俣病の経験から学ぶもの』(国立水俣病総合研究センター, 1991年 12月)이라는 보고서이다. 하시모토 미치오를 좌장으로 해 위원은 아사노 나오토, 우이 준, 오카지마 도오루, 다카미네 다케시, 도가시 사다오, 나카니시 준코, 하라다 마사즈미, 후지키 모토, 미시마 이사오이다. 개인적으로는 하라다는 이 모임의 보고서에는 이의가 있다고 말하지만 정부의 법적 책임은 제외하고 있는 것 같은 내용이다. 민법학자 시미즈 마코토는 이 책에 대해 엄격한 비판을 하였다. 清水誠「水俣病「社会科学的研究会」報告書への所見」(『法律時報』2000年 2月号)

37. 앞의 『水俣病裁判全史』第5巻
38. 앞의 宇井純『公害の政治学—水俣病を追って』(三省堂新書, 1968年)
39. 앞의 『水俣病裁判全史』第5巻
40. 西村肇・岡本達明『水俣病の科学』(日本評論社, 2001年), pp.317-318.

제 2 장

고도경제성장과 공해문제

- 사상 유례없는 심각한 피해의 발생

1954년부터 1974년까지의 20년간, 일본의 GNP(국민총생산)는 평균 연간 10%가 넘는 사상 최고의 고도성장을 이뤘다. 그 사이에 1957년, 1965년에 불황을 경험하지만 곧 회복했다. 경제성장만을 보면 이 시기를 고도성장기로 불러도 좋지만 일반적으로는 1960년의 국민소득배증계획을 출발점으로 삼는 고도성장정책에서부터, 1973년 오일쇼크를 계기로 불어닥친 세계불황까지를 고도성장시대로 부른다. 정치·경제·사회의 총체가 성장정책의 시스템 안에서 유례없는 변화를 했다는 점에서 말하면 1960년부터 1974년까지를 고도성장기로 구분하는 것이 타당할 것이다.

이 시기에 일본은 사상 유례없는 심각한 공해의 발생을 보았다. 그리고 그것을 극복하기 위한 시민의 치열한 여론과 운동이 정치나 행정을 움직였고, 1970년 말에는 환경14법을 제정하게 해 1973년에는 세계 최초의 공해건강피해보상법(공건법)을 제정했다. 이러한 극적인 전개를 맞아 시민은 전후 헌법의 민주주의제도를 활용했다. 즉, 공해반대의 여론이나 운동이 강해진 데는 공해대책이나 지역개발의 권한을 가진 지자체 단체장을 선거로 바꾸고, 기업과 타협해 대책을 게을리하는 중앙정부에 압력을 가해 법제나 행정을 개혁했다. 한편 공해반대 여론이나 운동이 약한 지역에서는 사법의 자립이라는 삼권분립을 살려 원인기업이나 국가를 제소해 공해재판을 걸어 승소판결을 이끌어냈다. 그 성과에 의해 공해대책의 법제나 행정을 바꾸고 나아가서는 경제개발의 틀을 개혁했다.

1960년의 안보투쟁은 좌절됐지만 그 시민의 힘은 내정 면에서 '풀뿌리 보수주의'를 바꾸는 출발점이 됐다. 일본 사회에서 비로소 공해·환경파괴라는 보편적인 인권침해와 국토파괴를 방지하기 위한 시민운동이 정책을 창조해 발전시킨 역사적인 시대가 됐다. 국제적으로는 당시 일본을 '공해선진국'이라 불렀는데, 그것은 1960년대에는 경제성장에 따라 다양한 공해가 발생하였다는 의미였지만 1970년대 중반에는 그것을 극복한 시민운동이나 공해대책의 전진에 대한 평가로 바뀌고 있었다. 다만 후술하는 바와 같이 1970년대 전반의 '공해대책의 밀월시대'는 세계불황과 더불어 종언을 고했다.

여기서는 고도성장기의 공해문제를 주로 해 제2장부터 제4장에 걸쳐 다룬다. 이 가운데에는 제1장에서 기술한 이타이이타이병과 구마모토·니가타 미나마타병 등과 여기서 다룰 욧카이치 공해에 관해서는 제4장에서 이어서 다루고, 이 시기 후반에 시작되는 오사카공항 대공해 사건 등의 공공사업공해에 대해서는 이 시기의 공해문제와 구별해 제5장에서 다룬다.

제1절 __국민적 사회병__

1 __피해의 심각한 실태__ - 공해의 전국화와 일상화

'공해일기'와 '공해지도'

1950년대에는 이타이이타이병이나 미나마타병을 비롯해 심각한 공해가 발생했지만 공해가 전국적으로 확산될 것이라고는 정부도 생각하지 못했다.

전술한 바와 같이 당시 국어사전에는 '공해'라는 말이 없었다. 도쿄도나 오사카부・시에서는 공해의 민원을 받으면 조례에 근거를 두고 처리하고 있었는데, 대부분은 소음이나 악취 등의 국소적 생활방해였다.[1] 그러나 1960년대에 들어서자 공해는 전국적으로 확산되고 경제활동에 따른 일상적인 피해가 됐고, 생활환경의 파괴와 심각한 건강장애를 낳게 됐다. 그러나 당시공해의 통계자료는 물론 관계논문도 거의 없었다. 대책을 서두르지 않으면안되었는데, 공해 실태를 파헤쳐 여론을 환기시키기 위해 어떻게 하면 좋을까. 쇼지 히카루와 나는 일본 최초의 학제적 계몽서『무서운 공해』를 쓰게되면서 신문에 게재된 공해 사건을 일지로 작성할 생각을 했다. 처음에는 4대 신문을 사용해보았으나 외국의 소개가 많았고 일본의 구체적 사건의 기사는 거의 없었다. 그래서 오키나와현을 제외한 각 도도부현 1개 신문(발행부

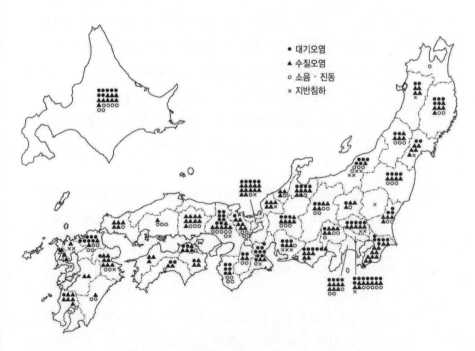

그림 2-1 일본의 공해지도(1961년 11월~1962년 10월)

수에 의함)의 46개 지방지[2]를 골라 1961년 11월부터 1962년 10월까지 공해 기사를 요약해 보았다. 여기서 다뤄진 것은 대기오염, 수질오염, 소음·진동, 지반침하 4종류였다. 지방지이기도 해 도쿄, 오사카 등의 사건이 적었다. 이 일기에 나온 사건을 기호화해 〈그림 2-1〉과 같이 공해지도를 만들었다. 그 결과 돗토리, 시마네 2개 현을 제외하고 전 도도부현에서 420건의 공해 사건이 발생한 사실을 알았다. 공해지도는 사건으로 새까매질 정도였다.[3]

(1) 공해는 전국적으로 확산되고 있다. 다만 산촌벽지 등 일반적으로 낙후된 지역이라고 말하는 곳에서는 적다.

(2) 공장공해의 사례가 가장 많다. 이 경우 농어민의 피해는 주로 공장배수로 인한 하천이나 바다의 오염으로 일어난다. 그에 반해 시민의 피해는 대기오염이나 소음에 의한 사례가 많다. 공장공해는 대부분 완벽히 제거되지 않는다.

(3) 도시공해의 사례는 적다. 그 이유는 만성적으로 피해를 주는 도시공해는 공장공해와 달리 돌발 사건이 일어나지 않아 신문기사에 나기 어렵기 때문일 것이다. 도시공해 가운데는 도시계획의 실패, 분뇨·쓰레기처리장의 미비, 하수도의 미설치 등으로 인한 공해와 같이, 지자체나 정부의 책임으로 돌려야 할 것이 많았다는 것은 주목할 만하다.

(4) 대도시 주변부에서는 지자체가 공장을 유치하면서 공해가 발생하고 있다.

(5) 농약(특히 유기염소계의 농약)으로 인한 수질오염이 빈발하고 있다. 이것은 농업의 자본주의화에 따른 공해이다. 통상 공해는 도시를 가해자로, 농촌을 피해자로 만드는데, 이런 경우를 거스르는 현상이다.

(6) 군용지, 특히 미군기지의 제트기 소음이 주변 주민에게 심각한 피해를 주고 있다.

(7) 공해의 주요 사회문제는 농어민의 생업 곤란, 도시주민의 생활 곤란이다. 그와 함께 교육방해가 심각해지고 있다.

(8) 주민의 공해반대운동은 주로 공장에 대한 보상의 요구이다. 그러나
새로운 경향으로 지자체에 대해서는 정치적 해결을 요구하기 시작
했다.[4]

표 2-1 전국의 주요 공해 사건

(단위 : 건)

연도	대기오염	수질오염	소음·진동	악취	지반침하	기타	계
1961년도	103	191	81	15	24	6	420
1962년도	177	297	144	54	67	25	764

우리들은 이 공해일기를 출발점으로 해서 전국의 주요 공해 사건을 현지
에서 조사했는데 공해가 고도경제성장의 아킬레스건이라는 사실을 알았다.
그 뒤 해를 거듭하면서 공해는 일상화되고 누적되었다. 〈표 2-1〉과 같이 1

표 2-2 아황산가스의 오염상황

(단위 : SO_2mg/day/100㎠ PbO_2)

		1960	1961	1962	1963	1964
지바현	최고치	0.15	0.21	0.27	0.96	1.38
	평균	0.11	0.14	0.17	0.29	0.55
도쿄도	최고치	3.01	2.59	2.78	2.62	1.66
	평균	0.92	1.02	1.06	0.84	0.70
나고야시	최고치		2.61	2.75	2.82	3.45
	평균		1.28	1.51	1.58	1.66
욧카이치시	최고치		0.83	1.89	1.43	1.81
	평균		0.35	0.55	0.50	0.52
오사카시	최고치	1.55	1.81	1.91	2.47	2.96
	평균	1.00	1.11	1.12	1.34	1.41
사카이시	최고치			1.58	1.38	1.97
	평균			0.85	0.75	0.58
기타큐슈시	최고치	1.88	2.93	2.26	3.00	1.98
	평균	0.67	0.76	0.76	0.83	0.86

출처: 후생생 공해과 조사.
주: 지바현은 지바시, 이치하라시분(分). PbO_2와는 과산화납법에 의한다는 뜻.

년 뒤에는 공해 사건이 시마네·돗토리 2현을 포함해 전 도도부현에서 764
건에 이르렀다.

산업공해의 오염은 가속도가 붙었다. 대기오염을 나타낸 〈표 2-2〉는 주
요 지역의 SO_2의 오염상황을 살펴본 것이다.[5] 1964년에는 1960년에 비해 상
승경향이 있는데, 급격히 중화학공업화된 지바현의 경우에는 평균값이 5배
이상 높아졌다. 이에 반해 강하분진은 〈표 2-3〉과 같이 감소경향이 있다.
이는 1960년을 기점으로 에너지혁명이라고 불릴 정도로 연료가 석탄에서
석유로 바뀌었기 때문이다.

표 2-3 주요 공업도시 강하분진 비교

(단위 : ton/㎢/month)

	강하분진량	
	1963	1965
도쿄도	26.0	25.0
가와사키시	18.6	21.0
욧카이치시	10.2	9.7
오사카시	18.9	14.8
기타큐슈시	20.0	16.0

출처: 후생생 공해과 조사.
주: 각 지구 모두 평균

표 2-4 분뇨처리 비율

(단위 : %)

처리방법	1960년도	1965년도
분뇨처리장, 하수도 투입	17.2	40.3
농촌환원	24.3	5.7
해양투기 등	34.9	27.5
수세식 화장실, 정화조	12.1	14.8
자가처분	13.5	11.7

출처: 『厚生白書』

1960년대 후반에는 도시공해의 오염도 심각해졌다. 대기오염으로는 자동차배기가스가 문제가 됐다. 자동차 보유대수는 1960년도 말 145만 대에서 1968년도 말에 1300만 대로 9배가 됐다. 후생성이 도쿄도 3개소(오하라정, 이타바시, 가스미야세키)에서 측정한 결과인 NO$_2$의 평균은 1964년의 2ppm에서 1967년에는 3ppm이 됐다. 일본의 공공하수배수 인구보급률은 1966년도 말에 31%에 불과했기 때문에 〈표 2-4〉와 같이 분뇨처리는 여전히 농촌으로 보내지거나 바다에 버려졌다. 이 때문에 공장폐수에다 가정오염이 더해져 하천과 해안의 오염이 심해졌다. 이 상태는 1980년대까지 계속됐다.

1960년대에는 폐기물처리가 문제가 되기 시작했다. 가정쓰레기 처리는 1960년도에는 하루 2만 4400t이었지만 1966년도에는 4만 9400t으로 상승했다. 일본은 다른 나라와 달리 매립 가능지가 좁아 소각 등의 중간처리가 필요하다. 1960년도에는 가정쓰레기의 소각률은 34.7%였지만 1966년도에는 49.8%가 됐다. 후술하는 바와 같이 폐기물처리 문제는 1970년대에 '쓰레기전쟁'이라 불릴 정도로 심각한 도시문제가 됐다.

학교교육의 공해

공해는 고령자와 더불어 연소자에게도 피해를 준다. 문부성은 1967년 8월에 「공립학교공해실태조사 결과에 관하여」를 발표했다. 이 조사에서는 전 도도부현 1947개교(초등학교 1129개교, 중학교 569개교, 고교·특수학교 217개교, 유치원 32개교)를 대상으로 주로 소음과 대기오염 피해를 조사했다. 전국 공립학교 4만 5867개교의 4.4%에 불과하지만, 당시 공해가 이미 교육에 지장을 주고 있는 사실이 밝혀졌다.

이에 따르면 도도부현 소재 공립학교 전체 가운데 공해를 호소하고 있는 피해자가 5% 이상에 이르고 있는 곳이 도쿄도(13.5%), 이바라기현(10.1%), 가나가와현(7.3%), 시즈오카현(7.4%), 아이치현(6.8%), 시가현(9.5%), 교토부(7.5%), 효고현(5.9%), 야마구치현(8.1%)으로 모두 산업이 집적된 지역이지만 이바라기현의 소음은 자위대 연습장으로 인한 군사공해였다. 농촌 현도 공

해는 적다고는 하지만 이미 전 도도부현의 공립학교에서 공해에 대한 호소
가 나오고 있다는 사실을 알 수 있다.

공해는 소음 피해교가 가장 많은 1356개교(전체의 69.7%)이며, 그 원인은
항공기소음 492개교(36%), 도로소음 450개교(33%), 궤도소음 163개교(12%)
였다. 이미 1958년에도 소음 피해교는 875개교였지만 그 뒤 급증했다는 것
을 알 수 있다. 소음 때문에 하루 10회 이상 수업을 중단해야만 하는 피해
교가 전체의 24.5%, 하루 1~9회 수업을 중단하는 학교가 25.3%, 수업은
중단하지 않지만 지장이 있는 경우가 42%를 넘었다.

대기오염의 피해교는 274개교(14.1%)로 그 원인의 대부분은 생산공장이
었다. 매연과 악취 때문에 대부분의 창문을 열지 못하는 날이 많은 경우가
34개교의 895개 교실, 자주 창을 닫는 날이 많은 경우가 128개교의 3578개
교실을 넘었다. 대기오염의 피해는 7대 도시에 집중됐다.

아동의 건강조사에 관해서는 후술하는 바와 같이 오사카시와 욧카이치
시에서 행해졌고, 대기오염으로 인해 호흡기계 질환, 폐기능장애, 감기 등
의 건강장애가 발생했다는 사실이 보고됐다. 이러한 공해로 인한 교육방해
가 공해반대·예방의 여론을 불러일으키는 원인의 하나가 됐다.[6]

이들 통계는 당시 공해의 한 단면을 말해주는 데 불과하다. 『무서운 공
해』가 나오고 10년 뒤에 출판된 『일본의 공해』에서는 그 10년간의 상황을
다음과 같이 묘사했다.

'그로부터 오늘날까지의 10년은 공해 광풍의 시대였다. 공해는 유행어
가 됐고, 새로운 사회적 생활곤란은 모두, 뭐든지 공해가 됐다. 1970년대
초반은 신문에 살인 사건이 나오지 않는 날은 있었어도 공해 사건이 나
오지 않는 날은 없었다.

1960년대 일본 경제는 사상 유례없는 고도성장을 이루고, 중화학공업
화와 대도시화를 추진하면서 공해를 방치했다. 미나마타병, 이타이이타
이병, 욧카이치 천식, PCB오염, 광화학스모그, 교통소음, …… 일일이 열

거할 수 없을 정도로 오래된 공해 위에 새로운 형태의 공해가 중첩되고, 복합되었다. 그 피해는 대도시·공업도시에서부터 농촌으로 이어져 전국으로 퍼져가게 됐다. 일본은 현대 세계의 공해 실험장이 된 듯했다.[7]

이 무서운 공해에 관해서 드디어 과학적인 메스를 들이대게 됐다.

2 공해에 대한 최초 학술적 조사

공해문제는 피해로 시작돼 피해로 끝난다고 하듯이 피해실태의 해명을 통해 인과관계를 밝혀 책임을 묻고 배상 등의 대책을 취하게 할 수가 있다. 이 경우 물적 손해에 관해서 인과관계를 증명하기는 어려워도 수량적으로는 파악할 수 있다. 인간의 건강과 같은 경우에는 병리학적인 인과관계를 밝히기 어려울 뿐만 아니라 피해자 본인이 피해를 숨기지 않고 인정해 고발하는 주체성이 없으면 밝혀지지가 않는다. 사회적으로는 후술하는 바와 같이 사회적 약자가 공해에 쉽게 노출되기에 사회적 차별이 있으면 피해자는 원인기업, 개인을 고발하기가 어렵다. 따라서 공해가 밝혀지기 위해서는 의학이나 공학 조사와 연구뿐만 아니라 사회과학의 조사와 연구가 필요하게 된다.

공해로 인한 경제적 피해

시장경제 아래에서는 공해의 경제적 평가가 요구된다. 그 최초의 업적은 1965년에 오사카시 종합계획국 공해대책부가 오사카 시립대학 경제학부 공해문제연구소(시바야마 고지, 이소무라 다카우미, 우다 기쿠에 등)에 위촉한 「공해로 인한 경제적 피해조사 결과 보고서」이다.

'대기오염-가계부문'(1965년 실시)에서는 모집단 85만 세대 중에서 203개 지점 2030개 표본을 뽑아 개별면접조사를 했다. 우선 공해(대기오염)피해의 사실인식, 공해에 대한 관심도, 피해에 대한 반응행동에 관한 의식을 조사했다. 여기서는 오사카시를 좋은 환경이라고 생각하지 않는 시민이 68.5%를 차지했는데, 그 이유로 대기오염이 45.5%로 가장 많았다. 피해가 있다고 대답한 사람이 34.7%로 검댕 피해가 가장 많았다. 오사카시의 공해방지조례를 알고 있는 사람이 31.3%에 머물렀고, 공해문제로 진정을 한 사람은 9.9%에 머물렀으며, 피해자이면서도 울며 겨자 먹기로 살고 있는 사람이 71.4%에 이르렀다.

경제피해에 관해서는 전기료 등의 경상적 지출과 자산손실, 의료비 등의 공해로 인한 추가지출을 조사했다. 이에 근거해 SO_2 농도 연평균값과 각 행정구의 피해금액의 상관관계를 분석했다. 그 결과 '오사카시역에 있어서 대기오염이 가계부문에 끼친 경제피해는 연간 120억 엔, 1세대당 1만 4060엔 이하로는 어림없다'고 결론 내렸다.[8]

'대기오염-기업부문'(1966년 실시)은 모집단 15만개 사업소(금융, 보험, 부동산, 서비스업은 불포함)에서 규모별로 규모 1(종업원수 1~29명) 1410개 표본, 규모 2(30~99명) 764개 표본, 규모 3(100~299명) 354개 표본, 규모 4(300~599명) 430개 표본, 규모 5(1000명 이상) 57개 표본을 골랐다. 업종별로는 제조업과 소매업이 대부분을 차지하고 있었다. 여기서도 우선 의식조사를 했다. 대기오염으로 인한 피해를 받고 있다고 생각하는 기업은 23%이며, 그 중 구체적인 손실을 들고 있는 기업은 42%였다. 또 대기오염에 관해서 책임이 있다고 생각하는 기업은 17%에 머물렀다(표 2-5). 이 경우 규모가 큰 기업(규모 5)은 35%로 그 중 중화학공업은 51%가 책임이 있다고 생각하고 있었다.

경제적 손실에 관해서는 자산손실, 비용손실, 영업상 손실, 추가방지설비 구입, 게다가 발생방지비를 조사했다. 이 조사의 결론은 대기오염으로 인한 경제피해액은 약 30억 엔(1기업당 2만 엔), 내역은 자산손실 20억 엔, 비용손실 7억 엔, 영업손실 25억 엔, 피해방지설비 추가구입 1.5억 엔이었다. 발생방지비를 지출하고 있는 경우는 7.2%에 불과하고, 발생원인이 많은 중화학공업부문에서도 24.4%의 기업에 머물렀다.[9]

이 조사는 일본의 최초 오염지역인 오사카시를 상대로 한 것이었는데,

표 2-5 대기오염에 책임이 있다고 생각하는가(산업별)

(단위 : %)

산업	생각한다	생각하지 않는다	무응답	계
농림 · 수산업	16.6	83.3	0	100.0
광업	12.5	87.5	0	100.0
건설업	11.5	80.8	7.7	100.0
제조업(중화학공업)	26.7	65.2	8.1	100.0
제조업(기타)	21.1	69.4	9.5	100.0
도 · 소매업	11.4	76.2	12.4	100.0
운수 · 통신업	18.3	72.2	9.5	100.0
전기 · 가스 · 수도업	10.0	70.0	20.0	100.0
계	17.0	72.7	10.3	100.0

출처: 大阪市総合計画局公害対策部『公害による経済的被害—企業部門』(1965年), p.28.

1965년 시점에서 대부분의 기업은 공해의 책임의식을 갖지 않았고, 중화학공업도 4분의 1 정도에 머물렀으며, 향후 발생방지를 위한 설비개선의 의욕을 가진 기업이 54.5%였다. 여기서 명백하게 당시 기업의 무책임성이 증명됐다.

'대기오염-정부 · 공공부문'(1968년 조사)에서는 오사카 지역 내에 존재하는 정부 · 공공부문의 모집단수 7832개를 대상으로 대기오염에 의한 피해, 손실, 피해방지비, 관련 예산지출에 대해 조사했다. 그 결과 피해액 추계는 거의 불가능했다. 그것은 대부분의 관청이 대기오염을 의식해 조사하지 않았기 때문이다. 건물의 오염에 관해서는 다시 칠하거나 외장재를 교환할 뿐 관청회계에는 감가상각이란 생각이 없었다. 그래서 오염으로 인한 손실액은 내용연수가 오염에 의해 단축된다고 가정해 추계했고, 1966년도 관련 예산은 7246만 8000엔에 불과했다. 이 조사는 가계나 기업의 조사에 비해도 불완전하다고 할 수 있다. 그것은 관청이 대기오염에 대해 의식이 극히 낮았다는 사실을 반영하고 있다고 말할 수 있다.

이제 3부문을 총괄해보면, 연간 경제피해액은 오사카시 전체로 1965년도

162억 엔, 내역은 가계부문 130억 엔, 기업부문 30억 엔, 정부부문 2억 엔이다. 연간 발생방지지출은 27억 엔, 연간 관련 예산지출은 7247만 엔이다.

연구회는 이 조사의 결론으로 이 경제피해조사가 최소한의 신중한 추계였고, 만약 인적 피해가 존재한다면 환자나 사망자의 소득, 보상·치료비 등 막대한 금액이 될 것이라고 기술하였다. 또 자연 피해나 시민의 심리적 피해 등도 고려되지 않았다.

'대기오염으로 인한 피해는 이처럼 우리가 집계한 결과를 훨씬 넘어선다고 추정할 수 있으며, 그 경향도 매우 중대하다고 말할 수 있다. 공기나 물은 사유재산이 아니다. 당연히 그 오염을 방지하고 피해를 방지할 사회적 의무가 있다. 그러나 이러한 논의만으로는 현실적으로 대기나 수질의 오염이 방지될 리가 없다. 그래서 정부와 공공단체가 질 행정책임이 생긴다. 그런데 현실적으로 발생방지에 지출되는 금액은 해당기업의 경우나 정부·공공단체의 재정지출의 경우도 너무 보잘 것 없는 금액이며, 특히 재정지출에 있어서는 실태조사를 위한 비용조차 충분한 액수라 할 수 없는 정도였다.[10]'

자본주의적 시장경제하에서는 공해의 사회적 비용은 기업의 비용으로서 GNP의 계산에서는 고려되지 않았다. 이런 것 때문에 사회적 비용의 존재를 종합적으로 주장한 것이 K. W. 카프의 『사적 기업의 사회적 비용』이다. 카프는 이 책에서 경제활동에 따른 사회적 피해를 나열하고, 동시에 그것을 제어할 공공지출을 들었다. 이것을 제1정의로 한다. 카프는 그 뒤 사회주의적인 인도에 머물렀고, 앞의 책을 『영리기업의 사회적 비용』으로 개정해 제2정의를 보였다. 이것은 안전으로 가는 복지를 확립하기 위한 소셜 미니엄에 대해 현상을 개선하기 위한 비용을 사회적 비용으로 보았다. 당연했지만 제1정의보다는 제2정의의 사회적 비용은 거액이 된다. 가령 후술하는 사카이·센보쿠 콤비나트의 사회적 비용은 제1정의로는 건강피해 등의 손실액이 313억 엔이지만 제2정의로 안전한 지역을 만들려고 하면 10조 엔이 된다. 우자와 히로후미의 『자동차의 사회적 비용』도 제2정의를 사용해 자동차 1대당 사회적 비용은 1200만 엔이라고 했다.[11]

오사카시 대공해연구회 보고서는 제1정의에 따르고 있기에 당연히 작아졌고, 또 앞의 결론과 같이 건강피해를 산정하지 않았기 때문에 너무 적게 산정됐다고 말할 수 있다. 그러나 일본에서 처음으로 사회적 비용을 계산해서 세상에 경종을 울린 공적은 크다. 그리고 그 조사 과정에서 주민의 의식이 낮고, 기업이 책임을 자각하지 않으며, 공공부문이 공해방지라는 그 의무를 하지 않고 있다는 사실을 밝힌 것은 역사적 기록이라고 해도 좋을 것이다.

공해가 인체에 미치는 영향 - 최초의 조사보고

앞의 경제적 피해 측정에 있어서 가장 중요한 결함은 대기오염으로 인한 건강피해의 확정이었다. 후생성 「공해 관계자료」(1963년 7월 10일) 안에는 '종래 자료로는 대기오염과 건강장애 간의 상관관계가 증명됐지만 인과관계의 증명은 매우 결여돼 있다'고 기술하였다. 이것이 대기오염의 강한 규제를 피하는 면죄부가 됐다. 이 상황하에서 긴키 지방 대기오염조사연락회의 『매연 등 영향조사보고(5개년 총괄)』(1969년 6월)는 대기오염에 관한 최초의 역학조사였으며, 욧카이치의 대기오염조사와 더불어 대기오염의 건강피해를 과학적으로 밝혔다고 해도 좋다. 이 조사연락회는 1956년에 설립됐다. 최초는 대기오염 측정법의 개발과 통일을 추진해, 1964년에는 전기전도법에 의한 SO_2 측정지점 7개소, 과산화납법의 측정지점으로 70개 지점을 설치했다. 1963년경부터 종래의 공학·위생학연구자에다 의학 관계자를 더해 연구를 충실히 했다. 1964년에 오사카부로부터 대기오염이 인체에 미치는 영향조사를 위촉받고 환경조사반, 역학조사반, 병리조사반, 통계조사반의 4개반을 편성해 52명의 연구자가 5년간 조사를 했다. 조사인원은 5만 5000명에 이르렀다.

역학조사의 주요 결론은 다음과 같다.

① Fletcher의 정의에 따른 만성기관지염 증상을 보인 사람의 비율은 남녀 공히 연령 및 끽연량의 증가와 더불어 높았다.

② 만성기관지염에 대해 지구별로 정정된 증상자 비율은 아황산가스 농도(PbO_2 SO_2값)가 높은 지구만큼 높았다.

③ 만성기관지염 증상자 비율에 대한 연령, 끽연량, 대기오염도의 관계를 수식화하는 것이 가능했다(수식생략). 대기오염이 만성기관지염의 증상자 비율에 상대적인 영향을 주었다는 사실이 밝혀졌다.

④ 만성지관지염의 증상자 비율은 PbO_2법에 의한 아황산가스농도 1.0mg의 증가에 의해 약 2% 증가한다.(중략)

⑤ 만성기관지염증상이 있는 사람의 사망률은 만성기관지염 이외의 증상자군 및 정상자군에 비해 높고, 그 차이는 관찰기간이 길수록 확대된다. 그중에서도 호흡기질환, 폐기종, 폐성심(肺性心)으로 인한 사망은 정상자의 5.9배로 나타났다.

⑥ 만성기관지염, 폐기종, 천식 등의 비특이성 호흡기질환환자의 증상 악화의 빈도는 아황산가스농도(일 최고값 및 평균값)의 증가와 더불어 높아졌다. 또 자각증상의 악화만이 아니라 아황산가스농도의 변동과 더불어 호흡기능이 악화하는 경우가 있다는 사실이 밝혀졌다.[12]

대기오염이 아동의 폐기능에 미치는 영향에 대해서 '오사카 시내의 대기오염농도 특히 SO_2농도가 현저히 증대하고 있는 공업지대에 있어서는 추울 때 아동의 폐기능이 떨어지는데, 그 영향은 급성적인 영향만이 아니라 만성화되는 경향을 띤다고 생각한다[13]'라고 결론 내렸다.

또 통계반은 런던 스모그 사건을 교훈삼아 대기오염과 과잉사망과의 관계를 밝혀내기 위해서 1962년 11월부터 1967년 10월까지 5년 간 오사카부 관내 사망자수의 하루 변화에 있어서의 과잉사망자수를 조사했다. 그 결과, '오사카 시내에서는 대기오염 증대를 주원인으로 하는 사망자수가 증가하는 날이 드러났고, 그 경우 고연령자, 호흡기계질환이 특히 많은 현상으로

는 나타나지 않았다.[14]

이 역학조사에서는, 의학적 검사단계에서는 수진(受診)률이 50%였으며, 기능검사가 불충분했기에 설문을 중심으로 했다. 그런 문제점 등이 있었지만 연락회 위원장 가지와라 사부로 오사카 대학 교수가 '이 일과 성과가 학문상에 새로운 하나의 지반이 될 것이라고 약간은 자부할 수 있는 바이며, 또한 한평생 일 가운데 추억이 어린 것 중 하나가 될 것이라고 믿는 바입니다.[15]'라고 말할 정도로 대기오염과 건강의 관계에 대해서 커다란 연구가 진전돼 무서운 공해를 입증했다고 말할 수 있을 것이다. 특히 앞의 결론 ③에 있듯이 만성기관지염 증상자 비율과 대기오염 관계를 수식화할 수 있게 됨으로써 건강피해방지를 위한 환경기준의 설정이 가능하게 됐다.

제2절 공해의 정치 · 경제시스템

1 고도경제성장의 구조

전후 개혁의 성과 - 고도성장의 틀짜기

1950년대부터 1970년대 중반까지는 세계사상 유례없는 자본주의의 황금시대였다. 특히 이 기간 중 영국이나 서독을 앞지른 일본은 미국에 이어 세계 제2위의 경제력을 갖기에 이르렀다. 고도성장기의 국민총생산(GNP)의 실질성장률은 연평균 약 10%로, 메이지 이래 전전의 평균성장률의 약 3배, 전후 구미제국 평균의 약 2배였다. 고도성장으로 인해 '경제대국'이 되게 된 기반은 제1장에서 서술한 바와 같이 전후개혁에 있을 것이다. 평화, 민주주의, 기본적 인권과 자유라는 전후민주주의의 이념과 제도야말로 경제발전의 틀짜기였다. 메이지 이래의 근대화 과정에서 전후, 한 번도 전쟁을 하지 않았다는 것은 일본인에게는 처음 겪는 경험이었다. 군사비라는 낭비와 우수한 인재를 전쟁으로 잃지 않았다는 것, 군사대국도 식민지를 가진 제국도 아니었던 것이 '경제대국'으로 가뿐히 날아오른 조건이었다. 군사비의 경제에 대한 압력은 적고, 자원과 노동력의 대부분을 생산력 증대로 돌리고, 기술개발이나 과학연구의 대부분도 평화경제로 향했다. 이것은 헌법 제9조를 지킨 국민이 현명한 선택을 한 선물일 것이다.

농지개혁이나 가족제도의 개혁은 노동력의 이동을 자유롭게 했고, 공업화와 도시화를 가속시켰다. 교육의 민주화는 고등교육을 대중화했고, 기술혁신이나 문화를 높였다. 노동기본권의 확립에 의해, 전전에 비해 노동조건이 개선됐다. 이러한 것이 생산성을 향상시키고 소비를 확대해 국내시장을 확대시켰다.

산업구조의 급격하고 중층적(重層的)인 변화

전후 근대화는 공업화와 도시화를 급격히 추진한 결과였다. 특히 고도성장기에는 중화학공업화와 대도시화가 진전됐다고 해도 좋다.

제2차 세계대전 후의 자본주의 나라는 산업혁명에 필적할 정도의 산업구조에 변화가 일어났다. 일본의 경우에는 국제적인 노동력의 이동은 없었지만, 고도성장기에 농촌에서부터 도시로 사상 최대의 인구이동이 일어났다. 〈그림 2-2〉와 같이 제1차 산업인구는 10년간 약 400만 명씩 감소했다. 공업화에 따른 도시의 고용확대도 있어서 신규졸업자가 농촌에서 이탈하는 일이 생겼고, 고교·중학교 졸업생인 농업종사자는 1960년도의 7만 7000명이, 1970년도에는 절반 이하, 1980년도에는 10분의 1인 7000명이 됐다.

1961년에 농업기본법에 의해 농업의 근대화, 자립화가 도모됐지만, 이것은 선택적 농업을 추진해 생산성의 향상에 의해 농업취업인구를 대폭 줄이게 됐다. 무역의 자유화와 더불어 농산물의 수입이 진전돼 식량자급률이 급속히 저하됐다. 농업취업인구가 급감하고, 고령화가 진전되자 기계화와 화학비료·농약을 대량으로 사용하게 되었다. 이 점은 구미와 마찬가지였지만 결정적으로 다른 점은 경영규모가 크지 않고 전업농가가 감소했다는 것

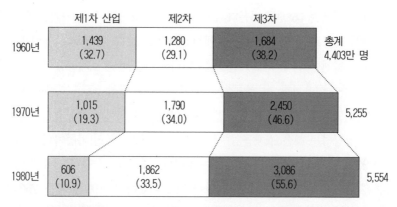

	제1차 산업	제2차	제3차	
1960년	1,439 (32.7)	1,280 (29.1)	1,684 (38.2)	총계 4,403만 명
1970년	1,015 (19.3)	1,790 (34.0)	2,450 (46.6)	5,255
1980년	606 (10.9)	1,862 (33.5)	3,086 (55.6)	5,554

주: 14세 이상의 직업을 가진 사람은 분류불능산업을 포함한다. 総理府 統計局「我が国の人口」 1982.

그림 2-2 산업구조의 변화

이다. 일본 농업은 고도성장의 희생이 돼 산업으로서의 자립이 어려워졌다. 농가호수 가운데 제2종 겸업농가(주로 농업 이외의 소득에 의해 가계를 유지하고 있는 농가)가 1960년 32%였지만 1975년에는 62%가 됐다. 도시근로자의 평균소득 이상의 소득을 농업만으로 얻을 수 있는 세대를 자립경영농가라 부르는데 그것은 전 농가호수의 7.4%에 불과했다.

이렇게 해서 농촌인구의 급격한 감소에 대처하기 위해 1970년에는 과소지역대책 긴급조치법이 제정됐다. 전 국토의 44.1%가 과소지역으로 지정됐다. 과소지역은 인구감소로 인해 공동사회로서 또는 지자체로서 유지하기 어려워진 상황을 가리킨다. 그것은 동시에 농지, 산림, 어장 등이 보전되지 못하고 국토의 보전이 곤란해지는 것이다. 고도성장은 농업의 지위를 총체적으로 저하시켰고, 농촌을 과소화함으로써 국토의 환경보전을 곤란하게 해 공해나 재해가 확산되는 길을 열었다고 해도 과언이 아니다.

고도성장기의 가장 중요한 산업구조의 변화는 중화학공업의 발전이다. 중화학공업이란 기계공업, 금속광업, 화학공업의 3업종을 가리킨다. 1950년대에 중화학공업 부가가치액이 제조업에서 차지하는 비율은 49%에 불과했

지만 1970년에는 66%에 이른다. 그 중에서도 기계공업은 부가가치액으로
17%에서 38%로, 종업원수로 21%에서 37%로 비율이 높아졌다. 이렇게 가
공부문의 발전이 눈에 띄었지만 다른 나라와 비교하면 소재공급형 산업인
철강·석유·석유화학 등 부문의 비중이 높았다. 특히 1960년대에는 이들
산업이 주도성을 갖고 있었다고 말할 수 있다. 일본의 중화학공업의 극적인
발전을 상징하는 것은 소재공업부문인 강철과 가공부문인 자동차의 생산이
불과 20년 만에 미국을 따라붙었다는 것이다. 〈표 2-6〉과 같이 미국에 대해
일본은 조강(粗鋼)과 자동차의 생산량으로 비교해서, 1960년에는 25%와
2.5%였던 것이 1970년에는 단번에 78%와 49%까지 따라갔고, 1980년에는
111%와 110%로 결국 추월했다.

전후 중화학공업화는 전전과 같이 군사화와 관련이 없다. 1960년대 후반
에 비약한 원인의 하나로는 베트남전쟁이 있었고[16], 직접적으로는 특수의 영
향이 있었지만 그 이상으로 미국의 평화산업의 생산성의 저하와 인플레에
일본이 편승했기 때문이었다. 그렇지만 일본의 생산의 중심은 무기나 군사
관련 제품이 아니라 내구소비재와 그와 관련된 소재나 공공사업 관련재였다.

중화학공업화의 촉진은 정부의 산업정책에 있다. 업종별 합리화계획을
세워 보조금·재정투융자를 실시해 지방에서는 고정자산세의 감세정책을
취했다. 더욱이 후술하는 지역개발에 의해 종합적인 입지유도정책을 취해

표 2-6 일본 조강·자동차 생산력 비교

년	조강 (백만)		자동차 (천대)	
	일본	미국	일본	미국
1950	4.8	87.8	1.6	6,655
1960	22.1	90.1	165	6,703
1970	93.3	119.3	3,179	6,550
1980	111.4	100.8	7,038	6,376

주: 篠原三代平 『経済大国の盛衰』 1982년에서 작성.

콤비나트를 비롯해 임해공업지대나 내륙공업단지를 조성했다. 중화학공업화가 대도시권을 중심으로 진전됐고, 집적이익을 얻기 위해 대규모화를 추진했으며, 복합이익을 얻기 위해 콤비나트와 같이 다양한 공장이 급격한 집적을 이뤄낸 결과이다. 그 반면, 오염물의 대량 배출, 복합이라는 집적불이익이 생겨 심각한 공해가 발생한 것이다.

대도시화와 대량소비 생활양식의 보급

1950년대를 전기로 해서 세계사상 유례없는 도시화현상이 시작됐다. 〈표 1-5〉(57쪽)와 같이 1945년의 도시인구율은 약 28%였다. 이는 1880년의 미국과 마찬가지이다. 도시인구율이 72%가 된 1970년에는 미국 수준에 이르렀다. 미국이 1세기에 걸친 도시화를 그 이상의 스피드로 4분의 1 불과 25년 사이에 이뤘다. 특히 주목해야 할 것은 〈표 2-7〉과 같이 도쿄·오사카·나고야 3개지역이 대도시권을 형성했다는 사실이다. 3대 도시권의 인구는 1960년부터 1975년에 걸쳐 3496만 명에서 5029만 명으로, 1533만 명이나 늘었다. 이는 당시 체코슬로바키아 한 나라의 인구에 맞먹는다. 이 가운데 40%는 사회적인 증가로 '민족대이동'이 일어났다고 해도 좋을 것이다.

표 2-7 3대 도시권의 인구 추이

년	인구(천 명)				전국인구를 100으로 한 비율				인구증가수 (천 명)			인구증가율 (%)		
	1960	1965	1970	1975	1960	1965	1970	1975	1960 -65	1965 -70	1970 -75	1960 -65	1965 -70	1970 -75
도쿄권	17,864	21,017	24,113	27,042	19.1	21.4	23.0	24.2	3,153	3,096	2,929	17.7	14.7	12.1
나고야권	5,691	6,313	6,929	7,550	6.1	6.4	6.6	6.7	622	616	621	10.9	9.8	9.0
오사카권	11,404	13,070	14,538	15,696	12.2	13.3	13.9	14.0	1,666	1,468	1,158	14.6	11.2	8.0
3대도시권	34,959	40,400	45,580	50,288	37.4	41.1	43.5	44.9	5,441	5,180	4,708	15.6	12.8	10.3
전국	93,419	98,275	104,665	111,937	100.0	100.0	100.0	100.0	4,856	6,390	7,272	5.2	6.5	6.9

주: 도쿄권(도쿄도, 사이타마현, 지바현, 가나가와현), 나고야권(아이치현, 미에현), 오사카권 (오사카부, 교토부, 효고현).
자료: 『国勢調査』(격년차)에서 작성. 다만 오키나와현은 1970년부터 집계하고 있다. 이하 마찬가지.

표 2-8 대도시권으로의 중화학공업 콤비나트의 집중(1979년)

(단위: %)

	3대 도시권			세토나이 (오사카만 제외)	기타
	도쿄 만	이세 만	오사카 만		
조강(13,053만t/년)	27.8	5.4	26.1	36.0	4.7
석유정제(594만 배럴/일)	37.9	12.7	12.8	24.7	11.9
석유화학(532만t/년, 에틸렌 환산)	44.0	12.4	6.2	37.4	0

주: 中村剛治郎 작성.

　이러한 대도시화 특히 도쿄권으로 집중된 원인은 1960년대에는 중화학공업, 그 이후는 금융·보험·부동산·정보·서비스 등의 관리중추기능이나 교육·문화 기능이 집중집적한 것에 있다. 이 근대적 중화학공업화와 현대적 탈공업화=서비스·정보화라는 산업구조의 변화가 동시에 중복되면서 3대 도시권에 진행됐다. 즉, 우선 1950년대부터 3대 도시권에서는 부현이나 정령 지정도시가 주체가 돼 해안을 매립해 중화학공업의 콤비나트를 유치하는 일이 시작됐다. 이 때문에 3대 도시권에는 철강·석유·석유화학 대부분이 입지했다. 〈표 2-8〉과 같이 조강에서는 59.3%, 세토나이를 넣으면 95.3%, 석유정제는 63.4%와 88.1%, 석유화학에서는 62.6%와 100%라고 할 정도로 오염원이 과도하게 집중됐다.

　1964년의 도쿄올림픽, 1970년 오사카 만국박람회를 계기로 도심의 재개발이 추진돼, 고속도로나 고속철도 등이 교외와 도심을 연결하는 교통·통신망이 정비됐다. 이에 따라 중추관리기능이나 상업기능이 도심에 집중됐고, 교외에는 뉴타운이 건설됐다. 자동차교통의 발달은 교외화를 한층 진전시켰다. 지가가 비싸지고 소유권이 복잡해 재개발에 자금과 시간이 드는 도심을 피하려는 것도 있어서 교외개발이 진전돼 도시권이 광역화됐다. 이와 더불어 산림이나 농지의 파괴가 계속되고 공해가 광역화됐다.

　도시화에 따라서 도시적 생활양식이 보급됐다. 시민이 아파트 등의 집단주택 등에 입주해서 생활하게 되자 상하수도, 에너지, 대중교통수단, 폐기물처리 등의 사회적 공동생활수단이 필요하게 됐다. 그러나 후술하는 바와 같이 일본의 사회자본충실정책은 도로 중심의 생활수단을 우선했기 때문에 주택부족이나 생활환경의 악화가 일어나 이것이 공해현상을 촉진하게 됐다.

일본의 서민생활은 고도성장기에 매우 달라졌다. 근검절약을 미덕으로 알던 일본형 생활문화에서 마구 쓰고 버리기나 레저 추구의 미국형 소비문명으로 변했다. 소비생활의 변화가 가장 명료하게 나타난 것은 내구소비재의 구입과 가계에서 '잡비'라고 불린 교육·문화·레저 지출의 증대이다. '3종의 신기(神器)'라고 불리던 텔레비전, 전기냉장고, 전기청소기와 전기·가스밥솥의 보급이 전후의 생활을 상징한다. 〈표 2-9〉와 같이 1950년대 말기에 시작된 가정의 전화(電化)로 1970년 말까지 '3종의 신기'가 거의 전 세대의 90% 이상 보급됐다. 1965년 불황으로 내구소비재의 구입은 일시 감소했지만 이미 경기는 회복돼 3C라 불릴 정도로 컬러 텔레비전, 자동차, 에어컨이 보급되게 됐다. 미국 사회가 약 반세기에 걸친 대량소비 생활양식이 일본은 십 몇 년 만에 도시뿐만 아니라 농촌을 포함해 전국적으로 보급된 것이다.

표 2-9 비농가세대의 주요 내구소비재 보급상황

(단위: %)

내구소비재	1960	1965	1970	1975	1980
흑백 텔레비전	44.7	95.0	90.1	49.7	22.8
컬러 텔레비전	–	0.4**	30.4	90.9	98.2
스테레오	3.7*	20.1	36.6	55.6	57.1
전기세탁기	40.6	78.1	92.1	97.7	98.8
전기·가스냉장고	10.0	68.7	92.5	97.3	99.1
에어컨	0.4*	2.6	8.4	21.5	39.2
승용차	2.8*	10.5	22.6	37.4	57.2

주: 승용차 1961·65년은 라이트밴을 포함. 1960~75년은 『昭和国勢要覧』, 1980년은 経済企画
 庁 『国民生活統計年報』에서.
 *1961년치. **1966년치.

이렇게 해서 대량소비는 에너지를 많이 소비해 대량의 폐기물을 낳았고, 더욱이 자동차, 전기제품이나 피아노 등의 대형 쓰레기도 늘어났다. 이 때문에 복잡한 폐기물의 처리가 대량으로 정체돼 새로운 도시공해를 낳게 됐다.

설비투자 우선과 성장금융

고도성장기의 국민총지출의 구조를 보면 〈표 2-10〉과 같이 구미에 비해서 개인소비에 대한 투자(고정자본형성)가 상대적으로 크고, 특히 민간투자의 비율이 매우 크다.

민간고정자본형성은 구미에 비해 2배 이상 축적되었다. 정부소비지출은 당시 일본의 사회보장이나 복지가 충실하지 않았기 때문에 8~9%에 머물러 구미의 절반 이하의 비율이었다. 『경제백서』(1961년판)는 '투자가 투자를 부른다'고 기술하였지만 일본 경제의 성장유인이 민간투자에 있다는 사실

표 2-10 국민총지출의 구성비와 국제비교

	일본			미국	서독	영국
	1956~60년도	1961~65년도	1965~70년도	1968년	1969년	1969년
개인소비지출	59.0	55.6	52.6	61.9	55.4	62.7
정부소비지출	9.2	9.0	8.4	20.0	15.6	17.8
고정자본형성	27.5	32.3	33.9	16.9	24.3	17.4
투자주체						
정부	7.2	9.0	8.5	3.2	3.9	8.1
민간	20.3	23.3	25.4	13.7	20.4	9.3
투자대상						
주택	4.0	5.4	6.8	3.6	5.2	3.3
기타	23.5	26.9	27.1	13.3	19.1	14.1
재고증	4.2	3.3	4.1	0.9	2.3	0.6
순수출증	0.1	Δ0.2	1.0	0.3	2.4	1.5
수출 등	11.6	10.3	11.2	5.9	23.4	26.3
Δ수입 등	11.5	10.5	10.2	5.6	21.0	24.8
국민총지출	100.0	100.0	100.0	100.0	100.0	100.0

출처: 経済企画庁 『日本経済の現況』 1972년, p.197.

을 보여주고 있다. 이 투자를 지탱한 것이 일본의 금융과 재정이었다.

　금융의 목적이 '성장금융'이라 불리듯이 민간투자를 촉진하는 구조가 됐다. 앞서 말한 정부소비에 포함된 복지정책이 약하고 정부의 주택투자가 적었기 때문에 국민은 노후걱정이나 주택을 위한 자금을 저축하는 경향이 있었다. 이 때문에 개인소득의 4분의 1 이상을 저축했다. 민간금융기관은 예금으로, 정부는 우편저금으로 이 대량의 저축을 모아 민간설비투자에 융자를 했다. 일본인은 직접투자인 증권회사를 신용하지 않았다. 그 대신 민간의 상업은행이 설비투자자금을 공급했다. 본래 상업은행은 국민의 예금을 안전하게 단기운용하는 업무이다. 장기운용으로 리스크가 많은 설비투자를 하는 것이 아니었지만 예금이 장기적으로 안정되고, 고도성장기에는 기업의 성장이 뚜렷하기에 상업은행에 의한 간접투자가 직접투자를 대행했다고 해도 좋을 것이다. 더욱이 안정된 대중의 예금인 우편저금이 재정투융자 자금의 밑천으로 민간의 간접투자를 보완하는 일본개발은행의 자금이 됐다. 개발은행은 첨단산업의 개발이나 지역개발자금을 공급했다. 또 일본은행의 신용창조도 있어서 예금보다도 대출이 많은 오버론이 계속됐다. 이러한 신용팽창은 물가상승의 원인이 됐다. 이러한 투자를 잇는 투자에는 후술하는 바와 같이 공해방지와 같은 안전에 대한 투자는 개발은행 융자 이외에는 적었다. 또 소비자신용이 지체돼 지하금융과 같은 소비자금융이 행해졌다.

국제관계

　일본은 1960년대에 개방경제체제에 들어섰다. 개방경제체제는 고도성장을 추진하게 됐다. 일본의 무역구조는 1960년대에 경공업 주체에서 선진국형으로 매우 달라졌다. 기계류의 수출이 1955년 14%에서 1970년에는 46%, 1980년에는 63%가 됐다. 특히 자동차나 전기기구 등의 내구소비재가 늘어났다. 중화학공업 전체로는 1955년 38%에서 1975년 83%가 됐다. 수입에 관해서는 석유 등의 원연료(原燃料)와 식품의 비중이 높고, 가공제품의 수입

에 차지하는 비율은 20%대로 낮았다. 이는 구미에 비해 극단적인 무역구조
였다. 중화학공업을 주체로 한 가공무역형인 일본에게는 1달러＝360엔이라
는 외환율이 유리하게 작용했다. 고도성장과정에서 기술혁신으로 인한 생
산성이 향상하고, 경제 실태에 비해 엔화 약세가 돼 수출은 늘릴 수가 있었
다. 한편 원료·연료는 1973년 오일쇼크까지 원유는 1배럴＝2달러 이하로,
비용에서 차지하는 비율이 적었다. 또 일본의 농산물보다 값싼 미국 등 타
국의 농산물을 수입해도 엔화 약세의 영향은 거의 없었다. 1971년 닉슨 쇼
크로 인해 환율이 변동상장제로 바뀔 때까지의 일본의 환율이 1달러＝360
엔으로 고정돼 있었던 것이 고도성장의 중요한 원인이었다.

기술혁신의 일본적 성격

고도성장의 원인 중 하나는 외국에서 개발된 기술을 도입해 그것을 적극
적으로 응용해 기업화한 것이다. 외국기술의 도입수를 보면 1950년대는
1023건이었던 것이 1960년대에는 5965건으로 5.8배나 된다. 1950~72년도
의 산업별 외국기술 도입건수는 1만 1786건을 넘고, 가장 많은 것은 일반기
계 27.4%, 이어 전기기계 17.5%, 화학세품 15.1% 순이다.

전후 기술개발을 종합적으로 평가한 경우, 일렉트로닉스, 특히 컴퓨터에
의한 정보처리, 산업로봇으로 상징되는 오토메이션, 그리고 고분자화학이
나 라이프사이언스 등에서 보이는 재료의 변화가 가장 큰 진보였다. 모두
외국에서 기술도입으로 시작됐지만 10년을 경과하면서 구미의 수준에 근접
했고, 대부분이 추월하였다.

1960년대 후반에 들어서면 기업은 자주기술의 창조를 필요로 하게 되고,
기초에서부터 연구개발이 요구되게 됐다. 그러나 '영국이 창조하고, 미국이
적용하고, 일본이 기업화한다'고 하듯이 일본 기술의 비창조성은 바로 바뀌
지는 않았다. 일본의 기술혁신의 특성 중 하나는 미국이나 소련에서 군사확
대·우주개발정책에 기술의 성과가 낭비돼 가는 긴극을 비집고 들이가 그
것을 평화산업에 응용한 것이다. 가령 트랜지스터는 스푸트닉을 쏘아올리

는 주요한 기술개발의 하나였지만 이것을 최초로 트랜지스터 라디오에 응용했고, 또는 IC(집적회로)를 무기보다도 텔레비전이나 계산기에 응용한 것 등이 좋은 예이다. 이처럼 일본의 첨단기술이 적어도 전전과 같이 군사화로 직결하지 않은 건전성을 갖고 있었다. 그러나 너무 대량생산과 비용 절감, 즉 효율성을 따른 까닭에 기업의 성장과는 거리가 먼 안전이나 환경보전 등의 기술개발은 뒤쳐졌다. 이는 노동재해, 자연재해, 공해 더욱이 식품공해, 약해(藥害) 등의 위험상품으로 인한 재해를 일으키는 것이 됐다.

2 고도경제성장정책

정관재 복합체

고도성장은 개방체제와 자유화라는 자본주의 발전의 길을 열었지만, 기업이 자발적으로 성장을 한 결과라고는 말할 수 없다. 정부의 경제정책이 커다란 성장동력이 된 셈이다. 다음에 말하는 바와 같이, 정부는 1980년대에 이르기까지 거듭해서 개발계획을 수립해 기업을 유도·조성했다. 흡사 사회주의국가나 개발도상국과 같이 국시로서의 계획을 작성했다. 이것은 전쟁 중에서부터 점령하 통제경제의 잔재와 같은 것이었는데, 자원이나 노동력의 배분이 아니라 목적은 경제성장에 있었고, 첨단산업의 개발·유도, 국제경쟁력의 충실과 지역개발에 있었다. 자본주의시장의 힘이 지배적이 되고, 국제화가 진전되고 있었기에 계획대로는 되지 않아서 신산업도시의 계획과 같이 21개를 지정해도 계획대로 실현된 것은 2개 지역에 불과할 정도로 실패를 거듭했다. 그러나 고도성장기에는 이와 같이 위로부터의 과잉서비스에 의한 개발정책이 대기업의 급속한 성장을 촉진했다. 본래, 공공정책은 시장의 결함을 시정하기 위해 공해·재해의 방지, 소득재분배나 복지를 실시해야 했지만, 그러한 신자유주의적 공급경제학을 공공정책이 뒷받침하는 이상한 '시스템'이었다.

이러한 전후 경제정책의 주체가 된 것은 이 시기에 확립된 정관재 복합체이다. 전전에는 추밀원 또는 원로가 정치의 실세였지만, 전후에는 '재계'가 사실상의 실세였다. 1946년에 결성된 경제단체연합회, 경제동우회, 또는 전전부터 조직돼 있던 일본상공회의소와 그 지방조직이 국가나 지방정부에 대해 강한 압력단체나 정책입안자로서 등장하게 됐다. 이러한 경향은 고도성장기부터 현저해졌다. 1960년대가 되면 경단련이나 동우회는 자신의 기업이나 산업의 개혁문제만이 아니라 농업과 같은 다른 산업에, 특히 일본경제 · 재정 전체에 제언을 시작하게 되고, 드디어 국민생활, 도시정책, 행재정에 대한 제언까지 나아가게 된다.

고도성장 과정에서 경제관료의 발언력이 커졌다. 전전의 관료기구의 2대 중심의 하나인 내무성은 해체됐지만 대장성이 정부의 중심이 됐고, 더욱이 통산성이나 경제기획청의 영향력이 커졌다. 『경제백서』가 베스트셀러가 되고, 국민소득배증계획 이래 정부의 장기계획이 국민생활에 큰 영향을 미치게 됐다. 다만 실제로는 장기계획과 같은 정부의 작문(作文)보다도 규칙이 자세한 행정지도나 재정정책쪽이 경제적 효과를 낳았다. 기업활동에 대해 정부의 허 · 인가사무, 법이나 소례에 근거하지 않은 행성지도나 성보제공이 매우 많았다. 그 행정규제가 정점에 이른 1980년대에는 정부규제가 미치는 분야의 생산액은 142조 엔(전 생산액의 43%)에 이르렀다. 중앙정부기관은 최대의 정보기관이기도 했다. 국토계획, 지역개발계획, 기업입지의 지도나 기업합병을 추진한 것은 행정지도의 전형적인 사례이다. 해외시장조사나 공공사업의 환경영향평가(사전영향평가) 등은 정부가 기업에게 정보를 제공한 대표적인 사례였다.

1955년도 체제에서 사실상 독재정권을 맡은 자유민주당은 안보 위기를 수습한 뒤 고도성장기를 지배했다. 자민당 정권은 사실상 경제관료의 지도하에 재정을 지배했다. 이러한 중앙집권적인 정부활동과 결합을 강화하려고 민간대기업은 다투어 본사를 도쿄로 이전했다. 1970년대 밑에는 도쿄증권시장 일부 상장기업 912개사 중 522개(전체의 57%)사가 도쿄에 자리를 잡았

다. 도쿄에 자리 잡지 않은 지방의 기업도 2본사제로, 도쿄지사에 선택권을
쥔 중역을 둠으로써 도쿄의 지위를 높였다. 한편 고도성장기에는 경제·재
정의 지역격차가 나기 시작했지만 지방단체는 정부의 개발계획에 편승하고
자 했고, 또 공공사업의 보조금을 취득하고자 도쿄사무소를 만들어 정치가
나 관료와의 결속을 높이려고 했다. 과거에는 정치는 도쿄, 경제는 오사카라
고 불렸지만, 고도성장기 이래 정치도 경제도 도쿄가 됐다. 여당, 중앙관청
과 거대기업은 상호 인사에 줄을 대 고급관료는 민간기업에 낙하산인사, 자
민당에 입당·입후보했고, 또 초보나 중견 사원이 관청으로 파견되기도 했
다. 각 부처의 심의회는 재계인사가 그 중추에 자리 잡았다. 고도성장은 국
가의 정치·행정을 바꿔 정관재 복합체라고 할 국가를 만들어냈다.

기업사회

고도경제성장은 사회의 변화를 낳았다. 미쓰이 미이케에 있는 탄광노동
조합의 패배 이후 노동운동은 경제주의의 보호 아래 통합되기 시작했고, 정
치나 문화에 대한 힘을 상실하기 시작했다. 1962년 4월 고도경제성장의 과
실을 누리고자 하는 경제투쟁에 역점을 둔 전일본노동총동맹조합회의의 등
장은 그것을 상징하고 있다. 노동운동은 춘투(春鬪)방식이라는 스케줄 투쟁
이 고도성장기의 패턴이 됐다. 생산성 향상이 임금상승률을 결정하게 됐다.
GNP라는 파이의 분배론이 요구의 중심이 됐다. 일본 기업은 종신고용제이
다. 생산의 향상에 따라 임금이 오르고, 사택·의료·연금 등 복지도 대기
업일수록 충실했다. 소위 기업이 정부를 대신해 생활보장을 해주었다. 이
때문에 대기업 노동자는 기업주의가 되고, 회사에 대한 충성심이 강했다.
대기업 노동자는 자신의 공동체는 지역사회가 아니라 기업이라고 생각하고
있었다.

이러한 기업주의로 인해 기업 특히 대기업 노동자는 공해가 발생해도 기
업 옹호에 사로잡혀 공해 실태를 은폐했고, 기업책임을 추궁하기는커녕 피
해주민과 대립했다. 미나마타병 초기에 짓소 노동조합이 환자와 대립했고,

욧카이치 공해재판을 욧카이치 지방노동조합평의회가 제기하자 미쓰비시
계열 기업노동조합이 지방노동조합평의회를 탈퇴한 것 등은 전형적인 예이
다. 1960년대 말에 오타 일본노동조합총평의회 의장이 공해문제를 두고 노
동조합이 피해주민과 적대시하고 있다는 것을 스스로 비판하게 된 것만 보
더라도 총평을 비롯해 대부분의 대기업 노동조합이 공해반대운동에 가담하
지 않고 오히려 회사 측에 서 있었다고 해도 좋을 정도였다.

그러면 어떠한 경제정책을 펼쳤는지 알아보기로 하자.

국민소득배증계획 - 정치의 계절을 경제의 계절로

국민소득배증계획은 고도성장정책의 대명사 또는 상징이 되어버렸다. 이
계획은 1959년 11월에 기시 내각이 자문했고, 전 경단련 회장 이시카와 이
치로를 회장으로 하는 경제심의회가 1년에 걸쳐 수립한 것이었는데, 기시
노부스케 수상은 이것을 활용하지 않았다. 1960년 안보 개정에 따른 정치적
대립은 자민당을 위기에 몰아넣었다. 동시에 우익테러에 의한 아사누마 이
네지로 사회당 위원장 살해 사건 등으로 전후 민주주의는 위기에 빠졌다.
이렇게 정부와 시민이 격하게 대립하던 와중에 재계의 지지를 받은 이케다
하야토 내각은 새로운 통합의 수단으로 국민소득배증계획을 제시한 것이
다. 이케다 내각이 겨냥한 것은 안보투쟁의 불씨였던 국민의 욕구불만을 경
제의 급속한 성장 안에서 해소시키고 정치적 안정을 도모하고자 하는 것이
었다. 이를 위해 군비는 미국에 의존해서 냉전하의 국제정치의 영향은 가능
한 한 피하고, 오로지 무역자유화와 경제성장을 행함으로써 국민을 통합하
고자 했던 것이다.

배증계획은 10년 뒤인 1970년도 국민총생산을 1960년도 13조 엔의 2배인
26조 엔으로, 1인당 국민소득 579달러를 742달러 수준에 근접하게 한다는
것이었다. 이 계획의 주목적은 5가지 기둥으로 나타나 있다.

1. 사회자본의 충실(도로, 항만, 용지, 용수 등의 생산기반을 전반기에 중점적으로 정비해

생산자본의 애로를 타개하고, 후반기에 생활 관련 사회자본을 정비한다)

2. 산업구조의 고도화(제2차 산업의 연평균 9% 성장을 중심으로, 제1차 산업은 500만 명
   을 감소시킨다)

3. 무역과 국제경제협력의 추진(중화학공업을 중심으로 한 수출구조를 바꿔 경제협력
   을 통해 개발도상국으로부터의 자원공급의 증대)

4. 인적 능력의 향상과 과학기술의 진흥(기술혁신을 추진, 교육 등의 인적 능력을
   개발)

5. 2중 구조의 완화와 사회적 안정의 확보(대기업에 비해 생산성이 낮은 중소기
   업·농업 간의 2중구조를 성장에 의해 완화하고, 사회보장·사회복지의 충실)

이 계획에서는 산업의 적정배치를 위해 태평양벨트지대구상을 수립해
기존 4대공업지대를 외연적으로 발전시키고자 하는 것이었다. 즉, 4대공업
지대에 대한 과밀을 억제하면서 동시에 과도한 분산을 피해 효율적인 입지
를 통한 생산단위의 거대화 - 콤비나트화를 추진하려는 것이었다.

배증계획의 실적과 평가

일본 경제는 배증계획 이상의 성장률로 나아갔고 1970년 실적에서 〈표
2-11〉과 같이 국민총생산으로는 1.7배에 이르렀으며, 다른 경제지표도 모두
계획을 웃돌았고, 초기에 걱정했던 국제수지도 개선됐다. 실적에서 나타난
바와 같이 이러한 성장은 투자가 투자를 부른다는 것처럼 민간설비투자가
계획을 훨씬 웃도는 거액을 지출하여 이루어진 것이다. 이 때문에 상대적으
로는 부족했다고는 하나 민간투자의 유도책으로서 공공투자를 통한 생산기
반으로서의 사회자본에 충실한 결과였다. 산업구조는 앞서 말한 바와 같이
크게 변화했다. 국민생활수준으로 보면 계획으로 예정했던 상용차 보급률
2.5%가 17.3%, 전기냉장고 50.8%가 74.6%로 내구소비재의 보급률에서는
모두 계획보다 실적이 웃돌았다.

입안자의 한 사람이었던 미야자키 이사오는 배증계획에 관해 일본 경제

표 2-11 국민소득배증계획과 실적(1970년)

	계획(A)	1970년 실적(B)	대비(B/A)
국민총생산(억 엔)	260,000	452,676	1.7
개인소비지출	151,166	232,305	1.5
민간설비투자	36,206	91,140	2.5
민간개인주택	5,105	30,467	6.0
정부투자	28,135	36,978	1.3
국민1인당소득(엔)	208,601	353,935	1.7
취업인구(만 명)	4,869	5,259	1.1
제1차 산업	1,154 (23.7%)	1,015 (19.3%)	0.9
제2차 산업	1,568 (32.2%)	1,790 (34.0%)	1.1
제3차 산업	2,147 (44.1%)	2,450 (46.6%)	1.1
국제수지(백만 달러)	200	1,374	6.9
무역수지	410	3,963	9.7
장기자본수지	-50	-1,591	31.8
수출(통관)	9,320	18,969	2.0
수입(통관)	9,891	15,006	1.5
광공업생산수준(1965년=100)	610.0	880.6	1.4
GNP디플레이터	-	156.2	

주: 계획은 1958년도 가격. 실적은 1960년도 가격으로 디플레이트(물가상승분을 수정한 실질가
격). 취업인구는 분류불능을 포함. 『国民所得倍増計画』 및 『国民所得統計年報』에 의한다.

를 근화화 궤도에 올려 물적 빈곤에서부터 국민을 해방시켰다고 평가하였
다. 그러나 동시에 부정적인 면으로서 생활기반인 사회자본의 충실이 상
대적으로 늦어지고, 물가문제의 인식이 안이해 태평양벨트지대에 공업력
이 너무 집중돼 있음에도 공해문제 등에 대한 대책을 게을리한 사실을 지
적했다.[17]

　배증계획에 대한 비판 가운데는 성장률이 너무 높아 실현하기가 어려울
것이라는 당초 비판은 맞지 않았다. 그것은 앞서 말한 바와 같이 국제관계
나 베트남전쟁 특수 등의 외적 조건이 다행히 좋았고, 기술혁신 등이 진전
됐기 때문이었다. 그러나 구조개혁에 대한 다음과 같은 비판은 맞아떨어졌
다. 즉,

1. 생산과 소비의 불균형(일류의 생산력과 삼류의 생활수준으로 불린 것과 같이 개인소
   비의 비율은 이 10년간에 상대적으로 감소했다)

2. 산업의 2중 구조(독점적인 대기업과 중소기업·농업과의 생산성격차, 소득격차의 증대)

3. 공사 양부문의 불균형(사회자본, 특히 생활기반의 부족, 공해, 사회복지의 지체)

4. 지역격차의 증대와 비대도시(대도시문제와 농촌문제의 심각화)

5. 물가상승(생산증가가 물가상승을 가져오는 구조적 인플레이션 체질)

6. 대미편중의 무역구조의 왜곡[18]

이처럼 소득배증계획은 구조적인 모순이 강해 1964년 11월 사토 내각은 '왜곡' 시정, 즉 사회개발을 주창하며 등장해서, 1967년도를 첫해로 하는 경제사회발전계획을 발표해 배증계획은 끝났다. 이 경제발전을 사회개발로 전환하게 된 직접적인 동기는 다음 장에서 기술하는 바와 같이 1963~64년의 미시마·누마즈·시미즈 2시1정의 석유콤비나트 유치반대투쟁에 의해 개발이 좌절된 것 등이다. 이러한 공해반대·복지를 요구하는 시민운동은 욧카이치시형 공해의 심각화와 더불어 1967년의 공해대책기본법을 낳게 된다.

소득배증계획이 생활수준의 향상에 직접 연결되지 않았고, 사회개발이 필요했지만 그것은 종래의 사회정책과는 달랐다. 마에다 기요시는 '사회개발은 경제발전에 의해 초래되고, 또한 사회개발은 경제성장을 조장하는 것이다'라고 주장했다.[19] 사회개발의 범위는 공중위생, 주택, 복지, 교육 등 다양하다. 정부 내부의 전 부처에서 논의되고 있는 사회개발은 크게 나눠 2가지 기둥으로 돼 있다. 하나는 주택, 환경위생, 후생복지 등의 생활기반인 사회자본의 충실이며, 다른 하나는 민간자본의 공해방지 등 사회적 비용의 제거이다. 생활기반인 사회적 자본의 충실에 관해서는 다음에 말하는 바와 같이 1990년대에 이르기까지 실현되지 않았다. 일본이 내셔널 미니멈*을 실

---

* national minimum: 한 나라 전체 국민의 생활복지상 반드시 필요한 최저수준을 나타내는 지표를 말

현하지 않고는 복지국가로 성숙해질 수 없다는 것을 나타내고 있다. 제2의
공해방지에 대해서는 심각한 사회현상이 돼 있었기에 다음 장에 기술하는
바와 같이 정책이 취해지기 시작했지만 효과가 나타난 것은 1970년대 중반
쯤이다.

사회자본 충실정책의 개시

다케다 하루히토는『고도성장』에서 사회자본에 의한 산업기반의 정비를
고도성장의 최대 요인으로 보았다.[20] 앞서 말한 바와 같이 '소득배증계획'은
사회자본의 충실을 첫째로 들고 있다. 1950년대부터 1990년대에 이르기까
지 일본 재정의 기둥은 사회자본 충실정책이었다고 해도 좋다. 사회자본은
일본의 고도성장의 경험 속에 자본과 노동의 재생산의 조건(기반)을 이룬
것으로 이론화됐다. 상세한 것은 나의 『사회자본론』(유히카쿠(有斐閣), 1967년,
1974년 개정)에 맡기고, 우선 왜 고도성장의 시기에 이것이 중요한 정책과제
로 등장했는가를 설명하고자 한다.

중화학공업의 규모의 거대화, 그리고 복합이익을 추구하는 콤비나트와
같은 이(異)업종의 직접 연관이 진전되면 간접비(공통비)가 커진다. 가령 연
생산 200만t의 철강일관 메이커*의 공장용지 원단위는 330만㎡(고시엔야구장
의 83배), 담수사용량은 일일 40만㎡(약 120만 명의 도시인구의 생활용수)가 필요하
다. 그러나 이 간접비의 증대는 이윤율의 저하를 부른다. 그래서 이것을 공
공부문에 맡겨 민간기업이 그 공공시설을 독점 또는 점유할 수 있다면 이
윤율의 저하를 막아 경쟁에 이길 수 있다. 이렇게 해서 중화학공업화, 거대
화, 콤비나트화와 같은 자본의 사회화를 추진하려고 하면 사회자본(특히 사회
적 생산수단)이 필요하게 되고, 그것을 공공투자에 맡겨 이용독점을 꾀하는
경향이 강해지는 것이다. 부현이 매립을 통해 공장용지와 항만을 건설하고,

함. '최소한도의 국민생활수준' 또는 '국민적 표준'을 의미함.
* 제강업 중 철광석에서 강재 생산까지의 공정을 연속해 행하는 철강제조업체

도로·철도 등의 사회자본을 정비해 콤비나트를 유치하는 것은 이러한 중화학공업의 거대자본의 요구에 부응하는 것이라고 해도 좋을 것이다.

이처럼 자본 특히 중화학공업 대기업의 규모·집적의 확대가 사회자본 충실정책을 요구해 사회적 생산수단(상식용어의 생산기반)의 급속한 투자가 고도성장을 진전시킨 것이었다. 공공부분에 의한 사회자본 충실정책은 국가의 경우에는 일반회계의 공공사업과 재정투융자계획(그 중심은 공사, 공단), 지방공공단체의 경우는 보통회계와 기업회계를 통해 이뤄진다. 공공사업이라는 항목은 전후의 예산제도로 성립한 것이다. 또 독립채산제의 확립을 위해 특별회계 아래에 있던 국철(國鐵), 전매사업이 1949년에 공사제로 이행되고, 1952년에 일본전신전화공사가 탄생했다. 이러한 기업화 경향이 진전돼 정부가 관계하는 특수법인은 10년간에 3배, 1966년도 말에 108개를 넘었고, 수도, 교통, 병원 등의 지방공영기업은 1964년도에는 1186개, 준공영기업은 5708개로 늘었다. 그와 동시에 수익자부담적인 수입(목적세, 수수료 등 수익자부담금)이 늘었고, 문자대로 공공서비스·사업이 사회자본화했다. 이처럼 국가와 지방의 공공사업이나 기업회계가 늘어났기에 그것들을 종합해 공공투자라는 개념이 만들어졌고, 그중에서 국철·전화 등의 기업투자를 뺀 것을 행정투자로 개념화했다.

1960년대의 공공투자는 〈그림 2-3〉과 같이 33조 7260억 엔에 이른다. 앞의 〈표 2-10〉과 같이 정부투자의 비율은 구미보다 훨씬 크고, 정부지출에서 차지하는 비율도 1960년 35%에서 1970년에는 52%로 꾸준히 늘어났다. 금액면에서도 영국, 프랑스, 서독, 이탈리아 4개국(2억 2000만 명)에 맞먹는다. 그 뒤에도 이러한 경향은 계속됐는데, 1970년대 후반에는 금액면에서도 미국을 웃돌아 세계 최고수준을 계속 유지하고 있다.

공공투자의 내역으로는 도로, 항만, 공항, 국철, 전신전화 등의 교통·통신수단이 크다. 공공투자에서 기업투자를 뺀 행정투자로는 도로가 전체의 4분의 1을 차지해 사회적 생산수단이 우선하고 있다. 이에 반해 시민의 생활수단이 되는 주택, 상하수도, 복지, 교육에 대한 투자는 상대적으로 적다.

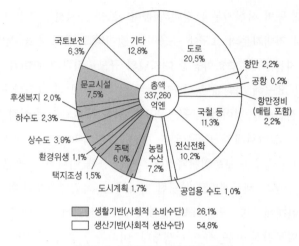

그림 2-3 1960년대 공공투자 내역

표 2-12 1960~64년도 영일 행정투자의 비교

(단위: 억 엔)

	영국			일본		
	금액	%	비교	금액	%	비교
도로	5,941	11.5	100	19,982	24.5	336.3
주택	16,982	32.8	100	4,791	5.9	28.2
상하수도	5,010	9.7	100	5,982	7.3	119.4
교육	9,652	18.6	100	8,692	10.6	90.1
보건복지	3,407	6.6	100	2,891	3.5	84.9
기타 공(共) 합계	51,812	100.0	100	81,687	100.0	157.7

주: 1) 自治省『都道府県別行政投資県実績』및 Public Investment in G.B.에서 작성.
　 2) 1파운드는 1,008엔으로 환산.

1960년대 전반에는 복지국가의 모델은 영국이었다. 영국의 복지국가의 중심정책은 의료와 주택이었다. 1960~64년도의 일본과 영국의 행정투자를 비교하면 영국은 주택중심인데 반해 일본은 도로중심이다(표 2-12). 이는 일본의 자동차산업의 발전과 궤를 함께 하고 있다.

전술한 바와 같이 일본은 민족대이동이라고 할 정도의 도시화를 이뤘지만, 주택, 상하수도, 복지, 의료시설, 특히 학교의 수요가 절대적으로 컸다. 그러나 공공투자는 사회적 생산수단으로 나아갔고, 시민의 사회적 생활수단에는 돌아가지 않았다. 이것이 주택의 절대적·상대적 부족, 과대학급으로 인한 교육의 어려움, 보육소 등의 복지시설의 빈곤, 그리고 하천오염, 청소마비, 자동차소음, 대기오염 등의 도시공해를 낳았다. 이 도시문제라고 하는 현대적 빈곤이 고도성장기에 있던 임금상승에 따른 고전적 빈곤을 대체해 새로운 사회문제가 됐다.

제5장에서 말한 바와 같이 이 사회자본 충실정책으로 인한 대규모 공공사업이 교통소음이나 댐·간척사업으로 인한 환경파괴 등의 새로운 환경문제를 낳게 됐다.

전후 지역개발정책의 전개

경제와 환경의 파괴 가운데서도 큰 영향을 가진 것은 지리적 변화이다. 고도경제성장정책 가운데서 환경변화에 가장 큰 영향을 준 것은 국토계획과 거기에 바탕을 둔 지역개발정책일 것이다. 자유주의경제하에서는 산업입지는 기업의 자유이다. 그러나 그 때문에 지역격차나 공해 등의 사회문제가 발생하고, 20세기에 들어서자 공공부문의 규제가 시작됐다. 구미의 전형적인 사례는 미국 뉴딜의 중심이었던 TVA에 의한 후진농촌지역의 개발과 영국의 뉴타운정책이다. 모두가 경제정책과 더불어 사회정책으로서의 성격을 갖고 있었다. 일본은 위부터의 자본주의라 불리는 것과 같이 메이지 이래 지역개발이 산업정책으로서 행해졌다. 기타큐슈의 관영 하치반 제철소 건설이 그 전형이다. 전후 부흥기에는 TVA의 하천종합개발을 모방해 다목적 댐을 중심으로 하는 특정지역종합개발(21개 지역)이 행해졌다. 이는 TVA와는 달리, 농촌진흥이 아니라 전력개발을 통한 대도시의 중화학공업의 부흥에 공헌했다.

고도성장기에는 거점개발방식이라는 일본만의 지역개발이 행해졌다. 이 방식은 전후 국토종합개발계획의 기본적인 방법이 돼 1990년까지 계속됐다. 〈그림 2-4〉는 전후 국토종합계획의 발자취를 보여주고 있다. 선진자본주의에 있어서 반세기에 걸쳐 국토계획과 지역개발을 정부가 수립해 산업입지, 교통계획, 도시의 배치 등을 규제한 사례는 한국 이외에는 거의 없다. 이 경우 개발의 목적은 그 시기의 주도적인 산업의 입지이다. 즉, 제1차, 제2차 국토계획에서는 임해성 중화학공업 콤비나트이며, 제3차는 자동차·전기기기 등에 의한 테크노폴리스의 조성, 제4차는 수도권의 국제화와 관련된 정보서비스 등의 중추관리기능의 배치와 지방의 리조트기지의 조성이었다. 이를 위한 방법(수단)은 각각의 산업이 필요로 하는 사회자본을 공공사업 보조금과 재정투융자를 통해 종합적으로 정비하고, 한편 조세의 감면이나 금융조치를 통해 우대하고, 입지를 유도한다는 것이었다. 이러한 노골적인 기업우대책이 고도성장기에 시작됐다. 이 시기의 기업은 개방체제에 들어 강한 성장의 동기를 갖고 있던 데다 지역개발정책에 의해 한층 성장을 했다. 그러나 기업의 논리와 정치의 논리는 달랐다. 지역개발정책은 기업성장을 촉진하는 것처럼 보였고, 정치의 판단에 의해 많은 좌절과 낭비를 낳

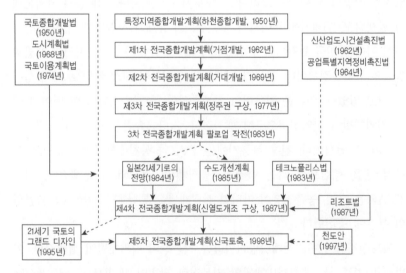

그림 2-4 국토종합개발계획의 추이

은 것이다.

소득배증계획은 지역계획을 갖고 있지 않았지만 그 뒤 종합정책연구회에 의해 기존 4대 공업지대를 연결하는 태평양벨트지대구상이 나왔다. 이미 사회자본이 정비된 대도시 주변부에 전시(戰時)부터 매립사업을 추진했던 대기업은 이 시기에 대도시권에 임해성 소재공급형 중화학공업 콤비나트를 잇달아 건설했다. 게이요, 후지, 나고야 남부, 욧카이치, 하리마, 도쿠야마, 오타케, 이와쿠니 등의 콤비나트가 그것이다. 이때 옛 군용지가 공짜수준의 값싼 가격으로 제공됐다. 또 지자체가 건설한 최고 양질의 공장용지가 3.3㎡당 평균 5000엔 내지 2만 엔에 매각됐고, 공업용수는 t당 5.5엔 이하에 제공됐다.

이 태평양벨트지역개발로 기존 공업지역 외의 소득수준을 높여 지역격차가 완화되도록 한다는 것이 계획입안자의 구상이었다. 그러나 실제는 도쿄권이 지바, 사이타마, 요코하마 등으로 확대된 것과 같이 대도시는 광역화되면서 한층 인구집중을 낳았다. 그리고 콤비나트개발과 무관하게 관리기능이나 도시형 산업이 대도시에 집중되게 됐다. 한편 대규모 콤비나트의 공해는 입지점 주변뿐만 아니라 대도시로 역류해 환경을 파괴했다. 태평양벨트지역과 다른 지역의 경제발전의 불평등은 눈에 띄기 시작했다. 이 때문에 정부는 지역격차를 좁히기 위해 공장을 지방으로 분산할 계획을 세우지 않을 수 없었다.

거점개발방식과 그 현실

정부는 1962년, 과밀폐해를 제거하고 지역격차 시정을 목적으로 한 「전국종합개발계획」을 발표했다. 이는 태평양벨트지역에서 추진되고 있던 거점개발방식을 전국적으로 확대시키고자 한 것이다. 거점이라는 의미는 전국을 골고루 개발하는 것이 아니라, 100만 도시 구상이라고 한 바와 같이 중화학공업의 입지가능 지점으로, 장래 중추·주도적 역할을 할 지방도시를 개발거점으로 삼아 이 개발효과를 주변지역에 파급시키도록 한다는 것

이다. 두번째는 모든 업종을 동시에 개발하는 것이 아니라 철강·석유화
학·발전소 등의 임해성 소재공업형 산업을 거점산업으로 하고, 그 개발효
과를 다른 산업에 파급시킴으로써 지역 전체의 소득수준을 끌어올린다는
것이다. 〈그림 2-5〉가 거점개발의 이론이며, 우선 거점으로 선정될지 여부,
선정된다면 사회자본의 선행투자 등의 우대책을 통해 콤비나트가 유치될
수 있는지 여부가 개발의 승패를 결정했다.

정부는 이 계획에 바탕을 두고 1962년에 〈신산업도시건설촉진법〉, 1964
년에 〈공업특별지역정비촉진법〉을 제정했다. 이 계획이 시작되자 각 현은
일제히 입후보하였는데 그 수는 44개 지역으로, 이름을 올리지 않은 부현은
대도시 부현 이외에는 교토시와 나라현을 꼽을 정도였다. 이 때문에 사상
유례없는 유치경쟁이 일어났다. 유치비용은 공식적으로는 6억 엔, 신산업도
시건설보조금의 첫년도분에 맞먹었다.

그 결과, 신산업도시는 다음 15개소가 정치적으로 결정됐다.

도오, 하치노헤, 센다이만, 조반·고리야마, 도야마, 다카오카, 마쓰모
토, 스와, 오카야마현 미나미(미즈시마), 도쿠시마, 도요, 오이타·쓰루사키,
휴가 노베오카, 아리아케 시라누이 오무타, 아키타 임해, 나카우미.

또 준(準)신산업도시라 불리는 공업정비특별지역으로는 다음 6개소가 지
정됐다.

가고시마, 스루가 만, 히가시미카와, 하리마, 빙고, 니치난

이 계획이 발표됐을 때 재계는 2~3개소라고 했지만, 자민당은 당내 조
정이 불가능할 정도로 요구가 나오자 20개소 정도로 했다. 결과는 지방의
민원에 눌려 정치적 균형을 취해 21개소가 됐다. 이러한 일로 드러난 바와
같이 이 계획은 자본의 논리에서는 멀어져 있었기에 대부분의 지역에서는
콤비나트 유치가 불가능했다. 지정된 신산업도시 가운데 콤비나트 유치에
성공한 경우는 오카야마현 미즈시마와 오이타·쓰루사키 2개소에 머물렀

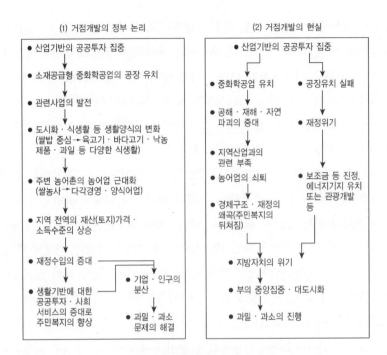

(1) 거점개발의 정부 논리

- 산업기반의 공공투자 집중
- 소재공급형 중화학공업의 공장 유치
- 관련사업의 발전
- 도시화 · 식생활 등 생활양식의 변화
  (쌀밥 중심→육고기 · 바다고기 · 낙농
  제품 · 과일 등 다양한 식생활)
- 주변 농어촌의 농어업 근대화
  (쌀농사→다각경영 · 양식어업)
- 지역 전역의 재산(토지)가격 ·
  소득수준의 상승
- 재정수입의 증대
- 생활기반에 대한
  공공투자 · 사회
  서비스의 증대로
  주민복지의 향상
  - 기업 · 인구의
    분산
  - 과밀 · 과소
    문제의 해결

(2) 거점개발의 현실

- 산업기반의 공공투자 집중
  - 중화학공업 유치
    - 공해 · 재해 · 자연
      파괴의 증대
    - 지역산업과의
      관련 부족
    - 농어업의 쇠퇴
    - 경제구조 · 재정의
      왜곡(주민복지의
      뒤쳐짐)
  - 공장유치 실패
    - 재정위기
    - 보조금 등 진정,
      에너지기지 유치
      또는 관광개발
      등
  - 지방자치의 위기
  - 부의 중앙집중 · 대도시화
  - 과밀 · 과소의 진행

그림 2-5 거점개발의 이론과 현실

다. 공업정비 특별지역은 콤비나트라 부를 수 있을지 의문스러울 만큼 규모나 업종은 제각각이었으나 어쨌든 공업화에는 성공했지만, 스루가 만은 주민 반대로 실현되지 못했다.

위의 〈그림 2-5〉는 거점개발의 현실을 정리한 것이다. 이렇게 대규모 사회자본을 투자했음에도 불구하고, 대부분 지역은 콤비나트 유치에 실패해 재정위기에 놓이자 그 재건을 위해 조성용지를 싸게 팔게 되었고, 한층 중앙정부의 보조금사업 의존에 빠졌다. 그런데 개발에 성공한 지역에서는 우선 공해 · 사고가 발생했다. 오카야마현 미즈시마에서는 심각한 공해가 발생해 반대운동이나 피해구제 재판이 벌어졌다. 이들 지역은 나중에 말하는 바와 같이 욧카이치 공해의 경험을 보았음에도 불구하고, 예방을 게을리 해 공해를 발생시키고 말았다. 거점개발의 목적은 유치한 소재공급형 중화학공업의 생산물을 가공해 관련 산업이 발전하고, 그것을 통해 인구가 늘어나고 농어업이 발전하는 것이었다. 후술하는 바와 같이 최초로 종합분석을 한 사카이·센보쿠 지역에서는 관련 산업의 발전 등의 경제효과가 작다는 사실을 알았다. 또 '농공양면'으로 농업도 발전시키려던 것이었지만, 배후지의 인구가 줄어든 오이타·쓰루사키 같은 지역에서는 농촌진흥책으로 일촌일품(一村一品)운동*을 하지 않으면 안 됐다.

전국종합개발계획은 개발지역의 주민복지의 향상만이 아니라 이를 통해 지역격차를 줄이려는 목적이었다. 그러나 개발이 진전돼도 유치기업의 이윤은 본사가 있는 도쿄로 환원되고, 법인관계세 대부분은 국세로 중앙정부로 납입됐다. 지역개발이 진전되면 될수록 도쿄가 발전했다. 개발을 통한 이익이 도쿄의 정보·서비스산업의 육성이나 복지, 교육, 문화의 발전으로 돌아갔다. 기업과 인구의 도쿄 일극(一極)집중은 억제되기는커녕 더 심해졌다고 해도 과언이 아니었다.

고도성장기는 과소화의 시작이었다. 동시에 대도시권은 공해의 실험장같이 되었고, 과밀로 인한 집적의 불이익이 도시문제로 폭발적으로 발생하게 됐다.

3 시스템 공해 - 공해가 왜 심각해졌나

자본형성과 안전의 결여

1960년대 일본은 다른 나라에서 유례를 볼 수 없을 만큼 대량의 자본을 급속히 축적했다. 기간산업인 철강은 1956년 경제자립5개년계획에서는 1962년에 1780억 엔의 설비투자를 예정했지만 5416억 엔이 됐고, 그간의 연성장률은 18.7%라는 경이적으로 높은 축적이었다. 조강생산은 1955년 941

---

* 1980년대부터 일본 오이타현의 전 시정촌에서 시작된 지역진흥운동. 각 시정촌이 각각 하나의 특산품을 육성함으로써 지역의 활성화를 도모했다.

만에서 1960년에는 2214만으로 5배가 됐다. 그 결과 1960년에는 미국, 소련에 이어 세계 3위가 됐고, 비용면에서도 미국, 서독과 차이가 없어졌다. 이 합리화는 생산성의 향상이었고 그간 공해방지투자가 설비투자에서 차지하는 비율은 1%로 거의 변화가 없었다. 결국 생산량의 증대에 비례해 오염물질이 증가해 1955년부터 1965년에는 5배로 늘었다.

에너지의 주역이었던 석유 소비도 비약적으로 커졌다. 원유 수입량은 1955년 1215만kl에서 1965년에는 8414kl로 7배 이상 높았다. 그 대부분은 벙커C유로 탈황처리를 하지 않았기에 SO$_x$의 방출량은 7배 이상 높았다.

앞서 말했듯이 규모의 확대와 중화학공업화는 기업의 간접비를 증대시킨다. 그러나 간접비는 직접생산력의 확대로 이어지지 않기에 간접비의 절약을 도모하고자 했고, 이 때문에 노동재해·공해방지 등의 안전비용이 매우 적었다. 자본형성 위에는 '불변자본 충당상의 절약'이라는 동기에서부터 안전설비의 투자가 상대적으로 축소된다. 이 시기의 합리화는 설비투자, 즉 불변자본을 확대하지만 그것은 이자율이 내려가기에 직접생산력의 증강에 이바지하지 않는 안전을 위한 투자는 상대적으로 축소됐다.

노동재해 방지를 위한 투자 통계는 없지만 당시의 기업은 조명, 온도, 또는 외상(外傷) 방지 등 눈에 보이는 안전책은 강구했지만 영향이 잘 나타나지 않는 화학물질 등의 오염에 관한 대책은 충분히 행하지 않았다. 그 전형적인 사례가 구보타 등의 석면으로 인한 노동재해이다. 1960년대부터 1970년대 전반에 구보타의 아마가사키 공장에서 수도관 등의 제조에 석면을 사용하면서 5년 이상 종사한 노동자는 거의가 석면질환에 걸려 전멸에 가까운 희생을 냈다. 이것은 제10장에서 다루게 될 것인데, 작업의 안전이 얼마나 느슨했는지 당시 고도성장의 그늘을 나타내고 있다.

기업의 생산력에 관한 노동자의 안전조차 보장돼 있지 않았기 때문에 환경재해에 관해서는 규제가 없는 한 안전대책은 방치돼 있었다고 해도 좋을 정도였다. 다음 절에서 말하는 바와 같이 1960년대 전반에는 수질2법에 이어, 1962년 〈매연규제법〉이 제정돼 공업지역의 지자체도 조례를 제정했지만 그 효과는 볼 수 없었다. 1965년 3월에 장기신용은행이 512개사의 거래처 기업에 산업공해방지대책 설비의 설치 유무를 물어본 결과, 161개사가 설치공사를 했다고 답했다. 이 가운데 대기업 93개사의 총설비투자에서 차지하는 공해대책설비의 비율을 보면 〈표 2-13〉과 같이 평균 1.7%였다. 금액으로는 전력, 철강, 석유정제, 화학이라는 4대 공해기업이 80%를 차지하고 있지만 비율은 1~2%에 불과했다. 당시에는 굴뚝을 높이는 것이 주요한 대책이었는데 충분한 대책은 아니었다.

수질오염에 관해서는 〈표 2-14〉와 같이 1965년은 처리율 0이었고, 1971년에 겨우 BOD 발생량의 13%를 처리한 데 불과했다. 6년간 생산액은 약 9조엔 늘어난 데 비해 수질오염방지의 자본스톡은 겨우 1130억 엔에 머물렀다. BOD 발생량은 하루 양으로 1만 이상 늘어났는데 결국 7000t이나 오염물질이 늘어난 셈이다.

표 2-13 1964년도 대기업의 설비투자와 공해대책투자의 상황

(단위 : 100만 엔)

업종	회사수	공해시설투자(A)	설비투자(B)	A / B(%)
전력	9	5,708	342,955	1.7
철강	10	1,938	136,934	1.4
석유정제	10	1,770	72,232	2.5
화학	16	837	65,518	1.3
요업	10	326	37,150	0.9
기계	9	75	23,136	0.3
종이펄프	12	528	15,987	3.3
비철	5	76	12,061	0.6
가스	3	103	30,339	0.3
방적	3	139	10,268	1.4
합섬	2	340	14,100	2.4
광업	4	1,097	13,692	8.0
합계	93	12,937	774,372	1.7

주: 「産業公害対策設備資金の動態」(長期信用銀行資料, 『公害史文集』 昭和41年7月号

표 2-14 수질오염방지 자본스톡과 BOD부하량

연차	기업 출하액	BOD 발생량 (톤/日)	수질오염방지 스톡(십억 엔)	BOD 처리량 (톤/日)	BOD 미처리량 (톤/日)	처리율(%)
1965	10,218	12,101	0	0	12,101	0
1966	11,546	13,704	7	197	13,507	1.4
1967	12,901	15,407	13	351	15,056	2.3
1968	14,345	17,168	23	584	16,584	3.4
1969	16,319	19,469	41	1,031	18,438	5.3
1970	18,322	21,737	75	1,939	19,798	8.9
1971	19,298	22,971	113	3,052	19,919	13.3

주: 1) 「기업출하액」, 「수질오염방지자본스톡」은 1965년 가격.
　　2) 『日本經濟の現況』(1973年版) p.207.

그런데 이 장기신용은행이 161개사에게 공해방지 공사를 왜 했는지 동기를 물어본 질문에 '법률'에 따랐다고 답한 경우가 123개사, '조례'에 59개사, '고충'에 따랐다고 답한 경우가 103개사로 돼 있다. 동기로는 중복이 있지만 자발적으로 공사를 한 것은 아니었다.

미나마타병을 발생시키고 그 사실을 숨겨 책임을 회피한 짓소와 같은 범죄행위도 되풀이됐다. 그러나 모든 기업이 윤리에 어긋난 행위를 한 것은 아니었다. 그럼에도 불구하고 심각한 공해가 발생하는 것은 지금까지 말해 온 자본주의의 고도경제성장 시스템에 결함이 있다는 사실이 드러난 것이다. 주민이 고충을 이야기해도 법이나 조례의 규제가 없으면 기업은 규모를 확장하고 생산성이 높은 산업구조로 전환해 극대이윤을 내려 하고, 안전에는 투자나 비용을 삭감하려고 했던 것이다. 앞서 말한 바와 같이 공공투자를 통한 사회자본이라는 외부경제의 이익은 내부화하지만 공해라는 사회적 비용, 즉 외부불경제는 법적·사회적 규제가 없는 한 내부화되지 않는 것이다. 혹은 내부화해도 불완전한 것이다.

자원소비형 · 환경파괴형의 산업구조

국제적으로 비교해 보면 〈표 2-15〉와 같이 고도성장기에는 똑같은 100만 엔의 생산량을 내는 데 일본은 SO_x 발생량이 50.2kg으로 프랑스의 34.1kg에 비해 30% 이상 많고, BOD 발생량으로는 29.3kg으로 마찬가지 프랑스의 20.7kg에 비해 40%나 많았다. 그 이유는 산업구조에 있었다. 〈표 2-16〉과 같이 1960년대를 통해 농림어업 등 제1차 산업은 12.6%에서 6%로 반감했고, 제조업인 제2차 산업은 43.5%에서 46.2%로 늘어나 독일 이외의 다른 구미제국을 웃돌고 있었다.

SO_2에 관해 1970년 산업별 기여도를 보면 〈표 2-17〉과 같이 농업은 0.2%, 민생용은 4.0%에 불과하고, 화력발전이 29.5%, 철강 26.8%, 화학공업이 12.8%이다. 또 COD(화학적 산소요구량)의 발생량을 보면 화학공장이 30.9%, 종이 · 펄프공업 29%, 식료품 23.4%, 섬유 12.5%이다. 중화학공업화률이 높고 또 경공업으로는 종이 · 펄프공업의 비중이 큰 산업구조가

표 2-15 생산과 오염에 관한 국제비교

(단위: kg/100만 엔)

	국명	SO_2발생량	BOD발생량
각국 발생량	일본(1970)	50.2	29.3
	미국(1967)	41.1	23.5
	영국(1968)	48.2	23.8
	프랑스(1965)	34.1	20.7
	서독(1970)	40.6	21.0
각국의 생산구조를 활용할 때 일본의 발생량	미국	41.6	23.3
	영국	40.0	21.0
	프랑스	32.6	18.5
	서독	35.9	18.6
각국의 수요구조를 활용할 때 일본의 발생량	미국	46.4	30.9
	영국	57.9	32.2
	프랑스	48.8	31.2
	서독	53.9	31.9

주: 『経済白書』(1974年版)

표 2-16 산업구조의 국제비교

(단위 : %)

	일본			미국	영국	프랑스	서독
	1960	1965	1970	1967	1968	1965	1970
제1차산업	12.55	9.27	6.07	3.06	2.43	8.08	3.25
제2차산업	43.48	43.31	46.18	39.90	44.87	45.44	55.35
중화학공업	17.09 (54.22)	17.41 (56.40)	20.62 (67.50)	17.18 (58.59)	18.23 (57.27)	16.81 (53.57)	23.02 (56.49)
경공업	14.43	13.25	12.37	12.14	13.60	14.57	17.73
제3차산업	43.98	47.42	47.74	57.02	52.70	48.49	41.40

주: 1) 각국 산업연관표에서 작성, ( )는 제조업의 중화학공업비율.
　　2) 『経済白書』(1974年版), p.88.

표 2-17 산업별 SO_2발생량(1970年)

업종	원료의 SO_2	일본 내 석탄의 SO_2	연료중유의 SO_2	SO_2 합계	비율(%)
철강	830	198	576	1,604	26.8
종이펄프	14	10	328	352	5.9
섬유	-	2	240	242	4.0
화학공업	42	32	692	766	12.8
요업	-	9	504	513	8.6
비철금속	42	-	84	126	2.1
식료품	-	5	122	127	2.1
기타 공업	-	90	160	250	4.2
광공업계	928	346	2,606	3,880	64.8
농림수산	-	-	10	10	0.2
수송	-	14	74	88	1.5
민생용	-	48	190	238	4.0
화력발전	-	376	1,388	1,764	29.5
합계	928	784	4,268	5,980	100.0

주: 1) 일본 내 석탄의 S(유황분)를 1%로 한다.
　　2) 비철금속의 일본 국내탄 소비량은 명확하지 않기에 기타 공업 속에 포함시켰다.
　　3) 연료중유의 S분, 화력발전용은1.53%, 기타 산업은 3%로 했다.
　　4) 産業計画懇談会 『産業構造の改革』(大成出版社, 1973年), p.49.

급속히 형성됐다는 사실이 오염을 다른 나라보다도 심각하게 만든 것이다. 이 때문에 공해방지는 기업의 공해방지 기술개발로 오염원 단위를 감축시키는 것만으로는 어렵다. 석유에 관해서는 원료를 유황분이 많은 중동 원유에서, 수마트라 등의 저유황중유나 LNG(액화천연가스)로 바꾸는 것과 탈황에 의한 방법이 취해졌다. 그러나 이것은 원유의 가격상승이나 탈황비용의 상승으로 인해 한계가 있었다. 이 때문에 1970년이 되자 산업구조의 개혁이 요구되고 오일쇼크로 인해 그 개혁이 현실화되었다.

자동차사회의 대량교통체계의 산물

1950년대 자동차는 사치스런 탈것이었다. '일본의 도로는 진흙탕길이었기에 로드(Road)가 아니라 '도로(ト-ロ)*'라는 농담이 있을 정도로 열악했고, 1956년의 도로포장률은 2%(국도 17%)였다. 1949년 점령군이 자동차 생산을 허가했지만 이치마다 히사토 일본은행 총재는 자동차공업 육성은 무의미하고 미국에서 수입하면 된다고 말했다. 그러나 고도성장기에 공공투자는 도로를 우선적으로 건설했고, 자동차공업은 발전해 기간산업으로 성장했다. 대량생산·소비의 시대는 물자와 인간의 유통을 고속으로 대량화했다. 교통량을 보면 화물수송량은 1955년부터 1970년 사이에 4배, 여객수송량은 3.4배라는 놀라운 증대를 보였다. 그 중에 자동차가 차지하는 비율은 〈그림 2-6〉과 같이 1955년과 20년 뒤의 고도성장기가 끝나는 1975년을 비교해 보면 자동차가 수송량에 차지하는 비율은 화물에서는 약 12%에서 36%로, 여객에서는 17%에서 51%로 증가했다. 모두가 1966년이 전기가 됐다.

1954년 다나카 가쿠에이의 발안으로 휘발유세가 도로목적세가 됨으로써 도로건설이 비약적으로 진전됐다. 도로포장률은 1960년의 3%(국도 32%)에서 1965년 7%(동 59%), 1970년 18%(동 84%), 고속도로는 1963년 71km, 교통

---

* 일본어로 진흙탕을 의미

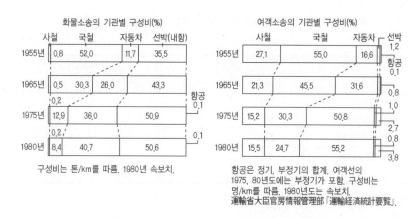

그림 2-6 화물수송 및 여객수송의 기관별 구성비

량 500만 대였으나 1970년대에는 650km, 1175만 대, 1978년에는 2439km, 4185만 대가 됐다.

그와 동시에 자동차가 보급됐다. 1955년 승용차 등록대수가 16만 대에서, 10년 뒤에는 188만 대, 1970년에는 678만 대, 1978년에는 1919만 대로 2000만 대에 가까웠다. 한편 제7장에서 보는 바와 같이 자동차배기가스 규제는 1970년대 후반이 돼서 엄격해지지만 그전까지는 방치됐다. 화물수송은 트럭수송이 중점이 되었다. 일본의 트럭은 디젤엔진이 대부분으로, SO_2, NO_2, SPM 등의 오염물질이 많이 방출된다. 또 소음도 크다. 이 때문에 1970년대에는 도시공해의 주체는 자동차가 됐고, 국도와 고속도로에서 공해반대 주민운동이 일어나거나 공해재판이 일어나게 됐다.

대도시권의 집적 불이익

일본의 고도성장은 좁은 국토를 보다 넓게 사용해 집적이익을 최대한 높이는 방법으로 추진돼 왔다. 태평양벨트지대구상 이래 〈표 2-8〉(130쪽)과 같이 중화학공업 콤비나트는 3대 도시권과 세토나이에 집중됐다. 콤비나트는 파이프로 관련 공장이 연결되고, 연료나 원료를 공동 이용하고, 유통을 긴

표 2-18 대도시권에 있어서 주거가능 면적당 오염물질 배출량 추계

(단위: t/㎢)

	SOx		NOx	
	1955년	1971년	1955년	1971년
간토 임해	18.3	165.2	2.3	68.3
도카이	8.4	71.7	1.0	27.4
긴키 임해	27.8	188.2	3.0	61.1
3지역 계	16.2	131.3	1.9	49.8
전국	6.6	45.6	0.6	17.0

주: 庄司光・宮本憲一『日本の公害』, p.50.

밀히 함으로써 내부집적이익을 누린다. 거기에 더해 대도시권에는 교통, 통신, 용수, 에너지시설, 교육・연구기관이 집적해 있기 때문에 그것을 점유한다는 외부집적이익을 얻을 수 있다. 대도시권이라는 거대시장을 가짐으로써 영업이익을 극대화할 수 있다.

이러한 조건이 대도시권 내에 중화학공업이 집적된 이유이다. 그러나 이것은 극심한 집적 불이익을 낳게 됐다. 과밀한 공장단지나 교통기관에서 방출되는 오염물질이 쌓여 큰 피해가 발생한다. 각종 화학물질이 복합해서 대기오염, 수질오염, 악취, 소음을 낳게 됐다. 〈표 2-18〉과 같이 대도시권의 주거가능 면적당 오염물질은 전국 평균의 몇 배에 이른다. 집적 불이익은 공해뿐만 아니다. 지가상승, 혼잡현상(교통체증), 에너지・물 부족 더욱이 학교・보육소 등 도시시설의 부족을 낳았다. 이 때문에 도시의 사회적 환경을 악화시켜 어메니티가 없는 더러운 도시를 만들게 됐다.

대량소비의 사회적 비용

1960년대, 소득이 늘어나 도시적 생활양식이 진전됨과 함께 미국형 대량소비 생활양식이 보급됐다. 대량생산과 대량소비는 표리일체가 돼 진행된다. 이 생활양식은 모든 상품이나 서비스를 개인이 소유 또는 이용한다는 개인주의에 바탕을 두고 있다. 그러나 이 생활양식은 사회적 공동생활수단 없이는 진전되지 않는다. 인구가 집적한 도시의 교통은 대량 공공수송기관에 의한 것이 합리적이지만, 자가용 자동차가 유행하게 되면 그에 따라 도로가 정비되고, 보도, 교통안전시설 등이 필요하다. 지금까지 도로는 교통용지에 머물지 않고 공공공간으로 사람들의 교류의 장이었다. 그런데 도로가 자동차에 점유되자 보행이나 자전거교통이 위험해지고, 매연과 소음으로 생활환경이 침해받게 됐다. 제5장에서 기술하는 바와 같이 1960년대 말에 '도로공해'라는 말이 생겨나게 됐다.

도시는 극장문화나 활자문화에 의해 발전했다. 그것은 시민이 공동으로 누려서 발전하는 도시문화였다. 그것이 텔레비전이나 에니메이션으로 대체되고, 개인의 선택적이고 소비적인 문화로 바뀌었다. 모든 전기기구를 개인이 소유·이용하는 생활은 많은 에너지와 물을 필요로 하게 됐다. 더욱이 도시문화의 변용이 일어났다. 1970년의『마이니치신문』의「전국 독서 여론조사」를 보면 독서 44분, 신문 36분에 비해 라디오 42분, 텔레비전 2시간 23분으로 돼 있다. 텔레비전시대가 개막될 때 평론가 오야 소이치가 '1억총백치(白痴)시대'라고 말했듯이 텔레비전에 휘둘리는 시대가 드디어 왔다. 이 텔레비전의 내용은 발족 이래, 민방의 패턴은 바뀌지 않은 채 오락·스포츠와 광고가 전 방송시간의 절반을 차지하고, 보도는 10%에 불과했다. NHK는 보도에 3분의 1의 시간을 할애했지만 오락·스포츠에도 5분의 1 내지 4분의 1의 시간을 할애했다. 그리스 이래 극장문화였던 도시의 문화가 텔레비전문화로 바뀌었다고 해도 과언이 아니다. 시민은 문화의 창조자가 아니라 소비자로 바뀌었다. 그 때문에 정신공해라고 할 만큼 사회적 비용을 부담하게 됐다.

대량소비 생활양식은 대량의 쓰레기를 낳게 됐다. 1954년부터 1960년에 걸쳐서 전기세탁기의 모델 변경은 실로 44회, 텔레비전은 3개월~6개월에 한 번, 자동차는 부분적인 모델 변경은 매년 1회, 모델 전체는 4~5년 만에 변경했다. 이 때문에 오래된 부품은 사라지고, 싫더라도 새것으로 바꾸기가

횡행했다. 내구소비재란 이름뿐으로 '찰나적' 소비재였다.[21]

고도성장기인 1962년 1인당 쓰레기량은 498g이었지만 1975년에는 1kg을 넘었다. 더욱이 그 내용물에 이러한 대형 전기기기, 피아노나 자동차가 늘어나 처리하기가 어려워졌고, 비용이 들게 됐다. 1960년대 후반이 되면 쓰레기처리장이 대도시만이 아니라 농촌지역을 포함해 전국적으로 필요하게 됐다. 1970년대의 쓰레기전쟁이라 불렸던 분쟁은 1960년대의 이러한 원인에서 비롯된 것이다.

이러한 고도성장의 경제시스템은 환경파괴, 공해발생의 시스템이었고, 생산·유통·소비에 걸쳐 전 경제과정의 원인이 복합됨으로써 급격하고 심각한 공해문제가 발생한 것이다.

제3절 공해대책의 시작

여기서는 1967년 공해대책기본법 제정 전의 기업, 국가·지자체의 공해대책을 다룬다.

1 기업의 공해대책

경제계의 행위 - '조화론'의 형성

1967년대에 들어서자 앞서 말한 바와 같은 공해문제가 심각해지고 그 피해의 전국적인 확산과 더불어 시민의 공해 특히 산업공해에 대한 관심이 높아지고, 각지에서 소위 '공해분쟁'이 일어나 기업도 뭔가 대응을 하지 않을 수 없게 됐다. 특히 1960년 전후의 욧카이치 공해문제의 발생과 그로부터 파급된 1963~64년의 시즈오카현 미시마·누마즈·시미즈 2시1정의 석유콤비나트 유치반대운동의 승리는 고도성장정책을 중지시켰기 때문에 정부와 재계에 큰 충격을 주었다. 이 때문에 기업은 전후 부흥기와 같이 경제발전을 위해서는 비생산적인 공해방지비용은 가능한 한 생략하고, 주민은 건강피해와 생활환경의 파괴를 어느 정도는 받아들여야 한다는 기업의 논리를 노골적으로 보일 수 없게 됐다. 1964년 도쿄올림픽 개최가 결정되자 맑은 하늘을 볼 수 없게 하는 스모그나 하천에 진동하는 악취 같은 환경오염을 방치해서는 선진국 대열에 들어갈 수 없고, 올림픽에서 부끄러운 모습을 세계에 드러내게 될 것을 염려하게 되었다. 겉모양만이라도 환경정책을 추진하지 않으면 안 되었다. 이렇게 해서 공해방지는 기업의 사회적 책임이라고 하지 않을 수 없게 됐다. 1962년 매연규제법이 제정될 때 즈음부터 경단련 등의 경제단체에 공해대책위원회가 설립됐다. 또 개별 기업의 경우에는 늦게나마 설치되었는데, 도쿄전력은 1967년에 공해방지예방과를, 1968년에 공해대책본부를 설치했다.

경단련 공해대책위원장이자 산요 펄프 회장 오카와 데쓰오는 '공해방지의 종합대책을 확립하자' 가운데 다음과 같이 이야기하였다.

'공해문제가 오늘날과 같이 중대해진 원인으로, 세상에서 말하는 바와 같이 산업에 있어 제해시설이 불충분하고, 공해방지에 대한 노력이 철저하지 못했던 사실은 부정할 일이 아니다. 그러나 더욱 깊히 검토해보면 아래에 거론된 것과 같은 보다 근본적인 정책상·제도상의 결함이 오늘날 공해의 결정적인 요인이 되었다는 사실을 지적하지 않을 수 없다. 첫 번째로 지금까지 적절한 산업입지정책이나 도시계획이 없었기 때문에 특정지역에 공업과 인구가 그대로 집중되었고 공장지대와 거주지대가 뒤섞인 것이다. ……

두 번째로 지적되는 것은 지금까지 하수도 등 공공시설의 정비가 매우 늦어졌다는 사실이다. …… 기업은 하수도 유입에 앞서 배수의 전(前)처리를 의무화하거나 높은 하수도요금을 내는 등 과중한 부담을 안고 있다. …… 앞으로 산업배수도 충분히 받아들일 공공하수도를 조속히 정비해 기업이 전처리를 하는 것을 원칙적으로 필요 없게 한다……

세 번째 문제로는 공해방지기술의 연구개발이 뒤쳐진 것을 들 수 있다. 가령 욧카이치에서 문제가 된 아황산가스를 비롯해, 최근 중화학공업에서 나오는 매연에 관해서는 유해성에 관한 충분한 기초조사도 없고, 또 경제적이고 실용적인 제해기술이 확립돼 있지 않는 경우도 많아 이러한 것이 문제의 해결을 매우 어렵게 하고 있다.'

이처럼 철저하지 못한 공해대책을 묵인하고 있는 것처럼 보이고, 근본적으로는 공해의 원인을 공공정책의 결함에서 찾고 있었다. 이 3가지 정책상·제도상의 결함은 일관되게 경단련이 요구한 공해대책의 핵심이었다. 그리고 공해대책이 기업의 '수익으로 연결되지 않기'에 이것이 사회적 이익이 된다면 국가가 적절한 부담경감 내지 지원조치를 취해야 하는 것을 당연시하였다.²²

이 논문에 앞서 1960년 6월에 경단련은 '공해문제에 관한 조사의 개요'를 40개 업종 615개 단체·회사에 실시해 172개 단체(18개 단체, 154개 회사)의 회답을 얻었다. 이에 따르면 26개사, 1개 단체 이외에는 모두 공해분쟁을 경험하고 있었다. 공해분쟁을 업종별로 보면 수질오염(101건, 60개 사, 3개 단체), 대기오염(85건, 49개사, 4개 단체), 소음(43건, 33사, 2개 단체)이었다.

이 분쟁에 대해 기업이 강구한 공해대책은

(1) 집진·침전·중화·여과·소음·차폐장치 등의 공해방지시설의 신설·개량
(2) 굴뚝 높이기, 집합굴뚝의 채택
(3) 원·연료인 석탄을 중유로 전환, 특히 저유황중유, LNG, 나프타의 사용
(4) 공정의 변경
(5) 위로금·보상금 등의 지불
(6) 작업중지, 야간정지

(7) 공장 전체 내지 일부 공정의 이전

(8) 콤비나트계획의 철회

그런데 분쟁처리에 얼마 정도의 경비가 필요했을까. 석유업계에서는 배수처리를 위한 시설비는 14개사 합계 11억 3000만여 엔, 운영비 연간 1억 3000만 엔, 대기오염방지에 관해서도 10개사에서 합계 22억 7000만 엔의 시설비, 연간 3억 5000만 엔의 운영비, 전력에서는 배수처리에 9개사 9억 엔, 대기오염에 351억 엔, 소음대책에 81억 엔, 철강에서는 대기오염대책에 9개사 합계 50억 엔 이상의 설비였고, 공해대책 전체 비용에 미친 영향은 제조원가의 1~1.6%였다. 이들은 분쟁이 심각했던 지역의 사례였고, 전국적으로 보면 발생원대책으로서 충분하지 않았다.[23]

1964년 12월 오카와 경단련 공해대책위원장을 중심으로 이케다 가메사부로 미쓰비시 유화(油化) 사장, 오카 지로 후지 석유 사장, 구로카와 마타케 전 공업기술원 원장 등이 모인 '공해대책의 방향과 문제점'이라는 좌담회가 열렸다. 여기에서 경제계의 공해문제에 대한 인식이 여실히 드러났다. 앞의 오카와 논문과 같이 공해문제는 기업의 대책 미비도 있지만 도시계획, 사회자본, 방지기술의 개발에 관해 정부의 행정, 제도의 결함을 본질적인 것으로 보았다. 욧카이치 공해문제에서 비롯된 아황산가스의 대기오염으로 인한 건강장애에 관해서는 인과관계가 명확하지 않다고 보았다.

당시 공해문제에서 정부가 가장 신뢰한 과학자 구로카와 마타케가 공해대책의 기술이 생산 관련의 기술에 비해 뒤쳐져 있기 때문에 양쪽이 균형을 취하도록 개발하지 않으면 안 된다고 한 것도 공해에 관해 과학자답지 않은 견해를 보인 것이었다. 그는 공해의 영향에 관해서는 한도가 있어 '도쿄 도내 등은 자동차의 배기가스로 공기가 상당히 오염돼 있으나 그래도 우리는 별 탈 없이 생활하고 있지 않는가. (중략) 어느 한계 내에서는 그것이 인체에 저항력을 키우고 있을지도 모른다'며 지금의 공해가 수인한도 내에 있다고 말하였다. 좌담회에 참석한 경제인은 이러한 의견에 동조하였다.

경제성장을 통한 생활의 향상과 도시화를 통한 편리함에 비하면 도쿄도의 공기 오염이나 스미다가와 강 오염으로 인한 악취 등은 참을 수 있는 범위라고 입을 맞추었다. 따라서 공해반대의 여론이나 운동은 상식의 궤도를 벗어난 '빨갱이' 운동으로 보았다.

오카 지로 후지 석유 사장은 미시마·누마즈·시미즈 2시1정의 석유콤비나트 반대운동은 우치나다와 스나가와 일련의 연대가 있었을 것이라며 그 리더를 공산당원이라고 보았다. 그리고 지역 학습회에서 사용하는 욧카이치 공해의 슬라이드에서 죽은 아이를 안고 있는 엄마의 모습을 상영한다는 등의 유언비어를 퍼트리고 있다는 식이었다. 이것은 다음 장에서 말하는 바와 같이 잘못 인식하고 있던 경제인의 유언비어일 뿐이었다. 그러나 사실을 외면할 수 없었기에 다른 한편 '그런(잘못된) 지도자가 선량한 시민에게 상당히 신뢰를 받는 것이에요. 특히 부인층에게 매우 지지를 받고 있는데 나는 그것이 큰 문제라고 생각합니다'고 말했다. 반대운동의 연계가 매우 폭이 넓고, 전국적으로 연대하고 있었다. 더욱이 '기자 가운데도 역시 소위 진보적 분자가 많아 우리는 그 주변에도 늘 신경을 곤두세우고 있습니다'며 반대운동신영의 선선과 운동이 뛰어난 네 비해 기업측의 단결은 약하다고 한탄하였다. 앞으로 노무대책과 마찬가지로 근대화해, 기업측이 공해문제에 대해 긴밀히 연락을 취해 나갈 필요가 있다고 말하였다.[24]

사태는 재계인의 예상을 넘어 욧카이치형의 공해가 전국으로 확산되고 공해반대의 여론은 다음 장에서 말하는 바와 같이 급격히 확대됐다. 정부도 종래의 수질2법이나 매연규제법으로는 공해방지는 불가능하며, 고도성장을 추진해가기 위해서는 '사회개발'이 필요하고, 그렇게 하기 위해서는 공해대책기본법의 제정은 피할 수 없다고 생각했다. 이대로 가다가는 '산업 = 가해자'가 되어버리는 '도를 넘음'을 바로잡기 위해서라도 재계가 공해대책을 추진하지 않으면 안 되게 됐다. 그래서 경단련은 1966년 10월 5일 「공해대책의 기본적 문제점에 관한 의견」에서 공해대책의 기본방침을 다음과 같이 제시했다.

'공해대책의 기본원칙은 생활환경의 보전과 산업의 발전과의 조화를 헤아림으로써 지역주민의 복지를 향상시키는 데 있다. 따라서 생활환경의 보전이라는 입장에서만 공해대책을 다뤄 산업의 진흥이 지역주민의 복지 향상을 위한 중요한 요소라는 일면을 무시하는 것은 타당하지 않다.[25]'

이는 '조화론'이라 불렸는데, 정부와 재계인의 환경정책의 기본적인 이념이었다. 다음 장에서 말하는 바와 같이 이 '조화론'을 둘러싼 공방이 일본의 공해대책의 사상과 현실을 만들어가게 된다.

확산·희석을 기본으로 한 공해방지기술

'조화론'에 의하면 공해대책은 기업의 이익이 유지되는 범위 내에 행하면 되는 것이다. 이 시기의 초점은 아황산가스로 인한 대기오염대책이었다. 아황산가스의 피해는 이미 아시오·벳시·히타치의 광독 사건으로 메이지 초기부터 분명했다. 이들 지역의 심각한 피해는 당시에 있어서는 농림산물의 피해였다. 건강피해가 발생한 것은 주민의 소송 등으로 명확했지만, 당시 농민은 생산물의 보상에 중점을 두느라 건강피해는 조사하지 않았다. 현존하는 자료도 명확하지 않다. 당시는 영양상태도 나쁘고, 전염병이 빈번히 발생해 유아기의 사망률도 높았기에 공해로서의 건강피해가 드러나지 않았을 것이다. 앞의 재계인의 인식과 같이 아황산가스의 피해는 요 몇 해 사이에 일어난 일로 인과관계가 불명확했고, 대책은 필요 없다고 보았다. 또 아황산가스의 피해가 있다고 해도 전전의 동(銅)정련의 피해나 런던 스모그 사건의 아황산가스의 농도가 높았던 데 비해 욧카이치 등의 공장·발전소는 상대적으로 농도가 낮아 비교가 되지 않는다고 보았다.[26]

그러나 이는 속셈이 있는 논의였고, 아황산가스가 인체에 미치는 피해는 명확했다. 전전 1914년 히타치 광산이 기상조건을 연구해 세계에서 가장 높은 156m짜리 굴뚝을 325m 산꼭대기에 세워 매연문제를 해결했다. 이에 반해 스미토모 금속광산 시사카지마 동제련소에서는 굴뚝을 통한 대책은 실

패했지만, 배출연기의 탈황에 도전해 1934년에는 배출구의 아황산가스를
1900ppm까지 감축하는 데 성공했다. 이와 같이 전전의 공해방지기술과 대
책은 세계에서도 최고수준에 이르고 있었다. 그랬음에도 불구하고 이 시기
에 욧카이치 공해문제로부터 비롯된 아황산가스공해에 관해서 기업은 마치
처음 도전을 받은 것처럼 설명하였다.

1962년 〈매연배출규제 등에 관한 법률〉에 따라 대책이 시작되었는데, 이
는 굴뚝에서 나오는 유해가스를 저농도로 배출하여 퍼트리면 피해가 적어
진다는 생각이었다. 그러나 농도규제라고 해서 하나 하나의 굴뚝이 규제기
준을 지킨다고 하더라도 굴뚝이 많으면 고농도 오염이 생긴다.

발생원 대책 이외에 근본적인 대책이 없었다는 것은 수십 년에 걸친 벳
시 동산(銅山)＝시사카지마의 분쟁에서 분명해진 문제였다. 그럼에도 불구
하고 굴뚝을 높여 유해가스를 퍼트리는 것으로 그 문제를 호도하고자 한
것이었다. 앞서 말한 히타치의 굴뚝 높이기의 경우는 1개로 집약해 산꼭대
기에 세운 500m에 가까운 유효한 굴뚝 높이였고, 더욱이 일본 최초의 고층
기상관측을 해 육풍(陸風)에 의해 확산되는 것을 확인했다.

이 서튼(Sutton)식 확산은 제1차 세계대전의 독가스를 방어하기 위해 나온
이론이다.[27] 서튼식에 따르면 지상 최고농도는 발생원의 강도에 정비례하고,
풍속과 굴뚝 높이의 제곱에 반비례한다. 지상농도가 최고가 되는 지점은 굴
뚝의 높이에 비례하고, 풍하(風下)거리가 늘어날수록 지상농도는 감소한다.
이에 따라 굴뚝 높이 세우기 이론이 생겼다. 1963년 10월 주부 전력 오와세
화력발전소는 120m의 높은 굴뚝을 한곳에 모아 세웠다. 이후 200m에 이르
는 높은 굴뚝이 각지에서 세워졌다. 어느 경단련 좌담회 중에 시라사와 도
미이치로 도쿄 전력 부사장은 '100m 높이의 굴뚝은 1억 엔 들고, 200m가
되면 3~4억 엔이 든다. 외국에서는 일본은 그렇게 불필요한 돈을 써서 높
은 굴뚝을 세울 필요가 있느냐는 비판도 있다'고 했다. 그러나 높은 굴뚝은
바로 아래의 피해는 줄이지만 사업소가 집적해 인구가 밀접한 일본에서는
환경이 개선되지 않는다.

발생원 대책으로는 중유탈황과 배연(排煙)탈황 2가지 방식이 있다. 배연탈황은 1966년 9월에 활성산화망간법으로 미쓰비시 중공업·주부 전력이 세계 최초의 대형 플랜트 15만 5000kw로 개발을 시작했다. 1970년에는 활성탄법으로 히타치·도쿄전력 고이 화력발전소가 개발을 추진했다. 이는 중유탈황에 비해 비용이 쌌지만 배출량이 많은 발전소가 아니면 효과가 없다. 중소기업 등에는 저유황중유의 공급이 필요했다. 중유탈황은 1967년 9월 이데미쓰(出光) 흥업 지바에서 시작됐다.

이 모두 비용이 많이 들기에 실용화하는 데 시간이 걸렸다. 다른 나라는 일본의 대책에 대해 쓸데없는 노력을 하고 있다고 비판했지만, 전술한 바와 같이 고도성장으로 인해 오염이 집적되는 시스템이었고, 중동의 중유에 의존함으로써 기술개발을 하지 않을 수 없었던 것이다. 굴뚝 높이 세우기 방식에서 배연탈황으로 급속히 대책이 강화된 것은 욧카이치 공해판결과 그에 따른 아황산가스 등의 규제강화에 의한 것이다.[28]

2 국가의 공해대책

매연규제법의 제정

1962년 6월 2일 〈매연규제법〉이 제정됐다. 수질2법에 밀린지 4년, 대기오염문제가 욧카이치 공해문제 등으로 인해 심각해진 것에 대한 대응이다. 1961년 여름 무렵, 법안 준비가 시작됐지만 공장입지에 관한 행정을 맡은 통산성과 환경위생을 맡은 후생성 간의 입장 차이로 난항을 겪었다. 1962년 2월 양자 간에 드디어 타협이 이뤄져 양자 공동제안이 됐다. 국회는 2개월 만에 통과했다.

〈매연규제법〉에서는 '매연'이 '연료 기타 물질의 연소 또는 열원으로서의 전기의 사용에 따라 발생하며, 기타 분진은 아황산가스 혹은 무수황산'이라고 돼 있다. 특정유해물질은 불화수소, 유화수소, 이산화세렌으로, 아황산가스나 NO_2는 지정돼 있지 않고 방사능도 들어가 있지 않았다. 매연의 발생 시설은 공장 또는 사업장에 설치된 시설 가운데 매연을 대량 발생하는 시설(광산을 제외)이었고, 자동차·기차·기선이나 가정 매연은 대상에서 제외 돼 있었다. 또 대기오염의 주범이라 할 수 있는 발전소나 가스공장은 이 법률 적용의 직접 대상으로 하지 않고 옛 전기사업법 또는 가스사업법의 적용을 받도록 했다.

매연규제법은 전국을 대상으로 하고 있지 않다. 대기오염이 심하거나 심해질 우려가 있는 지역 중 매연시설이 집합해 있는 지역을 지정하도록 돼 있다. 당초 지역은 도쿄, 가와사키, 오사카, 기타큐슈 4개 도시였다.

규제방법은 굴뚝에서 나오는 분진이나 가스가 배출기준을 넘어서는 경우에는 도도부현 지사가 개선명령을 내리고 사용의 일시정지나 벌칙이 주어졌다. 또 도도부현 지사가 분쟁의 화해에 개입하도록 했다. 이 법률은 앞서 말한 산업계의 생각과 같이 '조화론'에 의한 것이다. 법 제1조의 목적은 '대기오염으로 인한 공중위생상의 위해를 방지함과 동시에 생활환경의 보전과 산업의 건전한 발전의 조화를 꾀하고, 또한 대기오염에 관한 분쟁에 관해 화해중개 제도를 만듦으로써 그 해결에 이바지하는 것'이다.

결국 산업의 건전한 발전의 틀 아래에 생활환경의 보전을 꾀한다는 것이다. 이 때문에 예방규정은 없고 환경보전의 기준이 아니라 각 사업소의 배출기준에 의해 농도를 규제하게 되었다. 유해가스의 농도를 낮춰 굴뚝으로 내보내면 나중에는 확산돼 인체나 동식물에 해를 미치지 않는다는 생각이었다. 이 농도규제에는 모순이 있다. 도시에 공장이 집중돼 굴뚝이 숲처럼 서 있는 경우 배출된 유해가스는 예상한 바대로 확산되지 않는다.

이 농도규제는 나중의 〈대기오염방지법〉의 K값규제와 마찬가지로 굴뚝을 높이면 확산 효과가 높아진다. 이 때문에 앞서 말한 바와 같이 기업은 비용이 많이 드는 중유탈황이나 배연탈황을 피해 굴뚝 높이 세우기 방식으로 특화해 가게 됐다. 더욱이 이때 제정된 보일러 등 일반시설의 아황산가스 배출기준은 2200ppm(나중에 욧카이치만 1800ppm)이었다. 이미 1934년 스미토

표 2-19 국가의 공해대책예산(1963년도)

(단위: 천 엔)

사 항	예산액
(후생성)	
1. 공해위생대책 심의회비	749
2. 공해방지대책	29,506
(1)매연규제법 시행비	(28,840)
(2)지역별도시공해 조사비	(666)
3. 지방위생연구 설비정비 보조금	6,000
소 계	36,255
(통상산업부)	
1. 대기오염 등 산업공해 대책비	1,473
(1)공장매연 등 산업공해실태 조사비	(1,473)
2. 지방통상산업국	250
(1)매연배출의 규칙 등에 관한 법률시행 사무비	(250)
3. 공장배수법 대책비	5,910
소 계	7,633
(과학기술청)	
1. 소음진동의 영향조사, 차음재의 연구 등	9,830
2. 수질오염(다마가와 강 등을 통한 자정작용의 연구)	11,000
3. 대기오염(종합연구 추진비)	7,000
소 계	27,830
(기상청)	
스모그 대책비(비행기관측을 포함)	3,776
(운수성)	
스모그 발생방지를 위한 자동차배기에 관한 연구	500
소음관계	500
소 계	1,000
합 계	76,494

모 금속광산은 굴뚝에서 배출되는 아황산가스를 1900ppm까지 낮추고 있었다. 그로부터 28년도 더 지나서 과학기술의 발전과 더불어 강화되었어야 할 법의 배출기준은 그것보다 느슨했다. 이렇다면 기업은 새로운 대책을 세울 필요 없이 현행 생산공정으로 관리 가능한 것이었다.

당시 후생성 위생과의 하시모토 미치오는 '이 법률은 종래 검은 연기와 심한 강하분진을 개선하는 효과가 기대될 정도의 것이었다'고 말하였다. 하시모토에 따르면, 이 법률의 제정에 있어서는 지방단체의 조례를 참고했는데, 지방단체 가운데에는 오사카와 같이 국가 법률보다도 앞선 대책을 취하고 있는 단체도 있었다. 거기서 법률이 만들어졌기 때문에 오히려 규제가 느슨해지는 모순이 나왔다. 이 때문에 후생성은 통산성이나 자치성과 논의를 해 제정 후 반년 사이에 법을 개정해 지방단체의 규정을 유효하게 하고, 곁다리 규제*를 인정하고, 또 소규모 기업의 규제는 재량에 맡기기도 했다.29 이 법률을 제정할 당시 이미 도쿄나 오사카에서는 자동차로 인한 대기오염이 심각했지만 자동차업계는 전혀 대책을 취하지 않았다. 이 법률은 고도성장정책을 추진하기 위한 법률이었다고 해도 과언이 아니다. 1963년도 국가의 공해대책예산은 겨우 7649만 엔(표 2-19)이었고, 한편 공공사업 등의 행정투자는 2조 엔을 넘어 영국의 2배였다.

구로카와 조사단에 의한 조사와 대기오염행정의 전환

공해는 전후 처음 정책과제가 되었기에 행정에 의한 과학적 조사는 부족했다. 대기오염에 관해 말하자면 앞서 말한 긴키 지방 대기오염연락회가 1964년부터 5년간에 걸쳐 실시한 조사가 선구적인 것이었다. 후생성은 1964년도부터 오사카시 욧카이치시에 대해서 매연영향조사를 실시했고, 1965년 9월에 자동차배기가스의 인체조사를 실시했다. 이것이 행정에 의한 실태조사의 시작이었고, 현실의 공해진행에 비해 아주 뒤쳐져 있었다.

〈매연규제법〉의 제1차 지역지정에는 '실태조사의 자료가 불충분하다'고 해서 욧카이치시는 지정되지 않았다. 지역에서는 지정지역의 적용을 희망하면서 정부에 진정을 거듭했다. 당시 나중에 후생성 초대 공해과장이 된 하시모토 미치오는 현장조사에 들어가 있지 않았으나 욧카이치의 자료를

---

* 환경법 분야에서 국가 법령이 규제대상으로 하고 있지 않은 오염원인물질이나 오염원을 새롭게 지방공공단체가 규정하는 조례에 반영하는 것

보고 대기오염의 피해가 믿을 수 없을 정도로 심각한 사실에 놀랐다. 미국 등을 조사해 봐도 대책의 길이 안 보였다고 술회하였다.

1963년 11월 1일 정부는 욧카이치 지역을 〈매연규제법〉 적용지역으로 지정하기 위한 판단자료를 얻기 위해 구로카와 마타케 전 통산성 공업기술원장을 회장으로 하는 '욧카이치지구 대기오염 특별조사회'(구로카와 조사단)를 파견했다. 조사단은 11월 25일부터 29일이란 단기간의 조사였지만 이미 요시타 가쓰미 미에 현립대학 교수의 역학조사 등 지역의 조사를 참고로 1964년 3월에 조사결과를 발표했다. 「욧카이치 지구 대기오염 특별보고서」는 다음과 같이 권고했다.

'욧카이치를 〈매연규제법〉의 지정지역으로 조속히 지정할 것.'

그때 욧카이치의 피해의 심각성과 원인의 국소성(局所性)을 두고 아황산가스와 무수황산의 배출기준을 다른 지역보다도 강화할 것을 권고했다. 즉, 일반시설에 관해서는 1차 지정 0.22%에서 0.18%로, 가스공급업 또는 석유정제업에 이바지하는 시설에 대해서는 0.8%에서 0.22%로 했다. 이에 따라서 석유정제공장에게는 수소첨가 탈황제조 및 접촉분해장치에서 발생하는 가스 중 유화수소의 회수 등 대기오염대책의 강화를 권고했다. 그러나 당시는 중유의 직접·간접탈황이나 배연탈황은 현실화돼 있지 못했다. 이 권고의 최대 목적은 아황산가스의 배출기준을 강화하는 것이었지만 이 신기준이라 해도 유황분 3%의 중유를 사용해 충분히 대응할 수 있는 느슨한 기준이었다. 이미 콤비나트 배출기준은 0.17% 이하로 억제돼 있었다. 이 때문에 중요한 콤비나트 등 대기업 공장은 새로운 발생원 대책을 취하지 않아도 괜찮은 모양새였다. 구로카와 조사단에 기대했던 지역 신문은 이는 '유명무실법'이 아니냐며 비판하였다.[30]

이 권고의 중점은 높은 굴뚝에 의해 배출가스의 확산희석을 촉진할 것, 시가지를 개조해 공장에 인접한 주거와 학교를 남부 구릉지로 이전하는 것을 촉진할 것, 완충지대를 만들것, 향후 공장지역·준공장지역에 주택 진출을 억제할 것이었다.

구로카와 조사단의 조사에서 가장 큰 성과는 정부가 아황산가스 등으로 인한 대기오염의 건강장애를 인정했다는 사실이다. '지금까지 대기오염과 건강피해에 대해서 과학적 인과관계가 없다'고 정부는 판정했지만, 이 조사 에서는 요시다 가쓰미가 행한 국민보험의 진료보수명세서에 의한 역학조사 의 결과를 인정했다. 이 '국민보험조사'에서는 오염지역으로 50세 이상의 중·고연령층에서 천식의 이상한 증대가 있었고, 인후두염은 10세 이하의 저연령층에서 증가하고 있는 사실이 밝혀졌다. 요시다는 당시 일본의 의사 에게 익숙하지 않았던 '만성기관지염'이라는 증상이 밝혀진 것이라고 했다. '욧카이치 천식'이라는 유행어는 이때 즈음부터 전국적으로 알려졌다. 이 조사에 의해 주(週) 평균 SO_x농도 0.2ppm을 초과하면 천식의 발작이 늘어 난다는 사실이 합의된 것이다.[31] 욧카이치의 대기오염이 건강에 좋지 않은 영향을 주고 있다는 사실을 정부도 인정하지 않을 수 없게 됐다.

이 조사에서 요시다 가쓰미의 '욧카이치 천식'과 더불어 중요한 지식은 이토 교지 기상연구소 응용기상부장의 '질풍오염'이다. 런던 스모그 사건 등 지금까지의 대기오염은 정온(靜穩)한 날에 발생한다고 생각됐지만 욧카 이치의 이소즈 지구의 피해는 겨울철 강풍시에 발생했다. 이는 콤비나트 건 물의 배치와도 관련된 낙하에 의한 것인데, '질풍오염'이 밝혀짐으로써 높 은 굴뚝 확산이 이소즈의 오염대책으로 유효한 것이 증명됐다.[32]

구로카와 조사단의 권고의 유예기간인 2년 뒤, 1966년 5월 1일에 욧카이 치 지역은 〈매연규제법〉을 적용받았다. 그러나 앞서 말한 바와 같이 콤비나 트 기업은 배출기준이 느슨했다. 대책의 중점은 높은 굴뚝인데다가, 그 뒤 1968년 〈대기오염방지법〉의 K값 규제도 있어 쇼와욧카이치 석유의 130m 짜리 높은 굴뚝을 비롯해 95m 이상의 굴뚝이 14개나 세워지며 높은 굴뚝 시대가 됐다. 이는 이소즈 등의 국지적 오염의 규제에는 효과적이었지만 광 역적으로는 오염지역이 확대됐다. 또 콤비나트의 확대로 인해 공장이 늘어 나고, 생산량의 증대로 인해 배출량이 늘어나면서 농도규제로는 오염을 막을 수 없게 됐다. 이 욧카이치에서 시작된 굴뚝 높이 세우기 대책은 전국으로 확산됐다. 고도성장과정에서 이것은 국소적으로 SO_x의 관측값은 낮췄지만 전국적으로 오염을 확산시키는 꼴이 됐다.

3 지방공공단체의 대책

1962년 6월 후생성은 도도부현과 주요 지자체를 상대로 「대기오염방지 대책관계의 조사」를 했다. 이 원본은 내가 갖고 있던 자료였는데, 이것이 전국 지자체의 공해대책 실태를 처음 밝힌 자료이다. 1961년도의 공해대책에 대해서 회답이 있었던 39개 도부현 25개 시 중 공해대책을 하고 있는 단체는 14개 도부현 16개 시였다. 이 가운데 다음 〈표 2-20〉과 같이 공해계, 공해과, 공해부 등의 독립조직을 갖고 있는 경우는 도쿄도, 니가타현, 시즈오카현, 오사카부, 삿포로시, 나고야시, 우베시에 불과했다. 즉, 이 조사 뒤 바로 오사카시에 공해부, 후쿠오카현과 기타큐슈시에 공해과가 설치됐다. 단체의 직원 대부분은 다른 조직과 겸임이었다. 전담직원이 있는 경우는 앞의 12개 단체였다.

1963년에 나고야시를 조사했다. 당시 이미 나고야시의 대기오염은 심각했다. 시의 공해대책계는 전염예방의 방역과 안에 있었고, 계장은 나고야 대학 문학부 미학 전공 출신이었고, 고교 출신의 기술직 1명, 여성사무직 1명의 체제였다. 지금이라면 미학 출신의 직원은 환경정책을 추진하는 데 어울린다고 평가되겠지만 대기오염대책에 어울린다고는 말할 수 없었고, 조사하러 간 나에게 '어떻게 하면 좋으냐'고 조언을 구하는 상황이었다.

당시 전국의 지방단체 공무원 약 170만 명 중 공해대책 전담직원은 300명 이하였다. 공해대책의 예산도 적어 '새발의 피'였다. 도쿄도조차 1963년도 당초 예산은 9900만 엔밖에 계상돼 있지 않았다(일반회계 총액 3386억 엔의 0.03%). 당시 강하분진량 세계 최고였던 가마이시시에서 대기오염방지예산은 76만 엔, 개중에는 4000엔으로 책정된 시도 있었다. 〈표 2-20〉의 단체

표 2-20 지방공공단체의 공해대책 실정

(단위: 천 엔)

부현시	담당부서 (본청)	담당직원수 (윗칸 계장 아랫칸 직원)	예산액	조령(条令) ( )안 제정연도	조사 등의 상황 ( )안 조사개시연도
홋카이도	환경위생과	0 (1) 0 (5)	200	매연대책심의회(61)	호흡기계 질환과 대기오염문제 암의 역학조사
미야기현	공중위생과	0 (1) 0 (2)	46	공해대책요강(61)	굴뚝을 통한 대기오염제진 연구
지바현	환경위생과	0 (1) 0 (2)	605	공해대책요강(61)	1960년 7월부터 강하분진 SO_2 조사중
도쿄도	도시공해부	2 (9) 12(35)	88,760*	분진방지조례(55) 공장공해방지조례 (49) 기타	57.10-SO_2 조사 54.11-강하분진 55-부유분진
가나가와현	공업과	0 (1) 0 (3)	2,183	사업장공해방지조례 (51)	강하분진(57-) 부유분진(57-) SO_2 등(57-)
니가타현	약사위생과	1 (0) 2 (1)	868*	공해방지조례(60)	특정지구의 악취분진조사
도야마현	공중위생과 /공업과	0 (2) 0 (1)	93*	없음	없음
시즈오카현	공업제1과	1 (0) 5 (0)	불명	공해방지조례(61)	특정지구의 클러스트 펄프 악취대책
오사카부	상공부 공해과			사업장공해방지조례 (54)	강하분진 부유분진 SO_2
효고현	공업과		527	없음	강하분진(58-)
히로시마현	공중위생과	0 (1) 0 (2)	40	없음	특정지구의 분진조사
야마구치현	공중위생과	0 (1) 0 (2)	995	없음	특정지구의 대기오염
도쿠시마현	공중위생과	0 (1) 0 (1)	500*	없음	없음
후쿠오카현	환경위생과	0 (1) 1 (4)	불명	공해방지조례(55) 기타	강하분진 SO_2 등
삿포로시	위생부 서무과	1 (0) 3 (3)	5,031	매연방지조례(52)	강하분진 SO_2 측정역학조사

가마이시시	보건위생과	0 (1) 0 (1)	758	공해방지대책위원회 설치조례(59)	강하분진량
센다이시	보건과	0 (1) 0 (1)	152	없음	없음
요코하마시	공중위생과	0 (1) 0 (3)	1,200	없음	강하분진 SO_2
요코스카시	상공과	0 (1) 0 (2)	2	없음	없음
나고야시	방역과	1 (0) 3 (0)	1,774*	공해대책협의회규칙 (58)	강하분진 SO_2 부유분진
교토시	환경위생과 / 진흥과	0 (2) 0 (4)	7*	없음	강하분진(53-) 부유분진(58-) SO_2(57-)
오사카시	환경위생과			공해대책심의회규칙 (52)	
사카이시	(보건소)		741	없음	부유분진 SO_2(51-)
아마가사키시	환경위생과	0 (1) 5 (2)	739	없음	강하분진(?) 부유분진(58-) SO_2(60-)
히메지시	환경위생과	0 (1) 0 (1)	224	없음	강하분진 SO_2(60-)
우베시	위생과	1 (1) 1 (3)	1,498	대기오염대책위조례 (51년 매연대책위를 60년 개정)	강하분진 SO_2(50-)
와카마쓰시	위생과	0 (1) 0 (3)	163	없음	강하분진 SO_2 등
하치반시	(보건소)		392	없음	강하분진 SO_2 등
도바타시	환경위생과	0 (1) 1 (1)	324	분진방지대책위규정 (57)	강하분진 SO_2 등
오무타시	(보건소)		249	공해방지대책위원회 규정(61)	강하분진 SO_2 등

주: 1) 예산액은 1961년도. *는 대기오염방지 대책비를 포함한 공해방지예산.
2) 직원수란의 ( )은 겸임직원수를 보여준다.
3) 위의 표 이외에서 보아야 할 공해대책 없음이라는 보고가 있었던 지자체는 다음과 같다. 아오모리, 아키타, 이바라기, 도치키, 군마, 사이타마, 이시카와, 후쿠이, 야마나시, 나가노, 아이치, 기후, 교토, 나라, 와카야마, 시마네, 돗토리, 가가와, 에히메, 고치, 나가사키, 구마모토, 오이타, 미야자키, 가고시마의 25부현 및 오타루, 하코다테, 시즈오카, 기후, 히로시마, 시모노세키, 후쿠오카, 사세보, 가고시마의 9개시.
4) 오사카부 및 오사카시는 내역의 자료 분실로 불명.
5) 1961년 후생성 환경위생과 조사.

의 상황을 보기 바란다. 이들 단체의 지역은 이미 제1절에서 본 바와 같이 공해가 발생했다. 그러나 이런 실태로는 도저히 '공해전쟁'에 나섰다고는 생각할 수 없다. 이 표에 열거돼 있는 것은 표의 주에 있듯이 특기할 만한 공해대책 없이 여전히 대응을 생각하고 있는 단체가 26개 부현 9개 시에 이른다.

앞 절에서 말한 바와 같이 1960년대는 지역개발이 지방공공단체의 최대 전략이었다. 전후 개혁으로 지방공공단체는 내정의 거의 대부분을 위임받았지만 유력한 독립재원은 부여받지 못했고, 이 때문에 대부분의 단체는 적자재정에 빠진 채 중앙정부의 보조금사업에 의존하고 있었다. 이 때문에 공장유치조례는 도로・항만 등의 기업입지에 필요한 사회자본의 정비와 고정자산세나 사업세의 감면을 꾀하는 것이었다.

공해대책기본법 제정 전인 1966년 말에 공해방지조례를 만든 경우가 46개 도도부현 중 18개 도도부현, 554개 시 중 4개 시에 불과했다. 한편 공장유치조례는 90%의 41현, 70%인 366개 시가 갖고 있었다. 신산업도시나 공업특별지구로 지정된 여러 현의 대부분은 공해방지조례가 없었다. 이미 이타이이타이병이 발생하였고, 그 밖에도 도야마(富山) 화학의 염소가스폭발 사고가 일어난 도야마현에서 조사해보니 신산업도시의 조치 등 지역개발에 방해된다며 공해방지조례는 제정하지 않는 상황이었다.

오사카시의 '환경관리기준'

1965년 12월 오사카시는 환경관리기준을 답신했다. 국가는 대기오염을 농도규제로 하고 있었지만 대도시나 공업도시와 같이 배출원이 집적돼 있는 곳에서는 효과가 없었고, 경제계도 환경기준의 설정문제를 토의하게 됐다. 이와 함께 일본의 공해대책을 이끌어 온 오사카시 공해심의회는 일찍부터 환경기준을 심의했다. 여기서는 환경기준을 시행한 경우 비용을 각 지구마다 측정했다. WHO의 대기오염이 인체에 미치는 유해도를 나타내는 제1기준(직・간접적으로 어떠한 영향도 없다)은 현실적으로 어렵기에 제2기준(감각기의

표 2-21 오사카시 환경관리기준(1965년 12월)

a. 아황산가스(무수황산을 포함)
 하루 평균치 0.1ppm(최대치 니시요도가와구 오와다히가시(大和田東) 초등학교 12월 22일
 0.379ppm 전 시 33개소 평균치0.04ppm)
 1일 1회 1시간 0.2ppm

b. 부유분진
 하루 평균치 0.5㎎/㎥(최고치 부립 위생연(衛生研) 1940년 1월, 4.94㎎/㎥)

c. 강하분진
 월 평균치 10t/㎢(최고치 다이쇼구 8월 68.03t/㎢)

주: 大阪市總合計画局公害対策部「大気汚染の環境基準に関する答申」

자극이나 식물에 유해하고 환경에 불리한 영향) 사이에 취해진 '환경관리기준'을 제정
했다.(표 2-21)

 이 환경관리기준이라면 그 대책비는 1964년도에 16억 5400만 엔, 중유만
해도 약 11억 엔이다. 지금 중유를 1㎘당 6000엔으로 잡으면 오사카시 전역
에서 소비되는 중유의 가격은 87억 엔, 따라서 대책비는 12%가 된다. 이는
매우 높은 비율이지만 실현 가능하다고 보고 있다.

 이런 선구적인 안을 통해 정부도 종래 농도규제에 의한 배출기준을 바꿔
환경기준으로 개혁하게 됐다. 이때 오사카와 같이 연료소비량이 전국에서
제일 높고 발생원이 집중돼 있는 지역의 환경관리기준이 전국적인 경우보
다 더 엄격할 필요가 있었다.

제4절 지역개발과 공해

1 욧카이치 공해문제

 미나마타병을 공해의 원점으로 친다면 욧카이치 공해는 공해대책의 원
점이다. 욧카이치 콤비나트는 고도성장정책의 기수였고, 지역개발의 모델

로서 전국에 비슷한 콤비나트가 보급됐다. 석유연소에 따른 아황산가스 등의 대기오염으로 인한 '만성기관지염' 등의 비특이성질환은 미나마타병·이타이이타이병과 같은 특이성질환과 다르고, 석유연소를 하는 사업소나 자동차가 있는 곳, 전국적으로 발생할 가능성이 있었다. 이 때문에 '욧카이치 천식'은 모든 국민에게 공해의 공포를 전해 '노 모어(No-More) 욧카이치'라는 여론과 운동이 일어나게 됐다. 정부도 이런 압력으로 공해대책기본법, 게다가 공건법에 이은 공해관계법을 제정하지 않으면 안 됐다는 의미에서 욧카이치 공해문제는 공해대책의 원점이었다.

석유콤비나트의 형성 - 환경보전을 무시한 건설계획

욧카이치는 항구도시이지만 방적이나 반고야키* 등의 지역산업을 가진 경공업도시였다. 항만의 근대화와 공장용지의 매립이 진전되고 1930년부터 중화학공업화가 추진됐다. 1941년 시오하마 지구에 군사용 석유연료를 주로 하는 해군 제2연료창이 조업을 개시했고, 같은 해 이시하라(石原) 산업, 1943년 다이쿄(大協) 석유(현 코스모 석유) 욧카이치 제유소가 조업을 개시했다. 그러나 1945년 6월 미공군의 폭격으로 생산시설의 50%가 손상을 입었다.

전후 이 연료창은 점령군에 의해 접수돼 배상지정공장이 됐다. 제1장에서 말한 바와 같이 점령군은 냉전기에 정책을 전환해 배상지정공장이 해제됐고, 민간에 팔아넘기게 됐다. 지역은 공장유치를 계획해 항만매립과 공업용수도를 건설하기 시작했다. 1955년 7월 통산성은 석유화학육성계획을 발표했다. 도쿠야마와 이와쿠미에 있던 해군연료창과 치열하게 유치경쟁을 한 뒤, 그해 8월에 욧카이치 부지 100ha는 쇼와 석유주식회사에 팔렸고, 미쓰비시 그룹과 연대해 일본 최대 석유화학 콤비나트 건설이 시작됐다. 미에현도 1956년 '미에현 공장유치조례'를 통해 적극적으로 공장유치를 추진했다.

---

* 万古燒: 베타라이트를 사용해 내열성이 뛰어난 특징을 가진 일본 도자기의 한 종류

1958년 4월 쇼와욧카이치 제유소(원유처리능력 일일 4만 배럴)가 조업을 시작했다. 그 한해 전에 일본 최초의 중유 전소(중유만 때는) 화력발전소로서 주부 전력 미에 화력발전소(12만 5000kW)가 완성됐다. 1959년 에틸렌 생산 2만 2000t의 설비를 갖춘 미쓰비시 유화 욧카이치 공장이 완성됐다. 이 미쓰비시 유화가 축이 돼 에틸렌의 유도품 제조회사가 집중적으로 들어서게 됐다. 1960년대 대량소비시대의 시작에 맞춘 가전제품이나 자동차의 원료·부품, 특히 '아지노모토'와 같은 가공식품원료 등을 공급하는 제1콤비나트 10개사가 탄생했다. 쇼와욧카이치 석유는 쉘의 기술, 주부 전력 미에 화력발전소는 미국의 GE의 기술이 이용되었듯이 이들 공장에서는 자본, 기술, 무역면에서 외자의 지배가 강했다.

1960년 다카하마 지구의 시영주택 앞쪽의 해안 90ha를 매립해 제2콤비나트가 건설되기 시작했다. 이는 다이쿄 석유와 교와(協和) 발효공업의 합병회사인 다이쿄와(大協和) 석유화학과 주부 전력 욧카이치 화력발전소를 핵심으로 하는 대규모 콤비나트였다. 소규모라고는 하지만 제1콤비나트와 나란히 1960년대 공해 사건의 주범이었다. 이 다이쿄와 석유화학의 에틸렌센터는 연 생산 6만t으로 소규모였기에 통산성이 계획하는 연 생산 30만t으로 확장하기 위해서 도요(東洋) 소다(현 도소) 등과 공동으로 가스미가우라 연안에 제3콤비나트의 건설이 추진됐다.

이렇게 해서 욧카이치시의 해안 거의 대부분은 매립돼 공장과 항만시설이 됐고, 시민을 위한 해수욕 등의 리조트용지로서 가치를 잃었다. 제1, 제2콤비나트는 주택이나 학교 등 공공시설에 인접해 건설됐고, 완충녹지 등은 전혀 계획돼 있지 않았다. 공업도시라고 하면 주민의 안전하고 조용한 생활환경이 보장되도록 주택, 학교, 병원 등은 공장지역에서 분리되고, 녹지대를 사이에 두는 토지이용을 계획해야 했다. 또 공업화로 인한 부를 분배해 지역의 문화, 교육이나 복지를 충실히 하는 정책을 취했어야 했다. 그러나 욧카이치시는 그저 콤비나트의 유치와 확대에 전념했다. 구로카와 조사단의 권고로 처음으로 공장에 인접한 오염지대의 주택·학교 등을 시 서부에 이전하는 계획(총사업비 837억 엔)이 부상됐지만 실행되지 못했다. 내가 욧카이치는 공업도시(산업도시)가 아니라 공장도시(콤비나트 도시)라고 이름 지은 것은 이러한 도시계획 없는 도시였기 때문이다.

제1에서 제3까지의 콤비나트가 극히 단기간에 더욱이 좁은 지역에 대규모로 종류가 다양한 화학제품을 만드는 설비를 모아 만들어졌다. 여기서는 공장의 공해 등의 안전을 확인하면서 조금씩 확장하고, 다음 연대공장을 건설하는 신중한 개발방식을 취하지 않았다. 당시 욧카이치 석유콤비나트는 세계에서도 드문 대규모, 복잡한 화학물질을 대량으로 생산하는 지역이었다. 그것을 불과 10년도 안 되는 기간에 건설했기에 공해·사고가 일어날 가능성이 크고 또한 공해·사고가 발생할 경우에는 그 대책이 매우 어려워진다.

이는 나중에 다루지만 핀란드가 석유콤비나트를 만들 때에 욧카이치의 실패를 보고 배웠다. 콤비나트는 헬싱키에서 45㎞ 떨어진 곳에 발전소의 안전을 확인한 다음 화학공장을 짓는 등 여유 있는 속도로 건설했다. 공장과 자연의 공생을 중시해 탱크를 지하에 매설해 수질정화지(池)를 만들고, 높은 굴뚝 세우기를 멈추고 송림의 경관을 살리기 위해 굴뚝 등의 시설을 낮게 건설했다.[33]

외국이 욧카이치 공해의 교훈에서 배운 것과는 달리, 일본은 그렇게 하지 못했고 욧카이치 이후 콤비나트에서 실패를 거듭하고 있었다.

바다의 오염

욧카이치 주변에서 '이상한 냄새 나는 고기'가 잡히기 시작한 것은 1953~54년 무렵이라고 한다. 쇼와욧카이치 석유 욧카이치 제유소가 본격 조업을 개시한 1959년 4월 직후부터 '이상한 냄새 나는 고기'(주로 숭어, 농어, 감성돔 등)가 욧카이치 항 근해 4㎞ 범위에서는 100%, 8㎞ 범위에서는 70% 정도 잡히게 됐다. 이 생선은 냄새가 날 뿐 아니라 먹으면 구토를 하게 되어 내다 팔 수 없게 되자 도쿄 중앙시장이나 지역시장에서 불만이 잇달았다. 1960년대 초겨울에 '이세만의 고기에 석유냄새가 나는 것이 섞여 있어 엄격하게 검사를 하겠다'는 결정적 통고가 도쿄 쓰키지 중앙도매시장에서 발표됐다. 이 때문에 고기를 버리거나 할인해서 팔다보니 연간 8000만 엔에서 1억 엔의 피해가 발생했다. 이세만 안의 미에현 45개 어협, 8700명의 어민이 자율규제를 하지 않을 수 없게 됐다. 공장측은 폐액(廢液)설을 부정했다. 내가 1962년 쇼와 석유의 공장시찰을 해 '이상한 냄새 나는 고기'의 원인을 들어보니 총무과장은 오일 세퍼레이터(석유부상 분리제거장치)를 사용하고 있기 때문에 당사와는 관계가 없고, 전시중에 해군연료창에 도착한 유로선이 폭격으로 침몰하여 유출된 기름이 '냄새나는 고기'의 원인이라는 거짓 변명을 해댔다.[34] 당시 다른 지역에서도 같은 문제가 일어났지만 사후조사는 행해지지 않았다.

현은 이세만 오수(汚水)조사대책추진회의를 설치해 조사한 결과, 다음과 같은 결론을 얻었다.

(가) '이상한 냄새 나는 고기'가 가진 악취의 원인은 공장배수 중에 포함된 유분(油分)에 의한 것이다. (나) 이들 특이한 냄새를 가진 유분의 성분에 관해서는 중성 물질이 대부분으로 양은 적지만 저비점(섭씨 50~140도)의 물질이 특히 악취가 강하고, 올레핀계 탄화수소라고 생각된다. (다) 모 석유공장의 석유정제공정에서 나오는 폐액의 성분을 분석해 본 결과, 강산성, 약산성 및 중성의 각 분획분질(分畵分質)을 분리해 얻었다. 이 가운데 강한 광물 냄새를 갖고 있는 극히 불쾌한 자극적인 냄새가 나는 적갈성의 액체는 중성분획이라는 사실이 밝혀졌다. (라) 공장폐액 및 폐액 성분에 의해 장어의 착취(着臭)를 시험한 바 절로 '이상한 냄새 나는 고기'와 아주 비슷한 착취가 단기간 양식을 통해 확인됐다.[35]

추진회의의 요시다 가쓰미 회장에 따르면 오일 세퍼레이터는 배수 중 유분을 50ppm 이하로 만드는 것이지만 공장 생산규모가 큰 현실에서는 부적합하고 새로운 폐수처리기술이 있다고 했다. 그 뒤 1965년 수질보전법의 규제값은 유분 1ppm 이하로 돼 욧카이치·스즈카 지역에 적용됐다.

15개 어업협동조합으로 구성된 이세만 오수대책어민동맹은 보상을 요구했다. 현은 1억 엔의 기금(현 4000만 엔, 시정촌 3000만 엔, 공장 3000만 엔)을 만들어, 13개 어협과 보상금 협상을 진행해 동의를 얻었고, 이 동맹이 만든 기타이세(北伊勢) 어업개발주식회사에 기금을 일괄 교부했다. 이 회사는 스즈카시에 5600만 엔에 철근아파트를 조성하는 등의 사업으로 마련한 수익을 어민에게 배분했다. 이것만으로는 연간 1억 엔의 손해에 대한 보상에는 미치지 못했다. 1963년에는 이소즈 지구 어민이 주부 전력 미에 화력발전소의 배수구를 실력으로 봉쇄하는 사건으로까지 번졌다.

그 뒤 앞서 말한 바와 같이 배수대책은 강화됐지만 1969년 8월에 일본 아에로질(미쓰비시 금속과 독일 기업의 합병), 같은 해 12월에 이시하라 산업이 항측법(港測法) 위반 혐의로 적발됐다. 양자 모두 강산성 배수를 중화시키지 않고 욧카이치 항에 유출한 것이다. 이 사건 등을 계기로 바다오염의 심각함을 호소해 기업의 책임을 물은 다지리 무네아키의 『욧카이치, 죽음의 바다와 싸우다』는 욧카이치 콤비나트 공해의 본질을 밝히고 있다.[36] 현재 욧카이치 항은 화학물질의 퇴적오물로 인해 원래의 성상석인 바다로 돌아갈 수 없는 오염상태를 보이고 있다.

대기오염공해와 그 원인 규명

제1콤비나트의 조업이 궤도에 오른 1960년 4월 23일 시오하마 지구 연합자치회는 '공장에서 나오는 소음과 가스로 밤에 잠을 잘 수 없다'고 시에 대책을 요청했다. 그때까지 공해대책을 취하지 않고 있던 시는 같은 해 10월에 위생과 공해대책계를 두었고, '욧카이치 공해방지대책위원회'를 설치해 조사와 대책을 협의하기 시작했다. 시는 1960년 11월부터 1년간 시내 11개소, 1961년 6월부터는 인접지를 포함해 18개소에 강하분진과 유황산화물을 측정했다. 유황산화물은 이산화납법을 채택했는데, 오염 피해가 심한 이소즈 지구에서는 1962년 12월부터 최초의 도전률(導電率)법에 의한 자동측정기 2대 중 1대를 설치해 관측을 했다.

공해대책위원회는 미에 현립대학 요시다 가쓰미 교수, 나고야 대학 의학부 미즈노 고스케 교수에게 위탁해 조사를 실시했다. 이 1년간의 조사는 1962년 2월에 발표됐다. 요지는 다음과 같다.

강하분진량은 전 시(市) 평균 1개월 1㎢당 약 14t(최대지점 40t)으로 나고야시, 고베시보다는 많지만 다른 공업도시와 비교해서는 그다지 많지 않다. 유황산화물은 오염이 심한 이소즈에서는 아황산가스는 일일 100㎤당 5.44㎎으로 가와사키시의 최고 3.6㎎, 나고야시의 1.43㎎보다도 훨씬 많다. 등량선을 그려보면 석유콤비나트에 가까울수록 아황산가스의 양이 많아졌다. 미하마 초등학교 4학년생 아동 130명을 대상으로 신체증상을 조사해 보니, 83.1%가 달라진 냄새를 호소하였고, 두통, 목이 아프다, 눈이 아프다, 구역질을 하는 등의 신체증상을 경험했다고 한다. 아황산가스는 알레르기질환과 관계가 있다. 피해가 많은 시오하마 학구에서는 아동의 10% 이상, 가족으로는 약 30%가 알레르기증상을 보였다.[37]

이 조사에 의해 최초 유해가스의 발생원이 석유콤비나트에 있다는 사실이 밝혀졌다. 주민의 고충 중 80%는 악취였다. 악취는 일곱 가지 색의 냄새라고 해 계란 썩는 냄새, 강한 약품 등의 악취로, 석유정제공장의 멜카프탄 또는 유화수소에 의한 것이거나 석유화학의 방향족 등에 의한 것이었다. 1962년 내가 조사를 하기 위해 해원(海員)회관에 머물렀을 때에도 악취로 인해 잠을 잘 수가 없었다. 당시 시오하마 초등학교에서는 아황산가스와 악취 때문에 수업이 불가능한 날이 있었고, 전교생 1000명을 긴급 대피시키며 교사가 '이래서는 제대로 교육을 할 수 없다'고 한 날도 있었다. 1961년 3월에는 이소즈의 SO_2의 1시간값이 1.64ppm을 보이는 이상사태가 발생하기도 했다.

제1콤비나트가 시오하마 지역에 미친 피해의 교훈은 제2콤비나트 조성 때 적용되지 않았다. 1962년 10월부터 1963년 7월에 걸쳐 제2콤비나트 조성 지역과 가까운 다카하마정은 연일 소음과 악취에 시달렸다.

이 '욧카이치 천식'의 역학적 연구에서 결정적인 성과는 앞서 말한 바 있는 요시다 가쓰미 교수가 한 국민보험조사이다. 요시다 교수는 1961년에 재건된 국민보험 8만 명의 가입자의 증빙서에서 13개 지구 약 3만 명을 대상으로 호흡기질환을 포함한 약 30개 질환을 4년간에 걸쳐 뽑아내 대기오염과의 상관관계를 조사했다. 이 연구 결과, 오염지역의 천식성 질환의 증대가 드러났다. 특히 50세 이상의 중고연령층에서 천식이 이상할 정도로 증대했고, 또 인후염은 10세 이하의 저연령자층에서 증가하고 있는 사실이 드러났다.(표 2-22)

욧카이치의 국민보험조사 결과는 정부에 영향을 미쳤다. 앞서 말한 하시모토 미치오는 욧카이치의 자료가 믿을 수 없을 정도로 심각한 사실에 놀라 외국의 사례를 조사했지만 좋은 대책은 없었다고 한다. 욧카이치형 공해는 다른 공업지역에도 발생할 가능성이 있었다. 후생성은 1962년 대기오염의 건강영향조사를 욧카이치시와 오사카시 니시요도가와구를 대상으로 실시했다. 이는 그 뒤 각지에서 BMRC문진표(영국의학연구회의, British Medical Research Council)를 사용해 의사나 보건부가 오염지구와 비오염지구에서 천식발작이나 기침·가래 등 호흡기증상의 자각증상을 조사했는데, 타각적(他覺的) 증상으로서 폐쇄성장애를 가진 사람이 주민 중에 차지하는 비율을 구하는 방법이었다. 그 결과가 1964년에 발표됐는데, 〈그림 2-7〉과 같이 이소즈지구에서는 만성기관지염, 폐쇄성호흡기능장애자 비율이 대조지구에 비해 5배 이상 웃돌았다.

1962년 6월 매연규제법이 제정됐지만 욧카이치시는 지정되지 않았다. 그 법률이 주로 규제대상으로 삼은 것이 매연이었던 것도 있다. 욧카이치시에서는 당국만이 아니라 시민도 자치회 등을 통해 매연규제법의 적용을 위한 조사를 요구했다. 이렇게 해서 앞서 말한 바와 같이 구로카와 조사단이 조사를 하게 되었다. 거기에는 요시다 교수의 국민보험조사 결과가 전면적으로 채택돼 일주일 평균 SO_x 농도가 0.2ppm을 넘어서면 천식발작이 증가한다는 사실이 합의자료가 됐다. 욧카이치시는 지정지역에 들어가 다른 지

표 2-22 지역별 질병발생률(1962년 4월~1963년 3월)

지구	국민보험 해당인구	강하분진	SO₂	감기	기관지 천식	인후두염	기관지염	폐결핵	폐기종	심장질환	전염질환	알러지성 피부염
	명	톤	mg	%	%	%	%	%	%	%	%	%
전 연령층												
시오하마	4,208	17.7	1.34	59.77	10.39	15.90	18.16	5.25	0.14	5.04	12.74	2.90
미나토	1,707	17.2	0.64	22.26	6.56	8.26	16.17	9.90	0.18	7.91	12.77	1.70
히가시교호쿠	1,848	10.4	0.54	30.09	7.96	8.06	16.61	9.25	0.00	5.14	9.47	2.49
가이조	2,892	8.8	0.50	31.33	6.64	11.41	25.66	3.49	0.04	1.94	8.54	2.70
하나가	3,179	12.5	0.57	31.71	4.09	16.52	9.38	11.45	0.32	5.22	10.44	2.14
하마다	4,935	15.0	0.75	24.62	7.60	13.92	20.63	11.23	0.22	6.69	11.33	3.93
교도	3,154	11.4	0.50	28.73	4.98	11.51	18.20	7.26	0.03	6.72	10.53	3.46
미에	2,121	5.0	0.10	17.35	4.62	13.44	21.22	3.96	0.28	7.02	8.49	3.63
우고	2,350	3.0	0.10	28.43	4.98	9.53	10.13	9.49	0.34	6.30	6.68	2.04
포포	2,490			13.57	3.25	5.42	8.35	3.09	0.00	4.50	9.00	0.76
0~4세, 50세 이상												
시오하마	1,272	17.7	1.34	104.40	22.80	22.25	41.27	6.60	0.39	10.61	14.23	3.15
미나토	524	17.2	0.64	46.00	14.50	11.07	32.06	13.93	0.38	15.27	10.50	3.82
히가시교호쿠	569	10.4	0.54	43.59	16.50	9.49	28.12	10.37	0.00	11.07	7.38	2.29
가이조	909	8.8	0.50	53.69	12.76	12.76	43.67	2.42	0.00	15.29	12.31	2.64
하나가	1,099	12.5	0.57	49.41	8.74	15.83	14.74	17.83	0.91	10.65	10.01	3.55
하마다	1,476	15.0	0.75	40.65	15.24	16.67	30.96	13.96	0.68	17.01	15.25	3.25
교도	878	11.4	0.50	52.85	11.73	12.07	29.61	14.35	0.11	16.52	14.58	2.16
미에	804	5.0	0.10	28.48	9.58	12.31	32.09	7.34	0.75	13.81	11.20	2.61
우고	894	3.0	0.10	36.13	7.94	10.74	16.11	11.41	0.90	14.10	7.61	2.46
포포	902			23.61	7.43	5.32	16.19	2.55	0.00	6.21	8.32	0.55

주) 国際環境技術移転研究センター・『四日市公害・環境改善の步み』(1992年) p.270에서. 吉田克己 작성.

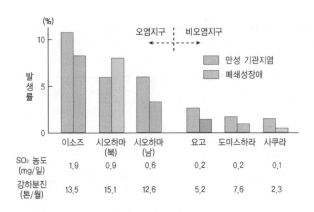

주: 앞의 책, 吉田克己 『四日市公害』 p.79.

**그림 2-7 욧카이치 시내 6개 지구에 있어서의 만성기관지염
증상을 보인 사람의 비율과 폐쇄성호흡기능장애자율**

역보다도 엄격한 규제기준이 채택됐다. 이 조사보고서 이후 하시모토 미치오는 지금까지 '과학적 인과관계는 아직 명확하지 않다'고 했던 답변을 국회에 할 수 없게 됐고, '욧카이치의 대기오염은 건강에 좋지 않은 영향을 주고 있다'는 답변으로 바뀌게 됐다고 했다.[38]

욧카이치 공해가 공식적으로 인정되고, 매연규제법의 규제를 받게 됐지만 앞의 절에서 말한 바와 같이 법 그 자체의 결함으로 공해는 확산됐다.

숨겨진 농업피해

전전의 아황산가스에 의한 대기오염 피해는 쌀농사였다. 욧카이치 콤비나트는 벼농사에 피해를 주었지만 그동안 문제로 삼지 않았다. 그러나 중대한 피해가 있었다. 1965년에 부임한 다니야마 데쓰로 미에 대학 교수는 부임하자마자 착실히 농사만 짓던 농가에 수확이 전혀 없어 하소연이 나오자 바로 현장에 달려갔다. 그는 그때의 일을 다음과 같이 밝혔다.

'처음 보는 "공해벼". 처참히 말라버린 피해에 놀라 나는 멍하니 서 있었다. 자세히 살펴보니 작은 판에 "공해밭"이라고 쓰여 있었다. 이는 욧

카이치농협이 "공해피해밭"이라는 사실을 인정한 것으로 수확이 전무한 피해보상은 어쨌든 농업공제에서 지불될 것이라는 설명이었다.

농업공제는 태풍이나 가뭄 등 자연재해에 대비해 농민이 출자해 쌓아놓은 귀중한 재산이다. 농협은 공해라고 인정했지만 기업이나 행정은 콤비나트에서 나온 배기가스 중 뭐가 나락에 피해를 입혔는지는 알 수 없다고 공언했다.'

다니야마 교수는 원인물질을 밝혀 피해구제를 해보자고 결의를 하고 현지조사를 시작했다. 나락에 한정하지 않고 소나무, 야채류, 들풀 등 많은 식물이 마르고, 줄기와 잎에 다양한 이상이 확인됐다. 그러나 나락 피해를 실증할 모델장치를 2년간에 걸쳐 만들었지만 학회에 받아들여질 아황산가스와 벼농사의 피해에 관한 논문이 완성된 것은 1971년의 일이었다.

그의 「작물의 가스장애에 관한 연구」 가운데 욧카이치에 있어서 벼의 생육·수확량에 관한 논문은 다음과 같은 명쾌한 결론을 내었다.〈그림 2-8〉과 같이

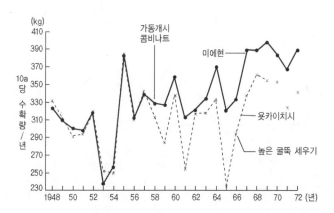

주: 谷山鉄郎·沢中和雄 「大気汚染(四日市市)における水稲の生育·収量の 特徴と大気汚染に対する指標植物としての意義について」

그림 2-8 미에현과 욧카이치시의 벼 수확량의 연도별 변화

'콤비나트가 본격적으로 가동 개시한 1958년부터 미에현과 욧카이치시의 10a당 수확량의 차가 드러났고, 욧카이치 천식으로 시끄러워지기 시작해 굴뚝 높이 세우기를 한 1966년까지는 해마다 변동이 컸으며, 전반적으로 욧카이치시의 수확량이 낮았다. 이 9년 가운데 1961년과 1965년의 수확감소는 뚜렷했다. 이 원인은 굴뚝이 낮아서 벼의 이삭이 패는 시기에 논지역으로 고농도의 유황산화물이 들이닥쳐 수정이 안 되는 벼가 많이 생겼고, 낟알을 맺지 못하는 벼가 증가하고 여물어지는 비율이 감소했기 때문이라고 생각된다.'

굴뚝 높이 세우기로 영향이 줄어들었다고 하지만 피해는 광역화되어 발생원으로부터 12㎞ 떨어진 곳에서도 피해가 확인됐다. 다니야마 교수는 '오염된 구는 모두 성장이 늦어 보이고, 또 황산화합물 농도가 높을수록 이삭이 잘 안 나거나 늦어지는 현상을 보였다. 오염된 구는 대조구에 비교해 명백히 수확량이 적었는데, 최고 35%의 수확감소를 보였다'고 말했다.

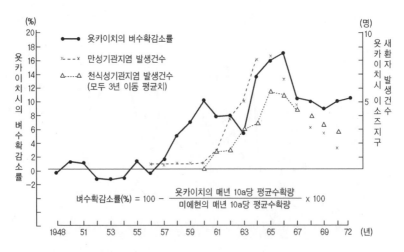

주: 〈그림 2-8〉과 출처는 같음.

**그림 2-9 욧카이치시에 있어서 벼의 수확감소율과
욧카이치 천식 발생건수의 관계**

1958년 이래 쌀의 수확감소로 인한 욧카이치 지역의 경제적 손실은 낮게 잡아도 20억 엔에 이른다. 이는 행정이나 재판에서는 취급하지 않았는데, 농협이 공제를 통해서 보상하고 있었기 때문이다.

다니야마 교수는 특히 〈그림 2-9〉와 같이 인체에 미치는 영향은 벼의 수확감소 후 5년 늦게 발생한다는 사실을 분명히 밝혔다. 이는 벼의 수확 감소가 인체에 미치는 영향의 전조가 유력하다는 사실을 보이는 것이다. 매우 유감스런 일이지만 이 중요한 업적은 지역에서는 그다지 활용되지 못했다.[39]

피해의 심각화와 구제제도

요시다 가쓰미는 자신이 발견한 대기오염을 통한 호흡기질환자에 대해 공적 구제제도를 만드려고 노력했다. 당시 연간 10만 엔이라는 치료비는 가계에 매우 큰 부담이었다. 이 때문에 입원을 시키더라도 모두 퇴원해버리기 때문에 치료가 제대로 되지 않았다. 1963년 시오하마 지구 자치회는 시오하마 병원이 '공해환자'라 인정한 경우, 의료비(국가보험에서는 2분의 1 자기부담)를 자치회가 부담하기로 했다. 대상은 30명이었지만 수개월 만에 재정이 어려워져 중지됐다. 1964년 1월, 욧카이치 의사회는 의사회가 공해로 인한 질환이라 인정한 경우에 시가 의료비 전액을 부담하는 제도가 마련될 수 없는지 공개질문을 했다. 그러나 현은 국가가 신산업도시로 욧카이치 콤비나트형 개발을 추진하고 있을 때 대기오염의 영향에 관한 정보를 널리 전국적으로 확산시키는 것은 바람직하지 않다며 거부했다. 이 사태를 우려해 현과 교섭했던 요시다 가쓰미는 이소즈 지구의 중증환자 7명을 미에 대학 부속병원에 학술용 환자 명목으로 현에 비용을 부담시켰다. 그러나 이것도 불과 3개월 만에 끊기게 됐다.

그 사이 1964년 4월에 이 7명의 중증환자 중 1명이 사망했다. 피해는 확산되고, 절망한 자살자가 늘어났다. 욧카이치시는 1965년 5월에 환자 18명 중 14명을 인정해 의료비 구제제도를 만들었다. 이때 환자 인정을 위한 역학 3조건은 ①기관지천식, 만성기관지염 등이 자연발생률을 넘어서 대폭 과잉 발생하고 있는 지역을 지정하고, ②그 지역에 일정 기간(3년 이상) 거주하고, ③ 지정역병(疫病)(기관지천식, 천식성 기관지염 및 그로 인한 속발증(續發症))에 해당하는 것으로 진단된 사람일 경우였다. 이는 1000만 엔의 예산으로 시 단독사업으로 실시했다. 이미 1959년에는 미나마타병 환자와의 위로금 계약이 시작됐는데, 이는 짓소가 부담할 돈이었지만 이 욧카이치의 제도는 시의 부담으로 시작됐다. 이는 공공기관이 주도한 지역개발로 인해 생긴 피해를 개발수익금(일일 1억 엔이라는 조세수입)의 일부로 보상하는 것은 당연하다는 것이었다. 그러나 기업책임을 불명확하게 한 것은 피해자 입장에서는 납득할 수 없는 것이었다.

1966년 후생성은 이 욧카이치시의 구제제도에 공해보건의료연구보조금을 지출하기로 했다. 총비용의 8분의 1을 국가와 현이 부담하고, 4분의 1을 시가, 2분의 1을 기업이 부담하도록 하는 것이었다. 기업부담에 관해서는 공해병의 법적 책임을 인정하도록 하는 것을 기업이 반대했기에 이 제도와 관계없는 일반적 기부금으로 부담하기로 됐다. 이로 인해 의료비 자기부담분을 구제받은 환자는 약 400명이었다.

구로카와 조사단의 권고와 매연규제법의 적용 이후, 드디어 기업의 공해대책은 시작됐지만 대기오염대책은 여전히 높은 굴뚝의 채택에 머물렀고, 설비투자의 1%에 불과했다. 대기오염 상황은 개선되지 않은 채 환자는 늘어났으나 전 시적(全市的)인 지원을 받는 주민운동은 일어나지 않았다. 미에현과 욧카이치시는 제1콤비나트에 이어 제2콤비나트를 만들었는데, 그로인해 아름다운 해안은 파괴됐고 공해는 다양해지고 심각해졌다. 콤비나트로 인해 생산소득은 배로 늘어났지만 시민 소득은 전국 평균을 웃돌지 못했다. 이 때문에 시민은 공장유치는 시의 발전에 도움이 되지 않는다고 생각하게 됐다. 그럼에도 국책으로 만들어진 콤비나트를 공해로 인정하게 하고 피해자를 구제해 공해방지를 요구하는 시민운동은 일어나지 않았다. 시오하마 지구의 자치회에 대해 전 시(全市)적인 지지는 없고 환자는 고립돼 있었다. 시는 공해방지조례를 만들지도 않은 채 오히려 제3콤비나트의 건설에 나섰다. 1966년 7월 절망한 공해병 환자 고노히라 오사부로와 '공해환자를 생각하는 모임' 부회장 오타니 가즈히코가 자살을 했다. 게다가 1967년 10월 시오하마 중학 3학년생 미나미 기미에가 기관지천식으로 숨졌다. 이러한 상황이 되자 공해반대운동 안에서도 더 이상은 행정에 의지할 것이 없다며 사법으로 해결을 구하자는 목소리가 나오기 시작했다. 1964년과 1967년에 공해연구위원회(1963년 설립, 대표 쓰루 시게토)는 욧카이치 공해를 조사했다. 조사단에는 민법학의 가이노 미치타카가 참가해 공해소송의 가능성에 대해 상담을 받았다. 당시 기업은 공해를 인정하지 않았고, 공해의 기초적 연구·조사도 전혀 하지 않았으며, 피해자의 구제는커녕 대화조차 하지 않았다. 우리들 공해연구위원회는 이 조사에서 콤비나트가 공해의 발생원이라는 것만이 아니라, 일종의 조계(租界)와 같은 특별지역 행세를 하며 시민의 경제나 문화 발전에 공헌하고 있지 않는 사실을 알게 됐다. 소송은 매우 어려웠지만 지금의 욧카이치시의 상황에서는 기업의 책임을 인정하도록 해서 해결의 길을 열어가는 것밖에 다른 방법이 없다고 생각했다. 1967년 9월 제1콤비나트의 6개사(쇼와욧카이치 석유, 미쓰비시 유화, 미쓰비시 화성공업, 미쓰비시몬산토 화성(현 미쓰비시 화성), 주부 전력, 이시하라 산업)를 상대로 이소즈 지구 공해병 인정환자 9명이 위자료와 손해배상의 지불을 요구하는 소송을 지방재판소 욧카이치시 지부에 제소했다. 이에 대해서는 제4장에서 말하고자 한다.

2 대도시권 산업개발과 공해 - 게이요 콤비나트를 중심으로

이미 말한 바와 같이 중화학공업의 공장은 고도성장기에 3대 도시권과 세토나이에 집중했다. 통산성은 지금까지의 4대 공업지대의 공장분산을 고려해 대도시 주변의 개발을 생각했지만, 기존 공업지대의 집적은 계속되었다. 게다가 개발로 인한 신규 중화학 콤비나트는 게이요, 나고야 남부, 사카이·센보쿠 등 대도시 인접 지역에 들어섰다. 이 때문에 대도시의 공해는 완화되지 않고 대규모로 복잡해진 산업 관련 신규 콤비나트의 오염으로 인해 오히려 피해가 심각해졌다. 후생성은 신형 콤비나트는 욧카이치 콤비나트의 전철을 밟지 않도록 하고 지바현 고이이치하라 지구를 공해 없는 이상적인 지역개발을 하도록 권장했다. 과연 그 정책대로 추진됐는지를 검토하고자 한다.

게이요 공업지대의 형성

게이요 공업지대의 출발지점은 욧카이치시와 마찬가지로 군사시설의 이용에서 시작된다. 1940년 도쿄만 임해공업지대 조성계획으로 인해 지바 항남쪽 약 190ha가 해군 용지로 매립됐고, 제로센(零戰)*을 제조하기 위해 히타치 항공기 공장이 건설됐다. 전후 1950년 10월 가와사키 제철이 이 부지에 진출하기로 결정했다. 제1장에서 말한 바와 같이 일본은행이나 재계는 이 계획에 반대했지만 가와사키 제철은 대충자금(對充資金)을 빌려 최초의 철강일관 제조기업으로 출발한 것이다. 1954년 12월 도쿄 전력 지바 화력발전소가 건설에 착수했다. 이것이 게이요 공업지대 형성의 제1기라 불린다. 이 개발은 지바현이 주도한 것이어서 가와사키 제철의 조성토지는 무상제공되었고, 접속할 매립예정지 99ha의 어업권을 현과 시가 취득했다. 기타 항만조성이나 공업용 수도를 건설했다. 지방세는 공장 완성 후 5년간 현이 사업세를, 시가 고정자산세를 면제해주는 유치정책을 취했다.

철강업계에서 고립됐던 가와사키 제철은 고속성장의 파도에 편승해 세계 최대의 조강 600만t 생산, 종업원 1만 5000명의 대형 제철소가 돼 15년 만에 5억 엔의 자본금을 669억 엔으로 134배 늘렸다. 그러나 후술하는 바와 같이 심각한 대기오염을 일으켜 공해재판의 피고가 됐다.

---

* 태평양전쟁시 일본 해군의 주력 전투기

제2기는 욧카이치 석유콤비나트의 형성과 같은 시기인 1955년에 시작돼 1960년까지 행해졌고, 지바현이 이치하라시 고이, 하치반 지구의 매립계획을 결정하면서 일반회계와 특별회계를 종합해 독자 행정을 펼 수 있는 개발부(나중에 개발국)를 설치했다. 1961년 고이 지구 227ha, 1962년 이치하라 지구의 공장용지가 완성됐다. 이 지역은 그 뒤 마루젠 석유, 이데미쓰 홍산, 후지 석유, 미쓰이 석유, 짓소 석유화학, 아사히글라스(旭硝子), 스미토모 화학, 미쓰이 조선, 고가(古賀) 전공, 후지 전기, 도쿄 전력 고이·아네가사키미나미(姉崎西) 화력발전소 등 욧카이치를 훨씬 웃도는 콤비나트가 조성돼 게이요 공업지대의 핵심이 됐다.

제3기는 그 이후이다. 게이요 공업지대의 발전을 목적으로 1959년 8월에 진출한 대기업 사장으로 구성된 '게이요 지대 경제협의회'가 설립되었고, 이후 개발주도권을 쥐었다. 1960년 12월 현은 '게이요 임해공업지대 조성계획'을 발표했다. 이 계획은 소득배증계획에 바탕을 두고 있었다. 이 계획에 의해 임해공업지대의 조성은 지바·이치하라 지구에 머물지 않고, 우라야스, 이치카와, 후나바시, 나라시노, 지바, 이치하라, 기사라즈와 6개시 4개정 76km의 해안선을 매립해 9918ha를 1985년까지 완성하는 계획이었다. 새로 더해진 지구에서 중요한 것은 기사라즈 지구로, 1965년 하치반 제철소 기미쓰(君津) 제철소가 진출해 철강, 전력, 석유정제, 석유화학 콤비나트가 만들어졌다.[40]

지바현은 농업현이었다. 1950년의 산업별 인구는 제1차 산업 63.3%, 제2차 산업 12.0%, 제3차 산업 24.7%였다. 또 지바현은 기이 반도나 노토 반도와 마찬가지로 공업화·도시화로 발전하기 어려운 반도였다. 더욱이 수심이 얕았기 때문에 중요항만을 만들지 못했다. 그런데 전후 고도성장은 도쿄 중심이었기 때문에 수도권의 수요가 커지자 소재공급형 중화학공업의 입지가 필요했다. 전후 토목기술이 발전하여 항만조성과 매립이 동시에 이루어지게 돼 수심이 얕은 해안일수록 개발에 유리해졌다. 더욱이 내륙부는 평지 숲이 많고 용지 확보가 쉬웠다. 농업현이기에 싼 노동력을 확보할 수 있었

다. 이렇게 해서 반도로 남아 있었던 게이요 공업지대는 불과 20년도 안 돼
일대 공업기지로 변한 것이다.

개발의 특징

욧카이치 콤비나트와 비교하면 게이요 콤비나트는 5개시 7개 정의 보소
반도 해안선 약 80㎞로 이어지는 광역개발이었다. 13개 제유소와 6개 석유
화학, 1개 화력발전소를 포함하는 대형 석유 콤비나트일 뿐만 아니라 철강
3개 기지, 기타 12개 화학공장, 10개 조선소, 1개 자동차공장, 전기기기산업
을 포함하는 대규모의 종합적인 중화학공업 콤비나트였다. 욧카이치 석유
콤비나트가 실험단계의 콤비나트라면 이것은 본격적인 성숙단계의 콤비나
트였다. 게다가 산업구조의 변화에 맞춰 소재공급형 중화학공업에서 부가
가치형 공업, 특히 디즈니랜드와 같은 관광시설을 건설했다. 종래의 공장도
시에 머물고 있던 욧카이치와는 달리 수도권의 종합적 산업지역이 됐다.

이 개발을 위해 대규모 공공투자가 필요했다. 〈표 2-23〉은 1958~62년
개발기의 행정투자실적이다. 행정투자의 69%가 산업기반이며, 그중에도
공업용지 조성매립이 53%를 치지하는 이상한 상황이었다. 이에 비해 공영
주택이나 생활환경은 참으로 빈약했으며 재해방지의 국토보전투자도 1%
에 불과했다. 이와 같이 매립사업에 집중했기에 모든 인프라가 부족했고,
생활환경은 열악했다. 이 시기의 행정투자의 주체는 현이 69%의 사업을 행
했고, 국비는 20%에 불과했으며 59%는 금융기관의 차입이었다.

현은 이 방대한 자금으로 인한 재정위기를 막기 위해 사업비를 최종수요
자에게 의탁했고, 게다가 중심이 되는 게이요·이치하라 지구에는 미쓰이
부동산(나중에는 일부 미쓰비시 지소(支所)와 스미토모 부동산이 참여)과 업무제휴를 맺
었다. 공사의 시공주체는 현 대 미쓰이가 1 대 1이었지만, 사업비는 미쓰이
가 3분의 1을 부담하고 공공용 예정지 이외의 조성용지 중 3분의 2는 미쓰
이 부동산(나중에 스미토모 부동산과 미쓰비시 지소가 참여)에 분양하기로 했다. 공공
사업이 민영화하고 부동산 수입으로 개발사업이 추진되게 됐다. 땅값은 매

표 2-23 지바·기사라즈 지구 행정투자실적

(1958-62년)

대 상	금액(백만 엔)	%
I 산업기반투자	44,406	69.4
(1) 공장용지매립	34,109	53.3
(2) 공업용수도	2,308	3.6
(3) 항만	2,221	3.5
(4) 도로	5,660	8.8
(5) 직업훈련시설	108	0.2
II 생활기반투자	7,207	11.3
(6) 주택용지	950	1.5
(7) 공영주택	2,120	3.3
(8) 상수도	1,657	2.6
(9) 보건의료시설	322	0.5
(10) 사회복지시설	94	0.1
(11) 도시계획도로	952	1.5
(12) 기타 도시계획	1,112	1.7
III 국토보전투자	649	1.0
(13)하천	368	0.6
(14)해안	281	0.4
IV 문교설비	4,703	7.3
V 기타(청사건설) 등	7,042	11.0
총 계	64,007	100.0

주: 自治省 『1963年地方開発関連調査書』에서

립지 4, 보상금 3, 도로 등 직접 관련비 2, 배후지 조성 등 일반 행정비 1을 포함해 다른 기성 지구의 약 2배로 3.3㎡당 3만 엔에 매각됐다. 이는 나중의 공공개발자라고 불린 고베시의 임해지역개발의 선구라고 해도 좋을 것이며 공공사업이면서 수익을 높이는 방식이다. 미쓰이 부동산은 이 매립사업과 초고층빌딩사업으로 업계의 주도적 지위를 얻은 것으로 알려졌다.[41] 동시에 지바현은 민영화로 개발방식의 단서를 만들었다.

이 사업은 종합적 지역개발로 현의 모든 부서와 관계된다. 종래와 같이 공공보조금사업으로 행하면 각 부서의 부서분할주의로 인해 속도감을 갖고 종합화하기가 불가능하다. 그래서 지바현은 지방자치법의 규정에 없는 개발청을 만들었다. 이 방식은 제3장에서 말한 바와 같이 오사카부에서 더욱 발전해 '관동군'이라고 불린 개발국이 지사부국(知事部局)에서 독립해 센리, 사카이·센보쿠 뉴타운과 사카이·센보쿠 콤비나트를 조성한 것이다. 지바·오사카 방식은 고베시 항만개발과 더불어 고도성장정책을 추진한 기업화한 지자체의 전형이었다.

욧카이치 공해를 정부나 기업도 도시계획의 실패로 보고 있기에 나중에 추진된 게이요나 사카이·센보쿠에서는 토지이용계획이 중시돼 완충녹지가 만들어졌고 공장 내에 숲이나 잔디공원이 만들어졌다. 그러나 완충녹지는 너비가 2㎞는 필요하다고 했지만 40~80m에 불과해 공해대책이 되지는 못했다.

광역 공해와 환경파괴

게이요 공업지대의 최초 공해 사건은 가와사키 제철의 대기오염 사건이다. 지바현은 1963년에 공해방지조례를 제정했다. 가와사키 제철의 대기오염은 제1장에서 말한 하치반 제철소와 마찬가지로 산소제동(酸素製銅)법을 사용했기에 나오는 시뻘긴 연기 피해였다. 제철소는 주택지·시가지와 국도 16호선을 사이에 둔 곳에서 조업을 했기 때문에 대기오염이나 소음이 당초부터 심각했다. 그러나 공해문제가 사회문제화된 것은 1960년대 후반이다. 1968년 여름, 제철소 정문 앞에 살던 기관지천식 환자인 60세의 마쓰카와 다미가 자살했다. 자치노(自治勞)는 1965년 3월 「게이요 공업지대와 공해문제」라는 리플렛을 냈다. 1968년 7월 '공해로부터 생명과 삶을 지키는 지바현민협의회'가 발족됐고 1969년 5월 『지바현의 공해』를 발표했다. 이와 같은 주민의 움직임으로 인해 1966년에 지바현과 통산성은 개발지역을 현지조사한 뒤 풍동(風洞)*실험을 실시해 확산실태와 이론식을 세워 확산을

---

* 인공으로 기류를 일으키는 장치

계산하여 대기오염을 예측했다. 이 결과로 고농도오염의 발생(지상 최고농도 0.2ppm)이 예측됐기에 전 공장의 중유유황분을 1.7%, 굴뚝 높이는 30m 이상이 되도록 권고했다.

　건강조사는 지바 대학이 1964년 이후 위탁조사를 맡았다. 후생성은 1967년 6월, 11월, 1968년 2월에 아동을 조사했다. 오염된 학교로 고이 초등학교, 오염되지 않은 학교로 이치니시(市西) 초등학교, 요로(養老) 초등학교 3개교를 선정해 4학년과 6학년 남녀 705명을 대상으로 실시했다. 그 결과는 다음과 같다.

① 가정의 직업은 대조학교는 농업이 많고, 오염학교는 회사원·전문 기술자 전업자(轉業者)·노동자가 많고, 진출기업의 종업원 자녀가 상당히 많다.
② 가정에 매연이 미치는 영향을 보면 오염학교에서는 4%가 늘 받고 있고, 때때로 받는 경우는 44~55%라고 답해 반수 이상의 아동이 공해 피해를 받고 있다.
③ 공해의 영향이 강한 천식의 가족력이 오염학교에서는 약 13%로 6.4%인 대조학교의 배 이상이다.
④ 아동의 이주력을 보면 폐렴, 기관지염, 양진성 습진 등의 공해병이 오염학교는 대조학교에 비해 배에서 5배 정도 많다.(이하 생략)

　가와사키 제철의 공해실태는 1972년 3월 지바 대학 의학부의 '지바시 매연영향조사회'의 제철소 주변 주민 500명의 건강영향조사 결과로 밝혀졌다. 그 결과, '지속적으로 기침과 가래가 나온다'고 호소한 사람의 비율이 14.5%로, 가와사키시의 조사결과인 5.1%보다 훨씬 높은 것으로 밝혀졌다. 이러한 상황에도 불구하고 가와사키 제철이 6호 고로를 만들어 연 생산 850만t을 목표로 하는 계획을 발표했다. 지바현과 지바시는 주민운동에 밀려서 가와사키 제철과 교섭을 추진했는데, 협정을 통해 인정하려는 쪽이었다. 1975년 5월 제철소 주변 환자 47명이 손해배상을, 주민 153명과 공해병

인정환자 44명을 합한 197명이 6호 고로의 중지를 요구하는 소송을 냈다. 그 결과는 1988년 손해배상은 인정됐지만 중지는 각하됐다. 이와 같이 게이요 공업지대의 공해문제의 해결은 지체됐다.

제2절에서 말한 바와 같이 대도시권은 사업소·교육문화시설의 집중에 따른 인구 급증, 자가용 자동차의 증대와 대량소비 생활양식의 보급과 더불어 환경파괴가 심해졌다. 게이요, 나고야 남부, 사카이·센보쿠 등의 주변 개발은 공해를 심각하게 했다. 그리고 장기적으로 보아 가장 큰 환경파괴는 매립으로 인한 3대 항만의 자연해안이 상실된 것일 것이다. 특히 도쿄 만은 나중에 주민운동의 힘으로 지역의 갯벌인 산반제를 남긴 것 외에는 야생조류·어패류의 보고였던 습지가 사라지고, 자연해안이 10%로 줄고, 갯벌은 16.4㎢가 됐다. 오사카 만은 사카이·센보쿠 지역개발에 더해 고베 항만도시개발로 인해 해수욕장은 소실되고, 자연해안은 4%만 남고, 갯벌은 0.15㎢밖에 남지 않았다. 세계에서 가장 아름다운 내해의 하나로 불렸던 세토나이카이 해는 후술하는 바와 같이 공업지대가 숲처럼 들어서고 산업운하로 변했다.

이와 같이 공해의 광역화로 인해 광역지자체의 경계를 넘어선 환경정책이 필요하게 됐다.

주

1   『昭和37年都公害苦情陳情統計』(1963年3月東京都首都整備局)
2   앞의 책 (제1장) 『恐るべき公害』, p.34에 인용지 일람(引用紙一覧)이 나와 있다.
3   『恐るべき公害』, pp.12에서 인용. 이러한 공해 실태를 일기와 지도로 정리하는 수법은 NHK社会部編 『日本公害地図』(日本放送出版協会, 1971年)나 飯島伸子編著 『公害·労災·職業病年表』(公害対策技術同友会, 1977年)로 계승된다.
4   『恐るべき公害』, pp.33-34.
5   이는 오사카의 예로서 $SO_2mg \times 0.03 ≒ SO_2ppm$이 된다.

6   文部省「公立学校公害実態調査の結果について」(1967年 8月)

7   앞의 책(서장)『日本の公害』, p.ⅰ.

8   大阪市総合計画局公害対策部 『公害による経済的被害調査結果(大気汚染―家計部門)報告書』
    (1966年 4月) p.55.

9   동(同)『公害による経済的被害調査(大気汚染 企業部門)報告書』(1967年5月), pp.36-37.

10 동『公害による経済的被害調査(大気汚染 政府・公共部門)報告書』(1968年8月), p.45. 더욱이
    環境庁은『環境白書』(1972年)에서 오사카시 방식을 활용해 1960년 1인당 가계피해는 2060엔
    (총액 2205억 엔)에서 1970년에는 1만 4793엔(동 1조 5343억 엔)이 됐다고 한다.

11 이 카프의 사회적 비용과 그 후의 이론에 대해서는 宮本憲一『環境経済学新版』(岩波書店,
    2007年), pp.138-146.

12 近畿地方大気汚染調査連絡会『ばい煙等影響調査報告書(5개년 총괄)』(1969年 6月), pp.95-96.

13 같은 책, p.129.

14 같은 책, p.203.

15 같은 책 모두의 동 연락회위원장 가지와라 사부로 오사카 대학 교수의 머리말.

16 베트남전쟁의 영향에 대해 日本経済調査協議会『ベトナム情勢の変化とその経済的影響』(1968
    年 12月) 노트(9)에서 주(注)로 국민소득에 관한 영향으로는 한국전쟁 4%에 비해 1%로 작
    지만 주변국에 대만, 한국, 홍콩, 태국, 말레이시아가 있고, 미국이나 일본이 관련해 경제발전
    을 했다. 이 영향으로 일본의 무역이 늘어났다.

17 宮崎勇「国民所得倍増計画策定のころ」(『朝日ジャーナル』1981年 10月 1日 増刊号)

18 伊藤光晴・柴田徳衛・長洲一二・野口雄一郎・吉田震太郎・宮本憲一 『住みよい日本』(岩波書
    店, 1964年)

19 前田清『日本の社会開発』序文(春秋社, 1964年)

20 武田晴人『高度成長』(岩波新書, 2008年). 이 항의 내용은 宮本憲一『社会資本論』(有斐閣, 1967
    年) 참조.

21 石川弘義『欲望の戦後史』(太平出版社, 1981年)

22 大川鉄雄「公害防止の総合対策を確立せよ」(『経団連月報』14巻 1号, 1966年)

23 経団連事務局「公害問題に関する調査の概要」(『経団連月報』13巻 10号, 1965年)

24 大川鉄雄・池田亀三郎・岡次郎・岡本茂・加藤新三郎・黒川真武・楠本正康・東島善吉 「公害
    対策の方向と問題点・座談会」(『経団連月報』12巻 10号, 1964年)

25 「公害対策の基本的問題点についての意見」(経団連, 1966年 10月 5日)

26 「대기오염, 특히 아황산가스로 인한 대기오염의 실정과 그 인체・동식물 등에 미치는 영향에
    대해서는 이미 각각의 전문분야로부터 많은 조사연구가 행해져 있다. 그러나 현실에 어느 정
    도의, 또 어떠한 오염이 있으며, 인체・동식물에 어느 정도의, 또는 어떠한 영향이 있는 지는
    아직 알려지지 않고 있다.」「わが国石油精製業をめぐる諸問題」(日本開発銀行 『調査月報』
    1968年 6月), pp.62-63. 이러한 인식은 당시 재계나 당국자에게 공통된 것일 것이다.

27 서튼식은 이론적으로 완전히 답이 나온 것이 아니라 다양한 가정이 있으며 실험으로 정해진
    패러미터가 있고, 실제 현상을 완전히 설명할 수 없다. 서튼도 말하고 있듯이 가령 야간의 기
    온 역전의 경우에는 연기가 매우 멀리까지 높은 곳을 흐르고, 발생원으로부터 멀리 떨어져 있
    는 곳까지 높은 농도가 미친다. 또한 굴뚝이 가까운 장애물이나 지형의 여부는 일반적으로 수
    학해석에 어울리지 않는다. 분지가 된 지형에 공장지대가 있고, 기온의 역전이 있으면 분지
    주위는 오염물이 달아나는 것을 방해하는 장벽이 된다. 이들의 결점이 있음에도 불구하고 확

산 이론은 커다란 발생원인 발전소 건설의 경우에 주민의 건설반대운동을 설득하는 데 사용됐다. 1968년의 대기오염방지법도 유황산화물의 배출규제에 서튼식을 변형해 사용했다. 이는 중유의 탈황이나 배연탈황 등의 발생원대책을 늦추게 했다. 그 뒤 오사카부 다나가와(多奈川) 화력발전소 공해재판 등에 있어서 서튼의 확산식의 적용한계는 분명해졌다. 전게 庄司光·宮本憲一『日本の公害』, pp.124-127.

28　대기오염방지법 제정시의 석유정제업의 저유황화의 경제문제에 대해서는 전게『わが国の石油精製業をめぐる諸問題』pp.54-95. 또한 이는 본장만이 아니라 전권(全巻)에 관계가 되지만『大気汚染学会誌』第24巻 第5, 6号에 특집으로 나온「大気汚染の変遷」「大気汚染研究の現状と展望」은 일본의 대기오염방지의 기술·연구의 역사를 요약한 것으로 참고가 된다.

29　전게 橋本道夫『私史環境行政』, pp.54-56.

30　『中日新聞』1966년 5월 1일에는 다음과 같은「제목」이 나와 있다.「유명무실한 법과 기대 약한 시민, 욧카이치지구「매연규제법」오늘 시행, 한 건도 없는 위반굴뚝, "벌칙도 솜방망이"」, 더욱이 당일 헬리콥터로 욧카이치시와 구스정 상공을 돌아본 감상으로, 마을 전체가 잿빛 스모그로 둘러싸여 연막이 층을 이루고 있고, 이대로면 경보가 울릴 정도라고 경고하고 있다. 한편 지역산업인 반코야키(万古焼)는 물벼락을 맞는다고 유명무실한 법의 결함을 지적하고 있다(『四日市市史』第15巻, 1998年), pp.452-454.

31　선구적인 국민보험조사에 대해서는 吉田克己『四日市公害』(柏書房, 2002年) pp.71-76. 또는 그것들을 바탕으로 해 구로카와 조사단이 대기오염과 건강영향을 처음으로 인정한「疫学小委員会報告」에 대해서는, 같은 책, pp.106-109.

32　吉田克己, 전게서, pp.112-113.

33　1975년 3월에 핀란드의 국영산업 네스테(Neste Corporation Inc)의 석유 콤비나트를 나는 우이 준과 시찰했다. 본문에 있는 바와 같이 회사의 수뇌부가 머리말에「욧카이치의 공해문제에서 배웠다」고 했다. 확실히 욧카이치 콤비나트의 결함을 훌륭하게 극복하고 있었다. 인구40만의 수노 헬싱키로부터 약 45km 북쪽 송림 625ha에 3개의 공장을 분산시켰다. 공장건설 3년 전에 80개소의 소나무를 골라 대기오염 영향조사를 시작해 이후 15년의 결과, 공장의 매연의 영향은 없다고 보고서는 기술하고 있다. 공장 가운데 소나무가 있는 것이 아니라 소나무숲에 공장이 있다. 핀란드만을 바라보며 국제관계도 있기에 공장용수는 완전순환으로 하고, 폐수는 고기가 살 수 있도록 넓은 침전지를 경유해 처리한 뒤 바다로 흘리고 있었다. 재해방지를 위해 암반을 파내 320만ℓ의 석유 가운데 220만ℓ을 지하에 매장하였다. 새로운 기술의 정비를 통해 재해나 공해를 방지하는 데는 시간을 갖고 안전을 확인해 규모의 확대나 신설을 해야 한다고 해 석유정제공장은 1963년, 그 확장은 1975년, 석유화학의 에틸렌플랜트는 1971년, 발전소는 1972년에 건설했다. 욧카이치에서는 콤비나트의 집적을 통한 효율성을 최대한 살리기 위해 안전을 확인하지 않고, 단기간에 주택지역에 인접해 집중적으로 건설해 심각한 공해를 불러왔다. 핀란드는 멋지게 이 실패의 교훈을 살리고 있다. 이에 반해 일본의 콤비나트 개발은 욧카이치의 교훈에서 배우지 않고 같은 실패를 모든 콤비나트에서 반복한 것이다. 都留重人編『世界の公害地図』(岩波新書, 1977年)下巻, pp.183-186.

34　宮本憲一『日本の環境問題』(有斐閣, 1975年)의「후기」참조.

35　三重県『三重県における公害の現状と対策の概要』(1964年)

36　田尻宗昭『四日市·死の海と戦う』(岩波新書, 1972年)에는 당시 욧카이치의 상황을 적나라하게 쓰여 있다. 이 10년간에 욧카이치 4개 어협의 어장은 35% 감소, 어업종사자는 31% 감소, 어획은 1957년 4억 6700만 엔에서 1962년 1억 8000만 엔으로 감소했다. '이상한 냄새 나는 고

기'의 어업피해는 1958년 263만 엔이 1962년 1억 엔이 됐다. 어민운동은 오수 그 자체에 반대하는, 배출원 그 자체를 없애도록 하는 데서부터 출발했지만 기업의 두꺼운 벽이나 기업측에선 행정의 실태를 절실히 깨닫게 됨과 동시에, 점점 도둑질주의적이게 되었다. 그래서 궁극에는 어업권의 분할판매와 같은, 자신의 옷을 벗어 파는 것과 같은, 계획성 없는 운동이 돼버린 것이다. 그러나 그 돈을 받는 것밖에는 방법이 없다고 하는 악순환이, 운동 그 자체의 침체를 불러온 느낌이 든다.」다지리는 이는 어민의 약함만으로 결말이 나지 않는 공해문제의 본질적인 것을 상징하고 있다고 보았다.(같은 책, p.49)

37 「四日市市公害防止対策委員会中間報告」(1962年 2月) 전문은 앞의 책 『四日市市史』 第15巻, pp.420-423.

38 앞의 책, 橋本道夫 『私史環境行政』, p.62.

39 谷山鉄郎・沢中和雄 「大気汚染地域(四日市市)における水稲の生育・収量の特徴と大気汚染に対する指標植物としての意義について」(谷山鉄郎三重大学退官記念論文集 『四日市公害から地球環境研究までの36年』合同出版, 2001年), pp.78-88.

40 「72년의 욧카이치 공해판결까지의 시의 자세는 산업의 발전을 위해서는 어느 정도의 공해는 받아들이지 않을 수 없다」고 하는 것이었다. (앞의 책 『四日市市史』 第15巻, p.4.)

41 게이요 공업지대 형성에 대해서는 다음의 자료를 참고했다. 自治省 『1963年地方開発関連調査書』, 千葉県 『千葉県史』, 川名英之 『ドキュメント日本の公害』 第6巻(緑風出版, 1991), 公害からいのちとくらしを守る千葉県民協議会 『千葉県の公害』(1969年), 同 『公害関係資料』(1970年), 自治研事務局 『京葉工業地帯と公害の問題』(1965年)

42 江戸英雄 『私の三井昭和史』(三井不動産広報室, 1980年)

제 3 장

공해대책의 전개

- 대안적 정치·경제시스템을 찾아서

서론에서 말한 바와 같이 독일의 환경법학자 레빈다나 환경정치학자 와이트너는 독일의 환경정책이 정당이나 전문가인 위에서부터 시작된 제안이었던 것에 비해 일본은 아래로부터인 시민운동에서 생겨났다고 했다.[1] 일본의 환경정책은 발생원 대책, 환경영향평가, 환경기준 등이 주민의 여론과 운동에 의해 생겨났다고 해도 과언이 아니다. 1960년대 이후 주민의 여론과 운동이 언론의 지지를 받았고, 전후 민주주의의 2가지 제도를 이용해 환경정책을 전진시켰다. 제1장은 공해를 반대하는 시민운동이 강력한 지역에서는 전후 헌법으로 보장된 지방자치의 권리를 최대한 행사해 지자체 단체장을 환경보전파로 바꿨다. 1960년대 중반부터 1980년대 전반에 걸쳐서 혁신 지자체라고 불렸던 바와 같이 일본사회당·공산당 양 당이나 사회운동의 지지를 받은 단체장이 등장해 전국 지자체의 3분의 1을 차지했다. 그들의 행정이 국가의 환경정책을 바꿨다. 제2장은 시민운동의 힘이 약해 피해자가 고립되어 행정이 구제하지 않는 경우에는 공해재판을 제기해 소송에서 이김으로써 환경정책을 전진시켰다. 여기서는 공해재판은 다음 장으로 넘기고, 공해반대 시민운동과 그로 인한 행정의 개혁에 관해 말하고자 한다.

일본의 환경정책 특히 지역개발의 전기를 만든 것은 1963년 2월~1964년

10월의 시즈오카현 미시마·누마즈·시미즈 2시1정의 석유콤비나트 저지
시민운동이다.[2]

제1절 공해반대운동

1 미시마·누마즈·시미즈 2시1정의 시민운동

시즈오카현 미시마·누마즈·시미즈 2시1정의 운동(미시마·누마즈 시민운동
이라고 약칭한다)은 전후 환경정책의 전기가 됐을 뿐만 아니라, 고도성장을 추
진했던 정치의 전환을 촉구하는 중대한 의의를 갖고 있다. 일본의 공해반대
운동은 전전에도 획기적 성과를 거둔 바가 있다. 그러나 전전의 주민운동은
공업화로 인해 농어민의 생업이 침해받는다는 산업 간의 분쟁이 주 원인이
었다. 기업 대 시민이라는 전후사회의 전형의 형태로 공해반대운동이 승리
를 거둔 것은 이 미시마·누마즈 시민운동이 처음이다. 그 의미는 이 운동
이 기본적 인권을 주장하는 '시민의 탄생'이며, 또한 산업 간의 이익을 넘은
생활자의 논리에 의한 최초의 주민운동이었다. 2시1정의 운동은 농어민과
어류가공업자의 생업을 지켰다는 기득권 옹호라는 면도 있었지만, 중심은
주민 전체의 건강이나 후지산록의 아름다운 경관을 지킨다는 경제적 이익
을 넘은 운동이었다. 이 특정산업이나 개인의 이익을 넘어서 지역 전 시민
의 요구를 실현한 것에 의해 공해반대의 보편적 이념이 나왔다. 그 운동방
법은 철저한 '학습회'를 거듭한 것이었다. 그 뒤에 미시마·누마즈형이라고
불리는 주민운동이 전국으로 확산되게 됐다.

운동의 경위

미시마·누마즈 시민운동에 관해서는 호시노 시게오·니시오카 아키
오·나카지마 이사무의 『석유콤비나트 저지』와 미야모토 겐이치 편 『누마

즈 주민운동의 발자취』에 일지 형태로 상세하게 기록되어 있다. 여기서는 이 운동의 특징을 알 수 있을 정도로 간단히 소개하고자 한다.

1960년 9월 시즈오카현 지사 사이토 도시오는 아라비아 석유, 스미토모 화학, 쇼와 전공, 도쿄 전력의 기간 4사의 석유콤비나트 계획이 있다는 사실을 히가시스루가 만 관계 시정촌에 알렸다. 이 계획은 기업 간의 대립, 공장용지 할당 조달의 곤란, 누마즈시와 미시마시의 대립, 누마즈시 어민들의 반대운동 등으로 인해 연기됐다. 이 지역은 과거 연합함대의 정박지였던 시즈우라 만이라는 배가 드나들기 좋은 항구가 있고, 후지산의 융설(融雪)로 인한 풍부한 용수, 도쿄권에 가깝고 교통이 편리한 용지가 있고, 양질의 노동력을 기대할 수 있다는 점에서 정부나 기업이 보면 임해성 콤비나트의 적지였다. 그러나 지역이 보면 생산력이 풍부한 농어업이 있고, 후지산록이라는 아름다운 경관을 가지고 있으며 하야마 왕실별장이 들어서 있는 일본을 대표하는 건강에 좋은 생활환경을 가진 지역이었다.

앞장에서 말한 바와 같이 정부는 욧카이치형 개발을 전국에 보급시키기 위해 1963년 7월 히가시스루가 만 지역을 공업정비특별지역으로 지정했다. 시즈오카현은 이 개발을 추진하기 위해 같은 해 5월에는 누마즈·미시마·시미즈 2시1정 통합안을 냈다. 10월에는 후지 석유, 스미토모 화학, 도쿄 전력 3개사의 석유콤비나트 계획이 정리됐다. 현은 이것을 12월 14일 누마즈시에서 개최된 2시1정의 광역도시연락회의에서 갑작스럽게 발표했다.

당초 계획은 다음과 같았다.(그림 3-1)

스미토모 화학은 건설지 시미즈정, 에틸렌 연 생산 10만t, 연간 매상고 250억 엔, 건설비 530억 엔, 용지 40만 평.
도쿄 전력은 건설지 누마즈시 우시부세 해안, 140만kW, 총공사비 520억 엔, 용지 4만 7000평.
후지 석유는 건설지 미시마시 나카고, 제1기 7만 5000배럴/일, 제2기 15만 배럴/일, 건설비 260억 엔, 용지 50만 평.

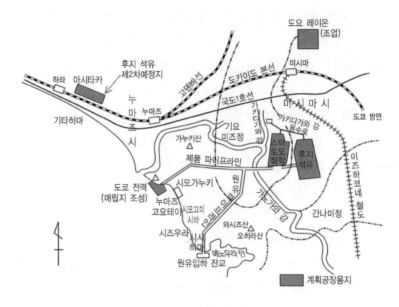

그림 3-1 석유콤비나트 계획 제2차안

임해콤비나트라고 했지만 후지 석유와 스미토모 화학은 내륙부에 있었다. 이와 같이 3개 지역으로 나뉘어졌기에 각각의 지역 상황이 달라서 반대운동의 방식도 달랐다. 이 광역에서 다양한 운동이 연대해 콤비나트를 저지시켰다는 데 특징이 있다.

운동의 제1막은 1963년 12월의 콤비나트 계획의 발표에서부터 1964년 5월 23일에 미시마시가 후지 석유의 진출을 거부한 때까지이다. 이 시기에는 1964년 1월에 '석유콤비나트 대책 미시마 시민협의회'(미시마 시민협의회라 약칭한다)가 결성된 미시마시 운동의 중심이 됐다. 게다가 1964년 3월 15일에는 '석유콤비나트 진출반대 누마즈시·시미즈정·미시마시 연락협의회(이하 2시 1정 연락협이라고 약칭한다)가 결성됐다. 이는 운동의 통일체는 아니었다. 주된 주장이 다른 다양한 주민조직을 콤비나트계획 저지까지 가져간 연대조직이었다. 이 운동의 최초 주도권을 가진 것은 미시마시의 주민조직이었다.

미시마시의 운동과 마쓰무라 조사단

미시마시장 하세가와 야스조는 전 자민당 청년부장, 시의회 중립계 의원이었지만, 혁신세력이나 문화인의 지지를 받아 시정촌 통합이나 공장유치에 신중했다. 미시마시의 운동은 부인연맹과 정내회(町內会)장연합회의 공동투쟁에서 시작됐다. 그들이 미시마 시민협의회를 만들었다. 미시마 시민협의회는 도레이(東レ) 주식회사의 진출로 인해 미시마의 생명수인 가키타가와 강의 용수가 고갈된 경험을 하면서 석유콤비나트가 진출하는 것에 반대했다. 미시마 상공회의소에서는 상업부회와 공업부회는 별도로 반대를 표명했고, 전무가 콤비나트계획 비판의 급선봉에 섰다. 이렇게 해서 1964년 3월부터 5월에 걸쳐 운동이 한껏 고조되자 유치파인 자민당 미시마 지부는 고립됐다.

이 시기 운동의 특징은 공해 실태조사와 그 경험을 학습하는 것이었다. 반대운동에 참가했던 단체나 개인은 거듭해서 계획의 모델이 된 욧카이치 콤비나트를 시찰했다. 1964년 2월 9일 미시마 시민협의회는 욧카이치를 시찰했다. 그리고 이 시찰보고와 동시에 강연회를 열었다. 노구치 유이치로 무사시노 대학 교수의 '석유화학과 공해문제', 오하시 다니가즈 나고야 대학 강사의 '석유콤비나트와 환경위생에 관해서' 등의 강연을 듣고 학습했다. 이 2월부터 3월에는 후지 석유 예정지인 나카고 지구의 농민과 욧카이치시나 오카야마현 미도리 지역을 시찰했고, 그 보고를 받아 3월 10일에는 콤비나트 반대 기성(期成)동맹을 만들어 시장과 의장에게 반대 결의문을 건넸다. 정내회장연합회와 부인연맹은 시민을 대상으로 한 설문조사에서 콤비나트 반대가 82%에 이르고 있다는 사실을 받아들여, 4월 1일 석유콤비나트 진출 절대반대를 결의했고, 자리에 함께 했던 하세가와 시장은 뜻을 함께 하기로 결의했다.

시즈오카현은 이에 대해 『현민소식』 특보 「공해는 전혀 있을 수 없다」호를 발행해 개발을 추진할 의지를 보였다. 그러나 정내회연합회는 이 『현민소식』의 배포를 거부했다. 반대운동에 결정적인 영향을 미친 것은 미시마 시장이 위촉한 마쓰무라 조사단의 보고였다.

이 조사단은 공해로 인한 연구소의 장래를 우려한 국립유전학연구소(소장 기하라 히토시)의 지원하에 변이유전부장 마쓰무라 기요시를 단장으로 동 연구소의 마쓰나가 에이(공중위생 담당), 또 교장의 결단으로 참가한 누마즈 공업고교 시마다 유키오, 나가오카 시로(공업화학), 니시오카 아키오(기상), 요시자와 도루(수맥), 거기에 미시마 측후소장(중도에 구로카와 조사단에 위촉했기에 사퇴)으로 구성됐다. 조사단은 5월 4일에 중간보고서를 발표했다. 여기서는 석유화학콤비나트에 관한 현과 회사측의 자료로 대기오염물질의 내용과 배출량·공해대책을 조사해 욧카이치시 콤비나트의 역학조사 등 내외 문헌과 해당 지구의 장기간 데이터를 조사하고 그 농작물·임목에 미치는 영향, 공중위생에 미치는 영향을 밝혔다. 대기오염으로 인한 주민의 피해는 피할 수 없기 때문에 기본적으로는 발생원 그 자체가 존재하지 않아야 한다고 했다. 또 용수에 관해서는, 공장이 물을 끌어다 쓰게 되면 지하수의 고갈 등 생활용수가 부족해진다고 예측했다. 공장배수에 관해서는 화학물질의 오염 등 연안어업에 미치는 영향이 예측됐다. 그 『중간보고서』의 '결론'은 다음과 같이 경고하였다.

'…… 시즈오카현 및 회사측의 데이터를 기준으로 해도 아황산가스의 농도나 배출량도 상당하며, 기타 유독가스의 배출도 생각할 수 있다. 이들로 인한 대기오염의 염려는 지형이나 기상 데이터에서도 완전히 제거되지 않는다. 또 용수부족과 그 배수로 인한 하천과 해수의 오염도 우려된다. 이들로 인한 농업, 수산 및 공중위생에 대한 공해의 우려는 충분히 있다고 말할 수 있다. 이번 석유화학콤비나트 진출에 동의할 것인가 여부는 이 중간보고서를 잘 읽어보고, 후지·하코네·이즈 국립공원의 끝자락에도 있는 미시마 시민의 판단에 의해 결정돼야 할 것이다.[3]

이 중간보고에 의해 공해의 우려가 있다는 사실이 밝혀지고 하세가와 시장이 이를 받아들여 5월 23일 콤비나트 유치반대를 표명했다. 이를 통해 후지 석유는 미시마시 나가고 지구 진출을 단념했다. 후지 석유는 콤비나트 유치에 찬성했던 누마즈시장과 상의한 뒤 계획을 변경해 누마즈시 우시부로 진출하기로 했다.

누마즈의 운동

운동의 제1막 그리고 사실상 유치 저지의 무대는 누마즈로 옮겨졌다. 제2막은 1964년 5월부터 1964년 9월 18일의 시오타니 로쿠타로 누마즈시장의 콤비나트 유치 반대성명까지이다.

누마즈시에서는 1964년 1월 초순부터 콤비나트에 반대하는 주민운동이 시작됐다. 이 운동의 특징은 많은 조직이 통일되지 않은 채 제각각 운동을 하다가 '누마즈 시민협의회'(3월 5일 결성)로 연대한 것이다. 주민조직으로는 가미카누키(上香貫) 연합자치회, 도선자치회, 누마즈를 지키는 모임(아동문화회, 기독교연합회, 누마즈시 노련, 일본적십자사 봉사단 등), 시즈오카 수산가공조합, 어(魚)중매상협동조합이 활발한 운동을 벌였다. 특히 이 지역운동의 특징은 의사회와 누마즈 공업고교의 교사들을 중심으로 한 학습활동이다. 3월 중에만 30회의 학습회, 수천 명이 참가했다. 시즈우라 어협은 미에현 어련(魚連)과 욧카이치시 이소즈 관계자를 불러 2박3일 학습회를 가졌고, 어중매상협동조합은 전국 12개 지구의 석유공업지대를 시찰해 학습을 깊이 했으며, 고기잡이를 1번 쉬면 수백만 엔의 손해를 입을 각오로 반대데모를 했다. 또 청년단은 오세(大瀬) 신사의 제를 중지했고, 시모카누키 지구는 제3초등학교 운동회를 중지하고 그 자금을 운동자금으로 충당했다. 학습회는 전시에 걸쳐 행해졌다. 그러나 보수계 실력자가 찬성으로 돌아서기 시작했기에 현청이나 시청에 데모도 계속됐다. 그 결과, 6월 11일 시오타니 로쿠타로 누마즈시장은 도쿄 전력에게 화력발전소 건설계획의 철회를 요청했고, 도쿄 전력은 철회를 문서로 회답했다. 한편 그 무렵 후지 석유는 누마즈시 서부의 공업전용지인 가타하마 지구로 진출할 계획을 세우고 지역과 교섭에 들어갔다.

시즈오카현은 6월 30일 현의회에서 콤비나트계획을 추진한다고 밝혔다. 이 때문에 지역에서는 토건업자 등 유치파의 움직임도 활발해졌다.

구로카와 조사단

이보다 앞서, 정부는 시즈오카현의 상황이 앞으로 지역개발의 분수령이라고 생각해 시즈오카의 의뢰를 받아 1964년 4월 1일, 욧카이치 공해조사를 마친 구로카와 조사단을 이 지역에 파견해 정부로서는 일본 최초의 환경영향사전평가를 실시했다. 지역 주민조직은 공정한 판단을 기대해 조사를 방해하지 않았고, 조사기간 중에는 운동도 중단하며 그 결과를 기다리기로 했다.

구로카와 조사단은 4월 10일 제1회 회의를 열고 5월 7일부터 현지조사에 들어갔다. 6월 하순까지 공중과 육지에서의 기상조건 현지조사, 환경조건 측정조사, 풍동실험 등을 실시했다. 7월 27일 구로카와 조사단은 「누마즈·미시마 지구 산업공해조사보고서」를 발표했다.[4] 이 조사단의 멤버는 욧카이치 조사단과 거의 같았는데, 구로카와 마다케, 와다치 기요오, 이토 교지, 안도 신고, 우치다 히데오, 스즈키 다케오, 다나카 신이치, 도야마 도시오, 오자와 미키오였다. 당시 공해문제 특히 대기오염문제 연구에 있어서 제일선의 연구자들이었다. 이 보고서는 도쿄 전력 화력발전소의 아황산가스의 대기오염 예측이 중심이 됐다. 현지조사는 진출기업의 건설·생산·공해방지계획을 검토한 뒤에 특히 기상조건에 중점을 두고 있었다. 그러나 단기간인데다가 이것만으로 예측하기엔 충분하지 않았기에 이들 데이터를 바탕으로 풍동실험을 했다. 그 결과 모형굴뚝이 200m, 출력 35만kW의 경우, 최고농도지점 우시부세 동쪽 9km의 라이코가와 강 상류 부근에서 대략 0.015ppm(3시간 평균)의 농도가 된다고 결론지었다. 이는 출력이 4배인 140만kW가 될 경우에는 0.06ppm이 된다. 우시부세 지구의 기업계획에 따르면 연기는 기상의 불안정한 지역의 상공을 빠져나가기에 욧카이치 지구와 같은 오염현상은 일어나지 않는다고 했다. 또 석유정제소의 배기가스문제에 관해서도 확산계산으로 유황산화물의 농도를 구하면 엄격한 조건에서도 최고농도는 발생원보다 남서 5km 부근에서 0.015ppm(7만 5000배럴 정제시)이 된다. 더욱이 화력발전소의 배기가스와 석유정제소의 최고농도지점은 일반 기상조건하에서는 일치하는 경우는 있을 수 없다고 했다. 석유화학공장에서 나오는 배기가스는 배출구에서 0.005%로 매우 낮기 때문에 지상에 미치는 영향은 없다고 했다. 이 결과에 바탕을 두고 기업에 권고를 하였다. 우선 석유정제업에 관해서는 계획인 유황함유율 평균 2.07%의 확보에 만전을 기하고, 가능한 한 높은 굴뚝을 채택할 것, 화력발전소에 관해서는 굴뚝 높이는 130m 이하가 되지 않도록 하고, 어떠한 기상조건하에서도 굴뚝의 유효높이를 200m 이상할 것, 유황함유율이 낮은 연료유의 예측저장탱크를 설치할 것을 권고하였다. 기타, 공장의 배치는 안전을 위해 민가와 상당한 거리를 둘 것, 지역계획에 관해서는 기성 공업지대와 같은 주공(住工)혼재를 피해 녹지대를 둘 것, 거기에 더해 중소기업, 이농대책 등을 권고했다.

아황산가스의 대기오염대책 이외의 공해에 관해서는 조사하지 않고, 미시마 지구에서 중시하던 개발에 따른 지하수원에 미치는 영향이나 공장배수로 인한 하천·해수의 수질오염에 관해서는 향후 실태를 파악해 대책을 취한다는 수준에 머물렀다.

이 보고서만 보면 지금의 기업입지계획에서 적당한 대책을 취하면 대기오염의 우려는 없는 것이 된다. 시즈오카현은 기다렸다는 듯이 이 조사보고를 한층 왜곡해 '공해 우려는 전혀 없다'고 선전하기 시작했다. 누마즈시에 진출하기로 결정하고 있던 콤비나트의 핵심산업인 후지 석유의 입지를 승인·인정하기 위해 개발담당 현 동부사무소 직원을 3명에서 40명으로 증원하는 등 지역에 맹렬한 압력을 걸어왔다.

마쓰무라 조사단의 '공해의 우려가 있다'라는 결론과 구로카와 조사단의 결론은 완전히 대립했다. 마쓰무라 조사단은 구로카와 조사단의 보고를 검토하고는 그 내용에 근본적인 의문을 던졌다. 2시1정협의회도 구로카와 조사단의 보고서에 의문이 있어 그 회답을 해줄 것을 요구하기도 했다. 그래서 통산성에게 양 조사단의 논쟁을 제안했고 현의 요청도 있어 그것이 실현됐다.

양 조사단의 대결

8월 1일 도쿄 도라노몬 도요빌딩 내 산업입지사업단 회의실에서 마쓰무라 조사단 전원, 2시1정주민연락협의회 대표, 의사회 회원, 현의회, 시의회 등 16명과 시즈오카현 직원, 통산성 직원, 구로카와 조사단 대표(구로카와, 이토, 스즈키 3인)와의 논쟁이 벌어졌다.[5] 시즈오카현측의 지시로 토론은 불과 2시간으로 제한됐다. 더욱이 통산성 직원의 「누마즈·미시마 지구 산업공해 조사보고서」의 설명이 길었지만 뜨거운 토론이 벌어졌다. 이 회의록은 마쓰무라 조사단이 연구자로서의 자질이 높았기 때문에 그 뒤 환경영향평가의 문제점이 모두 나왔을 정도의 중요한 내용이었지만, 여기서는 환경영향평가의 틀을 중심으로 소개한다.

우선 첫째로 이 조사가 지역주민의 운명이 걸린 콤비나트의 입지의 가부를 정하는 중대한 사명을 갖고 있음에도 불구하고 구로키와 조사단의 조사는 정말 무책임한 것이었다. 마쓰무라 조사단은 구로카와 조사단의 보고서에는 아황산가스의 대기오염을 실험한 결과를 보고한 것에 불과했고, 다른 대기오염물질, 용수부족, 수질오염 등의 공해에 관해서는 조사돼 있지 않다는 사실을 지적했다. 그럼에도 불구하고 표제나 권고는 흡사 공해 전체의 조사와 대책으로 받아들여질 만한 내용이었다. 그런 잘못을 구로카와에게 지적하면 구로카와는 'SO$_2$에 관해 내가 조사한 바는 대체로 과학적인 조사에 의해 어느 정도 여기에 기재한 결과입니다. 그러나 물문제라든지 기타 문제는 우리에게 맡겨진 사명은 아니었기 때문에 앞으로 충분히 검토할 필요는 있다고 기재해두었습니다.' 더욱이 '이는 어디까지나 학문적인 보고서로 이것을 취할지 말지는 국가 내지 현의 일이며, 또한 이 공장을 설치할지 말지는 우리가 말할 입장이 아닙니다.'라고 회피하였다. 그런데 이 보고서는 학회에 제출되지 않았다. 또한 학술논문도 아니었다. 확실히 보고서는 통상성 직원이 쓴 것이었다. 그 증거로 마쓰에이가 시미즈정의 대기오염을 두고 '오염이 미치는 범위 내에 오염이 발생하면'이라는 애매한 문구를 지적하자 스즈키 다케오가 '저는 이런 문장을 쓴 적이 없어요'라고 말해, 통산성 직원이 썼다는 사실을 암묵적으로 인정했다.

둘째는 현지조사가 단기간에 불충분한 채 급히 결론을 냈기 때문에 풍동실험 등의 탁상연구에 맡겨졌고, 그것도 자의적이어서 실태와 거리가 먼 것이었다. 이러한 사실은 대기오염 조사에서 가장 중요한 역전층(逆轉層)에 관한 대목에서 드러났다. 조사시기는 역전층이 나타나기 쉬운 겨울철이 아니라 여름철의 짧은 기간에 행해졌다. 이 때문에 현지조사에서 역전층을 관측할 수 없어 도쿄타워나 과거 NHK의 자료 등에서 유추해 역전층의 높이를 지상 100m로 잡았다. 그리고 앞서 말한 바와 같이 130m의 높은 굴뚝에서 유효 200m로 배출할 수 있기에 착지(着地)농도는 0.015ppm이 돼 안심할 수 있다는 것이었다. 그러나 역전층은 100m 이상 될 가능성이 있다. 또 130m의 높은 굴뚝에서 배출된 매연은 강풍에 의해 상승하지 못하는 경우도 있다. 풍동실험은 1/2500의 모형으로 중심부분을 사용한 것으로, 하코네산과 같이 높은 산 등 현지의 전체상을 모형으로 한 것은 아니었다. 또 이 실험에서 얻어진 풍동실험값의 계산식으로는 13분의 1로 수정하지 않으면 0.015ppm이라는 수치는 나오지 않는다. 이 보정은 현지 데이터가 아니라 다른 연구자의 데이터에 의한 것이었다. 또 보고서에서는 해안인 가타하마의 기상이 안정돼 있다고 했지만 주민은 상당히 불안정한 것을 염려하였다.

셋째는 권고 가운데 시설의 레이아웃이나 도시계획에 관해 기술하였는데, 공장과 주거가 상당한 거리를 두고 있다는 사실과 완충녹지대의 설치 등을 이야기하고 있다. 그러나 현실의 계획은 공장과 주택지는 근접해 있었다. 결국 도시계획이나 공장입지계획도 없으면서 공장입지를 결정했다는 것이었다. 욧카이치 콤비나트의 전철을 밟을 가능성이 있다는 사실을 구로카와 조사단은 무시하고 있었던 것이다. 구로카와는 어디까지나 과학자로

서의 양심에 입각해 보고서를 썼다고 했는데, 그렇다면 산업공해조사라는
표제 대신 '아황산가스의 풍동실험보고서'라고 해야 했을 것이다. 확실히
입지의 가부를 판정하는 보고서를 낸 것인 만큼 그 사회적 책임을 물어야
할 것이다. 더욱이 1964년 11월 26일 '마쓰무라 조사단이 구로카와 조사단
에 보내는 질문장'이 나왔다. 회견 때에 불분명했던 점을 재질문한 것이었
는데 회답은 없었다.

이 2가지 조사단의 보고서 내용의 차이, 그리고 양자의 숨막히는 듯한 대
결 기록을 읽으면 오늘날까지 이어진 일본의 환경영향평가의 결함이 드러
난다. 이 일본 최초의 사례에서 큰 교훈이 포함돼 있다는 사실을 다시 한
번 생각하지 않으면 안 된다.

이 대결을 본 주민은 '구로카와 조사단의 보고서는 통산성 직원이 쓴 것
이 아닌가' '학자가 그런 식으로 한다면 학자만큼 쏠쏠한 장사는 없다'며 분
노를 억누르며 서로 얘기했다.

각을 세운 대립

이 '대결'은 확실히 정부 조사단의 패배였지만 지역에서는 평가가 나뉘었
다. 반대파인 주민은 정부의 조사결과를 믿을 수 없다며 주민운동에 다시
불을 붙였다. 한편 현 지사는 이 보고서를 바탕으로 누마즈시장과 시미즈정
장을 불러 유치를 추진하도록 압력을 가했다. 현 직원은 건설예정지의 설득
에 동원됐고, 건설업협의회는 유치찬성을 결의했으며, 누마즈상공회의소
상임의원 다수 의견으로 후지 석유와 스미토모 화학의 유치촉진을 결의했
다. 이미 6월 16일에 콤비나트 유치반대를 결의했던 누마즈시의회는 '구로
카와 조사단 보고의 엄수'를 대의명분으로 유치파로 돌아선 의원이 나와 전
원협의회에서 결의가 되지 않았다. 그동안 반대운동을 지지해왔던 「누마즈
아사히」는 기본방침을 바꿔 후지 석유 유치찬성으로 돌아섰다. 이렇게 해
서 8월부터 9월에 걸쳐서 반대파와 유치파의 날선 대립이 계속됐다.

진출지점인 가타하마 지구에서는 8월 6일 드디어 후지 석유 진출 절대반

대 가타하마 지구 반대동맹이 결성됐다. 8월 22일에는 '악마 퇴진, 후지 석유 퇴진' 기원제를 신메이구(神明宮) 신사에서 올렸다. 8월 26일에는 '아시타카 지구 석유화학 콤비나트 절대반대연합'이 결성됐다. 이날 예정지를 포함한 농지관계자 단체인 서북부 토지개량구는 후지 석유에 토지를 양도하는데 반대하는 결의를 했다. 8월 28일 '후지 석유 진출반대 총궐기대회'가 가타하마 초등학교에서 열려 2500명이 시위를 했다. 한편, '석유콤비나트 찬성시민대회'를 열었는데, 누마즈 상공회의소, 아시타카 농협, 가타하마 농협, 건설업협회 누마즈 지부가 참여해 1500명이 모인 자동차시위였다.

반대파는 연일 마쓰무라 조사단의 멤버도 참가한 학습회를 열었고, 콤비나트 철회의 의지를 다지고 또 확산했다. 누마즈 시민운동의 핵심 중 하나인 누마즈 의사회는 욧카이치 공해 조사연구의 핵심인물이었던 요시다 가쓰미 미에 현립대학 의학부 교수와 미즈노 히로시 나고야 대학 의학부 교수를 초청해 공해에 관해 학습을 하던 중 9월 1일 석유콤비나트 유치반대를 단행해 시장과 시의회에 결의문을 보냈다. 약제사회와 치과의사회도 반대를 결의해 전 시에 결의문이 전해졌다. 이러한 긴박한 상황에서 누마즈 시민협은 9월 13일에 대집회를 기획하면서 그 전 단계로 11일에 누마즈시에 2000명을 모아 강연회를 열었다. 쇼지 히카루 교토 대학 교수, 나카노미치오 오사카시 위생연구소 직원과 내가 공해문제에 관해 강연을 했고, 다음날 12일에는 3명을 둘러싸고 문제별 학습연구회를 열었다. 이렇게 해서 시민대회에 대한 준비가 정비됐다.

9월 13일 대집회

이날 아침부터 어민은 풍어기를 세우고 해상시위를 시작했다. 정의 중앙에 위치한 누마즈 제1초등학교로 정당정파, 사상신조, 지위·재산, 직업, 남녀노소, 일체의 차이를 넘어 시민이 모였다. 시의 자가용 대부분, 삼륜차, 트럭, 콤비나트를 반대하는 현수막을 두른 소방차, 멍석으로 만든 기를 내건 경운기 등이 잇달았다. 실로 유권자의 3분의 1인 2만 5000명의 시민이 모였다.

나는 이날 아침, 어느 은행지점장 부인의 차에 올라 대회의 모습을 보았다. 아침부터 날 위해 운전을 해준 것이 고마워 '고맙습니다만 부군께서는 골프라도 하러 가신 겁니까'라고 말하자 그녀는 '아니오, 저쪽 시위대 가운데에서 걷고 있어요'라고 말했다. 가리키는 방향을 보니 '식민지형 개발반대'라고 쓰인 플래카드를 들고 은행지점장이 행진을 하고 있는 것이 아닌가. 나는 이것을 보고 '이것이야말로 시민 탄생, 이 운동은 승리한다'고 확신했다.

한여름 같은 맑은 하늘 아래 열린 시민 대집회는 '석유콤비나트 절대반대에 관한 결의'를 채택했다. 결의는 5개 항목으로, 마지막 부분은 시처럼 끝맺는다.

(전문생략)

1. 우리는 시민 한 사람 한 사람의 생명을 지킨다. 자손을 위해 아름다운 향토를 지킨다. 석유콤비나트의 진출을 절대 인정하지 않는다. 이 싸움은 정의의 싸움이다. 우리는 반드시 승리한다.

2. 아직 들고 일어나지 않는 정 내의 모든 분들에게 호소한다. 함께 싸웁시다. (생략)

3. 시오타니 시장과 시의회 의원 모든 분들에게 호소한다. 이번만큼 여러분들을 미덥지 못하게 생각한 적은 없다. 양심적인 일부 사람들을 제외하고 여러분의 행동은 시민을 불안의 나락으로 떨어뜨렸다. 우리는 시민의 대표에 걸맞는 행동을 할 것을 요구한다. 현재와 누마즈시 백년대계를 결정할 중대하고 비상한 시기이다. 지금까지의 행동을 버리고, 사리, 사욕, 사정을 버려라. 시민과 함께 나아가자.

4. 속아서 토지를 빼앗기게 된 일부 농민 여러분에게 호소한다. '50년을 수렁논을 일구었지만 더 이상 밝은 전망이 없다'고 하는 그 목소리는 그대로 우리들의 마음입니다. 농업을 파괴하는 정치와 콤비나트를 밀

어붙이는 정치의 뿌리는 하나입니다. 우선 석유콤비나트를 물리치고, 함께 밝은 번영의 길을 열어갑시다.

5. 마지막까지 찬성파 단체·마을과 맞서 괴로움을 무릅쓰고 싸우고 있는 여러분에게 진심으로 격려를 보냅니다. (중략) 시민의 힘을 믿고, 단체의, 마을의 민주주의를 지키기 위한 싸움을 강력하게 추진해주십시오. 우리는 다음과 같은 결의를 표명한다.

우리는 목숨을 지킨다. 생활을 지킨다.

아시타카의 녹음을 지킨다. 스루가 만의 푸름을 지킨다.

세계 최고의 가키다가와 강의 물을 지킨다.

영봉 후지를 우러러보는 맑은 하늘을 지킨다.

석유콤비나트의 진출을 절대로 인정하지 않는다.

만일 강행한다면 몸을 던져서 저지한다.

이 싸움은 정의의 싸움이다.

우리는 반드시 승리한다.

누마즈시민의 단결 만세.

2시1정의 단결 만세.

공해와 싸우는 일본의 여러분, 손을 잡고 함께 노력합시다.

1964년 9월 13일

석유콤비나트 반대 누마즈시민 총궐기대회

이 대집회로 승패는 결정났다고 해도 좋을 것이다.

승리

9월 16일 시오타니 시장이 도쿄에 올라가 통산성, 후지 석유를 방문해 후지 석유가 스스로 계획을 철회하도록 요청했다. 17일에는 현 지사를 방문해 '후지 석유 본사에 누마즈시 가타하마 지구 진출계획을 철회할 것을 요청한다'고 양해를 구했다. 9월 30일 시민협은 1000명을 동원해 시의회를 포위해

반대결의를 요구했고, 콤비나트 찬성파 14명이 결석한 채로 출석 20명 의원으로 반대를 결의했다.

스미토모 화학이 입지할 시미즈정에서는 일부 농민이 토지 매수에 응하기도 했지만 정내의 대립이 심해졌다. 2시1정협의회는 시미즈정의 반대운동을 지원했다. 9월 4일 후시미 지구 부인 콤비나트연구회의 학습에 이어서 이후 10월 20일까지 각지에서 누마즈시에서 했던 것과 같은 학습회가 열리며 반대운동이 확산됐다.

스미토모 화학은 석유콤비나트 계획이 좌절됐다고 판단해 10월 27일 '시미즈정의 현황은 반대가 강하고, 전망이 불투명하기에 니하마에 증설한다'고 다카다 지로 정장에게 전화로 통보해왔다. 찬성파와 정장은 자연소멸한다고 속이려고 했지만, 반대파의 요구로 스미토모 화학의 진출과 석유콤비나트계획이 불가능하게 돼 이에 대체하는 개발을 고려할 것을 결정토록해 이를 정(町)의회에서 결의토록 했다.

이렇게 해서 시민운동은 '노모어(No More) 욧카이치'라는 슬로건 아래 처음으로 정부와 기업의 고도성장정책에 반대의 목소리를 내어 공해를 사전에 저지한 것이다.

2 미시마·누마즈 시민운동의 교훈

미시마·누마즈 시민운동이 성공한 요인은 어디서 찾을 수 있을까. 나는 다음 3가지 점에 있다고 생각한다.

풀뿌리민주주의에 의한 연대

미시마·누마즈형 시민운동의 특징 중 첫 번째는 철저한 풀뿌리민주주의에 의해 전 주민이 연대한 것이다. 시민운동의 주체는 노동자, 어민, 의사, 주부로 다양했다. 이들이 멋지게 분업을 하면서 협업했다. 노동자는 그 계획성과 조직력을 살렸다. 석유콤비나트 반대운동과 같은 거대한 조직력과

선전력은 노동조합의 지원 없이는 불가능한데, 그 안에는 고등학교 교직원
조합 누마즈 공업고교분회와 국철(国鉄)노동조합 누마즈 지부가 애를 썼다.
한편 한 번 분출하는 형태로 지속성은 없지만 폭발력을 가진 농어민은 집
회나 교섭의 현장에는 전력을 다했다. 의사는 의학과 공중위생의 힘으로,
주부는 그 선전력과 생활의 지혜를 냄으로써 운동을 다면적으로 했다.

여기서는 다나카 쇼조와 같은 영웅은 없었다. 누구나가 즐기면서 '편한
복장'으로 행동할 수 있는 스타일을 갖고 있었기 때문이다. 명문가도 이름
있는 문인도 없었지만 누구나 이해할 수 있는 평이한 문장을 가볍게 쓴 활
동가가 많이 있었다. 앞의 경단련 월보 좌담회에서는 이 행동을 '빨갱이'의
지도라고 했지만 완전 왜곡이다.6 사공(社共) 양 당의 뛰어난 활동가는 표면
에 나서 지도하지 않고, 어깨너머로 지지하는 모양새로 수수하게 뒤에서 받
쳐줬다. 시민운동은 신좌익과 같이 기성 정당을 배제하는 뻣뻣한 자세는 아
니지만 일부 노조나 종교단체와 같이 특정 정당만을 지지하는 편협됨도 없
었다. 미시마·누마즈 시민운동이 지속된 이유 중 하나는 정당과 연대가 좋
았던 데 있었는지도 모르겠다.

그때까지 지역의 정치문제는 지방의원이나 단체장 등의 보수정치가가
주민의 민원을 받아 처리를 해왔다. 그 방법은 중앙정치가·관료에게 진정
을 넣어 보조금사업을 받든지 행정지도를 통해 해결해왔다. 나는 이것을
'풀뿌리보수주의'로 불렀는데, 자민당 등 보수정치의 기반으로 삼아온 것이
다. 그러나 중앙정부와 재계의 지역개발로 인한 공해로 생업을 영위하던
지방 유력자 자신도 피해를 입었다. 이러한 것이 콤비나트 반대운동에서 확
실히 드러났다.

과거에는 '풀뿌리보수주의'의 토양이었던 정내회(자치회), 지역부인회, 청
년단, 상공회의소, 어협, 어류가공업조합, 농협, 의사회나 약제사회 등이 노
동조합과 하나가 돼 행동했다. 앞의 은행지점장의 에피소드는 그 하나에 불
과하다. 주민운동은 말할 것도 없이 최초는 자각한 개인 또는 소수 서클 특
히 혁신적인 사람들로부터 시작됐는지도 모른다. 그러나 만약 이 소수 선각

자가 시민을 조직하거나 주의주장이 다른 다양한 조직과 연대하는 어려움
을 피해 소수만이 유리하다든지 소수만으로 해도 된다고 생각해 고독한 망
루를 지켰다면 그 운동은 과격해지더라도 실패한다. 가령 소수로 다수가 되
기는 곤란해도 늘 다수가 되려고 노력하는 경우에 주민운동은 성과를 얻을
수가 있는 것이다.

미시마·누마즈 시민운동은 후지산록의 아름다운 경관, 일본을 대표하는
건강한 생활환경, 풍요로운 농어업 등 지역산업을 환경파괴나 공해로부터
지킨다는 '보편적인 목적'으로 시민을 결집시킴으로써 성공한 것이다.

'학습회'와 전문가의 협력 - 감성적 공포에서 이성적 인식으로

두 번째는 이 운동은 공통된 방법인 과학을 통해 학습회를 연 공해예방
투쟁이었다. 많은 주민운동은 피해가 생긴 다음에야 시작되고, 더욱이 감성
적인 방법을 취하기 때문에 피해자 이외의 주민에게 동정은 있어도 공감을
주지 못해 어려움을 겪는 데 비해 이 운동은 예방운동이었다. 이 때문에 어
떻게 하든지 주민이 공해의 실태나 원인을 과학적으로 예측하지 않으면 안
됐다.

3개 지역 주민조직은 공통해서 욧카이치를 중심으로 현지를 견학해 피해
자와 만나거나 피해자를 초대해 공해의 실태를 조사했다. 욧카이치의 대기
나 바다오염 상황을 보고 악취를 맡고, 이상한 냄새 나는 고기를 먹음으로
써 공해를 감각적으로 이해했다. 의사회 등의 전문가는 대기오염에 관한 내
외 데이터를 모아 욧카이치 공해를 비롯해 공해연구 전문가의 이야기를 듣
고 예측 데이터를 모았다. 그들은 실태조사나 공해론을 학습회에서 주민에
게 설명하고 토론을 했다.

마쓰무라 조사단은 주민의 협력을 얻어 현지조사를 했다. 기류를 조사하
기 위해 1964년 5월에 10일간에 걸쳐 누마즈시에 '고이노보리'*를 내걸었
다. 누미 공고 학생 300명이 조사표를 갖고 기류의 움직임 등을 측정했다.
또 역전층을 조사하기 위해 표고 3m부터 약 200m 지점까지 11개소의 관측

점을 만들어 자전거와 온도계를 붙인 차를 밤새 움직여 측정했다. 오랜 기간에 걸쳐 미기상(微氣象)의 자료를 기상관측소를 비롯한 가누키 산의 겟코(月光) 천문대, 학교 등의 6개시 4개정의 자료를 모아 현지 측정과 조회를 했다. 고이노보리나 자전거를 사용한 것은 자금이 없어 기구를 띄우거나 항공기를 사용할 수가 없었기 때문이었다. 그러나 주민은 자력으로 조사를 할 수 있었고, 이를 통해 대기오염의 기초적 지식을 얻을 수 있었다.

　주민조직은 집단으로 발로 뛴 조사결과를 반드시 보고서에 정리해 그것을 주민에게 배포하고 자력으로 선전했다. 이 조사결과는 학습회에서 활용됐다. 미시마・누마즈 방식이라고 불린 것은 이 학습회에 이어 학습회를 통해 조직을 하고, 요구를 굳혀가는 방식을 가리킨다. 학습회 방식을 짜냈던 고교 교사들에 의하면 다음과 같은 원칙을 세우고 있었다.

(가) 결코 단상 위에 서지 않는다. 강사와 청중은 같은 주민이지 학생과 선생이 아니다. 서로 이해할 때까지 서로 대화하도록 동일 평면에서 이야기하는 쪽이 좋다.

(나) 같은 이론을 2, 3회 반복해 설명한다. 그것도 가까운 주민의 경험을 예로 들어 몇 번 다른 표현을 사용해 설명한다. 3번째 학습회가 되면 이해하지 못하는 주민은 거의 없다고 해도 좋을 정도라는 것이다.

(다) 주민이 학습회에 나오면 뭔가 하나라도 감명 또는 충격을 받고 돌아갈 수 있도록 한다. 그렇게 되면 반드시 주민은 집에 돌아가 그 감명이나 충격을 다른 사람에게 이야기하게 된다. 그러면 학습회는 한 사람에서 두세 사람으로 전파돼 간다.

(라) 한 사람이 장시간 말하지 않는다. 인간이 긴장할 수 있는 한계는 1시간 이내이다. 반드시 강사를 바꿔 신선한 방식으로 이야기를 한다.

---

* 종이・헝겊으로 만든 잉어 모양의 깃발

(마) 두 가지 이상 감각적인 호소를 한다. 청각만이 아니라 시각에도 호
소한다. 슬라이드, 프린트, 그림, 흑판 등을 다원적으로 이용한다.

이 학습원칙은 전후 교육의 결정이라고 해도 좋다. 진리라는 것은 간명
한 것이다. 진리를 발견하는 연구의 길은 복잡하며, 다양한 노력과 어려움
이 있지만, 일단 발견돼 실증된 진리는 누구라도 이해할 수 있고 응용할 수
있다. 이 진리를 어떻게 해서 구체적인 사례로 반복해 가르칠 수 있는가, 개
인의 마음에 그것을 불붙이고, 자율적으로 생각해 가는 흥미를 느끼게 하는
것이 교육의 궁극적인 의미라고 해도 좋다. 보통 교사가 가능한 방법으로
학습회에서는 수천 장의 슬라이드나 8밀리 영화가 사용된 것이다.[8]

주민에게는 돈도 권력도 없다. 있는 것은 머리와 손발이다. 그러나 '백짓
장도 맞들면 낫다'는 말이 있듯이 자율조사나 자율학습을 거듭하면 대기업
이나 정부의 이론보다도 깊은 통찰이 가능하게 된다. 또 주민의 의식이 무
섭다, 두렵다는 감성적인 인식에서 과학적 이론으로 무장하면 운동이 일시
적인 것이 아니라 지속적인 것이 된다. 이 사회교육이야말로 주민운동의
'궁극목적'이다. 미국의 도시사회학자 맴포드는 '지역계획은 공동학습의 수
단'이라고 했는데, 이 시민운동이야말로 그 새로운 지역개발을 행했다고
말할 수 있다.

지방자치운동의 승리

세 번째 누마즈·미시마 시민운동의 특징은 철저히 지역에서 운동하고
지역에서 뿌리내렸다는 것이다. 운동이 승리를 거둔 것은 전후 헌법체제가
지방자치의 권리를 최대한 살린 결과였다. 과거 아시오 광독 사건은 다나카
쇼조라는 위인에 이끌려 농민의 커다란 에너지로 싸웠고, 전국의 동지의 응
원을 얻고서도 패했다. 그 패배의 원인은 정부·재계·학계의 삼위일체라
는 강대한 힘에 의한 악독한 탄압에 있었다. 그러나 동시에 그 운동이 중앙
정부에 대한 청원 또는 진정에 중심을 둔 사실도 지적해두고자 한다. 당시

지방자치는 관치(官治)라고 불리듯이 오늘날과는 다르다고는 하지만 시사카지마 연해 사건이나 히타치 연해 사건이 지역에서 해결된 것과 비교하면 투쟁방식에 차이가 있다.[10]

　미시마·누마즈 시민운동도 초기에는 중앙정부에게 항의하고 청원하기 위해 3월 30일 버스를 대절해 도쿄로 올라갔다. 그러나 이것이 소용없다는 것을 알고, 3월 이후에는 중앙교섭을 그만두고 지역의 기업·지자체를 향한 교섭과 집회에 전력을 기울였다. 지방자치단체는 물·토지 등의 자원관리, 도로·항만 등의 교통수단을 비롯해 사회자본의 창조·공급 더욱이 재정을 통한 지역개발의 주체이다. 따라서 정부나 대기업이 개발계획을 결정해도 최종적으로는 지방자치단체가 결정권을 갖고 있다. 지방자치단체는 주민의 동의가 없으면 사업이 불가능하다.

　이 시민운동의 경과에서 알 수 있듯이, 각 지역의 주민운동이 고양되자 미시마시·누마즈시·시미즈정과 같은 차례로 시장·정장과 시의회·정의회에 콤비나트 유치반대를 결정토록 했고, 결국 진출기업과 시즈오카현 그리고 중앙정부도 개발을 단념하지 않을 수 없었던 것이다. 이는 그 뒤 혁신 지자체로 가는 길을 보여주는 성과라고 해도 좋을 것이다.

3 그 후의 영향

주민운동의 전국적 전개

　미시마·누마즈·시미즈 2시1정의 주민운동의 승리는 전국의 공해를 두려워하던 시민에게 희망을 주었고, 그 운동방법을 계승함으로써 개발을 바꿔내는 성과를 얻어내기 시작했다. 시즈오카 후지시, 교토부 미야즈시, 효고현 하마사카정에서는 화력발전소 건설을 중지시켰다. 제1장에서 소개된 옛 하치반시의 공해반대운동도 미시마·누마즈 시민운동의 자극을 받았다. 오래전부터 공해로 괴로워하던 가와사키시, 아마가사키시 등에서도 학습회를 통한 공해고발이나 운동이 시작됐다.

진정이 아니라 요구형의 운동, 피해고발만이 아니라 예방을 요구하는 운동이 전국으로 확산됐다. 그러나 모두가 성공한 것은 아니었다. 대부분의 주민운동은 좌절과 패배를 맛보았다. 가령 효고현 히메지시에서는 누마즈시의 교사들이 만든 슬라이드를 사용한 학습회가 확산돼갔고, 이에시마 어협을 중심으로 한 반대운동이 이데미쓰 흥산의 진출을 2년에 걸쳐 중지시켰지만, 그 후 지역의 시민운동이 분열되고 운동방식이 지자체 투쟁에서 중앙에 진정하는 것으로 바뀐 결과, 이데미쓰 흥산의 조업이 개시됐다.[11]

미시마·누마즈형의 시민운동은 노동조합을 축으로 사공(社共) 양 당을 중심으로 그동안의 사회운동을 바꿔 지자체를 개혁함으로써 환경정책을 추진하는 길을 열었다. 이 본보기가 오사카부 사카이·센보쿠 콤비나트 확장 반대 시민운동이었다. 이는 제3절에서 다루지만 미시마·누마즈형 운동이 부현(府県) 차원에서의 보다 광역으로 발전할 것을 시사하였다.

지역에서는 반동이 일어났다. 마쓰무라 조사단에 가담해 학습회의 중심이었던 누마 공고의 교사들에 대한 탄압이다. 1965년 3월 운동 당시 누마 공고 교상과 교감이 동시에 전근하게 되는 이례적인 인사가 행해졌다. 더욱이 1965년도 현 예산에서 누마 공고의 증개축예산이 심사단계에서 삭감돼 콤비나트에 반대한 보복으로 받아들여졌다. 그리고 콤비나트 투쟁에 참가한 시즈오카현 교직원조합 누마 공고분회를 부수는 역할을 한 새 교장이 부임해 조합과 사사건건 대립했고, 10차례 넘게 경찰관이 개입하였다. 석유 콤비나트 투쟁을 이유로 처분을 할 수는 없었지만 그 해 10월에 행해진 '인사원 권고 완전실시를 요구하는' 파업에 참가한 사실을 이유로 마쓰무라 조사단의 일원이었던 나가오카 시로 교사를 면직했다.

기타 형사 사건 등도 있었는데, 미시마·누마즈의 주민운동은 후지시 화력발전소 저지와 퇴적오물 사건을 지원했고, 4년 뒤 누마즈에서는 반대운동의 리더 중 한 명인 이데 도시히코를 시장으로 삼고, 이후 마을만들기운동을 전개했다. 미시마·누마즈의 운동은 새로운 주민에 의한 내발적 지역개발이었다.

정부·재계의 대응

미시마·누마즈 주민운동의 승리는 진출하지 못한 기업에 직접적인 타격을 주었고, 경단련 등의 경제단체는 공해대책을 시작하지 않을 수 없게 됐다. 중앙정부는 고도성장을 추진하기 위해 전국종합개발계획을 수립했고, 부현이나 시정촌은 거기에 편승해 중화학공업을 통한 지역개발을 추진해나가는 데 심각한 충격을 받았다. 더욱이 환경정책의 출발점이자 예방이라는 핵심적인 환경영향평가가 주민측에서 먼저 제시된 것과 정부에게는 처음의 구로카와 조사단의 보고가 도움이 되지 않았다는 사실은 당국을 당황하게 만들었다. 이 시기부터 공업개발을 할 때면 사전 환경진단이 행정지도처럼 됐다. 그러나 그것은 개발을 추진하는 면죄부와 같은 것이었다. 구로카와 조사단의 보고가 지역주민의 눈으로 보면 개발 여부의 판단을 기업과 국가·지자체에 맡기는 무책임해 보였던 것처럼 일본의 환경영향평가는 마쓰무라 조사단과 같이 주민을 참가시켜 안전을 보증하지 못했다. 1964년 주민이 환경영향평가의 필요를 제시한 때부터 환경영향평가법이 제정된 것은 33년 뒤인 1997년이었다.

정부는 1964년 드디어 후생성에 공해과를 설치했다. 앞서 말한 바와 같이 사토 내각은 사회개발을 기치로 궤도수정을 했지만, 시스템은 전환되지 않았고 내용은 대증요법적인 것이었다. 욧카이치 공해의 진행과 미시마·누마즈 주민운동을 통한 지역개발의 좌절로 후생성뿐만 아니라 통산성도 공해대책의 새로운 제도가 필요해졌다. 1966년 8월 공해대책기본법 제정의 준비를 위한 후생성공해심의회 「중간보고」는 그 위기의식을 나타낸 것이었다.

제2절 공해대책기본법 - 조화론과 수인한도론을 둘러싼 대립

1 공해대책기본법 형성과정

제2차 세계대전 후, 구미는 대기오염과 수질오염을 방지하는 법률을 제정했지만 공해 또는 환경보전을 위한 총괄법은 1969년 미국이 국가환경정책법(National Environmental Policy Act)을 제정할 때까지는 없었다. 외국의 법제나 경험을 바탕으로 법제나 대책을 수립하는 일본 정부의 전통에서 본다면 1967년 각국에 앞서 공해대책기본법을 만든 것은 이례적이라고 해도 좋을 것이다. 그것은 무엇보다도 지금까지 기술한 바와 같이 전후 부흥으로 고도 경제 성장과정에서 공해·환경파괴가 심각했기 때문이다.

대증요법적으로 제정된 수질2법과 매연규제법은 이미 보아온 바와 같이 드디어 1963년경부터 시행되기 시작했다. 하지만 경제계의 저항 그리고 그것을 반영한 정부 부처 내의 대립으로 미나마타병, 이타이이타이병, 대도시권의 공해 특히 욧카이치 공해피해의 진행에서 알 수 있듯이, 어느 법도 전혀 기능하지 못했다. 규제는 기업의 '자율규제'로, 결국 경제적으로 가능한 방법에 맞추기 때문에 굴뚝이나 배수구의 농도에 관한 '규제기준'일 뿐이었다. 이 때문에 발생원이 늘어나면 개별발생원의 기준에 맞춰진다 해도 지역의 환경오염은 심해진다. 또 개별 유해물질을 규제해도 복합오염을 초래하는데, 욧카이치 공해와 같이 분진, SO_x, 게다가 악취 그리고 소음 등이 복합적인 경우, 개별 오염물정화법이 아니라 생활환경 전체를 보전하는 제도가 요구되게 됐다. 사후적으로는 피해의 구제, 이후의 공해방지, 거기다가 지역개발이나 도시 그 자체의 본질에 대한 질문이 나오게 되는 것이다.

이것을 강하게 인상에 남긴 것이 앞의 미시마·누마즈·시미즈 2시1정의 주민운동이다. 후생성은 물론, 통산성도 뭔가 공해대책에 관한 강한 행정의 메시지가 없으면 앞으로의 지역개발은 불가능하게 될 것이라고 생각했던 것이다. 이미 말한 바와 같이 사토 내각은 '고도성장의 나쁜 여파'를 시정하기 위해 경제개발과 균형을 가진 사회개발을 정책이념으로 내놓았기에 공해대책의 메시지가 될 기본법을 제정하려는 기운이 높았다.

이미 소개한 바와 같이 선구적으로 오사카시는 환경관리기준을 수립했다. 이는 사회적 비용을 시산해 SO_x의 감축비용과의 형량결과, 정책적 합리성이 있다는 사실, 오염상황이 다른 각 구마다 발생원 상황을 파악해 규제방법을 제안했다. 또 욧카이치시에서는 '공해병'을 인정해 환자 의료비를 구제하는 제도를 만들었고, 피해구제를 실험했다. 이는 가와사키·오사카·아마가사키 등으로 파급되는 경향이 있었다.

무과실책임주의와 지방자치주의 - 『중간보고』

1966년 8월 4일 후생성 공해심의회(국립방재과학기술센터장 와다치 기요오 회장)는 정부 부처 내의 혁신적 의견을 대표해 기업의 책임을 명백히 하는 의견을 『공해에 관한 기본적 시책중간보고』(『중간보고』라 약칭한다)로 발표했고, 이를 공해대책기본법의 규칙으로 삼을 것임을 선언했다[2]. 이는 정부로서는 혁신적이었지만 공해방지를 요구하는 국민에게는 상식이었다. 그러나 대부분의 경영자에게는 태평스러운 꿈을 깨는 것이었다. 경단련은 10월 5일 이 『중간보고』를 전면적으로 부인하는 『공해정책의 기본적 문제에 관한 의견』(『경단련의견』이라 약칭한다)을 발표했다.[13] 이후 법안 형성과정에서는 이 2가지 의견으로 나누어져 정부 부처 내에서는 후생성과 그 반대에 서 있던 통산성의 대립으로 약 1년간 의견 다툼이 있었다. 여기에는 당시 일본의 공해대책, 더 나아가 정치이념의 대립의 원형이 있기에 소개하고자 한다.

『중간보고』는 공해의 중심을 산업공해로 생각해 그 대책을 위해 우선 첫째로 가해자인 기업의 책임과 공해방지비용의 부담을 명확히 했다.

'(지금까지는) 공해대책의 추진에 있어서는 산업의 건전한 발전과의 조화를 내세우는 것이 강조됐다. 일반론으로는 이러한 배려가 필요한 것은 앞으로도 변함없을 것이다. 그러나 공해 가운데는 인체의 건강 기타 금

전으로 보상할 수 없는 피해를 입히는 성질의 것도 있고, 피해가 일정 한
도를 넘는 경우에는 산업 발전을 다소 희생할 필요가 있는 것도 충분히
인정하지 않으면 안 된다.'

이와 같이 자본의 영업권을 제한하는 근거를 헌법 25조에서 찾았다.

'…… 헌법에 보장된 국민이 건강하고 문화적인 생활을 영위하는 생존
권을 갖고, 또한 이를 신장하기 위해 필요한 범위에서 이와 같은 공적 규
제를 가하는 것은 국가의 기본적인 사명이며, 또한 지역주민의 보호에
맞는 지방자치단체의 사명이라고 할 것이다.'

이 기본적 입장에 서서 가해자의 무과실책임주의를 다음과 같이 기술하
였다.

'현재 공해문제가 가진 사회적 성격을 생각하면 이를 현행 민법에 있
는 바와 같은 개인책임주의적인 원칙으로 다루는 것은 부적당하며, 그
사법상의 책임에 관해서는 앞서 기술한 법률(광업법과 원자력손해배상에 관한 법
률)과 마찬가지로 무과실책임주의를 명확히 하는 등 피해자의 구제를 용
이하게 하는 것과 동시에 구제기준을 명확히 하는 것 등이 중요한 검토
과제가 될 것이다.'

이러한 사고방식을 가지면 욧카이치의 석유콤비나트의 기업은 바로 책
임을 취하지 않으면 안 되게 된다. 그리고 발생원의 공해방제 비용은 '원인
자에게 부담할 것'이 된다. 더욱이 공해방지를 위한 완충지대의 비용이나
하수도시설 등의 공공사업비의 일부와 공해병의 치료비는 원인자가 부담하
게 된다. 『중간보고』의 두 번째 기둥은 현행 배출권의 농도규제의 결함을
시정하기 위해 종래 기업의 경제·기술적인 실정에 맞춰 결정한 배출기준
으로 규제의 전체 틀을 결정하는 환경기준을 설정할 것을 주장했다.

이 『중간보고』를 최초에 지지한 것은 공해의 고충에 고심했고, 선구적인

행정을 해온 지자체의 의견을 대변한 자치성의 『공해대책기본법에 관한 의
견』(9월 7일)이다. 이 자치성의 『의견』은 다른 성과 같이 외부단체인 심의회
에 대변하게 한 것이 아니라 당국의 의견이다. 이 『의견』의 특징은 2가지이
다. 첫째는 기업의 무과실책임의 추궁을 인정해 발생원대책은 말할 것도 없
고, 기업의 부담제도를 요구했다. 둘째는 공해행정의 지방자치주의를 주장
했다. 공해행정의 종합적인 일원적 처리는 지방단체가 행하고, 공해방지지
역에 있어서 각 도도부현이 환경기준과 배출기준을 실태에 맞춰 조례로 결
정해야 한다는 것이다. 도도부현 지사회나 동 의장회 등 지방단체의 의견도
마찬가지이다. 동시에 공해대책의 국고보조금제도를 요구했다. 오사카나
도쿄도 스미다구의회 등이 종래의 조화론을 배제하고, 장래 예상되는 공해
까지도 포함할 것 등을 요구해 후생성, 자치성의 의견을 지지했다. 이러한
지자체 관계자의 의견은 공해로 괴로워하는 주민들 입장에서는 당연한 주
장이었지만, 재계나 통산성 등 일부 중앙당국자에게 있어서는 자다가 날벼
락을 맞은 일이었다.

경제단체의 반격

『경단련 의견』은 이들 의견에 완전히 대립했다. 이 의견의 첫머리는 다
음과 같이 시작하고 있다.

'공해정책의 기본원칙은 생활환경의 보전과 산업의 발전과의 조화를
도모함으로써 지역주민의 복지를 향상시키는 데 있다. 따라서 생활환경
의 보전이라는 입장에서만 공해대책을 다뤄, 산업 진흥이 지역주민의 복
지향상을 위한 또 다른 중요한 요소임을 무시하는 것은 마땅하지 않다.'

이어서 공해의 주요 원인이 산업에 있다는 것을 인정하지 않고, 원인은
복잡하고 넓고 실제로는 공장보다도 국가나 지방단체의 적절한 토지계획의
결여나 하수도 등 사회자본이 갖추어져 있지 않아 일어나는 예가 많다는
사실을 기술해 다음과 같이 무과실책임주의를 부정했다.

'따라서 이러한 사정을 무시하고 일방적으로 기업, 특히 부담할 만해 보이는 대기업에게만 책임과 부담을 지우는 것은 마땅하지 않다. 또 이미 공해가 발생한 경우 원인자의 사법상 책임에 관해서는 원인자가 공법상의 규칙을 지켜 공해제거에 노력하고 있는 한 면책돼야 하고, 무과실 책임을 부과하는 것은 지나친 행위이다.'

이와 같은 입장에서 기업의 공해방지비용 부담에 관해서도, 국가나 지방단체는 재정금융상의 지원조치를 강화해야 할 것이라고 하는 한편, 자신들이 완충녹지대 등의 공공사업비의 일부를 부담하는 것에는 반대했다.

『경단련 의견』은 환경기준에 관해서는 그 실효를 인정하지 않고, '당장은 찬성하기 어렵다'고 부정했다. 자치성의 『의견』의 골자였던 지방자치주의는 적당하지 않다며 공해구제기금은 기업이 아니라 국가의 자금을 가지고 행하고, 현행 '매연규제법'의 지사 중개제도도 국가로 이관해야 할 것이라고 중앙집권주의를 주장했다.

경단련의 의견은 다른 경제단체의 의견을 집약한 것이었다. 화학공업협회는 위생지상주의를 배척하자고 주장했고, 도쿄상공회의소는 공해의 발생 원인을 방지기술이 발달하지 못한 것을 탓했다.

타협의 산물

경단련의 일격은 큰 효과를 발휘했다. 공해심의회는 10월 7일 「공해에 관한 기본적 시책에 관하여」(답신)를 발표했다. 조화론에 관한 논쟁은 피했지만 초점인 무과실책임주의는 큰 수정이 이뤄졌다. 즉, 가해자의 무과실책임에 관해서는 다음과 같이 '수인한도'를 넘어서는 경우에 배상책임을 진다고 했다. '공해로 인해 타인의 생명, 신체, 재산 기타 이익에 일정의 수인한도를 넘는 손해가 생긴 때는 원인자가 이를 배상할 책임을 지는 것으로 한다.' 이 수인한도라는 개념은 애매한 것이기에 기업과 주민의 힘겨루기에 의해 결정되는 것이므로 기업에게 유리한 조건이다.

이에 바탕을 두어 1966년 11월 22일 후생성은 〈공해대책기본법〉 시안요
강을 발표했다. 여기서는 법의 목적을 '국민의 건강, 생활환경 및 재산을 공
해로부터 보호하고 공공 복지에 이바지하는 것'으로 했다. 환경기준에 관해
서도 '사람의 건강을 유지하고 생활환경을 보전하기 위해 유지돼야 할 환경
상의 조건에 관한 기준'으로 해 조화조항은 없다. 그러나 「답신」이 무과실
책임주의를 그만둔 것을 반영해서, 그에 못지않게 '사업자는 그 사업활동이
타인에게 공해로 인한 피해를 주지 않도록 필요한 조치를 강구함과 동시에
그 사업활동이 공해발생의 원인이 되지 않도록 최선의 노력을 기울이고, 국
가 또는 지방공동단체가 실시하는 공해방지를 위한 시책에 협력할 책무를
가진다'고 했다.

이 후생성안에 관해서 15개 부처가 모여 공해대책추진연락회의를 열었
는데, 30여 차례의 이례적인 회의가 거듭됐다. 초대 공해과장인 하시모토
미치오에 따르면 각 부처 담당자는 그 부처가 가진 정책, 권한, 이해에 관해
신경질적이기까지 한 논의를 추진했다고 한다. 특히 '통산성, 경제기획청
등은 산업이나 경제의 건전한 발전과의 조화를 강하게 주장했다'[4]고 한다.
통산성은 당초, 공해대책은 개발규제 강화가 원칙이라며 공해기본법에는
찬성하지 않았다. 10월 27일 통산성 산업구조부회 중간답신인 「산업공해대
책의 원칙」에서는 기본법이 필요하다고 하기는커녕 사실상 그것을 무시하
는 태도를 취했다. 그리고 경단련과 마찬가지로 공해의 원인을 도시화·공
업화가 무질서하게 진전된 데 따른 폐해라며, 주로 국가와 지방단체의 입지
계획의 실패와 사회자본의 부족에 있다고 했다. 따라서 발생원대책보다는
공적 대책에 중점을 두었고, 발생원인 기업의 무과실책임에는 전혀 귀 기울
이지 않았다. 이러한 격렬한 정부 부처 내의 수정을 받아들여 1967년 2월
22일 『공해대책기본법안의 요강』이 발표됐다. 이는 후생성안을 바꿔 조화
론에 바탕을 둔 것이었다.

경단련은 이러한 기본법의 핵심을 뺀 데 만족해 하고 1967년 3월 8일 『공
해기본법안요강에 관한 요망서』를 제출했다. 담당관청은 경제기획청으로 하

고 사업자의 책무에 관해 '생활환경의 보전과 경제의 건전한 발전의 조화를
도모하는 것도 필요하기에 현실에 가능하고 필요한 범위에서의 노력과 책무
를 사업자에게 부과하는 것이 타당하다고 생각한다'는 조건을 붙여 법안을
제출한 것을 시인했다.

공해대책추진연락회의의 검토 후, 후생성이 법문화해 자민당 야마테 공
해특별부회장을 중심으로 한 여당의 조정과 법제국 심사를 거쳐 5월 16일
정부안은 각의 결정돼 17일 국회에 제출됐다.

2 공해대책기본법과 그 실패

국회의 논쟁

4월 26일 중의원 예산위원회에서 공해대책기본법안이 의제가 됐고, 이후
산업공해대책위원회에서 격렬한 논쟁이 벌어졌다. 놀랍게도 이 법안심의의
정례회에 자민당측에서는 의원 1명도 출석하지 않았고, 오히려 야당과 정
부(보 히데오 후생성 장관이 중심) 사이에 토론이 이뤄졌다. 야당 가운데에는 사회
당(주로 시마모토 도라조 의원, 가도노 겐지로 의원)이 가장 강하게 정부원안을 비판
했는데, 민사당(오리오노 료이치 의원)과 공명당(오카모토 도미오 의원)도 정부원안
을 비판했다. 토론은 7가지를 가지고 벌어졌다.

첫 번째는 법의 목적에 후생성안에 없었던 '경제의 건전한 발전과의 조
화를 도모하면서'라는 조화론이 들어 있었다. 야당은 다음과 같이 주장했다.
지금까지 수질2법이나 매연규제법의 목적에 조화조항이 있었기 때문에 산
업계의 의향이 반영돼 규제가 느슨해져 공해가 발생하고 있다. 또 산업을
옹호하는 법률이 많이 있고, 그러한 것에는 공해방지의 목적이 들어가 있지
않음에도 왜 공해법에 경제발전조항을 넣어야만 하는가.[15]

이에 대해 보 히데오 후생성 장관은 건강의 보호는 절대적이지만 생활환
경의 보전은 경제발전과 조화를 이루지 않으면 안 된다. 후지산록과 같은

청정한 공기를 유지하는 것이나 스미다가와 강을 연어가 살 수 있도록 정화하는 것은 불가능하다며 반복해서 답변했다. 사토 에이사쿠 총리는 '산업은 국민생활이 충실하게 발전하는 데에 필요하기에 조화라는 문구가 없으면 산업이 불필요하다는 사고방식을 갖게 되는 것 아닌가. 산업의 악, 이는 정벌하지 않으면 안 되지만 이(산업)를 신장시킴으로써 서로가 매우 행복해진다. 이 점에 중점을 두어 생각했으면 한다.' 더욱이 '경제와의 조화를 도모해 가는 것은 가장 중요한 공해대책의 기본이다'라고 말했다.

건강과 생활환경의 보전을 구별하는 것은 이론적으로도, 실제적으로도 틀린 것이지만 조화조항을 넣은 것은 산업계의 요구였다는 사실이 확실했다.

두 번째는 이와 관련해서 이 법률의 '핵심'이라고 해도 좋을 환경기준에 관해서 조화조항이 들어가 있는 점이다. 여기서는 환경기준을 정할 때 '가해자'의 의견이 들어가게 돼 그동안의 관계법처럼 실패하게 되지 않을까 하는 것이었다. 그러나 경제계가 조화조항을 넣은 최대 목적은 환경기준과 같은 구체적인 대책에 산업계의 의향을 반영하고 싶었기 때문으로 정부는 이 점을 양보하지 않았다. 사회당은 환경기준이 아니라 허용한도를 정하는 안이었다.[16]

세 번째는 무과실책임성의 도입이다. 미나마타병, 이타이이타이병에다가 욧카이치 천식에 관해서 심각한 피해가 명확함에도 불구하고 대책이 진전되지 않는 것은 원인물질이 밝혀져도 원인자의 과실이 특정될 수 없다는 사실이 당국의 이유가 됐다. 야당측은 이렇게 해서는 피해를 구제할 수 없기에 무과실책임제를 도입해야 한다고 압박했다. 그러나 정부는 산업계의 반대를 받아들여 콤비나트 재해나 자동차공해는 원인자가 불특정다수가 되기 때문에 무과실책임을 검토하도록 추진하지만 바로 채용하지는 않기로 했다.

네 번째는 공해대책의 책임의 일원화이다. 사회당은 사법적인 권한을 가진 공해대책위원회를 설치해 권한을 일원화하는 안을 제출했다. 정부는 공해대책은 구체적으로 15개 부처에 걸쳐 있기 때문에 일원화는 어렵고 내각에 공해심의회를 두고 총리가 회장이 되고, 서무를 후생성이 담당한다는 것이었다. 이 안에 대해 야당은 통산성·경제기획청·건설성·농림성 등의 경제 관련 부처의 힘이 후생성을 웃돌고 있기에 잡다하게 모아 구성된 공해심의회에서는 피해자의 입장에 선 결정이 불가능하다고 비판했다. 이 법안의 제출이 눈에 띄게 늦어진 것도 앞서 말한 바와 같이 후생성안에 경제계의 의향을 넣은 통산성을 비롯해 각 부처가 이해관계를 내세웠기 때문이었다. 그러나 야당의 안도 불명확해 대책의 일원화는 나중에 환경청이 설립될 때까지 연기되었다.

다섯 번째는 구체적인 법안 없이 기본법이 제출된 것에 대한 비판이다. 미나마타병이나 욧카이치 공해의 긴급과제에 직면해 수질2법이나 매연규제법의 개혁이나 구제제도의 법률이 우선되지 않으면 안 될 시기에 그러한 것을 제시하지 않고 기본법이 제출됐다. 이미 제정된 농업기본법 등이 실효성이 없기도 해 이 법률의 의의를 비판한 것이다. 정부는, 이것은 선언이며 토론이 충분하지 않은 공해문제를 해결하려는 정부의 강한 자세를 보이는 것이라고 했다. 그러나 이것만으로는 공해반대 여론과 운동에 대한 대책(소위 김빼기)에 불과하다고 할 수 있다. 대기오염 등 구체적인 대책이 조속히 만들어져야 한다고 거듭 요청됐다.

여섯 번째는 공해의 정의와 범위이다. 법안에서는 대기오염, 수질오염, 소음, 진동, 악취, 지반침하 6종이 지정됐다. 가장 피해가 심각해질 가능성이 있는 방사능을 넣어야 한다는 것이 제안됐다. 당초 보 후생성 장관은 공해대책기본법에 방사능을 넣는 것은 당연하다고 답변했지만, 원자력기본법이 있기에 그리로 넘긴다는 정부 견해로 바뀌었다[7]. 사회당은 원자력발전소의 공해는 방사능만이 아니라 고온의 배수 피해가 있다고 지적했다. 그러나 수질에는 수온이 들어가 있지 않다는 이유로 원전공해에 관한 것은 공해대책기본법에서 제외됐다. 방사능을 공해법에서 제외한 것은 원전을 규제대상으로 하는 것을 거부해 온 추진파인 정부와 산업계의 요구를 분명히 드러낸 것이었다.

공술인(公述人)의 의견

6명의 공술인 가운데 정부원안에 찬성하고 조화항목이 타당하다며 무과실책임을 인정하지 않고 반대한 것은 경단련 전문이사 고토 리쿠조와 교토 상공회의소 전무이사 시마즈 구니오였다. 건강 유지만을 전문적으로 관리하고 있는 행정이 이 문제를 다뤄서는 정책이 추진되지 않는다고 말한 고토 리쿠조는 환경기준의 설정에 관해서도 도가 지나친 위험성을 지적했다. 이에 반해 야당과 마찬가지로 법안의 조화론에 반대해 무과실배상책임으로 발생원대책과 피해자보호와 구제를 요구한 것은 욧카이치시 시의회 의장 히비 요시히라와 전국어협연합회 상무 이케노아마 분지였다.

『중간보고』의 원고를 집필한 것으로 알려진 도쿄 대학 교수 가토 이치로의 공술이 주목을 받았다. 그는 '정부안은 부족하다. 프로그램 규정이 너무 많지만 이를 조속히 제정하지 않으면 안 되며, 정부나 산업계도 지금은 일치하고 있기 때문에 좋은 기회를 날려버려서는 안 된다'고 말하고, 정부안의 장점으로 다음 3가지를 들었다.

첫째는 사업자의 책무로 사업활동으로 인한 공해의 방지와 국가 또는 지방단체의 공해대책에 협력할 것을 명시했다. 둘째는 대기오염, 수질오염 및 소음에 관한 환경기준을 정했다. 셋째는 공해가 발생하고 있는 특정지역의 공해방지계획을 정해 그 개선과 사업자부담을 정했다.

이에 대해 법안의 문제점을 다음과 같이 들었다. 첫째는 법의 목적은 법문 자체는 좋더라도 조화조항에 관해서까지 쓰는 것은 대책에 제동을 거는 것이 된다. '경제의 건전한 발전과의 조화라는 말은 애매하다.' 둘째는 20조 피해구제, 21조 비용부담에 관해서는 구체적 법률을 준비해야 했다. 이와 관련해 무과실책임의 제도화는 당연한 것으로 재판소도 인정하고 있다. 피해를 줄 것을 알면서 공해를 발생시킨다면 고의과실이다. 인과관계의 인정기관을 만들어 인과관계가 어느 정도 있는지 여부가 판정되면 법률상 피해배상의 책임을 인정해야 한다. 50% 이상의 인과관계가 판정되면 책임을 인정해야 한다. 셋째는 정치적인 이해를 통해 정치적 지도를 실질적으로 추진하는 제도가 필요하지 않은가.

토론 중에 가토 이치로는 좀 더 재판을 일으키는 쪽이 좋고, '욧카이의 경우는 공동 불법행위로 연대책임을 추궁할 수 있다'고 나중의 공해재판의 판결을 예지시키는 발언을 했다.

공해대책기본법의 성립

중의원은 이상의 토론을 거쳐 산업공해대책위원회 위원장 야기 가즈오가 수정안을 제출해 그것을 바탕으로 법안이 제정됐다. 변경된 점은 다음과 같다.

제1조 목적에 관해서는 정부안의 애매한 부분을 수정해 제1항은 '공해대책의 종합적 추진을 도모하고, 국민의 건강을 보호함과 동시에 생활환경을 보전하는 것을 목적으로 한다.' 그리고 제2항에 '전항에 규정하는 생활환경의 보전에 관해서는 경제의 건전한 발전과의 조화를 도모할 수 있도록 한다.' 제8조에는 '방사성물질로 인한 대기오염 및 수질오염의 방지'가 들어갔지만 그를 위한 조치에 관해서는 원자력기본법 기타 법률에서 정하는 바에 따른다고 했다. 제9조의 '환경기준'에 관해서는 조화조항을 '고려해야만 한다'고 한 것을 '고려하도록 한다'로 완화하고, 필요한 개정을 할 규정이 더해졌다. 또 제21조의 '공해에 관한 분쟁의 처리 및 피해의 구제'에 필요한 조치를 취할 것이 프로그램화됐다. 기타 2,3글자의 자구 수정이 있었다.

이러한 수정을 포함한 정부안은 국민의 건강확보를 첫째로 삼는다, 시책의 구체화를 가급적 빨리한다, 무과실책임제도의 법 정비 등의 부대조항을 붙여 위원회에서 가결했다. 본회의에서 사회당, 민사당, 공명당은 반대했지만, 자민당 등 다수가 찬성해 가결됐다. 참의원 위원회 및 본회의에서는 새롭게 부가된 논점이나 수정도 없이 정부안과 수정안이 가결됐다.

기본법의 평가 - 법으로 인한 오염 확대

지금까지 상세히 소개한 것은 이 옛 공해대책기본법과 그것을 둘러싼 논쟁에 일본의 공해대책의 문제점이 집약돼 있기 때문이다. 공해대책기본법은 필요했지만 사실상 경제계의 의향에 따라 법안을 수정해 제정했기 때문에 지금까지의 공해대책을 혁신하는 데는 이르지 못했다. 가장 큰 결함은 환경사전영향평가제도에 관해 전혀 손을 대지 못한 것이다. 공법적인 규칙으로서는 예방이야말로 최대의 업무일 것이다. 또 나중의 법제에 영향을 주는 것으로, 사업자의 책무와 같은 선상에 '주민의 책무'가 규정된 것이다. 주민이 사업자를 고발하고, 국가나 지방단체의 공해행정을 감시해 발전시키는 책무가 아니라, 주민이 일으키는 공해발생의 책임을 묻는다는 것이다. 확실히 자동차공해 등으로 주민의 책임을 물을 수 있을지는 모르겠지만 가장 큰 책임은 사업자에 있고, 주민을 같은 선상에 놓아서는 공해대책은 있으나 마나한 것이다.

후생성안을 수립한 하시모토 미치오는 그 뒤 저서에서 이 법률은 조화조항이 들어가 행정절차법도 아니고 국제적 관점도 없고 후진성이 있다고 비판했다.[18] 당시는 정부 부처 내에서 미나마타병과 이타이이타이병의 원인과 대책에 관해 대립이 있었기 때문에 이런 모양이 된 것일 것이다.

환경기준에 조화조항이 들어가 있음으로 인한 결함은 곧 드러났다. 1967년 생활환경심의회 공해부회 환경기준전문위원회는 내외의 실험, 조사의 결과를 종합해 황산산화물의 역치(閾値)(최대허용치)를 〈표 3-1〉과 같이 1시간 값의 하루 평균값을 0.05ppm이라고 답신했다. 그러나 경제계는 맹렬히 반대했다. 후생성은 조화조항에 따라, 〈표 3-1〉과 같이 1969년 1시간값의 연간 평균값이 0.05ppm을 넘지 않도록 했다. 언뜻 보면 0.05ppm이라는 수치는 같지만 하루 평균값과 일 년 평균값은 큰 차이가 있다. 앞의 전문위원회가 제시한 역치는 연 평균값으로 하면 약 0.017ppm이며, 후생성이 정한 대기오염방지법 1969년 환경기준은 그 3배 이상이 된다.

표 3-1 황산산화물의 역치와 환경기준

전문위원회가 제안한 아황산가스 농도표시값의 역치(1968년)	1시간치의 1일평균치 0.05ppm 1시간치 0.1ppm
유황산화물에 관계된 환경기준 (1969년)	(가) 1시간치가 0.2ppm 이하인 시간수가 연간 총시간수에 대해 99% 이상 유지 (나) 1시간치의 하루 평균치가 0.05ppm 이하인 일수가 연간 총일수에 대해 70% 이상 유지 (다) 1시간값이 0.1ppm 이하인 시간수가 연간 총일수에 대해 88% 이상 유지 (라) 1시간값의 연간 평균치가 0.05ppm을 넘지 않는다
이산화유황에 관계된 환경기준 (1973년)	1시간치의 1일평균치가 0.04ppm 이하이고, 1시간치가 0.1ppm

주: 아황산가스 농도시수(示數)는 유황산화물, 이산화탄소는 아황산가스 농도와 동일하다고
생각해도 된다. 전문위원이 제안한 역치에서 계산하면 1시간치의 연평균치는 0.017ppm로
0.05ppm의 1/3에 상당한다.

이 신환경기준은 당시 도쿄도 신오쿠보·히지메시의 시카마 지구·기타
큐슈시 도바타구의 현상(만성기관지염 환자가 인구의 5% 발생가능성)이었다. 더욱이
이는 높은 굴뚝 확산으로 가능한 기준치였고, 탈황과 같은 근본적 대책을
취하지 않아도 되는 목표였다. 그러나 기업은 이것으로도 만족하지 않고 반
대하여 게이힌·한신 지구 등의 극도 오염지역은 10년간에 달성하면 되고,
미시마·지바 등 공업화 진행지역은 5년 전후로 하고, 가고시마 등 신공업
화지역은 최초부터 적용이라는 타협책을 취했다.

일본은 법치국가이기 때문에 규제는 법률을 통해 행해져야만 하기 때문
에 환경기준도 정령(政令)에 의한다. 그러나 악법이 제정될 경우, 법률이 악
행을 옹호하는 것이 된다. 환경기준이 산업의 압력으로 인해 법제화되면 전
국이 도쿄도 신오쿠보나 기타큐슈시 도바타구처럼 오염돼도 어쩔 수 없게
된다. 공해대책기본법으로 인해 대기오염이 확산되게 됐다. 이것이 조화조
항의 현실이다. 환경기준이 역치로 되돌아와 과학적으로 정당한 하루 평균
값 0.04ppm이 되는 것은 욧카이치 공해재판 판결의 성과가 나오는 1973년
까지 기다려야만 했다. 그간 오염은 확산되고 있었던 것이다.

제3절 **혁신지자체와 환경권**

1 도쿄도 공해방지조례의 도전

현대적 빈곤과 주민운동

공해대책기본법이 공포되고 관련된 대기오염방지법 등이 제정됐지만 역치를 나눠, 현상유지의 환경기준에서 보이는 바와 같은 공해대책으로는 공해의 다양화와 확대를 막는 것은 불가능했다. NHK 사회부『일본공해지도』는「공해열도 1970년」의 첫머리에 '1970년은 공해로 시작해 공해로 끝났다.[19]고 하였다. 1970년의 공해는 5월의 도쿄 신주쿠 야나기정의 자동차배기가스로 인한 '납공해'가 직접적인 도화선이 됐다. 도야마현 구로베시의 니혼(日本) 광업 밋카이치(三日市) 정련소의 배기 중에 다량의 카드뮴이 포함돼 농작물이 피해를 입었다. 또 다시 이타이이타이병의 위협이 떠올랐다. 후생성이 카드뮴오염의 요관찰지구로 지정한 0.4ppm 이상의 오염쌀이 발견된 지구가 32개를 넘었다. 크고 작은 150개의 제지 펄프 공장에서 배출된 후지시 다고노우라 퇴적오물에 5월에는 화물선 바닥이 닿아 항만의 기능을 마비시킬 정도가 됐다. NHK 조사에서는 오염문제가 해역에서 진행돼 다고노우라에서 문제가 된 퇴적오물공해는 홋카이도에서 가고시마까지 20개 해역에 미쳤다. 일본 3경인 마쓰시마, 아마노하시다테, 거기다 세토나이카이의 경관을 잃어버릴 상황이 됐다. 1969년도 전국 대기오염조사 결과에서는 환경기준 연 0.05ppm을 넘은 도시가 규제지역 62개시 중 34개시를 넘었다. 만성기관지염 발병률 연 5%라는 느슨한 환경기준조차 전국의 주요 도시에서는 지켜지지 않았고 1970년에는 거기다 12개시가 더해졌다.

더욱이 대기오염으로는 7월 18일 로스앤젤레스형으로 주목을 받은 광화학스모그가 발생했다. 도쿄도 스기나미구 도쿄릿쇼(立正) 고교에서는 교정에서 운동을 하고 있던 학생 45명이 눈의 통증, 현기증, 구역질을 호소하며 쓰러졌다. 이는 질소산화물과 탄화수소가 자외선으로 광화학반응을 일으켜 옥시탄트라는 자극성 유해물질을 발생시킨 것이다. 그 뒤 광화학스모그의 도내 피해는 2만 명을 넘었다고 한다. 기타 하천의 오염 등 신문에 살인 사건이 실리지 않는 날은 있어도 공해 사건이 실리지 않은 날은 없다고 했다.

4월 1일 제1회 지구의 날은 세계에서 2000만 명의 참가자가 시위에 참가했다. 시위의 슬로건 중 하나가 '노 모어(no more) 도쿄'였다.

일본의 도시는 공해뿐만 아니다. 주택난·교통마비·사고, 물부족, 게다가 과밀학급·학교부족, 보육소부족, 쓰레기전쟁 등 사회문제 대부분이 분출됐다. 『국민소득백서』(1967년판)는 다음과 같이 기술하였다.

'협소한 주택에 가득 들어찬 내구소비재나 미정비 도로에 넘쳐나는 다수의 자동차 등 사적 소비와 사회적 소비의 불균형, 사고, 공해, 고물가 등이 가져온 소득과 복지의 불균형, 풍요로운 의생활과 가난한 식생활, 주생활이 동거하는 소비내용의 불균형 등 다양한 왜곡이 국민생활을 압박해 생활수준의 상승에도 불구하고 국민의 불만감에는 뿌리 강한 것이 있다. 특히 사회적 소비가 늦어지는 것은 교통사고, 공해 등 대다수의 사회문제를 격화시켜 국민의 건강과 생활에 중대한 위협이 됐다.[20]'

이 '현대적 빈곤'이라 부를 생활환경의 악화는 이미 제2장에서 기술한 바와 같이 하나는 기업의 집적에 따른 공해나 교통혼잡과 같은 집적불이익이며, 또 하나는 도시적 생활양식의 보급에 필요한 사회적 소비(집합주택, 상하수도, 공원, 학교, 보육소 등의 복지시설과 서비스)의 부족이었다. 이들 문제는 도쿄를 비롯한 3대 도시권을 중심으로 폭발적으로 발생해 드디어 지방으로 파급됐다.[21]

정부는 공해대책기본법과 더불어 도시3법(토지이용법의 일부 개정, 1920년의 도시계획법의 전문 개정, 도시재개발법)이나 공장입지적정화법을 냈지만 시기를 놓치거나 '무늬만 법'이어서 재정적 뒷받침이 충분하지 않고, 효과도 없었다.

이들 도시문제는 저소득층에게 가장 큰 피해를 주었지만 계층을 넘어서 대부분의 시민에게 영향을 주었다. 이는 일종의 빈곤이었는데, 소득수준의 저하나 실업과 같은 고전적·근원적 빈곤이 아니다. '몹쓸 GNP'라고 하듯이 GNP가 늘어나 소득수준이 높아져도 해결되지 않고, 오히려 모두가 자동차를 사용해서 심각해진다. 복지국가의 정책이라도 금전적 소득보상으로는 해결되지 않는다. 이는 대량생산·소비의 도시사회인 현대사회에 생긴 특이한 빈곤이기에 '현대적 빈곤'이라 불러도 좋을 것이다. 지금까지의 사회운동은 임금을 올리고 노동조건을 개선하는 직장의 문제를 해결하는 노동운동이 주력이었다. 그러나 현대적 빈곤은 생활의 장의 문제이며, 주민운동이 아니면 해결되지 않는다.

이 때문에 미시마·누마즈 주민운동의 승리 이후, 현대적 빈곤의 해결을 요구하는 주민운동이 전국으로 확산됐다. 프랑스 문학자이자 후지사와시 쓰지도 남부의 환경을 지키는 모임 대표로서 1967년 이래 주민운동을 시작한 안도 모토오는 『거주점의 사상 - 주민·운동·자치』에서 다음과 같이 말하였다.

'그것은 재화생산의 과정과는 완전 별개인 또 다른 하나의 인간 행동의 과정, 결국 노동력 재생산의 과정이며, 좀 더 넓게 말하면 소외로부터의 회복, 인간 그 자체의 재생산의 과정이다[22].'

니타가이 가몬이 1970년대 전반에 조사한 바로는 주민운동은 전국에서 공해반대운동 등 정책 관련이 554건, 생활환경의 개선이 1566건을 넘었다. NHK의 1970년 12월 조사에서는 공해반대 주민조직은 300개가 넘었다. 정말 벌판에 붙은 불처럼 확대되고 있었던 것이다.[23]

미노베 도정의 성립

제2장에서 기술한 바와 같이 1960년대는 일본에 있어서 도시사회의 형성기였다. 이 과정에서 미시마·누마즈의 사례에서 명확하게 나타났듯이 지금까지의 농촌형 '풀뿌리보수주의'는 쇠퇴하기 시작했다. 지역의 유망가(지방자치단체의 수장·지방의원)가 주민의 진정을 받아 그것을 중앙 정치가나 관료에게 중개를 해 보조금사업을 유치해 정치를 안정화한다는 방법은 다양한

도시문제를 해결하지 못한다. 공해의 경우는 지방 유망가 자신이 피해를 입는다. 중앙 정치에도 이것이 반영돼 자민당 정권과 그것을 비판하며 균형을 잡던 사회당의 정치과정(2대정당이 아니라 1.5대정당)이 힘에 부닥쳐 공명당, 공산당, 민사당과 같은 소수당이 진출을 했다. 사토 내각이 사회개발을 정권의 기치로 삼은 것처럼 고도성장이 만들어낸 공해나 도시문제가 정당의 쟁점이 됐다. 이와 같은 정치 흐름의 변화 가운데 시민운동이 처음으로 노동운동과 더불어 사회운동의 한 날개를 담당하며 그 힘을 받아 소위 혁신지자체가 생겼다. 1970년대 전반에는 대도시권의 도부현과 시의 단체장, 그리고 전국 3분의 1의 시장이 혁신지자체가 됐다. 혁신지자체는 혁명을 하는 것이 아니다. 혁신의 등대라고 해서 1950년 4월 이래 7기에 걸쳐 부정(府政)을 담당한 니나가와 도라조 교토부 지사가 말한 바와 같이 '헌법을 생활 속에서 살린다'라는 것이 목적이었다. 결국 정치와 경제의 실태가 헌법의 이념과는 너무나 멀어져 있기에 헌법이 추구하는 복지국가적인 정책을 지역에서 실현하고자 하는 것이었다. 그 중심이 도쿄도정이었다.

1965년 자민당 총재선거를 둘러싸고 '검은 안개' 사건이 일어났고, 거기에다 도의회 의원의 직권남용·부정부패 사건으로 17명의 자민당 의원이 체포됐다. 이에 대해 학자·문화인의 손으로 도정쇄신시민위원회가 만들어져 사회·공명·공산·민사 4당과 노동 4단체가 호소한 도의회 소환, 도의회 해산을 요구하는 시민운동이 확산됐다. 자민당은 이것이 중앙정계에 미칠 것을 두려워 해 국회에서 지방의회 해산의 특례법을 제정해 이례적으로 도의회 해산을 강행했다. 그 직후 도의회 선거에서 자민당은 69개 의석이 38개 의석으로 줄어들어 참패했다. 이러한 정치 부패에 대해 비판이 강해진 과정에서 1967년 4월 도지사선거에서 사공(社共) 양 당의 혁신통일후보로 도쿄 교육대학 교수 미노베 료키치가 당선됐다.

도쿄 도민은 '도쿄 불사르기'라는 말이 나돌 정도로 이 선거에서 도정의 혁신을 요구하며 자민당정권의 고도성장정책에 반기를 든 것이다. 도쿄는 올림픽 전후부터 공해와 주택난 등의 도시문제에다 고물가로 고통 받고 있었고, 도시 무책(無策)이라고 할 만큼 자민당 도정에 강한 불만을 품고 있었다. 거기에 더해 부패한 도의회를 쇄신할 힘으로 '도정을 청소할' 만큼 청결한 지사를 바랐던 것이다. 미노베 지사는 '도쿄에 푸른 하늘을' '도정에 헌법을'을 정책목표로 내걸고 '도민당'이라는 시민운동에 의거하는 정치세력을 보였다.

미노베 도정의 정책이념은 시빌 미니멈(Civil Minimum)이었다. 이 이념은 이미 미노베 도정의 숨은 정책입안자 고모리 다케시가 시빅 미니멈으로 제시했는데, 이를 보편화해서 마쓰시타 게이이치는 다음과 같이 말하였다. 이는 내셔널 미니멈과 같은 사회보장중심이 아니라 오늘날 도시적 생활양식을 전제로 사회보장(건강보험·실업보험·공적부조)의 광범위한 문제영역을 종합하고 있다. 그리고 정책 주체는 시민 내지 지자체가 자율적으로 설정하고 구체적으로는 도시사회가 성립해 유지되는 유럽의 수준을 지수화해 목표로 내세우고 같은 수준의 정책전환을 도모하고자 한다. 이는 정부를 대신해 복지국가를 지자체 단계에서 실현하려는 것으로, 혁신지자체만이 아니라 대부분의 시정촌이 정책이념으로 채택했다.[24] 이 시빌 미니멈의 적극성을 지지해 공동작업을 하면서 당시 나는 그 문제점을 지적해왔다.[25] 그것은 그렇다 치고 이 시빌 미니멈 가운데서도 미노베 도정이 가장 중점을 둔 것이 공해대책이다. 1968년 4월 공해연구소가 창설되고 1년 뒤에 가이노 미치타카 와세다 대학 교수가 초대소장에 취임해 곧바로 공해방지조례를 수립했다.

도쿄도 공해방지조례 - 그 혁신성

1969년 7월에 공포된 도쿄도 공해방지조례는 헌장으로서의 성격을 갖고 있으며, 격조 높은 전문이 붙어 있다. 여기서는 공해는 인간이 만들어낸 산업과 도시에 그 발생원인이 내재한 사회적 재해이며, 그 영향이 특히 도쿄도에서 현저하고 헌법이 보장하는 건강하고 문화적인 최저한도의 생활을 영위할 권리를 저해하고 있다고 하였다. 그리고 도쿄도는 이 도민의 생활권을 보장하는 최대한의 의무를 지고 있으며 모든 수단을 다해 공해의 방지

와 근절을 도모하지 않으면 안 된다고 돼 있다.[26]

이 조례는 공해대책기본법의 '경제조화조항'을 배제하고 자치권에 바탕을 둔 적극적인 공해행정을 보여주고 있다. 공해는 '사업활동 기타 인재에 바탕을 둔 생활환경의 침해이며, 대기오염, 수질오염, 소음, 진동, 악취 등으로 인해 사람의 생명 및 건강이 손상을 입거나 또는 사람의 쾌적한 생활이 저해받는 것을 말한다'고 정의하였다. 조례는 지사의 책무를 모든 시책을 통해 공해방지에 노력하는 것으로 하고, 9조에 걸쳐 상세하게 규정해놓았다. 이 가운데는 공해행정의 일반적인 공개를 의무화하는 등 공해방지가 주민운동에 의할 수밖에 없다는 것을 보여주는 것도 있다. 이 조례에서는 국가의 법령에서 규정되지 않았던 공장의 설치·변경의 인가제, 특정공장의 위치제한, 지사의 조업정지명령권 등이 규정돼 있다. 특히 주목받은 것은 사업자는 공해방지에 관하여 '최대한 노력할 의무'를 가진다고 해 공장이 지사의 명령이나 기타 처분에 따르지 않고 조업을 할 때에는 공장용수, 업무용 수돗물 등의 전부 또는 일부 공급정지를 요청하도록 한 것이다. 벌칙보다도 기업에게 가혹한 조치는, '요령'에 있는 전력의 공급정지였지만 이는 불가능하다는 깃을 알았기에 지사의 지배하에 있는 물을 공급 징지하도록 했다. 또 저유황중유의 권고도 규정하였다. 이는 이 조례가 단순한 선언이 아니라 구체적인 규제라는 사실을 보여주고 있다.

정부는 이 조례가 법률을 넘어선 것이라는 사실에 충격을 받았다. 재계는 이 조례에 강한 반대의 의사를 보였다. 정부는 도쿄도의 공채발행을 인가하지 않고 또 도직원의 급여가 국가공무원보다 고액이라는 사실을 비판하는 등 압력을 가했다. 그러나 앞서 말한 바와 같이 공해는 심각해져 주민의 여론과 운동은 정부 법률의 경제조화조항을 비판하며 도쿄도의 공해방지조례를 적극적으로 지지했다. 도는 환경기준에 관해서도 SO_x에 관해서는 역치(하루 평균 0.05ppm)로 되돌리고, NO_2의 환경기준을 정하는 등 법률 기준을 '상회(上乘せ)' 또는 '대등(横出し)'하게 조정했다.* 연구자는 두 쪽으로 나뉘었다. 하나는 국가의 법령에서 연역적으로 조례를 규정해간다는 전통

적·후견주의적 해석론이다. 후술하는 오사카부 공해방지조례를 만든 연구
자들이다. 한편 도쿄도와 조례를 지지하는 연구자는 지자체의 창의성·자
주성에 바탕을 둔 자주입법권=조례제정권을 국가의 법률이 헌법에 바탕을
두고 정당성을 갖고 추진해야 한다고 말하는 주장이었다. 그 뒤 같은 취지
로 교토부 조례나 가나가와현 조례가 만들어졌다.

공해의 심각화와 공해에 반대해 환경을 지키는 여론과 운동, 거기다 후
술하는 국제적인 연구와 제언에 의해 도쿄도의 공해방지조례의 정당성은
명확해졌다. 이 압력으로 1970년 12월 제64회 국회에서 공해대책기본법이
개정됐고, 조화론을 폐기해 도조례가 보인 방향이 채택되고 더욱이 관계 14
법이 제정됐다. 행정법학의 무로이 쓰도무 나고야 대학 교수는 다음과 같이
평가하였다.

'여기서는 지자체의 조례가 국가의 법령을 선도한 것이다. 이것저것
형식적인 적법·위법론에 저촉됨이 없이 공해의 방지·근절을 위해 가
능한 한 지자체의 창의연구를 불러일으키는 의욕적인 조례 제정은 국가
의 관계 부처의 명시적 또는 묵시적인 비난에도 불구하고 주민의 의사와
운동에 의해 지지받음으로써 일정한 성과를 거둔 것이다.[27]'

2 경제주의 오사카의 전환 - 오사카 엑스포와 사카이·센보쿠 콤비나트

전전 '정치는 도쿄' '경제는 오사카'라고 할 만큼 오사카는 자유주의 섬유
자본가가 재계의 주류였고, 그 뒷받침에 힘입어 세키 하지메 오사카시장은
진보주의 도시정책을 추진했다.[28] 그런데 전시통제경제와 중화학공업화와

---

* 일본에서는 국가 법령에 정해진 기준을 웃도는 조례나 도도부현 조례의 기준을 웃도는 시구정촌 조
례를 '우와노세(上乗せ)'조례라고 하는데 우리말로 '상회조례'라 번역할 수 있겠고, 환경법 분야에
서 국가의 법령이 규제대상으로 돼 있지 않은 오염원인물질이나 오염원을 새롭게 지방공공단체가
규제하는 조례를 '요코다시(横出し)'조례라고 하는데 이는 '대등조례'라고 번역할 수 있겠다.

더불어 오사카 경제에 '지반침하'가 시작됐다. 제1장에서 본 바와 같이 점령
군에 의한 일본 경제부흥정책은 도쿄의 경제적 지위를 높였다. 전후 소재공
급형 중화학공업의 성장과 더불어 민생형 경공업의 오사카가 상대적으로
쇠퇴하게 된 것은 명백해졌다. 이 때문에 오사카 재계나 정부는 1950년대
고도성장정책에 뒤지지 않도록 도쿄를 따라함으로써 경제적인 지위의 회복
을 꾀하는 경향이 생겼다.

1958년 오사카부는 사카이·센보쿠 지역 약 2000ha를 매립해 임해콤비
나트를 건설할 계획을 시작했다. 신일철·간사이 전력·미쓰이계 석유화학
을 중심으로 600개사나 되는 공장이 유치됐다. 오사카부는 '관동군'이라 불
린 기업국에 의해 센리와 사카이·센보쿠 양 지역에 세계 최대의 뉴타운을
건설함과 동시에 이 임해콤비나트를 조성해 도쿄권에 대항하는 대도시권을
형성하고자 했던 것이다.

이 장대한 계획은 진행해 가는 과정에서 많은 문제가 생겼다. 간사이 재
계의 체질로 말하자면 철강·석유화학과 같은 소재공급형 산업보다도 자동
차·전기·약품과 같은 가공형 산업이 합쳐져 있다. 따라서 간사이 재계 자
체가 이 계획에 전면적으로 협력한 것은 아니다. 석유화학은 스미토모계가
아니라 미쓰이계로 됐다는 것도 명백하다. 이 계획이 경제적으로도 실패했
다는 것은 제7장에서 말하겠지만 인구조밀한 대도시권에 가장 많은 자원을
사용해 오염물질을 배출하는 소재공급형 중화학공업을 유치한 것은 도시정
책으로서 최악이었다. 예로부터 오사카는 일본 제일의 공해지역이다. 이 계
획으로 간사이 최고의 하마데라 해수욕장과 양질의 주택지 전면을 매립해
자연환경을 파괴함으로써 3000명이 넘는 대기오염환자를 낸 데서 중화학공
업화의 초조함이 나타나 있었다.

오사카부는 도쿄도가 올림픽을 유치해 그와 관련해서 고속도로, 공항, 신
칸센 등의 도시시설 정비를 꾀한 것을 모방해 1970년 만국박람회를 유치했
다. 이를 위해 지하철, 고속도로, 이타미 공항의 확장 등 대규모 공공사업을
했다. 도쿄도민에게는 올림픽을 통한 사업이 도로 등에 편중돼 주택 등 생

활기반의 충족을 소홀히 했기 때문에 도시문제로 괴로워하게 됐다. 이것이 미노베 도정을 낳은 원인이 됐다. 오사카부는 그것을 아는지 모르는지, 마찬가지로 '축제형 공공투자'를 추진했다. 사업을 서두르기 위해 안전이 도외시돼 지하철 가스폭발 사건이 발생했다.[29] 1968년 확장된 오사카공항 주변 주민에게는 소음공해가 심각해졌다. 만국박람회는 관객 6421만 명이라는 역대 최대 인파로 붐볐다. 오사카의 정재계는 이 성공에 취했지만 콤비나트의 조업이 본격화됨과 동시에 공해에 반대하는 부민(府民)의 불만이 축적돼 있었던 것이다.

지금까지 기술해온 바와 같이 오사카시는 일본에서도 공해의 역사가 길기 때문에 공해대책으로는 일본을 이끄는 업적도 내놓고 있었다. 그러나 전후 오사카의 정재계인은 건강 등의 인권을 보전하는 것이 아니라 산업의 발전을 우선하는 행동이 강했다. 이 때문에 공해대책도 현실타협적인 성격을 갖고 있었다. 공해대책기본법 제정에 따라 오사카부 사업장 공해방지조례를 개정해야만 했던 오사카부는 공해심의회를 열어 검토를 거듭했다. 앞서 기술한 바와 같이 도쿄도 공해방지조례도 검토됐다. 도조례가 종래 공해법의 연구성과를 받아들인 획기적인 것이라는 사실을 일부 심의회 위원은 인정했지만, 도쿄도조례는 선언에 불과하다는 비판이 대세였다. 공해심의회에서는 오사카부가 실효성을 추구하기에 법률을 넘어설 조례는 제정하지 않기로 했다. 그 결과 1969년 9월에 제정된 〈오사카부 공해방지조례〉는 공해대책기본법의 목적과 마찬가지로 제1조 제2항에는 '생활환경의 보전에 관해서 산업의 건강한 발전과의 조화를 도모할 수 있도록 하는 것으로 한다'고 돼 있다. 도조례와 같이 사업자의 책무 규정도, 지사의 책무 규정도 없으며 연차보고와 시책의 의회보고에 머물고 있다. 발생원의 규제에 관해 도조례가 설치 허가제를 취하고 있는 데 비해 부(府)조례는 서류 제출에 머물고 있다. 이미 새로운 공해가 사카이·센보쿠 지역에서 시작돼 오사카부 관할 전체에 공해반대의 불이 번지고 있을 때에 오사카부 공해심의회는 정재계와 마찬가지로 정부를 따라 손을 놓고 있었던 것이다.[30]

사카이 · 다카이시에서 공해를 없애는 모임과 콤비나트 확장 저지

사카이시장 가와모리 야스노스케는 콤비나트 유치에 적극적이었고 사카이상공회의소, 더욱이 일반시민만이 아니라 노동조합도 콤비나트의 경제파급효과에 기대를 하고 있었다. 1961년 자치연(自治研) 전국집회에서 자치노(自治勞) 사카이시 직원노동조합의 사쿠라이 서기장이 콤비나트 건설로 트럭공해 등의 사회적 재해가 발생하고 있다는 사실을 보고했다[31]. 면직당하는 상황이었다. 사카이시의 시민은 좀처럼 공해반대에 나서지 않았다. 일본과학자회의 오사카지부는 1968년 11월에 총평(總評) 사카이지구평의회, 사카이시 교직원조합, 미미하라(耳原) 병원, 사카이시 직원노동조합 등에 호소해 '사카이에서 공해를 없애는 시민모임'을 결성했다. 이 모임은 학습회를 거듭해 주민의 공해반대의 싹을 만들었다. 1970년 3월부터 5월에 걸쳐 '시민의 모임'은 신일철 사카이 공장 주변 삼보 지구의 마쓰야정과 간나베정의 1339명을 조사했다. 그 결과 7.1%가 만성기관지염 증상을 보였다. 특히 40세 이상 시민의 16.2%(남자 18.6%, 여자 13.4%)가 만성기관지염 증상 사례를 보였다. 이는 욧카이치시 오하마 지구 15.0%, 오사카시 니시요도가와구 11.6%, 아마가사키시 쓰키지 지구 15.4%보다도 높은 비율이었다. 사카이시에 공해환자가 발생하고 있다는 조사결과는 시민에게 충격을 주었다. 지금까지 사카이 · 센보쿠 지구에 공해는 없다고 했던 오사카부는 당황해 추적조사를 했다. 사카이시에서는 발병률이 9%라는 사실이 드러났다. 그 결과 대기오염으로 피해자가 발생하고 있다는 사실이 명확하다고 인정했다. 그보다 앞서 1969년 2월 다카이시시에서 공해를 없애는 모임이 결성됐다. 1970년 2월 오사카 석유화학 시운전 중에 플레어스택(flare stack)*에서 70m의 불꽃이 분출하여 대낮같은 상태가 10일에 걸쳐 계속되었다. 그로 인한 재해와

---

* 원유채굴시설, 가스처리시설, 제유소 등에서 나오는 잉여가스를 무해화하기 위해 소각할 때 나오는 불꽃 또는 그 기법을 말한다.

악취로 시민이 불면을 호소하면서 공해반대운동은 크게 발전하게 됐다. 사토 기센 지사는 이러한 상황에도 불구하고 센보쿠1구 추가매립과 기업유치 계획을 발표했다. 1970년 2월까지 신청한 기업은 제너럴 석유, 미쓰이 도노쇼 등 28개사를 넘었다. 이는 한층 공해의 위험을 확대하는 것으로 센보쿠1구 추가매립 반대운동이 시작됐다.

4월 사카이 상공회의소는 추가매립에 반대해 공해발생형 중화학공업 유지반대, 기진출기업의 증설의 원칙적 금지, 유치에 있어 지역과의 사전협의를 내용으로 하는 요망서를 부(府)지사에게 제출했다. 동 회의소 요시다 히사히로 의장은 지역기업을 대표해 '바다를 매립해 공장을 유치하는 구상은 기본적으로 잘못됐다. 오사카부는 매립지를 공원과 같은 녹화지대로 하는 등의 계획을 취해야 한다'는 담화를 발표했다. 사카이·다카이시 양 시에서는 300회가 넘는 학습회가 열렸고, 매일같이 각종 단체의 진정이 계속됐다. 사카이시민의 모임은 8월 1일 '센보쿠1구 추가매립과 기업유치를 중지해 공해방지의 긴급대책을 요구하는' 청원 20만 서명운동을 시작했다. 9월 12일 지금까지 보수적인 정당지지단체였던 사카이시 신생활운동추진협의회(16만 세대)는 정 전체에 있는 모임을 총동원해 전 시에서 공해반대 서명운동을 시작했다.

8월 31일 사카이시시의회는 반대 여론에 밀려 다음과 같은 요지의 결의를 했다.

'(전략) 임해공업지대에서 발생하는 공해는 해마다 악화를 거듭해 시민의 건강을 해치고 있다. 부(府)는 인간존중의 입장을 으뜸으로 삼아 모든 공해발생원을 완전히 배제해야 하며, 이번의 분양계획안을 근본적으로 재검토할 것을 강력히 요망한다.'

같은 날, 다카이시시 의회는 보다 엄중하게 절대반대를 표명했다.

'부의 분양계획은 공해의 확대, 대재해를 불러일으킬 우려가 많고 공해반대를 주장하는 시민의 뜻을 거스르는 것이다. 부가 이 계획을 즉각 백지화해 근본적인 재검토를 할 것을 요망함과 동시에 본 시의회는 주민의 건강, 재산을 최우선하는 입장에 서서 절대반대를 표명한다.'

그리고 9월 25일 다카이시시 시의회 전원이 부(府)지사실 앞에서 농성을 했다.

이와 같이 전 시민을 끌어들인 듯한 격렬한 반대운동이 계속됐지만 만국박람회에 바쁜 지사는 이를 무시하고 다수가 서명한 청원을 채택하지 않고 센보쿠1구 추가매립지의 분양을 개시했다. 미시마·누마즈 주민운동과는 달리 시 지역이 주민운동을 지지해도 오사카부를 개혁하지 않으면 개발을 중지시킬 수 없다는 사실이 분명해졌다. 1971년 2월 56개 단체를 모아 '오사카에서 공해를 없애는 모임'이 결성됐다.[32]

구로다 '헌법'지사의 탄생

사카이·센보쿠 콤비나트 확장반대에서 시작된 공해반대 주민운동은 오사카부에서 확산됐다. 1971년 4월 오사카부 지사선거가 시작됐다. 미노베 도쿄도정의 성과, 공해국회를 통한 환경정책의 진전에 힘입어 오사카부에서도 공해반대의 부정(府政)을 펼치지 않으면 안 된다는 여론이 커졌다. 사회당과 공산당의 지사선거 통일은 실현됐지만 후보는 난항을 겪었다. 결국 후보가 결정되지 않았기 때문에 후보추천위원회의 책임자였던 구로다 료이치 오사카 시립대학 교수가 스스로 출마하게 됐다. 구로다 교수는 헌법학 전문가로 기본적 인권옹호의 입장에서 공해반대를 표방해 인기를 얻었지만 정치적으로는 무명인 존재였다. 한편 사토 지사는 '만국박람회 지사'로서 그 성공을 기반으로 콤비나트 확장을 단행하는 데 자신을 갖고 있었다. 정재계나 보수적 언론인은 사토 지사의 당선을 기정 사실로 보았다. '만국박람회는 표가 되지만 공해는 표가 되지 않는다'는 의견이 강했다.

그러나 공해반대운동은 전 오사카부로 확산돼 산업발전보다도 공해방지

를 바라는 목소리가 나날이 강해졌다. 뚜껑을 열어보니 구로다 료이치(무소
속 신인) 155만 8170표에 비해 사토 기센(자민당 현직) 153만 3263표로 2만 표
라는 아슬아슬한 차이였지만 완전 신인인 구로다 료이치 지사가 탄생했다.
이 전문가의 예측을 빗나가게 한 뜻밖의 결과의 원인은 사토의 표밭이라고
알려진 사카이·다카이시 양 시에서 구로다 료이치가 4만 표의 큰차를 벌
려 승리했기 때문이다. 사토는 그럴싸하게 '사카이시에서 졌다'고 말했다.
만국박람회가 열린 스이타시에서도 구로다의 표는 사토의 표를 웃돌았다.
그리고 공해가 극심했던 지구인 오사카 니시요도가와구, 고노하나구, 사카
이·다카이시 양 시에서도 사토가 패한 것이다. 만국박람회는 표가 되지 않
았고, 공해가 표가 되었던 것이다. 오사카부민이 도쿄도에 이어서 공해방지,
주민복지, 지방자치를 지역개발, 산업발전, 중앙집권 의존보다도 우선하는
것을 희망한 것이다.

　구로다 지사는 오사카부 공해방지조례를 전면개정해 전 지사의 블루스
카이계획인 높은 굴뚝 확산을 통한 공해대책을 중지시키고 1973년 「오사카
부 환경관리계획(BIG PLAN)」을 통해 전국 최초로 총량규제를 시작했다. 그
리고 1974년 이래 사카이·센보쿠 임해공업지역의 콤비나트 증설을 억제해
개발방침의 전환을 추진했다.

3 환경권의 제창

국제사회과학평의회 '환경파괴(Environmental Disruption)' 도쿄심포지엄

　1950년대부터 1960년대는 자본주의의 황금시대라 불렸다. 미국의 달러기
축체제 아래, 전후 부흥에서 고도성장으로 과거에 없던 고도성장이 계속됐
다. 그 사이 한국전쟁, 중동전쟁 게다가 베트남전쟁과 냉전기의 군축경쟁의
영향도 있었지만 고도성장의 주요한 원인은 미국적 대량소비 생활양식이
보급된 것이 커다란 원인이었다. 이 급격한 고도성장으로 인해 일본만이 아

니라 각국의 환경파괴가 심각해졌다. 1960년대, 각국은 〈표 3-2〉와 같이 환
경정책에 노력하기 시작했다. 그와 동시에 환경문제의 과학에 주목하게 됐
다. 그중에도 연구자의 관심은 '공해선진국'으로 불린 일본의 공해에 쏠렸
다. 세계 최초의 학제적 연구그룹인 공해연구위원회를 주재했던 쓰루 시게
토는 유네스코 국제사회과학평의회 환경파괴에 관한 특별위원회의 최초 공
해문제 국제심포지엄을 도쿄에서 열 것을 제안해 미국의 크니제와 함께 조
직을 만들고 이 심포지엄을 동 평의회와 일본학술회의가 공동주최했다.
　이 회의는 1970년 3월 9일부터 12일에 걸쳐 도쿄 프린스호텔에서 열렸다.

표 3-2 주요국 국가환경법 제정년도(1966-1985년)

	미국	일본	프랑스	서독	이탈리아	스웨덴	영국
기본법	1970	1967 1970	1976			1969 1981	1974
수질오염방지법	1972 1977	1958 1970	1964	1957 1976	1976	1969 1981 1983	1961 1974
폐기물처리법	1965 1970 1976 1984	1970	1975	1972		1975	1974
대기오염방지법	1963 1970 1977	1962 1968	1974	1974	1966	1969 1981	1956 1968 1974
환경영향평가법	1969		1976	1975		1969 1981	
기타 　화학물질규제법	1975 1976	1973	1977	1980		1973	
자연보호법 　건강피해보상법 　경관보전법 　토양오염법 　보상법		1972 1973		1976	1985	1964	1981 1974 1975

주: 1) 서력의 하단은 개정법 또는 신법의 제정년도.
　　2) 이탈리아는 1985년 이후, 환경법의 제정과 개정이 진전되고 있다.
　　3) OECD, The State of the Environment 1985에서.

출석자는 해외에서 온 Marshall I. Goldman(당시 소속 Wellesley College), K. William Kapp(Universität Basel), Allen V. Kneese(Resources for the Future), Wassily W. Leontief(Ecole des Hautes Etudes), Joseph L. Sax(University of Michigan) 등 22명, 일본은 쓰루 시게토(히토쓰바시 대학), 쇼지 히카루(교토 대학), 우이 쥰(도쿄 대학), 우자와 히로후미(도쿄 대학), 가이노 미치타카(도쿄도 공해연구소), 시바타 도쿠에(도쿄도), 하시모토 미치오(후생성), 미야모토 겐이치(오사카 시립대학), 모리시마 아키오(나고야 대학) 등 22명이었다.[33]

당시 내외 환경문제의 사회과학적 연구자를 망라한 호화 심포지엄이었다. 이 심포지엄에서는 많은 성과가 있었는데, 경제이론 위에서 성장이론이 재검토됐고 환경파괴와 같은 사회적 손실을 내부화할 필요가 공통적으로 인식됐다. 따라서 새로운 경제이론을 만들기 위해서는 자연, 사회자본, 인간의 손실 등을 평가해 이를 GNP의 마이너스분으로 생각하는 가설이 제시됐다. 레온티에프 교수는 산업연관분석 가운데에 환경파괴인자를 도입함으로써 성장만이 아니라 환경보전을 위해 바람직한 산업구조를 선택하는 방법을 제시했다. 사회적 손실은 인적 손실과 같이 불가역적·절대적 손실을 포함하기에 평가가 가능한가라는 의문도 제기됐지만, 종래 시장경제이론의 결함, GNP 중심의 성장제일주의에 대한 비판이 총괄된 것은 이 회의의 성과였다. 경제정책에서는 기업의 공해대책 지원제도보다는 오염자부담원칙을 통한 과징금이 유효하다는 사실이 확인됐다. 다만 독점이나 과점이 지배하는 경제하에서는 과징금은 최종 소비자 또는 제1차 산업자와 같은 경제적 약자에게 전가될 가능성도 지적됐다.

법적 대책으로 가장 주목받은 것은 삭스 교수의 제안이었다. 그는 미국의 경우 공해 사건을 재판을 통해 다뤄, 판결을 거듭 쌓아감으로써 입법·행정을 바꿔가는 것이 효과적이라는 사실을 구체적인 사례를 보이며 사법을 통한 환경보전을 제언했다. 이는 도쿄결의의 환경권 주장과 더불어 일본의 공해대책에 커다란 영향을 주었다 할 수 있다.

이 회의의 특징은 체제를 넘어서 연구자가 한 장소에 모인 것이었다. 따라서 공해와 체제를 둘러싼 논의가 회의의 초점이 되리라는 것은 당초부터 예측됐다. 이 점에 관해서 소련의 공해문제에 관해서 골드만 교수의 상세한 보고가 있었다. 현대에 있어서 공해는 시장경제제도의 결함에서 생기는 것이지만, 그것만으로는 풀지 못하는 것은 계획경제제도하에서도 공해가 발생하고 있다는 사실로 명확해졌다. 이 회의의 성과로 나중에 쓰루 시게토는 공해를 소재와 체제간의 양면에서 통일해 이해하는 이론을 제시했고, 나는 '중간 시스템'론을 만들기에 이른다.

이 회의를 통해 일본의 환경문제와 그 대책의 특징이 국제적으로 드러났다. 우선 첫째는 가해의 면으로 말하면 일본의 환경문제는 산업공해 특히 기업의 범죄라고 할 만큼 문제가 많고, 더욱이 기업의 책임이 명확하지 않고 피해 구제를 하지 않는 것이었다. 구미의 경우 시민사회가 규제하는 피츠버그와 같이 상공회의소가 적극적으로 대책을 취하고 있는 사례가 보고됐다. 또 자동차공해나 레크리에이션을 위한 자연파괴 등 대량소비 생활양식이 문제되는 것만이 아니라 소비자의 책임이 문제가 되고 있는 점이 주목을 받았다.

일본의 공해문제는 피해면에서 말하면 인간의 건강이 파괴되어 사망에 이르는 되돌릴 수 없는 절대적 손실이 많고 피해자는 사회적 약자가 대부분이며, 빈곤과 환경파괴가 직결되는 것이었다. 구미에서는 런던 스모그 사건과 같은 건강피해도 있었지만 어느 쪽인가 하면 자연파괴의 악화에 초점이 있었다. 환경정화도 중산계급 이상이 요구하는 것으로, 시민운동도 일본과 같이 '계급투쟁'적인 색채는 적다. 물론 미국의 연구에서는 대기오염의 피해자는 빈곤한 소수민족에 많다는 보고도 있기 때문에 일본의 사례가 현대사회의 일반적 예라는 것은 분명하지만, 앞으로 환경문제는 널리 자연환경과 문화문제의 결합이라는 면에서 다뤄져야 한다는 사실을 알게 된 것은 성과였다.

일본의 공해대책의 특징을 다른 나라와 비교해보면, 일본 정부가 기업국가라고 할 정도로 정부가 기업에 가담해 피해자 구제보다도 가해자의 면책 또는 구제대책이 많고 공해반대 주민운동과 대립하고 있다는 사실이었다.

회의 종료 후 출석자 전원이 이틀간에 걸쳐 후지시, 욧카이치시, 오사카시를 시찰했다. 외국 연구자는 스모그에 둘러싸인 후지산록과 욧카이치항을 보고 일본의 공해가 심각함을 체험했다. 인상적이었던 것은 레온티에프 교수가 후지산록에서 이러한 심한 공해를 발생시키고 있는 기업의 경영자가 어디에 살고 있는지 주민에게 질문한 것이었다. 주민은 다이쇼와(大昭和) 제지 등의 발생원의 간부는 이곳에 살지 않고 아타미 등 공기 좋은 곳에서 살고 있다고 답했다. 레온티에프 교수는 이것이 일본 공해의 본질이라고 말했다.

'도쿄결의'와 환경권

'현대세계에 있어서 환경파괴에 관한 국제심포지엄'은 회의의 성과를 '도쿄결의'로 발표했다. 여기에는 환경파괴는 선진국이든 개발도상국이든 불문하고 기술진보에 따라 생기는 공업화와 도시화라는 이중 과정의 직접적인 귀결이며, 모든 사회의 사람들의 복지와 직접 관련된 오늘날 시대에 있어서 주요 문제의 하나로 정의했다. 그러나 이 귀결은 그러한 발전이 있으면 어쩔 수 없이 일어나는 것이 아니라 사회면·경제면·제도면에 있어서 대대적 개혁조정을 하면 막을 수 있다고 했다. 이 때문에 사회과학자는 환경파괴 및 그 직접적인 물리적·생물학적 귀결이 현대사회에 있어서 인간생활의 사회적·심리적·문화적·경제적 조건 전반에 미치는 영향을 철저히 조사해 규명하고, 환경관리를 위한 효과적 수단을 확립하지 않으면 안된다. 이 때문에 국제적 연구기관의 필요와 일반공중에 대한 계몽활동사업의 강화를 요구하는 것이다.

'도쿄결의'는 이러한 취지를 밝힌 가운데 다음과 같이 환경권을 제언했다.

'특히 중요한 것은 사람이라면 누구도 건강이나 복지를 침해하는 요인에 화를 입지 않는 환경을 누릴 권리와, 장래세대에 현대세대가 남겨야할

유산인 자연미를 포함한 자연자원을 맡을 권리를 기본적 인권의 일종으로 갖는다는 원칙을 법체계 속에 확립하도록 우리가 요청하는 것이다.'

일본에서는 환경권의 논의가 여기부터 시작하지만, 이와 같은 취지는 이미 도쿄도 공해방지조례의 제1, 제2원칙에 나타나 있다. 또 1971년 4월 도도부현의 조례로서는 최초에 제정된 교토부 공해방지조례도 다음과 같이 환경권의 취지를 규정하였다.

'모든 부민(府民)은 풍요로운 자연과 역사적 유산의 은혜를 누리고 건강하고 쾌적한 삶을 영위할 권리를 가진다.'

환경권을 헌법이나 환경법에 명시한 나라는 동독이나 폴란드 등 당시의 사회주의국가나 한국 등에 있었다. 이와 같이 공법상의 규정, 특히 시빌 미니멈과 같은 선언적인 규정이라면 문제는 없지만, 이것이 사법상의 권리로서 재판에서 다투는 권리가 되는 것은 새로운 문제이다. 이 길을 '도쿄결의'가 열었지만 구체적으로 그것을 사법상 권리로 전개한 것은 연구자가 아니라 실무가인 변호사였다. 그것은 당시 일본의 심각한 환경파괴를 중지하고자 원했던 '시민의 권리의식의 법이론화'였다.[34]

환경권의 법리

1970년 9월 일본변호사연합회 제13회 대회 공해심포지엄에서 오사카변호사회 환경권연구회 니토 하지메 · 이케오 다카요시는 '환경권의 법리'라는 보고를 했다.

'대기 · 물 · 일조 · 통풍 · 자연경관 등은 모두 사람의 생활에 꼭 필요한 것이기 때문에 당연히 부동산의 소유권 등과는 관계없이 모든 인간에게 평등하게 배분돼야 한다. 이것을 법률적으로 표현하면 환경은 만인의 공유에 속하며, 공유자의 동의가 없는 환경의 배타 · 독점적인 이용은 그 자체가 위법이 되는 것이다. 이러한 위법행위로 인해 환경이 오염되거나 오염될 우려가 있는 경우에는 그 환경을 공유하는 지역주민에게 구체적인 피해가 발생하고 있는지 여부를 따지지 않고 즉시 그 환경파괴행위를 중지시켜야만 한다. 달리 말하면 사람은 누구나 태어나면서 좋은 환경을 누리고 또한 이것을 지배할 권리를 갖고 있는 것이다. 이 권리는 헌법 제 25조, 13조에 근거한 일종의 기본권이기도 하다. 이 권리를 '환경권'이라고 이름 짓는다.[35]

이 환경권의 제창은 공해·환경파괴로 인해 피해를 입는 주민, 또는 정부의 개발과 기업입지로 인해 환경파괴를 예측하는 환경단체나 주민에게 열광적으로 받아들여졌다. 환경은 개인의 생존에 꼭 필요한 사권(私權)이지만 동시에 만인 공유(또는 생태계 공유)의 권리이다. 그리고 이것은 개인이 보존하기는 어렵다. 개인이 가령 대기오염을 측정하고 정보를 입수하거나 규제하기는 어렵다. 환경은 공공신탁재산으로서 공공기관에게 신탁되고, 정부나 지방공공단체는 환경보전이 최고의 책무이다.

이러한 환경권의 확립을 통해서 처음으로 정부와 지방공공단체는 환경정책의 의무를 확립하게 된다. 특히 환경권은 민사소송에 있어서 개인만이 아니라 주민의 기본적 인권의 확립을 진전시킨다. 지금까지 해안을 매립하여 환경이 파괴된 것을 두고 주민이 그 행위를 중지하는 소송을 제기한 경우, 해안은 국유재산이라서 주민은 반사적 이익을 받는 데 불과했기에 원고부적격으로 문전박대를 당해왔다. 또 공공사업의 공해재판은 진행 중이었지만 피해가 있어도 공공성에 의한 수인한도론에서 손해배상을 인정하지 않았거나 또는 손해배상을 인정해도 중지는 인정하지 않았다. 이 때문에 환경침해행위를 멈추게 할 수가 없었다.

이러한 상황에서 환경권론은 피해가 명확하다면 엄밀하게 1대 1의 인과관계를 입증하지 않아도 또 수인한도가 어느 정도인지 관계없이 배상이 인정된다. 또한 무엇보다도 환경침해를 중지시킬 수가 있다. 예방할 수 있다는 기대를 할 수 있게 된 것이다.

이와 같이 환경권은 공해를 방지하고 손해를 배상하게 하고, 더욱이 예방하는 데에 정말 유효했지만, 민사소송의 전통적인 판단에서 말하면 문제점이 많았다. 우선 환경이라고 하는 것은 다의(多義)적이다. 자연환경과 사회환경이 있다. 자연환경에도 생활권과 관련 없는 것이 있다. 원고의 적격성에 관해서 주민이 지역의 환경침해를 호소하는 것은 괜찮다고 해도 가령 도쿄 시민이 홋카이도의 환경침해를 멈추게 할 수 있는가. 또 공공성이 있는 시설이나 서비스에 관해 비교형량 없이 중지시킬 수 있는지 등의 논쟁이 시작됐다.

이와 같이 일본에서는 환경권의 법리는 소위 실천에서 생기는 것이기에 소송이나 주민운동을 하면서 확립해 가는 과정을 밟고 있다고 해도 좋을 것이다. 특히 제5장에서 말한 공공사업의 재판은 환경권재판이라고 해도 좋을 상황이었다.

제4절 공해국회와 환경청의 창설

1 공해국회 - 성과와 한계

'오늘 도쿄에서 일어나고 있는 일은 내일 전국으로 퍼진다'

통일지방선거를 치른 1967년 자민당은 5대 부현에서 평균 30%대의 저조한 득표률로 떨어져 도지사선거에서 패배했다. 자민당 간사장에 취임한 다나카 가쿠에이는 이 패배 후, '오늘 도쿄에서 일어나는 일은 내일 전국으로 퍼진다'고 솔직하게 반성했다. 다음해인 1968년 스스로 책임자가 돼 각 부처의 실력 있는 관료를 모아 토의를 거듭해 자민당『도시정책대강』을 발표했다. 지금까지 자민당은 '농촌정당'으로 도시정책을 갖고 있지 않았다. 공해 등의 도시문제가 심각해지고 시민운동이 전국으로 퍼지고 대도시권을 중심으로 혁신지자체가 성립되자 자민당은 위기에 빠졌다. 『도시정책대강』
은 도시행정의 규제완화와 민영화로 인해 민간 개발자에게 활동분야를 주
고, 농업쇠퇴에 대응하기 위해 국가재정자금을 공공사업보조금으로 농촌에
살포한다는 것이었다. 이는 다나카 가쿠에이가 정권을 잡고 발표한 『일본
열도개조론』의 토대가 되는 구상이었다. 사토 내각은 이케다 내각을 대신
해 앞서 말한 바와 같이 사회개발을 주창했지만, 기업과의 타협이 많았고
성과는 만족스러울 만큼 오르지 않았다. 다나카의 구상은 단연코 도시계획
법 등의 도시3법을 만들어 기업과 인구의 분산, 공해의 기업부담을 인정하
는 것이었다. 이 보수당의 위기 가운데에서도 최대의 내정과제가 전국적으
로 심각해진 공해문제였다. 1970년 6월 29일 사토 에이사쿠 수상은 오사카
에서 열린 만국박람회 일본의 날에 참석한 뒤 가진 기자회견에서 다음과
같이 말했다.

　'공해방지는 경제의 발전과 병행해 나아간다. 공해를 우려한 나머지
　경제성장을 늦춰서는 안 된다. 공해방지에 노력하는 나머지 기업이 무너
　져서는 안 된다.'

이는 사토 수상의 본심이었겠지만, 공해대책기본법의 '조화조항'이야말
로 정부의 기업, 즉 재계와의 유착관계를 나타내고 그것이 공해대책의 실패
로 연결된다고 생각해왔던 여론에 불을 붙였다.[36] 기본법 제정 전후부터 시
작된 공해재판은 피해자가 행정에 절망해 최후의 해결을 사법에서 찾는 것
이었다. 재판의 피고가 된 기업, 더 나아가 전 경제계는 패소하게 된다는 것
은 생각하지도 않다가 법정에 휩쓸리게 되자 위기의식을 갖고 공해행정의
전진을 시인하지 않을 수 없게 됐다. 국내정세의 변화만이 아니었다. 세계
적인 환경문제의 급증과 고도성장에 따른 자원의 급등과 한계를 맞아 유엔
은 1972년에 인간환경회의를 개최하기로 결정했다. 미국에서는 1969년에
국가환경정책법이 제정됐다. 닉슨이 연두에 발표한 『일반교서』에 공해대책
을 추진할 것을 제시했다. 영국은 주택성을 비롯해 내정 행정관청을 통괄하

는 형태로 환경성을 창설했다〈〈표 3-2〉 참고). 국제정세의 압력에 약한 일본 정부는 대응을 생각하지 않을 수 없었다. 앞의 국제사회과학평의회 도쿄심 포지엄의 영향, 특히 '환경권'의 제창은 공해대책을 넘은 환경정책의 이념 을 명시했다. 언론은 연일 공해관계를 보도하며 정부를 비판했다.

국회는 1970년 5월 이후 중의원과 참의원의 산업공해대책 특별위원회에 서 공해문제를 집중 심의해 나갔다. 정부는 7월 31일 내각에 직속하는 공해 대책본부를 설치해 본부장 사토 에이사쿠 수상, 부본부장 야마나카 사다노 리 총무장관으로 하고 각 부처에서 파견자를 모아 '공해국회'에 제출할 공 해관계법의 작성작업을 추진했다.

공해 · 환경 관련 14개 법안의 제안

1970년 11월 24일 '제64회 임시국회'가 열렸다. 12월 18일까지의 단기간 에 공해 · 환경 관련 14개 법안을 집중적으로 심의해 가결했기에 '공해국회' 로 불렸다. 제정된 법률의 주된 내용은 다음과 같다.

(1) 공해대책기본법의 일부 개정

법의 목적 가운데 '경제의 발전과의 조화조항'을 삭제하고 공해의 정 의에 토양오염을 추가하고, 온배수 등으로 인한 수질 상태의 악화, 오니 에 의한 물밑의 저질(底質) 악화 등을 포함했다. 폐기물처리의 사업자 책 무, 폐기물의 공공적 처리의 정비 추진, 공해방지에 이바지하는 녹지의 보전과 기타 자연환경의 보호에 노력할 것, 도도부현 공해대책심의회의 설치 등을 넣었다.

(2) 공해방지사업비 사업자부담법

사업자가 비용을 부담하는 공해방지사업의 종류는 완충녹지, 하천 · 항만에 있어 오니의 준설사업, 농용지의 객토사업, 사업자가 주로 이용하 는 특별공공하수도, 그리고 이와 유사한 사업이다. 비용을 부담할 사업자 는 공해방지사업이 시행되는 지역에서 공해의 원인이 되는 사업활동을 하거나 할 것이 확실한 사업. 사업자 부담비용은 사업자의 활동이 공해의 원인이 될 것으로 인정되는 정도에 따른다. 개개 사업자에 대한 부담은 공해의 원인이 되는 시설의 종류, 유해물질의 양 등을 기준으로 해서 배분한다. 중소기업에는 재정, 금전면에서 적정한 배려를 하도록 했다.

(3) 소음규제법의 일부 개정

산업의 건전한 발전과의 조화규정을 삭제했다. 소음을 규제하는 지역을 주택지역이나 학교용지 등 생활환경을 보전하는 지역으로까지 확대했다. 자동차소음을 추가해 허용한도를 정했다.

(4) 대기오염방지법의 일부 개정

'조화조항'을 삭제했다. 매연규제지역을 전국으로 확대, 카드뮴, 불화수소 등의 유해물질의 상시 규제, 물질의 파쇄에 따르는 분진 등의 규제를 넣었다. SO_x에 관해서는 지역의 오염정도에 따르고, 분진 및 유해물질에 관해서는 전국의 일률적인 배출기준을 정했지만, 도도부현은 지역의 실정에 맞게 정부의 배출기준보다도 엄격한 배출기준을 설정할 수 있게 했다.

(5) 사람의 건강에 관계되는 공해범죄의 처벌(공해죄)에 관한 법률

고의 또는 과실에 의해 공장 또는 사업장에 있어 사업활동에 따라 건강에 유해한 물질을 배출하여 공중의 생명 또는 신체에 위험을 발생케한 자를 처벌하고 행위자 외 법인 등의 사업주의 처벌(양벌 규정)을 정했다. 엄격한 조건에서 추정규정을 만들었다.

(6) 농약단속법의 일부 개정

농약사용으로 인한 공해대책으로 농약의 품질 적정화, 안전 및 적정한 사용의 확보, 농약등록 심사기준의 강화, 등록취소의 제도 개선, 취소농약의 판매제한 또는 금지, 토양잔류성이 강한 농약의 사용을 규제했다.[37]

(7) 농용지 토양오염방지법

농용지 토양의 특정유해물질로 인한 오염의 방지 및 제거, 농용 토양오염대책지역의 지정 및 농용지 토양오염대책계획을 수립한다. 농림성

내에 토양오염대책심의회를 설치했다.

(8) 하수도법의 일부 개정

공해와 관련해 목적을 공공용수역의 수질보전에 이바지할 것을 추가했다. 종말처리장을 갖추든지 유역하수도와 접속하는 것을 공공하수도로 했다. 유역하수도는 2개 이상의 시정촌 구역의 하수를 처리해 종말처리장을 갖출 것. 공공하수도에 일정량 또는 일정 수질의 하수를 배출하는 사람은 당해관리자에게 보고를 한다. 하수처리구역 내에 있는 '퍼세식' 화장실을 3년 이내에 수세식 화장실로 개조한다.

(9) 해양오염방지법

해양오염의 보전에 이바지하기 위해 해양오염의 방지, 선박에서 나오는 기름의 배출 규제를 강화함과 동시에 선박에서 나오는 폐기물의 배출과 더불어 해양시설에서 나오는 기름 및 폐기물을 원칙적으로 금지한다. 대량의 기름이 배출될 경우의 방제조치를 정한다.

(10) 도로교통법의 일부 개정

도로의 교통에 기인해 생기는 대기오염, 소음 및 진동 가운데 사람의 건강 또는 생활환경과 관련된 피해를 교통공해로 규제한다.

(11) 폐기물처리법

청소법을 전면적으로 고쳐 폐기물을 산업폐기물과 일반폐기물로 구별했다. 산업폐기물의 처리는 사업자의 책임이다. 국가는 폐기물의 처리에 관한 각각의 기준을 정해 시정촌 및 도도부현에 기술적·재정적 지원을 한다. 도도부현은 광역적으로 처리하기에 적당하다고 인정하는 산업폐기물을 처리한다. 일반폐기물을 처리해야 할 구역을 원칙으로 시정촌 전역으로 확대하고 시정촌은 일반폐기물 및 산업폐기물 가운데 일반폐기물로 합쳐 처리가능한 것 등을 처리할 수가 있다. 시정촌의 폐기물처리에 관해서 지역주민의 협력의무를 명확히 한다.

(12) 자연공원법의 일부 개정

국가·지방공공단체, 사업자 및 자연공원의 이용자가 자연의 보호와

적정한 이용을 위해 노력해야 할 책무를 명확히 한다. 국가 또는 지방공
공단체는 자연공원 내 공용장소에 관해서 그 관리자와 더불어 청결 유지
에 힘쓴다. 특별지역 내의 호소(湖沼) 및 습원(濕原) 및 해중(海中)공원 내에
오수 또는 폐수를 배출하는 행위에 관해서 국립공원에서는 후생성 장관,
국정(國定)공원*에서는 도도부현 지사의 허가를 필요로 한다.

(13) 독물(毒物) 및 극물(劇物)단속법의 일부 개정

독물 및 극물의 운반 중 사고다발 실정을 주시해 그 위해(危害)의 방지
를 꾀한다. 특정독물 이외의 독물 또는 극물에 관해서도 운반 등 기술상
의 기준을 정한다. 가정용품 가운데 독물 또는 극물을 사용하는 데 관해
서 그 안전사용 확보를 위해 성분기준 또는 용기 등의 기준을 정한다. 도
도부현 지사는 독물·극물 영업자 등이 폐기기준을 위반해 폐기할 경우
에 건강위생상의 위해를 낳을 우려가 있다고 인정될 때는 폐기물의 회수
또는 독성제거를 명할 수가 있다.

(14) 수질오탁방지법

종전의 수질2법을 통합해 근본적 개선을 꾀한다. '조화조항'을 폐지한
다. 모든 공공용수역을 대상으로 한다. 일률적인 배수기준을 정하지만 그
것만으로는 수질오염이 방지될 수 없다고 인정되는 수역에 관해서는 도
도부현이 조례로 보다 엄격한 배수기준을 정할 수 있다. 사업자는 도도
부현 지사에게 설치계획을 제출, 부적합한 계획은 변경·폐지를 명할 수
있다. 배수기준에 적합하지 않은 물의 배출은 금지하고 위반자는 바로
처벌한다. 계속해서 오수배출의 우려가 있는 경우 오수처리방법의 개선
또는 배수의 일시정지를 명한다. 도도부현 지사의 공공용수역의 수질을
상시감시, 측정계획의 작성 및 계측 결과의 공표를 의무화. 이상갈수(渴
水) 등으로 수질이 악화될 경우, 지사는 공장 등에 배출수량 감소 등을 권

* 국립공원에 준하는 경승지로, 환경청 장관이 지정하고 도도부현이 관리하는 공원

고한다.

일변련(日辯連)과 경단련(經團連)의 바람

이 법안의 제출 전후, 직접 관심을 가진 2개 단체로부터 의견이 나왔다. 우선 1970년 9월 22일 일변련은 「공해대책 추진의 건」이라는 다섯 가지 법안을 다음과 같이 냈다.

1. 건강 우선의 입장을 철저하게 하고 공해 관련 입법에 있어서 경제발전과의 조화를 고려한 조항을 모두 삭제할 것.
2. 공해의 예방, 배제에 대한 기업의 책임을 구체적으로 명확히 할 것.
3. 공해행정의 일원화를 추진해 국가와 지방공공단체의 책임을 명확히 할 것과 동시에 지방공동단체의 권한을 대폭 강화할 것.
4. 무과실책임원칙의 채택, 인과관계 입증책임의 전환 등 피해구제를 위한 실효 있는 제도를 확립할 것.
5. 기업·국가·지방공공단체 등이 소지하는 공해 관련 자료를 모두 국민에게 공개하는 제도를 확립할 것.[38]

일변련은 이미 5월 30일에 「공해의 예방·배제·피해 구제에 관한 건」이라는 선언을 냈는데, 거기에는 시종일관 '경제발전과의 조화'라는 미명하에 기업을 우선해 온 것이 공해대책을 미온적이고 비현실적으로 마무리한 진정한 원인으로, 법적 결함에 관해서는 새로운 입법 내지 법적 개정에 의해 대처해야 한다고 해왔던 것이다.[39]

이와는 대조적으로 경단련은 1970년 11월 27일 「공해 관련 모든 시책의 신중한 심의를 요망한다」를 발표했다. 공해대책이 적극적으로 추진되는 것은 기뻐할 일이지만, 이번의 공해 관련 법안이 단기간에 정리돼 반드시 실효를 거두리라고 하기에는 적절하지 않고 '금후 산업활동에 쓸데없는 불안을 주거나 장래에 중대한 문제를 남길 소지가 있는 부분도 많다'고 하며 다음의 중요한 문제점을 들고 있다.

1. 공해죄법안

(가) 공해에 관해 과학적 인과관계의 규명이 불충분한 현 상태에서는 '공중의 생명 또는 신체에 위험을 미칠 우려가 있는 상태'란 어떠한 상태를 가리키는지 애매하며, 이러한 상황에서 형사처벌을 하는 것 자체에 근본적으로 의문이 있다.

(나) 법안 중의 인과관계 추정규정은 '의심만으로는 처벌하지 않는다'라는 형법의 근본원칙에 저촉되는 큰 문제이며, 장래에 문제를 남길 소지도 크다. 신중한 검토를 간절히 요망한다.

(다) (앞서 기술한 대기오염방지법 개정과 수질오탁방지법의 제정에 직벌(直罰)규정이 도입돼 있는데, 그 실효를 보면서 새롭게 공해죄법을 생각하는 것이 방법이다 - 괄호 안은 필자 요약)

2. 토양오염방지법

카드뮴 등의 유해성이나 인체, 농작물 등에 미치는 영향의 과학적 규명이 매우 불충분한 현 상태로는 예방적인 배출규제는 시기상조이며, 당면한, 특히 오염쌀 지역의 처리, 개량 등을 하기 위한 입법조치를 행하는 데 머무는 것이 적당하다고 생각한다.(악취방지법의 제정은 시기상조)

3. 대기오염방지법, 수질오탁방지법에 있어서 높은 기준설정 권한의 도도부현 위양(委讓)문제

도도부현 지사에 높은 기준의 설정권한을 무제한 위양하는 것은 지역에 따른 불평등을 부르거나 불가능 또는 불필요하게 엄격한 기준을 설정할 우려가 있다. 따라서 권한을 지방에 위양할 경우 정령(政令)에 일정한 범위로 한정할 것을 입법상 명확히 하거나 기준의 상승폭에 관해 관할 부처의 장관과의 협의를 의무화하는 등 중앙감시가 기능을 하게 할 필요가 있다. (후략)[40]

1970년 12월 8일 같은 취지의 「제64회 국회(임시회)제출 공해 관련 법률안 건에 관한 요망서」를 전국중소기업단체중앙회 회장 고야마 쇼지, 전국상공

회연합회 회장 오가와 헤이지, 일본상공회의소 의장 나가노 시게오 외 46개
도도부현 상공회의소연합회 회장들이 제출했다. 아직 공해의 과학기술이
완성돼 있지 않는 상황에서 '이들 법률안이 이대로 제정되면 산업계 특히
중소기업에 미치는 불안은 크며, 산업활동을 침체시키고 혼란을 부를 우려
가 적지 않다[41]'라는 내용이었다. 구체적인 내용은 경단련과 마찬가지였다.

환경보전기본법안

이들 제언 가운데 재계의 제언은 정부의 법안에 반영되고, 일변련의 선
언은 다음 야당의 〈환경보전기본법안〉이나 토론 가운데 반영되었다. 임시
국회가 열린 첫날인 12월 3일 야3당(사회당, 공명당, 민사당)은 공동으로 〈환경
보전기본법안〉을 제출했다. 그 전문은 다음과 같이 기술돼 있다.

> '건강하고 문화적인 생활을 영위하는 것은 우리들 인간의 기본적인 권
> 리이다. (중략) 여기에 우리는 우리들과 우리들의 자손을 위해 기업의 번
> 영이 바로 국민의 복지로 이어진다는 종래의 개념에 깊은 반성을 더해
> 어떤 것보다 우선해 사람과 자연과의 조화를 기본으로 하는 새로운 사회
> 의 건설을 다짐하고 이 법률을 제정한다.[42]'

이는 기업과 정부가 주도한 GNP의 고도성장주의가 국민의 복지와 연결
되지 않은 것을 비판하며 자연과 인간의 공생을 목적으로 하는 새로운 사
회를 제안하는 것으로, 〈도쿄도공해방지조례〉의 노선을 계승한데다가 '환
경권'과 지속가능한 사회의 길을 모색하고자 한 것이다.

이 때문에 내용은 모든 산업정책 및 기업이익에 우선해 공해의 방지에 관
한 시책의 실시를 강조하였다. 보전할 대상은 건강과 생활환경에 머물지 않
고 자연환경 및 자원의 확보, 자연적 경관의 보전, 건강하고 문화적인 생활
을 영위하는 데 필요한 공공적 시설, 역사적·문화적 유산을 들고 있다. 환
경기준에 관해서도 자연환경기준, 시설환경기준, 공해방지기준을 들고 있
다. 배출 등의 기준은 지방공공단체에 권한을 나눠 놓았다. 국가가 당사자에

대한 규제를 강조하며 공해방지를 위한 사업자의 활동의 금지, 제한 및 허가 또는 시설자의 개선명령, 조업정지명령 등에 의한 규제제도의 확립을 추구하였다. 공해대책기본법 이래 주요쟁점이 되고 있는 무과실손해배상제도의 확립을 꾀하고 인과관계의 입증에 관한 제도의 개혁을 추구하였다.

기타 기본적 시책으로 국토개발, 토지이용계획이나 공공시설정비에 관해 앞선 3개의 환경기준에 적합한 계획을 추구하였다. 이를 위해 통합적이고 계획적인 실시를 위한 환경보전성의 설치를 규정하였다. 그리고 이들 시책을 실시하기 위해 국민의 이해를 구하는 조치(환경·공해교육)와 세계적 규모의 환경오염과 파괴방지를 위한 국제협력의 추진을 규정하였다.

이 환경보전기본법안은 정부의 공해대책기본법보다도 훨씬 이념이 우수하고, 국제적인 환경정책의 흐름에 맞으며, 그 뒤 20년 후의 '환경기본법'을 앞지르고 있다. 그러나 현실은 4대 공해 사건의 재판을 비롯해 건강피해와 최악의 생활환경이라는 공해를 어떻게 해결할 것인가에 압박을 받고 있었기에 연구자의 공감은 얻었지만 정책적으로만 너무 확산되고 있다는 비판도 있었다. 또한 공산당은 이 법안에 참가하지 않았지만 각 법안에 관한 기업의 책임을 묻는 대책을 내놓았다.

야당이 단순한 비판이 아니라 이와 같은 새로운 이념을 가진 환경법안으로 정부안을 비판하기도 해 공해국회는 단기간 만에 화려한 논쟁이 이어져 국회사에 남는 회의가 됐다.

주요한 논쟁

산업공해대책특별위원회(12월 10일)에서 사토 에이사쿠 수상은 그동안 '성장 없이는 번영도 없다'고 말해 오해를 불렀지만, '여기까지 온 이상 우리는 경제성장이 수단이라는 사실을 확실히 인식해 소위 공해 등은 일으키지 않도록 해야만 한다. 따라서 이를 산업계에도 호소해 경제성장은 어디까지나 수단이라는 사실, 소위 복지 없이 성장 없다고 하는 사고방식을 철저히 갖출 필요가 있다고 생각한다'라며 과거 소신이 틀렸다는 것을 말하였다. 그리고 '내가 가장 자랑하고 싶은 것은 여러 나라를 비교해 보아도 일본만큼 공해법안, 각종 법안을 정비하고 있는 나라는 없을 것이라고 생각하는 바입니다.'

이번 공해 관련법 작성의 중심인물로 국회의 정부측 설명을 거의 대부분 받아들인 야마나카 사다노리 총무장관은 앞의 공해대책기본법을 제안한 지 불과 3년 만에 급격히 공해문제가 부상해 건강이나 생활환경을 파괴하게 됐다는 사실에 관해 전혀 예상을 하지 못했다고 반성하며 다음과 같은 요지로 말했다.

'우리가 추구해온 것은 보다 높은 생활, 쾌적한 생활, 그리고 인간으로서 적어도 개개인이 행복한 생활을 누리도록 추구해왔다. 그러면서 …… 자유세계진영의 GNP 제2위까지 도달했다. …… 지금 과연 우리 자신은 이대로 좋은가 …… 스스로 되물어볼 때가 일본 민족에게 왔다고 생각한다. …… 우리는 두 번 다시 공해임시국회 등과 같은 세계에 유례가 없는, 자랑할 만한 일과는 전혀 반대의 사태인 국회를 열고 있다는 것을 생각해서, …… 우리가 공해에 대해 극복할 수 있는지, 환경파괴라는 것에 대해 도전을 게을리 하고 있지 않는지를 고민하는 것은 우리의 목숨이 붙어 있는 한 후세대를 향해 보다 나은 환경을 남기고 갈 의무가 있기 때문이다. 더 이상의 파괴를 허용하지 않을 책임이 우리들에게 있다. …… 우리는 각오를 다져야만 한다고 생각한다.' 게다가 '다시 한번 더 공해임시국회를 열어야만 하는 상황이 온다면 적어도 현재의 자민당 정권이 패배했다는 것을 의미한다고 나는 생각합니다'라고까지 잘라 말하였다.[43]

이렇게 3년 전에는 생각하지도 못했던 심각한 반성 위에 재계와의 타협의 상징이었던 '조화론'을 누르고 제출한 법안이었지만, 실로 세계에 인정받을 환경법체계였는지는 의문이며 야당의 공격도 격렬했다.

이번 논쟁의 하나는 '무과실책임배상'을 법안에 명시할지 여부였다. 4대 공해 사건이 여전히 기업의 과실을 인정하지 않는 상황에서 재판이 계속되고 있었기에 이를 법제화해 피해자의 구제를 추진하고자 하는 것이 야당의 주장이었다. 이에 대해 정부는 공해재판의 판결을 기다리고 있다거나 검토 중이라는 답변을 반복했다.

정부는 규제의 범위를 넓히지 않을 수 없다고 생각한 동시에 앞의 경단 련이나 상공회의소의 바람을 받아들이지 않을 수도 없었다. 무과실책임주 의를 취하지 않은 것도 그 하나였는데, 중요한 산업은 법의 적용에서 벗어 나 있었다. 적용에서 벗어난 것의 전형은 원자력, 전력, 가스 등이었다. 도 이 다카코 사회당 의원은 아마가사키 제1,제2화력발전소로 인한 아마가사 키의 대기오염이 심각함에도 불구하고 전기사업이 공급의무를 방패로 삼아 대기오염방지법의 적용에서 제외되고 있는 사실을 격렬하게 추궁했다. 그 러나 정부는 에너지의 공급의무라는 공공성이 우선한다며 구체적인 규제권 은 원자력기본법, 전기사업법이나 가스사업법에 넘기기로 했다.

방사능이나 일조가 공해의 범위에서 벗어나 있고 앞으로 공해의 확산을 고려해 야당이 공해의 종류를 한정하지 말고 '등'을 넣을 것을 요구했지만 채택되지 않았다. 오카모토 도미오 의원이 요구한 질소산화물을 대기오염 물질에 넣는 것도 일산화탄소의 제거와 모순된다며 거부했다. 마찬가지로 소음방지법에서는 공공성이 높다는 이유로 공항과 신칸센의 환경기준을 설 정하지 않았다. 이타이이타이병의 영향으로 토양법이 만들어졌지만 농용지 에 한정됐고 더욱이 카드뮴에만 한정돼 있었다. 공장용지는 배제하고, 구 리·납·비소·기타 화학물질은 검토 중이라는 사실로 제외됐다. 피해자의 구제에 관해서는 야당이 의료비에 한정하지 말고 생활보장 등도 필요하다 고 제안했지만 재판과 관련된 것이라며 다뤄지지 않았다.

이번 경단련과 상공회의소에게 가장 강하게 비판받은 것은 공해죄법과 공해방지사업비 사업자부담법이다. 미나마타병의 경과를 보면 단순한 과실 이 아니라 범죄적인 요소가 있고, 이러한 실패를 되풀이하지 않기 위해서 공해를 범죄로 인정해 형사처벌해야 한다는 여론이 강했다. 환경파괴의 면 에서도 당시 욧카이치만 안에서 일어난 일본 에어로질이나 이시하라 산업 의 수질오염 사건도 공해죄라고 하는 쪽이 옳을 것이다.[44] 그러나 재계의 압력은 정부에게 유리하여 원안에 있던 '공중의 생명 또는 신체에 위험을 미칠 우려가 있는 상태'의 조항은 삭제되고, '신체에 위험을 낳고 있다'로 개정됐다. 원래 이 법률은 '의심만으로는 처벌하지 않는다'는 형법의 원칙을 침해하지 않기 때문에 예방적 효과를 겨냥해 작성됐다. 어떠한 상태가 '위험'한 것인가. 미나마타병으로 말하면 유기수은이 플랑크톤에 축적된 단계인가, 고기에 축적돼 희생자가 나온 단계인가가 논쟁이 됐지만 형사처벌인 이상 피해자가 나온 단계라고 하기로 됐다. 또 '추정규정'에 관해서는 엄격한 조건이 붙었다.

공해방지사업비 사업자부담법을 두고는, 퇴적오물 제거에 관해서는 사업자부담은 100%이지만 다른 객토사업이나 완충녹지대 등에 관해서는 2분의 1 정도라는 견해를 보였다.

야3당이 낸 〈환경보전기본법안〉을 정부 여당이 전면 부정할 수는 없었다. 한편 야당도 정부안에 반대했지만 공해·환경 관련 14법을 전면 부정할 수는 없었다. 거기서 타협의 산물로 자유민주당, 사회당, 공명당, 민사당 4당이 공동제안한 「환경보전선언에 관한 건」이 결의됐다. 여기서는 '환경기본법안은 자연환경의 보전을 포함해 인간의 양호한 환경을 확보하기 위한 시책을 정한 것으로 비전을 제시한 것으로 평가된다'고 하는 한편, '정부안은 공해의 방지가 매우 중요하다는 사실을 명확히 함과 동시에 현재 긴요한 시책을 보인 것이다'라고 했다. 그리고 '정부는 앞으로 공해대책을 한층 더 추진하도록 함과 동시에 특히 인간의 환경보전을 위한 여러 시책을 강구해야 할 것이다'라고 결론지었다.

공해법체계 제정의 평가

이렇게 해서 1970년대 말에 일본은 최초의 환경법체계를 제정했다. 그 실행은 사토 수상의 결단으로 다음해 창설된 환경청에 위임됐다. 이 법제는 당시 공해문제에 대응하는 것으로, 다른 나라에 비하면 농용지에 한정됐지만 토양법, 공해죄법, 공해방지사업비 사업자부담법 등 선구적인 법률이었다. 그러나 전체로 보면 이 규제법은 공해문제를 시스템, 즉 근원에서부터 제거한다기보다는 End of Pipe(유해물의 최종배출구 제거)의 대책이었다. 이 때문에 산업구조나 도시·지역구조의 변화와 더불어 점차 새로운 공해의 발생을 보게 됐다. 국제적으로 보면 미국의 국가환경정책법 등이 환경영향사전평가제도와 같은 예방의 원칙이 근간을 이루고 있는 것에 비해 일본은 피해대책이 중심이었다. 또한 이미 자동차공해, 석면재해, 스몬(SMON)* 등 약해(藥害), 모리나가(森永) 비소우유와 같은 식품해(害) 등과 같이 확대생산자책임을 묻기 시작했지만 이에 관해서는 검토되지 않았다.

후술하는 스톡 공해에 관해서는 농용지토양법과 공해방지사업비 사업자 부담법에서 다른 나라에 앞서 오염자부담원칙제도가 적용됐다. 그러나 이 선구적인 시험도 그 후 충분히 발전하지 못하고 구미의 토양법이나 슈퍼펀드법에 뒤졌다고 해도 좋을 것이다.[45]

2 환경청의 창설

'막다른 지경에 몰린' 창설 과정

공해대책기본법 제정 때부터 야당과 언론은 공해행정기구의 일원화를 요구했다. 그러나 경제계는 후생성과 같은 규제관청이 공해행정의 주도권을 쥐면 경제성장이나 지역개발의 걸림돌이 될 것을 두려워해 산업의 추진 관청인 통산성에 행정의 조정기능을 취하게 했다. 앞의 욧카이치에 구로카와 조사단을 파견한 것도 통산성의 히라마쓰 모리히코와 후생성의 하시모토 미치오의 합작품이었다. 이처럼 양 부처의 협의와 합의가 없으면 주요한 공해행정은 진전이 되지 않았다. 기본법의 제정 시기부터 사토 수상을 본부

---

* 아급성척수시신경증(亞急性脊髓視神経症). 복통·설사 후 하지에서 시작하여 위로 진행되는 통증을 동반한 이상감각, 운동장애, 나아가 시력장애 등을 일으키는 병. 1955년 무렵부터 일본 각지에서 발생. 원인은 키노포름(chinoform) 투약에 의한 중독으로, 키노포름 금지 이후 감소했다.

장으로 하는 공해대책본부가 정책을 결정하도록 형식적으로는 일원화됐지만, 실제 업무는 15개 부처에 걸쳐 있어 따로 따로 행해졌다. 이를 비판하는 소리가 커지자 중앙공해대책심의회가 환경 관련 법안에 관해, '행정기구의 일원화문제를 검토하도록' 정부에 의견을 냈다고 회답했다. 공해국회에서 야3당은 〈환경보전기본법〉 안에 '환경보전성'을 설치하도록 제안했다. 국외에서도 앞서 말한 바와 같이 환경정책이 정치 초점이 돼 법제 정비와 더불어 그 담당부처의 창설이 추진됐다. 1967년 스웨덴에 환경보호청, 1970년 미국이 환경보호청, 1971년에는 프랑스가 환경성을 설치했다. 유엔은 1972년에 인간환경회의의 개최를 계획하며 처음으로 지구환경·자원문제를 국제정치의 과제로 삼았다.

이 나라 안팎의 움직임에 의해 통일 부처의 설치를 서두르게 되었고, 구체적인 일정을 잡기 시작했다. 그 간의 정부·각 부처 내부의 움직임은 가와나 히데유키의 『환경성』에 소개돼 있다.[46] 이 책에 따르면 후생성은 부처 내 개혁으로 공해부를 공해국으로 승격할 계획이었다. 당시 공해대책의 최전선에서 OECD에 파견나갔던 하시모토 미치오는 가와나를 두고 '환경성(환경보호청의 개칭)의 설치는 내 구상 목표와는 달랐다. 나는 공해과가 더욱 커지고, 후생성 안에 있든 외부에 있든 후생성을 기반으로 강화돼 가야 한다고 생각했다. 독립 부처 신설까지는 후생성으로서 결단이 서지 않았다'고 말했다고 한다. 이 상황을 바꾼 것은 사토 수상의 결단이었다. 공해대책의 책임자 야마나타 총무성 장관은 그것을 받아들여 환경보호청(가칭)의 신설을 1970년 연말에 결정했다. 가와나 히데유키가 이 결단을 '막다른 지경에 몰렸다'고 한 것처럼 공해대책의 진전을 요구하는 여론, 앞서 말한 혁신지자체의 탄생 등 보수정치의 위기, 게다가 국제정치의 압력으로 인해 사토 수상도 경제계의 조화론을 벗어나 '복지 없이 성장 없다'라는 방침으로 전환을 하지 않을 수 없었을 것이다. 환경보호청의 설립을 두고 야마나카 사다노리 총무장관은 하시모토 쥰세이 후생성 사무차관과 싱의하여 관련 11개 부처의 공해 관련 조직을 통합함과 동시에 후생성의 국립공원부를 집어

넣기로 했다. 그에 따르면 공해대책이라는 어두운 행정보다 자연보호행정
이라는 밝은 행정을 넣고자 했던 것이다. 그러한 것도 있어 환경보호청은
환경청으로 명칭을 바꾸게 됐다.

『환경청10년사』에 따르면, 1971년 1월 내각에서 환경청 설치 취지가 구
두로 보고돼 2월 16일 법안이 국회에 제출, 5월 31일 가결되어, 환경청은 7
월 1일 발족했다. 이례적인 속도였다. 환경청은 공해방지에 관해, 근간이 되
는 사무는 실시까지도 포함하고, 일체의 기능의 일원화를 꾀하고, 자연보호
에 관한 사업의 일부를 실시하는 기획부처이며, 종합조정부처로서의 성격
을 갖도록 했다. 환경청은 장관실, 기획조정국, 자연보호국, 대기보전국, 수
질보전국의 4국, 1심의관 19과, 2참사관 1실, 정원 502명으로 발족했다. 외
부 기관으로 국립공해연구소를 설치했다.[48]

신설청은 집합세대였다. 환경청에 차출된 직원은 후생성 283명을 필두로
농림성 61명, 통산성 26명, 기획청 21명 등 전부 12개 부처에 이르렀다. 일
원화라고 했지만 공공사업 관계는 대부분이 각 부처에 남겨졌다. 이 때문에
가장 환경에 영향을 미치는 국토개발계획, 도시계획, 공장입지계획, 고속도
로 등의 교통계획은 전과 같이 국토청, 건설성, 통산성, 운수성 등이 관할하
였다. 이 점에서는 내정의 대부분을 포함한 영국의 환경성에 비해서 환경행
정을 실행하기에는 권한이 적었다. 이 때문에 직접 공해방지에 관계되는 공
공사업은 다른 부처의 사업이 되었다. 가령 완충녹지(건설성), 공공하수도(건
설성), 하천·항만의 준설(건설성, 운수성), 폐기물처리시설(후생성), 선박폐유처
리시설(운수성), 토양오염방지사업(농림성)은 환경청의 권한 밖이었다. 그후
대기오염이나 소음의 주범이 되는 자동차 등의 교통정책이나 교통공해도
운수성이나 건설성의 업무였다. 이처럼 영국의 환경성이 담당했던 범위와
는 달랐다.

그리고 무엇보다 문제는 환경영향평가제도였다. 미국은 1969년 국가환경
정책법에서 그 정책의 중심을 환경영향평가제도에 두고 있다. 일본에서는
1972년에 공공사업에 대한 환경영향평가가 시작됐으나 법은 없었다. 발족

된 환경청은 거듭해 환경영향평가법을 제안하지만 경제계의 압력을 받고 있던 건설성, 통산성 등의 사업부처의 반대에 부딪혀 6차례나 법안 제정에 실패했다. 이것은 나중에 기술하지만 가장 중요한 예방의 기능이 발휘되지 못했다고 할 수 있다.

환경기준의 설립

환경청은 파견으로 이뤄진 약소 부처로 비판을 받으며 많은 미완의 과제를 갖고 출발했다. 그러나 당시 국내외 공해반대의 파도에 떠밀리고 시민운동의 뒷받침도 있어 1970년대 전반은 공해대책의 기준을 만들어 전진시켰다. 공해방지면에서는 환경기준의 설정이 진전됐다. SO_2에 대해서는 앞서 말한 바와 같이 1969년 2월에 결정된 일년 평균치 0.05ppm을 욧카이치 판결에 직면해서 하루 평균치 0.04ppm으로 개정했다. NO_2에 대해서는 1973년 5월에 하루 평균치 0.02ppm으로 설정했다. 기타 CO, SPM, 광화학옥시던트의 환경기준이 설정됐다. 수질오염물질에 대해서는 건강 7개 항목(시안, 메틸수은, 유기인, 카드뮴, 납, 크롬(6가), 비소)에 대해서는 〈표 3-3〉과 같이 결정됐다. 생활환경 5개 항목(pH, BOD, COD, SS, DO)이 동시에 1970년에 제정됐다. 이 밖에 헥산유출물이나 PCB가 추가됐다. 이들은 재판의 압력 등으로 인해 세

표 3-3 사람의 건강 촉진에 관한 환경기준

항 목	기준치
카드뮴	0.01ppm 이하
시안	검출되지 않을 것
유기인	검출되지 않을 것
납	0.1ppm 이하
6가크롬	0.05ppm 이하
비소	0.05ppm 이하
총수은	검출되지 않을 것
PCB	검출되지 않을 것

주: 1971년 제정, 1975년 개정

계에서 가장 엄격한 기준을 채택했다. 그러나 다른 나라의 환경기준은 규제기준으로 이행하지 않을 경우 처벌되지만 일본은 목표치일 뿐, 즉시 달성해야만 하는 기준은 아니었다. 공해 피해자는 소송단계에서는 환경기준 위반을 위법이라고 고발했지만, 행정당국은 환경기준을 넘어서도 공해라고는 생각하지 않았다. 그러나 환경기준이 설정됨에 따라 욧카이치 대기오염·미나마타병이나 이타이이타이병 등의 원인물질의 유출은 억제됐다.

소음의 환경기준은 1971년 5월에 설정됐다. 그러나 환경기준의 설정이 자발적이지 않고 행정은 '위기'시의 대책이었기 때문에 항공기소음의 환경기준은 오사카공항 공해재판이 시작돼 사회문제가 된 1973년 12월에 설정됐고, 신칸센 소음의 환경기준도 재판이 시작된 것을 받아 1975년 7월에 설정됐다. 환경기준이 설정됨에 따라 환경조사, 오염물질의 측정과 규제가 진전을 보였다. 환경청은 건설성 등과 달리 하부기관을 갖고 있지 않았기에 규제의 주체는 지방공공단체였다. 도시에서는 주요 오염물의 실태가 광고탑의 형식으로 표시돼 시민에게 주의를 촉구하고 발생원에 대해서는 공해센터로부터 구체적으로 규제하기 위한 네트워크가 만들어졌다. 이는 다른 나라에 사례가 적지만 여론 환기라는 효과를 높였다.

공해재판 직후의 영향은 피해의 원인과 책임의 확정 및 구제를 행정적으로 추진한다는 것이었다. 초기 환경청의 최대 사업은 공해로 인한 건강피해 보상제도였다. 이는 제6장에서 소개, 검토한다.

오제 자동차도로의 중지 - '용감히 나서면 귀신도 물러선다'

초기의 환경청은 새로운 행정조직이었던 만큼 관료기구의 때를 타지 않고, 뛰어난 정치가가 책임자가 되자 창조적 행정이 가능했다. 사실상 초대장관이라고 해도 좋을 오이시 부이치는 의사답게 '사람의 목숨을 무엇보다도 소중히 하자'를 모토로 삼았다. 그는 새로운 환경청 장관에 자천해 취임할 정도로 이 일에 열의를 갖고 있었다. 그의 「10년간의 환경행정」이라는 회상록에 따르면 구체적으로 이 모토를 실현할 2가지 기회를 맞았다고 했다.

'첫째는 오제의 문제였다. 장관에 취임해 2주 뒤인 어느 날 밤, 오제의 히라노 초세이 군이 나를 찾아왔다. "오제는 근처를 통과할 예정인 현도 (県道)공사로 인해 괴멸적인 타격을 입게 된다. 자연의 보고인 오제는 어떤 일이 있어도 보호되어야 하지만 더 이상 쓸 대책이 없다. 지금은 장관의 힘을 기다리는 길밖에 없으니 어떻게든 오제를 구해냈으면 한다"라는 절절한 호소였다.'

오이시는 크게 감동을 받았지만 현지를 보고 판단해야겠다고 생각해 사흘밤낮의 강행군 여행을 해 오제를 시찰했다. 그는 시찰 결과, 이렇게 멋진 자연이 남긴 오제를 보호하지 않으면 안 된다고 생각해, 각의에서 오제 자동차도로를 인정할 수 없어 군마, 니가타, 후쿠시마 3개현 지사와 상의했다고 기술했다. 이 오제 자동차도로의 건설에 대해서는 후생성의 의견도 넣어 각 부처와 3개 현이 합의했지만, 이미 건설이 시작돼 수십억을 사용하고 있었기에 반대하던 니시무라 에이치 건설상과 아카지 무네노리 농업상으로부터 각의에서 '당신이 하는 방식은 행정이 하는 방식을 파괴하는 것이다'라고 비판을 받았다. 이 각의의 상황이 신문에 보도되자 '오제를 지키자'라는 자연보호 여론과 운동이 활발해졌다. 오이시는 3개 현 지사를 불러 강하게 반대의 목소리로 밀어붙여, 3개 현에게 공사계획을 단념시켰다. 이 일을 나중의 각의에서 오이시가 보고하자 다나카 가쿠에이 통산상은 '건설이 정해진 도로나 발전소에 대해 옆에서 환경청이 클레임을 거는 것은 문제다'라고 격렬하게 항의했다. 오이시는 '지금 공사를 중지하면 모든 것이 낭비가 되고, 약속을 한 행정에게 비난과 불신을 불러일으키게 된다. 나도 이점에 대해서는 마음 아프지만, 오제는 세계적인 인류의 보물이어서 무슨 짓을 하더라도 지켜내는 것이 일본의 자연을 보호하는 근본이며 생명존중의 기본이 되는 것이다. 가령 한때는 행정 불신이라든지 국가예산의 낭비라든가 하는 비난을 받을 수는 있을지언정 일본의 올바른 장래를 위해서는 하지 않을 수 없다고 결의한 것이다. 더욱이 환경청에는 도로공사를 중지시킬 권한이 전혀 없었다. 용감히 나서면 귀신도 물러선다는 우리들의 신념과 기백의 성과이며, 새로운 행정의 사고방식에 대한 많은 분들의 이해와 공감의 결과라고 믿고 있다[49].' 이 오제 자동차도로 중지라는 획기적인 결정은 사토 총리가 지지를 했다.

오제 문제는 환경청이 가야할 길을 보여준 것이지만 유감스럽게도 그 뒤, 경관이나 자연보호가 진전됐다고는 할 수 없다. 오이시 장관이 한 두 번째 일은 미나마타병 인정문제였다. 1970년 심사회에서 인정되지 못한 9명의 미나마타병 피해자가 재심사를 요구했다. 오이시는 다음과 같이 기술하였다.

'나는 환자가 가령 1명이라고 해도 절대로 빠트리지 않는 것이 국가로서의 책임이라고 믿는다. 구제법의 목적은 모든 환자를 구제하지는 못할지라도 의학적으로 미나마타병이란 사실을 부정할 수 없는 환자는 구제되는 것이 타당하지 않은가 하는 환경청의 생각을 기본으로 해서 한번 더 심사해달라고 구마모토현 지사 및 가고시마현 지사에게 요청한 것이다.'

이 결과, 재심이 이뤄져 8명이 인정을 받았다. 그러나 유감스럽게도 오이시가 결정한 사지말초의 감각장애와 역학적인 판정이 있으면 '의심되면 구제한다'고 하는 기준은 1977년에야 개정됐고, 또 그가 기대했던 미나마타만 전역에 걸친 주민건강진단은 실시되지 못했다. 이러한 것들이 미나마타병의 해결을 무기한 늘어나게 한 것이 됐다. 오이시 부이치는 일본환경회의 행사에도 참가해 평생 미나마타병의 해결에 전력을 다했다. 또 1992년 스톡홀름회의에서의 그의 활약에 대해서는 나중에 소개하고자 한다.

최초의 자연환경보전의 입법 - 세토나이카이 환경보전 임시조치법

제4대 장관으로 다나카 내각의 부총리를 역임한 미키 다케오도 오이시 부이치와 마찬가지로 일찍부터 환경문제를 다뤄온 정치가 중 한 사람이다. 미키는 『환경청10년사』의 회고록 가운데 다음과 같이 기술하였다.

'목적과 수단을 혼동해 오로지 GNP의 향상에만 눈을 빼앗기면 환경
파괴는 점점 심해지고 건강한 인간생활은커녕 인류파멸의 위기로 연결
된다는 사실을 새롭게 인식하지 않으면 안 된다.[50]'

공해의 현장에 가서 피해자나 주민운동가를 만나 행정을 추진하는 태도
는 오이시 장관부터 미키 장관까지는 받아들여졌다. 나는 미나마타병이나
오사카공항 공해 사건의 판결 직후 또는 세토나이카이 환경보전계획을 둘
러싸고 미키 장관과 NHK에서 몇 번 대담을 했다. 그때마다 미키 장관은
'환경문제의 심각함과 다양함에 대해 환경청은 아무래도 약체이다. 환경정
책을 추진하기 위해서는 주민의 힘을 빌리지 않으면 안 된다'고 거듭 말했
다. 그의 업적은 미나마타병의 보상계약에 피해자와 짓소 사이에 끼어들어
해결하고, 지역을 미나마타의 성지로 진흥하고자 해 국립미나마타병센터를
만든 일일 것이다. 그러나 이 센터는 그 기획과는 달리 미나마타병의 진료
등에 직접 관여하지 않아 피해자나 지원자로부터 비판의 대상이 됐다.

미키 다케오는 자기 고장인 세토나이의 오염에 마음 아파했다. 세토나이
카이 해는 세계에 자랑할 만큼 내해가 아름다웠다. 전후의 고도성장으로 인
해 콤비나트가 숲처럼 들어서고 영국 면적에 해당할 정도의 중화학공업 공
장이 집적했다. 1955년에는 세토나이카이 해 지역의 매립면적이 1177ha였
지만, 1970년에는 1만 7000ha가 돼, 백사청송의 해안이나 갯벌은 사라져버
렸다. 세토나이의 전 연장 6355km의 41%에 해당하는 2603km가 인공해안이
됐다. 내해는 산업운하가 되고, 1972년 아카시 해협은 하루 평균 2172척(실
로 1분간 1.5척)이라는 상상을 초월하는 교통러시를 이뤘다. 이 가운데는 유조
선이 많았는데, 1968년 97척이었던 것이 1976년 207척이 됐다. 선박사고도
급증하여 기름으로 인한 해양오염은 1970년 114건, 1973년에는 538건이 됐
고, 적조는 1971년 104건 이래, 매년 100건이 넘으면서 장기적으로 오염되
어 갔다. 1974년 12월에는 오카야마현 미시마 콤비나트 내의 미쓰비시 석유
탱크가 폭발해 2만kl의 중유가 유출되는 대사고가 발생했다.

이러한 상황에 대해 세토나이 연안에서는 이요나가하마, 니하마 앞바다 등지에서 주민이 해안출입권*을 주장해 매립금지 소송을 일으켰다. 모두 원고 부적격으로 취하됐다. 그러나 미시마의 사고 등도 있어 '세토나이카이 환경보전 지사·시장회의'를 발족시켰다. 이러한 주민의 요구에 응해 미키 장관의 제안으로 제71회 국회에서 여야당 만장일치의 입법으로 세토나이카이 환경보전 임시조치법이 제정돼 1973년 10월 2일 공포, 같은 해 11월 2일부터 시행됐다. 이는 3년간의 임시조치법이었지만 계속 이어지다 1978년에 세토나이카이 환경보전 특별조치법이 됐다.

이 법률에서는 거대 유조선의 규제 등이 석유업계의 반대로 채택되지 않았고, 또 매립에 대해서도 공공성이 있는 사업에 대해서는 허가를 하는 등 전면금지는 되지 않았다. 결함도 있지만 지방단체의 규제의 틀을 넘어 광역관리의 길을 제시한 점에서 높이 평가할 수 있다. 도쿄만, 이세만에 대해서도 마찬가지의 환경보전법이 필요했지만 실현되지 않았다.

이렇게 해서 환경정책이 앞으로 나아가기 시작했다. 과거 1963년도 국가의 공해대책예산은 133억 엔으로 하수도사업이나 방위청기지 공해대책사업을 제외하면 약 1억 엔에 불과했다. 그것이 1975년도 일반예산(특별예산을 포함) 3571억 엔, 재정투융자 7838억 엔이 됐다. '이층에서 안약 떨어뜨리기'라고 해도 좋았을 시대의 눈으로 보면 놀라운 발전이다. 그러나 공해대책이 워낙 뒤처져 있었기에 이제 겨우 첫발을 내딛었다고 해도 좋을 것이다.

주

1   Cf. H.Weidner, *Die Erfolge der Japanischen Umweltpolitik.* 와이트너는 이 저서 이후 일본의

---

* 모든 국민이 자유로이 해안에 들어가 해수욕이나 어패류의 채취 등을 누릴 수 있는 권리

혁신적 운동이 정체해 「테크노크라트적 환경정책」이 추진됐다고 하였다(ヘルムート・ワイトナー「資本主義工業国家における環境問題と国家の活動領域」(『公害研究』1991年 冬号, 20巻 3号).

2 공해반대의 주민운동을 종합적으로 최초로 소개한 것은 宮本憲一編『公害と住民運動』(自治体研究社, 1970年)으로, 이 가운데 西岡昭夫「駿河湾広域公害住民運動 三島・沼津から富士へ」이다. 이 논문이 계기가 돼『現代日本の都市問題』第8巻(汐文社, 1971年)「沼津・三島・清水(2市1町)石油コンビナート反対闘争と富士市をめぐる住民闘争」가 간행됐다. 운동 후 30년을 기념해 그 복각판(復刻版)이 星野重雄・西岡昭夫・中嶋勇『石油コンビナート阻止』(技術と人間, 1993年)로 출판됐다. 본문에 있는 것처럼 미시마와 누마즈에서는 투쟁의 내용이 크게 달랐다. 또 그 뒤 영향도 달랐다. 일본방송출판협회의 기획으로 누마즈 시민협의회가 사무국을 만들어 20여 명의 담당자 손으로 4년이 걸려 만든 것이 宮本憲一編『沼津住民運動の歩み』(日本放送出版協会, 1979年)이다. 본문은 이들 저서를 중심으로 당시 운동 중에 나온 자료, 지역신문『三島民報』『沼津朝日』를 바탕으로 서술했다. 또 운동을 총괄하는 다음 자료가 출판됐다.『三島・沼津・清水町石油コンビナート建設反対運動資料』(すいれん舍, 2013年)

3 『石油化学コンビナート進出による公害問題(中間報告書)』(1964年5月4日). 이 목차는 다음과 같다. Ⅰ 머리말 Ⅱ 석유화학콤비나트 진출에 대한 경과와 그 계획개요 Ⅲ 대기오염물질에 대하여 Ⅳ 누마즈・미시마지구의 기상 Ⅴ 농작물과 임목(林木)에 대한 영향 Ⅵ 공중위생에 미치는 영향 Ⅶ대기오염에 대한 종합적 검토 Ⅷ 용배수에 대한 문제점 Ⅸ 결론

4 沼津・三島地区産業公害調査団『沼津・三島地区産業公害調査報告書』(1964年7月). 그 목차는 다음과 같다. '1. 히가시스루가 만 지구개발계획과 콤비나트계획의 경위에 대하여, 2. 산업공해조사를 실시하는 의미에 대하여, 3. 산업공해조사의 내용에 대하여, 4. 진출희망기업의 건설계획에 대하여, 5. 환경조건측정에 대하여, 6. 기상조건에 대하여, 7. 배기가스의 확산에 대하여, 8. 권고' 이 1의 콤비나트계획의 경위 가운데 이곳이 공업정비특별지역으로 지정된 입지조건을 다음과 같이 들고 있다. 1. 풍부한 수자원, 2. 양호한 항만조건, 3. 양호한 육상교통조건, 4. 게이힌과 주쿄의 양 공업지대와 대량소비시장의 중간에 있는 지리적 조건이라는 것이다. 정말 정부와 기업에서 보면 절호의 지역개발거점이었다.

5 「松村調査団・二市一町住民連絡協議会と黒川調査団との会見録」(1964年, 8月 1日, 東京虎の門東洋ビル). 이 중요한 기록은 테이프로 돼 있었기에 약간 들리지 않은 부분도 있지만 거의 완전히 수록돼 있다. 이것은 그 뒤 第74回社会医学研究会討議資料(主題: 人員と健康, 演題番号 16, 1966年 7月 17日, 京都)로『沼津三島地域における石油コンビナート進出問題についての二つの調査団報告とその会見録』이 인쇄 배포됐다.

6 후지 석유 사장 나가오카 지로는 앞의 책 (제2장) 座談会 「公害対策の方向と問題点」(『経団連月報』1964年)에서 다음과 같이 말하였다. 가령 누마즈 지구의 문제입니다만 구로카와 조사단이 정리한 조사보고서가 결론으로 낸 권고에 따르면 거기에 공장을 설립하는 것은 문제가 없다고 합니다만 지역과의 대화가 잘 되지 않는다고 하는 것은 동 지구에 석유콤비나트 진출에 대한 반대운동이 스나가와나 우치나다의 경우와 다 연결돼 있고 그 리더는 공산당원입니다. 그리고 그러한 사람들은 욧카이치의 공해의 슬라이드이라고 해서 죽은 아이를 안고 있는 엄마의 모습을 찍어 보여주거나 또는 '석유콤비나트가 만들어지면 여러분은 창을 이중창으로 하지 않으면 모두 병에 걸립니다.'라며 유언비어를 퍼트리고 있습니다. 나가오카 사장은 그 뒤에도 언론인을 비판하였다. 당시 경영자가 이 정도의 인식이었기 때문에 주민운동에 대항할 수 없었던 것은 당연하다.

7 宮本憲一「草の根保守主義」(朝日ジャーナル編集部編『まちの政治むらの政治』勁草書房, 1965年)

8 니시오카는 이 학습방법을 1975년 학술회의 주최 환경문제의 국제학회에서 보고해 참석자들이 감명을 받았다.

9 L. Manford, *The Culture of Cities*, 1938. p.380(生田勉訳『都市の文化』1974年, 鹿島出版会), p.235.

10 앞의 책『沼津住民運動の歩み』

11 이하 이 절의 내용은 앞의 책(서장) 都留重人編『現代資本主義と公害』, 同宮本憲一『公害と住民運動』에 의한 것이 많다.

12 『中間報告』는 가토 이치로 도쿄 대학 교수를 위원장으로 하는「中間報告起草委員会」가 정리됐다.

13 経済団体連合会「公害政策の基本的問題についての意見」(1966年10月5日). 이것이 본문 중의『経団連意見』이다.

14 앞의 책(제1장) 橋本道夫『私史環境行政』(第2章), p.109. 이 저서에는 당시 정부 부처 내에 있어서 후생성 대 실행부처(통산성, 운수성, 건설성, 농림성, 경제기획청)의 대립이 생생하게 씌어져 있다.

15 중의원 산업공해대책위원회(1967년 7월12일)에 욧카이치 공해를 경험하고 있던 나카이 도쿠지로는 조화론은 사토 총리의 요구가 아닌가 하며 '국민의 건강은 절대적이고 생활환경은 그 다음이라는 구별은 어떻게 해서 만드는 것인가. 생활환경을 정하지 않으면 국민의 건강은 지켜지지 않는 것이다'라고 기술하였다. 또한 '자민당은 이 중요한 법안의 심의정례회에 한 명도 나오지 않았다. 정말 괘씸하다'고 격렬하게 비판하였다. 오리오노 료이지는 경제의 조화 등이라고 하지 않고 '사기업의 이윤추구와의 조화' 또는 '기업의 이익과의 조화'라고 쓰는 게 좋다고 비판하고, 조화가 아니라 기업과의 타협이라고 비판한다.

16 중의원 산업공해대책위원회(1967년 7월 17일)의 발언.

17 중의원 산업공해대책위원회 (1967년 5월 17일), 시마모토 도라조 의원 '여러 가지 공해 가운데 국제적인 범위까지 미치는 공해, 특히 방사능의 문제가 있습니다. 의사회에 있어서도 이 문제에 대해서는 상당한 관심을 갖고 있는 모양입니다. … 방사능 문제에 대해서는 기본법 가운데 당연히 고려돼 있을 것이라 생각합니다. 이 대책과 무과실책임을 이에 대해 취하고 있는 것입니까, 취하고 있지 않는 것입니까' 보 히데오 후생성 장관 '방사능도 물론 공해의 일종, 큰 공해여서, (중략) 이 조치는 공해기본법에도 조치한다고 하는 것이 고려돼 있습니다만 뭐라고 해도 방사능이란 것에 대해서는 원자력기본법이 있어서 거기서 여러 가지 것을 그 기본법에 근거해 하고 있기 때문에 이 공해방지법에 있어서도 방사능도 물론 다뤄 이를 공해라고 규정을 하겠습니다만 이에 대해서 그 구체적인, 어떻게 해나갈 것인가 하는 것은 원자력기본법에 근거한 조치로 넘어가 있습니다.'

이와 같이 방사능재해는 공해라고 해서 법에 넣었지만 그 구체적 조치를 공해의 규제청이 아니라 과학기술청이나 경제통상성에 위임했다. 이 때문에 원전을 규제하는 부처는 없고, 추진부처의 손에 안전행정이 위임돼 있기 때문에 '원전마피아'의 안전신화가 횡행했다. 2011년 3월 11일의 후쿠시마 원전재해가 일어났다. 결과, 새롭게 규제부처인 환경청의 외국(外局)으로 원자력규제위원회·원자력규제청이 만들어졌다. 너무 늦었다고 해도 좋을 것이다. 이는 원전이 특별취급을 받았기 때문이다.

18 앞의 책 橋本道夫『私史環境行政』, p.115.

19 앞의 책(제2장) NHK社会部編 『日本公害地図』, p.27. 또는 '머리말'에 다음과 같이 씌어져
    있다.
    '1970년은 공해가 사회·정치·경제를 통해 최대의 문제로서 부각된 해였다. 생산제일주의의
    고도경제성장의 덕에 암암리에 축적된 공해가 일제히 분출돼 자연이나 생활환경을 파괴하기
    시작했고, 우리들에게 '참으로 풍요로운 사회란 무엇인가'를 생각하게 하는 해였다. 그런 의미
    로 1970년은 우리들 역사에 있어서 하나의 '전환점'이 됐다. 이미 본문에서 말한 바와 같이 공
    해는 고도성장기 이전에 발생하였다. 또 이미 각지에 공해반대 여론이나 운동은 일어났다. 그
    러나 언론이 이처럼 각성할 정도로 1970년은 전국의 여론이 전환된 해였다.'
20 『国民所得白書』(1967年)
21 이 사회적 소비의 부족을 최초로 이론화한 것은 앞의 책(제2장) 宮本憲一 『社会資本論』과 宮本
    憲一 『日本の都市問題』(筑摩書房, 1969年)이다.
22 安藤元雄 『居住点の思想　住民·運動·自治』(晶文社, 1978年)
23 松原治郎·似田貝香門編著 『住民運動の論理』(学陽書房, 1976年)
24 松下圭一 『シビルミニマムの思想』(東京大学出版会, 1971年)
25 宮本憲一 『都市政策の思想と現実』(有斐閣, 1999年). 특히 이 시기, 비로소 일본에서 도시정책
    이 정치의 과제뿐만 아니라 학계의 과제가 됐다. 이 상황 속에서 나온 것이 伊東光晴, 篠原一,
    松下圭一, 宮本憲一 『岩波講座　現代都市政策』(全12巻, 岩波書店, 1972-74年)이다.
26 이 도쿄도의 모습을 보여준 노작이 東京都公害研究所編 『公害と東京都』(東京都, 1970年)이다.
    1960년대 후반의 도쿄도의 공해 특히 일본의 공해에 대해 기술한 귀중한 문헌이며, 이 책의
    이 시기의 도쿄도 서술은 이에 따른 것이 많다.
27 室井力 「国の法令基準と自治体の基準」(前掲伊東光晴他編 『岩波講座　現代都市政策』 第Ⅴ巻
    『シビルミニマム』)
28 다이쇼 데모크라시기(期)(1910-35년)의 구미의 진보주의와 비교해, 세키 하지메(1873-1935,
    일본의 사회정책학사·도시계획학사 및 정치가)의 독창적인 도시사회정책의 사상과 실천을
    소개·비판한 다음의 역작을 참고했으면 한다. Jeffery Hanes, The City of Subject, Seki
    Hajime and the Reinvention of Modern Osaka, 2002(宮本憲一監訳 『主題としての都市　関一
    と近代大阪の再構築』 勁草書房, 2007年)
29 大阪都市環境会議編 『危険都市の証言』(関西市民書房, 1984年). 이는 센니치 백화점 건물(千日
    デパートビル) 화재, 천연가스 폭발사고를 사례로 오사카의 재해대책에서 나아가 도시정책의
    중심에 안전을 놓지 않으면 안 된다는 것을 제안하고 있다. 무로사키 요시테루, 다카다 스스
    무를 중심으로 한 연구그룹에 의해 그 뒤 고베 대지진이나 동일본 대지진으로 이어지는 지역
    정책의 문제점이 부각되고 있다.
30 大阪府公害対策審議会法制度専門委員会 1969年 7月 20日 第3回会議 「東京都公害防止条例につ
    いて」 참고. 이 회의는 오사카부 공해실 차장 오기노 쇼이치의 사회로 오사카 시립대학 법학
    부 교수 다니구치 도모헤이, 간사이 대학 법학부 교수 다무라 고이치, 오사카대학 법학부 조
    교수 마쓰시마 료기치 등 7명이 도쿄도공해방지조례의 축조(逐条)심의를 했다.
    마쓰시마 료기치는 도 조례가 그동안의 공해법리론의 성과를 망라적으로 다룬 것을 높이 평
    가하고 있지만 이것이 공해대책기본법 이하의 공해관계의 법률을 넘어서고 있기 때문에 국가
    의 법률과의 모순, 저촉이라는 것이 일어나고 있다고 했다. 또 이 조례가 도의 공해방위계획
    을 모두 담고 있고 공해헌장적인 것도 들어가 여러가지 것이 섞여 있기 때문에 입법정책적으
    로 적당한지 여부를 묻고 있다. 다무라 고이치는 도 조례는 현재 조례 개념에서 동떨어진 태

도를 보이고 있다고 했다. 그는 이전부터 이해하는 조례라고 하는 것은 법률의 범위 내에서 어떤 경우에는 법률을 보완하는 것으로 생각하고 있지만 도 조례는 법률의 틀 그 밖의 것과 그다지 연관성 없이 만들어졌다. 매우 전향적이지만 법률과의 관계를 고려할 경우에는 여러 가지 문제가 생긴다고 말했다. 다른 위원은 이 두 사람의 의견과 마찬가지로 조례가 법을 넘어선 내용을 정해도 효력이 있을지 여부, 조례는 법의 틀 안에 있어야 하는 것으로 프로그램적인 것은 공해헌장으로, 조례와 별개로 하는 것이 좋지 않겠냐고 하는 의견이 대세를 보였다.

31　「座談会・地域開発の夢と現実」(『世界』1961年 12月号)

32　이 항의 서술은 사카이(堺)・다카이시(高石)로부터 公害をなくす市民の会編 『堺・泉北の公害』(堺から公害をなくす市民の会, 1971年)와 塚谷恒雄 「コンビナートの公害と災害」; 加茂利男 「コンビナートと都市政治」(宮本憲一編 『大都市とコンビナート・大阪』筑摩書房, 1977年)를 참고했다.

33　Shigeto Tsuru, *Proceedings of International Symposium Environmental Disruption*(The International Social Science Council, 1970)에 회의 보고, 토론이 수록돼 있다. 이 회의의 의의에 대해서는 宮本憲一 「環境問題の回顧と展望」(『公害研究』1973年 春号, 2巻4号)

34　'환경권은 뛰어난 사상가나 법학자의 사고에 의해 새롭게 생겨난 권리가 아니다. 그것은 환경 파괴의 격화에 따라서 점차 자각되기 시작한 기본적 인권이며, 시민의 권리의식의 법리론화이다.' 大阪弁護士会環境権研究会 『環境権』(日本評論社, 1973年), p.1.

35　앞의 『環境権』, pp.22-23.

36　NHK가 1970년 10월 17일-19일에 걸쳐 실시한 공해의식조사는 도쿄역을 중심으로 30㎞ 권내에서 20세부터 69세 2,000명을 대상으로 1486명의 유효회답을 얻었다. 이에 따르면 가장 관심을 갖는 분야가 무엇인가를 물었는데 대해 공해라고 답한 사람은 1968년 8%였지만 이 1970년에는 65%였다. 공해의 피해를 입고 있다고 하는 사람이 76%, 대기오염 60%, 소음 42%, 하천오염 24%에 이르렀다. 이에 대해 '경제성장은 국민생활의 향상에 있어 좋았다'고 답한 사람은 37%에 불과하고, '공해나 물가상승을 가져오고, 국민생활이 일부 기업이나 산업의 희생이 됐다'가 55%에 이르렀다. 1967년 조사에서는 '공해는 절대 허용해선 안 된다'와 '산업발전이 우선이라는 것을 인정한다'는 동수였지만 전자는 60%에 이르는데 비해, 산업발전의 우선을 인정하는 것은 20%에 머물렀다. 더욱이 정부・재계의 조화론은 완전 지지를 잃었다. 「首都圏住民の公害意識」, 앞의 책(NHK社会部編 『日本公害地図』)

37　농업의 근대화에 따른 농약 사용이 늘어나 1955년 농약생산액 128억 엔은 1960년에는 2배, 1977년에는 2427억 엔으로 늘었다. 1951년경부터 쌀의 '도열병' 제거에 유기수은제가 대량 사용되고, 특히 유기염소계 농약이 사용돼 경지면적당 세계 제일로 살포를 해 농민의 중독이나 잔류농약으로 인한 환경오염이 사회문제가 됐다. 그러나 연구나 규제는 늦어졌다. 나가노현의 사쿠(佐久) 종합병원은 농약 피해의 증대를 중시해 조사를 시작했지만 다른 기관의 연구가 없고, 운동실험조차 하지 않는 상황에 기다리다 지쳐서, 일본농촌의학연구소를 만들어 독자적인 연구와 대책을 추진했다. 이와 같은 민간의 활동에 의해 드디어 농약 단속이 강화됐다. 若月俊一 『村で病気とたたかう』(岩波新書, 1971年), pp.184-197.

38　日本弁護士連合会 「公害対策推進の件」(1970年 9月 22日)

39　日本弁護士連合会 「公害の予防・排除・被害の救済に関する件」(1970年 5月 30日)

40　経団連 「公害関係諸施策の慎重な審議を望む」(1970年 11月 27日)

41　全国中小企業団体中央会会長, 全国商工会連合会会長, 日本商工会議所長, 外46都道府県商工会議所連絡会会長 「第64回(臨時議会)提出公害関係法律案に関する要望書」(1970年 12月 8日)

42 「第64回国会衆議院産業公害対策特別委員会議事録」第6号(1970年 12月 10日)

43 「同産業公害対策特別委員会議事録」第5号(1970年 12月 9日)

44 앞의 책(제2장) 田尻宗昭『四日市・死の海と闘う』. 이는 공해사에 남을 기록이다.

45 일본의 환경법제와 그에 근거한 환경정책의 문제에 대해서는 앞의 책(제2장) 宮本憲一『環境
経済学新版』第4章「環境政策と国家」참조.

46 앞의 책(서장) 川名英之『ドキュメント日本の公害』第2巻『環境庁』, pp.120-138.

47 앞의 川名英之『環境庁』, p.123.

48 『環境庁十年史』(環境庁, 1982年)

49 이하는 大石武一「10年間の環境行政」(앞의『環境庁十年史』, pp.310-312)

50 三木武夫「環境庁創立10周年に想う」(앞의『環境庁十年史』, p.315)

제 4 장
4대 공해재판

전후 공해·환경재판의 역사는 3기로 구분된다. 제1기는 1960~70년대의 4대 공해재판의 시기이다. 제2기는 1960년대 후반부터 1990년대에 걸친 공공사업 공해재판, 제3차 이후의 미나마타병 재판과 대기오염재판의 시기이다. 제3기는 1990년대부터 현대에 이르는 경관·자연보전 등 어메니티 문제재판과 산업폐기물문제·석면재해 등의 스톡(stock) 공해재판의 시기이다. 일본 공해·환경재판의 길을 열어 공해·환경법·정책에 결정적 영향을 미친 것이 4대 공해재판이다. 오늘날의 시점에서 바라보면, 4대 공해 사건은 그 피해가 상당히 심각하고 원인자도 명확해 원고가 승소하는 것이 당연하게 보일지도 모른다. 그러나 당시에는 이들 사건으로 재판을 제기하는 것이 어려웠으며, 법리적으로 사회적으로도 승소는 기대할 수 없는 상황이었다. 이 장에서는 4대 공해재판을 다루며, 보론(補論)으로서 공해재판에서는 보기 드문 형사 사건으로 고치 펄프 사건을 다룬다.

제1절 공해재판 창조

1 재판은 최후 구제의 길

대도시권에는 공해반대 여론과 운동이 강하여 지자체 행정을 개혁하는
것이 가능했지만, 지방도시나 농촌에서는 공해반대보다도 경제개발 우선
여론이 강해 지자체를 바꾸는 힘이 주민에게는 없었다. 공해 피해자가 고립
돼 있는 지역, 특히 기업도시라고 불리는 도시에서는, 지자체는 기업에 의
존하거나 기업유치를 위해 지역개발에 전념하고 있었다. 이 때문에 행정에
절망한 지역에서는 헌법의 인권옹호 권리를 구사해 최후 구제방법을 사법
에 구할 수밖에 없었다. 하지만 피해자가 재판을 일으키기에는 그 고장에
쉽지 않은 사정이 있었다.

그것은 미나마타병문제에 그대로 드러났다. 미나마타시는 짓소 도시라고
불리듯이 짓소가 지역의 자원 및 고용을 독점하고, 미타마타시 행·재정을
지배해 시민이 자치권보다도 기업에 대한 '충성심'이 강한 풍토였다. 1950
년대 말경부터 짓소는 시바현의 석유화학공장으로 중점을 이동하고 있었
다. 짓소가 시의 행·재정에 차지하는 기여도(법인관계세, 고정자산세에 차지하는
짓소의 기여도)는 낮아지고, 오히려 항만사업이나 종업원 주택문제 등에서 재
정에 기생하게 되었지만, 시(市)당국이나 시민의 짓소에 대한 '충성심'은
1990년대까지 변하지 않았다.[1]

그 때문에 미나마타병 환자에 대한 사회적 차별이 심했다. 판결 직전인
1973년 2월, NHK사회부는 「미나마타병환자 가족설문조사」를 실시했다. 설
문조사에서는 83명의 환자가 구제신청을 못한 이유로 가족 중에 미나마타
병 환자가 나와서 결혼 및 취직 거부로 이어지는 것을 들었다. 또 「미나마
타병에 대한 시민여론조사」에서는 앞으로의 해결방향에 관해서 '경영이 허
용하는 범위 내에서 환자나 가족의 요구에 응해야 한다'가 72%를 차지하
고, '짓소가 한 짓은 용서할 수 없지만, 짓소는 미나마타시에 있어서 필요한

회사다'가 83%를 차지하였다. 공해국회가 있고, 전국적으로 공해에 대한 기업책임 추궁이 일어나고 있던 시점에서 조차도 미나마타 시민의 의식은 짓소 옹호 또는 짓소 의존이 강했던 것이다. 이와 같은 사정으로 알 수 있듯이 피해자가 짓소를 재판소에 제소하는 것이 쉽지 않았다.[2]

1968년 정부는 드디어 미나마타병을 공해로 인정했지만, 짓소는 이미 위로금계약으로 배상이 다 됐으며 미나마타병문제는 끝났다는 태도였다. 정부는 미나마타병 보상처리위원회를 구성했지만, 피해자 미나마타병 환자가 정상조회에게 처리위원회의 인선과 보상 내용을 일임하라고 강제하는 상황이었다. 센바 시게카쓰 변호사는 이러한 상황에서 재판을 제기한다는 것이 얼마나 어려웠는지를 술회하였다.[3] 이러한 일은 나도 경험하였다. 1968년 피해자 지원을 위해 간신히 마련된 시민회의에 불려나가, 히요시 후미코 씨와 함께 환자가정상조회의 야마모토 마타요시 회장을 만났다. 나는 지금까지의 경험에서 결코 정부에 일임하는 것은 위험하고, 재판을 하지 않으면 해결되지 않는다며 제소할 것을 권했다. 그러나 야마모토 회장은 재판 변호사의 돈벌이일 뿐 믿을 수 없고 정부를 신뢰한다고 말하며 나의 제안을 거부했다. 당시 서민이 재판을 한다는 것은 TV시대극의 오오카(大岡) 재판과 같이 오시라스(お白州)*에 끌려나간다는 공포감이 있었고, 변호사는 부자를 위해 활동하고 있다고 해 신뢰하지 않았던 시기였다.

이타이이타이병 환자가 '가문을 걸고' 제소한다고 할 만큼 당시 재판을 제기한 피해자의 결의에 찬 기분을 잘 표현한 것이다. 니가타미나마타병의 경우는 다른 사건과 비교하여 조금 사정이 달랐다. 발생원과 원고와의 사이가 떨어져 있어 기업도시의 피해자가 아니었고, 지역의 지원체제가 총평(総評)을 중심으로 널리 시민을 통합해 조직력이 있어, 반도 가쓰히코를 중심으로 변호인단이 빨리 구성되었다. 이 재판은 후술하는 바와 같이 본격적

---

* 에도시대의 봉행소(奉行所) 등 소송기관에 있어서 법정이 자리잡은 장소를 말한다.

공해논쟁이 되지만, 전문가를 보좌인으로 두고 주도면밀히 준비를 해 4대 공해 사건의 선봉에 섰다. 특기해야 할 것은 이 니가타미나마타병 환자, 지원자와 변호사가 구마모토미나마타병 환자의 궁핍한 상황을 보고, 미나마타까지 가서 환자·지원자와 교류해 제소를 재촉한 것이다. 이로 인해 구마모토미나마타병 재판이 움직였다고 해도 과언이 아니다. 지금이라면 니가타에서 미나마타로 가는 것은 그리 수고스럽지는 않다. 그러나 당시는 비행기편도 신간센도 없어 급행을 갈아타고 응원하러 가는 환자에게는 아주 어려운 여행이었으며, 비용도 매우 부담이 됐다. 지금이라면 티베트 오지마을의 석면환자가 오사카 센난 지역의 석면재판 원고와 변호인단이 공동투쟁(共鬪)을 신청해 가는 여행 정도일 것이다. 당시 공해재판 변호인단의 연대에 대한 열의가 읽혀지는 것이었다.

1967년에는 공해대책기본법이 제정되고, 그 다음 해에는 4대 사건을 정부가 모두 공해라고 인정하였지만, 앞서 기술한 바와 같이 법적 인과관계가 명확하지 않다는 태도를 취하고 있어 야당 요구와 같은 무과실책임을 법제에 넣는 데는 반대였다. 이러한 상황이었기에 정부가 공장폐수에 의한 미나마타병이라고 인정했어도 쇼와 전공은 인정하지 않았다. 다른 기업도 법적 책임을 지지 않고, 간신히 의료비만 구제받게 된 욧카이치와 같이 피해자 구제에 대한 배상은 전혀 문제 삼지 않았다. 그 뿐만 아니라 미에현과 욧카이치시는 제3의 콤비나트 건설을 단행했다. 환자 중에서는 절망해 자살하는 사람이 나왔다. 앞서 기술한 바와 같이 1964년부터 공해연구위원회는 두 번에 걸쳐서 욧카이치를 조사했을 때, 가이노 미치타카가 피해자 지원조직에게, 공해 재판에 대해 상담한 일이 있었다. 그러나 피해자가 가장 많았던 시오하마 지구는 자치회가 콤비나트 기업과의 관계가 있었기 때문에 재판 원고가 되는 것에 소극적이었다. 그래서 오염이 심한 이소즈 지구에서 9명의 원고가 뽑혔다. 욧카이치시 직원조합을 중심으로 지구노조가 모체가 돼 지원조직이 생겼다. 그러나 콤비나트 6개사를 피고로 하는 재판이 제기되자 미쓰비시 계열의 콤비나트 기업 노동조합은 지구노조를 탈퇴했다. 구마모토미나마타병의 경우도 초기에는 짓소노동조합은 회사측에 붙어 있었다. 1960년 말에 고세이 화학산업 노동조합연합(合成化學産業勞働組合連合) 위원장 오타 가오루 총평 의장이 스스로 비판한 것처럼 일본 대기업의 노동조합은 기업주의로 인해 공해 반대의 깃발을 내걸지 않았다. 따라서 내부로부터의 고발을 기대하기란 매우 어려웠다.

공해재판은 이러한 사회 상황에서 출발했던 것이다.

2 공해법리론의 모색

공해를 재판으로 해결할 수 있는지, 특히 피해자가 다수이고 가해자가 불특정 다수인 경우에 신고전파 경제학에서는 부정적인 의견이 있다. 미국 경제학자 밀스는 『환경 질의 경제학』에서, 일반적으로 환경문제에는 사적 교섭을 재판에 올리기 어렵다고 하며 그 이유를 다음 같이 설명하였다. 도시에서는 첫 번째 오염원이 자동차, 공장, 사무소로 무수히 있으며, 한편, 피해주민도 다수이고 그 손해도 다양하다. 따라서 특정오염원과 특정피해자의 오염문제만이 당사자 교섭과 재판이 가능하다. 두 번째는 공해방지는 공공재와 같은 성격을 갖고 있다. 즉, 일단 공해방지가 시작되면 아무런 추가적인 부담을 하지 않아도 편익이 발생하며, 또한 부담을 하지 않는 사람에게도 쾌적한 환경을 누릴 수 있다는 비배제성(非排除性)이 있다. 피해자조직 혹은 원고인단에 들어가지 않았던 사람이라도 공해대책이 취해지면 이익을 받으며, 또한 조직에 들어가 있는 사람도 그 공헌도에 관계없이 이익을 평등하게 받는다. 이러한 외부성을 생각하면, 사적 교섭이나 재판보다도 정부가 공해방지 책임을 지지 않을 수 없게 한다. 오염방지에 관해 사적 활동의 책임을 부정하는 것은 아니지만, 정부활동이 싸게 먹히고 적합하다고 본다. 이 경우의 공해방지 기준을 비용편익분석이라고 말한다.[4]

이 신고전파 경제학의 이론은 시장경제에서는 합리적으로 보이지만, 정부가 기업을 옹호해 공해방지를 하지 않는 경우에는 적합하지 않다. 신고

전파 경제학의 결함은 공해와 같은 시장의 실패가 있으면, 자동적으로 정부가 구제에 나선다고 본 것이다. 그러나 자본주의제도에서 정부는 자본(기업)을 옹호하므로 피해자를 지지하는 시민여론과 운동이 일어나지 않는 한, 피해구제를 시작하는 공해대책은 나오지 않는다. 그래서 지금까지 기술한 바와 같이 피해자와 지지조직이 운동을 벌여 행정을 개혁하거나 사법구제를 요구할 수밖에 없는 것이다. 일본의 정치경제학자는 공해재판의 필요성을 인정하고 있었다. 그러나 지금까지의 상식을 넘는 이론을 창조할 필요가 있었다.

법리론 면에서는 공해의 사법적 구제를 둘러싸고 모색을 했다. 지금까지의 법리론이 참고가 됐던 것은 전쟁 전 오사카 알칼리 사건의 대심원(大審院)* 판결이다.5 이 사건은 화학공장이 배출한 아황산가스로 인한 농작물 피해보상을 둘러싼 재판으로, 대심원의 환송 판결을 받은 오사카 공소법원이 농민승소 판결을 내린 획기적 판결이다. 그러나 그것은 새로운 법리를 창조한 것이 아니라, '그에 상응하는 설비'를 하고 있으면 화학공장의 과실이 아니라고 한 대심원의 법리를 역이용해 오사카 알칼리(현 이시하라 산업)의 설비가 그에 상응하는 설비가 아님을 증명하여 농민이 승소한 것이다. 여기서 말하고 있는 '그에 상응하는 설비'를 어떻게 해석할 것인가 하는 것을 오사카 공소법원처럼 히타치 광산에 지어진 세계 최고의 굴뚝을 표준으로 삼은 것은 이례적이었다. 하지만 대심원 의향은 피해가 있어도 혹은 피해의 예견 가능성이 있어도 상식적으로 표준적인 설비를 하고 있으면 과실이 아니라고 봤던 것이다. 즉, 산업의 발전과 영업의 자유라는 입장을 우선한 것이기에, 이후 판례도 이러한 입장을 따르고 있다. 결국 비교형량해 피해보다 산업의 이익을 우선한다는 조화론이 이 판결의 사상인 것이다.

게다가 이 판례는 농작물·농지에 피해를 입은 물권침해 사건에 관한 판

---

* 메이지시대 초기부터 쇼와시대 전기까지 일본에 설치됐던 최고재판소를 말한다.

정이었다. 그러나 4대 공해 사건은 인간의 생명·건강이라는 인적 손실이
다. 전전의 공해 사건은 광공업 대 농업·어업이라는 산업 간의 대립이며,
거기에는 광공업의 생산에 의한 이익과 농림어업의 이익과의 비교형량이
판결의 기저에 있었다. 혹은 광공업생산을 전제로 수인한도를 구하는 것이
었다. 이에 대해 전후 공해 사건은 기업 대 시민의 대립이며, 영업권 대 기
본적 인권의 비교형량(그것이 가능하다고 해서)인 것이다. 이 때문에 어떻게 하
든 새로운 법리론이 필요했다. 더군다나 공해 그 자체의 연구가 새로운 것
이었다. 쇼지 히카루와 나의 『무서운 공해』가 공해연구의 시작이며, 내가
욧카이치 공해재판에 제출한 공해연표가 최초의 공해사 연표였을 정도로
연구의 축적이나 연구자도 적었다. 이 때문에 재판이 시작됐을 때에는 원고
변호인단은 승부를 반반으로 보았고 조기의 환자구제는 달리면서 생각하게
되었다.

공해 사건 원고 변호인단에 가장 신뢰를 받고 있던 사와이 유타카는 『공
해의 사법적 연구』에서 공해개념에 가까운 영미법의 뉘선스와 독일법의 이
미시온을 정리해, 그것이 어떻게 재판에 적용가능할지를 검토했다. 그때,
그는 면밀한 해석법학으로 과거 공해재판의 판례를 정리했다. 이미시온은
물권법을 기초로 금지 청구권을 중심으로 하고 있는데 비해, 뉘선스는 불법
행위법에 따라 손해배상을 기초로 하고 있다. 사와이는 공해문제를 처리하
기 위해서는 물권적 청구권을 인격권으로 확장해, 공해를 인격권 침해에 포
함한다는 입장을 취했다.[6] 그리고 기업의 침해가 사회생활상 허용한도를 넘
어도 기업의 존립을 인정하면서 불법행위로 인한 손실을 보전시켜, 그것이
일반 시민생활을 위협할 정도에 이른 경우에 비로소 방해배제 청구를 인정
하는 것이 타당하다고 말하였다.[7]

내가 재판의 증인이나 보좌인으로 참가했을 때, 변호인단회의에서 피해
보상은 당연하고 금지하지 않으면 공해대책으로서는 완성되지 않는 것 아
닌가라고 주장했지만, 그것은 일본의 현 실태로는 곤란하며 아마추어 폭론
이라고 비판받게 되었다. 사와이의 저서 등을 읽고 알게 된 것이지만, 일본

의 재판에서는 손해배상에 비해 금지는 매우 어려운 것이었다. 4대 공해재판이 오사카 알칼리 사건 재판 이후 공해재판의 전통을 뛰어 넘기 위해서는 몇 개의 관문이 있었다.

우선, 첫 번째 민법 709조 불법행위의 판단에서는 오염물과 질병과의 개별 인과관계를 입증하는 것이 전통적인 생각이었다. 그러나 이것은 생산공정이 단순하고 규모가 작으며, 업종이 한정돼 있고 위험한 생산공정이나 공장을 특정할 수 있는 초기 공업화시대에 생각했던 이론이다. 4대 공해 사건에서는 그것을 증명하기는 어려웠다.

이타이이타이병과 미나마타병과 같이 발생원과 원인물질을 분류할 수 있어도, 피해자는 다수였고 병의 상태도 다양했다. 욧카이치 공해에서는 발생원이 다수이고, 피해자도 다수이며 질환도 다양했다. 복잡한 생산공정으로부터 원인물질이 어떻게 배출돼, 그것이 피해자에게 도달하여 어떠한 질환의 원인이 된 것인지를 개별적으로 입증하기란 불가능하다고 하겠다.[8]

두 번째는 기업 과실을 증명하기 어렵다. 본래, 중화학공업이나 수송기관은 일상적으로 다양한 유해물질을 대량 배출해 피해를 발생할 가능성이 있기 때문에 과실이 아니어도 피해가 발생한다. 따라서 무과실책임에 의해서 재판하는 것이 타당할 것이었다. 그러나 광업법과 원자력 관계법 이외는 무과실 책임론은 인정되지 않는다. 과실증명을 위해서는 예견가능성이 있었든지, 그것을 언제부터 알고, 그것을 위한 대책을 언제 어떻게 시작했는지, 결과 책임에 대해서는 피해발생을 언제 알았고 어떻게 대책을 세웠는지가 밝혀지지 않으면 안 된다. 그러나 이것은 가해자의 기업내부 문제이어서, 피해자가 입증할 수 없거나 내부직원의 협력이 없는 한 매우 어렵다. 원인자의 입증책임이 인정돼 있지 않는 한, 전통적으로는 피해자에게 입증이 요구된다. 만일 기업의 공해대책을 알아냈더라도 그것이 기업의 상식으로 보아 그에 상응한 설비와 적절한 조치라고 판단되면 과실은 아니게 된다.

세 번째는 위법성이다. 이미 본 것처럼 공해 관계법의 제정은 매우 뒤처졌고, 제정된 수질2법과 매연규제법은 모두 '무늬만 법'으로 불리는 것처럼 규제기준이 미비하거나 느슨했다. 이 때문에 피고인 대기업은 법을 지키고 있고, 위법성은 없다고 생각했다. 또한 전력기업처럼 공익성이 강하기 때문에 공해대책보다 생산을 우선시하는 것이 공인되고 있었다. 적법한 기업 활동을 하고 있더라도 심각한 피해를 내고 있는 기업을 어떻게 제재할 것인지 하는 것이 문제였다.

네 번째는 피해자가 다수로 집단소송이 돼 있는 상황으로, 손해의 차이를 넘어서 공평·평등한 요구를 어떻게 정리할 것인지가 문제였다.

이밖에도 소송절차로서 미지의 분야도 많았다. 공해의 성격으로부터 감정인이 될 수 있는 전문 과학자를 원고측이 내세워 과학논쟁에 대응할 필요가 있었다. 이처럼 많은 과제를 안고 있었지만, 재판 이외에 심각한 피해구제와 공해방지는 없다. 이 때문에 정의 실현을 위해 창조력 있는 젊은 변호사와 연구자가 나서 불퇴전의 열의로 재판이 시작된 것이다.

그럼 재판관은 어떻게 대응했을까. 욧카이치 공해재판에서는 1969년 1월 30일, 최초 원고증인인 내가 재판소에 출두하자, 요네모토 기요시 재판장은 나를 점심식사에 초대했다. 요네모토 씨는 나를 감정인과 같은 사람이라고 했고, 3명의 재판관이 동석해 식사를 하면서 공해의 이론이나 국내외 문헌에 대해 질문을 했다. 현지에 거주하고 있던 배석 재판관은 악취 등으로 창문을 열 수 없어 잠을 잘 잘 수 없다고 했다. 아마 당시 재판관은 공해문제의 심각함과 피해구제를 서둘러야 한다는 것에 대해 지금까지의 재판 상식을 부수어야만 된다며 필사적으로 모색하고 있던 참일 것이다.

최근, 정책연구대학원대학이 낸 전 최고재판소장 야구치 고이치의 녹취자료에 의하면 1970년 1월(당시 야구치는 최고재판소 사무총국 인사국장)에 공해 사건에 대해 재판소의 전국회동을 실시했는데, 그 당시 가장 어려웠던 것이 4대 공해재판이었다고 다음과 같이 말하였다.

'"재판소가 한 걸음 강력하게 내디디지 않으면 안 된다. 이대로 있는 것은 그야말로 국민에게 괴로움을 안겨주는 것과 동시에 '재판소는 무얼

하고 있는가'라고 비판받게 된다"는 것을 전제로 논의를 실시했습니다. 결국, 아가노가와 강 같은 경우, 공장으로부터 정말 수은이 나오는지에 대한 인과관계의 문제는 공장 배수로까지 가보면 알 수 있지 않은가라고. 대기오염도 욧카이치 주변 사람이 모두 같은 어려움에 처해 있다면, 그 야말로 역학적 방법으로 좋은 방법을 취하면 좋지 않은가라고. 결국 그렇게 됐던 것입니다.

원고가 인과관계를 끝까지 증명하지 않으면 안 된다고 하는, 지금까지의 이치로 보자면 증명은 불충분할지도 모릅니다. 그러나 반대로 이 정도면 됐지 않은가라고 보면 그것으로 충분한 것입니다. 동시에 정말로 그렇지 않다면, "그렇지 않다고 하는 것을 회사측이 말하세요"라고. (중략)

역학적 방법과 입증책임의 전환을 활용해 봐야 하지 않겠는가 하는 협의가 정해진 것입니다.[9]

이것은 중대한 증언이다. 그러나 그의 기억은 조금 잘못되어 있다. 『요미우리신문』(1970년 3월 14일)에 의하면, 이 회동은 3월 12~13일에 전국 민사재판관 회동으로 57명이 출석했다. 기사에 따르면, 이 회합에 나온 재판관이 지금까지의 법리로는 원고의 고뇌를 구제하지 못하고, 국민의 사법에 대한 기대에 응할 수 없다고 고심하며 토론하여 앞으로 나아갈 것을 협의한 일임을 알 수 있다. 앞 장에서 기술한 바와 같이 1969~70년은 공해 사건이 빈발하고 전례 없던 환경운동이 국내외에서 일어났다. 이와 같은 큰 역사적 전환기에 행정과 더불어 사법분야에서 피해구제를 위한 새로운 판단을 용인하지 않으면 안 되게 됐다는 것을 알 수 있다. 다만 이 협의에 의해 바로 사태가 바뀐 것은 아니다. 아래의 재판기록에서처럼 가해기업은 최고 변호인단을 세워 원고의 주장을 부정하였다. 이 때문에 원고의 변호사와 연구자는 독창적인 연구나 법리를 전개해 갔던 것이다. 이들 재판기록은 공해란 무엇인가를 생각하는 최고의 교재이다.

동시에 진행된 4대 공해재판에서는 변호인단이 서로 정보를 교환하고 연락하면서 진행됐다. 이 때문에 서로 영향을 받으면서, 게다가 판결이 계단을 오르듯이 공해 피해자 구제의 논리를 더욱 정교하게 끌어올려 갔다. 다음은 판결순으로 각 재판 내용과 평가를 한 것인데, 내가 법률가는 아니기 때문에 공해론에서 본 사회적 의의와 교훈을 중심으로 평가하고자 한다.

제2절 이타이이타이병 판례

1 재판으로 가는 길 - 카드뮴 중독을 둘러싸고

1968년 3월 진즈가와 강 유역에 거주하고 있던 이타이이타이병 환자 9명과 사망자 5명의 유족을 포함한 28명이, 이 병은 미쓰이 금속광업 주식회사에 의해 배출된 카드뮴이 농작물·어류·음료수를 오염시켜, 이것을 오랜 기간에 걸쳐 섭취해온 환자들의 체내에 축적된 결과라고 해, 6200만 엔의 위자료를 청구해 제소했다[1]. 나중에 7차 소송에 임할 때, 원고는 182명으로 증가했다. 청구금액은 사망자 500만 엔, 생존자 400만 엔이었다. 이는 당시 자동차사고의 사망자 배상금 500만 엔에 준한 것이다. 변호인단은 단장 쇼리키 기노스케, 부단장 나시키 사쿠지로, 사무국장 곤도 다다타카로, 청년 법률가 중심으로 237명에 달했다. 원고 단장은 고마쓰 요시히사이다. 피고는 이에 대항해 일본을 대표하는 거대기업 계열로서의 체면을 걸고 노동쟁의재판의 일인자 하시모토 다케히토 변호사를 단장으로 법조계의 권위있는 8명을 내세웠다. 재판운동의 중심은 이타이이타이병 대책협의회이며, 그것을 지원한 것은 1968년 1월 9일에 결성된 이타이이타이병 대책회의이다.

이는 사회당과 공산당, 일농(日農), 신부인(新夫人), 현노조협의회(県労協) 등의 민주단체들로 결성됐다. 니가타나 욧카이치와 같은 지원조직이었다.

이미 제1장에서 기술한 바와 같이 광해 사건이 일본 공해사의 중심적인 사건이며, 분쟁이 많았기에 광업법에서는 1939년 개정으로 무과실책임이 명시됐고, 전후 1950년의 신광업법(新鑛業法)에서도 제109조에 무과실배상책임이 명시돼 있다. 따라서 이 재판에서는 과실의 유무는 따지지 않고 불법행위의 인과관계가 논쟁의 중심이 됐다. 전통적인 해석으로서는 개별 인과관계의 증명이 필요하지만, 개별 인과관계를 명확히 하는 것이 곤란해 집단적인 피해를 명확히 했다.

이미 기술한 바와 같이 카드뮴의 만성중독은 노동자 재해보상에 관해서는 사례가 있지만, 이타이이타이병과 같은 골연화증 증세를 일으킨 사례는 거의 없었고, 또한, 경구(経口)에 의한 피해 선례도 외국의 보고에서는 없었다. 무엇보다도 공해라고 하는 환경재해의 사례가 없었다. 또 일본에서도 카드뮴을 배출하는 광산은 있지만, 진즈가와 강 유역 이외에서 이타이이타이병은 당시 아직 보고되지 않았다. 따라서 이 재판은 세계에서 최초의 환경재해로 경구에 의한 만성카드뮴 중독을 입증하는 것이 되었다. 또한 대부분의 사례는 발생원과 피해지가 인접해 있지만, 이 사건은 가미오카 광산과 피해지가 약 50km 떨어져 있었다. 이는 니가타미나마타병과 마찬가지로 발생원과 오염물질의 경로에 관해 증명하기가 곤란해질 가능성이 있었다.

제1심의 제소 내용을 요약하면 다음과 같다.

'먼저, (1)원인에 대해서는 피고 회사의 선광(選鑛)공장 개설 이후의 선광·정련 과정에서 발생하는 폐수와 슬래그 퇴적장 배수를 진즈가와 강 상류인 다카하라가와 강에 계속 방류해 큰비 등 빗물로 인해 슬래그가 같은 하천으로 유출한 것에 의한다. (2)인과관계는 폐수 중의 카드뮴에 의해 오염된 농작물, 어류, 음료수를 장기간에 걸쳐 섭취해 이타이이타이병이 발병했다. (3)책임은 피고 미쓰이 금속광업 주식회사에 있으며, 광업법 109조에 의해서 배상해야 한다. (4)손해는 신장장애와 골연화증에 의해 심각한 고통을 동반하는 건강장애로 인한 정신적·육체적 고통이며, 그 위자료를 청구한다. 이에 대해서 피고 미쓰이 금속광업은 모두 부인했다.[11]'

이렇게 해서 당초부터 격렬한 논쟁이 시작됐다. 이타이이타이병은 일본이 처음으로 경험한 환경재해인 '공해병'의 일종이었기 때문에, 외국문헌의 카드뮴 중독증의 연구는 참고로 할 수 있어도 직접적인 증명은 되지 않았다. 일본에서는 하기노 노보루가 연구하기 시작했으며, 축적된 연구가 적어 재판과정에서 연구가 진행되는 상황이었다. 그러나 이타이이타이병은 매우 심각한 피해였고, 이것을 방지하고 피해자를 구제하는 것이 긴급과제였다. 이러한 이유로 원고 변호인단이 선택한 방법은 역학적 구명에 의한 인과관계의 판단이었다. 이는 지금까지의 개별적 인과관계를 증명하기 위한 병리학적 구명과는 다르다. 그러나 법적 인과관계로서는 그것이 이타이이타이병과 같은 환경재해로 인해 집단적 피해가 발생하고 있는 사건을 해결하는 데는 참으로 정당한 방법이었다.

원고는 당초 준비서면에서 다음과 같이 주장했다.

(가) 역학적 규명

　(1) 지역적 국한……피해자는 진즈가와 강 하류 선상지에 오랫동안 거주하고 있다.

　(2) 이 질병 발생지역과 이미 미쓰이 금속광업이 인정하고 보상한 농업의 광해 발생지역, 즉 카드뮴 축적지역이 일치하고 있다(그림 4-1 참조)

　(3) 이타이이타이병 환자에게는 유전적 관계가 없다.

　(4) 이 질병의 원인으로 영양부족과 일조부족 등 기후조건을 원인으로 보는 학설(구루병 같은 풍토병의 일종)이 있지만, 피해자는 부유한 농가에서 영양상, 기후상 문제가 아니라 카드뮴으로 인한 신장장애와 골연화증이다.

　(5) 피해자는 진즈가와 강에서 취수한 용수를 음료 등의 생활용수로 하고, 오염토양에서 육성된 쌀과 식재료를 섭취하고 있다.

(나) 토양 등의 화학적 분석……하기노 노보루, 고바야시 준, 요시오카

긴이치 등의 업적에 의해 토양, 벼, 콩, 하천수, 민물고기, 이 질환의
장기·뼈에 납·아연·카드뮴 축적을 확인해 사망자 체내에 타지
역 사람보다 수백 배의 카드뮴이 쌓인 것을 발견하였다.

(다) 동물실험……병리학적 증명에 필요한 동물실험에 대해서는 고바야
시 준과 이시자카 아리노부에 의해 카드뮴을 투여한 쥐에 신장장애
와 골연화증의 재현이 보고되었다.

이에 대해서 피고는 이타이이타이병의 병상(病像)은 인정했지만, 그 원인
은 과학적으로 해명돼 있지 않다며 카드뮴 만성중독을 부정하고, 구루병과
같은 영양장애나 기후상의 조건으로 인한 질병이라고 했다. 개별적 인과관
계를 밝혀내기 위해서 병리학적 해명을 추구했다. 제조공정에 있어서 원인
물질의 배출에 대해서는 적절한 설비를 하고 있고, 슬래그 퇴적장 관리는
엄중하게 행해지고 있다고 했다. 또한, 설령 폐수가 유출됐다고 해도 50km
나 떨어진 지역까지 도달하지 않는다고 했다. 원고는 이타이이타이병의 전
사(前史)로서 카드뮴으로 인한 농어업 피해를 중시했다. 그러나 미쓰이 금속
광업은 농업피해의 과실을 인정하지 않고, '도야마현 진즈가와 광해대책협
의회'의 협의에 의한 기부금은 피고에 대한 배상금이 아니라 지역진흥비라
고 했다. 그리고 피해지역 농작물의 생산감소는 진즈가와 강의 냉·수해와
비효열성(肥效劣性) 토양에 의한 것이라고 말했다. 피해지역에서 측정된 카
드뮴에 대해서도 저절로 포함된 것이라고 하고, 진즈가와 강의 카드뮴 함유
량은 0.001ppm으로 미국환경기준 이하라고 했다. 그리고 손해에 대해서는
원고인 사망자의 뢴트겐 사진이 없기 때문에 알지 못한다고 하고, 생존자를
두고는 인정환자에 관해서는 치료결과 병상이 가벼워 보통 부녀자 수준의
행동을 하고 있다고 말하였다. 비참한 원고환자의 실태를 인정하지 않고,
의식적으로 피해를 지워버리고 있었다.[12] 이와 같이 원고의 호소를 전면 부
정하기 위해 원고측 증인인 하기노 노보루, 고바야시 준, 이시자키 아리노
부의 업적을 비판하고, 특히 중심인 하기노에 대해서는 그의 이론은 연구가

아니라 자신의 풍문에 지나지 않는다고 말했다. 이러한 부당한 비판을 하였다. 게다가 후생성의 견해에 대해서도 과학적으로 정당한 판단이 아니라고 하였다.

역학적 판단인가 병리학적 증명인가라는 대립은 공해재판을 헛된 영역으로 만들어버린다. 이타이이타이병과 같이 원인물질은 미쓰이 금속광업이 유출한 카드뮴이며, 병상이 명확한 이타이이타이병이 발생하고 있는 것이 분명하면 인과관계로서는 충분하다. 〈그림 4-1〉과 같이 카드뮴오염지와 피해자의 집중지가 명확하게 일치하고 있는 것이 모든 것을 이야기하고 있다고 해도 좋을 것이다.

그러나 일본 경제계를 대표하는 미쓰이 자본으로서는 이타이이타이병을 공해로 인정할 수 없었을 것이다. 병리 해명을 요구하고 집요하게 감정 신

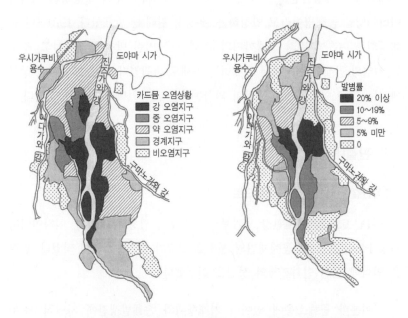

주: 1967·68년 조사, 50세 이상 여자. 출처: 河野俊一 『北陸公衛誌』 第23巻 第2号.

그림 4-1 카드뮴 정도별 지역구분(왼쪽), 이타이이타이병 환자발병률(오른쪽)

청을 했다. 이 때문에 감정의 필요와 그것을 부정하는 격렬한 논쟁이 일어났다. 원고 변호인단은 이미 쌍방의 과학자 증인 심문으로 입증은 끝났고, 피고가 추천한 증인 중에도 카드뮴 중독을 인정한 사람도 있기에, 이 이상의 감정은 불필요하다고 했던 것이다. 원고 변호인단은 결핵을 예를 들어 결핵균으로 인한 질병이라는 것을 알게 되면, 그 이상의 논증은 필요가 없는 것처럼 더 이상 카드뮴 중독의 기서(機序)나 정량분석 등의 감정을 추구하는 것은 과학논쟁에 말려들게 되고, 재판의 장기화는 피해자 구제를 불가능하게 한다고 주장했다. 피고는 경구(経口)에 의한 카드뮴 중독의 환경재해, 즉 공해는 세계에 유례가 없는 것으로, 당시 진즈가와 강 유역과 똑같은 카드뮴 오염지역에서 이타이이타이병 발생이 보고되어 있지 않은 것에서부터 의학적 해명을 계속하고 싶다고 했다. 이는 탁상논쟁으로 현장에서 피해지역의 실태에서부터 사건을 생각하지 않기 때문이다.

재판소는 감정신청을 각하했다. 제소한 지 2개월 후에 후생성은 이타이이타이병을 공해병이라고 인정하는 '후생성 견해'를 발표했다. 1970년의 공해국회는 여론에 밀려 그때까지의 '조화론'을 버린 법제를 채택하고, 정부는 기업의 공해를 엄격하게 규제하는 자세로 바뀌었다. 재판소가 이런 상황에서는 피고 미쓰이금속광업의 과학논쟁은 소용없다고 판단한 것이다.

2 판결내용

1심판결 - 역학을 판단기준으로

1971년 6월 30일 재판장 오카무라 도시오는 판결을 내렸다. 이타이이타이병 1심판결은 4대 공해재판의 선두로 원고가 전면승소하게 되었다. 판결은 역학에 의한 인과관계의 성립을 인정했다.

'이른바 공해소송에 있어서 가해행위와 손해발생간에 자연적(사실적) 인과관계의 존부(存否)를 판단하고 확정함에 있어서는 단지 임상학 내지 병리학적 관점의 고찰만으로는 위와 같은 특이성이 존재하는 가해행위와 손해간의 자연적(사실적) 인과관계의 해명에 충분하지 않으며, 여기에 이른바 역학적 관점부터 시작하는 고찰을 피하기 어려운 일이라고 생각한다.'

판결은 역학적 판단을 채택했기 때문에 원고의 주장을 거의 전면적으로 인정했다고 해도 좋을 것이다. 우선 역학적 특징으로 이타이이타이병이 많이 발생하는 원인을 다음과 같이 기술했다.

'이 병의 환자는 원래부터 이 병 발생지역 주민이 농작물이나 음료수 등을 경구적으로 섭취해 체내에 흡수되고, 축적된 중·금속류 가운데 카드뮴은 농작물 중의 함유량이나 소변 중 배설량이 비교적 다량으로 명확하게 차이가 있을 뿐만 아니라, 그 차이는 납이나 아연보다 현저하다. 따라서 이 병 환자가 앞서 기술한 바와 같이 진즈가와 강을 중심으로 동쪽의 구마노가와 강과 서쪽의 이다가와 강 사이의 선상지에 국한해 많이 발생한 이유를 역학적 관점에서 보면 카드뮴에서 찾을 수밖에 없다.'

그러나 이에 덧붙여 패전 직후의 영양 부족, 환자 대부분인 중년 이후의 부인이 다산의 경향이 있으며, 농업종사자로 휴양기간이 짧고 내분비에 변조 및 노화 등의 부차적 요인이 역학으로 밝혀졌다는 것이다.
이어서 임상 및 병리 소견에서는 다음과 같은 결론을 말하였다.

'이 병의 주요 증상인 신장장애(저자주: 신뇨세관(腎尿細管)장애)와 뼈의 병변(病變)(저자주: 골연화증)은 판코니 증후군(Fanconi's syndrome)으로 불리는 것으로, 그 주된 요인은 카드뮴을, 그 보조적 요인으로는 임신, 출산, 수유, 영양 내지 칼슘의 섭취 부족을 들어야 할 것이지만, 이들 임상 및 병리소견에서 본 이 병의 발생 원인은 앞의 역학적 관점에서 본 그것과 일치하는 것이었다.'

카드뮴 중독에 관한 외국 문헌에 대해서는 경구섭취의 예에 관한 것은 아니지만, 신장이나 뼈의 병변이 카드뮴 만성중독으로 인해 발현하는 것이라 생각할 여지가 있다. 또 해외의 동물실험 보고 가운데 골연화증의 발병을 기록한 것은 없지만, 일본의 연구자가 실험용 쥐에 카드뮴을 경구 투사해 신장의 변화뿐만 아니라, 뼈 병변도 발병시킨 것은 카드뮴 중독의 결론이 오류가 아니라고 결론지어도 좋을 것이다. 지금까지의 것을 살펴보면, 인간이 카드뮴을 경구적으로 섭취하는 경우에 카드뮴이 체내에 흡수될지 아닐지, 그 흡수율은 어떨지, 어느 정도의 양과 기간으로 신장기능장애가 일어날지 등에 대해 엄밀한 정량적 해석을 하지 않더라도 그것이 불명확하다고 해서 질병의 원인으로 확정하지 못하는 것은 아니라는 것이다.

결론적으로, 이 병 발생의 주 원인인 카드뮴은 자연계로부터 유래하는 것은 미량이며, 피고 회사 등인 가미오카 광업소의 선광, 제련 등의 조업과정으로 인해 생기는 카드뮴 등의 폐수, 퇴적된 슬래그로부터 침출하는 폐수이다. 이것이 하천이나 논으로 흘러들어 음료수나 식재료를 통해 카드뮴을 오랜 기간에 걸쳐 섭취한 주민이 병에 걸렸다고 하지 않을 수 없다.

여기서 광업법 109조 1항에 근거해 가미오카 광업소는 위와 같은 손해를 배상해야 할 책임이 있다. 위자료 산정에 대해서는 이 병 환자에게 공통되는 비참한 상황, 가정의 역할을 완수할 수 없는 상황, 근본치료법이 없고 '육체적·정신적 고통에는 헤아릴 수 없는 것이 있다'며 청구를 인정해 최근 사망자 500만 엔, 생존자는 400만 엔의 지불을 명했다.[13]

미쓰이 금속광업의 간부는 이 판결에 대해 인과관계의 카드뮴설에 의문이 있으며, 만일 그것을 인정한다고 해도 수십 년 전의 일에 책임은 없으며, 사실오인이라고 해 상소했다.

공소심 판결 - 원고 전면승소

1971년 9월 14일 공소심의 구두변론이 시작됐다. 원고는 공소심에서 청구를 확장하고, 일실이익*을 포함한 의미로 위자료를 청구했다. 청구액은 사망자 1000만 엔, 환자 800만 엔으로 했다. 피고 미쓰이 금속광업은 변호인단을 바꾸어 주임 변호사에 사법연수원장 경험자인 스즈키 추이치를 넣었다. 원고 변호인단은 젊은 변호사가 많았는데, 이 원장 밑에서 배운 연수생이 있었다. 그 사람들을 위압할 목적이 있었던 것 같다. 피고의 주장은 1심과 같았는데, 판결에 대해서는 역학조사에 결함이 있어 환자가 얼마만큼의 카드뮴을 섭취했는지를 알 수 없기에 카드뮴설은 망상이라고 했다. 그리고 그 원인은 영양부족 등에 있으며, 도야마현 히미시 등에 볼 수 있는 구루병과 같은 비타민D 부족이라고 했다. 그리고 자사(自社) 종업원을 조사해 카드뮴으로 인한 노동재해환자가 없다는 사실, 다른 광산에 이타이이타이병 환자가 없는 사실, 같은 지역에 있어도 이타이이타이병에 걸리지 않는 사람이 있다는 사실 등을 들었다. 그리고 병리학적 구명의 필요를 재차 요구했다.

원고의 주장은 1심과 다르지 않았지만, 다른 광산을 조사한 결과를 넣었다. 그에 따르면, 다른 광산과 비교해 가미오카 광업소의 아연 생산량이 많았고, 조업 기간이 길었다. 다른 광산 주변 주민은 공장배수가 흘러든 하천수를 이용하지 않았다. 카드뮴에 오염된 논의 범위는 도야마현이 극단적으로 넓었다고 한다. 그 후, 다른 광산지역에서도 이타이이타이병 환자가 발견되고 있지만, 진즈가와 강 유역만큼 중한 환자가 많은 지역은 없었다. 어쨌든 1심의 역학을 중심으로 한 판결을 뒤집는 사태는 없었다.

피고 미쓰이 금속광업은 새로운 증인을 들어 카드뮴 중독설을 뒤집을 예정이었다. 우선 첫 번째로 1심 때에 카드뮴 중독설의 근거가 된 판코니 증후군설을 내세워, 그 후 이전 설을 뒤집고 비타민D 부족설로 전향한 다케우치 주고로 가나자와 대학 의학부 교수를 증인으로 신청했다. 다케우치는 신장의학의 권위자로 불렸다. 원고 변호인단은 이 증언을 뒤집는 데 사력을

---

* 逸失利益: 손해배상의 대상이 되는 손해 중 손해배상청구의 이유가 되는 사건이 발생하지 않았다면 얻을 수 있었다고 생각되는 이익

다했다. 다케우치의 증언은 다른 지역에 이타이이타이병 환자나 카드뮴 신
장장애 환자가 없다는 사실, 카드뮴 신장장애증으로 골연화증의 증거는 없
다는 사실, 이타이이타이병과 만성카드뮴 중독의 증상이 다르다는 사실을
들었다. 비타민D 부족의 구루병 환자가 진즈가와 강 유역 환자와 같은 도
야마현 히미시나 니가타현에 있다며 이타이이타이병은 비타민D가 부족해
발생한 것이라고 주장했다. 12명의 원고 변호인단이 반대신문에 나섰다. 특
히 마쓰나미 준이치 변호사는 정성들여 의학문헌을 정리했고 이시자키 아
리노부 가나자와 대학 의학부 교수의 지도 등을 받은 성과로 5시간에 걸쳐
다케우치의 주장을 비판했다. 다케우치 증언의 결함은 현지조사에 들어간
적이 없고, 문헌이나 풍문에 의한 것이었다. 이타이이타이병의 현지 특성이
나 구루병의 현지조사를 하지 않았다. 가미오카 광산이 전전·전후를 통해
대량으로 광물을 유출한 것은 학문적 입장에서 흥미가 없다고 했다. 이 심
문으로 놀랐던 것은 그가 앞에서 주장했던 설의 중심이었던 판코니 증후군
에 대해 연구발표를 한 적도, 환자를 본 적도 없다는 것이었다. 또한, 비타
민D에 대해 연구발표한 것도 없고, 서적으로 알게 된 지식이라는 것이었다.
이타이이타이병 환자에게는 비타민D 투사에 의한 비타민 과잉증 특유의
증상은 인정되지 않고 비타민D 부족의 구루병과도 다르게, 그것은 산간지
의 어린 아이들에게 많아 이타이이타이병 환자에게 적응하기 어렵다고 하
는 것이었다.[14]

　재판소는 이 상황을 보고, 피고가 준비한 나머지 증인 전원과 문서 주문
등의 증거조사를 각하했다. 1972년 8월 2일 '미쓰이 금속광업'은 공소심 판
결에 복종해 상고하지 않고, 2차 내지 7차 소송은 화해하고 싶다고 말했다.
8월 9일 나고야 고등법원 가나자와 지부(재판장 나카지마 세이지)는 공소를 기각
하고, 확장된 청구금액을 인정했다. 판결의 골자는 1심과 변함없이 역학적
인과관계에 의해 본건 이타이이타이병의 원인물질은 카드뮴이라는 사실이
증명됐으므로 임상 및 병리학 측면에서 이 증명을 뒤짚을 수 있을시 검토
했지만, 결과는 일치했다고 결론을 내렸다. 이렇게 해서 공해재판의 첫걸음

으로 역학에 의해 원인을 해명하면 법적 인과관계로서 인정된다는 획기적
인 법리가 확립됐던 것이다.

3 재판 후의 공해방지대책

서약서와 공해방지협정

이타이이타이병 문제의 역사적 의의는 재판에 의해서 카드뮴 만성중독
의 환경재해를 법적으로 확립했을 뿐만 아니라 카드뮴 공해를 없애기 위하
여 피고 가미오카 광업소 간에 맺은 서약서와 협정에 근거한 이타이이타이
병대책회의 등의 조직이 40년간에 걸쳐 활동을 한 끝에, 마침내 공해방지를
해냈다는 것이다. 즉, 손해배상에 머물지 않고 '중지'를 재판 후에 이뤄냈다
는 것이다. 또 하나는 1970년대 후반 '반격'의 시기에 이타이이타이병의 병
리문제가 되풀이돼, 이를 극복하고 국제적으로 이타이이타이병이 환경오염
으로 인한 카드뮴 만성중독이라는 것을 의학적으로도 정설로 확립한 것이
다. 이들에 대해서는 나중에 기술하겠지만, 여기서는 그 전자에 대해 말해
두고 싶다. 재판 후 2개의 서약서와 협정이 미쓰이 금속광업과 피해자와의
사이에 체결됐다.

이타이이타이병의 배상에 관한 서약서

1. 당사는 이타이이타이병의 원인이 당사의 배출과 관련된 카드뮴 등의
   중금속에 의한 것인 사실을 인정하고, 향후 재판상, 재판 외를 불문하
   고 이를 다투는 일절의 언동을 하지 않을 것을 맹세한다.
2. (1) 당사는 이타이이타이병 소송 제2차 내지 제7차 각 원고에 대해
   1972년 8월 8일자 청구의 취지확장신청서에 기재된 청구액대로의 금
   액을 이달 말일까지 지불한다.
   (2) 위 각 사건의 소송비용은 전액 당사의 부담으로 한다.(3. 4. 생략)
5. 당사는 향후 새롭게 이타이이타이병 환자 및 요(要)관찰자로 인정된

사람에 대해서도 전항과 같이 배상한다. 다만, 이미 요관찰자로서의 배상금 지불을 받은 환자에 대해서는 그 수령액을 공제한다.

6. 당사는 이타이이타이병 환자 및 요관찰자의 향후 이타이이타이병과 관련된 의료비, 입·통원비, 온천요양비, 기타 요양 관계비용의 전액을 청구에 따라 지불한다. (7. 생략)

토양오염 문제에 관한 서약서

1. 당사는 당사 가미오카 광업소 배출과 관련된 카드뮴 등의 중금속에 의한 진즈가와 강 유역의 이타이이타이병 발생지역에 있어서 과거 및 장래의 농업피해와 더불어 토양오염의 책임을 부담한다.

2. 위 제1항을 전제로 당사는

① 위 피해지역의 오염된 쌀과 그 대책과 관련된 손해를 배상한다.

② 위 피해지역의 작부제한(作付制限)에 따른 농민의 손해를 배상한다.

③ 〈농지용 토양오염 방지 등에 관한 법률〉에 근거해 위 피해지역에 있어 농경용지 복원대책사업을 하는 경우,

　A 원인자로서 사업비용 총액을 부담한다.

　B 위 사업에 따르는 구획정리 등 피해농민의 손해가 된 부분에 대해 그 비용을 부담한다.

　C 위 사업에 따르는 수확물 감소 등의 손해를 부담한다.

이 2개의 서약서는 미쓰이 금속광업 주식회사 대표이사 오노모토 신페이가 서약한다.

공해방지협회

(갑) 이타이이타이병 대책협의회 회장 고마쓰 요시히사(갑은 그 이외에 구마노, 우사카, 엔세이 지구의 광해대책협의회 회장이 연명하고 있지만 생략한다)

(을) 미쓰이 금속광업 주식회사 대표이사 오노모토 신페이

을은 가미오카 광업소의 조업에 관해 앞으로 두 번 다시 공해를 발생

시키지 않을 것을 확약하고 당장 다음을 갑들과 협정한다.

1. 갑들 중 하나가 필요하다고 인정한 때는, 을은 갑들 및 갑들이 지정하는 전문가가 언제든지 이 배수구를 포함한 최종 배수처리시설 및 슬래그 퇴적장 등 관련 시설에 출입, 조사해 자율적으로 각종 자료 등을 수집하는 것을 인정한다.

2. 을은 갑들에 대해 전 항이 규정하는 모든 시설의 확장, 변경에 관한 모든 자료, 그리고 갑들이 요구하는 공해에 관한 모든 자료를 제공한다.

3. 전 2항 외에 가미오카 광업소 조업에 관련된 공해방지에 관한 조사비용은 모두 을의 부담으로 한다.

4. 을은 공해방지 등에 관하여 앞으로 더 성실하게 갑들과 협상하고 협정을 체결한다.

1972년 8월 10일[15]

이들은 재판의 성과를 바탕으로 공해대책을 크게 전진시키고 있었다. 우선 첫째로 이 배상에 관한 서약서를 통해 2차에서 7차까지의 원고와 재판에 참가하고 있지 않은 피해자, 게다가 향후의 피해자에 대한 배상이 정해진 것이다. 일시금으로 인정환자는 재판의 원고와 같은 금액인 1000만 엔(인정시 800만 엔, 사망시 200만 엔), 더욱이 요(要)관찰자는 200만 엔(판정시 100만 엔, 사망시 100만 엔)이 지불된다. 게다가 의료간병수당, 특별간병수당, 온천요양비, 요양비, 입·통원에 관련된 교통비 등이 지급된다. 이들 협정내용은 1974년도부터 공건법으로 이행하고 있다. 이 요관찰자를 배상 대상으로 한 것은 미나마타병이 공건법 인정환자만을 대상으로 해 분쟁을 일으킨 것과 비교해 뛰어난 현실적 조치였다. 2010년 12월 현재, 인정환자는 196명(그중 사망 192명), 요관찰자 404명(그중 사망 141명, 인정환자로 이행 49명, 해제 214명)이다. 2008년말까지 약 50억 엔이 지불됐다.

둘째는 미쓰이 금속광업이 재판에서는 부인했던 농업피해를 인정하게 하고, 토양복원도 포함해 부담을 서약하게 한 것이다. 재판에서는 청구하지 않았지만, 광해대책이 건강피해뿐만 아니라 모든 피해의 구제를 대상으로 하지 않으면 안 됐고, 더욱이 환경재생에까지 가지 않으면 안 된다는 원칙을 확립한 것은 획기적인 것이다. 농업피해보상으로 약 122억 엔이 지불됐다. 이는 앞의 건강피해보상액을 웃도는 것이다. 서약서에서는 그 뒤의 오염토양 복원비용을 전액 부담한다고 해놓았지만, 실제로는 39.3%밖에 부담하지 않았다. 이는 후술하는 바와 같이 1970년대 후반 이후의 불황으로 인한 기업의 '반격'에 의한 것이다.

40년간의 발생원(發生源) 대책운동

이타이이타이병 재판 이후, 공해방지협정에 근거해 40년에 걸쳐 발생원 대책이 행해졌다. 완전한 공해제거까지 운동이 계속된 것은 다른 사건에서 볼 수 없는 귀중한 성과이다. 이 성과를 거둔 이유 중 하나는 과학자의 협력이었다. 1972년 11월에 시작된 출입조사는 2회의 조사를 통해 다음 네 가지 항목의 문제점을 파악했다.

(1) 가미오카 광업소는 적어도 매월 약 35kg의 카드뮴을 배수로 다카하라가와 강에 배출하고 있다는 사실.

(2) 가미오카 광업소는 매월 약 5kg의 카드뮴을 매연으로 대기 중에 날려보내고 있다는 사실.

(3) (1)과 (2)의 카드뮴 배출량 산정에 이용한 데이터의 샘플링 방법 등에 불충분한 점이 있어, 이들 수치가 정확도 면에서 확실한 것이라고는 말하기 어렵다는 사실.

(4) 가미오카 광업소에서 나오는 배수·매연과 함께 휴폐갱(休廢坑)·폐석사장(廢石捨場), 옛 궤도연선(軌道沿線)에서 나오는 중금속 유출로 인해 다카하라가와 강 유역의 수질·저질(底質)이 오염되고 있다는 사실.

그래서 이 문제상황을 파악해 미쓰이 금속광업에 발생원 대책을 실시하도록 전문적인 조사연구가 필요한 것으로 확인됐다. 1974년 7월에 진즈가와 유역 카드뮴 피해자단체연락협의회(1972년 10월 결성)는 전문가 학자가 소속된 대학에 5개의 위탁연구를 의뢰했다.

그것은 ①가미오카 광산 배수조사연구팀(교토 대학 공학부 야금학(冶金學)교실 대표자 구라치 미쓰오), ②가미오카 광산 매연조사연구팀(나고야 대학 공학부 화학공학교실 대표자 진보 겐지), ③카드뮴 등의 수지(收支)에 관한 연구(도쿄 대학 생산기술연구소 대표자 하라 젠지로), ④진즈가와 강 수계의 중금속 축적과 유출에 관한 연구(도야마 대학 교육학부 지질학교실 대표자 소마 쓰네오), ⑤가미오카 광산 슬래그 퇴적장의 안전성에 관한 조사연구(가나자와 대학 공학부 토목공학교실 대표자 야기 노리오)의 5개팀이다.

총 30회를 넘는 현지조사를 거쳐 1978년 8월 「이타이이타이병 재판 이후의 가미오카 광산의 발생원 대책」으로 보고됐다. 그리고 이 조사연구를 토대로 발생원 대책을 가미오카 광업소에 제언했다. 그 결과, 1979년도 이후 가미오카 광업소도 광해 방지대책을 보고서로 정리해 매년 제출하게 되었다. 매년 1회의 전체 출입조사는 2011년까지 40회를 맞이했다. 이 조사에는 지역 주민 이외에 지원자, 연구자나 학생이 참가해 환경교육의 장으로도 활용되고 있다. 앞서 기술한 협정에 의해서 출입조사, 위탁연구, 분석비용은 1972-2010년 누계로 약 2억 8000만 엔에 이르고, 기업의 공해방지 투자액은 약 213억 엔을 넘고 있다. 당초, 기업은 주민의 출입조사에 대해서는 소극적이었지만, 공해방지가 기업 실적에도 도움이 된다는 사실을 알게 되자 점차 협력하게 되고, 현재는 적극적으로 협력해 무공해공장을 목표로 삼게 됐다.

'무공해공장'으로

이 40년의 출입조사를 기념한 심포지엄(2011년 8월 6일)에서 오사카 시립대학 교수 하타 아키오는 「가미오카 광산 배수대책의 도달점과 향후 과제」 중에서 다음과 같이 지적하였다.

'배수대책으로는 갱내수(坑內水)의 청탁(淸濁) 분리, 선광 공정수(選鑛工程水)나 정련 공정수(精錬工程水)의 리사이클, 배수처리시설 개선, 슬래그 퇴적장 침수의 처리 등이 실시되고, 가미오카 광산의 8개 배수구(현 7개 배수구)로부터 카드뮴 배수량, 농도는 1972년의 약 35kg/월·1.2ppb에서 2010년의 약 3.8kg/월·1.2ppb로 약 10분의 1로 감축됐다.

배연대책으로는 연기에서 나오는 광연집진(鑛煙集塵)뿐만 아니라, 건물 내의 환경집진의 강화, 카드뮴 배출량이 많은 공정의 개선 등으로 인해 가미오카 광산의 연기에서 배출되는 카드뮴양은 1972년의 약 5kg/월에서 2010년의 0.17kg/월로 30분의 1로 감축됐다.

휴폐갱·폐석사장 대책으로는 우선 항공사진과 현지답사로 실태를 파악하고, 오염배수와 비(非)오염 흙탕물의 분리·복토·식재·오염 지하수의 집수처리 등을 실시해, 휴폐갱·폐석사장에서 유출되는 카드뮴양을 1kg/월 전후로 감축시켰다.(중략)

이타이이타이병을 발생시킨 농지의 관개용수인 우시가쿠비(牛ヶ首) 용수의 취수구가 있는 진즈가와 강 제3댐의 카드뮴 농도는 1.5ppb였지만, 2010년의 우시가쿠비 용수의 카드뮴 농도는 연평균 0.07ppb로, 약 20분의 1 정도로 감소했다.(중략)

1980년 당시, 카드뮴 농도가 0.2ppb 이상이었던 마키(牧) 발전소·진즈 제1댐·우시가쿠비 용수는 2007년 이후 0.1ppb 이하가 돼 자연계 수준이 됐다. 가미오카 광산 상류의 신가리(殿) 용수와 가미오카 광산 하류의 우시가쿠비 용수의 카드뮴 농도는 모두 0.1ppb 이하로 '가미오카 광산의 오염부하는 거의 무시할 수 있게 됐다.'

무공해 광산으로 만들기 위해서는 아직 공장의 내진대책·카드뮴 이외의 아연·납 등 중금속·화학물질의 배출 감축, 공장 지하의 토양·지하수에 축적된 80t의 카드뮴 정화 등에 100년이 걸리며, 3800만㎥에 이르는 선광 슬래그 퇴적석의 안전과 식재 등의 과제가 있다. 그러한 과제가 남아 있다고 해도, 40년간의 노력으로 진즈가와 강은 자연을 회복한 것이다. 한편 여기에서는 언급하지 않았지만, 토양오염의 복원사업도 완료해 오염쌀로 인한 피해는 방지됐다. 공해는 자연재해와 달리 사회적인 원인에 있기에 방지할 수 있다는 사실이 멋지게 증명됐다고 해도 좋을 것이다.[16]

2013년 12월 17일 진즈가와 유역 카드뮴피해자단체 연락협의회는 미쓰이 금속광업(주) 및 가미오카 광업(주) 사이에 「진즈가와 강 유역 카드뮴 문제의 전면 해결에 관한 합의서」를 체결했다. 이는 가해자가 사죄하고 건강영향에 관한 미해결 문제에 대해 건강관리 지원제도를 제정해, 당사자에게 60만 엔을 지불하는 등의 해결책을 제시하고 피해자단체가 이를 받아들여 전면 해결하는 데 합의했다.

제3절 니가타미나마타병 재판

1 미나마타병 발생과 원인 규명

사건 경과와 재판으로 가는 길

4대 공해재판에서 최초로 제소를 한 것은 니가타미나마타병으로, 다른 재판 특히 구마모토미나마타병 재판을 촉진시키는 역할을 했다.

1965년 6월 12일 니가타 대학 신경내과 쓰바키 다다오 교수와 우에키 고메이 교수는 '원인불명의 유기수은 중독환자가 아가노가와 강 하류에 발생하고 있다'고 정식으로 발표했다. 니가타현은 6월 16일에 니가타현 수은중독연구본부(같은 해 7월 31일에 니가타현 유기수은중독연구본부로 개칭)를 설치해 6월 16일부터 26일까지 2회에 걸쳐 약 2만 5000명을 대상으로 건강조사 등을 실시했다. 또한 두발수은농도 50ppm 이상의 부인에게 수태조절 등을 지도하기 시작했다. 이 조사결과, 원인은 민물고기로 추정됐다. 6월 30일에는 민물고기 대황어에서 35ppm의 메틸수은이 검출됐다.

이 무렵 이미 후생성은 농약이 직접적인 원인이라고 생각하지 않고 아세트알데히드 제조공정을 가진 공장에 조사의 중심을 두었다. 9월 8일 후생성 니가타 수은중독특별연구반이 발족됐다. 당초는 관련 13개 공장을 거론했지만, 검토 결과 아가노가와 강 하구에서 60km 상류에 있던 가노세정의 쇼와 전공 가노세 공장의 혐의가 뚜렷해졌다. 9월 10일에는 이 공장 배수구 부근의 진흙에서 총수은 151ppm, 버력더미*에서 총수은은 620-640ppm이 검출됐다. 1966년 4월 1일 쓰바키 다다오 교수는 일본내과학회에서 '공장폐액설'을 발표해 학회에서 지지를 받았다. 5월 17일 니가타 대학 의학부 공중위생교실의 다키자와 유키오 조교수는 가노세 공장 배수구의 물이끼에서 메틸수은을 미량 검출했다. 따라서 니가타미나마타병의 원인과 책임은 밝혀진 것 같았지만, 정부의 견해는 지연되고 통산성의 방해로 명확한 결론이 나지 않았다. 또한 쇼와 전공은 자사의 책임을 부정하고, 농약설을 고집했다. 이 때문에 사건의 해명을 위해 재판이 선택되고, 공식발표 후 6년을 지나 1971년 9월 29일의 판결을 기다려야 했다.

이 사이에 환자는 사망하고 많은 희생자가 나왔다. 구마모토미나마타병이 공식 발견된 뒤 9년, 미나마타병이 유기수은중독증인 것으로 나타난 1959년부터 6년 뒤에 제2의 미나마타병이 발생된 것은 분명 부끄러운 정부의 실패이다. 정부는 구마모토 대학설(熊大設)이 나온 1959년에는 아세트알데히드 생산공장의 배수를 조사했지만, 규제하지 않았다. 또한 주의를 받아, 구마모토미나마타병의 피해를 알면서도 대책을 게을리 한 쇼와 전공의 과실책임은 매우 무겁다. 더욱이 두 번째의 중대한 공해발생에도 불구하고 피해자가 결사의 각오로 재판에 임하지 않으면 진상은 밝혀지지 않고, 구제도 실시되지 않았다. 여기에는 일본의 공해대책의 기본적인 결함이 있었다. 다

---

* 광석이나 석탄을 캘 때 나오는 광물이 섞이지 않은 잡돌인 버력이 쌓인 더미

른 공해재판과 달리 앞의 장까지 그 동안의 경과를 언급하지 않았기 때문에 간단히 이 사건의 경과를 훑어보자.[17]

1959년 1월 2일 니가타시 히토이치의 어부 치카 기요이치(나중의 재판의 원고 단장)는 가노세 공장에서 큰비로 유출된 1만㎥의 카바이드로 인해 대량으로 폐사한 물고기를 채취했다. 가노세 공장에서 아가노가와 강 하구까지 60km에 걸쳐 물고기가 전멸한 것이다. 그리고 그뒤 몇 년은 생태계가 완전히 복원되지 않았다. 이 대사건에 대해 가노세 공장 간부는 '별거 아닌 사건'인 것처럼 무관심했고, 아가노가와 강 어업조합(2400명 가입)에 2400만 엔의 어업보상금을 지불하고 결말을 지었다고 했다. 이 사건이 미나마타병의 전조였다.

1963년경 하구지역의 고양이와 물고기에 이변이 나타났다. 1964년 6월 16일 니가타 지진으로 농지나 농작물에 피해가 생겼다. 반농반어(半農半漁)의 어민들이 농작물을 채취하지 못하고 생선을 많이 먹게 된 원인이 되었던 것이 아닐까 하고 이가라시 후미오는 기술하였다.[18] 이 지진 직후에 시모야마 마을의 미나미 우스케(63세)는 손발저림, 현기증, 휘청거리는 증상이 악화돼 니가타 대학 부속병원에 입원하지만, 정신병으로 진단되고 날뛰다 보니 손발을 묶여 10월 29일에 괴로워하다 죽음을 맞았다. 이후 원고가 된 이마이 가즈오도 손발이 저려서 대학병원 신경외과에 보내졌다. 신경내과의 개설을 준비하러 와 있던 도쿄 대학 뇌연구소 쓰바키 다다오는 이마이를 진찰하고 유기수은중독 의혹을 품었다. 그가 도쿄로 이마이의 모발을 가지고 가서 검사한 결과, 1965년 1월 28일에 390ppm의 수은이 검출됐다. 이렇게 해서 제2미나마타병이 발견됐지만, 대책을 세우지 못하는 사이에 점차 환자가 발생했다. 그 중에는 미나미 우스케처럼 침대에 묶인 채 발버둥치는 고통 속에서 1965년 3월 21일 숨진 구와노 추에이(19세)가 있다. 미나마타병의 공식발표가 없던 시기였기에 가족은 위험을 모르고 회복을 위해서 민물고기 생선회를 매일 먹였다고 한다. 쓰바키 다다오 등은 5월 14일 제12회 일본신경학회 전(全) 간토 부회에서 유기수은중독증 4가지 사례를

보고했다. 31일에는 현(県)으로 니가타 대학에서 아가노가와 강 하류지역에
수은중독 환자가 발생하고 있다는 취지의 보고가 올라갔다. 현은 이를 숨기
려 한 것인지 공개발표는 되지 않았다. 이 침묵은 6월 12일 「AKABATA」
(현 「아카바타(赤旗)」) 기자가 쓰바키 교수를 찾아가 취재하기 시작하자 당황한
현이 니가타 대학 의학부에 공표를 하도록 지시하면서 깨졌다. 1965년 1월
에는 사건 노출을 두려워했는지 가노세 공장은 아세트알데히드 제조를 중
단했다. 그리고 그 생산설비를 철거해 다른 공장에 이관하고, 생산공정도도
파기했다.[19]

　공표된 지 불과 2개월 뒤, 8월 25일에 민주단체 미나마타병대책회의(民水
対)가 결성됐다. 의사로서 평생을 환자 진료에 전념한 이 회의의 초대의장
이 된 사이토 히사시가 모든 정당에 호소했지만 공산당만 참여하게 됐다.
지구노(地區勞)·수도(水道)노조, 니가타 근로자의료협회 등 22개 단체가 가
입하고, 니가타현 노동조합평의회(県評)는 옵서버에 그쳤다. 그러나 다른 공
해재판에 비하면 지원단체로서의 민주단체 미나마타병대책회의의 결성이
빨랐고, 준비단계부터 피해자와 함께 현에 대책을 요구함으로써 조사 등이
진전됐고, 피해자조직이 분열되지 않아 니가타미나마타병이 공해재판의 주
도력을 갖게 됐다고 해도 좋을 것이다. 민주단체 미나마타병대책회의는 초
기부터 원인의 조기규명, 피해의 완전한 보상, 공해근절, 미나마타병을 두
번 일으킨 정부의 책임추궁 등 4가지 슬로건을 내걸었다. 그리고 현과의 교
섭에서 수은중독 대책비 322만 8000엔의 지출 등을 실현했다.

　1965년 12월 23일 환자 47명으로 '유기수은중독 피해자모임'이 결성됐다.
그러나 민주단체 미나마타병대책회의와 피해자모임의 공동투쟁은 처음부
터 순조롭지는 않았다. 이가라시 후미오에 의하면, 아가노가와 강 유역은
자민당의 텃밭으로, 공산당 색채가 짙은 민주단체 미나마타병대책회의의
지원을 받는 피해자모임은 뭔지 모르게 주민들로부터 백안시됐다. 경찰이
나 공안조사청의 담당관이 괴롭히는 일도 있었다. 니가타현이 구마모토현
등에 비하면 건강조사나 원인규명에 나선 것은 높이 평가할 수 있다. 다만,

이지마 노부코 등이 지적한대로 피해지역을 하구지역으로 한정한 것은 나중의 구제에 큰 걸림돌이 됐다. 또한 재판 전에 운동을 저지하려는 움직임이 있었고, 현의 간부는 니가타현 민주단체 미나마타병대책회의와 피해자모임 간의 결렬을 획책하려고 했다.

앞서 말한 바와 같이 후생성은 니가타 수은중독 사건 특별연구반을 조직해 원인규명에 나섰다. 그러나 후술하는 바와 같이 통산성의 방해 등도 있어, 정부의 통일된 견해가 나온 것은 1968년 9월의 일이었다. 그 사이에 니가타현 기미 다케오 부지사는 민주단체 미나마타병대책회의와 피해자모임의 결렬을 도모하고자 1966년 6월 3일에 보상문제의 중재를 제안했다. 이는 구마모토현이 짓소와 피해자 사이에 들어가 위로금 계약을 체결한 것과 같은 행동이었다. 부지사는 피해자모임과는 별도로 보상요구연락회의를 만들어 그 회의와 교섭을 시작했다. 피해자는 이에 편승해 보상금 요구를 협의해, 사망자 1700만 엔, 중증환자 1400만 엔, 총액 3억 엔의 요구를 결정했다. 그러나 당시 쇼와 전공은 보상에 응하는 태도는 없었고, 현과 시는 사망자 보상금을 고작 300만 엔으로 회답했다. 이를 피해자가 납득하지 못했고, 교섭은 결렬됐다. 이 상황에서 민주단체 미나마타병대책회의는 1967년 1월에 소송을 제기했다. 피해자는 정부의 조정에 기대를 걸고 있었지만, 2월 19일에 NHK TV에 보도특집 〈두 가지 증언〉에서 쇼와 전공의 안도 상무가 '국가가 가노세 공장 폐수가 원인이라는 결론을 내도 절대로 인정하지 않는다'고 말한 것을 보고, 행정을 통한 해결에 의심을 갖기에 이르렀다. 3월 21일에 가족 모두가 미나마타병의 증상을 나타내 사망자가 나온 구와노, 오노, 호시야마 집안의 3세대 13명이 소송에 나서 6월 12일 제소했다. 1968년 9월 쇼와 전공의 책임을 애매하게 한 정부 견해가 나오자, 곧 집안 등 11가족 21명이 소송에 참가했고, 게다가 1970년 8월까지 34가족 77명이 원고가 돼 청구총액은 5억 2276만 4000엔이 됐다.[20] 현지에서 원인이 밝혀지고 있었음에도 불구하고 재판에 의존하지 않으면 구제와 책임이 명확해지지 않는 것은 쇼와 전공, 정부, 일부 연구자들이 공장폐수로 인한 공해를 부정했기 때문이다.

쇼와 전공 가노세 공장의 가해행위

쇼와 전공 가노세 공장은 짓소 미나마타 공장처럼 수력발전소에서 전력 공급을 받기 위해 산간 지역에 입지한 전기화학공업이다. 1928년 쇼와 전공의 전신인 쇼와 비료는 가노세 공장을 만들고, 이듬해 카바이드 생산을 시작했다. 1934년 쇼와 전공은 라사 공업과 합병해 쇼와 합성을 설립하고, 초산 및 아세트알데히드 기타 유도품의 생산을 시작했다. 그리고 2년 뒤인 1936년에 쇼와 전공과 합병했다. 쇼와 전공은 1966년에 석유화학으로 전환함에 따라 유기합성부문을 도쿠야마로, 게다가 오이타·쓰루사키로 옮길 계획을 갖고 1965년 1월에 아세트알데히드 생산을 중지하였다. 그리고 1966년 3월 가노세 공장을 자회사 가노세 전공으로 하고, 1986년 12월에 니가타쇼와(新潟昭和)로 회사명을 변경해 현재에 이르고 있다. 회사명에서 보듯이 쇼와 전공은 '모리(森) 콘체른'이라고 불리는 신흥재벌이었는데, 야스다(安田) 재벌과 밀접한 관계가 있다.

전후 쇼와 전공은 부흥금융금고 융자와 관련된 의혹 사건을 일으켜 위기에 빠졌다. 1959년 전범(戰犯) 추방으로 사장에 복귀한 안자이 마사오에 의해 화학비료에서 석유화학·알루미늄·원자력발전부문으로 전환함으로써 일본의 화학산업을 선도하는 지위로 되돌아온다. 후카이 준이치는 짓소 미나마타 공장과 쇼와 전공 가노세 공장을 비교하였다. 그는 두 공장 모두 미나마타시와 가노세정을 기업도시로 삼고 있었다. 미나마타병이 발생했을 때, 가노세정 의회는 쇼와 전공에 충성스럽게도 공장배수설을 부정하고, 현이 기획한 건강진단을 거부했다. 이 때문에 아가노가와 강 상류지역의 환자 발견이 늦어진 것이다. 그러나 미나마타 공장이 구마모토현의 경제나 정치에 미치는 지배력에 비해 가노세 공장의 존재는 미미했다. 이것이 니가타현이 구마모토현에 비해 당초부터 공장폐수설의 증명에 움직이고, 일제 검진 등의 대책을 조기에 시작할 수 있었던 배경이다. 가노세 공장은 현에서는 지배력을 갖고 있었다. 짓소에 비해, 쇼와 전공은 석유화학으로의 전환에도 앞섰다. 두 공장이 미나마타병을 발생시킨 배경에는 석유화학으로의 전환을 서두른 까닭에 아세트알데히드의 생산 공정을 개선하지 않고, 배수처리 등의 공해방지설비를 설치하지 않은 채 무리하게 증산했다는 것이다. 이렇게 해서 쇼와 전공은 짓소보다도 빨리 석유화학으로의 전환을 이뤄냈다. 후카이 쥰이치는 니가타미나마타병의 발생 원인에 대해 다음과 같이 말하였다.

'1959년도 이후 가노세의 아세트알데히드 생산설비의 증강에는 부대시설로 2류·3류품을 사용해 사고가 속출한 것으로 알려져 있지만, 이미 이 단계에서 이 공장은 쇼와 전공에 있어 석유화학으로의 전환자금 (제1차 75억 엔, 제2차 150억 엔)을 축적하며 에틸렌법 조업개시를 준비해 시장을 확보하기 위해 최대한의 가동을 실시했다. 말하자면 쓰고 버릴 대상이 됐다고 보아도 무방하다. … 스크랩화가 불가피하게 된 가노세 공장이었기에 배수처리시설을 만들려고 하지 않았고, 게다가 1962년에는 3년 뒤 도쿠야마 조업개시 때는 폐쇄하기로 정해져 있어 통산성도 배수처리시설을 설치하도록 지도하지 않았다. 폐쇄 이전인 1963년도에는 1만 6000t의 능력으로 1만 9526t의 생산실적을 올려 말 그대로 일회용같이 최대한의 가동을 강행해 1964년 말까지 계속된 생산태세에서 수은오염이 강화되고 새로운 니가타미나마타병을 발생시킨 것이다.[21]'

아세트알데히드의 생산량 추이는 〈그림 4-2〉와 같다. 또한, 1960년 짓소 수은공장의 전성기 때의 동 생산량은 약 4만 5244t으로, 가노세 공장의 1964년 최고 생산량 1만 9631t의 2배 이상이다. 미나마타 공장의 생산량은 일본 제일이었는데, 2위 가노세 공장의 2-3배를 생산하고 있었다. 이 생산량의 차이나 피크 때의 차이가 미나마타병 환자의 발생시기나 피해의 차이와 관련이 있을 것이다.

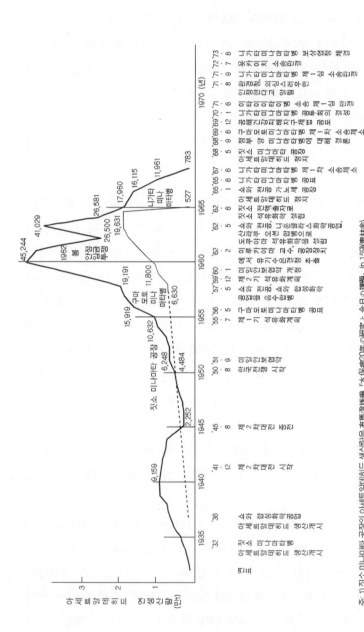

주: 1) 짓소 미나마타 공장의 아세트알데히드 생산량은 有馬澄雄編 「水俣病20年の研究と今日の課題」 (p.159)에서.
　　2) 쇼와 전공 가노세 공장의 생산량은 니가타미나마타병 제1차 재판자료에 의한다. 점선부분은 기안배 히로오의 공장
　　　주변 삼나무 나이테의 수은량에서 나온 추정생산량이다.

출처: 「公害・環境新記の挑戦」 p.135.

그림 4-2 짓소 미나마타 공장·쇼와 전공 가노세 공장의 연차별 공장이 연차별 아세트알데히드 생산량 추이

정부 조사단과 정부 견해

후생성은 1965년 9월 8일에 '니가타 수은중독 사건 특별연구반'을 발족시켰으며, 여기에 니가타 대학 중심의 지역 연구반도 참가했다. 이 연구반은 과학기술청의 연구비 964만 엔을 자금으로 임상(니가타 대학)·시험(국립위생시험소)·역학(국립공중위생원) 3개팀 23명의 연구원으로 구성됐다. 이 가운데 중심이 된 것은 역학팀 기타무라 쇼지 고베 대학 교수, 기타노 히로카즈 니가타현 위생부장, 그리고 정식회원은 아니지만, 사실상 조사를 한 다키자와 유키오 니가타 대학 조교수와 에다나미 후쿠니 현의(県医) 의무과 부참사이다.

1966년 3월 24일 이 연구회의 중간보고가 나왔지만, 이날 합동회의에 출석한 통산성의 비판으로 '만일 재판이 되어도 그에 견딜 수 있도록'이라는 위협을 받았기 때문에 역학팀의 쇼와 전공 가노세 공장 폐수설은 팀 내에서 '더 상세한 검토를 할 필요가 있다'며 결론을 내지 못했다. 1967년 4월, 456쪽에 이르는 「니가타 수은중독 사건 특별연구보고서」가 발표됐다. 이 보고서에는 명확히 환자는 쇼와 전공 가노세 공장 폐수의 메틸수은중독이며, 제2의 미나마타병이라고 단정했다. 쇼와 전공의 농약설에 대해서는 현의 조사에서 니가타 지진 때 창고에 재고로 남아있던 1705t의 농약 중 재해 피해를 입은 농약은 206.3t이며, 반품 131t, 감가판매 12.5t, 나머지 농약 62.8t은 안전하고 확실하게 매몰해 유출 사실이 없다며 채택하지 않았다. 이 보고서에 따라 정부는 즉시 대책을 취해야 했다. 그러나 피해자의 기대와는 달리 이 보고서는 즉시 채택되지 않았다. 그러는 동안 앞서 말한 바와 같이 물이끼에서 유기수은이 발견되고, 기타무라 교수의 실험에서 그것이 아세트알데히드의 생산공정에서 배출된 것도 증명됐다.

1967년 8월 30일 후생성은 앞의 연구회 보고서에 대해 쇼와 전공이 제출한 의견과 참고인 의견을 청취한 뒤, 식품위생조사회 답신으로 발표했다. 여기에서는 공장폐수가 수은중독 사건발생의 '기반이 되고 있다'고 했다.

연구반과 조사회의 의견 차이는 1964년 10월부터 1965년 2월 사이에 환자 등의 모발 수은량이 10배 증가하고, 더욱이 환자 발생이 많아진 사실에 대한 견해차였다.

이러한 차이가 있었다고 해도 농약설은 부정됐고 명확한 단정은 아니지만, 공장폐수설이 확정됐다고 해도 좋다. 공해의 피해구제는 일각을 다투는 것이다. 하루 늦어지는 사이 사망자가 발생할 가능성이 있다. 니가타현이 검진을 시작했다고는 해도 피해는 확대되고 있었다. 이미 한계를 느낀 피해자는 이 보고서보다 앞선 2개월 전에 손해배상 소송을 제기했다. 그럼에도 불구하고 후생성의 결론은 과학기술청에 보내 통산·농림 각 부처와 경제기획청의 의견을 들은 뒤 국가 견해를 낸다는 것이었다. 농림성은 후생성의 의견에 즉시 동조했지만, 경제기획청은 1967년 12월이 되어서야 후생성에 동조하는 의견서를 냈다. 하지만 통산성은 지연하려고 한 듯, 다음해 1968년 1월이 되어서야 「공장폐수설에 의문」이라는 의견서를 냈다. 그 내용은 메틸수은의 수용성(水溶性)에 의문이 있으며, 인체중독의 기제에는 보다 더 연구가 필요하고, 엷은 농도의 유기수은 오염하천에서 왜 농축오염의 물고기가 생기는지에 대한 의문이 있으며, 역학적 방법으로 가해자라 단성하는 것은 위험하다는 것이었다.

이미 말한 바와 같이, 이타이이타이병과 구마모토미나마타병의 원인규명과 마찬가지로 여기에서도 통산성은 후생성의 견해를 부정하고 공해를 인간이 알아낼 수 없다는 불가지론의 세계로 몰아넣어, 기업의 책임을 모호하게 함으로써 공해대책을 저지하거나 지연시킨 것이다. 1968년 9월 29일, 니가타미나마타병은 구마모토미나마타병과 나란히 드디어 공해로 발표됐다. 정부는 쇼와 전공의 공장폐수로 단정하지 않고 '아가노가와 강이 메틸수은 화합물로 인해 오염된 결과'라는 견해를 내놓았다. 그리고 아가노가와 강 오염형태로는 장기간 오염된 사실과 그에 비해 단기간의 농후(濃厚)오염이 더해신 가능성이 있지만, 그 정도는 분명하지 않다. 그러나 장기오염이 이 중독발생의 '기반'이 되고 있는 것은 분명하며, 그 장기오염의 원인은 주로 쇼와 전공 가노세 공장의 폐수라고 했다. 그리고 단기 농후오염에 대해서는 유출농약설은 부정했지만, 원인으로서의 여지를 남겼다. 과학적 조사의 결론과 여론의 압력 때문에 니가타미나마타병을 쇼와 전공 가노세 공장의 폐수를 기반으로 하는 공해와 관련된 질환으로 인정했지만, 정말로 모호한 정부 견해로 명확한 결론은 소송의 판결을 기다려야했다.

쇼와 전공의 기타가와 농약설 - 과학의 범죄적 역할

쇼와 전공은 후생성 연구팀의 중간보고서가 발표되고, 학계에서도 공장 폐수설의 기대가 확산되자 1966년 7월 12일에 「아가노가와 강 유기수은중독증에 대한 고찰」이라는 반론을 내, 원인이 농약에 있다는 주장을 발표했다. 지진으로 농약이 유출되었다는 설을 새삼 주장한 것이다. 그리고 지방 가노세 공장이 아세트알데히드를 제조한 지 30년간 사고는 없었으며 1964년 가을부터 1965년에 걸쳐 특별한 사고가 없었고 연구팀이 발견한 미나마타의 메틸수은은 0.1ppm의 미량으로 이것이 강에 유출될 경우, 0.00018ppm으로 엷어지기 때문에 미나마타병 발생의 원인은 되지 않는다는 것이다.

쇼와 전공의 농약설을 만든 사람은 안전공학의 권위자라는 요코하마 국립대학의 기타가와 데쓰조 교수이다. 기타가와 데쓰조는 피해지역과 오염원은 가까이 있어야 한다는 경험칙과 하구지역에 1964년 8월부터 1965년 7월까지 일시적으로 생선을 섭취한 사람이 중독되었다는 농후한 오염이 발생했다는 사실, 그리고 니가타현은 곡창지대로 유기수은 농약을 다량 사용하고 있다는 조건에서 '농약설'이라는 가설을 만들어 내놓았다.

그의 가설은 1964년 6월 16일 니가타 지진 때 시나노가와 강의 부두 부근에서 피해를 입은 창고에서 유출된 농약이 바다로 유출돼 동북 방향으로 이동해 아가노가와 강 하구에 도달했으며, 결정적으로 7월의 홍수시기에 바닷물이 역류해 도달했다는 것이다. 그리고 하구에서 7km 사이의 깊은 수심에서 농약으로 농후하게 오염된 바닷물이 괴어 그 사이에 돌잉어나 대황어 같은 저서어류가 급성중독을 입었고 그것을 섭취한 주민이 유기수은중독증을 일으켰다는 것이다.

마치 농약에 눈이 있는 것 같은 이야기이지만, 이 농약설의 설명이 논리적으로는 가능성이 없는 것은 아니다. 하지만 현의 조사에서는 지진으로 인한 농약 유출이 없다고 했기에 이 설은 성립되지 않는 것이다. 그러나 그는 나중에 하구 부근에 방치된 농약병이 발견됐다고 주장한다. 그러나 이것이 사실이라면 물고기가 폐사해 주민이 먹을 수 없었을 것이다. 다키자와 유키오가 이 버려진 농약병을 검사한 결과 메틸수은계는 아니었다. 만일 농약이 바다로 유출됐다면 동북 방향으로 흐를지 여부를 원고 변호인단이 조사했더니 서쪽 사도시마로 흘러 아가노가와 강 하구에는 도달하지 않았다. 당시 호우 기상을 고려해 보면 바닷물이 역류했다는 데는 큰 의심이 있다. 기타가와 교수가 증거로 국회에 설명하기 위해 내놓은 농약오염으로 인해 오염된 두 하천의 자위대 항공사진은 니가타 지진의 쇼와 석유탱크에서 유출된 석유가 석양에 비쳐 두 하천을 흐르던 모습으로 농약과는 무관한 사실이 폭로됐다. 그리고 무엇보다도 기타가와 교수의 학설을 뒤집는 것으로, 상류지역 가노세정에서 수은량 107ppm의 주민이 발견됐다. 또한 가노세정이 현의 검진을 거부하고 있었기 때문에 당시 대량으로 환자가 발견되지 않았다. 또한 현도 하류지역에 비해 중·상류지역 조사를 게을리했다. 판결 후 중·상류지역에서 환자가 발견되었으니 하구지역에 한정했던 농약설은 명백하게 틀린 것이다. 그러나 기타가와 교수는 고집을 부렸고, 쇼와 전공도 이에 의존했다. 판결 내 심문에서 이러한 오류는 드러났다.(이상의 경과는 〈그림 4-3〉 참조)

기타가와 데쓰조는 현지를 방문했지만, 조사를 하지 않은 것으로 드러났다. 가노세 공장에 들어갔지만, 아세트알데히드의 생산 흔적 등을 보지 않았다. 니가타에 와서 환자의 요구로 회담했지만, 환자의 증세나 의견에 대해 전혀 조사하지 않았다. 공해와 같은 새로운 사회문제는 현장에 가서 조사하는 것이 원칙이다. 그런데 그는 현장에서 조사하지 않고 자의적으로 선택한 자료만을 짜깁기해서 농약설을 만든 것이다. 구마모토미나마타병은

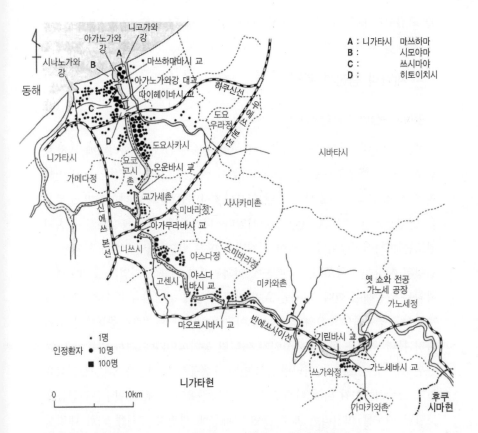

A : 니가타시　마쓰하마
B : 　　　　 시모야마
C : 　　　　 쓰시마야
D : 　　　　 히토이치시

1명
인정환자 10명
100명

0　　　　　　　　10km

니가타현

주: 본 그림은 『新潟水俣病ガイドブック 阿賀の流れに』(新潟水俣病共闘会議編, 1990年) 수록지도를 하나바시
　　하루토시 등이 가필·수정한 것이다.

그림 4-3 니가타미나마타병 관련 지역과 인정환자의 분포도

기요우라 라이사쿠 도쿄 공업대학 교수가 아민(amine)설을 내놓고 짓소를
변호했다. 이것도 현지의 피해실태를 조사하지 않고 만든 탁상공론이었다.
기타가와의 농약설도 아마추어 눈에는 논리가 통하겠지만, 탁상공론이었다.
이가라시 후미오는 판결 이전부터 '니가타미나마타병 판결은 과학과 과학
의 대립이 아니라 과학과 공론(空論)의 대립이어서 쟁점을 볼 수 없는 것이
다'[22]라고 말했다. 그러나 기타가와 데쓰조가 안전공학 전문가로서 농약설

을 고집했기 때문에 과학논쟁에 말려 들어가지 않을 수 없게 됐다.

2 재판의 쟁점과 판결

공장배수설인가 농약설인가

제1차 소송은 원고 단장 치카 기요이치, 변호인단 단장 와타나베 기하치, 간사장 반도 가쓰히코로, 주로 니가타현의 변호사로 구성되었다. 그에 비해 피고 쇼와 전공측 변호사는 훗날 일본변호사연합회 회장 나리토미 노부오를 단장으로 한 강력한 변호인단이었다. 니가타미나마타병 제1차 소송의 원고는 이타이이타이병 재판이 광해법에 따른 반면, 민법 709조에 의한 불법행위 책임을 추궁했다. 이 때문에 인과관계와 더불어 기업의 고의·과실 책임을 입증해야 했다. 피고인 쇼와 전공은 한때 원고의 유기수은중독증을 부정하고 농부증(農夫症)의 의심을 보이기도 했지만, 유기수은중독증을 부인하지 못해 초점은 공장폐수설인가 아니면 농약설인가에 대한 다툼이 됐다.

원고는 구마모토미나마타병으로 인해 수은중독의 원인을 알면서도 석유화학으로 이행하기 위해 아세트알데히드 증산을 추진해, 메틸수은화합물을 포함한 배수를 미처리한 채로 흘렸기 때문에 미필적 고의에 의한 대량살인·상해에 해당되며, 미나마타병의 발생을 사전에 방지할 의무를 게을리한 과실 책임이 있다고 했다. 이에 대해 피고는 이를 전면 부인하고 농약설을 주장하며, 공장은 최선의 기술을 구사하고 있었기 때문에 고의도 과실도 아니라고 주장했다. 손해에 대해 원고는 일실이익과 위자료를 함께 청구할 만큼을 먼저 일률 위자료로 청구했다. 소송은 제18진까지 추가해, 원고 77명, 사망자·중증환자 1500만 엔, 기타 환자는 일률적으로 1000만 엔으로 해 청구총액은 5억 2276만 4000엔이었다.

공해재판은 피고기업이 쓸모없는 과학논쟁을 갖고 들어옴으로써 시간과 돈을 들여 원인과 책임을 애매하게 하고자 한다. 니가타미나마타병 재판의

경우도 마찬가지로 재판 중에 원고가 재판소에 주의를 신청할 정도로 4년
동안 구두변론 46회, 출장심문 15회, 감정심문 3회, 총 69회를 기록했다. 제
소 당시 원고에게 가장 염려됐던 것은 자금이었다. 또한 과학논쟁에 대응하
기 위해 민사소송법 제60조의 보좌인제도를 활용해 9명의 전문가를 보좌인
으로 내세웠다. 변호사와 협력을 해준 과학자는 무보수로 소송을 수행했다.

　과학재판은 아니었지만, 재판과정에서 공해의 과학은 크게 전진했다. 특
히 중요한 것은 전부터 레이첼 카슨을 비롯한 생태학자가 경종을 울린 먹
이사슬과 생물농축으로 인한 피해발생이다. 쇼와 전공은 대리인 변호사의
주장과 달리 저급메틸수은이 포함된 공장배수의 유출은 인정했다. 그러나
미량이며 수용성이라서 일본을 대표하는 넓디넓은 큰 강인 아가노가와 강
에서는 표가 나지 않을 정도로 희석되기에 농후하게 물고기가 오염되는 일
은 있을 수 없다고 주장했다. 이는 재판 중에서 과학자 증언으로 뒤집어졌
다. 미나마타 · 바닥진흙 - 플랑크톤 · 수서 곤충 - 작은 물고기 - 큰 물고기
- 인간으로 이어진 먹이사슬을 거쳐 독물은 농축돼 가는 것이다. 게다가
유기수은은 무기수은과 달리 95~100% 소화관에서 흡수돼 혈액순환을 통
해 전신의 장기로 배분되며, 특히 간장과 신장에 많이 축적된다. 메틸수은
화합물이나 기타 유기수은화합물과 달리, 본래 유해물질이 뇌 안에 침입하
는 것을 방지하는 혈액뇌관문(血液腦關門)을 쉽게 통과할 수 있는 성질을 가
지고 있고, 일부는 뇌 안으로 옮겨가 중추신경에 축적되기 때문에 신경세포
가 장애를 받아 신경증상, 정신증상을 일으킨다.

　또한 장래 엄마의 태반은 유해물질을 제거하는 성질을 가지고 있다고 하
지만, 메틸수은화합물은 반대로 농축돼 태아에 이른다. 이 때문에 엄마의
메틸수은의 축적농도가 낮더라도 태아에게는 농축돼 축적된다. 이 때문에
태아성 미나마타병이라는 새로운 피해자가 생겨나는 것이다. 이러한 먹이
사슬 - 생물농축이라는 것은 원자력방사능을 포함한 유해화학물질의 생물
특히 인체에 공통되는 문제로, 공해론의 기본이라고 말해도 좋을 것이다.
이것이 농약설에 대항하기 위해 니가타미나마타병 재판 중에 정교하게 치

밀해져 민물고기, 인체 등의 조사의 정확도를 높였다고 해도 좋을 것이다.

한편, 기타가와 농약설을 부정하는 일이 반대심문의 중심이었다. 이미 말한 바와 같이 농약설은 반대심문 과정에서 완전히 뒤집어졌다고 해도 좋을 것이다. 그는 재판관으로부터 '후생성 보고의 가장 약한 점은 제조공정 단계를 전혀 고려하지 않은 채 결론을 내고 있다고 증언하고 있기 때문에 가노세 공장을 시찰해 제조공정을 보았는지 여부를 묻는 원고 대리인의 질문에 답하라'고 주의를 받았다. 하지만 가장 중요한 반응탑(反応塔)을 보았는지 여부에 대해 기억도 없고, 프로세스가 멈춰있었기 때문에 메틸수은이 생성되는지 여부에 대한 조사를 할 수 없다고 해서 웃음을 산 것이다. 그리고 마침내 재판장에게 주의를 받고 공장에서 메틸수은의 유출을 인정했다. 또한, 중요한 지진 때 유출된 농약의 유출량은 모른다고 말해 농약설의 존재 그 자체를 스스로 부정하였다.[23]

판결의 주요 내용

1971년 9월 29일 재판장 미야자키 게이치는 원고승소 판결을 내렸다. 판결은 피해자에게 공해피해와 가해행위와의 인과관계에 대해 자연과학적으로 해명할 것을 요구하면 민사재판을 통한 구제의 길을 막는 것이라고 해 인과관계론에서 문제가 되는 세 가지를 들었다. (1)피해질환의 특성과 그 원인(병인) (2)원인물질이 피해자에 도달하는 경로(오염경로) (3)가해기업의 원인물질의 배출(생성·배출에 이르기까지의 메커니즘). 이 모든 것이 피해자가 입증하기 곤란한 것이지만, 특히 (3)에 이르러서는 가해기업의 '기업비밀'이라는 이유로 대외적으로 공개되지 않는 것이 일반적이며, 권력을 갖고 들어가지 않는 한 일반주민이 들어가 과학적으로 해명하기는 불가능에 가깝다.

'이상에서 보면, 본건과 같은 화학공해 사건에서는 … 전기(前期) (1), (2)에 대해서는 그 상황증거의 축적에 따라 관계된 모든 과학과의 관련에서도 모순 없이 설명할 수 있다면, 법적 인과관계 면에서는 설명이 된

것으로 해석되어야 한다. 위와 같은 (1), (2)의 입증이 이루어지고 오염
원의 추궁이 이른바 기업의 문전까지 도달한 경우, (3)에 대해서는 오히
려 기업측에서 자기 공장이 오염원이 될 수 없는 까닭을 증명하지 않는
한 그 존재는 사실상 추인되고, 그 결과 모든 법적 인과관계가 입증된 것
으로 보아야 한다.'

게다가 판결은 (1)에 대해서는 본건 중독증이 미나마타병이라고 불리는
저급 알킬수은중독증이라는 사실은 입증이 다 되었다고 했다. 그리고 (2)
에 대해서는 '민물고기 오염의 원인에 대해서는 과학적으로 충분히 해명된
것이라고 해석할 수 없는 안타까움이 있다'고 하면서도, 원고의 공장폐수설
에 대해 관계된 모든 과학과 관련해서 모두 모순 없이 설명할 수 있지만 피
고의 농약설은 바닷물의 역류로 인한 오염경로의 가능성밖에 남아 있지 않
고 그 자체에도 과학적인 의문점이 적지 않고 관계된 모든 과학과 관련해
설명되지 않는 점이 있다며 각하했다. 또한 피고는 가노세 공장에서 메틸수
은이 생성, 유출된 사실을 부인할 수 없고, 배수구 부근 물이끼에서 메틸수
은화합물 등이 검출된 사실이 증명됐다. 판결은 피고가 가노세 공장 아세트
알데히드 제조공정과 관계된 제조공정 관계도를 소각하고, 반응계 시설, 반
응액 등에서 시료(試料)를 채취하는 등 자료를 보존하지 않고, 플랜트를 완
전히 철거해 버렸다는 사실을 엄하게 비판했다. 그리고 다음과 같이 결론을
내렸다.

'요컨대, 본건 중독증은 피고 가노세 공장의 사업활동으로 인해 지속
적으로 메틸수은을 포함한 공장배수가 아가노가와 강으로 방출돼, 이 강
을 오염시키고 이 강에 서식하는 민물고기를 오염시켰고, 오염된 민물고
기를 다량 섭취한 연안 주민들에게 야기된 알킬수은중독증이며, 원인출
처를 포함한 미나마타병과 유사한 것으로서 제2의 미나마타병이라고 불
려도 무방하다 할 수 있다.'

피고의 고의에 대한 책임에 대해서는 위의 결론 이상으로 미나마타병 발생기제에 대해 알고 있는 데다 미나마타병의 발생을 용인하고 있었다는 증거는 없다고 해 고의는 부정했다.

피고의 과실에 대해서는 화학기업의 안전관리의무 위반으로 다음과 같이 엄하게 지적하였다.

'화학기업이 제조공정에서 발생하는 배수를 일반 하천 등에 방출해 처리하고자 하는 경우에는 최고의 분석탐지기술을 이용해 배수 중의 유해물질의 유무, 그 성질, 정도 등을 조사하고, 그 결과에 따라 적어도 생물, 인체에 위해를 가하는 일이 없도록 만반의 조치를 취해야 한다. … 최고 기술의 설비를 갖고 있다하더라도 사람의 생명, 신체에 위해를 초래할 우려가 있는 경우에는 기업의 조업단축은 물론 조업정지까지 요청될 수 있다고 해석한다. 생각건대 기업의 생산활동도 일반주민의 생활환경 보전과 조화를 이뤄야만 허용돼야 할 것이며, 주민의 가장 기본적인 권리라고도 해야 할 생명, 건강을 희생하면서까지 기업의 이익을 보호해야 할 이유는 없기 때문이다.'

이 원칙에 서서 보면, 피고기업은 연안 주민에게 위해를 가하는 일이 없도록 만전의 조치를 취해야 할 의무가 있었음에도 불구하고 구마모토미나마타병의 선례를 강 건너 불구경하였고, 아세트알데히드 제조공정에서 나온 폐수의 조사분석 실시조차 게을리 하고, 메틸수은을 처리하지 않은 상태로 흘려 미나마타병을 발생시킨 것은 과실이다.

위법성에 대해서는 피고가 배수 방출은 법령의 제한에 따랐다며 배수 중에 메틸수은이 포함돼 있었다고 해도 현재의 한도를 초과하지 않아 그 행위에 위법성이 없다는 취지의 주장을 하지만, 그 행위로 인해 사람의 생명·신체에 해를 주고 있는 이상, 민사상 위법이 아니라고는 말할 수 없다고 했다.

공해에 따른 손해의 특성에 대해서는 다음과 같이 말하였다. 첫째, 공해

는 다른 교통사고나 통상의 생명·신체에 대한 침해의 경우와 달리 피해자
가 가해자의 입장이 될 수 없다는 입장의 비(非)교환성을 들 수 있다. 둘째,
공해는 자연파괴를 수반하는 것이기 때문에 해당기업 인근 주민들에게 있
어 그 피해는 불가피하며, 노동재해, 항공기사고의 경우와 질적으로 다르다.
일상생활에서 좋든 싫든 상관없이 피해를 입는다. 셋째, 공해는 불특정다수
의 주민에게 피해를 주며, 그 범위도 상당히 광범위하고 사회적으로 심각한
영향을 준다. 넷째, 공해는 환경오염을 유발하기 때문에 인근 주민은 동일
한 환경에서 생활하고 있는 한 똑같이 피해를 당하고, 가족 전원 또는 대부
분이 피해를 입어, 일가족의 파멸을 초래하는 일조차 일어날 수 있다. 끝으
로, 공해에 있어서는 원인이 되는 가해행위는 해당기업의 생산활동을 통해
이윤을 올리는 것을 당연히 예상하고 있는 데 반해, 피해자인 인근 주민은
위의 활동에서 직접 얻을 수 있는 이익은 아무것도 존재하지 않는다. 기업
활동은 사회 일반에 공헌하고 있는 측면도 있지만, 그렇다고 인근 주민의
생활환경의 파괴를 허용해서는 안 된다.

이러한 특성을 고려해 손해배상을 결정해야 한다. 이러한 경우, 특히 다
음의 사정을 참작해야 한다고 했다. 미나마타병의 치료법은 확립돼 있지 않
다. 일부 증상에 부분적 개선이 보일지라도 발병 후 수십 년이 경과해 증상
이 악화되는 사례도 있다. 이러한 미나마타병의 사례를 고려해 위자료를 결
정했다.

여기에서는 5단계로 구분하였다.

(a)등급환자: 타인의 도움 없이는 일상생활을 할 수 없으며, 죽음에 비
견할 만큼의 정신적 고통을 받고 있는 사람 - 1000만 엔.
(b)등급환자: 일상생활을 유지하는 데 현저한 장애가 있는 사람 - 500
만 엔.
(c)등급환자: 일상생활은 할 수 있지만 경미한 노동 이외의 노동에 종사
할 수 없는 사람 - 400만 엔.

(d)등급환자: 종사할 수 있는 노무가 상당히 제한되는 사람 - 250만 엔.

(e)등급환자: 가벼운 미나마타병 증상으로 인해 계속해 불쾌감을 안고
있는 사람 - 100만 엔.

인용총액은 청구의 절반인 2억 7024만 엔이었다.[24]

쇼와 전공은 1970년 9월 27일에 판결에 따른다며 상소권을 포기했다. 따라서 판결은 확정됐다.

3 판결의 영향과 방지협정

판결의 평가

이 재판은 공해 사건 판결의 모델을 보여준 역사적인 판결이다. 과학논쟁의 수렁에 빠지지 않고 공해 사건에 대한 법적 인과관계 입증의 정도(程度)를 명확히 했다. 문전(門前) 입증이라고 불렸듯이 피해자는 병의 원인인 오염물의 도달경로를 입증하면 되고, 기업의 원인물질 배출 메커니즘에 대해서는 기업이 부정하지 않으면 입증할 필요가 없다고 했다. 이는 공해론으로서는 전부터 주장해 온 기업의 거증(擧証)책임이 판결이 된 것으로, 그 의의는 크다. 그리고 먹이사슬을 축으로 한 공장폐수설을 취하고 농약설을 물리쳤다.

주민운동에 미친 영향으로서 가장 큰 것은 책임론이다. 판결은, 화학기업은 최고의 기술을 이용해 생물, 인체에 위해를 주지 않도록 조업할 의무가 있으며, 만약 최고의 기술을 갖고 있다고 해도 사람의 생명, 인체에 위해가 미칠 경우는 조업정지가 요청된다는 사실을 인정했던 것이다. 이는 생활환경을 우선시한 당시의 공해반대 여론에서 보면 당연한 듯이 보이지만, 정부가 조업정지까지 요구해 공해규제를 하고 있지 않던 현상(現狀) 아래에서는 큰 의의가 있었다. 내가 결심(結審) 장에서 보좌인으로서 말한 '중지' 주장이 인정된 것이다. 다만 원고는 '중지'를 청구하지 않았다.

마지막의 손해론은, 공해는 교통사고나 노동재해와 달리 기업의 이익추구활동 때문에 주민의 생활환경이나 생명·건강이 일방적으로 침해되는 손해라고 말하였다. 이것은 종래 공해론의 성과가 정리된 것이다. 이 명쾌한 이론에서 보면, 보상금액이 너무 낮다. 당시 나리타에서 살해당한 경찰관의 위로금이 2500만 엔이었는데 원고의 청구액은 절반밖에 인정되지 않았다.[25]

남겨진 책임론

판결에서 명확히 부정된 농약설을 주장한 기타가와 데쓰조의 책임은 무겁다. 이 재판만큼 과학자의 책임이 문제된 적은 없었다. 기타가와는 정부나 업계와 관계없이 자기 의견을 세웠다고 했지만, 분명하게 화학공업협회나 통산성의 이익을 대변하였으며, 안전공학자의 권위를 가지고 현지를 충분히 조사하지 않고 탁상공론을 내세워 재판을 끌었다고 해도 좋을 것이다. 재판 후에도 기타가와는 자기 의견을 굽히지 않았다. 그러나 중·상류지역에서 환자가 발견되고 있는 현실을 보면, 그가 자기 의견을 주장하는 것이 이상해 보일만하다. 안전 관련 학회는 이 문제를 거론하여 과학자의 책임을 분명히 했어야 하지 않았을까.[26]

니가타미나마타병은 국가의 책임도 매우 무겁다. 이미 언급한 바와 같이, 구마모토미나마타병의 대책이 불충분했기 때문에 미나마타병을 두 번이나 반복한 것은 쇼와 전공의 책임과 더불어 국가의 부작위에 있다. 이 재판에서 원고는 쇼와 전공의 책임을 추궁하는 것이 고작이었지, 국가의 책임을 추궁하지 않았기 때문에 그 이후에도 재판을 반복하게 됐다.

1973년 6월 21일 니가타미나마타병 피해자 대표 치카 기요이치 및 니가타미나마타병 공동투쟁회의와 쇼와 전공(주)는 니가타미나마타병 해결에 대해 「협정서」를 체결했다. 「협정서」에서 일시보상금은 사망자 및 다른 보조자 없이 일상생활을 하지 못하는 사람('중증환자'로 약칭)에 대해 일률적으로 1500만 엔, 그 외의 사람(이하 '일반설정(設定)환자'로 약칭)에 대해 일률적으로

1000만 엔으로 했다. 또한, 생존자에게는 매년 일률적으로 50만 엔의 보상금이 계속 나오도록 했다.

이 판결에 따라 반으로 감액된 청구금액은 회복되고, 게다가 재판에 참가하지 않았던 인정환자에 대해서도 보상이 되게 됐다. 판결에서는 환자별 등급이 있었지만, 협정에서는 2단계로 나누어 '경증' 환자의 분류는 없었다. 이는 미나마타병의 병상은 불명확하게 한 채 중증환자와 그에 가까운 환자의 구제에 중점을 두고 있었기 때문인데, 훗날에 큰 문제를 남겼다.

제4절 욧카이치 공해재판

1 재판으로 가는 길

제소

1967년 9월 1일 원고 이소즈 주민 노다 유키카즈 등 9명의 공해병 인정환자는 제1콤비나트의 쇼와욧카이치 석유·미쓰비시 유화·미쓰비시 화성공업·미쓰비시 몬산토 화성·주부 전력·이시하라 산업의 6개 주식회사를 피고로 해, 이들 피고 공장의 매연으로 인한 건강침해에 대한 손해배상을 요구하며 쓰 지방재판소 욧카이치 지부에 제소했다〈그림 4-4〉 참조). 청구는 소송 때는 원고 1인당 200만 엔의 위자료만을 요구했지만, 결심 때에는 재산상의 손해(일실이익)를 추가해 1인당 최고 3582만 6100엔, 최저 1053만 6900엔으로 합계 2억 58만 6300엔이었다. 변호인단은 도카이(東海) 노동변호인단을 중심으로 당초 52명에서 나중에 93명으로 늘었다. 단장은 기타무라 도시야이며, 사무국장은 노로 한이었다. 이에 대해 피고는 각 사에서 각각 유력한 변호사를 내세웠다. 가령 이시하라 산업은 나중에 최고재판소 판사 오쓰카 기이치로였다.

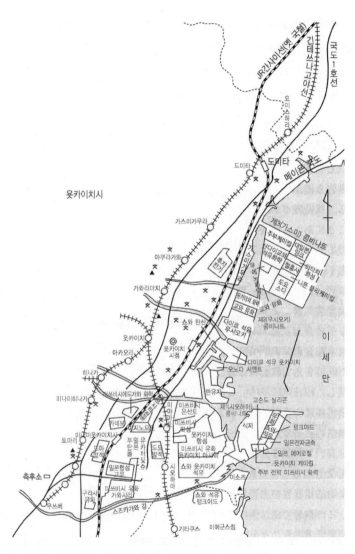

주: ・제1콤비나트는 1959년부터, 제2콤비나트는 1963년부터, 제3콤비나트는 1972년부터 조업
을 개시하였다.
・그림 속의 기업명은 건설 당시의 이름으로 돼 있다.
자료: 小野英二『原点・四日市公害10年の記録』에서 작성.

그림 4-4 욧카이치시의 각 콤비나트의 건설 당시 공장배치

재판을 시작하면서 금지를 청구해서는 안 되지만, 또한 국가배상법에서 지역개발의 실패나 공해대책의 과실 등 국가와 지자체의 책임을 추궁해야 하지 않는가 하는 것이 문제가 됐다. 그러나 다음에 언급하는 바와 같이 이 재판은 완전히 새로운 판례를 만드는 어려움이 있었고, 초기에 마무리 짓기 위해서 피고를 콤비나트 기업으로 하고 청구도 손해배상으로 한정하게 됐다. 원고는 주민운동이 활발한 지역주민으로 하자는 의견도 있었지만, 오염이 심각한 이소즈에서 시오하마(塩浜) 병원에 입원해 있던 공해병 환자가 선택됐다.

소장(訴状)의 요지는 피고의 불법행위 실태와 그 책임, 원고손해에 대해 다음과 같이 기술하였다. 원고가 거주하는 이소즈 지역의 매연 특히 아황산가스가 1962년경부터 증가해, 하루 평균 0.22ppm 이상의 출현빈도가 1964년의 총 측정횟수인 13.1%를 넘고, 1966년 2월 4일에는 0.3ppm 이상이 3시간 계속 돼, 이들 전후를 합쳐 14시간에 걸쳐, 0.1ppm 이상의 오염이 관측됐다. 아황산가스의 피해는 전전의 광독 사건, 또는 직업병인 상기도(上氣道) 질환을 많이 발생하는 것으로 드러났고, 당시 앞서 말한 오사카시의 환경관리기준과 같이 대기오염에 관한 인체환경허용치는 0.1ppm으로 권고됐다. 욧카이치의 경우에는 아황산가스와 황산 미스트(매연도 더해진다)로 인해 만성 기관지염, 기관지천식 기타 장기 폐쇄성(閉塞性) 폐질환이 발생했다. 이를 역학적으로 본 경우, 시오하마 지구(이소즈 지구를 포함)의 발병률과 아황산가스와의 상관관계는 매우 뚜렷했다. 이는 제2장에서 기술한 기다 가쓰미 등의 국민건강보험에 의한 분석 등에서 드러났다.

이 책임은 피고 등이 배출한 매연 중 아황산가스에 의한 대기오염으로 인해 이소즈 지구 주민의 건강침해로 밝혀졌고, 피고는 침해사실을 알면서도 아황산가스를 제거해야 할 대책을 취하지 않은 채 조업을 계속해 가해행위를 계속한 데 있다. 피고의 손해발생에 대한 고의, 혹은 적어도 과실이 분명하므로, 민법 709조 동법 제719조 제1항에 의해 공동으로 배상할 책임이 있다고 했다.

손해에 대해서는 원고는 1961년, 1962년경부터 아황산가스로 인해 건강을 해치고, 천식성기관지염, 만성기관지염, 기관지천식, 폐기종(이하 공해병이라고 부름)의 진단을 받아 시오하마 병원에 입원 치료를 받고 있는 것으로, 1965년 5월부터 실시된 욧카이치 공해관계 의료심의회에서 공해병 환자로 인정을 받고 있다. 원고는 의사의 허가를 얻어 가벼운 노무에 종사하고 있다. 그러나 공해병으로 인한 건강침해의 고통, 공해병으로 인한 생활궁핍, 입원으로 인한 가정생활의 파괴 그리고 정신적 고통으로부터 손해배상의 필요를 인정한다.[27]

이에 대해 피고 기업은 아황산가스와 욧카이치 천식 사이에는 기상적으로나 의학적으로도 인과관계는 없다. 제1콤비나트 기업 내에서는 '공동성(共同性)'이 없다고 해 전면적으로 원고의 주장과 다투게 됐다.

이 재판에서는 다른 3개의 재판과 마찬가지로, 정부·지자체는 원고가 공해병 환자라는 사실을 인정하였다. 게다가 정부의 조사단은 보고에서 6개 회사 모두 발생원으로 원인물질의 배출을 인정하였다. 그럼에도 불구하고 이 재판에서도 피고는 그것을 부인해 재판에서 싸운 것이다. 일본의 행정이 기업의 책임을 추궁하지 못해 피고를 방치하는 경향이 여기서도 나타나고 있다. 욧카이치 공해의 경우에는 구로카와 조사단의 보고가 나와 있음에도 불구하고, 높은 굴뚝 이외의 근본적인 대책은 없었고, 생활보장과 같은 완전구제는 돼 있지 않았다.

정부의 공해병 인정은 원고에게 유리할 것 같지만, 실제로는 어떤 재판에서도 제소할 시기에는 완전승소 가능성은 없었다. 다른 3개의 재판과 달리 욧카이치 공해재판은 특히 어려운 상황이었다. 그것은 첫째, 발생원이 복수였던 것이다. 원인물질을 특정하고 그 경로를 상정할 수 있다고 해도 복수의 발생원의 책임을 분할하는 것은 불가능에 가깝다. 민법 제709조 1항의 공동불법행위라고 하는 개개의 인과관계 - 책임을 엄밀히 묻지 않는 법리를 택했지만, 과연 이 법리가 콤비나트에 적용될 수 있을까?

둘째는 다른 3개의 재판과 달리 기관지천식 등의 폐기능질환은 비특이성

질환이다. 산속에서도 환자는 발생할 수 있다. 담배나 다른 환경변화로 인해서도 발생할 가능성이 있다. 그 원인을 6개사의 아황산가스 등의 배출물이라고 단정할 수 있는가?

셋째는 미나마타병 재판은 이른바 막을 내린 사건이다. 그런데 욧카이치 공해는 진행형인 사건이다. 콤비나트는 조업을 개시한 직후로 앞으로 더욱 규모를 확장하려고 하였다. 이 생산을 제한 또는 중지시키는 것은 어렵다. 그럴 상황이 아니다. 욧카이치 콤비나트는 지역개발 나아가 고도경제성장정책의 기수여서 이를 제재하는 것은 지역개발이나 고도성장정책을 제재하는 것이 된다. 판결 여하에 따라서는 기업의 입지, 지역개발이나 산업정책 등 고도경제성장 전체에 커다란 영향을 미친다. 따라서 경단련은 이 재판에 주목해 판결에 압력을 행사하는 듯한 제언을 하였다.[28]

넷째는 이와 관련되는데, 직접 규제의 책임이 있는 지자체의 태도였다. 다른 재판에서는 니가타미나마타병처럼 니가타현은 미나마타병의 원인규명과 대책에 열심이었다. 그러나 미에현과 욧카이치시는 적극적으로 콤비나트를 유치하고, 그 발전을 행정의 중심에 두고 있었기에 공해대책에 적극적이지 않았다. 후술하는 바와 같이 다나카 지사는 소송을 취하하도록 노력했으며, 구키 욧카이치 시장은 재판 중에도 제3콤비나트를 추진했다. 다른 사건에 비해 원고나 그 지원자에게는 이 지역의 상황 속에서 활동하는 것은 남 다른 용기가 필요했다. 또한 재판소도 역시 이러한 압력을 받고 있었다고 해도 무방할 것이다.

재판의 배경

이와 같이 기업활동과 정부·지자체의 지역개발이 진행형인 재판을 일반시민이 지지하는 것은 쉽지 않았고, 특히 원고와 이소즈 지구 시민에게는 어려움이 많았다. 인구 30만 명의 도시인 욧카이치시는 다른 공해 사건이 농어촌이었던 것과는 달라 재판에 관해서는 비교적 일찍부터 관심이 있었다. 또한 피해지역인 시오하마 지구연합자치회는 앞서 말한 바와 같이 이른

시기부터 시에 공해방지를 요구하고, 의료비를 대신 지불하게 하는 등 피해
자 구제에 열심이었다. 그러나 1963년을 정점으로 자치회 운동은 정체해 있
었다. 그 이유는 자치회의 중심이 돼 있던 유력자에게 콤비나트나 시 당국
이 압력을 넣었다고 한다. 특히 콤비나트가 자치회에 기부금을 내는 등 자
치회와의 유대를 굳히면서 자치회는 공해반대조직이 아니라 점차 시나 기
업을 주민에게 변호하는 전달조직으로 바뀌어 운동을 억누르는 쪽으로 달
라졌다고 한다.[29] 원래 원고가 돼야 할 지역주민이 재판에 대해서는 소극적
이었다. 그리고 이는 그 뒤에도 욧카이치 공해문제를 해결하고 마을만들기
를 추진하는 방향성이 주민에게서 나오지 않는 원인의 하나가 됐다.

소송을 진행하는 원동력이 된 것은 1963년 7월 1일에 결성된 공해대책협
의회(공대협)이다. 이 조직은 사회당, 공산당 양 당, 지구노(地區勞), 혁신 시의
회단으로 결성됐으며, 당시 사회당인 마에카와 다쓰오 시의회 의원이 대표
가 되었다. 그러나 앞서 기술한 바와 같이 재판은 즉시 제기되지 않았다. 그
것은 미에현 화학산업노동조합협의회가 공해소송활동에 불참 방침을 결정
한 것 등으로 인해서였다. 제소의 계기는 1967년 2월 18일 시의회가 제3콤
비나트 건설을 강행 처리하고, 그에 절망한 인정환자이자 '환자를 지키는
모임' 부회장인 오타니 가즈히코가 자살한 것이었다. 11월 30일 앞서 공대
협이 모체가 돼 '욧카이치 공해소송을 지원하는 모임'이 결성됐다. 이 조직
이 재판투쟁의 중심이 됐지만, 운동은 원활하게 나아가지 못했다. 정작 중
요한 공해병환자의 조직이 소극적이었다. 1968년 10월 4일, 드디어 '욧카이
치 공해인정환자의 모임'이 발족됐다. 이는 공해병 인정환자로 승려인 야마
사키 신게쓰와 '욧카이치 공해를 기록하는 모임'을 주재하고 시종 공해반대
시민 운동을 해온 사와이 요시로의 노력에 의한 것이었다.

9명의 원고는 공대협과 변호인단이 의논해 선정됐다. 이소즈 지구는 어
촌이어서 보수적인 지역이다. 따라서 원고가 '역적이나 마을의 배신자'로
비난을 당하거나, '그 사람들 돈벌이 때문에 왜 재판소에 지원하러 가야 하
느냐'라는 말이 나돌았다. 이러한 상황을 타개하기 위해 앞서 '욧카이치 공

해인정환자의 모임'이 결성됐지만, 사와이 등은 이 이소즈의 상황을 바꾸기 위해 '공해시민학교'를 이소즈에 열었다.

1967년 봄에는 미쓰비시 몬산토, 미쓰비시 화성 양 노조가 공해재판을 지지하는 지구노에서 탈퇴했다. 이처럼 민간노조가 공해문제에서는 시민의 입장에 서지 않고 기업측으로 기우는 경향은 그 뒤에도 계속됐다. 그 중 공해소송의 지원에 중심이 된 것은 욧카이치시 노조였다. 욧카이치시는 이 같은 움직임에 압력을 행사하기 위해 시 노동조합에 사무소를 두고 있던 '욧카이치 공해소송을 지지하는 모임'을 퇴거시키려 했다. '욧카이치 공해소송을 지지하는 모임'은 개인 가입으로 연회비 1구좌 100엔으로, 당초 500명이었으나 재판 진행 중에 3000명으로 증가했다.

앞에서 기술한 것과 같이 미에현과 욧카이치시는 니가타현・니가타시와 달리 공해재판에 적대적이었다. 재판 중인 1968년 8월 8일 소노다 후생성 장관이 욧카이치시를 방문했다. 그는 욧카이치 대기오염을 공해로 인정해 기업을 비판하고, 그 해결을 위해 9월에 '욧카이치 지역 공해방지대책협의회'의 결성을 제안했다. 이 모임은 국가・현・시・기업・주민과 전문가로 결성됐으며, 회장에 다나카 지사, 부회장에 구키 욧카이치 시장이 취임했다. 이 모임은 재판을 지지하는 것이 아니었다. 다나카 회장은 기자단에 '공해소송을 취하해 공해대책협에서 대화를 통한 해결을 원한다'고 말했다. 이 재판의 와해 시도는 다행히도 12월 소노다 장관이 해임되면서 좌절됐고, 이 모임도 안개처럼 사라졌다.

욧카이치시는 도시사회이지만, 옛 하치반시와 같이 기업도시이다. 제소된 해의 12월에는 미쓰비시 유화 총무부장 가토 히로시가 부시장에 취임했다. 기업이 지자체를 지배하고 있는 점은 짓소와 마찬가지로, 이 점은 이타이이타이병처럼 발생원인 미쓰이 금속광업이 떨어진 지역에 있고, 직접 지역을 지배하고 있지 않는 경우와는 다르다. 욧카이치의 시민운동이 약하고 지속되지 않았다는 것은 기업도시의 성격이 미나마타시 정도는 아니지만, 중소도시 정도에서도 유지되고 있었기 때문이다.

2 세 가지 주요 쟁점

재판은 구두변론이 54회, 검증 3회, 입원 중인 원고의 임상심문, 원고증인 11명, 피고증인 16명, 감정 1명, 당사자 9명을 조사했다. 재판은 엄격한 논쟁이 됐다. 최종 준비서면에 밝힌 주요 논쟁점은 다음과 같았다.[30]

역학에 의한 인과관계

우선 첫째는 인과관계이다. 원고는 피고 6개사가 배출하는 아황산가스가 원고 거주지에 도달해 장기오염이 됨으로써 기관지천식, 천식성기관지염, 만성기관지염, 폐기종 등 폐쇄성 폐질환이 발생하였다. 저황산산화물의 장기오염으로 인해 폐쇄성 폐기능 장애가 일어나는 것은 과거 일본의 공해사나 런던 스모그 사건 또는 직업병 등의 사례를 통해 분명해졌다. 이는 역학적 관계를 통해 입증됨으로써 앞서 언급한 요시다 교수 등에 의한 국민건강보험을 사용한 발병률 조사, 후생성 매연조사, 미에 대학 산업연구소 욧카이치 공동조사, 아동 검진, 이소즈 집단검증을 제출했다. 그리고 이 역학조사 결과, 대기오염 지구에 3년 이상 거주해 폐쇄성 호흡기질환이 있는 사람을 욧카이치시 공해관계심사회가 개별 심사해, 대기오염 이외는 배제하고 공해병으로 인정하였다. 욧카이치 공해병의 증거로, 전지요법(轉地療法)을 해 증상이 개선되고, 공기청정기가 있는 방에 입원하면 효과가 나타났다. 당시 욧카이치 공해병 인정환자는 996명이며, 이 가운데 이소즈 지역이 130명으로 1962년부터 1966년에 발병한 경우가 많았다. 이 같은 사실에서 역학을 통해 법적 인과관계가 확립됐다고 한다.

이에 대해 피고는 원고의 건강장애가 아황산가스에 의한 것임을 부정하였다. 원고의 폐쇄성 호흡기질환은 이른바 비특이성질환이어서 원인은 하나가 아니라 다수이며, 아황산가스 등이 원인이라고 단정할 수 없다. 역학은 어떤 질환과 인간집단 간의 관계를 대상으로 하는 것으로, 역학을 통해 각 원고의 질환의 원인에 대해 인과관계를 구할 수는 없다. 요시다 등의 역학조사에 대해, 표본을 취하는 방법, 발병률의 결정방법, 통계적인 처리방법에 있어서 많은 오류를 범하고 있으며, 이들 조사를 통해 역학적으로 욧카이치 지구 또는 이소즈 지구에서의 집단 천식환자의 발생과 아황산가스의 농도 간에 유의한 상관관계를 인정할 수 없다. 그리고 비특이성질환 임에도 불구하고 아황산가스 이외의 인자(因子)*에 대해 조사하지 않은 것은 역학조사로서 불충하다고 할 수 있다는 것이다.

원고는 이소즈 지구의 대기오염에 피고의 아황산가스가 도달해 있다고 했다. 특히 이소즈의 겨울철 아황산가스의 농도가 높아지는 것에 대해서는 질풍오염과 다운드래프트, 다운워시현상을 원인으로 들었다. 또한 일본에서는 주로 서풍이 불기 때문에 동쪽에 있는 임해콤비나트는 서쪽의 주거에 오염을 주지 않는 것으로 알려져 있었다. 그러나 구로카와 조사단의 보고서나 이 재판의 증언에서 기상연구소 응용기상부장 이토 교지는 위와 같은 욧카이치, 특히 이소즈 오염의 특수성을 밝혀낸 것이다.

피고는 회사별로 아황산가스가 이소즈에 도달하지 않는다고 주장했다. 즉, 확산식(서튼식)을 사용한 미쓰비시 화성, 미쓰비시 몬산토, 쇼와 석유는 각 사의 아황산가스가 미량이어서 이소즈까지 도달하지 않는다고 했다. 미쓰비시 몬산토는 아황산가스 배출량은 공중목욕탕의 배출량보다 적다고 주장했다. 이시하라 산업은 이소즈보다 북쪽 내지 북동쪽에 있기 때문에 아황산가스는 도달하지 않는다고 했다. 또한 주부 전력은 풍동실험을 해보니 배연(排煙)은 이소즈를 넘어가버린다고 주장했다. 6개사의 연기가 도달하지 않았다면, 도대체 이소즈의 아황산가스는 어디에서 온 것일까? 참으로 기묘한 주장이다. 이들은 모두 자사에게 유리한 주장을 했으며, 원고로부터 그 잘못을 지적하는 반론을 받았다.

---

* 가령 담배, 알레르겐(Allergen) - 알레르기 질환이 있는 사람의 항체와 특이하게 반응하는 항원을 말함.

공동불법행위

둘째, 원고는 공동불법행위론을 주장했다. 즉, '피고 등 각 사가 서로 장소적·기능적·기술적·자본적인 결연관계를 갖고, 통칭 욧카이치 콤비나트 공장군이라고 불리며 외관상 인근 타 기업과 구분될 정도로 단지화해, 객관적으로 보아도 하나의 기업집단을 형성하고 있다. 또한, 서로 다른 피고기업이 같은 배연행위를 하고 있는 사실을 알면서 주관적 관련성을 맺으며 매연을 계속 배출해 왔다는 사실은 민법 719조 제1항 전단(前段)의 협의의 공동불법행위를 구성하는 것이며, 설령 그렇지 않다고 해도 동조 1항 후단의 공동불법행위를 유추적용해야 할 것이기에, 어쨌든 피고 등 6개사는 원고가 입은 손해금액에 대해서도 연대해 배상할 의무가 있다.' 그리고 구체적으로 관련 공동성을 명시하였다.

이 공동불법행위론이야말로 이 사건의 결정적 수단이 되는 법리이다. 이에 대해 피고는 각 사가 관련 공동성을 부정하였다. 가령 콤비나트의 핵심이 될 쇼와 석유는, 일정한 장소에 존재하는 것은 상호 관련성을 나타내는 것이 아니라, 파이프를 사용하는 것이 가까이 위치한 공장이 액체나 기체의 제품을 공급하는 수단으로 적당했기 때문이다. 다른 피고와의 사이는 기술적 결합 관계가 아니며, 자본적 관계는 미쓰비시 화성이 가진 주식 4.25%뿐이다. 항만, 도로 등의 공공물을 공동으로 이용하는 데는 관련성이 없다. 또한, 다른 피고가 어떠한 생산설계 아래 어떠한 양의 아황산가스를 내고 있는지 전혀 알 수 없어, 배연의 관련성은 없다고 했다. 다른 피고, 가령 미쓰비시계인 몬산토 등에 증기를 공급하고 상호 주식을 보유하고 있는 미쓰비시 화성조차도 기업집단으로 관련 공동성을 부정했다. 특히 이시하라 산업의 경우는 콤비나트 형성 이전인 전전에 입지한 기업이기 때문에 역사적인 입지과정을 언급하며, 콤비나트 구성원이 아니라고 해 공동불법행위를 부정했다. 그러나 피고는 공해의 공동책임을 거부한 나머지, 자신들의 콤비나트의 이익을 부정하고 지역개발의 장점을 인정하지 않는다는 우를 범한 것이다.

'입지의 과실' - 고의·과실·위법성

셋째 고의·과실·위법성에 대해 원고는 다음과 같이 주장하였다.

과실에 대해서는 예측가능성에 대해 다음과 같이 기술하였다. 아황산가스, 황산미스트 등이 인체에 유해한 작용을 미치는 것은 상식이며, 미야모토의 증언처럼 전전의 광독 사건에서 피해가 발생하여 일어난 주민의 공해반대운동에 대응해, 히타치 광산에서는 세계 제일의 높은 굴뚝을 세워 해결하고, 스미토모 금속광산은 생산량을 제한한데다가 세계 최초의 배연탈황을 완성하는 등 공해대책의 역사가 있다. 외국의 경우도 1952년, 1962년 아황산가스로 인한 런던 스모그 사건이 발생해 비버 위원회가 설립되고, 대기청정법이 제정됐다. 이와 같이 인체에 유해하다는 사실이 밝혀지면, 인근 주민의 생명·신체에 위해를 가하지 않도록 입지에 있어서 사전 조사를 해, 전혀 위해가 없다는 확증을 얻지 못하는 한 공장입지 설계를 중지하거나 유해물질이 기업 밖으로 배출되지 않는 방제장비를 취해야 한다.

'그런데 피고들은 모두 이를 게을리하고, 피고들이 갖춘 자금력과 기술이라면 매우 쉬운 사전조사·연구·관측을 전혀 실시하지 않은 채 아무 생각 없이 공장을 건설한 뒤, 유황산화물을 포함한 매연을 계속 배출한 것은 명백히 공장의 입지를 잘못 잡은 것으로 그 과실은 면할 수 없다.[31]'

이와 같이 '입지의 과실'을 주장했다. 동시에 위험을 알면서도 배연에서 유황산화물을 제거하는 등의 근본적인 대책이나 조업단축·정지 등의 손해회피업무를 전혀 취하지 않고 생각 없이 조업을 계속한 '조업상의 과실'을 어필했다.

이는 니가타미나마타병의 판결에 따라 화학기업이 유해물질의 관리와 배출억제에 대해 최고의 의무를 진다고 판시한 '책임'론에서 한 걸음 더 나아간 주장이었다.

이에 대해 피고는 전전의 공해 사건은 고농도오염으로 욧카이치 공해와 같은 저농도오염과는 다르고, 또한 영국의 피해는 석탄연소에 동반된 것으로 석유연소와 다르다고 하며 피고가 배출한 아황산가스 등의 피해 예측가능성을 부인했다. 그리고 조업에서 저유황중유를 사용하고, 배연탈황실험을 하고 있는 사실, 높은 굴뚝을 채택하고 있다는 등 공해대책에 고액의 투자를 하고 있는 사실을 강조했다. 그리고 매연규제법이나 대기오염방지법 등의 배출기준을 준수하고 있음을 밝혔다. 원고 입장에서 보면 변명에 불과한 이런 주장들은 심리(審理)과정에서 원고인 이마무라 젠스케와 세오 미야코 두 명이 사망하고 수백 명이 공해병환자로 인정돼 신음하고 있는 현실을 무시한 무책임한 반론이었다.

고의에 대한 원고의 주장은 다음과 같다. 유황산화물의 유해성에 대해서는 과실의 항목에서 언급한 바와 같이 예견하고 있었던 바이며, 1960년경부터 유황산화물로 인한 폐쇄성 질환이 다발하고 '욧카이치 천식'으로 널리 알려지고 있었으며, 피고는 이소즈 지구 주민 등 욧카이치 시민으로부터 공해기업으로 규탄을 받고 있었다. 늦어도 1964년 3월 구로카와 조사단의 권고에 따라 아황산가스와 이소즈 지역에 다발하고 있던 폐쇄성 폐질환 간의 밀접한 관련성이 밝혀졌다. 적어도 그 이후는 가해의 고의가 있었다. 그런데 피고는 근본적인 대책을 강구하지 않은 채 매연배출을 현재까지 계속하고, 조업단축이나 조업정지를 하지 않은 것이기 때문에 그 행위는 악질이라고 하지 않을 수 없다.

이에 대해 피고는 앞서 언급했듯이 중유연소에 따른 아황산가스가 인체에 주는 피해는 예견가능성이 없고, 또한 구로카와 조사단의 권고는 직접 각 사에 권고된 것이 아니기 때문에 고의에 해당하지 않는다고 했다. 그러면서 공동불법행위의 고의를 부정하였다.

바로 뒤이어 위법성에 대해 원고는 지금까지의 입증에 의해 피고의 가해행위는 불법임을 분명히 하였다. 이에 대해 피고는 공해관계법을 준수하고 있다며 불법을 부정하고, 다음 세 가지 점을 주장했다.

'첫째는 피고의 생산활동이 사회적으로 유용하고, 그 손익과 손실은 비교형량해야 할 것으로, 콤비나트가 지역에 가져다줄 이익은 크다. 미량의 아황산가스의 피해는 받아들여야 한다는 것이다. 특히, 주부 전력은 다음과 같이 주장했다. 전력사업은 "높은 공익성을 갖는 것으로 화력발전으로 인한 매연은 대기오염방지에 관한 부단한 최선의 노력과 어울려 수인한계 내의 것이라고 판단돼야 한다고 믿는다.[32]" 또한, 국가·현·시도 우대대책을 취한 것처럼 피고의 입지가 경제발전을 위해 도움이 된다는 것을 인정했다는 것이다.

둘째는 욧카이치시는 공업도시이며 국가·현·피고는 시의 산업정책·도시계획에 따라 유치된 것으로, 시민은 그 지역 적합성에 근거해 생활해야 한다는 것이다. 이시하라 산업은 다음과 같이 주장했다. "욧카이치의 지역적 특성과 다른 지역성을 보이지 않는 준공업지구에 거주하는 원고는 가령 이 공장에서 다소의 아황산가스 피해를 입더라도 이를 받아들여야 할 입장에 있다고 해야 할 것이다.[33]"

셋째는, 이것도 이시하라 산업의 주장인데, 원고 중 5명은 이시하라 산업이 조업개시 이후에 거주하였다. "원래, 어떤 공장이 이미 존재해 조업을 하고 있는 장소에 근접해 거주하기 시작한 사람은 장래 당해공장에서 어떤 피해를 받을지도 모른다는 것을 예견, 용인하고, 또는 불편을 각오한 사람이라고 보지 않을 수 없다. 이러한 사람은 이미 존재하는 위험을 자진해서 임의로 받아들인 것으로 그 손해배상청구권은 부정돼야 한다."'

이상 피해의 위법성 부인의 논리는 당시의 공해대책이 경제성장을 우선하는 조화론에 서 있어 주민에게 돌이킬 수 없는 손실인 생명·건강의 손해를 받아들이게 하고, 또 공업도시에서는 기업이 지배자여서 기업의 발전을 위해서는 인권침해는 어쩔 수 없다고 하는 무서운 논리가 통용됐다는 사실을 보여주고 있다.

손해론

논쟁의 마지막인 손해론은 어떠한가. 원고는 다음과 같이 주장했다. '손해의 인정에 있어서는 공해 사건의 특질, 특히 이번 공해 사건의 그것을 고려해 공평, 타당, 또한 합리적인 손해의 부담이라는 불법행위법의 이념에 적합한 결론이 도출되지 않으면 안 된다'고 해, 우선 피고 등의 손해의 배경을 미야모토 증언에 근거해 고도성장의 첨단을 달리며 안전을 고려하지 않은 채 집적해 모든 공해가 발생했다. 특히 이 사건은 대기오염으로 인한 말기적 증상이라고 할 심각한 상황이라고 기술했다. 공해 사건의 특질과 욧카이치 공해라는 논점은 앞서 니가타미나마타병의 판결에 있었던 공해 사건의 다섯 가지 특질을 모두 지적할 수 있다며 다음과 같이 기술했다.

첫째, 지위, 입장의 비(非)교환성이란 점에 대해, 피고 등은 석유화학콤비나트라는 현대 기간산업인 대기업의 집합체인데 비해 원고는 목수, 어부, 주부 등 일반주민이다. 피고 등은 항상 가해자였고, 원고는 영구히 피해자가 될 수밖에 없다. 둘째, 비(非)회피성에 대해서는, 이 사건의 가해행위가 원고의 거주지역 가까이 거대 오염원인 공장을 설치해 원고가 대기오염의 피해를 피할 수는 없었다. 노동재해나 항공사고의 경우는 어느 정도의 위험을 예측할 수 있지만 본건에 있어서는 완전히 일방적인 희생이 되었다. 셋째는 불특정다수에게 피해가 미친다는 점이다. 욧카이치시는 '공해도시'라고 불리듯이 공해병환자는 수백 명이 넘고, 연령, 성별, 직업 등을 불문하고 무차별적으로 피해를 입고 있다. 넷째, 피해의 평등성이라고 하는 점에서도 원고는 동일한 대기오염의 영향으로 생명·신체에 피해를 입게 된 것으로, 같은 환경 아래 생활하면서 발병하지 않은 사람들도 일상의 불쾌감 등 무언가의 피해를 입고 있다. 다섯째, 불평등성인데 피고는 모두 이윤추구를 목적으로 한 생산활동을 하고 있고, 그 생산활동의 통상 과정에서 황산산화물을 배출하고 있다. 한편 원고는 이 생산활동으로부터 직접으로는 어떠한 이익을 얻고 있기는커녕 식민지형 개발이라고 불리듯이 직접적으로는 물론 간접적으로도 그 이익을 누리고 있지 않다.

이러한 공해의 특질에서 손해배상이 합리적이라는 사실을 말하고, 더욱이 원고의 질환이 근본적 치료법이 아니고 입원해 대증요법으로 고통을 줄이고 있다는 사실을 기술하였다. 그리고 이 사건의 손해내용으로 일실이익, 위자료, 변호사비용을 청구했다.

피고는 공동불법행위를 부정하고, 다양한 아황산가스의 배출이 원고에게 미친 개별 인과관계가 증명되지 않기에 배상책임은 없다고 하였다. 이런 가운데 주부 전력은 피해의 심각함과 구제의 필요는 부정할 수 없다고 생각한 듯, 이는 행정에 맡겨야 한다며 다음과 같이 기술하였다.

'대기의 복합오염에 대해서 공동불법행위의 책임을 인정한다고 하면 지역 전체가 가해자가 되거나 피해자가 된다. 민법 제719조의 규정은 관련 사례를 상정한 것이 아니고, 이를 적용하는 것은 현행 법체계의 파괴로 연결된다. 적당히 민법의 불법행위제도에 의하지 않고 새로운 입법에 의해 대기오염의 영향으로 인한 건강피해자의 구제와 손실보상을 해야 할 것이다. 건강·보건과 관련된 행정의 경우는, 판결에 의한 제정의 경우와 달리 대기오염으로 인한 발병 가능성이 있다면 개연성이 부족하더라도 바로 구제에 손을 쓰는 것이 바람직하다. 이상의 이유로 불법행위의 성립을 전제로 하는 원고의 본소(本訴)요구는 부당하다고 해 이를 기각하고자 한다.[34]'

이는 사법에 의해 엄격히 불법행위를 추궁당하는 데 겁을 먹은 기업이 구제를 행정의 손에 맡기려고 한 것으로, 당시 경단련의 의견에 동조하는 것이었다.[35]

재판에서 증인의 역할

공해재판은 과학재판이 아니며 또한 그렇게 돼선 안 된다. 과학재판이라면 일반시민은 소송하는 것이 불가능하게 된다. 공해재판에서는 인과관계를 개연성만으로 충분하다고는 하지만, 개연성의 정도가 있다. 특히 피고인 기업은 엄격한 증명을 요구하며 원인론을 불가지론으로 몰아가려고 하기 때문에 필요 이상의 과학적 증명이 요구되게 돼버린다. 욧카이치 재판은 과학적 증인의 차이가 결정적인 수단이 됐다고 한다. 원고측 증인의 중심은 미야모토 겐이치, 요시다 가쓰미, 이토 교지 세 사람이었다.

나는 공해재판에서 최초의 과학자증인으로 법정에 섰다. 그 뒤 공해재판에서는 과학자증인의 역할이 습관화됐기에 심문에 답하기 위해 메모나 자료, 최근에는 파워포인트를 사용하는 것도 허용된다. 그런데 욧카이치 재판에서는 그런 전례가 없어 사건의 목격자증인과 같이 기억에 근거해 말하도록 요구됐고, 메모조차 준비할 수 없었다. 이 때문에 시시콜콜한 것까지 물어보는 반대심문이 행해져 통계 등의 숫자를 머뭇거리기라도 하면 마치 그것으로 증언의 신빙성이 훼손되는 것 같이 취급당했다. 그러한 상황에서도 재판소는 나를 감정인처럼 대해주었기 때문에 충분한 시간을 갖고 심문에 답할 수가 있었다. 증언은 원고 변호인단의 논지 가운데 들어가 있기 때문에 여기서는 간단히 소개한다.

내 증언의 역할은 재판이 피고기업의 공해란 무엇인지 묻고 있는 사회적·경제적 의의를 명확히 하는 것이었다. 소위 재판에 대결장소를 정해놓고, 이것이 단지 의학상, 기상(氣象)상의 논쟁이 아니라, 피고 6개사를 선두로 한 전후 기업의 고도 축적방식과 지역개발이 재판을 받고 있는 것이다. 또한 여기에 소송을 제기한 원고 피해자의 배후에는 아시오·벳시 광독 사건 이래 희생자 대부분의 피의 절규가 있다는 것, 피고 6개사의 책임도 주민운동 가운데 대응해 온 공해기업이 가지고 있는 기술개발의 전(全) 역사의 토대가 되고 있다는 사실을 보여주고 싶었던 것이다. 나는 그러기 위해서 우선 격렬한 공해반대의 여론과 운동의 결과, 공해대책의 원리인 발생원 대책(높은 굴뚝, 배연탈황, 원료의 전환), 입지정책(발생원과 주민거주지의 분리), 응급대책(오염 때 조업단축, 조업정지), 구제책(손해배상, 지역진흥) 등을 행할 것을 구체적으로 말했다. 이는 기업이 아황산가스로 인한 피해는 미지의 분야이

며, 피해가 일어나도 대책을 어떻게 해야 할지는 명확하지 않았다고 말해
책임을 지지 않으려고 첫발부터 빼려는 것을 봉쇄하려고 한 것이다. 당시
아직 공해연구는 뒤쳐져 있었기 때문에 전전의 역사에 대해서는 아시오 광
독 사건 이외는 잘 알려져 있지 않았다. 특히 가장 중요한 교훈이 있는 벳
시(시사카지마) 대기오염 사건에 대해서는 자료가 거의 없었다. 증언을 할 때
는 스미토모 금속광산의 사장을 만나 내가 수집한 자료의 신빙성을 확인했
다. 그밖에도 원 자료에 맞췄다. 재판소에 증거로 제출한 대기오염문제(특히
아황산가스 대책)연표(1882년~1960년)가 일본 최초의 공해연표이다. 피고는 내가
제출한 사례는 석유연소에 의한 저농도오염과 달리 고농도오염의 사례라
고 했지만 이것은 틀렸으며, 당시 거주지의 대기오염농도는 욧카이치의 이
소즈 지구와 같거나 그보다 낮게 본 것이 맞다. 또한 전전의 공해대책은 오
늘날 실행되고 있는 대책보다도 철저했다. 이어서 내가 구체적으로 조사한
욧카이치 콤비나트의 지역개발이 경제·재정적으로 보아 계획된 효과를
얻지 못했고, 1950년대 이래 이미 말한 바와 같은 바다오염, 대기오염으로
인한 생명·건강의 손상 등의 공해를 냈고, 자연해안을 매립하는 등 사후
보상으로는 보상이 될 수 없을 정도의 돌이킬 수 없는 절대적 손실을 낳고
있는 사실을 기술했다. 피고기업은 녹지대 등의 완충지대를 정비하지 않고
주택, 학교에 인접해 더욱이 집적이익과 복합이익을 내기 위해 좁은 지역
에 원·재료를 파이프로 결합하는 콤비나트를 형성했다. 피고기업은 아황
산가스의 공해를 알고 있었음에도 불구하고, 유황분이 많은 석유를 사용해
배연탈황 등의 기본적 발생원 대책을 취하지 않고, 구로카와 조사단의 보
고 이후에야 높은 굴뚝을 만들기 시작했다. 그러나 굴뚝의 수가 많았기에
공해는 널리 확산됐다. 현지를 조사하면 아황산가스에다 메르카프탄, 유화
수소 등의 악취, 소음 등 모든 공해가 집적했다. 전국에 '욧카이치는 공해마
을'로 평가됐고, 공해반대운동의 슬로건은 '노 모어 욧카이치'였다. 이러한
상황에도 불구하고 기업은 책임을 지지 않고 구제책을 내놓지 않았다. 또
나는 이 욧카이치의 상황은, 국가·현·시가 거점개발의 선도적 역할로 욧

카이치 콤비나트를 택해 공업용수, 도로, 항만 등의 사회자본을 갖춘 공업용지를 조성한 결과로, 지역개발의 실패, 즉 입지과실의 책임을 면하기 어렵다고 했다.[36]

요시다 가쓰미의 증언은 내가 사건의 사회적·경제적 의의와 기업의 역사적·사회적 책임의 개관을 말한 것을 이어받아, 법적 인과관계의 핵심이 되는 역학에 대해 다음과 같이 말했다. 역학에 있어서 문제의 원인을 연구할 방법으로는 (1)기술역학(記述疫學), (2)분석역학적 방법, (3)실험역학적 방법이 있다. 이 기술역학적 및 분석역학적 방법에서 상관성이 높은 인자가 떠오르는 경우에 특정인자가 특정질병의 원인이 되기 위해서는 다음의 역학 4조건이 필요하다. '(1) 그 인자는 발병의 일정기간에 작용하는 것일 것, (2) 그 인자가 작용하는 정도가 뚜렷할 정도로 그 질병의 발병률이 높을 것(양과 효과의 관계), (3) 그 인자의 분포 성쇠의 입장에서 기재(記載)역학에서 관찰된 유행의 특성이 모순 없이 설명될 것, (4) 그 인자가 원인으로 작용하는 메커니즘이 생물학적으로 설명될 것'이 거론된다.

이미 제2장에서 상세히 본 바와 같이 요시다 가쓰미 등은 이 제1에서 제3의 원칙에 있어서는 마치 역학조사를 국민건강보험조사부터 구로카와 조사단 이후의 조사까지 거의 완벽하게 행했고, 제4원칙에 대해서도 동물실험을 한 것이다. 하시모토 미치오는 욧카이치의 역학조사는 지역 국한성, 시간 국한성 등 거의 완벽하게 이루어졌다고 평가하였다. 당시 요시다는 현립대학 의학부 교수로 현의 직원이었다. 다나카 미에현 지사가 재판에 대해 비판적이었을 때에 거의 '변호인단의 일원'인 것처럼 피해자의 구제를 위해 일곱 차례에 걸쳐 피고의 집요한 반대심문을 물리치고, 진실을 밝힌 노력은 대단하다.[37]

이토 교지의 증언은 욧카이치시의 대기상황에 대한 것인데, 종래 스모그가 발생하는 기상과는 다른 질풍오염이라는 조건이 이소즈의 겨울철 고농도오염을 설명한다는 것을 밝혔다. 이는 발생원인 아황산가스의 배출량만이 아니라, 기상조건이 대기오염의 결정적 요인이 된다는 것을 밝힌 점에서 욧카이치 공해 특히 이소즈 공해의 인과관계에 결정적인 논증이 됐다.

이러한 원고의 증인이 재판을 진행해가는 기동력이었던 데 비해, 피고는
연구자를 증인으로 내세우지 않았다. 당시 화학기업의 방패가 됐던 기요우
라 라이사쿠는 런던 스모그 사건은 아황산가스가 아니라 분진이 주원인이
라고 썼고, 기타가와 데쓰조는 콤비나트의 공동불법행위가 아니라 이시하
라 산업이 주원인이라고 썼다.[38] 역시 피고기업은 그들을 활용하지 않았다.
피고집단은 구로카와 조사단의 일원이었던 스즈키 다케오, 미즈노 히로시,
도야마 도시오 세 사람을 증인으로 생각하고 있었다. 그러나 세 사람 모두
법원에 나서는 것을 거부했고, 요시다 가쓰미의 증언을 지지했다. 이 때문
에 회사측은 각각의 기업 내부의 연구자를 증인으로 세웠다. 그러나 기업
내의 연구자의 증언은 아무래도 치우치는 경향이 있어 반대심문에서 비판
을 받아 그 신빙성이 문제가 됐다. 이렇게 해서 과학재판이 아니었음에도
이 재판 내의 과학논쟁에서 기업측의 패배는 결정적이었다.[39]

3 판결과 그 후의 구제

판결의 주요 내용

약 5년에 걸친 심리를 거쳐 1972년 7월 24일 재판장 요네모토 기요시는
원고 전면승소 판결을 내렸다. 이 판결의 역사적 의의는 다음 4가지 점에
있다.[40]

첫째로 인과관계에 대한 역학을 전면적으로 채택해 기업의 증거 불충분
을 들어 다음과 같이 결론을 내렸다.

'이상의 수많은 역학조사 결과나 인체영향의 기제에 대한 연구에 따르
면 욧카이치시, 특히 이소즈 지구에 있어 1961년경부터 폐쇄성 폐질환
환자가 급증한 것은 다툴 일 없는 사실이며, 그 원인으로 황산산화물을
주로 한 대기오염이 앞에서 밝힌 역학 4원칙에도 합치한다고 인정돼, 위

사실 및 앞서 밝힌 동물실험의 결과나 황산산화물 규제 실태 및 증인(생략)의 각 증언을 종합하면 위 이소즈 지구에 있어 위 질환의 급증은 황산산화물을 주로 해서, 이것과 분진 등의 공존으로 인해 상승효과를 가진 대기오염이라고 인정된다.[41]

역학의 채택과 기업이 증거를 제시할 책임이 있다는 것에 대해서는 이미 2건의 재판에서 밝혀졌지만, 이번과 같은 대기오염의 공동불법행위에 적용한 의의는 크다. 왜냐하면 이타이이타이병이나 미나마타병에 비해 만성기관지염이나 폐기종은 보편적인 질환이기에 비사회적인 임상의학자의 판단이 잘못 강조되면 누구도 알아내지 못하게 될 위험을 더 많이 갖고 있다. '공해병'이라는 것은 대부분은 엄밀한 의미에서 말하면 특정질환이 아니라 그 증상은 다른 원인으로 인한 질환과 개별적으로 유사하다. 이타이이타이병이나 미나마타병에 대해서도 병상론(病像論) 논쟁이 있었던 것이다. 따라서 '공해병' 판정의 과학은 역학에 있다고 해도 과언이 아니다. 역학 이외의 판단, 또는 역학을 무시하는 듯한 판단은 '공해병'에 대해서는 비과학적이라고 해도 좋을 것이다. 대기오염이라는 전형적인 공해에 대해서 역학의 판단을 인정한 것은 획기적인 것이었다.

둘째는 대기오염공해에 대해서 공동불법행위를 인정한 것이다. 법리론, 실무상으로는 이것이 가장 큰 의의를 갖는 것으로, 공해재판으로서는 최초의 성과라고 해도 좋을 것이다. 이 성과는 당초부터 공동불법행위론을 주장해 무리를 지어 사는 성향인 군거성론(群居性論)으로까지 발전시킨 변호인단의 힘에 의한 것으로, 그것을 법리화한 우시야마 쓰모루, 모리시마 아키오 두 법률학자가 이룬 것이다.

판결에서는 불법행위에 있어 관련 공동성은 객관적 관련 공동성으로 충분하다며 다음과 같이 기술하였다.

'이소즈 지구에 근접해 피고 등 6개사의 공장이 순차적으로 서로 인접해 옛 해운연료창 부지를 중심으로 집단 입지해, 더욱이 때를 맞춰 똑같이 조업을 개시하고 조업을 계속하고 있기 때문에 위의 객관적 관련 공동성을 가진다고 인정하는 것이 상당하다.'

그리고 피고가 관련 산업으로 조업을 하면 자사 분진이 타자의 분진과 함께 원고 거주지에 도달해 인체에 영향을 주는 것은 예견가능성이 있었다고 인정하였다.

판결에서는 객관적 관련 공동성을 넘어서 보다 긴밀한 일체성과 강한 관련 공동성이 있다고 해서 피고 미쓰비시 석유, 동 화성, 동 몬산토를 들었다. 이 피고 3사는 생산기술체계를 분담해 파이프로 제품·원료·증기를 넘겨받고, 1사의 조업 변경은 타사와의 관련을 고려하지 않고는 행할 수 없는 긴밀관계에 있다. 이러한 일체성이 인정되는 경우는 가령 당해공장의 배연이 소량으로, 그 자체로는 결과의 발생 간에 인과관계가 존재하지 않는다고 인정될 수 있더라도 결과의 책임은 면할 수 없다며 피고의 항변을 물리쳤다.

판결은 관련 공동성에 대해서는 이중의 면밀한 규정을 두고 있다. 그것은 군거성을 객관적 공동체로서의 기초로 보면서 콤비나트의 본성으로서의 기술적·경제적(인적·자본적) 관련성, 또는 입지형성과정이나 사회자본의 공동이용성에 이르기까지 생각할 수 있는 공동성을 들었고, 공동성의 그물에서 벗어나려는 이시하라 산업이나 주부 전력 등의 반론을 물리쳤다. 특히 오염의 공동성의 근거를 오염물질의 양적·질적 효과에서 찾지 않고 사회통념으로 본 사회적·경제적·지리적 공동성에서 찾은 것은 그 뒤 피해자가 쉽게 호소를 하게 한 것이다.

현대 공해의 전형은 집적에 따른 복합공해이기 때문에 이 공동불법행위의 인정은 대도시나 공업도시, 나아가서는 도로 등의 교통기관의 공해 피해자의 운동에 크게 기여하게 된다. 또 배출기준주의의 국가·지자체의 대책을 총량규제주의로 전환시키는 계기를 만들었다.

셋째로 미야모토 증언을 채택해 입지상의 과실을 인정한 것이다. 니가타 미나마타병 재판의 판결에 있어서도 화학공장의 공해방지를 최고의 의무로 했지만, 이번 판결은 다음과 같이 명쾌히 '입지상의 과실'이라는 생각을 채택했다.

'석유를 원료 또는 연료로 사용해 석유정제, 석유화학, 화학비료, 화력발전 등의 사업을 영위하는 생산과정에서 황산산화물 등의 대기오염물질을 부과적으로 생기게 하는 것을 피하기 어려운 피고 등 기업이 새로운 공장을 건설해 가동을 시작하려고 할 때, 특히 이 사건의 경우처럼 콤비나트 공장군이 들어서기 전후에 서로가 집단으로 입지하려고 할 때는 위 오염의 결과가 부근 주민의 생명·신체를 침해하리라는 중대한 결과를 초래할 우려가 있다. 그렇기 때문에 그러한 일이 없도록 사전에 배출물질의 성질과 양, 배출시설과 거주지역과의 위치·거리 관계, 풍향, 풍속 등의 기상조건 등을 종합적으로 조사연구해 부근 주민의 생명·신체에 위해를 미치지 않도록 입지해야 할 주의의무가 있는 것으로 해석한다.'

더욱이 판결은 피고 6개사가 위의 주의의무를 게을리하고 생각 없이 조업을 계속해 피해를 냈다며 '조업상의 과실'도 인정했다. 그러나 고의에 대해서는 구로카와 조사단의 권고 이후에도 각 공장이 배출기준을 지키고 있기에 고의를 갖고 매연을 배출했다고는 판정하기 어렵다고 했다.

피고는 과실은 결과회피의무위반이기 때문에 결과회피가 불가능하고, 피고 등이 할 수 있는 최선의 대기오염방지조치를 강구해 결과회피의무를 다한 이상 피고들에 책임은 없다고 주장했다. 판결은 다음과 같이 그것을 비판해 돌이킬 수 없는 손실을 내면 최고의 대책을 취했다 하더라도 과실이라고 판단하였다.

'가령, 피고들의 주장과 같이 과실을 결과회피의무로 해석하고 최선 또는 상당한 방지조치를 강구한 때는 면책된다고 해석한다 해도 공해대책기본법이 경제와의 조화조항을 삭제해 국민의 건강보호나 생활환경의 보전의 목적을 강조한다고 개정한 것에 비추어보면 적어도 인간의 생명·신체에 위험이 있는 것을 알 수 있는 오염물질의 배출에 대해서는 기업은 경제성을 무시하고 세계 최고의 기술·지식을 동원해 방지조치를 강구해야만 하며, 그러한 조치를 게을리하면 과실을 면하지 못한다고 해석해야 한다.'

위법성에 대해서는 피고의 경제활동의 사회적 유용성 또는 공공성, 배출기준준수 등에서 수인한도 이내라는 주장을 물리치고, 피해의 중대성에서 위법성이 있어 수인한도 이내로 인정하기 어렵다고 하였다.

더욱이 판결은 직접 소송청구의 대상이지 않았던 국가나 지방공공단체의 지역개발을 비판하였다.

'피고 등이 욧카이치시에 진출하는 데 대해 당시 국가나 지방공동단체가 경제를 우선시 했던 사고에, 공장으로 인한 공해문제의 야기 등에 대해 사전의 신중한 조사검토를 거치지 않은 채, 옛 해군연료창의 임대나 조례로 유치를 장려하는 등의 부주의가 있었던 것을 알 수 있다.'

넷째로 손해에 대해서는 니가타미나마타병을 판결한 공해의 특성론을 그대로 채택한 뒤에 청구금액은 일실이익과 위자료를 삭감해 산정했다. 그리고 최고 1475만 엔에서 최저 371만 엔, 총액 8800만 엔의 손해배상을 명했다.

판결의 보고회는 전면승소의 기쁨으로 넘쳤지만, 어느 원고가 '그래도 연기가 나오고 있다'고 중얼거린 것이 충격적이었다. 피해자가 요구한 것은 돈이 아니라 위험물질의 배출방지였던 것이다. 공해재판의 과제가 손해배상에 머물지 않고 '중지'로 넘어갈 것이 예감되었다. 동시에 판결이 간접적으로 책임을 물은 것과 같이 국가와 지방공동단체의 지역개발의 실패 책임을 묻고, 정책전환을 요구할 필요가 생긴 것이다. 욧카이치 판결은 그러한 과제도 명확히 하면서 기업의 입지·조업의 책임을 명확히 하고, 국가와 지방공동단체의 대기오염대책에 결정적인 전환을 가져오게 했다.

판결 후의 영향

판결 후, 원고인단, 변호인단, 소송을 지지하는 모임 등 지원조직은 6개 사와 직접 교섭해 공소를 단념시키는 것과 더불어 향후 대책에 대해 서약 서를 받았다. 이시하라 산업의 서약서는 다음과 같다.[42]

1. 이번 이시하라 산업이 공소를 단념한 것은 요네모토 판결의 기본정신 과 그 모든 취지를 전면적으로 받아들여, 향후 기업의 기본자세를 근 본적으로 새롭게 한다는 반성 아래 이뤄진 것입니다.
2. 이번 재판의 당사자였던 피해자 이외의 이소즈 전 공해피해자의 구제 에 대해서는 재판 당사자가 아니라 피해자 주민의 요구를 따르겠습니 다. 당사의 창구는 본사 총무부장라고 했습니다만, 희망에 따라 재차 현지 이소즈를 방문하고, 사장이 전 책임을 지고 교섭에 임하며, 당사 로서 충분한 보상지급을 하겠습니다.
3. 공해발생원 대책에 대해서는 종래 당사의 기업노력이 충분하지 않았 다는 것을 인정해 앞으로는 행정규제보다 더 엄격한 배출기준을 조속 히 설정하는 외에 공해발생원의 제거, 탈황장치, 산화티탄더스트 회수 장치 등의 개선을 확약합니다.
   이러한 당사의 공해방지 노력을 검점·확약하기 위해 공해방지설비에 대해서 원고 주민대표 및 그들이 지정하는 과학자에 대해 출입검사의 원칙을 인정하고, 그 비용은 당사가 부담하도록 하겠습니다.

다른 5개사의 계약서도 거의 같은 문장이었지만 주부 전력은 제3항의 전 반을 다음과 같이 썼다.

'참으로 욧카이치의 푸른 하늘을 도로 찾기 위해서 주부 전력으로서는 공해방지에 전력을 기울이겠습니다. 공해방지대책비용을 대폭 증액해 사

용중유의 설파(Sulfa) 함유량을 다시 낮출 것 등을 확약합니다.'

쇼와욧카이치 석유는 주부 전력과 마찬가지로 푸른 하늘 선언을 한 뒤에
다음 1항을 넣었다.

'이를 위해 당사는 욧카이치 공장에 현존하는 31만 배럴 규모의 시설
에 의한 향후 증산에 대해서는 위와 같이 저감의 구체적 근거를 지역주
민 대표에게 제시해 이해를 얻도록 최선의 노력을 한 뒤에 결정하겠습
니다.'

또 미쓰비시 화성, 미쓰비시 유화, 미쓰비시 몬산토는 향후 증설에는 주
민의 동의를 얻는다는 1항을 제3항 가운데에 다음과 같이 넣었다.

'이를 위해 대기오염공해를 증대시킬 수 있는 증설 및 생산량의 증대
에 대해서는 주민의 의향을 무시하고 이를 행하지 않겠습니다.'

재판 중 고자세였던 '공해발생원 부정'과는 손바닥을 뒤집는 듯한 순종적
인 서약이었다. 요네모토 판결이 반론을 허용하지 않을 정도로 얼마나 위력
이 컸는지를 보여준 것이다. 이 판결로 제2차 소송은 취하됐다. 그런데 이
시하라 산업은 1942년 11월에 그 전신이던 이시하라 산업해운 주식회사와
오사카 알칼리의 후신인 오사카 알칼리비료 주식회사가 합병해 만들어진
회사이다. 결국 이시하라 산업은 반세기 동안 두 번이나 아황산가스 공해
사건을 일으켜 주민들로부터 재판에 제소돼 두 번째 역사적 패소를 맞게
된 것이다. 넌더리가 나지 않았는지 이 회사는 1972년 농(濃)황산을 욧카이
치 만에 유출해 항칙법(港則法)을 위반한 형사 사건을 일으키고, 다시 2006
년에는 패로실트 사건*으로 형사고발을 당했다. 문자대로 역사적 공해기
업이며 욧카이치시의 오염이라고 해도 좋을 것이다.

---

* 이시하라 산업이 2001년부터 생산, 판매했던 토양보장재의 등록상표

앞서 원고인단 등의 조직은 피고 6개사 이외의 콤비나트 기업 12개사에게 '욧카이치 공해소송의 판결에 대해서 귀사는 어떻게 받아들였습니까'에 대한 회답과 더불어 자료 제출을 요구했다. 이에 대해 제2콤비나트로 공해를 발생시켰던 다이쿄 석유는 다음과 같이 회답했다.[43]

'욧카이치 공해소송의 판결은 기업과 행정의 자세에 깊은 반성을 하게 하는 동시에 기업의 도덕과 미래를 향한 길잡이를 시사하는 획기적인 의미를 갖고 있는 것으로 생각한다.

우리도 이 판결을 겸허히 받아들여 공해문제 해결을 위한 구체적인 방책을 다시 용단과 책임을 갖고 실행할 결의이며, "인간중심의 풍요로운 내일"을 구축하기 위해 한층 노력을 다할 것이다.'

다른 11개사도 거의 마찬가지의 반성과 공해방지에 노력하겠다는 것을 표명했다. 이소즈 지구주민과 원고인단은 미에현 지사와 욧카이치 시장에게 사죄를 요구했다. 이에 대해 두 사람은 사죄를 했다. 판결 후 기자회견에서 구키 기쿠오 욧카이치 시장은 기자단의 질문에 다음과 같이 답했다.

'미나마타병, 이타이이타이병 등과 같은 단독기업의 것이 아니라 복수기업의 공동책임을 추궁하는 문제이기에 매우 어렵다고는 생각했지만 현재 사회정세로 보아 기업측의 유죄는 면할 수 없다고 생각했습니다. 저로서는 행정기관의 대책이 충분하지 않았다는 것은 부정할 수 없는 사실이며, 문제가 이렇게까지 커지기 이전에 공해문제에 대한 강력한 행정조치를 취하지 못한 것을 깊이 반성합니다.'

판결문에서 입지상의 문제로 지자체의 책임을 물은 데 대해 '결과적으로는 그럴지도 모르겠지만 콤비나트를 유치한 단계에서는 공해에 대한 조사연구가 충분하지 않았고, 당시는 공해발생은 예측도 하지 못했기에 어쩔 수 없었던 것으로 생각한다[44].' 그러나 지사도 욧카이치 시장도 제3콤비나트의 건설을 추진한다고 말했다.

통산성은 판결에 대해 지금까지의 경제합리성의 추구에 중점을 둔 산업
정책을 재검토하도록 하는 것으로 받아들였다. 판결의 취지를 공업 재배치
계획 등의 산업정책 전반으로 살려 인간존중의 공해 제로 기본이념 아래
산업입지를 계획해 나가기로 하였다. 당분간 콤비나트의 총점검과 신설 콤
비나트는 클로즈드 시스템(Closed System)으로 공해방지를 도모하고 있었다.
나는 판결 당일 NHK에서 나카소네 통산성 등과 대담했는데, 내가 헌법에
근거해서 기업은 우선 인권을 중시해야 하는데도 그것을 지키지 않았기 때
문에 사건이 일어났다고 한데 대해 '영업권의 자유'도 보장돼 있다고 나카
소네 통산성은 항변했지만 그 판결은 공해피해자 구제에 관해 획기적인 판
결로 평가받았다.

정부는 이 판결을 무겁게 받아들이는 것과 동시에, 더 이상 사법부에
의해 기업뿐만 아니라 정부가 제재당하는 것을 막기 위해 공건법 제정을
서두르게 됐다. 또 같은 시기에 공공사업에 대해 환경영향평가제도를 도
입했다. 그리고 직접으로는 아황산가스의 배출기준을 하루 평균 0.04ppm
으로 개정했다. 경제정책면에서는 다나카 내각의 '일본열도개조론'에 의한
제2차 전국종합개발에 강한 제동이 걸렸다. 거대 개발 예정지인 아오모리
현 롯카쇼촌, 야마가타현 사카타시, 후쿠이현 후쿠이 신항, 가고시마현 후
지시 만 등지에서 반대운동이 확산되고, 다음해 오일쇼크의 영향도 있어
이들 계획은 전면적으로 재검토 압박을 받게 됐다. 거점개발방식이라는
고도성장을 지지해 온 경제정책은 욧카이치 공해재판을 통해 재검토 압박
을 받게 됐다.

지역에 미친 영향은 조금 늦게 시작됐다. 제2차 소송을 준비했던 이소즈
지구 환자 140명은 1972년 10월에 피고 6개사와 교섭해 총액 5억 엔 이상
의 보상금을 받았다. 또 108명의 인정환자가 가입한 '교호쿠(橋北) 환자모임'
은 1972년 10월에 제2콤비나트의 다이쿄 석유와 공해방지 요구로 교섭에
들어갔다. 이 모임은 보상금을 청구하지 않고 아황산가스의 배출 감축, 악

취·소음·진동 방지, 새로운 증설 중지를 요구했다. 이 때문에 기업은 명확한 회신을 하지 않아 갈등을 빚었으나 다음에 기술할 재단의 설립을 통해 분쟁은 해소됐다.[45]

1973년 3월 욧카이치시의 요청으로 원고환자와 자율교섭환자 이외의 인정환자 구제를 위해 욧카이치 상공회의소는 공해대책협력재단의 설립을 발표했다. 이 재단의 안은 보상수준이 낮고 기업의 책임이 불명확한 것으로, 인정환자모임은 반대했고, 그 뒤 기업과의 교섭에 불만을 표명해 21일간 농성을 하는 등 분쟁이 계속됐다. 현·시는 8월 22일에 수정안을 냈다.

이 안은, 사망위로금은 공해병 사망자 1000만 엔(인정환자로 공해병 이전의 원인으로 사망한 사람은 연령에 따라 200~500만 엔), 연금은 인정기간 안에 입원 180일 이상 환자에 대해서 연령에 따라 남자는 15세 이상 최저 3만 7800엔부터 최고 8만 9000엔의 6단계, 여자는 최저 15세 이상 3만 1700엔부터 최고 3만 9100엔의 6단계로 했다. 이를 최고액 급부로 통원 47일 이하인 경우 합은 남자는 1만 1300엔부터 2만 6700엔까지 6단계, 여자는 1만 엔부터 1만 1700엔까지 6단계로 하도록 하고, 60가지의 차별급부표에 따라 지불하도록 했다.

그리고 그 이외에 위로금을 80~100만 엔 지불하기로 했다. 이 수정안도 요네모토 판결보다는 낮고 또 기업책임이 불명확해서 공해병 인정환자모임은 반대했지만 현·시는 아랑곳하지 않고, 8월 4일 환자모임이 내놓은 '조건부 수용'안의 '조건'을 듣지 않은 채 발족했다. 재단 참가기업은 18개사, 각출금은 균등분할로 아황산가스 배출량비율에 따라 징수됐다. 그 뒤 공건법의 제정으로 보상은 거기에 따르기로 했지만 법의 대상 밖에 있게 된 14명에 대해서는 재단이 구제했다. 1973년부터 1978년 4월 재단해산까지 30억 3748만 엔이 지불됐다.[46]

제5절 **구마모토미나마타병 재판**

1 '기업도시'의 공해재판의 험난한 길

구마모토미나마타병은 공해의 원점이라고 불리듯이 범죄라고 해도 좋을 정도의 전형적인 기업공해로, 그것을 옹호해 온 정부의 중대한 과실이다. 당연히 4대 공해재판 가운데서는 최초로 제소됐어야 할 일이었다. 그러나 최후의 제소가 됐고, 같은 질병인 니가타미나마타병보다도 판결이 늦어졌다. 더욱이 재판은 어렵게 진행돼 4년이나 걸렸다. 또 완전승소한 뒤에도 미나마타병 문제는 40년 이상에 걸쳐 완전한 해결을 보지 못하고 있다. 그 이유는 많지만 여기서는 우선 제소에 이르기까지의 어려움부터 밝혀보았다.

'짓소 공동체'와 환자의 차별

후나바 마사토미의 「짓소와 지역사회」는 '미나마타에서 짓소의 지배력은 지역의 노동력, 토지, 물, 기타 자원에 미치고 있고, 지방자치단체의 행·재정도 거기에 종속해왔다'고 기술해 미나마타시의 지역사회가 짓소가 지배하는 공동체라는 이상한 상황이 되고 있다는 것을 분명히 하였다.[47]

이 짓소의 지역 지배구조는 1908년 짓소의 기원인 카바이드 공장이 미나마타촌에 입지해 그 공장이 발전함에 따라 미나마타시가 형성된 것에서 시작된다. 짓소의 발전사는 후나바의 논문 등에 맡기고, 사건이 일어난 전후 미나마타시의 상황을 다음과 같이 밝힌다. 우선 자원면에서 1970년 시가지 면적 480ha 가운데 공장·사택 등 짓소가 점유하고 있던 면적은 141ha(29%)를 차지하고, 더욱이 산업폐기물의 공유수면 매립이 거의 무조건적으로 인정됐다. 이 때문에 멋진 풍광을 자랑하던 가메노쿠비 해수욕장이 매립으로 사라졌다. 짓소의 미나마타가와 강 표류수 취수권은 하루 양이 17만t으로, 이 강의 하루 저수량이 12만t인 것을 보면 남는 수량이 없고, 공장을 유치한 신일본화학은 짓소로부터 용수를 구입하고 있었다. 미나마타시의 상수도사업에도 짓소의 수리권이 영향을 주고 있었다. 짓소의 공장폐수를 흘리는 배수로에 대해서도 시가 개입하기는 곤란했다.

미나마타의 산업구조에서는 제조업이 생산소득의 40%를 차지하고, 공업에서 차지하는 짓소의 비율은 종업원수로 70~80%를 차지하고, 매출액으로는 90% 이상이었다. 그 노동자는 겸업농가 출신이 많았다. 유노코(湯ノ兒) 온천 등의 관광업이나 상업도 짓소의 경제적 영향이 컸다. 재정상으로는 1960년에 짓소의 납세액이 시세(市稅) 총액의 48.7%를 차지했고, 세출면에서는 실업대책사업과 항만사업에 대한 지출이 특히 많았는데, 이는 짓소의 사업과 관련이 있었다. 이와 같이 경제·재정면에서 짓소는 문자 그대로 지배자였지만, 1960년을 경계로 해서 급격히 그 힘을 잃어갔다. 그것은 고도성장과정에서 전기화학에서 석유화학으로의 전환으로 인해 짓소미나마타 공장은 축소·합리화를 추진했기 때문이다. 짓소의 종업원수는 피크 때의 5000명에서 3000명을 밑돌 정도로 감소했다.

시세 수입에서 차지하는 짓소의 세수비율은 1970년에는 19.2%까지 감소했고, 시재정은 만성적자가 됐다. 결국 1950년대 말에는 '짓소 있고 미나마타'였던 것이 '미나마타 있고 짓소'로 바뀌고 있었던 것이다. 이 짓소의 위기감이 지역사회의 위기의식이 되어 '미나마타병' 문제에 대한 시민감정에 영향을 준 것이다.

1959년 위로금계약은 이러한 미나마타시의 성격이 반영된 것이라고 해도 좋다. 이시무레 미치코는 『고해정토(苦海淨土)』에서 위로금계약을 '천지에 부끄러워해야 할 한 장의 고전계약서였다'고 했다. 그리고 '미나마타병 환자 및 그 가족은 이(저자주: 1953년 이래) 14년간 완전 고립되고 방치됐다'고 말하였다.

그리고 이시무레는 짓소 공장이 축소·합리화를 추진하자 '미나마타병 사건은 시민 사이에 점점 금기시되고 있다. 미나마타병이라고 말하면 공장이 무너지고, 공장이 무너지면, 미나마타시는 소멸하는 것이다. 시민이라고 하기보다 메이지 말기 미나마타촌의 촌민의식, 신흥 공장을 내품 속에서 길러냈다는 뿌리 깊은 공동체의 환상⁴⁸'이라고 말하였다.

시민회의의 설립

1968년 1월 12일 밤, 미나마타병 대책시민회의가 미나마타병환자 가정상
조회 역대회장을 초청해 발족했다. '믿기 어려운 일이었지만 그것은 미나마
타 시민의 조직과 미나마타병환자 가정상조회의 첫 대면이었다.' 이렇게 해
서 처음으로 이시무레는 시민회의가 '공동체의 환상'이라는 터부를 물리치
고 과거에 가져보지 못했던 촌민권(村民權)·주민권·시민권을 스스로 손에
넣으려했다고 기술하였다.

내 손에는 당일 밤 배포된 「미나마타병 대책시민회의 발족 알림」이라는
등사판 인쇄문서가 있다. 그 첫머리는 다음과 같이 씌어져 있다.

'미나마타병 환자 및 상조회원 여러분

미나마타병이 발생한 지 벌써 14년, 정말 긴 시간 동안 미나마타 시민
은 어느 누구 하나 도와주는 사람 없이 고생을 해오셨습니다. 우리는 미
나마타 시민의 한 사람으로서 새삼 정말 미안하게 생각합니다. (중략) 조
심스레 생각해보면 이 14년 사이에 미나마타병에 대해 입을 열면 더 이
상 미나마타는 번영하지 않는다는 식으로 여러분도, 시민도, 시당국도 생
각하게 됐습니다. 그러나 이는 정말일까요. …… 1월 12일 미나마타병 문
제를 몸으로 느끼고 자신의 문제로 해결하고자, 뜻있는 사람이 모여 미
나마타병 대책시민회의를 발족시켰습니다.⁴⁹'

이렇게 해서 드디어 '짓소 운명공동체'의 촌민에서 시민권을 가진 운동이
시작됐다.

미나마타병 대책시민회의(이하 시민회의라 약칭)는 2월 9일에 시민을 향해 발
족선언을 내놓았다. 이 회의는 2가지 목적을 들고 있었다.

1. 정부에 미나마타병의 원인을 확인시키는 것과 동시에 제3, 제4의 미나

마타병의 발생을 방지하기 위한 운동을 한다.

2. 환자가족의 구제조치를 요구하는 동시에 피해자를 물심양면 지원하는 회칙에는 '생명과 진실을 지키는 모임의 목적을 달성할 때까지 활동한다'고 밝혔다. 회장에는 히요시 후미코, 사무국장에는 마쓰모토 쓰토무를 선임하여 3월 15일에는 위로금에서 생활보호비를 빼내는 것을 중지해달라는 등의 요구를 환자상조회와 더불어 지자체나 정부에 요구하는 활동을 시작했다.[50]

시민회의의 발족과 거의 시기를 같이해서 1월 21일 니가타미나마타병 환자, 변호인단, 니가타현 민주단체 미나마타병 대책회의가 구마모토현으로 가서 환자상조회·시민회의와 만났다. 여기서는 보상문제에 대해 이야기를 나눴다. 따라서 발족 때부터 재판은 염두에 두었으나 그것을 준비하지는 않았다.

정부의 '보상계약'에 의한 환자상조회의 분열

1968년 9월 26일, 정부는 미나마타병의 원인은 짓소미나마타 공장의 폐수에 있다는 결론을 내놓았다. 환자상조회는 이 정부의 결론이 나오기 전에 3단계의 운동방침을 정했다. ①자주교섭으로 보상을 요구, ②회사측에 성의가 없으면 지사 등에게 알선을 요구, ③그래도 해결되지 않으면 전원이 소송.

시민회의는 9월 28일에 정부가 결론을 내놓은 참에 그동안 환자의 고립무원, 오히려 '죄 없이 불행해진 사람들을 쫓아다니며 돌을 던지는 듯한 풍조'를 사과하고, 자기 자신의 인간회복을 위해 시민회의를 만들어 운동하고 있다는 사실을 시민에게 보고했다. 그러면서 환자상조회의 3단계 운동방침을 전면적으로 지지하지만 걱정도 있기에 계속 지원하면서 지켜보고자 한다고 말했다.

환자상조회는 10월 8일 짓소 주식회사 사장에게 사망자유족에게 1300만 엔, 생존자에게 연 60만 엔의 연금 등을 요구했다. 그러나 짓소는 회답을 하

지 않고, 후생성에게 제3자 기관을 만들어달라고 하며 상조회로부터 발을
뺏으면 한다고 말했다. 그래서 상조회로서도 어쩔 수 없이 후생성에 알선기
관의 설치를 부탁했다. 그런데 후생성은 다음과 같은 '확약서'에 동의하도
록 날인을 요구해왔다.

확약서

우리가 후생성에 미나마타병과 관련된 분쟁처리를 원하는 데 있어서,
이를 인수하는 위원의 인선에 대해서는 일임하고, 해결에 이를 때까지의
과정에 위원이 당사자 쌍방으로부터 사정을 충분히 듣고, 또 쌍방의 의
견을 조정하면서 논의를 다한 뒤에 위원회가 내놓는 결론에는 이의 없이
따를 것을 확약합니다.

이 부당한 확약서에 백지일임이 아니라 소송하는 것외엔 다른 방법이 없
지 않느냐는 목소리가 나오는 한편, 짓소를 적으로 돌리는 것을 우려하며
위로금계약을 없던 일로 할까 염려하는 사람도 있었다. 1969년 4월 5일, 환
자상조회 총회가 열렸지만 집행부 3인은 약간 자구를 수정했을 뿐, 후생성
에 일임하는 방침에 찬성하는 사람(일임파)을 데리고 해산했고, 일임파에 반
대해 남은 회원 35명은 4월 13일 다시 짓소에게 보상교섭을 요구했다. 그러
나 짓소는 후생성이 설치하는 제3자기관에 해결을 맡겼기 때문에 요구에
응할 수 없다고 회답해왔다. 이 때문에 후생성의 알선에 반대하던 환자가
1969년 6월 14일 구마모토 지방재판소에 짓소 주식회사를 피고로 제소했다.
후생성은 치쿠사 다쓰오를 위원장으로 하는 미나마타병 보상처리위원회
를 만들어 사실상 짓소의 책임을 모호하게 하는 화해안을 1970년 5월 25일
에 내놓았다. 이 안은 환자를 질환상태와 연령으로 16개 등급으로 나눠 사
망자 일시금 170만~400만 엔(옛 위로금계약에 의한 지급분 35~49만 엔 공제), 생존
자는 4등급으로 나눠 일시금 50만~190만 엔, 연금 17만~38만 엔, 조정일
시금 50만 엔이었다. 이 위원회는 회사에 1956년 당시, 배수로 인한 피해에
대해 예견가능성이 있었는지 여부는 재판이 행해지고 있다는 이유로 의견

결정을 피했고, 또한 위로금계약에 대해서도 당시의 일반적으로 권리의식
도 높지 않았던 사정 등을 고려하면 곧바로 무효라고 단정하기에는 문제가
있었다고 했다. 그리고 위의 보상금이 손해를 충분히 보상하고 있다고는 생
각하지 않지만, 기업에게는 큰 부담이라는 것을 고려해 당사자는 이 안을
헤아려 원만히 타결하라고 말하였다.[51]

이 치쿠사 위원회의 보상은 확실히 짓소의 지불능력을 기준으로 해 위로
금계약의 유효성을 인정한 것으로, 정부의 개입은 짓소를 옹호하는 데 있었
고 환자의 이의신청이라는 구상권을 전혀 인정하지 않는 '확약서'를 사전에
받으려고 한 데서 드러나 있다. 이 지불능력에 한계의 증거는 적자결산에
있었지만 짓소의 자회사를 포함하는 전 자산이나 금융기관과의 관련을 고
려하면 지불불능이라는 경영분석은 틀렸던 것이다.

이 치쿠사 위원회의 보상은 5월 27일에 일임파가 용인했다. 이에 따라 재
판의 중요성은 오히려 증가했다고 보아도 좋을 것이다.

1969년 6월 14일, 구마모토 지방재판소에 짓소를 피고로 하는 원고 112
명(가족 28세대, 원고인단장 와타나베 에이조)의 손해배상소송(6억 4239만 엔의 위자료 청
구)이 제기됐다. 최종적으로는 원고 147명 청구액 14억 9898만 5686엔이 된
다. 그에 앞서 5월 18일 미나마타시 교육회관에서 미나마타병 소송을 다툴
변호인단 결성식이 행해졌다. 변호인단은 현내 23명을 포함해 222명, 단장
야마모토 시게오, 사무국장 센바 시게가쓰였다. 그리고 1971년 3월에는 마
나키 아키오 변호사가 미나마타시에 사무소를 개설했다.

이보다 앞서 1968년 9월 13일 처음으로 미나마타시 주최 '미나마타병 사
망자합동위령제'가 거행됐는데 거기에는 일반시민은 이시무레 미치코 이외
엔 누구도 참가하지 않은 이상한 위령제가 됐다. 한편 9월 29일에 열린 미
나마타시 발전시민대회에는 2500명이 모였다. 발기인은 상공회의소부터 부
인회, 청년단체, 농업인협회, 풍속영업조합까지 56개 단체가 처음으로 상조
회를 지원하는 취지로 열었다. 그러나 그 목적은 '환자를 지원한다. 그러나
짓소의 재건계획의 수행에 충분히 협력한다'는 것으로, 짓소에게 너무 책임

추궁을 한 나머지 짓소가 물러나서는 곤란하다는 것이었다.[52] 이렇게 짓소
를 옹호하는 분위기에서 제소하기는 쉽지 않았다. 제소에 임했던 와타나베
에이조 원고인단장이 '지금부터 우리들 미나마타 환자는 국가권력에 맞서
게 됐습니다'고 결의를 말한 것은 과장이 아니었다.

재판의 제소 지원이 시작되자 시민회의는 변호인단과 환자상조회의 중
개역으로서 소송을 지원하는 중심이 됐다. 노동조합, 민주단체, 사회당, 공
산당이 '미나마타병 소송지원 공해를 없애는 구마모토 현민회의'를 결성해
소송을 지원했다. 또한 1969년 4월 20일 '미나마타병을 고발하는 모임'이 발
족돼 미나마타병 재판을 지원하는 운동을 시작했다. 이 '고발하는 모임'은
직접 교섭을 지원하기 위해 생겼는데, 환자 가운데 직접교섭파가 소송파가
되는 동시에 재판투쟁의 지원에도 나섰다. 7월 21일에 시민회의와 고발하
는 모임은 짓소 주(株)를 사서, 주주총회에서 기업책임을 추궁한다는 주식
한 주 갖기 운동을 제기했다. 이는 재판에서는 피해자의 운동이 간접적이
되기에 기업간부와 직접 대결하는 장을 갖고 싶다는 목적이었다. 그러나 변
호인단은 짓소의 법적 책임을 명백히 하는 것은 소송에서 승리하는 것 이
외에는 없고, 짓소의 권리를 옹호하는 주주총회에서 피해자의 요구를 실현
하기란 불가능하며, 이런 것으로 분쟁이 되면 재판에 방해가 된다고 비판했
다.[53] 주주총회는 11월 28일에 열렸다. 고발하는 모임과 일부 피해자는 도롱
이를 쓴 순례자의 모습으로 참가해 영가(詠歌)를 부르며 짓소에 한 서린 항
의를 했다. 그러나 예상대로 총회는 미나마타병의 책임을 전혀 추궁하지 못
하고, 사실적인 토의도 없이 회사의 설명이 승인됐다. 폐회 때 지원자와 피
해자가 단상에 올라가 에가시라 유타카 사장을 꿇어 엎드리게 해 정부 승
인 후의 사장의 사죄장을 읽게 했다. 그것은 텔레비전에도 보고돼 여론에도
충격을 주었다. 피해자에게는 잠시나마 위로가 됐지만, 사장도 짓소도 아무
런 책임을 지지 않았다. 이 때문에 직접교섭은 점차 과격한 양상을 띠어 당
시 대학분쟁에 나섰던 신좌익운동과 협력하는 모양새가 됐다. 고발하는 모
임은 재판투쟁을 지지하기 위해 시작된 것이지만 점차 변호인단과의 사이

에 균열이 생기게 됐다. 다른 공해소송에는 보이지 않았던 피해자·지원조
직이 몇 번이나 분열하는 불행은 정부·짓소의 분열책뿐만 아니라 피해자,
지원조직 자체의 운동방식의 차이로 인해서도 생긴 것이었다.

2 재판의 쟁점

재판의 쟁점은 책임론, 위로금계약(화해계약)의 유효성, 손해론 3가지에 있
었다. 이미 짓소는 미나마타병의 인과관계에 대해서는 인정했고, 사장이 환
자 가정을 찾아다니며 사죄를 했다. 그러나 환자가 발생한 1953년 당시, 공
장배수가 원인이었다는 사실은 인정하지 않고 정부가 견해로 내놓은 1968
년까지, 아세트알데히드 제조과정에서 생성된 염화알킬수은이 원인물질이
며 그것이 먹이사슬과 생물농축을 통해 미나마타병을 발생시킬 것이라고는
몰랐다는 것이다. 이 때문에 만약 제조공정에서 원인물질의 규명과 그 경로
에 대해서 1968년 이전에 과학적인 연구가 있었다고 해도 짓소가 그것을
알지 못했다면 짓소에게는 과실도, 책임도 없게 되버리는 것이다. 짓소는
쇼와 전공이 농약설을 내세워 공장폐수설을 부정한 것처럼 이 단계에서 다
른 원인설을 내세우지는 않았지만, 예견가능성이 없었다는 것이나 원인의
인식은 구마모토 대학의 연구 결과에 따르고 있다는 것을 이유로 책임 회
피를 꾀했던 것이다. 인과관계가 명확함에도 불구하고 짓소의 법적 책임을
어떻게 추궁할 것인지, 과학논쟁에 빠질 위험이 생겼다. 더욱이 이 문제를
풀기에는 언제 짓소가 원인을 인식했는지, 그 경우 어떠한 대응을 취했는지
는 내부 자료의 입수나 고발이 없으면 안 된다. 이런 식으로 짓소의 과실을
입증할 수 있는 것은 짓소 내부자 이외에는 없었다. 센바 시게가쓰는 당초
변호인단이 이 일을 낙관하고 있었지만 기대는 보기 좋게 어긋났다고 했다.
종업원이나 주변 주민은 짓소를 고발하면 미나마타에 살지 못하게 된다며
증인으로 나서길 꺼려 했다.[54] 이 때문에 과학논쟁에 말려들지 않도록 하기
위해 후술하는 오염수론(汚惡水論)이 등장했다. 또 이례적이지만 '적성(敵性)

증인*으로 짓소 내부 책임자를 등장시킨 것이다. 이는 위험한 일로 자칫 패소할 수도 있다. 그러나 이 오염수론에 따른 책임론과 적성증인에 의한 입증은 위로금계약의 비판과 더불어 이 미나마타병이 범죄라고 해도 될 만큼 공해의 본질을 명확히 해주었다고 해도 좋을 것이다.

재판의 쟁점에 대해서는 쌍방의 주장을 각각 준비서면에 따라 간단히 소개한다.

짓소의 책임이란 - '오염수론'을 둘러싸고

원고는 피고 칫고의 불법행위는 법률상 공장 폐수가 타인의 법익을 침해한다는 사실을 예견한 것만으로 충분하다고 해 오염수론을 책임론의 핵심으로 삼았다. 이 경우 오염수란 '화학공장을 주로 하는 대규모 기업의 기업활동에서 생겼고, 또한 외부로 배출할 때 동식물이나 인체에 위험을 미칠 가능성을 가진 폐수를 말한다55.' 오염수론에 따르지 않고 '피해를 발생시키고 있는 개개 물질이 특정되지 않으면 책임은 없다'라는 메커니즘론을 취하면, 병리학적으로 오염물질이 해명되기까지 조업이 중지되지 않고 피해 증대가 묵인돼 버린다. 결국 과학적인 입증이란 미명하에 피고의 인체실험을 용인하게 되는 것이다.

원고는 니가타미나마타병의 인과관계론의 3원칙인 병인(病因), 오염경로, 원인물질의 생성·배출 메커니즘의 해명 필요론을 비판하며 오염수 가운데 메틸수은화합물이라는 특정은 불필요하다고 하였다. 확실히 화학공장이 오염수를 흘려보내 심각한 피해를 발생시키고 있다면 그것만으로도 공해로 인정하여 기업이 책임져야만 된다는 것은 상식일 것이다. 그 이상 인과관계의 메커니즘을 명확히 할 수 있는 것은 가해기업이나 연구자이지, 일반 피해자는 불가능한 것이다. 민법학자 시미즈 마코토는 「추억의 오염수

---

* 상대편의 내부자를 증인으로 내세움

론」이라는 에세이에서 '이것(오염수론)을 주옥과 같은 법리론[56]'으로 불렀다. 확실히 공해피해자의 권리를 옹호하는 기본적인 생각을 보인 법리라고 해도 좋다.

그러나 오염수론은 피고 짓소 입장에서 보면 무조건 과실을 입증해야 되는 것으로, 인정하기 어려운 논리일 것이다. 피고는 최종 준비서면 첫머리에 유기수은중독설은 몰랐기에 짓소는 무과실이라며 다음과 같이 말하였다.

'이건 미나마타병 사건 발생 당시에는 아세트알데히드 제조공정 가운데 미나마타병의 원인이 되는 메틸수은화합물이 생성되는 사실을 피고는 예전부터 화학공업의 업계·학계에 있어서도 전혀 인식하지 못했다는 것, 그래서 바닷속 어패류의 체내에 축적돼 그 어패류를 사람이 섭취함으로써 메틸수은중독증이 된다는 생각은 이 미나마타병 사건 발생 당시에는 전혀 예상하지 못했다는 것'

피고는 인과관계가 현재와 같이 분명해지는 과정을 구마모토 대학의 원인규명의 역사를 따라 상세히 설명하였다.

피고의 최종 준비서면은 구마모토 대학 연구팀의 원인규명사의 상세한 설명이었다. 구마모토 대학 연구팀의 원인규명이 얼마나 어려웠는지와 우여곡절을 겪었고, 시간이 걸렸고, 내부의견의 대립이 있었던 사실 등을 예로 들며, 짓소 스스로가 예견할 수 없었던 것과 대책에 실패한 것을 마치 과학적으로 해명하기 어려웠던 것처럼 책임을 전가하였다. 오염수론을 부정하고 과학논쟁으로 끌어들이려고 했는데, 원인규명이 어려운 역사를 구마모토 대학 연구팀에게 책임을 떠넘기고, 자사의 원인규명의 지체, 대책의 실패, 더욱이 원인의 은폐, 뭉개기 등 중대한 과실 책임을 얼버무리려한 것이었다.

피고는 '오염수론'이 어업보상계약에 사용되는 개념으로 승인될 수 없다고 했다. 오염수론에 따르면, 어획고의 감소, 만 내 진흙의 퇴적, 조개류의 폐사상황, 플랑크톤류의 서식상황 등의 미나마타 만의 오염상황은 사람의 발병을 예고하는 것이지만, '모든 피해가 메틸수은에 의한 영향이라고는 도저히 생각할 수 없다'고 하였다. 구마모토 대학 연구팀 기타 무라 교수 등이 어류의 피해를 연구한 것에서는 분명히 고양이, 돼지, 인간과 달리 메틸수은의 영향이 직접 나타나지 않았다. 그러나 원고는 메틸수은에 한정하지 않고, 공장배수의 영향이 지역의 환경파괴를 가져오고 있다는 종합적인 피해를 짓소의 책임으로 보았다. 1956년에는 공장배수가 미나마타병의 원인이라는 사실은 상식이 됐다. 그러나 짓소는 구마모토 대학 연구팀이 의심한 망간, 셀렌(Se), 탈륨(Tl)의 영향에만 한정해 조사했는데, 얼마 안 돼 구마모토 대학 연구팀도 그것들이 관계없다는 사실을 발견했다. 당시 구마모토현 어업과는 미나마타 만의 어업을 금지시킬 것을 윗선에 말했지만, 정부는 이를 거부하고 자율규제로 했다. 당시 짓소는 일단 공장배수를 중지하고 어업인과 더불어 조사를 해야 했지만, 3개 물질에 원인이 없다고 해명하면서 생산을 계속했다.

더욱이 1959년 7월에 구마모토 대학은 유기수은설을 발표했는데, 그것이 어떤 생산공장에서 배출됐는지는 밝혀지지 않고, 해저의 무기수은이 고기의 체내에서 유기화한 것이 아닌가 하는 가설을 세웠다. 짓소는 그것을 구실로 삼아 공장배수를 중지하고 조사하는 일을 하지 않았다. 피고는 당시 배수되는 미량의 알킬수은을 측정할 수 있는 기술이나 조치가 없다는 사실, 공장배수를 규제하는 법률에는 BOD나 COD가 주체이고 수은은 대상이 돼 있지 않는 사실, 유일하게 규제하고 있는 오사카부 사업장 공해방지조례에서는 수은의 배출기준이 10ppm이었지만 하치반 수조의 폐수 메틸수은은 0.02~0.03ppm으로 규제 이하였다는 사실을 들어 면책으로 삼았다. 더욱이 이러한 미량의 메틸수은은 대량의 바닷물에 희석된다고 생각했으며, 먹이사슬이나 생물농축이라는 경로는 당시 업계에서는 알지 못했다고 주장했다.

그리고 미나마타가와 강 하구에 연결된 배수로의 배출경로를 변경해 수질보전을 위한 배수정화장치의 설치로 수은 60~70%를 회수할 수 있게 되었는데, 당시 업계의 최첨단 조치를 취했다고 했다. 그리고 그 시기에 대대적인 증산을 시작한 것이다.

　1961년에는 홍합에서 합유(合硫)수은화합물이 발견됐고, 1962년 말 구마모토 대학 연구팀은 우치다, 이루카야마 두 교수가 염화메틸수은을 공장 슬러지에서 발견해 두 사람에게 약간의 차이는 있지만 짓소의 아세트알데히드의 생산과정에서 부산물로 나온 염화메틸수은이라는 사실을 밝히게 됐고, 1963년에는 학회에서 이 이론이 확정됐다. 짓소는 이 무렵 공장의 이시

주: ( )안은 1960년의 인구.
출처: 原田正純 『水俣病にまなぶ旅』(日本評論社, 1985年), p.11.

그림 4-5 시라누이카이 해 주변

하라 슌이치가 배수구에서 메틸수은을 발견해 연구를 계속하려고 했지만,
큰 논쟁을 불러와 중단했다고 했다. 이와 같이 미나마타병의 원인물질은 확
정됐지만 1968년 5월까지 아세트알데히드 생산은 계속됐다.

피고는 이와 같이 경과를 말하고 다음과 같이 결론을 맺었다.

'1959년 이전 단계에서는 분석할 수도 없는 미량의 알킬수은의 생성을
예상해 예견하는 것은 도저히 불가능했다고 하지 않을 수 없다. 하물며
이런 미량의 물질이 어패류 체내에 축적된다든지, 어패류를 죽음에 이르
게 하지 않고 이를 섭취한 사람에게는 위험을 초래한다는 것은 한층 예
견할 수 없었다는 것은 말할 것도 없다.'

전전부터 공장배수로 인해 어패류의 폐사가 반복됐고, 1948년경에는 다
수의 고양이가 미쳐 죽는 일이 있었는데, 최초의 미나마타병 환자가 나온
단계에서 짓소가 조업정지 등의 기본적인 대책을 취하지 않은 것은 왜일까.

오염수론으로 책임을 추궁하자 이 피고가 내놓은 결론은 너무 공허한 변
명이었다. 이렇게 되면 원고는 각각의 시기마다 비참한 피해의 현실은 무시
한 채, 자사나 화학기업의 이익추구로만 내달린 짓소의 대응이 얼마나 범죄
적인 행위였는지를 입증해야만 한다. 오염수론에서 말하면 의미 없는 과학
논쟁에 말려들지 않을 수 없었던 것이다. 이를 위해서는 짓소가 사건에 대
응한 역사를 짓소 내부에서 밝혀내야만 분명해진다. 앞서 말한 것처럼 기업
도시에서 짓소의 경영과 미나마타병 대책을 증언하러 나선 짓소 직원이나
주변 주민은 거의 없었다. 그래서 그런지 일부 피해자가 짓소 변호의 증인
으로 나오고 있었다.

이 때문에 원고 변호인단은 위험을 알고 '적성증인'인 짓소 미나마타공장
장 니시다 에이이치의 증언과 반대심문에 전력을 쏟게 되었다. 또 짓소의
변명을 뒤집을 결정적인 증언으로 짓소 부속병원장 호소카와 하지메의 증
인을 끌어내도록 했다. 재판기록이 연극을 보듯 극적이었던 것은, 피고는
구마모토 대학 연구팀의 연구사를 입증자료로 사용하고, 원고는 짓소의 간

부에게 과정을 더듬어갔던 것으로, 긴장감 넘치는 법정이 됐기 때문이었다. 특히 이 재판의 하이라이트는 호소카와 하지메의 증언과 니시다 에이이치의 증언이었다.

호소카와 하지메의 증언

호소카와 하지메는 암으로 암연구소 부속병원에 입원해 있었는데, 1970년 4월 병상에서 증언을 했다. 이미 우이 준이 『공해의 정치학』에서 호소카와 하지메가 고양이 400호 실험에서 아세트알데히드의 생산과정에서 발생하는 유기수은으로 인해 미나마타병의 증상을 보였다는 사실을 발표했다. 또 호소카와 자신도 『문예춘추(文藝春秋)』에 기고했다. 원고 대리인은 이런 사실을 호소카와로부터 상세하게 증언받았다. 그는 호소카와 등이 1957년에 기술부와 병원이 주로 연구회를 만들어 1961년까지 900마리의 고양이를 실험에 사용했다고 했다. 회사는 인정하지 않았지만, 호소카와 등은 '화학독(化學毒)'이 아닐까 싶어 좀더 확실히 하기 위해서 시작했다. 실험은 다양한 물질을 주입해 증상을 보는 간접적인 방법을 취했는데, 이 400호 암코양이 실험은 직접 초산계의 배수를 1959년 7월 21일부터 매일 20cc씩 기초식으로 경구에 투여했다. 10월 6일에 정형적(定型的)인 미쳐 날뛰는 행동이 발생했지만 그 후 이 행동은 사라졌다. 그러나 21일에 본격적인 미쳐 날뛰는 행동(廻走運動)이 나왔다. 이 미쳐 날뛰는 행동이란 고양이가 경련을 일으키며 침을 질질 흘리고 몸을 움크렸다가 뛰는 것으로, 마구 뛰다가 벽에 부딪힌다. 시야협착을 일으켜 눈이 보이지 않게 된다. 인간의 미나마타병과 마찬가지 증상을 보인 것이다. 호소카와는 이것을 기술부에 보고했다. 고양이는 규슈 대학 의학부 엔조지 무네토모 교수에게 넘겨져 병리해부한 결과, 이전에 발생한 미나마타병의 고양이와 마찬가지로 의심되지만 확실하다고는 말할 수 없다고 했다.

호소카와 등은 실험을 계속하고 싶다는 의사를 밝혔지만, 11월 30일 회사에서는 새로운 연구는 일절 그만두라는 이야기가 나왔다. 호소카와는 공장배수를 뺀 실험만은 해봤으면 좋겠다고 했지만 안 됐고, 재개된 것은 1960년 8월 이후였다. 또한 호소카와는 1958년 9월에 공장배수를 미나마타가와 강 하구로 옮기는 데 반대했다고 증언하였다.

호소카와 증언은 짓소의 과실을 증명하는 데 결정적인 내용이었다. 1957년 고양이실험을 시작한 때에는 이미 '화학독'이라는 말로 미나마타병의 원인이 공장배수에 있다는 사실은 회사측에서도 알고 있었기 때문에 고양이실험을 시작했다고 해도 좋을 것이다. 그리고 400호 실험으로 아세트알데히드 생산공정에서 나온 유기수은이며, 구마모토 대학의 유기수은설의 근원이 명확해졌다고 해도 좋을 것이다. 공장 간부는 이 사실을 공개하지 않고 원인불명이라며 거짓말을 해 환자상조회와 위로금계약을 맺었다. 정말 범죄적이다.[57]

피해자 등은 호소카와 하지메가 여기까지 미나마타병의 원인을 알고 있었다면 왜 공개해주지 않았느냐며 비판했다. 확실히 1959년부터 대대적인 증산에 들어가 전 수은유출량의 절반 이상인 4.5만t이 그 이후에 유출되고 있었기 때문에 피해의 일부는 막았을지도 모르겠다. 그러나 호소카와는 의사였지만 짓소의 직원이었고, 실험중지라는 회사명령에 대항해 실험을 계속할 수 없었다. 또 그는 뛰어난 과학자였기에 1회의 실험(실제는 2회였지만)만으로 게다가 병리학적 확정까지는 납득할 수 없었을 것이다. 휴머니스트였던 호소카와는 피해를 막지 못한 것을 두고 평생 괴로워했고, 원고의 증인이 됐으며, 이 증언으로 짓소의 책임이 보다 분명해져 원고가 승소할 수 있었던 것이다.

니시다 에이이치 증언과 반대심문

이에 반해 니시다 에이이치는 피고의 무과실 논리를 주장하며 고전분투했다. 그는 예견가능성을 부정하기 위해 유기수은설을 모른다는 태도를 취했다. 이것은 오히려 일본을 대표하는 화학기업이 얼마나 주민의 생명·건강이나 생활권을 무시하고 안전대책을 취하지 않았는지, 더욱이 기업의 책임자가 유해물질을 내는 과학의 지식에 대해 얼마나 공부를 하지 않고 무능한지를 폭로한 셈이었다.

니시다의 증언은 방대했지만 중요점은 2건이다. 첫째는 어거지라고 해도 좋을 정도로 안전에 관해 소극적인 태도이다. 1956년부터 1957년에 걸쳐 이미 공장배수가 의심됐고, 구마모토 대학 연구팀이 전염병을 부정하고, 망간 등의 3가지 금속의 질병을 의심한 때였다. 니시다는 공장배수 전체를 조사하지 않고 3가지 금속만을 조사해 이상이 없다고 판단했다고 말했다. 1953년 이래 갑자기 환자가 발생했고, 배수로를 또 다른 곳으로 내었던 쓰나기 지역에 새로운 환자가 출현해 다른 회사에서 예를 볼 수 없는 피해가 나왔다면 당연히 자사 생산공정의 변화를 눈여겨 봤어야 했다. 1959년에 유기수은설이 나왔을 때에도 염화비닐 공정만을 조사해 무기수은밖에 나오지 않는다고 했다. 니시다는 1960년에 한야 다카히사가 내놓은 유기수은의 생성에 관한 보고를 읽었지만 추적은커녕 확인도 하지 않았다.

니시다 증언의 핵심은 짓소가 미나마타병의 원인을 은폐하고, 기만에 가득 찬 언동으로 해결을 지체시켜 피해를 키웠다는 것이다. 그 가장 악질적인 행위는 호소카와 하지메의 고양이 400호 실험의 보고를 전혀 받아들이지 않고, 유기수은중독을 몰랐다고 한 것이다. 이는 명백히 사기이지만, 고양이 400호 실험 결과를 안 것은 우이 쥰의 『공해의 정치학』을 읽은 때라고 한 것은 더욱 가소로운 일이다. 게다가 실험을 계속하고자 했던 호소카와의 실험을 중지시킨 것을 알지 못한다고 했다. 호소카와가 배수로를 하치반 수조인 미나마타가와 강 하구로 변경하는 데 반대한 사실을 모른다고 했다.

고양이 400호 실험 결과를 공개하지 않는 한편 화학공업협회 오시마 다케지 전무이사의 폭약설을 지사, 현의회 의장, 미나마타시장, 경찰에게 대대적으로 선전했다. 이는 원인불명으로 위로금계약을 유리하게 진행하려했기 때문일 것이다. 니시다는 앞서 말한 바와 같이, 1953년 환자 발생의 원인에 대해 공장폐수설을 의심했고, 그 때문에 옛 군수집적소가 테트라에틸납 화약을 바닷속에 투기했다고 의심했다는 것이다. 1967년 2월 「구마모토현 미나마타 만산 어패류를 다량 섭취함으로써 일어난 식중독에 대해서」에 따르면, 종전시 후쿠로 만(모도(茂道))의 군수품 처리에 대해서는 당시 책임자인 전 해군소위 가이 쓰요시가 진주군의 명령에 따라 저장폭탄을 1946년 1월에 마차 몇 대로 미나마타역에 전부 쌓았는데 이를 진주군이 산카쿠(三角)역으로 옮겨 산카쿠에서 심해로 투기했다고 했다. 가이 쓰요시가 이 일이 확실하다고 했음에도 짓소는 자신이 일절 아무 말도 하지 않았다고 한 것은, 무언가 공장쪽이 불리해질 것을 염려하는 듯하다고 기재돼 있다. 실은 니가타미나마타병 재판에서 오시마 다케지는 증언 가운데 당시 어민분쟁 특히 환자상조회와의 교섭 등으로 화학공업이 공해의 주범이 되는 것을 막기 위해 공장배수설에 대항하려고 폭약설을 내놓았다고 말했다. 오시마는 사전에 폭약 관리자나 경찰 등을 조사해두도록 현지에 지시를 하였다. 따라서 짓소의 직원은 가이 쓰요시로부터 이야기를 들어야만 했다. 그럼에도 불구하고 짓소는 후쿠로만 안을 전파로 조사해 마치 폭약을 찾고 있는 것 같은 제스처를 취해 유기수은설의 부정으로 내달은 것이다.

원고가 처리하지 않은 오염수를 흘려보냈다고 비판하자 1959년에 설치한 사이클레이터(배수정화처리시설)가 수은을 80% 제거할 수 있다고 했다. 그러나 심문에서 추궁한 결과, 이는 유기수은의 제거에 효가가 없었던 것으로 판명됐다.

니시다는 법정에서 선서를 했기에 허위라고는 생각하지 않지만, J. 뉴랜드, R. 포그 저, 쓰지 유지 역『아세틸렌의 과학』(1950년, 호쿠류칸(北隆館)) 등의 기본적 문헌을 읽지 않았고, 읽었다고 해도 기억에 없다고 했다. 전전에 짓소의 기술자 이가라시 다다오 등이 아세트알데히드의 생산공정에서 유기수은이 발생한 것을 발표한 것을 니시다는 읽기는 했지만 유기수은인지는 알지 못했다고 했다. 1963년 신문에서 구마모토 대학의 이루카야마 교수의 유기수은 발견 기사를 비로소 읽었다고 한 것이다. 허위 증언이 아니라면 정말 무식하고 화학공장의 책임자로서 부작위이자 무책임이다. 이와 같이 니시다 증언은 짓소의 범죄라고 할 수 있을 정도의 행위를 증명했다고 해도 좋을 것이다.

위로금계약을 둘러싼 논쟁

피고 짓소는 위로금계약은 화해계약이고 손해배상과 마찬가지 금액을
지불했다며, 이것이 호의의 산물이라며 다음과 같이 말했다. 환자상조회가
'미나마타병의 원인은 미나마타 공장의 배수라고 해서 그 책임을 물어 총액
2억 3400만 엔(1인 평균 300만 엔)이라는 거액의 보상금을 요구하는 원고와 그
책임을 부정하는 피고 사이에 심각한 대립이 있었다. 원고의 거듭되는 요청
으로 조정위원회가 이 분쟁을 해결하기 위해 조정안을 작성하여 제시해 당
사자 모두 불만이 있었지만 이를 수락하고, 이에 근거해 화해계약이 체결돼
위와 같은 대립, 분쟁에 종지부를 찍었던 것이다. 그리고 위 당사자 상호간
에 주장, 요구와 본건화해계약으로 확정된 합의내용을 대비하면 양 당사자
가 각각 양보를 하고 있는 사실은 분명하다'고 한 계약내용을 다음과 같이
요약하였다.

'피고는 "손해배상책무가 있다는 사실은 인정하지 않지만 실질적으로
는 손해배상과 같은 소정의 금액을 위로금으로 지불하는 것으로 하고,
그것은 일시금·연금·위로금·장례비로 나눈다. 그리고 장래 미나마타
병의 원인이 미나마타 공장에 없다고 결정된 경우는 그 뒤 위로금의 지
불은 요구하지 않지만, 이 경우 이미 지불된 위로금에 대해서는 어떠한
영향도 없다"고 하는 내용을 골자로 한 양보를 하고 한편 원고는 "위 피
고가 한 양보의 한도에서 지금까지 주장한 미나마타병으로 환자가 된데
따른 손해배상청구권을 포기한다"고 양보하는 것으로 한다. 이 취지는
"장래 미나마타병이 갑의 공장배수에 기인하는 것이 결정된 경우에도 새
로운 보상금의 요구는 일절 하지 않는 것으로 한다"고 계약상 5조에 명
기됐다.'

마치 제4조와 제5조가 상호 양보의 조건으로 인정된 것 같이 주장하고

있다. 그리고 금액이 보상으로는 극단적으로 낮은 금액이라는 비판에 대해
서는 '피고는 본건화해계약에 의해 충분한 보상을 했다고 말하지는 않는다.
그러나 그 금액은 1959년 당시 사람의 생명건강에 대한 피해의 보상을 위
해서 일반적으로 행해지던 금액에 비해 상당한 액수이며, 결코 극단적으로
낮은 액수는 아니다[58]'라고 주장했다.

위로금계약은 부당하고 공공질서와 미풍양속에 반하는 것이 아닌가 하
는 주장은 계약 전에 앞서 말한 고양이 400호 실험이 있었는데, 짓소는 미
나마타병이 공장배수 중의 유기수은중독이라는 사실을 알고 있었고, 더욱
이 그것을 폭약설로 속여 손해배상을 회피한 것에 있다. 피고는 '당시 고양
이 400호에 대한 사실은 호소카와 등 병원관계자가 알고 있었다고 해도 구
체적으로 화해계약에 나서고 있었던 사장·공장장 등은 전혀 위 사실을 알
고 있지 못했던 것이다. 따라서 동 실험의 결과에 의해 원인이 판명됐다고
하는 사실도 없지만, 관련 실험 결과를 알고 있지 않은 사람이 그 내용을
숨기고 계약을 행하는 일은 있을 수 없는 일이다'라고 항변하였다. 더욱이
악질적인 주장이지만, '원고는 미나마타병의 원인은 피고의 공장배수에 기
인한다고 믿고 청구를 했으며, 조정위원회 역시 공장배수에 원인이 있다는
것은 사회적 사실이라는 입장에서 조정을 한 것이다'라고 말해 위로금계약
때에는 원고가 짓소를 가해자로 인정했기에 이 계약은 무명(無名)계약이 아
니라 손해배상을 바로잡는 화해계약이라는 것이다.

위로금계약이 유효하다고 하면 본 소송의 의의는 성립하지 않는다. 원고
는 이를 새로운 불법행위이며, 공공질서 및 미풍양속 위반이라고 했다.

'위로금계약은 공해기업인 피고가 미나마타병 환자 및 그 가족을 희생
으로 삼고, 그 생명·신체와 눈물을 비료로 해 석유화학공업 전환의 꽃
을 피우는 것을 목적으로 이미 자신의 미나마타 공장이 미나마타병의 원
인이라는 사실을 알면서 이를 숨기고, 원인규명을 방해하면서 원인불명
을 전제로 자신이 만들어낸 원고의 고통, 궁핍과 고립에 편승해 국가 및

지방자치단체의 원조 아래 밀어붙인 불평등하기 짝이 없는 부당한 계약이다.'

원고는 호소카와 증언에 의해 명백해진 것처럼, 짓소는 미나마타병의 원인을 알면서 '이를 은폐해 태연히 원인불명이라는 태도를 밀어붙이며 본건 계약을 체결한 것으로, 피해에 비해 현저하게 적은 금액을 출연하고 일체 손해배상청구권을 빼앗은 본 계약은 공공질서 및 미풍양속에 반해 민법 90조에 의해 무효다'라고 했다.

제1장에서 말한 바와 같이 계약의 제4조에는 공장이 원인이 아니라고 판정되면 위로금을 중단한다고 하고 있는데, 만약 공장이 원인이라고 나오면 정당한 손해배상에 맞게 협의한다고 정하는 것이 정당할 것이다. 그런데 공장이 원인이라고 나와도 이 이상 청구하지 않는다는 것은 명백히 부당하다. 짓소는 원고가 그 내용이 부당하다는 것을 알고 있었다면 계속해서 위로금을 받았겠느냐며, 원고가 제4조, 제5조를 알고 있었다고 주장했다. 그러나 원고가 이의를 말할 수 없을 정도로 짓소는 힘이 셌고, 지역을 지배하고 있었다. 또한 근대적인 감각으로 계약서의 내용을 제대로 이해하고 행동할 수 없었다며 당시 피해자의 상황은 답답했고, 몹시 가난하여 적은 돈이라도 필요했다며 환자 입장을 변호했다. 또 원고인 환자가 핵심을 잘못 알고 있었다고 했다.

손해론과 지역재생

원고의 손해론은 첫머리에 인간의 존엄을 숭고하게 선언하고, 피해자의 모든 인격의 장기간에 걸친 구제, 짓소의 지역지배, 거기서 생긴 공해의 범죄성을 고발하고, 지역사회의 개혁을 요구하는 격조 높은 주장으로 돼 있다. 원고가 주장하는 손해는 '원고가 입은 사회적·경제적·정신적 손해 모두를 포함하는 총체'여서, 원고의 평생 동안 최후의 최후까지 피해자 등에 대한 보상을 계속하지 않으면 안 된다고 주장했다. 제재적 배상은 바람직하지 않지만 청구권을 삭제하지 말라고 말했다. 마나기 변호사는 『법률시보(法律時報)』의 좌담회 자리에서, 손해론은 짓소의 범죄성, 피해자의 희생성, 개별 피해의 3가지로 구성돼 있다며 손해를 지역 전체의 파괴에 근거한 인간파괴의 총체라고 하고, 포괄해서 일률적인 위자료를 청구해야 한다고 말하였다.[59] 그는 이 재판을 미나마타 마을을 바꿔가는 싸움, 시민의 의식을 바꿔가는 싸움이라고 말했다. 이 때문에 개별 피해 실태를 말하기 전에 짓소의 범죄성을 강하게 주장해 짓소가 공해기업이며, 공해방지체제를 갖추지 않고 지역지배에 의해 부당한 이득을 얻고 있는 사실, 피해자가 피해를 입어도 짓소의 책임을 추궁할 수 없는 분위기인 지역사회이며, 그 짓소를 일화협(日化協), 지자체, 정부 등이 지원하고 있다는 체제적 재해였다는 사실을 말했다.

이에 대해 피고는 원고의 주장은 철학적·정치적으로는 인정돼도 법률적으로는 무의미하다고 일소했다. 그리고 위로금을 받은 이상 신(新)미나마타병보다 위자료는 낮을 수밖에 없다며 각 원고의 손해를 검토하였다.

원고의 손해론은 확실히 그동안의 위법행위로 인한 손해배상의 법리를 넘어서고 있는지도 모른다. 그러나 미나마타병은 원래 공해는 기업도시라고 불리는 기업의 지역지배에 의해 환경·자원과 지역의 인간관계가 파괴된 데서부터 시작된 것이다. 따라서 원고의 피해, 널리 공해문제를 해결하기 위해서는 금전배상뿐만이 아니라, 환경의 복원, 지역사회의 재생이 되지 않으면 안 된다. 그리고 피해자가 신경 쓰지 않고 안심하게 생활할 수 있는 시민사회를 만들지 않으면 안 된다. 원고의 손해론 주장은 법률론을 넘어서고 있는지 모르지만 여기에 공해론과 공해대책의 원리가 명확히 나와 있다.

3 판결과 직접교섭

판결의 주요 논점

1973년 3월 20일 구마모토미나마타병 제1차 소송 제1심 판결이 사이토 지로 재판장에 의해 발표됐다. 원고 전면승소였다. 판결문은 모두의 인과관계에 있어서 그동안의 미나마타병의 역사를 깔끔하게 정리하고 구마모토 대학 연구팀의 업적을 더듬어 농약설, 오시마 폭약설, 기요우라 아민설을 모두 기각하고, 호소카와 증언을 채택하였다. 그리고 다음과 같이 결론을 냈다.

'미나마타병의 원인물질은 피고 공장의 아세트알데히드 제조설비 내에서 생성된 메틸수은화합물로서, 그것이 공장폐수에 포함돼 미나마타 만 및 그 주변 해역으로 흘러나가 어패류의 체내에 축적되고, 그 어패류를 장기적으로 다량 섭취한 지역주민이 미나마타병에 걸린 것이다.[60]'

이에 따라 미나마타병의 법적 정의는 확정됐다.

(1)책임론   판결은 다음 피고의 책임(과실)에 대해 오염수론을 채택하지는 않지만, 사실상 오염수론에 따라 첫째로 화학공장이 다종다양한 위험물을 사용해 그것을 하천·해역에 방류해 인체에 영향을 미치기 때문에 항상 최고의 지식과 기술을 사용해 안전을 확인하고 만약 유해한 사실이 명백해지면 조업을 정지하는 것과 같은 주의의무가 있다. 피고가 예견 대상을 특정물질에만 한정해 예견 불가능성을 말하지만, 그것은 희생이 나오기까지 어쩔 수 없다고 하는 인체실험을 허용하는 것이 되고 만다. 둘째로 피고는 합성화학공장으로서 생산이 확대되면 피해가 날 위험이 있었기 때문에 끝임없이 문헌조사연구를 하고 배수의 상시 수질분석 등의 조사를 행해야 했지만, 기존의 뉴랜드의 문헌, 공장 내의 논문 등으로 유기수은의 발생을 예측할 수 있음에도 그것을 활용하지 않고 수질조사도 BOD나 pH 등에 한정했다. 결론은 다음과 같다.

'피고 공장은 전국 유수의 기술과 설비를 가진 합성화학공장이었음에
도 불구하고 다량의 아세트알데히드 폐수를 공장 밖으로 방류하기에 앞
서 요청된 주의의무를 다하지 않고, 그저 생각 없이 이를 방류해왔다는
사실을 인정하지 않을 수 없기에 이미 이 점에 있어서 과실의 책임을 면
할 수 없다고 해야 할 것이다.'

재판관은 환자의 가정을 현지 조사해 그 비참한 병상과 생활에 큰 충격
을 받았고, 소송 중 피고의 태도에 비판을 갖고 있었다고 보여 이 과실에
대해서는 더 나아가 피고의 미나마타병에 대한 견해나 대책을 더욱 철저하
게 비판해 판단을 깊이 했다.

(2)과실   피고는 1956년에 공장배수가 의심된 단계에서부터 해면오
염·사람 및 가축 피해를 조사·검토하지 않았고 의심스러운 아세트알데히
드 폐수 등의 공장폐수를 조사한 증거가 없고, 증산에 증산을 거듭했다. 어
업보상을 둘러싸고는 1926년 이래 긴 역사를 반복해 금전배상만 하면 충분
하다고 해 폐수의 분석이나 해역은 조사하지 않았다. 구마모토 대학 연구팀
의 유기수은설이 나오자 그에 대해 1959년 7월, 10월에 유기수은설에 대한
반론을 내놓았다.[61] 그리고 고양이실험 데이터를 내놓았지만, 거기에는 고
양이374호를 두고 고양이 실험대장(臺帳)과 다른 결론을 게재했고, 고양이
400호에 대해서는 게재하지 않았다. 판결문에서는 강한 의혹이 제기된 경
우, '원인규명의 주체는 어디까지나 피고 자신이 아니면 안 된다'고 했는데,
제출한 원인규명 관련 문헌은 모두 구마모토 대학 연구팀의 것이기에 '피고
공장 또는 피고 자신이 원인을 규명하기 위한 조사연구 성과로 볼 것은 아
니고, 하물며 그 결론을 공표한 사례는 없다'고 판단했다. 1959년 11월 중의
원 미나마타병 조사단의 마쓰다 데쓰조 단장은 이윤추구의 입장만에서만의
구마모토 대학 비난을 멈추고, 구마모토 대학에 성의를 갖고 협력하도록 요
망했지만 짓소가 협력하지 않고 오히려 아세트알데히드에 대해서는 일절
구마모토 대학에 알리지 않았다. 고양이400호 실험의 결과에 대해서는 적

어도 기술부는 알고 있었고, 1959년 11월 30일 기술부장이 호소카와에게 아세트알데히드 폐수를 직접 투여하는 실험을 계속하지 못하게 한 사실은 인정하지 않을 수 없다고 했다. 이것이 미나마타병의 원인 규명을 지체시킨 것으로 피고의 책임은 매우 중대하다고 했다.

이들을 요약해 판결에서는 피고가 문헌조사는 말할 것도 없이 환경의 변화나 주민의 생명건강에 관심을 갖고 주의의무를 게을리 하지 않았다면 예견 가능성이 있어 미나마타병이 발생하게 할 일은 없었다. 환경의 변화, 어업보상, 미나마타의 원인규명, 공장폐수 처리, 고양이실험 등을 둘러싼 피고의 대책은 사람들을 납득시키는 것이 아니라, 매우 적절함을 결여한 것이었다며 다음과 같이 결론을 냈다.

'피고 공장이 아세트알데히드 폐수를 방류한 행위에 대해서는 시종 과실이 있었다고 추인하기에 충분하며 피고 공장의 폐수 수질이 법령상의 제한기준이나 행정기준에 합치해, 동 공장에 있어서 폐수처리방법이 동업 타사 사업장의 그것보다 뛰어나다고 해도 그것은 앞의 추인을 뒤집기에 충분한 것은 아니다. 그리고 위 폐수의 방류가 피고의 기업활동 그 자체로 행해졌다는 의미에 있어서 피고는 과실의 책임을 면할 수 없다고 말하지 않을 수 없다.'

(3) 위로금계약   그 성립의 경과를 말한 뒤, 위로금계약의 제4, 5조와 같이 미나마타병이 피고의 공장배수에 기인하는지 여부는 불분명하다는 사실, '즉 피고의 손해배상의무를 인정하지 않는 것을 전제로 해 체결됐다는 사실이 명백하기 때문에 이 계약에 근거해 지불되는 위로금은 사실상 환자 등의 손해를 보전한다고 해도 법적 해석으로서는 문자 그대로 손해배상금의 성격을 갖지 않는 위로금으로 해석하지 않을 수 없다.' 이는 피고 자신도 인정하는 바이다. 그 위에 제5조와 같은 계약이 시인돼 적법이라고 말할 수 있는가라고 했다.

판결에서는 이미 1956년 11월 구마모토 대학 연구팀의 망간설의 발표 때

부터 과학적으로 충분히 해명되지 못해도 미나마타병의 원인은 공장배수에
있다는 사실은 세간에 상식이 돼 있었다고 했다. 1959년에 생긴 유기수은설
은 고양이400호 실험이나 배수구의 변경에 의한 새로운 환자의 발생으로
증명됐다. 환자는 미나마타병의 원인으로 인정하지 않고 위로금계약을 맺
었고, 이것 이외에 손해배상의 청구에는 일절 응하지 않기로 했다. 공장배
수가 과학적으로 분명해진 경우에는 다시 상당한 손해배상을 하는 것이 가
해자로서 성실한 태도이지만, 이런 상황까지 와서도 낮은 액수의 위로금을
지불하는 것 외에는 일절 손해배상을 하지 않는다고 하면 그것은 신의칙(信
義則)에 반하는 것과 다름없다고 했다.

판결은 당시 환자 및 근친자측의 사정에 대해서 검토하였다. 위로금계약
때는 미나마타병 환자가 세간의 이해나 동정이 없이 대기업을 상대로 본인
혼자서 보상사업을 계속하는 것은 사실상 불가능했다. 당시 환자가족은 경
제적으로 곤궁해 하루빨리 보상을 얻기 위해서는 이 위로금계약에 의존하
지 않을 수 없었다. '이 위로금계약은 각각의 환자가 현실적으로 입은 손해
의 전부를 보상한다는 견지에서 체결된 것이 아니다. 개개 환자에 대해서는
그 피해의 실태조차 조사돼 있지 않다.' 환자의 입원 중 부가비용, 생존환자
에 대한 위자료는 고려돼 있지 않는 등 내용에는 불공평한 점이 있었다. 이
러한 검토 뒤에 판결은 다음과 같이 결론냈다.

'본건 위로금계약은 가해자인 피고가 공연히 손해배상의무를 부정해
환자 등의 정당한 손해배상청구에 응하지 않고 피해자인 환자 내지는 그
근친자의 무지와 경제적 궁핍상태에 편승해 생명, 신체의 침해에 대한
보상액으로서는 매우 낮은 액수의 위로금을 지불하고, 그 대신에 손해배
상청구권을 포기시킨 것이기 때문에 민법 제90조에 소위 공공질서와 미
풍양속에 위반하는 것으로 인정할 소지가 상당하고, 따라서 무효이다.'

(4)손해   니가타미나마타병의 손해산정에 있어서의 5가지 조건을 들고,
그 위에 이 사건에 대해서는 정신적·육체적 고통에 머물지 않고 환경오염

으로 인해 어장을 잃은 생활수단을 들었다. 그 침해의 심각함과 말할 수 없
는 차별로 입은 피해와는 반대로, 피고는 원인규명을 지체시켜 피해를 증대
시키고 해결을 저지했다고 단정했다. 또 미나마타병은 의학상 충분한 해명
이 없고, 치료법도 없다며 원고의 청구를 인정했다. 그 위에 환자의 생사 유
무·증상·연령·직업·수입 등의 상황을 고려해, 보상비는 사망자 1800만
엔, 생존자 환자 본인은 1600만 엔에서 1800만 엔으로 했다.

판결 후의 직접교섭과 '협정서'

원고의 완승이라 할 만한 이번 판결에 따라 짓소의 법적 책임은 처음으
로 확정돼 보상금도 4대 공해재판 가운데 최고액이었다. 그리고 위로금계
약을 공공질서와 미풍양속에 반한다고 해 무효로 한 것은 짓소를 옹호했던
정부와 치에(千重) 위원회의 해결책에 대한 엄격한 비판이 됐다. 그동안 해
결을 미뤄온 정부의 미나마타병 대책도 간접적이었지만 강하게 비판받은
것이다. 이 재판에 의해 당시 가장 심각한 공해 사건이 해결됐으며, 4대 재
판의 최후 판결에 어울리게 그때까지의 재판 성과를 답습해 더욱 진전시켰
다고 해도 좋다. 폐쇄돼 있던 미나마타 사회를 바꾸는 첫걸음이 됐다.

이렇게 객관적으로 보아 큰 성과를 거뒀음에도 불구하고 재판 후의 집회
는 다른 재판에는 볼 수 없는 이례적인 상황이 됐다. 고발하는 모임을 비롯
해 신좌익 그룹 등은 재판이 해결할 일이 아니고 직접교섭만이 해결책이라
고 했다. 변호인단의 입장은 저지되고, 개중에는 양복이 찢어지는 등의 폭
행이 벌어졌다. 재판 판결의 성과가 발표됐지만 승리의 만세 소리는커녕,
조기가 내걸리고, 마치 재판의 승소가 역효과를 불러온 것처럼 비판이 나오
는 상황이었다. 그러나 나중의 역사가 보여주듯이 이 승소야말로 미나마타
병의 해결의 문을 열어준 것이어서, 그 뒤 공해재판·행정뿐만 아니라 비판
자인 직접교섭파도 이 판결이 아니었으면 성과를 얻지 못했을 것이다.

직접교섭파는 짓소 본사에서 농성을 했다. 3월 20일 구마모토 지방재판
소의 판결을 받고, 특히 1973년 4월 27일 공해 등 조정위원회 제1차 조사내

용을 근거로 한 협정서를 미키 환경청 장관이 환자의료생활보장기금(3억 엔)
을 골자로 해서 미키 장관과 사와타 구마모토현 지사가 입회하여 체결했다.
1963년 2월 28일부터 짓소와 교섭해 오던 제2차 소송원고로 구성된 미나마
타 피해자모임은 7월 18일에 이 협정서를 체결하는 신청서를 내고, 그 후
교섭한 결과, 12월 25일에 짓소와 협정서를 체결했다. 이는 그 뒤 공건법에
의한 보상의 기준이 되는 것이다. 기본적 내용은 판결문에 따라 사망자에게
는 A등급 1800만 엔, B등급 1700만 엔, C등급 1600만 엔이다. 치료비는 의
료비와 의료수당 상당액, 간병비는 간병자의 간병수당, 종신특별조정수당
이 매월 A등급 6만 엔, B등급 3만 엔, C등급 2만 엔이다. 장례비는 20만 엔
으로 돼 있다.

또한 이때 짓소는 다음과 같은 것을 확약했다.

(1) 본 협정의 이행을 통해 모든 환자의 과거, 현재 및 장래에 걸친 피해
를 보상하면서 장래의 건강과 생활을 보장하는 데 최선의 노력을 다
한다.
(2) 향후 일절 수역(水域) 및 환경을 오염하지 않는다. 또 과거의 오염에
대해서는 책임을 갖고 정화한다.
(3) 짓소 주식회사는 이상의 확인에 따라 이하의 협정내용에 대해 성실
히 이행한다.
(4) 본 협정내용은 협정체결 이후 인정된 환자에 대해서도 희망하는 대
로 적용한다.
(5) 이하의 협정내용 범위 밖의 사태가 일어난 경우는 새롭게 교섭하는
것으로 한다.[62]

협정내용은 앞서 말한 바와 같은 재판에서 제시된 위자료, 치료비, 간병
비, 종신특별조정수당, 장례비, 환자의료생활보장기금(3억 엔) 등이다. 이 확
약을 이행하면 환사구제는 완결되는 것이었다. 그러나 제7장에 보여주듯이
짓소와 정부가 인정기준을 좁힌 것이 이후 반세기에 걸친 미나마타병 문제

의 출발점이 됐다.

<u>보론</u> 고치 펄프 생콘크리트 투입 사건 형사소송

공해 사건의 형사소송이었던 미나마타병 사건에서는 가해자인 짓소 공장장 요시오카 기이치, 니시다 에이이치가 유죄가 됐지만, 여기서 소개하고자 하는 것은 공해반대 주민운동의 지도자가 제소한 형사소송 사건이다. 공해 사건에서는 에도가와혼슈(江戸川本州) 제지 사건이나 미나마타병 사건과 같이 피해어민이 위력방해 사건을 일으켰는데, 이는 생업의 손해에 대한 피해의 방지를 요구한 것이지만 소송이 되지는 못했다. 고치 펄프 사건은 처음에 인권과 자연의 보전을 구하는 주민운동의 지도자가 제재를 받으면서 주민운동의 합법성이 문제가 됐다는 점에서 주목을 받았다. 더욱이 이 재판에서는 피고 야마사키 게이지와 사카모토 구로에게 실행을 인정했고, 필시 공판은 2~3회로 끝날 일이었다. 그런데 피고와 변호인단이 이 사건은 일본 공해의 전형으로, 철저한 사건의 해명과 의의를 분명히 해야 한다며 공해 연구자를 비롯해 다수의 증인을 세워, 4년간 27회의 공판을 거듭했다. 재판관도 한 명이 아니라 3인 합의제를 인정했다. 단순한 위력방해죄의 형사소송 사건이 아니라, 고치 펄프에 대한 공해재판이라는 내용이 됐다는 점에서 재판사상 드문 전개를 보였다.[6]

1 고치 펄프 공해와 생콘크리트 투입 사건

공해문제의 추이

고치 펄프는 SP(Sulfite Pulp) 방식에 의한 제조공장이다. 1948년 고치 제지 주식회사로 창업했지만 불황으로 인해 1951년 니시니혼(西日本) 펄프에 인수됐고, 1958년 에히메현 이요미시마시의 다이오(大王) 제지 주식회사에 흡수합병됐다. 그러나 이미 SP방식은 낡고, 공장도 소규모여서 1961년에 다이오 제지는 이 공장을 폐쇄하려고 했지만, 지역산업으로 계속 할 필요가 있다는 고치현, 고치시 및 노조 관계의 반대로 다이오 제지는 폐쇄를 철회하고 자회사인 고치 펄프공업 주식회사(약칭 고치 펄프)로 조업을 계속하게 됐다. 이미 제1장에서 SP방식에 의한 종이펄프 공장이 전국에 심각한 공해를 발생하고 있다고 말한 것처럼 고치 펄프도 전형적인 공해공장이었다. 더욱이 공장은 고치시의 아사히 지구라는 시 중심부에 있었는데, 배수로인 에노구치가와 강은 강폭이 좁고 양쪽 강기슭에 주거지가 인접해 있으며 특히 하구는 우라토 만으로 흘러 최악의 오염이 발생할 지리적 조건에 자리 잡고 있었다.

1956년 조업개시 이래 월 생산 약 100t의 펄프를 제조하고, 황산화합물 및 리그닌* 등의 유해물을 포함한 폐액을 일일 1만 4000t 배출하고 있었다. 공장부지 내에 SS(부유물질)를 침강시키는 침전지를 만들어 소석회(消石灰) 등을 투입해 pH(수소이온농도)를 조절하며 처리를 했지만 근본적인 공해대책은 취하지 않았다. 이 때문에 유해물질이나 유기물은 거의 제거되지 않고 시내 중심부를 흐르는 에노구치가와 강을 오염시키고 있었다. 예로부터 에노구치가와 강은 맑은 물로 어류도 풍부해 주택가가 좋은 생활환경을 누리고 있었으나, 이 대량의 폐액으로 인해 1960년경부터 오염이 심해져 흑갈색으로 오염되고, 퇴적오물이 축적되고, 고기는 사라져 '죽음의 하천'이 됐다. 더욱이 이 폐액의 영향으로 우라토 만이 오염됐다. 오라토 만은 현민이 자랑하는 자연환경으로 어패류의 보고였지만 어류의 종류나 개체수는 감소하고 기형어가 생기고, 1967년에는 어류나 새우가 대량 폐사하는 일도 일어나게 됐다.

---

* 식물의 세포벽에서 많이 볼 수 있는 고분자 화합물

1969년 10월 고치현 지업과가 이 공장의 침전지 출구의 폐액을 조사해보
니, pH가 4.9~6.9, BOD가 980~1100ppm, COD가 3000~4800ppm, SS가
25~44ppm이라는 고도의 오염이 검출됐다. 이 아사히 지구에는 이밖에도
영세한 종이펄프 공장이 있었지만, 에노구치가와 강 오염의 80%는 고치 펄
프가 원인으로 추정됐다.

펄프 공장의 공해는 전후 부흥기에 커다란 사회문제가 되고 있었기 때
문에 고치시 의회나 고치시는 1948년 현에게 공해대책을 요구하여 1950년
고치시 아사이 지구 지역주민과 펄프 공장은 재해관리위원회를 만들어 협
정서를 체결했다.[64] 이들 내용은 폐액의 완전처리, 아황산가스의 규제, 피해
발생의 경우의 배상, 더욱이 배상으로는 보상할 수 없는 큰 피해를 발생한
경우의 공장폐쇄를 규정하였다. 당시로서는 전국에서도 드문 엄격한 '공해
방지협정'이었다. 그러나 공장은 이 협정을 지키지 않았고, 공장의 존속을
바라는 현·시 당국 또한 이 협정 등으로 규제하지 않았으며 국가의 수질2
법도 적용하지 않아 오염은 방치됐다. 에노구치가와 강의 폐수에서 발생한
황화수소는 1964년경부터 인체에 피해를 초래했다. 재판에 증인으로 나온
주변 주민은 악취로 인한 두통, 코·목의 피해를 호소했다. 고치 시립 제4
초등학교에서는 악취로 인해 여름철에도 북쪽 창을 닫아둘 수밖에 없었다.
니주다이바시 다리 북동쪽에서 여관을 경영하고 있던 여주인 A씨는 오사
카에서 온 단체객이 1961~62년경에는 악취로 머리가 아파 참지 못해서 방
을 바꿔줬다고 증언했다. 1967년 아사히 지구의 아사히 진료소가 고치 펄
프 주변의 198명을 조사해보니, 쉬 피곤해지는 사람 55.6%, 기침이나 가래
를 내는 사람 52.5% 등의 증상을 호소하고 있었고, 미나미모토정의 민가
50채 가운데 31명이 이사를 가거나 집을 분산시켰다. 에노구치가와 강 주
변 민가에서는 금속제품이나 도기(陶器)가 황화수소로 인해 변색되고, 상점
이나 공장에도 영향이 드러났다. 공장의 공해대책의 결여와 공장입지의 실
패가 명백했다.[65]

주민운동과 생콘크리트 투입 사건

이러한 상황 속에 주민운동도 발생했는데, 1962년 4월, '우라토 만을 지키는 모임'이 결성됐다.[66] 회장은 기술자로 회사를 경영하고 있던 야마사키 게이지, 사무국장은 교사를 오랜 기간 해온 사카모토 구로였다. 이 모임의 목적은 자연과 환경을 주민의 힘으로 지키자는 것이었지만, 직접적으로는 우라토 만의 매립반대, 에노구치가와 강 및 우라토 만의 자연 회복, 재해의 방지, 공장유지보다 지역산업의 기술향상을 우선하는 전국공해반대운동과의 연대였다. 1970년대 초부터 '지키는 모임'은 활동방식을 매립반대에서 수질보전으로 전환하며 에노구치가와 강 유역의 펄프 공장의 공해방지에 노력했다.

배수관 봉쇄라는 비상수단을 취하기에 이른 직접적 동기에 대해 피고 변호인단의 모두진술(제8회 공판)을 요약한다. 우선 시작은 1970년 4월 고치 펄프 총무부장 오카모토 세쓰오가 지키는 모임 사람들에게 '에노구치가와 강은 하수'라고 공언하고 폐수를 흘리고 있는 것은 고치 펄프만이 아니라며 무책임한 태도를 취한 데 있다. 이 발언에서 지키는 모임은 4월 11일 공장의 출입조사를 요구해 다른 제지공장을 견학하고, 오후부터 고치 펄프에 들어가려 했으나 견학을 거부당했다. 지키는 모임이 현과 고치시에게 공장견학을 알선해달라고 하자, 견학 대신에 고치 펄프와 회담을 가지면 어떤지 권유를 받았고, 지키는 모임과 회사 쌍방이 동의해 시 직원도 참여해 회담하기로 됐다. 회담에 앞서서 지키는 모임은 이카와 이세키치 사장과의 면담을 희망했고 회사도 약속했지만, 사흘 뒤 사장이 고혈압으로 쓰러져 도쿄에 입원했다며 회의출석을 거절해왔다. 지키는 모임은 이는 거짓말이며, 협의를 거부당했다고 생각했다.

5월 21일 제1회 회담이 이루어졌다. 주민측이 피해실태를 말하고 적절한 대책을 요구하자, 오제키 시게오 전무 이하 회사측은 원래부터 공장을 폐쇄하고자 했을 때 현이나 노조의 요청으로 할 수 없이 존속했던 것인데 지금

와서 공해 운운 하는 것은 곤란하며, 폐액처리는 기술적으로 어렵다고 말했다. 이 고자세의 답변으로 회담은 옥신각신했다. 결국 주민측은 조업을 정지하든지 구체적인 공해방지대책을 내놓으라고 요구했다. 9월 28일 제2회 회담에서는 회사가 부상분리(浮上分離)장치를 설치하겠다고 말했는데, 주민은 그것만으로는 불충분하고 이미 조사한 개선책인 농후연소법을 제안했다. 테스트에 성공하면 채택하겠다고 약속한 회사는 1971년 3월에 테스트에 성공했음에도 불구하고, 같은 해 4월 16일 제3회 회담에서는 장치의 채택비용이 너무 높다는 이유로 거부했다. 이 때문에 어수선해져 잠시 휴지기간을 가진 뒤 회담에서는 1972년 말을 목표로 공장을 이전하겠다고 회사측이 표명하였다. 그 목표에 의문을 가진 주민이 이전이 안 될 경우 조업을 정지하도록 요구하자 회사는 이 요구대로 조업을 정지하는 것은 회사의 명운을 거는 중요문제이기에 사내로 되돌아가 협의한 뒤 5월 말일까지 문서를 갖고 회답하겠다고 답했다. 주민측은 그것을 용인해 열흘 안에 네 번째 회담을 갖기로 약속했다.

5월 31일 회사의 회답이 고치시를 통해 지키는 모임에 전달됐다. 그 해답은 1971년 말까지 고치현 내에 알맞은 땅이 있으면 1972년 말까지 새 공장을 건설하지만, 적당한 공장용지를 찾지 못할 경우 1972년 말까지 조업정지 약속은 불가능하다고 했다. 그리고 네 번째 회담을 일방적으로 거부해왔다. 지키는 모임은 이를 고치 펄프의 배신행위로 받아들여, 거듭된 대화의 일방적 포기로 인해 교착상태에 빠졌다고 생각해 현의 행정지도로 타개해야 한다며 현 환경보전국장을 방문했다. 그런데 이 국장은 공해방지시설에 대한 융자는 알선할 수 있지만 그 이상은 불가능하다고 냉담하게 대했다. 지키는 모임은 그 이전에 변호사와 상담하면서, 손해배상으로는 곧바로 중지시킬 수는 없고, 가처분으로는 입증 등이 어려워 성공할 수 없다는 얘기를 듣고 사법으로 해결하기는 어렵겠다고 판단했다.

'여기서 지키는 모임은 고치 펄프와 행정에 대한 신뢰와 기대를 모두 잃었고, 결국 평화적 수단이 다했다는 것을 알았다. 이렇게 해서 눈물을 머금었지만 민주주의를 지킬 것인가 행동할 것인가 하는 최후의 선택을 해야 했다.'

각 방면의 의견을 듣고 신중하게 검토했지만 배수관 봉쇄 이외에는 취할 수단이 없었다.

여기에 이르러 야마사키 게이지는 자연과 인류의 멸망으로도 연결될 에노구치가와 강과 우라토 만을 죽음의 바다로 만든 고치 펄프의 폐액 방류를 그대로 방치하는 것은 허용할 수 없다고 생각했다. 이때 실력으로 고치 펄프의 조업을 일시 정지시켜 그 사이 에노구치가와 강이나 우라토 만이 깨끗해진다는 사실을 현과 시민이 알면 공해추방운동을 이해할 수 있을 것이라고 생각했다. 사카모토 구로와 지키는 모임 사무국장 오카다 요시카쓰에게 그 결의를 내보이자 두 사람도 이에 동의했다. 조업을 3일간 정지시킬 방법으로 고치 펄프 전용 배수로에 생콘크리트를 넣기로 의견 일치를 보았다. 이 기획에 협력하게 된 지키는 모임 회원 요시무라 히로시와 함께 그들은 실행장소를 사전 답사했다. 투입장소는 시민에게 폐를 끼치지 않도록 펄프 공장의 동쪽의 '레스토랑 아사히' 앞, 국도에 있는 고치 펄프 전용 배수로의 맨홀 2개를 택했다.

6월 9일 오전 4시 30분 0.9㎥의 자갈을 담은 마대 24포대를 가져온 야마사키 등은 동측 맨홀에 20포대, 서쪽 맨홀에 4포대를 넣고 맨홀 모두 약 3㎥의 생콘크리트를 주입해 배수관을 폐쇄하여 펄프 폐액이 흐르지 못하게 막았다. 이 때문에 회사는 오후 4시 30분경부터 전체 조업을 정지, 그때부터 오후 8시까지는 부득이 일부 조업을 정지하기에 이르렀다.

야마사키 게이지와 사카모토 구로는 모두 시민에게 존경을 받고 있던 뛰어난 기업가이고 교사였다. 그 두 사람의 대담한 실력행사는 자연과 환경을 지키기 위해 어쩔 수 없이 한 것이었다고 느낀 시민은 '잘 해줬다' '울분이 한꺼번에 풀렸다'라며 지지를 하는 경우가 많았다. 신문·텔레비전도 거듭

참아왔던 주민의 분노 폭발이라고 보도했다. 고치 펄프의 책임추궁의 여론이 높아졌고, 전국의 공해반대운동으로부터 격려 메시지가 쇄도했다.

정부는 수질오염방지법에 근거해 배출기준을 심의하였고, 배수기준을 BOD 160ppm(하루평균 120ppm), SP공장에서는 1973년 6월 23일까지 BOD 520ppm(동 400ppm), 1973년 6월 24일부터 1976년 6월 23일까지는 BOD 390ppm(동 300ppm)으로 하는 잠정기준을 정해, 1971년 6월 21일 총리부령으로 포고했다. 이 기준에 따르면 고치 펄프는 표면상 350ppm이기 때문에 5년간 조업할 수 있게 된다. 현은 1972년 2월 1일 위의 기준으로 SP공장은 BOD 180ppm(평균 150ppm), 에노구치가와 강 등의 유역에 공장을 신설할 경우 BOD 20ppm, COD 70ppm으로 정했다. 이는 명백하게 야마사키 등의 직접행동과 그로 인한 공해반대 여론이 높아진 데 따른 엄격한 기준결정이었다. 이에 따라 고치 펄프는 조업을 계속 할 수 없게 돼 SP방식을 그만두고 KP방식으로 바꾸고, 난코쿠시로 이전하기로 했다. 그러나 난코쿠 시민이 '공해기업은 안 된다'며 반대해 시장은 시의회에서 이전 거절을 표명했다. 이전해도 영향이 있는 고치시장도 반대했다. 이 때문에 1972년 5월 27일 고치 펄프는 조업을 정지했다. 에노구치가와 강은 퇴적오물이 쌓여 있었지만 흐르는 물은 깨끗해지고 고기도 뛰놀기 시작했다.

고치 지방검찰청은 6개월간 처분을 결정하지 않았지만 실행행위를 한 4명 중 2명을 기소유예로, 2명은 기소했다. 고치 지방검찰청 검사는 실행행위자를 기소유예하면 향후 직접행동을 유발할 우려가 있다며 야마사키와 사카모토 두 사람을 기소했다. 이를 알게 된 현민은 곧바로 재판지원회의를 결성해 공정재판을 요구하기 시작했다.

2 형사소송이 공해재판으로

피고 변호인단은 지역의 쓰치다 가헤이를 단장으로 5명으로 구성해 공해연구자 우이 준을 특별변호인으로 발족했다. 변호인단과 '고치 펄프 공해지원회의'는 이 사건의 진짜 범인은 고치 펄프이며, 책임은 이를 옹호한 고치현, 고치시에도 있다고 해 실행범을 재판하는 형사 사건이 아니라 공해재판으로 진행한다는 방침을 정했다. 피고는 생콘크리트 투입이라는 실행행위를 인정하고 있기에 그것을 재판에 부치는 것은 간단할지도 모른다. 그러나 그래서는 심각한 피해를 낸 공해 사건의 원인은 없어지지 않고 공해기업이나 그것을 옹호해 온 정부·지자체의 '범죄'를 눈감아주게 돼 버린다. 이 사건은 일본 공해의 전형이며, 이 기회에 고치 펄프 공해를 재료로 공해법정으로 할 필요가 있었다. 이것은 특별변호사인 우이 준이 피해자를 증인으로 고치 펄프의 공해를 명확히 할 뿐만 아니라, 전국적으로 공해연구자를 증인으로 불러 재판관과 검사에게 공해 사건의 본질과 그 제재방법을 청구하면 어떨까 하는 기획이었다. 이 결과, 검찰측이 앞서 말한 고치 펄프의 이사역인 오카모토 세쓰오 1명을 증인으로 불러 물어본 데 비해, 피고측은 현지주민 14명, 고치 펄프, 고치현·시직원, 그 이외에 5명의 현외 연구자를 포함한 8명의 연구자를 증인으로 삼았다. 앞서 말한 우이 준 외에 이지마 노부코(환경사회학), 곤도 준코(나중의 나카니시 준코(위생공학)), 다지리 무네아키(공해행정), 니시하라 미치오(환경법·민법), 미야모토 겐이치(환경경제학), 이마이 요시히코(해양화학), 오카자키 쇼헤이(화학)이다. 나카니시 준코의 증언은 도쿄 대학의 실험실에서 펄프 공장의 배수 실험을 해 피해의 원인과 그 심각함을 밝혔다. 남아 있는 증언집을 읽어보니 마치 공해학교 교과서와 같이 기록돼 있었다.

재판소가 언뜻 보기에도 '헛수고'로 보이는 소송을 지휘한 것도 당시 공해 사건의 심각함과 공해주민운동의 평가를 내리지 않으면 안 되는 중대한 판결이었기 때문일 것이다. 검사에게는 성가시는 법적 다툼이었다고 생각한다. 검사는 이지마가 증언하자 트집을 잡는 듯한 질문을 했지만 나나 니시하라의 증언에서는 한마디도 심문하지 않아 맥빠질 정도였다[67]. 모든 진술은 문서로 기록되었다.

3 재판의 경과

검사의 논고

범행동기·목적에 대해서 다음과 같이 진술하였다. '가장 중요한 것은 고치 펄프의 배수관을 봉쇄했다는 본건인 방해행위를 한 것으로, 그 방해행위로 인해 회사측이 이후 조업을 정지하는 것도 아니며, 특히 에노구치가와 강이나 우라토 만의 오염이 바로 해소되는 것도 아니다. 또한 연안 주민의 생명, 건강 등이 지켜지는 것도 아니다.' 이에 비추어보면 '본건 방해행위의 주된 동기는 1971년 5월 31일의 고치 펄프의 회답서를 접하고, 이에 불만을 가진 나머지 격양됐던, 회사측 태도에 대한 평소의 불만, 분노이며, 그 주요한 목적은 과거의 침해에 대한 보복이었다는 것을 충분히 인식할 수 있다'고 했다[68].

이와 같이 피고의 실력행사는 오염을 막는 효과적이고 숭고한 목적이라기보다는, 과거의 침해에 대한 보복에 지나지 않는다고 모멸스러운 평가를 냈다. 그리고 실행행위의 실정을 말한 뒤 생산 감소로 인한 손해, 조업중지를 위해 제조공정 중의 품질불량품 발생으로 인한 손해 및 투입된 생콘크리트 등 제거작업비 합계 212만 엔 상당의 손해가 발생했다는 사실을 확인해 피고인 두 사람의 본건 행위가 위력업무방해죄에 해당한다고 했다.

이어서 변호인의 주장에 대한 판단을 말했다. 우선 변호인은 고치 펄프는 오랜 기간 공해로 인한 주민의 희생 위에 사업활동을 계속하고 있기에 그 사업은 형사법상으로 보호할 가치가 없고, 위력업무방해죄의 업무에 해당하지 않기에 구성요건 타당성을 결여하고 있다고 주장했다. 이에 대해 검사는 기업활동은 공익성을 갖고 있기 때문에 헌법상 그 사회적·경제적 자유를 보호받고 있으며, 고치 펄프 제조업 자체는 정당한 더욱이 공익성이 높은 기업활동이며, 펄프 폐액을 배수하는 것은 그 기업활동에 수반하는 하나의 과정에 불과하다고 말했다. 이것은 기본적 인권이 영업권보다 우선한다는 생각 없이, 공해가 법규제를 위반했다고 해서 기업활동 전체의 업무성이 부정되어서는 안 된다는 뜻이다.

이어서 피고의 정당방위성에 대해서는 주민의 생명·신체, 재산 또는 생존권이라는 법익 침해에 위험이 매우 임박한 상황이 아니라, 과거의 침해여서 급박한 침해가 있었다고는 말할 수 없다고 했다. 침해의 부당성에 대해서는 '부정'이란 위법과 마찬가지 의미이며, 고치 펄프가 배수행위에 대해서 취한 처치·대책은 만전을 기했다고는 할 수 없지만 '회사 나름 노력은 거듭하고 있는 사정은 가볍게 볼 수 없다'고 했다. 그리고 수질오염법 시행의 적용이 유예되고 있는 사실 등, 침해의 부당성은 없다고 했다. 검사는 에노구치가와 강의 심각한 오염상황이나 주민의 고통을 전혀 이해하지 못했다.

검사는 피고 등이 가처분 등의 법적 수단으로 중지를 하도록 하는 데 관심이 없었다는 점을 '다른 방법이 없다'고 심정적·단락적으로 결론지어버렸다고 비판했다. 법익의 비교형량에 대해서는 '피고인이 15시간 고치 펄프의 조업을 정지시킴으로써 가져온 생존권·환경권의 이익이라는 것을 현실로 생각하는 것은 매우 곤란하며, 생존권·환경권이라는 법익과 기업활동의 사회적·경제적 자유라는 법익과의 사이에는 우열의 문제는 생기지 않는다'고 해 피고인 두 사람의 행위가 하지 않으면 안 될 행위였다고는 도저히 인정할 수가 없다고 단정했다.

이어서 정당방위에 있어서 방위행위에는 방위의사의 존재를 필요로 하지만, 피고인 두 사람의 본건 행위는 자기 또는 타인의 권리를 방위하는 의사가 있었다고는 인정되지 않으며, 범행의 목적은 과거의 침해에 대한 보복, 원한, 상대에 피해를 입히려는 것만을 생각하고 있다. 여론환기와 방위의사는 무관하며, 야마사키 게이지는 처음부터 정당방위가 아니라 여론환기로 형사상 처분은 각오하고 있었다고 했다.

검사는 최후에 '공해는 그 결과가 축적됨에 따라 자연환경만이 아니라 인간의 생활을 서서히 갉아먹는 중대한 문제를 야기하기에 경시할 수 없는 것은 당연한 것이며, …… 고치 펄프의 폐액이 에노구치가와 강 오염에 큰 작용을 했다는 사실, …… 또 고치 펄프의 폐액처리문제에 대처하는 행정측 및 기업측의 대책이 반드시 만전을 기했다고 보기 힘든 사정을 고려해 당연할 것이다.' 그리고 세간에서 피고의 행위를 의거라고 하고, 여론이 환기돼 고치 펄프 공장이 폐쇄되고 그에 따라 '에노구치가와 강 정화가 진전된 것 등에 대해서도 이를 인정하는 데 인색하지 않다. 그러나 피고인 두 사람의 본건 행위가 현행 법질서 아래에서는 결코 용인, 간과할 수 없다는 것'이라고 했다.

'본건 행위 양태(수단·방법·정도)가 매우 대담하고 강력하다는 점 등을 고려해 본건이 현행 법질서를 현저히 벗어난 행위라고 인정된다. 사건이 주민운동을 과도하게 자극해 안이한 형태로 일반이 모방하기 쉽고, 위법한 실력행사를 유발하기 쉬운 점 등의 사정을 고려하면 피고인 두 사람에게 유리하게 참작해야 할 앞의 사정이 있다고 해서 피고인 두 사람에게 대한 형사책임의 추궁은 결코 안이하게 넘어가서는 안 되는 것이다.'

피고인 두 명에게 징역 3월에 처한다고 구형했다.

피고 변호인단의 '변론'

재판소의 이례적인 소송지휘로 피고의 변호에 연구자의 논술을 인정해, '공해학교'를 열었음에도 불구하고 검사의 논지는 공해의 책임을 추궁하는 것이 아니라, 통상의 기업활동에 대한 위력방해의 논증으로 시종일관했다고 해도 좋다. '변론'은 첫머리에서 검사의 논고가 기업활동을 옹호하고 폐액 무단방류를 면죄한 반면에, 국민의 생존권, 환경권에 대한 멸시 내지 경시로 가득 차 있다고 진술했다.[69]

그래서 '변론'은 고치 펄프 사건을 일본 공해의 범죄적 성격의 전형으로 보고, 제재해야 할 것은 피고 두 사람이 아니라 고치 펄프라고 했다. 따라서 이 재판은 범죄적인 공해의 범인을 심판할 것인가, 공해반대의 주민운동을 심판할 것인가, 비교형량해야 할 것은 212만 엔의 기업 손해 대 시민의 생존권인지가 문제가 된다고 했다. 이 때문에 '변론'은 공해 연구자의 논증을 바탕으로 일본의 공해가 사회적 재해이며, 인간의 생명·건강의 손상, 자연환경의 파괴, 도시환경의 손상 등 절대 되돌릴 수 없는 손실을 낳았고, 한순간도 소홀히 할 수 없는 문제이며, 행정이 마땅히 해야 할 규제를 하지 않았기 때문에 주민이 들고 일어나지 않으면 해결되지 않는 상황에 있다는 사실을 말했다. 공해국회가 열린 1970년까지와 같이, 기업활동의 유용성이 있었다고 해도 공해를 발생하는 기업의 존속은 허용되지 않는다는 것이 사회의 상식이었다는 사실을 말했다. 이러한 공해론 위에 서서 고치 펄프의 공해 사건을 심판하는 것이 이 재판의 본질이라고 했다.

'변론'에서는 특히 고치 펄프는 그 설립, 존속이 허용되어서는 안 되는 기업이었다고 다음과 같이 말했다. SP펄프의 유해성이 명백했음에도 불구하고 도시의 중앙부에 입지해 주민이 모여 사는 하천에 매일 1만 4000t의 유해한 폐액을 계속 무단방류했다. 주민이 공해대책으로 요구한 농축연소장치를 설치하지 않고, 침전지만 보더라도 아황산가스를 줄이기 위해서는 1969년에 알칼리샤워를 설치한 것뿐이었다. 이 때문에 에노구치가와 강의 배수구 COD는 1500~2000ppm에 이르렀는데, 이는 생물 서식의 한계치 5ppm의 440배의 오염으로 어류 등의 생물이 사멸했다. 또 공장 주변의 대기 중 아황산가스는 0.75ppm이었고, 하천의 황화수소의 악취와 오염으로 인해 건강이나 재산의 피해가 계속 축적됐다. 에노구치가와 강은 '죽음의 하천'이 됐고, 우라토 만은 빈사상태가 돼 어업권의 포기를 초래했다. 적어도 과거에 3가지 공해방지의 협정서가 체결돼 있지만 이들은 지켜지지 않았다. 통산성의 허가조건에도 위반됐다. 이 상황에서는 검사가 주장하는 기업의 '사회적 유용성'은 없다고 해도 좋을 것이다.

행정의 책임에 대해서는 수질2법의 지역지정을 연기시키고, 공해방지협정의 실행을 게을리 하고, 공장의 출입조사 등도 거의 하지 않은 현의 거동은 '정말 공해를 조장한 부작위의 책임을 물어도 될 정도이다'라고 단정했다. 특히 주민운동에 대한 대응에 있어서 '눈에 띄게 기업측에 서서, 자기의 태만을 지키는 입장이었다'며 미조부치 마스키 지사나 이마바시 환경보전 국장의 증언을 근거로 비판했다.

이에 대해서 주민운동은 전체가 입은 피해의 심각함에 비하면 극도로 온건하며, '극한까지 생존이 위협받기에 이르지 않으면 좀처럼 나서는 것을 볼 수 없다.' 주민운동은 미국과 달리, 비무장한 집단에 의한 폭력 사건은 혼슈 제지나 미나마타에서 보였던 어민 사건 등을 제외하면 거의 없다. 일본의 주민운동은 구체적인 조사에 의해 객관적으로 공해를 고발한다는 이론적 수준이 높아 우라토 만을 지키는 모임의 운동도 이러한 일본 주민운동의 성격을 갖고 있다고 말했다.

그런데 사법의 역할이지만, 4대 공해재판 이래 드디어 공해기업을 심판할 수 있게 됐으나 아직도 비상식적인 기업의 공해 사건에 대해 한 번도 검사의 손에 걸린 적이 없는 것은 이상하지 않은가. 행정과 입법이 공해대책에 충분한 기능을 하고 있지 못할 때에 최후의 수단으로 재판의 장을 만들어 '검사가 사회의 불공평을 추궁해 그 근절을 수행하는 본래의 일로 되돌아가 공해라는 이름의 부정을 없애기 위한 노력을 과거의 반성 위에 서서 추진해 나갔으면 하는 것을 희망하고자 한다'고 변론을 했다.

'변론'은 지금 말한 바와 같은 공해론을 바탕으로 사실론, 구성요소론, 정당방위론, 처벌할 수 있는 위법론, 기대가능성론을 들어 피고 행위의 정당성과 기업의 범죄성을 분명히 하고 있지만, 이 판정은 공해론을 어떻게 인식하는지와 관련이 있다고 할 수 있다. 가령 고치 펄프의 업무의 구성요소 불해당성(不該當性)에 대해 검사가 펄프폐액의 배출을 기업활동에 따른 하나의 과정에 불과하다고 말하였는데 반해, 4대 공해재판에서는 '인간의 생명·신체를 기본적 권리로 보아 그에 대한 위험성 우려의 유무를 기준으로 기업활동의 적법성 여부를 인정하고 있다'는 것을 '변론'에서 근거로 내세워 고치 펄프가 영향을 미치는 활동이 안고 있는 범죄적 성격은 형법234조에서 말하는 '업무'에 해당하지 않는다고 했다. 결국 공해를 내는 고치 펄프의 사업을 중단시키는 것에 정당성이 있다고 말한 것이다.

정당방위에 대해서는, 검사는 피고의 행위가 '과거의 침해'에 대한 보복이며, 현재성·절박성·직접성을 결여하고 있다고 하지만 '변론'은 피해가 진행 중이며, 급박성이 있고, 급박하기는커녕 너무 늦은 것으로 이번에 회복하지 않으면 돌이킬 수가 없다고 해 실력행사를 한 정당방위라고 했다. 그리고 방위행위의 상당성만이 아니라, 침해를 받지 않기 위한 행동의 필요성을 구체적으로 고려하지 않으면 안 된다고 했다. 이미 말한 바와 같이 기업에도, 행정당국에도 공해방지의 바람을 기대할 수 없는 경우에는 피해자가 번지는 불티를 스스로 제거하는 것은 주민의 자위수단이며 실력행사이다. 이 경우 침해행위로부터 보호해야 할 이익, 방위행위에 의해 상대방이 입는 손해는 직접 인간에 관련된 피해인지 여부가 기준이 되는 것으로, 오수로 인한 피해라서 오수를 중지시킨 것은 직접적으로는 실력행사가 정상이며, 정당방위이라고 했다.

가벌적 위법성에 대해서는, 단순히 위법이라고만 해서는 부족하고 형벌을 과하기에 적합하고 또한 형벌을 가하기에 충분한 위법이라는 사실을 필요로 한다고 했다. '변론'은 위법성이 경미하며, 야마사키, 사카모토 두 사람의 행위는 검사가 말한 바와 같이 보복이 아니라 그 동기 목적에 있어서 정당하며, 한편 기업의 범죄성은 명백하다고 말했다. 그리고 피고가 본건 행위로 인해 지킨 법익은 자연이며, 환경권·생존권이며, 침해당한 법익은 기업의 약 15시간의 이윤추구활동이다. 고치 펄프의 손해는 212만 엔이라고 하지만 기껏 10만 엔 정도인 것이다. 피고의 행위로 인해 공감하는 주민운동에 다수의 사람이 참여하고 고치 펄프의 배수가 중지됨에 따라 에노구치가와 강과 우라토 만이 되살아났기에 어느 쪽의 법익이 우월한지는 명백하다. 이를 만약 형벌을 갖고 임한다고 하면 형법 또한 기업옹호의 도구밖에 안 되는 것이다. 가령 형식적으로 형법234조의 위력업무방해에 해당한다고 해도 이에 대해 형벌을 과하기엔 어울리는 사안이 아니다. 두 사람의 행위는 가벌위법성이 없는 무죄이다.

최후에 책임조각(기대가능성의 부재성)에 대해 검사는 실력행사에 의하지 않고 법질서에 근거해 가처분인 중지를 신청해야 했다고 하지만, 공해기업 중지판결이 전국에 예가 없고, 피고가 변호사로부터 뜬 구름 잡는 것만큼 어려운 재판이라는 말을 들었다. 손해배상을 청구하는 것은 발생한 결과를 뒤치다꺼리하는 일이어서 공해를 방지하기에는 효과가 없다. 또 검사가 말한 바와 같이, 고치 펄프와의 교섭을 계속해 행정의 규제를 기대한다는 것은 이 20년의 경험과 이번 기업과 현 당국의 태도를 보더라도 기대할 수 있는 일이 아니었다.

그리고 결론적으로 '당시 두 사람과 마찬가지 인식을 갖고 그 상황에 놓인 사람은 누구라도 본건 실력행사 이외에 다른 행위를 할 수 없었을 것이다. 두 사람의 행위는 인간의 생존권, 환경권을 지키기 위한, 참으로 어쩔 수 없는 것이라고 할 것이며, 법의 이념에 비추어 비난할 수 없다. …… 재판소가 기업의 범죄를 눈감아주고 행정책임을 보류한 채 공해근절에 나선 두 사람의 행위책임만 추궁한 검사의 부당불공정한 기소를 따를 것인지 아니면 야마사키 씨가 말하는 진범을 찾아내 그 책임을 명확히 할 것인지 자연보호·공해근절을 바라는 전 국민이 주목하고 있다. 인류사에 공헌하는 판결을 기대하며 변론을 마친다'고 말했다.

판결

1976년 3월 31일 이타사카 아키라 재판장에 의해 판결이 내려졌다. 당시 공해근절의 여론과 '공해학교'로서 소송을 지휘한 상황에서 보더라도 무죄판결이 나오지 않을까 하는 기대도 있었다. 그러나 판결은 한쪽만의 주장으로 고치 펄프의 범죄적 행위를 고발하고 시민의 존경을 받는 두 사람의 행위를 부득이한 사정이라고 하면서도 결론은 유죄를 판결해 벌금 5만 엔에 처했다. 이하 그 내용을 간단히 소개한다.[70]

판결은 본건의 배경으로, 고치 펄프 설립의 경위와 본건 펄프 공장의 조업으로 인해 발생한 영향 및 피해에 대해 말하였다. 이는 매우 신중하고 정확한 묘사였다. 이 부분은 피고 변호인단의 모두진술과 거의 다름이 없어 이미 소개했기에 생략한다.

판결은 변호사의 주장에 대한 판단을 다음과 같이 말하였다. 우선 '구성 요건 불해당의 주장에 대해서'는, 고치 펄프가 공해방지협정을 위반해 ' "공해의 무단방류"로 비판받아도 쌀 정도로 매우 유감인 기업자세였다고 하지 않을 수 없다'고 말하였다. 그리고 기업의 영업 자유는 결코 무제한이 아니며, '기업활동이 국민의 생명을 침해하거나 또는 그 건강 등에 심각한 악영향을 미치게 되는 경우에는 공공의 복지에 반하는 것으로 헌법상의 보호 대상에서 제외되며, 더욱이 기업으로서는 허용될 수 없는 위법한 행위이기도 하다'며 피고의 행위를 인정하는 듯한 판단을 보이면서도 분위기를 바꿔, 고도로 발달한 현재의 기업활동은 어떤 의미에서 법익침해의 가능성을 포함하고 있기에 그러한 위험성이 있는 기업활동을 모두 위법으로 금지하는 조치를 취하면 국가의 경제활동의 정지와 마찬가지 결과가 되기에 사회적 유용성이 인정되는 기업활동은 공공성이 있다고 허용된다는 판단을 보였다. 그리고 고치 펄프는 지역의 요청을 받아들인 기업이며, '주민에게 피해를 입히고 있다고는 시인하기 어려우며, 한편 기업으로서의 사회적 유용성도 구비하고 있는 사실은 부정하기 어렵고', 피고인 등의 운동에 대응해 만전을 기했다고는 하지 못하지만 공해대책을 취해 공장 이전의 의향을 보이고 있기에 '그 조업을 갖고 업무방해죄에 의해 보호해야 할 업무에 해당하지 않는다고 단정지을 수 없고, 적어도 본건 범행 당시에는 위와 같은 보호의 적격을 잃지 않았다고 보지 않을 수 없다.'

정말 논리모순과 같이 '예스 앤드 벗(yes and but)'의 논지가 계속되었다.

'정당방위의 주장에 대해서'에서는 우선 고치 펄프의 폐액 배출은 형태면에서는 펄프 제조라는 정당한 기업활동의 한면이지만, 유해한 폐액을 배출하지 않고는 제조할 수 없다는 엄밀한 관련을 갖고 있다며 다음과 같이 판단하였다.

'고치 펄프의 폐액 배출은 이미 앞서 말한 바와 같은 피해를 초래하였

고, 또한 적어도 본건 범행 당시에 있어서는 그 피해를 확대하는 원인이
될 수 있었다고 생각되기 때문에 실질적으로 보아 위법이며 주민의 건강
등의 법익에 대한 부정한 침해라고 하지 않을 수 없다.'

이렇게 단정한 뒤에 다음과 같이 정당방위를 부정하였다. 법은 사회적
질서를 유지하는 입장에서 개개 국민의 권리의 옹호, 구제의 책임을 전적으
로 국가 또는 공공단체 등의 공적 기관에 맡겨 권리를 침해받게 된 경우에
는 공적 기관에 법적 보호를 구해 권리회복 내지 법익침해의 위험성 제거
를 도모하는 것이 방침이며, 국민 스스로가 실력행사에 호소하는 것은 일반
적으로 위법으로 삼고 있다고 말했다. '다만 국민이 공적 기관에 법적 보호
를 구할 시간적 여유가 없는 긴급사태에 처해 있는 상당한 방위적 실력행
사에 대해서만 정당방위로서 그 위법성을 조각(阻却)시키고 있다.' 그 정당
방위가 성립하기 위해서는 침해가 '부정'일 뿐만 아니라 '급박'이라는 사실
을 필요로 하고 있다고 했다.

판결은 고치 펄프의 폐액 배출이 부정한 침해라는 것은 부정하지 못하지
만 피고가 재판소에 조업중지 또는 폐액규제를 명하는 가처분을 신청하든
지 고치현 내수면어업 조사규제 위반 등의 범죄혐의로 경찰·검찰에 대한
조작단속을 기대해보는 수단을 고려할 수 있지 않았나하고 말했다. 이들 조
치는 당시 현실에서 보면 피고가 어찌 할 수 없는 방법이라고 생각했다는
것은 인정하지만, 20년간 방류돼 새롭게 부담이 되는 것은 그다지 일각을
다툴 정도의 것이라고는 말할 수 없다며 도저히 '가처분을 구하는 등의 시
간적 여유가 없다고 볼 수는 없고, 따라서 앞선 침해엔 급박성이 없고, 정당
방위의 주장은 그 전제를 결여했다고 볼 수밖에 없다'고 단정했다.

또 판결은 피고와 고치 펄프간의 교섭 경과나 수질기준의 개정에서 보아
고치 펄프가 조업을 정지할 수도 있었기에 피고의 실행은 정세판단을 잘못
해 확실히 서둘러 행한 행위였다고 말했다.

'가벌적 위법성 결여의 주장에 대해서'는 목적이 정당하다고 해도 그 수

단방법이 상당성을 넘어 법질서를 어지럽히고, 목적을 위해 수단을 가리지 않는 식으로 위법성이 있다고 해 앞서 말한 바와 같이 공적 기관에 구제를 구하는 여유가 있었음에도 불구하고 이를 무시한 실력행사로 도저히 수단 방법이 정한 것으로는 인정하기 어렵기 때문에 족히 가벌적 위법성이 있다고 했다.

'기대가능성 부존재의 주장에 대해서'는 앞서 말한 바와 같이 곤란한 길이라는 것은 인정하지만 가처분의 신청, 고발 등의 수단이 남아있었기 때문에 가처분신청을 통해 고치 펄프와 대화의 장이 열리는 것은 충분히 예상되기에 실력행사 이외에 적법한 행위를 할 수 있는 가능성은 족히 있었다고 했다.

이렇게 해서 변호사의 주장은 모두 채택할 수 없다고 해 유죄 판결을 내렸다.

이 판결문은 '법령의 적용 및 형량의 이유'에 대해 모두에서 다음과 같이 기술하였다.

'그래서 범죄가 이루어진 정황에 대해 생각해 보면, 피고인 등의 본건 범행은 면밀한 계획, 주도적 준비 아래 법을 무시한 채 대담하고 강력하게 행한 것으로 이와 같은 사건을 가볍게 방치하면 각종 운동 등을 자극해 안이한 형태로 모방돼 위법한 실력행사를 유발할 수밖에 없으며, 이러한 풍조는 나아가 전후 겨우 익혀온 민주주의의 근간에도 저촉될 우려가 있다는 데 생각이 미치면 결코 경시할 수 없는 사범(事犯)이다.'

판결은 이 사건의 판정이라기보다는 치안대책이라는 정치적 관점에서 나온 것임을 보여주었다. 그러나 민주주의의 근간에 저촉되고 있는 것은 기업의 공해이며 그것을 방지하지 않았던 행정에 있는 것이 아닌가. 편파적인 것을 변호하는 듯한 판결은 이 결론에서 피고인의 행위가 어쩔 수 없었다고 변호하듯 다시 한 번 사건을 덧씌웠다.

'그러나 피고인 등은 모두 건전한 시민으로 또한 직접 구체적인 피해자가 아님에도 불구하고 높은 수준의 입장에서 최근의 공해문제를 우려해 공해로부터 자연을 지키고 환경파괴를 저지해 사회에 이바지하기 위해 스스로 주민운동을 조직해 그 선두에 서서 진지한 활동을 계속하고 있는 사람이어서 극도로 오염된 에노구치가와 강 및 우라토 만의 정화에 노력해온 참에 고치 펄프로부터 배신적으로 회담을 거부당하고, 또한 행정의 무력함을 접한 나머지 그 정화를 실현하고자 하는 일념에서 마침내 본건 범행에 이른 것이다.'

판결문은 여기서부터 '공해학교'를 연 성과를 보여주듯이 일본의 공해 실태와 공해국회를 통한 행정의 전환을 기술해 이러한 상황이기에 피고인이 고치 펄프에 행동을 취한 것은 '자연의 섭리'였다고 말하였다. 이 '공해문제의 현실을 감안해 공해방지에 성의를 보여 이를 실행하는 것이 기업의 중대한 책무여야 한다는 데서도 본건의 발생에 대해서는 이 회사측에도 이를 유발한 책임이 있다고 말하지 않을 수 없다.'

또 공해문제를 해결하는 역할은 1차적으로 정치, 행정이 담당해야 하지만, 고치현·시는 진작부터 주민들로부터 에노구치가와 강 및 우라토 만의 피해 호소가 있었고, 그 원인의 대부분이 고치 펄프의 폐액 방류에 있다는 사실을 알면서도 피고를 무시해 겨우 열린 주민과 회사의 회담에 대해서도 적극적인 조치를 취하지 않았다. '본건은 관련 행정의 방관적이고 무대책적인 태도에도 기인하고 있다고 하지 않을 수 없고, 그 책임도 당연히 문제로 삼아야 한다.'

그리고 판결은 다음과 같이 구형했다.

'그리하여 위와 같은 사정을 감안하면 본건 범행의 책임을 들어 피고인 등에게만 귀착시키는 것은 도저히 불가능하고, 기타 심리에서 나타난 제반 사정을 종합적으로 감안하면 본건에 있어서는 정해진 형 가운데 벌금형을 선택해 처리하는 정도에 머무는 것이 상당하다고 사료되기에 그

금액의 범위 내에서 피고인 두 사람을 각 벌금 5만 엔에 처하고, 그 벌금을 완납할 수 없을 때에는 형법 18조에 의해 금 2500엔을 하루로 환산한 기간 만큼 피고인을 노역장에 유치하고 소송비용에 대해서는 형사소송법 181조 1항 본문, 182조에 따라 감정인인 이마이 요시히코와 무라오카 다케오에게 지급한 금액을 제외하고 이를 피고인들에게 연대해 부담시키는 것으로 한다.'

판결의 평가를 둘러싸고

판결 당일 『아사히신문』 석간은 '심판받아야 할 것은 공해다'라는 제목을 붙여 '사람의 생명, 아름다운 자연을 지키기 위해 행한 것이 죄가 될 수는 없음을 바라는 많은 주민의 소박한 감정 앞에 법의 벽은 두꺼웠다'고 했다. 특별변호사였던 우이 준은 「법학세미나」 6월호에 이 판결이 건강을 해치는 공해에 대한 주민의 정당방위권을 인정하지 않고 자본주의사회의 치안유지를 우선시한 것을 심하게 비판했다. 민주주의의 근간에 저촉된다고 하는 것이 민주주의의 근간은 주권재민인데, 그것이 위탁된 법치국가를 지키는 것으로 바꿔치기 돼 있다고 비판했다[70].

대부분의 신문, 가령 『아사히신문』은 두 사람의 실력행사를 주신구라*에 비교하며 대중은 확실히 오이시 요시오** 같은 야마사키와 사카모토 두 사람의 행위를 칭찬하고 있지만, 국법을 지키는 입장을 취한 막부는 처단하지 않을 수 없다는 것이라는 논평을 내놓았다. 그러나 나는 주신구라는 '겐카료세이바이(喧嘩兩成敗)***라는 무사의 사도에도 어긋나는 일방적 처벌을 장군가가 행한 데 대한 아코 로시의 반란이며, 재판의 원리는 문자 그대로 '양

---

* 일본의 가부키 등에서 나오는 정의로운 인물
** 에도시대 전기의 무사
*** 중세 및 근세 일본의 법원칙의 하나로, 싸움에 있어 그 이유를 불문하고 쌍방을 균등하게 처벌한다는 원칙

쪽 모두를 균등하게 처리하는 것'이다. 이 사건에서는 참된 공해의 범인인 고치 펄프를 옹호한 현이나 시는 처벌되지 않았다. 주신구라에 비해서도 부당한 재판이었다.

나는 다음과 같이 평가했다. 주신구라라는 것보다는 미국의 다니엘 베리칸이 쓴 『케이튼즈빌 사건의 9인』에 가깝다고 말할 수 있지 않을까하고 생각해 다음과 같이 썼다.

'부정한 베트남전쟁에 대해 신부 베리칸은 동지와 함께 메릴랜드주 케이튼즈빌에 있는 징병국에 들어가 징병카드를 불태워버렸다. 이 재판에서는 베트남전쟁의 부정이 피고에 의해 밝혀졌고 법정은 마치 미국 정부의 부패를 심판하는 장소가 됐지만 재판소는 베트남전쟁이 부정이라는 커다란 악과 징병카드를 불태우고 군의 행정을 방해했다는 자그마한 죄를 정당하게 비교하지 않고, 피고 베리칸을 유죄로 인정했다. 이를 들은 방청자 한 사람이 말했다.

"당신들은 예수를 유죄에 처했다."'

고치 재판소는 마치 '예수를 유죄로 처했던' 것이다. 미국이나 세계의 무수한 '베리칸 신부'들의 행동이 있어 결국 베트남전쟁이 끝난 것처럼, 에노구치가와 강과 우라토 만을 되살린 것은 야마사키와 사카모토 두 사람의 용기 있는 파문 덕분이었다.

재판소는 야마사키와 사카모토 두 사람의 실력행사를 정당방위로 인정하지 않음으로써 사법의 권위를 드러내놓고자 했다. 그러나 두 사람의 행위를 어쩔 수 없는 시민권의 행사로 인정한 여론은 '이 판결을 편파적으로 처리해 사법에 대한 신뢰를 버리게 했다. 사법은 법의 권위를 지키려던 것이 반대로 법의 권위를 실추시킨 것이다.'

거의 같은 시기에 오사카공항 공해재판이 진행되고 있었다. 고치 펄프 사건의 판결에서는 실력행사를 할 것까지 없이 재판에서 중지시키면 좋지 않은가 하고 말했다. 그러나 오사카공항 공해 사건의 중지는 최고재판소에

서 거부됐다. 실력행사가 아니면 공해를 중지시킬 수 없는 것이 일본의 현
실이라는 것을 재판이 보여줬다. 고치 펄프 사건은 '우라토 만을 지키는 모
임'이 일본의 공해반대운동의 정점에 섰다는 것을 보여줬지만, 사법의 공해
문제에 대한 인식의 한계를 보였고, 이후 사법은 점차 행정과 밀착돼 갔다.

주

1　船場正富 「チッソと地域社会」(宮本憲一編 『公害都市の再生・水俣』)(『講座　地域開発と自治
　　体』第2巻, 筑摩書房, 1977年)를 참조.

2　「水俣病家族アンケート調査」 「水俣病についての水俣市民世論調査」(NHK社会部編 『日本公害
　　地図』第2版, 日本放送出版協会, 1973年) pp.359-376.

3　千場茂勝 「熊本水俣病訴訟」(日本弁護士連合会公害対策環境保全委員会編, 『公害・環境訴訟と
　　弁護士の挑戦』(法律文化社, 2010年) pp.109-112.

4　Cf. E. S. Mills, *The Economics of Environment*(N.Y. Norton, 1978)의 전반 부분의 요약.

5　오사카 알칼리 사건소송은 공해재판의 규범으로서 공해관계 논문에는 반드시 소개된다. 최근
　　에는 大村敦志 『不法行為判例に学ぶ―社会と法の接点』(有斐閣, 2011年)에 욧카이치 공해소송
　　과 나란히 소개, 논평되고 있다.

6　沢井裕 『公害の私法的救済』(一粒社, 1969年), p.147.

7　위의 책, p.143.

8　이 항의 정리는 吉村良一 『公害・環境私法の展開と今日的課題』(法律文化社, 2002年) 등을 참
　　고했다.

9　「C. O. E.　オーラル・政策研究プロジェクト　矢口洪一(元最高裁判所長官)オーラル・ヒスト
　　リー」(政策研究院政策研究大学院大学), pp.155-156.
　　이 인사는 사무총국의 원고에 바탕을 두고 최고재판소 장관이 발언한 것처럼 읽을 수 있지만
　　야구치 고이치의 생각이기도 할 것이다. 4대 공해재판의 당사자가 이 야구치 고이치의 증언을
　　읽으면 저항감을 느낄 것이다. 마치 4대 공해재판의 승소는 이 협의에서 정해진 것처럼 읽을
　　수 있기 때문이다. 흡사 큰 전투의 승리에 대해 현장의 장병의 고투를 높이 평가하지 않고 사
　　령부의 참모장이 마치 자신의 작전이 그 승리를 가져온 것처럼 말하는 것과 같이 읽히기 때문
　　이다. 가령 니가타미나마타의 경우 공장배수인지 농약인지의 논쟁은 당시 간단히 판정나지
　　않아 원고의 변호인단과 연구자는 증명에 사력을 다했던 것이다. 욧카이치 공해의 경우는 야
　　구치가 말한 바와 같이 대충 대충의 역학으로는 승소할 수 없었을 것이다. 요시다 가쓰미 등
　　의 역학조사・연구와 증언은 당시로서는 최고 수준의 병인(病因)의 증명이었다. 행정관인 하
　　시모토 미치오는 욧카이치의 역학조사는 오사카 니시요도가와 강의 조사와 더불어 완벽하다
　　고 평가하였다. 또 구마모토미나마타병의 경우 재판의 시점에서는 정부도 공해라는 사실을

인정하고 인과관계도 명확했지만 여전히 기업은 책임을 인정하지 않았고, 이 때문에 기업의
과실을 입증하기 위한 변호인단의 고투를 읽으면 야구치 증언과 같이 제5장에서 드러난 바
와 같이 국가가 피고가 돼, 중지가 요구된 때에는 최고재판소는 국가편에 서서, 원고 피해자
와 국민의 기대를 배신하는 것이다. 그러나 저러나 4대 공해재판의 판결은 당시 시민의 열렬
한 공해반대와 여론의 운동을 배경으로 하고 있었던 것이다.

10 이하 재판의 서술은 イタイイタイ病弁護団編『イタイイタイ病裁判』(総合図書, 1971年)에 따
른다.

11 イタイイタイ病訴訟弁護団編『イタイイタイ病裁判記録』第1集(労働旬報社, 1969年), pp.9-18.
이 제소를 맞아 원고 변호인단장 쇼리키 기노스케 외 236명이 내놓은 「보충의견」이 제소의
의의를 명쾌하게 보여주고 있다.

12 피고의 준비서면(1968年 9月 20日, 1969年 1月 11日, 同年 6月 19日)에 따른다.

13 판결문은 富山地判 1971年 6月 30日『判例時報』635号

14 앞의 책(제1장) 松波淳一『カドミウム被害百年 -回顧と展望』은 다케우치 증언에 대한 저자의
반대심문을 게재해놓고 있지만 공소심의 백미를 보여주는 논쟁으로, 판결에 결정적인 영향을
주었다. 이 저서는 이타이이타이병에 관한 의학의 업적을 모았다고 평가받고 있으며 또 사건
의 전체상을 명확하게 했다.

15 두 가지의 서약서와 한 가지의 협정서는 松波의 앞의 책 및 畑明郎『イタイイタイ病』(実教出
版, 1994年), pp.37-39.

16 앞의 畑明郎『イタイイタイ病』, p.56. 이 저서에 출입조사의 방법이나 성과가 씌어져 있지만
출입조사40주년을 기념한 보고가 무공해에 이른 상황과 과제를 명확히 하고 있다. 畑明郎「神
岡鉱山の排水対策の到達点と今後の課題」(『立入調査40周年記念シンポジウム資料』2011年 8月
6日), 松波淳一「イタイイタイ病と裁判及び公害防止協定の意義」(第52回日本社会医学会公開シ
ンポジウム).

17 니가타미나마타병의 초기의 동향과 재판에 이르기까지는 다음의 문헌을 참고했다. 재판 직전
까지의 경과로 잘 정리돼 있는 것은 五十嵐文夫『新潟水俣病』(合同出版, 1971年). 滝沢行雄『し
のびよる公害―新潟水俣病』(野島出版, 1970年). 저자는 공중위생학자, 니가타 대학 의학부 조
교수. 초기부터 이 사건의 해명에 있어서 니가타미나마타병의 병인, 경로 등의 조사를 실시해
이 사건에 관한 자료, 문헌이나 신문기록을 집약해 기록한 것. 특히 다키자와 유키오는 재판
후의 반격의 시대에는 정부측에 휘둘려 피해자와 사이가 소원해진다. 아키타 대학 의학부 교수,
국립 미나마타병 연구센터를 거쳐, 미나마타시의 부시장이 됐다. 사건 당시, 소아과의사로서 눗
타리(沼垂) 진료소장, 민간미나마타병대책위(民水対) 초대의장으로서, 환자의 진료・지원활동
을 계속해, 제1차 소송 원고보좌인, 제2차 소송 원고증인을 해, 니가타미나마타병의 해결에 가
장 기여를 한 斉藤恒『新潟水俣病』(毎日新聞, 1996年). 飯島伸子・船橋晴俊『新潟水俣病問題―
加害と被害の社会学』(東信堂, 1999年). 이는 재판에서 미인정환자의 구제에 이르기까지의 니
가타미나마타병 문제를 부제와 같이 사회학적으로 분석해 정책제언을 한 것.

坂本克彦『新潟水俣病の30年―ある弁護士の回想』(NHK出版, 2000年), 니가타미나마타병뿐만
아니라 구마모토미나마타병의 제소에도 공헌해 문자 그대로 미나마타병 재판의 살아있는 사
전 같은 저자의 기록. 특히 1차 소송의 참고자료 新潟水俣病40周年記念誌出版委員会『阿賀よ
り伝えて―103人が語る新潟水俣病』(新潟水俣病40周年記念誌出版委員会, 2005年). 니가타미나
마타병에 관계된 변호사・의사・전문가를 비롯해 피해자운동 참가자, 지원자 등 103명이 기
억한 이야기지만 초기 미나마타병 재판 제기의 어려움과 처음 공해재판을 추진하는 어려움과

승소의 기쁨이 솔직히 나와 있어 일급의 증언집이다.

深井純一『水俣病の政治経済学―産業史的背景と行政責任』(勁草書房, 1999年). 이 책은 수력발전의 개발과 전기화학의 발전에 대해 짓소와 쇼와 전공을 예로 들어 해석하고 있다. 그리고 양 사가 전기화학에서 석유화학으로 가는 전환기에 낡은 기계를 사용해 대증산을 해 아세트 알데히드의 생산과정에서 나오는 유기수은을 포함하는 배수를 처리하지 않고 무단방류한 실태를 명확하게 하고 있다. 더욱이 이 저서의 백미는 2가지 미나마타병의 행정책임을 당국의 방대한 자료에서 밝혀냈다는 것이다.

18 五十嵐文夫 앞의 책, p.19. 니가타 지진의 영향은 가공(架空)의 농약설보다는 이러한 고기를 많이 먹었다는 설 쪽이 설득력이 있다.

19 이는 스크랩 앤드 빌드라는 산업구조 전환에 따른 기업의 논리에 의한 것만이 아니라 분명히 증거인멸이었다.

20 초기에 피해자가 좀처럼 원고가 되지 않고, 한때는 절망적이었던 상황을 반도 가쓰히코가 회상하고 있다. '나는 낡아빠진 블루버드 차량으로 환자집을 돌면서, 원고가 돼줄 환자를 찾았지만 허탕을 치고 아가노가와 강둑에 서서 강을 바라보다 돌아오는 날이 며칠이나 계속됐다.' 앞의 책『阿賀よ伝えて』, p.149. 深井純一 앞의 책, p.246.

21 深井純一 앞의 책, p.246.

22 기타카와 데쓰조의 농약설은 재판의 증언 및 중의원 과학기술진흥대책 특별위원회(1966년 11월 10일)의 참고인으로서의 발언에 의한다. 이와 같이 과학논쟁도 되지 않는 농약설이 채택된 것에 대해 이가라시는 당시 학계에 있었던 지방대학을 역전도시락(駅弁)대학*이라고 차별해 중앙의 대학의 권위를 존중하는 경향에서 구했다. 또 정부의 조사도 부정하는 배후에는 안자이 마사오 쇼와 전공 사장이 천황가(天皇家)나 역대 수상과 연이 있는 정치적인 문턱이 있다고 했다. 五十嵐文夫 앞의 책, p159.

23 이 반대심문은 이 재판의 중심으로 대충 대충의 학설을 낸 데 대한 보복이라고 해도 좋을 정도로 기타카와 데쓰조에 대한 심문은 엄중했다.

24 판결문은 新潟地判 1971년 9월 29日『判例時報』642号에서.

25 보좌인으로서 가장 활약한 우이 준은 '1차 소송은 인과관계에 있어서 거의 이겼고, 책임론에 있어서 실력의 한계에 부딪혔으며, 손해론에 있어서 전력을 다했다고 하는 느낌'이라고 했다. 앞의 책『阿賀よ伝えて』, p.195. 나는 당시 상황에서 말하면 손해액이 적은 것을 별도로 친다면 좀 더 높이 평가를 하고 있다. 앞의 책(제1장) 宮本憲一『地域開発はこれでよいか』, pp. 122-126.

26 쇼지와 미야모토는 앞의 책(서장)『日本の公害』에서 기타카와 데쓰조의 재판에 나온 농약설은 범죄적 행위라고 신랄하게 비판했다. 기타카와 데쓰조는 이와나미 서점 야스에 료스케 씨 등에 대해 이에 항의해『日本の公害』는 명예훼손으로 발행금지・회수했으면 좋겠다고 요구해 왔다. 야스에 씨는 그것을 거부했지만, 나에게 기타카와로부터 이러한 항의가 와서, 재판으로 가져갈 것이라고 말해왔다. 쇼지와 나는 재판으로 가면 두 번 다시 없는 기회이기에 과학자의 책임이란 무엇인가, 기타카와 데쓰조가 조사분석을 행해, 얼마나 엉터리의 원인설을 만들어

---

* 1946년 학제개편으로 신설돼 급증한 새로 설립된 대학을 비꼬는 말. 역마다 새로운 대학이 들어섰다는 의미

쇼와 전공에 봉사했는가를 밝혀, 학계의 반성을 촉구하고자 했다. 기타카와는 재판을 걸지 않았다. 유감스러운 일이다.

27 '소장'을 요약했다.

28 日経連公害問題研究会의「公害研究シリーズ」등.

29 욧카이치 공해의 초기부터 판결 전의 상황까지의 지역상황을 종합적으로 정리한 것은 당시 주니치신문 기자였던 이토 쇼지가 필명 오노 에이지로 쓴『原点・四日市公害10年の記録』(勁草書房, 1971年)이다. 여기서는 자치회의 활동 스타일에 대해 다음과 같이 쓰고 있다. '자치회가 본질적으로는 운동을 위한 조직이 아니라 행정의 말단기구라고 하는 체제조직이며, 항의가 아닌 진정이 본질이라고 하는 일반적인 성격에 더해 시오하마(塩浜)의 경우는 조직을 연결하는 것이 권리의식이라고 하는 것보다 '시오무라마을(塩浜村)'이라고 하는 시대부터의 지연적(地縁的)인 것이었기 때문이다.' 최초의 주민운동이었던 시오하마 지구의 자치회의 활동은 피해의 고발에서부터 매연규제법의 실현이라고 하는 진정으로 선회했지만 이 유명무실한 '무늬만 법'의 출현으로 좌절을 하지 않을 수 없었다고 평가되고 있다. 또 '욧카이치시의 시민운동을 혼미하게 한 최대의 원인은 피해자의 분노가 목소리로 바뀌지 않았던 것이라고 생각한다'고 말했다. 욧카이치 공해소송에 대해서는『四日市市史』第15巻 資料編과 第19巻 通史編이 참고가 된다. 특히 앞의 책의 자료집 가운데 중요한 문헌이 기재돼 있어 오노 에이지의 기록과 함께 참고가 된다.

30 원고 및 피고의 준비서면 가운데 중요한 것은『法律時報』「公害裁判第2集」(1972年 4月号, 臨時増刊)에 게재돼 있다. 여기서는 원고의 최종 준비서면과 피고의 통일준비서면과 최종 준비서면에 의해 정리했다.

31 「原告最終準備書面」

32 주부 전력의 주장은「被告第15準備書面」

33 이시하라 산업의 주장은「被告第11準備書面」

34 「被告第15準備書面」

35 앞의 책「日経連公害問題研究会」「公害研究シリーズ No.5」

36 미야모토 증언은 앞의『地域開発はこれでよいか』또는 앞의『法律時報』「公害裁判第2集」에 게재돼 있다.

37 앞의 (제2장) 吉田克己『四日市公害』나 앞의『法律時報』「公害裁判第2集」참조.

38 앞의 小野英二『原点・四日市公害10年の記録』, pp.50-51.

39 이 재판의 경과와 평가에 대해서는 牛山積・大橋茂美・小栗孝夫・卿成文・富島照男・野呂汎・宮本憲一・森島昭夫「四日市公害裁判判決をむかえて」(座談会) 앞의『法律時報』「公害裁判 第2集」

40 宮本憲一 『地域開発はこれでよいか』, pp.92-112. 동(同)「公害裁判の歴史的意義」(앞의『公害・環境訴訟と弁護士の挑戦』), 大村敦志『不法行為判例に学ぶ』(有斐閣, 2011年)

41 판결문은 津地裁四日市支部 1972年 7月 24日『判例時報』672号.

42 6개사의 서약서는 앞의『四日市市史』第15巻, pp.864-868. 앞의 (서장)『環境問題資料集成』第8巻, pp.121-124.

43 『四日市市史』第15巻, pp.868-871.

44 같은 책, p.871.

45 같은 책, pp.875-888.

46 『四日市市史』第19巻, pp.1064-1069.『四日市市史』第15巻, pp.911-928에 재단설립 경위가 기

술돼 있다.

47 앞의 舟場正富「チッソと地域社会」은 재정학자가 행한 미나마타시 분석의 유일한 성과이다.

48 石牟礼道子『苦海浄土』(1969年, 講談社), pp.264-264.

49 미나마타병대책시민회의(水俣病対策市民会議), 발족의 문서(1968년 1월 12일)

50 시민회의 회장 히요시 후미코는 초등학교 교사로 퇴직한 뒤 시의회 의원이 됐다. 이시무레 미치코로부터 순정정의(純情正義)주의로 '존칭'을 받고 있는 바와 같이 '도깨비불'처럼 미나마타환자 구제에 활약했다. 그녀의 활동 없이는 미나마타병환자구제운동은 말할 수 없을 것이다. 松本勉・上村好男・中原孝炬編『水俣病患者とともに─日吉フミ子闘いの記録』(草風書房, 2001年) 참조.

51 水俣病補償処理委員会「水俣病補償あっせん案」「水俣病補償処理案作成の過程と要領」

52 水俣病問題共同デスク編『水俣病は解決したか』(1968年)

53 水俣病を告発する会『告発』1970年 10月 25日号

54 千場茂勝 앞의 논문, p14.

55 이하 작은 따옴표(' ')가 된 문장은 모두 제1차 소송에 있어서 원고와 피고의 준비서면에서 나온 인용문이다.

56 清水誠 「追憶の汚悪水論」(淡路剛久・寺西俊一編 『公害・環境法理論の新たな展開』(日本評論社, 1997年), p.185.

57 이 호소카와 하지메의 고양이400호 실험의 결정적인 중요성을 밝힌 것은 宇井純 앞의 『公害の政治学』이다. 재판에 있어서 호소카와 증인조서 및 호소카와 하지메 노트「猫400号の酢酸工場排液実験」은, 앞의 (제1장) 水俣病被害者・弁護団全国連絡会編 『水俣病裁判全史』 第2巻에 수록돼 있다. 이 재판에 있어서 중요한 역할을 한 것은 水俣病研究会『水俣病にたいする企業の責任』(1970年)이다.

58 당시 자동차손해배상보험법에 의한 보험급부액에서 사망자는 최고액 30만 엔이고 재판에서는 100만 엔 정도였다고 피고 변호인단은 변호하였다.

59 牛山積・加藤邦興・沢井裕・千場茂勝・原田正純・舟場正富・馬奈木昭雄座談会 「水俣病問題と裁判」(『法律時報』1973年 1月号, 臨時増刊『水俣病裁判』).

60 아래의 판결문은 熊本地判 1973年 3月 20日(『判例時報』696号)와 앞의 『水俣病公害裁判全史』第1巻에 의한다.

61 新日本窒素肥料株式会社水俣工場 「所謂有機水銀説に対する工場の見解」(1959年 7月, 동(同)「水俣病原因物質としての有機水銀説に対する見解」(1959年 10月)

62 앞의 『水俣病裁判全史』第1巻에서.

63 이 장에 사용된 자료는 高知パルプ公害裁判支援会議가 편집 출판한『高知公害裁判(生コン事件)内部資料集』(이하『고치 펄프 사건』자료집이라고 약칭한다) 全9集에 따르고 있다. 이 사건의 내용에 대해서는 이 귀중한 내부자료에 전적으로 의존하고 있다고 해도 과언이 아니다.

64 「시가지건축물법에 의한 특수건축허가신청서」는 1948년 11월 24일 고치 시장 야마모토 아키라가 고치현 지사 모모노이 나오미에게 제출한 것으로 공해의 완전처리와 피해가 배상을 갖고 적당하지 않을 경우 공장폐쇄를 요구하고 있다. 고치시 아사히 지구 펄프 공장 재해관리위원회와 일본펄프 주식회사는 지역민의 복지와 발전 및 전사(全社) 업무의 원활한 추진을 기하는 목적으로 '협정서'를 1950년 11월 28일에 체결했다. 이는 조업개시 전에 200만 엔을 보상예비금으로 위원회에 예납하면, 회사는 현대과학의 최고 기술 및 학리(学理)를 이용해 방음, 방독, 방취 등 모든 설비의 완전을 기할 것 등을 정하고 있다. 이 '협정서'는 그 뒤 1958년에는

다이오(大王) 제지, 1960년에는 고치 펄프로 계승됐다.

65 제21회 공판에서 14명의 피해자 증언이 있었는데 그 주요한 것을 다루었다.(『高知パルプ事件』 (이하 『資料集』으로 약칭) 第6集)

66 아래의 실행에 이르는 경과는 제8회 공판의 피고의 모두진술과 '판결'의 '사실'을 참고했다. (『資料集』 第3集, 第9集)

67 연구자의 증언은 「일본의 공해」의 기본적 성격과 공해대책의 문제점 그리고 고치 펄프 사건 의 평가이지만 결론으로는 이 공해재판에서는 범인은 고치 펄프이며, 그것을 조성한 현과 시 에도 책임이 있고, 야마사키·사카모토의 행위는 어쩔 수 없는 정당한 행위였으며, 그 밖에 공해를 멈추게 할 방법이 없었기에 억울한 죄(無実)라는 것이다.(『資料集』 第5, 第6集)

68 검사 아베 미치루의 논고(『資料集』 第8集)

69 '변론'은 변호인단장 쓰치다 가헤이, 특별변호인 우이 준 외 변호인에 의한 것이었다.(『資料 集』 第8集)

70 판결문은 高知地判 1976年 3月 31日『判例時報』813号. 또한 재판장 이타사카 아키라, 재판관 야마와키 마사미치(도히타 요시오는 전근했기에 판결문에 서명날인이 없다).『資料集』 第9集 과 등사판인쇄의 재판소 전시를 조합했다.

71 『朝日新聞』夕刊(1976年 3月 31日).

72 宇井純「4年有余を終って」(『法学セミナー』1976年 6月号, 『資料集』 第9集)

73 宮本憲一「キリストを有罪にした」(『資料集』 第2集)

제 5 장
공공사업 공해와 재판

제1절 공공성과 환경권

1 공해문제의 변모

사기업 공해에서 공공사업·공기업 공해로

제2장에서 말한 바와 같이 고도성장의 원동력은 사회자본 충실정책이었다. 특히 일본의 사회자본 충실정책은 도로·항만·공항·철도·전신·전화 등의 교통·통신수단에 중점을 두고 있기에 도로 등의 대규모 공공사업과 국철·전신공사와 같은 공기업에 의해 추진됐다. 고도성장이 일단락되고 오일쇼크 이후 저성장기의 불황기에는 경기정책으로 공공사업을 거의 1990년대까지 계속 확대해 미국의 「뉴욕타임스」는 일본을 '토건국가(Construction State)'라고 부를 정도로 전후 산업정책의 특징을 보였다.

이 급격한 사회자본 건설에 있어 정부·지자체와 공기업은 공해·환경문제에 대해서 사기업과 마찬가지로 고려하고 있지 않았다. 이미 1969년 미국의 국가환경정책법(NEPA)은 환경영향평가제도를 통해 공공활동의 사전조사를 시작했지만 일본의 법제는 약 30년 뒤떨어졌다. 욧카이치 공해재판에서 지역개발에 따른 도시계획사업이 전혀 효력이 없었던 것 등이 문제가 됐기 때문이다. 따라서 그 내용은 사업이 결정된 뒤에 심사하게 되었고, 주민참가 등의 절차에 대해서는 정비돼 있지 않았다. 교통공해의 소음·진동에 대해서는 공장과 도시의 소음기준은 있었지만, 도로, 철도, 공항에 대한 환경기준은 재판이 시작될 때까지 없었다.

대량생산·유통·소비에 따라서 거기에 필요한 사회자본은 전전에는 생각하지 못한 대규모로 다양한 신형 시설을 필요로 했다. 가령 도로는 자동차전용을 위해 콘크리트 포장이 필요했고, 특히 메이신(名神) 고속도로* 이래 자동차전용 고가 고속도로가 장거리수송의 주체가 됐다. 철도도 대량 고속수송을 위해 신칸센(新幹線)이 만들어졌다. 대도시에만 설치됐던 공항은 전국의 지방도시에 건설되게 됐다. 공업용지와 항만을 하나로 건설하는 산업항만사업이 자연해안을 사라지게 만들었다. 전력·수자원개발을 위한 댐은 수계를 바꿔놓았다. 대규모 농지를 위한 개간이 호수와 늪을 사라지게 했다. 더욱이 광역 상하수도, 뉴타운 등의 도시건설 그리고 골프장, 대규모 호텔시설 등의 관광시설은 자연을 한순간에 바꿔놓았다.

이와 같은 새로운 형태로 대규모 공공사업·공기업에 의한 건설이 공해나 환경파괴를 수반하는 것은 연구·조사가 없어도 상식적으로 예상되는 것이었다. 그러나 정부·지자체·공기업은 가능한 한 적은 비용으로 단기간에 건설을 추진하려고 해 공해방지나 환경보전을 위한 사전 조사연구를 게을리하고 공해방지와 환경보전의 설비나 인건비를 철저하게 줄였다.

그 결과, 공공시설이 가동을 시작하자마자 심각한 공해가 발생했다. 1960년 중반부터 공공사업·공기업에 의한 공해·환경문제가 전국에서 발생했다. 그때까지 주민은 공공사업에 의해 공공공간이 풍요로워지고, 땅값이 오를 거라고 생각했다. 또 공공시설이 만들어지면 편리성이 증가하여 인구가 늘고, 지역개발이 진전되기에 적극적으로 사업을 유치하려는 지역이 많았

---

* 도쿄·나고야·오사카를 연결한다.

다. 다음에 말하는 오사카공항, 국도43호선·한신고속도로, 도카이도 신칸센은 모두 주민의 유치운동이 행해진 것으로, 건설계획이 발표될 때에는 축하행사가 벌어질 정도였다.

그런데 사업을 개시해보니 주민의 기분은 순식간에 바뀌어 기쁨은 고통으로 변했다. 가령 종래의 도로는 다목적인 공공공간이었다. 도시의 주택지역의 도로에서는 자동차는 1시간에 몇 대가 통과할 정도로 자전거나 보행자가 주된 이용자로, 낮에는 아이들의 놀이터이고, 저녁에는 시원한 곳에서 장기나 바둑을 즐기려는 어른들의 놀이터, 정보교류의 장이었다. 상인이나 지역공장에 있어서는 도로가 개통되면 상업활동이 활발해질 것이다. 당연히 땅값은 상승했다. 그러나 전후의 도로는 주민의 생활공간이 아니라, 자동차의 전용공간이 됐다. 후술하는 국도43호선이 전형적인데, 도로가 거리를 크게 분단시키고, 사람들의 교류공간을 소음·진동·배기가스의 공해공간으로 바꿔놓았다. 일상생활의 교류는커녕 장사 등의 영업도 곤란하게 됐다. 일본의 도시계획은 도로 등의 공공시설의 건설을 추진하기 위해 구획정리사업을 주로 하고 있었는데, 예정지역의 지주가 소유지의 3분의 1 또는 4분의 1을 무상으로 갹출해 추진됐다. 이는 도로 등의 공공시설이 되면 생활의 쾌적함이 증가하고 사유지의 면적이 줄어들어도 토지 단가가 오르기 때문에 재산가치는 변하지 않거나 상승한다는 결과였기 때문이었다. 그러나 사태는 순식간에 바뀌었다. 도로는 불쾌한 공간이 되고, 땅값도 기대만큼 상승하지 않고 경우에 따라서는 떨어졌다. 이 때문에 그때까지 좋게 구획정리사업을 유치하는 것이 아니라 전국적으로 구획정리사업 반대운동이 일어났다.[1]

공공사업·공기업의 공해반대운동이 1960년대 말부터 전국으로 파급되게 된 것은 공해가 발생한 것만이 아니라, 공공시설의 성격이 변화해 공공성을 잃은 데 있다.

환경문제와 중지

공공시설 공해의 시작은 주로 교통시설에 의하기 때문에 소음·진동이 피해의 주체가 됐다. 미나마타병이나 이타이이타이병은 유독물로 인한 특이성질환으로 사망이나 질병이 발생했지만, 소음·진동은 정신장애·생활방해가 주체여서 심하게 노출되면 신체적 장애를 일으킨다. 그러나 4대 공해 사건과 같은 심각한 신체장애는 아니다. 욧카이치 공해는 비특이성질환이었지만 대량의 호흡기질환을 낳았고, 역학조사에서 인과관계가 드러났다. 이에 비해 소음·진동의 경우는 개개인의 신체장애를 의학적으로 진단하기 어렵다. 그렇지만 노출되고 있는 지역의 환경은 인간의 정상적인 생활을 불가능하게 할 정도로 파괴되고 있다. 마치 광범위한 환경침해 같다. 나는 개개의 생활방해가 모이면 거대한 피해가 되기 때문에 '적분(積分)공해'라고 이름 붙였다. 1970년대 중반 이후 어메니티 문제로서 자연보전, 경관·거리 보전 등의 환경보전운동이 시작되었는데, 소음·진동으로 인한 환경파괴는 공해에서 환경문제로 이행하는 서막이었다. 이 때문에 주민은 환경권을 주장하게 됐다.

4대 공해재판의 교훈은 손해배상으로는 진행형인 공해는 막지 못하기에 중지가 필요하다는 것이었다. 이 경우의 중지라는 것은 조업정지 또는 원인자의 폐업을 요구하는 것이 아니라, 공해방지 또는 환경기준을 유지하기 위한 대책이다. 나는 이것은 전면중지가 아니라 부분중지 또는 일부중지라고 부르는 쪽이 좋겠다고 제언했다. 이 경우, 정부나 기업은 사업의 중지를 거부하기 위해 공공성을 주장한다. 이 때문에 언론은 공공성과 환경권의 대립이라는 모양새로 공공사업재판을 다루었다. 이는 틀린 것은 아닌데, 환경권을 사권으로만 다루어 공공사업의 공공성과 공해방지의 사익이 대립하듯이 다루었다. 그러나 공공사업의 공공성과 대립하고 있는 것은 환경의 공공성이다. 공공성의 본 모습이 문제가 되고 있는 것이다. 그렇기는 하지만 이 재판에서 환경권의 법리를 문제 삼은 것도 틀린 것은 아니다.

2 환경권과 공공성

환경권과 민사소송재판

제3장에서 말한 바와 같이, 도쿄 심포지엄에서 제창된 환경권은 실무자인 변호사에 의해 발전됐다. 그 최초의 실천이 오사카공항 공해재판이었다. 재판의 문외한 입장에서 공항의 소음·진동으로 인한 광범한 환경침해, 즉 공해야말로 환경권의 침해로 청구할 절호의 기회로 보았다. 그러나 이 재판에서는 인격권이라는 새로운 개념이 중지의 법리로 채택돼 환경권은 완전히 무시됐다. 이 인격권은 널리 다루고 있기 때문에 환경권의 입구에 들어왔다고 말하지 못할 것은 아니지만, 환경권은 헌법상의 이념으로 인정돼도 사권으로는 인정되지 않았다. 도카이도 신칸센 공해재판에서는 피해 지구가 '병든 지역사회'로 불리고 있듯이 마치 주민의 환경권의 침해로 봐도 좋지만, 공소심의 판결에서는 오사카 공해재판보다도 후퇴해 인격권 침해를 신체피해에 한정해버리는 상태였다.

환경권은 주체, 대상, 내용은 포괄적이고 내용은 특정돼 있지 않기에 확실히 사권으로 인정되고, 민사소송의 법리로 할 정도로는 성숙돼 있지 않은지도 모르겠다. 아와지 다케히사는 『환경권의 법리와 재판』에서 '환경권의 주체나 권리의 대상이 되는 환경의 범위, 특히 중지를 요구할 수 있는 환경파괴의 정도 등에 대해서 반드시 명확한 논의가 전개되지 않고 있는 것, 다시 말하면 요건과 효과의 연결에 약간 결여된 면이 있었던 것 등이 그것을 드러내고 있는 것이다'라고 초기의 환경권론을 비판하였다. 아와지는 '포괄적 환경권론'(물적 청구권이나 인격권적 청구권을 포괄했다)은 재판에서는 채택하기 어렵지만, 공원·해안의 이용, 조망의 향수 등이 권리 내지 법의 보호를 구하는 경우는 가능하기에 '개별적 환경권'을 제창하였다. 즉, 공원이용권, 해안출입권, 조망권, 일조권, 정온권(靜隱權)의 주장을 추진한 것이다.[3] 이는 동의할 수 있다.

확실히 '포괄적 환경권'의 주장은 실무적으로 채택하기 곤란할지도 모르겠다. 그러나 일본의 자연·경관·거리의 보전, 특히 최근 원전재해로 인한 광범위한 황폐지역의 재생을 고려하면 환경권의 확립은 아무래도 필요하다. 제7장에서 말하는 바와 같이 일본환경회의는 환경권을 기본적 인권으로 법제상 확립할 것을 요구하였다. 이는 헌법의 개혁이 아니라 환경기본법과 같은 환경관계법에 규정을 넣자고 하는 것이다. 그 뒤 유감스럽게도 환경기본법에도 환경권은 제정되지 않았다. 이하의 3대 공공사업 공해재판은 최초의 본격적인 환경권재판으로서 과제를 제시했다.

권력적 공공성과 시민적 공공성

전전의 일본에서는 일반적으로는 국가의 행위는 무조건 공공성이 있다고 인식돼 왔다. 국민의 생명이나 재산은 국가의 의사에 복종해야 하는 것으로 돼 있었다. 따라서 공공사업·서비스 등의 공공성은 논할 것도 없이 무조건 공공성이 있는 것으로 돼 공해 등이 발생해도 받아들이는 것이 국민의 의무로 돼 있었다. 한편 반체제 측의 논리도 공공성론이 있었다고는 말할 수 없다. 일본의 마르크스 원리주의자는 국가란 지배계급이 피지배계급을 억압하고 통제하는 장치로 생각하고, 공공의 복지는 그 권력적 행위를 숨기는 '무화과잎'과 같은 것이었다고 해왔다. 이 이론 아래에서는 공공사업·서비스의 공공성의 일반이론을 정면으로 논의할 수는 없었다.

그러나 전후 신헌법 아래에서 공무원은 전체에 대한 봉사자로, 복지국가가 '이상'인 것처럼 되자 행정개혁의 이념으로 시빅 미니멈론이 제창돼 공공사업·서비스의 공공성의 기준이 요구되게 됐다. 이 3대 공공사업 공해재판은 다시, 공공성이란 무엇인가를 묻는 것이 됐다. 오사카공항 최고재판소 판결에서는 소수의견인 나카무라 재판관은 공권력의 행사란 지배와 복종이라는 수직적인 관계에 있어 권력행위의 기능을 가진 사람이 우월적인 의사의 주체로서 일방적으로 결정해 상대방에게 수인(受忍)을 강제할 수 있는 것으로 공공사업은 이에 해당하지 않는다고 했다. 그것은 민간사업과 다르지 않다고 말했다. 이는 무원칙으로 공항과 같은 공공사업의 공공성을 인정할 경우에 대한 비판으로서 한편으로는 올바르지만, 이 정의로는 권력적 공공성이라고 할 만하기에 그와는 다른 시민 입장에서 본 공공성의 기준이 있어야 할 것이다. 그래서 나는 적극적으로 공공성의 기준을 제시함으로써 공공사업·서비스의 공공성을 판정하는 길을 보여주고자 했다. 그 내용은 후술하겠지만, 4가지 항목을 들어 해설했다.

(1) 일반적 공동사회적 조건을 보증하는 것일 것
(2) 이윤원리에 연결되지 않는 서비스를 제공하는 사업일 것
(3) 주변 주민의 기본적 인권을 존중할 것
(4) 건설·개조에 있어 주민의 동의 등 민주주의적 절차를 밟을 것

이 척도에서 보아 3대 공공사업은 공공성을 절대적으로 주장하지 못하고 낮은 수준에 있다는 사실을 말했다.[5]

공공성이 공공사업 공해재판의 중지의 법리가 되기 때문에 객관적·구체적으로 그 내용을 판정할 필요가 있게 됐다. 재판을 통해 학계에서도 공공성론 또는 공공의 철학이 연구되게 됐다.[6] 나의 공공성론도 재판에서는 채택되지 않았지만 지금은 상식이 됐을 것이다.

제2절 오사카공항 공해재판

1 오사카공항 공해재판의 의의

역사적 재판

1969년 12월 4대 공해재판 뒤를 따르듯이 심각한 소음공해 피해를 입은 오사카공항 주변 주민이 국가를 피고로 제소했다. 이 재판은 전후의 공해 사건으로는 처음으로 최고재판소의 판결을 받았다. 그 의미는 4대 공해 사건과

비교하면 공해가 사망자를 발생하게 하는 대기·수질오염이 아니라, 소음이
라는 일상생활환경을 파괴하는 것으로 광범위한 주민에게 미치는 피해이다.
피고는 사기업이 아니라 공항을 설치해 관리하는 국가로, 처음으로 공해에
있어서 국가의 직접책임이 문제가 됐다. 더욱이 그때까지 공공성이 있는 사
업으로서 피고가 묵인해왔던 공영·공공사업이 가해자로 고발됐다. 이 때문
에 수인한도의 기준이 됐던 공공성이란 무엇인가가 문제가 되게 됐다.

공항소음은 항공기 편수가 매년 증가하고 더욱이 제트기화·대형화하는
진행형 공해이기에 손해배상을 받아도 피해는 계속 확대된다. 이는 마찬가
지 진행형인 욧카이치 공해재판에서 통감한 것이었는데, 이 재판은 처음으
로 대규모 사업의 중지를 요구했다. 공항소음의 피해는 개개인의 건강이나
생활을 침해할 뿐만 아니라, 광역의 생활환경 파괴이다. 약 170만 명의 주
변 주민의 환경이 침해됐다. 사망자나 중증환자가 나오지 않고 있다고 해도
주변 주민은 조용한 정상적인 생활을 영위할 수 없다. 말하자면 '적분공해'
여서 피해의 심각함으로는 4대 공해 사건과 마찬가지이다. 이 새로운 환경
파괴를 호소하는 데 있어 원고·변호인단은 1심에서는 인격권과 재산권에
이어 환경권의 침해를 소송청구하고 있었지만 2심 이후에는 인격권과 환경
권의 침해를 소송청구했다. 앞서 말한 도쿄 심포지엄 이후 오사카 변호사회
를 중심으로 연구해 온 환경권이 비로소 민사재판에서 다뤄지게 됐다.

이와 같이 제1절에서 말한 공공성과 환경권이 본격적으로 논쟁이 되게
되고 더욱이 국가의 책임을 묻고, 중지를 요구한 것은 최고재판소까지 분쟁
이 이어졌다는 것을 포함해서 공해사에 남을 역사적 사건이다.

일본에서 제일 위험한 '결함공항'

오사카공항은 1936년에 착공해 1938년 완성됐지만, 패전과 더불어 미군
의 이타미(伊丹) 항공기지가 됐다. 1958년 3월에 전면 반환돼 다음해 7월에
오사카국제공항이 됐다. 그러나 이 공항 주변 지구는 1955년부터 1970년에
걸쳐서 주변 인구(도요나카, 이케다, 이타미 3개시)가 26만 명에서 62만 명으로 2.5

배나 되는 인구증가 지구였다. 즉, 오사카시의 위성도시인 주택가의 중심에
입지한 것이다. 게다가 공항의 면적은 협소해 샌프란시스코나 런던 히드로
공항의 3분의 1로, 민가에서 불과 1500~2000m밖에 떨어져 있지 않았다.
이 때문에 가와니시쿠시로(川西久代) 초등학교에서는 소음 80폰(phon) 이상이
1시간에 9회, 일일 50~70회, 최고 107폰이라는 폭발음과 같은 소음이 발생
했다. 이상한 교육환경이었다. 만일 사고가 난다면 대참사를 불러일으키기
에 파일럿에게는 이착륙에 가장 주의를 기울이는 일본에서 제일 위험한 공
항으로 불려왔다. 1961년 오사카부는 이 지역에 인구 15만 명을 목표로 하
는 일본 최대 센리 뉴타운을 착공하기 시작하고, 게다가 1970년 만국박람회
를 맞아 1964년부터 공항은 확장공사를 시작했다. 동시에 제트기의 도입이
시작됐다. 이 확장공사를 하면서 환경영향평가는 실시하지 않았다.

공항 주변 8개시는 1964년 10월에 '오사카국제공항 소음대책협의회'(1971
년 오사카 등을 넣어 11개 시협)를 만들어 정부에 대책을 희망했지만 확장을 저지
하지 못하였다. 1965년 도요나카시가 야간비행기 정지를 신청하여, 11월에
는 원칙적으로 오후 11시부터 다음날 6시까지 제트기의 발착이 금지됐다.
그러나 제트기의 발착 편수가 늘어나 1969년 6월에는 일일 발착기수가 356
기에 이르고, 최대이착륙 시간대인 오전 10시부터 11시는 31기(그중 제트기 12
기)로 2분에 1회라는 상황이 됐다. 가와니시시 남부 게다가 도요나카시가
소음을 참지 못해 피해 설문조사를 실시한 결과, 야간비행기 정지, 공항철
수를 요구하는 운동이 시작됐다.[7]

정부는 1967년 8월 1일에 〈공공용비행장 주변에 있어서 항공기소음방지
에 관한 법률〉을 제정했지만, 구체적인 환경기준을 제시한 것은 소송이 시
작된 이후의 일이다. 이 법률로 주변 정비사업이 시작돼 떠나기를 희망하는
세대에는 다른 지역의 이주처 알선과 보상을 실시하게 됐지만 적당한 이전
지가 적고, 또한 기존의 공동체를 떠난다는 것도 쉽지 않아 철거는 진전이
없었다. 야간비행에 대해서도 1965년 2월에 1969년 11월부터 오후 10시 반
부터 다음날 6시까지 제트기 이착륙을 원칙적으로 금지하는 것을 목표로

삼고 제소를 제기한 이후 1972년 3월에 우편기(郵便機)를 제외하고 밤 10시
부터 다음날 아침 7시까지 이착륙을 원칙적으로 정지하는 조치를 취했지만
근본적인 대책은 되지 못했다.

거듭되는 진정, 그것을 받은 지역의 부현 지사, 시정촌이나 지방의회의
정부에 대한 건의에도 불구하고 항공기소음의 피해는 확대됐다. 게다가 행
정과는 교섭으로 해결되지 않았고 공해가 심각해지는 것은 명백했다.

제소

1969년 12월 15일 가와니시시 주민 도나 니노스케 등 28명이 제1차 원고
로서 소송을 제기해 1971년 11월까지 원고가 가와니시시와 도요나카시의
주민 264명에 이르게 됐다.[8]

변호인단은 단장 기무라 야스오, 부단장 다키 시게오, 사무국장 구보이
가즈마사로, 총 25명은 시민파 변호인단이라고 불리듯이 폭넓게 젊고 우수
한 변호사를 모았다. 나중에 이중에서 최고재판소 판사나 일변련 회장이 배
출됐다.

소송은 첫째로, 매일 밤 오후 9시부터 다음날 아침 오전 7시 사이에는 일
절 항공기 발착에 사용해서는 안 된다며 야간비행 1시간을 앞당긴 중지를
청구했다.

둘째는, 1965년 1월 1일부터 1969년 12월 31일 사이의 비재산적 피해에
대해 각 원고에게 금 50만 엔의 금액을 지불한다.

셋째는, 1970년 1월 1일부터 피고가 오후 9시부터 7시 사이에 일절 항공
기 발착금지, 그 나머지 시간대에는 소음이 원고의 거주지역에서 65폰을 넘
는 항공기 발착을 일절 금지할 때까지 매월 1만 엔씩 금액을 지불할 것이
라는 장래(將來) 청구였다.

이와 같이 손해배상에 머물지 않고 야간비행 중지와 소음대책의 촉진을
요구하는 장래청구라는 새로운 청구가 나온 것이다.[9]

2 1심의 쟁점과 판결

원고의 주장

공해문제의 중심은 피해의 전체상을 어떻게 잡을 수 있느냐 하는 것이다.[10] 원고는 교통공해의 특징인 하루도 밤낮 쉬지 않고 소음으로 인한 다양한 피해를 종합적으로 서술하였다. 우선 신체적 피해이다. 설문조사에서는 난청이 약 10%, 오사카부 위생부의 조사에서는 이명은 공항에서 가까운 곳에서는 40% 이상이었다. 소음으로 인한 육체적인 장애로는 두통, 견비통, 현기증, 위장장애, 고혈압, 심장 두근거림을 공항에서 가까울수록 호소하는 경우가 많아졌다. 기타 태아에 미치는 영향으로 유산, 저체중아가 많고, 가쓰베 지구를 중심으로 코피를 호소하는 경우가 있었다. 또 대기오염으로 인한 기관지염 등의 호흡기병의 호소가 있었다.

생활방해로는 가령 추락에 대한 공포, 소음으로 인한 초조함에서 오는 노이로제나 히스테리를 호소하는 경우가 있었다. 밤중의 우편비행기의 발착이나 새벽의 엔진시동, 특히 아침 일찍 시작하는 발착으로 수면방해로 인한 불면증을 호소하는 경우가 있었다. 가장 보편적인 것은 일상생활에 있어 대화, 전화, 텔레비전·라디오의 수신, 단란한 생활의 방해였다. 특히 교육환경의 파괴도 광범했다.

이들은 4대 공해 사건과 같이 사망자나 다수의 중증환자가 발생하는 것은 아니다. 그러나 정상적인 일상생활이 불가능하다. 내가 공항에 근접한 사원을 빌려 세미나를 했던 경험으로는, 평균 2분에 한 번꼴로 항공기 발착소음은 자동차소음 등과는 다른 폭력적인 충격파였다. 익숙해지기 어렵고, 멀리서 항공기가 근접해오면 그 충격파를 대비해 몸 전체가 긴장한다. 순식간에 강의나 학생의 보고는 뒤죽박죽이 되고, 소음을 대비하느라 청강자의 집중력이 흐트러진다. 만약 피고인 국가의 담당자나 재판관이 현지에서 체감한다면 피고의 주장과 같이 소음의 피해는 경미하고, 곧 익숙해지기 때문에 수인한도 내라고 말할 수는 없을 것이라고 생각한다.

원고는 이 가해책임을 국가에게 요구했다. 소음을 내고 있는 것은 항공기이며, 그것을 적용하고 있는 것은 항공회사이지만, 개개 인과관계는 복잡하기에 공항건설·관리의 주체로 환경보전의 행정주체인 국가의 책임을 소송청구했다. 이 경우의 피고는 항공행정권을 가진 운수성이 아니라 행정·입법의 총체인 국가로서, 입지의 과실, 영조물*의 하자와 공해대책의 부작위**를 소송청구했다. 이 때문에 국가가 수인한도의 이유로 드는 '전가(伝家)의 보도(宝刀)'였던 공공성에 도전하는 것이 됐다.

원고는 이 피해의 심각함부터 말하자면 공공성과 비교형량을 통해 수인한도를 주장할 것도 없다고 생각했지만, 공공성에 대해서 다음과 같이 주장

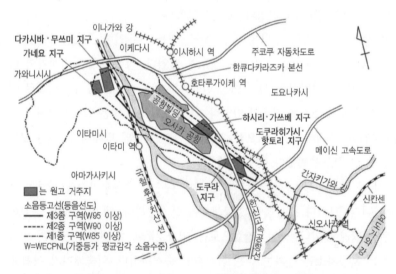

주: 岡忠義·勇伊宏編著『静かな夜を返せ』(大阪国際空港訴訟豊中住民 記録刊行委員会, 1987年)
p.23.

그림 5-1 오사카공항 공해소송 원고 거주지와 소음등고선(Contour)

---

* 국가나 공공단체 등이 공공 목적에 쓰기 위해 만든 시설로 도서관, 병원, 양로원, 철도, 교도소 등을 들 수 있다.
** 마땅히 해야 할 것으로 기대되는 일정한 행위를 하지 않는 일

하였다. 공공성의 내용은 구체적으로 검증해야만 해서 공항의 공공성이라고 알려진 항공수요의 내용을 검토했다. 그 결과, 항공은 선택교통기관이며 철도 등의 대체성이 있기 때문에 필수교통기관은 아니라는 것이다. 즉, 정기항공 1600만 명은 수송인구인 103억 명의 극히 일부로 국철의 66억 명과 비교가 되지 않는다. 당시 오사카공항의 국제선은 한 달에 1~6편 정도였다. 국내편에 대해서는 관광목적이 66%를 차지하고, 수요가 많은 도쿄편 등 비즈니스의 이용에서는 소득이 높은 사람이 이익을 얻고 있지만 신칸센으로 대체는 가능하다. 원고는 항공회사에 대한 국가의 과보호정책으로 인해 낮은 요금이 유지돼 항공수요가 만들어지고 있다고 했다. 그것은 공항건설·관리비, 파일럿 양성비, 관제관 등의 인건비를 국가가 부담하고, 항공기의 상각기간이 미국의 14~16년에 비해 6~7년으로 돼 있는 등 세제상 우대조치가 있으며, 항공사업에 연간 1222억 엔의 정부원조가 들어가고 있다고 했다. 만약 소음방지법의 소음기준을 넘는 피해 인구 37만 세대의 사회적 비용을 내부화하기 위해서는 세대당 방마다 100만 엔의 방음공사를 한다 했을 때 필요한 경비는 1조 1000억 엔이 된다. 이 사회적 비용을 국가는 부담하고 있지 않다고 했다. 이들을 종합해 보면, 공공성이 사적 이윤추구의 핑계가 돼 있으며, 항공회사와 국가 간의 유착을 비판했다.

동시에 행정의 공공성은 환경보전의 의무에 있지만, 오사카공항 주변에는 환경보전은커녕 환경을 파괴하고 있다. 또 공공시설의 설치, 운영에 관한 민주적 수단이 결여되어 있다. 영국의 런던 제3공항 설치를 예로 들어 보면, 오사카공항 설치에는 민주적 절차가 결여되어 공공성을 주장하기에 맞지 않다고 했다. 이와 같이 공공성을 민간항공 수요의 증대와 사회적 유용성을 일원화하는 것이 틀렸다고 지적했다.

원고는 피해자의 구제를 위해 중지를 주장하는 근거로서 인격권과 환경권을 주장하였다. 인격권은 헌법 13, 25조와 민법 제710조에 의한 인간의 생명·안전·자유의 배타적 권리이며, 세계인권선언의 생명·신체·명예·사생활 보호, 일반적 활동의 자유와 마찬가지 권리로 보았다. 공해는 인격의 침해이며, 중지는 모든 피해자의 인격을 똑같이 구제한다는 것이다. 환경권은 헌법상의 권리인 동시에 사권을 아우른 것으로서 인격권의 연장 선상에 있으며 환경파괴에 대한 저항권이다. 인격권, 환경권은 이익형량을 허용하지 않고, 위법성은 피해의 존재에서 판정한다. 이익형량을 할 경우에 는 환경을 제일로 삼는다. 공항(=항공회사)과 주민 간에는 호환성이 없다. 상 호 수인이 아니라, 항공회사는 공항으로 인해 이익을 독점할 수 있지만 주 민은 일방적으로 피해를 입는다. 원고는 국가가 인격권과 환경권을 침해하 고 있기 때문에 그것을 구제하기 위해서는 공공성(항공수요의 유용성)과 비교 형량할 것이 아니라, 손해배상으로 원래부터 중지를 요구하는 것이다.

욧카이치 공해재판으로 분명해진 것과 같이 진행형인 공해문제를 해결 하는 데는 중지 이외는 없다. 피고는 공해대책으로 인해 피해가 적어진다고 하지만, 현실은 공해행정·입법은 무대책 또는 부작위이며, 중지 이외는 없 다. 더욱이 공해대책이라는 것은 공항의 공공성을 우선으로 해 공항의 철거 나 편수의 축소가 아니라, 주민의 퇴거가 기본이 돼 있다. 이는 주민에게 있 어서는 소음공해라는 고통에 더해 커뮤니티와 어메니티(쾌적한 주민환경)를 잃 어버리는 것이어서 불공정한 대책이라고 할 만하다. 원고는 공항의 철거를 요구하고 싶지만 현실적인 항공의 공공성을 전면 부정하지 않고 야간비행 을 1시간 앞당긴 중지를 청구하는 데 머물고 있다.

손해배상에 대해서는 공항의 확장·제트기의 도입시기부터 10년간의 피 해를 대상으로 하였다. 그것은 건강피해, 생활방해, 자연환경 파괴, 환경회 복을 위한 방음공사와 같은 비용을 포함하는 일률적인 위자료이다. 침해행 위는 이것을 넘어 서서 계속될 것이기에 조속한 기회에 공항과 주민이 공 존할 수 있는 환경을 만들기 위해 소음규제법 제3종지역(업무지역)의 기준인 65폰이 지켜질 때까지의 배상을 장래청구로 요구하였다.[11]

피고의 주장

피고는 최종 준비서면에서 손해부터 들어가지 않고 국가의 책임(과실-위법성)을 부인하기부터 했다. 이는 소음의 피해를 전면 부정할 수 없기에 그 일부를 인정한 뒤에 수인한도 내라고 주장하기 위한 것일 것이다.

국가 책임론의 중심이 되는 '영조물의 하자'에 대해서 피고는 그것을 부정하는 말을 다음과 같이 했다.

'항공기가 뜨고 내리는 공항이 통상 갖춰야 할 안전성이란 공항을 이용해 뜨고 내리는 항공기가 안전하게 비행할 수 있는 시설을 갖고 있는지 여부로 판단돼야 하는 것으로, 원고가 말하는 부지의 규모라고 하는 것은 본래 하자의 기준이 될 수 있는 것이 아니다.'

국제민간항공협약 등으로 채택된 방식이나 거기에 준거한 항공법에 근거한 설치기준에서 오사카공항은 모든 조건에 적합하다고 했다. '이들에게는 주변의 소음을 고려해 공항의 부지를 융통성 있게 설정하거나 완충지대를 마련하는 등 어떤 것도 규정돼 있지 않다.'

당시 국제기준이 주변 주민의 건강이나 안전은 고려하지 않고 항공회사의 안전만 고려하고 있는 결함을 보여주었다. 이 때문에 공항의 환경문제가 국제, 국내적으로 발생한 것이다. 그 중 오사카공항의 위험성은 두드러졌다. 피고는 그것을 인정하지 않고 오히려 소음을 내고 있는 것은 항공기지 국가가 아니라고 주장하였다. 항공회사가 국가의 공용조건에 따르고 있는 한 공항을 사용하지 못하게 할 수 없다. 소음을 자동차 등과 마찬가지로 폰단위로 불법행위를 논하는 것은 불가능하다. 항공기소음의 영향은 피해상황, 도시상황, 항공의 공공성 등 종합적으로 판단해야 하는 것으로, 오사카공항의 소음은 수인한도를 넘어서지 않고 있다고 했다.

수인한도가 어떤가를 판정하기 위해서 피고는 형량의 대조로서 항공의 공공성·중요성을 들고 있었다. 피고의 항공사업이 선택적 교통기관이라는 원고의 논지에 대해 피고는 국제교통이 해운에서 항공으로, 국내의 경우도 항공기 이용이 일반화되고, 상용(商用)·사용(社用)이 47%이며, 관광은 국민소득의 향상과 더불어 증대하고 있는 사실, 이용자의 소득계급도 다양해 고액소득자에 한정되지 않는다고 반론했다. 항공수송수요의 증대와 더불어 '공공용 비행장은 공용조건에 따르는 한, 불특정다수의 항공기에 평등하게 그 이용이 풀려 있어 공공성이 높은 시설이지만, 그런 까닭에 비행장 주변의 일정지역에 있어서 물건의 제한 등 법제도도 종종 특별한 제도를 인정하고 있는 것이다'라고 했다. 이는 일반론으로 오사카국제공항은 어떤가 하면 동일본(東日本) 항공수송의 거점, 국제·국내 항공노선상 꼭 필요한 공항으로, 향후 여객수송의 증대를 고려하면 공공성이 높다고 했다. 그러나 피해의 증대도 부정할 수 없기에 대체공항이 만들어질 때까지는 기능을 충분히 다해야 한다고 하였다. 심야의 우편기에 대해서도 신칸센을 대체할 기능이 없기 때문에 공공적 필요성이 있다고 했다.

그런데 공항의 공공성을 담보하는 것은 단순히 항공수요에 따르는 것만이 아니라 환경보전에 있다. 피고는 항공 주변대책에 대해 교육시설을 지원하고, 소음방지공사 후 소음수준이 낮아지고 있다는 사실, 학습이나 단란한 생활을 위해 공동이용시설을 52개소 만들고 있다는 사실, 이전보상을 진행해 보상계약이 78건이 이루어졌다는 사실, 기타 재단법인 항공공해방지협회가 하는 소음방지공사(텔레비전, 전화 등의 방음)에 대해서 말하였다. 그러나 이러한 것들은 그 지역에 충분하지 않아 피해를 방지할 수 없다고 비판을 받았다. 그래서 오사카국제공항 주변정비기구를 만들어 향후에는 이전촉진을 추진하겠다고 하였다. 또한 운항규제에 대해서는 오후 10시부터 다음날 오전 7시 사이의 이착륙을 규제하겠다고 했다.

피고의 주장 가운데 원고와 확실히 차이가 나는 것은 피해에 대한 인식이었다. 원고의 정신적·신체적 건강피해자에 대해서는 다음과 같이 말하였다. 원고의 피해는 '본인심문, 상신서(上申書)로 단순히 진술에 불과하고, 바로 원고 본인이 주관적으로 호소하고 있는 사실은 이해한다고 해도, 구체적으로 그러한 피해·질병 등이 존재한다는 사실을 구체적·개별적으로 의사의 진단서 등을 통해 입증할 수 없기에 이 점에서도 이들의 피해를 인정할 수는 없다.'

그리고 '항공기소음이 사람 및 심리적 성향·생활상태 등 상황 나아가서는 불쾌감을 느끼거나 안절부절해지는 것은 있을 수 있겠지만 항공기소음의 일과성, 본건 항공의 공공성 등에 비추어 그것들은 수인의 범위를 넘어서고 있지 않다고 생각한다.'

또 일상생활의 방해에 대해서는 일과성, 간헐성(間欠性) 소음으로 인한 것이기에 방지·보상조치로 경감된다고 말했다. '종합적으로 판단하면, 본건 항공기소음의 정도는 항공 주변의 원고 주거지역에 있어서는 사회생활상 일반적으로 수인해야 할 범위를 넘어선 위법이라고는 말할 수 없다고 해야 할 것이다'라고 말했다.

중지에 대해서는, 이와 같이 장애의 정도는 수인의 범위 내에 있는 것이기에 본건 청구는 그 기초에 있어서 이유가 없다고 하였다. 그리고 원고가 요구하는 오후 9시 이후의 발착금지는 국제선 9개 노선, 하루 평균 7발착의 시각을 앞당기지 않을 수 없으며, 그것은 해당 항공편을 폐지해야 하는 것이기에 불가능하다. 국내편도 일일 16발착편이 영향을 받기 때문에 1972년 4월 27일 이후 실시하고 있는 오후 10시부터 다음날 아침 7시까지 사이의 규제가 한도라고 하였다.

이 시간규제라는 중지의 주체에 대해서는 원고와 피고 사이에 커다란 인식의 차이가 있어 이것이 본 재판의 핵심이 되는 문제점이 됐다. 피고는 본건 항공은 운수성 장관이 설치, 관리하고, 국가의 영조물로서 일반항공의 용도에 이바지하는 것인데, 그 이용조건에 대해서는 관리자인 운수성 장관이 항공법에 의한 「관리규정」을 정하고 있다. 따라서 중지는 행정처분이 되는 것으로 다음과 같이 기술하였다.

'위 관리규정은 영조물 관리권에 근거해서 영조물 관리규칙의 성격을 갖고, 그 설정, 변경 및 폐지의 행위는 모두 행정처분의 성격을 갖고 있는 것이기에 원고가 말하는 바와 같은 결과를 확보하기 위해서는 위 관리규정상의 운용시간을 오전 7시부터 오후 9시까지로 설정할 필요가 있

게 되는데, 관련 규정의 설정을 소송상 청구하는 것은 행정처분의 급부
의무를 직접 허용하는 것이 돼 삼권분립의 명목상 도저히 허용될 수 없
는 것이라고 해야 할 것이다.'

결국 원고의 소송청구는 운수성 장관의 항공행정권을 민사소송을 통해
변경하도록 압박하는 것으로, 그것은 행정권의 자립을 침해하고, 삼권분립
의 명목에서도 인정되지 않는다고 해 이 재판의 중심의 중지 그 자체를 부
정하였다.

이에 대해서 원고는 준비서면을 보충해 다음과 같이 반론하였다. 원고
는 결코 '관리규정의 설정을 청구하는 것이 아니다. 원고는 인격권, 환경권
이라는 사권상의 청구권을 행사하고 있는 것이며, 국가는 이 권리의 침해
자로서 사법상의 방해배제, 예방의무를 이행하도록 요구하는 것이다. 원고
의 청구가 제기된 경우 그 이행방법은 국가의 자유로운 선택에 맡겨져 있
는 것이며, 행정처분이라는 방법을 취하든, 그 이외의 방법을 취하든, 요컨
대 오후 9시부터 다음날 아침 오전 7시 사이에 항공기를 이착륙시키지 않
으면 되는 것이다. 덧붙여 말하자면 현상의 시간대 규제도 각료 양해에 근
거한 것으로서, 공항관리규정상 운용시간을 설정한다는 방법에 따른 것은
아니다.

이와 같이 원고는 본소에서 어떤 행정처분을 요구한 것이 아니어서 본건
청구는 삼권분립을 침해하는 것이 아니며 피고의 주장은 부당하다.

증인의 역할

1심에서는 항공사업의 공공성에 대해서 당시 오사카 시립대학 교수 나카
니시 겐이치 증인의 공공경제론에서의 증언이, 거의 그대로 원고의 준비서
면에 살아나 있었다. 이 증언에 의해 공공성은 구체적인 교통의 실태에 따
라 판정해야 하며, 항공은 철도와 비교해 선택교통기관으로서 공공성의 서
열이 낮다는 사실이 증명됐다. 또 공공성은 이용자의 복지만으로 판정할 것

이 아니라, 지역주민의 공해와 같은 사회적 비용을 넣어 판정해야 한다는
사실이 진술됐다. 그리고 런던공항의 계획과 같이, 복수의 후보지를 택해
공해와 같은 사회적 비용을 가미한 비용편익분석을 실시하고 민주적 절차
로 판정해야 한다는 사실을 말해, 공해를 고려하지 않은 오사카공항의 설
정·관리는 공공성을 주장할 수 없다는 사실을 말했다.

당시의 경제학자는 나카니시 겐이치, 이와타 기쿠오와 같은 신고전파 경
제학자를 포함해 공해라는 사회적 비용을 계산에 넣지 않으면 시설의 유용
성만으로는 공공성을 주장할 수 없다고 했다. B-C=P, P〉0(B는 편익, C는
비용, P는 사회적 이윤)로서, C에는 사업비용만이 아니라 공해의 비용을
넣어 사업의 가부 혹은 효과를 결정해야 한다는 주장이었다[2].

이 비용편익론은 재판에서 손해배상을 정하는 비교형량론과 비슷하다.
따라서 이 재판에서는 공공사업이라고 해도 손해배상을 인정하는 논리는
일반적으로 확립돼 있었다고 해도 좋을 것이다. 그러나 공해는 되돌릴 수
없는 절대적 손실을 불러오기 때문에 배상으로는 해결이 되지 않고 중지시
킬 필요가 있다는 논리는 이 비용편익분석=비교형량론에서는 나오지 않는
다는 한계가 있었다.

증인 가운데 가장 중요한 역할을 맡았던 사람은 소음공해연구의 권위자
인 교토 대학 야마모토 다케오 교수의 증언이었다. 피고가 설문조사나 원고
의 증언만으로는 소음의 건강피해를 의학적으로 판단할 수가 없다고 한데
대해 야마모토 다케오는 원고측 증인이 되어 소음의 신체적 장애가 명확하
다는 사실을 다음과 같이 진술했다.

'항공기소음 특히 제트기소음은 일상적으로 대하는 다른 소음과는 비
교할 수 없는 강력한 파워를 가진 소음으로, 1기의 제트기소음은 승용차
10만대 이상의 소음과 맞먹고 공항 주변의 주민에게 시력손실을 비롯해
스트레스가 원인인 자율신경·내분비의 신체장애(고혈압·심장 및 위장장애
등)를 발생시킬 가능성이 크다는 사실, 더욱이 공해문제에 대한 인과관계

에 관해서는 통계학에서 말하는, 제1종의 과오의 위험률(너무 과장해 말하는 과오의 위험율α)을 낮추는 것보다도, 제2종의 과오의 위험률(못보고 놓치는 과오의 위험률β)을 낮추는 데 노력하지 않으면 안 된다.[13]'

이는 소음공해가 신체·정신에 미치는 영향을 명확히 한 역사적 증언이라고 해도 좋을 것이다.

판결의 요점

1974년 2월 27일 오사카 지방재판소는 재판장 다니노 에이슌이 판결을 내렸다[14]. 1심 판결은 과거의 손해배상을 인정했지만, 야간비행의 1시간 앞당긴 중지와 장래청구는 인정하지 않았다. 국가의 사법적 책임을 명백히 한다는 곤란함 때문에 판결은 원고의 호소를 신중하게 생각하였다. 공공사업의 공공성을 부정하지 않는다면 판단의 중심은 손해를 평가하는 것이다. 판결은 원고의 주장을 신중하게 생각하였다. 소음이 환경기준이나 규제기준을 대폭 웃도는 이상한 수준이었는데, 국제적으로 보더라도 영국의 공항을 기준으로 하면 주변 전부가 보상대상지에 들어갈 정도로 심각한 것이었다.

그래서 신체적 피해 특히 난청에 대해서는 가능성이 있어도 의학적 진단이 없기 때문에 나중의 문제로 미루고, 두통·스트레스·위장장애·고혈압 등의 호소는 인정하였다. 정신장애나 정서장애를 인정하고, 추락의 공포를 괴로워하다 노이로제가 되는 것, 야간비행으로 인한 수면방해를 인정하였다. 특히 원고가 일상생활상 입고 있는 피해는 결코 작지 않았다. 생활방해는 뚜렷한 것이 있다고 해서 대화·통화·가족단란 등의 생활방해를 11개 항목으로 나누어 말했다. 교육에 대한 영향 중 초등학교의 소음에 의한 교육방해는 상당한 정도였지만 최근 방음공사로 완화되고 있다는 사실을 높이 평가하였다. 그러나 가정에서 학습 특히 수험공부 등에는 영향이 있어 그에 대한 대책으로 만든 공동시설이 미비해 소음의 영향을 완화한다고는 말할 수 없다고 하였다. 이와 같이 신체적 영향에 대해서는 향후의 판단을 기다리자고 하였지만 심각한 정신적 영향이나 생활방해에 대해서는 거의 원고의 주장을 시인하였다.

본건 청구의 근거에 대해서는, 인격권은 보호할 가치가 있는 권리로 그에 따른 중지가 가능하다고 했지만, 공해의 사법적 구제수단으로는 환경권을 인정하지 않는다며 인격권으로 구제할 수는 있다고 했다. 소음피해라는 불법행위에 대해서는, 항공회사의 책임이 있다는 것은 말할 것도 없지만 항공이용에 기인해 제3자에게 피해를 주지 않도록 국가는 관리할 의무를 갖고 있다. 피해가 생긴 경우에는 국가배상법 제1조 제1항에 의한 불법행위책임은 면하기 어렵다. 피고는 중지를 행정처분에 청구하였기 때문에 삼권분립에 반한다고 하지만, 그것은 부당한 것으로 원고는 사법(私法)상의 청구권을 구하고 있다고 판단했다.

이어서 위법성에 대해서는, 원고는 인격권이 침해되고 있는 경우는 수인한도의 유무와 같은 비교형량을 하지 않고 위법이라고 해야 한다고 했지만, 판결에서는 공해는 사회적·경제적으로 복잡한 요인에 의한 것이기에 침해행위, 피해, 공공성, 피해방지대책에 대해 비교형량해야 한다고 하였다.

그 첫 번째로서 항공의 공공성을 인정하였다. 고도성장에 의한 시간의 단축, 소득향상 - 여가증대로 수요가 늘어난 것을 보면 원고가 주장하는 바와 같이 항공이 호사스런 탈것, 즉 선택적, 대체성이 있는 교통기관이 아니며, 관광목적도 중요해서 원고의 주장은 사물의 한쪽만을 너무 강조한 것으로 동의하기 어렵다고 말하였다. 본건 항공의 기능에 대해서는 도쿄국제공항에 이어 핵심공항으로 공공성이 크다고 했다. 그러나 심야 항공편에 대해서는 합리화해 다른 시각(時刻)으로 옮길 수 있기 때문에 현 실태 그대로 둘 필연성은 없다고 하였다.

이어서 본건 공항에 마련한 운수성의 소음대책은 매우 부족하다고 비판하였다. 3차에 걸친 규제는 야간비행규제에 머물러 발생원대책은 아니었다. 방음벽 등의 방음공사는 효과가 없었다. 교육시설은 좋아졌지만 공동시설은 영향을 줄이는 것과는 거리가 멀었다. 이전보상은 현실과 맞지 않아 충분하다고 말하기 어려웠다. 향후 소음대책에 대해서 음원(音源)대책과 주변 대책 마련에도 특단의 노력이 필요하다고 말하였다.

이상의 모든 조건을 비교형량해서 수인한도를 규정하였다. '현재 상태에서는 특정 질병과 연결되지 않아 보이는 피해라고 해도 오랜 기간이 흘러 서서히 신체나 정신에 악영향을 초래할 경우도 있을 수 있기 때문에 절대 등한시 하는 일이 있어선 안 된다.' 환경기준을 넘어서기 때문에, 위법성이 있다고는 말할 순 없다 하더라도 피해의 정도는 수인한도를 고려하는 척도인 WECPNL75를 넘어선 90인 지역에 살고 있는 주민이 그동안 넣은 진정이나 반대운동을 고려하면, 국가는 결과를 예견할 수 있었다고 말해야 한다며 다음과 같이 결론 내렸다.

'본건 공항이 일본의 항공수송상 국내외에서 중요한 역할을 하고 있는 것은 의심하지 않는다. 그러나 관련 공공성이 있다고 해서 바로 배상책임이 면책되는 것은 아니다. ……본건 공항에 발착하는 항공기 때문에 원고에게 심각한 피해를 낳고 있다는 사실을 고려한다면 공공성을 이유로 피해자에게 수인을 강요하는 것은 도저히 허용할 수 없다. 공공성의 희생자인 원고에게는 공공의 책임에 있어서 그 손실을 배상해야만 하는 것이다.'

그래서 가와니시시의 다카시바무쓰미 지구·가네요 지구, 도요나카시의 하시리 지구·가쓰베 지구의 원고에 대해서는 1965년 초부터, 도요나카시의 도쿠라 지구·도토 지구, 니시정, 고토부키정의 원고에 대해서는 1970년 초부터 위법성을 인정해 국가배상법 제1조 제1항에 따라 국가가 손해를 배상할 것을 명했다.

중지 청구에 대해서는 소송청구의 권리가 인정되어 심야의 항공우편기는 수인한도를 현저히 넘어 위법이라고 했다. 그러나 다른 편은 오후 9시부터 오후 10시까지의 시간에 이착륙할 필요가 매우 높고, 이를 중지시키면 내외 항공수송상 중대한 영향이 있다고 해 이는 수인한도 내로 보고, 중지는 부당하다고 했다.

손배배상청구에 대해서는 정신적 손해에 대한 위자료로서 과거분에 대해 인정했다. 개별 손해인정이 아니라 동일한 손해로 인정하고, 지역과 거주기간에 따라 최저 10만 엔에서 최고 50만 엔의 배상을 명했다.

장래청구에 대해서는 향후 소음대책은 시간이 걸리더라도 예산조치가 수반돼 진전되기를 기대할 수 있고, 위자료산정의 기초가 되는 사실 내지 조건이 확립돼 있지 않기에 청구는 부당하다며 인정하지 않았다.

이 판결에 대해서 원고는 소음의 피해 확대를 막는 것이 목적인 만큼, 중지와 장래청구가 인정되지 않았기 때문에 패소로 평가하고, 즉시 상소 절차에 들어갔다. 그 판단은 원고 변호인단으로서는 당연한 조치였지만 공공성이 있는 공공사업에 대해서 손해배상을 인정했다는 사실, 실질적인 1시간은 인정하지 않았지만 중지를 인정한 것은 획기적인 것이었다[5]. 비교형량에 대해서도 항공소음의 피해는 심각하고 공공성이 있다 해도 참을 수 있는 한도를 넘어섰다고 판단하였다. 그러나 1시간의 항공정지를 인정하는 것은 공공성으로 허용하지 않겠다는 것이다. 이 때문에 1시간의 공공성의 경중을 따지고자 논쟁이 시작된 것이다.

3 공소심의 쟁점과 판결

1974년 7월 2일, 공소심이 시작됐다. 소송인인 원고(이하 원고라고 한다)의 청구는 1심과 마찬가지로 오후 9시부터 다음날 아침 7시까지의 중지, 손해배상, 장래청구라는 3가지였다. 피고는 원판결의 판단이 정당했기에 공소를 기각할 것을 청구했지만 공소가 정해지자 청구의 기각을 요구했다.

원고의 주장

원고의 주장[16]은 1심과 마찬가지로, 1심판결(원판결)에 대해서 다음과 같이 비판을 하였다.

(1) 피해의 인정에 있어서 그동안의 4대 공해재판이 세웠던 안전성의 생각을 버리고 피해의 구제를 거부했다.

(2) 피해의 확산은 거들떠보지 않고 인격권에조차 비교형량을 끌어들여 환경권을 부정했다.

(3) 공공성의 환영(幻影)에 현혹돼 기업의 이익을 과대하게 평가했다.

(4) 행정을 뒤쫓아 사법, 본연의 의무를 포기했다.

(5) 손해론을 제멋대로 해석한 것은 합리성이 없다.

원판결이 중지를 인정하지 않았던 이유로, 손해에 신체적 장애가 인정되지 않았던 사실, 공공성이 무겁게 인정되고 비교형량에 의해 오전 7시 이후 오후 10시의 시간대의 항공소음은 수인한도가 된다는 것이었다. 따라서 공소심의 중심은 신체적 장애를 중심으로 손해의 심각함을 인정시킨 사실, 오사카공항의 공공성이 낮다는 것을 증명하는 것, 특히 중지는 피고가 주장하는 바와 같은 운수성 장관의 행정권의 침해가 아니라 사법(私法)상의 요구라는 사실을 주장했다.

신체적 피해로 난청 및 이명에 대해서는 원고의 진술을 바탕으로 소음의 크기가 80~110폰에 이르고, 허용기준을 넘어 일시적 난청에서 영구적 난청의 위험이 있고, 두통·어깨결림·현기증·위장장애·고혈압·심장 두근거림이 두루 보이는 사실을 진술하였다. 원판결에서 개선돼야 한다고 지적된 교육환경의 파괴도 소음공사가 과대평가돼 있다고 말했다.

이 점에서는 야마모토 다케오 측의 증언에 대해서 공중위생원 생리위생학부장 오사다 야스타카의 증언이 중시됐다. 오사다는 요코다(橫田) 비행장의 소음조사나 자동차소음 등 각종 실험조사를 하며 소음이 인간에 미치는 영향에 대해 논문을 많이 발표하였다. 오사다 증언은 다음과 같다.

'청력손실(난청)을 제외하면 다른 신체적 피해는 어디까지나 소음이 스트레스로 작용해 그 정서적 불쾌감, 일상생활 방해를 매개로 하는 간접적인 것이다.'

따라서 SO_2나 수은과 같은 질병과의 연결은 없다. 소음과 인간 측의 인자에 의해 복잡하게 얽혀 있기 때문에 사람마다 다르다. 이 소음의 특징에서 보면, 개개인에게 의사가 진단서를 끊는 것은 무리한 것이어서 피해자 본인의 호소, 기타 상황판단으로 인과관계를 판정하지 않으면 안 된다. 본 건에서는 '원고들은 난청에 대해 개개인에 대한 진단서를 제출하지 않고 원고들의 호소, 설문조사, 역학조사, 이를 증명하는 야마모토 다케오 교수 등의 실험적 연구에 의해 원고들의 난청을 입증하지 않을 수 없었다고 했고 또한 그것으로 충분'하다고 했다. 이 증언과 같이 이 지역의 피해가 항공소음에 의한 것은 명백하며, 소음이 심한 지역일수록 호소가 많고, 이러한 것은 지자체의 조사에서도 분명하다. 확실히 4대 공해 사건에 비하면 사망자나 중증환자가 다수 나오고 있지 않다고는 하지만, 소음의 피해가 참을 수 없고 되돌릴 수 없을 만큼 심각하다는 사실은 다수의 원고의 호소로 명백해졌다고 해도 좋을 것이다.

또 한 가지의 초점이 된 공공성에 대해서는 다음과 같이 주장했다. 피고가 주장하는 항공수요의 증대라고 하는 사회적 유용성은 항공회사의 공공성이어서 공공사업의 공공성에 대해 간접적으로만 진술하였다. 그래서 새삼 공공사업의 공공성이란 무엇인가 하는 것이 검토되고 주장됐다. 결국 사회적 유용성이라고 한다면 민간기업도 마찬가지로 유용한 것이어서 전력이나 사철의 공공성 쪽이 항공의 공공성보다도 우위에 서게 될 것이다. 공공사업은 민간기업과 달리 독자적인 공공성이 없으면 안 된다. 나는 원고측 증인으로 나서며 재판소에게 공공사업의 공공성에 대해 다음과 같은 주장을 폈다.

공공시설이나 공공서비스의 공공성은,
(1) 그 존재하는 사회의 생산이나 생활의 일반적인 공동사회적 조건을 보증하고,
(2) 특정 개인이나 사기업에 점유되거나 이윤을 목적으로 운영되는 것이

아니라, 모든 국민에게 평등하고 용이하게 이용되든지 사회적 공평
을 위해 행해질 것,

(3) 그 건설관리에 있어서는 주변 주민의 기본적 인권을 침해하지 않고,
가령 꼭 필요한 시설로 침해행위가 예측될 경우에는 대체방법을 고
려하는 등의 대책을 취해 주변 주민의 복지를 증진하는 것을 조건으
로 해서

(4) 그 설치, 개선의 가부에 대해서는 주민의 동의 또는 참가, 관리를 구
하는 등 민주적 절차가 보증돼 있을 것.

공항은 (1)의 조건에 적합한 점에서 공공성이 있지만 필수 교통기관으로
서의 일반성은 철도나 도로에 비해 작다. (2)의 조건에서 말하면 형식적으
로는 공항 그 자체는 영리행위가 아니라 민간에게 개방돼 있다. 그러나 현
실적으로는 민간항공사업의 영리행위를 보증하고, 그 이용의 대부분은 니
혼항공(日航), 젠니쿠(全日空), 도아(東亞)국내항공에 한정돼 있다. 원고가 주장
하는 '만들어진 수요'에 봉사하고 있고, 벽지를 연결하는 사회적 공평을 위
한 사업은 예외적으로밖에 취급되고 있지 않다.

(3)의 기본적 인권에는 좋은 환경을 누릴 권리가 포함돼 있고, 여기에 공
공사업의 공공성이 담보돼 있다. 현대 공공사업은 민간사업과 같이 편리를
도모하기보다도 환경보전과 같은 시장경제의 대상이 되지 않는 어메니티의
증진을 목적으로 하고 있다고 해도 과언이 아니다. 설치에 앞서 공공사업은
환경영향평가를 필수조건으로 하고 있다. 또 사업개시 후에는 공해방지·
환경보전을 우선시하지 않으면 안 된다. 이 (3)의 관점에서 말하면 오사카
공항은 결함공항이다.

(4)에 대해서는 현대민주주의의 이념이지만 지금까지의 공공사업은 주
민의 동의없이 일방적으로 추진되는 경향이 강했다. 오사카공항은 민주적
수단이 부족하고 주민이나 관계 지자체의 요구에 응하지 않았다.

이러한 나의 공공성론에서 말하면 오사카공항은 공공성의 순서가 낮은

것으로, 주민에게 참을 것을 강요할 자격이 없다고 말할 수 있을 것이다.

피고의 주장

피고의 주장은 중지청구를 인정하지 않는 데 맞춰져 있었다. 원판결이 인격권에 의한 중지를 인정한 것에 이의를 냈고, 또 원고가 인격권의 침해가 있으면 비교형량을 할 필요가 없다고 한것도 반론했다. 피고는 인격권이 실정법상의 근거가 없다며 '생활상의 이익'과 인격권을 동일시하고 있지만 그것은 배타성을 수반하는 권리는 아니라고 했다. 환경권을 사권(私權)으로 인정하기는 어렵다고 했다.

손해는 개별적·구체적으로 건강장애를 입증하지 않았고, 의학적 증명이 부족하며 역학조사가 충분하지 않음을 이유로 들어 비교형량을 4대 공해재판의 손해론과 같은 수준으로 다룰 수 없다고 했다. 한편 공공성에 대해서는 1심과 마찬가지로 항공수요의 증대와 오사카공항의 기간공항으로서의 중요성을 강조했다. 그리고 피고는 원고의 소송청구가 항공행정권을 침해하고 중지청구는 인용되지 않는다는 것을 가장 강하게 주장하며 다음과 같이 진술했다.

'본건 공항은 운수성 장관이 설치·관리하는데 그 관리행위는 행정권을 행사함으로써 이루어진다. …… 원고가 본건 항공에 대한 일정한 시간대에 한해 그 사용을 규제할 것을 요구하는 것은 운수성 장관에게 그가 갖고 있는 항공관리권을 행사하도록 촉구하는 것이기 때문에 국가를 상대로 이것을 요구하는 것은 불가능한 것이라고 하지 않을 수 없다. …… 원래 운수성 장관이 공항관리권을 행사하여 조치돼야 할 사안을 민사소송으로 청구하는 것으로서, 그것이 받아들여진다면 행정권을 행사하는 것과 동일내용의 명령을 사법재판소가 행사하도록 하는 것이기에 원고의 관련 청구를 용인하는 것은 삼권분립의 명분에 반하게 되는 것이다.'

이는 원판결 비판이기도 했고, 이 소송의 기본과 관련되는 것이었다.

획기적 판결

공소심은 사와이 다네오 재판장, 오노 세리, 노다 히로시 재판관이 심리하여 1975년 11월 27일 원고전면승소 판결을 내렸다. 즉, 첫째로 오전 9시 이후 다음날 오전 7시까지, 긴급한 경우를 제외하고 항공기의 이착륙에 사용돼서는 안 된다. 둘째는 과거의 손해배상을 재판 도중에 이사를 온 원고를 포함해 인정했다. 셋째는 1975년 6월 1일부터 야간 이착륙 금지가 실시되기까지는 1개월마다 1만 1000엔, 그 이후 위 원고와 피고 사이에 있어서 오사카국제공항에 이착륙하는 항공기의 감편 등의 운행규제에 대해 합의가 성립하기까지 기간에 1개월마다 각 6600엔을 해당 월 말일에 지불하라고 했다.

우시야마 쓰모루 와세다 대학 교수는 이 판결이 난 뒤 '공해재판사상의 금자탑[17]'이라고 칭하였는데, 판결문은 쉽게 잘 지은 글로, 무엇보다도 심각한 피해를 가능한 한 빨리 해결했으면 한다는 열의가 전해지는 내용이었다.

판결의 이유는 전체적으로, 우선 오사카공항은 히드로공항 등 외국공항에 비해 면적이 좁아 발착 회수가 많고, 주택밀집지역 위를 통과하기에 주민이 그 폭음을 피할 수 없는 결함공항이라는 데 인식을 보였다. 그 위에 1심이 선고된 뒤 원고가 호소한 소음, 배기가스, 진동, '위험이 덮칠지 모른다는 두려움'으로 인한 신체적·정신적 장애, 수면방해, 일상생활의 방해, 교육방해를 모두 인정하고, 그 상황을 상세히 다룬 진술서나 설문이 상당히 믿을 만하다고 해 야마모토 다케오, 오사다 야스타카, 고바야시 고타로 등의 증언과 연구논문을 채택하였다. 소음에 대해서는, 도시소음과 달리, 위압적인 것으로 익숙해지지 않고, 배기가스도 자동차와는 비교가 안 될 정도로 엄청나다고 진술하였다. 이 심각함은 살아보지 않고는 판단할 수 없다고 했다. 그리고 '일반인은 항공기의 이용자로서 항공은 편리하고 꼭 필요한 것으로 보는 견해가 압도적이었지만, 완전히 입장을 바꿔 주변 주민의 생각도 더불어 비교·검토할 필요를 강하게 느끼게 했다'고 하였다.

문제의 신체적 장애에 대해서는, 이명이나 TTS(일시적 난청)를 겪고 있는 사람이 있고, PTS(영구적 난청)를 겪을 가능성이 있다며 야마모토 증언을 인정하였다. 정신적 장애에 대해 '소음에 노출되어 있는 원고 전원이 불쾌감, 초조함을 느끼는 것은 당연하고, 원고의 고통은 상상하고도 남는다'고 진술하였다. 손해론을 종합하여 다음과 같이 말하였다. '피고는 원고가 피해에 대해 개별적 입증이 없다고 주장한다. 그러나 정신적 피해는 모든 원고에 균등하고 수면방해나 기타 생활방해도 각각의 생활조건에 따라 발현의 구체적 양태는 다르기도 하고 각각에 공통적인 것도 있다고 할 수 있다. …… 소음 등에 노출돼 있는 것 자체를 갖고 피해라고 주장하고 개별적인 피해의 입증을 하지 않는 것은 오히려 본건 피해의 특질에 비추어 부당하지 않다'고 해 원고의 주장을 인정했다.

위법성에 대해서는 국가는 피해가 심각하고, 반대운동이 계속 일어나고 있음에도 불구하고 공항 확장, 제트기 도입 등으로 '주민에 미치는 영향을 조사해 예측하지 않고……대책을 사전에 강구하지 않은 채 확장 등을 해온 것이며, 그 뒤의 대책도 1973년경까지 매우 불충분한 것으로 보이고 원고보다 대책을 뒤로 미루고 먼저 항공기의 이용증가를 서둔 사실도 질책을 면치 못할 것으로 생각된다'고 했다. 더욱이 향후 대책에 대해서도 음원대책은 원고를 설득시키기에 충분하지 않다. 민간 방음공사에서 보이는 바와 같이 근본적 대책이 아니라 응급조치이다. 이전보상은 소음의 근본적 대책이지만 금액은 부족하고 이전지는 현재보다 불편하여 땅을 빌리고 집을 임대하는 사람에 대한 대책은 진전이 없다. 허용기준인 WECPNL(소음의 지표) 90 이상에 사는 1만 2500세대를 전부 이전하는 것은 곤란하며, 일부를 이전하면 남은 거주환경이 나빠진다. 이와 같이 현재 단계에서는 손해회피의 근본적 대책으로 효과적이라고 평가할 수 없다고 말했다.

공공성에 대해서 항공의 추상적 공공성은 쉽게 인정되므로 이 이상 들어갈 필요는 없다. 오사카공항이 서일본의 거점공항으로서 이용이 급증하고 있는 사실을 인정하면 항공기의 발착에 제한을 가하는 것이 사회적·경제적으로 상당한 지장을 초래한다고 하는 피고의 주장도 한편은 인정하지 못할 바는 아니다. 그러나 본건 항공의 공공성을 고려하는 데에는 사회적·경제적 이익만이 아니라 정반대의 손실도 고려해야만 한다. 이러한 관점에서 원고를 포함한 다수의 주민에게 중대한 피해를 입히며, 피해에 대한 적절한 조치를 취하지 않은 채 시간이 지난 상황에서 피해는 계속 일으키면서 공공성을 주장하는 것에는 한도가 있다고 보지 않으면 안 된다. 피해를 줄이기 위해서는 어느 정도 불편하더라도 공항이용을 제한할 수밖에 없다고 단정했다.

공항의 설치·관리는 확실히 하자가 있다. 국제공항으로 지정된 것 자체에 무리가 있었다. 국가배상법 제2조 제1항의 하자란 안전성을 결여한 것을 말한다. 안전이란 관리장치, 보안시설 등이 정비돼 당해 공항에 이착륙하는 항공기가 추락이나 기타 사고 위험이 없는 것만을 의미하는 것이 아니며, 항공기의 발착이 공항 주변 주민에 미치는 소음과 기타 영향도 고려하지 않으면 안된다. 요컨대 당해 영조물의 이용을 통해 함부로 제3자에게 손해를 끼쳐선 안 되는 것이다. 이 때문에 판결은 원고의 피해를 본건 공항의 설치관리의 하자로 인해 생기는 것으로 보고 국가배상법 제2조 제1항에 해당하는 것이라고 인정했다.

이어서 중지 청구에 대해서, 피고는 청구를 부적당하다고 하였다. 앞서 말한 바와 같이 공항의 설치관리자는 운수성 장관으로, 중지는 공항관리권을 발동하지 않으면 안 되며, 삼권분립의 명분에 반하는 것이라고 하였다. 판결은 이 주장을 받아들일 수 없고, 본건 공항의 설치·관리의 법적 주체는 국가이며, 운수성 장관은 행정조직상 국가의 기관으로서 그 설치, 관리를 맡는 것이다. 공공용 비행장은 원래 민간경제상의 사업으로 설치될 수 있는 것으로, 전면적으로 공권력을 행사하여 이루어지는 것은 아니라며 다음과 같이 말하였다.

'본건 중지청구는 국가가 사업 주체인 본건 공항의 설치, 관리상의 하자 내지 그 공용(供用)으로 인해 생기는 사실상태가 그 주변 주민인 원고의 사법상의 권리를 침해하고 있다고 해 그 침해상태의 배제를 구하는 것이어서, 이러한 경우에 있어서 국가와 원고와의 관계를 오로지 사법상의 관계로 파악해 원고의 청구를 사법상의 청구권의 행사로 해석하는 것에 다른 방해는 없다고 해야 할 것이다.'

만약 피고가 말하는 바와 같이 '행정권의 행사가 전제가 돼 있는 것을 이유로 민사소송의 제기도 인정하지 않는다고 한다면 재판상의 구제를 받을 길이 닫히게 된다.' 이와 같이 '재판소를 통한 구제를 부정하는 것은 헌법의 취지에 맞지 않는 부당한 결론이라고 하지 않을 수 없다'고 결론내렸다.

판결에서는 중지 이유로서의 인격권과 환경권을 신중하게 생각하였다. 인격권은 개인의 생명, 신체, 정신 및 생활에 관한 이익은 각자에게 본질적인 것이어서 그 총체를 인격권이라고 말할 수가 있고, 그것은 누구도 함부로 침해할 수 없으며, 침해를 배제할 권리가 인정되지 않으면 안 된다고 하였다. '이와 같은 인격권에 근거한 방해배제 및 방해예방청구권이 사법상의 중지청구의 근거가 될 수 있는 것이라고 말할 수 있다.' 본건에 대한 원고의 인격권은 침해받고 있다고 해야 한다. 그리고 그 피해의 중대성을 생각한다면 그 구제를 위해서는 과거 손해의 배상을 명하는 것만으로는 불충분해서 중지의 문제를 충분히 검토하지 않으면 안 된다. 그러면 중지의 허용범위는 어떤가, 중지청구가 전면적 혹은 낮시간보다 저녁에 걸친 상당히 긴 기간 동안 계속된다고 하면 이익형량 위에 중대한 문제가 발생하는 사실은 피할 수 없다. 재판장이 이 중지를 판단하는 데 망설였던 때였을 제2회 검증 당일, 원고 대리인으로부터 '오전 7시부터 오후 9시까지의 비행은 이를 악물고라도 참을 것이니 오후 9시 이후의 중지를 용인해줬으면 한다'는 진술이 있었기에 여기서 원고의 절실한 바람이 있다고 헤아려 1시간이 길어진 오후 9시 이후 비행중지를 인정한 것이다.[18]

장래의 손해배상에 대해서는 본건의 경우, 가까운 장래에 침해 또는 손해의 발생이 그칠 개연성이 있다는 사실을 피고가 입증하지 않는 한 장래에 걸쳐 피해가 계속된다. 따라서 원고의 손해배상청구권은 향후에도 계속 발생한다는 것을 인정해 사전에 그것을 청구할 필요를 인정했다. 소음이 65폰이 되기까지라고 한 원고의 청구대로라면 항공기가 날아다니지 못하게 되기 때문에 양자의 대화가 성립될 때까지로 했다.

이 판결은 공소심 재판관이 주변 주민의 심각한 손해를 몸소 검증해, 피해자의 구제야말로 사법의 취지라는 것을 솔직하게 표명한 명판결일 것이다. 그 진지한 태도는 다음 말로 끝맺었다.

'이리하여 당 재판소는 당사자 쌍방 및 앞서 관계자 기관이 분쟁의 중대성을 감안해 더 한층 진지하고 적극적인 노력을 거듭함으로써 참으로 실정(實情)에 맞는 해결이 조속히 성립되고, 장래에 걸친 손해배상의 지불이라고 하는 불행한 사태가 하루빨리 해소됐으면 하는 바람을 절실히 느끼는 것이다.'

4 최고재판소와 환경정책의 후퇴

이례적인 대법정

2심의 판결은 공해방지의 여론에 부응하는 것으로 언론도 이를 타당하다고 평가했다. 환경청은 운수성에 대해 적어도 국내선은 오후 9시부터 오전 7시까지 항공편이 이착륙하지 못하도록 신청했는데, 정부 부처안에서도 이 판결을 맞다고 보는 의견이 나오기 시작했다[9]. 이 결과, 1976년 7월에는 야간비행금지는 실현됐지만 국가는 원판결이 공해대책을 과소평가하여 중지와 장래청구에 대해서는 실체법 절차상 문제가 있다며 상고해 1978년 5월 22일 최고재판소에서 구두변론이 개시됐고, 최고재판소의 심의는 이례적이 됐다. 1심이 제기되고 9년의 세월이 지나 원고도 나이가 들어 한시라도 조속히 판결되어야 했으며, 전국의 학자, 연구자는 2차례에 걸쳐 빨리 해결되기를 바라는 요청서(2회째는 실로 924명의 찬동자)를 제출했다. 제1소법정은 구두변론을 해 결심을 했고, 9월 18일에는 판결을 예정해 준비를 진행했다. 이 심리의 상황에서는 장래청구권을 제외하고 다른 2가지는 원판결대로 용인된다고 하는 견해가 유포됐다[20]. 그러나 국가는 법무성 소송국을 통해 대법정으로 심리를 옮겼으면 한다고 요청했다. 최고재판소 재판관은 소법정의 결심 후임에도 불구하고 또 원고·변호인단의 의견도 전혀 듣지 않고 갑자기 이 요청을 넣어 대법정으로 심리를 옮기기로 했다. 심의는 점점 늦춰지고 도요나카시의회와 오사카부의회는 2차례에 걸쳐서 조기판결을 바랐지만 받아들여지지 않았다.

1979년 11월 7일 제소 이래 10년 최고재판소 대법정은 구두변론을 개시했다. 이 재판의 지연 상황은 국가가 이 재판을 중요하게 여기며 향후 공해대책 특히 공공사업서비스의 국가 책임의 기준을 만들기 위해 어떻게 사법에 압력을 넣었는지를 보여주었다. 상고심에서는 법무성 미노다 하야오 소송국장이 1심과 같은 주장을 거듭했는데, 원고(피상고인)가 피해를 너무 강조하고 있고 오사카공항의 공공성에 비해 소음으로 인한 신체장애 등의 피해는 인과관계가 입증되지 않고 수인한도 내라고 주장했다[21]. 인격권이라고 하는 실정법상의 규정이 없는 권리를 구하는 것이기에 사법상의 청구로서 인정될 수 없다고 주장했다. 여기서는 1심 이래의 주장과 마찬가지로 특히 주변정비사업이나 공해대책의 진전을 강조하고 조금 덧붙여 첫머리에서 상고의 진짜 이유라고 생각되는 것을 다음과 같이 진술하였다.

'본건에 있어서 어떠한 판결이 나오는지에 따라 공공사업의 수립이나 공공시설의 설치, 운영에 있어서의 관계주민에 대한 조치, 환경변화와의 조정 등 외에 공해문제, 환경문제 전반에 관한 향후 국가의 행정시책과 입법의 방식에서도 큰 영향이 미치는 것은 불가피하다. 그 내용이 어떠한지에 따라서는 많은 분야에 있어서 국가에 거대한 재정부담이 생겨 국

민의 세부담이 증대하는 것은 물론, 사회 각 방면에 있어서 산업활동, 경
제활동에 대해서도 큰 제약을 낳아 국가의 산업정책이나 사회생활 전반
에도 막대한 영향을 미치게 된다.'

이는 사법에 대한 행정당국의 위협과 같은 것이다. 원판결 이후 후쿠오
카공항을 비롯해 민간항공뿐만 아니라 군사기지의 소음소송이 제기됐다.
게다가 상고인은 다음과 같이 지적했다.

'소음 이외에도 공공시설이나 공공사업으로 인한 생활방해, 환경변화
등에 따라 인격권, 환경권을 주장해 공공시설(도로, 철도, 댐, 발전소, 파이프라인,
하구둑, 하수도, 분뇨처리장 등)이나 공공사업(종합개발계획, 도시계획 등)에 대해 건
설, 실시 등의 중지, 이용의 제한 및 손해배상 등을 요구하는 소송이 빈
발하고 있다.'

이들 소송이 원판결에 따라 판단된다면 중대한 문제를 낳을 것을 국가(행
정당국)는 두려워한 것이다.

원고(피상고인)의 주장은 2심 때와 골자는 바뀌지 않았지만 보다 상세하게
진술해 항공기 소음공해의 교과서와 같은 내용이 됐다. 원판결 이후 오전 9
시 이후 야간비행을 정지시켜도 어떤 사회문제가 일어나고 있지 않는 사실
을 진술하고, 또 OECD의 『일본환경정책』 리뷰를 인용해 '공공의 이익에
있어서도 누구에게도 피해를 주어서는 안 된다'며 오사카공항 2심판결이
국제적으로 평가됐다고 주장했다.[22]

중지청구의 각하와 반대의견

1981년 12월 16일 판결이 내려졌다. 재판장 핫토리 다카아키는 과거의
손해배상을 인정하고 중지와 장래청구는 각하하는 판결을 내렸다. 판결은
원판결의 내용이 다양한 분야에 걸치기에 상고이유[23]의 순서에 따라 판단하
는 것은 적절하지 않기에 중지청구에 관한 것, 과거의 손해배상청구에 관한

것 및 장래의 손해배상청구에 관한 것으로 크게 나눠 순차 판단을 했다.
판결은 다음과 같다.

'본건 공항의 이착륙을 위해 하는 공용(供用)은 운수성 장관이 갖고 있는 공항관리권과 항공행정권이라는 2가지 권한을 종합적으로 판단한 뗄 수 없는 일체적인 행사의 결과라고 보아야 하기 때문에 위 피상고인 등의 앞서 기술한 바(야간비행 정지)와 같은 청구는 사리상 당연한 것으로서, 불가피하게 항공행정권 행사의 취소변경 내지 그 발동을 구하는 청구를 포함하는 것이라 하지 않을 수 없다. 따라서 위 피상고인 등이 행정소송으로 뭔가를 청구할 수 있는지 여부는 어쨌든 상고인에 대해, 소위 통상의 민사상의 청구로서 앞서 기술한 바와 같은 사법상의 급부청구권을 갖고 있다는 주장이 성립돼야 할 이유는 없다고밖에 할 수 없다.'

이렇게 해서 중지는 각하됐다.

이 판결은 9대 4의 다수결로 결정했는데, 개별의견으로 보충 3건, 반대 4건이 나왔다. 우선 보충의견을 낸 이토 마사미는 다음과 같이 말했다. 본건과 같은 공공사업 분쟁에 있어서는 '공공의 이익의 유지와 개인의 권리옹호 간의 조화를 형량한다는 관점에서 이를 심리판단하는 것이 아니라면 근본적인 해결을 볼 수 없다고 해야 한다. 따라서 이와 같은 쟁송은 본건 공항의 건설 등에 관련해 운수성 장관이 앞서 기술한 바와 같은 개개 행정처분의 취소소송에 의할 것인가 아니면 소송절차상은 본건 공항의 공용행위 그것을 주체로 공권력의 행사에 해당하는 행위로 파악해 그에 대한 불복을 내용으로 하는 항고소송을 통해야 할 것으로 보는 것이 합당해서 이를 공항의 사업주체인 상고인과 개인 간의 대등한 당사자 간의 사법관계로서 협의의 민사소송의 방법을 통해 심리판단하는 것은 허용될 수 없는 것'이라고 해야 할 것이다.

논리적으로는 일관된 것 같았지만 현실적으로 행정소송을 선택하기 곤란한 상황에서 이 의견은 행정권 우위의 다수의견을 보완하는 데 불과하다.

요코이 다이조, 미야자키 고이치는 이에 동조했다.

　반대의견을 적극적으로 제시한 것은 단도 시게미쓰이다. 단도는 공해의 중대성을 들며 그것을 구제할 수 있는 법리를 만들어야 한하고 했다. 본래 입법이 있어야 당연하지만, 대규모 분쟁을 처리하는 데는 입법은 태만하다. 행정권이 침해받아선 안 되지만, 재판소가 법을 해석하는 데에 연구를 해도 좋을 것이다. 중지는 매우 신중해야 하고 인격권을 배타적 권리로서 구성하기는 곤란하지만, '인간적 가치의 견지를 경시하는 것이 되지 않도록 마음을 쓰지 않으면 안 된다는 것 또한 두말할 필요가 없는 것이다.' '원판결은 이들 문제를 적극적으로 해결하고자 하였기 때문에 나 개인적로서는 기본적으로 이에 많은 공감을 한다.'

　단도는 특히 다수의견은 실체적 문제에 들어가지 않고 중지청구의 적법성에만 집착하고 있다고 비판하였다. 배타적 권리침해가 있는지 여부에 고집하면 대개 중지에 관한 한 민사소송의 길은 닫히는 것이 아닌가. 다수의견은 다른 방법이 될 행정소송을 열 가능성에 대해서도 모호하게 표현하였다. 단도는 '이대로는 국민이 난처해질 것이다.'라고 강하게 비판했다. 그리고 원고가 민사소송의 길을 선택해 소송청구하고 있는 이상, 그 위법성을 가능한 긍정하는 방향으로 해석하는 것이 헌법 제25조 정신에서 봐도 취지에 맞는 것 아닌가 라며 그 해석을 다음과 같이 말했다. '공적인 영조물에 의한 활동의 본질은 권력적 사용이 아니라, 개인의 경우와 성질을 달리할 수 없는 편익제공행위여서 일반 시민에게 복종·수인의 의무를 과하는 공권력의 행사에 해당하는 행위가 아니기 때문에 제3자는 원칙적으로 개인이 설치한 시설의 경우와 마찬가지의 청구를 할 수 있는 것으로 해석해야 할 것이다.' 그리고 단도 판사는 공항부지의 소유권에 대해서 분쟁이 있어 그 소유권을 주장하는 사람이 민사소송을 제기해 그 부지부분의 명도(明渡)소송을 청구했다고 할 경우에 그 승소에 의해 생기는 사태는 본건의 경우와 마찬가지가 아닌가. 이러한 경우에 민사소송의 길을 막을 수 없다. 이러한 점에서 다수의견에 찬동하기 어렵고, 나중에 말하는 나카무라 지로 재판관의 반대의견에 전적으로 동조한다고 했다.

다마키 쇼이치의 반대의견은 공항의 건설·관리는 단도가 말하는 바와 같이 권력행정이 아니라, 항공회사와 더불어 교통수단이라고 하는 공공적 편익을 공여하고 있는 것이어서 사기업이 공항을 경영하는 경우와 하등 다를 바 없다고 했다. 현 실태는 사기업에서 공항설치·관리에 필요한 거대한 고정자본이 조달되지 않기에 국가가 대신 그 일을 하고 있다는 것이다. 국가배상법은 헌법 제17조를 받아 민법 아래에 둔 것이다. 따라서 '피상고인 등의 청구를 본안의 판단에 들이지 말고 각하해야 할 것이라는 견해는 실질적으로 행정권의 우월을 용인하는 것이라는 비난을 면할 수 없다'고 했다. 그리고 그는 야간에 있어서 휴식과 수면이 인간 활동의 원천이며 사람에게 가치 있는 만큼 반드시 필요한 것이기에 금전으로 평가할 수 없는 것임에 비해 공항병용의 일부정지가 국가의 사업활동에 미치는 영향은 그렇게 크지 않다며 공소심의 원판결의 타당성을 기술하였다.

나카무라 지로의 반대의견은 행정구제와 민사구제의 차이에서부터 들어가, 본건이 민사구제로서 적법하다는 사실을 공권력의 행사성의 판단에서 끌어내었다. 그는 국영공항의 공용행위는 공권력의 행사성을 갖고 있는 것이 아니라며 다수의견은 정당하지 않다고 했다. 그는 '공권력의 행사에 해당하는 행위란 일반적으로는 평등한 권리주체간의 수평적 관계와는 구별되는 권력-복종의 수직적 관계에 있어서 권력행사의 권능을 가진 사람이 우월한 의사주체가 되어 상대방의 수인을 강제할 수 있다는 효과를 가진 행위를 의미한다.'고 하였다. 따라서 이는 법률에 의한 특별한 수권에 근거해 거기서 정해진 요건을 충족시키지 않으면 안 되며, 한편 위 권한을 부여받은 행정청은 일종의 월권적 타당력을 갖고 있기 때문에 행정청의 공권력의 행사에 대해 사전의 중지를 구하는 소송은 정면에서 인정되고 있지 않다.

'그러나 일반에게 공(公)적 영조물을 설치해 이를 관리·운영하는 작용은 원칙으로는 위 영조물의 물적 시설에 대한 소유권 등의 권한에서 나오는 사용권능에 근거해서 관련 사용권능이 미치는 범위에 있어서 가능한 비권력적 작용'이다. 국영공항의 경우도 공용행위에 공권력 행사성은 없다. 있다고 하면 항공의 공공의 필요성과 제3자가 입어야 할 불이익(공해)을 상호 비교형량해서 어느 정도의 비행을 실현시킬 것인가를 결정하는 것이다. 그러나 항공법, 기타 관계법이 그 취지의 입법을 했다고 이해하기는 어렵다. '본건에 있어서 피상고인 등의 거듭된 피해의 호소에도 불구하고 운수성 장관이 비행활동의 허용한도를 결정하기 위해 위 피해의 실태조사 등을 하고, 이에 근거해 비교형량으로 판단한 것을 고민한 흔적이 거의 보이지 않는 것도 운수성 장관 자신이 법률상 위와 같은 권한 및 이에 따르는 직책을 갖고 있었다고 생각하지 않았다는 사실을 보여주는 것이 아닌가 생각한다.' 이와 같이 항공법 외의 관계법은 공권력의 행사성을 갖고 있지 않으며 원판결의 중지는 행정상의 재량권에 대한 사법권의 부당한 제한, 침해로서, 삼권분립의 원칙에 반하는 것이라고 할 수 없다며 다수의견에 반대했다.

기노시타 다다요시의 반대의견은 간명하다. 그는 공항이 공공의 쓰임새를 위해 공법적 규제를 받지만, 사법상의 소유권에 근거한 사용기능도 바뀌지 않는다고 해 국가의 공항사용권능과 운수성 장관의 항공행정권은 법적으로 구별된다고 했다. '본건 공항의 설치·관리의 하자에 관해서 피해자인 피상고인 등에 대한 관계에 있어서 그 지위에 고유의 법적 책임을 스스로 부담하는 것이며 피해자가 국가에 대해 그 책임을 추궁할 청구의 적부를 판단하는 단계에 있어서 위와 같이 위 설치·관리의 주체로서의 입장과는 법적으로 구별되어야 할 항공행정권의 입장을 참작하는 것은 허용되지 않는다고 해야만 한다.'고 말했다.

'이와 같이 피상고인 등의 본건 중지는 국가와 피상고인 등과의 사이의 전술한 바와 같은 사법인(私法人)의 위법한 권리침해를 전제로 해서 피침해자인 피상고인 등이 침해자인 공항의 설치·관리주체인 국가에 대해, 침해의 배제 내지 예측으로서 국가 자신의 앞에서 기술한 바와 같은 사용금지의 부작위급부를 대상으로 하는 청구를 행하는 것이기에 그 청구는 사법적 구제와 친한 것으로 민사상의 청구로서 이의를 신청할 바는 아니다'라고 판단했다.

과거의 손해배상청구에 관한 판단

원판결을 종합판단으로 시인하고, B활주로를 사용하기 시작한 이후(1970
년 2월 5일) 들어가 거주한 2명에 대해서는 파기, 환송했다. 이 부분의 판결은
상고이유 각각에 따라서 다수의견을 진술하였기에 간단히 소개한다.

국가배상법 2조 1항의 해석적용의 오류(5번째 상고이유)에 대해서는 영조물
의 하자에 대해 원판결은 물적 결함만이 아니라 설치·관리행위의 결함에
해당한다며 입지조건의 열악, 그 뒤의 확장, 제트기 도입을 넣고 있다. 상고
인은 이를 위법으로 보고 있지만 판결에서는 이용자 이외의 제3자에 대한
소음 등의 위해도 위 하자에 포함되고, 소음대책을 강구하지 않은 채 대량
의 항공기의 이착륙에 계속 사용토록 한 것은 위법으로, 원판결의 판단이
정당하다고 해야 한다.

피해 및 인과관계에 관한 인정판단의 위법(3번째 상고이유)에 대해서는 상
고인은 피상고인이 피해에 대해 개별적 인과관계를 의학적 자료로 명확히
밝히지 못했고 진술서나 설문조사와 같은 주관적 색채가 강한 자료를 가지
고 판정한 것에 대해 이유 없이 위법을 범했다고 했다. 이에 대해 판결은
원판결을 지지했다.

'피상고인 등 모두에게 공통해서 원 판시(判示)와 같은 불쾌감, 초조함
등의 정신적 고통 및 수면 기타 일상생활의 광범위한 방해를 낳는다고
한 원심의 인정진단은 원판결에서 제시한 증거관계에 비추어 시인할 수
없는 것이 아니다. 또한 신체적 피해에 대해서도 본건과 같은 항공기소
음의 특성 및 이것이 인체에 미치는 영향의 특수성 및 이에 관한 과학적
해명이 아직 충분하게 발전해 있지 않은 상황을 감안했을 때는 원심이
그 제시하는 증거에 근거해 앞서 기술한 바와 같은 항공기 소음 등의 영
향을 받고 있는 피상고인 등이 호소하는 원 판시의 질환 내지 신체장애

에 따른 위 소음 등이 그 원인의 하나가 되고 있을 가능성이 있다고 한 인정판단은 반드시 경험칙에 위배하는 불합리한 인정판단으로 배척돼야 할 것이라고는 말할 수 없으며 … 위와 같은 신체장애로 연결될 가능성을 갖고 있는 스트레스 등의 생리적·심리적 영향 내지 피해를 똑같이 받고 있다고 한 판단 또한 시인할 수도 있다.'

이는 1심 판결을 넘어 신체장애도 인정한 판단이다.

이익형량에 관한 인정판단의 위법(동법 4점)에 대해서는 상고인은 위법성의 판단에는 침해행위의 양태와 정도, 피침해이익의 성질과 내용, 침해행위의 공공성의 양상과 정도, 피해의 방지 또는 경감을 위해 가해자가 강구한 조치 등에 대해 전체적 고찰이 필요한 바, 피상고인은 그것을 게을리 하고 피해를 극단적으로 중시해 소음대책을 부당하게 낮게 평가하고, 본건 공항의 공공성의 고찰을 결여하고 있어 위법성의 판단을 잘못하고 있다고 했다. 이에 대해 판결은 피상고인도 이와 같은 비교형량을 부정하지 않고, 본건 공항의 공공적 중요성을 인정하였다.

'그러나 이로 인한 편익은 국민의 일상생활의 유지존속에 꼭 필요한 서비스의 제공과 같이 절대적이라고 해야 할 우선순위를 주장할 수 있는 것이라고 말할 수 있는 것이다. 그에 비해 한편으로 원심이 적법하다고 확정하는 바에 따르면, 본건 공항 이용으로 피해를 받는 지역주민은 매우 다수이며, 그 피해내용도 광범위하고 중대하다. 더욱이 이들 주민이 공항의 존재로 인해 받는 이익과 이로 인해 입는 피해 사이에는 후자가 증대하면 반드시 전자가 따라서 증대한다는 피차상보(彼此相補)의 관계가 성립하지 않는 사실도 명백하다. 결국 전기의 공공적 이익의 실현은 피상고인 등을 포함하는 주변 주민이라는 한정된 일부 소수자의 특별한 희생 위에서만 가능해서 거기서 간과할 수 없는 불공평이 존재한다는 사실을 부정할 수 없는 것이다.'

이와 같이 '원심이 이들 피상고인의 피해에 대해서도 특히 수인한도를 넘는 것이 있다며 침해행위의 위법성을 인정한 판단은 이를 위법, 부당하다고 하는 데 해당하지 않는다고 해야 할 것이다.'라며 명쾌하게 말했다. 이렇게 해서 공공성 우위의 국가의 논지는 부정당했다.[24]

더욱이 나머지 위자료의 산정에 대해서는 피상고인이 입고 있는 정신적 고통 등 피해의 주요한 부분이 공통된 것이어서 거주지구와 기간을 고려하면 일률인정이라고 하는 원심의 판단을 인정했다. 다만 2명의 원고에 대해서는 B활주로 사용 후로 하고 원판결은 파기, 환송했다. 이 과거의 손해배상 판결에 대해서 개별 의견이 있었고, 2명의 원고 환송에 대해서는 단도, 나카무라, 기노시타, 이토 4명이 반대해 원심을 지지했다.

장래청구의 부정

장래의 손해배상청구에 관한 판단에 대해서 판결은 원심을 위법으로 각하했다. 판결은 종기(終期)를 정하지 않았다는 등의 이유를 다음과 같이 말하였다.

'손해배상청구권은 그것이 구체적으로 성립했다고 하는 시점의 사실관계에 근거해 그 성립의 유무 및 내용을 판단해야 하고, 또한 그 성립요건의 구비에 대해서는 청구자에 있어서 그 입증의 책임을 져야 할 성질의 것이라고 하지 않을 수 없다. 따라서 …… 원심구두변론 종결 후에 나와야 할 손해의 배상을 구하는 부분은 권리보호의 요건이 부족하다고 할 만하고 …… 소송요건에 필요한 법령을 잘못 해석한 것이며, 위 위법이 판결에 영향을 미쳤다라는 사실이 명백하다.'

이에 대해 단도 시게미쓰는 반대의견을 진술했다.

'나는 청구권 발생의 기초가 돼야 할 사실관계가 계속해서 이미 존재하고, 더욱이 장래에 걸쳐 확실하게 계속할 것이 인정되는 경우에는 구

체적 사실에 맞게 …… 소송청구가 인정돼야 할 것이라고 생각한다.'

단도는 본건 공항은 결함공항으로, 원판결이 인정한 최소한의 피해는 당분간 계속 발생되리라는 것이 상식적으로 인정된다. 원판결이 장래급부에 대해서 명확하고 적당한 종기를 정하지 않은 것은 원판결의 중대한 과오다. 이 점에서는 파기환송을 면하지 못한다고 생각하지만, 피해 발생이 확실히 계속된다고 보이는 기간을 소극적으로 보아 종기를 정하면 의문점을 해소할 수 있다며 다수의견에 반대했다.

판결 후의 대응

최고재판소 판결은 사법이 행정에게 굴복한 것으로서, '향후의 환경보전, 개발중지를 요구하는 주민들이 사실상 구제의 장을 빼앗기게 됐다²⁵'고 언론은 신랄하게 비판했다. 판결은 10년 전의 1심 결정으로 되돌아간 것 같지만 전혀 그런 것은 아니다. 그동안 여론이나 운동의 성과인 야간비행금지를 원래대로 되돌리는 것은 불가능했다. 원고와 변호인단은 판결 후 즉시 운수성과 교섭에 들어갔다. 12월 18일 고사카 운수성 장관은 오전 9시 이후 비행금지의 항공시간표의 변경을 인정하지 않는 것은 각의에서 이미 끝난 일이라고 말했다. 또 1983년 11월 30일 야마모토 항공국장은 주변 11개시의 오사카국제공항 소음대책협의회에 오후 9시 이후 항공시간표의 변경은 없다고 문서로 회답했다²⁶. 재판에서 중지는 각하됐지만, 사실상 주민의 요구는 실현됐다.

1974년 12월에 원고 3694명이라고 하는 실로 대규모의 제4차 소송이 시작됐는데, 소송청구 내용은 1심과 마찬가지로 구로다 료이치(오사카부 지사), 쇼지 히카루, 쓰루 시게토가 증언했다. 최고재판소 판결이 있었지만, 재판은 계속되었다. 1982년 3월 15일 재판소는 화해를 권고했다. 재판소는 당초 47억 엔을 제시했지만 원고는 55억 엔, 국가는 11억 엔을 주장했다. 이와 같이 금액적으로는 타협이 곤란했지만, 앞서 말한 바와 같이 국가가 문서로

오후 9시 이후 항공사용을 정지한 사실, 주변정비의 예산을 늘린 사실 등을
받아들여 원고측도 화해를 향해 움직이게 됐다. 1984년 3월 17일 13억 엔의
손해배상으로 화해가 성립됐다. 원고는 중지청구를 취하하며 14년 3개월에
걸친 공해소송은 끝이 났다.

5 판결의 평가

행정에 의한 폭력으로 사법권의 보호를 받을 권리를 빼앗겼다

오사카국제공항 공해재판을 당초부터 연구해 온 사와이 유타카는 「오사
카국제공항 사건 최고재판소 판결이 의미하는 것 - 최고재판소의 두 얼굴」
에서 최고재판소 판결을 다음과 같이 평가하였다.

'중지의 "각하"와 배상 용인이라는 조합은 "본건 피해에 대한 파급효
과 없는 구제"라고 하는 목적을 이룬 절묘한 정치적 판단이었다고 말할
수 있다. 그러나 그럼에도 불구하고 그 중지 각하판결이 가져다준 폐해
는 엄청나다. …… 향후 공해중지청구소송은 치명적 타격을 입을 우려
가 있다.'

본 판결이 민사소송의 가능성을 부정했다고 해서 행정소송의 가능성을
승인한 것은 아니다. 따라서 '사실상 주민은 행정이 휘두른 폭력으로 사법
권의 보호를 받을 권리를 빼앗긴 것과 같다. 이와 같이 현실적으로 피해를
입고 있는 주민이 제기한 불과 1시간의 미미한 중지 청구조차 심리하지 않
는다는 사실은 국민의 재판소에 대한 신뢰를 현저히 잃게 만드는 것이다.'
사법권이 행정에게 희생되어 '유효한 감시기능을 하지 못해 국민의 인권을
어떻게 지킬 수 있을 것인가, 각자의 실력 외에는 믿을 게 없게 되면 재판
소가 지켜야 할 법치국가는 붕괴될 수밖에 없다.'
평소 온후하고 냉정한 해석학으로 알려져 있는 사와이 유타카는 격렬한

분노를 보였다. 이 논평이 법의 파수꾼으로서의 최고재판소가 정치에 굴복해 판단을 잘못했다는 것을 보여주었다. 사와이는 향후의 재판이 이 판결의 사정거리를 안이하게 확대하지 않고, 판단이 바뀌게 될 것을 기대하였다[27]. 그러나 사법의 후퇴는 계속되고 있었다.

우시야마 쓰모루는 「오사카국제공항 최고재판소 판결의 의의」에서 다음과 같이 판결을 평가하였다.

'최고재판소 판결은 과거의 손해배상청구에 관한 판단에 있어서 평가해야 할 점이 없는 것은 아니지만, 중지청구의 각하에 있어서 행정우위·우선의 사상이 또 재정상의 어려움이라는 현재 상황이 영향을 미쳤을 것이라고 추측된다. 하지만 위험에 대한 접근이론, 장래의 손해배상청구에 대한 엄격한 제약에서 보이는 것과 같이 공공사업보호의 사상이 노골적으로 등장한 것은 우려할 사태이다. ……그러나 본건 소송이 불충분하게 된 것, 오후 9시 이후 비행기의 이착륙정지라는 사회적 사실을 만들어낸 것, 특히 법이론상, 운동이론상, 가능한 최고 수준의 성과를 거둔 것을 생각하면 피해자, 변호인단, 그리고 이를 지지한 과학자, 법률학자 기타 관계자에 대해 깊은 존경의 마음을 금할 수 없다.[28]'

시모야마 에이지는 「오사카공항판결과 소(訴)의 이익」에서, '이를 요약하자면 다수의견이 중지청구의 소를 각하한 이유는 결코 법이론으로서는 명확한 것이라고는 말할 수 없고, 법률 외적인 "정책적 판단"을 도입해 일정한 결론을 이끌어냈다고밖에 말할 수 없다'고 말했다[29]. 또 행정법학자도 신랄한 평가를 하였다. 하라다 나오히코는 「야간비행중지 각하판결의 논리와 문제점」에서 다음과 같이 말하였다.

'최고재판소는 이와 같이 본 판결에 있어서 "항공행정권"이라는 것으로 사람을 위협하고, 참신한 키워드를 갖고 나와서 일반 통념을 뒤짚는 논거로 삼은 것이라고 해도 좋을 것이다.[30]'

판결의 개개 부분에 대한 논평, 그리고 최고재판소 이후의 화해까지의
재판에 대해서는 사와이 유타카의 「오사카국제공항소송 최고재판소 판결
과 화해의 총괄적 검토」에 넘기고자 한다. 사와이는 모든 학설이 중지각하
의 다수의견에 동의하지 않고, 단도 시게미쓰 등 소수의견에 찬성했다고 했
다. 공해론에 관한 당시 학계의 양식을 보여준 것일 것이다.[31]

암담한 공공성과 환경권

나는 판결을 '암담한 "공공성"'이라 평가했다[32]. 그 가운데 2심 판결은 상
식적인 판단으로, 지금의 항공이라는 교통조건에 치명상을 입히지 않고 최
소한의 생활환경을 보전하는 조치였다. 그러나 최고재판소 판결은 공항과
주민이 공존할 조건을 인정하지 않고 공공사업의 공해문제를 소송을 통한
해결의 길, 즉 상식적이고 평화로운 공해대책을 막아버렸다고 했다. 극단적
으로 말하자면 최고재판소는 산리즈카 투쟁*과 같은 직접행동에 가담했다
는 말을 들어도 어쩔 수가 없다. 합법적이고 상식적인 해결의 길을 닫으면
그 뒤는 실력저지 이외에는 없는 쪽으로 피해자를 몰아버리게 된다는 사실
을 최고재판소의 다수의견자들은 생각하지 못했던 것일까. 다행히 피해자
는 실력행사를 하지 않고 평화적으로 운수성·환경청과 교섭을 통해 당면
한 야간비행정지의 약속 등을 얻어냈다.

제4장 보론의 고치 펄프 공해 사건에서 썼던 것과 같이, 고치 재판소는
판결문 가운데 실력행사를 경계해 최후에는 중지라는 사법의 길을 따르라
고 예시한 것이다. 그런데 최고재판소는 이 길을 스스로 닫은 것이다. 최고
재판소와 하급심은 다르다고는 해도 국민 입장에서 보면 재판소가 한편에
서는 평화적 구제의 길을 이야기하고, 다른 한편에서는 중지라는 사법에 의
한 평화적 해결을 요구한 피해자를 문전박대하며 문호를 닫아버린 것은 사

---

* 지바현 나리타시의 농촌지구 이름인 산리즈카와 그 주변에서 행해진 나리타국제공항 건설에 반대하
는 투쟁 및 이와 관련된 것을 가리킨다. 나리타 투쟁이라고도 부른다.

법이 수미일관성을 결여한 것이라고 해도 좋을 것이다. 요컨대 한 사건에 2 가지 판결이 내려진 것은 공해문제라는 현대문명의 본질을 묻는 현대적 과 제를 이해하지 못하고, 궤변과 같은 법의 경직된 해석에 빠져 결과적으로 공해의 범인을 풀어줬다고 해도 과언이 아니다.

이 판결에서 시민의 상식을 넘어선 것은 삼권분립에 대한 최고재판소의 이해이다. 판결에서는 사법은 항공행정권을 침해할 수 없다고 했지만, 이는 사법과 행정은 자립을 하고 있어 상호 기능을 침해해서는 안 된다는 것이 다. 그러나 시민의 상식으로 삼권분립이라는 것은 상호 자립하면서 감시를 함으로써 정의의 균형을 맞추는 것이어서 행정의 실패를 사법이 감시할 수 있기 때문에 민주주의가 성립하는 것 아닌가.

또 하나 상식적으로 의문이 든 것은, 과거의 손해배상의 판단에서 오사 카공항이 공공성을 갖고 있다 해도 피해의 심각함은 허용할 수가 없고, 수 인한도를 넘는 권리침해를 인정하는 원판결을 적법하다고 했는데, 이와 같 은 위법성이 있다면 당연히 중지도 인정돼야 하는 것이다. 경제학자 입장에 서 보면 중지와 손해배상 사이에 경제적 차이는 없다. 거액의 손해배상쪽이 1시간 중지보다 경제적 부담이 커진다. 중지라는 것이 생산정지·영업권박 탈이라는 전면적인 조치는 고사하고 공해대책을 취하라고 하는 '부분중지' 를 왜 손해배상과는 질적으로 다른 중대사로 치는 것인지 불가사의였다. 이 는 공공사업의 공공성에 사로잡힌 판단으로밖에 생각할 수 없다.

그러나 이 재판에서 나카무라 재판관이 명확하게 한 바와 같이, 공항과 같은 공공사업·서비스는 군사·경찰·소방과 같은 권력적 공공성으로 컨 트롤할 수 없다. 이를 판결한 것과 같이 사회적 유용성으로 측정한다면 오 히려 철강업이나 전력업 쪽이 공항사업보다도 중요도가 높다. 복지국가 혹 은 적극국가가 되면 행정의 범위가 민간의 생산·생활의 영역에 들어가 순 수공공재가 아닌 혼합재의 공급·관리가 많아진다. 이와 같은 상황에서는 권력적 공공성이 아니라, 시민적 공공성의 기준 혹은 척도가 필요하게 된 다. 나는 그것을 밝힌 것인데, 유감스럽게도 재판소에서는 충분한 검토가 없었고, 공공사업·서비스의 공공성을 판단한 기준이 모호했다.

4대 공해재판이 사기업의 생산과정에서 일어나는 공해였던 데 비해 오사카공항 공해재판을 비롯해 공공사업·서비스 등의 새로운 공해 사건은 교통업, 관광업 등의 서비스업에 따른 공해 사건이다. 이 경우에는 소음공해와 같이 직접적인 건강장애와 같은 공해보다도 생활환경의 파괴 혹은 경관의 파괴라는 환경문제로 피해가 바뀐다. 따라서 환경권 혹은 어메니티(쾌적한 생활환경)권이 문제가 되지만 이 재판에서는 이와 같은 새로운 국면의 판단이 전혀 없었다. 이 때문에 향후 환경문제에 대한 판단이 늦어지게 됐다.

최고재판소의 판단이 오래 걸리고 기대를 배신한 결과가 된 것은 객관적으로는 7장에서 말하는 오일쇼크 이후 세계불황과 정부·재계의 환경정책이 후퇴한 영향이다. 그것은 미국을 중심으로 한 국제적 압력도 있어서 공공사업의 확대가 국책이 되지 않을 수 없게 됐다는 사실을 반영하는 것이다.

제3절 국도43호선·한신고속도로 공해재판

1 도로공해재판의 의의

최초의 '도로공해' 사건

국도43호선은 주민의 다목적 생활공간이었던 도로를 자동차전용 교통공간으로 바꾼 도로이다. 공공·공익시설을 공해의 거리로 만들자 최초로 주민 반대운동이 일어난 역사적인 지역이다. 발생원은 자동차이지만 그 책임을 결함구축물을 만든 국가에게 물으면서 피해를 분담하는 차원에서 고속도로를 또 건설한 공단에 물었다. 이것은 자동차공해가 아니라 '도로공해'인 최초의 사건이다.[33]

1971년 12월 결성된 43호선 공해대책 아마가사키 연합회는 모리시마 지요코를 중심으로 1972년 8월부터 7년간 2556일 동안 농성을 벌여 항의했다.[34] 이를 계기로 당시 오사카의 나카쓰 코포 고속도로에 반대하는 모임은 한신(阪神)고속도로를 반대하던 모임과 연대하였고, 게다가 1975년에는 도로공해반대운동 전국교류집회가 열려 매년 전국집회가 개최되게 됐다. 1977년 2월 현재, 전국 도도부현에 결성된 도로공해반대 주민운동단체는 207개 단체에 이르렀다.[35] 1970년대에는 공장공해로부터 도시공해로, 특히 자동차배기가스·소음 사건이 공해문제의 중심이 됐다.

이와 같이 도로공해가 심각해진 것은, 제2장에서 말한 바와 같이 자동차산업을 일본산업의 핵심으로 삼고자 도로중심의 공공투자를 공해대책을 세우지 않고 성장정책으로서 촉진했기 때문이다. 1952년 6월 도로법이 공표되고 1954년 휘발유세를 도로목적세로 하는 〈도로정비비의 전략책에 관한 임시조치법〉이 시행되면서, 도로정비 5개년계획이 제정·시행됐다. 특히 1958년에는 〈도로정비긴급조치법〉이 시행돼 도로건설에 박차를 가했다. 도로투자는 1959~64년도 2조 엔에서 1965~70년도에 6조 엔, 1971~76년도에는 실로 16조 엔이 됐다. 승용차등록대수는 1965년의 16만 대에서 1970년에는 678만 대, 1978년에는 1919만 대로 비약적으로 늘어났다. 1956년 세계은행의 왓킨스 조사단은 고속도로 건설을 위해 일본을 방문했다. 세계은행자금으로 1965년 메이신(名神)고속도로가 완성됐고, 그 뒤 도메이(東名), 한신과 대도시를 잇는 고속도로가 만들어졌다. 더욱이 다나카 가쿠에이 내각의 신 전국종합개발계획으로 전국에 고속도로망이 정비되게 됐다. 자동차전용 고속도로는 1963년 71㎞, 교통량 500만 대였지만, 1970년에는 650㎞, 1175만 대, 1978년에는 2439㎞, 4185만 대가 됐다. 고속도로에 도로투자의 절반에 해당할 정도의 투자가 이루어진 것이다. 이와 더불어 교통량은 비약적으로 늘어나, 제2장에서 말한 바와 같이 1955년부터 1970년에 걸쳐 화물수송량 4배, 여객수송량 3.4배가 됐는데, 그 중에는 자동차가 차지하는 비율은 전자가 36%, 후자가 51%가 됐다. 이와 같은 급격한 도로의 확대와 자동

차 교통량의 증대에 비해 자동차공해대책은 뒤로 밀리고 있었다.[36]

43호선과 한신고속도로

1938년 제2한신국도계획이 제정되고, 사업은 토지구획정리사업(감보율*
25%)으로 진전됐다. 그것은 전후 부흥이나 도시개조사업으로 이어져 1953
년 직할공사로 공사가 추진됐다. 1958년 4월에는 '공원도로'라는 너비 50m
의 거대도로를 국도43호선이라는 명칭으로 바꾸고 1963년 상하 10차선으로
개통했다. 이 도로연선(沿線)은 상업시설이 많다. 주민은 도로가 정비되면
편리해지고 고객도 늘어나 지가도 상승하리라고 기대해 적극적으로 건설에
협력했다. 그런데 도로가 개통되자 하루 평균 10만 대, 그중 4분의 1이 대형
차인 상황이 됐다. 게다가 만국박람회 개최를 위한 교통정리계획으로 나란
히 놓인 한신고속도로 공사가 강행되었고, 1970년에 고베니시노미야(西宮)
선 전체가 개통되자 고속도로 상하 4차선에 하루 평균 9만 대, 두 도로를
합해 19만 대가 오가는 놀랄만한 자동차의 범람시대가 됐다. 더욱이 1981년
6월에는 오사카니시노미야선(상하 6차선)이 개통했다. 주민이 기대한 코스모
스꽃이 피고, 상점가가 번성하는 것 같은 마을 이미지는 한순간에 바뀌었
다. 이 지역의 개업의로 나중의 재판에도 협력한 노무라 가즈오는 다음과
같이 술회하였다.

'약 20년 전 이 도로계획이 공표됐을 때 내가 사는 아마가사키 예정지
에 환희의 목소리가 들렸던 기억은 지금도 생생하다. 전후, 번화의 중심
을 한신전철의 연선에 빼앗겨 불우함을 한탄하던 상점주가 과거를 되찾
을 좋은 기회라며 가슴 부풀었던 것은 당연할 것이다. 영화관 유치계획
도 들렸고, 지가 상승을 기대하는 소문이 들렸다. 그러나 오늘날 하루 10

---

* 減步率: 토지구획정리사업에 필요한 용지의 확보를 목적으로 소유주로부터 토지를 공출받는 일정한
비율

만 대를 처리하는 43호선이 가져다 준 영향은 거리의 번영도, 인파나 재화도 아니었다. 도로 주변은 단순한 통과도시로서의 기능밖에 부여되지 않았던 것이다. 그것은 인체의 허용을 훨씬 넘어서는 배기가스, 폭음에 가까운 소음과 땅울림, 공해라는 말로는 형용할 수 없을 정도로 비참한 현실이다.[37]

'묵시록적 참상'

이 지역의 원래 풍경을 원고 준비서면(최종)에 다음과 같이 정리하였다.[38]

'(본건 도로연도 지역은) 시가지화가 어느 정도 진행돼 편리성을 갖추는 한편, 한가하고 고요한 풍경의 전원지대로 꽤 좋은 주택지역이었다.'

국도43호선에서 남북 100m의 범위에 대학 3곳, 고교 2곳, 중학교 3곳, 초등학교 12곳이 있어 교육지구라고 할 만한 꽤 좋은 주택지였다. 국도43호선은 이 지역을 남북으로 나누며 가로경관을 파괴했다. 그것은 교통 벨트컨베이어같이 끊임없는 자동차 교통으로 인해 〈표 5-1〉과 같이 주민은 환경기준을 웃도는 소음에 괴로워하게 됐다. 이 도로소음은 공항이나 철도와 달리, 간헐음이 아니라 24시간 그치지 않는 '정상음'이다. 특히 대형

표 5-1 국도43호선 소음상황

(단위: 폰)

	아침 (6~8시)	낮 (8~18시)	저녁 (18~22시)	밤 (22~6시)
1974년	70	73	72	62
1986년	75	74	72	68
환경기준	55	60	55	50
요청한도	70	75	70	68

주: 1) 아마가사키시의 측정자료에서.
　　2) 도로끝에서 50m 떨어지면 10폰 감소한다.

차가 많아지는 심야소음은 수면을 방해했다. 더욱이 자동차의 배기가스도 더해졌다. NO_2의 농도는 니시노미야시의 43호선 남북 양측이 하루 평균 0.05ppm으로, 환경기준을 웃돌았다. 분진의 피해도 심각해 니시노미야시 이마즈 주변에서는 '이마즈의 후리가케*'라고 할 정도로 많은 분진이 내려와 주택이 오염되었다. 이 때문에 세탁물이 오염돼 주민의 호흡기계 질환이 발생하였다.

공해연구위원회는 쓰루 시게토를 단장으로 해 1973년 3월 2일에 현지조사를 실시했다. 그때의 인상은 잊을 수 없다. 43호선에 맞닿아 있던 상점은 사람은 없고 자동차만 너무 많이 다니는 바람에 주유소 이외는 장사가 되기는커녕 거주자가 생활하기 힘들어졌다. 어느 고령의 부부는 장사를 접고, 소음과 진동을 막아보려고 집안에 콘크리트 방음벽을 만들고, 감옥 같은 그 안에서 알전구를 켜고 살았다. 당시 전국의 도로공해반대운동을 하던 주민조직은 학습을 위해 국도43호선을 방문해 현지 주민조직과 교류했다. 그 시찰여행은 '지옥체험 투어'로 불렸다. 이 노부부는 사는 것이 아니라 소음지옥을 체험하고 있었던 것이다.

환경청은 발족 때부터 도로공해대책에 직면하게 됐다. 국도43호선은 도로공해의 상징으로, 오야마 아라타 장관을 비롯해 역대장관은 취임하자마자 반드시 국도43호선을 방문했다. 43호선과 이어진 무코가와 강 육교 위에서부터 열을 지어 달리는 자동차의 소음·진동·배기가스를 체험하고 농성을 하는 피해자와 만나 요망사항을 듣는 것이 취임의식처럼 돼 있었다. 1977년 1월에 이시하라 신타로 장관이 시찰 와서 너무 심각한 현장에 충격을 받아 이를 '묵시록적 참상'이라고 기자단에게 말한 것이다[39]. 정말 작가다운 적절한 비유였다.

환경청 장관이 되자마자 열심히 방문하는 것은 좋았지만, 건설성을 규제

---

* 밥에 뿌리는 분말가루, 조미료 같은 식재

하지 못해 공해대책은 실행되지 못했다. 재판이 시작되자 서둘러 도로소음
의 환경기준을 정하고 연도법(沿道法)을 제정했다. 그러나 자동차교통량은
늘어나기에 공해 현상의 개선은 진전되지 않았다. 2차례 시찰을 와서 충격
을 받았을 법한 이시하라 장관은 그 뒤 공해대책기본법에 조화조항을 없앤
것은 잘못됐다고 해 공해대책의 후진을 추진하였다.

고속도로 가처분신청

그보다 먼저, 국도43호선의 지옥 같은 양상을 더 악화시키려는 듯이 한
신고속도로가 건설됐다. 그것은 거리를 나누고 일조나 통풍을 방해하는 거
대 구조물로, 건조물 자체가 공해인데, 그 위를 자동차가 달림으로써 소
음·진동·대기오염이 더해지게 되었다. 공해병 인정환자인 모리시마 지요
코 등 '연락회' 회원은 아마가사키시 무코가와정 4정목의 건설예정지에 중
고 소형 버스를 두고 농성을 벌였다. 공단은 아마가사키시내의 연장 4.7km
가운데 농성현장 주변이나 반대운동 지도자 주택이 있는 650m의 공사를
중단시키지 않을 수 없었다. 1972년 9월 12일 '연락회'를 중심으로 하는 37
명의 주민이 고속도로 오사카니시노미야선의 공사중지 가처분을 고베 지방
재판소 아마가사키지부에 신청했다. 이는 환경권에 근거해 공사의 사전중
지를 소송청구한 것이다. 사전중지 가처분신청은 전국에서 최초였다.

1973년 5월 12일 아마가사키지부 야마다 요시야스 재판장은 주민의 신청
을 각하했는데, 도로건설은 공권력의 행사에 해당하는 것으로 민사소송의
가처분은 불가능하다고 하면서도 '환경불이익 부당침해방지권'이라는 논리
를 만들었다. 그러나 신청을 각하했다.[40]

나는 이 새 논리에 의한 결정을 다음과 같이 비판했다. '결정'에 의하면
환경권은 사권(私權)으로서의 '주거환경권'과 공권으로서의 '지역환경권'을
엄격히 구별하였다. '주거환경'의 자연적 이익이란 ①일조, ②통풍, ③평온
함, ④조망, ⑤청정한 대기, ⑥프라이버시 유지, ⑦압박감이 없는 것 등이다.
이 주민의 '주거환경'권이 부당하게 침해된 경우에는 손해배상청구권은 원

래부터 위험방제를 위해 필요하다 하여 충분한 한도 내의 구체적 중지청구
권을 취득할 수 있다고 하는 것이다. 이에 대해 야마다 재판장은 '지역환경
권'은 개인의 권리로 인정하기 어렵다며 다음과 같이 말하였다.

'소위 "지역환경"으로부터 얻는 개인의 이익은 반사적인 것에 불과해
아직 사법인의 이익이라고는 말할 수 없기 때문에 이에 관해 "사권"이
성립할 여지는 없다. 따라서 주민이 자기가 관리하는 주거와 직접 관련
이 없는 지역환경에 대해 그 보전을 구하고자 하는 경우, 민사소송제도
를 이용하는 것은 허용되지 않는다.'

주거환경과 지역환경을 나눠 전자의 권리침해에 대해서만 민법적 판단
을 한다는 것은 법률가로서 정말 교묘한 법리와 같다. 그러나 이 이론은 탁
상공론이어서 공해의 실태를 잘못보고 있었다. 왜냐하면 환경파괴는 광역
화되고 있고 오염 상황에 따라서는 주거와 지역을 엄격히 구별할 수가 없
다. '결정'에서는 '고속도로상의 배기가스는 질소산화물을 포함해 모두 멀리
까지 확산돼 43호선에 근접한 신청인의 주거에 낙하하는 것은 거의 없다'고
했다.

놀랄만한 판단이다. 확산된 유독물질은 어디로 가는가. 가령 재판소가 말
하는 바와 같이 자동차배기가스는 주행시에 바로 밑의 주거를 오염시키지
않는다고 해도 지역오염량은 늘어나기 때문에 반드시 바로 밑의 주택오염
량은 늘어난다. 대기오염은 광역적으로 연관돼 있다. 지역환경의 악화는 주
거환경의 악화를 낳고, 지역환경의 침해는 주거환경의 침해로 이어진다고
한다면 어떻게 되는가. '결정'은 허구가 된다. 주거환경권은 침해되지 않지
만 지역환경권이 침해되는 경우에는 반드시 타 지역의 주거환경권이 침해
돼 버리는 것이다.[41]

재판소는 국가·공단이 말하는 바와 같이 고속도로에 의해 국도43호선
의 교통량이 줄어 공해가 감소한다고 판단했을지 모르지만, 이는 오류이다.
도로가 생기면 교통량은 늘어나기 마련이다. 주민은 불복해 항고했지만 다

음 해인 1974년에 재판을 제소하게 됐기 때문에 가처분은 취하됐다. 환경권의 법리를 명확히 하기 위해서는 이 '결정'을 대상으로 해서 법정에서 논쟁하는 것이 좋지 않았을까.

2 최초의 도로재판 과정

제소 - '잠잘 수 있는 밤을 되찾자!'

1976년 8월 30일 국도43호선 연도 50m 이내 주거인 고베시, 아시야시, 니시노미야시, 아마가사키시 4개시의 주민 152명이 국가와 공단을 상대로 도로공해의 중지와 손해배상을 요구하며 제소했다(소송구간은 〈그림 5-2〉). 제소 이유는, 앞서 말한 바와 같이 소음·진동과 배기가스를 만드는 자동차교통으로 심각해진 공해에 대해서 국가·공단이 지자체의 제언[42] 등을 포함해 주민의 호소를 채택하지 않은데다 정부의 공해대책이 진척이 없기 때문이었다.

이 소송의 특징은 대기오염에 대해서는 공건법이 시행돼 원고 가운데는 공해병 인정환자가 들어 있기에 직접 대상으로 하지 않고, 소음에 대해서는 전혀 구제가 되고 있지 않기에 무엇보다도 소음의 피해와 구제를 인정시키

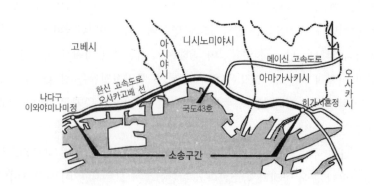

그림 5-2 국도43호선과 한신고속도로(소송구간)

려는 데에 있었다. 이를 위해 나중의 아마가사키 공해소송이 공장 배기가스와 자동차배기가스의 복합대기오염에 중점을 둔 것과는 달리 자동차소음과 배기가스의 중복피해를 호소해 대기오염원인 공장을 대상으로 소송하지 않고, 책임은 국가·공단을 겨냥하였다.

원고인단의 특징은 지역에 밀착한 영업자가 많은 것이다. 원고인단장을 가장 오래 맡은 요코미치 리이치는 목욕탕 경영자, 그밖에 목욕탕 경영자 2명, 음식점, 이발소, 서점, 세탁소, 부티크, 여관 등 다양한 상점주, 의사, 승려, 다도가 등 지역 주민을 대상으로 한 생업이라 할 만한 영업자와 주부가 거의 대부분이었다[43]. 결국 원래는 편리한 생활도로 주변에서 장사를 하고 있던 것이 산업도로로 확장되자 교통편익이나 지리적 이점은커녕 공해를 입게 된 데 대한 분노와 이전해서는 생활이 안 되고, 다시 한번 본래의 생활환경으로 돌리기 위해서는 싸우는 길밖에 없다고 각오한 사람들이었다.

이 생활을 건 재판을 제기하는 데 있어서는 오사카공항재판의 2심 판결이 큰 활력이 됐다. 그러나 곧바로 후속의 도로공해재판은 시작되지 않고 예상과 달리 1심 판결까지 11년, 최고재판소 판결까지 실로 19년의 세월이 걸렸다. 원인 중 하나는 집단소송이나 공해재판의 경험자가 적고, 변호인단을 운영해 본 적 없는 변호사로 인해 당초 준비가 충분하지 않아 손발이 맞지 않았다는 반성이 변호인단으로부터 나왔다.

'이 재판에서의 변호인단 활동의 혼란과 소송운영의 정체는 공해백화점이라고 할 효고현이 공해규제소송, 기타 시민의 집단소송의 제소를 지향하는 운동에 큰 영향을 주었다[44]'

확실히 소장(訴狀)과 그 뒤 재판기록을 읽어보면 오사카항공 공해변호인단과의 변론에서 질의 차이가 느껴진다. 그러나 재판이 장기화되고 고립된 기본적인 이유는 1970년대 후반에 시작되는 불황의 영향과 환경정책의 후퇴에 있을 것이다. 그리고 그 사이에 실질 중지라고 할 만한 국가의 도로소음대책이 부분적으로 진전되고, 원고로부터 분열공작이라고 비판받게 되는 사태가 생겼다. 이 긴 재판을 지탱해 온 것은 원고인단의 강한 결속력일 것이다. 596회에 걸친 원고후원인회(학습회를 겸하고 있다)의 힘과 주간(당초 월간)으로 400부를 인쇄, 배포해 1000호를 넘은 「43호도로재판 원고인단 뉴스」의 선전력일 것이다. 뉴스를 계속 발행해 학습한다는 주민운동의 원칙이 이 장기재판을 지탱해 온 것이다.

1심 내용과 판결

소송청구의 취지는 3가지다.

(1) 중지 …… 오후 6시부터 오후 10시까지 사이는 소음값의 중간값이 65폰을 넘어서서는 안 되며, 오후 10시부터 다음날 오전 6시까지 사이는 60폰을 넘어서는 안 된다. NO_2는 1시간값의 하루 평균치가 0.02ppm을 넘어서 원고의 주거지경계선 내에 들어가게 한 상태에서 국가는 43호선을, 공단은 한신고속도로를 자동차교통에 사용하도록 제공해서는 안 된다.

(2) 손해배상 …… 원고 개인에게 과거의 손해에 대한 위자료와 변호사 비용 225만 엔을 지불하라.

(3) 장래청구 …… 중지가 인정되기까지 원고에 월 3만 엔, 중지가 인정된 뒤, 연도(沿道)공해가 사라질 때까지 월 2만 엔을 지불하라.

오사카공항재판에서 정식화된 3개항을 청구한 것이었는데, 중지의 내용을 청구하지 않은 것이 달랐다. 원고로서는 중지방법을 검토할 자금력도, 지식도 없었기 때문에 국가·공단에게 어떤 대책을 어떻게 마련할 것인지 묻지 않았다는 것이다. 이를 '추상적 부작위명령'이라고 한다. 쌍방 논쟁의 논리는 오사카공항 공해재판의 논쟁과 거의 동일했다. 판결까지는 시간이 필요했는데, 그 사이에 상황이 변했다. 1981년의 오사카공항공해 최고재판소 판결은 2심 판결을 뒤집어 중지와 장래청구를 부정했기에 이대로는 그것들을 얻기가 어려워졌다. 또 NO_2의 환경기준은 1978년 7월에 하루 평균치 0.02ppm에서 0.04~0.06ppm으로 3배(측정치를 바꿨기에 3.5배) 완화됐다. 완화했어도 대도시권의 측정치는 0.06보다도 웃돌았지만 일부에서는 기준치를 넘어서지 않았다. 이와 같은 환경행정의 변화는 사법의 판단에 영향을 주었을 것이다.

재판의 첫 번째 쟁점은 오사카공항재판에서 명확해졌듯이 피해에 대해서 신체적 장애를 인정할지 여부였다. 원고는 도로공해는 공항·신칸센과 달리 이른 아침, 심야에도 소음·배기가스 피해가 미치기 때문에 공항·신칸센 이상으로 신체적 장애와 생활방해가 심각하다고 주장했다. 이에 대해 피고는 배기가스와 건강장애의 인과관계는 입증될 수 없고, 대기오염물질은 대체로 환경기준을 넘지 않았다고 했다. 소음은 불쾌감, 시끄러움 정도라고 하였다.

두 번째로 원고는 국가측의 가해행위가 '설치·관리의 하자'에 해당해 피해의 책임으로 국가배상법 2조 1항에 의한 민사배상이라고 했다. 피고는 중지청구가 불특정하고 적법하지 않으며, 청구는 도로의 행정권 행사 취소, 변경을 포함하기에 민사소송으로는 허용되지 않는다고 했다. 도로관리권과 도로행정권은 나눌 수가 없는 하나로 행사되고 있기 때문에 중지청구를 만족하기 위해서는 도로행정권의 행사가 취소된다고 하였다. 원고는 재판소도 인격권을 중지의 법적 근거로 인정하고 있고, 환경권도 학설에서는 인정되는 경향이 있다며 중지근거로 삼은 것을 두고 피고는 모두 실정법상 근거는 없고, 중지의 근거로 삼는 것은 부당하다고 맞섰다.

원고는 피해자의 생생한 목소리를 가능한 한 반영시키고자 했으나, 연구자의 증언이 오사카공항재판에 비해 적었고, 오히려 피고의 학자 증언이 많았다. 재판소의 검증은 2차례 이루어져 결심됐다.

1986년 7월 17일 판결이 내려졌다[45]. 재판장은 나카가와 도시오였다. 판결의 골자는 다음과 같다.

(1) 국도43호선, 한신고속도로의 사용중지청구에 관련된 소 및 장래 위

자료청구에 관련된 소를 모두 각하한다.

(2) 피고 국가 및 한신고속도로공단은 과거의 위자료(정신적 고통 및 수면방해)로 차도끝에서부터 원고의 주거부지까지의 거리 20m 이내, 거주기간, 공단에 의한 방음공사 시공기간에 따라 121명의 원고에 대해 일인당 약 9만 엔(최저) 내지 약 196만 엔(최고)을 지불하라. 손해배상 총액 1억 5000만 엔.

(3) 28명의 원고(거리가 20m를 넘는 경우)의 과거 위자료 전액 및 그 나머지 원고의 동 청구의 일부를 모두 기각한다.

판결문은 침해상황과 침해에 대해서는 소음, 진동, 배기가스의 실태를, 인과관계(역학조사를 포함한다)에 대해서는 청각장애, 수면방해를, 신체적·정신적 영향에 대해서는 그동안의 조사, 원고의 호소, 검증결과에 대해 신중하게 논평했다. 거기에 공공성과 피해를 비교형량해 중지에 관해서는 다음과 같이 판단하였다.

'본건 도로의 공공성은 매우 높은 것으로 인정되지만, 절대적인 것이라고는 말할 수 없고, 그 연도에 주거하는 것으로 인해 특별히 받는 편익은 피해의 정도에 비해 그다지 크지 않다. 따라서 그 공공성은 도로 주변 주민이라는 일부 소수자의 특별한 희생이 있어야만 실현되는 것으로, 거기에는 간과할 수 없는 불공평함이 있음은 부정할 수 없이 명백하다.'

여기까지는 타당한 판단이지만, 추상적인 부작위청구를 부적법으로 결론 내린, 가령 본건 도로의 사용폐지, 자동차의 소음이나 배기가스의 규제 강화, 교통규제 등 모든 조치를 요구하는 것은 행정행위를 요구하는 결과가 되기에 행정소송의 대상이어서 민사소송이라는 본건 소송은 부적당하다고 하였다. 또 '중지청구는, 그 피침해이익의 내용이 정신적 고통 내지 생활방해와 같은 것인데 비해 본건 도로가 가진 공공성이 매우 높다는 사실을 중시해야 하기 때문에 본건 도로의 사용행위는 아직도 이를 중지할 정도의 침해행위라고는 도저히 말할 수 없다'고 말했다.

그럼 불공평함은 어떻게 할 것인가.

'그래서 본건에서는, 소음이 수면, 대화, 정신에 미치는 영향과 더불어 배기가스가 정신에 미치는 영향에 한정해 수인한도를 판단하는 것이 맞다. 하지만 본건에 나타난 모든 상황을 종합, 고려하면 적어도 본건 도로 (현재의 차도 끝)에서의 거리가 20m 이내의 범위 안에서는 일률적으로 수인의 한도를 넘는 위법한 침해상태가 존재한다. 그리고 본건 도로의 사용행위는 원고 가운데 그 주거지의 전부 또는 일부가 위 범위 내에 있는 사람과의 관계에서는 위법한 것이며, 본건 도로의 설치·관리에는 하자가 있다 할 것이다.'

이렇게 해서 기본적으로는 중지는 부인하고 손해배상은 인정한다는 오사카공항재판의 판단을 답습한 것이다.

2심 판결 - 중지청구는 적법하지만 기각

국가·공단은 본건 도로를 결함도로라고 한 판결에 불만을 갖고 국민의 일상생활의 유지존속에 반드시 필요한 공공시설이며, 위법성은 그 공공성의 절대적 우위성을 인정하여 판단해야 하며, 소음이나 분진의 피해를 인정한 것은 부당하다며 1986년 7월 25일에 공소했다. 원고는 당시 상황에서 판결은 긍정적으로 평가했지만 피해를 전체로 다루지 않고 중지의 각하나 손해배상 인용액의 낮은 액수를 문제로 삼아 5일 뒤인 7월 30일에 공소했다. 쌍방의 논점은 1심과 거의 다르지 않다.

6년의 세월이 걸려 1992년 2월 20일 오사카 고등재판소 이시다 마코토 재판장에게 판결을 받았다. 판결 골자는 다음과 같다.[46]

1. 원고의 인격권에 근거한 중지청구의 소는 적법하지만 청구는 이유가 없기에 기각한다.

2. 원고의 손해배상청구는, 부지에서의 소음이 65폰 이상인 원고에게는 거리의 원근과 관계없이, 그리고 60폰을 넘는 원고에게는 거리가 20m 이내의 경우에, 또 부유입자상물질은 20m 이내의 원고에게 모두 수인한도를 넘는 피해가 발생하고 있고, 피고 등은 국가배상법 2조 1항의 책임을 진다. 배기가스(특히 NO₂), 진동이 직접 도로 주변 주민 등에게 피해를 주고 있다는 것은 인정되지 않는다.

3. 손해액은 그룹별로 산정하여 원고 130명 가운데 용인된 사람 123명, 인용총액은 2억 3312만 8700엔(최고액 304만 5000엔, 최저액 53만 9000엔)이다.

판결은 중지를 기각하고, 장래청구를 인정하지 않고, 손해배상을 국가배상법 2조 1항의 설치관리의 하자로 인정했다는 기본적인 부분은 1심과 변함이 없었다. 그러나 몇 가지 다른 점이 있었다. 피해에 대해서는 소음을 건물 밖을 중심으로 종합적으로 다루어, 60폰이 넘는 거리 20m인 원고에, 소음 등급 65폰 이상인 원고를 더해 손해배상을 명하고, 부유입자물질에 대해 도쿄도 위생국의 조사결과를 기준으로 도로에서 20m 이내인 도로 주변의 피해를 인정했다. 손해배상의 범위와 배상금액이 늘어났다. 그러나 NO₂에 대해서는 인과관계를 인정하지 않고, 전체적으로 인격권에 근거한 중지의 소를 적법하다고 한 것은 향후 운동에 기대를 주었다. 그러나 판결은 도로의 공공성에 비해 피해는 생활방해에 머물고 있기 때문에 수인한도 내라며 중지를 기각했다. 국가·공단의 도로정책에 대해서는 엄하게 비판하며 환경정책이 충분히 실효를 거두고 있지 않다고 판단했다. 그리고 본건 도로의 공공성, 경제적 유용성은 원고들의 희생 위에 성립하고 있어 사회적 불공정이 발생하고 있다고 했다. 본건 도로는 주변 주민의 생활상의 편리에 이바지할 목적으로 한 것이 아니라, 광역의 산업유통을 위해 만들어진 결함도로이다. 적어도 본건 도로를 운행하는 자동차가 발생시키는 소음 등에 대해서 원고들에게 호환성을 용인하도록 할 수 있는 입장의 공통성은 없다고 하였다. 이러한 것들은 명쾌하다.

공해문제를 풀기 어려운 상황에서 이 판결의 긍정적인 면은 공해변호사
연합회(공변련)와 연구자 사이에 높이 평가됐고, 상고를 중지할 움직임이 있
었지만 국가·공단이 판결은 국가의 도로정책의 근간과 관련되는 것이라며
3월 4일 상고를 결정했다. 원고도 같은 날에 1심에서 각하, 공소심에서 기
각된 중지에 대해서 전면적으로 상고하고 손해배상에 대해서는 전면적으로
기각된 원고에 대해서만 소송청구해 상고했다.

최고재판소 판결

1995년 7월 7일 최고재판소 제2소법정은 다음과 같은 피상고인(원고) 승
소의 판결을 내렸다.[47]

1. 본건 도로 주변에 거주하는 피상고인 등이 그 사용에 수반하는 자동
   차로부터 나온 소음, 배기가스 등으로 인해 받은 피해는, 본건 도로의
   공공성 내지 공익상의 필요성 때문에 사회상 수인해야 할 범위 내의
   것이라고는 말할 수 없으며, 본건 도로의 사용이 위법한 법익침해에
   있어서, 상고인(국가, 한신고속도로공단)은 국가배상법 2조 1항에 근거해
   피상고인 등에 대해 손해배상의무를 져야 한다고 한 원심의 판단은
   정당하다.
2. 본건 도로의 사용으로 인해 발생할 피해를 회피할 가능성이 없었다고
   는 말할 수 없다고 한 원심의 판단은 정당하다.
3. 본건 도로 주변에 거주하는 피상고인 등이 받은 옥외소음 등급에 대한
   원심의 인정방법에 위법은 없다.
4. 본건 도로에서 나오는 소음, 배기가스 등으로 인해 수인한도를 넘은
   피해를 입은 사람과 그렇지 않은 사람을 식별하기 위해서 한 원판결
   의 설정에 위법은 없다.

중지는 원심대로 인정되지 않았지만, 본건 도로를 비판한 내용을 보면
원고(피상고인)의 승소라고 해도 좋을 것이다. 그렇다고 해도 판결확정까지

걸린 19년은 긴 세월이었다.

아와지 다케히사는 이 판결에 대해 다음과 같이 논평했다.

'첫째로 소음에 노출된 것을 옥외소음으로 인정한 것은 생활환경이라는 것이 옥내·옥외를 포함해 하나로 성립되고 있다는 사실, 그리고 원판결이 말하는 대로 창을 닫은 채 사는 생활은 생각할 수 없다는 사실 등을 고려하면 당연하다고 해야 할 것이다. ……

둘째로 국가배상법 2조 1항의 "하자"의 해석에 붙여 본판결이 재정적·기술적·사회적 제약 아래 회피 가능하다는 것은 동 조항의 적극적 요건이 아니라며 원판결을 지지한 사실 ……

셋째로 …… 본건의 원심 및 최고재판소의 생각은 도로가 산업정책상의 요청에 근거한 간선도로인지 일상생활의 유지존속에 필요한 도로인지를 문제로 삼아, 전자의 경우에는 도로의 존재로 인한 이익과 그로 인한 피해 사이에 "피차상보"의 관계가 없다는 사실, …… 소음대책이 충분한 효과를 보고 있지 못한 사실을 이유로 공공성 내지 공익상의 필요성 때문에 수인의 범위 내라는 것은 있을 수 없다고 명확히 판결했다.[48]'

더욱이 중지를 용인해야 할 위법성이 있는지 여부를 판단해야 할 요소와 배상청구를 용인해야 할 요소는 공통되는 것이지만, 양자의 소송청구 내용의 요소의 중요성을 어떻게 인정할 것인가 하는 데는 차이가 있다고 판결은 판단했다. 이 위법성 단계설에 의해 중지를 기각하였지만, 이렇게 되면 손해배상을 하게 되는 위법성이 언제까지나 계속되게 된다. 장래청구를 인정하지 않는다면 과거의 손해배상은 청구할 수 있지만, 그 이외는 위법성이 계속된다는 모순이 있는 것 아닌가 하고 비판했다.

19년간 계속된 재판의 성과는 국도43호선과 한신고속도로를 결함도로로 규탄했지만, 피해의 원인을 중지시킬 수는 없었다. 그러나 재판이 보람이 없는 것은 아니었다. 1심 판결 이후 국가와 공단은 뭔가 도로공해대책을 추진하지 않을 수 없었다.

재판 후의 교통공해대책

최고재판소 판결 후, 원고인단은 긴키 지방정비국, 한신고속도로공단에 요구를 했다. 그것은 대형차의 통행규제 등 25개 항목에 걸쳤다. 그리고 관계부처나 지자체가 마련한 '국도43호·한신고속 고베선 환경대책도로회의'는 19개 항목의 도로주변 환경시책을 실시했다. 주된 것은 다음과 같다.

① 43호선을 4차선 줄여, 6차선으로 했다.

② 고속도로를 따라 있는 지역의 주택방음공사 지원을 실시. 도로 주변 북측의 주택 8400세대에 일조피해 보상금을 지불.

③ 고속도로의 차음벽을 5m로 더 높이고, 고층주택은 7m의 쉘터형 차음벽을 설치.

④ 환경방재 녹지를 마련해 완충지대를 설치, 도로 주변 첫 열에 있는 주택은 '매수'하고, 사들인 땅은 녹지로 정비했다. 현지 약 300세대를 매수.

⑤ 대형차를 줄이기 위해 2001년 가을, 만안선(灣岸線, Bayshore Route)을 우회도로로 만들어 그 유도책으로 로드 프라이싱*을 시행.

소음 신환경기준은 1999년 4월에 실시하기 위해 검토가 시작됐다. 최고재판소가 제시한 65폰에 대해 중앙환경심의회 소음부회가 달성할 수 없다고 해 도로 주변에 대해 70폰으로 채택했다. 이 신기준은 전체적으로 옛 기준을 5폰 정도 완화했다. 이는 종래의 중앙치(L50)에서 주민의 불쾌감을 나타내는 등가소음등급(Leq)이 채택됐기 때문이다. 더욱이 재판에서 제시된 옥외기준이 아니라 옥내기준으로 했다. 이 신기준은 사법이 결정한 것을 따르지 않고 현실과 타협한 안으로, 기본법으로 결정된 환경기준을 위반하는 결정은 아니었다.

---

* 혼잡세 징수

이보다 앞서 1980년 5월 1일 〈간선도로의 연도의 정비에 관한 법률〉(연도
법이라 약칭한다)이 제정됐다. 이는 43호선과 같은 간선도로 소음대책이다.
1982년에 43호선이 지정됐다. 방법으로는 토지매입에 관한 자금의 대부, 완
충건설물의 지원, 방음공사 지원의 3가지가 채택되었다. 그러나 이 법은 자
동차와 도로의 구조개혁, 교통총량 특히 자가용의 규제, 대중교통기관의 정
비 등이 계획되어야만 했지만 이 법률은 토지이용규제가 중심이었다. 도로
주변 주민은 매수청구권을 인정받지 못했다. 시정촌이 사들일 경우에는 국
가가 3분의 2 이내까지만 무이자로 대부해 주었기 때문에 시정촌의 부담이
되어 토지매수는 그다지 진전이 없었다. 도로 주변에 살던 주민의 의사도
참고되지 않았다. 간선도로나 고속도로의 계획이 먼저 세워져 공사가 진행
된 뒤에 토지이용규제를 해서는 효과가 나지 않는다. 애써 법률이 만들어졌
지만 획기적인 대책이 되지는 못했다.

고베대지진과 부흥도로

1995년 1월 17일 고베대지진이 발생해 한신고속도로는 교각 630m가 옆
으로 넘어지면서 무너졌다. 대지진으로 인한 사망자 6433명, 전파가옥 10만
4900동, 일본을 대표하는 대도시의 참혹한 재해였다. 재판의 원고인단에도
사망자 2명, 전파 32가구, 반파 19가구의 피해가 발생하였는데, 더욱이 도로
주변은 철거작업도 하고 있어서 지옥과 같은 모습이 됐다[49]. 1989년 샌프란
시스코지진 때에 건설성은 규모8의 지진이 나더라도 교각이 무너지는 등의
피해가 없도록 조치하고 있다고 했지만, 이 안전신화는 완전 허구였다. 고
속도로의 붕괴는 그 교통을 마비시킨 것만이 아니라, 국도43호선의 교통도
어렵게 만들었는데, 오사카 고베간의 교통이 단절되고, 도로 주변의 주택에
큰 피해를 입혔다. 곧 시작된 복구공사는 24시간 심야에 걸친 해체작업으
로, 그 소음과 땅울림은 도로 주변의 피해자 생활을 방해했다.

고속도로를 복구하면서 니노 고지로 고베 대학 명예교수 등 44명의 학자,
연구자가 결성한 '효고 창생연구회'는 고속도로의 일부를 지하화하고, 자동

차에 대한 과도한 의존을 바꿔 도시로 자동차가 유입되는 것을 억제할 것 등을 제안했다. 또 전국의 학자, 변호사 등 276명은 시오자키 요시미쓰 고베 대학 교수의 호소로 '고베선의 복구를 재검토해 도로만들기의 전환을 요구하는 주장'을 했는데, 그 중심은 고속도로를 원래 고가 그대로 재건하지 않는다고 하는 것이었다. 도시의 어메니티를 유지해, 원래 도로공해를 재현하지 않는 기본적인 부흥안으로서 고속도로의 지하화가 가장 현실적인 안이었다. 그러나 건설성, 공단은 소음공해를 조심하겠다며 원래의 고가 그대로 급히 재건해버렸다.

재건된 고속도로와 그 주변을 시찰한 나는 절망에 가까운 충격을 받았다. 고속도로의 차음벽은 소음방지를 위해 지금까지보다도 높고 엄중하게 해놓았지만, 오히려 '만리장성'과 같이 도시의 경관을 파괴하고 있었다. 도로 주변의 주거·사업소는 입구만 빼고 콘크리트벽으로 막아놓았기 때문에 마을은 감옥과 같이 밀폐공간으로 변해버렸다. 공해대책이란 이름을 빌려 도시가 파괴된 것이다. 최고재판소 판결 이후도 소음공해는 해결되지 않았다. 그래서인지 향후 어떻게 해서 도시를 재생할 것인가 하는 과제가 튀어나왔다. 원고가 품었던 '꿈'과 같이 이 도로 주변이 '꽃길'이 되는 것은 언제일까.

제4절 도카이도 신칸센 공해재판

1 세계 최고의 기술과 최악의 환경정책 - 신칸센의 공죄(功罪)

세계 최초의 초고속철도

전전 정부는 중국 대륙으로의 수송력을 높이기 위해 1939년 '탄환열차'라는 이름의 고속철도를 계획했지만, 전쟁이 격렬해지자 1943년에는 중지됐다. 전후 부흥기에서 고도성장기로 옮겨감에 따라 도카이도선의 교통량이 급격히 증대해 새로운 철도노선이 필요해졌다. 1955년 당시의 소고 신지 국철 총재는 도쿄-오사카를 3시간에 연결하는 구상이 떠올랐고 1957년에는 그 실현이 기술적으로 가능하다는 보고를 받았다. 다음해인 1958년 7월 '국철간선조사회'는 재래선과는 따로 놓고 광궤로 할 새 노선은 공사기간이 5년이 걸리며 도쿄-오사카를 3시간에 운행한다는 답신을 냈고, 12월에 이 건설안은 각의에서 결정됐다. 당시 정부나 재계의 의향은 자동차사회로의 이행을 중심으로 생각하고 있었고, 1958년에 메이신고속도로를 착공했기 때문에 중복투자라며 염려하거나 자동차시대에 거대철도를 만드는 것은 항공기시대에 거대전함 야마토를 만든 실패의 전철을 밟는다는 비판이 있었다. 이 때문에 당초는 정부보다도 국철주도형으로 추진됐다고 하는 게 옳다.

당시 철도선진국인 유럽에서도 시속 160㎞가 속도의 한계였다. 그것을 200㎞ 이상의 고속에 도전해 통근열차 정도의 간격으로 대량수송을 한다는 전대미문의 계획이었다. 이 때문에 항공기와 더불어 기밀(氣密)구조 등의 기술, 고성능 모터, 연속그물코 카테너리* 가선(架線), 전자를 통한 자동제어장치, 이음매 없는 롱레일**, 철골이 들어간 프리스트레스트 콘크리트***로 만든 침목 등 최신 기술이 적용됐다. 당시 국철 기사 나가시미 히데오는 신칸센의 기본적 설계사상은 3S(Speedy, Safe, Sure), 즉 빨리, 안전하고, 확실하다는 것이라고 했다. 그리고 3C(Comfortable, Carefree, Cheap), 여객은 쾌적하고 화물은 보호해 안전하며 저렴한 가격을 적시(適時)에 실현하는 것이라고 하였다.[50]

확실히 당시 철도기술의 첨단으로 만든 신칸센은 세계의 초고속철도의 모범이 돼 시속 200㎞를 넘는 속도를 실현해 개업 당시인 1965년의 수송인원은 연 3100만 명(일일당 8만 명)에서 1975년에는 1억 5700만 명(동 43만 명)으로

---

* 현수곡선 또는 가전주
** 철도에서 몇 개의 레일을 용접하여 1개로 만든 긴 레일
*** 사전에 미리 인장 처리를 한 철근을 사용함으로써 콘크리트에 압축 응력을 준 것

대량수송을 하였다. 그 사이, 인명사고 등 재해가 발생하지 않았다는 점에서 안전에서도 세계에 자랑할 수 있는 실적을 올렸다고 해도 좋을 것이다. 그 뒤에도 산요, 도호쿠, 조에쓰, 나가노(호쿠리쿠), 규슈 신칸센이 만들어져 경제의 고도성장에 공헌했다고 해도 과언이 아니다.

신칸센의 사회적 손실

그러나 도카이도 신칸센은 많은 사회문제를 낳았다. 개통과 더불어 도카이도 메갈로 폴리스*라고 할 정도로 도쿄, 나고야, 오사카의 3대 도시권이 꼬챙이형으로 연결돼 대도시화가 급속히 진전됐다. 그 뒤 도쿄를 기점으로 하는 다른 신칸센도 건설되어 빨대효과를 보이며 도쿄 일극집중이 급속히 진전됐다. 당일치기로 비즈니스 등의 업무를 끝낼 수 있기 때문에 모든 협의나 정보의 교류는 도쿄로 집중됐다. 경제의 글로벌화와 더불어 금융·정보 자본주의화에 따라 정치, 경제, 문화의 관리·결정기구가 나고야, 오사카를 포함해 모든 도시에서 도쿄로 이동하기 시작했다. 지방은 쇠퇴하기 시작했다. 신칸센이 이러한 경향을 조장했다고 해도 옳다.

신칸센이 낳은 사회문제로 가장 심각하고 오랜 분쟁을 낳은 것은 공해와 환경파괴(특히 도시의 어메니티와 커뮤니티의 파괴)이다. 이미 말한 바와 같이 공공사업의 환경영향사전평가가 각의 양해로 시작된 것은 1972년, 법제가 생긴 것은 1997년이다. 신칸센 건설 당시는 환경영향사전평가라는 말이 없었지만, 이미 탄환열차를 구상할 때에는 소음대책이 검토됐다. 그러나 가와나 에이지는 신칸센을 건설할 때에는 국철에 환경정책 전문가가 3명밖에 없어서 소음을 재래선처럼 생각해 사전에 측정조차 하지 않았다고 했다[51]. 3S에는 세계 최고의 기술이 사용됐지만, 철도 주변 주민의 생활방해 특히 소음, 진동에 대한 기술개발은 하지 않았다. 나중의 재판에서도 국철은 소음, 진

---

* megalopolis: 몇 개의 거대도시가 띠 모양으로 이어진 도시형태

동을 환경기준에 맞추는 기술은 불가능하다고 주장했다.

기술적으로 불가능할 줄 알았다면 당시 생각할 수 있는 주변대책으로 주택지역은 가능한 한 피하여 노선을 선정하고 완충지대를 설정하거나 과밀

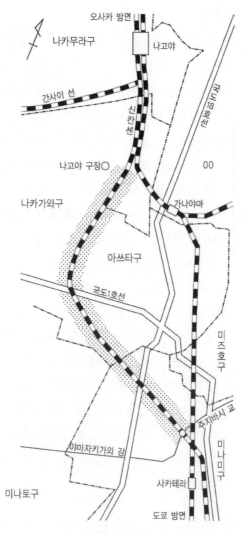

그림 5-3 신칸센 공해 원고 거주지 소재(망 부분)

지역에서는 지하화를 고려하는 것이다. 이는 구미에서는 필수대책이다. 그러나 당시 국철은 공사비의 절약과 공사기일의 단축을 최우선으로 생각하느라 주변대책은 전혀 생각하지 않았다 해도 과언이 아니다. 공사비는 모두 정부의 재정투융자와 세계은행에서 차입됐다. 당초는 1972억 엔을 예정했다. 그러나 가쿠모토 료헤이에 의하면, 용지매수에 애를 먹어 그 비용이 큰 부담이 됐다[52]. 절약을 했는데도 결국 약 2배인 3800억 엔이 들었다. 이 때문에 이미 매수가 끝난 탄환열차 용지 80㎞가 그대로 사용됐다. 값싸게 만들기 위해 완충지대는커녕, 소음, 진동대책을 고려하지 않은 노선이 결정되거나 구조물이 만들어졌다. 가령 나고야의 과밀지역으로 재판의 원고 거주지인 소위 '7킬로 구간'은 재래 도카이도선 주변에 만들었으면 소음, 진동의 피해가 비교적 적었을 텐데, 〈그림 5-3〉과 같이 따로 새 노선을 만들었기에 심각한 공해가 됐다. 또 무도상강교(無道床鋼橋)*가 7킬로 구간에 4개가 가설되었다. 그것은 유도상강교 또는 PC형(桁)**으로 하면 피해가 적었을 것이다. 당해 구간은 고가다리로 했지만 기둥이 60㎝×60㎝으로 가늘고[53], 기초항(杭)은 직경 0.35m로 깊이 6m의 모래층에 세워놓았다. 이는 다른 노선

표 5-2 신칸센 7킬로 구간의 통과 대수 추이

연월일	정기열차	부정기열차	전체 본수
1964. 10. 1	56	0	56
1965. 11. 1	94	6	100
1969. 10. 1	132	52	184
1973. 10. 1	144	67	211
1979. 5.	180	40	220
1984. 7. 13	168	17	185
1985. 3.	180	46	226

주: 船橋晴俊他 新幹線公害』, p.14.

* 경량화하기 위해 완충 역할을 하는 도상(道床)이나 상판(床版)이 없는 다리를 말함.
** 횡목

과 비교하면 취약하고 공해의 원인을 낳았다. 이러한 것들은 확실히 공사비를 절약해 이익을 높이기 위해 안전비용을 줄인 것이다.

이와 같은 결함철도임에도 불구하고 국철은 증편을 계속했다. 〈표 5-2〉와 같이 7킬로 구간의 통과 대수는 당초 56대에서 2심 판결이 나온 1985년에는 226대로 4배 가까이 됐다. 또 만국박람회를 준비해 당초 12차량 편성을 16차량으로 편성했다. 이와 같이 수익중시의 수송정책으로 주변 주민의 피해가 커진 것이다.

'신칸센 폭주족'

고도성장기에 기업에 대량생산된 상품을 평가의 도마에 올려놓고 통렬하게 논평하고 소비자 주권을 문자 그대로 추진한 것으로 인기가 높았던 것이 『생활수첩(暮しの手帖)』이었다. 그 유명한 편집장 하나모리 야스지는 신칸센의 공해를 다뤘는데, 당시 스피드광(狂)문명과는 다른 여유 있는 풍요로운 문명을 제창하며 신칸센을 소음을 퍼트려 빈축을 사는 오토바이 '폭주족'과 같이 놓아 '신칸센 폭주족'이라고 이름 지었다[54]. 정말 신칸센은 철로 주변 주민의 평온함을 빼앗는 폭주족의 '제왕'이었다.

나는 오사카공항소송 고등재판소에 원고 측 증인으로 법정에 섰는데, 똑같이 공공성을 증언하기 위해 신칸센소송 나고야 고등재판소에 서게 되면서 그 조사를 위해 7킬로 구간을 걸었다. 공해는 현장에 가보지 않으면 풀리지 않는데, 원고의 피해는 상상 이상이었다. 가장 놀라운 것은 주택의 절반이 고가다리 아래에 있었다는 것이다. 그 정도는 아니어도 고가다리로부터 100m 이내에 있는 지역의 소음은 80폰을 넘고 개중에는 100폰에 이르렀다. 건물 안에서는 창을 닫고 있기 때문에 어둑하고 지진과 같은 진동으로 문이 덜컹덜컹하며 흔들리는 상황이었다. 2~5분 간격으로 열차가 통과할 때마다 소음과 진동을 대비해 몸이 긴장했다.

1심 때 원고가 제출한 신칸센공해의 피해는 〈표 5-3〉과 같이 정신적 피해 5개 항목, 신체적 피해 5개 항목, 수면방해 6개 항목, 일상생활의 피해

표 5-3 신칸센소송 원고의 호소

		인원수	%	피해종류별평균
정신적 피해	1. 깜짝 놀란다.	428	100	평균 83.2%
	2. 초조해한다.	428	100	
	3. 성을 잘 낸다.	314	73.4	
	4. 건망증이 심하다.	185	43.2	
	5. 견딜 수 없는 기분이 된다.	426	99.5	
신체적 피해	6. 머리가 아파진다.	247	57.7	평균 47.0%
	7. 머리가 무겁다.	270	63.1	
	8. 식욕이 사라진다.	159	37.1	
	9. 위장 상태가 이상하다.	200	46.7	
	10. 혈압 상태가 이상하다.	129	30.1	
수면방해	11. 잠이 잘 안든다.	345	80.6	평균 68.1%
	12. 막차까지 잠들 수가 없다.	386	66.8	
	13. 첫차에 눈이 떠진다.	332	77.6	
	14. 보선공사 소음으로 잘 수가 없다.	390	91.1	
	15. 보선공사 진동으로 잘 수가 없다.	218	50.9	
	16. 보선공사 조명으로 잘 수가 없다.	177	41.4	
일상생활 피해	17. 얘기 나누는 걸 방해받는다.	395	92.3	평균 73.3%
	18. 텔레비전 · 라디오 · 스테레오 방해가 있다.	426	99.5	
	19. 전화 통화가 방해받는다.	363	84.8	
	20. 공부 · 독서 · 생각하는 데 방해가 된다.	381	89.0	
	21. 휴일에 가정에서 쉴 수가 없다.	353	82.5	
	22. 문이 열고 닫히는 경우가 있다.	199	46.5	
	23. 선반의 물건이 떨어지거나 비뚤어진다.	330	77.1	
	24. 전등 · 벽걸이가 흔들린다.	303	70.8	
	25. 유리 · 문 등이 달그닥달그닥한다.	416	97.2	
	26. 지진으로 착각한 적이 있다.	381	89.0	
	27. 집 전체가 흔들린다.	382	89.3	
	28. 집이 기울었다.	279	65.2	
	29. 문, 창문을 여닫기가 곤란해졌다.	379	92.8	
	30. 벽이 떨어지고, 균열이 생긴다.	375	87.6	
	31. 지붕기와가 기울거나 비가 샌다.	298	69.6	
	32. 텔레비전이 잘 고장난다.	344	80.4	
	33. 목욕탕의 타일 등에 금이 있다.	185	43.2	
	34. 일조방해가 있다.	220	51.4	
	35. 영업방해가 있다.	70	16.4	
	36. 빗물이 줄줄 새거나 모래먼지가 있다.	199	46.5	

주: 1)『判例時報』976号, 1980年, pp.538-558 수록의 「目錄(原告らの個別的被害一覽表)」에서
　작성. 응답자는 428명.
　 2) 船橋晴俊他, 앞의 『新幹線公害』, p.67.

20개 항목으로 폭넓게 걸쳐 있었다. 간단한 검증으로도 이러한 피해가 매일 생기고 있는 것을 실감할 수 있었다. 1심 판결에서는 소음은 최고 93폰에서 최저 58폰이며, 환경청기준인 70폰 이상이 240세대(전체의 94%), 잠정기준 80폰 이상 91세대(동상 36%)로 인정되었다. 도시소음의 일반적 기준은 낮시간 주택지역 50폰, 준공업상업지역에서 60폰, 두 지역의 시설은 각각 45폰과 55폰이다. 얼마나 이 지역의 소음이 심각한지 알 수 있다. 주민은 낮은 소음이라도 일상 중에서 익숙해지지 않는다고 말하였다. 진동에 대해서는 최고 80데시벨에서부터 최저 48데시벨이며, 60데시벨 이상 210세대(전체의 83%), 70데시벨 이상 65세대(동 26%)이었다. 이를 지진과 비교하면 65~75데시벨은 진도 2의 가벼운 지진, 75~85데시벨은 진도 3의 약진이다. 즉, 끝없이 약한 지진을 맞고 있는 것이다.

개통 후 다음해에는 아쓰타 구민 1100명이 시에 소음·진동대책을 요구하며 진정을 냈다. 또 시가현 고카쇼정 히가시(東) 초등학교, 하마마쓰시 도부(東部) 중학교와 이다(飯田) 중학교가 소음으로 인한 수업방해로 이전을 하지 않으면 안 됐다. 이와 같은 상황이었지만, 주민은 개인적인 항의를 할 뿐 조직을 만들어 운동한 것은 늦게였다. 라디오, 텔레비전의 방해대책에서 시작된 운동이 토대가 돼 1971년 10월에 '신칸센 공해대책동맹'이 결성됐고, 게다가 1972년 8월 나고야시 나카가와, 아쓰타, 미나미구의 각 동맹이 연합해 2000세대로 구성된 '나고야신칸센 공해대책동맹연합회'가 발족됐다.[55]

피해발생 이래 주민은 나고야시에 진정을 넣었고, 시는 국철에게 수차례 대책을 요청했다. 그러나 건강피해조사는 하고 있지만, 후나바시 하루토시에 의하면 시 독자적인 이념이나 정책은 없고, '주민운동의 분위기에 따라 달라지는 경향'이 강했다고 한다[56]. 이미 말한 바와 같이 소음대책은 늦어져 주무관청인 환경청은 신칸센 소음에 대해서 1972년 3월에서야 특수소음전문위원회를 열었다. 여기서 전문가인 야마모토 다케오 교수는 환경기준은 70폰이며, 적어도 80폰 이하를 기준으로 했으면 한다고 한데 비해 국철은 85폰 이하를 주장해 양보하지 않았지만, 드디어 최후로 잠정기준을 80폰으로 정하고, 85폰 이상은 '장애방지대책'을 취하도록 했다. 이 기준이라도 도쿄-오사카 간에는 80폰 지역이 400km(전 연장 516km의 77.5%), 이 가운데 주거지역은 300km나 되었다. 장애방지대책 필요지역은 120km였다. 80폰 이상을 방음공사, 85폰 이상을 이전공사로 하여 1973년에 135억 엔(전부 공사는 8000억 엔이 필요)이 지출됐다. 피해자가 고립무원의 상태에서 유일하게 구체적인 대책을 실행한 것은 노동조합이었다. 1974년 2월 국철 동력차노동조합 신칸센 지방본부는 예정된 재판을 지원하기 위해 7킬로 구간의 감속을 시작했다. 여기에는 신칸센 운전사의 40%가 참가했다. 이 감속운동은 탄압으로 중지되기까지 실로 9년에 걸쳐 계속됐다. 또한 국철노동조합 신칸센나고야 지부도 3월 28일부터 30일까지 소송을 지원하기 위해 속도를 늦추기 시작했다. 이 행위는 마치 국철의 '공공성'을 보여준 것으로, 그때까지 공해문제에서 노조는 피해주민에게 적대적이기 십상이라는 평가를 뒤집은 '영웅적' 행위였다. 이 실험 결과 알게 된 것은, 7킬로 구간을 110km로 운전해도 하행선 3분 5초, 상행선 2분 21초밖에 지연되지 않았다. 만약 70km로 떨어뜨리면 소음은 65폰, 진동은 0.5mm(65데시벨)로 떨어진다는 사실을 알게 됐다. 그 뒤 공소심 단계에서 원고가 요구하는 110km 감속을 실험하게 돼 국철 당국에게 요구했지만 거부당했다. 하지만 국철노조와 동력차노조의 일부 운전사가 당국의 징계처분의 경고를 무시하고 67대의 신칸센으로 3시간 10분에 걸쳐 7킬로 구간을 감속했다. 아쓰타구 노다치 2정목 다카하시 게이의 집에서 한 현장검증에서는 200km 속도일 때 평균 82폰이던 옥외소음이 100km로 속도를 늦추자 73폰으로 감소하고, 진동은 68데시벨에서 62데시벨로 줄어들었다. 이 경우 열차운행시간표에 미치는 영향은 7개 열차가 겨우 1분 지연된 것뿐이었다. 감속이 가장 현실적 대안이라는 사실은 완전히 증명됐다고 해도 좋다. 당시 국철은 도쿄역에서부터 다마가와 강 간의 인구밀집지에서는 110km 속도로 달렸다. 나고야 시민의 요구를 받아들이지 않는 것은 차별이라고 해도 과언이 아니었다. 약간의 지연으로 끝나는데도 불구하고 국철 당국은 주민의 감속요구에는 일관되게 귀를 기울이지 않았던 것이다.

1974년 3월 30일 나고야시 야마자키가와 강 주지바시 다리에서 나고야 구장까지 7킬로 구간의 철로 주변 주민 575명이 소음, 진동진입금지 등을 요구해 국철을 나고야 지방재판소에 제소했다. 이는 오사카공항소송을 웃도는 대규모 원고인단으로 변호인단으로서는 엄청나게 힘든 소송이었고, 또 앞의 43호선 소송과 마찬가지로 중지방법은 추상적 부작위 명령으로 기술적 대책을 제시해야만 하는 어려움도 겪었다. 원고 변호인단 단장은 야마모토 마사오, 욧카이치 공해 변호인단 중에서도 많은 수가 더해져 38명으로 구성됐다[57]. 또 재판장은 가치 고헤이였다.

2 재판의 경위와 평가

제소와 장애방지사업

원고의 소장에 적힌 청구 취지는 다음 3가지이다.

1. 피고는 원고 주소지 소재의 각 거주부지 내에 도카이도 신칸센 철도열차의 주행으로 인해 발생하는 소음 및 진동을 오전 7시부터 오후 9시까지 사이에는 소음 65폰, 진동 매초 0.5㎜(65데시벨), 오전 6시부터 오전 7시까지 및 오후 9시부터 오후 12시까지 사이에는 소음 55폰, 진동 0.3㎜를 넘어서 진입해서는 안 된다.
2. 피고는 원고에게 각각 금 10만 엔 및 이에 대한 본 소장이 송달된 날 다음날부터 지불완료에 이르기까지 연 5회에 나눠 금액을 지불하라.
3. 소송비용은 피고의 부담으로 한다.

그 뒤 장래(구두변론 결심이 있던 다음날부터 중지 실현까지의 사이)의 위자료로 1개월마다 각 금 2만 엔을 지불하라는 장래청구가 더해졌다. 인격권과 환경권에 의한 중지, 과거의 위자료 100만 엔, 장래청구 1개월 2만 엔이라는 3가지 청구는 오사카공항 공해재판의 청구 이래 공공사업재판의 통례에 따랐다.

이 재판은 국도43호선재판과 마찬가지로 1심 판결까지 매우 긴 기간이 걸렸다. 그 사이에 국철은 재판개시와 동시에 그때까지 게을리 했던 공해방지사업을 시작했다. 1974년 6월 「신칸센 철도소음, 진동장애방지 대책처리요강」에 따라 제2차 장애방지사업을 실시했다.

그 내용은 (1) 방음공사대책으로 제1차 소음 85폰 이상, 제2차 당초 80폰, 그 뒤 75폰 이상의 가옥, 70폰 이상의 학교·병원의 방음공사를 국철 부담으로 시행한다. 제2차 이후 70데시벨 이상의 가옥을 대상으로 방진공사에 들어갔다. 또 이들 방음·방진공사로 대책이 곤란한 가옥과 선로 양측 23m의 구역 안에 있던 가옥에게는 이전보상을 했다. 나고야 7킬로 구간에서는 1977년 1월 말까지 31건에 780만 엔이 지출됐다. 텔레비전 수신장애는 1974년 말부터 국철이 부담하여 유선방식으로 해 1978년 8월에 마쳤다.

다른 공공사업재판과 마찬가지로 재판개시 이후 공해대책이 본격적으로 시작된 것처럼, 국철의 공해·환경대책에 자발성이 없었다는 것은 명백하다. 더욱이 아시오 광독 사건에서 야나카촌의 피해자를 강제로 집단 이전시켜 공해를 은폐한 것과 마찬가지로, 발생원대책이 아니라 피해자의 반강제 이주로 해결하려는 권력의 횡포가 여기서도 보였다. 더욱이 이 정책은 원고 입장에서 보면 조직이 분열되고 재판이 좌절될 위험을 안고 있었다. 7킬로 구간에서는 나고야항의 화물수송을 원활하게 하기 위해 남방 화물차선 공사가 진행되고 있었다. 이 때문에 신칸센과 더불어 이중 공해가 될 우려가 있었다. 이 공포로 인해 재판의 결과를 기다리기보다는 장애방지사업을 받는 쪽이 득이라고 판단하는 주민이 나왔다. 국철 당국은 주민에게 '이번 대책을 받아들이지 않으면 더 이상 앞으로는 받아들일 기회가 없을 것'이라며 대책을 받아들일 것을 보채고 협박을 했다고 한다[58]. 이와 같은 일도 있어 초대 원고인단장은 제소 뒤 얼마 안 돼 사임했다. 그리고 결심 때까지 재판에서 대량 이탈해 당초 원고 575명에서 428명으로 줄었다. 원고인단은 그래도 판결까지는 단결하도록 운영했기에 1심 결심 때까지 장애방지사업 대상 원고 198호 중 받아들인 경우는 29호(14.6%)에 그쳤다. 확실히 분열공작이라 보여도 방법이 없었다. 재판이 길어져 피해자가 기다리지 못하는 것은 무리가 아니었지만, 감속 등 발생원대책을 게을리 해 피해자의 거주를 강제로 이전하게 하는 것은 확실히 소송 진행 중의 불공정이었다.

재판의 쟁점

공해재판은 '피해에서 시작돼 피해로 끝난다'고 하듯이 재판소가 피해를 인식해 구제할 의지를 어느 정도 갖고 있는가에 따라 결정된다고 해도 과언이 아니다. 공항이나 도로의 재판에서는 소음의 피해인식이 초점이었다. 4대 공해재판에서는 신체적 피해가 중심었지만, 공공사업재판 소음의 피해에서는 생활방해나 정신피해는 인정해도 신체적 피해는 인정하지 않는 경향이 있고, 그것이 중지를 용인할 때의 비교형량을 결정하는 요인 중 하나가 되었다. 이 점에서는 신칸센공해는 공항·도로공해에 비해 진동이 추가됐기에 궤도에 가까운 주민은 소음과의 중복공해로 심각했는데, 질적으로 똑같지 않고 다양하고 개별성이 있었다. 따라서 신체적 피해만을 다루면 정량화는 어렵다.

한편 국철은 사철과 마찬가지 교통사업체이지만 전국의 교통망을 갖추고 있어 역사적으로 군사적·정치적 성격을 가져왔다. 권력기관으로서의 성격이 강하다. 이 때문에 권력자로서 시민을 종속시키려는 의식이 있고, 정부 이상으로 공공성을 강하게 주장하는 성격이 있다. 주변 주민의 생활권이나 도시의 어메니티를 완전히 무시해 노선을 결정한 것은 일본 국철만의 지배자의식에서 나온 것이다.

신칸센재판은 오사카공항재판이나 43호선재판과 마찬가지로 중지를 놓고 인격권·환경권인지 공공성인지를 다투는 것으로, 똑같아 보여도 차이가 많다. 더욱이 재판을 제시한 때는 고도성장이 끝나고 불황 속에서 환경정책이 후퇴하기 시작하던 시기였다.

원고는 나고야시나 나고야 대학 의학부의 설문조사와 다수 주민의 진술을 바탕으로 피해를 주장했다. 앞의 〈표 5-3〉과 같이 신체적 피해, 정신적 피해, 수면방해와 생활방해를 종합해 연속·융합해서 그 심각함을 주장했다. 그리고 그것을 나가타 야스타카 국립공중위생원 부장, 소노다 아키라 가나자와 대학 의학부 교수, 미즈노 히로시 나고야 대학 의학부 교수, 나카가와 다케오 나고야 대학 의학부 조수 등이 연구하여 입증했다. 앞의 나의 경험에서 말하면 원고의 피해는 심각하고 이를 부정할 수는 없었다.

그러나 피고 국철은 이 피해를 수인한도 내라며 부정했다. 국철 당국의 인식이 얼마나 상식 밖이었는지를 보여주는 것이 1978년 9월 22일 국철 상무이사 다카하시의 증언이다. 다카하시는 소음에 대해서는 어느 정도인지 알고 있다고 말했는데, 원고 외 대리인이 소음으로 인해 철로 주변 주민이 어떠한 피해를 입고 있는지 알고 있느냐고 묻자 다음과 같이 응답하였다.

다카하시(증인) 피해라고 하는지 잘 모르겠습니다만, 소위 소음 등과 얽혀 있는 사회적인 인원이 배치된 것이라고 보기 때문에 저는 피해라고 생각하지 않습니다.
원고대리인 어떻게 생각하고 있는 겁니까.
다카하시(증인) 소리가 난다는 것은 잘 알겠습니다만, 그 이상의 피해라는 느낌은 받지 못했습니다.
원고대리인 당신을 비롯해 국철의 수뇌부 모두 그렇게 생각하고 있습니까?
다카하시(증인) 다른 사람은 잘 모르겠습니다만, 지금 말씀드린 대로입니다.[59]

피고대리인은 여하튼 피해를 무시하고 있지는 않지만 입증은 부당하다고 했다. '원고의 진술, 설문조사 결과와 그것을 정리한 논문과 일반론에서 정리한 학술논문에서는 개별의 정서적·신체적 피해 내용 및 인과관계를 입증 얻었다고 하는 것이기에, 그런 생각은 현저히 안이하고 충분하지 않다고 할 수밖에 없었다. 특히 신체적 피해는 하자나 건강에 관한 피해라는 것이기에 의학적 진단의 결과가 제시돼야 함에도 불구하고 어떠한 입증도 없는 것은 피해가 없다는 것을 보여주는 것이라고 하지 않을 수 없다'고 했다.

'공공성'에 대해서 피고는 '최종 준비서면'에서 다음 4가지를 주장했다. 첫째는 국철의 조직 자체의 공공성이다. '국철은 공공의 복지를 증진하는 것을 목적으로 설립된 공법상의 법인으로, 그 사업의 규모는 전국 곳곳에 이를 정도로 펼쳐진 수송망에 의해 대량의 객화(客貨)수송을 담당하고, 전 국민의 생활에 깊이 밀착해 있는 것이다.' 그리고 경제성장에 기여하고, 정부의 경제계획에 따라왔다는 것이다. 두 번째는 신칸센이 역할에 최선을 다했다는 것이다. 개업 때부터 1979년 2월까지 13억 5902만 명의 여객을 수송한 신칸센은 그 자체가 공공성을 이야기하고, 신칸센의 대량 수송성, 고속성이 국민의 생활과 깊이 밀착돼 있다는 것이다. 셋째는 신칸센의 효용이다. 신칸센의 개통으로 인해 철도로 이어진 각 도시간의 소요시간이 대폭 단축되고 재래선과의 환승으로 시간단축효과를 얻었다. 또 지역 내, 지역 간의 경제거리가 단축되어 지역개발효과를 가져왔다. 넷째는 신칸센의 감속운전과 그 영향의 중대성이다. 원고는 본소에서 7킬로 구간의 감속을 주장하였는데, 이와 같은 규제를 해야만 하는 지역에 파급될 것으로 예측된다. '도쿄·오사카 간에 있는 철로 주변지역만 해도 51개소로 길이가 200㎞이다. 이들 철로 주변지역을 공평하게 취급한다고 해 이 구간을 시속 70㎞로 감속운전하면, 도쿄·신오사카 간의 도달시간은 '히카리'가 6시간 50분, '고다마'가 7시간 50분이 된다. 또 환경기준 Ⅰ유형(거주지역) 한정지역은 270개소로 370㎞ 거리라서 히카리 8시간 20분, 고다마는 9시간 20분 걸리고 열차대수는 80%가 줄어들게 된다.' 이래서는 도카이도 신칸센의 수송능력이 절반으로 떨어져 대혼란에 빠지게 된다고 말하였다.

피고는 이와 같은 도카이도 신칸센의 공공성의 중대성과 신체적 피해는 판단할 수 없는 것이라며 중지는 인정할 수 없고, 손해배상에 대해서도 일정한 제약이 존재해야 한다고 하였다. 그리고 피고 등이 주장하는 피해는 이전보상, 기타 상애대책을 마련해 개별적으로 해결하는 길이 준비돼 있다고 했다. '절대적 권리를 논거로 하는 원고의 주장은 잘못이어서 공공성, 기

술적 가능성, 재정적 제약 등을 충분히 고려해 판단해야 할 것이다'라고 결론지었다.[60]

이에 대해 원고는 '최종 준비서면'에서, '공공성'에 대해서는 우선 첫째로 공공성을 피해로 받아들여야 하는 논거로 들고 나오는 것은 부당하며, 피해가 인간의 생명과 건강에 관한 중대한 것이라는 사실, 신칸센은 본래부터 결함철도라는 사실, 건설운영에 있어서 주민의 의사를 반영하는 민주적 절차를 완전히 결여한 것, 공공사업으로서의 공해방지책무를 다하지 않은 사실에서 국철의 책임과 행위의 위법성은 매우 강하고 '공공성'을 주장해 수인을 강제하는 것은 허용할 수 없다고 반론했다. 둘째는 신칸센의 수요와 시간편익에 대해 실태를 분석하면, 재래선을 폐지하여 신칸센으로 승객이 이전되고, 관광을 권장하는 캠페인으로 승객을 증가시켰기 때문에 국민생활에 꼭 필요한 것은 아니다. 셋째로 '신칸센에 교통기관으로서의 사회적 유용성이 있다고 했는데, 원고가 요구하고 있는 청구(7킬로 구간의 감속)로 인해 그 사회적 유용성이 저해되지는 않는다.' 철로 주변구역에서 감속주행하여 벌어진 열차의 지연은 불과 6분 정도로, 현재의 수송력은 충분히 유지할 수 있는 것이라고 진술했다.

결론으로 원고는 '평온하게 건강한 생활과 환경을 누려야 할 이익은 본질적이고 기본적인 가치로서 인격권 및 환경권으로 파악돼 다른 것보다 우월한 절대적 권리이다. 우리는 이 2가지 권리에 근거해 중지를 요구하는 것이다'라고 했다.[61]

1심 판결 – 피해를 인정했지만 중지 기각

1980년 9월 11일 판결이 내려졌다. 판결은 먼저 가해행위에 대해 신칸센 건설의 경위를 반복하고 그 조기착공의 필요성을 인정했지만, 공해대책에 대해서는 결함철도라는 사실을 신랄하게 지적하였다.

'신칸센의 경우는 (중략) 그 계획부터 건설결정에 이르는 과정에서 소음·진동의 방지에 대한 조사·연구를 했고, 답신·심의 등을 했다는 것은 인정하기에 부족하다. …… 소음·진동방지의 관점이 빠져있었다는 것은 부정할 수 없다.'

이러한 것을 명백히 하기 위해, 우선 첫째로 소음·진동으로 인한 영향이 적은 도카이도선을 따라 노선을 정했어야 했는데, 현재와 같은 노선은 잘못 정했다고 하지 않을 수 없다고 했다. 둘째는 기초공법의 결함이다. '본건 7킬로 구간의 고가다리의 기둥·기초항은 소음·진동방지에 대한 배려가 결여돼 있는 것이라 하지 않을 수 없다.' 또 무도상강교가 가설됐는데, 이는 유도상강교나 PC형으로 하는 것이 불가능했다고는 생각하지 않는다고 했다. 그리고 건설단계에서 소음·진동대책을 취하지 않았다고 단정했다. 이렇듯 준비가 부족한 상황에서 신칸센은 개통됐다.

개업 후에도 가해행위가 높아졌다. 개업 이래 10여 년간 피고가 편성차량을 증가시키고, 주행간격을 단축시킨 것을 두고, '그 사이, 피고가 원고인 철로 주변 주민에 대한 피해를 방지하기에 유효하고 적절한 대책은 강구하지 않은 채 열차대수의 증가, 주행간격의 단축 등을 실시한 결과, 원고인 철로 주변 주민에 미치는 피해가 증대했다고 해야 한다.' 판결은 국철의 가해행위는 정상참작의 여지가 전혀 없다는 사실을 명확히 지적했다.

피해에 대해서는 폭로치에 따라 피해의 차이가 있지만 낮은 등급의 원고에게도 피해가 없다고는 말할 수 없다며 원고의 소를 긍정적으로 다루었다. 2차례의 검증, 진술과 설문조사를 바탕으로 해 적극적으로 피해를 인정하였다. 우선 일상생활의 방해에 대해서는 10개 항목에 걸쳐 원고의 소를 모두 인정하면서 '원고의 생활방해로 인한 피해는 다양하며, 피해의 정도도 결코 가볍지 않다'고 말했다. 이어서 수면방해는, 소음 80폰 이상 진동 65데시벨 이상의 원고가 수면에 방해받는다고 생각되지만, 소음 70폰 이상 진동 60데시벨 이상의 원고도 수면에 방해받을 가능성이 있다며 '소음·진동이 수면에 미치는 영향은 경시할 수 없는 것이라고 말할 수 있다'고 결론을 내렸다.

정신적 피해는 소음·진동을 독특한 피해로 보기 어려운 비특이적 피해이지만, 원고의 일상생활에서는 신칸센과 비교할 만한 소음·진동원이 달리 없기 때문에 피고와 같이 정신적 피해를 단지 주관적·심리적인 것으로 받아들이는 것은 매우 가혹하며 정곡을 파악하지 못한 것이라고 했다. 그리고 원고의 정신적 피해는 설문이나 조사연구를 보면 단순한 자의적 호소가 아니라 충분히 객관성을 갖춘 것이라 할 수 있기 때문에 '원고가 오랜 시일에 걸쳐 빈번히 노출된 소음·진동 속에서 부득이 생활을 하고 있는 정신적 고통은 매우 크다'고 인정했다.

신체적 피해에 대해서는 완전히 바뀌어 부인하였다. '소음·진동이 스트레스의 한 원인이 될 수 있다는 것은 분명하지만, 스트레스와 소음·진동량과의 상관관계를 정량적으로 파악하기는 곤란하며, 더욱이 소음·진동과 질병과의 인과관계는 도저히 명확히 할 수가 없는 것이다'라고 결론지었다. 이는 오사카공항 고등재판소 판결과 달리, 중지 부정의 이유 때문에 다른 3가지 피해와의 연속을 단절한 의도적 판단임이 확실하다.

중지에 대해서는 우선 인격권을 법적 근거로 삼는 것은 인정했지만, 환경권은 내용, 성질, 지역적 범위가 명확하지 않고, 침해의 의의, 권리자의 범위도 한정하기 어렵기 때문에 중지의 법적 근거로서의 사권성(私權性)을 인정하기 어렵다고 했다. 그러나 미즈노 히로시가 증언에서 원고의 거주지는 정신장애·신체피해가 생기는 것만이 아니라 '병든 지역사회'라고 말할 만큼 어메니티도, 커뮤니티도 파괴된 환경이라고 했기 때문에 마땅히 환경권침해로서 중지시킬 수 있지 않았을까?

판결은 중지의 근거인 위법성의 판단은 가해행위나 피해로 인한 것이 아니라 비교형량을 필요로 한다고 했다. 그 경우의 비교형량은 판결에서는 이익형량요소에 의한다며 '중지를 인정하지 않는 경우의 원고의 불이익과 위침해를 장래에 걸쳐 중지함으로 인해 생기는 피해의 희생 정도 내지 당사자 이외의 일반대중에 미치는 영향을 비교검토해 본건 침해행위가 위법인지 여부를 판단해야 한다'고 했다.

그리고 여기서 이익형량의 한쪽에 신칸센의 공공성이 등장한다. 이 '공공성'은 앞서 말한 피고 국철의 공공성을 그대로 주장해 놓았다. 앞의 가해행위의 서술과 톤이 바뀌어 국철의 소음·진동대책의 기술적·자본적 어려움이 설명됐다. 그리고 환경기준의 최종적 지침값 70폰 이하로 저감하는 것은 현단계에서는 불가능에 가깝고, 근본적 대책이라 할 수 있는 지하화에 대해서는 가볍게 결정할 수 없는 큰 문제여서 이것이 장래의 방지조치 중 하나라고는 말할 수 없다고 했다. 그래서 결국 피해를 줄이는 기술적 가능성은 나오지 않고 감속이 가장 간편한 방책이었는데, 별안간 딱 알맞은 방지조치라고 할 수는 없다. 그것은 감속이 신칸센 운행의 근본을 흔드는 문제이기 때문이라고 말하였다. 도카이도 산요(山陽)신칸센 구간에 소음 80폰 이상, 진동 71데시벨 이상인 가구가 1만 5000이다. 7킬로 구간의 감속은 같은 소음·진동 피해를 입고 있는 다른 지역에 영향을 미쳐 열차가 지연되어 수습할 수 없는 사태를 초래한다며 다음과 같이 말하였다.

'감속만이……유일한 즉효적 대책이라는 것을 인정하면서도 감히 이를 채택할 수 없는 이유는 단 하나, 신칸센의 공공성에 대한 배려에 바탕을 둔 것이기 때문이다. 그래서 오히려 신칸센이 갖고 있는 고도의 공공성 때문에 피고는 하루 빨리 방지기술의 개발, 실시 혹은 장애방지대책의 확대에 충실히 노력해야 할 의무가 있다고 해야만 한다.'

원고가 사는 부지에 신칸센 소음·진동이 진입한 것은 중지시킬 만한건지 따졌을 때 수인한도를 넘는 것이라고는 인정하기 어렵고, 그 위법성을 긍정하기 어렵다고 말할 수밖에 없다.

손해배상은 국가배상법 2조 1항을 적용해, '신칸센의 소음·진동으로 인해 원고가 입고 있는 피해는 수인한도를 넘는 것이라고 평가해야만 된다. 실제로 신칸센은 그 설치·관리에 하자가 있고, 위 하자로 인해 원고는 나중에 언급하는 손해를 입고 있다고 해야 할 것이다'라며 청구를 인정해 거의 청구한 만큼인 5억 엔의 손해배상을 국철에 내렸다. 이 경우의 비교형량에서는 원고의 정신적 피해 및 생활방해를 중심으로 한 다양한 피해의 심각함은 인정하는 한편, 신칸센의 설치관리에는 앞의 가해행위에서 말한 바와 같은 결함이 있어 지역적합성이 있었다고는 말하기 어렵다고 했다. 판결에서는 '손해배상을 따질 때 공공성이라고 하는 형량요소는 수인한도의 판단에 영향을 미치지 않는 것으로 해석하는 것이 맞다. 공공사업을 위해 특정한 범위의 주민에게 손해가 발생했을 때는 공공의 책임을 지워 이를 분담해야 한다고 생각한다'고 했다.

장래청구에 대해서는 향후에는 피고가 제때에 대책을 이행해야 하는 것은 당연하다고 해 각하했다.[62]

판결의 평가

판결은 공공성을 최우선으로 해 감속요구를 물리치고 중지를 기각했다. 당일의 신문은 '연선주민에게 실망과 분노'라는 제목이 붙었지만 판결에 의지했던 원고에게는 뼈아픈 패소였다. 오사카공항 고등재판소 판결과 비교하면, 신체적 피해를 인정하지 않고 지역의 피해대책으로 중지를 판정하지 않았으며 신칸센 모든 노선에 공공성을 확대했다. 아와지 다케히사는 종래의 공해 사건이 건강장애 구제에 중점을 두었기 때문에 그것이 없으면 중지되지 않는다는 도식에 매달려 신체적 피해와 정신적 피해를 구분해 놓고 가볍게 보는 것은 문제라고 비판하고 본건 7킬로 구간을 벗어나 문제를 확장한 것은 논리의 비약이 있다고 했다. 그리고 중지의 요건으로 비교형량할 경우에 법으로 보호돼야 할 권리의 옹호가 아니라 가해자와 피해자의 이익형량이라는 경제학의 비용편익분석을 사용한 것은 법질서를 파괴한다고 말했다[63]. 사와이 유타카는 손해배상에 대해 공공성을 위법판단의 요소에서 배제한 것은 좋게 평가했다. 중지에 대해서 전선(全線)파급론을 취한 것을 두고 파급효과의 추상화는 민사소송으로 위험하며 어디까지나 구체적으로 입증해야 할 것이라며 '당해 중지명령이 통상 초래할 공공이익 저해'에 한

정해야 한다고 비판했다.[64]

니시하라 미치오는 좌담회 자리에서 판결이 소음의 신체적 피해가 정량화될 수 없다고 한 것을 다음과 같이 비판하였다. '법률론으로서는 정량화를 할 수 없다고 해도 상식적으로 이러한 행위가 있다면 이러한 피해가 일반적으로 생기고, 현재 생기고 있는 사실이 있다면 손해배상은 원래부터 중지를 인정해야 한다는 쪽으로 했으면 한다'고 말했고, 판결은 '주관이라고 하는 것이 다수의 사람의 동일한 호소라면 객관성이 있다'고 하였다.

그는 위법성 단계설이라 불리게 된 손해배상과 중지에 대해서도 위법성의 요건을 바꾸는 것이라며 비판하였다. 나는 오사카공항재판 2심에서 공공성은 사회적·경제적 이익만이 아니라 손실론을 고려해야 하며, 피해를 발생시키면서 공공성을 주장하는 것은 한도가 있고, 피해경감을 위해 공항의 이용을 제한하는 불편이 생기더라도 어쩔 수 없다고 했는데, 신칸센의 판결은 일방적으로 가해행위의 공공성을 우선시하였다고 비판했다. 또 전선파급론은 이익형량으로서 맞지 않는데, 감속으로 인한 200km 구간의 손실과 7km 구간의 이익을 따질 것이 아니라, 7km 구간의 감속으로 인한 불이익과 주민의 환경개선이라는 이익을 비교해야 한다고 말했다. 전선파급론을 사용하면 향후 도로공해와 같은 전국을 연결하는 교통공해의 소송은 어려워진다. 구체적으로 소송을 제기한 지역에서 결론을 내야 한다고 비판했다.[65]

판결을 받고 원고·피고 쌍방이 1980년 9월에 상소했다.

2심의 경위와 판결

2심에서 원고의 소송청구는 같았는데, 중지에 대해서 감속 110km(당초 70km)의 요구가 들어가 있다. 1심 판결을 받고 원고는 3가지 새로운 증언을 넣었다. 첫째는 신체적 피해의 입증이다. 쇼와 보건소장 야마나카 가쓰미는 주민의 호소와 소음·진동의 양 사이에 상관관계가 있는지 여부를 역학적으로 연구해 '신간센 소음·진동은 적어도 소음 69폰 이하에 진동 매초 0.29mm 이하의 값으로 막아야 하는데, 그것을 초과하면 자율신경을 중심으로 하는 신체적 피해가 발생한다'고 했다. 또 나고야 대학 의학부의 야마다 신야 교수는 철로 주변의 요양생활자를 상대로 한 면접·진단조사를 제출했다.

제2의 전선파급론에 대해서는 나고야 대학 공학부 요시무라 이사오 조교수가 연선 각지의 피해량을 나고야 7킬로 구간과 비교하는 연구를 했다. 그 결과, 피해량은 나고야 7킬로 구간이 가장 크고, 그 뒤를 오사카, 교토, 시즈오카가 따르고 있었다. 가장 과밀한 도쿄는 이미 당초부터 110km 속도로 운행하기로 국철 운전사와 협력하여 작성해보니 지연시간은 '히카리'가 약 26분, '고다마'가 약 17분이었다. 이 정도라면 공공성을 훼손했다고는 말할 수 없다. 또 다른 9개소가 나고야와 똑같이 감속할 필요는 없어서 앞으로 대책을 해나가면서 피해가 심한 곳부터 감속하면 되는 것이다.

셋째로 공공성론은 내가 오사카공항소송 2심에서 증언한 공공사업의 공공성의 척도가 증언으로 제출됐다. 그 4가지 척도로 보면 신칸센의 공공성에는 문제가 있고 절대적으로 우선할 것이 아니다. 또 나는 그에 더해 도시라는 공공공간의 어메니티와 커뮤니티를 유지하기 위해서는 과밀도시에서는 노선과 역을 지하화하든지 교외로 이동해야 한다고 제안했다. 구미의 도시에서는 이것은 상식이다. 가령 이탈리아의 로마나 피렌체에서는 종착역까지 도심을 횡단해 궤도를 달리게는 하지 않는다. 뉴욕시의 철도는 맨해튼에 들어갈 때 지하로 들어가고 2개의 역(펜실베이니아역과 그랜드스테이션)이 지하역이다.

이 3가지 증언과 그에 근거한 원고의 주장은 판결에서는 전혀 채택되지 않았다. 야마나카 증언은 1975년 당시의 조사라고 했다. 나의 증언은 기본적 인권침해가 있더라도 공공성은 감각(減却)되지 않고 주변 주민의 동의 절차는 당시 법률적 절차도, 관행도 없었다며 면책됐다. '(나의 주장은) 경청해야 할 점이 많은 것은 의심할 것 없지만, 이는 현시점에 있어서는 필경 문명비판, 인생관의 문제의 영역을 벗어나지 못하고 있고, 재판소의 판단에

친숙하지 않다. 원고의 위 주장은 채택될 수 없다.'고 돼 있다. 공해·환경
재판이 시민의 권리를 지키기 위해서는 재판관이 의식을 바꾸지 않으면 안
된다는 것이 이 판결에 드러나 있었다.[66]

　1심 판결에서 2심 판결까지 5년의 세월이 걸렸다. 그동안 공해·환경정
책은 크게 바뀌었다. 특히 1981년 12월의 오사카공항공해 최고재판소 판결
은 공해재판에 결정적인 영향을 주었다. 사법은 행정권을 침해해서는 안 된
다는 소극주의가 이후 거대한 공공사업을 중지시키지 못하게 하는 흐름을
낳았다.

　1985년 4월 재판장 미야모토 세이지가 공소심 판결을 내렸다. 그 내용은
중지는 기각되고, 손해배상은 방음·방진공사를 받아들인 원고에게 받아들
인 뒤의 수인한도치를 수정해 배상액 산정에 엄격하게 반영시켰다. 이 결
과, 손해배상액은 1심(5억 3000만 엔)보다 대폭 감액돼 원고 409명에게 약 3억
8200만 엔을 지불하도록 명했다. 판결문은 1심에 비해 극히 소극적인 내용
이었다. 중지의 근거로서의 인격권은 인정했지만 소음·진동으로 인한 신
체의 침해를 말하는 한도 내에서만 정당하다고 했다. 1967년 공해대책기본
법의 조화론으로 거꾸로 되돌아가고 있었다. 피해인정의 등급도 1심의 약
70폰보다 5폰 높은 75폰으로 했다. 진술이나 설문을 인정하지 않고, 신체적
피해로 호소했던 자율신경실조증이나 식욕부진, 두통 등의 질병은 소음·
진동과의 인과관계가 인정되지 않는다고 했다. 결국 소음·진동으로는 질
병이 일어나지 않는다는 것이다. 이 때문에 철로 주변 주민이 감속을 요구
할 만큼의 피해라고 하는 것은 받아들이지 않는다고 했다. 전선파급론은 강
조되고 또 국철의 발생원대책이나 장애방지대책은 높이 평가를 해줬다. 1
심 이상으로 원고에게는 충격적인 판결이었다.

화해교섭

　제소를 한 지 실로 11년 동안 예상하지 못한 재판투쟁이 됐고 원고는 나
이를 먹어 장애방지공사를 받아들이지 않을 수 없는 상황이 진행됐다. 2심

판결은 불만족스러워 상고해야 했지만 이 이상 계속해도 성과를 기대할 수 없게 되었다. 이미 1심 판결 이후도 화해의 길이 모색됐지만, 2심 판결 후에는 화해에 의한 전면해결의 길을 선택하지 않을 수 없게 됐다. 이미 원고, 피고 쌍방 모두 최고재판소에 상고절차를 밟았지만, 1985년 5월 23일에 제1회 교섭(신나고야 테이블이라 불린다)이 시작됐다. 그 사이에 국철의 분할민영화라는 중대한 개혁이 진행됐다. 쌍방의 요구가 맞물려 정식 화해교섭은 1986년 1월 9일부터 시작돼 4월 28일에 화해가 정식으로 조인됐다. 그 주요 내용은 다음과 같다.

1. 1989년 말까지 원고 거주구간에서 소음을 75폰 이하로 하도록 최대한 노력한다. 이는 국철이 운행대책을 구체적으로 실시할 것을 약속하도록 한 것은 아니지만, 가급적 빨리 소음의 환경기준을 달성하도록 발생원에 있어서 대책과 진동경감대책의 개발을 추진한다.
2. 배상문제에 대해서는 국철은 본 화해의 대상인 원고에게 일괄해서 금 4억 8000만 엔을 지불한다. 1심에서 판결이 난 5억 92만 엔에서 그 지불금을 뺀 차액인 약 2092만 엔은 다시 원고인단이 국철에 반환한다.
3. 소송을 취하한다.[67]

재판투쟁의 평가

4대 공해재판에서 3대 공공사업재판에 걸친 약 30년 사이에 피해주민의 재판투쟁은 큰 성과를 거두고, 환경행정의 개혁에도 기여했다. 그러나 이 단계에 이르러 재판에서 요구를 완전히 실현하기가 불가능해지기 시작했다. 재판에서 성과를 얻을 수가 없고, 가해자의 법적 책임을 명확히 하지 않고 실질적인 성과를 얻는 화해라는 방법으로 매듭지어지는 경향이 시작되더니 계속되게 됐다.

이러한 것은 재판의 한계를, 특히 거대 공공사업의 경우가 그것을 보여주게 됐다. 그러나 재판이 공해문제를 해결하기 위해 무의미했던 것은 아니었다. 3대 공공사업재판에서 밝혀졌듯이 제소 후 처음으로 공공사업의 공해대책이 시작된 것이다. 환경기준이 정해지고 장애방지사업(방음공사, 이전)이 시작된 것이다. 또 재판을 하지 않는 공공사업에 대해서도 공해대책이 진전됐다. 그리고 공해대책을 추진하는 것, 환경을 공공재로 보전하는 것이 공공성이라는 사실이 상식화된 것이다. 환경영향사전평가가 사업의 절차에 들어가 주민의 동의나 정보공개가 제도화돼 갔다.

공공사업공해의 교훈은 예방이야말로 공해·환경정책의 기본이며, 그것 없이 추진된 사업은 많은 희생을 지불하고 경제적으로도 큰 부담을 낳는다는 사실을 분명히 했다.

주

1   도로의 역사적 변화와 모터리제이션으로 인한 공공공간으로서의 공공성의 상실에 대해서는 宮本憲一 「道路の公共性」(道路公害問題研究会編 『道路公害と住民運動』 自治体研究社, 1977年). 자동차의 사회적 손실을 명확히 해서 모터리제이션의 억제를 제기한 것은 宇沢弘文 『自動車の社会的費用』(岩波新書, 1974年). 구획정리사업의 전환을 시민의 입장에서 명확히 한 것은 후지사와에 살고 있던 프랑스 문학자인 安藤元雄 『居住点の思想―住民·運動·自治』(晶文社, 1978年)이다.

2   淡路剛久 『環境権の法理と裁判』(有斐閣, 1980年), p.4.

3   앞의 책 『環境権の法理と裁判』의 제3장 「환경권의 확립과 재판」에 재판에 있어서 환경권의 확립 방안이 상세히 논의되고 있다.

4   宮本憲一 「『公共性』の神話と環境権」(『日本の環境問題』 有斐閣, 1975年).

5   宮本憲一 「公共性とはなにか―大阪国際空港事件を中心にして」(앞의 『日本の環境問題』). 동 「『公共性』を裁く」(동 『日本の環境政策』 大月書店, 1987年).

6   지금까지 공공성을 자명한 문제로 그다지 논의하지 않았던 행정학 분야에서도 이론적인 검토가 시작됐다. 室井力ほか編 『現代国家と公共性分析』(日本評論社, 1990年). 정치경제학 분야에서는 宮本憲一編 『公共性の政治経済学』(自治体研究社, 1989年). 그 뒤 1990년대 ハーバーマス著, 細谷貞雄·山田正行訳 『公共性の構造転換』(未来社, 1994年) 등의 소개, 공공철학 강좌 등 공공성을 둘러싼 논의가 꽃피게 됐다.

7   大阪府公害室 『大阪空港問題の概要』(1971年 6月)에 의한다. 이 자료가 가장 객관적이며 자료가 풍부하다. 1심 항공재판에서의 의의와 논점에 대해서 「大阪空港裁判」 『法律時報』 1983年 11月号 臨時増刊. 또한 르포풍 기록으로는 川名英之 『ドキュメント日本の公害』 第8巻 『空港公

害』(綠風出版, 1993年)

8 더욱이 4차, 5차 소송에서는 원고가 3694명에 이르고 있다. 한편 1973년 2월 15일부터 1975년 1월 18일까지 6차에 걸쳐, 이탄시 1만 8655명, 1974년 2월 18일 다카라즈카시 주민 408명, 같은 해 12월 18일 마가사키시 602명, 1975년 1월 28일 오사카시 17명, 모두 1만 9841명이 공해 등 조정위원에 조정을 신청했다. 피해 규모가 얼마나 큰지를 보여주고 있다.

9 재판의 내용과 인용은 大阪空港公害訴訟弁護団『大阪空港公害裁判記録』全6巻(第一法規, 1986年)에 따랐다. 판결문 등에서 의문이 생긴 경우는『判例時報』등에서 확인했다.

10 이미 간사이 도시소음대책위원회는 1965년 10월, 1969년 8월, 또 오사카부와 도요나카시는 1969년 2월에 도요나카시에 있어서, 1970년 7월에는 오사카부가 항공소음조사와 소음에 관한 설문조사, 항공배기가스조사를 실시했다. 그 종합적 조사결과는 신체에 미치는 영향, 생활방해 · 직업에 미치는 영향이 명확해지고, 대부분의 주민이 이전을 희망했지만 실제로는 경비나 통근의 불편 때문에 이전은 곤란하다고 회답하고 있다. 앞의『大阪国際空港問題の概要』

11 원고와 피고의 주장은 주로 최종 준비서면에 의한 것이다.(앞의『大阪空港裁判記録』제1－3권에서 인용했지만 페이지수는 번잡해져 일일이 기입하지 않는다.)

12 岩田規久男「交通公害と公共性」, 동「補償の経済的分析」(『環境研究』1983年 4号)

13 야마모토 다케오 증언은『大阪空港公害裁判記録』제1권에 의한다.

14 판결문은 大阪地判 1974년 2월 27일『判例時報』729号 및 앞의 책『大阪空港裁判記録』에 의한다.

15 제1심 판결은 당시 상황에서 말하면 원고와 지지자의 평가는 낮았지만 객관적으로 보면 그 정도로 형편없던 것은 아니다. 최고재판소 판결 후에 원고변호인단장 기무라 야스오는 1심 판결은 당시 평가받지 못했던 것은 어쩔 수 없지만 재판관의 고민 끝에 나온 것으로 인정하고 있다. 木村保男「大阪空港公害訴訟余話(一)」(『判例時報』1026号)

16 공소심의 양자의 주장과 판결은 大阪高判 1975년 11월 27일『判例時報』797号와 앞의『大阪空港公害裁判記録』제4－5권에 의한다.

17 牛山積「大阪国際空港最高裁判決」(『法律時報』1982年 2月)

18 이 원고대리인은 기무라 야스오 단장이었고, 판결 전체의 방향을 결정한 데 대한 지적을 했다.

19 환경청 하시모토 미치오 대기오염국장은, 주민의 교섭단에 대해「밤 9시 이후 다음날아침 7시까지의 항공 전편을 중지하도록 환경청으로서 노력하겠습니다라고 답하고 있다」. 川名英之, 앞의 책 제8권, p.133.

20 川名英之, 앞의 책 제8권, pp.164-165.

21 상고심(최고재판소)의 양자의 주장과 판결은 最高判 1981년 12월 16日『判例時報』1025号와 앞의『大阪空港裁判記録』제6권에 의한다.

22 「일본정부가 피고가 된 오사카공항소송은 공공단체에 대해 소송을 제기해 성공할 수 있다는 것을 분명히 했다. 공공의 사업-여기에는 공항이라고 하는 공공시설-에 사용하는「공공의 이익」에 의해, 누구에게도 피해를 주어서는 안 된다는 의무나 주어진 피해에 대해 보상하지 않으면 안 된다고 하는 의무가 공공단체라고 해서 면제되는 것은 아닌 것이다. … 피해의 개념도 재판소에 의해 확장돼 단순히 경제적 · 육체적인 피해만이 아니라 보다 널리「인격권」(인체적 안전성에 대한 권리)의 침해를 포함하도록 했다. 오사카공항소송에서 사와이 재판관은 다음과 같이 말했다.「이와 같은 상황에서 생활을 방해받고 있는 주민은 헌법 13조(생명, 자유 및 행복추구에 대한 국민의 권리)와 제25조(건강하고 문화적인 최소한도의 생활을 영위할 권리)에 근거해 정부에게 뭔가의 대책을 요구할 권리가 있다.」(OECD, Environmental

Policies in Japan, 1977, Paris, 国際環境問題研究会訳『日本の経験―環境政策は成功したか』),
pp.48-49. 이 평가는 최고재판소에서 퇴색됐다.

23 상고이유는 8가지 점에 걸쳐 있다. ①중지의 민사소송의 부적당, ②인격권에 의한 중지의 위
법, ③소음영향인정의 오류, ④위법성 수인한도판단의 오류, ⑤국가배상법 2조 1항의 해석의
오류, ⑥소(訴)의 이익에 관한 판단의 오류, ⑦장래손해배상의 오류, ⑧긴급중지하지 않을 수
없는 경우의 의미 내용 불명. 이에 대해 피상고인은 각론적으로 반론했다.

24 위법성과 피해의 인과관계에 대해서는 4명의 재판관이 반대의견을 냈다.

25 『朝日新聞』 1981年 12月 16日 夕刊

26 야마모토 히사시 운수성 항공국장은 오사카국제공항 소음대책협의회에 대해서 1983년 11월
30일 다음과 같이 회답했다.
    1. 현재 오사카국제공항에 있어서는 오전 9시 이후 발착하는 운항스케줄의 설정은 인정하지
않고, 또 당면 오후 9시 이후 발착하는 운항스케줄을 인정할 생각은 없습니다. 2. 본건에 관한
향후의 취급으로는 오사카국제공항의 이용에 대한 국내적·국제적 요청의 동향과 공항시설,
주변환경 등에 관련된 제 조건을 확정하고, 관계 지방공공단체 등의 의향을 충분히 존중해 종
합적으로 판단하도록 하겠습니다. 」

27 沢井裕 「大阪空港事件最高裁判決の意味するもの―最高裁の二つの顔」(『法学セミナー』 1982年
3月号)

28 牛山積, 앞의 논문.

29 下山瑛二 「大阪空港判決と訴の利益」(『法律時報』 1982年 2月号)

30 原田尚彦 「夜間飛行差止却下判決の論理と問題点」(『ジュリスト』 1982年 761号)

31 沢井裕 「大阪国際空港訴訟最高裁判決と和解の総括的検討」(앞의 책『大阪空港公害裁判記録』第
1巻, p.21.

32 「暗闇の公共性」(『法律時報』 1982年 2月号). 또한 소생의 공항공해 사건의 평가는 「大阪空港裁
判運動の歴史的意義」(앞의『大阪空港裁判記録』第1巻). 또 본문에서 다뤄지지 않았지만 이 재
판을 통해서 소음의 역학적 판단이 명확해지고, 이후 소음재판의 판단의 길을 열었다. 山本剛
夫 「航空機騒音による被害の立証」(앞의『大阪空港裁判記録』第1巻) 동 「大阪国際空港公害訴訟
(控訴審)における騒音被害をめぐる諸問題」(『公害研究』 1975年 秋号, 5巻2号) 참조.
    또『公害研究』는 이 오사카공항 공해재판에 있어서, 거듭해 학제적인 좌담회를 열어 문제점을
분명히 했다.

33 이 사건의 기록은 43号線道路裁判弁護団, 43号線道路裁判原告団『いつの日か花の道』(アクス
パブリケーション, 2001年)에 있다. 그러나 오사카공항 재판과 같은 기록집은 발행되지 않고
있다.

34 이 도로농성으로 인해 고속도로공사가 중지됐지만 1979년 8월 4일 한신고속도로공단과 43호
선 공해대책 아마가사키연합회는 공단이 다음 4항목에 대해 노력하는 취지의 약속을 합의해
농성을 해제했다.
    ① 공단은 한신고속도로 오사카, 니시노미야선의 개통 시에 국도43호선의 차선을 줄여서, 편
도 3차선으로 하도록 노력한다.
    ② 국도43호 연선의 환경시설대(帯)로서 너비 6m의 도시녹지의 설치를 검토한다.
    ③ 민간방음공사지원제도의 확대에 노력한다.
    ④ 오사카, 니시노미야선의 건설에 관한 환경영향사전평가를 가능한 한 빨리 공표한다.
    협정 후, 공단은 즉시 공사를 시작했다.

35 道路公害問題研究会『道路公害と住民運動』(自治体研究社, 1977年), pp.308-319. 이에 따르면 주민조직은 도쿄도 36개 단체, 가나가와현 23개 단체, 아이치현 37개 단체, 오사카부 41개 단체, 효고현 19개 단체와 대도시지역에 집중해 있다.

36 도로(자동차)공해의 전국적 상황에 대해서는 앞의『道路公害と住民運動』및 川名英之『ド キュメント日本の公害』第9巻(緑風出版社, 1993年) 참조.

37 『43号線道路裁判 / 原告団ニュース』494号(1999年 10月 5日).

38 『国道43号線, 阪神高速道路騒音・排気ガス規制請求事件(이하 국도43호 사건이라고 약칭한다)・原告準備書面(最終)』, pp.154-155.

39 앞의『いつの日か花の道』, p.105.

40 前掲川名英之『ドキュメント日本の公害』第9巻, pp.248-252 参照.

41 宮本憲一「環境権論の意義」(宮本憲一 앞의『日本の環境問題』, 앞의『環境権』수록)

42 지자체는 당초 국도43호선은 산업과 유통에 없어서는 안 되는 도로로 건설에 적극적이었다. 그러나 사용개시 후의 심각한 공해를 앞에 두고 상황이 바뀌어 국가・공단에 대책을 요구하게 됐다. 앞서 말한 3개시 연락협의회만이 아니라 효고현도 1976년에는 국가에 대해 다음 7개 항목의 시책에 대해 요망서를 제출했다. 야간 대형차의 통행금지, ②자동차의 총량규제의 추진과 육상화물체계의 종합적 검토, ③1976, 78년 자동차배출가스규제의 완전실시와 디젤트럭 등의 배출가스규제의 강화, ④자동차소음규제의 강화와 진동규제의 법제화 추진, ⑤연도주민의 재산, 건강피해책에 대한 조사 추진, ⑥자동차공해대책을 위한 목적세 창설, ⑦연도주택에 대한 소음방지설비비의 지원 및 이전보상제도 확립. 이 중에는 실현된 것도 있지만 나중에 말하는 소음기준 개정으로 악화된 것이나 연도법과 같이 효력이 부족한 것도 있다.

43 앞의『いつの日か花の道』, pp.215-216.

44 앞의『いつの日か花の道』, pp.227-230. 이와 같이 솔직하게 변호인단의「문제와 반성」이 기술돼 있어 참고가 된다.

45 아래의 인용은 神戸地裁 第4民事部『国道43号線・阪神高速道路騒音・排気ガス規制等請求事件判決』(昭和51年(7)第742号), 神戸地判 1986年 7月 17日『判例時報』1203号에 의한다.

46 大阪高判 1992年 2月 20日『判例時報』1415号에 의한다.

47 最高判 1995年 7月 7日『判例時報』1544号.

48 淡路剛久「道路公害の責任を認めた二つの判決(下)」(『環境と公害』1996年 春号, 25巻4号)

49 「撤去作業で沿線は地獄絵図」(『43号線道路裁判 / 原告団ニュース』659号(195年 1月 31日)

50 島秀雄「新幹線の構想」(『世界の鉄道'65』朝日新聞社, 1964年)

51 川名英之 앞의『ドキュメント日本の公害』第9巻『交通公害』, p.346.

52 角本良平『東海道新幹線』(中公新書, 1964年), p.149.

53 고가다리의 기둥은 산요 신칸센에 80×80cm, 기초항은 남방화물선의 경우, 1.2m로 깊이 30m의 사력층(砂礫層)까지 이르고 있다. 이들과 비교하면 초중량의 신칸센이 통과하기에는 소음・진동을 고려하지 않은 나머지 값싸게 약체의 시설을 만든 것이 분명하다.

54 花森安治「国鉄・この最大の暴走族」(『暮しの手帖』38号, 1975年)

55 도카이신칸센 공해에 대해서는 정리된 업적이 있다. 우선 환경사회학으로부터의 연구조사로서 船橋晴俊, 長谷川公一, 畠中宗一, 勝田晴美著『新幹線公害—高速文明の社会問題』(有斐閣, 1985年). 재판의 1심 판결까지를 중심으로 이 문제를 고발한 역작은 本間義人『新幹線裁判』(現代評論社, 1980年). 재판의 시작에서부터 최종 화해에 이르기까지 12년간 소송의 전모와 자료를 수집한 것은 名古屋新幹線公害訴訟弁護団『静かさを返せ!—物語・新幹線訴訟』(風媒

社, 1996年). 또 교통공해 전체의 기록 가운데 신칸센 공해를 소개한 것은 앞의 책 川名英之
『ドキュメント日本の公害』第9巻『交通公害』이다. 이들과 재판기록(소장, 준비서면, 판결)을
참고했다.

56 船橋晴俊 「政府・国会・裁判所はどう対応したか」(앞의『新幹線公害』, p.148.)
57 앞의『静かさを返せ!』, pp.252-269에 변호인단의 구성과 활동이 보고돼 있다.
58 船橋晴俊 「国鉄はなぜ問題を放置したか」(앞의『新幹線公害』, p.132.)
59 앞의『静かさを返せ!』, pp.90-91.
60 「名古屋地方裁判所昭和48年(7)第641号東海道新幹線騒音振動進入禁止等請求事件」被告「最終
準備書面要旨」에서.
61 원고의「最終準備書面(要約)」에서.
62 名古屋地判1980年9月11日 『判例時報』976号. 여기서는 「東海道新幹線騒音・振動進入禁止等請
求事件, 昭和55年9月11日言渡, 判決理由の要旨」에 의한다.
63 淡路剛久 「新幹線公害判決における人格権と利益衡量」(『ジュリスト』1980年 11月 15日号, 783
号)
64 沢井裕 「名古屋新幹線における公共性と差止め」(앞의 책『ジュリスト』783号)
65 内河恵一・中川武夫・中西健一・西原道雄・宮本憲一「座談会, 名古屋新幹線公害判決の問題点」
(앞의『ジュリスト』). 이 좌담회에서는 1심 판결에 대한 비판은 신체적 피해를 인정하지 않는
것과 중지기각에 집중됐다. 지금 다시 판결을 읽어보면 국철의 가해행위에 대해서는 사전의
노선 결정의 실패에서 사후의 장애방지사업의 불완전함까지 원고의 주장을 보완하려고 결함
노선으로 예리하게 비판하고 있다. 그리고 손해론에서는 신체장애를 제외하고는 원고의 진술
이나 설문 결과에 의한 피해를 적극적으로 인정하고 있다. 원고변호인단은 일정을 감안해 가
치 재판장을 택했다고 불릴 정도로 그의 정의의 판단을 신뢰했으나 그것은 판결의 전반의 문
장에서 읽을 수 있다. 그러나 후반의 중지 판결에 들어가면 일변해 국철의 주장에 편승해 그
것을 강조하는 논지로 바뀌고 있다. 전반을 읽고 후반에 들어갔을 때의 위화감은 다른 재판관
이 등장한 것 아닌가 하고 생각될 정도이다. 당시 재판소에 어떠한 압력 혹은 행정지도가 있
었던 것은 아닌가 추론하고 싶어질 정도이다. 1980년 전반 이후에 생긴 사법의 변화는 역사의
검증이 있는 것은 아닌가.
66 名古屋高判 1985年 4月 12日『判例時報』1150号. 2심 판결에 대한 비판은 다음 논문 참조. 宮
本憲一 「公共事業の公共性と被害救済」(『法律時報』1984年 9月号, 687号). 또한 이 논문은 앞
의 宮本憲一『日本の環境政策』에 수록돼 있다.
67 앞의『静かさを返せ!』, pp.216-226. 이 화해는 원고의 요구만이 아니라 민영화를 서두르는 국
철에게도 필요한 것이었다. 1년 뒤에 국철의 분할민영화가 행해지고, 나고야 7킬로 구간의 대
책은 도카이 여객철도 주식회사(JR도카이)가 실현되게 됐다. 그 뒤 JR도카이는 발생원대책으
로 궤도구조물 및 가선(架線)의 개량을 실시하고, 차량을 60t에서 35t으로 경량화하는 등의
개선을 했다. 이 대책은 소음대책이란 것만 아니라 속도향상을 목적으로 한 것이었다. 이들
결과, 소음 수준은 75폰을 달성했다. 그러나 70폰에는 이르지 못한 지역이 남아 있다. 또 진동
대책은 그 정도로 나아가지 않고, 60데시벨을 넘는 지역이 남아있다.

제 6 장
공해대책의 성과와 평가

앞 장으로 역사의 톱니바퀴를 조금만 되돌리고자 한다. 1960년대 후반부터 1970년대 전반, 인류는 근대사상 최초로 경제성장보다도 환경보전을 우선시 하는 정책사상을 모색하는 역사적 단계에 들어섰다. 1972년 6월 16일 스톡홀름의 유엔 인간환경회의에서 채택된 「인간환경선언」은 첫머리에 다음과 같이 말하였다.

1. 인간은 환경의 창조물임과 동시에 환경의 조형자이기도 하다. 한편 환경은 인간의 육체적인 생존을 지탱함과 동시에 인간에 대해 지적·도덕적·사회적 및 정신적인 성장을 위한 기회를 주고 있다. 이 지구라는 유성에서, 인류의 길고 고난으로 가득 찬 진화의 과정에서 인간은 이제야 과학기술의 가속도적인 발전을 통해 스스로의 환경을 무수한 방법과 전례가 없을 정도의 규모로 변화시키는 힘을 획득하는 단계에 이르렀다. 인간환경의 양면, 즉 자연 그대로의 환경과 인간에 의해 만들어진 환경은 둘다 인간의 복지와 기본적 인권 특히 생존권 그 자체를 누리기 위해 반드시 필요한 것이다.

2. 인간환경의 보호와 개선은 전 세계를 통해 사람들의 복지와 경제발전에 영향을 주는 주요 문제이다. 그것은 전 세계 사람들의 긴급한 바람

이며, 또한 모든 정부의 의무이다.[1] 이하 생략

이는 환경권을 인권으로 선언했다고 해도 좋을 것이다. 선진공업국은 앞서 말한 바와 같이 환경법 체계를 수립해 환경정책을 위한 조직을 만들었다. OECD는 환경정책 특히 경제적 수단의 원칙으로서 「환경정책의 국제경제면에 관한 지도원리」(1972년 5월 26일)를 권고했다. 그것이 오염자부담원칙이다. 이때까지 경제주체는 법을 침해해도 재판에서 민사책임을 추궁받지 않는 한은 환경을 파괴한 비용을 부담할 필요가 없었다. 그러나 이 원리에 의해 환경보전을 위한 사회적 비용을 부담하는 것은 국제무역 및 투자의 기본적 원리가 됐다. 다만 나중에 말하는 바와 같이 이는 어디까지나 자원배분의 적정화와 각국 내의 부담의 균등(equal fitting)을 추구하는 무역정책이지, 국내 경제를 규제하는 것은 아니었다. 그러나 일본은 심각한 산업공해문제를 극복하기 위해 이 오염자부담제도를 널리 경제활동의 원리로 삼았다.[2]

이미 말한 바와 같이 격렬한 주민의 공해반대 여론과 운동을 배경으로, 일본은 혁신지자체의 선구적인 공해행정과 공해재판을 통해 정부의 환경정책을 개혁하고, 독창적인 형태로 심각한 공해를 극복해왔다. 1977년 OECD는 『일본 환경정책 리뷰』의 결론에서 '일본은 수많은 공해방제의 전투를 승리로 이끌었지만 환경의 질을 높이기 위한 전쟁에서는 아직 승리를 거두지 못하고 있다'고 했다. 그리고 '공해 관련 질병의 가장 중요하고 적어도 잘 알려져 있는 원인은 일본에서는 거의 제거된 것으로 생각된다'고 했다. 환경의 질에 관해서는 그대로지만 공해방제에 대해서는 완전한 승리를 했다고는 할 수 없다. 그러나 폭풍과 같은 경제성장 우선의 파도에 맞서 심각한 공해를 해결하고자 노력해 일본만의 제도를 만들고, 대책을 추진한 것은 전후사(戰後史) 가운데 국제적으로도 높게 평가받은 성과이다.

여기서는 그 가운데 일본만의 오염자부담원칙이라고 해도 좋을 공건법, 공해방지계획과 공해방지사업비 사업자부담제도를 검토한다. 그리고 나서

1970년대까지의 공해대책의 성과와 그 원인을 검토하고, 그것을 평가하며 일본적 특수성을 밝히고자 한다.

제1절 공해건강피해보상법

1 행정에 의한 민사배상제도 - '이례적인' 법안

여론의 공세와 재계의 타협

욧카이치 공해재판의 판결과 미나마타병 환자·지원단체의 짓소와의 직접교섭은 경단련을 비롯해 경제계에 심각한 충격을 주었다. 욧카이치 공해판결은 획기적인 것이며, 대기오염을 일으킨 기업에게 그 개별 인과관계를 원고가 입증하지 않고도 공동불법행위로 민사배상 책임을 물은 것이다. 더욱이 관련 법의 배출기준을 지키고 있더라도 현실에 피해가 있다면 법에 결함이 있다고 해서 기업의 책임을 물은 것이다. 이 판결에 따르면, 일본 전국의 공해환자가 거주하는 공장지역의 기업은 책임을 면할 수 없다. 대기오염 공해재판이 계속 일어난다면 기업의 더러운 이미지가 확산되는 것은 피할 수 없고, 당시의 분위기는 나중의 재판만큼 기업의 책임이 무거워진다는 우려가 생긴 것이다. 또 짓소 본사가 피해자와 직접 교섭을 한 것은 경영자에게 공포를 안겨주는 것으로, 법망 밑에 분쟁을 덮어두기를 바라는 경향이 생겼다.

경단련공해대책위원장 오카와 데쓰오는 「공해의료구제제도와 경제계」에서 다음과 같이 기술했다.

'피해자가 방치된 채로 있는 것은 책임문제는 차지하고 산업계로서도 바람직한 것은 아니다. 지역사회와의 연대 등 공정한 문제해결을 위해서도 무언가 신속히 피해구제를 할 수 있는 제도를 만들 필요가 점차 인식

되기에 이른다.[4]

이미 제4장 4대 공해재판의 제4절에서 말한 바와 같이, 경제계는 민사소송을 싫어하는데, 특히 대기오염 사건은 행정적인 조치를 요구했다. 그 경우의 요구는 1969년의 〈공해 관련 건강피해의 구제에 관한 특별조치법〉(이하 '구제법'으로 약칭)과 같이 민사책임을 분리한 행정상의 구제제도였다. 즉, 민사배상과 분리해 사회보험적인 성격으로 구제비를 경제계와 국가 및 지방단체가 사회적 책임에서 반반 부담한다는 것이었다. 더욱이 기업의 비밀유지를 위해 기업의 자율적 협력을 원칙으로 경단련 내에 재단법인 공해대책협력재단을 만들어 거기서 기부를 하는 형식을 취했다. 이 '구제법' 형태로 책임을 모호하게 하는 제도의 유효성은 욧카이치 판결에서 날아가버렸다. 기업의 법적책임을 명백히 하는 민사배상제도가 없다면, 공해지역에서는 재판이 속속 제기되게 된다.

정치적으로는 1972년 스톡홀름회의에서 오이시 부이치 환경청 장관이 고도성장정책이 자연환경을 파괴하고, 사람의 건강생명에 큰 타격을 주고 있다는 사실에 뼈아픈 반성을 하고 있다고 연설한 바 있다. 정치가는 국제·국내의 공해반대여론에 응하지 않으면 안 됐다. 1972년 10월 OECD로 파견 갔다 돌아와서 손해배상보상제도 준비실장에 임명돼 법안수립을 명받은 하시모토 미치오는 당시 상황을 다음과 같이 말하였다.

'국가의 각 부처에서 모든 지방공공단체까지 법제화를 강하게 요구하고 있고, 오히려 "법제화하라"는 지상명령의 형식이었다고 받아들였다. 환자단체나 일반 사람들도 나서서 법제화를 강하게 요구했는데, 보통 같으면 맹렬하게 반대할 경단련이나 기타 산업경제단체조차 법제화를 강하게 요망한다는, 그동안엔 전혀 보지 못했던 사회적 정세였다. 언론은 모두 법제화가 현실이라는 논조이며, 전례 없이 국민이 뜻을 모아 행정에게 입법화하도록 강하게 요구하고 있는 상황이기에 행정은 과학과의 사이에 깊은 본질적인 차이를 스스로 판단하고 책임지는 것 이외에는 길

이 없다고 느꼈다.[5]

이러한 욧카이치 판결 직후, 기업이 책임지고 공해의 피해자를 가능한 한 빨리 구제해야 하는 상황이었다. 그러나 행정적 구제에 맡겨도 좋을지에 대해서는 반드시 '지상명령'은 아니었다. 시민의 행정이나 정치에 대한 불신이 해소된 것은 아니었다. 미나마타병 환자·이타이이타이병 환자와 지원단체는 법안제정에 반대했다. 그러나 공해의 책임을 추궁하는 여론은 격렬했고, 판결내용을 행정에 반영시키지 않으면 안 됐다. 1972년 3월에는 무과실책임법안을 국회에 제출해 9월에 욧카이치를 현지 시찰한 고야마 마사노리 환경청 장관은 손해배상제도를 차기 정기국회에 제출할 것을 공약했다. 그에 앞서 욧카이치 판결을 기회로 공해지역의 피해자는 기업·지자체와 교섭해 독자적인 구제조례를 만들었다. 욧카이치시는 제4장에서 말한 바와 같이, 판결 후 누마즈의 피해자와 교섭해 1973년 9월에 욧카이치 공해대책협력재단이 발족됐다. 기타 가와사키시·요코하마시(모두 1973년 1월 시행), 오사카시(1973년 6월 시행), 아마가사키시(1973년 4월 시행)가 공해피해자구제조례를 제정했다. 이들 배경 아래 국가의 법안 제정이 진전됐다.[6]

'공해행정 최대의 결단'

법안 수립의 책임자는 〈매연규제법안〉이래 공해행정의 추진자였던 하시모토 미치오이다. 그는 피해자 구제의 필요성을 일찍부터 생각해왔지만, 의학자로서는 재판 이외의 일을 추진하는 것을 주저하고 있었다. 그는 '환경오염으로 인한 건강피해의 인과관계의 규명은 임상, 기초, 실험, 역학의 4가지 의학분야의 협동에 의해 비로소 종합적 판단이 가능한 것'이라고 생각했기에 의학적 인과관계의 완전한 증명이 없이 역학적 인과관계만으로 법적 책임을 인정하는 것은 불가능하다고 생각했다. 그러나 욧카이치 판결로 인해 피해자가 구제받을 수 있게 된 것을 보고, 그동안 의학적 인과관계가 완전히 증명되지 않았다고 해서 행정이 뒷짐을 지고 있었던 것을 반성해,

법적 인과관계가 반드시 과학적으로 충분한 조건을 만족시켜야만 하는 것은 아니라고 했다. 또 메이지 이래 '오염자천국'에서는, 과거에는 과학이 오염자를 지키는 일이 많았다는 것을 고려해 피해자를 구제하기 위해서는 판단이 올바르면 된다고 생각하기에 이르렀던 것이다. 따라서 역학적 인과관계가 있고, 개인의 질병과 환경오염 사이에 있는 사실을 부정하지 않는 한 구제하는 제도를 만들어도 좋다고 생각했다. 더욱이 하시모토 미치오는 재판으로 해결하는 방법을 생각한 경우에, 당시 상황에서는 욧카이치와 오사카 니시요도가와 강을 제외시키며 건강조사가 미흡하기에 그 이외의 지역에서 해결한다고는 생각하지 않아서 긴급히 구제하려면 공적 구제밖에 없다고 생각했다. 하시모토는 당시 일본은 '평화로운 문화대혁명'과 같은 상황이었지만 일본인은 쉽게 달아올랐다 쉽게 차가워지는 성격이라 기회를 놓칠 수 없고, 또한 오일쇼크 이후 불황이 시작되자 수포로 돌아갈 가능성을 생각해 과감하게 의학자 가운데서 뽑아내 공해행정의 대진전을 도모하고자 한 것이었다.[7] 그렇다고는 해도 그와 같이 과학자로서의 양심을 버리지 않고 법안을 만들 수 있는 인물은 적었지만 당시 경제계까지도 바라는 상황에서는 다른 행정관이라고 해도 이례적인 구제법을 만들지 않을 수 없었을 것이다.

정부가 제도의 비용부담 때문에 가장 신경을 쓰는 경제계의 대표인 경단련은 이미 1973년 2월 쯤 중앙공해대책심의회와 환경청에게 법안의 골자를 정해 구체적인 제안을 하였다.

첫째는 환자의 인정이나 등급은 엄정하게 행해 엉터리 인정을 배제할 필요가 있다. 둘째는 지역지정은 자금규모와 관련되는 중요한 문제이기 때문에 환자가 많이 발생해 사회문제가 되고 있는 지역을 중점적으로 지정하는 것으로 해 기계적인 지정으로 인해 쓸데없이 지역확대를 초래하는 것은 피해야 한다. 셋째로 이 제도의 급부 내용이나 수준에 상당 부분의 위자료적인 요소를 가미한다. 보상비의 급부수준은 노동재해(소득의 60%)와 욧카이치 판결(100%)의 중간에서 검토한다. 넷째는 공해의 발생에는 기업 이외의 원인도 기여하고 있고, 대기오염질환에는 일정한 비율로 자연발생 환자도 포함되기에 어느 정도의 공비(公費)부담은 당연하다. 다섯째는 과징금의 징수 방법은 오염부하량방식이 바람직하고 책임보험적인 기능을 가진 이 제도의 취지에서 공해의 발생에 대한 기여도를 고려해 지역성에 3~4등급의 부과 료율의 차이를 둔다[8]. 이 제안이 그대로 받아들여지진 않았지만 환경청은 이것을 참고로 해 중앙공해대책심의회 답신을 모델로 법안을 작성했다. 그 법안의 골자는 다음과 같았다.

'공건법은 민사책임을 포함한 손해배상제도로 한다. 대상이 되는 피해는, 사회적으로 보아 문제가 많고, 피해자의 구제가 긴급하고, 중대한 대기오염 또는 수질오염으로 건강에 피해를 입은 질병으로 한다. 즉, 농림어업피해 등 재산의 손해배상은 포함하지 않는다. 이 경우 비특이적 질환이라 불리는 대기오염계 질병에 대해서는 개개 인과관계의 증명은 불가능하기에 다음 3조건을 충족시키면 되게 했다. 첫째는 대기오염지정지역에 살며, 둘째는 거기서 3년 이상 거주 또는 통근하는 등의 노출조건이 있고, 셋째로 주치의가 만성기관지염, 기관지천식, 천식성기관지염 및 폐기종 내지 이 같은 증상이 계속 나타나는 질병으로 진단하여 인정 심사회에서 인정된 사람이다. 미나마타병, 이타이이타이병과 비소중독과 같은 특이성 질환은 인정 심사회가 인정한 환자를 대상으로 한다. 법안에서는 '비특이성 질환'을 제1종, '특이성 질환'을 제2종으로 했다.

제1종 대상자에 대한 급부는 그동안의 '구제법'의 의료비에 더해 생활보상을 하는 것으로 다음 7가지 종류였다. ①요양의 급부 및 요양비, ②장애보상비, ③유족보상비, ④유족보상일시금, ⑤아동보장수당, ⑥요양수당, ⑦장례비. 이 가운데 가장 중요한 것이 장애보상비인데, 욧카이치 판결의 수준과 노동재해 등의 사회보장제도를 포함해 전 노동자의 평균임금과 사회보장제도의 급부수준의 중간이 되는 급부액으로 했다. 그리고 연령별, 남녀별로 차별을 두어, 병상(病狀)과 생활상황을 고려해 3~4등급

으로 했다. 최고 높은 정도를 100으로 하고 다음 순위 50, 3순위 30으로
평가했다.

제2종 장애보상비의 급부에 대해서는 이 제도에 의할지, 재판 후 기업
과의 협정에 의할 것인지는 인정환자의 선택에 맡기기로 했는데, 시행
후 모든 환자가 협정을 택해 매월 지급이 아니라 일시금을 택했다.

이 제도는 공적 구제제도이기에 보상에 머물지 않고 공해보건복지사업
을 하기로 했다. 그것은 도도부현 지사 또는 정령시(政令市)*의 장은 지정
질병으로 피해를 입은 피인정자의 건강을 회복시키고, 그 회복된 건강을 유
지 및 증진시키는 등의 복지증진과 피해예방을 하는 사업이다.

이들 사업은 원인자부담원칙에 바탕을 두어 급부금액은 오염기업이 부
담하는 것으로 하고, 대기오염에 관련된 부과금 징수방식은 우선 고정발생
원에 대해서는 환경오염에 대한 기여도에 따라 부담시키기 위해 오염부하
량에 따라 직접 부과하는 방식을 취했다. 자동차 등 이동발생원은 개별 기
여도를 측정하기가 곤란하기에 현실적으로 가능한 부담을 요구하기로 했
다. 제2종의 특이성 질환에 대해서는 인과관계가 명확하기에 민사상 구상
(求償)이라는 생각에서 부담방법을 검토했다.[9]

이와 같이 제1종의 내용은 욧카이치 판결을 바탕으로 해 그 보상액의
80% 정도로 했다. 질병에 대해서는 '구제법'의 인정기준에 따랐다. 따라서
증상에 맞춰 등급제로서 빠짐없이 구제할 목적을 보인다. 이에 비해 제2종
은 미나마타병의 기준과 같은 경우에는 노동재해의 헌터러셀증후군**과 같
이 초기 중증자의 구제를 목적으로 하고 있었다. 이미 당시 미나마타병은
노동재해가 아니라 환경재해=공해여서 감각장애가 있고 역학적 조건이 있
으면 미나마타병이라는 생각이 강했다. 그럼에도 불구하고 병상을 명확히

---

* 정령으로 시정하는 법성인구 50만 이상의 도시를 말함.
** 알킬수은중독에 의해서 일어나는 구심성 시야협착, 청력장해, 말초신경장해, 운동실조를 주로 한
  소뇌실조가 주된 증상인 증후군

하기 위해서 시라누이카이 해 일대의 건강조사를 하지 않았다. 정치가·기업경영자나 행정관의 병상론은 초기의 헌터러셀증후군에서 유추된 것이었다. 결국 환자에 공통된 뇌신경장애로 인한 사지의 감각장애가 아니라, 거기에 운동실조, 시야협착 등의 증상이 복합된 중증 환자의 병상이다. 그래서 앞서 말한 바와 같이 제1종은 비특이성질환으로, 제2종은 특이성질환으로 규정한 것이다. 미나마타병은 세계 최초의 환경재해이자 공해였으며, 노동재해가 아닌 것을 정부가 잘못 판단해 오늘날까지도 다시 분쟁이 계속되게 됐다.

2 국회에서의 논쟁

중의원 공해대책 및 환경보전위원회의 논점

1973년 7월 6일, 중의원 공해대책 및 환경위원회에서 미키 다케오 환경청 장관은 〈공해건강피해보상법〉의 제안이유를 설명했다. 미키 장관은 1969년의 〈구제법〉과 1972년의 〈무과실책임법〉을 제정하여 공해피해자를 민사재판으로 명백히 가려 구제하는 길은 열었지만, 역시 재판에서는 노력과 시일이 걸리고, 특히 원인자가 불특정다수이고 피해자가 다수인 공장지역이나 대도시의 피해자는 구제하기 어렵다. 그래서 건강피해를 받는 피해자를 신속하고 공정하게 보호하기 위해 이 법안을 제출했다고 말했다.

법안을 둘러싼 논쟁은 9월 13일까지, 심의기간으로는 의회 기록에 남을 정도의 시간이 걸렸지만 내용은 최초로 제기된 논점의 반복이 많았다. 그것은 지정지역이나 부과금 등의 구체적인 54개 항목의 규정이 정령에 위임돼 결국 중앙공해대책심의회의 결정을 기다리게 됐는데, 정부의 설명이 개념적이었기 때문이다. 그러나 이 법안에 문제점이 보이는 데 중의원을 중심으로 소개한다.

본안의 질의응답과 의견은 제1종에 집중되어 있고, 제2종에 대해서는 거

의 논의되지 않았다. 이것이 미나마타문제로, 나중에 큰 문제를 남기게 되
었다.

　(1) 법안의 기본적 성격

　논점의 첫째는 기본적 성격이다. 의원의 의심은 피해자구제라는 것이라
고 해도 그것은 환경파괴를 전제로 한 기업방위적인 성격이 아닌가, 결국
기업에게는 책임추궁이라는 위험을 예방하는 보험제도가 아닌가 하는 점이
다. 시마모토 도라조 의원은 앞서 경단련의 5가지 신청을 거론하며 다음과
같이 정부를 추궁하였다.

　'이러한 5가지 신청이 있습니다. 이번에 나온 것은 이와 마찬가지 요소가
아닙니까. 그렇다면 대부분이 경단련이나 기업방위적인 관념은 아니라고
해도 그 요청에 그대로 맞춰주는 것아닙니까 … 이러한 상태로 나와 있고,
무리하면서 이것을 다양하게 조작해 수고하고 있는 것이 지금의 환경청의
자세에요.[10]'

　이에 대해 후나고 마사미치 환경청 조정국장은, 경단련은 특히 공비부담
을 요구하고 있지만 이번 법안은 급부비 모두를 원인자부담으로 했다고 했
다. 또 급부수준을 노동재해수준으로 하자고 경단련이 요청하고 있지만 이
안은 노동재해와 재판의 판결수준 사이로 해서 상향조정하는 등 법안은 경
단련의 신청과는 다르다고 항변했다. 또 미키 장관은 경단련이 어떻게 해석
하든 본안은 국가의 제도로서 어디까지나 피해자의 구제를 위해 만들었다
고 답변했다. 공건법은 피해구제와 기업방위의 불분명한 존재였지만, 피해
구제의 긴급성에 대해서는 동조하는 의견이 많았고, 시마모토 외에는 그다
지 기업방위를 비판하지 않으며, 구제 내용을 구체적으로 추궁하는 데에
논쟁이 집중됐다.

　(2) 구제 대상과 조건

　본건에 대해 초기에는 대상이 건강피해여서 농어업의 피해 등 재산피해
를 다루지 않고 있는 사실을 비판했다. 당시 적조로 인한 어업피해 등이 사

표 6-1 대기오염 및 유증률의 정도 구분

(1974년 중앙공해심의회 답신)

	SO₂년 평균치	유증률 정도
1도	0.02ppm 이상 0.04ppm 미만	자연유증률의 2배 이상
2도	0.04ppm 이상 0.05ppm 미만	동 2~3배
3도	0.05ppm 이상 0.07ppm 미만	동 4~5배
4도	0.07ppm 이상	

회문제가 되고 있었기 때문에 참고인도 지적하기도 했다. 이에 대해 미키 장관은, 적조 등의 어업피해 등의 생업피해는 인과관계가 불명하고, 건강피해를 빨리 구제하기 위해서 생업피해는 본안에서는 다루지 않았지만 농림성과 상의해 금년 안에 검토해 결론을 내겠다고 답변했다. 또 기노시타 모토니 의원이 건강피해에서 소음공해를 왜 다루지 않느냐는 질문에는 비슷한 의견이 많이 나왔다. 이에 대해 정부측은 소음으로 인한 생활방해는 인정하지만 질병이라고는 말할 수 없기에 주변 정비 등의 방음대책으로 대처하고자 한다고 말하였다.[11]

대상자는 앞서 말한 바와 같은 세 조건에 맞아야 인정하는 제도였다. 이 중 지정 질병과 노출요건은, 〈구제법〉 이래 임상의학·공중위생학 전문가가 조사, 연구를 하고, 학식·경험에 근거한 전문가의 토의와 지정지역의 의료 관계자의 의견을 바탕으로 합의하기로 결정됐지만, 지정시역(市域)의 판단조건은 정해져 있지 않았다. 환경청은 중공심(中公審)의 답신을 근거로 〈표 6-1〉과 같이 정해 SO₂오염도 3도 이상 또는 유증률(有症率) 2도 이상을 지정지역으로 했다. 이 일률적인 기준으로 선을 그어보면 욧카이치에 인접한 구스정과 같이 지정질환자가 많아도 지정되지 않을 가능성이 있었다. 이 때문에 지정시역을 확대하자는 요구가 나왔다. 오염물질은 질병과 관련해서 데이터를 갖고 있는 SOₓ이 기준이 됐는데, 자동차의 대기오염이 늘어나면 NO₂가 문제가 된다. 그러나 이것은 데이터가 충분히 축적되어 있지 않았다며 지정기준에 넣지 않아 나중에 분쟁의 원인을 낳았다.

질병은 〈구제법〉의 호흡기계 4개 질환과 후유증으로 정했는데, 이비인후 장애가 불러오는 안과 합병증을 넣어야 한다는 의견이 나왔지만 다뤄지지 않았다.

(3) 급부

제1종 대상자에 대한 급부는 앞서 말한 바와 같이 7종류이지만, 가장 중요한 것은 장애보상금으로 전 노동자의 평균임금과 사회보장제도의 급부수준 중간이 되도록 급부액을 정했다. 결국 이 제도의 최고액으로 욧카이치 판결의 보상금의 80%를 잡았다. 이는 판결(평균임금의 100%)과 노동재해(60%)의 중간을 취한 것이다. 시마모토 도라조 의원과 나카지마 다케토시 의원은 공해는 노동재해와 달리, 피해자는 오염기업과 전혀 이해관계가 없고 일방적으로 침해당하고 있기 때문에 노동재해를 기준으로 생각하는 것은 맞지 않아 100%, 120%로 해도 이상하지 않다고 의견을 냈다. 이에 대해 정부측은 재판과 같이 인과관계가 명확하지 않고 전형적으로 간단하게 인정하는 것이기에 판결보다 낮은 수위로 하지 않을 수 없다고 했다.[12]

또 건강재해의 보상은 노동능력의 상실에 대해 지불하는 것만이 아니라, 정신적 손해에 대해서도 지불해야만 한다. 즉, 위자료가 지급돼야 한다. 고미야 다케키 등 많은 의원들이 위자료를 명시하라는 의견을 냈지만, 정부측은 위자료를 어떻게 표시할 것인지는 어렵고, 노동재해보다도 20% 많게 한 것은 거기에 어느 정도 위자료의 성격도 들어 있다며 모호한 답변을 했다.

이 법은 과거 피해보상제도이지만 피해자나 시민이 요구하는 피해의 예방과 피해자의 원상회복을 목적에 넣었다. 그것이 공해보건복지사업이다. 이 중요한 사업에 대해 사업을 늘려 충실하게 하자는 의견이 많이 나와 그 뒤 원안은 수정·가필됐다.

(4) 부과금 등 부담문제

보상급부비는 오염원인자가 전액 부담한다. 이는 경단련이 대기오염의 호흡기계 질환은 자연적으로 발병할 수도 있고, 소량 배출자의 부담제외 조치를 고려하며, 또 대기오염의 원인에는 도시계획의 실패 등 정부 책임이 있다며 공비부담을 요구한 것에 대해 오염자부담원칙을 관철한 점에서 높이 평가할 수 있다. 부과금의 지역성에 대해서는 그 당시 정령이 나와 있지 않아 토론이 없었다. 나중에 참의원에서는 비오염지역의 기업에게도 부과한 것이 문제가 됐다. 공해보건복지사업비는 2분의 1이 오염원인자부담, 나머지 2분의 1은 공비부담(국가 4분의 1, 도도부현·시 4분의 1), 인정보상급부사업비는 공비부담(국가 2분의 1, 도도부현·시 2분의 1), 협회사업비는 오염원인자부담, 국가는 예산의 범위 내에서 보조하도록 돼 있다. 이런 오염자부담원칙에서 이 제도의 부담인 공비부담은 중지해야 한다는 의견도 있었다. 이것을 정부측은 복지사업은 사회보장의 일부가 되기에 공비로 부담해야 한다고 기술하였다.

부과금에 대한 질문이 거의 없었던 것은 구체적인 부담 구분이 발표돼 있지 않기 때문이다. 본래라면 이것이 국회에서는 가장 중요한 과제이다. 정령에 위임됐기 때문에 논의가 없었고, 자동차자본이나 석유자본에게는 어떻게 부담시킬 것인가 하는 의견이 나왔지만 논쟁이 되지 않았다.

(5) 참고인 의견

중의원이 초청한 참고인은 16명으로 많은 수였다. 그러나 공건법안의 구체적 내용에 불분명한 부분이 있었기 때문인지 직접 법안에 의견을 말하기보다도 공해문제 일반에 대해 말하는 의견이 많았다. 그 가운데 시라키 히로쓰구 도쿄 대학 교수의 의견이 법안의 문제점을 가장 명확히 짚었다.

시라키 히로쓰구는, 민사재판은 시간이 걸리기에 이 법안으로 조속히 해결하는 데 진일보했다고 해도 좋지만, 다음 2가지 문제가 있다고 했다. 첫째는 피해자가 기업에 잡혀 살게 되고, 기업이 적자가 되면 중지해버릴 가능성도 있다. 기업이 보상금을 비용에 넣어 돈만 지불하면 끝난다는 입장이 될 수도 있다. 가해기업에 대한 제재는 금전만으로는 부족하다. 기업에 형사책임을 부과하는 강한 자세가 없으면 피해자는 구제받을 수 없다.

두 번째는 공해보건복지사업은 공급하는 의료기관, 의료시스템 또는 복지시설에는 인력을 투입해 정비하지 않으면 안 된다. 건강증진, 예방의료,

치료의학, 사회복귀(rehabilitation), 난치병(복지와 관련)의 5가지 의학에 대응할 수 있는 사업이 되어야만 한다. 이를 위해서는 의료복지기본법을 만들었으면 한다. '이 법(공건법)은 형사책임과 복지의료체제 사이에 끼어서 나란히 나아가야 한다. 이 법만이 앞서 나가는 것은 이상한 이야기이다³.' 이는 매우 중요한 지적이다. 당시 하시모토 미치오가 썼듯이, '재계의 일부에서는 이 제도의 운용이 재판이나 자주교섭을 저지하기 위한 수단으로 효과적이라고 공언¹⁴'한 상태였기 때문에 그것을 통렬히 제기한 것이라고 해도 좋다. 시라키 교수는 지정지역의 선긋기에는 반대하며 인정은 사람을 중심으로 해야 한다고 말했다.

미시마 콤비나트 현지에서 공해환자를 치료하고 있던 의사 마루야 히로시는 구체적으로 제시했다. 공해병환자는 의사의 판단으로 인정되기 때문에 지정지역의 선긋기는 없어도 되지 않는가. 인정업무는 주치의의 판단을 존중한 의사의 임상적 판단으로 충분하기에 행정이 인정하려 드는 것은 잘못이 크다. 등급매기기는 2~3 정도로 해야 한다. 또 법안의 42조에서 피해자의 중대과실이 있을 경우의 인정취소 조항은 폐지해야 한다고 말했다.¹⁵

현장의 대표라는 점에서 히시다 가즈오 도쿄도 공해국 부주간의 의견은 주목을 받았다. 그는 도쿄도의 대기오염의 주범은 자동차이며, 이 오염자 부담을 고려했으면 한다고 말했다. 이 경우 오염물질은 SO₂이 아니라 NO₂였고, 법안의 대상에 들어가 있지 않다. 그는 광화학 스모그를 낸 야나기정의 자동차대책으로 도시를 개조하는 데 180억 엔이 드는데, 도에는 이 같은 지역이 100개나 있다며, 자동차의 증대에 맞춰 도로를 만들 필요는 없지 않느냐고 말했다¹⁶. 경제계의 압력으로 산업공해에만 집중되어 있던 공건법으로 인해 도시공해가 사실상 중요해졌다는 사실을 무시하고 있다는 것이 공건법의 결함으로 지적됐다.

참고인 의견과 질의도 의원과 정치 간의 논쟁과 마찬가지로 시종 제1종 문제에 매달려 있었는데, 시라키 교수가 제2종의 미나마타병문제에 대해서 중요한 발언을 했다. 고바야시 마코토 의원이 아리아케카이 해에 제3미나마타병문제가 발생했는데 전역에 건강조사를 해야 하지 않느냐고 질문했다. 이에 대해 시라키는, 전원 건강조사를 해야 하지만 지금의 구마모토현의 의료상황은 침상당 의사수가 미국의 6분의 1로 곤란하며, 이래선 안 되기에 앞서 말한 의료복지기본법을 제정해야 한다고 했다. 미나마타병은 난치병이라 복지를 고려해야만 해서 환자가 가정에서 어떤 치료를 받으면 좋을지를 정부가 계획하고 있는 미나마타병연구센터가 다루도록 확실히 만들 것을 미키 씨에게 진언했다고 말했다. 그리고 (미나마타병)연구센터에는 의학생이 입소해 반드시 현장을 본다. 난치병의 실태를 의무적으로 알게 하고 그렇지 못하면 졸업을 시키지 않는다. 1000억 엔 정도 투자하면 가능하다. 욧카이치에도 도야마에도 아가노가와 강에도 만들면 어떨까. 이 공건법만으로는 해결이 안 된다고 말했다.[17]

위원회의 결의와 본회의

9월 13일 정부안의 심의는 종료됐고, 2가지 수정안이 제출됐다. 하나는 자민당 수정안으로 도사카 주지로 의원이 다음과 같이 말했다.

'수정안 중 한 가지는 보상급부의 제안에 관해 제42조 규정을 삭제하는 것입니다. 이를 삭제한 것은 공해로 인한 건강피해자에게 중대한 과실이 있다고 하는 경우는 구체적인 사례로 고려되지 않는다는 것과 본 법안이 보다 한층 피해자를 철저히 보호하기 위해서입니다.

두 번째 수정안은 공해보건복지사업에 관한 규정 제46조에 예시된 것으로 재활(치료) 및 전지(轉地)요양에 관한 사업을 추가함과 동시에 조문을 정비했습니다.'

또 하나는 일본공산당·혁신 공동수정안으로, 나카지마 다케토시 의원이 다음과 같이 설명했다.

'정부안은 공해반대운동을 어느 정도 반영하고 있고, 민사책임을 전제

로 해 손해를 보상하는 제도가 없는 현실에 비해 일보전진이라고 말할
수 있습니다. 그러나 정부안은 가해기업의 책임을 명확히 하고, 기업이
스스로 부담해 모든 손해배상, 즉 손해의 회복 및 보상을 완전하고 신속
하게 행한다는 점에서 보면 많은 약점이 있습니다. 따라서 정부안은 가
능한 한 빠른 시기에 근본적으로 개선할 필요가 있는데, 정부안의 약점
을 조금이라도 개선하기 위한 최소한의 조치로서 여기에 본 수정안을 제
출하는 바입니다.'

　수정안은 9가지를 들고 있는데, 중요한 것은 다음과 같다. 지역, 질병, 인
정기준을 정령이 아니라 일정한 기준에 따라서 도도부현 지사 및 정령시의
장이 정하도록 한다. 공해보건복지사업의 사업비 전액을 오염기업이 부담
하는 것으로 한다. 소음, 진동 등으로 인한 건강피해보상제도와 생업의 재
산피해보상제도를 신속하게 만들기로 했다.

　토론에 들어서자 자민당 모리 요시로 의원은 자민당 제안의 수정안 및
수정을 제외한 정부원안에 찬성, 일본공산당·혁신 공동의 수정안에는 반
대했다. 사회당 시마모토 도라조 의원은 양 법안에 반대했다. 그 이유는
우선 첫 번째로, 당초 안의 공해손해보상법이 공해건강피해보상법을 대신
해 재산피해·생업보장이 들어갈 여지가 없는 양두구육이다. 둘째는 돈을
내면 발생원대책에서 손을 떼도 좋다는 인상을 주어, 거꾸로 이용될 소지
가 있다. 셋째는 위자료를 제외하는 태도로, 급부의 내용이 80%로 낮은
것은 급부에 제한이 있다는 것이다. 넷째는 피해자의 원상회복이 전혀 고
려되지 않은 안으로, 공해를 유발한 원인자에게 면죄부가 될 우려가 있다
고 말했다.

　일본공산당·혁신공동(당)은 기노시타 모토니 의원이 앞의 수정안의 제
안과 같이 정부원안은 불충분하지만 찬성, 자민당 수정안에도 찬성했다.

　공명당은 이 법안에는 근본적 결함이 있다며 반대하였다. 그 이유는, 첫
째 낮은 수준의 금액배상으로 인해 공해발생의 책임을 말소시켜 버린다. 둘

째는 재산피해·생업피해를 제외했다는 사실, 셋째는 소음 등 다른 공해로 인한 피해 실태를 무시했다는 사실, 넷째로 피해보상액이 부당하게 너무 낮고, 위자료가 명확하지 않고, 다섯째는 원상회복이 공해보건복지사업으로는 불충분하고 불명확하다는 사실, 여섯째는 선긋기가 공해환자를 부당하게 제외하기에 공해에 의한 것으로 판단되면 구제대상으로 해야 한다는 것을 들었다.

이 토론 뒤 위원회는 일본공산당·혁신공동의 수정안은 부결하고 자민당 수정안을 가결했다. 더욱이 모든 당에게 동의를 받은 21개항에 걸친 부대결의를 제출했다. 그 중에 이후 환경행정에 영향을 미친 것을 소개한다.

1. 현재의 공해관계법령에 따른 규제로는 환경오염을 완전히 방지하기가 곤란할 뿐 아니라, 공해질환자가 계속 증가하는 현상을 비춰보아 오염원인자가 최대한 오염방지 노력을 기울이도록 규제를 대폭 강화해 공해의 발생원대책에 만전을 기할 것.
2. 지정지역을 정할 때에는 모든 공해병 환자가 본 제도의 대상에서 제외되지 않도록 합리적인 인정기준을 정하고 이에 근거해 적정하게 지정할 것.
3. 지정질환에 대해서는 공해와 관련된 건강피해의 구제에 관한 특별조치법으로 지정돼 있지 않은 경우에도 피해 실태를 조사하고 전문기술적인 검토를 더해 차례대로 대상에 추가할 것.
4. 공해건강피해 인정심사회가 인정심사에 대한 의견을 정할 때에는 특히 건강피해자의 치료를 담당하고 있는 주치의의 진단을 중시하도록 배려할 것.(5는 생략)
6. 공해재판판례에서 보이는 바와 같이, 위자료가 공해병 환자에 대한 보상의 중요한 요소라는 사실을 감안해 본 제도에서도 보상급부 내용의 충실을 기하도록 적극적으로 검토할 것.(7, 8 생략)
9. 장애보상비 및 유족보상비의 급부수준은 이미 공해재판판례를 통해

제시한 수준을 참작할 것.(10~14 생략)

15. 공해로 인한 피해자에 대한 구제는 무엇보다 우선으로 손상을 입은 건강을 회복하는 것이 중요하기 때문에 건강피해자의 실태 등을 충분히 파악해 조사연구를 진행하고, 실정에 따른 효과 있는 공해보건 복지사업의 실시를 추진할 것.(16 생략)

17. 비용부담은 오염원인자의 책임이 불명확해지지 않도록 오염원인자부담의 원칙을 철저히 하도록 충분히 배려할 것.(18 생략)

19. 환경오염으로 인한 농업, 어업 및 관련 사업 등 생업피해에 대해서도 건강피해에 못지않는 심각함을 갖고 있는 실정을 감안해 피해실태나 인과관계의 해명 등의 종합적인 조사연구를 실시해 시급히 보상제도의 확립을 기할 것.

20. 소음 등의 영향으로 인한 건강피해에 대해서도 그 실태파악에 노력해 피해자의 신속한 보호를 기하기 위한 보상제도를 검토할 것.

21. 오염원대책이 기본적인 문제라는 사실을 감안해 새롭게 총량규제방식을 도입하도록 대기오염방지법을 개정할 것.

실로 많은 부대사항이 붙은 것은 졸속으로 법안을 만들어 많은 구체적 항목을 중공심(中公審)에 넘겼기 때문일 것이다. 그렇게 해도 오염원인자에 엄격한 내용을 전당(全黨) 일치로 결정했다는 것은 당시 공해방지에 대한 여론의 강함과 그에 대한 여당의 타협을 말하는 것이다. 이 부대결의에 대해서 '취지에 따르도록 충분히 노력하겠다'고 미키 장관은 말했다. 나중의 미나마타병 인정기준을 둘러싼 논쟁은 이 부대조항이 실행됐다면 해결되지 않았을까. 9월 18일 공건법은 본 회의에 상정돼 찬성 다수로 가결됐다.

참의원 토론

참의원 토론의 요지는 중의원과 같았다. 그러나 비교적 법안에 비판 또는 반대 의견이 강했다. 또 아리아케카이 해의 제3미나마타병 문제가 정치적인 분쟁이 되고 있었기에 제2종이 논의됐다. 여기서는 그것에 초점을 맞춰 소개한다.

8월 31일 참의원 공해대책 및 환경보전특별위원회는 공건법안에 관한 미키 다케오 환경청 장관의 취지설명으로 시작해 9월 20일까지 4차례의 심의가 행해졌다. 9월 12일에는 5명의 참고인 의견이 개진됐다.

아와지 오카히사 릿쿄 대학 교수는 4가지에 대해 의견을 말했다. 첫 번째는 다음과 같이 말했다.

'일본 전체의 공해법 또는 공해에 대한 모든 제도, 공해대책의 모든 제도를 보면 유감스럽게도 공해를 방지한다, 공해를 억제한다는, 그러한 시스템, 메커니즘으로는 매우 허약하다. (중략) 한편으로는 공해의 발생을 허용하면서 다른 한편으로는 피해를 구제한다는 것으로 금전보상을 생각하고 있다. 이것이 첫째로 심각한 문제점이라는 것이다. 이 새로운 제도, 새로운 법안이라는 것에 피해자측이 상당히 반발하고 있다는 것도 우선 그런 문제점과 관계돼 있다.'

또 이 법안에서는 4대 공해소송으로 얻어진 권리가 현저히 감쇄돼 있다고 했다.

두 번째는, 본 제도를 생각하는 경우의 이념이다. 피해가 많이 발생하고 있는 지역에서는 새로운 환자가 나오지 않도록 하는 대책이 필요하다. 그렇게 하기 위해선 공장의 스톡이나 조업을 중지하는 강력한 법률적 제도가 요구된다. 그것이 쉽지는 않겠지만, 그러한 것에서부터 출발하지 않으면 안 된다. 피해를 어떻게 할 것인가는 원상회복이 기본이다. 원상회복의 방법으로 일제검진, 재활치료, 순회진료 등이 고려되지만, 본 제도는 매우 미비하다.

세 번째로, 제도의 내재적인 문제점으로, 우선 '인정제도로 지정지역을 정한다'는 식으로 돼 있다. 지정지역 이외에도 환자가 있기 때문에 개별인정의 길을 열어두는 것이 강하게 요구된다. 이어 보상급부 내용의 문제인데, 보상액이 매우 낮게 책정될 가능성이 있다. 위자료가 청구돼 있지 않다. 네 번째로 급부대상에 소음 등이 들어가 있지 않다. 피해로서도 재산피해 특히 생업피해가 인정돼 있지 않다고 했다.[18]

이타이이타이병 대책협의회장 고마쓰 요시히사는 그동안의 이타이이타이병 환자의 구제와 오염토양의 복원운동의 역사와 성과 위에서 무엇보다도 환자의 근(根)치료법을 확립하고 몸을 건강한 원래 모습으로 되돌렸으면 한다고 호소했다.

'안심하며 요양하고, 그리고 종합적인 시설을 만들었으면 합니다. 이것이 전국 각지의 환자의 요구일 것이라 생각합니다. ...... 환자에게 어느 정도의 금전을 보상하면 그것으로 됐다는 듯한 법안이어서는 안 된다고 생각합니다. ...... 원인자의 책임을 확실히 이 법안 속에 관철했으면 합니다 ...... 피해자의 몸을 원래대로 되돌렸으면 한다는 요구에 맞춰 확실한 구제대책이 되도록 최선을 다 해주셨으면 합니다.[19]'

미나마타병시민회의 회장 히요시 후미코는 미나마타병 환자를 구제하기 위한 고투의 역사를 말한 뒤 다음과 같이 말했다.

'이 법안이 제출된 경위에 대해 ...... 피해자측의 강한 바람이 아니라 입법을 바란 것은 기업측으로, 그 필요에 떠밀려 작성된 법안이라고들 합니다. 그 이유는 주로 2가지라고 생각합니다만, 그 하나는 공해보상에 대해 피해자의 자각과 여론이 높은 가운데 분쟁이 격렬해지고, 그러한 것이 기업이미지의 저하로 연결되어 기업의 입지조차 위협을 받는 상태로 접어들기까지에 이르러서야 심각함을 느낀 기업이 문제가 생기기 전에 이 법안으로 빨리 잠재우려는 의도가 있었다고 보입니다. 두 번째는, 기업의 안정화를 도모한다는 의도로 부과금이라는 이름의 보험을 들어 연대한 가운데, 보상금을 지불하는 데에 기업이 직접 표면에 나서지 않고, 국가의 보호막 뒤에 숨어서 국가의 이름으로 그 보상금이 지불되고,

피해민은 국가에게 받았다며 고마워하는 상태가 돼 분쟁은 일어나지 않을 것이라고 생각한 것은 아닌가하고 저는 생각하는 바입니다.

　이들 공해입법의 배경을 생각해보면 저로서는 분노가 치밉니다. 기본적인 정신에 있어서 완전히 이것은 피해민을 무시하고 있는 것 아닌가하고 생각합니다. …… 기업의 책임을 명확히 해서 피해 입은 환경의 복원에 전력을 다하지 않으면 안 됩니다. 피해자가 잃어버린 건강과 생활을 모두 원상회복하기 위해 만전의 조치를 강구하도록 의무화해야 한다고 생각합니다. 그러나 이 법안은 어디를 읽어보아도 기업의 책임을 추궁해 보상하도록 하는 조항이 보이지 않습니다. 현행 건강피해의 구제에 관한 특별조치법의 제도에 더해 보상금을 적게 지급하고자 하는 것이어서 요약하면 피해자를 값싸게, 빠르게, 모호하게 처리하려는 것이고, 분담금만 지불하면 기업의 똥오줌 버리기를 얼마든지 허용하는 법률이라고 저는 생각합니다. …… 피해자가 지금까지 한 싸움의 성과를 더듬어보니 입법되지 않은 것이 매우 유감스럽습니다.'

　히요시 씨는 발언 가운데 미나마타병 환자가 멀리 떨어진 구마군에도 있는데 그것은 행상의 고기를 사먹은 탓이라는 사실이나 1970년에 태어난 사람은 미나마타병이 아니라는 판정을 받은 잘못을 예로 들며 〈구제법〉의 지정지역이나 폭로요건 등의 '선긋기'의 실패를 비판했다. 또 미나마타병이라는 이름을 바꿔야 한다는 의견에 반대해 미나마타병을 되풀이 하지 않기 위해서라도 이 이름을 남겨야 한다고 주장했다. 그리고 이러한 발언을 하면 지역에서는 탄압을 받을지 모른다며 미나마타병 환자와 지원자에게 부당한 압력을 가한 짓소를 말하였다.[20]

　이 히요시 발언은 오랜 기간 지역에서 차별받으면서 어려운 운동을 전개해 온 경험에서 나온 공건법 비판이다. 하시모토 미치오는 피해자와 그 지원자조직을 포함해 공건법 제정에 찬성이라고 말했지만, 실제로는 이 법률의 본질을 꿰뚫어보고 반대한 시민운동가도 있었다는 것이다.

참고인 의견은 법안에 대한 비판이 강했는데, 위원회 내부의 토의도 중의원보다 부정적 의견이 강했다. 구쓰누기 다케코 의원은 공해를 마구잡이로 계속 내놓으면서 보상을 한다고 하는 것은 이상하다. 일부 구제로는 기본적으로 해결되지 않는다고 했다[21]. 이와는 반대로 자민당 기미 다케오 의원은 피해자의 운동에 반발하며 다음과 같이 공해문제를 반격할 필요가 있다고 말했다.

'저는 이 공해라는 것을 지금까지 대자본 비판이라든지 그러한 쪽으로 집요하게 끌고 간 것 같다고 의심하고 있습니다. 그러나 점점 올바르게 되고 있습니다. 따라서 저는 환경청이 앞으로도 아주 용감히 강하게 나갔으면 하고, 조금도 응석을 받아줘서는 안되며, 앞으로 유기수은에 대해서도 충분한 배려를 바라마지 않습니다.'

기미 의원은 그에 앞서 '오이시 장관은(미나마타병에 대해) 의심스러운 것도 가능하면 널리 본다는 생각'이었지만, '널리 의심스러운 것도 이번에 때려 넣어서 보상대상이라는 것에 역행하는 듯한 느낌을 받는다[22]'고 말했다. 이에 대해 기도 가네쓰구 환경청 기획조정국장은 종래 차관통지의 정신을 따른다고 말했다. 그러자 기미 의원은, 아리아케카이 해 제3미나마타병 부정문제를 보아도 '매우 신중히 해두지 않으면' 보상법으로는 해결되지 않는다. 〈구제법〉에는 의심하는 것을 넣어도 좋지만 보상법은 다르다고 했다. 정부측은 〈구제법〉과 〈보상법〉의 인과관계는 똑같아서 인정에 차이가 있어서는 안 된다고 했지만 기미 의원은 납득하지 않았다. 이는 그 뒤 미나마타병의 인정기준 개정의 서곡이라고 해도 좋다.

이와 같이 참의원의 상황은 중의원과 달리 법안을 강하게 비판했지만, 미키 장관은 제도 그 자체에 반대하는 진정은 없다고 답변했다. 그리고 중의원과 거의 마찬가지로 19개 부대조항을 승인해 찬성 다수로 공건법을 제정했다. 세계 최초의 공해건강피해자의 행정구제제도가 발족된 것이다.[23]

3 공건법의 시행과 평가

공건법의 구체적 적용

공건법은 1974년 9월 1일 실시됐다. 그 뒤 변화는 뚜렷하기에 문제점을 분명히 하기 위해 개시 때가 아니라, 종료시기의 틀과 통계로 이 제도를 설명하고자 한다. 제1종을 중심으로 한다.

이 제도의 틀은 〈그림 6-1〉과 같다. 당초는 〈구제법〉을 받아들여 지정지역이 12개 지역이었다[24]. 도쿄도는 의사회가 공해병에 대해 냉담했기도 해서 1976년까지 전혀 환자로 인정하지 않았다. 이후 지정지역은 확대됐는데, 1979년 이래 41개 지역이 폐지가 된 1988년까지 고정됐다.[25]

당초는 인정환자의 반수가 오사카권이었지만, 종료 때에는 〈그림 6-2〉와 같이 도쿄도가 40%를 차지, 3대 도시권에서 90%를 넘었다. 지정질병은 〈구제법〉과 마찬가지로 4개 질병이며[26], 초기엔 1만 4355명이었지만 그림과 같이 매년 증가해 신규인정과 제도이탈자(치유 또는 사망)의 차이는 매년 평균 3000명으로, 종료 때에는 약 10만 명에 이르렀다. 질병의 내역으로는 가장 많은 기관지천식이 당초는 43%였지만 종료 때에는 78%, 만성기관지염은 24%에서 17%로, 천식성기관지염이 29%에서 2%로, 폐기종은 변함없이 3%대로 인정을 받았다. 연령별로는 연소자(0~14세)가 당초 48%에서 종료기에 34%, 고령자(65세 이상)가 17%에서 22%로, 이 두 집단이 반수 이상인 60%에 달했다. 대기오염이 생물적 약자에게 많다는 사실을 보여주고 있다.

제1종지역(호흡기질환)의 개요

피인정자 103,296명
(1988년 2월 말)

① 지정지역(41개 지역)
 · 뚜렷한 대기오염
 · 질병의 다발

② 거주(통근)기간

③ 지정질병
 · 만성기관지염
 · 기관지천식
 · 천식성기관지염/폐기종

보상제도의 틀

[제도의 발족] 1974년 9월
[제도의 취지] 본래 당사자간으로 민사상의 해결이 도모돼야
 할 공해건강피해에 대해, 본 제도를 통해 그
 신속·공정한 구제를 행하도록 하는 것이며,
 그 비용은 오염의 원인자가 부담한다.

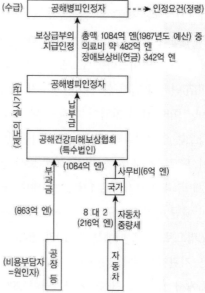

(수급) 공해병피인정자 ----→ 인정요건(정령)

보상급부의 | 총액 1084억 엔(1987년도 예산) 중
지급인정 | 의료비 약 482억 엔
 | 장애보상비(연금) 342억 엔

공해병피인정자

납부금

공해건강피해보상협회
(특수법인)

(1084억 엔)

부과금 사무비(6억 엔)

(863억 엔) 국가

8 대 2
(216억 엔) 자동차
 중량세

(비용부담자 공 자
=원인자) 장 동
 등 차

(징수실시기관)

부과금을 지불하고 있는 사무소

(1986년도)

(단위: 백만 엔)

	사업소 수	부과금액
지정구역	1,650	25,720
기타지역	6,750	50,423
계	8,400	76,143

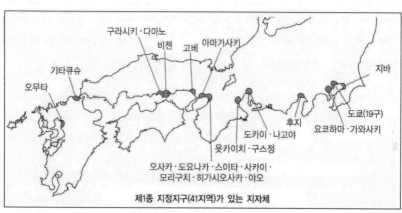

제1종 지정지구(41지역)가 있는 지자체

구라시키·다마노
비젠 고베 아마가사키
기타큐슈
오무타
지바
도쿄(19구)
도카이·나고야
후지
요코하마·가와사키
욧카이치·구스정
오사카·도요나카·스이타·사카이·
모리구치·히가시오사카·야오

그림 6-1 공해건강피해보상제도의 틀(1988년 2월까지)

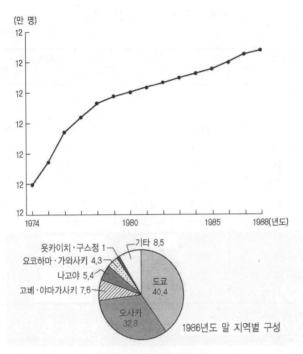

출처: 環境庁 公健法研究会編 『改正公健法ハンドブック』.

그림 6-2 피인정환자의 추이

급부의 중심을 차지하는 장애보상급부비는 남녀별 연령별로 12단계로 나누고, 욧카이치 판결에 따른 증상에 의해 4등급으로 나눠, 최고액(특급과 1급)은 평균임금의 80%로 하고, 2급은 40%, 3급은 24%, 급외는 이 장애보상비는 없고, 의료비만 지급하기로 돼 있다[7]. 〈표 6-2〉는 종료 때와 그 뒤 급부 월액을 보여주는 것이다. 장애급별 인정환자수는 당초 특급 0.5%, 1급 4.8%, 2급 28.1%, 3급 44.3%, 급외 22.4%였지만, 종료기에는 각각 0%, 0.6%, 11.8%, 52.8%, 34.7%가 됐다. 경증자의 인정이 늘어 종료기에는 80%를 넘었다. 대기오염의 개선과 주거 등 생활환경이나 영양상태의 개선으로 인한 것이겠지만 정확한 원인은 불분명하다. 보상급부비는 경증환자가 많았기 때문에 생활보장을 위한 장애보상비는 전체의 3분의 1에 머물고,

표 6-2 장애보상 표준급부 월액

(단위: 천 엔)

연령계층 (세)	1988년도		2006년도	
	남	녀	남	녀
15 ~ 17	89.8	83.2	121.9	111.2
18 ~ 19	118.6	99.5	154.0	133.7
20 ~ 24	144.2	116.6	184.7	160.8
25 ~ 29	177.6	134.1	223.0	185.2
30 ~ 34	216.1	139.9	263.6	202.3
35 ~ 39	248.2	139.9	309.2	213.8
40 ~ 44	274.4	137.6	335.4	213.6
45 ~ 49	284.9	136.4	352.8	209.5
50 ~ 54	276.7	137.3	353.1	204.2
55 ~ 59	240.3	143.9	338.8	199.9
60 ~ 64	193.8	135.2	252.3	172.0
65 ~	169.8	128.9	231.1	175.7

출처: 환경청 조사

요양의 급부 및 요양비가 약 절반을 차지하였다. 1987년도의 보상급부비는 1033억 엔, 공해복지보건사업은 3억 엔, 합계 1036억 엔이다.

〈그림 6-1〉은 당초예산이기에 위의 수치와 조금 다르지만, 이 예산은 오염기업의 부과금 863억 엔, 자동차중량세 216억 엔으로 8대 2로 분할돼 있다. 고정발생원과 이동발생원의 부담에 대해서는 국회 상정시에 정해지지 않았다. 제조물책임을 물어 자동차제조업에서 취할지 연료성분을 물어 석유산업에서 취할지 등 논의는 있었지만, 결국 자동차 소유자가 내는 국세에 포함되었다.

부과금은 전년도의 아황산가스 배출량에 따라 부과율을 정했는데, 지정지역 이외에서도 징수했다. 〈표 6-3〉은 종료 때의 오염부하량 부과금의 부과료율과 요율격차를 보여주는 것이다. 이와 같이 오염도에 따라 지정지역을 ABCD 4가지로 구분하였다. 지정구역 외의 부과료율은 A지역(오사카)의

17분의 1이었지만, 사업소수가 많아지면서 배출량도 높아졌기 때문에 초기
엔 부담의 42.7%를 차지했다.(그림 6-3)

표 6-3 오염자부하량 부과금의 부하요율 및 요율격차

블록명		1987년도				1988년도			
		부과요율구분	요율격차	부과요율	신장률	과거분 부과요율	현재분 부과요율		
							부과요율구분	요율격차	부과요율
구지정지역	오사카 도쿄	A B	1.90 1.15	5,362엔90전 3,245엔97전	29.5	45엔76전	A B	1.85 1.15	4,573엔59전 2,843엔04전
	지바 고베 나고야	C	1.05	2,963엔97전	36.0		C	1.05	2,595엔82전
	후지 욧카이치 후쿠오카	D	0.75	2,116엔94전	29.5		D	0.75	1,854엔16전
	오카야마				38.7				
기타지역				313엔62전	29.5				274엔69전

주: 1) SOx 1㎥ N당의 부과료.
　 2) 환경청 조사.

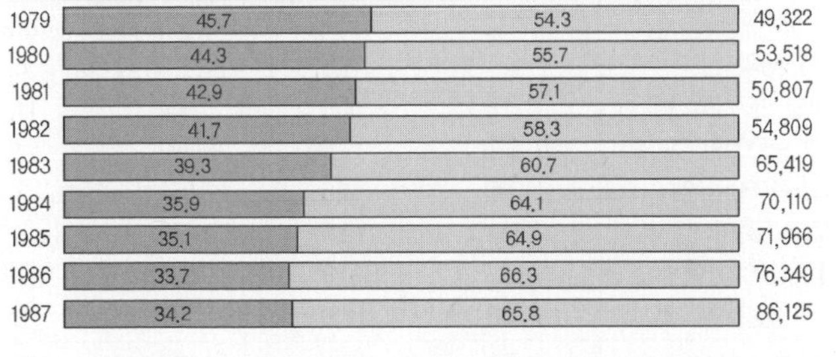

부과금 총액(백만 엔)

연도	지정지역	기타 지역	부과금 총액
1974	57.3	42.7	3,966
1975	55.6	44.4	14,489
1976	58.1	41.9	31,045
1977	54.1	45.9	44,393
1978	50.8	49.2	40,587
1979	45.7	54.3	49,322
1980	44.3	55.7	53,518
1981	42.9	57.1	50,807
1982	41.7	58.3	54,809
1983	39.3	60.7	65,419
1984	35.9	64.1	70,110
1985	35.1	64.9	71,966
1986	33.7	66.3	76,349
1987	34.2	65.8	86,125

출처: 환경청 조사. 1962년도에 대해서는 1987년 6월 30일 현재의 신고실적.

그림 6-3 지정지역과 기타지역과의 부담비율의 추이

그러나 점차 지정지역의 배출량이 줄어 종료기인 1987년에는 65.8%를 차지하게 됐다. 업종별로 보면 〈표 6-4〉와 같이 전기, 철강, 화학의 오염 3개군이 1976년도 69%, 1986년도 60%를 차지하였다. 이를 신고액 규모별로 보면 〈표 6-5〉와 같이 1억 엔 이상으로 63.5%를 거두었다. 대기업이 오염량이 많고, 부담도 크다는 것을 알 수 있다.[28]

표 6-4 오염부하량 부과금 업종별 징수건수

(단위: 건, 백만 엔)

업종	1976	1977	1978	1979	1980	1981	1982	1983	1984	1985	1986
전기	112	120	116	118	119	123	124	124	127	125	125
	8,187	12,597	12,206	15,854	17,129	15,516	17,651	20,979	23,118	23,310	22,782
철강	648	480	486	482	474	468	460	437	421	398	387
	7,864	9,498	8,028	8,216	8,616	8,761	9,440	10,922	10,935	11,547	12,353
화학	772	773	790	787	785	779	774	768	758	734	736
	5,318	7,493	6,286	7,352	7,940	7,483	7,949	9,485	10,272	10,330	10,791
기타	6,512	6,622	6,762	6,842	6,967	7,063	7,177	7,316	7,303	7,104	7,143
	9,676	14,805	14,067	17,900	19,833	19,047	19,769	11,670	25,785	26,616	30,217
합계	7,864	7,995	8,154	8,229	8,345	8,433	8,535	8,645	8,609	8,361	8,391
	31,045	44,393	40,587	49,322	53,518	50,807	54,809	65,419	70,110	71,803	76,143

주: 상단: 건수, 하단: 금액
출처: 환경청 조사(1986년 6월 30일 현재)

표 6-5 오염부하량 부과금 신고액 계층별 내역

계층구분	건수	%	금액 (백만 엔)	%
5억 엔~	24	0.3	20,610	27.0
1~5억 엔	131	1.5	27,820	36.5
5000만 엔~1억 엔	126	1.4	8,944	11.7
1000~5000만 엔	491	5.6	10,790	14.1
500~1000만 엔	399	4.6	2,847	3.7
100~500만 엔	1,644	19.1	3,884	5.1
10~100만 엔	3,567	40.9	1,393	1.8
~10만 엔	2,326	26.6	61	0.1
합 계	8,728	100.0	76,349	100.0

출처: 환경청 조사(1986년도)

공해변호사연합회의 공건법 평가

공변련(公辯連) 공해배상제도연구회는 「공해배상제도의 현실과 과제-공건법의 시행을 둘러싸고」(1974년 11월 23일)에서 다음과 같이 요청했다. 우선 지역지정이 너무 협소한데, 지정의 근거가 불명확하기에 어떻게 확대할 수 있을지 불분명하다. 지정시역에서 지정질환이 있다면 인정해야 하며 노출기간은 필요없다. 환자인정은 주치의의 진단서를 존중하면 된다. 대상질환이 너무 협소하기에 이비인후의 염증, 폐암, 광화학스모그로 인한 건강장애를 넣어야 한다. 급부에 대해서는 기초액을 판결과 비교해 80%로 감액하는 것은 문제가 있고, 평균임금을 기초로 해 위자료를 추가했다고는 하지만 티가 나지 않는다. 평균임금을 취하여 남녀간 격차, 연령별 격차, 아동과 성인과의 격차가 생겼다. 과거의 보상이나 위자료가 제도 밖으로 벗어나 있고, 종래 지자체의 구제제도쪽이 나은 경우가 생기고 있다. 기타 아동보상수당, 간병수당, 유족보상도 모두 금액이 낮다고 비판했다.

공변련은 특히 부대결의의 실행을 압박하며 다음과 같이 말했다.

'피해자구제의 근본은 발생원대책을 완벽히 해두어 더 이상의 피해를 내지 않는 것이며, 아울러 피해의 원상회복에 있다. 이를 부대사업으로 자리매기는 데에 뭔가 구체안을 보여주고 있지 않다.[29]'

공해론에서 나오는 평가

나는 『일본의 공해』(1975년)에서 이 제도를 소개하며 다음과 같이 말했다.

첫째로 이 제도는 국가가 총자본의 대변자로서 분쟁처리를 위해 등장해 작성한 것이기에 피해자를 행정이 구제하는 것이다. 이 때문에 기업의 책임이 모호해졌다. 민사소송을 하려면 기업의 책임을 명확히 할 필요가 있지만, 개별기업명이나 그 부과금은 조세와 마찬가지로 비밀에 부쳐져 있다. 배상이 아니라 보상이라고 해도 기업의 개별 부과금은 공개해야 하는데 공해건강피해보상협회가 대신 지불하는 것으로 돼 있다. 더욱이 그 대상은 지

정지역만이 아니라 전국의 SO_x 배출자(1만㎥ 이상)로 확대돼 오염자부담원칙
이 모호해졌고, 진짜 오염자부담을 낮추어놓았다.

둘째는 이 제도가 자동차로 인한 대기오염의 책임 추궁을 미연에 방지하
는 성격을 갖고 있었기에 부하율의 기준은 SO_x에 한하고, NO_2나 부유분진
(SPM, PM2.5를 포함)을 대상으로 넣지 않았다. 그 대신 자동차중량세라는 국세
를 부담금의 일부로 했다. 이로 인해 자동차·석유 관련 기업과 정부의 책임
을 간접적으로 부여하는 것으로 해놓았다. 기업과 정부의 책임을 모호하게
해 '1억 참회·후회·반성'식의 해결을 보려는 모양새다.

셋째는 정신적 손해의 보상인 위자료를 중심으로 하지 않고 일실이익을
주체로 해 평균임금을 기준으로 한 것인데, 남녀, 연령의 커다란 격차를 낳
았다. 이들 가운데 특히 제1의 부과금이 조세나 기부금처럼 되고, 그 산정
기준을 충분히 조사하지 않았다며 SO_x만 대상에 넣고, 그것도 지정지역 외
에서 얻은 수치는 피해자가 책임을 추궁할 수 있는 근거를 잃어버렸다. 그
뿐만 아니라 SO_x 규제의 강화와 더불어 오염원이 고정발생원에서 자동차
등의 이동발생원으로 옮겨지면 오염의 주체도 NO_2나 SPM(그중 PM2.5)으로
옮겨진다. 그 결과, 피해자는 자동차공해가 심한 대도시권으로 집중되는
데 비해 부과금은 지정지역 외 특히 대도시권 밖에 있는 기업이 부담하게
된다. 이렇게 해서 시간이 흐르자 피해자만이 아니라 기업도 불만을 갖게
됐다.[30]

공건법에 대한 평가는 초기에는 제1종에 집중했다. 제2종에 대해서 특이
적 질환으로 오염원인자와 피해자의 인과관계가 의학적으로도 확정되고 지
정지역 등 3개 조건도 의견차가 생기지 않는다고 생각됐다. 또 참고인인 히
요시 후미코나 고마쓰 요시히사의 국회발언에서 알게 된 바와 같이, 피해자
와 지원단체는 이 법률에 반대했는데, 재판과 직접교섭으로 승소한 보상협
정에 의한 구제를 택했기 때문이다. 이 제도로 정해진 공해인정심사위원회
가 공식으로 승인해주면 행정적 구제는 소용없다고 생각했다. 그런데 반대
로 방해가 된다고 생각했던 것일까. 확실히 공건법은 제1종의 대기오염대

책을 위해 긴급히 만들어졌다. 제1종의 제도는 지금까지 말한 바와 같이 많은 결함을 갖고 있다고는 해도 제도의 근간의 생각은 이미 욧카이치 판결과 그 전후로 만들어진 〈구제법〉과 지자체 차원의 구제제도로 시행이 끝났다. 대기오염은 비특이성질환이지만 4질환에 대해서는 병상이 명확하고, 일상생활에서의 질병의 영향이 어느 정도인지도 진단 가능하다. 이 때문에 욧카이치 판결의 사가와 감정*에 따라 등급을 부여하였다. 이는 일실이익의 배상방식으로는 정당한 것이다.

제2종의 제도의 내용에 대해서 의심의 여지가 없다고 입안자인 하시모토 미치오도 생각했던 것임에 틀림없다. 그러나 그것은 착오였다. 이미 잠재해 있던 환자를 발굴하기 시작하고 더욱이 구마모토 대학이 10년 뒤에 한 미나마타병의 조사결과를 보면, 피해자는 예상보다 한 자리, 두 자릿수나 많아졌다. 게다가 인정심사회의 기준인 헌터러셀증후군으로는 판정할 수 없는 미나마타병의 병상이 명확해지기 시작했다. 이미 국회의 논쟁 가운데 자민당 기미 다케오가 예방선을 확대했던 것처럼, 오이시 전 환경청 장관이 의심되면 구제한다고 했던 방침이 인정심사회 사이에 새로운 분쟁을 일으킨 것은 분명했던 것이다. 결국 이타이이타이병이 발병하자 진짜 병상이 어떤 것인지를 전원 건강조사를 해 역학적으로 진단을 하고 구제 특히 보상의 법제를 정했던 것처럼 미나마타병도 그렇게 해야 했던 것이다. 그런데 그런 검토 없이 법제화돼 후술하는 바와 같이, 인정을 요구하는 환자가 급증하고 잘못된 인정제도로 인해 환자 자르기가 시작되자 공건법 방식이 잘못되었다는 사실이 명백해졌다.

미나마타병의 공식 발견 후 60년 이상 지나도 문제가 매듭지어지지 않는 현실을 공건법 제정 때 정부는 전혀 예상하지 못했다. 피해자, 지원자나 많은 연구자도 제2종의 결함을 당시 지적하지 않았던 것이다.

---

* 사가와 야노스케는 교토 대학 결핵흉부질환연구소 임상폐생리학부 교수로, 욧카이치 공해재판 관련 감정서를 제출함.

OECD의 평가

OECD의 『일본의 환경정책』(1977년)은 공건법에 대한 내용을 간결하게 기술하고, 비판을 소개하였다. 첫째는 행정이 지체하여 생긴 것인데, 배출량을 줄여도 인정환자가 늘어나는 모순을 보이고 있다는 것이다. 둘째는 부과금을 보험료로 생각하면 지정지역의 기업이 기타 지역보다 9배나 지불할 이유가 없다. 한편 공해의 책임이라면 기타 지역은 지불할 필요가 없다. 이 법률은 '행동책임'의 원칙과 '배상책임'의 원칙을 절충하고자 노력하였다고 했다. 셋째는 지정지역의 지정질환에 관련된 사람은 공해병이 아니라도 보상을 받을 수 있다. 반대로 공해병을 앓고 있지만 지정지역에 살고 있지 않으면 보상받을 수 없다. 또 노동을 할 수 없게 된 1급 환자는 80%밖에 보상받을 수 없는데, 노동하지 않는 사람이라도 환자가 되면 보상을 받을 수 있다. 이는 위자료가 아니라 일실이익으로 보상을 했기 때문이 아닌가.

OECD는 대강 이렇게 비판했는데, 사법으로 해결해야 할 것을 행정으로 해결했기 때문에 생긴 모순이 있다며 '이런 일본의 방식은 충돌을 피하려는 사람이 생각해낼 수 있는 것이라고 생각한다'고 결론지었다. '······ 정부는, (재판이나 직접교섭에 의한) 공연한 충돌을 피하려고 했던 것이다.' 보상의 지불은 '오염부과금을 내고 오염시킬 권리-사람의 건강을 훼손할 권리-를 산 것처럼 보인다고 한다.'(생략) 이는 오염기준의 경우도 그 오염까지 오염시킬 권리를 인정하고 있는 것이다. 이러한 방식이 옳지 않다는 견해도 있다. 그러나 보상받지 못하는 피해보다 보상받을 수 있는 피해 쪽이 낫다는 것도 명백하다는 주장이었다. 결국 OECD는 이 제도가 오염방제에 자극을 주었고, 일본 정부의 행위가 옳고 그른지 판단 없이 일본의 사정으로 인정했다.[31]

이와 같이 국제·국내적으로 비판이 많은 제도였지만, 노동재해제도에 맞먹는 환경재해에 관한 세계 최초의 공해건강피해구제제도가 출발한 것이다. 이는 기업의 자주자책(自主自責)을 기본으로 하는 자본주의적 시장제도에서는 이례적인 것이었지만 미래를 예측하는 제도이기도 했다. 이 제도는 구미에 전례가 없는 일본 정부의 독창적인 것이며 공해연구의 지체로 인해 많은 과제를 남기면서 출발했다. 이에 따라 적어도 약 10만 명(도중의 경과를 보면 수십만 명)의 대기오염환자가 구제됐다. 그 중에는 공해병이 아닌 환자도 포함돼 있었는지도 모르지만, 공해병 환자에게는 유일한 구제제도였다. 이는 큰 업적이다. 한편 기업은 공해재판이나 직접교섭이라는 분쟁에 종지부를 찍는 데 성공했다. 나중에 공건법을 개정하기 위해 오사카 니시요도가와, 가와사키, 아마가사키, 지바, 미시마 등지에서 공해재판이 재연되는데, 어쨌든 하시모토가 말하는 '문화대혁명'의 물결은 이 제도로 막을 수 있었다. 그럼에도 불구하고 은혜를 입은 경제계가 오일쇼크 이후 계속된 불황 중에 바로 개정-폐지운동에 나선 것은 윤리에 반하지만, 그것은 다음 장 이후로 넘긴다. 이 법률은 피해자의 구제만이 아니라, 기업방위와 정권의 안정에 성공했다. 동시에 기업은 이 값비싼 부과금을 줄이기 위해 공해방지 투자를 서두르고, 산업구조를 개혁하지 않을 수 없게 됐다.

제2절 스톡공해와 오염자부담원칙
- 공해방지사업비, 사업자부담제도 등

1 일본의 오염자부담원칙

이 시기에 환경정책의 경제학적 원칙은 앞서 말한 바와 같이 OECD의 오염자부담원칙(PPP)이다. 그러나 이는 일본이 공해의 경험에서 만든 원칙과는 다르고, 시장 메커니즘을 이용한 정책에 한정됐으며, 사법적·행정적 규제까지 적용되는 것과 같은 '정의'의 도덕원리를 보여주는 것은 아니었다. OECD의 오염자부담원칙은 자원배분의 합리성과 국제무역상의 왜곡을 시정하는 것을 목적으로 한 것이며, 비용편익분석을 통한 '최적오염수준'까지

의 공해방제비를 과징금 또는 공해세를 통해 징수하는 것이다. 경제행위를
통해 발생하는 피해는 예외적으로 보상을 하지만, 모든 피해구제, 환경복원,
더욱이 예방까지 오염자부담원칙을 적용하는 것에 대해서는 검토가 돼 있
지 않다.

그러나 일본의 경우에는 이시오 광독 사건에서 시작돼 에히메현 시사카
지마의 스미토모 금속광산의 공해 사건을 보면, 오염자부담의 원칙은 이미
메이지 말년에 확립돼 있었다고 해도 좋다. 그것은 피해자구제, 오염원대책,
공장의 입지변경, 오염지역의 전답 등 토지의 매상이나 오염토지의 복원 등
을 포함한 넓은 범위의 공해대책비용을 오염자가 모두 부담해야만 하는 것
이었다. 그런데 전쟁과 전후 고도성장은 이 전통을 단절시켜버렸다. 이 때
문에 미나마타병, 이타이이타이병이나 욧카이치 천식에서는 오염자가 가해
책임을 지지 않고 공해대책비를 부담하지 않았기 때문에 재판을 비롯해 사
회적 분쟁이 심각해졌다. OECD가 제안한 오염자부담원칙은 이러한 상황
에서 일본 국민에게 공해문제를 해결하는 기본적 원리로 적극 받아들여져
한때 오염자부담원칙이 일본의 유행어가 됐다.

그러나 일본 공해사의 경험에서 생긴 '오염자부담원칙'은 OECD의 원칙
과는 달리 환경정책의 모든 국면에 적합하도록 확대하지 않을 수 없었다.[32]
이와 관련해 중앙공해대책심의회 비용부담부회는 「공해에 관한 비용부담
의 향후 방식」(1976년 3월)에서도 제도를 뒤쫓아가면서 반영해 '건강 및 생활
환경을 저해하는 물질을 발생한 사람이 그 결과에 대해 당연 책임을 져야
한다는 사회적·윤리적 통념'에 서서 다음과 같이 기술하였다.

'일본에서는 환경 복원비용이나 피해자 구제비용에 대해서도 오염자부담
이란 사고방식이 깔려 있다. 이는 일본이 겪은 심각한 공해문제의 경험과
반성에 바탕을 둔 것이며, 앞으로도 오염자가 부담해야만 하는 비용의 범위
는 오염방제비용에 한정하지 않고 널리 이해해야 한다. 수은, PCB로 인한
오염량, 스톡으로서 문제가 되는 오염도 근원을 따지면 플로(flow)로서의 오

염의 집적에 다름없다. 오염을 발생시키는 것은 지금 현재에 있어서 오염방제에 최선을 다하는 것은 물론, 과거의 오염발생에 관련된 때에도 원칙적으로 그 책임을 면할 수 없으며 이러한 축적성 오염을 방제하기 위한 환경복원비용도 기본적으로는 오염자가 부담할 필요가 있다. 또 마찬가지로 피해자 구제비용도 기본적으로 오염자가 부담해야 한다.'

이 제언은 쓰루 시게토와 내가 제창해 온 오염자부담원칙을 채택한 것으로, OECD의 견해가 아니라 일본의 경험을 바탕으로 한 넓은 범위의 비용부담을 제창하였다. 더욱이 오염자에 대해서도 경제의 전 과정에서 발생한 오염을 문제로 삼고, 간접오염자에게도 '부가오염세'를 부과하는 것을 요구하였다. 이는 후술하는 석면재해의 비용부담에도 적용할 수 있는 원리이다.

OECD는 앞 절에서 말한 바와 같이 일본의 공건법을 오염자부담원칙의 '이례'로 인정했다. 그러나 축적된 오염물 제거=환경복원이나 노출된 후 긴 세월이 지나 발생하는 피해보상에 오염자부담원칙을 적용하는 것까지는 인정하지 않았다. 쓰루와 미야모토는 이를 스톡공해로 이름 붙이고, 그 비용부담은 오염물을 최초로 축적한 원인자에게서 구했다. 가령 카드뮴오염토양의 복원은 광업자에게, 석면의 건강피해자에게는 제조업자를 오염자로 해 원상회복비용을 부담시킨다는 것이다. 이러한 생각에 근거해 이미 〈농용지토양오염방지법〉과 〈공해방지사업비 사업자부담법〉이 시행되고 있었다. 나는 1974년 일본학술회의 주최 국제환경회의의 사전 심포지엄에서 스톡공해에 대해 보고한 적이 있었는데, W. 카프 교수는 토양오염제거의 책임은 오염물의 투기자가 아니라 지주 또는 개발업자라며 나를 비판했다. 그것은 당시 구미의 상식이었다.

1977년에 미국 뉴욕주에서 러브 운하 사건이 발생해 1980년 슈퍼펀드법이 제정됐다. 이에 따라 스톡공해의 비용부담을 폐기물의 투기자 또는 그에 연대하는 사람이 지게 됐다. 이 제도는 개별업자가 아니라 관련 기업에 부과한 환경세로 기금제도를 만드는 것이었는데, 스톡공해에 관한 일본다운

원리가 인정됐다고 해도 좋을 것이다. 후술하는 바와 같이, 당시 일본의 〈토지오염방지법〉은 농업용지에 한정돼 있었기 때문에 국토 전역에 적용하는 슈퍼펀드법이나 독일의 토양법에 비하면 적용지역이 한정됐고, 일반적으로 늦은 구미의 제도쪽보다는 앞섰다고 해도 좋을 것이다. 한 가지 더 일본다운 오염자부담원칙의 실례를 소개한다.

공해방지사업비 사업자부담금

이 법률은 전형적인 7가지 공해가 발생하고 있는 지역에서 기업이 사업활동으로 일으키는 공해를 방지하기 위해 국가·지자체가 행하는 공공사업에 대해 원인자에게 그 전부 또는 일부 비용을 부담시키는 제도이다. 그 대상사업은 (1)공장 또는 사업소 주변에 녹지의 설치와 관련, (2)오니, 그 밖의 공해의 원인이 되는 물질의 준설, (3)공해의 원인이 되는 오염물이 축적되고 있는 농업용지, 농업용 시설의 객토사업 또는 시설개선, (4)하수도, 그 밖의 시설로 특정사업자의 사업활동에 이용되는 것의 설치, (5)공장 또는 사업소 주변에 있는 주택의 이전사업.

이 비용을 부담시킬 사업자는 공해방지사업지역에서 이와 관련된 공해의 원인이 되는 사업활동을 하거나 할 것이 확실한 사업자이다. 이 비용부담에 대해서는 원인물질의 배출량·질 등을 기준으로 하고, 공해가 그 원인이 된다고 인정되는 정도에 따라 부담액을 배분한다고 했다.

1997년 이후는 사업이 종료된 지역의 해제를 시작하고 있었기에, 그 시점에서 이 사업이 수행된 상황을 보면 〈표 6-6〉과 같다. 전체로 105건, 총액 2911억 엔, 사업자부담은 1399억 엔으로, 부담률은 47%였다. 가장 금액이 큰 것은 완충녹지대의 조성이었는데, 중요한 것은 축적성 오염의 제거였다. 기업의 부담률이 낮았는데, 환경정책의 후퇴기여서 오염자부담원칙이 관철되지 않았다는 결점이 있었다. 부당공비(公費)부담 환불재판이 된 다고노우라 퇴적오물 처리사업이 전형적인 예이다. 퇴적오물처리의 직접 이유는 종이·펄프 공장의 폐액퇴적물로 인해 선박의 항행에 지장이 생겼기 때문이

표 6-6 공해방지사업비 사업자부담법의 적용상황(1997년 3월말 현재)

(단위: 백만 엔)

사업종별	건수	공해방지사업비	사업자부담액	부담비율(%)
준설사업	32	81,729	59,862	69.6
객토사업	40	84,664	37,674	44.5
완충녹지대	31	119,740	40,153	33.5
특정 공공하수	2	5,012	2,172	43.3
합 계	105	291,145	139,861	47.0

출처: 환경청 기획조정과 자료

다. 사업자는 82%를 부담했다. 그렇게 부담을 나눈 이유는 퇴적오물의 일부는 후지산계(株)의 토사붕괴에 의한 것으로, 항만기능의 회복은 공공성이 있다고 해서 경비의 18%는 공비로 부담했다.

미나마타공해방지사업은 1977년에 수은을 포함한 퇴적오물처리 209ha의 준설·매립사업으로 시작해 1990년에 완료됐다. 총사업비 480억 3400만 엔으로 짓소는 305억 2500만 엔, 63.5%를 부담했다. 이에 비해 도야마현 간즈가와 강 유역의 이타이이타이병 원인물질인 카드뮴의 제거·객토사업은 1979년부터 2011년까지 33년간에 걸쳐 863ha, 총사업비 407억 엔을 투자했고, 원인기업은 39.39%를 부담했다. 이때는 카드뮴이 자연에도 존재한다는 이유 등으로 미쓰이 금속광업의 부담은 적었다.

일본의 스톡공해 제거사업은 슈퍼펀드법에 비해 원인기업의 부담이 명확했다. 일본형 오염자부담원칙은 공해방지에 유효한 움직임을 보였다. 그러나 이것으로 인해 기업이 사회적 손실을 보상했다고는 말할 수 없다. 더욱이 다른 한편에서는 공해대책에 대한 지원이 행해지고 있었다. 〈표 6-7〉은 1976년도를 택해 비교한 것인데, 보조정책 쪽이 사업자부담의 1.7배였다. 일본형 오염자부담원칙에 의해 기업부담은 커졌지만, 그 이상으로 보조정책에 의해 기업경영의 안전과 성장이 꾀해지고 있다는 것도 명백했다.

표 6-7 기업보호적 환경정책(1976년도)

(단위:억 엔)

오염자부담원칙을 통한 기업부담		보조정책	
보상법에 의한 오염부하량부과금	356	공해 관련 감세	619
공해방지사업기업부담	483	(a)국세 370	
		(b)지방세 249	
		공해방지사업공비부담	438
		특별융자를 통한 보조	343
합 계	839		1,400

주: 1) 공해방지비에 대한 정부의 특별융자를 통한 보조액산정방식은 OECD의 계산방법에
의한다.
2) 공해방지사업비는 1977년 12월 말 현재 실적이기에 총액으로 돼 있다.

2 공해방지계획

공해의 원인으로는 하수도·완충녹지대 등의 사회자본이 부족하거나 도시계획의 결여 등이 지적됐다. 이 때문에 공해대책기본법 제19조에 의해 공해방지계획이 수립됐다. 이는 공해가 매우 심한 지역 및 공해의 우려가 있는 지역을 대상으로 해 전형적인 7대 공해의 환경기준의 실현을 목적으로 하고, 기업의 공해대책, 지방단체의 생활환경정비나 자연보전, 토지이용계획 등 종합적인 시책으로 공해를 방지하는 계획이었다. 종래 공해대책이 사후대책이며 개별배출원 규제에 머물고 있던 것에 비해 지역의 환경보전이라는 종합적 대책을 세우고자 한 점으로, 이념으로는 진전돼 있는 일본 독자적인 환경정책이었다. 공해방지계획은 1970년 제1차(오카야마 구라시키, 욧카이치)로 시작해, 1976년 제7차까지 39개 지역이 지정됐다. 전국의 주요한 대도시, 신 산업도시, 공업정비특별지역 등 전국 인구의 54%, 전국 면적의 9%, 제조품 출하액의 61%를 차지하고 있었다. 5년마다 필요한 재검토를 하고 있었지만, 5년으로는 실현하기 어려워 재검토가 반복됐다.

기업과 지방단체의 사업비 배분은 초기 3대 7이었지만, 점차 지방관계사업으로 중심이 옮겨가고 있었다. 지방단체의 사업은 일반적인 규제 이외에

공해대책사업(하수도, 완충녹지, 폐기물처리시설, 학교환경정비, 준설·도수(導水), 토지개량,
감시측정체제)과 공해 관련 사업(공원·녹지정비, 교통대책·지반침하대책)으로 구분돼
있다. 이 사업비의 일부는 앞의 공해방지사업비 사업자부담법에 의해 기업
이 부담하게 됐고 또 공공사업의 보조율이 더 높아졌다. 제1차에서 제7차까
지의 공해대책사업비는 8조 5305억 엔, 공해 관련 사업은 2조 9352억 엔이
었다. 이 공해대책사업비 가운데 하수도비가 가장 큰 70%, 폐기물처리비가
25%를 차지하였다. 따라서 산업공해방지라기보다는 도시공해대책에 중점
이 옮겨지고 있다는 사실을 보여주었다.

공해방지계획은 공해방지의 지역정책으로서의 이념은 그럴싸했지만, 그
것이 실현됐다고는 말할 수 없다. 이 계획은 목표나 수단을 정하고 있었지
만, 사업자, 공공단체나 일반주민에 대한 구속력은 없었다[33]. 이 계획은 내
각 총리가 기본방향을 제시하고, 그 지시에 근거해 도도부현 지사가 계획을
작성해 총리의 승인을 얻게 돼 있었다. 이처럼 중앙집권적으로 계획이 결정
된 이유는 산업입지는 국가적 입장에서 결정해야 한다는 정부의 기본방침
에 근거한 것이다. 이 때문에 국가의 기본방침은 중앙관료의 탁상공론에 불
과하고 획일적이었는데, 제1차 지정인 욧카이치·미시마의 계획과 제5차
지정인 지바·이치하라 지구의 기본방침은 거의 같은 문장이었다. 각각의
공해방지계획은 그 지역의 사정에 따라 다를 수밖에 없는데, 이래서는 효과
가 나지 않는 것은 당연하다. 목표가 되는 환경기준은 NO_2와 같이 계획 도
중에 변경되거나 미정이었던 것도 계획을 부정확하게 했다.

원래 공해방지계획은 그 지역에 있어서 환경보전을 위한 토지이용과 사
회자본정비의 기본계획이기 때문에 지자체가 정책 주체가 되고 주민참여를
얻어, 각각의 지역 공해의 실태와 원인을 명확히 하고, 또 향후 산업이나 인
구배치의 예측을 합쳐 수립해야 하는 것이다. 그러나 이 계획의 공공사업은
각 부처의 보조금사업으로 운영되기 때문에 종합화가 되지 못한다. 따라서
공해방지라고는 말하기 어려운 사업운영이 된다. 이 때문에 국가의 계획과
는 별개로 지자체 독자 계획이 만들어졌다. 가령 도쿄도는 1971년에 「도민

을 공해로부터 방위하는 계획」을 발표하고 시빌 미니멈 달성을 위해 국가
보다도 넓은 범위의 오염물을 대상으로 해 엄격한 환경기준에 의한 규제를
포함하는 방침을 발표했다. 또 오사카부는 「환경관리계획」을 발표해 전국
에 앞서 총량규제를 실시했다. 이와 같이 경제적 수단보다도 행정계획을 통
해 공해방지를 추진한다는 것은 구미에 사례가 없는 일본의 독특한 것이며
정책수단으로서는 뛰어난 것이지만, '정부의 결함'으로 인해 지자체가 주체
가 되지 않으면 계획을 실현하기 어렵다는 사실을 보여주었다.

제3절 공해대책의 성과와 평가

1 오염물 저감의 성과와 직접 원인

환경의 질의 추이 - 오염물의 감축

1960년대, 기업과 정부가 아무런 대책도 내놓지 않던 사이 일본의 환경
파괴는 최고도에 이르렀고, 최악의 건강피해를 불러왔다. 그 뒤 1970년의
건강피해를 방지하기 위한 환경관계 14법의 제정과 일본적 오염자부담원칙
에 의한 공건법 등의 제정이 있어 엄격한 환경기준을 통한 직접규제가 효
과를 나타냈다. 1970년대에는 기업도 공해방지투자 등의 사회적 비용을 내
부화하는 데 합의했다. 일본장기신용은행에 따르면, 기업이 환경정책을 추
진하기 위한 기기의 생산을 환경산업으로 여기기 시작한 것은 1970년 이후
부터였다고 한다[34]. 이와 같은 경제계의 변화에 따라 환경의 질은 조금씩 개
선됐다.

대기오염은 〈그림 6-4〉와 같이 오염의 중심이었던 SO_2는 주요한 15개
관측점의 평균으로는 1967년의 연평균 0.059ppm(이는 하루 평균 0.1ppm을 넘는다)
이라는 고농도를 정점으로 내려가기 시작해, 1976년에는 0.020ppm(하루 평균

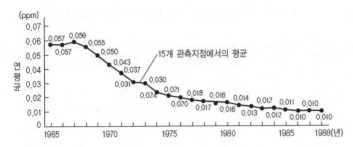

주: 환경청 자료.

그림 6-4 SO_2 농도의 추이

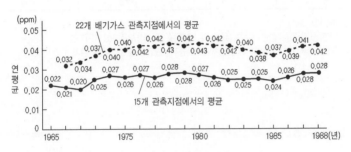

주: 환경청 자료.

그림 6-5 NO_2 농도의 추이

0.04ppm)으로 환경기준을 드디어 달성하고, 그 뒤에도 하강을 계속했다. 일반 국(局)에서는 환경기준의 달성률이 1972년에는 684개국 중 227개국으로 37%였지만, 1975년에는 1125개국 중, 778개국으로 80%에 달했고, 1980년에는 거의 환경기준을 달성했다고 해도 좋을 것이다[35]. 이에 비해 NO_2의 농도는 〈그림 6-5〉와 같이 1970년부터 점차 증가해, 특히 자동차배기가스 관측지점은 옛 환경기준(연평균 0.04ppm)을 웃돌고 있다. 그러나 1978년에 환경기준이 하루 평균 0.04ppm에서 0.06ppm으로 완화됐기 때문에 거의 대부분의 국은 환경기준을 달성할 수 있게 됐다. 그러나 대도시권에서는 여전히 배출량이 늘어나고 있었다. 강하분진량은 석탄에서 석유로 연료가 바뀌고 전기집진기가 보급됨에 따라 극적으로 감축됐다. 부유입자상 물질농도는

표 6-8 유해물질로 인한 오염상황a)(1970~1983년)

(단위: %)

물질명	1970년	1974년	1983년
카드뮴	2.80	0.37	0.10
시안	1.50	0.06	0.03
유기인	0.20	0.00	0.00
납	2.70	0.37	0.03
크롬(6가)	0.80	0.03	0.01
비소	1.00	0.27	0.05
총수은	1.00	0.01b)	0.00
알킬수은	0.00	0.00	0.00
PCB		0.38c)	0.00
계	1.40	0.20	0.04

주: 1) 환경청 조사.
2) a)환경기준을 넘는 검체(檢体)의 백분율, b)1973年, c) 1975년
3) 계는 9대 유해물질의 대상검체수 가운데 환경기준을 넘는 검체수의 비율.

표 6-9 주요공업국의 오염추이와 환경보전지출

	질소산화물(NOx) 배출량(천t)				유황산화물(SOx) 배출량(천t)			
	1975	1985	1995	2002	1975	1985	1995	2002
일 본	1,677	1,322	2,143	2,018	1,780	835	938	857
미 국	19,100	21,302	22,405	18,833	25,600	21,072	16,831	13,847
프랑스	1,612	1,400	1,702	1,350	2,966	1,451	978	537
독 일	2,700	2,539	1,916	1,417	3,600	2,637	1,937	611
영 국	1,758	2,398	2,192	1,587	5,130	3,759	2,364	1,003
스웨덴		437	298	242		256	77	58
폴란드		1,500	1,120	796		4,300	2,376	1,455
한 국		722	1,153	1,136		1,351	1,532	951

주: 1) NOx와 SOx의 수치는 발생원마다 추계해 합계한 것이기에 개수(概数)여서 정확
하지 않다. NOx에 대해서 1985년의 스웨덴은 1987년의 것, 2002년의 한국의 수
치는 1999년의 것(한국은 NOx만의 수치). SOx에 대해서 일본의 1985년은 1986
년의 수치. 한국의 2002년은 1999년의 수치. 독일은 1985년까지는 서독의 수치.
2) BOD는 일본은 요도가와 강, 미국은 델라웨어 강, 프랑스는 센 강, 독일은 도나
우 강(1975년만 라인 강), 영국은 템스 강, 폴란드는 비스라 강, 한국은 한강의
수치. 특히 일본의 2001년은 2000년, 영국의 2001년은 1999년의 수치.

1975년 이후 감축됐지만, 자동차교통량의 증대로 인해 옆걸음질을 했고, 나중에 PM2.5문제가 생겼다. 환경기준달성국이 전체 관측국에서 차지하는 비율은 변동이 크고 80%대가 되는 경우도 있었지만, 1990년대에 이르러서도 60%대에 머물러 있었다.

수질오염은 하천, 호소, 해수면 등 대상이 많기 때문에 한마디로 말하기 어렵지만, BOD나 COD의 환경기준인 생활기준 5ppm은 달성하였다. 그러나 전국적으로는 환경기준을 충족하고 있는 검체(檢体)는 1974년에 78%에 머물렀다. 사건을 일으킨 카드뮴이나 수은 등의 유기물질은 〈표 6-8〉과 같이 개선이 매우 확실해 보였다.

국제적인 비교는 1975년 이후가 되는데 〈표 6-9〉이다. SO$_x$에 대해서는 높은 수준의 개선을 하고 있지만 NO$_x$에 대해서는 유럽과 비슷한데 BOD도 마찬가지이다.

표 6-9 계속

생물화학적산소요구량(BOD) (mg O2/ℓ)				도시폐기물(천t)				환경보전연구개발공적지출 (백만 달러)			
1975	1985	1995	2001	1975	1985	1995	2002	1975	1985	1995	2002
3.2	3.4	2.3	1.0	38,074	43,450	50,694	52,362	62.6	80.4	82.2	193.7
2.0	2.1	2.6	2.1	140,000	149,189	193,869	207,957	235.6	343.8	549.0	524.2
10.2	4.3	4.4	2.7			28,919	32,174	44.0	65.0	259.3	419.9
7.9	3.2	2.7	2.3	20,423	20,268	44,390	48,836	65.8	429.3	563.0	470.7
3.4	2.4	1.8	1.7	16,036	16,398	28,900	34,851	32.0	128.7	201.6	
					2,650	3,555	4,172		27.2	47.2	17.3
	5.6	4.2	3.7		11,087	10,985	10,509				
		3.8	3.4		20,994	17,438	18,214				251.1

3) 도시폐기물은 가정쓰레기와 사업소쓰레기 가운데 도시당국이 수립하는 분의 총계. 2002년에 대해서는 일본은 2000년의 추계치. 미국, 프랑스, 영국은 2001년의 추계치. 한국의 1995년은 1996년의 추계치. 독일의 1985년은 서독의 1982년의 추계치. 또 독일의 1975년은 서독의 추계치.
4) 환경보전연구개발 공적지출은 1975년은 1980년의 구매력평가로 평가, 그 이후는 1990년 구매력평가로 평가. 또 독일은 서독의 추계.
출처: OECD, *Environmental Data Compendium*, 1985,1987,1999, 2004에 따라 작성.

민간기업의 공해대책

1970년대에 공해대책의 전진으로 인해 민간 대기업의 공해대책은 획기적으로 변화했다. 그 공해방지설비투자는 〈그림 6-6〉과 같다. 1975년에는 9645억 엔(전 설비투자 중 공해방지투자의 비율은 17.7%)에 이르렀다. 이는 투자량과 설비투자에 차지하는 비율에서도 세계 최고였다. 그러나 1970년대 후반에는 급속하게 감소했고, 1980년에는 3분의 1인 3128억 엔(동 3.9%)이 됐다. 이는 설비의 정비가 일단락된 것도 있지만, 세계불황으로 인해 환경정책이 후퇴한 것과 산업구조가 변화한 까닭이었다. 공해방지투자를 산업종별로 본 것이 〈표 6-10〉이다. 이는 일본개발은행의 조사이기에 앞의 표와 금액은 다르지만 전체의 경향은 같다. 3년마다 보면 1972~74년은 1969~71년의 4배가 된다. 민간의 공해대책이 자주적으로 행해지지 않고 여론이나 재판을 배경으로 한 국가와 지자체의 공적 개입에 의해 행해진 것이 명백하다[36]. 따라서 불황으로 환경정책이 후퇴한 1970년대 후반, 더욱이 1980~82년이 되면 다시 제조업의 투자액은 4분의 1로 급격히 감소한다.

1975년에 가장 높을 때의 업종별 내역을 보면, 철강, 전력, 화학, 석유정제의 4종에서 72%를 차지하였다. 공해방지투자의 중심이 대기오염대책이었기 때문이다. 일본개발은행의 환경대책 관련 융자를 보면 확실히 대부분이 SO_2대책에 몰려 있었다. 배연탈황을 통한 감축분을 훨씬 웃돌고 있었다.

공해대책이 진전된 것은 설비투자뿐만 아니다. 현장에서 오염물 감축에 종사하는 공해관리자의 힘이었다. 법에 근거해 공해방지관리자의 국가시험이 1971년부터 시작됐다. 1971년 합격자는 수험자의 38%인 3만 6385명에 이르고, 이후 매년 2만~13만 명의 수험자가 배출되었다. 1971~2007년까지의 합격자는 30만 7929명, 그 중 대기관계자가 7만 5601명, 수질관계자가 14만 4263명에 이른다. 이 공해방지관리자가 발생원을 자세히 체크해 오염을 방지하는 역할을 했다. 하드측면만 아니라 소프트한 대책이 진전된 것은 오염물의 감축에 영향을 주고 있었다.

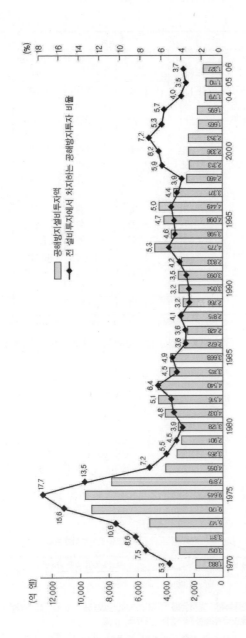

그림 6-6 민간기업 공해방지투자의 추이

주: 2005년은 실적전망, 2006년은 계획.
출처: 経済産業省 経済産業政策局編 『主要産業の設備投資計画』에서 작성.

표 6-10 공해대책 투자업종별 동향

(단위: 억 엔)

업 종	년 도					
	1969~71 누계	1972~74 누계	1975	1977	1975~79 누계	1980~82 누계
제조업	4,521	16,131	8,174	2,807	20,802	4,546
펄프종이	276	1,040	311	83	728	124
화학	676	3,519	1,922	357	3,416	549
석유정제	1,012	2,676	1,508	125	2,954	826
요업토석	143	642	206	165	886	472
철강	1,242	3,535	2,123	778	6,955	1,438
비철금속	319	617	248	147	662	162
기계	77	52	–	–	–	–
일반기계	3	134	90	39	232	95
전기기계	8	101	29	46	178	123
수송용기계	487	2,496	942	795	2,939	326
비제조업	1,321	3,619	2,315	1,834	10,123	8,770
전력	1,189	3,224	2,003	1,748	9,228	7,652
가스	46	152	187	42	475	916
합 계	5,843	19,750	10,489	4,641	30,925	13,316

주: 1) 開銀「設備投資アンケート調査」.
　　2) 宇沢弘文, 武田晴人『日本の政策金融Ⅱ』(東大出版会, 2009年), pp.94-95에서 작성.

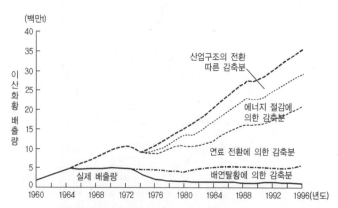

주: 日本の大気汚染経験検討委員会編『日本の大気汚染経験 - 持続可能の開発へ
　　の挑戦』公害健康被害補償予防協会, 1997年, p.92.

그림 6-7 SO₂ 배출량 감축의 요인

공공부문의 변화

제3장에서 말한 바와 같이 고도경제성장기에는 공공부문의 공해대책의 조직이 부실해 실행력이 없었다. 1960년대 말의 혁신지자체의 성립 등 분권화가 진전됨에 따라 지방단체의 환경부문이 완전히 바뀌었다. 〈표 6-11〉과 같이 1961년도에는 지방단체의 환경부문 직원은 300명에 불과했고, 공해방지·환경조례를 설치하고 있던 곳은 6개 도도부현 1개시이며, 예산은 140억 엔으로 하수도예산을 제외하면 2억 엔에 불과했다. 1974년도에는 모든 도도부현과 346개 시정촌에 공해방지조례가 제정되고, 공해담당부서가 만들어졌다. 담당직원은 실로 1만 2371명으로 1961년도에 비해 41배나 됐다. 예산도 9537억 엔으로 68배, 하수도예산을 제외한 경우 3838억 엔으로 1900배나 됐다. 이와 같이 극적인 변화를 보인 행정부문은 과거에 없었다. 완전 새로운 부문이라고 해도 좋을 공해·환경조직이 출현해 연구소를 갖추어 전문직원을 두고 적극적으로 공해방지활동을 시작한 것은 당시 공해반대의 여론과 운동을 배경으로 하고 있다. 나중에 말하는 바와 같이 일본의 공해행정은 지방단체의 행정지도와 발생원기업과의 공해방지협정에 의해 진전

표 6-11 지방단체의 공해·환경담당 조직·예산의 추이

	1961		1974		1986		1995	
	도도부현	시정촌	도도부현	시정촌	도도부현	시정촌	도도부현	시정촌
공해·환경담당 조직이 있는 단체	14	16	47	765	47	562	47	845
담당직원수	300		5,852	6,465	5,865	4,816	6,384	4,534
예산(억 엔)	140		3,501	6,036	8,910	20,800	14,458	46,738
하수도예산을 제외(억 엔)	2		3,838		8,785		17,319	
공해방지·환경조례 설치단체	6	1	47	346	47	496	47	608

주: 1961년도는 후생성 조사. 1974년도 이후는 환경성 『環境統計』(각 년도)에 의한다.

된 것이다.

환경청도 앞서 말한 바와 같이, 초기에는 적극적으로 활동했다. 규제와 지원의 법제 정비, 특히 다른 나라에서 예를 볼 수 없는 공건법이나 공해방지사업비 사업자부담법 등은 문제점이 있다고는 해도 큰 공헌을 했다. 그러나 영국의 환경성과 달리, 건설, 교통, 지역(국토)개발 등의 부문을 갖고 있지 않았기 때문에 대책이 뒤로 밀렸다. 가장 중요한 환경영향사전평가제도를 이 시기에 만들지 않은 데서 약소 관청으로서의 약점이 드러나 있다. 당시 미키 다케오 장관은 힘이 약한 환경청은 주민운동에 의해 지탱하고 있다고 했는데, 오이시 부이치 장관도 주민운동과 적극적으로 교류했다. 그것이 환경행정의 에너지원이었던 것 아닌가.

2 OECD의 '일본의 환경정책' 리뷰

OECD(경제협력개발기구) 환경위원회는 스웨덴에 이어서 1976~77년에 일본의 환경정책 리뷰를 펴냈다. 이 보고서는 최종적으로 파리(바르 드 마르누) 대학의 레미 풀류돔 교수가 작성하고 쓰루 시게토, 우자와 히로후미, 모리시마 아키오, E. 라이샤워 하버드 대학 교수, E. 밀즈 프린스턴 대학 교수 등의 의견을 넣어 발표됐다. 당시 일본의 환경 · 도시를 연구하던 최고의 연구자가 포함되기도 한 이 멤버가 적절히 평가한 것이다. 나의 해석도 넣어 소개한다. 리뷰는 환경정책의 개관에서부터 시작해 기준, 보상, 입지, 성과, 경제측면을 검토한 뒤에 다음과 같은 유명한 결론으로 마무리하였다.

'일본은 수많은 공해방제와의 전투에서 승리를 거뒀지만, 환경의 질을 높이기 위한 전쟁에서는 아직 승리를 거두지 못하고 있다.[37]'

그리고 '공해 관련 질병의 가장 중요하거나 적어도 가장 잘 알려져 있는 원인은 일본에서 거의 제거됐다'고 기술했다. 그러나 모든 오염물질에 대해서 환경농도가 현저히 개선된 것은 아니고, NO_x, BOD, COD는 아직 큰 감

소를 보이지 않았으며, '대성공을 거둔 것은 긴급조치가 취해져 실시된 분
야만이다'라고 했다.

두 번째 결론은 일본의 공해방지정책의 성격에 관한 것이다. 그것은 일
본의 정책이 시장 메커니즘을 존중해 공해세와 같은 경제적 수단을 통한
시장 메커니즘을 수정하는 제도를 취하지 않고, '시장 메커니즘을 거절하고
계획화를 도입하는' 방법을 취했다는 것이며, 이것이 잘 기능했다는 것이다.
리뷰의 전반에서는 일본의 공해대책의 특징을 상세히 설명하였다. 즉, 일본
의 정책수단은 법제보다도 지방단체의 행정지도와 3만건에 이르는 공해방
지협정이 유효했다. 중앙정부는 환경기준을 지정하고 지방단체는 배출기준
을 정해 발생원을 규제했다. 중앙정부는 전국 수준의 약간 엄격한 환경기준
을 규제기준이 아니라, 행정목표로 정하고 지방단체는 점차 그것보다도 엄
격한 기준을 채택했다. 그리고 사업소마다 배출용량을 정하고, 개별적으로
협의를 해 협정을 체결했다. 결국 법이나 조례로 행정목표를 정하는데, 그
렇다고 해서 형벌을 통해 규제하는 것은 아니다. 행정지도와 사회적 규제
(위반자를 공표해 여론의 규제에 따르게 한다)를 한다. 이는 직접규제라고 해도 위반
자에게 법적 책임을 물리는 것이 아니라 사회적 책임을 물리는 것이다.

시장 메커니즘을 이용하지 않고, 계획화와 직접규제를 통해 공해대책을
추진하기 때문에 비용편익분석에 근거한 경제적 기준이 아니라, '일본의 방
식에는 강한 도덕적 색채가 포함돼 있다'고 리뷰는 지적하였다. 과학이나
기술에도 마찬가지 생각이 있는데, 이러한 방식이 오히려 좋은 결과를 낳았
다고 했다. 그것이 다음 장에서 말하는 자동차배기가스의 규제이다. 일본에
서는 NO_x의 배출기준이 너무 엄격해 일반적으로 '달성불가능'이라고 생각
됐다. 만약 현실에 기술의 달성가능성을 놓고 경제성을 검토했다면 저공해
차는 생겨나지 않았다. 그러나 다음 장에서 말하는 바와 같이, 건강을 우선
한 정책의 압력으로 NO_x가 획기적으로 감소되고 더욱이 저연비 자동차가
발표됐다. '이 일본의 경험은 기술이 정책선택을 제약하는 것이 아니라, 정
책선택이 기술을 제약한다는 사고를 지지하는 것이다'라고 리뷰는 일본의

정책수단을 평가하였다.

세 번째의 결론은, 일본에 있어서 공해방지정책의 경제적 비용과 그 영향에 관한 것이다. 공해방제의 비용은 일본의 경우, 다른 나라보다도 높았다. 〈표 6-12〉와 같이 1974년 사기업 총투자에 차지하는 공해방지투자의 비율에서는 일본이 4%로 가장 높고[38] 국민총생산에 대한 비율도 1%로 최고였다. 〈표 6-13〉과 같이 1975년에는 공사 양 부문이 공해방지투자의 국민총생산에서 차지하는 비율은 2%에 이르고 있다. 부문별로는 앞서 제시한 〈표

표 6-12 사기업에 의한 공해방지투자의 상대적 비중

(일본과 주요 OECD 여러 나라, 1974년)(단위: %)

	사기업의 공해방지투자 / 사기업의 총투자	사기업의 공해방지투자 / 국민총생산
일본	4.0	1.0
미국	3.4	0.4
네덜란드	2.7	0.3
스웨덴	1.2	0.1
서독	2.3	0.3
노르웨이	0.5	0.1

주: OECD, *Environmental Policies in Japan*, 일본어번역본, p.90.

표 6-13 공해방지투자가 국민총생산에서 차지하는 비율(1970~75년)

(단위: %)

년	사기업의 공해방지투자	정부의 공해방지투자	공해방지투자총액
1970	0.4	0.6	1.0
1971	0.5	0.8	1.3
1972	0.5	1.0	1.5
1973	0.6	1.0	1.6
1974	0.7	1.0	1.7
1975	1.0	1.0	2.0

주: 표 6-14와 같은 일본어번역본, p.91.

6-10〉과 같이 철강, 화학, 석유정제, 전력, 종이펄프 등에서는 공해방지투자
의 부담은 크다. '그러나 - 그리고 이 점이 중요한데 - 이러한 추가비용이 일
본 경제에 미친 영향이 컸다고는 생각되지 않는다'고 리뷰는 결론 내렸다.
일본 경제는 1974~1975년의 세계적 불황까지는 대부분의 나라보다 높은
경제성장률, 낮은 실업률, 적당한 국제수지흑자의 실현이 공해방지비용에
의해 방해받지 않았다. 이는 공해방지산업의 발전이라 볼 수 있는지 아닌지
하는 것은 그 영향을 정확히 파악할 수 없다. 그러나 거시모델의 연구결과
공해대책을 통한 종합적 영향은 특별한 고난을 초래하지 않았다고 기술하
였다.

리뷰는 이와 같이 공해대책의 평가를 기술한 뒤 이와 같은 공해대책의
성공에도 불구하고 환경에 관한 불만을 제거하는 데 성공하지 못했다고 했
다. '일본의 상태는 소위, 질병의 주된 원인이 제거됐음에도 불구하고 질병
이 낫지 않은 상태이다. 이러한 것은 환경에 관한 불만의 본질적인 원인이
오염의 증대가 아니라 환경의 질이 악화되었다는 사실, 그리고 현재도 그렇
다는 사실을 보여주고 있는 것 같다.' 여기서 지적된 환경의 질은 '쾌적함'
어메티니이며, 조용함, 아름다움, 프라이버시, 사회적 관계 기타 '생활의 질'
이라고 기술하였다.

그러나 리뷰가 말하는 바와 같이, 공해대책이 환경에 관한 불만을 제거
하는 데 성공하지 못한 것은 잘못으로, 공해대책은 환경의 질 혹은 어메니
티를 확립하는 첫걸음이었던 것이다. 건강과 생존은 인권의 기본이어서 이
것이 확립돼야 비로소 생활의 풍요로움이나 쾌적함이 요구되는 것이다. '의
식(衣食)이 족해야 예절을 안다'는 말이 있는데, 리뷰가 건강의 유지에 머물
지 않고 좀 더 한걸음 더 나아가 환경의 질을 확보하기 위해 자연적·문화
적 유산의 보존이나 일반적 복지의 증진에 노력해야 할 것이라고 기술한
것은 중요하며, 다음의 과제라는 것은 명확하다.

리뷰는 '필요한 것은 신중하고 포괄적인 계획화이며 환경을 훼손할 만한
개발을 저지하고 환경에 바람직한 개발을 촉진하도록 하는 메커니즘을 이

용하는 것이다'라고 했다. 그러기 위해 '새로운 형태의 환경정책에서 기본이 되는 요소는 아마 대중참여를 위한 조직일 것이다'라고 대중의 정책수립 과정의 참여를 제창해 묶어내었다. 적절한 제언이다.

그 뒤 OECD의 일본 환경정책 리뷰는, 일본의 『환경백서』가 개별정책을 나열해 소개하는 관료주의의 작문인데 비해, 이 최초의 리뷰는 앞의 연구자가 작성한 것만으로도 가치가 높은 것이다. 유감스럽게도 그 뒤 이 리뷰는 환경정책의 후퇴에 이용당했다. 공해의 전투에 승리했다는 결론을 이용해 세계불황을 구실로 다음 장에서 말하는 바와 같이 환경정책 특히 공해대책은 후퇴한다. '환경의 질'에 대해서는 1970년대 초두부터 거리보전이나 '물의 고향 물의 도시(水鄕水都) 재생' 등의 주민운동이 전국적으로 확산되지만, 행정의 자세는 변하지 않았고, 환경이나 자연보전은 어려운 상황이 오래 이어졌다. 그것은 주민의 정책형성에 대한 참여가 실현되지 않았기 때문이기도 하다. 공해대책의 단절 위기가 남긴, 리뷰 직후에 시작된 '환경의 질'을 확립해야 할 과제는 오늘날도 성공하고 있지 못하다.

3 경제·정치학자의 평가[39]

거시경제학자가 검토한 공해방제비

OECD의 리뷰가 검토자료로 사용된 2가지 논문의 결론을 소개한다. 이는 니혼게이자이신문사와 일본생산성본부가 1976년 5월 26~28일에 개최한 '국제환경심포지엄·무공해사회의 창조'라는 심포지엄에 제출·보고된 것이다. 이 심포지엄에는 나를 포함해 국내외 연구자와 환경행정관이 모였다.[40]

쓰쿠이 진키치·무라카미 야스스케의 「공해방제의 경제비용 – 동학(動學)적 산업구조분석」에서는 공해방제율의 상승과 더불어 생산 및 소득수준이 상대적으로 저하하고, 그것이 국민소득의 3~4%가 돼 산업구조는 변화하여 수입자원소비형으로 이행한다고 하였다. 그러나 일본 경제의 발전이 저해받고 있지는 않다고 하였다. '5가지 공해인자(SO$_x$, NO$_x$, BOD, 산업폐기물, 가정폐기물)의 방제에 따르는 경제비용이 반드시 일본 경제에 무거운 부담을 주지는 않을 것이라는 것이다. 그리고 또 공해방제에 따르는 산업구조의 변화도 반드시 급격한 것은 아니라고 말할 수 있다[41]'며 공해방제비용이라는 사회적 비용이 급증해도 일본 경제는 그것을 내부화할 수 있다고 기술하였다.

시시도 슌타로·오시자카 아키라의 「일본경제에 있어서 공해방지책이 주는 영향의 계량경제학적 분석」에서는 SO$_x$, NO$_x$, CO, 오염입자, BOD 및 공업폐기물의 6종을 들고 있다. 수은 PCB 등의 화학폐기물, 가정폐기물, 소음, 악취, 해양오염 등의 오염물은 말할 것도 없이 데이터가 없기에 제외한다고 하였다. 거시적으로 보면 공해방제투자는 수요면에서부터 생산을 확대하지만 그 자체는 비생산적이고 인플레 유발요인이 된다. 공해방제투자는 1970~1977년에 낮은 목표로 5조 5000억 엔, 높은 목표로 9조 8000억 엔, GNP에서 차지하는 비율은 연율 1.5~2.4%가 된다. 이 공해방제투자는 공공투자(하수도 등)를 포함하지 않기에 대기오염대책은 크고, 수질오염대책은 작다. SO$_x$는 일률적으로 5분의 1, BOD는 낮은 목표 3분의 1, 높은 목표 10분의 1로 잡는다. 이 경우 주요부문의 가격은 1977년에는 상승한다. 이는 저소득층에 영향을 주기 때문에 소득분배가 필요하게 된다. 실질GNP성장률은 전반 1.2%~2.6% 상승해 전 기간으로 0.1%~0.2% 상승한다. 개인소비는 전반 3년간에 대폭 상승, 그 뒤 급속히 진정된다. 상품수출은 최초 2년간은 감소, 그 뒤는 생산능력의 증대로 상승한다.

결론은 다음과 같이 말하였다. 첫째는 경제성장의 영향은 최초 3년간은 공해방제투자와 관련한 유효수요증대가 비용 및 가격을 통한 경기축소효과를 웃돈다. 자동차생산은 확대돼 식품, 종이펄프, 잡화, 에너지는 축소된다. 둘째는 수출의 효과는 다른 나라의 경향으로 없어진다. 셋째로 공해방제로 생활필수품은 가격이 인상되기에 사회보장의 강화가 필요하다. 넷째는 석유제품가격의 상승은 다른 에너지자원(LNG 등) 혹은 관련 제품으로 감소할

수 있기에 그 정도로 크지 않다.[42]

거시경제의 판정은 1970년대의 공해방제비용은 커지지만, 일본 경제에 있어서 성장을 저해하거나 산업구조나 무역의 격변은 없다는 것이었다. 이는 고도성장으로, 특히 심한 오염원이었던 중화학공업이나 에너지부문의 이윤률이 높기 때문에 사회적 비용을 내부화할 수 있어서, 1975년 이후 저성장으로 바뀌자 곧바로 공해방제비용을 충당할 수 있게 된 것을 보여주었다.

독일 환경정치학자의 평가

해외의 일본 연구자의 평가는 다양하지만, 여기서는 이 시기부터 20년 뒤에 출판된 M. Jänicke & H. Weidner, 『*Successful Environmental Policy* (1995년)』[43]에서 와이트너의 「일본에 있어서 매연발생시설에서의 이산화이온과 NO_2의 배출감축」을 다뤘으면 한다.

와이트너는 1970년대 일본의 대기오염대책을 종합적으로 연구해 다음과 같이 말하였다.

'일본에서는 중앙정부와 산업계가 환경보호에 무관심했기 때문에 적극적인 오염방지정책을 채택하는 길은 멀고, 국민에게도 고통을 수반하는 경우가 많았다. 그러나 일본은 이 과정을 거쳐 특히 대기오염관리정책의 선구자가 됐다.'

이 개선의 결정적 요인에 대해 다음과 같이 말하였다.

'가장 중요했던 요인은, 유연하게 운영된 다양한 규제수단, "메타정책 수단(meta-instrument)(가령 손해배상법(공건법-필자주), 교섭절차, 정보시스템 등)"의 사용, 정치적인 실용주의(pragmatism), 목표를 달성함에 있어 전략상 중요한 그룹이 상호 콘센서스(consensus)를 형성하는 능력, 정부나 산업계에 대한 환경보호운동의 강한 정치적 압력('이에 따라 증가하는 정치적 비용') 거기에 혁신지자체의 적극적 대응 등의 다양한 요인의 복잡한 조합이었던 것이다.'

와이트너는 대기오염물질이 어떻게 개선됐는지를 역사적으로 기술하였다. 이는 짧은 문장이지만 OECD 리뷰보다도 정확한 분석이다. SO_2나 NO_x의 배출이 줄어든 직접적인 원인은 5가지의 정책에 따른 것이라고 하였다.

(1) 말단처리적인 방법(연도 배기가스의 탈황과 탈초, 중유의 직접적·간접적 탈황)

(2) 연소행정(行程)의 특별한 개선(저NO_x 배너)

(3) 연소·생산공정의 일반적 개선(에너지절약, 에너지효율의 개선)

(4) 투입요소의 조합의 전환(오염이 적은 연료로 대체)

(5) 산업구조의 변화(오염산업부문과 에너지집약부문의 축소)

이 기술적 개선을 가져다 준 것은 직접적·간접적으로 움직인 정책수단에 있지만, 그것은 가늠할 수 없을 만큼의 상호의존에 있다고 하였다. 와이트너는 그 복잡한 사회적 요인으로서, 지방자치단체를 중심으로 한 '행정지도', '공건법' 등의 행정적 구제제도 때문에 SO_x과징금의 오염감축을 위한 강한 인센티브, 가장 뛰어난 방법을 시야에 넣으면서 규제나 기준을 개별사례에 구체화한 '공해방지협정', '법정무기'로 불리는 '4대 공해재판'을 들었다. 그리고 이 재판의 판결에 따라 일본의 환경정책을 결정적으로 특징지은 일본의 환경정책의 5가지 원칙을 들었다.

- 독성물질과 피해 간의 인과관계에 대한 엄격한 학술적 증거 대신에, 원인에 대한 통계적 또는 역학적 증거를 인정한다 …….
- 오염당사자의 책임을 결정하는데다 과오나 과실은 고려되지 않는, 소위 '무과실책임의 원칙'.
- 대기오염의 원인이 상호 영향을 미치고 있는데 대해 각각의 오염자의 넓은 책임의 법적 승인, 소위 '공동책임의 원칙'.
- 위험이 증명되지 않고 단지 예상되는 경우만으로도 적용되는 주의의무의 엄격한 기준의 도입.
- 보상요구의 법적 기초를 구해, 실제로 보상액을 산정할 때 큰 의미를

갖는 희생자 부담의 원칙, 소위 조건하에서의 '거증책임의 전환'.

이 원칙에 의해 재판이 진행된다면 기업은 책임을 면하기 어렵고, 거액의 보상을 지불하게 될 뿐만 아니라 산업정책은 거의 불가능해진다. 그래서 기업과 보수정권이 '협의형 어프로치'로 변하지 않을 수 없게 됐다는 것이다. 와이트너는 이와 같은 일본의 공해대책의 주도권을 가진 사람인 공해피해자, 공해반대운동의 힘을 들고 있다. 그리고 '개괄해서 반공해운동은 일본 사회의 사회적·정치적 근대화에 공헌했다고 할 수 있다'고 결론내렸다. 해외 연구자의 공해대책의 평가로서는 가장 종합적이고 정당한 것이라 말할 수 있다.[44]

일본 환경경제학자의 평가

환경경제학은 새로운 분야이어서 일본에서는 1990년대가 되서야 학회가 만들어졌다. 이 초기의 1970년대를 중심으로 한 공해대책의 평가에서도 1990년대 후반부터 2000년대에 걸쳐 환경경제학자의 업적이 있다. 요점을 소개한다.

데라오 다다요시의 「일본의 산업정책」은 산업정책이라는 관점에서 전후의 공해대책을 검토하였다. 특히 공해대책기본법 제24조 '필요한 금융상 및 세제상의 조치를 강구하도록 노력하지 않으면 안 된다'에 따른 재정투융자와 세제를 통한 지원책을 검토하고, 이것이 성공하고 있다는 사실을 다음과 같이 기술하였다.

'공해방지를 위한 경제우대조치는 전체로 보면 기업이 공해방지활동을 하도록 유인하는 유효한 수단으로, 일본이 1970년대 중반의 짧은 기간에 엄청난 공해방지투자를 실현할 수 있었던 요인의 하나로 생각된다'고 평가하였다. SO_2의 감축에는 직접규제에 우대조치를 더해 효과가 있었다고 했다. 경제성장을 위한 산업정책과 마찬가지로 산업공해대책에도 지원이 진행됐다. 그러나 행정지도에 그친 산업공해대책은 거기에 밀접하게 관련돼 있는 환경자원이용계획을 포함한 입지정책과 분리해 즉흥적인 뒷북 정책으로 끝났다며 비판하였다. 정보수집, 환경영향사전평가제도, 주민공표가 뒤쫓아가는 꼴이 됐다. 예를 들면 일본의 산업공해정책은 '더러워지면 청소한다'였다. '기술적 측면에서 해결이 촉진되고 그 성과는 눈부셨지만 사회적 합의형성을 하기 위한 "제도확립"은 성공하지 못했다고 기술하였다.[45]

하마모토 미쓰쓰구의 「일본에 있어서 공해방지를 위한 공공정책에 관한 고찰 - 유황산화물·질소산화물대책을 사례로서」는 SO_x와 NO_x를 감축하려는 직접규제와 지원조치에 초점을 맞추었다. 일본이 지원조치를 채택해 패키지로 기술개발을 한 것은 아직 '방제기술에 관한 연구축적이 충분하지 않은 상황에 놓여 있으면서도 공해대책을 하루빨리 추진할 필요를 느낀 당시 사정이 배경에 있다'고 했다. '이 정책은 SO_x대책의 진전이 보여주듯이 급속한 개선효과를 가져왔다는 점에서는 평가될만한 역할을 했다고 할 수 있다.' 동시에 자동차의 NO_x규제에 성공한 것과 같이 기업간 기술경쟁이라는 산업조직적 요인도 무시할 수 없다.

그러나 이 패키지가 기술면에 너무 의존하고 있었기에 광범위한 대책(공장입지 등)이 고려되지 않았고, 결과적으로 NO_x환경기준이 완화되었다[46]. 하마모토는, OECD 리뷰가 보조금을 분배조정적 기능으로 보고 있는데 비해 데라오는 공해방지기술대책을 촉진한 메리트를 강조하였다.

두 논문은 산업공해대책에 대한 보조금정책의 효과와 한계를 분석하고 있는데, 고도성장기의 공해대책의 성공이 환경보조금정책(직접보조금, 재정투융자와 세제조치)에 있다는 사실을 면밀히 분석했고, 이를 한국이나 중국에도 응용할 것을 제언한 것이 이수철의 『환경보조금의 이론과 실제』이다. 이수철은 내가 환경정책의 이론으로서 과징금과 환경세를 우선해서 보조정책을 2차적인 것으로 삼고 있는데 대해 일본의 환경정책의 중심이 환경보조금에 있었다는 것을 보여주었다. 그 결론이라고 해도 좋은 것이 〈그림 6-8〉에 있

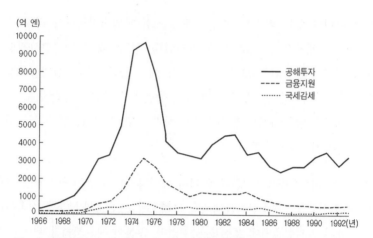

주: 1) 공해투자: 통산성 조사, 대기업의 공해방지설비투자액이다.
    2) 금융지원: 재투(財投)기관의 대기업대상 공해방지대책융자액이다.
    3) 국세감세: 대장성 추계, 공해방지시설에 대한 조세특별조치를 통한 조세감수
       예상액이다.
출처: 李秀澈「日本の財政投融資と環境補助金」(「経済論叢」別冊「調査と研究」1999年
金 10月融)

그림 6-8 공해방지 설비투자와 금융조성 프로그램의 추이

다. 1970년대에는 공해방지투자에 차지하는 개발은행 등의 정책융자(국가의
금융지원)는 30% 가까이 이르렀다. 앞의 데라오의 추계와 마찬가지로 최고
때인 1975년의 정책금융과 조세특별조치의 감수분으로 공해설비투자의 절
반 가까운 금액이 된다. 1980년대 중반부터는 정책금융의 금리효과는 없어
지게 되지만 1970년대의 민간공해방지 설비투자의 증대에 있어서 보조정책
이 직접규제와 더불어 공해대책의 폴리시믹스로서 유효했다고 평가하였다.
이수철은 다음과 같이 결론을 기술하였다.

　'일본의 재정투융자를 통한 정책금융은 환경규제정책과 적절히 맞물
려 고도성장기에 있어 공해의 극복에 일정한 역할을 했다고 평가할 수
있다. 정책금융은 국가의 투자자원을 환경부문으로 유도한 효과도 크고,
오염방지 관련 스톡의 축적이나 환경친화기술의 개발에 중요한 역할을

해왔다고 말할 수 있다.[47]

이에 대해 조세특별조치가 공해방지설비의 유인이 된다는 가설은 기각
되었다. 이수철의 계량적인 환경보조금의 분석은 환경경제학의 환경정책분
석으로서는 근년에 있어서 뛰어난 업적으로 평가할 수 있다. 이에 따라 정
책금융의 역할이 명확해지고, 보조금제도가 직접규제와 믹스했을 때 부패
가 일어나지 않으면서 일정한 역할을 했다는 것을 알 수 있다.

그러나 앞의 두 논문 모두 공건법이나 공해방지사업의 과징금(오염자부담
금)의 효과에 대해서는 다루지 않아 지원조치에만 치우쳐 있다. 나는 이 시
기 일본의 환경정책은 주민의 여론과 운동의 압력으로 인한 직접규제(공해재
판, 혁신지자체 중심의 배출규제 등의 행정지도, 공해방지협정)를 주축으로 하고, 거기에
더해 정액금융·감세를 통한 지원정책과 과징금정책의 폴리시믹스였다고
생각한다. 와이트너가 말하는 복잡한 결합이 있어서 1970년대의 전진이 도
모됐던 것이다[48]. 지원정책은 그 일부이다. 정책금융이 유효했던 것은 일본
이 다른 나라에 예가 없는 거대한 우편저금이라는 공적금융자원을 정부가
보유하고, 조세를 통한 일반회계예산의 절반에 해당하는 거대한 재정투융
자계획을 갖고 있었기 때문이다. 재정투융자계획은 예산제도와 달리 정부
가 실질적으로 의회로부터 자유롭게 세울 수 있다. 따라서 이 제도를 다른
나라가 정책으로 응용하기는 어렵다. 또 세 논문 모두 인정하고 있듯이, 직
접규제와 지원책은 고도성장기의 대기오염대책에 유효했던 것이고 다른 공
해 사건인 자동차공해나 폐기물처리 등의 도시공해나 지구환경문제에는 그
대로 적합하지 않은 것이다. 따라서 일본의 공해대책 전체의 평가는 지금까
지의 이 공해사론으로 알 수 있듯이 OECD나 와이트너 쪽이 적절하다고 할
수 있다.

4 남은 큰 과제

자연일반문화적 환경

OECD 리뷰의 결론 부분인 '환경의 질을 높이기 위한 전투는 이제부터'
라고 하는 것이 옳다. 이미 1970년대 초두에 자연이나 거리보전을 요구하는
주민운동이 전국으로 확산되고 있었다. 앞서 말한 오제 늪의 자연보전이나
나라의 헤이조쿄(平城京)터*의 역사적·문화적 경관보전은 전국적인 화제
가 돼 있었다. 건강장애를 방지하는 공해반대의 여론과 운동은 연속해서 생
활의 안전과 쾌적을 구하는 어메니티권 확립의 운동으로 나아가고 있었던
것이다. 환경권은 공해방지를 통한 건강권의 확립과 자연적·문화적 생활
환경보전이라는 어메니티권의 확립을 모두 포함하여 요구되고 있었던 것이
다. 그러나 행정과 사법은 환경권을 인정하지 않았다. 당시 이미 진전돼 있
었던 해안출입권 소송에서는 재판소가 주민이 해변을 자유롭게 드나드는
권리를 반사이익으로 보고 주민의 권리가 아니라고 해 원고부적격으로 각
하했다. 환경청도 자연보호를 행정의 대상으로 삼으면서도 그것이 역사
적·문화적으로 '귀중한 유산'이 아니면 생활환경으로는 보호하지 않았다.
그 좋은 사례가 〈도시녹지보전법〉(1973년 제정)이다. 이 법률에는 1ha 이상의
큰 녹지로 과거 역사적·문화적인 의의를 가진 것만 지정하고 있다. 도시화
가 진전되는 지역에서는 300㎡ 정도라도 보전할 가치가 있고, 특별한 수목
이 아니고 평범한 잡목림이라도 보전할 가치가 있다. 또 독일의 클라인가르
텐법이 시민에게 텃밭을 제공하여 도시의 어메니티를 증진시키고 있는 것
과 같이 도시의 생산녹지를 시민농원과 같은 형태로 남기는 것은 도시녹지
를 보전해야 할 큰 이유이다. 그러나 환경청에는 이들 '환경의 질'을 높이는
권한이 없다. 역사적 문화재는 문부성, 해변의 보전은 국토청, 도시녹지나

---

* 나라시대 일본의 수도

생산녹지는 건설성의 행정이다. 이와 같이 환경청에 국토나 도시의 개발에 대한 규제권이 없기 때문에 자연·문화재의 파괴나 환경의 보전은 뒤로 밀리지 않을 수 없다. 이미 주민은 공해반대의 운동 속에 환경보전의 요구를 갖고 있었는데 비해 행정이나 사법은 겨우 심각한 건강파괴를 뒤처리하기 시작한 것으로 환경의 질까지 도저히 신경을 쓰지 못했던 것이다. 제5장의 공공사업재판도 그러한 것을 분명히 하고 있다. 이러한 행정·사법의 저차원적 환경인식 가운데 국토와 도시의 파괴는 1995년 고베대지진까지 이어졌다고 해도 과언이 아니다.

엔드 오브 파이프의 공해대책

OECD 리뷰가 내린 결론의 전반부는 어떤가. 확실히 심각한 공해대책은 진전됐지만 그 전투에서 승리했다고는 하기엔 지나친 말일 것이다. '전투에서의 승리'는 심각한 공해를 극복하려고 고전했던 시민사회에 대한 칭찬의 말로 받아들여야지, 기업이나 정부가 승리했다고 과신해 공해대책으로부터 후퇴해서는 안 될 것이다. 미나마타병문제에서 단적으로 나타난 바와 같이 문제는 해결되기는커녕, 이후 반세기에 걸쳐 분쟁이 계속돼 가고 있다. 뒤처리가 끝난 것이 아니다. 앞 장까지 명확히 했던 대량생산·유통·소비·폐기라는 일본 경제시스템은 개혁되기는커녕 점점 질·양과 더불어 확대발전한다. 그것을 규제하는 공공부문은 그 뒤 신자유주의 조류를 타고 축소·퇴보해 간다. 이 때문에 새로운 공해나 환경파괴는 국제·국내적으로 발생하는 것이다. 그것은 고도성장기의 오염물질의 스톡공해를 전형적인 예로 하고 거기에 더해 새로운 화학물질이나 방사능오염을 일으키고 있다. 이는 후술하지만 시스템을 변혁하지 않으면 공해는 끊임없이 일어난다. 1970년대 일본의 공해대책은 한마디로 말하면 '엔드 오프 파이프'라고 해서 발생원을 억제하는 것이 아니라, 생산공정의 최후의 배출구에서 오염물질을 회수·감축하는 것이었다. 그 뒤 오일쇼크로 오염물질을 적게 하는 에너지·자원 절약기술이 발전했지만, 그래도 환경정책으로는 초보수준에 머물고 있었던 것이 아닌가.

엔드 오브 파이프에 대해 말하면 일본의 기술은 배연탈황이나 배연탈초에서 보는 바와 같이 세계 최고일 것이다. 「대기환경연구의 변천과 금후의 과제」(토목학회편『환경공학의 신세기』)에 따르면 일본 공학의 대응은 예방이 아니라 오염이 시작돼서야 기술을 개발하고 있는 사실이 분명하다. 분진에서 시작돼 SO₂, NO₂, CO, Ox(광화학옥시던트), SPM(부유입자물질, 최근 PM2.5), VOC(휘발성유기화합물), 악취라는 순서로 사건에 대응해 그 물질을 관측해 감축하는 기술개발은 발전하고 있다. 그러나 '여전히 대부분의 문제는 미해결 그대로이다'라고 할 수 있다. 그리고 앞으로의 과제를 다음과 같이 기술하였다.

(1) 문제의 확산에 대응 가능한 종합적 대책 - 대기환경은 공간적 확산을 갖고, 물, 토양, 생물 등과 긴밀히 관계를 갖고 있다.
(2) 베스트믹스에 의한 종합화 - 자동차배기가스대책에는 연료대책, 교통량·교통량대책 등의 다양하게 노력하지 않을 수 없다.
(3) 선견성과 종합적인 대책평가에 근거한 대기환경관리 - 지구온난화나 월경(越境)대기오염 등의 장래 예측결과를 바탕으로 대책의 필요성과 타당성을 명확히 한다.
(4) 문제해결지향형의 조직체제 만들기[49]

이는 엔드 오브 파이프라는 기술의 한계를 넘어서 공학의 시스템적 해결을 기술한 것인데, 나의 '중간 시스템'에서 든 정치·경제·사회의 시스템 개혁은 아니다.

OECD 리뷰는 대기오염대책에 비해 수질오염대책이 뒤쳐져 있다는 사실을 지적하였다[50]. 제1장 등에서 말한 바와 같이 일본의 하수도의 정비는 구미보다 100년 뒤졌다. 사회자본 충실정책의 잘못도 있어서 그 뒤 하수도정비의 진척이 늦고, 또 그 방법도 균형이 잡히지 않은 것이다. 가령 간이정수조를 설치해 처리하면 될 산간벽지나 외딴섬까지 공공하수도를 정비하여, 지방재정의 곤란을 초래하고 있다. 현재는 광역의 유역하수도를 보급시켜

3차 처리를 추진하고 있지만, 수질오염은 해결해도 수(水)환경보전에는 이르지 못하고 있다.[51]

혼다 아쓰히로는 식품공업을 예로 들면서 배수대책의 재검토에 대해 중요한 지적을 하였다. 1969년에 과학기술청 자원조사회는 향후 생산공정을 바꿔 배출억제(무배출화)와 배출물의 유효이용(자원화)을 해야 한다고 클로즈드 시스템의 보고서를 냈다. 이는 엔드 오브 파이프를 넘는 새로운 기술단계를 요구한 것이다. 그 후 클로즈드화가 목표가 돼 있지만 식품공업과 같이 배수를 활성오니법 등의 생물학적 수법으로 처리해 대응해온 바로는 어렵다고 말하였다. 클로즈드 시스템을 위해서는 가령 생선은 물양장 기지에서 3장으로 내리고, 공장에서는 배수와 생선내장뼈를 배출하지 않고 잘게 썰어 재자원화하는 등 생산공정과정을 바꾸지 않으면 안 된다는 것이다[52]. 이는 식품공업의 일례인데, 클로즈드 시스템은 한 업종, 한 공장에서 완결할 수 있는 것이 아니라 경제과정 전체의 시스템을 개혁할 필요성을 보이고 있다.

예방과 주민참여

공해·환경파괴의 구제는 보상원리로는 해결되지 않는 되돌릴 수 없는 절대적 손실을 포함하고 있다. 따라서 예방이 기본적 대책이다. 그렇게 하기 위해서는 우선 환경영향사전평가가 필요하다. 이러한 것은 이미 미시마·누마즈·시미즈의 공해반대운동에서 명확히 보여줬다. 그러나 정부는 환경영향사전평가제도법을 제정하지 않고 1972년에 공공사업에 환경영향사전평가를 할 것을 각의에서 승인했다. 이 때문에 이후 지역개발은 법적 규제가 없는 행정지도로 환경영향사전평가를 하고 있는데 거의 모든 지역에서 주민들이 문제점을 지적하고 있다. 환경영향사전평가법이 없기 때문에 환경파괴가 예측돼도 사업을 중지시키기는커녕, 변경도 하지 못한다. 제2차 전국종합개발계획인 무쓰 고가와라 지역이나 시부시 지역의 거대개발, 게다가 일본해지역개발인 사카타 북항(北港)공업지대나 후쿠이 임해공업지대의 개발을 조사했는데, 이들은 모두 지역개발로서는 실패로 끝났다[53]. 이들 지역의 환경영향사전평가는 민간 싱크탱크에 위촉됐는데, 장기간 현지를 조사하지 않고 모두 정형적으로 지역의 이름만 바꾼 것으로 한결같이 똑같아 보이는 싸구려 보고서였다. 주민이 환경영향사전평가가 아니라 '사전 짜맞추기 평가'라고 비판했듯이 사업의 실시를 전제로 거기에 맞춘 것이었다. '공해의 우려는 없다'는 결론이 나오게끔 조사한 것이다. 여기서는 지역주민의 경험이나 비판을 들으려는 노력이 없었다. 제3장에서 말한 구로카와 조사단의 미시마·누마즈·시미즈의 환경영향사전평가의 실패의 교훈을 전혀 살리지 못하고 있었던 것이다.

주민참여는 공해방지협정과 같은 기존의 공해에 대해서는 실현됐다. 그러나 중앙정부나 지자체의 행정에 대해서는 1990년대에 이르기까지 실현되지 못했다. 그리고 주민운동의 힘에 의해 환경행정이 좌우돼 갔던 것이다.

정말 불행한 일이지만 환경행정과 주민운동의 '밀월시대'는 1970년 초두의 불과 몇 년으로 끝을 보았다. 하시모토 미치오가 비폭력의 '문화대혁명'이라고 이름붙인 1960년대 말부터 1970년대 중반에 걸친 환경정책의 전진은 1973년 오일쇼크로 시작되는 세계불황에 의해 앞길이 막힌 것이다.

주

1   "*Declaration on the Human Environment*", 外務省国際局・金子熊夫編『人間環境宣言』(日本総合出版機構), p.5.
2   OECD의 오염자부담원칙에 대해서는 앞의 (제2장) 宮本憲一『環境経済学新版』pp.232-235 참고.
3   OECD, *Environmental Policies in Japan*, 1977, 国際環境問題研究会訳『日本の経験―環境政策は成功したか』(1978年, 日本環境協会), p.108.
4   『経団連月報』1969年4月, 17号. NHK「わが国産業界トップ企業100社の社長への公害アンケー

ト」(1970年 6月과 1972年 8月)

5   앞의 (제2장) 橋本道夫 『私史環境行政』, pp.143-144.

6   이 지자체의 구제조례의 소개와 평가는 宮本憲一 「公害対策と오염자부담원칙」(앞의 (제2장) 『日本の環境問題』) 참조.

7   앞의 『私史環境行政』, pp.165-174.

8   経団連申入れ(1973年 2月 14日)

9   앞의 『私史環境行政』, pp.174-196. 또한 중공심(中公審) 답변에 대해서는 環境庁企画調整局損 害賠償制度準備室編 『公害健康被害補償制度』(中央法規出版, 1974年)

10   「衆議院公害対策並びに環境保全委員会議事録」(1973年 7月 19日)

11   「同議事録」(1973年 7月 10日)

12   이 점은 위원회에서 의문과 답변이 거듭되고 있다.

13   앞의 「衆議院議事録」(1973年 7月 12日)

14   橋本道夫 「公害健康被害補償法の成立の経緯と残された問題」(『経団連月報』 1973年, 21号).

15   13)과 같음.

16   13)과 같음. 또한 참고인으로 아마가사키(尼崎)식료판매업의 시마다 미노루는 자동차공해에 대해, 43호선과 한신고속도로에 반대 농성과 중지소송을 하고 있다. 이러한 공건법을 만드는 한편, 공해를 내는 도로를 만든다고 하는 정부의 방침은 뭐가 뭔지 도대체 알 수 없다며 통렬한 비판을 하고 있다. 법안이 앞서 말한 바와 같이 기업방위적이라는 비판이 있었지만 마찬가지로 공건법은 공공사업정책을 추진하는 정부를 방위할 목적을 갖고 있다는 사실을 통렬하게 비판하고 있다.(衆議院議事録 1973(昭和48)年 7月 16日.)

17   13)과 같음.

18   「参議院公害対策及び環境保全特別委員会議事録」(1973年 9月 12日)

19   「同議事録」(9月 12日)

20   「同議事録」(9月 12日)

21   「同議事録」(9月 19日)

22   「同議事録」(9月 20日)

23   국회에서 후나고 국장은 네덜란드의 대기오염방지법에는 부하량에 따라서 일정한 과징금을 징수하고 이를 펀드로 건강피해를 포함하는 손해가 생긴 경우에 급부한다고 하는 규정이 있지만 이 제도 그 자체는 제대로 굴러가고 있지 않다고 말했다(「衆議院議事録」 1973年 9月 13日).

24   제정 시에는 「구제법」의 지정지를 계승해 가장 최고오염지인 다음 12개 지역이었다. 요코하마시, 가와사키시, 후지시, 나고야시, 도카이시, 욧카이치시, 오사카시, 도요나카시, 사카이시, 아마가사키시, 기타큐슈시, 오무타시. 1975년에는 지바시, 미에현 구스정, 스이타시가 가입. 1976년에는 도쿄도 19개구, 구라시키시, 다마노시, 비젠시가 가입. 1978년에는 고베시, 모리구치시, 1979년에는 히가시오사카시시, 야오시가 가입해 41개 지역이 됐고, 그 뒤엔 늘지 않고 있다.

25   지정지역의 인정기준은 오염도 3도(SO₂ 연평균치 0.05ppm 이상 0.07ppm 미만)를 넘을 것, 또한 유증률이 자연유증률에 비해 2~3배 이상일 것.

26   4가지 질병의 노출기간은 다음과 같다. 기관지천식, 천석성기관지염은 1년간, 만성기관지염은 2년간, 폐기종은 3년 간, 오염지역에 살고 있는지, 통근하고 있었는지이다.

27   등급별 기준은 다음과 같다. 특급과 1급 환자는 노동하는 것이 불가능하고, 일상생활에 현저

한 제한을 받고 있는 심신상태. 이 가운데 특급은 상시 간병이 필요한 사람이다. 제2급은 노동에 현저한 제한을 받든지, 현저한 제안을 가하지 않으면 안 될 정도, 일상생활이 제한을 받든지, 제한을 가하지 않으면 안 될 심신상태. 제3급은 노동에 제한을 받든지, 노동에 제한을 가하지 않으면 안 될 정도, 일상생활이 약간 제한을 받든지, 약간 제한을 가하지 않으면 안 될 정도의 심신상태.

28 과징금은 1976년도에 유황분 3%, 석유비용의 약 17%를 차지하고 있다.

29 公害弁護士連合会公害賠償制度研究会 「公害賠償制度の現実と課題—公害関係被害補償の施行をめぐって」(1974年 11月 23日)

30 앞의 『日本の公害』(岩波書店)

31 앞의 『日本の経験—環境政策は成功したか』, pp.50-58.

32 쓰루=미야모토에 의한 OECD의 PPP비판과 일본적 PPP의 최초의 제안은, 都留重人「PPPのねらいと問題点」, 宮本憲一「公害対策とPPP」(『公害研究』1973年 夏号, 3巻1号)가 최초의 리뷰이다. 그 후의 상황을 포함해 일본적 PPP가 OECD의 PPP를 넘어서, 구미에서도 적용되도록 된 단계로서의 총괄적 이론은 다음의 논고를 참조. 宮本憲一『環境経済学』(旧版, 岩波書店, 1989年) 第4章 第2節「PPPの理論と現実」.

33 이 공해방지계획은 정부가 책임을 지면 정말 유효한 지역정책이지만, 계획이 실현되지 않은 경우에, 책임자가 처벌되는 일은 없다. 어면 계획도 계획기간인 5년에 실현되지 않고, 질질 기간을 연장하고 있다. 환경법학자는 미달성의 상황이 계속되면 손해배상의 책임을 물을 필요가 생긴다고 말하고 있다. 阿部泰隆・淡路剛久編『環境法』(有斐閣, 1995年). 그러나 재판은 일어나고 있지 않다.

34 日本長期信用銀行調査部「環境制御産業成立の背景と将来展望」(1970年 3月)은 환경산업의 대두를 전 분야에서 설명하고 있다.

35 주요 도시의 So$_x$ 배출량으로 보면, 욧카이치시는 1971년 10만t에서 1975년 1만 7000t, 가와사키시는 1965년 15만 2000t에서 1975년 1만 7900t, 오사카시는 1971년 22만t에서 1987년 1만t, 요코하마시는 1968년 10만t에서 1977년에 7780t으로 감소했다.

36 東京都環境科学研究所「都内企業アンケート」(1978年)에 의하면 「공해방지시설장치동기」로는 「규제의 강화」에 의한 것이라는 것이, 1969~79년간에 60%로 가장 많고, 「공관장의 지도・조언」이 13%이다. 이에 대해 「기술도입에 따라」라고 하는 자발적인 연구개발에 따른 동기는 1.8%에 불과하다. 기업의식은 바뀌고 있다고는 하지만 직접규제나 지원이라고 하는 공공적 개입이 없으면 공해방지가 진전되지 않는 것은 명백하다.

37 앞의 『日本の経験—環境政策は成功したか』, p.198.

38 앞의 〈그림 6-6〉과 같이, 대기업(자본금 1억 엔 이상)의 경우에는 이 〈표 6-10〉 이상으로 공해방지투자의 규모는 크다.

39 이 시기의 법률가의 공해대책의 평가는 제4, 5장의 공해재판에서 기술하고 있기 때문에 여기서는 경제성장과 공해대책의 관계를 분명히 하기 위해 경제학자와 정치학자를 중심으로 소개한다.

40 이 심포지엄의 압권은 뮈르달이 이미 자본주의국에서는 성장의 경제의 시대는 끝났고, 절약의 시대의 경제학을 만들지 않으면 안 된다고 제창한 것이다. 특히 인도네시아의 각료가 선진국의 공해수출이나 자원남획을 비판했을 때 뮈르달은 개도국의 정치가가 대외원조에 기생해, 환경파괴에 손을 빌려주고 있는 사실을 들며 반대로 인도네시아의 각료를 비판하고, 지구의 환경파괴에는 선진국과 개도국 쌍방의 유력한 정치가나 기업에 책임이 있다고 말한 것이다.

41 筑井甚吉・村上泰亮 「公害防除の経済費用―動学的産業構造分析」(日本経済新聞社, 日本生産性本部, 1976年5月26-28日 「国際環境シンポ・無公害社会の創造」 提出論文)

42 宍戸駿太郎・押坂晃 「日本経済における公害防止策の与える影響の計量経済学的分析」(앞의 주와 동일)

43 이 저서 전체의 주장은 산업구조의 전환, 공해방지기술의 전환의 동시적인 대책을 평가하고 있다. 여기서는 전후 일본의 공해대책을 국제적 관점에서 소개해 비판해 온 환경정치학의 와이트너의 논문을 다룬다.

44 Martin Jänicke , Helmut Weidner eds., *Successful Environmental Policy*(1995, Sigma Rainer Bohn Verlag, Berlin), 長尾伸一・長岡延孝監訳 『成功した環境政策』(有斐閣, 1998年) 第5章 「日本における煤煙発生施設からの二酸化イオウと二酸化窒素の排出削減」

45 寺尾忠能 「日本の産業政策と産業公害」(小島麗逸・藤崎成昭編 『開発と環境―「新アジア成長圏」の課題』 アジア経済研究所, 1994年)

46 浜本光紹 「日本における公害防止のための公共政策に関する一考察―硫黄酸化物・窒素酸化物対策事例として」(『経済論叢』 別冊 「調査と研究」 第15号, 1998年4月)

47 李秀澈 『環境補助金の理論と実際―日韓の制度分析を中心に』(名古屋大学出版会, 2004年), p.118.

48 앞의 宮本憲一 『環境経済学新版』 第4章 「環境政策と国家」 참조.

49 土木学会編 『環境工学の新世紀』(技報堂出版, 2008年), p.232.

50 OECD 리뷰에서는 특히 일본의 대책으로는 COD의 감축에 곤란이 있다는 사실을 지적하고 있다. 이는 일본의 배수처리는 생물적 처리로 하고 있기 때문에, BOD는 개선될 수 있어도, COD의 감축은 어렵다. 1970년 후반에는 비와코 호수에서 합성세제의 오염이 문제가 돼, 질소와 인의 감축이 필요했다. 이 때문에 제3차 처리는 이 시기에 진전되지 않은 사실이 OECD 리뷰에서는 지적됐다.

51 수질오염의 기술에 대해서는 『用水と廃水』를 참고했지만, 대책의 역사에 대해서는 須藤隆一 「水質汚濁対策から水環境保全へ」(『用水と廃水』 2009年 51巻4号)가 참고가 됐다.

52 本多淳裕 「食品工場排水対策の再検討と合理化」(『用水と廃水』 2009年, 51巻4号)

53 앞의 (제1장) 宮本憲一 「地域開発はこれでよいか」, 동 「日本海時代」はこれでよいか―福井臨海工業地帯・酒田北港工業地帯開発の問題点」(앞의 『日本の環境問題』)

제2부

공해에서 환경문제로

1975년 3월 미국 텍사스주를 방문해 19세의 미국인 미나마타병환자 에이먼스 하쿨비를 위로하는 모습. 안경을 쓴 사람은 하라다 마사즈미. 노트를 쥐고 있는 사람은 우이 쥰. 앉아서 이야기하고 있는 사람이 저자인 미야모토 겐이치 선생.

1970년을 전기로 공해대책은 앞으로 나아가는 듯 보였다. 그러나 1971년 닉슨쇼크와 1973년의 오일쇼크로 시작된 세계불황, 특히 심각한 스태그플레이션은 전후 자본주의의 황금시대의 막을 내렸다. 일본 경제는 1974년도 처음으로 마이너스 성장을 기록하고 고도성장은 끝났다. 정치적으로는 보수회귀를 불렀고, 혁신지자체의 쇠퇴가 시작됐다. 제7장에서는 이 1970년대의 공해대책의 일진일퇴의 상황을 다루었다. 머스키법을 세계에서 가장 빨리 달성한 것이 오히려 NO₂의 환경기준을 완화시켜 미나마타병환자의 방치라는 사태를 초래했다. 이 영향은 사법에서도 나타나 오사카공항 최고재판소 판결은 중지를 인정하지 않았다. 이 환경정책의 후퇴를 우려해 환경정책을 진전시키고자 일본환경회의가 결성됐다.

1980년대 이후 경제의 글로벌화와 더불어 환경문제가 국제화됐다. 제8장은 이를 다뤘다. 일본의 다국적기업이나 정부개발원조 사업에 의해 공해수출이 비판을 받게 됐다. 한편 미국의 세계전략의 전선기지가 돼 있는 오키나와는 미국의 공해수출이라고 해도 좋을 기지공해의 고뇌 속에 있다. 냉전의 종결로 인해 지구환경문제는 국제정치의 중심이 됐고, 유엔은 20년 만에 환경개발회의를 브라질의 리우데자네이로에서 열어 지속가능한 발전을 인류 공통의 목표로 하는 리우선언을 채택했다.

제9장은 앞의 OECD 리뷰에 의한 어메니티 정책과 리우회담 이후 국제환경문제를 진전시키기 위해 정부는 공해대책기본법을 그만두고 그것을 포함하는 〈환경기본법〉을 제정했다. 이 때문에 공해문제의 종료를 명확히 하고자 대기오염은 극복했다며 공건법의 제1종(대기오염)환자의 신규인정을 중지했다. 이 폭거에 항의해 제2차 공해재판이 일어났다. 이는 그때까지의 산업공해와 도시공해의 복합적인 재판으로 피해의 구제에 머물지 않고 환경재생을 지향하는 것이었다. 이렇게 해서 공해를 포함한 환경문제에 대한 전개가 시작됐다.

제2부는 여기서 끝나지만 공해문제는 끝나지 않는다. 보론으로서 아직 해결되지 않은 미나마타병환자의 구제문제, 스톡공해인 석면문제, 그리고 일본 공해사 사상 최악의 원전공해의 현상을 평론했다.

마지막 장은 우리들이 전쟁과 공해의 20세기로부터 얻은 역사적 교훈에서부터 미래사회의 목표로서의 유지가능한 사회에 대해서 시론(試論)을 제시했다.

제 7 장

전후 경제체제의 변화와 환경정책

제1절 고도경제성장의 종언과 정치 · 경제의 동태

1 1970년대 전반의 정치 · 경제 - 혼미한 1970년대

1960년대는 자본주의의 황금시대였으며 그 중에서도 일본 경제는 '기적'
이라고 할 정도의 고도성장을 지속해왔다. 그러나 지금까지 말했듯이 각국
으로부터 '공해선진국'이라는 야유를 받아온 바와 같이 처음 겪는 공해문제
로 인해 고도경제성장 시스템이 환경을 파괴해, 많은 사망자와 건강장애자
를 낳는 기본적 결함이 있는 것이 드러났다. 다행히 시민의 공해반대 여론
과 운동은 성장주의를 맹신했던 기업과 정부의 의식을 바로잡으며 공해대
책의 법체계가 확립됐다.

1970년은 '공해원년'이라 불렸다. 앞장의 OECD의 평가와 같이 1970년대
에는 공해에 대한 투쟁이 진전됐다. 그리고 공해를 발생시키는 경제시스템
특히 산업구조나 지역개발(정책)의 개혁이념도 생겼다.

그러나 경제성장을 최고의 정책목표로 하는 일본의 정치 · 경제시스템의
개혁은 쉽지 않았다. 자민당정권은 신전국종합개발계획이나 일본열도개조
정책 등 놀랄 만한 거대개발안을 제시했다. 결국 고도경제성장을 추진하면

서 환경정책이나 복지를 실시하면 된다는 것이다. 그러나 일본의 고도경제
성장 시스템은 세계자본주의가 전환되면서 붕괴되지 않을 수 없게 됐다.

이미 1970년에는 기간산업인 중화학공업의 재생산에 장애가 드러났다.
철강, 석유화학을 중심으로 과잉설비, 과잉생산이 심각해졌다. 중화학공업
은 이 과잉생산물을 수출진흥에 의존했다. 그 결과, 무역수지 흑자는 누적
됐다. 제2장에서 말한 바와 같이 이와 같은 정책은 국제수지의 벽으로 인해
전환하지 않을 수 없게 됐지만 1960년 후반에는 그 벽이 사라졌다. 이 때문
에 누적된 외자나 기업의 내부유보자금은 과잉유동성을 낳아 인플레이션이
진행됐다. 그러나 그것은 당시 노동조합의 춘투 등으로 임금이 인상되어 경
제생활의 향상에 방해가 되지 않았다.

일본 경제의 고도성장을 지탱한 주요 국제적 조건은 제2장에서 말한 바
와 같이 2가지이다. 하나는 국제적인 비교생산비로 보면 이상한 엔저(円安)
였다. 당시 IMF체제하에서는 금과 바꿀 수 있는 달러를 기축통화로 한 고
정상장제로 1달러 360엔이었다. 이것은 급격한 기술혁신으로 생산성을 향
상시킨 일본 입장에서는 확실히 유리해 수출이 늘어났다. 한편 엔저 때문에
부담이 가중될 수밖에 없는 원유 등의 1차 생산품은 개발도상국으로부터
값싸게 수입할 수 있었다. 주력산업의 원료 중 90%가 수입품이었는데, 값
이 쌌기 때문에 무역수지는 흑자였다.

이 고도경제성장을 지탱한 조건이 다음 말하는 2가지 국제적 쇼크(닉슨쇼
크와 오일쇼크)에 의해 무너져버렸다. 그것은 일본만이 아니라 세계의 대불황
을 불러 특히 스태그플레이션이라는 딜레마를 낳았다. 일본의 기업과 정부
의 경제정책은 이 대전환 속에서 길을 잃고 헤맸다. 동시에 시작된 공해·
환경정책도 일진일퇴했다. 특히 1970년대 후반에는 환경정책의 후퇴가 뚜
렷해졌다. 이 혼미한 1970년대는 일본 사회의 미숙한 성격이 분명히 드러난
시기이다. 여기서는 우선 1970년대 초의 정치·경제 상황과 국제경제의 전
환과 불황, 그 이후의 재편에 대해서 말하고자 한다.

거대개발의 환상

장기정권을 이어온 사토 내각의 뒤를 받은 것은 다나카 가쿠에이 내각이었다. 다나카 가쿠에이는 취임 1개월 전인 1972년에 『일본열도개조론』을 발표했다. 다나카는 금권정치의 상징이 돼 불과 2년 5개월 만에 퇴진하고 1976년 7월에 록히드 사건으로 체포돼 그 정치생명을 잃었다. 그러나 이 일본열도개조론은 아직도 정치적 영향을 갖고 있다. 이는 다나카의 독자적인 생각이라고 할 수 없고, 전후 지역개발행정의 주역이었던 시모고베 아쓰지 등이 수립한 도시정책대강과 신전국종합개발계획(제2차 전국종합개발)의 제안을 받아들인 것이다.

제3장에서 말한 바와 같이 1967년 통일지방선거 이래 자민당의 득표율은 낮아졌고 특히 5대 부현(府県)에서는 30%로 떨어져 도지사선거에서 패배했다. 자민당 간사장 다나카 가쿠에이는 이 패배 후 그럴싸하게 '오늘 도쿄에서 일어나고 있는 것은 내일 전국으로 퍼진다'며 솔직한 반성을 했고, 다음 해 1968년 5월 스스로 책임자가 돼 만들어낸 자민당 『도시정책대강』을 발표했다. 메이지 이래 일본의 보수당의 지방행정 또는 지방정치는 농촌대책이었기 때문에 이 『도시정책대강』은 집권당 최초의 도시정책이었다. 이는 '일본 열도 그 자체를 도시정책의 대상으로 잡아, 대도시 개조와 지방개발을 동시에 추진함으로써 고능률로 균형잡힌 국토를 건설한다'고 밝힌 바와 같이 일본 열도 총도시화안이었다. 이 수립에는 시모고베 아쓰지를 비롯해 각 부처의 과장급 실력자와 일부 '진보적 연구자'를 포함한 연구자가 참여했기 때문에 그때까지의 자민당의 정책에는 없던 새로운 제안이 들어가 있었다. 직주근접(職住近接)의 원칙, 도심 고층주택화, 도심 자동차교통규제론, 공해방제가해자부담원칙, 토지사유권의 제한 등.

그러나 이 도시정책의 핵심은 민간자본을 주체로 한 도시개발이었다. 종래 도시계획사업의 주체가 지주나 지자체였던 것을 민간개발자에게 맡기는 것으로, 이 때문에 법률을 개정해 그들에게 토지수용 청구권을 갖게 해 장

기저리의 개발자금을 개발은행 등의 공적 금융기관이나 재정투융자로 공급
하려던 것이었다. 이는 나중의 신자유주의적 구조개혁의 전신이다. 도시개
발사업 가운데 주로 공공단체가 실행했던 고층공동주택, 유료고속도로, 지
하철·철도, 산업 관련 항만, 공업용수도, 하수도 등의 공공사업을 민간사
업에 위양하거나 혹은 민간과 공공이 협업을 한다. 기타 공공사업도 가능한
한 수익자부담제도에 의존하는 것으로 해 조세로 조달하는 것은 치산치수,
일반도로, 재해복구에 한정하였다. 이렇게 하면 도시지자체의 일은 민간에
게 옮겨지고, 도시재정은 민간개발자에게 이자를 지급하는 것으로 끝나게
된다. 그래서 그때까지 대도시지역에 사용하고 있던 재정자금을 지방도시
나 농촌지역에 보조금으로 살포하여 지역개발을 위한 사회자본 건설에 돌
리면 과소화를 방지하고 기업과 인구를 분산시킬 수 있다는 것이다. 도시문
제와 농촌문제를 동시에 해결하는 '일석이조 정책'이라는 것이었다.[1]

이 정책의 주체는 기초지자체가 아니라 중앙정부 혹은 광역지자체에 있
다. 이에 근거해 도시3법(토지수용법의 일부개정, 1920년 도시계획법의 전문개정, 도시재개
발법)을 제출하고, 특히 이 방침을 새로운 전국종합개발계획으로 추진한 것
이었다.

전국종합개발계획

제2장에서 말한 바와 같이 「전국종합개발계획」은 정치적인 이해도 있어
서 사실상 좌절됐다. 정부는 1969년 4월에 신전국종합개발계획을 발표했다.
이 신계획의 필요성에 대해서 당국은 상상 이상의 경제성장과 인구·산업
이 대도시로 집중된 결과, 과밀·과소문제가 발생하고 지역격차도 해소할
수 없었다는 사실, 지방경제의 규모가 예상보다 커지고, 중추관리기능이 강
화되어 지역 간의 유기적 결합이 강해졌기 때문에 일본 경제를 보다 발전
시키기 위한 계획에 노력한다는 것이었다. 이는 1986년을 목표로 20년간
총투자액 450~550조 엔이라는 대형 계획이었다. 메이지 이래 100년의 누
적투자 140조 엔보다 약 3~4배 많은 투자로 고도성장정책의 정점이 된 계

획이었다.

계획 수립의 총지휘관이라고 할 만한 시모고베 아쓰지는 〈그림 7-1〉을 내보이며 신전국종합개발계획의 구상은 '상징적인 표현이기는 하지만 일본열도를 일일생활권으로서 하나의 도시로 전 국토를 유효하게 개발하는 생각을 보이고자 하는 것이다'라고 했다³. 즉, 일본의 국토를 아래의 그림과 같이 셋으로 구분하였다. 3대도시권을 포함한 중앙지대에는 중추관리기능이나 도시형산업을 집적시켜 도시적 기능을 살려 거대도시권을 만든다. 이에 대해 도호쿠·난세이 지대에는 도마코마이히가시, 무쓰오가와라, 시부시 등에 한 나라의 생산력에 필적하고, 가고시마 콤비나트의 약 2배라는 거대 콤비나트를 조성한다. 또 대량 식량기지·대형 낙농기지 등의 거대 농업기지도 배치한다. 동시에 자연을 잃은 거대도시권의 주민이 여행하기 위한 거대 관광기지를 배치한다. 이렇게 해서 분업화된 세 지역을 협업시키고, 인구·물자·정보를 대량으로 유통시키기 위해 7000km의 신칸센, 1만km의 고속도로, 마이크로웨이브망으로 구성된 거대교통·통신네크워크를 만들어 국토를 일일교통권으로 만든다는 것이다. 이는 국토를 하나의 주식회사와 같이 효율 좋게 분업시켜, 고도의 중앙집권형 관리회사로 구상하는 것이어서 '일본열도 주식회사'안이라고 불러도 좋을 것이다.

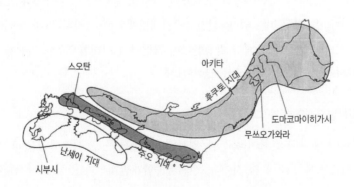

그림 7-1 신전국종합개발계획의 지역구분

이 개발의 주체로서 앞서 말한 '대강'과 마찬가지로 민간개발자 혹은 제3섹터의 도입이 제안되고, 또한 지자체의 강화가 아니라 광역행정이 제창되었다.

이 사회적 분업을 극한까지 발전시킨 계획은 지역의 특성이나 지방자치를 완전 무시하였다. NHK-TV의 한 방송에서 시모고베 아쓰지는 무쓰오가와라나 시부시 만을 부엌에 비유하며, 한 가정에서 부엌은 반드시 필요하며, 먹을거리를 생산하는 장소 이상으로 멋지게 하고 싶기 때문에 공해는 가능한 한 막을 것이라는 취지의 발언을 했다. 이 비유는 신전국종합개발계획의 구상을 적나라하게 보여주는 것이었다. 이 구상은 사회적 분업을 지역에 따라 나누어 놓았기 때문에 일본 열도를 하나의 도시=집과 같이 비유해 무쓰오가와라나 시부시는 부엌이나 화장실로, 도쿄나 오사카는 연회석이나 응접실로 만들고자 한 것이었다. 만약 부엌과 화장실의 주민이 연회석이나 응접실에서 편히 쉬고 싶다면 신칸센을 타고 도쿄나 오사카에 오면 된다는 것이다. 일본 열도는 대형 교통·통신망으로 일일생활권이 되고 있다. 이를 사회적 기능으로 달리 비유해도 좋다. 도호쿠권은 산업기지이기에 만약 교육이나 문화를 누리고 싶다면 도쿄로 오면 된다는 것이다. 화장실이나 부엌만으로는 싫다고 할 벽지 주민의 감정은 이 계획에서는 완전히 무시돼 있다. 신칸센을 비롯해 대형 교통·통신네크워크의 수익자는 주로 기업이나 대도시의 시민이어서 도호쿠나 규슈의 농어민이 주말마다 도쿄나 오사카에 올 자금력은 없다. 신전국종합개발계획은 예정된 거대 콤비나트 등을 지방 주민들이 공해가 발생한다며 격렬하게 반대함으로써 좌절됐지만 원래부터 인권의식을 결여한 것이었다.[5]

'일본열도개조론'과 그 좌절

다나카 내각의 간판이라고 할 '일본열도개조론'은 '도시정책대강'과 '신전국종합개발계획'을 합친 것이다. 신전국종합개발계획과 조금 다른 점은 분산을 위해 거대 산업기지만이 아니라 내륙형 지식집약형 산업을 중심으로 한 공장을 재배치해 그것과 연관시켜 25만 도시를 건설한다는 것이었다. 이를 위해 공장재배치촉진법을 제정해 대도시권에는 공장(나중에 대학 등)의 증설을 인정하지 않는 방침을 취했다. 이 점에서는 극단적인 신전국종합개발계획의 사회적 분업은 수정되고 있었지만 경제성장이라는 기본적인 구상은 바뀌지 않았다. 오히려 규모가 더 확대되었다고 할 만하다. 열도개조정책은 연률 10%의 고도성장을 예정하면서도 산업구조는 기본적으로 바뀌지 않았기 때문에 신전국종합개발계획과 마찬가지로 거대 콤비나트가 2~5곳 필요하게 되었다. 하나의 콤비나트가 영국 한 나라의 생산력에 해당하는 거대한 규모였다.

신전국종합개발계획도 열도개조사업도 공해·환경파괴의 교훈을 전혀 배우지 않았다[6]. 이들 계획에서 예정돼 있는 거대 콤비나트가 중유연료에 의존하면 SO_x는 40~60만t 배출된다. 당시 최대의 가고시마 콤비나트가 완성되면 29만t(1972년 당시 15만t)의 SO_x이 배출되며, 이미 7000명의 대기오염환자가 추정되고 있던 사카이센보쿠 콤비나트에서 약 10만t의 배출량이다. 이 것과 비교해 보면 공해대책이 될 수 있다고는 생각되지 않는다. 수질오염이나 다른 유해물질 등의 공해를 생각하면 이 거대 콤비나트의 계획은 무모하다고 해도 좋을 것이다. 더욱이 자원문제를 생각하면 국제적으로 보더라도 불가능한 계획이었다고 해도 과언이 아니다. 신전국종합개발계획은 석유수입량을 5억kl로 하고, 열도개조론은 7억kl로 하였다. 5억kl의 석유를 수송하는 데는 20만t 유조선이 2500척 이상, 왕복 5000척이 연중무휴로 움직이는 게 된다. 결국 평균 1시간에 1척 이상의 유조선이 페르시아 만을 드나들게 된다. 그것은 불가능할 것이다. 또 원유가 수입됐다고 하더라도 그것이 내놓는 대기오염물질의 양은 국내의 환경허용한도를 넘어버린다. 신전국종합개발계획에는 많은 기업가, 연구자나 전문관료가 참여해 방대한 자료를 구사하고 있었는데도 이와 같은 황당무계한 계획이 국제적으로 통용될 것이라고 생각했던 것일까.

혁신지자체의 환경정책

정부가 일방적으로 공해법제를 만들고 환경청을 발족시키면서 기본적인 국토정책으로는 무모하다고 할 만한 거대오염원을 건설하는 것에 저항한 것은 지자체 특히 혁신지자체였다. 거대 콤비나트의 예정지인 무쓰오가와라 지구의 로카쇼촌의 데라시타 리키사부로 촌장은 자신이 조선에 있을 때 국책의 이름하에 행해진 개발로 농민이 유랑민화된 것을 체험하고는 그렇게 되는 것은 아닌가 하고 생각했다. 그는 촌의 예산을 1000만 엔이나 쪼개서 촌민을 가고시마 지구 등의 콤비나트 지역에 파견해 거대개발이 지역발전에 도움이 될지를 확인시켰다. 견학자 대부분은 거대개발에 반대하는 의견을 갖게 됐다. 시부시 만의 석유콤비나트개발에 반대하는 운동은 무쓰오가와라의 반대운동보다도 더 광역적이고 다양했다. 미야자키현 측의 구시마시에서는 시장이 선두에 나서 반대운동이 일어났다. 가고시마현 내의 시부시 만 공해반대연락협의회는 의사, 약제사, 승려 등의 지식층이나 지역의 유력자가 참여해 농어민과 노동조합과 공동투쟁을 벌였다.[7]

다나카 가쿠에이 수상은 자신의 체험에서 과소지역에 큰 공장을 유치하면 지역은 두 손을 들고 찬성할 것이라 생각했겠지만, 주민은 환경파괴에 반대했고, 지자체도 스스로 지역발전을 이루길 바란 것이었다. 열도개조책은 다나카의 바람을 넣어 니혼카이 지역의 개발에 중점을 두었는데, 지역인 사카타 지구에서도 격렬한 반대운동이 일어난 것이다.

혁신지자체가 든 시빌 미니엄은 지금에야 보수지자체도 정책이념으로 채택할 정도였다. 분명히 국민의 의식은 경제의 고도성장보다도 환경보전이나 복지를 바라는 쪽으로 변화를 해온 것이다. 또 중앙정부의 지역개발정책에 종속하는 것이 아니라 지방자치에 근거해 거리만들기를 생각하기 시작한 것이다. 이 국민의식의 변화 때문에 화려하게 선전된 신전국종합개발계획이나 일본열도개조론도 지지부진해 진척되지 못했다.

1970년대의 환경정책을 선도한 것은 대도시의 혁신지자체였다. 대표적인

2개의 계획을 소개한다.

　도쿄도는 공해의 실태를 분명히 밝힌『공해와 도쿄도』를 펴내고 1971년 지자체로서는 일본에서 최초로 종합적인 「도민(都民)을 공해로부터 방위하는 계획」을 만들었다. 이 계획의 특징은 모든 공해를 대상으로 삼고 이미 확정된 환경기준에 대해서는 국가의 달성예정기간보다도 일찍 설정하였다. 가령 SOₓ의 환경기준 달성을 국가는 10년으로 예정하고 있었지만 이 계획에서는 1973년까지 달성하는 것으로 돼 있다.

　미노베 료키치 지사는 이 계획은 다음 2가지 생각을 갖고 있다고 말했다.

　'그 첫째는 단순히 공해의 감시, 규제라는 직접적인 공해대책에 머물지 않고, 도정 가운데 공해방지와 관련된 모든 시책을 가능한 한 집어넣은 것입니다. 이는 수질오염을 없애기 위해 하수도계획을 대폭 앞당긴 것을 비롯해 도로·주택의 건설 등 모든 행정을 공해방지라는 관점에서 재검토하고 재점검해 공해방지를 위한 도쿄도의 시책을 총동원하고자 한 것입니다. 둘째는 도민의 생활을 둘러싼 환경 자체를 각종 오염으로부터 보호한다는 견지에서 자연환경의 보전을 받아들인 것입니다.'

　결국 정부와 같이 환경정책을 산업정책·국토정책 등의 일부로 하는 것이 아니라, 모든 행정을 환경정책으로 종합시키도록 한다는 것이었다. 또 이 계획에는 주민참여라는 항목이 들어가 있었다. 도쿄도의 경우는 산업공해라기보다는 도시공해라고 할 수 있는 자동차교통이나 폐기물처리에 따른 공해가 중심이 되기 시작했다. 이 경우 도민은 피해자인 동시에 가해자이다. 또 자가용차의 교통규제나 리사이클링의 경우에는 주민이 적극적으로 참여할 필요가 있다. 이 계획에서도 주민참여는 아직 초보단계로 공해대책의 행정의존이 계속되고 있다고 솔직하게 반성을 하였다. 이 시기에 있어서 도쿄도 교육위원회의 적극적인 공헌은 학교교육에 공해교육을 포함시키고, 학년마다 슬라이드를 곁들인 「공해이야기」라는 교재를 만들어 학습시킨 것이다. 이는 장래 주민참여의 포석이었다.

도쿄도는 이 시기에 '쓰레기전쟁'이라고 불린 청소문제, 자동차오염방지의 머스키법의 실시, NO_2의 기준완화 반대, 육가크롬의 토양오염사건의 고발과 해결 등 중요과제를 해결하는 데 선두에 서 있었던 것이다.

오사카부 구로다 료이치 지사는 1973년 9월 환경문제는 '인간의 생존 그 자체와 관련된 문제이고, 종래의 "대증요법"적인 수법으로는 도저히 문제가 해결되지 않기에 근본적 해결을 도모하기 위해 장기적인 관점의 공해방지행정의 가이드라인인 「오사카부 환경관리계획 BIG PLAN」을 제출했다. 이 계획은 공해와 그 원인을 상세하게 실태분석을 한 뒤 환경용량에 근거해 배출규제를 실시하는 총량규제라는 새로운 수법을 보여준 것이다. 동시에 공해방지를 장기적인 입장에서 마련한 도시시스템의 틀을 보여주었다. 이 때문에 공해문제만이 아니라 자연 특히 녹지나 문화재의 상황에 대해서도 실태와 보전의 틀을 보여주고 있었다.[9]

오사카시(부)는 도쿄도와 마찬가지로 주 오염원은 산업이다. 가령 SO_x는 오사카시의 경우 98%가 고정발생원(공장·사업소)이며, NO_x의 경우에도 고정발생원이 66%를 차지하였다. 원래부터 오사카권은 일본 산업의 중심지였는데, 제3장에서 말한 바와 같이 전후 간사이 제일의 해수욕장·휴양지인 사카이·센보쿠 지역에 거대 콤비나트를 조성한 것으로 인해 거대 오염원을 대도시 안으로 유치한 꼴이 되었다. 이 사카이센보쿠 콤비나트에서 배출되는 SO_x량은 오사카부 관내 산업의 44%를 차지하고 있다고 보고되었다.

그 결과, 오사카시 관측점의 SO_x는 모두 환경기준을 웃돌았다. 이 때문에 〈표 7-1〉과 같이 오사카시는 1978년에 역치(閾値)를 달성하기 위해 SO_x의 배출량을 90%나 감축해야만 됐다. 오사카부 전체로 쳐도 85.6%의 감축이었다. 하천의 경우, 요도가와 강, 야마토가와 강, 간자키가와 강, 네야가와 강이라는 주요 수역은 거의 대부분 환경기준을 웃돌고 있었다. 제1장에서 보였던 오염에 비하면 개선됐다고는 하지만, 오사카시 도지마가와 강 덴진바시 다리에서 1971년 BOD는 7.1ppm, 도사보리가와 강의 같은 다리에서 11.3ppm이었다. 네야가와 강의 교바시 다리에서는 1970년 62.6ppm, 1971년

24.8ppm인 상황이었다. 이와 같은 오염상황을 해결하기 위해서 오사카부
는, 대기오염에 대해서는 환경용량을 최종년도에 달성하기 위해 연차별 배
출량을 각 오염원에 할부해 규제를 하기로 했다. 수질오염에 대해서는 원칙
적으로 국가의 환경기준에 따르기로 하고, 1985년까지 하천은 C유형으로,
상수도 수원(水源)하천은 B유형 이상으로 수질을 확보하기로 하였다. 이 때
문에 공장·사업소에게 최선의 공해방지대책을 요구하고, 하수도의 완비나
입지규제를 실시하였다. SOₓ와 NOₓ의 목표달성 시 고정발생원의 배출량은
⟨표 7-1⟩과 같다. SOₓ의 목표달성량은 오사카시의 경우는 기준연차의 10분
의 1, 오사카부에서는 7분의 1까지 감축하기로 했다. NOₓ의 경우는 오사카
시역에서 3분의 1, 오사카부 내에서 2분의 1 이상 감축하기로 했다. 둘 다
쉽지 않은 목표였다. 이 계획에서는 오사카부 내의 제조업의 1970년도 공해
방지투자액은 160억 엔으로 추계하였다. 그리고 1972년부터 1981년까지 10
년 동안의 공해방지투자액은 설비투자액의 20%로 1조 2000억 엔으로 추정
되었다. 또 마찬가지로 10년간에 오사카부 및 부 산하 시정촌이 공해대책사
업 등에 지출할 공비(公費)는 ⟨표 7-2⟩와 같이 2조 2134억 엔으로 전망됐다.
이 가운데 최대 지출은 하수도대책으로 1조 2864억 엔(58%), 다음이 폐기물
대책 2803억 엔(13%)이며, 대기오염대책은 발생원을 주체로 하는 것이기에
605억 엔에 머물렀다. 이와 같이 BIG PLAN 실현에는 공사(公私) 양 부문

표 7-1 목표달성 시의 SOₓ 및 NOₓ 배출량(t/년)

지역	SOₓ		NOₓ	
	45년도 배출량	목표달성 시 배출량	45년도 배출량	목표달성 시 배출량
오사카시	124.500	12.032	40.749	13.114
기타오사카	21.900	4.650	5.343	4.274
히가시오사카	32.500	6.141	7.213	4.645
미나미오사카	195.500	31.163	65.956	28.727
계	374.400	53.985	119.261	50.759

주: BIG PLAN p.557, 578에서.

표 7-2 오사카부 환경관리계획경비(1972~1981년)

종류	금액(백만 엔)
대기오염대책	60,576
수질오염대책	1,286,393
소음·진동대책	49,712
지반침하대책	110,530
토양오염대책	12,936
폐기물대책	280,307
신종공해대책	568
조사·연구	11,609
감시측정체제	10,856
환경보건대책	16,508
중소기업대책	102,501
관련 도시설비 등 정비	175,090
자연환경보호대책	95,870
소계	2,213,456
민간기업·단체실시사업	1,187,138
합계	8,400,594

주: BIG PLAN p.433에서

합쳐 3조 4000억 엔의 사업비로 추계하였다. 이는 매우 크지만 불가능한 금액은 아니었다.

이 오사카부의 계획은 필시 지자체의 공해대책으로는 당시 세계에서도 보기 드문 것이었다. 당연히 경제계로부터 강한 반발도 있었지만, 상세한 조사와 해석의 설명을 받아들여 이에 따르지 않을 수 없었던 모양이었다.

산업계획간담회 '산업구조의 개혁'

경단련은 중화학공업의 경영자가 간부를 차지하고 있고 공해문제에는 보수적이었지만, 경제계에는 반주류파인 합리주의자도 있었다. 1972년 사토 기이치로를 대표로 기우치 노부타네, 사쿠라다 다케시, 마쓰네 소이치를 중심으로 결성된 산업계획간담회[10]는 1973년 '산업구조의 개혁'이라는 대담한 시론(試論)를 발표했다. 이는 고도성장기 일본 경제의 벽이었던 국제수지 문제에서 벗어나는 길에는 공해와 자원이라는 벽이 있고, 그 틀 속에서 선택해야만 한다면 공해와 자원 다소비의 중화학공업과 수출의존형 산업구조를 바꾸지 않으면 안 된다는 것이었다. 이는 나중의 산업구조의 변화를 예언하고 있는 것이어서 간단히 소개하고자 한다.

첫째는 공해대책이다. 공해는 '환경의 악화 또는 파괴'라고 해 경제활동 특히 광공업 생산의 국지집중(局地集中)이 과제가 되고, 오염배출량이 '환경용량*'을 넘었기 때문에 발생했다며 다음과 같이 말하였다. 공해는 법에 규정돼 있는 7대 공해와 PCB·농약 등으로 인한 오염과 방사능오염이 있다. 이와 같이 공해는 환경용량을 초과하는 것이 문제라서 총량규제가 필요하다. 분산해도 공해의 분산 우려가 있고, 오염의 반복, 복합이 있기에 근본적 대책은 오염원대책이며 오염자부담원칙의 사고를 존중해 그 대책비는 비용에 포함시켜야만 된다. 지금까지의 공업기술개발에서는 공해방제연구가 경시돼 왔기 때문에 근본적 대책인 탈황기술의 실용화가 늦어지고, 높은 굴뚝에 의존했기에 오염이 제거되지 않았다. 지역 전체의 환경용량의 입장에서는 유황분이 적은 연료를 사용하고, NO_x의 발생이 적은 연소방법을 취해야 한다.

일본은 평지가 적기 때문에 자동차로 인한 오염이 심해진다. 5000만대 이상의 자동차가 북적거리는 것은 '그 자체가 뭔가 병적 증상을 느끼게 만든다.' 근본적 대책으로서는 대수를 제한하고, 대중교통기관을 늘리는 등 근본적 방책을 생각해야만 한다고 했다. 그리고 다음과 같이 결론내렸다.

'최초로 일본의 산업공해를 방제하는 방책으로는 앞으로 종래와 같은 공해를 발생시키는 기간산업, 중화학공업중점주의에서 벗어나 오염물질

---

* 자연계가 물질을 환원하여 생활환경의 질적 수준을 일정하게 보존하고 자원을 재생하는 능력을 갖고 있는데, 이러한 능력을 양적으로 취한 것을 이름

의 발생을 환경용량에 머물게 하는 무공해의 고도공업화로 나아가야 한
다. 한편 사회공해는 공해방제기술을 한층 고도화, 경제화해 신속히 실천
에 옮겨야 한다.[11]

둘째는 자원대책이다. 이 제언에서는 공해대책과 자원대책은 궤를 같이
하고 있다고 하지만 경제인답게 세계적인 동향에서 봐서 반드시 수입해야
만 하는 자원의 한계를 명확히 해 산업구조의 전환을 설명하였다. 우선 세
계적 자원대책의 최우위과제는 다음과 같다. ①에너지원의 절약, ②무공해
에너지로의 전환·청정한 전력, ③현재 이용되고 있는 에너지원 이외의 자
원의 절약, ④신자원의 개발과 그 이용의 촉진. 이 과제에 따라, 열이용의
촉진, 고속증식로 발전, 핵융합발전, 자동차의 연료전환(석유에서 전력, 특히 수소
연료로), 그리고 최대 환경오염원인 전력산업의 개혁은 무공해인 재생에너지
에 있다고 제언하며 지열, 풍력, 태양광, 해류, 대용량장거리발전 등을 제창
하였다. 또 일회용품 생산에서 내구형제품 생산으로의 전환, 리사이클링에
대해 설명하였다. 원전 특히 핵융합이나 증식로를 추천한 것은 당시 원자력
신앙이 드러난 것이지만 그 이외는 40년 뒤인 현재도 통용되는 참신한 제
언이다.

특히 문제는 에너지자원의 핵심인 석유의 수입가능성이다. 세계 석유생
산의 신장률은 평균 8% 정도로 그 가운데 수출로 나가는 것은 3분의 1이
다. 영국석유협회 등에 따르면 1980년 세계 총수출량 예측은 12.5억t이다.
지금의 일본의 석유소비를 전제로 평균 13~14%의 신장률을 예정하면
1980년에는 1971년 수입량 1.7억t의 3.5배인 6억t이 된다. 정부 등은 그것을
당연하다고 보았다. 그러나 이는 세계 전 수출량의 48%가 된다. 미국의 같
은 해 수입량 예측은 12억t이다. 양자 18억t의 요구가 쟁탈전이 된다. 그렇
지는 않다고 해도 세계의 예측수출량의 약 절반을 일본이 수입하는 것은
불가능하다. 미국의 예측으로는 1980년의 석유생산 가운데, 미국은 25.3%,
일본은 9.5%를 소비한다. 이렇다면 일본의 수입량은 4.2억t, 이 4억t이 한계

이다. 마찬가지로 다른 자원도 지금까지와 같은 소비의 신장은 기대할 수 없다.

셋째는 산업구조의 변화이다. 산업구조에 관한 한 공해대책은 자원대책으로 일원화해 생각하는 게 좋다. 그 결론은 '자원을 대량으로 소비해선 안 된다.' 앞으로는 구조개혁은 불가피하다. 그래서 규모를 축소하지 않으면 안 되기 때문에 '네거티브 리스트'를 제시하였다. 그 골자는 다음과 같이 요약할 수 있다.

중화학공업 7대부문의 생산량을 1985년에는 1970년의 2배에 머물고, 네거티브 리스트에 올라 있는 생산설비의 확대를 중지시키는데, 현 상태에 머무는 것이 바람직한 부문은 다음과 같다. (1) 도쿄만, 이세만, 오사카만, 세토나이의 석유정제공장, (2) 고로(高爐)에 의한 철강일관 부문, (3) 알루미늄정련, (4) 플라스틱 등의 수지생산부문, (5) 국산원목 제지일관제조, (6) 기성도시 부근의 발전소 등을 들었다. 또 점차 축소해 폐지하는 것이 바람직한 부문으로서 (가) 과대도시 내의 제유소, (나) 석유화학비료, (다) 유해 유기합성물, (라) 제강원료 1차처리 (마) 내수용 경사륜차, (바) 중금속을 다량 배출하는 화학공업, (바) 수입원목 등에 의한 제지일관제조 등을 들었다.

이들에 비해 일으켜야 할 신산업은 (1) 주택, (2) 신건축재료, (3) 순환에너지개발의 기술과 기기, (4) 천연자원 개발이용산업.

더욱이 다짐하듯이 5대산업의 개혁에 대해 기술하였다. (1) 석유에 대해서는 앞서 말한 바와 같이, 정부·경제계가 제멋대로 예상한 1985년량인 7.5억kl는 구체적인 계획을 세우지 않아 4~5억kl, 종래는 용도의 내역으로는 중화학공업, 전력, 가스, 수도, 자동차로 73% 사용하고 있던 것을 59%로 줄이고, 가정업무용을 10%에서 24%로 한다.

(2) 석유화학은 현 시점에서 500만t의 설비능력(세계의 3분의 1)이지만 1971년의 생산량인 360만t의 1.4배로 과잉설비를 갖고 있다. 수출을 촉진하고는 있지만 그래도 수습 불가능하다. 콤비나트공해라 불리는 일본 특유의 대규

모 집합오염의 원천이 되고 있다. 또 자연계에 전혀 존재하지 않는 PCB 등의 유기합성물을 만들어 공해를 수출하였다. 따라서 무공해화를 완성하지 않는 한 현재 유해하다고 인정되는 식료·사료 기타 제품의 금지 등을 즉시 실시한다.

(3) 철강은 공업의 기초재이지만, '일본과 같이 철강산업이 한 나라의 선도산업으로 경제의 주도권을 잡고, 더욱이 철강의 수요·시황(市況)이 호황·불황의 바로미터로 사용되고 있는 것은 선진공업국에서 드문 일이다. 이는 '철이 곧 국가다'라는 중공업주의의 흔적이기도 하다. 원래 철강과 같은 공해형 기초산업에서는 그 생산은 국내수요를 조달할 정도에 머물러야 하고 조재(粗材)의 수출에 의해 무역진흥을 꾀한다는 것은 환경용량에 훨씬 여유가 있는 개도국만이 행할 수 있는 산업정책이다'라고 통렬히 비판하였다. 게다가 1985년까지 설비를 확대할 필요가 없다며 1억 700만t을 넘지 말아야 한다고 했다.

(4) 전력은 산업용 전력요금이 국제적으로 보아 너무 낮기에 대기업 전력은 환경비용을 가산요금으로 해 높여 종량제 추가요금을 과하고, 증수분은 공해방제비용으로 돌린다. 가정용·업무용 요금은 그대로 두고, 가정용·업무용 전력을 주체로 하는 선진국형으로 해야 한다고 하였다. 수요자에 따라 무한공급한다는 사고를 버리고, 원자력발전도 개발하고 있지만 신순환에너지원에 의한 발전도 적극 개발한다. 1985년의 전력량은 6500억 kWh로 잡는다.

(5) 수송량은 부당하게 증가시키지 않는다. 최적수단에 못 미치는 질 나쁜 수송을 개선한다. 철강·석유정제·석유화학·전력·종이펄프공업 5개 산업의 수송이 국내총수송의 4분의 1, 중·장거리수송량의 절반을 차지하고, 생산확대의 비중 싸움으로 필요없는 수송이 늘어가고 있다. 이 부당한 수송서비스를 요구하는 것은 철강, 화학, 비료 등을 기간산업으로 인식하고 있는 데서 나오는 '일종의 교만이며, 향후 당연히 고치지 않으면 안 된다.' 이와 같은 산업개혁의 제언은 '통상 사람들이 생각하고 있는 것과는 현저히

다른 모습으로 그려진 것에 사람들은 한층 놀라운 일이라고 생각한다'고 하였다. 그러나 이는 '소위 기다릴 수 없는 상태로, 피할 수 없는 절대적 필요에 압박을 당하였다'며 경제인으로서 비판하는 모습을 보였다. 게다가 마지막에 다음과 같이 덧붙였다.

'지금 세간에 통용되고 있는 다나카 총리의 "일본열도개조론"에도 인용되고 있는 "쇼와 60년(1985년)"의 GNP를 308조 엔으로 보는 견해가 깔린 일련의 숫자는 완전히 근거를 잃게 된다.[13]'

정말 정확한 비판이었지만 정부도 재계의 주류도 이 제언은 받아들이지 않았다. 그러나 머지않아 다음 절과 같이 오일쇼크는 좋든 싫든 간에 거대개발의 환상을 뒤엎고 산업구조의 개혁을 추진하지 않을 수 없게 만들었다.

2 세계 불황과 일본 경제의 위기

닉슨쇼크 - IMF체제의 '붕괴'

세계 경제체제는 2개의 큰 기둥, 달러를 기축통화로 하는 국제통화기금 (IMF)체제와 자유무역체제이다. 모두 미국의 경제가 우위의 생산력을 지속해 국제수지가 안정적으로 흑자이며, 자유무역에 의해 불리한 입장이 되는 개도국을 미국 등이 원조한다는 조건으로 유지돼 왔다. 이 미국의 경제적 패권에 의한 국제경제질서를 정치적으로 보장하는 것이 사상 최대의 미군에 의한 팍스 아메리카나(미국에 의한 세계평화)였다. 그러나 1960년대 베트남전쟁은 사실상 미국의 패배로 끝나 세계 정치의 균형을 깨기 시작했는데, 그것만이 아니라 거액의 전비(戰費)와 반전·공민권운동에 대응한 복지재정의 증대가 미국 재정을 위기에 몰아넣었다. 군사기술의 개발이 아니라 민생기술의 개발로 생산력을 늘려온 일본과 서독을 중심으로 한 EC의 생산력은 미국의 생산력을 따라붙었고, 미국의 국제수지는 1970년에 78년만에 10

억 달러의 적자가 됐다.[14]

1971년 8월 15일 닉슨 대통령은 달러와 금의 공적 교환성의 정지와 10%의 수입과징금을 중심으로 한 신경제정책을 발표했다. 그 뒤 '스미소니언협정'을 통해 일단 고정상장제로 바꾸지만, 달러 불신은 계속돼 1973년 2월 변동상장제로 이행했다. 이로 인해 국제적으로 인플레를 자동으로 제동하는 장치가 사라졌다. 동시에 지속적으로 성장하는 시스템도 사라지고, 오늘날 세계 경제에서 보는 바와 같이 호불황을 거듭하며 정체하는 자본주의경제로 이행했다.

오일쇼크 - 식민지주의로부터의 탈피

달러가 불환지폐가 돼 세계에 인플레가 계속되고, 반복되는 국제통화위기 속에 IMF체제가 줄타기와 같은 운영을 계속하게 됐을 때에 이어서 국제경제를 토대부터 뒤흔드는 큰 사건이 일어났다. 1973년 10월 6일 제4차 중동전쟁이 시작되자 아랍석유수출기구(OAPEC)는 이스라엘을 제제하기 위해 석유를 외교협상의 무기로 삼는 수단을 취해 16일 산유국 원유공시가격을 인상하고, 17일에는 원유생산의 감축과 비우호국에 대한 수출금지를 결정했다. 석유수출기구(OPEC)는 12월에는 1974년 1월 이후 원유가격을 1배럴당 11달러로 한다고 발표했다. 메이저라고 불리는 석유 대기업은 원유가격 인상과 일본에 대한 공급감축을 발표했다. 이런 움직임은 값싼 석유 위에 세워진 세계 경제와 현대문명에 충격을 주었다. 특히 석탄산업을 버리고, 1973년에는 석유가 제1차 에너지공급의 78%를 차지하고 있던 일본에서는 석유부족이 생산량의 정체를 초래했다. 정부는 미키 다케오 부총리를 중동에 파견해 아랍제국의 주장을 확인하고 경제협력을 약속해 원유의 공급감축을 면했다. 그러나 석유가격의 이상한 상승은 인플레를 촉진해 진행되고 있었던 불황을 가속화시켜 결국 1974년에는 전년 대비 마이너스 0.5%로 전후 최초의 경제 마이너스 성장을 기록했다. 다음해인 1975년에도 실질 GNP는 1973년 수준으로 되돌아가지 못했다.

아랍제국의 석유전략은 자국의 경제발전을 위한 오일머니를 입수하려던 수단뿐만이 아니었다. 전후 식민지, 종속국이 독립을 해 유엔에 가입했지만 경제적으로는 과거 종주국인 선진공업국에 의존하고 있었다. 실질적인 식민지주의로부터의 탈각이 오일쇼크로 나타난 것이다. 이에 이어서 개도국의 1차 산품의 가격 인상이 계속됐다. 1976년 비동맹제국수뇌회의는 1978년 8월 콜롬보에 86개국을 모아 '신국제경제질서(NIEO)'의 수립을 정치적 최고 중요과제라고 선언했다. 선진국에 투자나 기술을 의존할 것이 아니라, 각국의 자립적 발전과 남반구(저개발) 국가에 집단적 자조를 요구한 것이다.

그러자 미국 중심의 전후 자본주의체제의 변화에 따라 새로운 국제질서를 만드는 움직임이 시작됐다. 1974년 세계 대불황이 시작됐다. 1975년 11월 지스카르 데스탱 프랑스 대통령이 제창해 파리 교외 람브에에 미·영·불·서독·이·일본 각국의 수뇌가 모여, 그 뒤 캐나다를 더해 매년 선진국 간의 경제협력을 협의하게 됐다. 이를 서미트(주요 선진국수뇌회의) 체제라고 부른다.

2가지 새로운 국제질서는 얼마 안 돼 개도국 체제의 결함이 드러났다. 가령 아랍제국은 오일머니로 자국의 산업을 내발적으로 발전시키기를 좀처럼 서두를 수가 없었다. 석유 등의 1차 산업의 가격상승에 대해서 선진공업국은 1980년대에 이르는 과정으로 에너지 다소비형의 산업구조를 바꿔 자원절약형 기술개발을 추진했다. 석유 등 1차 산품의 수출에 과도하게 의존하고 있던 개도국은 1차 산품의 가격하락과 더불어 위기에 빠졌다. 개도국의 누적채무는 500억 달러가 넘었다. 내발적 발전의 전망이 없는 개도국에 의한 신국제질서의 꿈이 무너진 것이다.

일본 경제의 '기적'은 끝났다

일본의 통관통계는 1972년 원유 1배럴당 2달러 51센트였던 것이 1974년에는 10달러 79센트, 1981년에는 30달러까지 급상승했다. 이 때문에 무역구조에 큰 변화가 나타났다. 약 45억 달러(전 수입액의 19%)였던 1972년의 원유

제품 수입액이 1974년에는 212억 달러(동 34%)가 됐다. 이 때문에 신규설비 투자단가는 제조업에서 2배, 전력업에서 3.3배라는 비용의 급상승으로 인해 투자는 크게 감소했다. 기업은 오일쇼크를 이용해 가격을 인상했다. 가령 전력요금은 1974년 6월에 56.8%, 1976년 여름에는 23%로 대폭 인상했다. 1973년 11월부터 1974년 2월에 걸쳐 그동안 견실했던 도매물가가 21% 상승했다. 소비자물가도 13% 인상했다. 이는 1년 전과 비교하면 각각 37%와 26%라는 경이적 상승이며, 후쿠다 총리는 '미친 물가'라고 이름 지었는데, 국민생활은 혼란스러워졌다.

이 미친 물가의 직접 원인은 오일쇼크이지만 그게 다가 아니었다. 그 주역은 대기업이었다. 과잉유동성이라 불리는 남아돌던 자산이 거대상사를 비롯해 대기업에 집중됐다. 이것이 토지, 주식, 상품 등의 사재기로 옮겨졌다. 편승인상*도 행해졌다. 가격인상의 필요율과 실제 상승률을 비교하면 조강이 7.8%로 충분했지만 21.2%, 전기는 3.2%면 되는데 15.5%, 자동차는 3.2%면 되는데 23.2%였다. 게다가 재정금융정책의 실패가 더해졌다. 앞서 말한 일본 열도 개조책에 의한 공채발행에 고도성장의 왜곡을 시정하려고 한 복지정책(노인의료의 무료화) 등이 더해져 1973년도부터 1975년도 예산까지의 신장률은 매년 25%를 넘는 이상한 상황이 됐다. 이 때문에 재정법으로 금지된 적자공채가 1975년도 예산부터 특례채(特例債)로 발행됐다. 이는 공공사업채의 발행과 어우러져 급격히 채무를 증대시켰다. 제2장에서 말한 초건전재정과 고저축·간접금융방식이라는 고도성장의 경제시스템은 1970년대 후반에 완전히 무너졌다고 해도 과언이 아니다.

오일쇼크는 인플레만이 아니라 패닉을 낳았다. 1973년 10월 말부터 11월 초에 걸쳐 '화장지 패닉'을 시작으로 세제, 사탕 등의 사재기로 이어지며 '물품부족' 소동이 일어났다. 이는 대도시권, 특히 뉴타운 단지를 중심으로

---

* 어쩔 수 없는 이유에 편승해 그 이상의 인상을 행하는 것

일어났다. 마치 전쟁 직후의 인플레시대와 같이 사람들이 물품부족을 우려해 슈퍼나 상점으로 달려가는 행렬을 만든 것이다. 일본은 경제대국이 된 것처럼 보여도 현실은 자원소국(資源小國)이며, 싼 석유 등의 해외자원 위에 구축된 사상누각이었던 것은 아닐까 하는 것을 자각하는 패닉이었다.

미친 물가와 물품부족 속에 대기업은 사상공전의 이익을 올렸다. 이는 전부터 공해문제 등으로 불신을 받던 기업이 국민의 비판에 불을 붙이게 됐다. 이 여론에 밀려 1974년 봄, 국회는 물가를 집중 심의해 대기업의 책임을 추궁하여 그동안 인하해 왔던 법인세의 세율을 인상함과 동시에 법인임시이득세나 토지취득세를 걸게 됐다.

버블 나아가 대불황 = 스태그플레이션

앞서 말한 바와 같이 다나카 가쿠에이는 1972년 6월 수상 취임 1개월 전에 『일본열도개조론』을 출판했다. 이는 연률 10%의 고도성장을 예정해 1973년 2월에는 경제사회기본계획에 모두 담고, 1973년도 예산에 구체화했다. 이 정책에서 대형 사회자본은 정부가 공급하지만 주체는 어디까지나 민간개발자였다. 앞서 말한 바와 같이 과잉유동성이 생긴 시기에 그 유동처를 열어준 셈이어서 기업은 일제히 토지투기로 내달렸다. '1억총지주(總地主)'라고 불릴 상황이 돼 자본금 1억 엔 이상인 기업의 소유지는 도쿄도 구(區) 지역의 약 13.5배, 78만ha를 넘었다.

미친 물가에 대해 정부는 총수요억제책을 다시 강화한 것을 계기로 1974년 버블은 붕괴하고, 일본 경제는 대불황에 빠졌다. 제조업의 설비가동율 평균은 1974년 80.7에서 1975년 74.4로 저하되고, 민간설비투자도 감소했다. 개인소비의 신장률도 전후 처음으로 0이 됐다. 실질GNP는 마이너스가 되고, 고용은 1973년을 정점으로 감소하여 완전실업자는 100만 명을 넘었다.

이 불황은 근본적으로는 오일쇼크에 의한 것이 아니다. 기간산업이 과잉생산에 빠져 있었던 것이다. 특히 1978년 제2차 오일쇼크라고 불리는 OPEC의 석유가격이 재인상되었다. 구미는 닉슨쇼크와 2개의 오일쇼크로 인해 스태그플레이션이라는 그때까지 경험하지 못한 불황에 빠져들었다. 그때까지의 경제학에서는 불황일 때에는 물가가 내려가고 실업이 증가한다고 생각됐다. 그런데 지금은 실업도 늘어나고 물가도 상승한다. 가령 조금 뒤지만 미국에서는 1980년 11월과 1982년 같은 기간을 비교하면 실업자는 745만 명에서 1200만 명으로 급증했는데, 동시에 도매물가는 약 30%, 소비자물가는 약 4% 상승했다. 스태그네이션(정체)과 인플레이션이 동시에 일어난다는 의미에서 두 낱말을 합해 스태그플레이션이라고 불렀다.

지금까지의 불황대책은 케인스 경제학에 따라서 적자국채를 발행해 재정지출을 확대하고, 공공투자나 사회보장을 행해왔다. 그러나 미국이나 영국에는 인플레이션 대책이 있었기 때문에 재정팽창에는 한계가 있다. 인플레이션·실업증대·재정위기라는 3중고, 즉 트릴레마에 자본주의국이 빠져 있었던 것이다. 여기에서 신자유주의·신보수주의라고 불리는 대처·레이건의 개혁이 행해진 것이다.

일본은 이 시기에 고도성장이 끝나고 1975년에는 마이너스성장이 됐다.

3 정치·경제의 재편

'불황 내셔널리즘'과 공해행정·사법의 후퇴

고도경제성장의 종언은 경제정책을 바꿔 복지국가로 향해가는 길을 선택할 수 있어야 했다. 그러나 '미친 물가'를 거쳐 불황이 심각해지자 기업뿐만 아니라 시민도 불황극복을 위해서는 어떤 악을 허용해도 좋다는 국론으로 통일되는 듯한 풍조가 확산됐다. 이는 당시 '불황 내셔널리즘'이라고 불렸는데, 1970년대 말이 되자 환경정책 특히 공해행정이나 사법의 후퇴가 시작됐다. 제3회 서미트에 출석한 후쿠다 수상은 참가국으로부터 일본의 장마철형 수출에 대한 비판의 목소리를 들었다. 일본의 에고이즘으로 인해 각국의 경기회복이 늦어지고 있다는 것이었다. 그래서 일본은 수출진흥에서 내수진흥으로 경제의 방향을 바꾸고, 그러기 위해 공공사업을 확대하여 7%의 성장을 실현하겠다고 약속을 하지 않을 수 없게 됐다. 앞서 말한 OECD의 리뷰에 의해 일본의 공해대책은 일단락됐다고 해석한 경제계는 앞의 산업계획간담회의 제언과는 반대로 공해대책의 재검토를 바라게 됐다. 경단련이나 오사카상공회의소는 공건법의 부담이 불합리하며 과중하다고 해 전면개정을 구하는 방향으로 나갔다.

이 경향을 반영해 〈그림 6-6〉(551)쪽과 같이 기업의 공해방지설비투자는 1975년을 정점으로 급감했다. 이는 배연탈황장치를 중심으로 공해방지설비가 설치되고 신규투자의 필요가 적어진 것, 1970년대 말에는 산업구조의 개혁이나 자원절약형기술의 발전에 의해 오염물질이 감소해 설비를 확대할 필요가 없어진 것을 들 수 있다. 그러나 그것만이 아니었다. 분명히 공해대책이 후퇴했다. 공공부문에는 환경정책의 지출이 격감하지는 않으나 이 시기부터 기업의 수처리시설의 투자로 바뀌 공공하수도나 광역하수도의 투자가 늘어났다.

서미트의 약속을 실현하기 위해 그때까지 중단돼 있던 고속도로나 댐 등의 사업을 부활시켜야만 되었는데, 환경기준 특히 자동차배기가스 등 NO_2의 기준이 문제가 됐다. 하시모토 미치오에게 일일 평균치 0.02ppm을 넘지 않고는 도로를 건설할 수 없다는 말을 들을 정도로 자동차교통량을 예측하기란 어려웠다. 환경기준 가운데도 자동차공해와 관련된 기준을 완화하지 않으면 국제적으로 공약한 공공사업 특히 고속도로나 혼시(本四)가교와 같은 대형사업은 속수무책인 것이다. 가와테쓰(川鐵) 공해소송에서 문제가 됐듯이 기업, 특히 철강, 석유화학, 전력 등은 탈초를 위한 설비투자의 부담이 크고, 특히 현행 환경기준을 지키려면 크게 개선되어야 한다. 이렇게 해서 국제적 공약을 기치로 한 불황 내셔널리즘으로 주민운동이 정체되고 여론이 바뀌기 시작한 시기에 편승해 공해대책이 후퇴하기 시작했다. 구체적인 사례는 다음 절에서 말한다.

「제2차 전국종합개발계획」이 좌절되자 1977년 11월에 「제3차 전국종합

표 7-3 「제2차 전국종합개발계획」・「제3차 전국종합개발계획」의
1985년도 목표와 실적

	2차 전국종합개발계획	3차 전국종합개발계획	1985년 실적
국민총생산(GNP)	150조 엔	170조 엔	321조 엔
조강	1억 8000만t/년	1억 7800만t/년	1억 528만t/년
석유정제	4억 9100만kl/년	3억 8700만kl/년	1억 8976만kl/년
석유화학(에틸렌)	1100만t/년	783만t/년	423만t/년
석유수입	5억 600만kl	4억 4000만kl	1억 9833만kl
공업용지	30만ha	22만ha	15만ha
공업용수 수요	1억 700만㎥/일	7000만㎥/일	3493만㎥/일(1억 3731만)
전력(공급능력)	1억 9000만kW	1억 8000만kW	1억 6940만kW

주: 1) 공업용수수요의 ( )안은 회수수(回收水)를 넣은 양.
    2) 각 전국종합개발계획 및 정부통계에 따른다.

개발계획」이 발표됐다. 당초의 시안에서는 「제2차 전국종합개발계획」의 실패를 반성하여 복지형개발, 환경영향사전평가제도의 실행, 재정개혁, 주민참여 등의 새로운 제도를 도입할 생각이었다. 그러나 불황 내셔널리즘으로 인해 성장궤도로의 복귀로 정부・재계의 방침이 전환하자, 이 입맛 당기던 추상적인 목표와는 상반되게 구체적인 골격이 다음과 같이 변했다. 우선 첫째로 1985년에 예정된 경제규모는 〈표 7-3〉과 같이 「제2차 전국종합개발계획」과 똑같이 거대해졌다. 그렇지만 산업계획간담회의 시안과 불황의 영향으로 중화학공업의 예측은 약간 감소했는데, 석유화학을 제외하고 경미한 수정에 머물렀다. 이 계획의 전제가 된 「서기 2000년 장기전망작업」이나 「산업구조장기비전」(통산성)에서는 21세기에 이르기까지 산업구조는 바뀌지 않고 앞으로 30년 이상 자본주의국 중 세계 최고의 고도성장을 쉼없이 지속할 것으로 보았다. 이 때문에 이미 불가능한 사실이 분명해진 거대 콤비나트기지의 조성이 다시 부각됐다. 이러한 산업・지역개발정책은 환경파괴를 불러오는 사실이 분명했지만, 환경청이 마련한 환경영향사전평가법은 기업(특히 경단련)과 사업 각 부처(통산성, 건설성 등)의 반대에 부딪혀 결정되지 못했다. 앞의 「산업구조장기비전」에서는 대량소비생활은 발전하고,

특히 교육과 관광의 수요가 늘어날 것이라고 했다. 공공투자는 「쇼와50년대 전기 경제계획」에 의하면 1970-74년도의 54조 엔에서 1976-80년도 계획에서는 100조 엔으로 배증하는 것으로 돼 있었다. 환경영향사전평가를 의무화하지 않은 사업의 환경파괴는 계속된다. 이렇게 해서 「제2차 전국종합개발계획」이 총점검되고, 「제3차 전국종합개발계획 시안」을 수립하는 즈음에 보였던 고도성장방식 비판과 '복지·환경보전 우선'으로의 전환은 중도에서 끝났다.

산업구조의 전환과 일본적 경영

정부의 계획은 여전히 중화학공업 중심의 수출진흥형 산업구조의 지속적 발전이었다. 그러나 경제현실은 크게 변화해 자동차·전기기기산업 중심의 가공형 기계산업이 발전했다. 그것은 하이테크산업이라 불리는 일렉트로닉스, 바이오 테크놀러지, 신소재 등의 산업이며, 또 에너지절약형 투자가 중점적으로 이뤄졌다. 전 기업을 통해 공장자동화(FA)가 진전됐다. 1982년에 일본의 산업용 로봇은 1만 4000대에 이르러 세계의 63%를 차지했다. 한편 사무자동화(OA)라고 불리듯 컴퓨터를 축으로 한 사무합리화가 진전됐다. 산업구조는 극적인 변화를 가져왔다.

알루미늄정련은 연간 160만을 생산하던 설비가 10년 사이에 40분의 1인 4만t까지 계속 줄어들었다. 석유화학은 통산성의 행정지도로 3분의 1에 가까운 생산시설을 정리해냈다. 제강업에서는 긴 역사를 가진 무로란, 가마이시, 하치반 특히 전후 건설된 지 얼마 안 된 사카이시 등 각지의 용광로의 불이 꺼졌다. 이를 대체해 제3차 산업의 발전이 보였다.

그동안 일본의 기업은 이중구조와 수직사회가 돼 있다는 비판을 받았다. 그러나 세계불황 속에서 공장자동화나 사무자동화 등은 중소기업의 경영을 변화시켰다. 로봇도 중소기업에 보급됐다. 공업에서 서비스업으로의 전환, 작업이 공장자동화나 사무자동화로 전환되자 대량의 노동자가 실업할 가능성이 있었다. 그러나 일본에서는 교육을 통해 지적·기술적으로 역량이 있는 노동자가 이 산업구조의 전환을 이용해 전직했다.

이중구조의 내부변화를 통해 도요타의 간판방식*과 같이 정밀도 높은 장인솜씨를 가진 중소기업의 존재는 생산력을 높이게 됐다. 도요타는 재고를 남기지 않고, 저스트인타임으로 부품을 공급하는 중소기업을 네트워크한데다가 비용을 줄일 만큼 줄여 급속히 발전했다.

이와 같은 간판방식은 유통시간의 절약이 결정적인 변수가 되는데, 도로 중심의 공공투자가 그것을 도왔다. 도요타의 예는 다른 부문에 들어맞았다. 일본적 경영이 구미에서 높게 평가받게 됐다. 그러나 이는 직원을 24시간 관리하는 듯한 기업사회를 만들게 됐다.

전후 경제행정의 주역 중 한 사람이었던 미야자키 이사무는 '오일쇼크의 영향은 일본이 세계에서 가장 컸음에도 불구하고 그 탈출도 가장 빨리, 가장 훌륭하게 해냈다고 느낍니다5'라고 말했다. 다만 정부의 계획은 1973년 「경제사회기본계획」, 1976년 「쇼와50년대 전기 경제계획」, 1979년 「신경제사회 7개년계획」 등 모두 곧 중지돼 실패로 끝났다고 말하였다. 이에 대해 '경제계획'의 역사를 정리한 호시노 스스무는 '후쿠다 총리의 『쇼와 50년대 전기 경제계획』을 가지고 일본의 경제계획의 역사 속에 "정치로서의 경제계획"은 끝났다고 생각한다6'고 말하였다.

이노우에 기요코는 이 일본의 '예외적' 회복의 원인으로 (1)감량경영, (2)IC 관련 기술의 도입과 응대, (3)'집중호우적 수출'을 축으로 한 회복, (4)비용절감 절대시를 한층 강화한 것을 들었다. 이들은 1980년대의 미일 무역마찰을 낳는 원인이었다7. 또 이 일본적 경영은 노동자의 장시간노동과 회사에 대한 충성심에 의해 지탱되고 있었다. 대기업의 노동자에게 '당신의 커뮤니티는 어디에 있습니까'하고 물으면 '회사입니다'라고 대부분의 사람이 답할 것이라고 했다. 그들은 회사에 묻혀 지역이나 가족의 일은 머

---

* 저스트인타임 생산시스템(생산단계마다 시간낭비를 최소화시키는 무재고 생산방식)에서 사용되는 생산의 작업 지시표를 말한다.

리에 없었다. 이러한 회사인간은 시민운동에 관심이 없고 또 그것을 행할 시간도, 에너지도 없었다. 노동조합운동 그 자체에도 관심이 없어지고 있었다. 이렇게 해서 1980년대의 우선회가 시작된 것이다.

보수회귀

1960년대 후반 이후 혁신지자체의 성립, 의회의 다양화와 보혁 백중세로 인해 일본의 정치 흐름이 크게 바뀌는 듯 보였지만, 오일쇼크 이래 장기불황으로 인해 주민운동 등의 사회운동이 정체되기 시작했다. 노동조합 연대 속에서도 동맹 등의 민간노조가 기업방위라는 오른쪽으로 치우치는 노선을 취하고 이에 총평(總評)이 마지못해 끌려가 노동전선이 통일될 움직임이 시작되자 정치의 우경화가 시작됐다. 공명당이 '중도노선'을 명확히 하고, 사회당이 사공(社共)통일전선이 아니라 사공민(社公民)노선을 취해 혁신진영은 분열되기 시작했다. 이러한 흐름을 명확히 한 것은 다음 절에서 말하는 혁신지자체의 퇴조이다.

후쿠다 다케오 내각의 뒤를 이어받은 오히라 마사요시는 지역의 시대, 문화의 시대를 외치며 '전원(田園)국가'라는 목표를 내걸었다. 이는 혁신세력의 슬로건을 선취함으로써 1980년대로 가는 전망을 열고자 한 것이었지만, 재정위기를 해결하기 위한 일반소비세 도입을 주장했다가 1979년 10월 총선거에서 참패했다. 그 뒤 자민당은 혼란에 빠져 의회에서 오히라 수상이 불신임을 받았다. 1980년 6월 중참 양원 선거에서는 오히라 수상이 과로로 인해 도중에 급사했고, 분열 직전의 자민당은 결속했다. 그 결과, 자민당이 압승해 다시 한 번 중의원에서 안정다수를 얻을 수 있었다.

다나카 가쿠에이가 구형을 받은 록히드 사건 전후의 금권정치 비판으로 위기에 몰렸던 자민당은 이 선거를 기회로 새로 일어서 전부터 현안이던 헌법 개정, 미일안보체제의 강화, 교과서의 개정 등을 일제히 다뤘다. 스즈키 젠코 내각에서 나카소네 야스히로 내각으로 우선회라는 정치상황이 시작됐다. 자민당 정부는 레이건-대처 노선에 따르는 선택을 했다. 이와 같은 우선회는 국민 여론의 변화와 관련이 있었다. 노동자가 중류의식을 갖고, 학생이 보수적인 사상을 갖게 된 것도 하나의 이유였다.

자민당은 1970년대의 쇠퇴를 만회하기 위해 다나카 가쿠에이가 길을 연보조금사업을 지방도시와 농촌에 살포해 그 전통적 정치기반인 '풀뿌리보수주의'를 재편성했다. 당원을 300만 명으로 늘리고, 대선과 비슷한 총재선거를 통해 자민당 지지층을 강하게 했다. 이에 비해 야당은 분열해 중도세력이 사실상 보수화를 추진하는 경향을 가졌다. 사공의 대립이 간접적으로 자민당의 전진을 허용하게 됐다. 정책면에서는 고도성장에서 저성장으로의 전환에 대해 혁신세력의 경제정책이나 재정정책의 대응이 늦어진 것도 국민의 지지를 잃은 원인이 됐다.

혁신지자체의 퇴조와 도시경영

1978년 교토부 지사선거에서 사공이 분열해 니나가와 도라조 지사가 추진했던 28년간의 혁신지자체 등대의 불이 꺼졌다. 이어서 오키나와현 지사선거에서는 자민당의 니시메 준지 후보가 숙원의 당선을 이뤘다. 평화헌법의 거점으로 보였던 오키나와현에서 혁신지자체는 자취를 감추고, 전 현 10개시 중 8개시를 차지했던 혁신지자체가 1978년 말에는 4개시로 줄었다.

이 흐름 속에 1979년 통일지방선거에서는 나중의 행정개혁의 선구로 보이는 '도시경영론'의 기수인 스즈키 슌이치가 자민·공명·민사(民社) 3당의 추천으로 도쿄도 지사에 당선돼 12년간의 미노베 혁신도정에 종지부를 찍었다. 오사카부 지사선거에서는 저번에 이어 사공 분열상태에서 공산당과 혁신자유연합이 추천한 구로다 료이치 지사가 3선을 노렸으나 사보(社保) 6당 연합의 자치성 출신의 전 부지사 기시 사카에가 당선돼 사실상 자민당의 승리라고 신문은 평가했다. 지자체 단체장은 자치성 등 중앙 각 부처 출신자가 많아졌고, 실무가의 시대로 접어들었다고 말한다. 혁신지자체는 괴멸되지 않고 예전과 마찬가지로 전국의 시정촌에서는 일정한 비율을 차지하고 있지만, 가나가와현, 시가현, 오카야마현, 나고야시, 교토시, 고베시와 같이 단체장은 전당(全黨) 추천과 같은 성격이 모호한 경우가 많아졌다. 과거 도쿄도, 교토부, 오사카부나 오키나와현과 같이 기본적으로 자민당 정부와 대결해 '헌법을 생활에 살린다'는 명확한 방침을 취하던 지자체가 소멸된 것은 혁신지자체의 퇴조를 나타냈다.

혁신지자체의 퇴조는 지지정당인 사공이나 총평이 동화(同和)문제* 등으로 분열됐기 때문이라고 하지만, 정책적으로는 시빌 미니멈의 정책이 재정위기를 낳아 불황시의 지역산업 재건의 경제정책이 약해 지지를 잃은 데 있었다. 분권을 위해서는 일본의 중앙집권적인 재정제도의 개혁이 필요했다. 고도성장을 추진하기 위한 재정시스템을 복지·교육·환경을 확립하기 위한 재정시스템으로 바꿀 필요가 있었다. 또 다른 시각에서 보면 전통적인 농촌 중심의 지방재정시스템을 도시 중심의 시스템으로 개혁해야만 했다. 이런 것은 이미 1965년 단계에서 분명했지만, 집권당이 되지 못한 설움으로 제도개혁을 위한 조사가 늦어졌다. 1975년에 도쿄도는 「대도시 재원(財源)구상」을 발표했다. 이는 획기적인 세제개혁의 제안으로, 국가와 지방을 합쳐 종합소득누진세제를 확립하고 환경세 등 사회적 비용을 원인자에게 부담시켜 혼잡현상 등 과밀의 폐해를 없애기 위한 기업과세를 제안한 것이었다. 이에 동조해 오사카부는 「대도시 세재원(稅財源)구상」을 내놓는 등 지지체의 세원확충구상이 제시됐다. 정부는 이 요구를 부정할 수 없었지만 근본적 개혁은 하지 않았다. 대도시화를 억제하기 위한 '사무소·사업소세'의 채택과 법인관계세의 초과과세를 인정하는 데 머물렀다. 이미 셋쓰(攝津) 소송을 통해 보육원 등의 복지행정의 재정제도가 주민의 요구에 비해 빈약해 전면적인 사회보장재정의 개혁이 요망됐다. 이들 개혁이 미뤄지고 지자체 특히 혁신지자체의 재정은 위기에 빠졌다. 이 때문에 재정재건을 위한 '도시경영론'이 유행하게 된 것이다.

---

* 지금은 실효가 끝난 동화대책사업특별조치법의 제정으로 전후 일본에서 만들어졌다는 동화지구에 관계되는 제 문제를 말한다. 동화지구 출신자에 대한 차별행위나 인권침해를 부락차별이라고 한다.

606 제2부
공해에서 환경문제로

혁신지자체의 퇴조에는 재정·경제정책이 뒤떨어졌다는 원인 외에 '주민참여'라고 하면서도 주민은 지자체의 주체가 아니라 요구만을 해 나중에는 단체장에게 맡긴다는 '명군(名君)주의*'라고나 할까, 사실상 혁신관료에 의존하는 약점도 있었다.

혁신지자체는 1970년대를 통해 환경정책의 전진에 공헌했다. 그뿐, 이 퇴조는 1970년대의 행정개혁에 의해 국가의 환경정책의 후퇴를 낳았고, 1980년대에 국제적으로 가장 저조한 환경행정을 낳게 됐다.

제2절 환경정책의 일진일퇴

1 도시공해대책의 전진

제2장에서 말한 바와 같이 고도성장기의 급격한 도시화는 생산·유통·소비·폐기의 전 과정에서 환경파괴와 심각한 건강피해를 초래했다. 공건법을 통한 대기오염피해자의 대부분은 대도시권의 시민이다. 제5장의 공공사업으로 인한 소음·진동 등의 피해도 대도시권에 집중됐다. 도시공해라는 복합형 공해는 새로운 사회문제와 대책을 요구했다.

폐기물처리문제 - 쓰레기전쟁

도쿄도는 1970년 1년 사이에 쓰레기의 약 3분의 2에 해당하는 2300만t을 트럭으로 고토구의 도쿄만에 매립했다. 이 매립지는 아이러니하게도 '꿈의 섬(드림랜드)'이라고 불렸다. 악취, 파리, 연 10건이 넘는 화재 등이 발생해 지옥의 양상을 보인 '꿈의 섬'은 외국에서도 유명한 나쁜 '명소'가 됐다. 이

---

* 전제국가에서 정치적으로 뛰어난 국가군주에게 모든 걸 맡기는 주의를 말한다.

전 도심의 배출물 처리로 일방적으로 피해를 입고 있던 고토구민은 쓰레기는 '자구 내(自區內) 처리'라는 원칙을 내세웠고, 미노베 도쿄도 지사도 이를 승인했다. 그러나 스기나미구민의 청소공장 건설계획 반대를 비롯해 지역 주민은 이 원칙에 반대했다. 이에 항의해 1973년 5월에는 고토구의회가 사흘간에 걸쳐 스기나미구의 쓰레기 반입을 실력으로 저지하는 사건을 일으켰다.

이보다 앞선 1971년 9월 미노베 지사는 '쓰레기전쟁선언'을 했다. 이는 그의 도정 12년 속에 '가장 곤란하고 힘든 일이었다[18].' 왜냐하면 산업공해 사건과는 달리, 쓰레기공해는 가해자가 지자체가 되고 주민 대 지자체, 특히 주민 대 주민의 싸움이었기 때문이다. 지사의 요청으로 도쿄 도립대학 교수에서 기획조정국장이 된 시바타 도쿠에는 도쿄도에 들어간 뒤 재정전쟁이나 자동차배기가스규제 등의 중요문제를 해결하는 책임자가 되었는데, 이 쓰레기전쟁에서도 최고지휘관이 됐다. 시바타는 1961년에 선구적 명저 『일본의 청소문제』[19]를 세상에 내놓으면서 폐기물의 증대가 현대문명과 일본 도시의 결함을 드러내놓고 있음을 분명히 했다. 그런 의미에서는 흡사 '하늘이 사람을 불렀다'고 말해도 좋지만, 현대 경제시스템에 편입돼 있는 폐기물문제는 해결하기 쉽지 않고 지자체 직원은 물론 주민 스스로가 의식을 바꿔야만 된다. 그래서 시바타는 「쓰레기일보(日報)」를 발간해 청내나 주민의 의식혁명을 일으키려고 했다. 그는 『일본의 도시정책』에 당시 쓰레기전쟁은 3가지 문제가 있었다고 지적하였다.

'첫째는 대도시행정에는 소위 관료제와 그 사상의 극복, 새로운 이념을 창조하는 힘이 필요하다. … 여기에 발생한 쓰레기문제는 과거 전례가 없는 사태이며, 하나의 국(局)만으로 대처할 수 있는 문제가 아니었다.

둘째는 시민참여의 문제이다. 도시의 행정은 시민의 요구에 귀를 기울이고 시민의 협력을 얻음으로써 민주적으로 운영할 수 있게 된다. … 쓰레기전쟁을 해결하기 위해서는 지역이기주의 단계에만 머물러 있지 말

고, 이를 특히 도시 전체로 시야를 넓혀나가야만 된다. … 쓰레기문제로
인해 시민참여의 규모를 확대하고, 또 스스로 생각하고 행동하는 시민으
로 거듭나야 했다. 실은 거기에 민주주의의 어려운 틀이 문제로 떠오른
것이다.

셋째는 가치관의 전환이다. … 값비싼 귀금속이나 보석은 없어도 살아
갈 수 있지만 "쓰레기를 무시하면 쓰레기의 복수를 받게 된다"는 것이
현대 도시인 것이다. 쓰레기전쟁선언은 그러한 가치관을 전환해 인간생
활에 있어 진정한 가치·진정한 풍요에서부터 특히 도대체 문명이란 무
엇인가, 좋은 도시란 무엇인지 되묻기를 호소한 것이다.[20]

이 가치관의 전환, 그리고 주민참여의 틀을 묻는 쓰레기문제는 에너지문
제나 자동차문제와 연결된 것이며, 주민운동의 새로운 전망을 요구하는 것
이었다.

폐기물처리의 역사적 소묘

일본에서 폐기물처리에 관한 최초의 법률은 1900년의 오물청소법이다.
여기서는 대상을 진개(塵芥: 먼지는 100억분의 1의 단위, 티끌은 1000억분의 1)로 규정
한 것과 같이 폐기물은 미세해 사람 눈에 띄지 않도록 처리한다는 윤리나
위생의 확보를 목적으로 하였다. 전후 도시화 과정에서 청소사업을 민간 회
수업자에게 맡기기 어렵게 되자 도시행정의 의무로 자리매김돼 1954년 청
소법이 생겼다. 여기서는 '쓰레기'(진개로는 너무 작아진다)라는 개념이 생겨 도
시의 모든 쓰레기의 위생적 처리에 대해 공적 책임이 요구되게 됐다. 결국
오물청소법이 원칙적으로 진개처리를 개인의 책임으로 한 데 비해 청소법
은 시정촌의 공적책임으로 한 것이다.

도시화 과정에서 쓰레기량은 비약적으로 늘었다. 도쿄도의 경우 〈표
7-4〉와 같이 1967년 276만t에서 1976년에는 515만t이 됐다. 이는 당시 뉴욕
시의 3분의 1이지만 런던의 3배, 파리나 모스크바의 3~4배였다. 동시에 쓰

레기의 질이 달라졌다. 안전하게 처리하기 어려운 플라스틱, 비닐, PCB 등
의 화학제품 혹은 처리비용이 큰 자동차, 피아노, 전기기구, 가구 등의 대형
쓰레기가 늘었다. 이들에 편승해 청소비가 급증했다. 도쿄도의 청소직원은
1969년 1만 492명에서 1978년 1만 4784명으로 늘었고, 쓰레기 처리단가도
아래의 표와 같이 1967년 5208엔/t에서 1976년 1만 9095엔/t으로 4배 가까
이 급증했다. 지방재정에서 청소비가 국고보조금이나 교부세의 대상이 된
것은 1964년의 일이다. 그러나 곧바로 청소사업비는 하수도비와 비슷해져
지자체의 공해・환경대책비의 중심이 됐다.

쓰레기처리는 다른 나라에서는 매립에 의존하였다. 뉴욕, 모스크바, 런던
에서는 80~90%가 매립이다. 파리가 일본과 마찬가지로 90%를 소각하였
다. 1976년에는 도쿄도 구(區)지역은 50%를 소각했고, 오사카시는 78%를
소각했다. 매립할 용지가 적은 일본에서는 소각률을 높이지 않을 수 없었
다. 나중에는 세계의 청소공장의 70%가 일본에 있다고 할 정도로 중간처리
를 소각에 의존하였다. 그러나 이는 공해의 원인을 낳았다. 청소공장의 연
해 특히 PCB, 수은, 기타 유기화학물질의 대기오염, 오염수의 유실, 게다가
잔회(殘灰)로 인한 토양오염, 반입트럭의 소음이나 적하물의 악취 등이다.
이 때문에 스기나미의 청소공장문제와 같이 설치하기 어려워졌다. 공해방
지만이 아니라 연소에너지를 이용한 복지시설이나 공원을 갖다 붙이는 서

표 7-4 도쿄도의 쓰레기문제

년	수집량 (천t)	처리량 (천t)	소각		매립		1t당 처리비(엔)			인구 1인당 처리비 (엔)
			양 (천t)	%	양 (천t)	%	원가	지수	그 중 인건비	
1967년	2,757	2,750	762	28	1,988	72	5,208	100	2,951	1,445
1970년	3,604	3,602	1,349	37	2,253	63	6,677	128	4,043	2,394
1973년	4,655	4,657	1,836	39	2,821	61	11,264	216	7,319	5,396
1976년	5,152	5,145	2,549	50	2596	50	19,095	367	11,950	9,915

자료: 도쿄도 『직원핸드북』, 1978년에 의한다.

비스도 필요하게 됐다.

당초 청소법에서는 산업폐기물은 기업의 자율적 자기책임으로 맡겨져 있고, 그 실태도 파악하지 않는 상황이었다. 그러나 그 급격한 증대는 공해의 원인이 돼 행정의 대상으로 삼지 않을 수 없게 됐다. 청소마비라는 막다른 지경에 이르고 쓰레기전쟁이 각지의 심각한 사회문제가 됐다. 1970년에 〈폐기물처리 및 청소에 관한 법률〉(약칭해 〈폐기물처리법〉)이 제정돼 방사능폐기물 이외의 모든 폐기물이 정책의 대책이 되게 됐다. 그러나 이 법률은 폐기물의 리사이클과 같은 감량화·재생에 대한 배려가 없었다. 지자체 가운데는 국가에 앞서 리사이클링센터를 만들거나 교토시와 같이 빈캔조례를 만들어 보증금제도를 도입하려는 움직임이 시작됐다. 1992년 정부는 〈폐기물처리법〉을 개정해 감량화를 추진하고, 통합해서 〈재생자원이용의 촉진에 관한 법률〉(리사이클법)을 만들었다.

이들 법제의 진전으로 인해 폐기물은 다음 〈그림 7-2〉와 같이 분류되고 처리의 주체도 명확하게 했다. 그러나 대량생산, 유통, 소비시스템을 계속하는 한 최종처분장이 필요하고 폐기물문제는 영원한 과제이다. 이 최초로 문제가 제기된 도쿄 쓰레기전쟁은 그 뒤 주민과 도와의 긴 교섭 끝에 청소공장이 건설됐다. 당시에는 무공해공장으로, 운반에서 소각, 잔재의 처리까

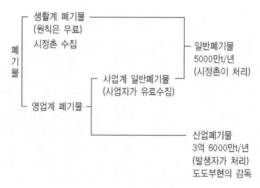

그림 7-2 폐기물의 분류

지 주도면밀한 사업이 됐다. 그러나 뒤에 '스기나미병'이라는 풀리지 않은 대기오염사건이 발생하였던 것이다.

자동차의 사회적 비용

제2장에서 말한 바와 같이 민족대이동이라고 해야 할 급격한 도시화로 인해 주택부족, 지가상승, 공해 등의 도시문제가 발생했다. 그것은 집적불 이익과 사회적 공동소비의 부족으로 인한 생활곤란이었다. 이 사회적 비용 을 집적이익을 얻기 위해 도시로 집중한 자본이 부담하지 않았기에 시민과 지자체의 큰 희생을 낳게 됐다. 그 중에도 도시교통의 주범이 된 자동차로 인한 사고, 공해 그리고 체증이 사회문제화되고, 특히 모터리제이션의 진행 으로 인한 대중교통기관이 쇠퇴되어갔다. 우자와 히로후미는 『자동차의 사 회적 비용』에서 만약 공·재해 없이 안전한 보도를 갖춘 쾌적한 도로 2만 ㎞를 도내에 건설·개조하려고 하면 그 비용은 자동차 1대당 1200만 엔이 된다고 했다. 그리고 1대당 최저 연 200만 엔의 부과금을 부과해야만 사회 적 비용이 겨우 발생하지 않는다. 즉, 시민의 기본적 권리가 침해되지 않는 다고 했다[21]. 이 제언은 큰 파문을 일으켜 도로공해에 반대하던 주민운동의 주장을 뒷받침했다. 그러나 실제로는 이와 같은 부과금이 시행되지 않았기 때문에 1대 200만 엔의 사회적 비용은 방치됐다. 그래서 그런지 도너츠화라 고 불리는 도시구조(도심에 사업소 기능을 집중하고 교외에 주택중심의 뉴타운)가 진전 되고, 공공성이 큰 교통수송을 자가용주의라는 개인주의적 소비양식에 맡 겼기 때문에 교통문제가 심각해졌다. 모터리제이션을 촉진하기 위해 적자 경영을 이유로 시내전차는 철거됐다. 이 잘못된 교통정책의 보상으로 만들 어진 도쿄 지하철은 1㎞당 278억 엔이 드는데, 휘발유가격이 싸다면 자가용 차 쪽이 지하철요금보다도 1㎞당 주행비가 싸지게 돼 모터리제이션이 가속 화됐다.

이렇게 해서 자동차의 사회적 비용은 증대했다. 도쿄도는 쓰루 시게토를 대표로 하는 위원회를 통해 1970년 『시민의 교통백서』를 냈다[22]. 이는 2가지 정책을 포함하고 있었다. 하나는 통근지역이나 도로혼잡을 해결하기 위한 공공운송체계의 확립, 또 하나는 교통사고, 공해를 어떻게 방지해 거주환경의 악화를 방지할 것인가이다. 교통공해대책에서 가장 뒤쳐져 있던 것이 교통소음대책이었으며, 제5장과 같이 도로공해재판이 진행되고 있었다. 그러나 도쿄도에서는 1970년부터 1972년에 이은 광화학스모그사건으로 아동에게 피해가 나왔고, 이를 방지하는 것이 긴급한 과제였다.

광화학스모그가 자동차배기가스를 원인으로 해 건강장애를 발생시키는 것은 로스앤젤레스 사건에서 해명됐지만, 도쿄에서는 원인 메커니즘이 해명되지 못했다. 그러나 그 원인물질의 하나인 NO_x에 대해서는 NO_2의 독성이 분명하고, 일본에서는 환경기준이 고시됐다. 3대 도시권에서는 환경기준은 충족되지 않고 오히려 NO_2가 증가하는 경향이었다. 그 원인은 대도시에서는 산업 등의 고정발생원 4, 자동차 등 이동발생원 6으로 매년 자동차배기가스의 기여도가 높아졌다. 대기오염방지법과 지자체의 대책이 강화되자 SO_x의 양은 급격히 감소하기 시작했기에 대기오염대책의 중점은 NO_x 특히 자동차의 배기가스로 옮겨갔다. 이와 같은 상황 속에서 1970년 5월 미국 상원은 〈1970년 대기청정법 개정안〉을 가결했다. 제안자인 머스키 의원의 이름을 따서 〈머스키법〉이라 불렸다. 이는 1975년형 이래 자동차배기가스인 CO와 HC를 1970년형의 10분의 1로, 1976년형 NO_x를 10분의 1로 감축하기로 한 것으로 2년 이내의 실현을 시사했다. 이는 방지기술로부터가 아니라 환경으로부터 정한 감축기준으로, 그때까지와 마찬가지로 경제(기술)와 환경이 타협한 산업이 아니라 환경정책의 이상을 실현한 것으로서 높이 평가됐고, 시민도 지지했다.

그러나 즉시 미국의 3대 자동차제조업체가 실현불가능하다고 반발해 1년간의 연기를 요구했다. 미국은 공공정책을 채택하는 조건으로 비용편익분석을 해서 비용보다도 이익이 크다고 증명됐을 때 채택한다. 환경영향사전평가와 마찬가지로 이를 게을리하면 재판에서는 정부가 패배한다. NAS(미국과학아카데미)는 머스키법에 대해 비용편익분석을 실시한 결과, 배출가스

감축비용이 증가하여 1대당 276달러 이상 자동차가격이 상승해 그로 인한 수요가 감소하고 따라서 고용이 5만~12만 5천 명 줄어들어 경제성장률은 0.1% 하락한다고 했다. 그것은 배출가스감축의 경제적 효과보다도 크다고 했다. GM은 기술적으로 불가능하다고 했다. 1974년 1월 닉슨 대통령이 내놓은 「에너지교서」에서는 NOₓ의 10분의 1 감축이라는 규제를 폐지했다.

일본판 머스키법을 둘러싼 공방 - 7대 도시조사단의 역할

1974년 1월, 환경청은 「쇼와50(1975)년도 규제」를 고시했다. 그것은 〈표 7-5〉와 같이 「쇼와51(1976)년도 규제」를 완성치로 한 잠정적인 목표치였다. 자동차제조업체는 「쇼와50년도 규제」는 인정하지 않을 수 없지만, 「쇼와51년도 규제」는 기술적으로 달성불가능하다고 했다. 이 규제치는 머스키법의 규제치인 마일을 킬로미터로 환산한 것으로 완전히 같은 것이다. 고시와 거의 동시에 미국이 NOₓ의 규제를 중단했기에 제조업체는 강경한 태도였다.

그리고 이를 지지하듯이 일본흥업은행은 「자동차배기가스규제의 경제적 영향」을 발표했다. 이에 따르면 이 규제가 실시될 경우 자동차가격은 평균 10% 상승하고, 수요는 60만 대 감소해 총판매대수는 237만 대로 낮은 수준이 된다. 철강, 고무, 비철금속, 유리, 전기 등 관련 산업이 많기 때문에 이들 상품의 생산액 감소를 포함해 전 생산액 감소는 7827억 엔, 부가가치액 감소 2890억 엔, 이에 수반하는 고용감소는 9만 4천 명이 된다. 자동차관계

표 7-5 일본의 배기가스규제, 목표치와 허용한도

(단위: g/km)

명칭	1973년도 규제	1975년도 규제	1976년도 규제	1976년도 잠정
적용기간	1973~74년	1975년	2년 연장	1976년~
CO	18.4(26.0)	2.10(2.70)	2.1	2.1
HC	2.94(3.80)	0.25(0.39)	0.25	0.25
NOₓ	2.18(3.00)	1.20(1.60)	0.25	0.6, 0.85

주: g/km. ( )은 허용한도.

세의 감소는 7600억 엔, 법인세 등 1000억 엔의 감소로 보았다[23]. 이 일본흥업은행의 보고서는 일본의 자동차제조업체를 조사해 계산한 것이 아니라 미국 NAS의 데이터를 그대로 일본에 적용해 작성한 것이다.

이들 자동차업계나 지지하는 경제계의 의향을 받아들여 환경청은 1975년 2월 24일 「1976년도의 자동차배기가스 잠정규제의 배출허용기준」을 고시했다. 이는 앞의 〈표 7-5〉와 같이 당초 기준을 대폭 완화한 것이다. 이래서는 대기오염의 피해는 없어지지 않는다. 이미 도쿄도 공해연구소는 도요(東洋) 공업의 로터리 엔진을 조사해 그 1973년 발표 때에 있어 NO$_x$ 평균 0.42g/km을 실현하고, 1975년도 안에 0.25g/km는 실현할 수 있지 않을까 하고 추측했다. 시바타 도쿠에는 '국가와 2대 제조업체는 환경보전을 등한시함으로써 스스로의 이윤을 꾀하는 것은 말할 것도 없이 선진제조업체의 시장점유율까지 잠식해 기업이익을 위해서라면 무엇이든 이용하고 있다고 말하지 않을 수 없다[24]'고 말하였는데, 이는 1974년 6월 환경청이 제조업체 9개사를 상대로 한 청문회 발언이나 그 뒤 동향을 통해 시민도 똑같이 느끼고 위기감을 갖게 되었다.

이 상황을 받아들여 자동차공해가 매우 심각한 지역인 도쿄, 가와사키, 요코하마, 나고야, 교토, 오사카, 고베의 7대 도시 단체장이 7월 18일 고베시에서 간담회를 열어 「자동차배출가스대책의 추진에 관한 성명」을 발표했다. 여기서는 자동차제조업체가 기술적 어려움을 주장해 규제의 연기 또는 완화로 움직이고 있는 것은 대도시의 공해의 실태와 환경개선의 중요성을 충분히 인식하지 못한 것이며, 시민의 건강과 안전한 생활을 유지하는 데에는 「1976년도 규제」를 그대로 실시하도록 요구하기로 하였다. 그리고 이 기술적 근거를 명확히 하기 위해 7대 도시조사단을 설치하기로 했다.

1974년 9월 13~14일, '7대 도시조사단'은 환경청과 더불어 자동차제조업체 9개사를 불러 사정을 들어보았다. 이 기록은 당시 자동차제조업체의 환경정책에 대한 자세를 보여줘 흥미롭다. 이를 받아들여 「중간보고」는 다음과 같이 기술하였다.

'각 제조업체는 모두 "실태"에서는 1976년도 규제를 달성하기에는 기술개발이 어렵다고 역설한데다가 환경기준도 개정해달라는 등을 요구하였다. 도요타 자동차공업, 닛산 자동차공업의 2대 제조업체는 규제치보다 4배의 배출량을 기술적 한계로 하고, 스피드경쟁 등 환경파괴로 연결되는 상업주의에만 뒷받침된 종래의 모든 성능 유지에 급급해 스스로 개발을 억제하는 듯한 인상을 받았다. 한편 도요 공업, 미쓰비시 자동차공업, 혼다 기연의 3개 제조업체는 1976년 안에는 달성할 수 있다거나 1976년도에는 기준치에 매우 근접한 단계에 도달하리라고 예상하는 것이 불가능하지는 않다고 생각된다.[25]'

이 조사에서 1976년도 규제가 가능하다고 확신한 7대 도시의 단체장은 환경청 장관을 만나 1976년도 규제를 당초 방침대로 늦추지 말도록 요청했다. 그러나 가스가 환경청 대기보전국장은 7대 도시조사단 보고를 '양두구육'이라고 했다. 이에 반발한 7대 도시조사단은 중앙공해대책심의회 자동차공해전문위원회와 회견했다. 이 회견에서 핫타 게이조 위원장은 조사단의 기술적 평가에는 의견이 같지만, 대량생산으로 이행하기 어렵고 운전 편의성이 저하하거나 연료가 증가할 염려가 있어 완전실시는 어렵다고 했다.

7대 도시조사단의 일원이었던 니시무라 하지메 도쿄 대학 교수는 「1976년도 규제실시의 기술적 가능성」이라는 논문에서 머스키법은 규제로 인해 기술이 획기적으로 발전할 것을 보인 점에서는 기술사에 영원히 남을 것이라고 했다. 그는 배기가스저감의 원리와 기술을 설명하고 불가능론을 비판했다. 배기가스감소에는 엔진 본체의 개량만으로 대처하는 방법과 후처리를 사용하는 방법이 있다. 혼다는 앞의 방식으로 CVCC(복기화기식층상급기관)를 사용하였다. 이는 통상 엔진의 부분적 개량이기 때문에 차체를 대폭 바꿀 필요가 없다. 문제는 운전성과 연비의 증대이다. 그러나 이는 다른 기술개발로 가능하다. 기타 촉매방식 등의 가능성도 점검하였다. 그는 기술적 성과는 도요타 자동차와 닛산 자동차 같은 거대기업이 아니라 소기업(도요

공업, 혼다 기연, 미쓰비시 자동차)이 이루었다는 사실을 지적했다. 니시무라에 따르면, '2대 제조업체에는 1976년도 규제를 따르기 위해 필요하다면 현재의 자동차의 기술체계를 변경해 갈 가능성은 전연 없을 것이다. 현재의 차종구성이나 엔진방식도 그대로여서 NO_x의 배출을 가능한 한 어디까지 낮출 수 있을지를 문제로 삼고 있는 데 불과하다.[26]'

7대 도시조사단의 업적은 이미 일본 '소기업'의 독자적 기술성과로 인해 NO_x를 10분의 1로 낮추는 등 머스키법을 실현할 수 있다는 사실을 증명한 것이다. 특히 환경이나 건강을 첫째로 생각해 기술을 개발하는 것보다도 이익을 첫째로, 현재 업계의 점유율을 유지하려고 고집하는 대기업의 경영감각의 반사회성을 명확히 한 것이다. 보고서에는 하나야마 유즈루 도쿄 공업대학 교수가 배기가스연구비가 경상이익에 차지하는 비율이 도요 공업 29.7%, 혼다 65.4%인 것에 비해 도요타 자동차공업과 닛산 자동차는 각각 17.3%와 15%만 투입되고 있는 반면 연간 수십억 엔에서 백억 엔을 넘는 광고선전비가 지출되고 특히 도요타와 닛산은 그것이 배출가스연구비를 웃돌고 있는 사실을 지적했다. 하나야마는 2대 제조업체가 주주나 이용자의 이익을 자동차를 타지 않는 대다수 노인이나 아이들의 건강보다 우선하고 있다고 고발하였다[27]. 일본판 머스키법을 둘러싼 수년의 공방은 미국의 금주법 제정 전후의 사건과 마찬가지로 기기괴괴했다. 나중의 NO_x의 환경기준 완화 등과 더불어 환경정책이 대기업의 사활이 걸린 문제가 돼온 것을 보여주는 것이다. 당시 환경청 가시하라 다카시 과장의 실종사건, 자동차공업회 야모토 기요시 중공심 위원의 비밀누설사건, 더욱이 1969년부터 1974년까지 5년간에 자동차공업회로부터 자민당에 54억 엔의 정치헌금이 들어간 것 등 불미스런 사건이 폭로됐다.[28]

'전화위복'

7대 도시조사단으로 대표되듯이 자동차공해대책의 최전선에 선 지자체는 머스키법의 실행을 요구했다. 그 배후에는 대도시권을 중심으로 한 도

로공해반대운동의 요구가 있었다. 이 때문에 환경청은 「1976년도 규제」를
2년 연기했지만 미국 정부와 같이 도중에 물러서지 않았다. 1975년 후반부
터 각 제조업체는 잇달아 기술개발에 성공했다. 1976년 8월 환경청 질소산
화물저감기술검토회는 제조업체 9개사의 최후 청문회를 열어 1978년의 전
망을 들었다. 9개사 모두 '달성가능'이라고 답했다. 그래서 같은 해 11월 16
일에 옛 「1975년 규제」(이를 「1978년」 규제로 했다)를 결정했다. 그 내용은 머스
키법의 달성인데, NO_x의 배출량 0.25g/km를 확보하기 위해 허용한도를
0.48g/km로 하고 국산차의 신형차는 1978년 4월 1일, 계속생산차는 1979년
3월 1일부터 적용하기로 한 것이다.

그 결과, 일본은 세계에서 최초로 저공해 승용차 개발에 성공했다. 그것
만이 아니다. 미국의 기술에 의존하지 않고 독자적 개발을 계속한 결과 휘
발유소비량의 감소에도 성공했다. NO_x의 배출을 낮추려면 연비가 상승한
다는 드레이드오프문제를 해결한 것이다. 이는 오일쇼크 이래 에너지자원
감축이라는 지상명령을 공해방지와 동시에 실현한 것이다. 성능이 향상된
일본의 승용차는 세계를 석권하게 됐다. 공해대책이나 자원대책을 게을리
한 미국 승용차를 누르고 일본 승용차의 패권이 시작된 것이다. 혼다 기연
공업의 가와시마 기요시 사장은 다음과 같이 말하였다.

'자동차업계는 배기가스규제라는 당초는 대응의 목표조차 서지 않던
난제에 노력한 결과 세계에 자랑할 만한 배기가스기술 개발에 성공했다.
그것만이 아니라 생산관리, 품질관리에 종래 이상으로 신경씀으로써 품
질이 좋은 차를 만들 수 있었다. 이것이 지금 해외에서 일본 차의 평판이
좋은 이유 중 하나이다.[20]'

또 어느 자리에서 닛산 자동차 사장은 '전화위복'이라고 말했다. 이는 전
전에 스미토모 금속광산이 매연 피해를 입은 농민이 공해대책을 요구하는
격렬하고도 긴 운동에 직면해 세계 최초의 배연탈황에 성공했고, 그 부산물
을 이용하기 위해 스미토모 화학을 만들어 발전시킨 것을 생각나게 했다.

획기적인 기술개발은 환경이나 인권이라는 지상명령을 단행한 때에 불가능을 가능하게 하고, 더욱이 그것이 산업을 발전시킨다는 사실을 보여준 귀중한 경험일 것이다.

콤비나트의 사회적 비용

제2~3장에서 말한 바와 같이 고도성장정책은 대도시권에 소재공급형 중화학공업의 콤비나트를 집적시킴으로써 심각한 공해를 발생시켰다. 앞서 말한 재계의 산업계획간담회에서도 인정한 바와 같이 대도시권의 콤비나트는 환경파괴와 자원낭비라는 점에서 더 이상 증설시키면 안 된다는 사실이 명확해졌다. 그러나 대도시권 콤비나트의 사회적 비용은 그것만이 아니다. 지금까지의 지역개발론에서 개발 효과는 GNP의 증대로 측정해왔다. 그러나 지역개발이 진전되면 도쿄 일극집중이 더해지고, 거점이 된 지역의 산업발전이나 재정력의 상승으로 인해 주민복지는 향상되지 않았다(그림 2-8)(187쪽). 이는 욧카이치 공해재판에서 내가 증언으로 한 말이었다. 그 뒤 환경·공해의 정치·경제학의 진화와 더불어 지역경제학이 발전했다. 지역경제학은 국민경제학으로는 분석되지 않는다. 지역경제의 동태를 대상으로 하는 것이다. 그러나 이 새로운 과학을 통한 분석에서 어려운 점은 자료나 통계가 정비돼 있지 않다는 것이다. 그러나 이 애로를 돌파해 2가지 새로운 경제학을 사용해 최초로 지역개발의 결산서를 만든 것이『대도시와 콤비나트 오사카』라는 공동연구의 성과였다. 이 책의 일부는 해외에도 소개돼 특히 개도국의 개발에 영향을 주었다. 상세한 것은 여기에 다루지 않지만 당시 대도시권이나 세토나이의 지자체가 총력을 다해 추진했던 소재공급형 중화학공업 유치가 지역개발로서 실패로 끝났다는 사실이 명확하다. 분석의 결론만 말하고자 한다.[30]

〈그림 7-3〉은 사카이·센보쿠 콤비나트가 오사카부 관내 전 공장에서 차지하는 기여율을 보여주고 있다. 콤비나트의 모든 공장은 오사카의 전 공장의 오염물의 40% 이상을 배출하고, 전력은 40% 이상, 공업용수는 20%나

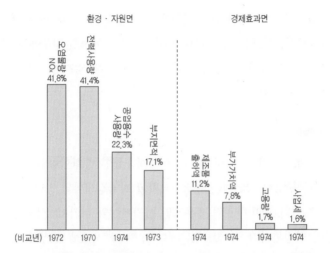

주: NOₓ는 NOx 총배출량 800t/년 이상인 오사카부의 전 공장에서 차지하는
비율. 사카이시만을 다루면 NOₓ배출량은 시내 공장의 94%가 된다. 전
력은 부민 종사자 30명 이상인 사업소의 총량에 대한 비율. 사업세는
전 사업소의 납세액에 대한 비율.

그림 7-3 사카이·센보쿠 임해공업지대 공장이
오사카부 관내 전 공장에서 차지하는 기여도

사용하고 있음에도 불구하고 경제효과는 매우 적고, 부가가치액은 7.8%,
고용이나 사업세는 2% 이하였다. 지금까지 경제학은 공해나 자원의 문제
를 무시했는데, 이 2가지 요소를 넣어보면 사회적 비용의 손실은 거대한 데
비해 경제효과는 그리 크지 않다는 사실이 명확하다.

　오사카부와 간사이 재계가 콤비나트를 유치한 동기는 도쿄를 따라잡고
싶은 것이었다. 오사카권은 민생형 경공업인데 비해 도쿄권은 중화학공업
이다. 그래서 철강, 석유정제, 석유화학 등 중화학공업의 소재를 생산하고,
그로 인해 자동차, 전기기기, 약품, 식품 등을 발전시키고자 하는 것이었다.
그러나 유치한 신일본제철 사카이 공장의 주력제품은 H형강(型鋼)과 같은
건축재료로, 지역으로 환원되는 것은 20%에 머물렀다. 오사카의 도시형산
업에서 석유화학의 중간재는 필요한 것이 많겠지만 콤비나트인 석유화학의

주력제품은 농약 등이어서 산업 관련은 거의 없었다. 간사이에서 생겨난 기업이 콤비나트를 만드는 것이 아니라 외부로부터 유치한 경우에는 국제, 국내적인 다양한 기업의 시장점유율의 확대를 고려해 입지하기 때문에 지역경제와는 연관이 없었다.

입지의 억제

오사카와 같은 세계적 대도시권에 소재공급형 중화학공업을 유치하는 것이 얼마나 무모한 것인지는 환경경제학과 지역경제학의 종합분석으로 명확히 알 수 있다. 콤비나트의 배후지인 사카이시와 다카이시에서는 대기오염의 공인 인정환자가 약 3000명(잠재환자는 7000명으로 추정) 발생했다. 지역산업이나 지자체는 당초 이 개발을 통해 커다란 경제효과가 있을 것으로 생각해 유치에 찬성하고 개발에 협력했다. 매립지는 평균단가가 1㎡당 6321엔으로 사회자본을 정비한 최고의 공업용지였지만 신일본제철은 1600엔이라는 싼값에 용지를 취득했다. 고베시의 사업과 같이 매립지의 수익으로 시의 복지사업을 조달하는 일은 없고, 원가로 팔고 있었다. 더욱이 진출기업에게 주택과 기타 공공서비스를 제공하였다. 산업조직의 관점에서 말하면 주요 기업은 타 지역에서 하청기업을 데려 오고 있어 지역기업과 관련 있는 회사는 100개사에 불과했다. 그것도 수리업, 토건업이나 운수업 등 잡일과 같은 분야로 콤비나트와의 직접 생산 관련업은 적었다. 기업의 발주량 중 60% 이상은 지역 밖의 하청업체에 내려졌다. 결국 콤비나트는 조계 역할을 하고 있어 지역과는 격리되고 공해는 지역을 덮고 있는 것이었다. 사카이 상공회의소나 사카이·다카이시 양 시의회가 제3장과 같이 콤비나트의 확장에 반대한 것은 분명히 콤비나트가 지역발전에 도움이 되지 않는다는 사실을 보여주었다.

콤비나트의 사회적 비용은 직접 손실을 규정한 카프의 제1정의에 의하면 연 313억 엔이다. 이는 콤비나트 부가가치액 2970억 엔의 11%, 조(粗)이윤 2450억 엔의 13%이다. 콤비나트로부터의 부세(府稅) 수입 41억 엔과 비교하면 사회적 손실은 크다고 말할 수 있다. 그러나 피해에는 건강장애와 같은 절대적 손실이 포함돼 있기 때문에 카프의 제2정의에 따라 사회적 손실이 발생하지 않는 콤비나트로 개조하려면 어떻게 될까. 사카이·센보쿠 임해 공업지역을 따라 너비 2㎞의 완충지대를 조성하고, 이 2500~3000ha에 사는 주민 9만 세대, 35만 명의 집단이주가 필요하다. 이 경우 1977년 당시 지가로 10조 엔 이상 든다. 진출기업의 투하자본은 1970년 건설종료 시 6000억 엔, 연간생산액 1조 엔에 불과하다. 기업의 공해방지투자나 주민의 안전을 위한 사회적 비용을 추계하면 이와 같은 대도시권에 콤비나트를 만드는 것이 얼마나 경제적으로 손해이며 사실상 불가능했는지는 명확할 것이다.

이 오사카의 분석방법을 사용해 그 뒤 욧카이치, 게이요, 미시마, 가고시마, 오이타 등의 콤비나트를 총점검하게 됐다[31]. 그 결과 다소 차이는 있지만, 공해·자원소비에 비해 지역경제효과도, 지역산업연관도 적은 사실이 분명해졌다. 그리고 그 동안 도쿄 일극집중과 지방도시·농촌의 과소화는 진전됐다. 거점개발은 실패로 끝난 것이다.

오사카는 이 『대도시와 콤비나트 오사카』(그 내용은 이미 1975년경에 발표됐지만) 의 발표에 충격을 받았다. 독자적으로 조사를 한 결과, 콤비나트의 경제효과에 문제가 있다는 사실이 알려지자 임해부의 중화학공업 유치를 중지하고 다른 용도로 전환하기로 했다. 이미 오일쇼크 이후 산업구조의 개혁은 진전됐다. 그러나 일부를 제외하고 임해지역의 개발은 중단되지 못했다. 입지의 실패를 선고받은 욧카이치 콤비나트의 경우는 개발이 계속됐다. 실패가 계속됐던 것이다.

2 공해대책의 전환·후퇴

세계불황으로 인한 공해·환경정책의 전환·후퇴는 NO_2를 대폭 완화한 것부터 시작됐다. 그 안건을 올리고 실행에 옮긴 것이 전후의 공해행정을 전진시킨 하시모토 미치오였다는 사실은 정책전환을 상징하게 하는 비극이었다. 그리고 그와 전후해서 경단련 등의 경제계, 통산성과 자민당 일부 의원의 압력하에 공해재판이나 공건법으로 결정해야 했을 이타이이타이병이 재검토돼 미나마타병의 인정기준이 변경됐다. 그것은 제5장에서 말한 바와 같이 사법에도 반영돼 오사카공항 공해사건 최고재판소 판결을 통해 중지가 부결됐다. 1970년 공해대책기본법의 개정을 통해 '조화론'이 파기되고 환경우선의 정책사상이 확립됐어야 했지만, 이것이 실패였다는 소리가 경제계나 정권 당내에서 강해 사실상 '조화론'으로의 복귀가 진전됐다. 불과 10년도 안 돼 시작된 중대한 전환은 일본의 정치·경제·사회 시스템의 특질을 나타내는 것이었다. 이하 그 경과와 평가를 말하고자 한다.

NO_2 환경기준 완화를 둘러싼 격렬한 공방

이산화질소의 환경기준은 광화학스모그의 피해 등이 있고, 자료가 충분히 갖춰져 있지 않은 단계였지만, 1973년 5월 당시 미국과 일본의 세 가지 연구를 바탕으로 안전율을 충분히 계산해 넣어 '일일평균 0.02ppm'으로 정했다. 1975년 8월에 대기보전국장으로 취임한 하시모토 미치오는 SO_x대책은 진전되고 있기에 NO_2의 환경기준과 NO_x대책을 가장 중요한 문제로 생각했다. 그는 공해대책기본법 제9조 제3항의 '항상 적절한 과학적 판단이 더해져 필요한 개정이 이뤄지지 않으면 안 된다'에 따라서 기준설정 후 5년간의 과학적 지식을 모아서 개정이 필요하다면 그렇게 해야 한다고 생각했다[32]. 이는 당연한 생각이었다. 그러나 세계불황과 더불어 환경정책을 변경해 반격을 가하는 경제계나 통산성 등의 정부 각 부처의 동향, 그와 연결된 연구자의 주장으로 인해 냉정한 과학적 판단을 허용하지 않는 강력한 압력이 정부에 가해지고 있었다. 경단련은 NO_2의 환경기준 수립 시부터 '너무 엄격하다'고 반대했다. 1975년 가와사키 제철 연소로의 탈초대책이 공해방지협정으로 단행되자 NO_x대책이 강화될 것을 우려한 일본철강연맹을 중심으로 경제단체는 환경기준의 대폭적인 완화를 요구했다. 1975년 11월에 일본철강연맹은 국제심포지엄을 개최해 8개국으로부터 14명의 전문가를 불러 모아 그들 대부분이 일본의 환경기준은 너무 엄격하여 달성불가능하다는 발언을 하게 했다. 그보다 앞서 4월 『산케이신문』 정론(正論)란에 도쿄공업대학의 기요우라 라이사쿠 교수는 일본의 환경기준은 미국의 7배나 엄격하다며[33] 이를 정한 전문위원회보고서를 비판했다. 이와 같은 상황 아래서 1976년 12월 24일에 취임한 이시하라 신타로 환경청 장관은 NO_2의 환경기준을 재검토하도록 명했다. 이미 1976년 8월 23일부터 9월 4일까지 WHO의 환경보건기준전문회의를 개최해 개정 준비를 추진했던 하시모토 국장은 환경기준 개정을 정부 당국의 책임으로 실시할 방침을 청내에 인식시켰다. 1977년 3월 28일 이시하라 장관은 중공심에게 「이산화질소와 사람의 건강영향에 관한 판정조건 등에 대하여」를 자문했다.

이 자문이 보여주듯이 환경기준이 아니라 판단조건과 지침(「안」이라는 말만 들어가 있다)을 요구했다. 이는 하시모토 미치오의 안으로 정치, 행정적 판단을 요구하지 않고 자연과학적인 판단에 머물게 해, 환경기준을 정부의 책임으로 정하지 않으면 격한 대립 속에서는 중공심에서 환경기준이 만들어지지 않는다고 생각한 것이다. 이 일을 맡은 전문위원회(스즈키 다케오 위원장)는 168개 논문·저서에 근거해 미국의 판단과 달리 복합오염하에서 인구집단에 미치는 영향을 6단계로 나눠 고찰하고 장기노출과 단기노출로 나눠 지침을 냈다. 1978년 3월 20일 중공심 대기부회 전문위원회는 단기노출에 대해서는 시간치 0.02~0.1ppm, 장기노출에 대해서는 복합오염 상황하에 연평균치 0.03~0.02ppm라는 지침치를 냈고, 이는 '높은 확률로 사람의 건강에 미칠 좋지 않은 영향을 피할 수 있는 농도'로 했다. 이 보고는 결론에서 보는 바와 같이 안전율을 제시하지 않았다. 이에 대해 시민조직이나 대도시 지자체에서 피해자가 나오고 있을 때 환경기준의 완화는 허용돼선 안 된다는 항의가 계속됐다. 이보다 앞서 1977년 12월 통산성 산업구조심의회는 「향후의 NO_x 오염방지대책의 틀」로서 NO_2의 환경기준은 일일평균 0.05ppm이 한계이며 그러기 위해서 1985년까지 2조 엔의 공해방제투자가 든다는 답신을 내놓았다. 이는 진작부터 산업계가 미국과 마찬가지 연평균치 0.05ppm를 기준치로 하고자 했던 것보다는 엄격한 기준으로 환경청안과 근접하였다.

최종판단에서 하시모토 미치오는 안전계수는 사용하지 않고, 경제적 조건이나 기술의 상황을 포함해 0.04ppm이라는 하한을 취하지 않고 지침치의 범위라는 조건 내에서 판단하기로 했다[34]. 그리고 이 지침치를 중공심 총회에 상정하지 않고 행정이 책임질 환경기준으로 정하기로 하고, 국회의 심의를 거쳐 1978년 7월 11일 「이산화질소와 관련된 환경기준에 대하여」를 고시했다. 주된 요점은 다음과 같다.

'제1환경기준

1. 이산화질소에 관련된 환경기준은 다음과 같다.
   1시간치의 일일평균치가 0.04ppm에서 0.06ppm까지의 구간 내 또는 그 이하일 것.
2. 1의 환경기준은 이산화질소로 인한 대기오염의 상황을 정확히 파악할 수가 있다고 인정되는 장소에서 잘츠만 시약을 사용하는 흡광광도법(吸光光度法) 또는 오존을 사용하는 화학발광법을 통해 측정한 경우의 측정치에 의한 것으로 한다.
3. 1의 환경기준은 공장전용지역, 차도 이밖의 일반공중이 통상 생활하고 있지 않는 지역 또는 장소에 대해서는 적용하지 않는다.

제2달성기간 등

1. 1시간치의 일일평균치가 0.06ppm를 넘는 지역에서는 1시간치의 일일평균치 0.06ppm이 달성되도록 노력하고, 그 달성기간은 원칙적으로 7년 이내로 한다.
2. 1시간치의 일일평균치가 0.04ppm에서 0.06ppm까지의 구간 내에 있는 지역에서는 원칙적으로 그 구간 내에 있고 현상 정도의 수준을 유지하거나 또는 이를 크게 웃돌지 않도록 노력하기로 한다.'

환경청은 동시에 「이산화질소에 관련된 환경기준의 개정에 대하여」를 발표하고 개정의 경위와 개정을 반대하던 시민에게 변명을 하였다. 이는 하시모토 미치오가 그린 그림이 아닌가 생각될 정도로 나중의 『사사(私史)환경행정』의 기술과 비슷하다. 우선 개정 이유에서는, 이는 기본법 제9조 제3항에 근거해 행한 것으로 '종래의 환경기준이 너무 엄격해 그 달성이 곤란하다는 이유에서 개정된 것이 아니다. 더군다나 완화를 요구하는 일부 의견에 떠밀려 개정한 것도 아니다'라고 하였다. 또 개정의 자문을 환경기준으로 하지 않고 판정조건 및 지침으로 한 것은 현재도 환경기준을 달성하는 중이었기 때문이라고 변명하였다. 개정을 할 때에는 산업계, 주민단체, 지방공공단체, 신문잡지, 학자, 일반시민 등 모든 방면에서의 의견도 열심히 경청해 성의껏 생각하는 모습을 보이고 이해를 얻을 수 있도록 했다는 것이다. 그러나 반대의견은 전혀 받아들여져 있지 않았다. 안전율에 대해서는 아직 학문적 정설이 없고, 임상연구나 현실에서의 발병률을 역학조사한 것을 유념해서 동물실험을 종합적으로 판단한 것이기에 이를 내세우지 않았다. 또 안전율과의 관련으로 발암성에 대한 유해는 인정되지 않고 유해성의 염려는 감소했다고 했다. 이 새로운 환경기준에서는 '국민의 건강보호에 문제가 생길 우려는 전혀 없다'고 단언하였다. 일본의 환경기준은 바람직한 기준이어서 미국과 같이 허용한도는 아니다. 따라서 낮은 기준치라도 엄격하다고는 말할 수 없다. 달성기간은 1985년으로 하였다.[35]

하시모토 미치오는 개정이 끝나자 장관에게 사직을 내고 1978년 8월 11일부로 퇴직해 쓰쿠바(筑波) 대학 환경과학 연구과 교수가 됐다. 그는 스즈키 다케오에게 미안해 하며, '대기오염연구회에서 옛날부터 친했던 사람들이나 한평생 공해문제를 함께 연구해 온 사람들, 산업계나 의사나 공무원 동료에게 의절당할 각오를 하고 있었다. 그러나 어떤 후회도 남아있지 않았다[36]'고 술회했다.

개정기준에 대한 평가

도쿄도 미노베 지사는 1978년 5월 31일 「이산화질소에 관련된 환경기준의 완화에 대하여」라는 의견을 냈다. 여기에는 개정반대의견의 골자가 들어가 있다. 이 의견은 현행기준을 완화해야 할 것은 아니라며 그 이유를 다음과 같이 말하였다. 첫째는 의학적 약자의 건강유지라는 점에서 충분한 안전율을 미리 계산에 넣어야 하고, 전문위원회의 지침은 안전율을 미리 계산에 넣으면 현행의 기준(0.02ppm)으로 만족한다. 둘째는 광화학스모그의 발생을 막는 데는 현행기준을 유지할 필요가 있다[37]. 현행기준을 완화할 경우 일일평균치 0.04~0.06ppm을 충족하고 있는 지역의 NO_2대책은 필요없게 된다. 지금까지는 측정국(測定局)의 90%가 환경기준 위반이었지만 신기준으로는 95%가 적합해진다는 정반대의 결과가 나온다. 기준의 개정은 과학적인 검토에 의한 것이기에 경제적·기술적 이유로 완화돼서는 안 되며 중공심의 검토를 거치지 않은 채 행정적 재량으로 추진해서는 안 된다는 의견을 냈다. 그리고 기준개정의 고시를 중지하도록 요구했다. 더욱이 고시 후 도쿄도, 가나가와현, 가와사키시는 신기준에 따르지 않고 구 기준으로 NO_2대책을 계속할 것을 표명했다.

　이 도쿄도의 의견과 같이 개정에 대한 항의의 중심은 안전율을 내세우고 있지 않다는 것과 개정을 중공심 총회에 부치는 관습을 취하지 않은 것에 집중됐다. 안전율을 내세우지 않았던 것에 대해 스즈키 다케오는 지침치가 환경기준이 될 경우에는 안전율을 내세워야 한다는 사실을 의회 등에서 증언하였다. 『공해연구』의 좌담회에서도 전문위원회의 장기노출의 지침치가 일년평균치를 0.02~0.03ppm으로 정한 때에, 이는 안전율을 미리 계산에 넣으면 구 기준과 마찬가지로 구 기준의 정당성이 인정됐다고 느꼈다고 말하였다. 나중에 암이 복합오염으로 생긴다는 사실이 명확히 드러났기 때문에 안전율을 집어넣을 필요성이 있었던 것은 아닌가. 중공심의 총회에 부치지 않았던 것에 대해 아와지 다케히사는 이를 위법이라고 하였다[38]. 그래서 위법을 구하는 소송이 제기됐다.

　수질오염이나 소음의 환경기준이 진혀 지켜지고 있지 않던 때에 NO_2의 환경기준만이 개정된 것은 분명히 사회·경제적 이유가 있다. 나는 당시 논문에서 2가지 이유가 있다고 지적했다[39]. 첫째는 산업계 특히 중화학공업과 전력 산업계의 요구였다. NO_2의 구 기준은 오염기업의 경제적 부담이 커 실현 불가능하다는 것이었다. 환경청 대기보전국은 「질소산화물대책의 비용효과에 대하여」(1978년 4월)를 발표했다. 이 〈표 7-6〉을 이용해 보면 구 기준과 비슷한 사례B를 완화해 신기준인 사례A(0.06ppm)를 채택하면 산업 전체로는 3882억 엔이 절약된다. 특히 철강업 596억 엔, 전력업 968억 엔 이상이 절약된다. 실제로 철강업계가 가장 큰 이익을 얻었다고 했고, 이번 개정은 'NO_x행정의 정상화'[40]로 평가되었다. 그러나 일본 경제 전체로서는 공해방지산업의 수요는 줄어들게 된다. 환경청도 일본 경제 전체로는 구 기준이라도 실현 불가능하지는 않았다고 평가하였다.

둘째로 직접적인 정치적 이유는 불황대책이었다. 앞서 말한 바와 같이 서미트에서 후쿠다 총리는 7% 성장을 약속하고, 이를 위해 공공사업을 촉진해야만 했다. 그 시범케이스가 혼시(本四)가교에 있었는데, 이 환경영향사전평가 결과 와슈 산 입구의 NO_2 일일평균치가 0.06ppm이 돼 공사는 중지됐다. 다른 정부의 주요 고속도로 등의 공공사업이나 발전소의 건설도 마찬

표 7-6 기준완화에 따른 경비절약액

(단위: 억 엔)

	사례A (0.06ppm을 목표로 한 규제)	사례B (모델상 가능한 한도 내 규제치)	절약액 (B-A)
화학	371	980	609
석유정제	156	369	213
시멘트	260	359	99
유리	2	26	24
철강	752	1,348	596
전력	1,870	2,838	968
기타	1,298	2,671	1,373
합계	4,709	8,591	3,882

주: 環境庁 大気保全局 「窒素酸化物対策の費用効果について」(1978年 4月 20日)에서 작성.

가치로 0.02ppm을 지키려면 공사는 불가능했다. 앞서 말한 바와 같이 하시모토 미치오도 의회에서의 질문에 대해 이대로는 도로도 만들지 못한다고 답변하였다. NO$_2$기준 완화의 직접목적이 여기에 있었다고까지는 말하지 못하지만 가장 큰 효과는 여기에 있었던 것은 틀림없다.

NO$_2$환경기준문제는 환경재해, 즉 공해라는 과학 자체에 과제를 남겼다. 이어서 시작된 미나마타병의 병상(病像)문제로 이어졌는데, 일본의 공해는 세계에서 처음으로 분명해진 것이다. 그런데 연구자나 행정관은 일본의 현실을 분석하는 것이 아니라 외국 특히 미국의 업적에서 유추했다. NO$_2$문제도 환경청이 문의한 것은 국제적인 연구성과였다. 왜 공건법에서 인정한 수만 명의 환자, 그 고농도 오염지역의 인구집단을 분석하지 않았는가. 여기에는 엄청난 예산과 인원이 필요했을지도 모르겠다. 그러나 이 장대한 역학조사를 하면 지금 심각해지고 있는 중국 등 개발도상국의 대기오염 대책에 큰 공헌을 했을 것이다. 이와 같은 일본의 현실에서 병상과 대책을 생각하는 공해의 과학이 의학의 경우에서는 확립될 수 없었던 것이 다음 미나마타병의 장기에 걸친 분쟁이나 석면 예방의 실패로 이어지고 있었던 것이다.

'환상의 공해' - 이타이이타이병 재검토문제

'반격'이라고 불리는 현상이 4대 공해재판의 판결에서 확정됐어야 할 공해를 부정하는 데서부터 시작됐다. 그 발단이 된 것은 고다마 다카야의 「이타이이타이병은 환상의 공해병인가」(『문예춘추(文芸春秋)』 1975년 2월호)이다. 하타 아키오에 의하면 그 전해인 4월 중의원 공해대책환경보전특별위원회에서 자민당 곤도 데쓰오 의원이 후생성 견해의 정정을 요구한 것이 발단이라고 한다.[41]

그 직접 동기는 제6장에서 말한 〈농용지 토양의 오염방지 등에 관한 법률〉과 〈공해방지사업비사업자부담법〉에 의해 발생원자인 광업자가 카드뮴 오염미와 토양복원 비용의 일부를 부담해야만 됐기 때문이다. 자민딩의 시산에서는 복원지역은 5000ha, 그 비용은 500억 엔으로 추정됐다. 이타이이타이병 재판에 의해 미쓰이 금속 가미오카 광산의 책임이 확정됐지만, 〈광업법〉에 근거하면 무과실책임제이기 때문에 카드뮴을 배출한 광업자가 부담해야만 되지만 휴광산이 급격히 늘어가는 상황에서 일본광업협회가 위기감을 느껴 자민당의 일부 의원을 움직인 것이다.

이와 같은 배경에서 다나카 가쿠에이를 고발해 유명해진 고다마의 논문은 자민당의 관계의원과 일본광업협회 등의 경제계를 움직여 카드뮴으로 인한 이타이이타이병을 부인하고 원인의 재검토를 환경청에 요구했다. 1976년 4월 6일 자민당 정무조사회 환경부회는 「카드뮴오염문제에 관한 보고서」에서 '이타이이타이병의 원인 해명 및 오염미와 토양개량의 재검토를 요구했다.' 이에 대응해 환경·후생·농림·통산 4개 부처의 국장급으로 구성된 '카드뮴오염대책관계부처협의회'는 카드뮴문제 전반에 대해 재검토하기로 했다. 현지의 도야마현 나카다 고키치 지사는 이를 받아들여 이 통일견해를 보고나서 복원공사를 결정한다고 발언해 공사를 연기했다.

이들 움직임의 근거가 된 것은 이타이이타이병이 진즈가와 강 유역 이외에서는 발견되지 않는다는 사실, 카드뮴으로 인한 신장장애는 인정하지만 그 발생기제가 불분명하다는 사실, 특히 골연화증을 발생시키는 메커니즘이 해명되지 않고 있다는 사실, 그와 관련해 오염미와 토양복원의 필요성에 대한 의문이었다. 그러나 나가사키현 쓰시마·이즈하라정, 효고현 이쿠노 지구, 이시카와현 가케하시가와 강 유역 등의 광산지역에서 이타이이타이병환자가 확인됐다. 이상하게도 환경청은 이들 조사결과를 인정하고는 있었지만 구제는 하지 않고 있었다. 이미 1974년부터 환경청의 위탁조사로 이타이이타이병의 종합연구반도, 카드뮴의 인체 영향에 관한 문헌적 연구반도 움직이고 있었다. 재판으로 확정됐어야 할 이타이이타이병의 원인설이 재검토된다는 것은 이례적인 사태라고 할 만했다.

국제적으로는 카드뮴으로 인한 노동재해·직업병이 아니라 일본의 이타이이타이병이라는 공해가 발생한 것을 놓고 연구가 활발해졌다. 그리고 1976년 5월에는 WHO가 '이타이이타이병으로 진전되는 것에는 카드뮴이

한몫하고 있다'는 전문가회의의 최종안을 발표했고, 이것이 일본『마이니치 신문』에 발표됐다.

재판 뒤 이와 같은 움직임은 분명히 건강보다도 경제우선이라는 '반격'의 시작이었다. 확실히 재판의 법적 인과관계는 자연과학적 인과관계로 보기에는 불충분한 부분이 있었다. 이러한 일은 이미 노동재해인 카드뮴중독과 이타이이타이병이라는 공해의 차이에 대해 말했다. 이타이이타이병의 변호인단과 그것을 지지하는 연구자나 지원단체는 이 반격에 정면으로 맞섰다. 연구는 이어졌고, 불충분했던 발생원 대책의 규명, 동물실험, 진료방법 등에서 성과가 나오고, 앞서 말한 바와 같이 4대 공해재판 가운데는 완벽하다고 할 만큼 공해의 발생원 방제에 성공했다. 그리고 이들 성과를 집대성한 '이타이이타이병과 카드뮴환경오염대책에 관한 국제심포지엄'이 1998년 도야마시에서 열렸다. 이 심포지엄에는 스웨덴의 카롤린스카(Karolinska)나 환경연구소의 L. Friberg 교수, 벨기에 루바인 가톨릭 대학(Katholieke Universiteit Leuven) A. Bernard 교수를 비롯해 4명의 해외연구자, 국립공중위생원 명예교수 시게마쓰 이쓰죠, 지바 대학 교수 노가와 고지를 포함한 일본 의학자 11명 등 일류의 이타이타이병 연구자가 모였다. 이 가운데 「카드뮴으로 인한 인체 영향과 이타이이타이병 - 그 오늘날의 의의」라는 심포지엄의 모두 발언에서 프리베르크가 '이타이이타이병은 카드뮴이 필수요인이라는 사실에 반대하는 사람이 있느냐'며 회답을 구했지만 누구도 반대하지 않았다. 조금은 드라마틱한 판정이었는데, 피해자와 지지자가 오랜 세월을 고투한 경이적인 성과로서, 이타이이타이병이 카드뮴오염공해라는 사실이 국제적으로 확정된 순간이었다[42]. '환상'은 어느덧 사라진 것이다.

미나마타병 인정기준의 중대한 변경 - '환자 자르기'

1977년 7월 1일 환경청은 기획조정국 환경보전부장 명의로 「후천성 미나마타병의 판단조건에 대하여」를 내고, 지금까지 환경청 사무차관 통지에 의한 「공해와 관계되는 건강피해구제특별조치법의 인정에 대하여」(1971

년 8월 7일)의 판단기준을 뒤집는 중대한 변경을 했다. 후자는 공건법의 판단기준으로 계승되고 있는 것으로, 미나마타병의 인정요건을 다음과 같이 들었다.

'1. (1) 미나마타병은 어패류에 축적된 유기수은을 경구 섭취함으로써 일어나는 신경계질환으로 다음과 같은 증상을 보이는 것일 것.

(가) 후천성 미나마타병

사지말초, 입 주위 마비감을 비롯해 언어장애, 보행장애, 구심성(求心性) 시야협착, 난청 등을 초래할 것. 또 정신장애, 손떨림, 경련 기타 불수의근(不隨意筋) 운동, 근육강직 등을 초래하는 사례도 있을 것. 주요증상은 구심성 시야협착, 운동실조(언어장애, 보행장애를 포함한다), 난청, 지각장애일 것.

(나) 태아성 또는 선천성 미나마타병

지육(智育)발육지연, 언어발달지연, 언어발육장애, 저작연하(咀嚼嚥下)장애, 운동기능의 발달지연, 협조운동장애, 군침흘리기 등의 뇌성소아마비 같은 증상일 것.

(2) 상기 (1)의 증상 가운데 아무 증상이나 있을 경우에 해당증상 모두가 명확히 다른 원인으로 인한 것이라고 인정될 경우에는 미나마타병의 범위에 포함되지 않지만, 해당증상의 발현 또는 경과에 관해 어패류에 축적된 유기수은의 경구섭취의 영향이 인정되는 경우에는 다른 원인이 있는 경우라고 해도 이를 미나마타병의 범위에 포함할 것.

특히 이 경우에는 '영향'이란 당해증상의 발현 또는 경과에 경구섭취한 유기수은이 원인의 전부 또는 일부로 관여하고 있는 것을 말하는 것일 것. (중략)

제2 경증의 인정신청자의 인정

도도부현 지사 등은 인정신청자의 당해인정에 관련된 질병이 의료를 요구하는 것이라면 그 증상의 경중을 고려할 필요는 없고 오로지 당해 질병이 당해지정지역에 관련되는 대기오염 또는 수질오염의 영향으로 인한 것인지 여부의 사실을 판단하면 충분하다는 것. (후략)'

이 기준은 공해의 행정판단기준으로서는 타당하다. 이 '통지'에서는 민사상 손해배상의 유무를 확정하는 것은 아니라고 미리 말하였다. 그러나 이것이 그대로 공건법의 판단기준으로 채택됐다. 1977년의 새로운 판단조건은 위 '통지' 중 한 가지 증상을 마찬가지로 열거한 뒤에 다음과 같이 말하였다.

'2. 1에 예로 든 증후는 각각 단독으로는 일반적으로 비특이적이라고 생각되기에 미나마타병이라는 것을 판단함에 있어서는 고도의 학식과 풍부한 경험에 근거해 종합적으로 검토할 필요가 있다. 다음 (1)에 예로 든 노출이력을 가진 사람에게서 다음 (2)에 예로 든 증후의 조합이 있다면 통상 그 사람의 증후는 미나마타병의 범위에 포함시켜 생각한다는 것이라는 것.

(1) 어패류에 축적된 유기수은에 대한 노출이력(생략)

가. 체내 유기수은농도(생략)

나. 유기수은에 오염된 어패류의 섭취상황(생략)

다. 거주력(居住歷), 가족력 및 직업력

라. 발병의 시기 및 경과

(2) 다음의 어느 하나에 해당하는 증후의 조합

가. 감각장애가 있고 또 운동실조가 인정될 것

나. 감각장애가 있고, 운동실조가 의심되고 또한 평형기능장애 또는 양측성(兩側性) 구심성 시야협착이 인정될 것

다. 감각장애가 있고, 양측성 구심성 시야협착이 인정되고 또한 중추성(中樞性)장애를 보이는 다른 안과 또는 이비인후과의 증후가 인정될 것

라. 감각장애가 있고, 운동실조가 의심되며 또한 기타 증후의 조합이 있는 데서 유기수은의 영향으로 인한 것이라고 판단될 경우일 것

3. 다른 질환과의 감별을 행함에 있어서는 인정신청자에게 다른 질환의 증후 외에 미나마타병에 보이는 증후의 조합이 인정될 경우는 미나마타병으로 판단하는 것이 타당할 것. (후략)'

이렇게 해서 감각장애와 역학적 조건으로 미나마타병이라 인정돼 온 판단기준은 '짜맞추기'가 아니면 안 되게 됐다. 이는 세계 최초의 환경재해인 유기수은중독의 증상의 전체상을 인정하지 않고 헌터러셀증후군에서 보이는 노동재해로서의 증상이 심각한 유기수은중독에 한정해 피해자를 잘라버리는 중대한 변경이었다. 이 변경은 1978년 7월 3일의 환경청 사무차관 통지 「미나마타병의 인정에 관계된 업무의 촉진에 대하여」로 계승되고, 다시 1985년 10월 15일 미나마타병에 관한 의학전문가회의의 「의견」에서 다음과 같이 판정되었다.

'한 증후만의 예가 있을 수 있다고 해도 이와 같은 예의 존재는 임상병리학적으로는 실증돼 있지 않고 현재 얻을 수 있는 의학적 지식을 답습하면 한 증후만의 경우는 미나마타병과 개연성은 낮고 현 시점에서는 현행의 판단조건에 의해 판단하는 것이 타당하다.'

게다가 1992년 11월 19일 중공심 답신인 「금후의 미나마타병대책의 틀에 대해서」도 앞의 판단조건을 승인해 다음과 같이 결론내렸다.

'이상의 지식을 정리하면 메틸수은의 영향으로 인해 사지말단의 감각장애만을 초래하는 예가 있는지 여부에 대해서는 임상의학적으로는 그와 같은 예의 존재는 실증돼 있지 않다. … 개개인의 임상적 진단에 대해서는 사지말단의 감각장애는 다른 다양한 원인에 의해서도 생기는 것 등을 감안하면 사지말단의 감각장애만으로 미나마타병이라는 것에는 무리

가 있다.'

1977년의 판단조건의 중대한 변경 이래, 환경청과 그와 하나가 돼 있는
의학그룹은 노동재해로 규정한 '짜맞추기' 기준을 고집해 수십 년에 걸친
미나마타병 논쟁을 일으키고 사법판단을 계속 거부하였다. 현장에서 다수
환자를 진단해 임상적 진단을 확립한 하라다 마사즈미나 후지노 다다시의
의견 또는 뇌병리학의 시라키 히로쓰구 전 도쿄 대학 교수가 전신병으로
미나마타병을 진단한 것은 이미 정신신경학회 등에서도 승인되었다[43]. 그럼
에도 불구하고 정부는 아직도 그것을 인정하고 있지 않다.

이 1977년 판단에 의해 〈표 7-7〉과 같이 신청환자를 잘라버리는 일이
시작됐다. 1977년 이후 기각 건수가 대폭 늘어나고 있다. 이 과정에서

표 7-7 좀처럼 진전이 없는 미나마타병환자의 구제

년	신청 건수(A)	인정 건수(B)	기각 건수(C)	미처리 건수(D)
법시행 전	44	44	0	0
1969	95	67	0	28
1970	10	5	2	31
1971	328	58	1	300
1972	500	204	12	584
1973	1,895	292	44	2,143
1974	671	29	16	2,769
1975	545	146	37	3,131
1976	638	109	92	3,568
1977	1,367	196	108	4,631
1978	1,009	125	365	5,150
1979	769	116	657	5,146
1980	643	48	890	4,851
1981	425	57	584	4,635
1982	347	76	330	4,576
1983	688	46	280	4,938
1984	691	41	488	5,100
1985	552	29	411	5,212
계	11,217	1,688	4,317	5,212

주: (전년의 D+당년의 A)-(당년의 B-당년의 C)=당년의 D
출처: 熊本県 『公害白書』(1986年版)

1974년 아리아케카이 해의 제3미나마타병과 도쿠야마 만의 제4미나마타병
을 부정하는 일이 일어났고, 이것이 환자인정에도 영향을 미쳤다. 그러면
왜 이와 같은 중대한 판단기준의 변경이 일어났는가. 그 원인은 경제·재
정문제였다.

짓소의 경영위기와 국가에 의한 구제

짓소는 1975년 이후 경영이 악화돼 보상금의 지불능력이 없어졌다. 짓소
가 파산할 가능성도 있었지만 지역은 짓소의 존속을 요구했다. 파산될 경우
에는 정부가 배상의 책임을 물게 된다. 미나마타병의 공해인정을 늦춰 피해
를 심각하게 한 역사를 보면 정부나 현은 책임을 면하기 어렵다. 그러나 정
부로서는 그것을 피하고 싶었다. 그래서 어디까지나 오염자부담원칙으로
돌아가 짓소에게 배상책임을 일임시키면서 짓소를 파산시키지 않고 구제하
는 방법을 생각해야만 됐다. 1978년 6월 정부는 「미나마타병대책에 대하여
」라는 각료양해에 의해 구마모토현채(県債)를 발행해 짓소에게 금융지원을
하기로 했다. 현재는 보상금 지불액 중 짓소의 경상이익이 부족한 금액에
맞추는 것으로 해 매년 거의 40~50억 엔을 넘고 있다. 불황이었던 제1회부
터 16회(1978년 말부터 1986년 7월까지)의 금융지원은 381억 엔을 넘어섰다. 보상
금에서 짓소가 지불한 것은 13%에 불과했고 대부분은 현채였다. 현채는 자
금운용부가 인수해 상환기한 30년(거치 5년, 원리균등 반년부상환), 금리는 정부자
금이율이었다. 이를 실시하면서 다음과 같은 각료양해가 있었다. '짓소가
변제하지 못하는 사태가 생길 경우 현채의 원리상환에 대해서는 충분한 조
치를 강구하도록 국가가 배려한다.' 이 지원조치는 미나마타병환자의 구제
라는 대의명분으로 행해지고 있지만 지금까지의 역사상 예가 적을 정도로
극진한 기업우대조치였다. 한 기업의 구제, 그것도 '범죄'를 일으켰다해도
좋을 기업의 구제에 국가와 현이 원조한다는 것은 생각건대 최초의 사례일
것이다.

각료양해에 있듯이 최종적으로는 국가가 지원하는 것으로 돼 있다. 이

재정상 제약이 구제할 인정환자의 수를 한정하는 데에 영향을 미친 것은
아닌가. 당시 대장성은 금융지원에 있어서 전체 틀을 2000명 정도 생각했다
고 한다. 1971년 판단조건에서는 행정적 인정과 민사보상과는 직결되지 않
았다. 그러나 공건법에서는 그것이 직결된다. 당연히 공건법에 편입시킬 때
에 미나마타병의 공해로서의 병상을 명확하게 해 그에 상응한 보상의 틀을
결정해야만 했다. 공건법 제1종인 대기오염환자의 경우는 빠짐없이 구제하
는 것을 전제로 등급제 등 복잡한 틀로 돼 있다. 이에 비해 제2종인 미나마
타병의 경우는 빠짐없이 구제하는 시스템이 아니라 협정에 의해 일률적으
로 1600만~1800만 엔의 일시금과 의료비, 기타 구제뿐이었다. 심사회는 의
학전문가뿐이고 법률가 등의 실무가가 들어가 있지 않았다. 이러한 조건에
서 심사회는 하라다 마사즈미가 말하는 '보상금의 딱지떼기'와 같은 심경에
몰렸다. 더욱이 현장에서 미나마타병환자와 만나 진료하는 의사가 아닌 위
원을 모아놓았기 때문에 환자의 판정기준은 헌터러셀증후군과 같은 특이성
질환으로 봐버린 것일 것이다. 세계 최초의 환경재해, 즉 공해로서 미나마
타병을 인식하지 않고 유기수은중독환자, 그것도 노동재해와 같은 고농도
오염의 심각한 증상만을 구제하게 된 것이다. 자연과학적으로 객관적인 판
단을 한 것처럼 보여 많은 공해환자를 잘라버린 것이다.[44]

'조화론'의 부활과 환경영향사전평가법의 좌절

전후 일본인 특히 정재계 사람은 경제성장을 계속해 가지 않으면 사회질
서가 유지되지 않는다는 것을 종교처럼 믿었다. 나중에 원전문제에서도 다
루겠지만 1970년대 말에는 이 전후 일본인의 이상한 경제주의가 부활했다.
비참한 미나마타병의 구제가 진척을 보이지 않던 가운데 경단련과 집권당
은 불황에서 벗어나기 위해 공해국회에서 폐기됐어야 할 '조화론'을 부활시
켰다.

이시하라 신타로는 환경부 장관에 취임해 조화론을 버린 것은 잘못됐다
고 말하고, 경제성장의 틀에서 환경보전을 생각한다는 이데올로기를 부활

시켰다[45]. 이런 정책론에서는 판단조건을 비용편익분석 또는 비교형량에 따른다. 이 비용편익분석은 건강장애나 복구할 수 없는 자연파괴와 같은 절대 손실이 발생할 만한 정책에 적용해서는 안 되지만, 실제로는 사망이 발생하지 않는 한 건강장애를 상대적인 피해로 보고 비교형량했다. 미나마타병의 감각장애나 소음으로 인한 생활방해 등이 그 예다. 비교형량할 경우 대기오염대책에 따른 기업의 경제적 손실을 중요하게 보거나 석면을 대체불능 물질로 보아 사용을 시인하는 것과 같이 시장경제를 우선해 판단해버린다. 1970년에 '조화론'을 버림으로써 일본의 공해·환경정책이 비로소 효과를 보이게 되었다. 그것이 10년도 되지 않는 가운데 '시장의 논리' 특히 '자본의 논리'에 굴복당한 것이다. 이시하라 장관의 NO_2기준 재검토 지시는 그 시작이었다.

1981년 3월 자민당 환경부회는 고정발생원의 총량규제에 의문을 제기했고, 이 때문에 3월 말에 예정돼 있던 대기오염방지법 시행령 개정은 할 수 없게 됐다[46]. 모리시타 다이 부회(部會)장은 이 총량규제에 관한 극비 회합을 보도한 기자를 규탄하고 환경청 기자클럽을 비방해 대립이 생겼다. 그 문제에 대해 기자회견이 행해졌을 때 모리시타 부회장은 '환경청은 프로젝트팀과 같은 것. 나중에 당연히 잘라 내버려야 한다'고 말했다.

이는 '환경청 등은 불필요'하다는 모리시타의 지론이었다. 구지라오카 효스케 환경청 장관은 '그 발언은 경험(이 경우 심각한 공해)에서 아무 것도 배우지 못하는 닭대가리 같은 생각과 다르지 않다'고 비판했다[47]. 그러나 집권당의 환경정책 책임자의 이 같은 태도로 인해 환경청의 힘은 확실히 약해졌다. 하시모토 미치오는 '주민운동에서 시작돼 지방자치단체가 움직여 광범위한 국민의 요구가 돼 산업경제계도 바뀌고 언론이 이 흐름과 움직임을 취하고, 전하고, 활성화시켜 환경정책이 전환될 수 있었던 것이다[48]'라며 그럴싸하게 말하였다. 초기의 환경청 장관인 오이시 부이치와 미키 다케오는 가장 약한 행정체인 환경청은 주민의 여론과 운동으로 지탱되며 비로소 성과를 올릴 수 있다고 말했다. 그러나 '조화론'으로 복귀한 환경청은 그 힘의 원천이어야 할 주민운동과 대립하게 됐다.

환경영향평가의 유산(流産)

공해의 교훈은 피해가 발생한 뒤에는 되돌릴 수 없기 때문에 예방이야말
로 최고의 수단이라고 말해왔다. 1970년 개정공해대책기본법 등의 제정 뒤,
환경청이 한 가장 큰 일은 환경영향평가제도(어세스먼트법)의 제정이었다. 환
경청은 1976년 4월 「환경영향평가제도법안요강」을 제출했다. 이 요강은 '국
가가 결정·실시하는 계획·사업 및 국가가 벌이는 사업에서 환경에 "현저
한" 영향을 미치는 것'에 한정했기에 전력사업 등의 공장입지는 제외됐다.
평가 대상은 전형적인 7대 공해방지와 자연보전에 한정되고 계획이 숙성된
시기에 행해지기 때문에 계획수립기의 사회·경제적 평가는 제외됐다. 평
가 주체는 시공자이며, 환경영향평가를 심사하는 제3자기관의 설치는 인정
돼 있지 않았다. 경단련의 환경영향평가제도에 대한 의견서는 주민참여는
'골인지점 없는 마라톤'이 될 우려가 있다고 해 '경솔한 채택'에 반대했다.
이 우려를 받아들여 보고서를 30일간 열람, 필요한 경우는 공청회·설명회
를 개최해 주민의견의 청취와 제출된 의견서를 채택, 응답하는 데에 머물렀
다. 더욱이 정보공개를 원칙으로 하면서도 기업비밀을 지키는 것은 명시하
였다. 주민투표가 필요한 경우 그에 대한 규정은 없었다. 공해수출의 우려
가 있는 국외에 걸친 사업의 환경영향평가에 대해서는 전혀 고려하고 있지
않았다.[49]

이 요강안은 이후 일본의 환경영향제도의 결함을 드러내고 있었다. 결함
이 많은 이 환경영향평가제도조차도 경제단체와 통산성 등의 사업관청의
반대에 부딪혀 제출되지 못하고 실로 다섯 차례나 유산됐다. 그리고 드디어
1981년 4월 〈환경영향평가법안〉(환경어세스먼트법)이 국회에 상정됐다. 그러나
3년간 심의를 실시했고 1983년 11월 중의원은 해산돼 심의 미완료로 폐안
이 됐다. 법률이 제정된 것은 그로부터 14년 뒤인 1997년경이다. '조화론'으
로 복원했기 때문에 가장 부족했던 것은 이 환경영향평가제도에 알맹이가

빠져버린 것과 법률이 장기에 걸쳐 제정되지 못했던 것일 것이다.

비교형량론으로의 복귀를 상징한 것은 제5장에서 소개한 오사카공항 최고재판소 판결 등의 공공사업공해재판이었다. NO_2의 환경기준 완화에 대해서도 소송이 제기됐다. 1978년 10월 10일 도쿄도 내 주민 15명이 야마다 히사나리 환경청 장관을 피고로 'NO_2기준 완화는 산업계의 압력에 의한 것으로 합리적 근거가 결여돼 있다'고 해 행정소송을 제기했다. 1980년 9월 17일 도쿄 지방재판소 민사2부의 후지다 고조 재판장은 환경기준은 정책달성목표 내지 지침으로서의 성격을 가지기 때문에 국민에게 구체적 법적 효과를 미치는 것이 아니며 개정됐다고 해서 주민의 권리의미에 변동을 초래하는 것은 아니다. 본건 고시는 소송의 대상이 되지 않는다고 문전박대를 했다. 원고는 연구자의 지지 등에 힘입어 공소를 제기했다. 공소심에서는 기준완화에 이르는 중공심 전문부회의 내용 등도 명확해졌다. 공건법의 지역지정요건이 변경돼 피해자가 보상받을 권리가 상실되는 등 원고의 주장에 대해서는 판결은 일정한 영향을 인정하면서도 '원고 등의 권리나 법정이익을 침해한다고까지는 말할 수 없다'고 해 '처분성'을 부인했다. 그리고 환경기준은 '정부의 정책상 달성목표 내지 지침 자체만을 가지고 옳고 그름을 따져야지 사법으로 판단할 수는 없다'고 해 원고의 소를 각하했다.[50]

이는 최고재판소 판결과 마찬가지로 삼권분립으로 사법은 행정권을 침해할 수 없다는 것이었다. 국민은 행정으로는 권리침해를 배제할 수 없기에 사법의 개입을 구해 이 '감시와 균형'이야말로 삼권분립의 민주주의라고 생각했으나 재판소는 '감시와 균형'을 거부한 것이다. 사법의 행정에 대한 굴욕이라고 해도 좋다. 이렇게 해서 세계불황과 전후 일본 자본주의의 전환은 겨우 싹을 틔운 환경보전을 최고의 논리로 하는 정책사상을 과거의 '조화론'이라는 경제성장우선주의로 복귀시켰다.

제3절 환경보전운동의 새 국면

1 일본환경회의의 행동

일본환경회의의 설립

정부와 재계의 '조화론'으로의 복귀는 분명히 역사의 역행이었다. 그러나 그것에 제동을 걸 주체의 힘은 약해졌다. 공건법 이후 피해자의 운동은 행정진정형으로 바뀌기 시작했다. 그리고 다음에 말하는 바와 같은 환경보전의 새로운 문화적 시민운동과는 결합되지 못했다. '불황내셔널리즘'이 횡행하자 경기회복이 최우선과제가 돼 언론의 공해문제 보도의 양도 감소하기 시작했다. 이와 같은 퇴조경향을 결정적으로 만든 것은 1978년 이후 오키나와, 교토, 도쿄, 오사카 등의 도부현에서 혁신지자체가 소멸한 것이었다.

이와 같은 상황에서 오사카공항 공해재판의 최고재판소 판결이 다가왔다. 이는 전후 공해사건의 최초의 사법 판단기준을 정하는 성격을 갖고 있어 그 결과 여하에 따라 사법만이 아니라 향후 환경정책의 사상이나 행정에 큰 영향을 미치는 것이었다.

위기감을 가진 공해재판을 담당해 온 변호사는 연구자에게 협력을 구해 왔다. 그것을 받아들여 환경정책의 후퇴를 우려했던 연구자는 개별적으로 연구나 평론을 하는 것이 아니라 환경권을 지키는 시민운동과 협력할 조직을 만들 필요가 있다고 생각했다. 중심이 된 것은 공해연구위원회와 전국공해변호단연락회의였다. 이 2개 조직이 축이 돼 급속히 논의가 진행돼 드디어 1979년 6월 8일, 9일 이틀간 도쿄의 일본교육회관과 메이지 대학을 회의장으로 해 제1회 일본환경회의가 설립총회를 겸해 개최됐다.[51]

일본환경회의는 3가지 성격을 가진 회의로 설립됐다. 첫째는 '열린 학회'이다. 공해・환경문제는 전문연구자의 손에 의해서만 밝혀지는 것이 아니라 일반시민에 의해서도 밝혀질 수 있는 것이나. 그 해결책을 생각하면 토의의 장은 시민에게 개방되어야만 한다.

둘째는 '학제적 학회'이다. 공해문제의 성격상 경제학, 법학, 정치학, 사회학, 문학, 교육학, 의학, 공학, 생물학 기타 모든 영역의 협동 없이는 연구는 진척되지 않는다. 일본의 종래 학회는 전문화 - 세분화하는 성격을 갖고 있는데, 그래서는 환경문제를 풀 수 없기 때문에 이 회의는 모든 분야의 연구를 종합하는 성격을 추구하기로 했다.

셋째는 '제언하는 학회'이다. 앞서 말한 바와 같이 이 회의의 목적은 긴급사태에 대응한다는 매우 실천적인 과제를 갖고 탄생했다. 어떠한 멋진 안(案)이나 위대한 이론도 피해자가 사망하거나 자연이 파괴된 뒤에 완성돼서는 의미가 없다. 공해·환경연구는 임상의학과 비슷한 성격을 갖고 있다. 그래서 이 회의는 연구된 바를 정부나 산업계 등에 제언해 실행을 구하는 것을 목적의 하나로 했다.

이 3가지 성격을 추구하기는 매우 어렵다. 가령 '열린 학회'라는 것은 이상적이지만 시민이 들어오게 되면 현실적으로는 정당간의 대립, 피해자조직 내부의 문제 등 이해가 복잡하게 얽힌다. 원폭·수폭금지와 같은 보편적인 테마에도 운동단체는 분렬되고 있다. 따라서 폐쇄적이 아니라 개방적으로 하기 위해서는 정당간 이해의 대립의 영향이 적은 연구자가 주체가 되어야만 한다. 그래서 이 회의를 운영하는 책임은 연구자와 변호사로 구성되는 실행위원회에 맡기고, 당분간 회비를 부담하고 책임을 지는 회원도 둘로 나눈 것이다. 그리고 회의는 시민참여로 한다는 형태를 취했다. 일본환경회의는 설립취지에서 말해 정부나 경제계로부터의 재정원조를 받지 않고 자비로 운영하기로 했다.

설립 당초 조직의 대표는 다음과 같다.[52]

쓰루 시게토(아사히신문 논설고문, 히토쓰바시 대학 전 학장, 경제학)

쇼지 히카루(교토 대학 명예교수, 위생공학)

고바야시 나오키(센슈 대학 교수, 도쿄 대학 명예교수, 헌법학)

쇼리키 기노스케(이타이이타이병 변호인단장)

또 사무국은 다음과 같다.

사무국장 미야모토 겐이치(오사카 시립대학 교수, 경제학)

사무국 차장 다지리 무네아키(도쿄도 공해연구소 차장)

사무국 차장 도요타 마코토(공변련(公弁連) 간사장)

일본환경선언

제1회 회의에서는 쓰루 시게토, 스즈키 다케오, 거기에 환경권의 제창자인 미시건 대학의 J. L. 삭스 교수가 초빙돼 강연을 했다. 이 집회의 결론으로 「일본환경선언」이 채택됐다. 이는 환경정책의 기본이념을 기술하고 있기에 일부를 소개한다.

'1. 모든 국민은 건강을 유지하고 복지를 높여 쾌적한 환경에서 살 권리를 가지며, 또 오늘날 세대는 아름다운 일본의 국토나 귀중한 역사적 문화재를 더 이상 손상시켜서는 안 되며, 이를 가능한 한 원상태로 복원해 자손에게 물려줄 의무를 가진다고 생각한다. (중략)

우리들은 더없이 좋은 환경을 누릴 권리로서의 '환경권'을 기본적 인권으로서 법제상 확립할 것을 추구하고 공해대책기본법에 근거해 '환경보전우선'의 이념이 정부의 정책 속에 의무로 자리잡기를 추구하는 것이다.

2. 환경은 국민이 그 건강을 유지하고 문화적인 생활을 영위하기 위해 기본적인 역할을 하는 것으로 최고의 공공재이며, 그 보전은 최상위의 공공성을 가진다. 즉, 환경을 공공신탁재산으로 확인하고 국가 또는 지방공공단체가 그 보전에 대해 책임을 갖는 것이 공공성의 적극적인 의미내용이다. 근래 불황대책의 일환이라며 계획된 대형 공공사업을 실행에 옮기기 위해 규제기준의 완화가 강행되고, '공공성'의 이름하에 이들 공공사업이 대규모의 환경파괴를 야기하는 경향이 보이는데, 이는 마치 본말전도라고 하지 않을 수 없다. (중략)

3. 지역개발은 풀뿌리민주주의에 근거해 주민의 지적 참여를 통해 진척되는 것이 필요하다. 이를 위해서는 우선 기업이나 정부·지자체는 개

발에 있어 자연환경·항만을 포함한 사회적 시설의 건설 조건, 사회·경제적 효과, 문화의 문제에 대해 객관적인 장기 환경영향평가를 실시해 이들을 주민에게 공표함과 동시에 충분한 토론의 장을 보장해야만 한다. (후략)

4. 에너지정책은 국가의 보장과 관련된 것으로, 방위와도 관련해 가장 중요한 과제라고 할 수 있다. 그러나 일본의 에너지문제에 관한 연구는 학제적으로 충분한 시간을 갖고 있다고는 말하지 못하며, 불충분한 정보만 제공되고 있다. 원전이나 석유비축기지의 문제로 상징되는 바와 같이 에너지부족이라는 '지상명령'하에 주민의 안전이 무시당할 위험이 있다. 이때 에너지문제에 대해 학제적인 장기적 관점의 연구가 행해지고 그것이 공개돼 일본의 에너지대책이 국민 간에 합의를 얻을 수 있는 절차가 진척되기를 희망한다. 이러한 의미에서 환경문제에 대해서는 국민의 '알 권리'가 특히 충분히 보장되지 않으면 안 된다. 특히 원자력발전에 대해 그 안전성 및 경제성에 대해서는 100%의 정보공개를 우리들은 추구한다.

5. 한편으로 국내 기업이 여러 외국에 공해부문을 이전하는 소위 공해수출 현상은 우리들이 우려하는 바로, 일본의 장래에도 영향이 크다. 우리는 향후 국제협력을 통해 공해수출의 예방·방지에 노력해야만 한다.

6. 1977년 OECD의 「일본환경정책」이라는 리포트가 발표된 이래 마치 공해문제는 소위 졸업했고 앞으로는 '어메니티'의 확립이 과제라는 풍조가 있었다. 그러나 미나마타병이나 대도시의 천식을 봐도 피해의 실태조차 충분히 해명되지 않았고, 더구나 치료, 고용, 커뮤니티의 건설을 포함한 피해자의 전면 구제의 길은 이제부터라고 해도 좋다. 공해는 '피해로 시작해서 피해로 끝난다'고 하는데, 피해의 실태를 해명해 구제하고 특히 근본적 방지책을 추진하는 과제는 앞으로 수세대에 걸쳐 일본의 환경정책의 원점이라는 것을 새롭게 확인하고자 한다. (후략)'

이는 삼십수년이 흐른 오늘날에도 여전히 실현해야 할 중요한 선언이다.

도시환경과 자연환경을 지키는 제언

일본환경회의의 설립은 시의적절해서 이와 같은 조직의 설립을 기다렸던 많은 사람들의 지지를 얻게 돼 아시히신문과 마이니치신문은 조간이나 석간의 제1면 톱으로 집회를 소개하고 다른 신문도 큰 사건과 나란히 기사를 게재했다. NHK-TV도 뉴스의 톱으로 다루었다. 이 예상을 뛰어넘는 영향을 얻어 이 회의를 지속시켜 매년 1회 개최하게 됐다.

제2회는 오사카시의 나카노시마 공회당에서 1980년 5월 4, 5일에 약 1000명이 참가한 가운데 열렸다. 기간 중에는 회의를 후원한 나카노시마축제가 행해졌고, 시민에 의한 어메니티 선언으로 어울리는 집회가 됐다. 이 회의에서는 다음과 같은 「일본도시환경선언」이 채택됐다.

'예전에 에도는 "꽃의 도시"이며, 오사카는 "물의 도시"였다. 어리석은 전쟁과 전후 경제성장 과정에서 이와 같은 도시의 원풍경은 완전히 파괴됐다. (중략) 강과 굴*은 메워져 자동차가 달릴 고속도로가 깔리고 바다는 매립돼 공업용지로 변했다. 녹지 구릉은 깎여 택지로 변모했다. 세계 선진국 가운데 전후 이 정도로 시민에게 가난하고 위험하고 불편한 도시를 만든 나라는 적지 않을까. 일본이 세계사에 보기 드문 공해문제를 일으킨 기본 원인 중 하나는 이와 같은 시민부재의 도시만들기에 있었다고 해도 과언이 아니다.'

'선언'은 시민이 안전하고 아름다운 도시를 만들 수 있도록 정부나 지자체에게 도시만들기의 원칙을 보여주었다. 그것은 첫째로 헌법 제9조에 근거해 평화도시선언을 하는 것이다. 둘째는 자연의 보전과 회복이며 산림, 하천, 바다 등이 자연을 복원하고 생산녹지를 남기고 시민이 자연을 누릴 권리를 추구한다. 셋째는 문화재를 보전해 역사적 마을거리를 보전 또는 복

---

* 堀: 적의 침입을 막기 위해 성 주위를 둘러싼 도랑

원해 도시의 원풍경을 만들어낸다. 넷째는 시민이 경제나 문화의 도시집적 이익을 누릴 수 있도록 도심에 시민을 불러모으고, 직주근접의 사회를 만들고 주택과 생활환경을 최우선으로 삼는 공공투자를 실시할 것. 다섯째는 이 원칙을 확인해 산업구조와 교통체계의 근본적 개혁을 검토한다. 환경파괴형·자원낭비형의 공업지대를 개조해 마을을 재생한다. 자동차의 총량규제를 해 대중교통체계를 정비한다. 이 원칙을 실현하기 위해 지자체에 대한 행재정의 권한이양이나 시민의 자치권을 확립해 '도시의 문화'를 만들어내자고 제언하였다.[53]

제3회 일본환경회의는 1981년 11월 14, 15일 나고야시 공회당과 나고야대학 법학부에서 열렸다. 여기서는 대회의 집약으로서 「일본자연환경보전선언」이 다음과 같이 채택됐다.

'일본의 자연환경 파괴와 오염은 지금 매우 심각한 상황에 있다. 환경청의 「녹지국세(國勢)조사」에서도 인위적인 손이 거의 가해지지 않은 원시자연은 국토의 23%에 불과하고, 비교적 인가 가까운 전답, 초원, 인공림, 2차림이 존재하는 인위자연환경까지가 식생 대부분이 남아있지 않은 콘크리트의 도시사막으로 점차 침식되고 있다. 세계 3위의 장대한 일본의 해안선도 지금은 자연해안이 60%에 불과하고 절반 가까이가 반자연해안과 인공해안으로 변했다. 우리들은 무엇보다 먼저 현재 진행중인 대규모로 무계획적인 인위에 의한 자연파괴와 오염을 중지시킬 것을 요구하는 것이다.'

이 총론에 이어서 다음을 요구하였다. 첫째는 1974년의 「자연보호헌장」에 있는 '개발은 어떠한 이유에 의한 경우라도 자연환경보전에 우선하는 것은 아니다'라는 원칙을 지킨다. 둘째는 자연환경보전정책은 주민의 여론과 운동에 의해 발전하고 지탱돼 온 역사적 현실 위에 서서 정부나 지자체가 주민의 여론이나 운동을 적대시하지 않고 그 지지를 얻어 정책을 실행할 것을 요구한다. 셋째는 주민운동의 방향은 국토의 '대자연'에서 우리 주변의 '소자연'으로 끌어당길 수 있지만, 국경을 넘은 지구규모의 자연파괴로

관심의 대상을 확대해야 한다. 대체할 수 없는 지구를 지키기 위해서 일본의 주민운동이 세계의 주민운동과 연대할 것을 맹세한다. 그리고 자연환경이 우리 세대만의 재산이 아니라 훼손 없이 후대로 전해져 가야 할 재산이라는 사실을 충분히 인식해 그 보전을 위해 노력할 것을 맹세하였다.[54]

미나마타 선언 - 즉시 무조건 전면구제를

이렇게 해서 일본환경회의는 3회까지 당면한 환경문제와 환경정책의 총론을 제언했다고 해도 좋다. 그래서 제4회 이후는 각론으로 들어가게 됐다. 그 첫걸음은 공해의 원점이라 할 만한 미나마타병문제였다. 제4회 일본환경회의는 1983년 4월 29, 30일 미나마타시 문화회관에서 열렸다. 미나마타회의는 2가지 현안사항을 가지고 열렸다. 하나는 구마모토미나마타병 피해자의 조직과 지지단체가 분열해 대립하고 있었던 것이다. 특정 조직만에 의존해 회의를 추진하고 다른 조직을 배제하면 그 성과는 실현되지 않는다. 그래서 나는 다지리 무네아키와 현지를 방문해 하라다 마사즈미의 원조를 받아 전 조직을 돌며 이 대회의 지지를 호소했다. 또 하나는 구체적 제언을 하기 위해서 사전조사를 해 중간보고서를 만들어 회의에서 제언하기로 했다. 우자와 히로후미, 후카이 준이치, 아와지 다카히사, 도요타 마코토 등이 조사에 들어갔다. 이러한 준비 위에 집회를 열었다.

미나마타피해자조직과 지원단체가 한자리에 모여 논의한 것은 전무후무한 일이 것이었다. 토론을 집약해 「미나마타선언」을 내놓았다. 미나마타병문제가 사반세기 이상을 거쳐 전혀 해결되지 않고 수천 명이 넘는 미인정환자를 남기고 있었다. 해결이 이렇듯 늦어지고 있는 가장 큰 이유는 행정의 자세에 있었다. 동시에 이와 같은 자세를 허용한 것에 대해 과학자의 책임을 느낀다. 이 현상을 타개하기 위해 이 선언은 다음과 같이 말하였다.

'우리들은 여기에 피해자의 즉시 무조건 전면구제의 원칙에 서서 다음과 같이 제언한다.

1. 미나마타병문제 전문위원회를 설치할 것

(이는 미나마타병의 병상의 확정, 피해구제내용, 환경회복, 지역복지 등 다양한 분야에 걸친 문제에 관한 연구, 조사, 제언을 할 수 있는 광범위한 권한이 있는 위원회이다)

2. 즉각 전원 피해자인 사실을 인정하고 구제를 행할 것

현행 인정제도를 즉각 보류해 시라누이카이 해 일정 지구에 일정 거주한 사람(전제로서 현행 지정지구의 개정, 현외(縣外)도 포함한다)에게 의료수첩을 교부하고 의료비를 지급할 것. 현행 인정제도를 이용한다면 '역학적 조건에 의료를 더할 필요가 있다'고 하는 주치의의 증거만으로 인정한다.

3. 배상에 대해 당면한 1971년의 차관통지의 취지로 돌아가 현행제도, 재판, 교섭에 의한 것으로 하고, 그 내용방법에 대해서는 검토를 계속한다.

4. 현행의 검진제도는 치료, 원조를 위한 검진으로 바꿀 것. (중략)

5. 짓소에게 책임을 충분히 지우기 위해 짓소 본사만이 아니라 자회사의 경상이익을 배상에 충당하는 것으로 할 것.

6. 1984년 이후의 금융지원조치에 대해서는 국가, 현의 책임을 명확히 하고, 그 책임에 있어서 2000억 엔 이상(나중에 5000억 엔 이상)의 미나마타병대책 기금을 설정할 것. 각출자는 국가, 현, 짓소 및 관련 기업, 화학공업회 등을 생각할 수 있다. 이 기금으로 피해자구제, 미나마타 지역진흥, 피해자를 대변하는 조사위원회, 자료관 건설 등의 활동에 충당한다.

7. 미나마타병문제의 해결을 위한 연구나 운동을 지속시키기 위해 미나마타병 정식 발견일인 5월 1일을 미나마타의 날로 해 널리 국민의 관심을 불러일으키는 운동을 한다. (후략)'

이 제안에서 중요했던 것은 인정기준을 1971년 차관통지 때로 되돌려 즉시 무조건 전면구제를 할 것이었다. 그러기 위해 기금을 만들기로 한 것이었다.[55]

일본환경회의는 제1회부터 제5회까지의 선언은 쓰루 시게토 대표와 내

가 환경청 장관을 직접 만나 설명해 정책으로 검토하도록 요구했다. 제4회
의 제언은 하라다 마사즈미, 제5회의 공건법 개혁에 관한 제언은 아와지 다
카히사 두 사람을 대동했다[56]. 이들의 제언은 채택된 것도 있지만, 미나마타
선언에 대해서는 겨우 미나마타의 날 채용에 머물러 있었다. 만약 선언이
이미 채택돼 있었다면 오늘날도 아직 미해결 상태인 분쟁은 일찍 해결의
실마리를 찾았을지도 모른다.

35주년이 경과한 일본환경회의는 환경파괴가 국제화되고, 공해가 끝나지
않았기 때문에 지속되고 있다. 또 이 회의를 계기로 오사카 도시환경회의
(약칭 "오사카를 좋게 하는 모임"), 주부(中部) 환경을 생각하는 모임, 아마쿠사 환
경회의 등의 지역 독자적인 환경회의가 탄생했다.

2 어메니티를 요구하는 주민운동

OECD 리뷰 이후 환경청에도 어메니티연구회가 생겼지만 자연보호행정
과 달리 거리모습, 문화재나 경관 등의 마을만들기는 건설성, 자치성, 문화
청 등의 소관이어서 구체적인 대책은 진전되지 못했다. 이 어메니티의 면에
서도 주도권을 가진 것은 주민운동이었다. 그중에도 정책이나 여론에 영향
을 지닌 전국적 주민조직은 전국거리모습세미나와 수향수도(水郷水都)전국
회의였다. 전자는 나고야시의 아리마쓰정에서 1974년에 만들어진 전국거리
모습보존연합이 1978년 4월에 '전국거리모습세미나'로 아리마쓰정과 아스
케정에서 첫번째 집회를 열었다. 또 1981년 9월 오사카도시환경회의가 주
최한 '수도(水都)재생 심포지엄'이 기점이 돼 1984년 8월 세계호소(湖沼)회의
에 결집한 주민조직을 모체로 해 1985년 5월 수향수도전국회의가 마쓰에시
에서 창립됐다. 이들 운동 가운데 전국에 커다란 영향을 미친 운동을 간단
히 소개한다.

'나카노시마를 지키는 모임'

전후 대도시는 도넛화현상이라고 해서 중심도시로부터 인구 특히 중산계급이 교외의 뉴타운에 살기 좋은 환경을 찾아 유출됐다. 이 때문에 도심은 사업소와 저소득자의 슬럼이 되고 환경은 악화돼 도시의 원풍경을 잃었다. 전형은 오사카시였다. 이 거리는 일본 도시사상 이론과 실제를 겸비한 최고의 시장이었던 세키 하지메가 근대화한 미도스지*를 비롯한 아름다운 토목건축의 걸작이 집적됐다. 동양의 베니스라고 불릴 정도인 물의 도시로, 그 중심은 나카노시마였다. 여기에는 메이지·다이쇼를 대표하는 4가지 건축물(일본은행, 시청, 부립도서관, 공회당)과 수변공원이 있었다. 그런데 전후 이 지역은 황폐해지고 더욱이 시청의 개축을 위해 이 4가지 건축물을 개조할 계획이 세워졌다. 일본건축학회에 소속된 건축가는 4가지 건물이야말로 오사카의 원풍경을 유지하는 것으로, 그 보전을 주장하고 동시에 물의 도시에 어울리는 나카노시마의 경관을 정화할 것을 생각했다. 그러나 여론의 지지를 얻지 못했다. 왜일까.

오사카시에 직장이 있는 샐러리맨의 대부분은 위성도시 또는 한신 지구나 게이한 지구에서 통근한다. 나카노시마 밖의 경관은 생활과는 무관한 것이다. 무엇보다도 그들에게 나카노시마에 와서 산책을 하고 그 아름다움을 이해하도록 하지 못하면 아무리 학술상 가치를 주장해도 지지는 얻을 수 없다. 평상시에도 노동시간이 긴 일본의 샐러리맨은 지역에는 무관심하다.

1972년 10월 나카노시마를 지키는 모임이 설립됐다. 그리고 이 상황을 바꾸기 위해 1973년 5월 200개 단체의 자원봉사자 1000명이 기획, 참가하는 나카노시마 축제를 열었다. 200개가 넘는 상점이 들어서고, 가쓰라 분친(桂文珍: 일본의 라쿠고가(落語家)) 등 가미가타 게이닌(上方芸人: 주로 오사카나 교토 등을 중심으로 활동하는 예능을 직업으로 삼고 있는 사람들)도 무보수로 참여해 3만 명의 시

---

* 御堂筋: 오사카부 오사카시의 중심을 남북으로 종단하는 국도

민을 모았다. 3년째에는 참가자가 10만 명에 이르렀다. 이후 30년 넘게 이 재능기부 축제는 계속되고 있다. 나카노시마에 와서 아름다운 4가지 건물을 보고 도지마가와 강에서 뱃놀이를 하면, 나카노시마의 경관을 보전하고 물의 도시인 오사카를 재생하지 않으면 안 된다는 것은 설명 없이도 이해할 수 있다.[57]

4가지 건물 가운데 1974년 3월 부립도서관(스미토모 재벌의 기부)이 중요문화재로 지정됐다. 일본은행은 소유하고 있던 건축물을 보존해 전시장으로 하고, 신관을 배후지에 신축했다. 도쿄도청과 같이 고층화할 예정이었던 시청은 전체와 조화되는 중층건축물로 설계를 변경해 개축했다. 최후의 공방은 공회당이었다. 당초에는 이를 극장으로 개축하는 안이었다. 다음에 말하는 오사카도시환경회의의 운동도 있어 아사히신문이 보전을 위해 기부를 독려하는 활동도 해 원형을 유지해 개조했다. 나카노시마의 경관은 시민의 손으로 지켜진 것이다.

오사카를 좋게 하는 모임(오사카도시환경회의)

일본환경회의 제2회 대회 직후, 나카노시마의 경관보전에 머물지 않고 쇠퇴하고 있는 오사카를 시민의 손으로 '수도(水都) 재생'을 하고자 생각한 그룹이 오사카도시환경회의를 설립했다. 일본환경회의에 참여한 그룹만이 아니라 오사카의 현상을 우려한 많은 문화인과 연구자가 모였다. 중심이 된 것은 나카노시마를 지키는 모임의 사무국장이었던 건축가 다카다 스스무이며 대표는 나였다. 이 조직은 지금의 오사카가 '게시*의 마을'이라고 해 경제도 문화도 쇠퇴하고 있지만, 이를 세키 하지메의 이상과 같이 '살기 좋은 도시(어메니티 있는 마을)'로 만들고 싶다는 이상을 높이 든 것이다. '도시 품격이 있는 거리'를 만들자는 것이었는데, 그 방법은 문화운동에서 찾았다. 일

---

* 下司: 중세 일본의 장원 현지에서 실무를 맡던 하급직원을 말함.

명 오사카를 좋게 하는 모임이라고 불렀다. '좋게(あんじょう)'라는 말을 표준어로 고치기는 어렵다. 안심도 아니고, 잘 한다는 것도 아니다. 어쨌든 오사카를 걸으며 그 풍경을 보고 주민과 이야기한다. 오사카의 문화나 역사에 대해 이야기하는 모임을 연다.

이러한 것을 거듭해 수도재생의 플랜을 만들자고 하는 것이었다. 약 10년간 계속된 운동은 한때 커다란 영향력이 있었으나 지금은 중단되었다. '도시 품격이 있는 거리'는 한때 오사카 상공회의소의 목표였지만 정착되지 못했다. '수도재생'이라는 목표는 오사카시의 도시정책이 됐지만 실현되지 못했다. 나중에 말하는 니시요도가와 공해재판의 원고가 배상금의 일부를 갹출해 탄생한 '아오조라* 재단'이 '환경재생'의 목표를 내걸고 활동하였다. 그러나 오사카부도 시도 이에 협력하고 있지 않다.[58]

야나가와 수로재생

이 시기에 전국적으로 일어났던 수변환경 보전운동 중 대조적인 2가지 운동을 소개한다.

후쿠오카현 야나가와시의 수로**재생 이야기는 주민의 봉사로 환경을 개선하고 그것이 지역경제의 발전이 된 전형적인 예이다. 야나가와시는 기타하라 하쿠슈***가 태어난 곳으로, 물의 도시로 유명하듯 전체 길이 470km, 2km 사방의 중심시가지만 60km에 이르는 수로망이 뻗어 있는 수도(水都)이다. 이 수로는 전후 고도성장에 의해 사업소나 가정의 오염된 배수가 흘러들어 오염된 하천이 됐었다. 악취가 나고 파리가 들끓어 위생적으로 불결해졌기에 이를 콘크리트로 매립하고 대신에 하수도계획이 세워졌다. 이것이 실행되면 야나가와는 도쿄나 오사카와 같이 수도가 아니게 되고 원풍경

---

* 푸른 하늘
** 掘割: '호리와리'라고 부르는 수로망
*** 1885~1942. 일본의 시인, 동요작가

을 잃게 될 판이었다. 다행인 것은, 이 하수도계획의 담당계장이었던 히로마쓰 쓰타에가 이 사업에 의문을 갖고 조사연구한 결과, 야나가와시는 지반침하가 일어나기 쉬운 지질이었기에 수로를 없애버리면 큰 재해를 입을 수도 있다는 사실을 알게 됐다. 그는 시장의 동의를 얻어 하수도 보조금을 변상하고 수로를 정화할 계획을 세웠다. 그러나 60㎞나 되는 수로를 시 예산으로 정화하기는 불가능했다. 그래서 그는 100회 이상이나 집회를 열어 주민에게 수로재생을 호소했다. 예전의 아름다운 수로와 생활습관을 기억하고 있던 노인들이 찬성하고 드디어 시민의 동의도 얻었다. 그러나 수로의 재생은 쉬운 것이 아니었다. 매년 한 번은 수문을 닫고 시민이 밤새 퇴적오물 범벅이 돼 오물을 빼내지 않으면 안 되었다. 더욱이 평소에도 안변(岸辺)청소·쓰레기 줍기나 물풀 베기 등 자원봉사가 필요했다. 정말 성가신 일이었다. 그러나 시민이 이 수(水)환경에서의 '성가신 것과 사귀기'를 시작하자 수로만이 아니라 야나가와시가 되살아난 것이다. 지금은 물의 고향(水郷)이 관광의 일대자원이다. 그것만이 아니라 정화작업을 함께 하며 시민이 연대하고 수로를 활용한 결혼식이나 축제도 부활했다. 수환경을 되살려 낸 것이 주민의 연대를 살리고 지역을 발전시킨 것이다.[59]

오타루 운하 보전운동

마찬가지의 환경재생 시민운동이 오타루 운하 보전운동이다. 오타루 운하는 너비 40m, 전장 1324m, 이 운하를 따라 석조창고군이 즐비하다. 1966년 오타루시는 이 운하를 매립해 6차선 자동차도로를 만들 계획을 수립해 1974년 매립할 예정이었다. 과거 오타루는 홋카이도의 월가로 불리며 경제의 중심지였지만, 전후는 경제·문화의 기능이 삿포로시에 집중되고 과거의 번영과 독자성을 잃었다. 이 운하도 사용되지 않고 오염으로 뒤덮여 시로서는 쓸모없는 것으로 생각됐다. 그러나 과거의 오타루를 그리워하는 시민에게는 이 운하 주변의 경관은 이 거리의 상징이었다.

1973년 12월에 '오타루 운하를 지키는 모임'이 발족됐다. '오타루 운하 및 주변의 석조창고 등의 역사적 건조물을 도민의 둘도 없는 역사적 문화유산으로 보전하고 새로운 생명력을 불어넣는다'는 것이 모임의 목적이었다. '오타루 운하를 지키는 모임'은 바로 시와 시의회에 운하 매립을 반대하고 주변 석조군을 문화유산으로 보존할 것을 진정했다. 또 오타루 운하 주변 건조물을 문화유산으로 예비조사를 한 적이 있는 문화청에도 진정을 했다. 일본건축학회 홋카이도 지부나 일본과학자회의 지부 등이 도로건설에 반대하는 성명을 내는 등 지지단체도 생겨났지만, 한편에서는 오타루 상공회의소가 도로정비촉진기성회를 만들어 개발을 추진할 여론을 만들었다. 1978년 7월 지역 청년들이 제1회 포토페스티벌 인 오타루를 열었다. 약 10만 명이 참여했다. 나카노시마 축제와 같이 시민의 자비 축제를 통해 운하와 그 주변을 보고 그 보존의 의의를 이해할 수 있도록 했다. 그리고 지역의 명물로 축제는 계속됐고 1983년에는 16만 명의 인파가 모였다. '지키는 모임'의 운동을 전국으로 확산시키기 위해서 활약한 사람은 1978년 5월에 '지키는 모임' 회장이 된 미네야마 후미 씨이다. 기독교신자로 전직 교사인 그녀는 사회적 지위가 있는 것이 아니라 그저 한 주부였다. 그러나 이 경관과 문화적 유산을 지키는 일에 관해서는 열정과 신념으로 똘똘 뭉친 여성이었다. 그녀는 전국거리모습세미나에 호소해 1980년 5월 제3회 전국거리모습세미나를 오타루에 유치해 많은 지지를 얻었다. 1980년대에 들어서자 전국에서 연구자가 시찰을 왔는데, 1982년 7월 4일에는 도시의 학술적 연구자로 구성된 도시연구간담회와 수도재생을 위한 전국회의 준비회가 주최해 「물과 역사의 거리모습 원풍경에서 도시재생을 찾아서」라는 심포지엄이 열렸다. 그 회의에는 토지법의 시노쓰카 쇼지 와세다 대학 교수, 역사적환경연구의 기하라 게이키치 지바 대학 교수, 도시계획의 니시야마 우조 교토 대학 명예교수, 하야카와 가즈오 고베 대학 교수, 건축학의 오타니 사치오 교토 대학 교수 등이 보고하고 나는 사회를 맡았다. 이 집회에는 이 지역의 개발을 의뢰받고 있는 세이부(西武) 백화점 간부가 방청하러 왔다. 여기서 '오타루 선언'이 나왔다. 거기에는 '이즈음 많은 어려움이 있어도 도시의 수변환경 보전과 재생을 위해 강한 결의를 갖고 주민, 행정, 기업이 각각의 역할을 맡아 노력할 것이 요구된다'고 선언했다. 학습회가 거듭되자 시민에게 경관보전의 의의가 침투됐다. 매립을 추진하려던 시장의 퇴진을 요구하는 서명이 9만 8000명이나 됐다.

나는 구미의 워터프론트를 조사해 오래된 창고나 공장을 이용해 그것을 상점, 극장이나 미술관으로 개조해 수변의 경관에 맞춘 새로운 번화가로 만드는 것이 도시재생의 유행이라는 사실을 소개했다. 미네야마 씨의 소개로 가와이 이치나루 오타루 상공회의소 의장을 만나 오타루의 활성화를 위해서는 운하의 매립을 중지하고 그 일대의 개조가 결정적이라는 사실을 설명했다. 가와이 의장은 곧바로 '운하지구재개발특별위원회'를 미국 서해안의 샌프란시스크의 피셔먼즈 워프 등에 조사를 위해 파견하고 결과가 나오자 돌연 자동차도로 건설반대를 표명했다. 또 세이부 백화점의 쓰쓰미 세이지 사장도 운하를 전면적으로 보전하지 않는 한 오타루에 진출하지 않겠다고 표명했다. 사태는 경관보전 쪽으로 크게 움직이는 것으로 보였다.

그러나 시는 이들 전국적인 보전운동에 등을 돌려 1983년 12월 공사를 시작했다. 홋카이도 지사는 경관보전을 지지하는 듯한 자세를 취했는데, 1984년 5월 매립파와 보전파 양자를 포함한 5자위원회를 열었다. 이 위원회는 평행선을 달렸고, 8월에 지사는 행정절차에 따라 매립작업을 추진한다고 결단했다. 그리고 새로이 오타루 활성화위원회를 열었다. 그러나 '지키는 모임'은 이를 지사의 배신이라며 비판했다. 재계인의 판단 변경도 너무 늦어 시기를 놓쳤다고 해도 과언이 아니다.

지금 오타루 운하는 절반이 매립돼 있다. 그것도 경관으로 말하면 반대측을 매립하였다. 창고군과 운하의 풍경을 하나로 해 정서가 있는 거리모습을 만드는 계획에서 말하면 불완전한 사업이 됐다. 이 불완전한 채라도 워터프론트의 재생으로 관광객이 늘어나고 있다. 이 재생사업이 없었더라면 오타루의 쇠퇴는 더욱 심했음이 틀림없다. 유감스러운 결과가 됐지만 경관이나 역사적 문화재가 얼마나 중요한지 그것이 거리 재생의 열쇠가 된다는 사실을 명확히 하고 또 이를 위해 생활을 건 시민의 손으로 비로소 지역이 재생될 수 있다는 사실을 알게 했다는 점에서는 오타루 운하보전운동은 역사에 남을 것이다.[60]

비와코(琵琶湖) 호수 보전의 주민운동

일본의 환경보전운동에 새로운 방향을 낳은 것은 시가현의 비와코 호수 보전 주민운동이다. 비와코 호수는 673.9k㎡로 일본에서 제일 넓고 간사이 1400만 명의 수원(水源)으로서 수량은 275억t이다. 1977년 5월 27일 비와코 호수 전역에 간장을 흘린 듯한 담수적조(淡水赤潮)가 발생했다. 이 원인은 부영양화로 인한 황색편모조(鞭毛藻)인 우로그레나 아메리카나가 증식한 결과로 밝혀졌다. 이미 1972년경부터 인이나 질소 등의 무기영양염류의 영향은 지적됐는데, 고기가 썩은 듯한 악취가 나는 적조의 발생은 현민뿐만 아니라 간사이 전역에 충격을 주었다. 현이 시산한 결과, 비와코 호수에 유입하는 인은 세제가 18.2%, 가정배수가 29.8%, 공장배수가 29.3%, 농축산배수가 12.9%, 기타는 강우수 8.8%였다[61]. 당시 앞서 말한 대도시의 공장입지규제로 인해 시가현은 급격한 공장과 인구의 집중으로 오수의 배출도 늘어났다[62]. 시가현은 넓적한 접시의 밑바닥과 같은 지형으로 돼 있어 약 460개(주요하천 24개)의 하천이 비와코 호수로 흘러들고 뱉어내는 출구는 세타가와 강 한 곳뿐인 폐쇄수면이었다. 당시 하수도보급률(처리인구보급률)은 겨우 4.6%로 미처리 배수가 흘러들었다. 원래 비와코 호수는 40개 이상의 내호 (內湖)(1940년 37개 호, 2903ha)가 있었지만, 농지조성을 위해 전중전후(戰中戰後)에 간척돼 현재 잔존 23개호, 429ha로 7분의 1로 줄어버렸다. 내호는 배수를 정화하고 다양한 생물을 보전하는 기능을 갖고 있다. 식량증산을 위한 간척으로 인해 습지대가 급격히 감소한 것이 비와코 호수 오염의 큰 원인이었다.[63]

적조에서 보인 부영양화를 방지하기 위해서 그 원인의 하나인 합성세제의 추방과 그것을 대체할 비누사용추진운동이 확산됐다. 이미 1965년경부

터 폐식용유를 비누로 리사이클하는 운동이 시작되었는데, 주민운동으로
확산됐다. 이 운동에 대응해 조례를 통한 합성세제의 규제를 축으로 종합적
인 부영양화 방지를 구상한 것은 환경주의를 표방해 시가현 지사가 된 지
3년째인 다케무라 마사요시였다. 그는 일본비누세제공업회로부터 '합성세
제의 판매금지는 헌법에서 보장된 재산권, 직업 선택의 자유를 침해해 위헌
이다'라는 신청을 물리치고, 공익을 위해 종합적인 합성세제의 사용, 판매
의 금지만이 아니라 배수나 농약의 규제를 포함한 〈시가현 비와코 호수의
부영양화의 방지에 관한 조례〉를 제정해 1980년 7월에 시행했다.

이 조례의 전문은 다음과 같이 격조가 높다.

'지금이야말로 우리들은 풍요로움이나 편리함을 추구해 온 생활관을
반성하면서 비와코 호수가 가진 다면적인 가치와 인간생활의 틀에 대해
여러 가지 생각을 하고, 용기와 결단을 갖고 비와코 호수의 환경을 보전
하기 위한 종합적인 시책을 전개할 필요가 있다. (중략) 우리들은 이 자
활과 연대의 싹을 키우면서 하나가 돼 비와코 호수를 지키고 아름다운
비와코 호수를 다음세대에 물려줄 것을 결의하고 그 첫걸음으로 여기에
비와코 호수의 부영양화를 방지하기 위한 조례를 규정한다.'

조례의 제3장 '인을 포함한 가정용 합성세제의 사용의 금지 등'에서는 제
17조에서 '어느 누구도 관내에서 인을 포함한 가정용 합성세제를 사용해서
는 안 된다.' 제18조에서는 '현 내에서 인을 포함한 가정용 합성세제를 판매
하거나 공급해서는 안 된다'고 엄하게 규제하였다. 또 공장 배출수의 배수
기준에 적합하지 않는 배출의 금지나 농가에 인을 포함한 비료 등의 배출
을 금지하였다. 이렇게 엄한 규제조례가 제정될 수 있던 것은 비누 사용률
70%, 조례찬성 85%라는 여론의 지지가 있었기 때문이다.

그러나 업계도 눈치가 빨라 조례의 제정 전후부터 무인 합성세제의 생산
으로 바꾸고, 소비자는 이에 부응해 비누사용률은 50% 이하로 떨어져버렸
다. 합성세제는 인이 문제인 것만이 아니라 계면활성제가 오염의 원인인데,

조례만으로는 막을 수가 없고 하수도가 정비돼도 호안(湖岸)의 급속한 개발 때문에 1983년 9월에 녹조가 발생하게 되었다. 비와코 호수의 보전은 배수 규제로는 한계가 있어 내호의 재생이나 자연호안의 복원 등이 필요한 것이었다.

비누사용의 감소는 회수한 폐식용유의 처리를 어렵게 했다. 환경운동을 지탱해 온 시가현 환경생협 이사장 후지 아야코는 이 폐식용유의 처리를 위해 독일의 기술을 넣어 그것을 바이오디젤연료로 전환하는 사업을 추진했다. 그리고 아이토정의 원조를 받아 '유채꽃 프로젝트'라는 지구온난화가 방지되는 완전순환방식의 에너지전략을 만들어 이를 전국으로 확산시키게 되었다.[64]

시가현은 비와호연구소(초대소장 기라 다쓰오)를 만들고 1984년에는 세계호소회의를 열었다. 지금까지 호소는 하천의 일부로 취급되었지만 정부는 이 시가현의 행정에 떠밀려 1984년 7월 〈호소수질보전특별조치법〉을 제정했다[65]. 너무 늦어 잃어버렸던 폐쇄수면의 수질보전계획이 비로소 시작되게 됐다.

신지코(宍道湖) 호수·나카우미 간척의 중지

전후의 식량증산을 위해 비와코 호수의 내호와 같이 간척이 진행됐다. 최초의 대규모 간척은 하치로 갯벌이었다. 이 간척은 소비에트의 콜호즈를 모델로 했나 할 정도로 집단농장을 시안으로 했는데, 결국은 대규모 개인농장으로 벼농사 농가를 전국에서 모집했다. 이 성공에 힘입어 다음의 대규모 사업이 이시카와현의 가호쿠 갯벌간척사업이었다. 이시카와현 가호쿠 갯벌은 호안 27㎞, 면적 2248ha로, 우치나다의 사구(砂丘)를 거쳐 일본해로 연결되고, 재첩, 빙어 등 수십 종의 어패류가 서식하며, 가나자와시의 경관을 이루는 아름다운 기수호(汽水湖)였다. 1952년 간척계획이 세워지고 1963년도에 착수, 1356ha를 간척해 1079ha의 농지를 조성했다. 당초 계획으로는, 간척지는 논으로 하고 주변농가에 배분할 예정이었다. 그런데 간척이 끝난 1970

년에는 쌀이 과잉생산돼 벼농사 계획은 중지되고, 밭농사나 낙농사업으로 목적을 변경했다. 이 때문에 벼농사용인 관개시설을 전혀 다른 배수시설로 변경했다. 51억 엔이던 당초사업비 예산은 완성시인 1985년도에는 283억 엔(이자를 포함하면 335억 엔)으로 부풀어 올랐다.

당초 간척을 기대했던 벼농사 농가는 밭농사로 전환되자 의욕을 상실하고 농지 구입을 포기하는 사람이 속출했다. 그곳에 들어가 살게 된 벼농사 농가는 습지 때문에 생산성이 낮아 자립경영이 어렵게 됐다. 당시 가나자와 대학 교수였던 나는 이 아름다운 수변환경이 가나자와시민에게는 최고의 레크리에이션지이고, 경관을 위해서 간척에 반대했지만 현민의 찬성은 얻지 못했다. 간척계획은 실패라고 해도 좋을 것이다. 지금 가호쿠 갯벌이 남아 있다면 문화경관도시 가나자와시의 가치는 한층 커졌을 것이라 해도 과언이 아니다.[66] 가호쿠 갯벌간척계획의 실패에서 배우지 않고 신지코 호수·나카우미의 간척이 추진됐다는 사실은 정말이지 놀라운 일이 아닐 수 없다.

신지코 호수·나카우미 담수화계획은 1963년에 착수돼 1968년에 공사를 개시했다. 이 계획은 나카우미에 2542ha의 간척지 조성, 나카우미·신지코 호수 약 1만 5000ha를 담수호화해 약 8000만t의 농업용수를 확보하고, 이를 9300ha의 간척지 및 연안의 농지에 공급한다는 것이었다. 가호쿠 갯벌간척사업과 마찬가지로 공사비는 당초 120억 엔에서 1288억 엔으로 급증했기 때문에 때마침 쌀값 하락으로 벼농사 농가에 배분해도 채산이 맞을지 여부가 문제였다. 그러나 이 사업의 문제점은 따로 있었다. 사업이 거의 끝날 때 즈음에 담수화의 수문을 닫을지 여부의 단계에 들어서 기수호인 신지코 호수가 담수화될 경우에 유명한 재첩이나 숭어 등 7진(七珍)이라고 불리는 어패류가 사라진다는 사실이 가스미가우라 오염의 경험에서 문제가 된 것이다. 이에 대해서 쓰네마쓰 세이지 시마네현 지사는 '수질오염을 피할 수 없다면 담수화에 동의할 의향은 없다'고 밝혔다[67]. 사업의 마지막 단계에 들어서 근본적인 재검토를 촉진한 것은 주민운동의 획기적인 전진이었다. 1982년 6월 정치적 입장을 넘어 '신지코 호수의 물을 지키는 모임'이 결성됐다.

1984년에는 농수성의 「중간보고」라는 환경영향평가에 대한 불만에서 이 단체의 호소로 22개 단체가 가입한 '나카우미·신지코 호수의 담수화에 반대하는 주민단체연락회'가 결성됐다. 이 모임은 담수화반대 서명활동을 실시해 1985년 7월까지 연안 12개 시정 전 주민의 과반수에 이르는 32만 명의 반대서명을 모았고, 마쓰에시에서는 전 주민의 70%가 반대서명을 했다. 이 반대운동의 일익을 담당하던 재첩조합(신지코 호수)은 1984년 10월, 18년 전의 어업보상금을 반환하려고 총액을 모아 도쿄에 가서 농수성에 반환을 신청했다. 호보 다케히코에 따르면 '일본의 공공사업상 획기적인 사건이 된 이 보상금반환운동은 돈보다 환경을 소중히 생각하는 주민의식이 높아진 사실의 반영이기도 했다[68]'고 평가하였다. 호보 다케히코를 비롯해 지역 연구자의 활동도 놀랍게도 기수호연구소를 만들어 간척담수화사업의 조사연구와 대체안을 제시했다. 이들 지역운동의 결과, 결국 670억 엔의 비용을 들인 사업이 중지됐다. 획기적인 것이었다. 그러나 정부는 이 실패에도 아랑곳 없이 농민의 반대가 강한 나가사키현 이사하야의 간척을 추진해 여전히 분규가 계속되게 됐다.

3 제2차 공해재판 - 공해대책의 후퇴에 대항해

NO$_2$환경기준 완화나 미나마타병의 인정기준의 변경은 피해자의 운동을 재생시키게 됐다. 미나마타병 제3차 소송 이후 미나마타병 관련 소송이나 니시요도가와 공해소송 이후 각지의 복합오염소송은 4대 공해재판과 공공사업재판으로 이어졌고, 또한 환경정책의 후진을 막을 목적을 갖고 시작된 것이기에 제2차 소송재판시대라 불린다. 이 시대의 재판은 4대 공해재판에 비하면 특히 장기간 재판투쟁이 돼 10년 이상의 세월이 걸리고 더욱이 재판으로는 해결되지 않고 미나마타병과 같이 2차례의 정치적 해결을 거쳐 아직 해결을 보지 못하였다. 또 도로공해도 판결로는 이겼어도 구체적인 '중지'가 곤란해 미해결상태였다.

미나마타병재판의 계속

미나마타병재판은 당초에는 짓소의 법적 책임을 명확히 해 조기구제, 보상을 확대하는 것이었는데, 1977년 판단조건의 변경으로 인해 미나마타병의 병상을 어떻게 다룰 것인지 국가·지자체의 법적 책임을 명확히 하는 것으로 옮겨졌다.

제2차 미나마타병 소송판결 - 사법의 병상론(病像論)

1973년 1월 20일에 미나마타병 제1차 소송과 마찬가지 청구로 새 인정환자 10명과 미인정환자 34명이 제소했다. 제1차 소송의 판결과 그 뒤 협정서를 통한 화해에 의해 인정이 진척됐기 때문에 원고는 14명이 됐다. 그리고 '미나마타병이란 무엇인가'라는 병상론에 초점이 맞춰졌다. 1979년 3월 28일 구마모토 지방재판소는 역학적 조건을 중시해 유기수은의 영향을 부정할 수 없는 경우는 미나마타병이라고 판단한다고 해 14명 중 12명을 미나마타병으로 인정했다. 그리고 1000만 엔과 500만 엔의 지불을 명했다. 판결문은 미나마타병의 병상을 다음과 같이 보여주었다.

'유기수은으로 인한 어패류 등의 오염이 광범위하고 오랜 기간에 걸쳐 있어 이들의 섭취량, 시기 등도 각 개인에 따라 당연이 다르다는 사실, 유기수은중독 증상의 출현에도 다양성이 있다는 사실을 고려하면 미나마타병을 단순히 헌터라셀의 주 증상을 구비했다는 사실, 혹은 이에 준하는 것이라고 한 좁은 범위에 한하는 것은 상당하다고 말할 수 없고, 원고 등 혹은 환자 등이 어느 정도 유기수은에 노출돼 왔는지를 출생지, 생육력, 식생활의 내용 등으로부터 고려하고 특히 각각에게 유기수은중독으로 보이는 증상이 어떻게 조합이 돼 어떠한 정도로 나오고 있는지를 검토해, 그 결과 각각의 증상에 따른 유기수은섭취의 영향에 의한 것이라는 사실을 부정할 수 없는 경우에는 이를 본소에 있어서 미나마타병으로 파악해 손해배상의 대상으로 삼는 것이 상당하다고 말할 수 있는 것

이다.[69]

이는 공해 의학의 상식에 따른 것이며 미나마타병문제의 해결의 문을 연 것이지만, 짓소는 이를 인정하지 않고 공소를 제기했다.

1985년 8월 16일 후쿠오카 고등재판소 판결이 내려졌다. 앞의 원고 8명까지 행정인정됐기에 3심의 원고는 사망자 1명을 포함한 5명이 됐다. 판결은 이 가운데 4명을 인정했다. 병상에 대해서는 거의 1심과 마찬가지로 행정의 판단조건보다도 구체적으로 확대됐다. 2심 판결의 특징은 한 발 앞서 행정의 판단조건에 대한 재판소의 생각을 분명히 한 것이었다.

'1977년의 판단조건은 소위 전기(前記) 협정서에 정해진 보상금을 수락하기에 적합한 미나마타병환자를 선별하기 위한 판단조건임을 밝히는 바이다. 따라서 1977년의 판단조건은 앞서 말한 바와 같은 광범위한 미나마타병상의 미나마타병환자를 망라해서 인정하기 위한 요건으로서는 약간 엄격성이 결여돼 있다고 해야 할 것이다.

요컨대 1977년의 판단조건이 심사회에서 인정심사의 지침이 돼 있어 심사회의 인정심사가 반드시 공해병 구제를 위한 의학적 판단에 철저하지 않은 경향이 있는 것도 전기 협정서의 존재가 이를 제약하고 있는 것이다. 따라서 적어도 전기 협정서에 매우 경미한 미나마타병의 증상을 가진 것도 미나마타병으로 인정되는 것을 예측하고, 그 증상의 정도에 타당한 금액의 보상금으로 협정이 정해졌다면 심사회에서도 미나마타병의 인정심사를 미나마타병의 병상의 확대에 응해 그 나름의 대응이 됐다고 생각한다.[70]

1977년 판단조건이 의학적 판단이 아니라 협정서에 다뤄진 잘못을 범하고 있다는 사실을 정확히 지적하였다. 환경청은 이 판결을 받아들여 행정적 판단과 공건법을 재검토했어야 했지만, 반대로 행정적 판단의 정당성을 뒷받침하려고 의학전문회의를 개최해 10월 15일에 앞서 소개한 바와 같은 보고서를 제출했다. 하라다 마사즈미에 따르면 이 의학전문회의의 위원에는 판단조건 작성의 책임자, 니가타, 가고시마, 구마모토 3개 현 심사회장이 들어가 있기에 처음부터 결론이 정해진 것과 마찬가지였다. 제1급의 신경학자들만으로 구성됐다고 했지만, 원래 판단기준은 재판소가 말하는 바와 같이 보상금의 인정과 결부돼 있는 정치적인 것이기 때문에 환자나 진료담당자나 법률가를 넣어 논의해야 하는 것이었다. 핑계를 삼기 위해서 다케우치 다다오 구마모토 대학 교수나 하라다 마사즈미를 참고인으로 불렀는데, 겨우 1시간도 안 되는 의견을 듣는 형식적인 것이었다. 모처럼 사법이 판단기준의 개정을 촉구했음에도 환경청은 의학적 판단이 아니라 정치적 판단으로 미나마타병의 병상을 1977년 판단으로 고집했다. 오랜 분쟁은 피하기 어렵게 됐다.

미나마타병 제3차 소송판결 - 명쾌한 국가책임론

4대 공해재판에서 발생원인 기업의 책임은 명백해졌고, 또한 오염자부담 원칙이 공해대책의 원칙이라는 사실은 널리 인식됐지만 국가와 지자체의 법적 책임에 대해서는 판단이 서지 못했다. 미국과 같이 국가배상에 익숙하지 않은 나라도 있듯이 사기업의 공해에 대해 정부의 민사적 책임을 묻는 것은 어려운 문제다. 그러나 4대 공해사건에서는 욧카이치 공해와 같이 국가의 지역개발이나 공장입지(도시계획)의 책임이 분명하고 피해가 매우 심각해 지역의 침해가 심해지고, 피해확대의 방지, 구제 등의 공공사무를 국가·지자체가 게을리 한 사실이 명백한 경우에는 국가·지자체의 책임을 묻는 것은 상식일 것이다. 제2차 미나마타병 재판의 1심판결이 나왔지만 환경청은 행정적 판단을 즉시 하지 않았다. 이 때문에 짓소뿐만 아니라 국가의 책임을 묻기 위해 제3차 소송이 시작됐다. 1980년 5월 제1진은 원고가 70명이었지만 점차 늘어나 1000명을 넘어 매머드급 소송이 됐다. 1987년 3월 30일 구마모토미나마타병 제3차 소송은 국가의 책임을 인정해 원고 전원을 미나마타병으로 인정했고, 국가·구마모토현, 짓소에게 총액 6억 7400억 엔의 지불을 명했다. 이어서 1993년 3월 25일 구마모토 제3차 소송 제2진 판결이 있었는데, 국가·구마모토현의 책임이 인정돼 원고 118명 가운데 108명을 미나마타병으로 인정하고 5등급으로 나누어 400~800만 엔을 판시, 짓소의 배상액인 5억 6000만 엔 중 10%를 국가·현이 지불할 것을 명했다.

이 판결 가운데 제3차 소송 제1진 판결에서는 다음과 같이 말하였다.

'피고 국가·동 구마모토현의 책임은 일개 사기업인 피고 짓소가 행한 가해행위 및 피해의 발생을 적절한 행정조치를 강구함으로써 방지해야 할 의무가 존재함에도 불구하고 이를 방지하지 않은 데 있다.'

규제하기 위해서는 식품위생법, 어업법, 구마모토현 어업조정규칙, 특히 가장 직접적으로는 수질2법이 있었다. 이들을 적용할 것인지 여부에 대해서는 종래의 판시에서는 행정청에는 재량권이 있어 앞의 '조화론'에 근거해 비교형량할 수가 있게 돼 있었다. 이 판결은 다음과 같은 조건이 있는 경우에는 행정청에 재량의 여지없이 권한을 행사하지 않으면 위법으로 했다.

'Ⅰ 국민의 생명, 건강에 대한 중대한 구체적 위험이 절박하고, Ⅱ 행정청이 위의 위험으로 알고 있거나 쉽게 알 수 있는 상태이며, Ⅲ 규제권한을 행사하지 않으면 결과 발생을 방지하지 못하는 경우가 예상되고, Ⅳ 국민이 규제권한의 행사를 요청하고 기대할 수 있는 사정이 있으며, Ⅴ 행정부가 규제권한을 행사하면 쉽게 결과발생을 방지할 수 있는 등의 각 요건을 충족하는 사태에 있는 경우에, 행정청이 국민의 생명·건강에 대한 중대한 위험을 배제하는 데 효과적인 규제권한을 행사하지 않은 때에는 행정청의 재량권의 소극적인 남용이라고 해야 할 현저한 불합리한 상태이다. 따라서 규제권한을 행사하지 않으면 위법이라고 해야만 하며, 위의 규제권한을 행사하지 않은 결과, 개별 국민에게 생긴 손해를 배상해야 할 민사책임이 발생한다고 말하지 않을 수 없다.[71]'

조금 에두른 좋은 방법이지만 논리는 명쾌하며 이것이 공해반대의 여론이 강해진 1970년 당시라면 국가와 구마모토현은 상소를 포기하고 판결에 따랐을 것이다. 그러나 정부는 책임을 지지 않았다. 상소 후의 후쿠오카 고등재판소는 판결을 하지 않고 화해를 권고했다. 나중에 말하는 바와 같이 도쿄, 교토 등의 재판이 일어나 화해의 움직임이 강해졌지만 정부는 화해의 테이블에 나오지 않았다.

제2차 대기오염공해 재판운동

정부와 재계의 '반격'에 대해 가장 강한 저항을 보인 것은 오사카 니시요도가와, 가와사키, 아마가사키, 나고야 남부의 대기오염환자였다. 1975년 3월 현재 공건법을 적용받은 피해자는 이 3개시에 1만 3574명에 이르고 전체 인정환자의 70%를 차지하였다. 이들 지역은 제1차 대전 이전은 환경이 좋은 워터프론트 지구였다. 제1차 세계대전 후의 중화학공업화는 이 아름다운 환경을 오염시켰다. 가령 아마가사키는 기업도시이고, 그 남부는 백사청송의 해안이었다. 그런데 해안부는 매립돼 공업용지와 항만지구가 됐기 때문에 환경이 급격히 악화됐다.

정부는 1919년 겨우 도시계획법을 시행했다. 아마가사키 시민은 이 기회에 환경을 재생하고자 생각해 정부에 진정을 했다. 그러나 도시계획법의 주체는 시정촌이 아니라 중앙정부로, 토지이용은 국토계획이 우선하게 돼 이지역의 66%를 공업지구로 지정했다[72]. 이와 같이 원래는 해안 지역이었던 곳이 '개발돼' 주공(住工)혼합지역이 된 것이다. 이 때문에 이들 지역은 공장의 대기오염, 수질오염, 더욱이 지반침하가 심각했다. 게다가 전후 자동차사회의 도래로 인해 이들 지역을 종단해 간선국도나 고속도로가 새로 개축됐다. 100년에 걸친 공업화와 도시화에 의한 사회적 폐해인 도시문제가 고도성장기에 이들 지역에서 폭발적으로 발생했다고 해도 좋을 것이다.

전후 환경이 급격히 악화된 이들 지역은 원래 마을 공동체가 있고 땅값이나 물가가 싸서 저소득자가 살기 좋은 마을이었다. 1960년대 후반 이래 그들의 지지로 태어난 혁신자자체로 인해 환경개선의 가능성이 생겼다. 이

들 지역은 공건법 이전에 지자체 독자적인 조례를 만들어 대기오염환자를
구제했다. 공건법의 성립으로 인해 대기오염피해자의 생활보장도 실현됐다.
그런데 1977년 2월 경단련은 공건법 개정을 주장하기에 이르렀다. 그리고
이미 본 바와 같이 1978년에는 NO_2환경기준이 완화됐다. SO_2의 감축이 진
전되고 대기오염의 주범이 NO_2와 PM으로 바뀌기 시작한 때에 이 기준완
화는 이윽고 환자수 줄이기로 나아가는 예감을 보였다. 혁신지자체가 쇠퇴
하기 시작하고 이 상황을 지자체행정이 바꾸기는 어려워졌다. 이 때문에 이
들 지역의 피해자는 단결해 조직을 만들어 니시요도가와 지역을 선두로 공
해재판을 제기하게 됐다.

4대 공해재판과 제2차 대기오염공해소송과의 차이는, 후자가 오염원이
공장만이 아니라 자동차도 더해지는 복합오염이었다는 것이다. 그래서 피
고는 기업과 더불어 국가·도쿄도와 도로공단, 더욱이 자동차제조사였다.
그것은 욧카이치 재판과 공공사업 공해재판을 종합해 놓은 것과 같은 새로
운 재판이었다. 원고의 성격도 달랐다. 4대 공해재판에서는 기업도시라고
불리는 미나마타나 욧카이치에서 보는 바와 같이 원고를 모으기가 매우 어
려웠다. 그리고 지원단체를 만드는 데도 시간이 걸리고 분열되기도 했다.
그러나 이번 재판에서는 원고가 자립적인 시민이었다. 그리고 피고의 오염
원은 다수이고 광역에 걸쳐 있었기 때문에 기업의 압력에 굴복하는 일은
없었다. 지원단체도 생협 등의 소비자단체, 시민조직, 지구노조협의회, 경우
에 따라서는 지자체도 들어가 있었다. 대도시이기 때문에 변호사나 과학자
의 지원도 많았다.

원래 환경침해는 오랜 시간이 흘러야 드러나는 것으로, 공기오염이나 수
질오염은 일상생활에서 늘 겪는 것이어서 질병이 되기까지는 공해를 느끼
지 못하고 이것이 운동을 늦추었다. 4대 공해재판이란 청구내용도 달랐다.
제2차 공해재판은 손해배상으로 만족하지 않고 환경기준을 충족시키기 위
한 중지를 요구했다. 이미 판결이 나온 공공사업 공해재판에서는 중지가 인
정되지 않았지만, 이 새로운 대기오염소송은 그 미로의 영역에 도전했다.

그 제1진이 된 니시요도가와 공해재판을 다루기로 한다.

니시요도가와 공해재판의 시작

1978년 4월 니시요도가와 공해환자와 가족 모임은 원고 112명을 세우고, 피고는 간사이 전력, 아사히글라스, 스미토모 금속공업, 고베 제강, 오사카가스 등 18개 사업소, 10개사와 국가·한신고속도로공단[73]이었다. 〈그림 7-4〉와 같이 니시요도가와구에 있는 것은 비교적 규모가 작은 사업소로, 나중에는 아마가사키에서 사카이에 이르는 오사카만 안으로 확대되는 주요 오염원이다. 이들은 전전부터 지역과 공존해 온 기업이다. 이 지리적·역사적 관

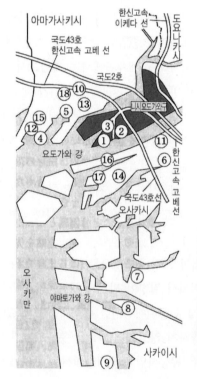

[고도(合同) 제철]①오사카 제조소 [고가(古河) 기계금속]②오사카 공장 [나카야마(中山) 강업]③오사카 제조소 [간사이 전력]④아마가사키 제3 발전소 ⑤아마가사키히가시 발전소 ⑥가스가데(春日出) 발전소 ⑦오사카 발전소 ⑧산포(三宝) 발전소 ⑨사카이미나토(境港) 발전소 [아사히글라스] ⑩간사이 공장 ⑪간사이 공장 화학품부 [간사이 열화학]⑫아마가사키 공장 [스미토모 금속공업] ⑬동관(銅管) 제조소 ⑭제동소(製銅所) [고베 제 강소]⑮아마가사키 제철소 [오사카가스]⑯니시지 마(西島) 제조소 ⑰홋코(北港) 제조소 [일본 유 리]⑱아마가사키 공장

그림 7-4 피고기업의 사업소와 그 위치

계는 욧카이치 공해와는 다르다. 욧카이치의 피해지역인 이소즈나 시오하마는 콤비나트와 펜스를 사이에 둔 인접지에 있었다. 전후에 단기간에 유치돼 집적된 콤비나트의 매연이나 악취는 눈에 보이고 코를 자극해 누구나 공해의 발생원을 인식할 수 있었다. 그런데 니시요도가와 강의 경우는 오염원의 공장은 역사적으로 형성돼 광역으로 분산돼 있고, 더욱이 근래 들어 자동차의 오염이 더해지고 있었다. 이것은 광역의 복합오염이라고 할 만했다.

욧카이치 소송보다도 10년 이상 소송이 늦어진 것 중 하나는 이 지리적·역사적인 원인이었다. 또 하나는 행정적인 구제나 대책을 요구해 실현시킨 것이다. 지금까지 제3장 등에서 보아온 바와 같이 전후의 공해대책은 욧카이치와 니시요도가와로부터 시작됐다고 해도 좋을지 모르겠다. 1950년대에는 공해가 전국으로 확산되고 있었지만, 과학적인 조사가 시작된 것은 1960년대 중반이었다. 후생성의 「공해관계자료」(1963년 7월)는 '종래 데이터로는 대기오염과 건강장애 사이의 상관관계는 증명되고 있지만 인과관계의 증명은 매우 부족하다'고 해 행정규제를 하지 않았다. 그러나 공해병환자가 많이 배출되고 공해반대의 시민운동이 일어나자 과학적 인과관계의 증명이 필요하게 됐다. 제3장에서 말한 바와 같이 1964년부터 긴키 지방 대기오염 조사연락회가 '매연영향조사'를 5개년계획으로 시작했다. 이 조사에서 가장 심각한 오염지구가 니시요도가와 강이었다. 같은 시기에 욧카이치를 조사한 구로카와 조사단의 보고가 나왔고, 거기에 근거해 후생성은 욧카이치와 니시요도가와의 매연조사를 시작했다. 그 결과, SO_x와 기관지천식 등의 호흡기질환 사이에 역학적인 인과관계가 명확해졌다. 또 이것도 이미 말한 바와 같이 오사카 시립대학 경제학부 공해문제연구회가 일본에서 처음으로 경제적 피해를 분명히 하기 위해 1965년부터 3년에 걸쳐 조사를 해『공해로 인한 경제피해조사 결과보고』를 발표했는데, 이 결과에서도 니시요도가와의 생계에 공해의 경제적 부담이 가장 크다는 사실이 밝혀졌다. 이와 같이 두 지구는 고도오염의 전형지구로 뽑혀 전국 대기오염대책을 낳는 밑그림이었다. 그럼에도 불구하고 전후 콤비나트 진출로 공해를 처음 겪어본 욧

카이치와는 달리, 일본 제일의 오염지구인 니시요도가와에서는 긴 시간 동
안 '익숙'해진 주민이 그것을 자각하지 못하여 공해반대의 여론 형성이 늦
어졌다.

1969년 니시요도가와구 오와다에 있었던 폐유재생공장인 에이다이(永大)
석유광업의 대기오염 피해를 계기로 '에이다이 석유에서 공해를 없애는 모
임'이 결성됐다. 반대운동의 결과, 이 회사는 1970년 6월에 이전시키기로 결
론을 냈다. 8월에는 이 모임을 발전 해산해 '니시요도가와에서 공해를 없애
는 시민의 모임'이 발족됐다. 1969년 12월에 공포된 〈공해건강피해구제특조
법〉에 의해 니시요도가와 지구, 가와사키시, 아마가사키시, 욧카이치시와
도야마시가 대기오염긴급대책지구로 지정돼 의료비 등이 지급되게 됐다.

이 제도로 인해 공해환자를 인정하는 검사를 위탁받은 니시요도가와 의
사회는 회장인 나스 리키의 적극적인 활동도 있어 환자의 인정이 진척돼
공해병 4대 질환의 인정환자는 1970년 말까지 142명이 됐다. 환경청은 1973
년에 공건법에 의한 제도의 틀을 만들기 위해 니시요도가와를 모델로 해
조사를 실시하고, 1974년부터 발족시켰다. 공건법에 의해 인정된 환자는
1976년 910명이 되고, 구민의 약 20명에 1명꼴로 전국 1위의 높은 인정률을
보였다. 그보다 앞서 1972년 10월 '니시요도가와 공해 환자와 가족 모임'이
결성됐다. 회장은 초등학교 교사를 하고 있던 하마다 고스케, 사무국장은
에이다이 석유의 공해반대운동 때부터 택시운전사를 그만두고 지도적인 활
동가가 된 모리아키 기미오였다. 그들은 욧카이치 공해재판 판결에 큰 힘을
얻어 재판투쟁을 시작할 결의를 하게 되었는데, 보다 널리 피해자 운동을
조직해야만 한다고 생각했다. 그래서 1977년 4월에는 새로운 공해지역이
된 사카이·센보쿠 지역을 포함해 오사카공해환자의 모임연합회를 만들었
다. 그리고 공건법의 개정문제에 대응하기 위해 1981년 5월 '전국 공해환자
의 모임연합회'를 결성했다. 니시요도가와 공해문제의 해결만이 아니라 전
후 공해피해자의 운동은 모리와키 기미오의 헌신적인 활동과 뛰어난 정치
적 판단에 의해 진전됐다고 해도 좋을 것이다.

연대하는 대기오염소송

니시요도가와 공해환자와 가족 모임의 운동은 참여하는 환자의 주체적인 힘을 만들기 위해 학습회를 겸해 재판투쟁만이 아니라 지역의 공해대책을 추진하는 운동을 했다. 초기의 공해재판이 변호사에 의존했던 것에 대한 반성에서 나온 모습이었다. 이는 교사였던 하마다 회장의 생각도 있었다. 이 때문에 환자가 인권의식을 갖고 공해를 스스로 고발할 수 있을 때까지 학습회를 거듭했다. 안이하게 제소하거나 변호사에 전권을 위임하는 것이 아니라, 환자가 주인공으로 자신들이 법정투쟁을 한다는 자각을 가질 때까지 공들여 공해재판에 대한 학습을 거듭한 것이다. 니시요도가와의 환자와 가족 모임의 운동이 일본에서 가장 강하고 질이 높다고 평가될 수 있었던 것은 이 환자의 주체성에 있었다. 이 환자조직은 재판투쟁만이 아니라 환경개선 투쟁도 했다. 정부는 폐기물 매립지를 확보하기 위해 피닉스계획*을 세우고 오사카 만에 최종처분지를 만들고자 했다. 이는 새로운 공해문제를 낳을 가능성이 있었다. 니시요도가와 공해환자와 가족 모임은 피닉스 사업자와 직접 교섭해 공해대책을 세우게 했다. 이러한 공익을 요구하는 운동을 통해 지역시민의 지지가 일어난 것이다.

니시요도가와의 환자를 지탱했던 가장 큰 힘은 나스 리키를 중심으로 한 니시요도가와구 의사회의 활동이었다. 당시 도쿄도 의사회는 공해병에 부정적이었고, 이것이 공건법의 제정에 방해가 됐다. 그에 비해 이 개업의를 중심으로 한 의사회는 검사센터를 만들어 공해환자의 인정과 구제에 노력했다. 이러한 주체가 형성되어 니시요도가와 공해재판이 시작됐다.[74]

이 소송의 구제내용은 다음과 같았다.

(1) 니시요도가와 지역에서 자동차가 배출하는 이산화질소와 부유입자

---

* 대도시권 폐기물의 최종 처분지를 확보하고 유효한 토지이용을 목적으로 한 계획. 1981년 6월에 제정된 〈광역임해환경정비센터법〉을 바탕으로 추진됐다. 도쿄 만 피닉스계획은 1998년 11월 백지화됐다.

상물질을 환경기준 이하로 하도록 배출금지를 요구한다.

(2) 니시요도가와 지역에서 기업이 배출하는 이산화유황을 환경기준 이
하로 하도록 배출금지를 요구한다.

(3) 손해배상청구액은 증상 또는 검사성적이 나쁜 사람은 2000만 엔, 일
을 때로 쉬지만 생활이 가능한 사람 1500만 엔, 어린이 1000만 엔으
로 하고, 총액 20억 5200만 엔이다.

여전히 1992년 4월 30일의 제4차 소송까지 원고 726명에 이르렀다.

이 소송은 지금까지의 4대 공해소송과 도로공해소송을 종합해 산업공해
와 자동차공해로 인한 대기오염을 제거하려는 것이었다. 이 니시요도가와
공해소송을 모델로 해 같은 위기감을 느낀 대기오염환자가 연대해 소송을
추진했다. 〈표 7-8〉과 같이 1982년 3월 가와사키 공해 제1차 소송, 1983년
11월 구라시키 제1차 소송, 1988년 12월 아마가사키 제1차 소송, 1989년 3
월 나고야 남부 제1차 소송, 특히 늦게는 1996년 5월 도쿄 소송이 행해졌다.
이 가운데 니시요도가와와 마찬가지로 기업과 국가·공단을 피고로 해서
손해보상과 중지를 요구한 것은 가와사키시, 아마가사키시, 나고야시이다.
이들 대기오염소송은 욧카이치 공해소송과 마찬가지로 역학에 의한 인과관
계론과 공동불법행위론을 토대로 하고 있지만 자동차오염을 더한 복합오염
이며, 욧카이치 콤비나트와 달리 개별기업이 광역에 입지하고 있는 사실도
있어 새로운 이론이 필요했다.

또 청구에는 중지가 더해져 있었는데, 이미 제5장의 공공사업재판에서
말한 바와 같이 오사카공항공해 최고재판소 판결 이후 조건이 어려워졌다.
특히 자동차의 경우는 중지의 요건이 확정될 수 없기 때문에 어떠한 대책
이 유효한지는 명확하지 않았다. 이와 같은 사실도 있어서 최종해결까지 가
는 데 긴 시간이 걸렸던 것이다.

표 7-8 일본에 있어서 주요 대기오염공해재판 일람(2002년 12월 현재)

	욧카이치	지바	니시요도가와	가와사키	가마쿠라	아마가사키	나고야	도쿄
1차소송 제소일	1967. 9	1975. 5	1978. 4	1982. 3	1983. 11	1988. 12	1989. 3	1996. 5
원고수 (합계수)	12	431	726	440	291	498	292	518
피고 기업(공장) 도로관리자 자동차 제조사	6개 기업	가와사키 제철 1개사	전력·철강 등 10개사 국가·한신고 속도로공단	전력·철강 등 13개사 국가·수도권 고속도로공단	전력·철강 등 8개사	전력·철강 등 9개사 국가·한신고 속도로공단	전력·철강 등 11개사	 국가·도쿄도 ·수도권고속 도로공단 도요타·닛산 등 7개사
판결일· 판결내용 1차판결 2차 이후의 판결	1972. 7 원고승소	1988. 11 원고승소	1991. 3 피고기업에 원고승소 1995. 7 국·공단에 원고승소	1994. 1 피고기업에 원고승소 1998. 8 국·공단에 원고승소	1994. 3 원고승소 (1차, 2차 병합)	2000. 1 국가·공단에 원고 승소 중지 승소 (1차, 2차 병합)	2000. 11 기업·국가에 원고 승소 중지 승소	2002. 10 국가·도쿄도 ·공단에 원고승소
최종해결	1972. 7 화해성립	1992. 8 화해성립	1995. 3 피고기업과 화해성립 1998. 7 국가·공단과 화해성립	1996. 12 피고기업과 화해성립 1999. 8 국가·공단과 화해성립	1996. 12 화해성립	1999. 2 피고기업과 화해성립 2000. 12 국가·공단과 화해성립	2001. 8 피고기업 및 국가·공단 과의 일괄 화해성립	2007. 6 피고 자동차제조사 7개사, 국가·도쿄도 ·공단과의 화해성립 (추가)

주: 日本科学者会議編 『環境問題資料集成』 (旬報社, 2003年)에서 작성.

주

1　『都市政策大綱』(自民党広報委員会出版局, 1968年). 나는 이 「대강」에 대해 NHK종합프로에서
　　다나카 가쿠에이와 대담했다. 그는 이 일석이조의 국토개발안은 일본열도 전체의 개조가 된
　　다고 강조했다.

2　経済企画庁総合開発局 監修, 下河辺淳 編『資料総合開発計画』(至誠堂, 1971年).
　　이 자료는 대판(大判)으로 783페이지나 되고, 정부가 공개한 지역개발자료로서는 가장 잘 정
　　리가 돼 있다. 다만 본문에 있는 바와 같이 대규모 개발을 위한 자료여서 복지나 환경은 주체
　　가 아니다. 이 계획을 세운 이유는 pp.661-662에 기술하였다.

3　앞의 책『資料総合開発計画』p.iv.〈그림 7-1〉은 그 뒤 제5차 전국종합개발계획까지의 구상으
　　로 돼 있다.

4　NHK教養特集 「あすの日本列島—高密度産業社会の国土利用」(西山卯三, 並木正吉, 下河辺淳,
　　宮本憲一, 1968年 11月 20日, 午後 8時~8時 59分). 본론에 있는 바와 같이 내가 비판한 것이
　　시모코베 아쓰지에게는 예상 밖의 비판이었던 모양이다.

5　이 제2차 전국종합개발계획을 구체적으로 비판해 대책을 제시한 것은 앞의 (제1장) 宮本憲一
　　『地域開発はこれでよいか』이다.

6　田中角栄『日本列島改造論』(日刊工業新聞社, 1972年)

7　앞의『地域開発はこれでよいか』

8　東京都『都民を公害から防衛する計画』(1971年)

9　「大阪府環境管理計画, BIG PLAN」(1973年). 이 BIG의 B는 Blue sky, Blue sea, I는 Industrial
　　waste control, G는 Green land, Green mountain.

10　1965년 3월, 마쓰나가 야스자에몬에 의해 창설돼, 1971년, 마쓰나가의 사망으로 인해 해산했지
　　만 이 제안 때문에 재편됐다.

11　産業計画懇談会 編『産業構造の改革—公害と資源を中心に』(大成出版社, 1973年), p.72.

12　같은 책, p.157.

13　같은 책, p.212.

14　宮本憲一『経済大国』(小学館, 1989年), p.358.

15　宮崎勇『証言 戦後日本経済』(岩波書店, 2005年), p.195.

16　星野進保『政治としての経済計画』(日本経済評論社, 2003年), p.590.

17　井村喜代子『現代日本経済論新版』(有斐閣, 2000年), pp.314-323.

18　美濃部亮吉『都知事12年』(朝日新聞社, 1979年)

19　柴田徳衛『日本の清掃問題』(東大出版会, 1961年)

20　柴田徳衛「ゴミ戦争宣言」(『日本の都市政策』有斐閣, 1978年)

21　宇沢弘文『自動車の社会的費用』(岩波新書, 1974年)

22　大都市交通問題研究会『市民の交通白書』(東京都, 1970年), p.28.

23　日本興業銀行「自動車排ガス規制の経済的影響」(『興銀調査』180号)

24　柴田徳衛「七大都市調査団活動の経過」(『公害研究』1975年 春号, 4巻 4号)

25　「七大都市自動車排出ガス規制問題調査団中間報告」(柴田徳衛 앞의『日本の都市政策』), p.213.

26　西村肇「51年規制実施の技術的可能性」(『公害研究』1975年 春号, 4巻 4号)

27　「七大都市調査団報告書」(1974年 10月 21日)

28 原剛「砂漠のオニヒトデー排気ガス規制後退の共犯者」(自動車産業研究所, 1975年)

29 河島喜好「語録」(『朝日新聞』1976年 9月 4日)

30 宮本憲一編『大都市とコンビナート·大阪』(筑摩書房, 1977年) 이하의 서술은 이 가운데 일부를 인용한 것이다. 이 책의 핵심은 이미 1975년에 발표됐다. 거의 같은 시기에 大阪府企画局『大阪府における産業構造の将来とその誘導策に関する調査報告』(1975年 3月)를 발표했지만 우리들의 저서에서 구체적으로 대도시 콤비나트의 결함이 명확해진 데 대해 충격을 받아 본문과 같이 방향전환을 추진했다.

31 「コンビナート総点検」(『公害研究』1980年 冬季号, 9巻 3号)

32 하시모토 미치오의 업적은 공건법과 NO₂ 기준완화가 가장 크지만 양자가 피해자에게 미친 영향이 180도 다르다. 『私史環境政策』보다 앞에, 환경행정이 저성장하에서 '마녀사냥'이라고 불릴 정도로 전환에 직면하고 있는 사실을 솔직히 말하였다. 비용효과분석을 보여주는 것을 말하고, NO₂의 기준완화를 시사하였다. 橋本道夫「最近の環境行政の問題」(『公害研究』1976年 夏季号, 6巻 1号)

33 하시모토 미치오는 기요우라의 비판을 받아들였지만 7배는 틀리고 3배 정도로 하였다. 橋本道夫 앞의 『私史環境政策』, p.236.

34 이 최종판단의 경위는 앞의 『私史環境政策』, pp.298-303.

35 실제로는 완화된 NO₂환경기준도 1985년까지 달성되지 않았다.

36 앞의 『私史環境政策』, p.312.

37 도쿄도에 의하면 NO₂의 환경기준이 0.02ppm를 넘고, 비메탄계 HC가 0.31ppm로 옥시던트 0.1ppm을 넘으면 광화학스모그가 되기에 NO₂의 0.02ppm라는 기준은 필요하다고 하였다.

38 淡路剛久「NO₂環境基準緩和の違法性」(『公害研究』1979年 夏季号, 9巻 1号). 확실히 앞의 OECD리뷰를 낸 일본 정부의 '환경기준절차'에서 보면 NO₂ 기준완화의 절차를 위반하고 있다고 말할 수 있다.

39 宮本憲一「環境基準と経済政策－NO₂基準緩和の経済学的あやまり」(『公害研究』1979年 夏号, 9巻 1号). 이는 나중에 앞의 (제5장)『日本の環境政策』에 수록했다.

40 우치다 도시하루 신일본제철 환경관리부장은 다음과 같이 말하였다. '이에 (NO₂기준개정)에 따라 지금까지 혼란했던 NOₓ행정이 정상화로 향하는 첫걸음이 된다는 의미에서 나로서는 이번의 개정을 높이 평가한다.'(「NO₂基準改定と今後の環境行政の方向」『鉄鋼界』1978年 9月号)

41 畑明郎『金属産業の技術と公害』(アグネ技術センター, 1999年), p.288.

42 K. Nogawa, M. Kurachi, M. Kasuya eds., "Advances in the Prevention of Environmental Cadmium Pollution and Countermeasures － Proceedings of the International Conference on Itai-itai Disease, Environmental Cadmium Pollution and Countermeasures" (Eiko Laboratory, 1999). 심포지엄의 모두의 상황은 앞의 (제1장) 松波淳一『カドミウム被害百年－回顧と展望』, pp.335-336.

43 白木博次『全身病』(藤原書店, 2001年). 시라기 히라쓰구는 미나마타병은 전신병이며, 사지말초는 스위치를 넣어도 PC의 디스플레이 화면이 꺼져 있는 것과 같은 것이라고 말했다. 原田正純『慢性水俣病·何が病像論なのか』(実教出版, 1994年), p.198.

44 宮本憲一「水俣病問題の現状と再生の課題」(앞의 『日本の環境政策』)

45 공해연구 동인(同人)은 이시하라 장관의 발언에 대해 항의 성명을 냈다(『公害研究』1978年 冬号, 7巻 3号).

46 그 뒤 모리시타 부회장(部会長) 발언에 대한 여론의 비판이 있었고, 6월 2일에 도쿄, 오사카,

가나가와 3개 지역만을 대상으로 해 NO$_x$의 총량규제를 추진하는 정령(政令)이 공표됐다.

47 川名英之 앞의 (서장) 『ドキュメント日本の公害』, 第9卷, p.91.

48 앞의 『私史環境政策』, pp.373-374.

49 「特集＝環境アセスメント」(『公害研究』 1976年 夏号, 6巻 1号)에 이 제도의 검토와 도마코마이와 간사이공항의 환경영향평가의 비판이 실려 있다.

50 畠山武道 「NO$_2$環境基準緩和取消訴訟第1審判決の批判」(『公害研究』 1982年 冬号, 11巻 3号) 참조.

51 설립총회 이후의 역사와 자료는 『日本環境会議30年の歩み』(2011年 5月 22日, CD版)를 참조.

52 일본환경회의는 제10회까지 한시적 위원회로 대회를 여는 지역의 실행위원회가 자금, 선전 등을 담당하고, 본부 사무국과 상담해 운영해왔다. 그러나 항구적인 조직으로 만들기 위한 필요성이 해가 갈수록 높아졌기 때문에 회비제로 해 『公害研究』(지금은 『環境と公害』로 개칭)를 준기관지로 했다. 제11회부터 새 이사장 아와지 다케히사 릿쿄 대학 교수, 사무국장 데라니시 슌이치 히토쓰바시 대학 교수. 제31회부터 데라니시 슌이치 교수가 이사장, 오시마 겐이치 리쓰메이칸 대학 교수가 사무국장에 취임했다.

53 제2회 일본환경회의의 보고나 토의는 『公害研究』(1980年 夏号, 10巻 1号)에 게재돼 있다.

54 제3회 일본환경회의의 보고와 토의는 『公害研究』(1982年 冬号, 11巻 3号)에 게재돼 있다.

55 日本環境会議編 『水俣 現状と展望－第四回日本環境会議報告集』(東研出版, 1984年)에 대회의 모든 보고, 선언, 제1회부터 제4회의 일본환경회의의 선언 등이 게재돼 있다.

56 제5회 일본환경회의 보고집은 『岐路に経つ環境行政―公健制度の問題点と改革』(東研出版, 1985年)으로 정리돼 있다. 제6회 이후는 출판물이 없지만 『環境と公害』에 매회 회의의 주요 보고는 소개돼 있다.

57 中之島をまもる会編 『中之島－よみがえれ わが都市』(ナンバー出版, 1974年)에 이 모임의 창립과 활동에 대해 또 회원의 소개가 있다.

58 오사카환경회의의 활동은 다음 출판물에서 볼 수가 있다. 大阪都市環境会議編 『おおさか原風景』(関西市民書房, 1980年), 동 『危険都市の証言』(関西市民書房, 1981年), 동 『盛り場図鑑』(関西市民書房, 1983年), 동 『中之島公会堂』(関西市民書房, 1985年)

59 다카하타 이사오 감독의 영화 「야나가와수로 이야기(柳川掘割物語)」는 이 야나가와 재생을 2시간 45분의 아름다운 르포로 소개하였다. 이 작품은 걸작으로 워터프론트에 관한 국제회의에서도 소개돼 절찬을 받았다. 나는 이 영화의 비평을 썼다. 宮本憲一 「水とのわずらわしいつきあいと水都再生」(『シネフロント』 1987年 夏季号)

60 小樽運河問題を考える会編 『小樽運河保存運動歴史編, 資料編』(小樽運河保存運動刊行会, 1986年). 小笠原克 『小樽運河戦争始末』(朝日新聞社, 1986年) 등 자료가 많다.

61 多賀谷久子 「洗剤と琵琶湖」(滋賀大学教育学部付属環境教育学習センター編 『びわ湖から学ぶ』(大学教育出版, 1999年)

62 1972년 6월 〈비와호종합개발조치법〉이 제정됐다. 이 법의 목적에는 수질보전이 들어있지만 기본적인 성격은 이수(利水)를 위한 수자원개발이었다. 이 때문에 처음 하류(下流) 부현(府県)이 이 사업비를 부담하게 됐다. 수질보전의 중심은 광역하수도의 보급이었다. 이에 반대하는 소송이 제기됐지만 패소했다. 近畿弁護士連合会編 『びわ湖汚染』(1985年 11月)

63 西野麻知子・浜端悦治編 『内湖からのメッセージ』(サンライズ出版, 2005年)에서는 동네산(里山)을 본떠서 동네호수(里湖)라고 부르고 있다.

64 이 30년 이상의 비와코 호수 주변의 환경보전운동은 대단하다. 탁월한 환경보전의 시민운동

가인 후지이 아야코가 쓴 菜の花プロジェクトネットワーク編『菜の花エコ革命』(創森社, 2004年) 에 그 기록이 있다.

65 이 법률은 환경청 원안에서는 '환경'보전으로 돼 있었지만, 예에 따라 통산, 건설, 농림 각 부처와의 조정에 의해 '수질'로 바뀌었다. 이미 본 바와 같이 수질보전만으로는 호소환경은 보전되지 않는다. 이에 대해서는 川名英之「難航した湖沼法制定」(앞의 (서장)『ドキュメント日本の公害』第10卷) 참조.

66 宮本憲一「汽水湖干拓・淡水化問題の経済的分析―河北潟干拓問題を事例として」(『汽水湖研究』創刊号, 1991年 1月号)

67 이 일본에서도 최초라고 생각되는 대규모 공공사업을 환경문제에서 최종단계에 중지시키는데 성공한 사업의 중심에 있었던 사람은 호보 다케히코 시마네 대학 교수이다. 그 극적인 활동의 기록은 다음 문헌을 참조. 保母武彦『よみがえれ湖―宍道湖・中海の淡水化凍結・そしてこれから』(同時代社, 1989年)

68 保母武彦「環境と地方自治を問う・中海干拓問題」(『公害研究』1985年 秋号, 第15卷 第2号)

69 熊本地判 1979年 3月 28日『判例時報』927号. 또는 앞의 (제1장)『水俣病裁判全史』第1卷 p.140.

70 熊本高判 1985年 8月 16日『判例時報』1163号. 앞의 책, p.159.

71 熊本地判 1987年 3月 30日『判例時報』1235号. 앞의 책, p.221.

72 『尼崎市史』第3卷 (尼崎市, 1970年), pp.638-639.

73 니시요도가와 공해의 역사는 小山仁示『西淀川公害』(東方出版, 1988年)가 오사카 전체의 공해사 가운데 정확히 기술하고 있다. 반대운동의 역사는 다음 문헌에 의한다. 이는 당사자였던 니시요도가와 공해환자와 가족모임 회장 모리와키 기미오의 손으로 쓴 것이다. 西淀川公害患者と家族の会編『西淀川公害を語る』(本の泉社, 2008年)

74 除本理史, 林美帆編『西淀川公害の40年』(ミネルヴァ書房, 2013年). 니시요도가와 공해반대운동이 재판의 승소를 거쳐 환경재생사업에 이르기까지의 역사와 그것이 다른 운동과 비교해 선구적인 성격을 갖고 있는 것이 분석돼 있다.

제 8 장

환경문제의 국제화

1980년대, 다국적기업에 의한 경제의 글로벌화와 더불어 환경문제는 국제화되고, 지구환경문제는 국제정치의 과제가 됐다. 이 분야의 선구적 업적인 데라니시 슌이치[1]의 『지구환경문제의 정치경제학』은 다음과 같이 지구환경문제를 정리했다.

①월경형(越境型)의 광역환경오염 ··· 산성비나 국제하천의 수질오염

②공해수출로 인한 환경파괴 ··· 민간기업의 해외진출에 의한 공해나 정부개발원조(official development assistance)에 의한 개발에 따르는 환경파괴

③국제분업을 통한 자원과 환경의 수탈 ··· 열대우림의 채벌 등

④빈곤과 환경파괴의 악순환적 진행 ··· 사막화 등

⑤지구 공유자산의 오염과 파괴 ··· 오존층 파괴나 지구온난화문제 등

현상(現象)·형태(形態)를 잘 정리한 정의지만, 오염원·오염의 지리적 분포, 정책 주체를 고려해 나는 국제적인 환경문제를 3가지로 분류했다.

㉮월경형 환경문제A ··· 다국적 기업, 선진국 정부의 활동(정부개발원조를 통한 사업 등)으로 인한 '공해수출', 환경파괴

㉯월경형 환경문제B ··· 특정국의 경제, 정치행위로 인한 국제적인 피해. 산성비·방사능공해·산림난벌화재로 인한 대기오염 등

㉰지구환경문제 ··· 지구온난화문제, 프레온가스로 인한 오존층 파괴, 생

물다양성의 파괴 등

이 장에서는 이 분류에 따라서 국제적 환경문제가 정책과제가 된 1980년대부터 1990년대 말에 이르는 시기를 다룬다.

제1절 다국적기업과 환경문제

1 다국적기업에 의한 세계경제와 환경문제

다국적기업의 세계경제

미야자키 요시카즈에 의하면, 다국적기업은 '다수의 국가에 자회사를 설립하고 사업활동을 하지만 단지 각국의 자회사나 본사별로 이익을 추구하는 데 머물지 않고 모든 자회사를 총괄해 기업 전체로서의 이익의 극대를 세계적으로 추구하는 기업'이다. 고전적인 해외투자는 대영제국시대의 금리생활자가 했던 바와 같이 '증권투자'로서 배당이나 이자를 추구하는 것이다. 1960년대 미국에서 시작된 다국적기업은 기업경영자가 직접 외국에 사업소를 설치하고 그것을 관리 운영해 이윤을 얻는 '직접투자'이다. 그것은 금융·정보자본주의라고 불릴 정도로 현대의 산업구조의 변화와 맞아떨어져 제조업만이 아니라 모든 산업의 다국적화를 추진했다. 전쟁 직후는 선진국 상호간의 직접투자였지만 제7장에서 본 1970년대 세계불황과 개발도상국의 근대화, 더욱이 사회주의국가의 붕괴와 중국, 베트남 등의 세계시장 참여로 인해 전 세계에 다국적기업의 활동이 확산됐다.

다국적기업이 국경 없는 세계기업이 될 수 있는지 여부는 앞으로의 문제이지만 국민국가의 틀을 넘어 경쟁하기에 종래의 노동조건·생산조건에 큰 변화를 가져다줄 뿐 아니라, 생활양식이나 문화의 변용을 초래하였다. 특히 개도국의 공해·환경문제를 낳아 지구환경문제의 주범이 되고 있다.

유엔무역개발회의(UNCTAD)의 『1993년 세계투자보고』에 따르면 세계의 다국적기업은 3만 7000개사, 그들이 보유하는 해외 자회사 17만개사, 대외 직접투자잔고는 5조 5000억 달러가 넘는다. 이는 세계의 연간 재화·서비스 무역거래액 4조 달러보다 크다. 이 다국적기업군 가운데 상위 100개사의 직접투자 잔고만 해도 전체 잔고의 약 1/3을 차지하였다. 이 상위 100개사는 해외와 국내를 합쳐 총매상고가 3조 달러를 넘어 당시 일본 GDP에 필적할 정도로 컸다. 이 100개사의 국내별 내역을 보면 제1위는 미국의 25개사, 일본과 영국은 각각 12개사로 제2위, 독일과 프랑스가 9개사로 제3위이다. 미국의 GM 1개사가 덴마크의 GDP와 같은 매상액을 올리고 있고, 일본의 히타치 1개사는 영국의 그것과 같다.[3]

일본의 다국적기업은 1980년대 후반에 비약적으로 확대됐다. 이 대상지는 대만, 한국에서 동남아시아, 그리고 그 이후 중국으로 중점을 옮기고 있다. 이 시기에 가전제조업체의 재외생산은 국내생산을 웃돌았다. 아시아 진출은 일본에 비해 저임금 노동력이나 저지가의 토지이용이라는 것과 더불어 현지 소득수준의 상승에 의한 시장의 확대가 주요 동기이지만, 동시에 현지 정부의 유치정책이 큰 요인이었다. 이와 같은 다국적기업의 행동이 진출지인 국가·지역의 환경뿐만이 아니라 지구환경에도 영향을 미치고 있었다. 다국적기업이 어떠한 환경대책을 취하는가가 국제화시대의 환경문제의 성격을 결정한다고 해도 과언이 아니다.

다국적기업과 개도국의 환경정책

나중에 말하는 바와 같이 1980년대 후반에는 지구환경문제가 국제정치의 중심과제가 되고, 각국의 환경NGO의 국제적 활동도 활발해졌다. 따라서 다국적기업은 공식적으로는 개발도상국에서의 정책 가이드라인을 만들고 있었다. 세계자원연구소(WRI)는 다국적기업의 리더나 전문가를 모은 포럼의 기록을 『환경협력의 개선을 - 다국적기업의 역할과 개발도상국』으로 출판했는데, 거기서는 다음과 같이 제언하였다.

(1) 환경파괴는 장기적으로는 다국적기업에게도 경제성장이나 이윤의 면에서 손실이 된다. 또 그것은 사회불안을 초래하고 입지를 곤란하게 한다. 자원보전, 건강유지, 어메니티의 옹호는 그 비용 이상으로 이익을 가져다주는 것이다.

(2) 국제적으로 획일적인 환경기준을 채택하는 데는 반대한다. 왜냐하면 이로 인해 무역경쟁상의 평등(이퀄 피팅)은 생기지 않고, 경제적으로도 비효율적이다. 환경기준은 지역마다 비용편익분석을 해서 그에 근거해 정해야 한다.

(3) 일반적으로 불리는 공해도피지(pollution haven)는 없다. 공해도피지란 환경정책이 느슨한 지역으로 다국적기업이 환경보전비용을 절약할 목적 또는 수입국이 기업제휴를 우선해 추진하기 때문에 생겨나는 오염으로 인한 공해지역을 말한다. 다국적기업은 입지요인으로 노동력이나 인프라를 중시하지, 진출국의 환경정책을 특히 중시해 고려하지는 않는다. 왜냐하면 생산비에 차지하는 환경대책비가 적기 때문에 특히 환경정책이 느슨한 국가를 선택해 공해도피지를 삼는 경우는 없다.

(4) 유해물질규제의 국제협정은 필요하지만 현실에서는 어렵다. 국제적으로 동일한 기준으로 단속하는 데 대해서는 지금으로서는 동의를 얻기 어렵다.

(5) 일반적으로 개발도상국의 정부는 다국적기업과의 교섭능력을 갖고는 있지만, 경제관계자에 비해 환경관계자의 교섭능력이 약하다.

(6) 다국적기업이 환경파괴를 하고 있다는 것은 틀리며, 다국적기업이 진출하지 않아도 자원이 많이 낭비되고 있다. 개발도상국에서 다국적기업이 손을 떼면 오히려 환경은 파괴된다. 가령 다국적기업의 에너지개발로 인해 연료 목적을 위한 산림채벌은 없어진다. 다국적기업은 환경보전을 위한 기술이나 전문가가 있기 때문에 환경보전에 기여할 수 있다.4

다국적기업이 활동하지 않으면 개발도상국의 환경파괴는 더욱 심각해진
다는 것은 개발도상국의 정부나 기업을 멸시하는 불손한 견해이다. 같은 의
견은 세계경제연구소의 『다국적기업, 환경과 제3세계』의 결론에 해당하는
'성장을 위한 가이드라인'에서 다음과 같이 밝혔다.

'개발도상국은 공업화와 급성장으로 인해 심각한 환경과 자원 관리에
도전을 받고 있다. 그러나 성장과 보전의 이율배반이 지나치게 강조되고
있는데, 양자는 "지속가능한 발전"을 향해 노력하면 양립할 수 있다. 다
국적기업은 많은 개발도상국에 자본, 기술, 관리방법이나 시장을 제공하
는 데에 결정적인 역할을 맡고 있다. 직접, 간접으로 그들은 환경의 질,
자연자원관리나 직장에서의 건강이나 안전이라는 점에서 고려해야 할
영향을 미치고 있다. 그들은 그들의 자원의 우수한 관리나 노동자의 건
강과 안전에 적극적이고 건설적인 공헌을 하는 데 충분한 능력을 갖고
있다. 다국적기업은 환경보전의 데이터, 전문가, 기술을 많이 갖고 있기
때문에 받아들이는 국가와 장기에 걸쳐 협동하면 자원관리의 개선에 공
헌할 수 있다. 다국적기업은 그 지위로 말하자면 환경보전에 리더십을
갖고 최소의 비용으로 최대의 효과를 발휘할 수 있다. 그러기 위해서는
먼저 보다 나은 정보가 정부나 NGO 사이에 교류돼야 한다.

환경보전은 사후적이기보다도 선행적인 정책, 가령 토지이용계획이
유효하다. 받아들이는 나라에서는 환경영향평가가 실시돼야 한다. 다국
적기업은 여기에 협력할 수가 있다. 환경정책을 추진하는 것은 다국적기
업에게 장기적으로는 이익이 되는 것이다. 대기업의 경우에는 환경보전
의 비용을 내부화할 수가 있어 이를 실행함으로써 개발도상국 대중의 지
지를 얻을 수가 있다.[5]'

정말 낙관적인 견해이다. 세계자원연구소는 다국적기업의 연구기관이기
에 현실을 무시할 수 없다. 이 책에서도 인도의 보팔 사고, 상파울로의 산업
공해나 인도네시아의 열대우림문제 등을 다루고 있기에 환경파괴의 사실에

눈을 감고 있는 것은 아니다. 그러나 세계자원연구소의 견해는 다국적기업은 그 책임이 없다는 것으로, 환경파괴가 일어나는 것은 받아들이는 나라의 정부의 환경정책에 책임이 있거나 주민이나 NGO의 환경보전의식이 낮기 때문이라는 것이다. 다국적기업은 받아들이는 국가의 법제도에 따라 환경영향평가나 환경규제를 받아들여 대중의 지지를 얻을 수 있는 환경보전 능력을 갖고 있다는 것이다. 어떻게 보면 옳지만, 실제로는 본국에서와 같은 공해대책을 취하고 있지는 않다. 당시 개발도상국 가운데에는 환경법제나 규제 관청이 없었거나 환경영향평가제도가 없어, 환경기준이 느슨한 국가도 있었다. 또 다국적기업 유치를 위해 특별조치를 취하는 예도 많았다. 주민도 공해보다도 경제적 이익을 우선하는 경향이 있었다. 확실히 환경문제의 원인과 책임은 어느 정도 개발도상국 정부와 기업에 있을 것이다. 그리고 환경문제의 해결도 최종적으로는 현지 주민(특히 NGO)의 여론과 운동에 의해 정부와 기업의 환경정책을 개혁하고, 또는 새로이 만들지 않으면 안될 것이다. 그러나 다국적기업이 개도국에 진출하는 논리는 현지 정부나 주민의 이익을 증진하기 위한 것이 아니라 자국에서는 얻을 수 없는 매우 큰 이윤을 추구하는 자본의 논리에 의한다. 이에 대해 신자유주의 경제학은 자본의 필연적 논리라고 하였다.

서먼즈 메모

1991년 12월 세계은행 부총재 로렌스 서먼즈가 세계은행이 '공해수출'을 장려하는 듯한 취지의 메모를 발표했다고 하여 환경NGO로부터 격한 비판을 받았다. 스미 가즈오는 다음과 같이 서먼즈 메모를 요약하였다.

'첫째로 건강을 훼손할 수 있는 오염물질은 인명의 평가기준이 낮은 국가에서 최저 비용으로 처분할 수 있을 것, 둘째로 오염의 정도가 높아질수록 처분비용도 상승하기에 오염돼 있지 않은 국가에서는 최저의 처분비용으로 끝낼 것, 셋째로 소득수준이 높은 국가에서 녹색환경에 대한

요구가 강해지기 때문에 오염물질의 처분은 비용이 높아질 수밖에 없다는 것.⁶

이는 신자유주의학자의 솔직한 의견이라고 해도 좋다. 시장원리주의에 의해 다국적기업의 자유방임을 인정하면 '공해수출'은 시장의 정의에 들어맞는 것이다. 세계자원연구소의 앞의 보고서에서는, 다국적기업은 환경보전비용이 싸기 때문에 공해도피지(공해천국이라고 해도 좋다)를 찾아 개도국에 진출하는 것이 아니라고 했지만 '공해수출'은 계속 늘어나고 있는 것이다.

개발도상국에서는 개발에 따르는 대규모 재해나 공해가 발생하고 있고, 다국적기업이나 정부개발원조 사업은 직·간접으로 관련이 있다. 서먼즈가 말하는 바와 같이, 개도국에서는 공해·환경대책 비용이 본국에 비해 비교적 싸게 드는 것만이 아니라 노동력과 인명이 싸게 평가되고 있기에 공·재해의 보상비가 아주 싸진다. 더욱이 피해가 커져 입지가 어려워지면 다국적기업이나 정부개발원조 기관은 쉽게 본국으로 철수해 책임을 모호하게 할 수가 있다.

다국적기업의 공·재해에 대해서는 정확한 데이터가 적다. 피해를 당한 주민이나 그를 지지하는 NGO도 사회적으로 고발할 만한 힘이 없고 법률보호가 돼 있지 않다. 일본과 같이 지방자치의 권리를 행사해 지자체행정을 바꾸거나 사법의 손으로 대책을 취하게 하기 어렵다. 내가 현지에 가서 조사한 2가지 예에 대해 간단히 소개하고자 한다.

보팔의 유니언카바이드 산업재해

20세기 최대의 화학산업재해는 인도의 보팔(인구 70만 명)에서 있은 다국적기업 유니언카바이드(UC)의 사고이다. 유니언카바이드 인디아사(UCI)는 미국의 UC가 50.9%, 인도 민간기업이 49.1%를 출자한 합병회사로 1969년에 현지에서 조업을 시작했다. 이 무렵 인도는 '녹색혁명'으로 농업의 근대화를 서둘러 대량의 농약 수요가 발생했다.

UCI는 이에 대응해 이소시안산메틸(MIC)을 중간원료로 하는 살충제 칼베릴을 대량생산·저장하는 공장을 만들었다. MIC는 전형적인 치사성 독물이기에 이를 사용하는 공장이 대도시에 입지하는 것은 본국 미국에서는 금지돼 있다. 그러나 UCI는 안전을 무시하고 수요지와 교통이 편리한 대도시 보팔에 입지했다. 프랑스에서는 MIC의 국내생산을 금지하고 있고, 일본의 미쓰비시 화성에서는 MIC가 필요한 만큼 만들어 소비하여 저장을 피하였다. 그러나 인도 마디야프라데슈주는 입지를 허가하고 그 뒤 사고도 눈감아 주었다.

1984년 12월 2일 MIC 저장탱크에 물이 들어가 온도가 급상승해 수시간에 걸쳐 유독가스가 누출돼 40㎢의 인구밀집지로 확산됐다. 종업원은 대피했지만 통고가 늦어져 심야에 잠자고 있던 주민은 대피가 늦어졌다. 공식사망자는 최초 1주간에 2500명, 영향을 받은 사람이 약 50만 명, 중상자 4000명, 약 8만 명의 주민이 호흡기질환이나 안질환의 영향을 받았다. 극도오염지의 생존자 중 2분의 1에서 3분의 1이 암으로 괴로워하였다.

인도 정부는 UC본사가 있는 뉴욕 남구의 연방재판소에 30억 달러의 보상을 요구했지만, 인도 법정으로 환송돼 1989년 화해로 약 4억 400만 달러의 지불이 결정됐다. 금액이 적었기 때문에 피해자가 제소해 최고재판소에서 85억 루피가 다시 32만 명에게 지불됐다. 또 160만 달러가 의료비로 지불됐다. 이 배상에 대해서는 명확하지 않은 것도 있지만, 1인당 사망자 9만 루피(당시 환율로 약 30만 엔), 생존자 2만 5000루피(마찬가지로 약 8만 엔)이었다.

이것이 미국에서 행해졌다면 100억 달러 이상의 손해배상이 필요했다고 한다. 인도 국내에서 일어난 철도사고의 보상에 비해서도 낮은 액수였다고 한다. 직·간접으로 피해를 입은 주민에게 일자리를 주기 위해 당초 50개소의 시설이 만들어졌지만 1인당 월 6루피밖에 지불되지 못했다. 당시 정규노동자의 급여는 월 3000루피였기 때문에 피해자 특히 여성노동자는 이것의 개선을 요구해 보팔에서 델리까지 700㎞를 걸어가 정부에 진정을 했다. 또 구체적인 정책은 진전이 없었고 2001년 8월에 내가 방문했을 때에는 대부분의 시설은 망하고 인쇄포장공장만 남아 있었고, 86명의 피해여성이 월 1931루피로 일하고 있었다. 국내외 민간기부를 통해 삼바브나 트러스트가 1995년에 설립돼 1996년 9월부터 활동을 하였다. 여기서는 17명의 스태프가 생존자의 무료진료, 건강체크나 조사연구를 하였다.

공장 내에는 아직 약 4000t의 화학물질이 저장돼 토양과 지하수오염이 진행되고 있어 이것의 처리가 필요했다. 1999년 11월 UCI의 책임추궁 소송이 행해졌지만 2000년 8월 문전박대를 받았다. 당초 UCI의 현지책임자는 행방불명이 됐다. 아직까지 피해의 전모가 명확하지 않고 기업도 정부도 책임을 지지 않고 있다.7

캐나다 원주민의 수은중독사건

다국적기업의 공해사건은 선진국 내부에서도 일어나고 있었다. 1970년대에 캐나다 북부 온타리오주의 원주민 거류지에서 수은중독사건이 발생했다. 발생원은 영국계 다국적기업 리드 인터내셔널이 소유한 드라이든시의 펄프공장이었다. 펄프공장은 가성소다를 만들어 1962년부터 1969년까지 흘려보낸 3만 파운드*의 수은이 잉글리시 강과 와비군 강 수계, 하천과 호수와 얽힌 지역에 어패류를 오염시켰다.

캐나다 정부는 주민의 호소로 어획을 금지시켰다. 이 때문에 고기를 주식으로 해온 원주민은 허드슨 베이 컴퍼니가 설립한 슈퍼에서 식재를 구입하지 않으면 안 됐다. 양심적인 관광업자 바니는 피해의 확대를 우려해 관광시설을 폐쇄했기 때문에 가이드를 주된 직업으로 했던 원주민은 일자리를 잃게 됐다. 오염이 심했던 그라시나로즈(등록인구 1914명)와 화이트도그(동 1649명)의 원주민은 일자리가 사라지자 지금까지 자급자족적인 생활양식을 잃어버렸다. 고용을 잃어 생활의 희망이 사라지고 생활보호자가 늘었는데,

---

* 약 453g

계중에는 알코올중독환자가 늘었다.

1975년 나는 공해연구위원회의 세계환경조사 단장으로서 2번에 걸쳐 현지를 조사했다. 그때 89명을 대상으로 하라다 마사즈미 의사가 진단을 했다. 그 결과, 사지통증이 40건, 저린 느낌 28건 등 미나마타병 의심환자를 발견했다. 이 결과를 국제회의에 보고했지만, 캐나다 정부는 수은오염은 인정해도 미나마타병은 인정하지 않았다. 1977년 피해자는 일본의 교훈을 배워 구제를 요구하는 소송을 제기했다. 재판은 약 10년간 이어졌지만 원주민에게 입증해 줄 과학자 보수가 부족해 백인 변호사는 점차 그만 두었고, 재판은 성과를 얻지 못한 채 정부의 알선도 있어 소멸했다.

이 재판과정에서 리드사는 펄프공장을 캐나다의 퍼시픽오션 철도계의 그레이트레이크 제지에 매각해 철수했다. 원인자가 사라진 것이다. 1985년 정부는 거류지 2곳에 대해 재판을 취하하는 조건으로 그레이트레이크사와 공동으로 지역부흥안을 제시하고, 다음해인 1986년에 두 거류지는 이에 동의했다. 이때 수은피해자구제기금(Mercury Disability Fund)이 만들어졌다. 총액 1667만 달러로 그레이트레이크사는 600만 달러, 리드사 575만 달러, 나머지 약 500만 달러는 캐나다 정부와 온타리오주가 부담했다. 이 기금을 운영하는 위원회가 만들어져 주민의 건강진단을 해, 증상에 따라 최고 월 800달러, 중증자 월 250달러, 피해상황에 따라 4단계로 구제자금을 교부하였다. 사실상 보상금이지만 정부도 위원회도 피해자를 미나마타환자로 인정하지 않았다.

2002년과 2004년 2차례에 걸쳐, 1975년에 조사를 했던 하라다 마사즈미를 단장으로 해 후지노 다다시 등 미나마타병 진료의 전문가를 더한 구마모토학원대학 미나마타병연구그룹이 두 거류지 187명의 검진을 실시했다. 그 결과 '미나마타병' 60건, '미나마타병+합병증(당뇨병 등)' 54건, '미나마타병 의심' 25건, 합계 139건을 진단했다. 이 진단결과를 하라다 마사즈미는 다음과 같이 말하였다.

'그 결과, 이상할 정도로 사지감각장애와 실조, 시야협착 등 미나마타병에서 보이는 증상이 많이 확인됐다. 수은오염의 존재를 배경으로 고려한다면 이들은 미나마타병이라고 진단하지 않을 수 없다. 27년 전에 증상이 가벼워 진단에 확신이 서지 않았던 것이 이번에는 전형적인 미나마타병의 증상을 보여주고 있었다. 따라서 1975년 시점에서 지적했던 바와 같이 경증이지만 미나마타병이 이미 발병했다는 것이 된다.'

이 사례는 선진국 내의 공해지만 피해자는 원주민으로, 개도국의 주민과 마찬가지로 정부나 기업으로부터 민족적인 차별을 받아 부당한 조치를 당하였다. 더욱이 피해가 심각해지자 책임을 지지 않고 본국으로 철수했다. 이와 같이 다국적기업의 책임 추궁은 국내 공해문제와는 다른 어려움이 있다는 사실을 보여준다.[8]

제2절 아시아의 환경문제와 일본의 책임

1 아시아의 급성장과 환경문제

아시아 경제의 발전과 일본

현대의 지구환경 보전은 아시아의 정치·경제와 환경정책의 동향에 달려 있다고 해도 과언이 아니다. 전후 동아시아와 동남아시아(여기서 아시아라는 경우는 이들 지역을 가리키고, 일본을 제외한다)는 식민지 종속국에서 독립했다. 그리고 냉전기를 거쳐 1980년대 이후 아시아의 경제는 세계에서 가장 빨리 성장했고 인구는 세계인구의 절반을 넘었으며, 공업화·도시화라는 근대화의 길을 급격히 추진해가고 있었다. 아시아의 경제는 실질GNP 평균성장률로 보면 1980~90년에 동아시아 7.8%, 남아시아 5.2%였다. 이는 세계평균인 3.2%, 선진국 평균 3.1%보다 높다. 1980년대 전반, 홍콩, 한국, 싱가포르,

대만이 공업화의 궤도에 들어, 드디어 1980년대 후반부터 ASEAN 여러 나라가 마찬가지에 오르고, 1990년대에는 중국이 세계시장에 뛰어들어 급속한 발전을 시작했다. 〈표 8-1〉과 같이 아시아의 공업생산은 세계 제일의 성장을 보이고 있다.

이 급격한 경제성장에 일본 경제가 관계돼 있다. 일본은 전전, 조선, 대만을 식민지로 지배했고, 제2차 세계대전 때 동남아시아 여러 나라를 점령했다. 이 식민지지배와 전쟁피해에 책임을 지는 것이 전후 일본이 아시아와 정상적인 관계를 회복하는 첫걸음이었다. 정말 유감스럽게도 일본 정부는 독일 정부와 같이 관계국에 정당한 사죄를 하지 않았다. 샌프란시스코 강화조약의 규정과 같이 중화민국은 배상을 요구하지 않았다. 만약 중국에 정당한 배상을 해야만 됐다면 일본의 전후 경제부흥은 엄청난 어려움에 부딪혔을 것이다. 중국공산당 정부도 이전 정권의 결정을 받아들였다. 일본 정부는 그 이외의 국가와는 교섭을 해 배상을 했다. 이 배상과 그에 따른 차관이 필리핀이나 인도네시아의 경제부흥에 기여했지만 그것이 환경문제의 시

표 8-1 아시아 경제의 공업발전

	공업생산(백만 달러)		성장률 (배)	인구(천 명)	1인당국내총생산 (GDP)(1990년, 달러)
	1965	1990			
대만	4,850	66,774	13.8	20,107	7,950
인도네시아	2,722	42,743	15.7	178,200	570
한국	6,984	109,819	15.7	42,400	5,400
태국	2,985	31,810	10.7	55,400	1,420
말레이시아	2,084	16,536	7.9	17,400	2,320
중국 본토	20,452	88,557	4.3	1,113,700	370
필리핀	4,567	15,466	3.4	61,500	730
소계	40,279	371,705	9.2		
일본	320,914	1,234,938	3.9	123,116	25,430

주: 1) 1990년 달러 환산.
2) World Development Indicators 1992. 인구는 1989년.

작이 되었다⁹. 한국과 국교정상화는 미 점령군의 알선으로 1951년 10월에 시작됐지만 진척이 없었고, 그 뒤 한국 정치상황도 있어서 1965년 6월 한일기본조약이 체결돼 12월에 국교가 회복됐다. 이는 한국군을 베트남전쟁에 참전시키는 것과 맞바꿔 일본이 한국에 경제협력을 함으로써 미국의 극동전략에 한일을 함께 참여시키는 것을 의미했다. 이 조약에 의한 배상은 무상 3억 달러, 유상 2억 달러의 10년 공여의 정부차관과 민간차관 3억 달러이상의 공여였다. 한국은 이를 이용해 제2차 5개년계획(1967~71년)을 실행했는데 계획소요자금의 3분의 1이 일본 자금으로, 외국인 직접투자 중 일본은 47%로 미국의 36%를 웃돌았다. 더욱이 한국의 제3차 5개년계획(1972~76년)에서는 포항종합제철소 기타 석유콤비나트 등의 중화학공업의 건설에 일본의 직접투자가 이뤄졌다. 1973년 외국인투자의 90%가 일본이었다¹⁰. 이 중화학공업화가 한국의 공해문제의 시작이라고 해도 좋을 것이다.

중일관계는 1952년 화일(華日)평화조약으로 일본 정부가 대만의 중화민국 정부와 우호관계에 들어갔기 때문에 중화인민공화국과는 국교 단절상태가 됐다. 그러나 중국 본토와의 경제, 문화의 교류를 바라는 소리가 강해 민간차원의 교류는 적극적으로 계속했다. 미국은 중소관계의 악화에 편승해 갑자기 1971년 중국과의 국교회복을 향해 움직였다. 기선을 빼앗긴 일본 정부는 1972년 다나카 가쿠에이 수상이 중국을 방문해 중일평화우호협약 체결을 위한 교섭이 시작됐다. 그러나 중일 쌍방의 국내사정도 있어 1978년 8월에야 중일평화우호협약이 체결됐다. 동시에 중일장기무역취결서(取決書)가 체결돼 1978년부터 1985년까지 왕복 200억 달러 전후에 이르는 무역을 계약했다. 이 가운데는 중국의 수출진흥형 중화학공업화의 막을 연 상하이바오산(上海宝山) 제철소와 석유화학 플랜트의 수출 등이 포함돼 있었다.¹¹

이와 같이 아시아의 근대화에 따른 환경문제는 배상과 같은 전쟁 뒤처리와 전후 아시아와 평화우호관계의 수립을 위한 원조와 관련된 사업이 야기한 것이라고 해도 과언이 아니다. 더욱이 이들 사업은 일본 정부의 자주성이라기보다는 필리핀이나 한국의 배상에서 나타난 바와 같이, 냉전기 미국

의 아시아전략의 일환이라는 배경을 갖고 있다고 해도 옳을 것이다. 1980년
대 이후는 아시의 경제발전과 보상을 함께 해 일본의 다국적기업과 세계
최대규모의 정부개발원조가 발전하지만, 현지 주민으로부터 감사하다는 생
각을 갖게 하기는커녕 '공해수출'이라는 환경문제의 원흉으로 비판받는 사
업이 많다. 말할 것도 없이 아시아 환경문제의 원인은 각국의 정치·경제·
사회의 구조적 결함에 있었다. 일본의 기업이나 정부의 책임은 그 일부에
지나지 않는다. 그러나 전후의 심각한 공해·환경파괴의 교훈을 해외진출
에서 충분히 살리지 못했고, 환경파괴 원인의 하나가 된 이유에 대해서는
앞으로도 해명해야 할 과제이다.

아시아의 환경문제

아시아의 환경문제는 일본이 메이지유신 이후 근대화 과정에서 경험한
자본주의의 본원적 축적기에 발생한 광독사건에서부터 현대의 자동차공해
나 관광공해에 이르기까지, 구미와 일본에서 4백 년에 걸쳐 발생한 모든 공
해·환경파괴를 동시에 경험하고 있다[2]. 이 때문에 피해가 다양하고 심각
하며, 대책이 어려워졌다. 후발의 이익으로 나중에 말하는 바와 같이 선진
국의 공해대책의 기술, 법제, 경제적 수단 등을 도입하고 있지만 예방은 안
되고 있다. 이와 유사한 것이 일본의 전후 공해·환경파괴의 실패인데, 이
일본의 교훈도 학습해서 정책화하고 있다고는 말할 수 없다. 21세기를 향해
갈 때까지는 아시아의 거의 대부분의 나라에서는 공해의 관측이나 역학조
사가 행해지지 않고, 피해의 단편적 보도나 정부의 표면적인 환경문제백서
가 나와 있어도 소개할 가치가 있는 것은 적다. 지금은 상당한 자료를 모을
수 있지만, 이 1980~90년대에 걸쳐서는 단편적이거나 표면적인 정부의 발
표 외에는 참고할 게 없었다. 일본이 책임질 대표적인 공해문제에 대해서는
나중에 말하겠지만, 여기서는 이 시기에 얼마나 중복된 환경문제가 일어나
고 있었는지를 소개한다.

원축기(原蓄期)의 자원남획 · 수출에 따른 환경파괴

초기의 자본형성은 광산, 산림, 해양자원과 같은 자연자원의 약탈이라 해도 과언이 아닌 문제에서 시작됐다. 일본의 아시오 · 벳시의 광독사건과 똑같은 사회문제가 필리핀이나 동말레이시아의 광산에서 일어나고 있었다. 〈표 8-2〉와 같이 동남아시아 전역에서 산림 남벌로 인한 재해와 산림에 사는 주민의 생활파괴가 일어나고 있었다. 기타 농산물이나 어업자원에도 외화벌이를 위한 남획으로 피해가 생기고 있었다. 모두가 손해배상과 일본 기업의 개입과 정부개발원조가 관계돼 있는 것으로 후술하기로 한다.

표 8-2 아시아 · 태평양지역 각국에서의 연평균 산림소멸면적

(단위: 천ha)

	1976~80년	1981~85년
방글라데시	8	8
부탄	2	2
인도	147	147
네팔	84	84
파키스탄	7	7
스리랑카	25	68
버마	95	105
태국	333	253
브루나이	7	7
인도네시아	550	600
말레이시아	230	255
필리핀	101	91
캄보디아	15	25
라오스	125	100
베트남	65	65
파푸아뉴기니	21	22

주: UNEP, Asia-Pacific report 1981.

고전적 도시문제

개도국의 특징은 자본과 인재를 한곳에 집중시켜 경제개발을 하기 때문에 거대도시화가 일찍부터 진전된다. 그러나 도시의 주택이나 생활기반을 다질 사회자본이 늦게 갖추어지기 때문에 시민의 위생상태는 구미 산업혁명기의 도시와 같았다. 가령 1990년 방콕시는 슬럼이 중심부에 1003곳이 있어 전 인구의 40%가 슬럼과 불법거류지에 살고 있었다. 상수도 보급률 35%, 수세식 화장실은 17만 세대(전체의 14%)밖에 설비돼 있지 않았다. 우기가 되면 매년 대홍수가 일어났다. 이는 상류부의 산림파괴가 심해진 것도 있지만, 시의 치수대책이 늦어졌기 때문이었다[3]. 아시아의 도시는 중남미 정도는 아니지만 슬럼과 불법주택이 많다. 의료위생은 개선되고는 있었지만 동남아시아에서는 〈표 8-3〉과 같이 평균수명이 낮고, 유아사망률이 높다. 직업병이나 노동재해도 많이 발생하고 있었는데, 공해와 중복된다.

산업공해

동아시아의 SO_x와 NO_x의 배출량 추계는 〈표 8-4〉와 같다. 인구나 면적을 고려하면 한국과 대만의 오염은 1970년대 일본과 비슷하다. 각 도시의

표 8-3 아시아의 평균수명과 유아사망률(1990년)

(1990년)

	평균수명		유아사망률(명/1000명)
	남	여	
일본	75.86	81.81	4.6
한국	62.70	69.07	25.0
말레이시아	67.52	71.58	24.0
필리핀	61.90	65.50	45.0
인도네시아	54.60	57.40	7.0

주: 国連統計年鑑.

오염상황은 관측점 등 문제가 있어 명확하지는 않지만, 서울시는 1970년
대 도쿄도보다는 SO_x의 오염이 적다. 1980년대 후반의 민주화에 의해 대
만과 한국의 공해 실태가 명확해졌고 대책도 진전이 있었지만, 그때까지
는 중화학공업화 과정에서 공해방지투자는 거의 이뤄지지 않았다. 한국에
서는 1990년 기업의 공해방지투자가 설비투자에서 차지하는 비율이 1.6%
였다. 대만 기업의 경우는 주민의 공해반대투쟁이 폭발적으로 발생한 1988
년 이후 본격적으로 시작됐다. 1988년도의 공해방지는 총투자의 8%, 이후
에도 일본의 1970년대 전반에 필적하는 공해방지투자가 석유, 석유화학,
철강과 전력 등의 국영중화학공업 등에서 진전되고 있었다. 그러나 민영
사업에서는 공해방지투자는 막 시작하는 단계였다.

　　동남아시아의 경우, 1980년~1990년 전반의 공해방지투자의 데이터는 없
다. 태국을 시찰할 당시, 공장간에 불균형이 뚜렷한 인상을 받았다. 동부 공
업단지에 신설된 국영석유화학공장은 도요(東洋) 엔지니어링의 플랜트에 의
한 것으로 일본의 최신예 공장과 같이 공해방지를 하고 있었다. 그러나 한
편으로 1992년 가을 북부의 갈탄을 사용하는 화력발전소는 SO_2로 인한 대
기오염으로 300명 이상의 환자를 낳았다. 방콕시의 대기오염 반대시민모임
의 지지로 재판이 제기돼 국영발전소는 배상금을 지불하고 탈황장치를 설

표 8-4 동아시아의 대기오염물질 배출량

(단위: 천t)

	1975		1980		1985		1987	
	SO_x	NO_2	SO_x	NO_2	SO_x	NO_2	SO_x	NO_2
일본	2,571	2,329	1,604	2,131	1,175	1,948	1,143	1,935
한국	1,159	220	1,918	365	1,366	464	1,294	555
대만	609	124	1,038	22	693	261	605	325
홍콩	109	51	166	67	144	106	150	134
중국	10,175	3,927	13,372	4,907	17,259	6,361	19,989	7,371

주: 小島道一「東アジアの環境概況」(小島麗逸・藤崎成昭編『開発と環境』1. アジア経済研究所,
　　1993)

치했다. 이 사건과 같이 공해방지투자는 이때부터라고 해도 좋을 것이다. 일본 기업이나 정부원조가 관계돼 일본의 책임을 묻는 사건은 후술한다.

현대적 도시공해와 리조트개발로 인한 자연·거리모습의 파괴

아시아 대도시는 산업혁명기의 고전적인 도시문제가 산적해 있었던데다가 선진국과 똑같은 현대적 도시문제가 중복돼 발생하였다. 한국, 대만을 비롯해 아시아 대도시나 관광도시는 1990년대에는 서구의 초일류 상점가나 호텔가에 필적하는 곳을 만들었지만 반면에 앞서 말한 바와 같은 가난하고 비위생적인 지역을 많이 안고 있었다. 그리고 특히 심각한 것은 자동차교통의 체증과 교통사고·공해였다. 근대화는 구미와 같이 생산에서 시작해 생활양식의 변화로 가는 것이 아니라, 동시적으로 개인주의적인 대량소비 생활양식이 도입됐다. 선진국의 상품이 원조와 더불어 봇물처럼 유입됐다. 자동차와 전기제품처럼 고가의 내구소비재에 대한 욕망을 만족시키기 위해 소비자 신용이 일찍부터 도입됐다. 금융자본주의라는 현대 자본주의의 '마력'이 개도국의 생활양식을 소득수준이 낮은 단계에서 개인주의적 욕망만족형 대량소비로 바꿔버렸다고 해도 좋을 것이다. 이 때문에 자동차사회가 급속히 확산되고, 공공시설은 공공수송기관만이 아니라 도로 특히 고속도로망의 건설로 나아갔다.

도로가 늘어나자 자동차가 늘어나는 끝없는 악순환이 시작됐다. 외화보유고 세계 1위인 대만조차 1990년대가 되서야 타이페이시에 지하철 건설이 시작됐다. 궤도가 전혀 없는 방콕시는 고속도로를 만들었다. 이렇게 해서 아시아 대도시의 고민은 자동차교통의 체증과 대기오염·소음공해였다. 방콕 수도권에만는 자동차와 바이크가 230만 대, 매일 450대씩 늘어났다. 시내 자동차 평균시속 7.8㎞, 일본 차가 90%를 차지하는 중고자동차의 배기가스로 인한 NO_x와 납 오염이 심각했다. 정부의 보고서에도 100만 명의 시민과 교통경찰의 60%가 대기오염환자였다.[14]

개도국에서는 소득수준이 낮은 단계에서 시작된 대량소비 생활양식의 종말은 대량 폐기물의 처리이다. 일본은 1950년대 말부터 대량소비 생활양식이 시작돼 1960년대 말에는 10년 늦은 미국의 소비를 급히 따라잡고 있었고, 홍콩은 1960년대 초, 대만은 1960년대 말, 한국이 1970년대 초기, 중국대륙 연안도시가 1980년대에 생활양식의 미국화가 시작됐다[5]. 1990년대에 세계 1위의 폐기물을 처리한 것은 대도시 서울이었다. 일일 쓰레기배출량은 3만t(도쿄도의 2배). 그때까지 15년간은 한강의 난지도 53만 평에 매립해 투기했고, 해발 95m의 쓰레기산이 됐다. 이 과정에서 하천오염, 악취, 파리 등 곤충의 발생으로 주변주택에 공해가 발생했다. 그 뒤 서울시는 반상회 조직을 활용해 분리수거를 하고, 주민은 2000원의 처리비를 지불했다. 1991년 말부터 인천에 가까운 주변해안을 매립해 세계 최대의 쓰레기처리장을 만들었다. 그 뒤 11개의 청소공장을 만들게 됐다.

이런 서울권의 폐기물처리의 역사는 아시아 도시에 공통된다. 마닐라시나 방콕시는 난지도와 마찬가지로 단순 처리해 매립하고 있기에 주변 슬럼의 위생을 악화시키고 있었다. 슬럼의 주민은 쓰레기를 뒤져 생활하고 있었는데, 이 상황은 계속되기는커녕 공해가 심해지면 토사로 폐기물을 안정*시키는 방법을 취하고, 머지않아서는 소각로를 도입하게 될 것이다. 그러나 리사이클링의 보급으로 전환하기까지는 폐기물공해가 계속될 것이다.

동남아시아는 외국자본에 의한 리조트개발이나 외국인 관광객의 증대로 인한 자연파괴가 계속되고 있었다. 방콕 수도권에 건설예정인 골프장이 38개나 있었다. 동양의 와이키키라는 파타야의 관광객 142만 명 중 외국인이 101만 명에 이른다. 이곳은 하수도도 정비되어 있지 않아 바다오염이 가속화되고 있었다. 푸켓에서는 1983년 관광객 23만 명을, 1990년대에는 90만 명을 넘었고, 사모이 섬에서는 관광객 수가 1980년의 1만 5000명에서 1990년대에는 30만 명을 넘었다. 이 때문에 일본을 비롯해 외국투자가 많이 진

* 폐기물을 흙으로 덮어서 가스 등을 뽑아내 지반을 안정시키는 것을 말함.

출했으나 상하수도나 교통기관은 정비되지 않은 채 지역에 거대한 리조트 호텔이 들어서는 것이어서 자연파괴나 쓰레기가 누적되고 오폐수가 늘어나고 있었다.[16]

대도시화에 따라 아시아의 도시는 베이징과 같이 중심부의 역사적 가로가 파괴되고, 거대 고층빌딩과 고속도로가 만들어졌다. 역사적 문화재나 거리모습을 보전해 어메니티를 유지할 필요가 생겼다.

아시아의 종교·문화·생활습관은 다양하며, 경제체제나 정치체제도 다르다. 따라서 한마디로 말하지 못하지만 급격한 공업화·도시화라는 근대화를 추진해, 구미와 일본이 경험한 공해·환경문제를 모두 동시에 경험하고 있는 점에서는 공통되고 있는 것 아닐까 싶다.

왜 환경문제가 심각해지는가

'후발의 이익'이라는 말이 있듯이 아시아 여러 나라는 선진국의 환경법제를 받아들이고 있었다. 한국의 경우 일본의 지방조례를 참고해 일찍이 1963년 공해방지법을 제정했다. 환경기준을 정한 것이 일본 최초의 오사카시 환경관리기준을 참고한 것이어서 느슨했다. 1977년 환경보전법이 제정돼 환경기준, 환경영향평가, 오염자부담원칙 등이 도입됐다. 1980년에는 환경청(1990년 환경처)이 설치되고 헌법에 환경권이 도입됐다.

그러나 실제로는 후술하는 온산병이 발생했듯이 법제도가 있어도 환경행정이 적극적으로 대응하지 않았다. 1990년에는 환경정책기본법이 제정되고 분쟁처리나 대기·수질·소음의 규제법, 화학물질관리법, 1991년에 폐기물관리법, 환경범죄특별조치법, 게다가 1993년 환경영향평가법이 제정됐다. 그러나 공해법제가 생긴 이후 1960년대 중반까지 30년간 재판의 판례는 겨우 10여 건으로 중대한 공해사건은 제소되지 않았고, 소규모 분쟁의 소송에 머물고 있었다. 중앙환경분쟁조정위원회에는 신청이 1건도 없고, 지방에 2건만 있었다[17]. 한국은 역사적으로 중앙집권체제로 1991년에 30년 만에 지방의회 선거가, 1995년에는 처음으로 지방단체장 선거가 실시됐지만, 일본

과 같이 지자체 주도의 정책은 약했다. 공익소송으로 환경문제의 재판이나
행정청구가 활발해진 것은 21세기에 들어서부터였다.

대만은 1975년에 공해에 관한 개별규제법이 있었지만 1987년 계엄령해
제 이후 환경법체계를 수립했다. 1990년 환경보호기본법, 폐기물처리법, 독
성화학물질관리법, 1991년 수질오염방치(防治)법, 1992년 소음관리법, 공기
오염방제법, 공해분쟁처리법 등 13개 법이 제정됐다. 중화민국 행정원에 환
경보호서(署), 대만성 정부에 환경보호처, 13개 현·시에 환경보호국이 만들
어졌다. 그러나 권한이양은 충분하지 않았고 대책은 나아가지 않고 있었다.
중화학공업은 국영공장이 많기 때문인지 공해재판이 아니라 기업과의 직접
교섭으로 손해배상이나 공해방지대책이 청구되고 있었다.[18]

동남아시아에서는 많은 나라가 환경관계법을 갖고 있었다. 가령 말레이
시아는 1974년에 환경질법을 제정하고 이후 개정을 하였다. 또한 환경영향
평가제도도 있다. 환경에 관한 연차보고서도 내고 있었다. 태국은 1975년에
국가환경질향상보전법, 1992년에는 도시공해나 관광공해에 대응하는 신법
을 제정했다.

아시아의 환경법제에 대해서는 일본의 환경법제의 영향이 강하다. 나쁜
영향을 받은 것으로는 전원(電源)3법이 있다. 대만과 한국은 이와 마찬가지
의 법제를 도입해 원전이나 화력발전소의 유치를 추진해 반대하는 주민의
저항에 부딪히고 있다.

이와 같이 아주 일찍부터 환경법제가 제정되고 환경행정이 시작됐음에
도 불구하고 공해·환경파괴가 심각한 것은 왜일까.

아시아 나라들의 정부는 그 국가의 자원·인재·기술·문화를 바탕으로
내발적 발전(Endogenous Development)을 독창적으로 하기보다는 서구형 근대화
를 추진해 외화·정부개발원조 등을 적극적으로 도입하는 외래형 개발
(Exdogenous Development)의 길을 걷고 있다. 특히 일본의 고도성장경제를 모델
로 삼아 원축(原蓄)단계를 끝내자 수출진흥형 중화학공업화와 도시화를 서
두르고 있다. 이 경우 아시아형 민주주의라 부르며 서구형 민주주의의 삼권

분립, 지방자치를 추진하지 않고 중앙집권형으로 개발을 추진한다. 이 때문에 앞서 말한 바와 같이 안전이나 인권보호를 위한 투자나 생활기반의 사회자본 투자가 정비되지 못하거나 늦어져 환경행정이 개발계획의 틀 속에서 행해지기 때문에 공해·환경파괴의 예방이 되지 못한다. 또 공해가 발생해도 그에 대응하는 조사나 구제가 늦어지는 것이다.

1980년대 말부터 공해반대·환경보전의 주민운동이 활발해지자 잠재해 있던 공해가 현재화되었다. 그러나 정부는 치안 관련 법률을 통해 주민운동을 억제했다. 1992년 유엔환경개발회의 전후부터 아시아의 환경NGO의 연대가 진전되고 있다. 아시아의 공해·환경의 주민운동은 21세기에 들어서 자유로운 진전이 이뤄지고 환경정책이 앞으로 나아가기가 시작했지만, 그때까지는 앞서 말한 바와 같이 공해의 사실은 잠재화되고, 주민운동은 탄압받고 피해의 구제나 환경보전은 행해지지 않았다.

2 일본의 책임

경단련의 대외환경대책

급격한 다국적기업화와 아시아의 환경문제로 인해 기업의 국제적인 책임이 문제가 되고 있던 반면, 에코비즈니스의 개발이 진전되자 일본 기업도 국제적인 환경전략을 세우지 않을 수 없게 됐다. 경단련은 1991년 4월 「지구환경헌장」을 발표했다.

여기서는 일본 기업이 산업공해 방지, 에너지절감이나 자원절약 면에서 세계 최첨단 기술·시스템체계를 확립했지만 앞으로는 도시 어메니티나 지구환경의 보전에 노력하지 않으면 안 된다며 다음과 같이 말하였다. '기업도 세계의 "좋은 기업시민"이 될 것을 취지로 삼고 또 환경문제에 대한 노력이 스스로의 존재와 활동에 필수요건이라는 사실을 인식한다'고 하였다. 그리고 다국적기업으로서의 '해외진출 때의 환경배려사항'으로 다음과 같은 것을 제시하였다.

'①환경보전에 대한 적극적인 자세의 명시, ②진출지 국가의 환경기준 등의 준수와 환경보전에 한층 노력(진출지 국가의 기준이 일본보다 느슨한 경우 또는 기준이 없는 경우에는 진출지 국가의 자연·사회환경을 감안해 일본의 법령이나 대책실태를 고려해 진출지 국가 관계자와 협의하여 진출지 국가의 지역상황에 따라 적절한 환경보전에 노력할 것. 더욱이 유해물질의 관리에 대해서는 일본 국내의 기준을 적용해야 한다), ③환경영향평가와 사후평가의 피드백, ④환경 관련 기술, 노하우의 이전 촉진, ⑤환경관리체제의 정비, ⑥정보의 제공, ⑦환경문제를 둘러싼 분쟁에 대한 적절한 대응, ⑧과학적·합리적인 환경대책에 이바지하는 여러 활동에 대한 협력, ⑨환경배려에 대한 기업홍보의 추진, ⑩환경배려의 노력에 대한 본사의 이해와 지원체계의 정비'

당시 아시아의 환경NGO의 활동가는 일본 기업의 정부개발원조 사업을 '자원약탈' '공해수출'로 고발하였다. 그들이 경단련의 지구헌장이나 '해외진출에 관한 배려사항'을 보면 어느 세계의 일인지 놀라게 될 것이 틀림없다. 다음 항에서 말하는 바와 같이 해외기업의 실태는 이 배려사항과는 달랐다. 일본 내에서 1988년 공건법이 개정돼 대기오염환자의 신규인정이 중지된 한편 미나마타병으로는 재판이 계속되고 있었다. 이 현실과는 차원이 크게 다른 헌장이나 배려사항이 나와 있는 것에 놀라지 않을 수 없다. 일본 국내에서 환경영향평가제도가 제정된 것은 1997년 6월이다. '배려사항'과 같이 당시 해외에서 환경영향평가가 가능한 기반은 일본 기업에는 없었던 것이다.

일본 해외기업의 공해대책의 실태

일본 다국적기업의 공해대책을 종합적으로 조사한 자료는 없다. 부분적이지만 이 시기의 조사를 소개하고자 한다.

1983년 일본재외기업협회는 해외진출기업의 환경보전대책에 관한 설문조사를 실시했다. 이것이 최초의 조사일 것이다. 대상이 된 것은 선진 여러 나라 38건, 개발도상국 110건이다.

이 가운데 개발도상국에 대해 보면, 전 사업소 중 배수·오수처리시설을 갖추고 있는 경우 64.9%, 공장의 녹화사업 56.1%, 집진기 설치 39.9%, 폐기물소각로시설 34.5%, 소음방지설비 14.9%, 배기가스회수장치 13.5%, 배연처리설비 13.6%로 돼 있다. 총투자액 가운데 환경보전대책비의 비율은 6.7%(선진국 진출기업의 경우는 8.1%)이었다. 일반적으로 말해 대기오염대책시설의 설치율이 낮을 것으로 생각되는데, 업종이 분명하지 않고, 설치장소의 상황이나 설비내용도 알 수 없기 때문에 이 대책이 유효한지 여부는 판단할 수가 없다.

이 조사에서는 지역사회와의 융화에 대해서도 조사했는데, 현지주민의 고용(전 사업소의 91.6%)이나 기부(동 36.1%)를 하고 있는 것에 머물고 있고, 지역주민과의 공동행사 개최(동 8.4%)나 회사복지후생시설의 개방(동 4.6%) 등은 거의 이뤄지지 않고 있었다[9]. 1980년대 전반에는 일본 기업은 지역사회와 단절돼 '기업시민'이라 말할 수 있는 것이 없었다.

환경청은 1992년도에 태국과 말레이시아, 1993년도에 중국에 진출해 있던 일본 기업을 대상으로 설문조사를 실시했다. 대상기업 363개사, 회수율은 13.5%로 낮았다. 이 때문에 객관적인 자료라고 볼 수는 없지만 어느 정도 경향은 볼 수가 있다. 우선 환경영향평가를 실시한 기업은 40.8%, 환경영향평가를 실시하지 않은 기업은 42.9%였다. 환경영향평가의 결과, 계획이나 설계를 변경하거나 대책을 강화한 기업은 50%였다.

조업상의 환경대책에 대해서 현지국의 기준에 맞춘 기업이 46.5%, 현지국기준 이상의 자율기준 12.2%, 일본 국내 수준 12.2%였다. 공해관리자 등 대책조직이나 책임자를 두고 있는 기업은 44.9%였다. 또 원재료를 구매하면서 환경문제를 배려하지 않는 기업이 61.8%를 넘었다.

개발도상국의 환경보전을 위한 능력 향상에 외자도입이 도움이 되고 있다고 답한 기업은 22.4%, 향후 도움이 될 것으로 생각한다가 57.1%였다.

개도국이 환경보전기술의 큰 시장이 될 가능성이 있다고 회답한 기업이 44.9%였다. 환경대책을 추진하는 과정에서 현지정부와의 분쟁이 없었다고 말한 기업은 80%를 차지하고 있지만, 언제 분쟁에 휘말려들지 않을까 염려하고 있는 기업도 24.5%였다. 환경대책 관계비의 부담에 대해 '현재는 가볍지만 장래는 염려가 된다'고 회답한 기업이 49.0%였다.[20]

또 아시아경제연구소가 1993년 태국에서 일본계기업을 포함한 태국의 기업에 실시한 설문조사를 보면, 57.1%가 태국의 환경기준은 너무 약하다고 말하였다. 앞서 말한 새로운 국가환경질향상법에 의해 새로운 시책이 필요하다가 43%, 불필요가 55%로 나왔다. 배수모니터링을 하고 있는 것이 대기업 62.6%, 중소기업 24.6%, 소기업 17%였고, 배기가스모니터링을 하고 있는 경우가 대기업 55.1%, 중소기업 34.4%, 소기업 13.6%에 머물고 있었다. 보상 등의 구제를 실시한 것은 5개사였다.[21]

일본의 다국적기업의 조사는 불충분해 정확한 판정은 불가능하지만 경단련의 선언이나 해외투자에 관한 고려사항은 개별기업의 단계에서는 거의 지켜지지 않았다. 개발도상국에 진출하면서 환경영향평가는 하지 않고 환경보전의 사내대책도 만들지 않은 일본 대부분의 다국적기업은 느슨한 현지 기준에 맞춰 대책을 취하고 있을 뿐이었다.

제1절의 세계자원연구소 문헌은 다국적기업은 현지 기업의 환경대책이나 정부의 환경정책을 전진시킨다고 했지만 현실적으로는 많은 기업이 현지의 수준에 맞췄으며 기술이전에 대해서도 상대측에서 요구하지 않으면 응하지 않는 수준에 머물러 있었다. 세계자원연구소 문헌이나 경단련의 헌장 등은 '바람'일 뿐, 현실의 다국적기업은 최대한의 이윤을 올린다는 자본의 본성에 근거해 행동하고 있었던 것이다. 그리고 그것은 개도국의 정부나 특권계급의 경제성장정책의 희망과도 일치했던 것이다.

'자원약탈'

자원약탈과 공해수출이라는 비판을 받은 일본 기업의 책임이 문제가 되고 있는 전형적인 사건을 들어본다.

1970년 일본의 투자가 51%를 차지하던 동말레이시아의 마무트 동광산 (해외광산자원개발 사바 유한공사)은 그 배수와 폐기물에 의한 광독으로 인해 17 개 마을에 피해를 입혔다. 홍수, 중금속오수로 인한 음용수의 오염·어업피해 등의 사건이 차츰 일어났다. 지금까지 600만 달러의 배상금을 지불했지만 이 광산의 일부는 국립공원 내에 위치하고 있어 근본적인 해결이 되지 못하였다. 이는 완전히 아시오 광독사건과 마찬가지라고 한다. 1987년 일본 기업은 소유주식을 팔고 철수했지만 동 등의 광산물은 여전히 일본으로 수출을 계속하였다.

필리핀의 변호사 플루타르크 B. 바우건 Jr. 변호사는 「필리핀에 있어서 환경약탈의 제 사건 - 일본 기업의 보이지 않는 손」이라는 논문 가운데 1973년 필리핀공화국과 일본이 우호통상항해조약을 체결한 뒤 일본 기업의 진출에 의한 자원의 약탈과 환경파괴를 상세히 고발하였다. 반일감정이 강했기 때문에 일본 기업은 필리핀이나 미국 기업과 385개 합병기업으로 개발을 추진해 1980년대에는 미국을 빼고 최대 외국원조국이 됐다. 그의 지적은 다방면에 걸쳐 있었는데, 환경파괴의 중심은 루손 섬의 콜디라스 광산과 민다나오 섬의 목재산업에 있다고 했다. 전자는 일본광업과 가와사키 제철의 합병사업인 플렉스사이고, 후자는 10개사(그 중 8개사로 구성된 일본의 목재회사)가 53만ha의 산림을 지배하여 합판, 패널, 가구, 나무젓가락 등을 생산하기 위해 연간 111만㎥를 채벌했다. 플렉스사가 산출하는 동의 84%는 일본 광업이 취득했다. 이 동산(銅山)의 슬러그를 하천, 만, 해안의 수중에 버려 수은, 카드뮴, 납 등의 오염이 계속되고, 어업생산의 33%가 감소되었으며 산호초가 사멸하는 속도가 빨라졌다고 한다. 또 필리핀의 목재수출량의 67%는 일본 시장이 대상이다. 이렇게 산림이 파괴되어 10억㎥의 토양이 침식(10만ha 상당)되자 수확의 감소, 하천이나 호소의 침니*, 홍수, 한발, 관개나 인프라에 미치는 손해, 물 공급 저하를 초래하고 있다고 한다.[22] 일본의 목재수입업자의 개발방법은 항만, 도로를 정비해 개벌**을 추진하기 때문에 개발지역의 열대우림을 고갈시켜왔다. 이미 필리핀에서는 수출할 만한 산림자원은 거의 없어졌고, 태국에서는 국토를 뒤덮고 있던 산림이 지금은 전체의 4분의 1로 줄어 재해가 빈발하였다. 또 인도네시아의 칼리만탄의 벌채도 한계에 이르렀다. 이 때문에 일본의 산림벌채는 동말레이시아의 보르네오 섬 사라와크주에 집중돼 있다. 이곳의 면적은 1233ha로, 그 70%가 산림이다. 이 가운데 상품성이 있는 수목은 약 10%이지만, 실제로는 도로건설이나 기계의 도입 등으로 개발지점의 30%에서 60%의 숲이 파괴된다. 이 수목의 70%가 일본으로 수출되고 있다. 일본은 세계 1위의 열대우림 수입국이며, 지구의 생태계를 파괴하고, 지구온난화를 촉진한다고 해서 WWF를 비롯해 세계 각지의 환경단체로부터 항의가 일어났다. 이 때문에 1990년 미쓰비시 상사가 환경대책실을 만들어 나무심기사업을 시작했지만 이것으로 해결될 수 있는 것이 아니었다.[23]

이와 같은 열대우림의 파괴는 이 숲에 거주하며 숲에 의존하여 생활하고 있는 약 20만 명의 사람들에게 영향을 주었다. 특히 유명해진 사건이 완전히 숲에 의존해 생활하고 있던 약 300명의 페낭족의 반란이었다. 말레이시아 정부는 과거 미국이나 캐나다의 인디언(원주민)정책과 마찬가지로 거류지를 만들어 거기에 원주민을 몰아넣어 생활양식을 바꿔버리려고 하였다. 그것은 전기나 수도가 있는 문명생활로 보여도 숲과 공존해 자유로이 방랑생활을 해온 원주민에게는 전통적인 일을 잃어버리고, 사는 보람을 없애고, 문화의 전통을 단절하는 것이 됐다.[24]

이밖에도 태국이 일본에 수출하는 새우 양식이 광대한 맹그로브 숲의 파괴를 초래하는 등 일본 기업에 의한 개발이나 무역이 아시아의 자원을 약탈하며 환경파괴를 불러일으키고 있다.

---

* 沈泥: 물에 의해 운반되어 침적된 쇄설물
** 皆伐: 산림의 나무를 한 번에 전부 베는 것

온산병

일본의 원조 등으로 만들어진 한국 최대의 콤비나트지역으로 온산병(溫山病)으로 불리는 중금속 복합오염으로 생각되는 질병과 대기오염으로 인한 농산물의 피해가 발생했다. 원인은 아직도 알아내지 못하였다. 당초 기독교 관계자가 중심이 된 시민운동의 조사에서는 이타이이타이병이 아닌가 했다. 그러나 이타이이타이병의 원인물질이자 현재는 카드뮴전지의 원료인 카드뮴을 회수하고 있기에 다른 질환으로 생각된다.

한국 정부는 주민의 요구도 있어서 오염지의 8400세대(3만 7600명)의 주민을 비오염지역으로 이전시켰다. 김정욱 서울대 환경대학원 교수는 한국의 환경규제는 일본·독일보다 느슨하다고 했다. 1980년에 환경청이 생기기까지는 효과적인 환경정책은 없었다. 이 콤비나트는 박정희 정권 당시 일본의 원조 등으로 만들어진 것으로, 해외직접투자 중 75.2%가 일본 기업이었고, 125개 공장 중 31개 공장이 다국적기업이었으며, 그 총매상고는 이 지역 전체의 34%를 차지하였다.

김정욱은 다국적기업의 분진발생량은 연 11만t 중 55%, 특정유해물질을 포함한 배수량은 하루치 935㎥ 중 80%로 오염기여율이 높다고 했다. 기타 대기오염물질의 배출량도 다국적기업이 절반 이상을 배출하였다[25]. 김정현 리쓰메이칸 대학 교수는 콤비나트 주변의 과수는 과실도 작고, 수확이 감소하였다고 했다. 그래서 1978년부터 1986년까지 농작물 등의 피해배상으로 약 24억 원이 지불됐다. 이 가운데 다국적기업은 59%를 지불했다.[26]

온산병은 인과관계나 치료법에 대해서 아직 잘 알지 못한다. 일본에서는 하라다 마사즈미 등이 조사에 들어갔지만 군수생산이 이뤄지고 있기도 해 기업 내의 출입 등이 되지 않았다고 보고하였다. 타 지역으로 이전된 주민 가운데는 어업 등의 생업을 잃고 새로운 지역에서 직업이 안정되지 않아 다시 오염지역으로 돌아오는 경우도 있었다고 했다. 1989년에 드디어 12명의 피해자가 모여 환경운동이 시작되었다. 이 사건은 피해자 집안 전체가 마을을 떠나 흩어졌기 때문에 역학조사는 어렵지만 김정욱의 지적대로 피해의 책임은 일본의 다국적기업에 있었다.

ARE방사능공해

공해수출이 분명한 사건은 말레이시아의 ARE(아시안 레어 어스사)의 방사능폐기물로 인한 공해일 것이다. 이 사건은 1985년에 주민이 제소해 재판이 진행됐고 1992년 7월 11일 이포 고등재판소는 방사능의 피해를 인정해 ARE의 조업을 중지시켰다. 이에 불복한 피고 ARE는 상고했으며 1993년 12월 23일 최고재판소는 원판결을 사실오인이라고 해 이를 파기했다. 그러나 이미 조업을 정지하고 있었던 ARE는 조업을 재개하지 않고 회사를 철수 해산시킴으로써 사실상 사건은 기업책임을 명확히 하지 못한 채 막을 내렸다.

ARE는 미쓰비시 화성이 35%(약 4억 엔) 출자해 말레이시아의 광석회사 베이미네럴스사(Bay Minerals)와 시험적 공장으로 만들어졌다. 1973년에 계획해 1982년 4월부터 조업을 개시했다. ARE는 텔레비전 등의 형광체에 사용되는 하이테크용 희토류(希土類)를 모자나이트 광석에서 정제, 추출하는 사업을 하였다. 원료인 모자나이트에는 방사성물질인 토륨이 포함돼 있는데, 희토류는 정제되는 과정에서 토륨이 배가 돼 14%나 폐기물에 포함된다. 토륨은 우라늄과 더불어 방사성물질로 반감기는 140억 년, 독성은 플루토늄과 마찬가지로 높다. 일본에서는 1968년에 원자로 등 규제법이 개정돼 규제가 엄격해진 결과, 1971년부터 모자나이트에서 레어어스(희토류)를 추출하는 공정이 사라졌다. 이 공장을 설치할 때 환경영향평가는 실시되지 않았다.

ARE의 공장은 이포시의 공장단지에 있었고 이포시역(市域)에서 가까이, 특히 공장에서 길 하나를 사이에 두고 약 360~1400m 되는 곳에 부키·멜라촌이 있었다. ARE는 제조과정에서 노동자에게 충분한 방호를 하지 않고 이 방사능폐기물을 허술한 방법으로 못에 묻거나 야적에 가까운 형태로 보관했다. 1985년 2월 말레이시아 정부는 원자력허가법을 만들어 그에 따라 같은 해 10월에는 ARE에 중지명령을 내리고, 1985년 11월부터 87년 2월까지 조업을 정지했다. 이 기간에 폐기물의 관리방법을 개선했다는 ARE의 주장이 인정돼 1987년 2월부터 조업이 재개됐다.

이 재판에서 부키·멜라촌의 원고는 방사능으로 인해 백혈병이나 유산 등 건강장애가 발생하고 있다는 사실을 호소했다. 원고측은 사이타마 대학 이치카와 사다오 교수의 방사능측정과 현지의 바텔 박사에 의한 건강장애의 증언을 주된 증거로 했다. 이치카와 증언에서는 ARE사 부근에는 최저치로 연간허용치 100밀리렘의 7배, 최고치는 48배를 넘었다. 또 바텔 박사가 납을 지표로 한 조사에서는 부키·멜라촌 아이들의 체내 납량은 평균의 6배로, 백혈병으로 진단된 아동 3명에게 방사능 피해를 인정했다.

이에 대해 회사측은 방사능의 누출을 부정하고, 백혈병 등 질병의 원인은 담배나 자동차 매연 등도 있어 방사능으로 특정할 수 없다는 것이었다. 피고측 증인으로 가장 중요한 역할을 했던 사람은 와세다 대학 구로사와 류헤이의 측정이었다. 그는 회사의 방사능방호관 2명을 지도해 1985년부터 1989년 3월까지의 측정결과를 모니터링해 부키·멜라촌의 방사선은 다른 주거지보다 낮다고 했다.

고등재판소 판결은 이 구로사와 증인의 데이터는 회사의 손으로 부정조작해 고쳐서 보낸 위험성이 높다고 판단했다. 바텔 박사 및 이치카와 교수가 제시한 측정치의 증거와 구로사와 교수가 제시한 것 중에 바텔 박사 및 이치카와 교수의 증거 쪽이 개연성이 높다고 판단해 방사능피해를 인정하여 ARE를 조업정지토록 한 것이다.

이에 대해 최고재판소의 판결은 고등재판소의 논쟁을 재검토하지 않고, 회사가 방사능측정데이터를 고쳤다는 증거가 없어 고등재판소가 사실을 오인하여 판결을 내렸다며 원고패소로 한 것이다. 이 최고재판소의 판결은 방사능누출의 사실과 피해의 실태를 무시한 것으로 납득이 되지 않는다.[27]

미쓰비시 화성은 욧카이치 공해재판에서 '입지의 과실' 등을 엄하게 지적받아 패소한 기업이다. 그랬던 기업이 해외에서 이와 같은 허술한 공해대책을 취한 것은 믿기 어려울 것이다. 그러나 이 차별감에 다국적기업이 개도 국에 '공해수출'을 하는 필연성이 있었다.

3 일본과 아시아 NGO와의 연대

공해정보 교류의 지체

아시아에서 환경NGO의 교류가 본격화된 것은 1980년대 들어서부터이 다. 『공해연구』는 '격변하는 아시아의 환경문제'를 특집으로 우이 준이 아 시아의 NGO와 교류의 중요성을 호소했다. 이와 같이 늦어진 이유는 한 국·대만이 오랜 군사정권하에 있었고, 동남아시아 나라도 치안조례를 통 해 공해반대운동을 규제했고, 일본의 집회에 출석했다가 귀국하면 투옥될 위험이 있었기 때문이었다. 1980년대에 들어서자 말레이시아 페낭소비자협 회의 활동이나 환경문제필리핀연합의 운동이 보도돼 교류가 시작됐다.

지금 생각해보면 우스운 이야기가 되겠지만, 1960년 말에 대만의 친구에 게 트랜지스터 라디오를 보냈더니 이어폰만 반송돼 왔다. 이유는 해외의 저 주파방송을 듣는 것을 금지하기 위한 조치였다고 했다. 편지를 쓸 때 좌에 서 우로 가로쓰기를 하면 헌병에게 주의를 받으니 오른쪽부터 세로쓰기를 해달라는 당부였다. 『세카이(世界)』는 물론 『분케이슌쥬(文芸春秋)』조차 대만 에 갖고 가는 것이 불가능했다. 1983년에 처음 초등학교 동창생과 '고향찾 기'를 했을 때 일본 신문을 공항 세관에서 몰수당했다. 그러나 이때 처음으 로 나는 『일본의 공해』 등의 공해 관련 문헌을 연구자의 손에 건네줄 수가 있었다. 그러나 환경문제 연구자 태반이 자연과학자가 주류였다.

한국은 대만과 달리 정치경제학에 대한 관심이 깊었다. 『무서운 공해』 (1964년)는 꽤 일찍 은밀히 가지고 가서, 초기 환경NGO의 지도자에게 읽혀 졌다. 1970년대에는 대학 연구실에 공해문제의 연구나 교육을 어떻게 하면 좋을지 연구자나 언론사 기자가 상담을 하러 왔다. 이시카와현 가나자와시에서 환일본해학술문화의 교류회가 열린 1985년에 처음으로 중국, 한국, 소비에트, 미국, 일본의 연구자가 고대사와 도시문제라는 2가지 테마로 심포지엄을 열 수가 있었다. 북한의 연구자는 직전에 사퇴했다. 이때 서울대학 환경대학원 초대원장 노융희 교수가 보고를 해 한국 환경문제나 지방자치 문제의 학술교류의 길이 열렸다. 그 해 나는 비자가 비로소 나와 한국 환경 연구자나 환경청을 방문할 수가 있었다. 아마 서울의 야간외출금지령이 해제됐을 때였다. 그 뒤 한국의 민주화는 진전돼 일본보다도 활발한 환경 NGO가 생겼다. 이와 같이 정상적인 교류가 시작된 것은 1980년대 후반이 돼서부터이다.

아시아태평양환경NGO 환경회의의 결성

일본환경회의는 1989년 9월 '국제화시대의 환경정책을 묻는다'라는 주제로 제9회 회의를 열었다. 여기에는 ARE의 피해자인 백혈병에 걸린 첸 코레온과 그 부모가 참가해 부키·멜라촌의 피해실태를 말했다. 또 이 회의에서는 앞에서 말한 바와 같은 필리핀이나 태국의 일본 기업이나 정부개발원조의 환경파괴 등이 보고됐다. 이 기회에 지구환경문제 특히 아시아의 환경문제를 다룰 필요성이 분명해졌다.

1991년 12월 8일 일본환경회의는 태국환경그룹과 공동주최로 '제1회 아시아태평양NGO환경회의'(APNEC)를 방콕 츄라롱콘 대학에서 열었다. 8개국의 연구자, 교육자, 변호사, 행정관계자 및 NGO 대표 130명이 모여, 아시아의 환경파괴나 공해사건에 관해 정보를 교류하고, 어떻게 해결해야 할 것인지를 토의해 10개항에 걸친 「아시아환경문제에 대한 방콕선언」을 내놓았다. 그 첫째 항목은 다음과 같다.

'일본을 비롯한 선진국 및 다국적기업은 법적인 것과는 관계없이 그 책임에 바탕을 두고 환경파괴에 대한 기여도에 따라 개발도상국의 환경 파괴를 회복하기 위한 대책을 강구해야만 된다. 한편 개발도상국은 국가

의 주권으로 관리 가능한 한 자국의 환경보호에 노력해야만 한다.28'

이 회의에서 일본의 공해병인정환자의 운동이 출석자에게 큰 감명을 주었다. 군사쿠데타 이전에 태국 정부의 과학기술에너지 · 환경부 장관이며 대기오염에 반대하는 시민의 모임 회장 비치트 라크타르는 이 회의에 나와 대기오염의 공해재판을 통한 해결과 혁신지자체의 공해규제에 감동했다고 했다. 그는 그 뒤 앞서 말한 북부의 갈탄사용 화력발전소의 공해사건으로 재판을 제기했고, 아주 근소한 차로 패배했지만 방콕시장 선거에서 공해방지를 내걸고 활동했다. 그 뒤에도 일본에 와서 니시요도가와 대기오염환자의 모임 총회에 출석해 일본의 주민운동의 교훈이 태국에서도 유효하다며 이 가르침에 감사한다는 취지의 인사를 했다.

APNEC는 제2회 회의를 서울에서 실시한 뒤 1994년 11월 교토의 리쓰메이칸 대학에서 제3회 아시아태평양NGO환경회의를 열었다. 여기에 14개국, 2개 지역 대표를 모아 이 회의를 항구적 조직으로 이끌어가기로 결정했다. 현재 거의 2년 마다 회의를 열고 있다. 특히 이 회의의 결정으로 「아시아환경백서」의 영일판을 일본환경회의의 책임으로 발행하고 있다.29'

제3절 오키나와의 환경문제

1 미국의 '공해수출'

쓰루 시게토는 오키나와의 기지공해를 미국의 '공해수출'이라고 규정했다30'. 지금까지 아시아에서 일본 등 선진국의 '공해수출'은 다국적기업과 정부개발원조를 통한 개도국 경제의 지배였지만, 아시아에는 미국의 세계전략에 근거한 군사적 지배로 인해 생기는 '공해수출'도 있다. 그 전형이 오키나와의 환경문제이다. 오키나와의 기지 철거와 자립 없이는 일본의 전후는 끝나지 않았다고 해도 과언이 아니다. 따라서 이 문제는 전후사 전체와 관련돼 있다. 더욱이 이는 일본 국내문제임과 동시에 국제문제이기에 이 장에서 다루지만, 오키나와 기지문제는 이 장의 대상인 1980~90년대에 한정하지 않고 1945년부터 21세기 현재까지 계속되고 있기 때문에 시기는 현재를 중심으로 다루기로 한다.

미군기지와 사회문제

2007년 3월 말 현재, 미군기지는 오키나와현 41개 시정촌 가운데 21개 시정촌에 걸쳐 34개 시설 2만 3301.5ha(현토면적의 10.2%, 오키나와 본섬의 18.4%)를 차지하였다. 일본의 미군전용시설의 74.3%가 오키나와 본섬에 집중돼 있다. 더욱이 주요시설은 가장 인구가 밀집해 있는 중남부에 있는데, 이 때문에 오키나와 경제·사회에 커다란 영향을 미치고 있다. 기지의 인구는 주둔군인 2만 2720명, 군무원 1390명, 가족 2만 4380명, 합계 4만 8490명이다.

오키나와현 지사 공해기지대책과 『오키나와의 미군기지』(2008년판)에 의하면, 복귀 후 2006년까지 미군의 사고는 공무상 4916건, 공무 외 2만 1497건, 총계 2만 6413건에 이르고 있다. 매년 1000건의 사고가 일어나고 있다. 항공기사고는 2007년 12월까지 추락 42건, 불시착 328건 등 459건이 발생하였다. 2004년 8월 13일 오키나와 국제대학에 미해병대 헬리콥터 추락사고는 미군기지의 위험을 명확히 했다. 미군구성원 범죄는 1972년부터 2007년까지 5514건, 범죄에 관련된 사람은 5417명에 이른다[31]. 법무성 「합중국군대구성원범죄사건인원조(調)」에 따르면 2001~2008년에 공무 외 미군구성원 범죄는 3829명인데, 이 가운데 불기소처분된 사람이 3184명이다. 실로 84%, 거의 대부분의 범죄가 기소되지 않고 유야무야되고 있다. 흉악범죄조차 29%가 불기소됐다. 확실히 일본 정부가 사실상 재판권 포기로 미군을 감싸고 있다고 해도 좋을 것이다.

1995년 9월 4일 재오키나와 해병대 3명이 여자 초등학생을 폭행하는 사건이 발생해 이것이 미군기지의 정리축소나 미일지위협정 재검토를 요구하는 복귀 후 최대의 현민운동으로 발전했다. 이 사건 이후 미군의 기강숙정이 요구됐지만, 미군의 부녀자 폭행사건은 거의 매년 일어나고 있다.

기지공해

미군기지 내의 공해는 미일지위협정 제3조에 의해 '배타적 사용권'이 인정되고 미군의 처리에 맡겨져 있어 오키나와현으로서도 파악할 수 없다. 그러나 대기·토양·수질오염은 기지 밖에도 영향을 주기 때문에 최근의 기지반대 여론의 압력과 더불어 통보가 행해지게 됐다. 2009년 3월 5일 후텐마(普天間) 비행장에서 연료누출사고가 발생했다는 연락이 오키나와 방위국 환경대책실에서 기노완시로 통보됐다. 이와 같은 통보는 처음 있는 일로 더욱이 사고가 난 지 이틀이 지난 뒤였다. 이 토양오염은 미군이 제거공사를 했기 때문에 지하수오염은 없다고 했다. 그러나 일본의 지자체 직원이 기지 내에 들어가 조사할 수가 없었다. 이와 같은 유해물질로 인한 토양·수질오염은 가데나 기지에서는 종종 일어나고 있었지만 일본 측에서는 파악하지 못하였다.

향후 기지의 반환이 실행될 경우 토양오염의 제거가 문제가 된다. 이를 위해서는 오염의 사전조사와 청정화, 즉 복원이 필요하지만 지금으로서는 미정부가 오키나와 기지에 대한 슈퍼펀드법과 같은 유해물의 제거나 환경회복조치를 취할 의무가 없다[32]. 기지의 반환에 수반해 복원을 위해서는 장기간에 걸쳐 막대한 사업비가 필요하게 된다.

기지의 공해로 일상생활에서 가장 영향이 큰 것은 항공기소음이다. 항공기소음피해는 10개 시정촌, 약 55만 명(현 인구의 41%)에 미치고 있다. 현과 시정촌이 조사해보니, 가데나 비행장 주변에서는 WECPNL(소음의 수준, 이하 W라고 약칭한다) 65W에서 90.5W, 환경기준(70W)을 웃도는 관측점은 15개 지점, 후텐마 비행장 주변은 62W에서 80.7W로 9개 지점 중 3개 지점이 환경기준을 웃돌았다.

오키나와현은 1995년부터 1998년까지 4년사업으로 '항공기소음으로 인한 건강영향조사'를 실시했다. 그 조사보고에서 가데나 비행장 주변지역에서 청력의 손실, 저체중아 출생률의 상승, 유아의 신체적·정신적 요관찰행동이 많은 등 일상생활의 소음이나 불면만이 아니라 신체적 영향이 보고되었다.[33]

행정으로 해결할 수 없게 되자 참지 못한 주민이 1982년부터 3차에 걸쳐 '가데나 폭음소송'을 제기해 야간비행 금지, 낮시간 폭음을 65데시벨 이하로 억제할 것, 과거와 현재의 피해 손해배상, 거주지 상공에서의 발착이나 연습을 포함한 비행금지를 요구했다. 판결에서는 손해배상을 인정하면서도 중지는 각하됐다[34]. 2000년에 신 가데나 폭음소송이 제기돼 마찬가지로 야간비행 정지와 손해배상을 요구했다. 1심 판결에서는 손해배상은 인정됐지만, 중지청구에 대해서는 '국가에 대해 그 지배가 미치지 않는 제3자의 행위의 중지를 청구하는 것이기 때문'이라고 해서 기각됐다. 한편 2000년 후텐마 폭음소송이 제기됐다. 여기서는 국가와 후텐마 비행장 기지사령관을 피고로 제소했는데, 제판소는 후텐마 비행장 기지사령관은 '손해배상책임은 지지 않는다'며 면소했다. 본토의 기지소음공해소송에서도 미일안보조약에 근거해 군사행동(연습도 포함)은 '공공성'이 있다며 중지는 인정하지 않았다. 수인한도를 넘는 피해에 대해서는 손해배상이 일본 정부에 의해 실시되고, 미군의 부담은 없었다.[35]

'오키나와에서의 시설 및 구역에 관한 특별행동위원회'(SACO)는 1996년 12월 「소음경감 이니셔티브」를 발표해 규제조치를 시작했지만, 그 뒤 두 비행장 주변의 W치에는 변화가 없이 심각한 소음피해는 계속되고 있다. 최근에는 오스플레이의 도입으로 주민이 피해를 호소하고 있지만, 정부와 미군은 규제하고 있지 않다. 환경경제학에서는 국제적으로 환경기준이 이중 잣대로 돼 있어, 기준이 엄격한 선진국이 기준이 느슨한 개도국에 오염기업을 진출시켜 폐기물처리를 위임하는 행위를 '공해수출'로 정의하였다. 기지 공해는 정치행위이지만 쓰루 시게토의 규정과 같이 '공해수출'이라고 해도 좋으며, 이 상황이 계속되고 있는 것은 분명히 '오키나와 차별'이다.

'군사적 식민지' - 이상한 미일지위협정

오키나와의 공해문제를 해결하기 위해서는 기지철수 이외에는 대안이 없지만, 우선 노력해야 할 것은 미일지위협정의 개혁이다. 원래 독립국에 다른 나라의 군대기지가 있다는 것은 제2차 세계대전 후 냉전체제로 인해 생긴 이례적인 것이기 때문에 준거해야 할 국제법은 없다. 오키나와 국제대학 강사 스나가와 가오리는 기지의 환경정책의 진전을 방해하고 있는 것이 '평시 군사를 구별하지 않고 몇 가지 예외를 제외하면 미일 모두 국내법에도 따르지 않고, 일본 국민의 건강과 생활환경을 지키기 위해서는 도저히 불충분한 미군 내부의 행정기준에 근거해서 미군기지를 운영할 권한과 재량을 주일미군에게 주고 있는 것이 미일지위협정이다'라고 말하였다. 미일지위협정에는 일본법 준수가 명문화돼 있지 않기 때문에 일본에서 활동하는 외국의 민간기업이나 정부기관에 적용되는 국내법이 주일미군에는 적용되지 않는다고 일본 정부는 해석하였다. '그 때문에 주일미군의 환경보전활동은 "임무에 지장을 주지 않는 범위"에서 행해지는 노력목표에 머물고 있다.³⁶'

이 미일지위협정은 강화조약 때에 미일안보조약에 우선해 의회에도 예기치 않게 협약한 미일행정협정의 후신이다. 이를 둘러싼 외무성의 기밀문서가 공개됐는데, 미일지위협정은 미군기지에 대해 사실상 치외법권을 허용해 사건이 일어나도 미봉적인 해석으로 처리해 온 사실을 알 수 있었다.³⁷

스나가와 가오리에 따르면, '이탈리아군의 기지를 사용하는 주이(伊)미군에게는 이탈리아의 국내법이 적용되고 있다. 또 받아들이는 국가 내의 방위시설구역에 있는 파견국 군대에 배타적인 사용권을 인정하고 있는 경우에도 파견국 군대에 받아들이는 국가의 법령 적용을 의무화하고 있는 경우도 있다.' 독일은 1993년의 개정을 통해 미국의 국가환경정책법에 배려하면서도 받아들이는 국가인 독일이 인허가권을 갖는 것으로 독일법의 적용을 확보할 수 있게 됐다. 이와 비교해 미일지위협정은 이상한 불평등협정이라고 말할 수 있다. 오키나와현도 2000년 8월에 11개 항목에 걸친 지위협정의 재검토를 요청했다. 그 가운데는 독일의 예를 따라 기지의 환경영향평가의 실시, 피해의 회복 또는 청산조치를 요구하였다.

일본 정부는 현의 이 절실한 요청을 십수 년간 무시하였다. 캘리포니아 대학 국제정치학 C. 존슨 교수는, '아메리카 제국'의 지역지배전략은 옛 제국주의국가와 같이 점령지역에 영토를 요구하지 않는다. 그 대신 반드시 거대한 기지를 존속시켜, 그것을 통해 사실상 그 국가·지역을 식민지 또는 위성국으로 삼고 있다고 했다. 그는 오키나와 주둔미군이었던 경험에서 일본은 '아메리카 제국'의 위성국이며 오키나와는 본질적으로 펜타곤의 '군사적 식민지'가 되고 있다고 말하였다. 미군이 지금 여전히 주둔하고 있는 것은 오키나와의 기지가 미국의 파워를 아시아 전체에 침투시켜, 미국의 패권을 유지강화하는 장대한 전력 때문인 동시에, 이 군사식민지가 모국에도 거의 바랄 수 없는 멋진 생활을 가져다주기 때문이라고 말하였다[38]. 오키나와 기지 가운데는 쾌적한 주택, 학교, 의료시설, 골프장, 오락시설 등이 완비돼 있다. 주일미군비(費)의 70%, 주일미군 1인당 약 1500만 엔, 오키나와현은 매년 약 500억 엔(전국 약 2000억 엔)의 '배려예산'이 나와 있다.

이 '파라다이스'와 같은 기지가 지위협정으로 지켜지고 있다. 미일지위협정 제3조에 의해 미군시설구역 내에는 미군이 배타적 사용권을 갖고 있다. 이는 조차지는 아니지만, 미군의 동의가 없으면 기지 내의 환경파괴나 범죄 등에 대해 일본 측 당국은 손해조사·압류 또는 검증을 실시할 권리가 없다. 미군시설 밖의 사고·범죄에 대해서는 일본의 협력 필요가 협정에서 인정되고 있지만, 2004년 8월 13일 오키나와 국제대학의 헬기 추락사고와 같이 대학의 자치를 인정하지 않고 현경(縣警)과 미군의 합동현장검증도 없이 기체 등을 미군이 회수해갔다. 1968년 6월 2일에 규슈 대학에 팬텀기가 추락했을 때에는 대학이 자치권에 근거해 향후 사고대책의 확립을 요구했고, 미군이 장기에 걸쳐 기체를 회수할 수 없었던 사실과 비교해보면, 오키나와 미군의 '치외법권'은 이상하다고 해도 과언이 아니다. 안보조약의 개정·폐

기까지 가지 않는다고 해도 오키나와현이 요구하는 미일지위협정 개혁을
실현해 미일관계의 성격을 바꿔가야 하는 것 아닐까.

2 오키나와를 지속가능한 사회로

오키나와 진흥개발정책과 환경문제

지금까지의 일본 정부의 오키나와 정책은 미일안보체제의 요석(要石)인
미군기지를 유지하는 것을 기본으로 해 복귀 후 4차에 걸친 경제진흥개발
계획을 추진해왔다. 〈표 8-5〉와 같이 총액 약 9조 엔에 이르는 사업비를 투

표 8-5 오키나와 진흥개발사업비의 추이(보정 후)

(단위: 백만 엔)

	제1차 진흥개발계획 1972~1981 총액		제2차 진흥개발계획 1982~1991 총액		제3차 진흥개발계획 1992~2001 총액		오키나와진흥계획 2002~2009 총액	
		%		%		%		%
치산치수	59,667	4.8	128,685	6.0	218,358	6.5	117,411	5.8
도로	427,710	34.2	769,533	36.0	1,217,153	36.1	658,143	32.3
항만공항	158,283	12.7	266,052	12.5	411,721	12.2	251,302	12.4
주택도시환경	49,250	3.9	96,338	4.5	123,676	3.7	155,997	7.7
하수도수도폐기물 등	229,341	18.4	350,867	16.4	633,800	18.8	362,567	17.8
농업농촌정비	104,813	8.4	272,434	12.8	411,447	12.2	209,738	10.3
산림수산기반	47,452	3.8	96,110	4.5	143,184	4.2	66,547	3.3
북부특별진흥	0	0.0	0	0.0	10,000	0.3	40,000	2.0
조정비 등	775	0.1	722	0.0	7,955	0.2	472	0.0
공공사업관계비계	1,077,291	86.2	1,980,741	92.8	3,177,294	94.2	1,862,177	91.5
교육·문화진흥	139,357	11.2	109,008	5.1	150,327	4.5	139,361	6.8
보건위생	8,455	0.7	11,435	0.5	16,207	0.5	8,995	0.4
농업진흥	24,116	1.9	33,661	1.6	29,587	0.9	24,112	1.2
비공공사업계	171,928	13.8	154,104	7.2	196,121	5.8	172,468	8.5
합계	1,249,219	100.0	2,134,845	100.0	3,373,415	100.0	2,034,645	100.0

주: 2009년도는 개산(槪算) 결정.
출처: 内閣府 沖縄担当部局 작성자료에서 작성.

입해왔다. 이 사업은 제3차 진흥개발계획까지는 보조율 100%, 제4차 진흥
계획에서는 보조율 3분의 2를 기저로 중요한 사업은 90%로 했다. 다른 부
현의 사업 보조율이 평균 50%라는 사실을 생각하면 아무래도 초고율의 보
조사업이었다. 주로 교통수단에 중점을 두고 투자를 했기에 교통기관의 사
회자본은 대도시 부현만큼의 충실을 기했다. 당초 2차 계획까지의 20년간
은 인구 규모가 같은 다른 현의 사회자본 부존량의 절반밖에 없었던 오키
나와의 부흥을 위해서는 고율의 보조금사업이 필요했을 것이다. 그러나 20
년간의 계획에서는 오키나와의 내발적 발전은 없고, 독자적인 경제나 문화
는 육성되지 못했다. 당연히 계획은 재검토돼야만 했지만, 앞의 표와 같이
전혀 사업의 대상을 바꾸지 않고, 개발의 권한을 오키나와의 지자체에 맡기
지 않은 채, 다음 20년간도 공공사업보조금이 투입됐다. 이는 확실히 현민
의 기지반대 여론을 눌러 미군기지를 유지하고자 하는 정책기도가 드러난
것이다. 미국의 이라크전쟁 이후 태평양 중심의 군사전력을 통한 '미군재편'
이래, '재편교부금'이라는 이름으로 기지소재 시정촌에 특별 보조금의 살포
와 나고시 헤노코 신기지 건설과 하나가 된 북부진흥사업이 더해졌다. 원전
등의 전원개발을 위한 교부금제도와 완전 똑같은 기지유치를 위한 교부금
제도가 커졌다. 이 제도는 보조금제도였지만 민간사업에도 살포되었다.[39]

　진흥계획의 총사업비 9조 엔은 2003년도의 농림업 생산액의 158년분, 같
은 해 제조업의 59년분, 정보서비스업의 256년분에 해당할 정도로 컸다. 이
것에 의해 사회자본격차는 해결했지만 자립경제의 전망을 잃었다. 오키나
와 경제는 공공사업을 중심으로 한 재정에 의존하는 경제구조가 된 것이다.
그리고 중앙정부의 행정이 돼 오키나와현의 자치능력을 잃어버리게 됐다.
특히 여기서 문제가 된 것은 본토와 똑같은 획일적인 기준으로 사업을 실
시했기 때문에 오키나와가 자랑하는 자연환경의 파괴가 급속히 심해졌다는
사실이다. 오키나와 대학 사쿠라이 구니토시 교수가 지적한 바와 같이, 초
기의 도로나 농지정비사업이 적토를 유출해 오키나와 바다의 보물이라 할
만한 산호초를 파괴했다. 또 생태계가 풍부한 북부의 산림은 임도(생산도로가

아니라 자동차교통을 위한 도로)의 건설로 급속히 사라졌다. 복귀 후 35년간 매립 면적은 요나구니 섬의 면적을 넘어 2000년에는 전국 제일의 매립사업을 시행했다[40]. 나도 조사했는데, 대표적인 산호초갯벌인 아와세 갯벌이 리조트 개발을 위해 매립됐다. 이는 1970년대부터 시작된 신 이시가키공항 정비사업의 대규모 매립사업으로 이어지는 해안의 파괴였다.

앞서 말한 미군재편사업의 요점은 세계에서 가장 위험한 공항과 미군고위관리가 인정한 해병대의 기지 후텐마공항의 이전문제였다. 미일 정부의 합의에 의한 「괌 이전협정」은 후텐마기지 대신에 나고시 헤노코에 신기지를 조성하는 것이었다. 이를 위한 환경영향평가가 발표됐다. 이 지역은 듀공*이 서식하는 환경이 좋은 둘도 없는 해역으로, 매립은 돌이킬 수 없는 손실을 낳는다. 현재 오키나와현민은 신기지건설 반대로 현밖으로의 이전을 요구하고 있다. 아베 정권은 미일협정을 바꾸지 않고 기지건설을 강행하려 하고 있다. 이 때문에 가데나기지 이남의 미군기지의 반환을 말하고 있는데, 후텐마 기지문제가 해결되지 않으면 진척이 없을 것이다. 이 때문에 지금까지의 '매수'책이라고 해도 좋을 보조금사업을 살포해, 일부 건설업자 등의 기지경제 의존그룹의 세력을 확대하려고 하고 있다. 그러나 지금까지의 오키나와 경제진흥계획이나 기지교부금 등이 지역경제의 발전에 기여하지 못했다는 사실, 기지를 그대로 두고 군용지료(軍用地料) 등의 '불편부담료'를 받는 것보다는 기지를 철거해 지역에서 이용하는 방법이 몇 십 배나 경제적 효과가 있다는 사실이 실증됐기 때문에 신기지를 현 내에 건설하는데 대해서는 반대가 커지고 있다[41]. 만약 권력으로 헤노코기지 건설을 강행하면 본토와 오키나와 사이의 분열과 대립은 안보체제 그 자체를 위태롭게 할지도 모른다.

---

* 태평양의 열대 해역과 인도양에 소수가 서식하는 인어 비슷한 포유동물

'오키나와의 마음'과 지속가능한 오키나와

1972년 오키나와현민이 일본으로의 복귀를 요구한 것은, 점령체제에서 벗어나 일본국 헌법체제로의 이행을 통해 평화, 기본적 인권, 복지를 요구한 것이었다. 이 '오키나와의 마음'은 배신당했다고 말해도 과언이 아니다. 최근 일본 정치의 동향을 보면, 개헌세력이 늘어나 '본토의 오키나와화'가 될 가능성도 있다. 환경정책에 대해서도 마지막장에서 말하겠지만, 결코 전진한다고는 말할 수 없기에 여기서 말하는 오키나와의 미래의 희망을 실현하기란 어려울지도 모르겠다. 그러나 오키나와의 자연환경이나 문화를 소재(素材)면에서 보면 다음과 같은 장래가 바람직하지 않을까.

오키나와는 나가사키현으로 이어지는 크고 작은 섬이 많이 있고, 광대한 해역을 갖고 있다. 이 조건은 경제적으로는 분산의 불이익이 생기고, 원격교통으로 부담이 크다. 그러나 이 불리한 조건을 이용해 에너지·물·자원을 자급자족하는 섬 경제를 확립하기 위해 재생에너지를 개발하고, 폐기물을 리사이클링해서 완전순환사회의 모델을 만드는 것이다. 태양광·풍력·파력·바이오·에너지 등의 개발과 보급과 자원절감사회의 보급에 연구개발의 거점을 만들어가야 할 것이다.

지구온난화는 우선 섬 지역을 위기로 몰아넣을 것이다. 여기서 말한 재생에너지의 개발 등 지속가능한 사회의 모델을 만들어 세계의 섬 지역과 연대해 환경경제·문화의 국제거점이 되는 것이 지구환경시대의 오키나와의 목표가 아닐까 싶다.[42]

제4절 유엔환경개발회의를 둘러싸고

1 지속가능한 개발로 가는 길

신자유주의의 규제완화

앞 장에서 말한 바와 같이, 스태그플레이션의 해결을 위해 케인스주의의 복지국가론 대신에 시장원리주의라고 해도 좋을 신자유주의의 정치가 환경 정책에 큰 변화를 초래했다. 대처 수상은 대중자본주의(Popular Capitalism)라는 말을 만들었는데, 공공부문을 축소해 통화주의로 인플레를 억제하고, 국유기업을 민영화해 자본을 민간에게 분배하고 효율주의로 활력을 증진시킨다는 것이었다. 런던의 이너시티 문제를 해결하기 위해 침체돼 있던 조선 등의 제조공업 대신에 금융·정보산업을 내외로부터 유치하고, 뉴타운정책이나 공영임대주택 우선의 정책을 중지해 도심회귀, 민간주택 중심의 도시정책으로 전환했다. 동시에 국유기업을 매각하고 노동자가 주식을 갖게 했다. 노조의 탄압과 동시에 사탕을 준 이 정책으로 인해 노조의 활동은 정체되고 신보수주의라고 불리는 체제가 확립됐다. 이 과정에서 영국 정부의 환경정책은 후퇴한다. 후술하는 바와 같이, 영국은 EU 내에서는 독일에 이어 SO_x를 배출하고 있지만 산성비 방지를 위한 '30% 감축클럽'에는 가입하고 있지 않다. 그리고 오염물의 유해성은 배출량 감축을 위한 높은 비용에 걸맞지 않는다고 해 탈황·탈초장치의 설치에 반대하였다. 또 원자력발전으로 전환하면 대기오염은 곧 해소된다는 방침이었다. 냉전 종결을 앞두고 환경문제에 대한 대처 정부의 태도가 180도 바뀌는 것은 1980년대 후반이 돼서부터이다.

환경정책을 크게 후퇴시킨 것은 미국의 레이건 정부이다. 미국은 일본과 달리 지방단체가 개발에는 열심인데 공해대책은 느슨했으며, 환경정책은 연방정부주도형으로 추진됐다. 그러나 레이건 정부 말기부터 높은 실업률과 재정위기 때문에 기업의 요구에 의해 연방의 환경행정 자체를 완화하는 경향이 생겼다. 레이건 정부는 1981년 1월 '규제완화를 위한 대통령특별위원회'를 설치해 공해의 규제완화로 나아갔다. 이로 인해 이후 모든 규제는 행정관리국이 행하는 비용편익분석에 의해 사회적 비용은 최소로, 기업이나 사회에 맞춘 편익은 최대가 되지 않으면 안 되게 됐다. 레이건 정부는 신연방주의(재정청의 권한 강화)에 의해 1981년도 이래 연방환경청의 예산과 인원의 감축을 추진했다. 재정지출 면에서는 인플레에도 불구하고 1980년도에 비해 1984년도는 73%로 감축되고 행정직원도 20% 감축됐다. 이 때문에 행정청은 「환경백서」의 발행조차 뜻대로 할 수 없는 어려움에 처하게 됐다. 환경청이 관료적이어서 개혁의 필요가 있다고 비판을 받고 있었으나 개혁이 아니라 대폭적인 규모축소였다. 미국의 설비투자에 차지하는 공해 방지투자의 비율은 1975년의 5.8%에서 1983년 2.4%로 줄었다. 미국의 환경단체는 레이건 정부가 공해규제를 통한 공중위생 개선의 역사를 30년 전으로 되돌려 놓았다고 혹독하게 비판하였다. 더욱이 웨스트게이트 사건으로 불릴 정도로 규제완화의 과정에서 연방환경부 장관과 기업과의 유착이 문제가 되는 사건조차 야기했다.[43]

국제정치에 주도권을 가진 영미의 정치의 전환은 다른 나라에도 영향을 주었다. 일본의 나카소네 정부가 그동안 성역으로 불렸던 교육, 복지, 환경 등의 보조금을 축소하고 드디어 공건법의 전면개정에 이른 것도 신자유주의, 즉 신보수주의의 조류가 그 뒤 1970년대 말 이후 40년 가까이 선진국의 정치를 지배한 것이 드러난 것이다.

산성비 - '30% 감축클럽'을 통한 최초의 국제의무화

이 상황을 타개하는 힘이 된 것은 산성비문제였다. 인과응보라고, 건강을 위한 공해대책은 완화해도 피해는 자연히 드러나기 마련이다. 더욱이 그것이 국제문제 나아가서는 지구환경문제가 된다는 것이다.

유럽에서는 외국이 발생원인 산성비가 피해를 낳고 있다는 사실을 안 것은 1970년대 초이지만, 대책을 취하게 된 것은 1979년 11월 '장거리 월경대기오염에 관한 제네바회의'였다. 이것이 34개국의 동의를 받아 효력을 발휘한 것은 1983년의 일이었다(2002년 10월 시점으로 49개 국가와 기관이 비준). 서독은 당초 이 국제대책에 적극적이지 않았지만, 이 나라의 자연을 상징하던 '흑림'이 산성비로 인해 대규모 피해가 드러나자 환경정책에 가장 열심인 그룹에 속하게 됐다. 1982년 스톡홀름에서 일어난 '환경의 산성화에 대한 회의'에서는 청정화에 관한 국제프로그램의 의무화가 제안됐다. 이 프로그램의 지지파는 '30% 감축클럽'이라고 불리고 있다.

'30% 감축클럽'은 1980년을 기준으로 해 목표기준년(원칙으로 1993년)까지 SO_2연간 총배출량 감축 또는 월경배출량의 30% 감축을 목표로 하였다. NO_x 감축의 합의는 없었다. 유럽 각국은 네덜란드, 스웨덴, 노르웨이, 오스트리아나 스위스와 같이 다른 나라의 산성비의 영향이 심각한 국가가 있다. 최대 오염원은 폴란드, 체코, 서독 3개국이었다.

이 '30% 감축클럽'은 21개국이 서명했지만, 1986년 8월 시점에는 4개국만 비준하였다. EC가입국에서도 영국, 스페인, 그리스, 아일랜드가 가맹하지 않고 또 미국도 가입하지 않았다. 〈표 8-6〉과 같이 영국은 서유럽 가운데 SO_2 배출량으로는 최고, NO_x는 서독에 이어 2위이다. 영국은 종래부터 '높은 굴뚝주의'를 고집하였다. 다른 유럽 여러 나라와 마찬가지로 일본과 달리 탈황·탈초장치가 거의 채용돼 있지 않았다.

1986년 9월 스톡홀름의 '산성비회의'에서 21개 환경보호단체가 유럽에서는 1993년까지 적어도 SO_2총배출량의 80%를 감축하고, NO_x는 1995년까지 적어도 75%를 감축하도록 요구했다. 이에 대해 정치학자 와이트너는 실현은 어려울지 모르지만 환경보전의 전망에 서서 보면 정당한 요구라고 평가하였다[44]. 산성비대책에서는 NO_x의 감축이 필수과제였지만 자동차의 소유대수나 주행량의 급증으로 손을 쓸 수가 없었다. 전문가나 환경보호단체가 자동차의 속도제한(고속도로 시속 100km, 간선도로 시속 80km 이하)을 요구했지만 서독 정부는 반대했다.

표 8-6 유럽 여러 나라의 대기오염 상황(1980년)

	SO₂				NO$_x$				대기오염으로 인한 산림의 고사상황	SO₂ 30%감축국그룹의 감축목표
	배출량 (천t)	면적당 (t/㎢)	인구당 (kg/1명)	주요배출원 (%)	배출량 (천t)	면적당 (t/㎢)	인구당 (kg/1명)	주요배출원 (%)		
프랑스	3,460	6.36	64	전력 31 공업 40	1,847	3.39	34	자동차 65 산 업 26	14%	50% (1990)
서독	3,200	12.85	52	전력 62 공업 25	3,100	12.45	50	자동차 55 산 업 42	전체의 52%	60% (1993)
이탈리아	3,800	12.62	67	전력 52 공업 30	1,550	4.92	26	자동차 46 산 업 38	전체의 5%	30% (1993)
스웨덴	483	1.07	58	전력 40 공업 37	328	0.73	39	자동차 71 산 업 23	남부와 남서부에 약간	65% (1995)
영국	4,670	19.14	83	전력 71 공업 19	1,986	8.14	35	자동차 44 산 업 49		미가맹

주: 1) 숲의 고사상황은 1985년. 다만 이탈리아와 스웨덴은 1984년.
2) NO$_x$의 주요배출원중, 산업은 전력과 공업을 합계한 구성비.
3) SO₂감축목표란의 ( )안은 달성년도.
4) H. Weidner, *Clean Air Policy in Europe: A Survey of 17 Countries*(1987, Berlin)에서 작성.

이같이 산성비 월경간 오염을 둘러싼 국제간의 규제는 썩 잘 굴러간다고는 말하지 못하였지만, 국경을 넘어서 국제적 규제가 시작된 것은 획기적인 일이었다. 이는 프레온가스의 규제와 더불어 지구규모의 구체적 환경정책의 시작이고, 규제방법 등은 교토의정서의 전신을 보여주는 것이라고 해도 좋을 것이다. 지금까지 성장정책 우선으로 환경시책에 소극적이었던 서독에서는 환경보호파가 EC통합과 더불어 반핵, 반원전, 환경보전, 지방자치, 평화를 내걸어 GAL 선풍을 일으켰고, 1983년 3월 연방의회 선거에서 27명의 의원을 진출시키는 등 180도 전환했다. 이 녹색당의 힘이 국제적 연대에 힘을 실어준 것도 환경보전이 정치의 중심에 나선 증거일 것이다.[45]

체르노빌 원전사고 - '지옥의 묵시록'

1986년 4월 25일 오후 10시 소연방 우크라이나공화국 체르노빌시와 가까운 레닌그라드 발전소 4호 원자로(흑연로)가 폭주해 23분 뒤 노심용해(멜트다운)해, 흑연의 발화로 인한 화재가 5월 중순까지 계속됐다. 방사능물질의 양은 분명하지 않지만 유엔기관의 2008년 추정으로는 세슘137이 8경 5000조 베크렐, 요오드131이 167경 베크렐, 히로시마 원폭의 90배의 오염이라고 했다. 이 때문에 1000km 떨어진 북구에서 통상의 100배나 되는 방사능이 관측되고, 유럽뿐만 아니라 북반구 전체에 오염이 확산됐다. 전체를 덮어씌우는 콘크리트 석관작업에는 1988년까지 50만 명 이상의 노동자가 동원됐다. 이 사람들도 피폭됐다.

28년이 흐른 체르노빌의 피해는 아직도 진행 중이며, 피해가 어느 정도가 될지 예측할 수 없을 정도로 크다. 프랑스 방사선방호원자력보안소의 조사에서는 18세 이하의 갑상선암수술 6848건이 보고되었다. 여성의 건강장애, 생식기관의 발달장애, 다음세대의 건강장애, 일반적인 질병의 발병률이나 사망률의 상승이 보였다. 1991년 〈체르노빌법〉에 의해 연 5밀리시버트 이상의 방사능오염지역의 이주 의무(일본의 강제소개 기준은 연 20밀리시버트로 너무 느슨하다는 비판을 받고 있다)가 규정돼 있다[46]. 토양의 오염제거는 불가능에 가깝다. 농작물, 낙농작물 등의 피해(이는 폴란드 등 인근 여러 나라에 영향을 미친다)는 장기에 걸쳐 계속됐다. 서독 정부는 농가에 구제자금을 지원하였다.

원자력재해는 일단 발생하면 그 피해는 지구 전체에 영향을 미칠 가능성이 있고, 더욱이 그것은 재산뿐만 아니라 건강에 대해서도 장기에 걸쳐 또한 다음 세대에 영향을 미치는 사실이 드러났다. 지옥도라고 할 만한 피해를 막기 위해서는 예방밖에 없다. 체르노빌을 계기로 각국에서 원전금지, 신규도입 반대운동이 확산됐다. 각국은 에너지계획의 재검토에 들어갔다. 그러나 후술하는 바와 같이, 이 시기에 지구온실가스 억제문제가 등장했다. 이 때문에 체르노빌 발전소 재해의 교훈을 살리기보다 온실가스대책을 위한 원자력발전의 증설의 목소리가 커지게 됐다. 특히 일본에서는 원자력사고 제로의 신앙이 강해 증설이 계속됐다. 우리들 공해연구위원회는 후술하는 바와 같이 원전폐지의 목소리를 결성 당초부터 내걸고, 체르노빌 발전소 재해 때도 이를 원전중지의 효시가 되도록 해야 한다고 제안했지만 원전마피아를 비롯한 원자력추진파의 목소리를 멈출 수는 없었다.

개발과 환경은 이율배반인가

지금까지 말한 바와 같이, 선진국에서는 공해가 그동안의 경제발전의 틀을 바꾸지 않으면 안 된다는 것을 국민경제뿐만이 아니라 국제경제의 장에서도 보여줬다. 동시에 개발도상국에서도 보팔사고와 같이 무원칙적으로 선진국의 기술을 도입해 '외래형 개발'을 하는 것에 대한 비판이 일어났다. 지금까지 개발과 환경보전은 이율배반하는 것으로 생각돼 왔다. 그러나 아프리카대륙의 기아와 가뭄이 진행되고 환경은 계속해서 황폐해지지만, 경제는 성장하지 않는다. 오일쇼크 전후부터 개도국 사이에 자원관리를 통한 국제경제의 신질서를 만들고자 하는 움직임이 생겨났지만, 선진국의 경제성장에 좌우돼 버리는 것이 분명해졌다.

2 지속가능한 발전(Sustainable Development)의 제창

「우리들의 공통된 미래(Our Common Future)」

1972년의 유엔인간환경회의는 환경인가 성장인가 하는 이원론에 대해 해답이 없었다. 인도를 대표로 하는 남반구 개발도상국은 빈곤이야말로 환경문제로 보고, 성장 억제에는 반대했던 것이다. 그 뒤 선진공업국은 심각한 공해를 극복하는 과정에서 산업구조나 지역구조가 변화하는 가운데 환경문제가 바뀌고, 그 속에서 성장의 질을 바꾸려면 공해를 억제하면서 발전하는 방향이 가능해지는 조건이 생겨났다. 한편, 개발도상국에서는 산림의 소멸로 사막화가 진행되고, 더욱이 다국적기업 단계에 들어서 한 나라의 환경정책에는 분명히 한계가 생겨났다. 지금까지 보아온 바와 같은 산림채벌, 사막화, 공해수출, 산성비, 원자력재해에 더해 다시 언급할 프레온가스 등의 오존층 파괴나 지구온실가스의 증대는 인류 전체의 명운을 묻는 환경문제이다.

이와 같은 경험에서 환경보호를 인간의 생산·생활문제에서 떼놓을 것이 아니라, 또 개발을 환경과 떼놓고 어떻게 하면 풍요로워질 수 있을까 하는 것에 정책목표를 일원화하지 않고, 즉 둘을 나누지 않고 새로운 인류의 미래에 대한 원칙을 만드는 것이 요구됐다. 1984년 일본의 제창으로 '환경과 개발에 관한 세계위원회(WCED)'라는 현인(賢人)회의가 유엔에서 노르웨이 수상 블룬트란트를 위원장으로 해 발족하고(일본 대표는 오기타 사부로), 1987년 4월에 「우리들의 공통된 미래」라는 보고서를 발표했다. 이 위원회는 다음과 같은 결론을 제시했다.

'인류는 개발을 지속가능하게 하는 능력을 갖는다. 지속가능한 발전이란 장래세대가 자신의 욕구를 충족할 능력을 훼손하지 않고, 오늘날 세대의 욕구를 충족시키는 것이다. 지속가능한 발전의 개념에는 몇 가지 한계가 내포돼 있다. 그것들은 절대적 한계가 아니라 오늘날 과학기술의 발전 상황이라든지 환경을 둘러싼 사회조직의 상황, 또는 생활권이 인간 활동의 영향을 흡수하는 능력이라고 말한 것이다. 그러나 경제성장의 새로운 시대로 가는 길을 열기 위한 기술·사회조직을 관리하고, 개량하는 것은 가능하다.[47]

여기서는 지구 인구의 태반이 사는 가난한 나라의 성장이나 가난한 사람들이 풍요함을 얻는 것을 필요한 목적으로 한 위에, 그러기 위해 필요한 자원의 공평한 배분이 보장되도록, 시민참여의 정치시스템이나 국제적인 장으로서의 민주적 의사결정이 필요하다고 했다. 또 선진공업국의 사람들이나 부유한 사람들이 에너지 등의 지구생태계를 지탱하는 범위 내에 정리된 생활양식으로 바꾸기를 요구하였다. 그리고 다음과 같은 목표를 내걸었다.

(1) 의사결정에 효과적인 시민참여를 보장하는 정치체제
(2) 잉여가치 및 기술적 지식을 다른 사람에게 의지하지 않고 지속적인 형태로 만들어갈 수 있는 체제
(3) 조화를 결여한 개발에 기인하는 긴장을 해소할 수 있는 사회체제
(4) 개발을 위한 생태적 기반을 보전할 의무를 준수하는 생산체계
(5) 새로운 해결책을 방심하지 않고 내놓을 수 있는 기술체계
(6) 지속적인 무역과 금융을 육성하는 국제적 체계
(7) 자신의 오류를 수정할 수 있는 유연한 행정체계

이 보고서는 타협의 산물과 같은 부분이 있어 '지구환경을 지속가능하게 하는 발전'이라는 바와 같이 객체적으로 지구환경 유지라는 틀의 중요성을 말하고 있는 바와 주체적으로 환경을 보전해가면서 지속적인 개발은 가능하다고 말하고 있는 바가 있다. 오히려 후자에 역점을 두고 있기 때문에 지구환경보전이라는 객관적인 과제가 약해지고 있다. 이는 앞의 7가지 원칙이 상호 모순되는 바에서도 나타나 있다. 도대체 어떠한 경제체제, 어떠한

정치조직으로 추진할 것인지 하는 점에서는 추상적이다. 따라서 이대로는 시인할 수 있는 것은 아니지만, 환경인가 개발인가라는 트레이드오프 문제를 넘어서려고 한 점에서는 새로운 단계를 보였다고 말할 수 있다.

1987년 12월 WCED는 이 보고를 유엔에 제출했다. 이에 근거해 총회에서 지속가능한 발전이 '유엔, 각국정부 및 민간의 각종기관, 조직 및 기업에 있어 중심적인 지도원칙'이 된다며, 이 보고서를 환영해 활용하기로 총회결의를 했다. 이 총회결의에 따라 스톡홀름의 인간환경회의로부터 20년째인 환경에 관한 유엔회의의 기운이 높았다. 이 배경에는 미소냉전의 종결이라는 국제정세의 변화가 있었다.

'지구환경정치'의 시작

1980년대에 들어서자 지금까지 드러나지 않았던 소련이나 동구 등의 환경파괴가 국제적으로 영향을 미치게 됐다. 체르노빌 사고로 상징되는 바와 같이, 소련은 군비확대와 서구를 따라잡기 위한 대량생산·대량교통이라는 근대화노선을 취하는 한편, 안전이나 환경보전을 위한 정책을 충분히 추진하지 않았다. 중앙지령형 사회주의체제는 획일적인 중화학공업의 생산에는 유효한 움직임을 보였지만, 복잡한 민간수요에 따른 소비물질의 생산이나 정보사회의 기술발전에는 부적합했다. 서구와의 교류가 심해지자 지식인이나 중간계급의 관료주의에 대한 비판이 강해졌다. 이미 1960년대 말부터 소련의 제국주의적인 지배에 저항하는 동구 여러 나라의 반란이 있었지만 군사적으로 억압됐다.

1985년 3월 고르바초프가 소련공산당 서기장에 취임해 페레스트로이카(사회생활 전체의 재편)와 글라스노스트(공개제)를 제창했다. 이와 같은 개혁은 거기에 머물지 않고 소비에트사회주의체제의 붕괴로 나아갔다. 또 중국은 문화대혁명을 종결시킨 뒤 '현대화'노선을 취해 급속히 세계시장으로 들어갔다.

이러한 냉전의 종결, 미소대결이라는 정치역학의 종언 뒤에 나타난 것이

지구환경 대 인류(그 정치표현으로서의 지구정치)였다. 이 결과, 1988년을 전기로
해 지구환경문제는 국제정치의 중심과제가 됐다. 1985년의 '오존층 보호를
위한 빈협약'은 1988년에 발효됐다. 이는 듀폰을 비롯한 화학공업이 프레온
가스의 대체물질의 발명에 성공해 프레온가스규제를 적극적으로 추진하는
전략으로 전환했기 때문이지만, 동시에 국제정세의 변화에 있었다. 마찬가
지로 체르노빌 이후의 원전비판을 비켜나 원전도입을 서두르는 정부, 전력
업계나 일부 과학자(원전마피아)가 CO_2감축캠페인에 열심히 나선 것 등의 경
제적 이유도 더해 지구환경보전은 정치와 경제의 중심과제가 됐다. 이때까
지 신자유주의정책으로 환경정책에 적극적이지 않았던 미영 정부는 냉전
후의 새로운 지구 정치·경제의 주도권을 잡으려고 별안간 정책을 전환했
다. 이것이 1989년 '그린서미트'라 불리는 회의로 상징됐다.

환경NGO의 국제정치 등장

대량소비사회에서 사고·재해가 증대되자 새로운 사회운동으로서의 시
민운동이 1960년대 이후 일본 사회에 대해 말하기 시작했다. 구미의 경우도
같은 시기부터 시민운동이 일어나 미국의 베트남반전운동과 같이 강한 정
치력을 발휘하게 됐다. 유럽의 경우는 EU의 형성과 더불어 유럽 전체의 시
민운동을 연대하는 EEB(European Environmental Bureau)가 형성됐다. EEB는
120개국의 조직 2000만 명의 가입자로 구성된 연합체이다. 여기에는 이탈
리아 최대의 환경단체 이탈리아 노스트라(우리들의 이탈리아)가 들어가 있다.
EEB 의장은 영국의 해양학자 미첼 스크로스 아테네 대학 교수, 부의장은
이탈리아 노스트라의 대표로 도시계획학자 알몬드 몬타나리오 로마 대학
교수였다. 이 대표의 면면만 봐도 알 수 있듯이, EEB는 일본환경회의와 마
찬가지로 대학교수 등 전문가를 많이 품고 있었다. 그리고 OECD에 비정부
조직으로 이미 영업과 산업 지도에 관한 자문위(BIAC)가 들어가 있었기 때
문에 거기에 필적하는 NGO의 환경자문위원회를 만들고자 하는 의향을 갖
고 있었다. 지구환경문제가 국제정치의 초점이 되고 있을 때 단지 '풀뿌리'

운동만 하는 것이 아니라, OECD라는 국제적 정치조직에 전문가집단으로
제안하고자 하는 의향을 갖고 있었다. 1989년 아르쉬 서미트에 지구환경문
제에 대해 국제NGO로서의 제안을 함과 더불어 이 기회에 OECD에 가입할
수 있는 국제환경자문위원회를 만들기 위해 미국과 일본의 NGO 등을 초
대했다.

1989년 7월 11일부터 13일까지 EEB는 파리 교외 폰텐브로의 유럽경영
협회의 회의장에서 「경제의 글로벌화와 환경관리」라는 심포지엄을 열었다.
출석자는 OECD가입국 중 13개국, UNEP, 다국적기업 유엔센터, OECD 공
공정책협회(캐나다), 호주, UNDP 등을 포함해 수십 명의 연구자와 실무가가
초대됐다. 일본에서는 일본환경회의를 대표해 나와 지구의 벗 일본지부 가
메이 후미코가 참가했다.

회의는 다음 5개 분과회로 진행됐다. 제1분과회는 'OECD에 대한 비정부
환경문제의 역할', 제2분과회는 '경제의 글로벌화에 대한 대응', 제3분과회
는 '서미트에 대한 권고', 제4분과회는 '가트교섭', 제5분과회는 '환경연구·
교육의 국제교류'였다. 이들은 세계 최고의 환경NGO의 국제회의라는 의미
에서는 중요했지만 이미 소개한 논문에서 전체 모습이 담겨 있기에[48], 나중
에 영향을 미친 중요한 논점만을 소개한다. 제2분과회에서 EC의 '과학과
기술의 예견과 환경영향평가위원회'의 위원장 페트렐라는 글로벌화는 국제
화나 다국적화와는 달리 기업이나 국가나 체제의 틀을 넘어선 공통의 것을
만들어낸다고 말했다. 전형은 상품으로 말하면 로봇, 컴퓨터이다. 한편 글
로벌화하지 않는 공공서비스가 있다. 글로벌화는 종래의 도시-지역-국가-
국제인 광역화를 생각했지만, 현재는 도시가 핵이 돼 글로벌한 것에 결합하
기에 지역적 독자성을 가진 문화의 의의를 강조했다. 페트렐라는 나중에 멀
티미디어의 개발을 그만두고, 그에 사용하는 수천억 달러의 돈을 사회개발
세계기구(WSDO)를 만드는 데 사용해야 한다고 제창했다. 그렇게 함으로써
개발도상국의 기아나 빈곤으로 괴로워하는 수십억 명의 인민, 주택이나 음
용수가 없는 사람들의 생활난을 해결해야 한다고 말했다.[49]

또 보호기금협회의 K. V. 모르트케는 다음과 같이 말했다.

'국가적 환경정책은 일정한 수준에 도달했지만, 그것으로 해결되지 않는 산성비, 오존층 파괴, 열대우림, 중금속이나 화학물질로 인한 지구적 오염 또는 산업폐기물 수송으로 인한 오염문제에 대해서는 법률도 미비하고, 국제기관도 잘 갖춰져 있지 않다. 지구적 규모로 보면 한정된 자원을 특정국가의 법률만으로 규제하는 것은 곤란하다. 그리고 경제적으로 보면 지금의 제3세계의 누적채무는 단지 국제금융에 중대한 영향을 줄 뿐 아니라 이들 국가의 공해방지투자를 절약시켜 환경정책을 후퇴시키고 있다. 자유무역의 원리는 거대시장의 기초이지만 환경의 위기나 각국 간의 불협동을 낳고 현상으로는 자원위기가 오지 않는 한 공업화는 계속되고, 환경위기는 해결되지 않을 것이다. 선진국과 개발도상국 쌍방이 생활양식을 바꿔 특히 가장 중요한 공업국이 필요한 변화의 리더십을 가지는 것이 문제해결의 가능성을 낳을 것이다.'

이 모르트케의 제언은 회의의 기조를 이루는 것이었다. 이 회의에서 가장 중시된 것은 지구온실가스의 억제문제였다. 이를 해결하자고 원자력에 의존하는 것은 위험하며, 재생에너지의 개발과 에너지절약형의 생산·생활양식의 선택이 제안됐다. 이것을 실험하기 위한 것일까. 이 회의는 창이 많은 회의장을 선택해 저녁이 돼도 일절 조명을 쓰지 않았다. 폰텐브로 회의는 EU와 그 이외의 국가와의 충분한 조정이 없어 EEB의 독주가 됐으며, 중국·인도 등의 개발도상국도 참가하지 않았다. 그런 의미에서는 불충분했지만, 국제NGO의 연대와 그 정부기관(특히 OECD)에 NGO를 참가시키는 첫걸음으로서는 의의가 큰 것이었다. 회의는 '지구온난화방지를 요구하는' 결의를 하고, 대표는 그것을 갖고 아르쉬 서미트에 참가했다. 이는 서미트가 환경NGO와 교섭한 최초의 사례이며, 이 결과, 1992년의 리우회의를 여는 것이 결정되고, 또 그 정부간 회의에 NGO의 참가가 인정되게 됐다.

EEB는 이 회의에서 OECD의 산업지도에 관한 자문위(BIAC)와 노동조합의 자문위(TVAC)에 필적하는 환경문제의 자문위원회를 만들고 싶었지만 각국 참가자의 의견에 차이가 있어 실현되지 못했다. 그래서 EEB는 1990년에 워싱턴, 빈, 부다페스트 등에서 NGO회의를 개최함과 동시에 일본과의 회의를 벨기에의 브뤼셀에서 열 것을 제안하고 일본환경회의는 이를 승인했다. 그러나 EEB와는 달리 일본환경회의는 NGO이지만 전문가도 대부분이 대학 교수였기 때문에 조직의 기금은 거의 제로라 해도 과언이 아니었다. 또 이 EEB와의 회의에 참가하려면 장래의 일을 생각해 아시아 연구자를 동행시키고자 했다. 그래서 자금원조를 요구해 아사히신문사의 기부로 드디어 공동회의에 참가하게 됐다. EEB는 앞의 폰텐브로회의에도 이 본회의에도 일본의 정부·지자체 당국자나 기업경영자를 초대했지만, 그들은 국제NGO의 회의에서는 일본의 공해수출의 책임 추궁을 당할 것 등 우려의 소지가 있다고 해 참가를 거절했다고 한다. 이 때문에 일본의 참가자는 일본환경회의의 주력과 한국의 김정욱 서울대 교수와 차피드 판델리 가쟈마다 대학 교수의 연구자 등 10명으로 구성됐다. EEB에서는 앞의 스크로스 회장, 몬타나리 부회장, 와이트너 베를린사회과학연구원 등 24명, 기타 EC와 OECD에서도 참가했다.

1990년 7월 9일부터 11일까지 벨기에 브뤼셀에 있는 유럽 대학 회의장에서 구일(歐日)환경회의가 5개 분과회로 실시됐다. 사전의 기조논문은 와이트너와 내가 제출했다. 제1분과회는 '경제의 글로벌화에서의 일본과 환경문제'(시바타 도쿠에, 미야모토 겐이치), 제2분과회 '일본에서의 수질오염'(아키야마 기코, 구라치 미쓰오), 제3분과회 '대기오염과 도시정책'(데라니시 슌이치, 나가이 스스무), 제4분과회 '환경정책의 수단과 새로운 환경문제'(이소노 야요이, 우에다 가즈히로), 제5분과회 '아시아 여러 나라에 있어서 경제의 글로벌화와 환경자원문제'(김정욱, 차피드 판델리)였다. 당초 예정에서는 EC측은 서독의 보고도 있어 국제비교를 할 예정이었지만, 기획을 한 와이트너 박사와 EEB의 이야기가 잘 안 돼 EEB 내에서 논자(論者)를 갖추는 데 시간이 맞지 않았기 때문에 아시아측만의 보고가 됐다. 그러나 EEB 측은 토론에는 적극적으로 참가했기 때문에 알맹이가 많은 회의가 됐다. 회의 내용은 『공해연구』에 소개돼 있다[50]. EEB가 아시아측 보고논문을 영문으로 출판한다고 말했지만, 아직 결과는 나오지 않았다. 만족스럽지는 않지만, 이를 기회로 앞서 말한 아시아태평양NGO회의를 비롯해 일본환경회의 등의 NGO의 국제적 활동이 시작된 것이다.

3 유엔환경개발회의(리우회의)

사상 유례없는 국제회의

1992년 6월 3일부터 14일까지 유엔은 환경과 개발에 관한 국제회의를 브라질 리우데자네이루에서 개최했다. 유엔 사상 유례가 없는 일이었는데, 세계 105개국 수뇌를 포함한 178개국 정부대표에 의해 '지구서미트'가 열리고 동시에 세계 100개국이 넘는 400명의 NGO 대표 등 1000명이 플라밍고 공원에서 국제NGO포럼을 열었다. 총참가자는 실로 4만 명이 넘었다. 일본에서도 백몇십 명의 정부 대표, 약 400명의 NGO 대표 등 1000명 가까이 참가했다. 20년 전의 스톡홀름회의에서는 사회주의국가는 출석하지 않았고, 남북대립이 격했고 각국 수뇌의 출석도 적었다. 이번에는 브라질이 주최국으로 냉전의 종결도 있어 쿠바를 비롯해 사회주의국이나 개발도상국이 거의 대부분 출석했다. 이처럼 앞으로 두 번 다시 열리기 힘든 20세기 최후의 거대 국제회의가 열린 것은 지구환경의 위기가 분명해졌기 때문일 것이다. 이 회의에 맞춰 UNEP는 『세계환경보고 1972-92』를 출판했는데, 거기에는 '현대만큼 환경이 위협을 당하고 있는 것은 지구사상 없었다'고 결론지었다. 이에 따르면 유일하게 선진국의 대기오염 개선을 제외하고 모든 환경분야에서 상황이 악화되고 있었다. 가령 생물종의 4분의 1이 20~30년 사이에 멸종될 위기에 처해 있다. 매일 3만 5000명의 5세 이하 아이들이 환경 관련 질병으로 사망하고, 늘 기아상태에 놓인 사람수는 1970년 4억 6000만 명에서 1990년에는 5억 5000만 명으로 늘었다고 보고되었다.[51]

또 프레온가스로 인한 오존층 파괴와 더불어 지구온실가스에 대해 1989년에 설립된 IPCC(기후변화에 관한 정부간 패널)는 화석연료 연소에 따른 CO_2 등의 인위적 가스가 지구의 온도를 올리고 있다는 사실을 경고했다. 1990년 10월에는 '제2회 세계기후회의'에서 2000년의 온실가스배출량을 1990년의 수준으로 낮추자는 제안이 나왔다.

그러나 이 회의에 참가한 개도국 정부는 딱히 지구환경의 위기대책 때문에 모인 것은 아니었다. 그들은 이 회의를 빈곤을 해결하기 위한 회의로 보았다. 이미 전년의 베이징회의에서 온실가스와 같은 지구환경의 위기는 선진국 측에 책임이 있는 것이어서[52] 개도국의 경제에 대해 GDP의 0.7%의 원조를 요구하기로 정해놓았다.

앞서 말한 바와 같이 EEB가 주체가 돼 OECD가입국의 NGO의 결집을 꾀했지만 세계적인 조직은 없었다. NGO는 현지에 들어가서야 임시위원회로 국제회의를 열었다. 선진국 특히 EC의 NGO는 온실가스의 억제나 생태계의 보전을 회의의 주목적으로 삼았지만, 일본과 개도국의 NGO는 공해의 방지나 피해의 구제가 중심과제였다.

이처럼 처음으로 체제의 차이를 넘어 선진국과 개도국이 '지속가능한 발전'이라는 같은 토대에 서서, 더욱이 정부, 기업과 NGO가 모인 것이어서 오월동주라고 해도 좋지만 다음과 같은 성과를 보았다.

회의의 성과 - '리우선언'과 '어젠다21'

리우회의는 '어젠다21'을 채택하고 '기후변화협약' '생물다양성협약'에 많은 나라가 회기 내에 서명을 하고, '산림원칙 성명'을 정하고 '사막화대처협약'을 빠른 기회에 수립할 것을 정했다. 당초는 '지구환경헌장'을 선언할 예정이었지만, 개도국이 개발권을 강하게 주장했기 때문에 톤을 낮춰 「환경과 개발에 관한 리우선언」이 됐다.

'리우선언'은 이 회의의 주테마였다. '지속가능한 개발'을 호소한 것으로, 27개 원칙을 내걸었다. 이 선언에서는 '사람은 자연과 조화를 이뤄가면서 건강하고 생산적인 생활을 영위할 권리를 가진다'(제1원칙)고 했다. 남북을 넘어 '우리들의 가족인 지구의 불가분성(不可分性)·상호의존성'(전문)의 인식을 강조하고, 각국이 자신의 주권을 주장하는 나머지 국경을 넘어 피해를 주어서는 안 되며 '개발의 권리는 현재 및 장래 세대의 개발 및 환경상의 필요성을 형평에 맞출 것'(제2, 3원칙)을 요구했다. 이를 위해 환경보호는 개발과정과 따로 분리해 생각할 수 없다며, 지속가능하지 않은 생산이나 소비를 줄이고, 환경기준의 설정이나 환경영향평가의 실시, 오염자부담을 통한 피해자구제조치의 확립, 환경 관련 정보의 공개와 의사결정과정에 주민참여를 요구하였다. 이와 같은 점에서 '선언'은 적극적 내용을 갖고 있지만, 한편으로는 개발도상국의 정재계의 요구를 넣어서 환경목적을 위해 국제무역을 규제해서는 안 된다는 것, 지구환경보전에는 평등한 정책이 아니라 차이가 필요하고 선진국의 책임이 중하다는 사실을 말하였다. 최근에는 특히 국제적으로 인용돼 중요해진 것은 제15원칙(예방원칙)이다.

'환경을 보호하기 위한 예방적 방책은 각국의 능력에 따라 널리 적용하지 않으면 안 된다. 심각하거나 되돌릴 수 없는 피해가 우려될 경우에는 과학적 확실성이 완벽하지 못하다는 것이 환경악화를 방지하기 위한 비용효과가 큰 대책을 연기하는 이유로 사용돼서는 안 된다.[53]'

이는 일본의 공해의 심각한 교훈에서 나온 원칙이라고 해도 좋겠지만, 정작 절실한 일본은 그 뒤에도 석면재해나 원자력재해에서 예방의 원칙에 실패해 돌이킬 수 없는 피해를 내고 있다.

리우선언을 실행하는 행동강령으로 40장으로 구성된 '어젠다21'은 리우회의의 2년 전부터 180개국이 토의를 계속해 작성됐으며, '리우선언'과 동시에 채택됐다. 그러나 선진국의 원조를 GDP 0.7%로 하는 달성시기를 이 안에 집어넣지는 못했다. 그 전문은 다음과 같이 목표를 내세웠다.

'인류는 역사상 결정적인 순간에 서 있었다. 우리는 국가간 및 국내에서 끝없는 불균형, 빈곤, 기아, 질병, 문맹률의 악화, 그리고 생존의 기반인 생태계의 악화에 직면하였다. 그렇지만 환경과 개발을 통합하고 이를 통해 큰 관심을 가짐으로써 인간의 생존에 있어서 기본적인 요구를 충족시켜 생활수준의 향상을 꾀하고, 생태계의 보호와 관리를 개선해 안전하고 보다 번영하는 미래로 연결시킬 수가 있다.[54]

그리고 이하 '사회·경제적 측면' '개발자원의 보호와 관리' '주요 그룹의 역할' '실시수단'의 섹션마다 상세한 강령을 내세워 지구환경보전운동의 교과서 같았다. 여기서는 '지구환경이 계속 악화되는 원인은 주로 특히 선진공업국이 지속불가능한 형태로 저지르는 소비와 생산이다. 이는 빈곤과 불균형을 악화시키는 심각한 문제이다'(제4장 '소비형태')라고 선진공업국의 생산·생활양식의 개혁을 강하게 요구하였다. 또 '모든 수준의 의사결정에 관심을 가지는 개인, 단체, 조직이 쉽게 참여할 수 있도록 관련된 메커니즘을 개발하거나 개선할 것'(제8장 '의사결정에서의 환경과 개발의 통합')이라고 하였다. 리우선언에는 여성과 청년에 대한 기대와 더불어 민주주의 원칙이 나타나 있다. 각 참가국은 이에 근거해 행동강령을 만들고 나중에는 지자체 가운데 '로컬어젠다21'을 만드는 경우도 있었다. 그러나 1997년경부터 '어젠다21'을 실행하는 적극적인 행동이 멈췄다고 하는데, 일본에서는 다시 학습해도 좋지 않을까.

이 회의에서는 스톡홀름회의와는 달리 2가지 조건에 대해서 회기 내에 많은 국가가 서명했다. '기후변화협약'(1994년 3월 발효)은 온실가스로 인한 자연생태계 및 인류에 미치는 악영향을 우려해 그것을 억제를 하기 위한 26개조로 구성된 구체적인 국제협력을 제정한 것이다. 이 원안 작성과정에서 미국의 반대가 있어 1990년의 배출량을 기준으로 해 억제한다는 구체적인 수치목표는 정하지 못하고 교토의정서까지 미뤄졌다. '생물다양성협약'(1993년 12월 발효)은 생물다양성이 진화 및 생물권에 있어서 생명유지기구의 유지를 위해 중요함에도 불구하고 인간활동으로 인해 현저히 감소하고 있는 사실을 우려해 생물다양성의 보전 및 지속가능한 이용을 위한 국제협정이다. 이 협약은 42개조로 구성돼, 각국의 주권 범위 내에서지만, 보호를 위한 지역이나 특별조치를 취할 것이 결정됐다. 이 협약에 대해서는 개발도상국의 반대로 인해 당초 예정됐던 보호대상이 되는 종이나 서식지리스트를 만드는 조문이 제외됐다. 미국은 유전자의 지적 소유권을 주장해 서명하지 않고, 클린턴 정부에 이르러서 승인했다.

'산림원칙 성명'은 모든 형태의 산림이 인류의 필요를 충족시키는 자원 및 환경적 가치를 공급하는 현재 및 장래의 잠재적 능력의 기초가 되는 복잡하고 고유의 생태적 프로세스를 갖고 있다는 사실을 인식해 건전한 관리와 보전을 요구하는 성명이다. 여기서는 15개 원칙을 내세우고 있지만 보전보다 자원으로서 지속적 개발을 요구하는 원칙이 강하게 주장되었다. 이 성명은 2년 뒤에 채택돼 1997년에 발효된 '국제열대목재협정'으로도 이어지고 있다.

리우회의에서는 사막화방지에 대해 하루빨리 국제협약을 결정할 것을 토의해, 1994년에 '사막화대처협약'이 채택되었고 1996년에 발효됐다. 일본 정부는 이들 협약을 모두 국회에서 승인하였다. 무엇보다 인간생활에 중요한 담수의 보전·확보에 대해서는 전문가들의 열띤 토의가 행해졌지만 이 회의에서는 구체적인 제안에 이르지는 못했다.

리우회의 평가

리우회의의 사무국장은 20년 전의 스톡홀름 회의와 마찬가지로 캐나다의 모리스 스트롱이었다. 그는 이 회의의 마무리에서 대성공이었다고 평가했다. 확실히 남북으로 분열되지 않고 2가지 협약이 체결돼 리우선언과 '어젠다21'이 채택됐고, 지속가능한 발전이 향후 세계 인류의 공통목표로 승인됐기 때문에 주최자로서는 대성공이었을 것이다. 그러나 스트롱은 회의의 의의를 '인류에게는 최후의 기회'라고 했지만, 종료 뒤에는 '지구보전으로

가는 첫걸음'이라고 톤을 낮췄다. 그리고 기자회견에서는 다음을 결함이라
고 말했다.

'첫째는 CO$_2$의 감축에 대한 구체적 감축목표와 기간이 결정되지 않았
다는 점, 둘째로는 자금원조에 대해 그 금액과 기한이 명시되지 않았다
는 점, 셋째는 군사와 산업의 군산복합체가 초래할 지구환경 파괴에 대
해 어떠한 토의도, 결정도 없었다는 점.^{55}'

이와 같은 결함의 주된 원인은 미국 정부의 태도에 있었다. 부시 대통령
은 참가했지만, 온실가스의 구체적 정책목표의 결정에 반대했고, 바이오산
업 등의 압력으로 생물다양성협약에 반대했다. 일본은 미야자와 기이치 수
상이 PKO문제로 국회에서 꼼짝 못하게 돼 선진공업국의 수뇌로서는 유일
하게 결석하게 됐다. 대신에 비디오연설을 제안했지만, 이 신청은 거절됐다.
일본 대표는 시종 미국 정부의 태도를 배려해, 생물다양성협약의 조인은 최
종 13일이 되는 상황이었다. 일본 정부에게 기대를 걸고 있었던 미국의
NGO는 미국을 따르는 상황을 보고 가장 낮은 평가로 바꿔버렸다.^{56}

이 회의는 NGO의 참가가 인정돼 등록단체는 2명, 동 연합체 4명의 대표
가 본회의장의 출석을 인정받았다. 그러나 사실상은 정책결정과정에서 배
제됐다. 본회의장에서의 발언은 지정된 것 이외는 허용되지 않았다. NGO
의 플라밍고 광장에서 본회의장인 리우센트로는 40km나 떨어져 있어서 이
동하기가 쉽지 않았다. 나는 각국 수뇌의 연설을 방청했는데, NGO의 지정
석은 본회의장 뒤쪽 3열만인 회장의 구석진 자리였다. 행여 앞쪽에 빈자리
가 생겨도 경관이 구석진 자리로 몰았다. 이처럼 NGO의 참가는 제한돼 있
었지만, EU의 NGO는 회의가 끝나자 정부 대표와 논의해 조언을 했다. 그
러나 일본 정부의 대표는 NGO와 토론을 전혀 하지 않았다. 거대한 NGO
부스에는 일본 대표의 모습은 보이지 않았다. 9일에 국제NGO포럼의 대표
로서 나는 일본 정부의 세노오 전권대사에게 생물다양성협약의 승인을 서
두르도록 '긴급요청문'을 갖고 면회했다. 이것이 아마 기간 중에 NGO가 정

부대표에게 정식으로 요청한 유일한 사건일 것이다. 일본의 NGO도 국제회의에는 익숙하지 않았던 것이다.

일본 정부는 이 회의에 맞춰『환경과 개발 - 일본의 경험과 노력』을 제출했다. 이는 전후 일본의 경제성장과 환경정책을 총괄한 것이었다. 내용은 통계도 구비해 망라적이고 편리한 것이었지만, 공건법의 전면개정 등 1970년대 이후 환경정책의 후퇴나 '공해수출' 등의 부정적인 면은 쓰여 있지 않았다. 이 때문에 이것을 보면 일본의 공해문제는 해결된 듯 보였다. 일본환경회의는 다른 NGO와 협력해 '92유엔브라질회의시민연락회'를 만들어『지구 안의 나, 내 안의 지구』라는 리포트를 만들어 정부의 보고서에 대항해 이를 각국 정부와 NGO에 배포했다[57]. 이 정부의 '공해는 끝났다'고 하는 듯한 견해에 항의해 미나마타병이나 대기오염환자가 NGO포럼에 많이 출석하고, 또 독자적인 심포지엄을 열어 일본의 공해의 교훈과 아직 공해는 끝나지 않았다고 호소했다. 그러한 본회의 바깥에서의 일본 NGO의 활동은 높은 평가를 받았지만, 본회의의 내용에 영향을 주지는 못했다.[58]

국제NGO는 '리우선언', '어젠다21' 2개 협약 등의 본회의 결정에 반대 또는 불만이라고 해 각국의 참가자를 모아 '지구환경헌장' 등 33개 항목의 NGO협약을 작성했다. '지구환경헌장'의 요지는 다음과 같다.[59]

(가) 생물적·문화적 다양성을 인정하고 그 위에 환경의 기초적 생존 조건의 권리를 인정하고 공동으로 그것을 지키고 회복할 것을 요구한다.

(나) 빈곤과 지구 학대의 근절을 요구하고 그 내발적인 해결을 요구한다.

(다) 국가주권은 성역이 아니며 무역관행과 다국적기업이 환경파괴를 일으키는 일이 있어서는 안 되며 사회적 공정, 공평한 무역, 생태 원칙과의 일치를 달성하기 위해 통제돼야 한다.

(라) 분쟁처리수단으로서의 군비확대, 군사력행사, 경제적 압력의 행

사에 반대한다.

(마) 정책결정 프로세스와 그 제동기준의 공개, 특히 남반구의 여러 나라나 국내 피해자의 정보입수, 그리고 참가가 가능하도록 할 것.

(바) 변혁할 힘의 원천으로서 여성의 역할을 인정하고 그것을 반영하는 공정한 사회를 만들 것.

이 NGO의 선언은 '리우선언'에 비교하면 문화다양성 위에 서서 선진국의 자금, 기술의 개도국 이전보다도 내발적 발전을 중시하고, 국가주권과 다국적기업의 규제를 요구하는 점에서 뛰어나다. 그러나 이 작성에 부분적으로 참여한 경험으로는 이것을 작성한 국제NGO조직이 모호하며, 이 실현의 주체는 명확하지 않고 유엔에 어느 정도 영향을 주었는지도 명확하지 않았다.

리우회의는 일정한 성과는 거두었지만, 가장 중요한 '지속가능한 발전'이라는 '근대화의 종언'을 의미하는 명제를 보이면서 구미일(歐米日)이 추진해온 근대화를 대신할 사회·경제시스템은 보여주지 못했다. 지구환경의 파괴에 책임이 있는 다국적기업, 그것을 지탱하는 세계은행, IMF, WTO 등의 조직을 규제할 조직, 가령 WEO(세계환경기구)를 만들자는 제안도 없었다.

리우회의는 지구서미트라고 불리며 기후변화협약과 생물다양성협약의 승인이 중심이 됐다. 이는 21세기를 통한 인류의 미래를 유지하기 위해 긴급히 필요한 의제였다. 그러나 NGO의 포럼에서는 미나마타병, 대기오염, 수질오염 등 공해문제의 실태와 대책이 중심적으로 논의됐다. 개도국은 물론 선진국도 직면한 것이 공해문제이다. 그것은 기후변화틀짜기나 생태계의 논의에 비하면 촌스러울지 모르겠지만, 목적의 생사가 달린 환경문제이다. 리우회의는 부자클럽의 축제라고 불리는 성격이 있어 향후 국제환경회의의 과제를 남겼다고 해도 좋을 것이다.[60]

4 교토의정서

COP(당사국회의)3 = 교토회의

리우회의에서 승인된 '기후변화협약'은 그 목적을 제2조에 다음과 같이
밝혔다.

'기후계에 위험한 인위적 간섭이 미치지 않는 수준에서 대기중 온실가
스의 농도를 안정화시키는 것을 궁극적인 목표로 한다. 그러한 수준은
생태계가 기후변화에 자연스럽게 적응하고 식량생산이 위협받지 않고
또한 경제개발이 지속적인 양태로 진행될 수 있는 기간 내에 달성돼야
한다.'

이는 산업혁명 이래의 공업화·도시화를 추진해 온 현대사회에게는 엄
청나게 중요한 과제이다. 왜냐하면 온실가스의 70% 이상인 CO_2를 화석연
료가 발생시키기에 그 감축은 지금까지의 경제성장의 틀을 좌우하는 것이
기 때문이다. 이미 이것과 비슷한 문제로 오존층보호를 위한 프레온가스
등을 규제하는 1985년 빈협약과 그에 바탕해 2년 뒤의 몬트리올의정서의
체결이 있었다. 이 의정서에서는 특정프레온 소비량을 1989년부터 1998년
에 걸쳐 단계적으로 감축해 1998년 이후는 1986년 수준의 50%로 감축, 특
정할로겐은 1992년 이후 1986년 수준으로 동결할 것을 정했다. 그 뒤 이것
으로도 불충분해 감축스케줄을 재촉하였다. 이는 국제협정으로서는 획기적
인 것으로 기후변화협약도 이와 동시에 추진됐다. 그러나 선행되었던 오존
층보호는 배출원이 한정되고 대체물질 등 기술적인 해결의 가능성이 커 듀
폰을 비롯해 기업의 참여가 가능했다. 이에 비해 온난화방지는 생산뿐만
아니라 소비생활의 변화도 재촉하는 것이라 기업을 비롯해 경제주체의 부
담은 비교되지 않을 정도로 컸다. 특히 에너지의존도가 큰 미국경제나 급
격한 생산확대를 지향하는 중국이나 인도에게는 이 협약이 실효될지 어려
움이 크다.

온실효과가 과학의 세계에서 문제가 된 것은 100년 이전이라고 불리지만, 이것이 정치무대에 오른 것은 앞서 말한 바와 같이 1988년에 설립된 IPCC의 1990년 제1차 보고였다. 그 뒤 IPCC는 1999년에 제2차 평가, 2001년 제3차 평가, 2007년 제4차 평가, 2013년에는 제5차 평가를 내고 있었다. 이 제4차 평가에서는 온난화가 인간활동으로 인한 가능성을 90%로 보고, 66%였던 제3차 평가보다도 정책이 더 필요하다고 보았다. 고도성장으로 화석연료에 의존할 경우는 약 4℃ 상승하고, 해면수위는 20세기 말보다는 18~59㎝ 상승하고, 극단적인 고온이나 열파, 호우의 빈도는 증가할 가능성이 높다고 예측하였다. 이는 농작물이나 물부족 등에 심각한 영향을 초래하고 특히 각국의 연안부에 회복할 수 없는 재해를 초래할 것이라고 예측되고 있다. 온난화에 대해서는 일부 과학자의 반대의견이 있고, 또 한냉기에 들어선다는 설도 있다. 그러나 이 문제는 제4차 평가 이후는 과학의 단계에서 정치의 단계로 접어들었다고 해도 좋을 것이다. 온난화를 방지하기 위해서는 향후 반세기 사이에 온실가스의 배출을 50~60% 감축해야만 한다.

시대를 앞으로 되돌아가, 리우회의에서는 구체적인 수치목표는 정해지지 않았고, 이후 매년 당사국회의(COP)가 열렸다. 1997년 12월 교토시에서 열린 COP3에서 드디어 교토의정서가 채택됐다. 이 의정서 가운데 OECD가입국과 옛 사회주의국(부속서Ⅰ국)은 개별 또는 공동으로 온실가스 전체량을 2008년부터 2012년까지 제1약속기간 중에 1990년 수준보다 적어도 5.2% 감축하기로 했다. 감축률은 각국별로 정해졌는데, EU는 전체로 8%, 미국은 7%, 일본은 6%를 요구받았다. 개발도상국은 이 기간 중에 수량화된 감축의무는 지지 않았다. 이 계산에서는 1990년 이후 신규 식림·재식림 및 산림감소에 한정해 흡수량을 산정하는 것으로 했다.

이 회의에는 158개 당사국과 옵서버 3000명이 참가했다. 주도권을 쥔 쪽은 이미 환경세 등을 채택해 구체적으로 감축을 시작하고 있던 EU였다. 이에 비해 미국 등은 소극적이었고, 일본은 EU와 미국의 중개에 힘썼다. 개발도상국의 내부에서는 석유산출국과 도서국이 대립하는 의견이었다. 장래의 주요배출국이 될 중국과 인도는 온실가스의 축적은 선진국의 경제발전의 결과로, 경제성장의 억제에는 반대하고 향후 기술원조로서 개도국에 대한 보조기금을 제안했다. 이 회의에서는 리우회의와 마찬가지로 수백의 NGO단체가 산업계의 일부를 제외하고 본회의에 참가할 수 없었다. 그러나 휴대전화라는 무기가 활약을 해 발코니에서 대표단에게 지시를 해 회의의 추진에 상당한 성과를 거두었다. 특히 일본의 NGO는 겁먹은 정부를 뒷받침해줬다. '소모에 의한 교섭'이라고 불릴 정도로 격렬한 토론 끝에 예정보다 하루 늦어져 의정서는 채택됐다. 2007년 6월 현재 서명 84개국, 체약 175개국이다.

S. 오버튜어와 H. G. 옷트는 『교토의정서』에서 다음과 같이 평가하였다.

'교토의정서는 명백히 결점은 있지만, 기후보호의 역사에 있어서 이정표라고 할 수가 있다. 역사상 처음으로 세계의 주요 국가를 포함해 대부분의 국가가 경제, 사회적 번영이 끝없는 온실가스배출량의 증가와 반드시 연결되는 것은 아니라는 사실을 이해한 것이다.[61]'

지금까지의 과학에서는 뜬구름 잡는 것처럼 막연했던 목적이 현실의 정책이 됐던 것은 국제적인 과학자의 협동과 대형컴퓨터의 기술력에 의한 것이었지만, 무엇보다도 앞서 말한 예방원칙이 채택됐기 때문이다[62]. 또 온실가스는 스톡재해라고 해야만 하며, 산업혁명 이후 역사적으로 지금까지 온실가스를 배출해 축적해 온 선진공업국에 주된 책임을 인정하게 하고 균형의 원칙으로 개발도상국과의 사이에 대책상의 차이를 인정한 것은 국제정치경제상의 진보일 것이다. 그러나 최대 배출국인 미국이 의정서에서 이탈한 것은 교토의정서의 목적을 달성하기 어렵게 했다. 이 때문에 이 문제는 점차 국제정치의 중심에서 멀어져 가게 된다.

교토메커니즘 - 시장원리의 도입

교토의정서를 실행하기 위한 정책수단은 교토메커니즘이라 불렸다. 첫째는 공동실시로 부속서 I 국이 다른 부속서 I 국에서 실시된 프로젝트로 생긴 감축량을 당사국간에 배분하는 것을 인정하는 제도이다. 둘째는 청정개발 메커니즘(CDM)이다. 이는 부속서 I 국이 개발도상국에서 실시한 프로젝트로 생긴 감축량을 당해 부속서 I 국이 획득하는 것을 인정하는 제도이다. 정부개발원조의 변형이라고 해도 좋은데, 교토의정서에 참여한 개발도상국이 가장 구체적으로 요구한 것이다. 셋째는 배출권거래이다. 이는 부속서 I 국끼리 배출권을 거래하는 것을 인정하는 제도이다. 이미 SO_x로 배출권거래 시장을 갖고 있던 미국이 강하게 요구했다. CDM과 배출권거래는 시장을 통한 거래로 배출량을 감축시킨다는 것으로, 자국의 배출량 억제의 노력이나 기술의 발달을 저해할 우려가 있다. 이 때문에 배출량거래에 대해서는 각 기업에게 맡기지 않고 국가의 승인 또는 국제기구의 인증이 요구되고 있다.[63]

일본은 COP3의 주최국임에도 불구하고 '잃어버린 20년'이라고 불리는 오랜 불황 속에 있어서 적극적인 대책을 취하지 못했다. 환경세를 채택한 것은 2013년도 예산부터인데, 배출권거래제도도 재계의 반대로 채택되지 못했다. 이 때문에 교토의정서의 결정은 지켜지지 않았다. 그 뒤의 일은 생략하지만, 일본은 CO_2의 감축을 원자력발전에 의존하고 있었다. 하토야마 내각이 국제적으로 공약한 2020년에 1990년 대비 25%의 온실가스 감축목표는 원자력발전이 에너지원의 50%를 차지하는 계획이었다. 2011년의 원전재해는 이 계획을 좌절시켰다. 북구 여러 나라나 독일이 자연에너지의 개발을 통해 온실가스의 감축을 계획했던 것과 비교하면 일본 정부의 계획은 미래의 국민의 안전을 생각하기보다는 원자력 관련 자본의 요구에 굴복한 것이었다. 이 때문에 일본은 교토의정서로부터 이탈해 장래의 온실가스 감축목표를 세우지 않게 됐다. 2012년에 기한이 다 돼 새로운 협정의 모색이 시작됐다. 그러나 여전히 미국은 수치목표에 반대하고, 중국도 국제적 규제에 따르지 않고 있다. COP19는 기후변화협약의 제2단계에 들어섰지만, 암운에 잠겨 있다.

주

1 寺西俊一 『地球環境問題の政治経済学』(東洋経済新報社, 1992年), pp.21-25의 서술에 의한다. 또한 米本昌平 『地球環境問題とは何か』(岩波新書, 1994年)는 3개의 군으로 분류하였다. 제1군 은 지구규모에 영향을 미치지만 대책은 현지 정부가 명확히 대응책을 취할 수 있는 환경문제 … 사막화나 산림의 감소, 제2군은 피해의 사실과 오염원은 명확하고 기술적인 대책은 가능함 에도 불구하고 양자가 국경을 넘어 있어 국익의 벽에 의해 대책이 곤란한 문제 … 산성비나 국제하천·항만의 오염. 제3군은 피해가 지구에 미치는 것으로 2의 영향의 시간, 정도에 대해 서는 아직 명확하지 않지만 방치하면 중대한 영향이 있는 문제 … 지구온난화, 프레온가스문 제. 이는 정책주체에서 본 분류이다. 나의 분류는 양자를 참고로 했다.

2 『経済学辞典第3版』(岩波書店, 1992年), p.847. 특히 『多国籍企業便覧』(*Macmillan Directory of Multinationals*, 2ed., 1989)에서는 다국적기업의 판정기준은 다음 3가지로 보고 있다.
①보통주 25% 이상을 취득하고 있는 자회사를 적어도 3개국의 외국에 소유한 기업.
②외국투자에 수반하는 판매액 및 자산액을 본사를 포함한 재산총액 및 투자총액 중 적어도 5% 이상 소유한 기업.
③재외 자회사 판매액이 적어도 7500만 달러 이상에 이르는 기업.
이들 3가지 기준 가운데 1가지 이상을 충족하고 있는 기업.

3 向寿一 『転換期の世界経済』(岩波書店, 1994年), pp.195-204 참조.

4 이 포럼은 앨 고어나 시티은행의 경영자 등과 존스홉킨스 대학의 I. 프랑크 교수 등의 연구자 에 의해 열렸다. WRI ed., *Improving Environmental Corporation : The Roles of Multinational Corporations and Developing Countries*(WRI, 1984). 정말 똑같은 논의로 세계의 환경기준을 동일수준으로 설정하는 것에 반대하고 있는 것에 다음 문헌이 있다. C. S. Pearson, *Down to Business : Multinational Corporations, the Environment and Development*(WRI, 1985), pp.43-47.

5 C. S. Pearson ed., *Multinational Corporations, Environment and the Third World*(Durham, 1987), pp.254-280.

6 鷲見一夫 『世界銀行』(有斐閣, 1994年), p.2.

7 Samlhava Trust, *The Bhopal Gas Tragedy, Bhopal People's Health and Documentation Clinic*, 1998. ドゥィベディ, M. P. 「ボパール農薬工場のガス漏洩事件」(『環境と公害』 2000年 夏号, 30巻 1号), cf. T. N. Gladwin, A case study of the Bhopal Tragedy, in C. S. Pearson eds, op. cit., pp.225.

8 1975년의 보고는 앞의 (제2장) 都留重人編 『世界の公害地図』. 내가 조사해 영문으로 캐나다의 연구자에게 배포한 보고서는 다음과 같다. K. Miyamoto, *The Case of Methyl Mercury Poisoning among Indians in Northwestern Ontario, Canada*, Hannan Ronsyu, vol 15(2·3). 제4회 일본환경회의에서는 라파엘·포비스터, 존·오르시스가 「カナダインディ アン居留地の水銀汚染問題」(日本環境会議編 앞의 (제7장) 『水俣－現状と展望』으로 보고하였 다. 2002년과 2004년의 조사보고는 原田正純他 「長期経過後のカナダ先住民地区における水銀 汚染の影響調査(1975~2004)」(『環境と公害』 2005年 春号, 34巻 4号). 기타 이 사건에 대해서 는 내외의 연구가 있다.

9 ブルタルコ・B・パワガンJr. 「フィリッピンにおける環境略奪の諸事件：日本企業の見えざる

手」(『公害研究』1990年 冬号, 19巻3号), アイダ・ベラスケス「フィリピンの環境問題の現状」(『公害研究』1984年 秋号, 14巻 2号) 참조.

10 隅谷三喜男『韓国の経済』(岩波書店, 1976年). 林建彦『韓国現代史』(至誠堂, 1967年).T・K生・世界編集部『韓国からの通信』(岩波書店, 1974, 75, 77, 80年) 참조.

11 中嶋嶺雄編『中国現代史』(有斐閣, 1981年). 朝日新聞社編『日本と中国』全8巻 (朝日新聞社, 1971~72年).

12 宮本憲一『環境政策の国際化』(実教出版, 1995年) 第2章「アジアの環境問題と日本の責任」참조.

13 サーマート・チアサクーン, チューターマナブットパイブーン編, 吉田幹正訳『タイの1980年代経済開発政策』(アジア経済研究所, 1994年). 末広昭『バンコク』(大阪市大経済研究所編『バンコク・クアラルンプール・シンガポール・ジャカルタ』(東大出版会, 1989年) 참조.

14 Dr. Bichit Rattakul의 제1회 아시아태평양NGO환경회의의 보고.

15 小島麗逸 「東アジアの経済発展段階」 小島麗逸・藤崎成昭編 『開発と環境―東アジアの経験』アジア経済研究所, 1993年)

16 スラポーン・スーダラ『タイにおける環境問題―工場及び観光開発』(『第10回日本環境会議』報告, 1990年).

17 金政炫「韓国の環境政策と日本」(宮本憲一編『アジアの環境問題と日本の責任』 かもがわ出版, 1992年). 木村実「韓国の環境法と行政制度」(野村好弘・作本直行編『発展途上国の環境法―東アジア』アジア経済研究所, 1993年).

18 植田和弘 「台湾の環境政策と日本モデル」: 寺尾忠能 「台湾―産業公害の政治経済学」(前掲小島・藤村編『開発と環境』), 劉保寛「台湾の環境法と行政制度」(앞의 野村・作本編『発展途上国の環境法』)

19 日本在外企業協会『国際化への新たな対応委員会, 昭和57年次報告書』(1983年 4月), pp.58-59.

20 『環境白書平成6年版』(環境庁, 1994年), pp.202-212.

21 船津鶴代「企業の環境意識と環境政策の実態―海外共同調査の結果から―」(앞의 (제6장) 小島・藤崎編『開発と環境』

22 앞의 ブルタルコ・B・バワガンJr.「フィリッピンにおける環境略奪の諸事件：日本企業の見えざる手」

23 日本弁護士連合会公害対策・環境保全委員会編『日本の公害輸出と環境破壊』(日本評論社, 1991年)

24 レオン・コー・クウォン 「東南アジアにおける日本の経済活動のもたらす環境への影響」(앞의 宮本憲一編『アジアの環境問題と日本の責任』)

25 金丁勗「韓国の蔚山・温山工業団地における多国籍企業活動の環境的側面」(『公害研究』1991年 夏号, 21巻 1号)

26 앞의 金政炫「韓国の環境政策と日本」

27 앞의 日弁連『日本の公害輸出と環境破壊』, 「イポー州・マラヤ高等裁判所判決」; 「ARE事件最高裁判所判決」(앞의 野村・作本編『発展途上国の環境法』), 市川定夫「マレーシアのトリウム廃棄物：日系企業による野外投棄と環境放射線レベルの上昇」(『公害研究』1985年 夏号, 15巻1号)

28 座談会(宮本憲一・原田正純・淡路剛久・秋山紀子・寺西俊一) 「第1回アジア・パシフィックNGO環境会議を終えて」(『公害研究』1992年 春号, 21巻 4号)

29 日本環境会議・アジア環境白書編集委員会『アジア環境白書1997/98』(東洋経済新報社, 1998年)를 창간호로 계속 발간하고 있다.

30 S. Tsuru, *The Political Economy of the Environment*, The Case of Japan, The Athlone Press, 1999, pp.216-219.

31 沖縄県知事公害基地対策課『沖縄の米軍基地』(2008年 3月)

32 砂川かおり「米軍における軍事基地と環境法」(宮本憲一・川瀬光義編『沖縄論』岩波書店, 2010年), p.163, 林公則『軍事環境問題の政治経済学』(日本経済評論社, 2011年)

33 平松幸三 「嘉手納・普天間基地周辺における空港騒音の実態と住民の健康調査」(『法と民主主義』1999年 12月号), 平松幸三・山本剛夫「嘉手納基地の爆音による住民への健康影響」(『環境と公害』1994年 冬号, 23巻 3号)

34 山本剛夫「嘉手納基地騒音公害訴訟における健康被害」(『環境と公害』1998年 秋号, 28巻 2号)

35 앞의『沖縄の米軍基地』, pp.50-52.

36 앞의 砂川かおり論文, p.163.

37 琉球新報社『日米地位協定の考え方・増補版』(高文研, 2004年)

38 チャルマーズ・ジョンソン著, 鈴木主税訳『アメリカ帝国への報復』(集英社, 2000年)

39 川瀬光義「基地維持財政政策の変貌と帰結」(앞의『沖縄論』), pp.65-96.

40 桜井国俊「環境問題からみた沖縄」(앞의『沖縄論』), pp.97-126.

41 真喜屋美樹「米軍基地の跡地利用開発の検証」(앞의『沖縄論』), pp.143-162.

42 宮本憲一「「沖縄政策」の評価と展望」(前掲『沖縄論』), pp.11-34. 특히 오키나와 문제를 이해하기 위해서는 이『沖縄論』이외에 다음 저서를 참고하기 바란다. 宮本憲一編『開発と自治の展望・沖縄』(筑摩書房, 1979年), 宮本憲一・佐々木雅幸編 『沖縄・21世紀の挑戦』(岩波書店, 2000年). 또 '오키나와의 마음'을 이해하기 위해서는 新崎盛暉『沖縄現代史』(岩波新書, 1996年), 同『沖縄現代史新版』(岩波新書, 2005年).

43 Friend of the Earth and other circles eds., *Ronald Regan and the American Environment* (Sanfrancisco, 1982).

44 H. Weidner, Clean Air Policy in Europe: A survey of 17 countries, pp.28-29.

45 寺西俊一 앞의『地球環境問題の政治経済学』, pp.187-189. GAL는「녹색을 추구하는 사람들」(Die Grünen과Alternatien의 합성어).

46 アレクセイ・V. ヤブロコフ『調査報告 チェルノブイリ被害の全貌』(星川淳監訳, 岩波書店, 2013年) 참조.

47 WCED ed., *Our Common Future*(大来左武郎監修『地球の未来を守るために』福武書店, 1987年), pp.28-29.

48 宮本憲一 「経済のグローバリゼーションと環境管理に関する国際会議」(『公害研究』1989年 秋号, 19巻 2号)

49 R. Petrella, *Pour un contrat social modial*, Le Monde diplomatique, July, 1994, 三浦信孝訳「グローバルな社会契約を」『世界』(1994年, 1月号), pp.120-123.

50 宮本憲一「日本環境会議とEEB」(『公害研究』1991年 冬号, 20巻 3号).

51 UNEP, *The Report of World Environment*, 1972-92(UNEP, 1992).

52 내가 방청한 본회의에서 가장 인기가 있었던 것은 쿠바의 카스트로 수상의 연설이었다. 그는 지구환경의 위기는 선진공업국이 세계의 자원을 착취한 결과이며, 특히 '미제국주의'의 책임이라고 말해 개도국 대표들로부터 박수갈채를 받았다. 이는 지구환경보전에서 선진공업국과

개도국간에 차이를 두어야 하며, 원조 없이는 지속가능한 발전은 있을 수 없다는 개도국의 의견을 강경하게 대변했기 때문일 것이다.

53 리우선언은 外務省·環境庁編『国連環境開発会議資料集』(1993年). 이는 다음에도 인용되고 있다. 日本科学者会議編『環境問題資料集成』第1巻『地球環境問題への国際的取組み』(旬報社, 2002年). 예방원칙에 대해서는 高村「国際環境法におけるリスクと予防原則」(『思想』 963号, 2004年 7月号) 참조.

54 国連事務局, 環境庁·外務省監訳『アジェンダ21—持続可能な開発のための人類の行動計画』(海外環境協力センター, 1993年), p.1.

55 西村忠行『「地球サミット」の成果と課題』(日弁連『自由と正義』1992年 11月号). 니시무라는 2명의 일변련의 대표 중 한 사람으로 일본 대표단에 참가해 본회의에 출석해 스트롱의 기자회견에 동석했다.

56 NGO는 일본 정부의 이러한 태도를 비판하고 최종일의 각국 정부의 등급매기기 가운데 일본 정부에 '골든 베이비상'을 수여했다. NGO의 일원이며, 생물다양성협약에 대해 본문과 같이 신청을 한 나에게는 이 평가는 수긍이 가는 것이었지만 일본 정부 당사자에게는 부당한 평가였는지도 모르겠다. 환경청의 가토 사부로 지구환경부장은 이 회의에 있어 일본 정부의 입장을 다음과 같이 말하였다. '일본으로서는 지구환경의 악화는 인류의 생존기반에 관계된다는 인식이기에 리우의 "지구서미트"는 어떻게 하든지 성공시켜야만 되는, 그것을 성공시키기 위해 일본이 할 수 있는 최대한의 것을 한다는 마음으로 임했습니다.' 일본 정부의 중점은 의미가 있는 기후변화협약이 가능할지 어쩔지 개도국에 대한 자금원조를 대담하게 한다는 2가지였다고 했다. 그 2가지에서는 '매우 깔끔해질 수 있었다'고 평가하였다. 국제NGO에 일본 정부의 적극적인 태도가 전해지지 않은 것은 독자적인 행동이 잘 보이지 않고 미국의 속국과 같이 보였기 때문일 것이다. 일본 정부가 기후변화협약의 성립에 대해 적극적인 자세로 임한 것은 좋으나 가능한 개발도상국에 대해 자금원조를 하는 데 머물지 않고 일본 기업이나 정부개발원조 사업에 대해 '자원약탈'이나 '공해수출'이라는 비판에 대응하는 노력이 있어야 했지 않을까. 정부의 문서에 있는 일본의 공해의 교훈, 개발의 틀에 대해서 NGO 특히 개도국의 NGO와 대화가 필요했던 것은 아닌가. 국제회의에서 미국에 따라가는 것보다는 개도국의 연대자가 되는 스탠스가 필요한 것 아닌가. 「インタビュー 地球環境保全における日本の役割と課題—地球サミットを踏まえて」(加藤三郎·西村忠行対談, 앞의 『自由と正義』 수록)

57 「92国連ブラジル市民連絡会からの提言」(『公害研究』1992年 春号, 21巻 4号)

58 리우회의에서의 NGO활동에 대한 소개와 평가는 다음 2개의 논문이 있다. 早川光俊「グローバル·フォーラムと日本のNGO」, 菊池由美「NGO条約作りの現場から」(『環境と公害』1992年 夏号, 22巻 1号)

59 헌법의 전문은 地球環境と大気汚染を考える全国市民会議 (CASA)『地球サミット資料集』(1993年), 또 이는 앞의 『環境問題資料集成』 제1권에도 수록.

60 宮本憲一「国連環境開発会議の歴史的意義—「近代化の終焉」とその困難」(앞의 『環境と公害』1992年 夏号, 22巻1号)

61 Sebastian Oberthur & Hermann E. Ott eds., *The Kyoto Protocol-International Climate Policy for the 21st Century*, 国際比較環境センター·地球環境戦略研究機関訳『京都議定書』(Springer, 2001), p.11. 본론에서는 교토의정서에 대해 충분한 검토와 평가는 하지 않았다. 다음의 문헌을 참조했으면 한다. 「特集·気候変動枠組み条約第3回締約国会議(COP3)」(『環境と公害』1997年 秋号, 27巻 2号). 「特集·京都議定書と今後の課題」(『環境と公害』1992年 夏号,

22권 1호)

62 高村ゆかり「国際環境法におけるリスクと予防原則」『思想』(2004年, 第963号)

63 田中則夫・増田啓子編『地球温暖化防止の課題と展望』(法律文化社, 2005年), p.19.

제 9 장

공해대책의 전환과 환경재생

리우회담 후의 최대의 제도개혁은 환경기본법의 제정이다. 이는 공해대책기본법을 축으로 한 20년 이상에 걸친 공해행정제도의 '종언'이라고 해도 좋을 커다란 전환이었다. 이 환경기본법의 출발을 가능하게 한 것이 공해건강피해보상법의 전면개정이었다. 1987년 9월 공건법의 중심이었던 대기오염지역(제1종)의 지정은 해제되고, 1988년 3월부터 대기오염으로 인한 신규환자의 인정이 중지됐다. 41개의 지정지역은 없어지고, 매년 9000명이 인정됐던 대기오염환자는 공식적으로는 소멸된 것이다. 공건법은 심각한 공해로 인한 사회분쟁을 진정시키는 카드로서, 정부로서는 야심차게 작성한 제도였지만, 이 전면개정은 현실적으로 환자가 발생하고 있는 상황에서 인정을 중지한 것이기에 그 이상으로 난폭하고 대담한 반동조치였다. 기획했는지 여부는 불분명하지만, 결과적으로는 '공해는 끝났다'고 하는 여론형성과 '공해극복'의 국제적 평가를 추구하는 정책인 동시에 그것은 전후 일본사회의 종언의 첫걸음이었다고 말할 수 있을지도 모르겠다.

이 장에서는 공건법의 전면개정을 둘러싼 격렬한 대립과 그것을 계속 끌고 간 환경기본법 제정을 둘러싼 문제를 명확히 하고자 한다. 그리고 그 사이에 공건법 개정에 반대한 피해자가 일으킨 재판에 대해 소개하고자 한다. 이 재판은 제1차 산업공해를 넘어서 도시형 복합오염의 해결을 요구하는 것이었다. 그것만으로 피해자구제에 머물지 않고 21세기를 향한 환경재생-지역재생을 추구하는 의의를 가진 획기적인 재판이었다.

제1절 공해건강피해보상법 전면개정

1 공건법 개정을 둘러싼 2가지 흐름

제6장에서 말한 바와 같이 공건법의 성립을 추진한 경제계 특히 중화학공업의 대기업을 대표하는 경단련은 그때부터 이 제도의 개정에 대해 의견을 제출했다. 즉, 1976년 3월 4일 「공해건강피해자보상제도에 관한 요망」에서는, 첫째로 기관지천식 등 4대 질병의 자연유증분(有症分)에 대해서는 공비를 부담하지만 모든 환자의 보상비를 오염자부담원칙으로 지불하는 것은 이상하다. 또 경비부담을 대규모 기업의 고정발생원에 지울 것이 아니라 영세한 연원(煙源)이나 생활오염분에 대해서는 공비로 대체해야 한다고 하였다.[1]

이 3월 4일의 요망을 해설한 「공해건강피해자보상제도의 문제점」에서는 제정 후 3년째를 맞아 지정지역이 추가되고, 인정환자가 증대하여 첫해의 부담 40억 엔이 1976년에 10배인 440억 엔이 된 것에 대해 철강·화학·광업 등에서 부담이 크고, 더욱이 제도운영에 간섭할 수도 없는데다 효과적인 제동장치가 없기 때문에 개정을 희망한다고 말하였다. 그리고 환경오염의 기여도 실태를 반영해 현상의 고정발생원 8, 이동발생원 2의 분담을 재검토해 SO_x와 NO_x가 인체에 미치는 영향을 반반으로 해도 좋을지 여부를 설명해달라고 말하였다. 이 발생원의 지역적 불균형 때문인지 1975년도 기준으로 미즈시마 콤비나트지역의 부과금은 18억 엔이었지만, 지역의 환자에게 지불된 보상금은 2~3억 엔에 지나지 않고, 지바시의 경우도 부과금 6억 엔, 환자에 대한 지불 3억 엔에 불과했다. 이는 이동발생원이 많은 도쿄 등 대도시에 공업단지의 부과금이 지출되고 있기 때문에 해마다 이 불균등이 커지고 있다고 비판했다.

이 「문제점」에서는 그 밖에 지역지정요건과 해제요건의 명확화를 요구하였다. 현재 지정안건(자연유증률의 2~3배)은 유의성이 없기 때문에 좀 더 규명을 해야 하고, 공해대책이 진전되고 있음에도 환자가 늘어나는 것은 이상하다. 과거의 오염과 관계가 없는 신규환자를 인정하지 않는 것이 요구되고 있다. 특히 끽연자와 과거에 고도의 오염물질에 노출되지 않은 아동에게 적용하는 것은 맞지 않으니 엄격히 인정했으면 한다는 것이었다.[2]

이러한 개정을 요구하는 의견은 그 뒤에도 1977년 2월 등 거의 매년 나오고 있었다. 경단련 환경안정위원장 일본합성고무 상담역인 가와사키 게이이치는 「공해피해보상제도의 문제점과 개선의 방향」[3]에서 공건법은 오염과 질병의 인과관계가 명확하지 않았음에도 대담한 결단으로 보상이 이루어졌다고 밝혔다. 그 모순은 SO_x의 오염이 1973년 이후 개선됐고, 질병의 가능성이 있는 SO_2 연 0.04ppm의 오염지가 41개 지정지역에서 모두 청정해지고 있음에도 환자가 늘어나는 것에서 드러나고 있다고 했다. 제도가 시작될 때 인정환자 1만 5000명이 1981년에는 7만 8000명을 넘었고, 제도 전체의 소요액도 40억 엔(반년분)에서 880억 엔으로 늘었다. 국민보험 진료보수명세서로 조사한 바로는, 오염이 적은 아오모리현과 같은 지역과 지정지역 사이에 4대 질병의 수진률에 차가 없는 것을 보면 대기오염 이외의 환자가 늘어나고 있는 것은 아니냐고 했다. 한편 피해자단체 등은 SO_2의 오염이 개선돼도 NO_2나 SPM(PM2.5)의 오염이 있다고 하는데, 미국 등 주요국의 NO_2의 환경기준은 연 0.05ppm으로 일본은 너무 엄격하다. 가와사키 게이이치는 결론적으로 질병이 많이 발생할 만한 현저한 오염은 사라진 것이 아니냐며 지정지역 등 제도의 근본적 개정을 요망하였다.

공해재판에서 생사가 걸린 위급한 때에는 공건법 제정을 그토록 바랐던 경제계가 불황이 되고 부담이 무거워지자 공건법의 결함을 떠벌리는 것은 부끄러운 일이라고 생각되지만, 공건법에도 결함이 있다는 사실은 이미 말한 바와 같다. 특히 지정지역의 오염물질의 지표를 SO_2로 일원화한 것은 그 뒤 산업구조나 자동차교통의 증대로 인해 NO_2나 SPM이 원인물질이 되게 된 경우에 현실과 맞지 않는다는 사실이 문제였다. 그러나 그것은 대기오염이 사라진 것이 아니라 원인물질의 비중이 달라진 것이다.

일본환경회의의 제언

공건법의 후퇴적 재검토 움직임에 대해서 1984년 12월 일본환경회의 제5회 대회는 「공해건강피해보상제도의 개혁에 관한 제언」을 했다[4]. 이 제언에서는 이 제도가 사후적·금전적 배상에 구제의 중점을 두고 있는 것으로는 불충분하고 참된 구제를 위해선 건강피해의 발생, 피해의 악화를 방지하고 건강을 회복시키는 것이어야 한다고 해 다음 6개항을 제언했다.

첫째로, 지정지역에는 NOx, 부유입자상물질의 지표화를 꾀함과 더불어 자동차도로 주변을 지정지역 안에 포함한다.

둘째로, 지정지역에서는 오염원을 새로 증설하는 것을 금지하고, 자동차교통량을 감축하기 위한 조치를 공해법 체계 안에 규정한다(후략).

셋째로, 지역단위로 계획적인 구제사업을 가능하게 하기 위해 공해건강복지사업계획의 제도를 마련한다.

넷째로, 공해의료수첩에 근거해 의료구제제도를 마련함과 동시에 인정에는 주치의의 의견을 존중, 인정심사회의 개선, 보상비의 충실 등의 제도개선을 꾀한다.

다섯째로, 신규건강피해물질로 인한 장래의 건강피해의 발생에 대비해 계속적으로 건강조사를 행함과 동시에 보상기금을 설치해야 한다.

여섯째로, 일부 사회보장분야를 제외한 비용에는 발생자부담원칙을 관철한다. 자동차배기가스에는 새로이 휘발유세 등의 활용을 비롯해 제조업자, 도로관리자, 사용자 등의 부담을 고려한다.

공건법의 제1종지역을 폐기하는 것이 아니라, NO₂와 SPM 등의 유해물질을 대상에 넣고 자동자도로 주변 등의 오염지역을 지정구역에 넣어서 공건법을 존속·확대한다는 방침은 '전국공해환자의 모임'이나 일변련 등의 제언과 같았지만, 이 일본환경회의의 제언은 한 발 더 나아간 공해대책을 말하였다. 즉, 피해구제를 위한 금전배상에 머물지 않고 건강회복이나 예방을 권고해 공공이 관여할 것을 요구하였다. 또 이는 도시형 복합오염의 중심이 되고 있는 자동차의 규제나 도시구조의 개혁을 요구하였다. 이 제언은 쓰루 시게토, 아와지 다카히사와 내가 환경청 장관을 만나 설명하고 넘겨줬다. 장관은 사무당국에 검토시키겠다는 수준에서 머물렀다. 이 제언은 그 뒤 1000명이 넘는 연구자의 지지를 얻었다.

이와 같이 공건법을 둘러싸고 제1종지역의 해제를 축소할 것인지 아니면 반대로 확대·발전할 것인지 하는 2가지의 격렬한 대립이 계속됐다. 하지만 임시행정조사회는 1983년 3월에 최종답신을 내 '제1종지정지역의 지역지정 및 해제요건의 명확화를 도모함과 동시에 진료보수명세서 심사 강화 등을 통한 요양급부의 적정화를 추진한다'고 했다. 환경청은 이를 받아들여 11월에 중공심에게 제1종지역의 틀을 자문했다⁵. 환경청은 이 자문 가운데 이미 추진했던 국민보험 진료보수명세서의 조사나 2가지 역학조사를 자료로 제출했다⁶. 중공심은 환경보호부회 아래 '대기오염과 건강피해와 그 관계의 평가 등에 관한 전문위원회'(이하 전문위원회)를 설치하고, 여기에 과학적 평가를 의뢰했다. 전문위원회는 이후 2년 4개월에 걸쳐 42회의 회합을 열고, 1986년 4월에 검토결과를 보고했다. 이는 264쪽에 이르는 것이었다.

2 중공심 답신의 주요내용

전문위원회는 대기오염과 관계된 건강피해인 만성폐쇄성 질환을 중심으로 다뤘다. 화석연료로 인한 대기오염 지표로는 SOₓ, NOₓ 및 SPM의 오염물질로 대표될 수 있는 것으로 했다. 전문위원회는 동물실험 및 인체에 대한 실험적 부하연구에서 만성폐쇄성 폐질환에 대한 자연사(自然史: 단지 발증만이 아니라 발증 이전의 단계에서 발증을 거쳐, 치유 또는 더 나빠지는 단계에 이르는 질병의 전과정, 즉 의학적 개입이 없을 경우의 질병의 역사) 가운데 주목해야 할 기본 병태(病態)에 대한 대기오염의 관여 가능성에 대해 검토를 하고, 또 만성기관지염, 기관지천식의 기본증상 등에 주목해 역학적 연구의 결과를 검토했다. 게다가 동물실험 및 인체에 대한 실험적 부하를 검토한 뒤 역학적 연구에 근거해 상기 기본증상과 대기오염의 관계를 평가하고, 최후에 동물실험, 인체에 대한 실험적 부하연구, 역학적 연구 및 임상의학적 지식을 통한 종합적 판단에 근거해 일본에서 현재 일어나고 있는 대기오염과 만성폐쇄성 폐질환과의 관계를 평가했다.[7]

전문위원회는 후술하는 중요한 도쿄도의 도로 주변 주민의 역학조사는 토의시간까지 마무리되지 않는다며 다루지 않았다. 그러나 대기오염의 정의에서부터 시작돼 검토해야 할 수비범위를 명확히 하고, 내외의 자료나 문헌을 망라해 검토했다. 당시 업적으로는 최고의 명작일 것이다. 보고서에서는 제4장 '대기오염과 건강피해와의 관계의 평가'에 그 결론을 다음과 같이 말하였다.

'현재의 대기오염이 총체적으로 만성폐쇄성 폐질환의 자연사에 어느 정도의 영향을 미치고 있을 가능성은 부정할 수 없다고 생각한다. 그렇지만 1955~1965년대 일본의 일부지역에서는 만성폐쇄성 질환에 대해 대기오염 수준이 높은 지역에서 더 많이 발생하는 증세를 주로 대기오염으로 인한 영향일 것이라고 생각할 수 있는 상황이었다. 하지만 현재 만성폐쇄성 질환을 일으키는 대기오염의 영향이 같은 것이라고는 생각되지 않는다.'

더욱이 만성폐쇄성 폐질환의 평가에 대해 유의사항을 2가지 말하였다.

(1) 검토대상으로 삼은 것은 주로 일반환경의 대기오염이 인구집단에

미치는 영향에 관한 것이다. 따라서 이것보다도 오염수준이 높다고 생각되는 국지적 오염의 영향은 고려할 필요가 있다.

(2) 이미 대기오염에 민감한 집단의 존재가 주목받아왔다. 그러한 집단이 비교적 소수에 머물고 있는 한 통상의 인구집단을 대상으로 하는 역학조사에서는 결과적으로 못보고 지나칠 가능성이 있다는 사실에 주의해야만 한다.[8]

결론은 '예스 벗'(Yes But)으로 해석돼 비판을 받게 됐다. 이 때문에 제1종지역의 존속확대를 요구하는 주민조직이나 연구자는 결과의 전반부에 따라 대기오염으로 인한 만성폐쇄성 질환은 증명됐다고 했다. 이에 대해 경단련이나 정부는 후반부의 결론을 취해 제1종지역을 해제할 과학적 결론이 났다고 평가했다. 전문위원회의 스즈키 다케오 위원장은 『공해연구』의 「중공심의 대기오염역학보고서를 읽는다」라는 좌담회에서 NOx와 SPM의 위험성이 정량적인 지표로 만들어지지 않았기 때문에 문장으로 대신 표현해 '상당 현저'라고 써넣었다고 말하였다.

결국 전반부의 결론은 현재의 대기오염은 만성폐쇄성 질환의 발생에 '상당 현저'한 영향이 있다는 것이었다. 따라서 후반부의 현재의 대기오염 상황이 1955~1965년의 심각한 상황이 아니라는 결론도, 그러면 현재의 대기오염의 영향이 제로라고 해서 바로 대기오염지역을 해제해도 좋다고도 말하지 않았다. 더욱이 2가지의 중대한 유의사항이 있어 대도시 도로 주변과 같은 국지적 오염지역의 문제, 고령자, 연소자, 병약자와 같은 민감한 집단의 문제는 이 보고에서는 다뤄져 있지 않지만 유의해야 할 중요한 과제로 보았다.

스즈키 다케오는 이 좌담회에서 보고서의 제5장 '종장'이 제4장보다 훨씬 중요하다는 사실을 말하고 있다고 하였다. 이 장에서는 향후 과제를 말하고 있는데, 그 중에는 석면이나 다환방향속(多環芳香屬)탄화수소 등 대기오염으로 인한 중피종(中皮腫) 등의 암 발생을 지적하였다. 그 밖에 향후 기초연구

의 중요성, 감시의 중요성, 생화학적 지표를 넣은 전향적인 역학조사, 호흡
기 이외의 장기나 조직의 연구 등이 언급되었다.[9]

스즈키 다케오는 과학자로서의 결론을 말하는 데 머물러 정책결정은 다
른 법률 등의 전문가, 그리고 최종적으로는 정부의 결정에 맡겼다. 그것은
올바른 태도였지만, 1978년의 NO_2의 환경기준 완화와 같이 과학적인 단정
이 불가능한 사실, 혹은 필요한 안전계수의 유도에 대해 규정하고 있지 않
는 사실이 정책적으로 이용돼 정부나 정재계에 유리하게 해석될 가능성이
있었다. 이번도 그가 전혀 예상하지 못했던 제1종지역의 즉시해제가 전문
위원회 보고의 후반부분을 뽑아내 이용됐다. 이는 스즈키 다케오의 실패가
아니라, 다음에 말하는 작업위원회가 정부의 의향에 맞춘 기획적인 결정이
었다.

작업소위원회 답신

전문위원회의 보고를 받아들여 환경보건부회는 회원 가운데 법률·행정
전문가로 구성된 작업소위원회를 설치했다. 작업소위원회는 스즈키 다케오
전문위원장의 설명을 들은 뒤 1986년 4월부터 11차례의 회의를 열어 10월
6일 환경보건부회에 보고서를 제출하고, 약간의 수정을 거쳐 부회 입장인
「공건법 제1종지역의 틀에 대하여」(이하 「답신」이라고 한다)가 중공심의 와다치
기요오 회장에게 보고됐다. 와다치 회장은 이 「답신」의 중요성을 생각해
총회를 소집했다. 총회에서는 후술하는 바와 같이 격렬한 반대론이 나왔지
만 채택되지 않고 「답신」은 그대로 환경청에 보고됐다. 그러나 총회에서는
하나같이 답신에 찬성한 것은 아니었다. 그래서 회장 담화가 발표됐다.

이 경과를 통해 알 수 있듯이 모리시마 미치오를 위원장으로 하는 작업
소위원회의 보고가 중공심 답신이 돼 공건법 전면개정을 추진했다고 해도
좋을 것이다. 이 중공심 답신은 의학전문위원회의 보고에 근거했다는 것이
확실이 다르다. 「답신」에서는 판단의 기준이 된 전문위원회의 결론을 다음
과 같이 썼다.

'우선 영향의 유무에 대해서는 어느 정도의 영향의 가능성은 부정할 수 없다고 판단하였다. 이어서 그 영향의 정도에 대해서는 비특이성 질환인 만성폐쇄성 질환이 있는 지역에서의 유증률은 다양한 요인이 복합해 결정되는 것이지만, 1955~65년대 일본의 일부지역에서 보인 것과는 달리, 현재에는 유증률의 지역차가 주로 대기오염으로 인해 초래된다고 "생각할 수 있는 상황은 아니다"라고 하였다.'

앞서 말한 의학전문위원회는, 현재의 상황이 1955~65년대와 비교해 '이와 마찬가지라고는 생각되지 않았다'며 대기오염의 영향이 상대적으로 다르다고 결론 내렸다. 그런데 「답신」에서는 현황이 이전과는 절대적으로 다르다고 해 대기오염의 영향을 전면적으로 부정하였다. 결국 전반의 대기오염의 영향에 대한 결론도 부정하고 대기오염지역의 해제를 지시하였다. 이는 전문위원회의 결론을 전면부정한 것이었다. 이와 같은 강한 결론을 이끌어낸 것은 민사적 보상을 위한 지역지정의 기준을 다음과 같이 주장했기 때문이다.

'본 제도가 일정한 지역을 지정지역으로 지정하고 보상급부를 행하는 것이 합리적이기 위해서는 ①인구집단에 대한 대기오염의 영향의 정도를 정량적으로 판단할 수 있고, ②게다가 그 영향이 개개 지역에 대해 지역의 환자를 모두 대기오염으로 인한 것이라고 보는 데에 합리성이 있다고 생각될 수 있을 만한 것이 필요하다.'

이 ①의 기준은 공해를 환경재해로 본 판정을 뒤집은 무리한 조건이었다. 비특이성 질환인 폐쇄성 폐질환에 대해서 대기오염의 영향을 정량화하는 것은 곤란하다. 특이성 질환이라는 미나마타병조차 후천성의 경우에는 정량화가 불가능할 것이다. ②에 대해서 스즈키 다케오는 이 기준에 들어맞으려면 사고로 인한 피해만이 적용될 수 있다며 강한 반론을 제기하였다. 이 2가지 기준은 공해건강피해를 부정하는 논리라고 해도 좋다.[10]

　전문위원회가 내놓은 2가지 유의사항에 대해서도 조사하지 않고 전혀 고려할 생각도 하지 않았다. 즉, 우선 첫째의 간선도로 주변 등의 국지적 오염에 대해서는 과학적 지식이 충분하지 않고, 앞의 ① 및 ②를 충족시키고 있다고 판단할 수 없다며 지정지역에 넣는 것에 반대하였다. 둘째의 민감한 집단은 검토대상으로 삼지 않는다고 했다. 그 이유를 전문위원회 보고에서는 민감한 집단이란 아동, 노령자, 호흡기질환 환자 등이 아니라 통상의 역학조사에서 검출되지 않는 소수의 집단을 가리키고 있다며 대상이 되지 않는다고 했다.

　국지오염을 조사할 전문위원회를 발족한 뒤 도쿄도 위생국의 「복합대기오염과 관계되는 건강영향조사」(1986년 5월)에서 7년간에 걸친 간선도로 주변 주민에게 미친 복합대기오염의 영향을 명확히 밝혔다. 이 결론에서는 우선 '증상조사'에서 스기나미와 네리마가 주부를 대상으로 도로 주변에서 호흡계 질환이 확실히 많다는 사실과, 그 때문에 역할조사에서 간선도로와의 거리에 따라 호흡기증상 유증률에 차가 생기고 있다는 사실이 밝혀지며 자동차배기가스가 영향을 미쳤음을 암시했다[1]. 이어서 1978~81년에 걸친 아동을 대상으로 역학조사를 해, 오염지역 쪽이 청정지역보다 천식 유증률이 높다는 사실과, 지바현의 대기청정지구의 아동에 비해 신장 증가에 따른 폐기능의 증가가 유의하게 낮은 사실을 분명히 했다. 또 일반환경대기오염국을 3단계로 구분, 비교해 조(粗)사망률이 높은 국과 중간 정도의 국으로 나누어 낮은 국과 비교해 보니, 여자의 기관지염 및 폐의 악성 사망률과 NO_2와의 상관계수가 높다는 사실, 더욱이 환경측정국이 있는 지점을 중심으로 반경 2㎞ 지점에 사는 여성 쪽이 호흡기계의 암사망률이 높았다고 지적했다.

　이 도쿄도의 조사결과는 확실히 간선도로 주변의 대기오염이 심각하며 전문위원회의 유의사항인 '국지오염'이 지정지역을 대상으로 검토해야만 한다는 사실을 보여주었다. 당연히 작업부회에서 검토해야 했지만 충분한 검토 없이 도로 주변 오염의 피해는 잘려나갔다.

둘째의 '민감한 집단'에 대해, 스즈키 다케오 전문위원장은 아동, 노령자, 호흡기질환 환자 등이 민감하다는 사실은 '상식'이기 때문에 여기서는 그 이외의 민감한 사람들이라고 말하였다. 작업위원회에서는 앞서 말한 바와 같이 상식적인 부분을 검토하지 않고 대상으로 삼지 않았다.

또 전문위원회가 제기한 석면 등 대기오염물질의 위험에 대한 문제는 다루지 않았다. 그 뒤 석면쇼크를 보면 전문위원회의 문제제기가 무시됐다는 사실을 알 수 있다.

이렇게 해서 「답신」은 현행 지정지역을 모두 해제하고, 신규환자를 인정하지 않기로 했다. 다만 비상사태를 대비해 제도는 존속하고, 이미 인정된 환자에게는 보상을 계속하기로 했다. 이를 위한 기업의 부과금제도는 현행대로 유지하기로 했다. 대기오염의 영향은 부정할 수 없기에 환경보건에 관한 시책을 추진하기로 하고, 그 주요내용은 건강피해방지사업의 실시, 조사연구의 추진, 환경보건감시시스템의 구축이었다. 이 사업은 대기오염의 원인자에게 나누어 거둔 돈을 재원으로 해서 '공해건강피해보상예방협회'에 기금을 만들고, 그 운용이익으로 꾸려나가기로 했다. 구체적으로는 SO_x배출업자와 자동차제조업자로부터 갹출을 예정하고, 500억 엔 정도를 예상하였다.

「답신」에 대해서는 반대론도 많아 중앙공해대책심의회는 이례적인 총회를 열어 의견을 청취했다. 이 기록은 공표되지는 않았지만 수중에는 속기록이 있다[2]. 여기서는 반대의견이 찬성의견과 거의 동수로 나왔다. 이에 대해 다치 마사토모 환경보건부장대리나 모리시마 미치오 작업부(部)회장이 부연설명을 했지만, 반대론자는 납득하지 않고 반대론을 함께 싣고 서명하자며 강경한 태도를 보였다. 찬성론의 가토 이치로 도쿄 대학 명예교수는 총회에서는 의견을 결정하는 것도 아니고 반대론을 명시하는 것도 찬성할 수 없다고 했다. 와다치 기요오 회장은 이 의견을 담은 담화를 내고 총회를 매듭지었다. 이 담화는 총회가 답신에 불만이 크고 대립하였다는 사실을 반영한 장문이었다. 이 이례적인 담화는 환경보건부회의 답신은 적절한 것으로서,

이를 갖고 환경청 장관에게 답신했다고 설명한 뒤 다음과 같이 말하였다.
'총회에서는 각 위원으로부터 다양한 의견이 나왔고, 그 중에는 지정지역
의 해제를 반대하거나 시기상조라는 의견도 있었다'고 해 다수의 위원으로
부터는 향후 대기오염방지대책을 한층 더 추진해야 할 것 등을 요구하는
목소리가 강하게 표명됐다며, 답신을 제출하면서는 특히 다음과 같은 점에
만전을 기하겠다고 덧붙였다.

> '(1) 향후 환경보건에 관한 시책에 대해서는 국민의 건강보호에 충분
> 히 이바지하도록 그 구체화를 조속히 꾀할 것.
> (2) 대도시지역을 중심으로 아직 개선을 요하는 상황에 있는 질소산화
> 물의 대기오염에 대해서는 그 개선을 꾀해야 하고, 한층 더한 대책
> 을 추진할 것. 특히 국지오염의 문제에 대해서는 조사, 연구의 추
> 진, 건강피해방지사업의 실시를 포함해 충분히 배려할 것[13].(후략)'

이 회장 담화는 공해대책으로 인한 대기오염의 해제를 드높이기 위해 선
언했다기보다는, 이 답신에는 결함이 있고 미뤄놨던 대책을 실시하라고 정
부에 압박하려는 고뇌에 찬 내용으로 읽힌다.

3 공건법 개정을 둘러싼 논쟁

지방공공단체의 의견

정부는 중앙공해대책심의회의 답신을 받고, 공건법 제1종지역의 해제 및
관련 조치, 종합적인 환경보건에 관한 시책 그리고 대기오염방지대책에 대
해 기본방침을 정하고, 이 가운데 제1종지역해제에 대해 공건법 제2조 제4
항의 규정에 근거해 관계 지방공공단체에 의견을 구했다. 대상은 41개 지정
지역을 관할하는 1도 1부 8현, 22개 시정촌, 19개 특별구로, 1986년 12월 29
일에 의견을 청취해 다음해 2월 9일까지 모든 단체의 회답을 얻었다. 그 내

용은 단순히 찬성, 반대라는 것은 거의 없었지만, 오사카시에서는 NO_x의 오염을 우려해 45개 단체가 조속한 해제에 반대하거나 신중한 태도를 요구했다. 가령 도쿄도의 어느 구의 해답은 다음과 같았다.[14]

'제1종지역의 지정요건인 유황산화물에 대해서는 대폭 개선돼 왔음에도 불구하고 지정질병의 환자가 계속 늘어나고 있습니다. 이러한 것은 현재의 질소산화물을 중심으로 한 종합대기오염이 주민의 건강에 어느 정도의 영향을 미치고 있다고 생각됩니다. 그렇지만 중공심의 답신을 보면, 이 질소산화물을 중심으로 한 복합대기오염의 현상이나 건강에 미치는 영향 등에 대해 충분히 해결이 되지 않았음에도 서둘러 지정해제를 마무리 지으려는 것으로 보입니다. 특별구장회*로서는 … 환경행정의 후퇴로 연결되지 않도록 충분히 배려할 것을 강력히 요망하는 바입니다. … 더욱더 신중하게 조사·검토하여 충분히 배려하길 바라는 바이며, 중공심의 답변대로 즉시 해당구역에 관련된 공건법시행령 별표 제1항을 삭제하는 것은 납득할 수 없습니다.'

이에 대해 환경청은 다음과 같이 회답하며 재검토할 여지를 전혀 보이지 않았다.

'지방공공단체가 지적하고 있는 이러한 질소산화물의 오염에 대해서는, 중앙공해대책심의회 답신에서도 검토된 바와 같이 민사책임에 입각한 제도의 대상으로 할 만큼 건강피해를 미치고 있다고 판단할 수는 없으며, 현재의 대기오염상황에서는 지정지역을 완전 해제하는 방침이 타당하다고 생각한다. 또 질소산화물로 인한 오염, 특히 간선도로 주변의 오염이 아직 개선되고 있지 않는 데 대한 강한 우려에서 향후 건강피해방지사업 및 대기오염방지대책에 대해 지방공공단체로부터 강한 요망이

---

* 도쿄도의 행정구역인 특별구 단체장들의 모임

나왔다. 이러한 것은 환경정책 전체로서 매우 중요한 지적으로 받아들이며, 중앙공해대책심의회 답신에서도 제시하였듯이 건강피해방지사업의 실시 등 종합적인 환경보건시책을 추진함과 동시에 자동차공해대책을 중심으로 대기오염방지대책을 한층 강화함에 보다 만전을 기하고자 한다.[15]

대기오염대책, 특히 공건법의 사무는 지방공공단체가 해온 것이며, 그 당사자의 대부분이 제1종지역의 해제에 반대하거나 신중한 태도를 요구하고 있다면 정부는 당연히 개정을 신중하게 해야만 했다. 그런데 그 가장 중요한 의견을 무시한 것이 환경정책의 후퇴라는 큰 화근을 남기게 된 것 아닌가.

경단련·일본환경회의 등 NGO의 의견

경단련은 중공심의 답신을 인정해 「공건법 개정법안의 조기성립을 요망한다」를 1987년 2월 24일에 제출했다. 여기에는 (1)법안에 찬성하고, 이번 국회에서의 조기 성립과 지정지역의 조기 전면해제를 요망한다. (2)환경보건시책에 협력한다. (3)사업자의 부담에 격변이 일어나지 않기를 요망한다. 같은 날 기금 500억 엔에 대해서는 대국적 견지에서 협력하기로 결정했다. 정말 수완 있는 결정으로, 이번 개정의 원동력이 경제계의 압력에 의한 것임을 보여주었다[16]. 또 간사이 경제연합회·일본상공회의소도 같은 취지의 요망서를 제출했다.

그보다 앞서 1986년 10월 6일 중공심 보건부회가 작업소위원회의 답신안을 승인한 것을 받아들여 일본환경회의는 10월 17일에 쓰루 시게토 대표와 내가 이나가키 리코 환경청 장관을 만나 제1종지역의 전면해제는 환경행정의 구체적 전환이며 현저한 후퇴를 불러일으킨 것으로 재검토를 요구하는 '요망문'을 건네며 설명했다. 「답신」에 반대하는 시민조직으로부터 많은 의견이 나왔는데, 스즈키 다케오 전문위원장을 넣어 충분히 「답신」을 음미한

일본환경회의의 '요망문'이 가장 객관적이고 상세한 「답신」 비판과 향후 대
기오염대책에 대한 제언이 됐다.

이 '요망문'은 장문이고 또 쉽게 읽을 수 있기 때문에 중요한 취지만을
소개한다[7]. 먼저 전문위원회의 보고를 소개한 뒤에 작업소위원회와 그것을
받아들인 환경보전부회가 이 보고의 진의를 왜곡해 지정지역해제를 제안한
경과를 비판하였다. 이미 말한 바와 같이 전문위원회가 결론에 이르기 전에
환경청 대기보전국 자신이 실시한 33만 명을 대상으로 한 역학조사에서도
NO_2가 0.02~0.03ppm(년) 이상이 되면 만성기관지염의 주요 증상이 발생한
다고 보고하였고, 기타 보고에 의해 보강되고 있어 문제가 없었다. 그러나
'한편 후반부에 대한 전문위원회 보고(본문)에는 과학적 지식이 전혀 보이지
않는다. 그럼에도 불구하고 작업소위원회는 전문위원회 보고를 과학적으로
충분히 검토하지 않고, 앞에서 언급한 후반부를 무비판적으로 채택한 것이
어서, 전문위원회 보고에 기초를 둔다고 하는 취지에 반한다.'

둘째로 작업소위원회는 판단기준을 앞서 말한 바와 같이 정량화의 필요
등 ①과 ②에 두었다. 그러나 이 ①과 ②의 요건은 어떠한 근거로 정식화됐
는지는 명확하지 않다. 과학적 근거도, 심의내용의 소개도 없이 당돌하게
①, ②의 요건이 정식화돼 있다. ②의 '지역환자를 모두 대기오염으로 인한
것으로 본다'고 하는 것은 앞서 말한 바와 같이 대형사고 이외에는 있을 수
없고, 정상시의 만성폐쇄성질환이 비특이성 질환이라는 사실을 무시하는
폭론(暴論)이다.

셋째로 전문위원회가 2가지 유의사항과 석면이나 화학물질 등의 대기오
염으로 인한 암 연구의 필요성을 말한 데 대해 이들은 완전히 무시하거나
민감한 집단의 내용을 생물적 약자로 삼지 않는 등 잘못된 해석을 했다. 전
문위원회의 보고를 정당하게 평가하지 않고 왜곡되게 인용해서 지정지역의
전면해제를 시행했다.

넷째로 작업소위원회는 '지정지역의 전면해제의 대상(代償)으로, 기금제
도를 통한 지역구제를 내세웠다. 그러나 그 내용은 매우 모호하다. 더욱이

사업예산도 연간 약 25억 엔에 불과하고 게다가 사업운영상의 기본조건인 공해보건체제의 확립도 생각하지 않고, 그 예산규모 및 체제상의 문제만 봐도 그 사업에 많은 기대를 하기는 불가능하다.'

이들을 종합해 본안의 지정지역 전면해제에 반대하는 것이며, 오히려 공해피해보상법은 강화돼야 하고 현행 지정지역을 유지한 뒤에 당면 과제로 다음의 여러 시책을 도모해야만 한다.(이하, 항목만을 제시하고 설명은 생략)

1. NO$_2$를 지역지정요건에 넣어 간선도로 주변 지역을 빨리 지정할 것.
2. 현행 불충분한 도로 주변의 측정체제를 정비해 간선도로 주변의 역학조사를 실시할 것.
3. 가장 중요한 과제로 도로 주변의 공해대책을 강화할 것. (①도로 주변 피해구제의 비용부담을 명확히 할 것 ②자동차통행량 감축을 위한 대책 등 근본적인 시책)
4. 지역환경보건계획의 제도적 확립을 도모할 것.

최후에 다음과 같이 요청했다.

'이번의 심의과정을 보면 환경청은 스스로 중공심에 자문한 본건에 대해 중공심 답변이 나오기 이전에 지정지역의 전면해제를 전제로 그 해제 후의 환경보건사업의 새로운 사업에 관한 비용문제로 경단련 등과 실질적인 교섭을 행하고, 그 부담실액을 확정했다. 이는 중공심에서의 심의를 무시한 행위였으며 공정함을 결여했다고 해도 과언이 아니다. 피해자구제제도는 환경정책의 핵심이다. 환경청이 그 본래적 임무를 다하기 위해서 지정지역의 전면해제를 재검토할 것을 강하게 요청한다.'

이나가키 장관은 우리에게 공중심의 답변의 취지를 설명하면서 제언한 것은 사무당국에 검토시키겠다고 말하는 데 머물렀고, 일본환경회의 제언에는 동의하지 않았다.

일본변호사연합회의 의견서(1987년 2월 7일)는 일본환경회의와 마찬가지 취

지로 제1종지역 전면해제에 반대하며 「답신」은 지금까지의 비특이성 질환
에 관한 판례에 따르지 않는 특이한 판단을 하고 있다며 다음과 같이 말하
였다.

'보상법 입법시 답신이나 판례는 가해요인의 기여비율 등은 구하지 않
고, 가해요인과 질병 내지 증상 간에 관련성이 있으면 충분하며, 가해요
인이 원인이거나 그 중 하나라고 해도 좋고, 다른 원인이 있는 경우에도
가해요인의 유무와 관계없이 발병했다는 특단의 사정이 없는 한 인과관
계를 인정해온 바이다.'

결국 이 의견서는 「답신」이 4대 공해재판 이래 사법이 공해 피해자의 입
장에 서서 그 피해를 구제하려는 '정의'와 '인권옹호'의 기본적 입장을 세워
온 것에 비해 행정은 이 같은 입장을 버린 것을 엄중하게 비판한 것이다.[18]
또 전국공해환자의 모임연합회는 「공해지정지역의 전면해제에 반대하고
공해피해자의 건강회복과 완전구제를 바라는 요구서」(1986년 11월 25일)를 정
부에 제출했다. 그 가운데에는 다음과 같이 위기감을 나타내고 있었다. 이
는 공건법 개정이 단행되면 행정의 신뢰는 사라지고 그 뒤 제2차 공해재판
의 서막을 알리는 것이었다.

'정부, 환경청이 향후, 이 전면해제가 만에 하나 실시된다면 오염자부
담원칙은 뿌리부터 붕괴되고, 오랜 기간 가꿔온 공해 · 환경행정의 최후
의 보루가 사라지게 돼 '민활(民活)' 노선에 근거해 각지에서 거대한 난개
발이 추진되고 있는 상황에서 국민의 생명과 환경에 중대한 영향을 미치
게 될 것은 분명합니다. 공건법을 재검토한다면 그것은 개악이 아니라
개선, 확충이 재검토되어야만 합니다.'

이와 같이 제1종(대기오염)지역 전면해제는 지금까지의 공해대책의 기조를
뿌리부터 뒤집는 것으로 강경한 반대가 시민조직이나 환경연구 전문가로부
터 나왔음에도 불구하고, 정부는 「답신」의 기본적 입장을 그대로 법제화해

1987년 2월 13일 각의결정해 국회에 제출했다.

_4_ 공건법 전면개정을 둘러싼 국회

중의원에서의 토의

「공해건강피해보상법의 일부를 개정하는 법률안」은 1987년 5월 19일 제
108 통상국회에서 심의가 시작됐다. 이 시기에 매상세(나중의 소비세) 법안이
상정됐기 때문에 분규가 있어 심의가 완료되지 않고 제109 국회로 미뤄졌
다. 야당 의원 가운데는 대기오염은 진행중인 공해로 9000명의 신규인정환
자가 나오고 있는 때에 한꺼번에 그것을 부정하고 제1종 41개 지역을 전면
해제하는 것은 예기치 못한 사람도 많았다며 법안에 대해서는 격렬하게 비
판을 했다.

이번 법안에 대해 정부는 오랜 기간 논의를 거친 중공심의 답신에 근거
했다며 전면해제의 이유를 설명했다. 이 때문에 토론은 법안의 기초가 된
「답신」 내용의 문제점, 해석, 또 스즈키 다케오 전문위원장의 작업소위원
회 비판, 관계 지방단체 대부분이 지정지역 전면해제에 반대 또는 신중하
다는 점에 대한 정부의 태도, 향후 건강피해예방제도에 대한 비판이었다.
이들은 앞서 말한 일본환경회의나 일변련의 비판과 마찬가지 내용이 많았
고, 새로운 논점은 적었기 때문에 자세히 소개는 하지 않는다. 가장 핵심이
되는 토론과 정부의 답변, 참고인의 증언을 중심으로 간단히 소개하고자
한다.

가와사키시가 선거구인 사회당 이와다레 스키오 의원은 공해·환경문제
에 노력해왔기 때문에 국회에서도 가장 포괄적으로 주요한 문제점을 지적
하였다. 그는 법개정을 지지한 「답신」의 핵심부분에 대해 정부의 견해를 요
구하였다. 우선 전문위원회의 후반부에 있는 1955년, 1965년의 역학조사와
현재의 역학조사를 비교검토했느냐는 질문에, 메구로 가쓰미 환경청 보건

부장은 당시의 대기오염은 전문위원님이 상식적으로 알고 있었기 때문에 '그러한 것에 대해서는 선생님이 알고 계시는 것을 바탕으로 해서 현재 상황에 대해 말씀하신 것이라고 저는 이해하고 있습니다.[19]'

이것은 궁색한 답변으로 전면해제를 결정한 결론부분이 정확한 비교검토 특히 NO_2의 영향에 대한 비교도 없이 추측만으로 내린 결론이었다는 사실을 인정하였다. 이어 작업위원회가 현재 매년 9000명의 환자가 인정되고 있는 사태를 대기오염과 관계없다고 단정하는 데 사용한 2가지 조건을 스즈키 다케오는 정면으로 비판하고, '의학적 진실에 반한다'고 말했던 사실을 질문했다. 이에 대해 메구로 부장은 '스즈키 선생님의 이 같은 발언은 의학적으로 말씀하고 계시는 것으로, 저 또한 그렇게 이해를 하고 있으며, 중공심 전체의 의견이 정리된 답신이라는 것을 부정하는 것은 아니고, 저도 이렇게 생각하고 있다는 것입니다'라고 말했다. 전문위원회의 대표인 스즈키 다케오의 의견이 답신에서는 버려졌다는 것을 보여주었다.

지정을 해제하면서 규정된 41개 지역을 전부 조사했느냐는 질문에 메구로 부장은 환경청의 역학조사를 들며, 대상으로 한 51개 지역 중 14개 지역을 조사했다고 말했다. 중대한 결정을 하면서 일부 지역만 조사한 졸속이었다는 사실이 명백했다.

이와다레 의원은 지역지정을 개정하고 폐지하면서 행정절차상 가장 중요한 지정지역의 지방공공단체에게 의견을 물었는지 질문했다. 이와다레가 반대가 21개 단체, 신중론이 24개 단체, 찬성이 6개 단체로 생각해도 좋으냐고 질문하자 메구로 부장은 지방단체의 의견은 모두 장문으로 매우 광범위한 내용이었기에 한마디로 찬반을 단정할 것은 아니지만, 'NO_x의 오염 등을 우려해 신중히 대응해달라는 다수의 의견이 나온 것은 사실입니다'라고 말했다. 이와다레는 51개 단체 중 과반수가 지정해제를 중지해달라고 말하였는데도 환경청은 귀를 기울이지 않느냐며 몰아세우자 메구로 부장은 다음과 같이 말했다.

'지방자치단체가 내걸고 있는 이유 가운데 우려하는 NO_x 등의 문제 또는 간선도로의 문제 등에 대해서는 중공심도 충분히 검토하고 있는 것입니다. 지방공공단체의 의견을 충분히 검토한 뒤에 이 제도가 공정하고 합리적으로 운영되기 위해서는 역시 해제가 필요하다는 쪽으로 저도 판단을 한 것입니다.'

이렇게 해서 지자체의 의견을 부정했지만, NO_x 등의 오염대책에 대한 강한 요망은 무시하지 못하고 다음과 같이 말했다.

'예방차원에서 건강피해예방사업의 실시나 대기오염방지대책 등을 강화할 생각임을 말씀드리고, 저도 이 의견을 무시하는 것은 아닙니다.'

중의원에서는 1987년 8월 22일 6명의 참고인 의견이 진술됐다[20]. 이 가운데 누마타 아키라 도쿄위생국장은, 도쿄도에서는 NO_2의 환경기준 달성률이 일반국에서 80%, 자배국(自排局)에서 20%에 머물고 있다고 했다. SPM과 옥시던트의 달성률은 0이었다. 도쿄도의 조사에서는 복합오염과 건강영향에는 관련이 있었다. 상황이 이렇게 되자 일률 해제반대, NO_2를 기준으로 부담금의 공정한 개혁, NO_2대책 특히 디젤차대책의 강화를 요구하였다. 그리고 도쿄도로서 18세 미만의 4대 질병에 대한 의료비 지원을 실시하였다.

전국공해환자의 모임연합회 간사장 모리와키 기미오는 대기오염환자가 얼마나 질병으로 고통을 당하고 있는지를 절절히 말하며 법안에 반대했다. 환자의 생사에 관련된 것으로 92호에 이르는 전단지를 환경청 앞에서 나눠주고, 임시행정조사회의 개혁반대 이래 환자가 얼마나 공건법 개정에 반대해 싸우고 있는지를 말했다. 중공심에는 가해기업인 가와사키 제철이나 도요타의 회장 등 경제계의 대표가 들어가 있지만 피해자 대표는 들어가 있지 않다. 「답신」의 결론에 비교대상이 된 1955년, 65년 시절은 아직 NO_2도 관측하지 않았고 환경기준도 없었으며, 그 시기의 오염이 심각해 현재의 상황과 다르다고 말하는 것은 비과학적이라고 지적하였다. 또 주치의의 의견이 존중되지 않아 최근의 인정률이 60%까지 내려가고 있다고 말했다.

요시다 료우치 지바 대학 교수는 역학 전문가로서 답신을 심하게 비판했다. 그는 「답신」의 후반만 다뤄진 것은 잘못된 것이라고 했다. 전문위원회의 유의사항은 배려되지 않았다. 도쿄도 조사는 다뤄지지 않았고, 작업소위원회에 역학 연구자는 1명도 들어가 있지 않았다. 「답신」의 2가지 조건인 정량적인 판정이나 지역의 환자가 모두 대기오염의 영향이라는 것은 사고로 SO$_x$나 NO$_x$ 등이 유출된 것과 같은 경우가 아니면 안 되는 조건으로, 평상시에는 일어날 수 없는 조건을 달고 있다고 비판했다. 그리고 지역지정 때에는 충분한 조사를 해야 하는데 이번 경우처럼 SO$_2$의 감축만으로 해제를 한다는 근거가 이해가 되지 않는다고 했다. 이 요시다의 의견은 중요했지만 환경청은 받아들이지 않았다.

8월 25일 중의원의 마지막 환경특별위원회에는 나카소네 야스히로 총리가 출석했다. 나카소네 총리에게 이와다레 스키오, 사이토 마코토, 하루타 시게키, 이와사 에미 등의 의원이 함께 다음 사항을 추궁했다. 이번 개정에 전문위원회의 대기오염의 영향에 대한 보고가 왜곡돼 중공심이 답신하고, 그것을 바탕으로 법개정이 이뤄져 지방단체의 다수 의견이 무시됐다. 그리고 NO$_2$와 PM의 오염은 더욱 개선되지 않고 도로 주변 주민의 피해는 심각해 지정지역의 해제는 부당하며 공해대책의 전면적 후퇴로 이어지기에 오히려 NO$_x$와 SPM을 넣어 지정지역의 확장을 추구해야 한다며 본법안의 철회를 요구했다.

이에 대해 나카소네 총리는 1955년 시절의 고도성장에 의한 공해로 인해 그 반성 위에 공해대책을 추진해 매우 현저한 성적을 거뒀다고 한 뒤에 다음과 같이 말했다.

'대기문제 등에 대해서는 최근의 통계숫자 등을 보면 대체로 이 정도면 규제를 어느 정도 해제하고 앞으로는 예방에 중점을 두는 단계에 들어가야 하는 것 아닌가 하고 생각하고 있었습니다만, 심의회에서 3년에 걸친 심의결과를 보고, 또 지방자치단체의 의견도 비추어서 이번 조치에 들어가게 된 것입니다.

그렇다고 하더라도 공해에 대한 관심이나 정책을 완화하고자 하는 것은 아닙니다. 새로운 관점에 서서 예방이라는 것을 중심으로 하고, 그 위에 정책을 추진해간다. 지금까지 인정된 모든 분들에게는 지금과 마찬가지로 정부가 앞장서서 치료를 충분히 해나간다. 이는 조금도 바뀌는 것이 아닙니다. 또 공해에 관한 조사, 모니터링 역시 우리가 엄밀히 실시하고, 만약 장래에 일어나리라는 결과가 나오면 그때에 따라 적당한 조치를 취한다는 여지도 충분히 생각하고 있는 바이며, 무엇보다 먼저 현 단계에서는 이러한 조치를 하는 것이 적당할 것이다. 이러한 생각에서 이번 법안의 심의를 원하고 있는 바입니다.[21']

여기에는 솔직한 정부의 생각이 드러나 있었다. 전문위원회의 답신이 중공심 답변과 서로 다르다든지, 지방공공단체 다수가 반대하는 것과 도로 주변의 피해가 새로이 심각해지고 있다는 것을 일일이 점검해 고려하는 것이 아니라, 정부로서는 이 당시 공해대책은 대강 성과를 들어 끝냈다고 단행하고 싶은 것이었다. 환경영향사전평가법조차 나오지 않았기에 규제에서 예방으로 전환한다는 것은 무책임한 결정이었는데, 이 개정과 규제를 완화하려는 환경정책의 큰 전환이 관련돼 있다는 사실을 보여주고 있다고 말할 수 있다. 이렇게 해서 객관적으로 보면 대기오염의 피해자가 늘어나고, NO_x나 SPM의 규제가 진전되지 않으며, 도로 주변 주민의 피해구제 필요성이나 지정지역의 확대, 자동차공해대책이라는 과제 등을 보면, 제1종지역 전면해제는 폭거라고 해도 좋을 정도임에도 불구하고 단행된 것이다.

8월 27일 공건법의 일부를 개정하는 법률은 자민당·민사당 찬성, 사회당, 공명당, 공산당 반대로 가결됐다. 이때 6개 항목의 부대결의가 가결됐다. 개정에 많은 우려가 있었기에 향후 대기오염으로 인한 피해방지사업의 실시, 주요 간선도로 주변 등의 국지오염의 연구, NO_x의 환경기준의 달성,

자동차배기가스 규제의 강화가 결의됐다. 그러나 부대결의는 야당이 끊임없이 공세를 취할 때 과제로 남겨진 것이어서 이것이 실현된다는 보증은 지금까지도 없다.

참의원의 심의

1987년 8월 31일 공건법의 일부를 개정하는 법률안이 참의원에 제출됐다. 회부된 참의원 환경특별위원회는 9월 4일 참고인 의견진술을 포함해 9월 18일까지 심의를 해 같은 날 가결했다.[22] 참의원에서 한 논쟁은 중의원과 거의 같은 논점이었다. 참고인의 의견으로 주목받은 것은 다음과 같았다. 시바사키 요시미쓰 경단련 환경안전위원은 공건법이 대담한 행정적 결단을 했기 때문에 시간의 경과와 더불어 그 모순이 나타나고 대기환경이 개선되고 있는데도 인정환자수는 증가일로를 걷고 있다고 말했다. 현행제도는 역사적 사명을 충분히 다했기 때문에 이대로 방치해서는 사회적 정의에 어긋난다고 말했다. 앞으로는 개별 피해의 구제에서 예방적인 단계로 나아가야 하며 그러기 위해서 종합적 환경보전시책에는 협력할 것이라고 말하였다. 완전 정부의 견해 그대로였다.

간베 하루오 전국공해환자의 모임연합회 사무국장은 천식으로 고통받다가 자살을 꾀했던 환자의 수기를 읽은 뒤, 중공심의 환경보건부회위원 24명 가운데 3분의 1에서 4분의 1이 직접 대기업, 가해기업의 대표로 피해자는 1명도 들어가 있지 않은 사실을 고발하였다.

미네타 가쓰지 일변련 공해대책환경보전위는 해제는 시기상조로, NO_x나 PM을 조사하고, 도로 주변의 오염실태를 조사해 구제제도의 확충을 도모해야 한다고 말했다. 특히 개정절차가 불공정하고 비민주적이라는 사실을 비판했다. 그리고 앞의 간베 하루오의 비판과 마찬가지로, 중공심에 피해자 또는 피해자 추천 연구자와 손해배상에 숙련된 전문가를 넣고 공청회를 개최하고, 의사록을 공개해야 한다고 말했다.

쓰카타니 쓰네오 교토 대학 교수는 전문위원회가 중시한 2가지 환경청

조사는 중대한 결함이 있다고 비판했다. 즉, 대상집단에서 약자가 제외돼
있다. 성인은 30~49세의 건강한 연령층이 대상이 돼 있어 역학의 안전성은
증명돼 있지 않다. 지정지역 내 고민감성 집단으로 확대하면 중공심의 내용
은 달라졌을 것이라고 말하였다. 이에 비해 전문위원회가 대상으로 하지 않
은 도쿄도 위생국의 보고서는 단순 증상조사가 아니라 임상데이터나 동물
실험을 조합해 수년에 걸쳐 행한 것이라는 의미에서 일본에서 최초의 조사
로 평가했다.[23]

　중의원에서 가장 중요한 논점은 중앙공해대책심의회의 의사록 공개였다.
정부는 중공심의 위원은 공무원과 마찬가지로 비밀보호의무가 있기에 공개
할 수 없다고 했다. 지금까지 보아온 바와 같이 전문위원회 답신의 후반부
분에 대해서는 1955년, 1965년 시절의 자료를 충분히 내놓고 검토했다고는
생각할 수 없다. 작업소위원회가 초보도 알 수 있는 비합리적인 2대 기준으
로 답신을 결정한 경위, 특히 스즈키 다케오의 작업소위원회와의 논의, 특
히 총회에서 「답신」을 둘러싼 토론의 의사록이 공개되면 정부가 대담하게
지정지역 전면해제로 억지로 몰고 간 사정이 분명해질 것이다. 이 때문에
의사록이 공개되지 못하는 것 아니냐는 의문에서 참의원의 환경특별위원회
에서는 중공심의 의사록 공개를 둘러싸고 격렬한 토론이 이뤄졌다. 정부는
환경특별위원회의 결정을 거절하고 끝끝내 의사록은 제출하지 않았다. 곤
도 다다타카 의원은 이는 국회법 위반이라고 했지만 정부는 비공개를 관철
했다. 정보공개제도로 말하면 문제가 많은 결말이었다.

　참의원은 개정안을 9월 18일, 90개 항목의 부대결의를 붙여 가결했다. 중
의원의 부대결의와 공통항목이 많았지만, '제1종지역의 지정을 해제할 경우
에는 지정지역의 시정촌으로부터의 의견이 있을 경우는 그 의견을 청취함
과 동시에 미신청자도 배려해 알릴 시간을 충분히 둘 것'이라는, 전면해제
를 결정한 개정안과 모순되는 항목이 들어가 있었다.[24]

공건법 개정을 어떻게 평가할 것인가

이번 개정에는 많은 비판이 있었다. 전문위원회의 결론을 보면, 즉시 전면해제가 아니라 41개 지역의 조사, 신규신청자 9000명의 진단, 간선도로 주변의 대기오염 피해조사 등을 충분히 실시해 해제해야 할 지역을 결정할 것이다. 국회의 토론에서도 야당의원 중에는 전문위원회의 보고가 전반과 후반이 다른 것을 보고 단계적인 해체가 되든지 아니면 도로 주변 등의 자동차 피해조사를 좀 더 추진해, 해제나 지정 조건을 정할 때까지 전면해제는 없다고 생각한다고도 했다. 그러나 작업소위원회는 단번에 전면개정을 실시했다. 이 논리를 두고 앞의 스즈키 다케오 등의 의학자는 폭론이라며 비판했다. 이 개문발차를 한 작업소위원회의 모리시마 위원장에게는 의회 안에서 개인적 비판이 쏟아졌다[25]. 모리시마 미치오의 의견은 그의 독자적인 논리가 아니라 법학계 안의 하나의 흐름이 아닌가 생각한다. 결국 공해 특히 대기오염의 민사배상에 대해 역학으로 인과관계를 결정해온 지금까지의 판결에 대한 의문이 나온 것이다. 그리고 그것을 행정으로 구제한 것에 대한 저항이 생긴 것 아닌가. 이는 중공심 총회에서 가토 이치로가 「답신」에 찬성한 의견에서도 읽힌다. 확실히 대기오염과 건강질환과의 인과관계가 정량적으로 확립될 수 있다면 바람직할 것이다. 그러나 대기오염만이 아니라 공해라는 집단적인 건강장애에 대해 그것은 불가능할 것이다. 노동재해나 사고가 환경재해로 인정되는 것과 장기미량 복합오염인 공해, 즉 환경재해로 인정되는 것은 다른 것이다. 시미즈 마코토는 법적 판단의 문제로서, '가령 사람에게 호흡기질환을 발병시킬 만한 정도의 요인을 100으로 한다. 어떤 사람이 90까지의 요인을 갖고 있을 때 대기오염이 20을 덧붙임으로써 그 사람을 발병케 했다면 그것은 대기오염의 탓이다'라고 말하였다. 나는 예를 들어서 낙타 등에 점점 무거운 짐을 지우고 마지막에 '바늘 하나'를 얹었기 때문에 낙타의 등골이 부러졌을 때에는 최후에 바늘 하나를 얹은 업자에게 책임이 있다고 생각한다. 현실의 복합대기오염에서는 환경기준을 달성했다고는 하지만 SO_2의 배출은 계속 되고 있다. NO_2의 경우 앞서 말한 바와 같이 고정발생원의 비율이 높았다. 더욱이 최근에 분명해진 PM2.5에 대해 말하면, 당시는 측정할 수 없었지 만 디젤차의 SPM에 문제가 있다는 사실은 알려져 있었던 것이다. 이와 같은 조건에서 신규환자가 늘어나고 있었던 것이다. 그 매년 신규인정된 9000명의 환자가 대기오염과 전혀 관계없다고 말할 수 있을 것인가. '낙타 의 바늘 하나'라도 책임은 있다. 하물며 41개 지역 특히 대도시지역의 대 기오염의 영향은 '바늘 하나' 정도는 아닐까. 신규환자의 발생을 모두 대기 오염 이외의 원인에서 찾는 쪽이 비현실적이다. 시미즈 마코토가 말하는 바와 같이, '지역지정 해제를 운운하는 것이라면 책임기업은 손해배상책임 부존재확인소송을 재판소에 제기해 책임부재의 입증에 성공할 만한 데이 터를 사회에 제시해야 한다.[26]'

공건법은 제6장에서 말한 바와 같이 타협의 산물이며, SO_2에만 오염자부 담원칙을 적용하기에 결함이 있는 법률이었다. 그러나 급성환자가 늘어나 고 있는 상황하에서는 재판에 의존하면 해결이 되지 않는 사이에 피해자는 사망해 버린다. 그래서 어쨌든 구제를 비롯해 결함을 시정한다는 것으로 이 해했다. 이 방파제와 같은 법률의 핵심인 제1종지역이 해제되고, 구제제도 가 사라지면 공해대책은 와해의 길로 달리게 된다. 제1종지역이 없어진다 는 것은 대기오염은 극복됐다는 것이 된다. '공해는 끝났다'고 하는 선언이 유포된 다음, 사태는 피해구제보다 예방으로, 공해에서 환경으로 나아가고 있던 것이다.

제2절 환경기본법의 의의와 문제점

1 환경기본법 제정의 배경과 제정과정

환경기본법 등장의 2가지 배경

환경기본법이 등장한 배경은 2가지이다. 하나는 국제화시대의 환경문제에 대응할 국가정책이 필요했다. 즉, 지구환경문제, '공해수출', 정부개발원조를 통한 개발사업에 따른 환경문제 등의 국제환경문제에 대해 지금까지 국내의 환경정책이 중심이던 공해대책기본법으로는 적응할 수 없게 됐기 때문이다. 지구환경문제에 대해서는 지구환경보전을 위한 국제적 행정·사법조직의 수립이 필요하지만, 그것이 불가능한 현실에서는 국가간의 협력을 추진하고, 온실가스를 억제하는 등 국제적 과제를 취하기 위한 규제나 경제적 수단을 만들어야만 된다. 더욱이 리우선언이나 어젠다21에서 보인 '유지(지속)가능한 발전'을 추진하기 위해서는 종래의 대량생산·유통·소비·폐기의 사회·경제시스템이 바뀌는 길을 보여주지 않으면 안 된다.

아직 다국적기업을 중심으로 한 기업의 해외직접투자의 급증과 개도국의 자원에 대한 의존으로 인해 생긴 '공해수출', 정부개발원조 사업으로 인한 환경파괴에 대해 일본의 기업이나 정부에게 책임을 묻고 있다. 이 환경문제에 대해 조사, 규제, 배상 더욱이 예방 등의 조치를 국내법에서 어떻게 다룰지가 문제가 되고 있다.

또 하나는 국내문제이다. 공해대책기본법과 자연환경보전법을 철폐하고 환경기본법으로 단일화하기 위해서는 지금까지의 공해·환경정책의 역사를 검토해야만 된다. 새로운 제도에서는 (1)공해를 극복해 온 지자체의 적극적인 행정, (2)공해재판을 통한 사법의 구제, (3)공해방지·자원절약 등의 기술혁신·산업구조의 개혁, (4)주민의 공해반대여론과 운동의 성과 등의 장점을 살려야만 될 것이다. 한편 단점으로는 1970년대 후반 이후 환경정책의 후퇴에서 보이듯이, 경제불황에 직면하면 경제계의 압력이 강해진

다. 이는 일본의 환경정책이 공해대책기본법의 개혁으로 극복됐다는 식의
조화론에 서 있어 경제성장이 환경보전보다도 우선하기 십상이기 때문이
다. 특히 시장제도에 편승하기 어려운 '생활의 질(어메니티)'의 문제, 귀중한
자연이나 문화재만이 아니라 생활 속에 있는 일반적인 경관·거리모습·문
화재의 보전, 바다·해안·하천·호수의 보전, 또는 마을동산이나 도시농
업과 같은 생활환경과 하나된 자연의 유지·보전은 정책적으로 어렵다[27].
환경기본법을 만든다고 하면 이 전후 일본의 경제성장과 공해·환경의 역
사적 교훈을 재점검해 지금까지의 공해·환경정책을 넘어서는 정책이어야
할 것이다.

법안의 수립과정

환경기본법은 리우회의 직후, 1992년 7월 환경청의 중앙공해대책심의회
및 자연환경보전심의회의 합동부회에서 검토를 시작해 10월 20일에 답신이
발표됐다. 그 내용은 다음과 같다. 첫째로 산업공해는 기업노력 등으로 성
과를 거뒀고, 앞으로는 도시형·생활형 공해로 중점이 옮겨졌다. 이 경우에
는 종래와 같이 기업책임의 추궁으로 해결할 수 없고, 국민도 피해자일 뿐
만 아니라 가해자이며, 그 책임을 다하지 않으면 안 된다. 둘째는 조화론은
아니지만, 경제와 환경을 트레이드 오프 관계가 아니라 환경부하가 적은
'지속가능한 사회'의 경제발전이라는 환경과 경제의 통일이 도모돼야 한다.
셋째는 앞으로의 정책에서는 지금까지의 행정지도를 통한 규제만이 아니라
경제적 수단의 도입이 필요하다. 이들을 종합하는 전략으로 각의결정을 통
한 환경영향평가제도의 재검토, 환경기본계획의 수립 등이 제안되었다.

그 뒤 법안 작성이 시작돼 1993년 초두에는 초안이 나와 각 부처의 절충
이 이뤄지고, 1993년 3월 12일 각의에서 〈환경기본법안〉이 결정됐다. 미야
자키 기이치 수상은 「환경기본법안에 관한 내각총리대신 담화」를 발표하
고, '환경기본법안은 지구서미트의 성과에 따른 새로운 노력을 세계에 선구
적으로 시작하기 위한 도전이기도 합니다'라며 소리 높여 그 실현을 국민에

게 호소했다.

일본의 NGO는 리우회의에서 구미에서는 정부의 정책형성 과정에 NGO
가 참여하는 게 관습이 돼 있다는 사실을 경험했다. 환경기본법은 환경의
헌법이라 불리는데, 앞으로의 환경정책의 전진을 위해서는 이 법안의 제작
과정에 NGO도 참여해야 한다고 생각했다. 그래서 초안의 공표를 요구해
NGO의 토론의 장에 정부 대표가 들어갈 것을 요구했다. 초안에서는 후술
하는 바와 같이, 국민이 참여할 필요성을 언급하고, 정보를 제공하라고 했
음에도 불구하고 초안은 바로 발표되지 않고 지금까지의 법제성립과정과
마찬가지로 밀실 속에서 수립이 진행됐다. 공개된 것은 각의결정 바로 전이
었다. 도저히 '참가'라고는 말하기 어렵지만, 이렇게 해서 회의에 상정하기
전에 NGO가 모여 법안에 대한 의견이나 요구를 말한 것은 처음 있는 일이
었다. 후술하는 심포지엄 과정에서 정부로부터의 공식 출석은 없었지만, 법
안 작성의 임무를 맡은 환경청 기획조정국 계획조정실장 고바야시 히카루
가 개인적으로 심포지엄에 출석해 토론에 참여했다. 이 이례적 상황에서 보
듯이 행정과 NGO간의 관계가 처음으로 연결됐다고 해도 좋을 것이다. 이
런 것을 통해 NGO의 의견이 법안작성에 반영됐다고는 말할 수 없지만 기
본법의 문제점은 명확해지고, 이후 관계법의 제정에는 그것이 반영되었다.
그래서 여기서는 의회의 토론과 더불어 NGO의 요구도 소개하고자 한다.

2 법안의 주요 내용

환경기본법안의 이념

환경기본법안은 지금까지의 법률과 달리, 규제의 대상에 대한 법개념은
명확하지 않다. 법문은 문학적이고 관념적인 이념의 긴 설명문이었다. 목적
을 제시한 제3조 '환경의 혜택의 향수와 계승 등'에서는 환경권을 제시하지
않고 건전하고 풍요로운 환경이 현재 및 미래세대의 인간이 누릴 수 있도

록 유지돼야 한다는 것을 문학적으로 표현하였다. 리우선언의 '지속가능한 발전'의 이념을 채택한 제4조 '환경에 대한 부하가 적은 지속적 발전이 가능한 사회의 구축 등'은 다음과 같이 기술하였다.[28]

'환경의 보전은 사회·경제활동과 기타 활동으로 인한 환경에 대한 부하를 가능한 한 줄일 것, 기타 환경보전에 관한 행동이 모든 사람의 공평한 역할분담 아래 자주적이고 적극적으로 행해지도록 함으로써 건전하고 혜택 받고 풍요로운 환경을 유지한 채 환경에 대한 부하가 적은 건전한 경제발전을 도모하면서 지속적으로 발전할 수 있는 사회를 구축하는 것을 취지로 하고, 또한 충분한 과학적 지식으로 환경보전상의 지장이 미연에 방지될 것을 취지로 해 행해져야 한다.'

이는 문장이 알기 어려운 데다 모호한 표현이었다. '지속적 발전'을 제시한 것이 이 법의 장점이었다. 그러나 그것은 경제발전이 없다면 달성 불가능한 것이 되고, 또한 과학기술의 발달이 없으면 환경보전의 예방이 불가능한 것처럼 해석된다.

국제협조를 통한 지구환경보전의 적극적 추진에 대해서는 다음과 같이 기술하였다.

'제5조 지구환경보전이 인류 공통의 과제임과 동시에 국민의 건강하고 문화적인 생활을 미래에 걸쳐 확보하는 최상의 과제일 것 그리고 일본의 경제·사회가 국제적인 밀접한 상호의존관계 속에 영위되고 있는 사실에 비춰, 지구환경보전은 일본의 능력을 살리고 나아가 국제사회에서 일본이 차지하는 지위에 따라 국제적 협조 아래 적극적으로 추진돼야 한다.'

결의표명과 같은 문장이지만 주체는 명확하지 않다. 그 뒤 6조부터 9조에 국가, 지방공공단체, 국민의 책무가 기술돼 있다. 공해대책기본법에서는 사업자의 책무가 강하게 규정돼 있었지만 이번에는 국민의 책무가 중시되어 있었다.

이들의 이념을 추진하는 구체적인 틀(수법)로 가장 중요한 항목인 제15조
에 '환경기본계획'이 제시되고, 제20조에서는 오랜기간 현안인 '환경영향평
가의 추진', 제22조에서는 '환경보전상의 지장을 방지하기 위한 경제적 조
치'로서 환경세에 대해 기술하고, 제24조 '환경에 대한 부하의 저감에 이바
지하는 제품 등의 이용의 촉진'에서는 리사이클링의 촉진을 호소하였다.

모두 중요한 제도지만 구체적인 조치는 향후의 구체법에 맡겼다. 이 가
운데 환경영향평가에 대해서는 지금까지의 법제화에 6차례나 실패했기에
명확히 환경영향평가법의 제정을 제언할 것으로 생각됐지만, 현행의 각의
결정요강에 머물러 실정(實情)에 따른 개혁을 하는 데 머물고 있었다.²⁹

국제적인 환경정책과 환경교육

앞서 말한 제5조에 근거한 국제협력에 대해서는 구체적 시책으로서 제32
조부터 제35조까지가 규정돼 있다. 제8장에서 말한 바와 같이 다국적기업
의 공해수출이나 정부개발원조를 통한 환경파괴가 고발되고 있는 상황에서
어떠한 규제를 할 것인지 주목을 받았지만, 다른 나라의 국익을 해하는 조
치는 취하지 않는다고 해 사업자에게 환경을 배려하도록 요구하는 데 머물
렀다. 제35조2항에는 다음과 같이 기술하였다.

'국가는 일본 이외의 지역에서 행해지는 사업활동에 관해, 그 사업활
동과 관계되는 사업자가 그 사업활동이 행해지는 지역에 관계되는 지구
환경보전 등에 대해서 적정하게 배려할 수 있도록 하기 위해 그 사업자
에 대한 정보의 제공 기타 필요한 조치를 강구하도록 노력한다.'

직접적인 규제는 하지 않지만, 개발도상지역의 환경보전에 대해서는 지
원과 협력을 행할 것, 그러기 위한 전문가의 육성, 정보수집·정리·분석
등의 필요한 조치를 취하도록 하였다(제32조). 또 지구환경보전을 위한 감시,
관측 등의 국제적 연대협력을 행할 것(제33조), 더욱이 민간단체의 자발적
활동의 촉진을 도모하기 위해 정보의 제공, 기타 필요한 조치를 강구하도록

노력한다(제34조)고 해 NGO와의 협력을 처음으로 규정하였다.

환경기본법안에는 명확한 주민참여의 규정은 없이 제25조 '환경의 보전에 관한 교육, 학습 등'에 대해 기술하고, 민간단체의 협력으로 다음과 같이 기술하였다.

'제26조 국가는 사업자, 국민 또는 이들이 조직하는 민간단체가 자발적으로 행하는 녹화활동, 재생자원에 관계되는 회수활동, 기타 환경의 보전에 관한 활동이 촉진되도록 필요한 조치를 강구하도록 한다.'

이는 환경청 차원에서 보아 필요한 민간활동을 지원하려고 하는 것이다. 마지막장에서 말하겠지만, 1994년 3월 고베에서 열린 '서스테이너블 소사이어티 전국교류집회'를 외무성은 후원했지만 환경청은 이를 거절한 것만 봐도 적극적으로 주민참여를 추구하지는 않았다.

다음으로 중요한 정보의 제공에 대해서는 다음과 같이 규정했다.

'제27조 국가는 제25조 환경의 보전에 관한 교육 및 학습의 진흥 등에 전 조(前條)의 민간단체 등이 자발적으로 행하는 환경보전에 관한 활동의 추진에 이바지하기 위해 개인 및 법인의 권리이익의 보호를 배려하면서 환경의 상황, 기타 환경보전에 관한 필요한 정보를 적절히 제공하도록 노력하는 것으로 한다.'

여기서는 정보의 공개가 아니라, 정보의 제공으로 돼 있다. 이 정령(政令)에는 개인정보나 기업의 운영비밀을 어떻게 할 것인가가 문제가 된다. 그러나 공해는 되돌릴 수 없는 손실이 발생할 가능성이 있기에 정보의 전면공개를 원칙으로 해야 할 것이다. 이 초안에 대해 지금까지 없던 광범위한 논쟁이 일어났다.

3 법안을 둘러싼 논쟁

경단련의 의견

경단련 환경안전위원회는 1992년 9월 29일에 「환경기본법제의 검토에 대한 산업계의 생각」을 밝혔다. 여기서는 '환경과 경제는 하나이며 … 산업계를 포함한 관계자와의 면밀한 협의, 대화를 거듭하는 프로세스가 긴요하다.' 그리고 '적어도 민간부문의 노력에 대해서는 종래의 관주도의 규제를 중심으로 하는 대응이 아니라, 오히려 사업자나 국민의 창의연구를 살린 민간주도의 주체적이고 지속적인 노력이야말로 문제해결의 결정적 방법이다' 라고 주장하며, 그 예로서 경단련 지구환경헌장을 들었다.

이는 정부의 규제를 배제하고 ISO14001시리즈와 같이 기업의 자율규제로 바꿔가는 길을 보여주었다. 환경기본법제에 대해서는 산업계로서 특히 우려하고 있는 3가지를 들었다.

(1)지구환경문제에 대한 대응에는 경제와 환경이 하나라는 사실의 인식이 중요하다. 환경에 대한 배려 없이는 경제발전은 있을 수 없으며, 거꾸로 경제의 건전한 발전을 통해 환경대책을 한층 더 충실하게 할 수가 있다.

(2)환경영향평가는 각의결정에 근거한 현행제도에서 충분한 성과를 거두고 있고 필요하다면 각의결정을 재검토해 유연하고 실질적인 개선책을 취하는 것이 바람직하다.

(3)'태초에 세금이 있다'고 한 환경세 구상에 대해 우리들은 반대한다. 세를 포함한 환경보전을 위한 경제적 수단에 대해서는 각각의 정책의 기본적인 목적, 내용, 틀, 효과나 영향 등을 충분히, 신중히 검토할 필요가 있다.[30]

이는 초안의 기본적 틀을 정하는 제언이었다. 환경기본법안을 둘러싸고 행해진 중의원의 공청회에서 경단련 상무이사 우치다 고조는 기본법안을 평가한 뒤에 5가지에 걸쳐 산업계의 기본적 생각을 말하였다. 첫째는 '환경문제를 해결하는 데에는 국민 각층의 자주적·자발적 노력이 중요하다.' 산업계도 기업의 관리시스템을 강화해 자율적으로 노력한다. 둘째는 정부의 역할은 이러한 국민 각층의 자율적 노력을 촉진하는 것에 있다. 셋째는 환경보전과 경제성장을 하나로 생각하는 관점이 필요해졌다. 넷째는 환경보전에 관한 경제적 조치는 시장메커니즘을 통해 국민 각층의 자주적 대응을 유도하는 수단이지만, 큰 영향이 있기에 국민의 합의형성 또는 국제적 정합성이 반드시 확보되어야 하며 신중하게 검토할 필요가 있다. 다섯째는 환경영향평가의 문제는 현행제도에서 자주적·적극적으로 노력이 이뤄지고 있으며, 법제화할 것인지 여부가 아니라 현행제도의 유연성을 살렸으면 한다. 제품에 관련된 환경영향평가는 사업자가 자율적으로 노력하는 것을 기본으로 해야 한다고 기술하였다.

우치다를 통한 경단련의 의견은 환경영향평가제도를 포함해 정부의 규제를 가능한 한 적게 하고, 기업의 자주성을 존중해달라는 것인데, 한편으로 환경세 등 시장제도에 근거해 경제적 조치에 반대하고 있는 것은 모순이다. 의회에서 원전문제는 거의 논의되지 않았다. 그 중 놀랍게도 우치다에게 야나기타 히로유키 의원이 러시아의 원자력기술은 위험한 면이 있기에 일본이 축적한 기술로 협력하면 어떠냐고 물어보았다. 이에 대해 우치다 경단련 상무이사는 전문가는 아니지만, 러시아의 원전은 한심하기 짝이 없지만 일본의 원전은 큰 문제 없이 추진되고 있기에 그 노하우를 러시아나 다른 나라에게 원자력의 안전을 위해 협력하는 것은 원자력산업회의에서 검토해볼 만하다고 답하였다. 후쿠시마 원전사고 이후의 상황에서는 이 안전신화가 웃음거리이지만, 환경기본법 수립 때에도 체르노빌 사고를 통한 원전안전의 재검토는 전혀 논의되지 않았다. 이 때문에 공해대책기본법과 마찬가지 취지로 '방사성물질로 인한 대기오염 등의 방지'는 다음과 같은 규정에 머물렀다.

'제13조 방사능물질로 인한 대기오염, 수질오염 및 토양오염 방지를 위한 조치는 원자력기본법 기타 관계법률로 정하는 바에 의한다.'

이렇게 해서 원자력의 피해는 공해로서의 규제에서 배제돼 추진하던 부처에 맡겨져 버린 것이다.

일변련의 의견

일변련는 환경기본법 제정에 관해 공해방지·환경보전의 목적은 국민의 생명·신체나 문화적인 생활을 영위할 권리를 존중하고, 이를 옹호하는 데 있으며, 개발보다도 환경보전과 잃어버린 환경의 회복을 위한 시책을 우선해야 한다는 입장에서 1992년 9월에 「〈환경기본법〉에 대한 요망서」를 제출했다.

게다가 이 취지로 지구환경문제를 시야에 넣어 구체적인 법안으로 해서 1993년 1월에 「환경기본법요강」으로 발표했다. 그러나 정부안은 일변련의 요강을 충분히 담지 않았다. 그 뒤 정부안은 일부 수정한 뒤 중의원 본회의와 참의원 환경특별위원회에서 가결됐지만 의회가 해산돼 폐기됐다. 총선거 후, 「정부안」이 재상정되게 되어 일변련은 1993년 9월 최소한의 수정안을 긴급제언으로 발표했다. 이 제언은 다음과 같이 기술하였다.

'「정부법안」은 기본이념을 내세운 소위 총론부분에서는 인류에게 환경의 중요성이나 지속적 발전이 가능한 사회의 구축 등, 현행법보다 앞선 면도 있지만, 이념을 실현하기 위한 구체적인 시스템을 정하는 각론부분에서는 중요한 점이 누락돼 있거나 내용적으로 매우 불충분한 면이 있다.'

이와 같이 말하며 다음 6개 항목을 수정하도록 요구하였다.

(1) 환경권을 인정하는 규정을 넣을 것.
(2) 환경기본계획에다 다른 개발계획 등에 우선한다는 것을 명기하고,

주민참여의 규정을 넣을 것.

(3) 환경영향평가의 법제화를 명기할 것.

(4) 정보공개를 국민의 권리로 자리매김할 것

(5) 국제적 환경보전에다 해외에서의 사업활동의 규제에 관한 실효성 있는 규정을 넣을 것.

(6) 지방공공단체의 법령보다 강한 규제 조례(상회조례), 법령 규제대상에 없는 새로운 조례(대등조례)를 인정하는 규정을 넣을 것.

이 밖에 환경의 정의나 공해의 정의를 명확히 하고, 조화론이 되지 않도록 경제발전의 방향성 강조를 시정하는 등 13개 항목의 문제점을 들었다. 이 제언은 다른 NGO의 의견을 대표하고 있다고 말할 수 있다.[31]

일본환경회의의 의견서

일본환경회의는 환경기본법의 중대성을 고려해 정부의 견해를 청취하고 그에 대한 환경NGO의 의견을 집약해 법안에 반영하는 활동을 벌였다. 환경NGO가 법안작성과정에 참여하는 행위를 펼친 것은 공해·환경사상 처음이다. 리우회의에서 일본 정부대표는 구미의 정부가 환경NGO와 교류하고, 그 의견을 존중하는 상황을 경험했을 것이다. 따라서 기본법을 작성하면서 환경NGO에 정보를 공개하고 그 의견을 들을 기회를 만들어야 했다. 환경청 내부에서는 그러한 것을 알고는 있었지만, 정부는 법안작성과정은 공개하지 않고 구태의연하게 밀실 속에서 행해졌다. 그래서 일본환경회의는 정부의 논의에 참가할 수 있도록 요구하고, 환경NGO의 결집을 위해 3차례에 걸친 심포지엄을 열었다.

먼저 환경청에 대한 중공심과 자연보전심의회의 답신이 나온 직후인 1992년 10월에 제1회 심포지엄을 열었다[32]. 이 모두인사로 쓰루 시게토 일본환경회의 고문은 Sustainable Development를 지속가능한 발전이라고 주체적으로 번역하는 것은 틀린 것으로 지구환경이라는 객체를 어떻게 유지하는 사회를 만들 것인가 하는 의미에서 본다면 '유지가능한 발전'으로 번역해야 한다고 말했다. 그리고 리우회담를 만들어낸 역할을 한 스트롱은 SD는 3가지 내용이 있다고 소개하였다. 즉, social equity(남북의 차이를 메우는 공평), ecological prudence(생태계에 성실하게 대응한다), economic efficiency(낭비를 없앤다)이다. 여기서 스트롱은 경제성장을 말하는 것이 아니라, 낭비를 없애도록 과학기술을 발전시켜야 한다고 말하였다. 이에 대해 기본법에서는 '건전한 경제의 발전'을 지속가능한 발전의 틀로 삼고 있는 것이 아니냐며 쓰루가 지적했다. 이에 대해 환경청의 고바야시 히카루는 개인 의견이라면서 공해대책기본법에 '조화조항'이 삭제된 채로 실제는 경제발전과 환경보전의 역학관계에서는 전자가 우위였지만 기본법에선 '역조화론'으로 조금은 환경 쪽에 가까이 바꿔갈 수가 있지 않겠냐고 말하였다. 이 최초의 심포지엄에서 그 뒤 기본법에 문제점이 많다고 지적됐다. 데라니시 슌이치 일본환경회의 사무국장은 이 20년의 공해·환경정책은 전진했다고는 말할 수 없고, UNEP가 말한 바와 같이 사상 최악의 환경파괴가 계속되고 있는 데 대한 반성을 해 충분한 조사와 분석을 하지 않고 아름다운 이념을 내건 기본법을 비판했다.

1993년 1월 드디어 기본법 초안이 드러난 단계에서 제2회 심포지엄이 오사카에서 열렸다. 여기서는 보다 구체적인 논의가 이뤄졌다. 우선 환경의 헌법이라는 기본법을 수립하면서 전면적인 정보공개와 토론이 이루어지지 않은 결함이 지적됐다. 그리고 법의 이념은 환경권의 규정이 없고 알기 어렵다고 치더라도 구체적인 시책이 불명확하다는 점이 지적됐다. 그 전형이 환경영향평가, 정보공개, 주민참여가 모호한 것이었다. 또 국제환경문제에 대해서는 공해수출 등의 방지에 대응할 수 있는가 하는 의문이 나왔다. 앞으로의 환경정책의 구체적 방침은 환경기본계획에 넘겨져 있지만 이 계획은 톱다운(Top Down)이 아니라 바텀업(Bottom Up)으로 하라는 의견이 나왔다.

1996년 3월 기본법은 각의결정돼 국회심의가 시작됐다. 이 단계에서 각 단체로부터 의견을 정리해 제언해야 한다는 요구가 강해졌다. 그래서 일변련, 일본자연보호협회, 일본생협연합회 등 17개 단체의 의견을 참고했다.
그것을 일본환경회의의 책임으로 15개 항목으로 정리해 「환경기본법에 관
한 의견서」로, 이를 바탕으로 3월 15일에 제3회째의 심포지엄을 열어 약간
을 수정해 발표했다. 이 15개 항목 중에 중요한 논점은 다음과 같다.

(1) 기본법의 입안 절차에 대해 … 환경청이 초안을 만들고 각 부처와
절충해 타협한 구태의연한 절차였다. 기본법의 성격으로 말하면 국민의
의견을 듣는 열린 절차를 취해야 했다.

(2) 목적·이념에 대해 … 국가, 지방공공단체, 사업자, 국민의 책무를
규정하는 것은 당연하지만, 국민은 책무만이 아니라 권리(환경권)의 주체
로서 자리매김 되어야 한다. 제4조의 표현은 모호하며, '환경에 부하가
적은 경제로의 전환'이라는 표현을 사용해야 한다.

(3) 환경권에 대해 … 환경권에 관한 규정을 두어야 한다. 그리고 그
위에 국민참여의 유효한 조치를 마련해야 한다.

(4) 환경의 범위 … 기본법이 대상으로 하는 환경의 범위는 명확하지
않다. 자연보호, 자연생태계의 보호만이 아니라 사람들이 생활해가는 데
에 어메니티의 보호도 환경기본계획에 배려할 수 있는 규정으로 해야
한다.

(5) 환경기본계획 … 환경기본계획이 법안에 포함된 것을 평가한다.
그러나 이 수법이 유효성을 발휘하기 위해서는 국회에 보고해 승인을 얻
는 등 수립절차가 충분히 민주적 절차를 밟아야 할 것, 환경기본계획을
상위에 놓고 다른 계획이 이와 조화되도록 하는 규정을 넣을 것.

(6) 환경영향평가제도 … 법안에서는 적정한 환경영향평가를 추진하
기 위해 필요한 조치를 강구한다는 규정에 머물고 있다. 법제화의 필요
를 명기해야 한다. 그리고 계획환경영향평가의 필요성, 제3기관에 의한
평가시스템의 확립, 더욱이 사업의 중지·대체안의 검토를 가능하게 할
것을 포함하는 배려를 추가해야 한다.

(7) 환경세 등의 경제적 수단 ⋯ 경제적 수단을 규정한 것은 늦었다고
는 하지만 의의는 크다. 그러나 오염자부담원칙에 반하는 듯한 오염기업
에 대한 지원조치가 우선적으로 규정돼 있는 것, 몇 가지 경제적 영향 등
의 제동이 걸려 있어 실시를 어렵게 하였다.

(8) 정보공개 ⋯ 리우선언 제10원칙과 같이 정보공개와 참여보장의
원칙을 명확히 해야 할 것이다. 그런데 개인과 법인의 '권리이익의 배려'
에 대한 것만 규정돼 있는 것은 정보공개의 틀로서는 불충분하다.

(9) 공해피해자의 구제 및 환경손해의 회복 ⋯ 현상에 있어서 구제되
지 못한 다수의 피해자가 존재하는 상황 아래서 옛 공해대책기본법 제21
조 2항을 그대로 본법안에 계승해도 좋을지가 문제이며, 한발 더 나아간
조치가 필요하다.

(10) 지구환경보전에 대한 노력 및 정부개발원조, 해외사업 등에 대한
노력 ⋯ 환경보전에 관한 협약규정은 최소한의 조치에 머물고 있는 경우
가 많은데, 당사국에 대해 협약규정보다 엄한 조치를 취할 것을 인정하
는 것이 보통이다. 선진국에서는 적극적 대응이 요구된다. 특히 정부개발
원조나 해외사업활동에서는 환경영향평가가 요구된다. 그것은 자연적 측
면만이 아니라 문화적·사회적 측면의 평가도 요구된다.

(11) 주민참여 ⋯ 법안에는 주민참여의 규정이 없다. 앞으로 환경영향
평가제도 등의 수립절차를 제도화할 때에 적극적으로 주민참여를 넣는
것이 요망된다.

이 밖에 지자체의 권한강화도 제언하였다. 3차례의 심포지엄을 통해 기
본법 제정에 반대하는 의견도 있었지만, 최종적으로는 기본법의 성립을
지향하는 데 일치하고 이들 수정조항을 국회심의에 도움이 되도록 각 정
당에 제안했다. 1967년의 공해대책기본법 때와 달리 환경기본법에 반대가
아니라 수정으로 한 것이 이번 환경 관련 시민조직의 변화라고 해도 좋을
것이다.[33]

4 국회에 의한 심의

대안의 제출

1993년 4월 20일 중의원 본회의에 환경기본법안 및 환경기본법 시행에 따른 관련 법률의 정비에 관한 법률안이 상정됐다. 그 내용은 이미 제2항에서 소개했다. 동시에 사회당은 별개의 환경기본법안을 제출했다[34]. 그러나 국회에서는 이 사회당안은 거의 심의되지 않았고 또 공청회에서도 다루는 공술인은 없었다. 그 내용은 전항의 환경NGO의 의견이 다뤄져 환경권(제3조), 환경영향가제도법의 확립(제22조), 정보의 공개(제39조)가 규정돼 있었다. 심의되지 않았지만 이 법안에는 2가지 매우 중요한 규정이 들어가 있었다. 하나는 전쟁이 최대의 환경파괴라는 인식에서 군비축소와 평화의 실현(제6조), 핵무기·생물무기·화학무기의 해체(제47조)를 제언하였다. 또 하나는 정부안에 완전 빠져 있던 에너지의 효율적 이용, 자연에너지의 이용(제33조)을 말하고, 다음과 같이 원자력발전에서의 탈피를 규정하였다(제34조).

'제34조 국가는 원자력발전시설에 기인하는 환경의 오염을 방지하기 위해 원자력발전시설을 단계적으로 폐지하도록 한다.'

이 선견적 제안이 충분히 논의되지 않은 것은, 당시 정부와 국회의원의 대다수가 체르노빌 사고를 경험하면서 '원자력발전의 안전신화'에 물들어 있었던 사실을 보여주었다. 이 때문에 아마노 마사요시 자원에너지청 공익사업부 개발과장은 온실가스대책은 원자력발전을 에너지공급의 중심에 두고 마련하겠다고 답변하였다. 이에 관련해서 사이토 가즈오 의원이 다음과 같이 중요한 질문을 하였다.

'일본 최초의 본격적인 사용후핵연료 재처리공장이 아오모리현 로카쇼촌에 착공됐습니다. 이 재처리는 러시아의 폭발사고를 예로 들 것까지도 없이 매우 위험한 것입니다. 그런데 이 문제는 단지 원자력기본법으로 대처하면 된다는 차원을 넘어선 것입니다. 환경기본법안이야말로 기본적으로 다뤄야 할 과제가 아닐까 생각합니다. 어떻습니까.'

이에 대해 하야시 다이칸 환경청 장관은 확실히 방사능의 공해는 원자력기본법만으로 대처할 수 있을지는 논의해봐야 한다고 생각한다면서도 결국 환경기본법에서 제외한다며 다음과 같이 답변했다.

'사용후핵연료의 재처리 등을 통한 원자력의 이용이라는 것은 그로 인해 생기는 방사능물질을 환경에 그대로 방출해 버리면 공해의 원인이 될 우려가 있기 때문에, 그 취급에 있어서는 지금까지의 단계에서 원자력기본법을 비롯한 관련 제 법률의 정비를 통해 환경의 보전에 지장이 생기기 않도록 엄중한 규제가 이뤄지고 있다는 것은 선생님이 알고 계시는 바대로입니다.

다만 방사능물질로 인한 대기오염 등의 방지조치에 대해서는 공해대책기본법과 마찬가지로 이미 정비돼 있는 관계 법률로 규정한 것입니다만, 특히 환경기본법안에 '원자력기본법 기타 관계 법률이 정하는 바에 의한다'고 정해져 있기 때문에 대기오염 등의 방지를 위한 조치에 대해서는 본법안에 규정하는 기본이념, 책무 등은 방사능물질로 인한 환경오염문제에 대해서도 적용되는 것입니다.'

하야시 장관의 최후 답변부분은 모호한데, 원전문제를 공해대책기본법에 이어 환경기본법이라는 새로운 환경청의 수비범위에서도 제외해 추진측 부처에 맡겼다는 것이다.

5월 20일까지 이뤄졌던 법안의 심의는 폐기가 된 이후 10월 19일 다시 토의를 재개해 10월 22일에 폐기 시의 법안을 그대로 가결했다. 국회에서 시간을 들여 심의했음에도 불구하고 중의원에서 '환경의 날'(제10조, 6월 5일로 결정)이 더해졌을 뿐, 참의원에서는 '국가 및 지방공공단체의 협력규정(제40조)만 부가된 것으로, 거의 원안 그대로 가결됐다.

국회에서 논점으로 삼아 야당이 정부안에 제출한 내용은 앞의 일본환경
회의의 의견서에 있는 항목 그대로라 해도 좋을 것이다. 국회에서 특히 새
롭게 논의된 항목은 없다고 해도 과언이 아니다. 항목 외의 논의로서는 법
안과 관련해 미나마타병의 재판의 화해에 왜 정부는 응하지 않는가, 다수의
비인정환자의 구제를 어떻게 할 것인가라는 피해구제문제가 다뤄진 것에
머문다.

환경NGO가 제출한 논점에 대해 야당이 질문한 것에 대해 정부측의 거
듭된 주요 답변은 다음과 같았다.

주요 논쟁

우선 첫째로 환경권에 대해서 하야시 다이칸 환경청 장관은 다음과 같이
실제적 권리로 인정하기 어렵다고 말하였다.

'환경권에 대해서는 가령 국민이 양호한 환경을 누릴 필요성 또는 중
요성을 법률 위에 두고 분명히 할 필요가 있다는 생각에서 주장되고 있
는 것으로 이해하고 있습니다만, 그 법적 권리로서는 프로그램적인 권리
로 구성하는 생각, 또는 구체적인 청구권의 근거가 되는 실체적 권리로
구성하는 생각 등 … 정설로 이것이라는, 판례에 있어서도 실체적인 권
리로서의 환경권의 존재는 인정되고 있지 않다는 것이 현상으로 … 정책
선언이라고 해석하는 쪽이 좋지 않을까 … 저는 법률상의 권리로서 정해
질 성격의 것은 아니라고 인식하고 있습니다.'

그 뒤 일본에서는 가와사키나 도쿄의 조례에 환경권이 규정되었다. 또
유럽 등에서 환경권이 인정되고, 또는 적격하다는 환경단체가 환경권을 행
사해 제소하는 것이 인정되고 있다는 의견이 나오고 있었지만 정부는 그것
을 인정하지 않았다. 가토 사부로 환경청 지구환경부장은 리우선언의 첫 번
째 원칙을 당초 다음과 같이 '인류는 지속가능한 개발의 중심에 있다. 인류
는 자연과 조화를 이루며 건강하고 생산적인 생활을 보낼 권리를 가진다'라

고 번역하였다. 이 때문에 환경권이 유엔에서 인정받은 것처럼 말하지만,
원문은 'entitled'이기 때문에 권리가 아니라 자격을 가진다고 정정하고자
한다고 말해 리우선언의 환경권을 부정했다.[35]

둘째로 환경기본계획은 이번 기본법의 주목을 끄는 것으로, 다음 항에서
다시 한 번 더 검토한다. 국회에서는 이것이 다른 나라의 계획과 조화를 이
루어야만 했기에 기본법이 모든 계획에 우선한다는 취지의 규정이 필요하
지 않느냐는 질문이 되풀이 됐다. 이에 대해 정부는 부처 간의 조정을 우선
해 환경기본계획이 모든 국가계획의 틀이 되는 데 대해 규정하는 것은 불
가능하다고 했다. 하야시 장관의 답변은 다음과 같이 에둘러 말해 좋은 쪽
을 택하였다.

'환경기본계획 그 자체는 환경보전에 관한 정부 전체의 기본적 계획으
로 정부 부처 내에서 조정을 하고, 그리고 또 각의결정을 거쳐 정해지는
것이기 때문에 환경기본계획 이외의 국가의 각종 계획에 대해서는 환경
보전에 관해 기본계획을 보이는 기본적인 방향에 따르게 된다는 것으로
이해하고 있습니다.[36]'

대체 지금까지 개발에 대해서 환경계획이 우위에 서 있던 적이 있었는가.
오이시 부이치 환경청 장관이 도로계획에 반대했을 때의 '귀신도 이를 피
할' 기세가 없으면 환경계획은 실현되지 않는 것이다. 법제화되지 않는 것
은 환경정책이 얼마나 약한지를 드러내고 있었다. 국회에서 이를 추궁한 오
노 유리코 의원은 특히 환경기본계획에 주민참여를 요구했지만, 정부는 심
의회에 지식인이 참여하고 있기 때문에 국민의 의견은 반영되고 있다며 주
민의 구체적 참여를 거부했다.

셋째로 환경영향평가제도는 법안에서는 법제화를 명기하지 않고 종래의
각의양해로 끝내는 것으로 돼 있지만, 이번 기본법의 가장 중요한 과제만
여기서 논의가 집중됐다고 해도 좋을 것이다.

오노 유리코 의원은 지금까지의 대증요법적인 대책에서 선취적·예방적

기본법을 내놓은 것은 높이 평가할 수 있지만, 이것이 실효성이 있게 될지는 환경영향평가제도의 법제화에 있는 것 아닌가라고 말하였다. 환경영향평가제도에 대해 지방단체에서 조례를 갖고 있는 것은 4개 단체, 요강을 갖고 있는 것은 38개 단체에 불과하며, 법률이 없기 때문에 이들에게 정합성은 없다. 환경영향평가의 3원칙이라고 불리는 학술성, 중립성, 투명성은 지켜지고 있지 않았다. 계획환경영향평가는 없고, 사업환경영향평가로 부분적 수정은 가능하지만 사업철회는 없었다. 환경영향평가는 의식(儀式)과 같이 돼 있어 개발의 면죄부이며, 주민은 '아와세멘트'*라고 부르고 있었다. 이 지적에 대해 야기 아쓰오 기획조정국장은 환경영향평가의 결과가 정확히 반영될 수 있도록 기술적 방법을 정한 지침에 따라 행하고 있으며, 각의 결정요강을 사정에 맞춰 개선하면 문제가 없다며 법제화를 거부했다.

그러나 구체적인 사례가 나오면 현행제도의 결함이 드러난다. 도키자키 유지 의원은 가스미가우라의 도수사업과 용수사업을 들고, 이들은 환경영향평가를 하지 않고 착공했기 때문에 사업완성이 돼도 사용할 수 없는 상황이 되고 있다고 말하였다. 20년 전에는 가스미가우라는 해수욕이 가능했지만 지금은 남조류로 악취가 날 정도로 오염돼 있다. 이러한 상황은 현행 환경영향평가의 결함을 분명히 드러내고 있는 것이다.

이에 대해 정부는 10년간 도로사업 158건, 매립 및 폐기물처리 19건 등 212건의 환경영향평가가 실시됐지만, 환경청 장관의 지시는 12건이라고 답변했다. 결국 연간 겨우 20건의 환경영향평가에 지나지 않는다. 국가가 환경영향평가를 하지 않는 경우에는 지방단체가 실시하지만, 앞서 말한 바와 같이 42개 단체에 불과하고, 그 이외의 지역에서 실시하고 있는 보조금사업에는 환경영향평가가 실시되지 않고 있었다.

데라마에 이와오 의원이 각의결정요강과 법제화의 차이를 질문하자 하

---

* 환경영향평가를 일본어로 아세스멘트라고 하는데, 결론을 짜맞춘다는 의미에서 아와세(あわせ)와 일본식 영어인 아세스멘트(Accessment)를 합친 말로 볼 수 있다.

야시 장관은 다음 다섯 가지가 있다고 말했다. 첫째는 구속력에 차이가 있어 국가의 사업 이외의 민간사업에 법률의무는 없고, 각의는 행정조치이기에 사업자의 이해와 협력이 전제가 된다. 둘째는 행정지도이기에 환경청이 아니라 주무관청의 판단에 맡겨져 있는 부분이 커진다. 셋째는 정부 부처 내의 일이기에 지방단체를 직접 구속할 수는 없다. 준비서의 공고 등 환경영향평가의 절차도 사업자가 행한다. 넷째는 환경배려는 관련된 면허법 등에 근거하는 행정처분으로 인정된 재량의 범위 내에서만 행해진다. 다섯째는 지방단체의 조례가 서로 달라도 정리할 수 없다.

각의결정요강에서는 이처럼 중대한 결함이 있기 때문에 지금까지 환경청도 법제화를 내세운 것이 이 기본법으로 법제화를 명시하지 않고 운용상의 노력으로 추진한다는 것은 명백히 경제성장을 우선하는 정치적 판단일 것이다. 데라마에 의원은 중공심과 자연보전심의 합동부회에서 경단련 우치다 상임이사가 다음과 같이 말했다고 소개하였다. '각의결정에 근거해 기업은 실제적인 환경영향평가를 실시해 충분한 성과를 거두고 있다. 현재 환경영향평가문제가 일어나고 있는 것은 아니기 때문에 지금 새로 의논할 필요는 없다'고 법제화에 반대했다. 이 경제계의 의견이 기본법에 반영돼 있는 것 아니냐는 질문에 하야시 장관은 이에 대해 알지 못한다고 회피하였다. 그러나 경제계의 의향에 굴복해 법제화를 명기하지 않았다는 것은 기본법의 결함이다.[37]

넷째로 국제적 환경문제 가운데 공해수출과 정부개발원조로 인한 환경파괴는 일본의 책임으로 긴급한 대책이 필요하지만, 기본법에는 구체적인 규제조치가 쓰여 있지 않았다. 이 때문에 반복해서 야당 의원은 방지책을 규정에 넣도록 요구했다. 이에 대해 가토 사부로 지구환경부장은 일본의 법제로 다른 나라 특히 개도국의 환경기준이나 환경영향평가제도 등을 요구하는 것은 주권 침해가 될 수 있다고 말하며 법안의 수정을 거부했다[38]. 하야시 장관은 다음과 같이 말했다.

'새로운 제도의 창설을 어떻게 할 것인가 하는 지적입니다만, 이 점에
대해서는 상대국의 주권을 존중한다는 점도 있기 때문에 그러한 견지에
서 지금 바로 새로운 제도를 창설하기에는 좀 더 연구가 필요하다고 생
각합니다. 그렇게는 말해도 해외에서의 활동, 그로부터 또 환경보전상의
지장이 생기지 않도록 적절하게 환경을 배려할 필요는 당연히 따라야 되
는 것입니다. 이와 같은 취지로 보아 기본법 제34조에 환경배려에 관한
규정을 둔 바이며 … 앞으로 … 환경배려를 강화하고자 합니다.[39]'

마치 '공해수출'이나 환경파괴는 상대국의 주권을 존중한 결과처럼 읽힌
다. 이는 형식적인 속임수로 기업의 해외진출은 환경정책의 이중 잣대를 이
용한 것이었다.

다섯째는 국제적인 온난화방지에 있어서 환경세와 같은 경제적 조치가
효과적인데, 기본법 21조는 매우 모호한 표현으로 돼 있다. 우선 제1항은
경제적 지원을 규정하였다. 이는 이미 실시되고 있기에 새롭게 규정하지 않
아도 되는 것이지만, 환경세와 같은 부담증대와의 균형으로 경제계에 대한
서비스 규정이다. 제2항은 도입까지의 연구해야 할 조건을 장황하게 적고,
연구의 결과, 필요하게 된 때에 국민의 이해와 협력을 얻도록 노력한다고
돼 있다. 경제적 수단을 도입한다는 것은 쓰여 있지 않은 것이다. 이는 명확
히 환경세 등의 도입에 반대하고 있는 경제계의 요구를 넣은 것이다. 하야
시 장관은 이 난삽한 조문을 설명하기만 했다. 미야자와 수상은 환경세는
오염억제와 재원조달의 2가지 목적으로 논의가 있어 새롭게 세를 신설하는
것은 신중해야 한다[40]고 하였다.

이렇게 해서 국제적으로 보면 이미 선진국이 채택하고 있던 환경영향평
가제도의 법제화와 환경세 등의 경제적 수단의 도입이 기본법 이후로 늦어
져 버렸고, 환경파괴는 계속된 것이다.

이 밖에 정보공개에 대해서는 정부의 판단에 의한 현행 정보제공에 머물
고, 주민참여에 대해서는 앞으로의 심의회 구성원에 시민조직의 대표를 넣

을 것을 고려하는 데 머물고, 원안의 수정은 없었다. 환경교육이라는 중요
한 정책이 들어갔지만, 이것도 정부의 판단이 움직인 것으로 자주적인 활동
을 지원하는 것은 아니었다.

5 환경기본법의 평가와 그후의 전개

'모호한 전진'

환경기본법은 지구환경문제와 어메니티, 즉 생활의 질의 향상을 위한 환
경정책으로 가는 첫걸음이었다. 그러나 이 환경정책의 새로운 단계를 향해
어울리는 명쾌한 내용이었는지는 의문이다. NGO의 의견이나 국회에서의
논쟁에서 보듯이 리우선언의 지속가능한 발전이 새로운 환경정책의 원리로
서 인정되는 이념은 제시됐지만, 환경권이라는 국민의 권리는 규정되지 않
았다. 그리고 기본법의 내용, 특히 구체적 조치의 규정은 환경기본계획 이
외, 모두 후년의 검토로 맡겨졌다. 가장 중요한 환경영향평가제도나 경제적
조치가 미규정이었다는 사실이 전형이다. 또 공해대책기본법이 폐지되고
기본법으로 통합될 때에 이 25년의 공해대책의 평가를 실시해 성과를 살리
고 결함을 시정해야만 했으나 충분한 검토가 이뤄졌다고는 생각할 수 없다.
그러한 것이 드러난 것이 미나마타병문제의 해결, 니시요도가와·가와사
키·아마가사키 등의 도시형 복합공해재판, 원자력발전 등으로 인한 방사
능공해에 대해 적극적인 대책이 보이지 않았다는 데서 분명하다.

리우선언에 의해 환경정책에 대한 국민의 참여가 국제적인 정책결정의
관습이 됐지만, 기본법의 제정과정에서는 초안의 공개가 늦어지고 중공심
의 의사록은 공개되지 않고 주민참여는 공식적으로는 없었다. 기본법에는
NGO의 의견이 전혀 채택되지 않았다. 그러나 기본법을 둘러싼 국민의 관
심과 행동은 획기적인 것이서 정부가 이를 무시할 수는 없게 됐다. 다음에
말하는 바와 같이 NGO의 의견은 그 뒤 불완전하지만 구체적인 법제를 낳

게 된다.

환경기본법은 지구환경문제나 국내 어메니티문제의 해결을 위해 공해대책기본법을 넘었다. 그리고 정보제공이나 환경교육 등 주민의 협력에 대해 한걸음을 내딛었다. 그러나 그 한걸음은 자신감 있게 크게 내딛은 것은 아니었다. 한마디로 말하면 환경기본법은 '모호한 전진'이라고 말할 수 있지 않을까.[41]

환경기본계획의 등장

환경기본법 제15조에 근거해 정부는 환경기본계획을 결정하지 않으면 안 되었다. 새로운 단계의 최초의 방침으로서 환경기본계획이 중앙공해대책심의회에 계류됐다. 1994년 7월 「환경기본계획검토의 중간정리」가 발표됐다. 환경청은 이 「중간정리」에 근거해 1994년 8월부터 9차례 모임을 통해 156명의 의견을 들었다. 그 뒤 그에 더해 우편이나 FAX로 늦어진 610명의 총 3336건의 의견을 정리해 「『환경기본계획검토의 중간정리』에 관한 의견의 개요」를 같은 해 10월에 발표했다. 이들 절차는 지금까지의 환경정책의 작성 가운데서는 이례적일 정도로 환경청이 이 계획에 대해 국민의 지지를 얻고자 하는 열의를 보인 것이라고 할 수 있다.

이 「의견의 개요」를 보면 「중간정리」에 대한 비판이 솔직히 드러나 있다. 만약 이것을 신중히 다뤄 법안으로 살리게 된다면 앞의 기본법에 대한 일본환경회의 등의 환경NGO의 의견이 반영됐어야 했다. 그럼에도 불구하고 총리부가 작성해 내각에서 승인한 「환경기본계획」(1994년 12월 고시)은 「중간정리」와 달라진 것이 거의 없었다. 무엇 때문에 국민의 의견을 들었던 것일까.

전체의 구성은 3부, 5장, 36절로 구성된 방대한 것이었다. 새롭게 삽입된 것은 제2부 제3절 「목표에 관계되는 지표의 개발」, 제3부 제13장 제6절 「기술개발 등에 있어서의 환경배려 및 새로운 과제의 대응」, 제5장 「지구환경보전에 관한 국제협약에 기초한 노력」뿐이다. 이 가운데 「의견」으로 다뤄진 것은 목표와 관계된 지표의 제시였다. 「중간정리」에서는 구체적인 목표, 그 달성연도, 달성수단, 그 주체 등이 전혀 쓰여 있지 않았다.

이렇다면 '계획'이 아니라 '바람'이라고 할 관념론이라는 비판이 강했다. 이 때문에 비판에 대응해 「기본계획」에서는 종래 정하고 있던 대기오염의 환경기준 등을 '참고'로 해서 표시하고, 또한 '참고자료'로 '환경보전에 관한 개별과제에 관계되는 기존의 목표'를 부록으로 했다. 이는 이미 각 부처가 승인한 목표로 새로운 방침은 아니었다. 「계획」에서는 목표의 구체적 지표에 대해 현 시점에서는 조사연구가 불충분하기에 앞으로의 개발을 추진하고 그 위에 현 계획의 실행, 재검토 등으로 살리고자 한다고 하였다.

기타 기본적 비판에 대해서는 전혀 다루지 않았다. 개혁됐다고 말할 수 있는 것은 '포장폐기물의 분리수거, 포장재료의 재생이용의 추진', 화학물질의 리스크평가의 추진, 일반폐기물의 종량수수료나 예탁환불제도의 도입, 여성의 역할 등이 더해졌다. 환경기본계획은 그 목적에서 대량생산·유통·소비·폐기라는 경제시스템을 바꿔 새로운 정치·경제시스템을 만드는 계획이어야 한다. 이렇게 하기 위해선 「계획」이 정부의 모든 행정이나 계획에 우선하고, 기업·개인의 생산(영업)활동이 그 시스템에 적합한 틀을 보여주어야만 한다. 그것은 '정치의 개혁' 또는 '행정의 개혁'이며, 환경이 우선하기 위해서는 기업사회에 대한 도전을 의미하는 비상한 결의가 담겨 있어야 할 것이다. '대작(大作)'이라고 말할 수 있을 아주 자세한 장문의 「환경기본계획」은 모호한 환경기본법에서 벗어날 수는 없었다.

환경기본계획을 검토한다

「계획」은 그 장기목표로서 순환, 공생, 참여, 국제적 노력이라는 4가지 키워드를 들고, 거기에 근거해 5가지의 시책을 들었다. 관청의 문서처럼, 주어가 없고 누가 어떻게 실행해갈 것인지, 모니터링(사후평가)을 할 것인지, 실패의 책임은 누가 질 것인지는 이 문장에서는 알 수 없는 방식으로 쓰여 있었다[42]. 이하 5가지의 시책을 간단히 음미해보자.

(1) 환경에 대한 부하가 적은 순환을 기조로 하는 경제·사회시스템의 실현 … 이는 환경기본법 제4조에 근거한 시책의 전개이다. 이 경제·사회시스템에 대한 정의는 없고, 그 내용은 대기환경의 보전, 수환경의 보전, 토양환경 등의 보전, 폐기물·리사이클대책, 유해화학물질로 인한 환경리스크의 저감이라는 개별 공해·환경정책이 추상적으로 기술되어 있는 데 머물고 있다. 그것은 어떠한 산업·지역·소비의 구조인지는 명시돼 있지 않다. 또 그것을 실현할 규제나 경제적 수단에 대해서도 언급돼 있지 않다.

(2) 자연과 인간과의 공생 … 여기서는 일본의 국토공간을 4가지로 나눠 그에 적절하게 공생의 원칙을 논하였다. 4가지 공간이란 산지자연지역, 마을(里地)자연지역, 평지자연지역, 연안지역이다. 공생을 위한 원칙으로서 '가치가 높은 짜임새 있는 원시적인 자연의 엄정한 보전'과 '야생생물의 서식, 생육, 자연풍경, 희소성 등의 관점에서 보아 뛰어난 자연의 적절한 보전'의 2가지로 나누고 있다. 자연이나 경관은 시장제도에 편입되기 어려운 환경이지만 보전하게 되면 소유권이 문제가 된다. 지역민의 합의 위에 보전될 수 있으면 좋지만 그렇지 못한 경우에는 정부, 지자체, NGO가 매입하든지, 구역을 지정해야만 한다. 여기에 사용되고 있는 엄정과 적절을 어떻게 구별할 것인지가 문제가 된다.

계획적으로 자연보전을 추진해야 한다는 데는 찬성하지만 2가지 문제점이 있다. 하나는 원시림과 같은 가치가 있는 녹지가 아니라, 동네산, 시가화구역 내의 산림, 농지 등 인간생활과 밀착된 녹지의 보전이다. 유럽의 경우는 중세에 숲을 파괴한 적도 있어 근교의 산림의 보전은 엄격하다. 또 전쟁의 참상의 교훈에서 도시농업이나 시민농원(독일의 클라인 가르텐)의 확보가 앞서나가 있다. 일본은 급격한 도시화가 도심의 재개발이 아니라 근교농촌, 구릉 더욱이 해안매립지에서 행해졌기 때문에 자연파괴가 심각했다. 특히 생산성이 높았던 도시 농업용지가 택지나 도로로 바뀌었다. 도시농업의 보존은 녹지의 환경을 남길 뿐만 아니라 재해시 피난지로서도 필요했지만, 택지화를 서두는 정부는 근교농지에 택지마다 과세를 했다. 이 때문에 1980년대 초두에 비해 1990년대 중반까지 도시 내 3분의 2가 택지화됐다. 새삼스럽게 일본에서는 도시농업을 보전하거나 시민농원을 확대해야만 되었다.[43]

또 하나는 과소지의 자연보전을 위한 인구, 특히 약자를 농촌지역에 정주 또는 귀농·이주시킬지 하는 과제였다. 일본의 산림은 국토의 3분의 2를 차지하고 있지만 대부분은 2차림이며, 동네산이다. 사람이 없어져 산림업이 사라지면 산림은 황폐하고 수원은 고갈한다. 농지 특히 논이 사라지면 국토의 보전은 어려워진다. 일본 농민의 생활은 도시와 마찬가지로 대량의 상품소비 생활양식이 되고, 도시적 생활양식이 됐기 때문에 농업을 유지하는 것만이 아니라 농촌생활도 상하수도 등의 생활환경시설, 복지, 의료, 교육·문화시설, 교통시설, 상업시설이 필요하다. 농산촌을 원전이나 산업폐기물처리장 등의 혐오시설이 아니라 내발적 발전이 가능한 지역으로 만들지 않으면 자연의 보전은 어렵다. 우르과이라운드 이후 농업의 자유화는 과소화를 심화시켰다. 자연의 공생을 위해서는 농업, 농촌재생의 정책이 필요하며, 이는 환경청만이 아니라 정부 전체의 일이다. 환경기본계획이 환경보전에 머물지 않고, 도시와 농촌을 공생시키는 전 지역계획이 아니면 안 될 것이다.

(3) 공평한 역할 분담하에서 모든 주체의 참여 실현 … 이번 계획에서는 국민의 책무가 무거워졌다. 대량소비의 도시적 생활양식의 개혁은 부담이 적은 경제·사회시스템을 만드는 기본이며, 그러기 위해서는 소비자가 소비의 현명한 억제와 절약이 필요하다. 도시공해 특히 자동차공해에 대해서는 사용자의 책임이 있다. 그러나 이 문제를 소비자의 책임으로만 몰아붙이는 것은 잘못이다. 산업구조가 바뀌고, 제조업에서 상업, 서비스, 금융, 부동산업으로 경제의 중점이 옮겨졌다. 이 때문에 에너지나 폐기물의 소비 주체가 소비자처럼 보이지만, 공급의 주체는 기업이다. 따라서 공해의 오염원은 여전히 기업이며, 소비자만으로는 문제가 해결되지 않는다.

「계획」에 쓰여 있는 '참여'는 정부 입장에서 본 역할분담이기 때문에 주민참여는 아니다.

(4) 환경보전과 관계되는 공통적·기반적 시책의 추진 … 이 항은「계획」을 추진하는 정책수단에 대해서 쓰여 있다. 환경기본법에서 환경영향평가제도의 법제화를 명시할 수 없었는데,「계획」에서도 다음과 같이 쓰여 있다. '규모가 크고 환경에 현저한 영향을 미칠 우려가 있는 사업의 실시는 국가가 종래부터 환경영향평가 실시요항 및 개별법에 근거해 정확한 환경영향평가의 추진에 노력해 온 바이며, 그 적절한 운용에 한층 노력한다 … 앞으로의 틀에 대해서는 일본에 있어서 지금까지의 경험의 축적, 환경의 보전에 역할을 하는 환경영향평가의 중요성에 대한 인식의 제고 등을 비춰보아, 내외 제도의 실시상황에 관해 관계 부처가 하나가 돼 조사연구를 추진하고 그 결과 등을 바탕으로 법제화해 필요한 것을 재검토한다.

이것으로는〈환경기본법〉과 조금도 다르지 않다. 전 단(前段)에서 환경영향평가가 정확하게 실시됐다고 말하지만, 제5장에서 말한 바와 같은 공공사업의 심각한 공해문제를 완전 무시하였다. 공공사업재판의 현실에 눈감고 무신경하게 이와 같은 문장을 쓴 것이었다. 환경영향평가에는 지역의 지리나 기상에 밝은 주민의 경험이 중요하며 앞으로의 법제화에서는 주민이 반드시 참여해야 한다. 환경영향평가는 사업자가 주체가 되지만 제3자의 심사가 필요하다. 환경영향평가 대상도 전형적인 7대 공해만이 아니라 방사능 등도 대상으로, 더욱이 자연, 경관, 거리모습, 문화재 등이 광범위하게 포함돼야 한다. 종래와 같이 사업환경영향평가가 아니라 계획(전략)환경영향평가가 필요하다. 환경영향평가법은 절차법이지만 예방의 중대성을 생각하면 환경영향평가의 결과에 따라서는 사업의 중지나 대체안이 인정돼야 한다. 이들 요건이 충분히 정비된 법제화가 필요하다.「계획」은 이들의 구체적인 재검토에 대해서는 언급하지 않았다.

다음으로 환경세 등에 대한 경제적 수단을 다루고 있는데, 환경청의 희망과 다른 부처·재계와의 의견차가 있어 여기에는 환경세라는 구체적인 제안은 없었다.〈환경기본법〉과 완전 마찬가지로 환경세 등에 대해서는 환경보전상의 효과, 국민경제에 미치는 영향 등에 대한 적절한 조사연구를 추진한다고 하고 도입에 관해서는 국민의 이해를 얻도록 노력하고 있다고 말하였다. 경제적 수단으로서는 공공투자를 통한 사회자본의 정비가 있지만, 이는 환경보전에 이바지하기보다도 앞서 말한 바와 같이 환경파괴에 기여하였다. 환경영향평가를 엄격히 해 공공사업의 공공성을 유지해야만 하지만 그에 대해서는 언급하지 않았다.

마지막으로 피해자의 구제에 대해서는 다음과 같이 말하였다.

'〈공해건강피해의 보상 등에 관한 법률〉에 근거해 인정환자에 대한 보상 등을 실시하고, 그 신속하고 공정한 구제를 도모한다. 또 미나마타병에 대해서는 인정업무의 촉진, 미나마타병종합대책사업, 국립미나마타병연구센터를 중심으로 하는 종합적 연구 등의 시책을 추진한다.'

공건법 전면개정 이후의 상황에 대한 반성은 전혀 없다. 이래서는 피해자는 구제되지 않는다.

(5) 국제적인 노력 … 국제협력에 대해서는 아시아·태평양지역이 향후 지구환경에 있어서 중요한 의미를 갖고 있기 때문에 일본은 솔선해 역할을 다하고, 환경정책의 제휴를 도모한다고 하였다. 개발도상지역에 대해서는 '일본으로서는 환경과 개발의 양립을 위한 개발도상지역의 자조 노력을 지원함과 동시에 각종 환경보전에 관한 국제협력을 적극적으로 추진한다.'고 하였다. 이미 제8장에서 말한 바와 같이 기업의 '공해수출'이나 정부개발원조로 인한 환경파괴가 발생해 일본의 기업이나 정부가 고발을 당하고 있는 때에 이는 정말 무책임한 태도가 아닌가. 경단련의 지구환경헌장과 같은 자율적인 정책에 기대하고 있는 것이겠지만, 피해의 구제나 환경영향평가에 관해 상대의 정부나 기업과 대화해 구체적인 대책을 논의할 필요가 있는 것 아닌가.

「환경기본계획」은 정부의 국토계획이나 경제계획의 기반이 되는 것일 것이다. 가능하면 추진 중인 전국종합개발계획, 리조트법, 대도시권의 개발 등을 일단 중지하고, 환경기본계획과 서로 관련시켜 수정하는 것이 바람직하다. 이런 것이 되지 않으면 〈환경기본법〉은 다른 경제개발계획에서 발생하는 공해·환경파괴의 뒤처리를 하게 될 것이다.[44]

환경법제의 러시 - 고무공이론

〈환경기본법〉으로 인해 환경문제의 여론은 확대되고, 지금까지 법제가 없었던 분야의 정비가 필요하게 됐다. 이미 기본법 이전에 착수됐던 폐기물 관계법을 종합하는 기본법으로서 순환형사회형성추진기본법이 2000년에 제정됐다. 그리고 그 실무를 보장하기 위해 자원유효이용촉진법과 각종 리사이클링법이 생겼다. 환경영향평가법은 1997년에 드디어 제정됐다. 정부 (전략)환경영향평가는 2007년에 도입됐지만 민간 공장이나 원전은 제외돼 있다. 경관법은 2004년 6월에 제정됐다. 환경재생·도시재생 등의 법률도 제정됐다.

전후 일본은 공해·환경법제의 제정이 늦어졌다. 1967년 공해대책기본법 으로 처음 환경법의 문호가 열렸다. 모두 심각한 공해발생 뒤의 대책 차원에서 만들어졌다. 미국의 국가환경정책법에 비해 일본의 환경영향평가제도는 30년 뒤처지고, 이탈리아의 갈라소법*에 비해 경관법은 20년이나 뒤처져 있다. 환경기본법으로 인해 새로운 법체계가 생겨났다. 이는 국민의 환경보전의 요구, 리우회의 등의 외압에 의한 것이지만 동시에 지구규모의 환경보전의 틀 아래 환경보전이 비즈니스로 바뀐 것도 원인일 것이다. 경관보전과 같이 무가치하다고 보였던 것이 관광과 연결돼 가치를 낳고 있는 것이다. 또 환경정책의 경제적 수단도 시장제도를 이용하는 방향이 강했다. 이와 같은 상황의 변화가 환경법제가 거침없이 만들어진 배경이었다. 지금은 〈환경6법〉을 양손에 쥐고 있지 않으면 안 될 정도로 일반화돼 있다.

일본은 법치국가이기 때문에 중앙부처가 행정지도로 자의적으로 정책을

---

* Galasso Law: 경관보전법으로 각주가 상세계획을 세우기 전에는 해안선, 호소선 300m 이내, 하천 등의 주변 150m 이내 등의 지구에 개발을 금지하는 것

실현하는 것은 바람직하지 않고, 환경정책을 실현하기 위해서는 법제가 필요하다. 그러나 법은 자동적으로 적용되는 것이 아니다. 주민의 여론이나 운동이 있어야 법이 발동하고 효력을 발휘한다. 예를 들면 법이나 조례는 고무공의 가죽과 같은 것이다. 환경정책을 위해서는 고무공의 가죽인 법제를 만들 필요가 있다. 그 안에 공기나 가스인 주민의 여론이나 운동이 없으면 고무공은 부풀어 오르지 않고 공기가 빠져 납작해져버리듯이 환경정책은 속빈 강정이 된다. 많은 법률이 만들어졌지만 모두 주민의 요구로 생긴 것이 아니라 외압이나 정부 부처 내의 행정상 요구로 만들어진 것도 많다. 경관법과 같이 늦어져 버려 이미 경관을 잃어버린 예도 많다. 신자유주의의 조류하에서는 규제완화라는 시장의 압력이 강하다. 법제화해도 알갱이가 빠지는 경향도 있다. 법체계는 만들어졌지만 이를 활용해 환경의 유지발전을 추진하는 것은 부단한 국민의 여론과 운동이다.[45]

제3절 '공해와 싸우는 환경재생의 꿈을'
- 공해반대 주민운동의 도달점

1 복합오염형 도시공해재판

재판에 이르는 경과

이미 보아온 바와 같이 초기의 산업공해대책이 진전되고, 산업구조의 개혁이나 에너지절감기술의 진보에 의해 공해의 형태가 변화했다. 그러나 공해의 원인이 되는 중간시스템 가운데에는 도쿄 일극집중으로 보이는 바와 같은 지역경제의 불균형, 대량소비 생활양식이나 자동차 중심의 교통체계는 변하지 않고 있었다. 이 때문에 중화학공업 중심의 산업공해는 감소했지만 도시공해는 심각했다. 대기오염의 경우, 유황산화물의 배출량은 줄었지

만 자동차교통량 특히 대형수송차(디젤차)의 증대로 인해 질소산화물(NOx)
과 부유분진(SPM 또는 PM2.5)이 오염물의 주체로 바뀌었다. 이와 동시에 환
경기준이 달성될 수 없는 지역은 공장지역에서 도로 주변으로 옮겨지는 경
향이 생겨났다. 대도시권의 경우에는 공장·사무소의 집적에 더해 교통량
이 많은 도로망이 부설되고 있기에 배기가스의 복합오염이 가속화되고 있
었다.

이와 같은 변화 속에 1980년대 이후의 대기오염공해재판도 주요 오염물
을 NO₂와 SPM으로 삼는 사건이 주체가 됐다. 〈표 7-8〉(671쪽)의 지바가와
사키 제철, 구라시키 미즈시마 콤비나트의 재판은 욧카이치 공해와 마찬가
지로 산업공해였다. 따라서 재판의 기본적인 논리는 같지만 오염물이 달라
욧카이치 공해재판 이후의 공해대책의 변화를 위해 독자적인 이론과 입증
이 필요했다. 특히 NO₂와 SPM의 대기오염과 질병과의 법적 인과관계는
공건법 개정시 중공심 답변에서 부정되고 있기 때문에 어려움이 많았다. 가
와사키·미즈시마의 양 재판 모두 승소해 손해배상은 인정됐고 화해에 따
른 배상금은 지불됐지만 중지는 인정되지 않았다.

여기서는 현재의 전형적 공해인 니시요도가와 등 다른 4가지 복합형 도
시공해재판을 다룬다. 이 경과 중에 앞의 2가지 재판이 직면한 NO₂와
SPM에 대한 새로운 논점도 포함돼 있다. 이미 제7장에서 니시요도가와의
공해재판의 문제제기를 중심으로 말하였고, 다소 중복되지만 이 4가지 재
판에 공통되는 특징을 말해둔다.

말할 것까지도 없이 니시요도가와, 가와사키, 아마가사키, 나고야 남부는
제1차 세계대전 전후부터 일본의 생산력의 중심지이며, 대표적인 임해성
중화학공업의 발상지로 전후 고도성장의 원동력이 된 지역이다. 따라서 일
본의 대표적인 공해지역이라고 해도 좋을 것이다. 그 공해역사의 상징이라
고 해도 좋을 지역이 왜 고도성장이 끝난 시기로 미뤄져서 재판을 하게 됐
는가. 이들 지역은 역사적으로 주공(住工)혼합지역으로 형성됐기 때문에 공
해가 일상화돼 주민에게 '익숙해져' 있었는지도 모른다. 그러나 미나마타시

나 욧카이치시와 같이 기업도시에서 기업에 대한 충성심이 자치권을 웃돌고 있는 마을은 아니었다. 오히려 자치능력이 있는 시민의 거주지였다. 그 증거로 그들 지역은 1960년대 후반부터 모두 혁신지자체를 만들어내 공해행정의 선구가 되고 있었다. 결국 공해재판이 늦어진 것은 이들 지역은 공해행정으로 인해 공해문제를 해결해왔기 때문이라고 해도 과언이 아니다. 공건법 제정 이전에 1969년의 '구제법'에 더해 아마가사키, 오사카, 가와사키의 각 시에서는 환자의 요구로 독자적인 공해건강피해자구제의 조례를 제정했다. 즉, 공건법 제정의 원동력이 된 주민운동이 강한 지역이었다. 그러나 NO₂환경기준완화문제 이후의 상황에서 혁신지자체가 소멸되고, 게다가 민영화, 규제완화를 목적으로 한 임시행정조사회의 정책이 시작되자 공해행정의 혁신을 통한 공해대책의 길이 닫히기 시작했다. 제7장에서 말한 바와 같이 '니시요도가와 공해환자와 가족의 모임'은 당초 공해재판을 고려해 조직을 바꿨지만, 공건법 개정의 움직임을 보고 제소를 중지하고 공건법의 내용의 충실에 노력을 했다[46]. 그러나 NO₂의 환경기준완화 등 환경청의 자세의 변화에 위기감을 느끼고, 1978년 4월에 제소에 들어갔다. 그러나 당면한 것은 재판투쟁보다도 공건법 개정을 저지하기 위해 1981년에 전국공해환자의 모임연락회를 만들어 임시행정조사회를 통한 개혁을 저지하는 '행정투쟁'에 전력을 기울인 것이다. 시민이 낳은 탁월한 정치가라고 해도 좋을 모리와키 기미오는 그 운동의 선두에 서서 피해자의 목소리를 행정에 반영시키고자 했던 것이다[47]. 이 운동에 참여한 피해자 중 한 사람이 '전국시대의 전투처럼 했다'고 할 정도로 격렬한 운동이었음에도 불구하고 임시행정조사회의 최종 답신인 '지정지구해제요건의 명확화'는 정부에 의해 다뤄져 공건법의 개정이 시작됐다.

제1절에 썼던 것처럼 공해환자가 환경청 앞에서 연일 농성을 하는 등 공건법 개정을 격렬하게 반대했다. 이 때문에 중공심의 이례적인 총회 뒤의 '공해환자연락회'의 보고집회에는 환경청 메구로 가쓰미 보건부장이 정부·환경청의 입장을 설명하겠다고 변명을 하러 올 정도였다. 신규 공해환

자의 신청이 계속되는 가운데 공건법 개정이 국회에 상정돼 앞서 말한 바와 같이 '전면해제'라는 중공심의 답변대로 이례적인 개정이 실현됐다. 여기서 새롭게 공해재판을 통한 운동이 재개됐다. 이미 제소했던 니시요도가와, 가와사키에 더해 아마가사키나 나고야 남부의 공해환자가 제소했다[48]. 또 니시요도가와는 1984년 7월 제2차(원고 470명), 1985년 제3차(동 143명), 1992년 제4차(동 1명) 합계 726명이라는 대기오염공해 최대의 원고에 의한 재판으로 발전했다.

니시요도가와 공해 재판투쟁

니시요도가와 공해재판은 20년간에 걸쳐 장기화했다. 그 이유는 피고기업이 광역으로 분산된 10개사로, 대기오염과의 인과관계 증명이 어렵기도 했고, 더욱이 자동차오염으로 국가·공단을 소구하고, 손해배상뿐만 아니라 중지를 요구했던 재판 자체의 어려움이 있었다. 그러나 그것만이 아니다. 정부는 지정지역을 전면해제해 대기오염공해는 끝났다고 했다. 그 기반이 된 중공심 답신에서는 NO_x와 SPM에 대해서는 민사보상을 해야 될 만큼의 피해는 없다고 했다. 즉, 피고기업에 있어서는 대기오염공해의 막이 행정 내부에는 내리고 있음에도 다시 무대에 끌어올려진 느낌이며, 피고 국가·공단은 배기가스로 인한 오염은 수인한도 내라고 정부로부터 보증을 받은 바인데 피소당했다고 느낀 것일 것이다. 앞서 말한 바와 같이 중공심 답신도 그에 기초한 지정지역해제도 과학적으로 보아 정확한 판단이었다고는 말할 수 없었다. 대기오염피해자는 그 뒤에도 나오고 있고, 더욱이 암을 유발하는 신유해물질 PM2.5가 그 뒤 SPM 속에서 발견된 것이다. 그렇지만 이 시기는 명확히 피고기업에게는 1970년대와 달리 유리한 정치·사회 상황이 됐으며, 그것이 소송을 혼미에 빠지게 하는 듯한 위압적이고 불성실한 응소태도를 취하게 한 것일 것이다. 재판소의 소송지휘에도 재판을 오래 끄는 경향이 있었다고 원고 변호인단은 지적하였다[49]. 피고측은 원고 전원 외에, 주치의 전원, 학자 등 100명이 넘는 증인심문을 요구했다. 재판소는

주치의 심문은 인정하지 않았지만 원고는 전원 심문을 했다. 그렇지만 제2
차 소송 이후는 4명에 1명 꼴이 됐지만 엄청난 시간이 걸렸다. 이처럼 오래
끄는 소송 가운데 반대심문에 드러난 원고인 피해자는 변호사에 의존하는
것만이 아니라 스스로 이 재판의 주인공으로서 재판을 투쟁이라고 생각해
운동해야만 된다고 자각했다고 한다. 변호인단도 원고 스스로가 호소한 피
해의 심각함을 듣고 '새삼 인간으로서의 공감과 용케 헤쳐온 데 존엄을 품
기 시작했다'[50]고 했다. 그리고 환자회의 간부는 '이 재판은 법이론만으로는
이기지 못한다. 여론이 우리 편이어야 한다'고 생각해 1988년 3월 18일 오
사카·나카노시마의 중앙공회당에서 열린 '깨끗한 공기와 살아갈 권리를
요구하며 - 니시요도가와 공해재판 조기결심, 승리판결을 지향하는 3.18부
민(府民)대집회'를 비롯해서 오사카부만이 아니라 전국에서 재판투쟁을 시
작한 것이다.

이 '여론에 호소해 여론을 움직임으로써 재판의 승리를 이끌어낸다'는 모
리와키 기미오의 운동방침을 추진한 원고의 운동은 당시 상황에서 말하면
어쩔 수 없는 판단이었다 해도 과언이 아니다. 이 환자회의 운동은 드디어
지구환경문제의 NGO의 핵심이 되는 생협 등 소비자단체와 제휴해 오사카
부민의 여론을 바꿔가게 되었다.[51]

1심판결

1991년 3월 29일 니시요도가와 대기오염소송 제1심판결이 나왔다. 결론
으로는 기업에 대한 손해배상은 인정하지만 도로공해의 책임은 인정하지
않고, 중지청구는 각하됐다. 이 판결의 주요한 점은 다음과 같다.

니시요도가와 재판이 첫째로 어려웠던 점은 광범위하게 있는 고정발생
원 10개사의 배기가스가 피해를 일으키는 원인이 될 정도로 도달했는지 여
부를 확정하는 것이었다. 피고는 대기오염의 주원인은 구내(區內)의 인접한
도시에 있는 중소기업이라고 하고, 한편 대기업의 높은 굴뚝에서 배출하는
가스는 확산되기에 원고의 지역을 오염시키지 않는다고 주장했다. 이 때문

에 양자는 슈퍼컴퓨터를 사용한 시뮬레이션 모델로 도달의 가부를 입증하기로 했다. 판결은 오사카시의 시뮬레이션을 사용하고 1973년, 1974년경의 공장의 매연은 SO_x를 중심으로 해 남서형 오염에 의해 도달했다는 사실을 인정했다. 그리고 피고 10개사의 오염기여율은 1970년도 약 35%, 1973년도 약 20%로, 1969년 이전의 기여율은 이를 밑돌지는 않는다고 했다. 피고는 겨울철의 정온(靜穩)스모그시기의 북동오염의 영향을 오사카 평야의 특징으로 들었지만, 판결은 그것은 판정할 수 없다고 했다. 판결은 한정적이라고는 하지만 광역의 피고기업의 오염을 인정한 것이다.

둘째의 인과관계에 대해서는, 피고는 역학을 통한 집단적 인과관계를 과학적 엄밀함이 부족하다며 개별적 인과관계의 입증을 요구했다. 원고는 행정에 의해 실시된 4대 역학조사, 지바 조사(지바현), 오사카・효고 조사(오사카부), 오카야마 조사(오카야마현), 6대 도시조사(환경청)를 들고 대기오염과 원고 등의 질병과의 인과관계를 증명했다. 판결에서는 이들 조사에 더해 예의 중공심의 「답신」을 비롯해 10종류 이상의 역학조사를 들고, 시기를 3기에 나눠 대기오염과 본건 질병과의 관계를 다음과 같이 판시했다.

1955년대부터 1965년대에 걸친 니시요도가와구에서 발병한 만성기관지염, 기관지천식 및 폐기종의 원인은 이 지역의 고농도 이산화유황, 부유분진이었다고 인정하는 것이 맞다. 그렇다면 1955년대부터 1965년대에 걸쳐 니시요도가와구에 거주해 상당기간 고농도의 이산화유황, 부유분진에 노출돼, 이 구(區)의 고농도 이산화유황, 부유분진이 오사카 시내 평균마다 개선된 1975년 초기 무렵까지 발병했던 사람에 대해서는 이 구의 고농도 이산화유황, 부유분진으로 인해 본건 질병에 걸린 것으로 추정하는 것이 맞다.[52]

그러나 이산화질소 단독 또는 다른 물질과의 복합과 위의 3질병과의 상당인과관계는 인정하지 않았다. 그 이유는 중공심 전문위원회 보고의 후반부를 중공심의 「답신」과 같이 부정적으로 읽은 결과였다. 그러나 판결이 원고제출기록 이외에 인용한 문헌에서는 복합오염의 영향을 인정하고 있기 때문에 법적인과관계로서는 NO_2 등의 영향을 부정한 것은 설득력이 없는

것이 아닌가.[53]

이 위에 다음의 원고 개별인정에 들어가 87명 중 17명에 대해 대기오염과의 인과관계를 부정했다. 앞서 말한 바와 같이 원고는 모두 공건법의 인정환자였다. 판결에서는 공건법이 인정한 환자라는 것만으로는 개별적 인정은 되지 않는다고 해 원고들의 상세한 진단서 등의 증거 제출을 요구했지만 원고 측은 기피했다. 재판소는 피고 측이 제출한 의사의 의견서를 참고로 17명을 인정하지 않았다. 이는 공건법의 인정에 대한 중대한 비판이며 또한 욧카이치 공해재판이나 오사카공항 공해재판 등에서 확립된 역학을 통한 집단적 인과관계를 부정하고 개별적 인과관계라는 제한이 없는 증거추적으로 내몰릴 위험으로 되돌린 판단일 것이다. 부정된 17명 원고의 대기오염 이외의 질병의 원인은 본래 가해자 측이 증명해야만 했지만 그것은 행해지지 않았다.

그리고 셋째로 공동불법행위의 인정이다. 욧카이치 콤비나트의 경우와 달리 니시요도가와 공해의 원고는 지리적으로 분산돼 있고 더욱이 다수의 오염원에서 추출됐기에 그 공동성의 입증은 어려웠다. 판결에서는 단지 배연이 혼합돼 오염원이 되고 있다는 약한 공동성으로는 불충분하고 사회적으로 보아 일체성을 가지는 행위가 아니면 안 된다고 했다. 그래서 구체적 판단기준으로서 예견 또는 예견가능성이라는 주관적 요소에서 입지조건, 자본적·경제적·기술적 결합관계 등을 종합해 판단하였다. 원고는 한신공업지대의 형성과정에서의 일체성, 간사이 전력을 통한 에너지공급의 일체성 등을 주장했다. 그 자체는 지역경제의 형성에 있어서 일체성, 공동성의 연구로서는 흥미롭지만 판결은 이들을 인정하지 않았다. 피고 간사이열화학에 대해서는 피고 고베 제강, 피고 오사카가스 간에 자본구성상, 또한 제품의 수급관계 등 강한 관련성이 있다는 사실을 인정해 민법 719조 1항 전단에 정하는 공동불법행위가 성립한다고 했다.

그리고 특히 판결은 환경문제의 관련성이라는 획기적인 판단을 내렸다.

'대기오염방지법의 제정에서 니시요도가와구 대기오염긴급대책에 이르는 경과 중에 소위 대기업인 피고기업들은 각 기업의 활동이 공해환경 문제의 면에서는 상호 강하게 관련돼 있다는 사실을 자각하거나 자각해야 했다고 말할 수 있다.

그렇게 하면 피고기업들은 늦었지만 1970년 이후는 적어도 아마가사키시, 니시요도가와구 및 고노하나구의 임해부에 입지하는 피고기업의 공장·사업소에서 배출되는 오염물을 합체해서 니시요도가와구를 오염시키고, 원고들에게 건강피해를 입힌 사실을 인식하거나 인식해야 했다고 말할 수 있다.[54]'

이는 1960년대의 대기오염방지관계법의 성립, 특히 1969년 6월 오사카부 블루스카이계획, 1970년 6월 오사카시 니시요도가와구 대기오염긴급대책 등의 수립으로 인해 환경정책이 개별오염원규제에서 환경기준규제 더욱이 총량규제로 지역의 오염원의 일체성·공동성을 중시해 환경정책을 추진해온 의의를 인정한 판결이었다. 이로 인해 환경정책에 따르지 않은 기업의 책임이 명백해졌다고 해도 좋을 것이다.

판결에서는 입지의 과실은 다루지 않았지만 조업이 계속되어 발생한 과실과 대기오염방지법에 근거하는 손해배상책임을 선고했다.

원고들의 손해액은 원고들의 개별적 사정을 고려해 최고 2400만 엔에서 최저 4000만 엔을 인정하고, 공건법 등에 의한 보상액은 손해의 보전에 해당하기에 이를 공제하도록 했다. 배상총액은 3억 5742만 엔이 됐다. 피고기업의 부담액은 1969년 이전까지는 '구제법' 기준으로 2분의 1, 1970년 이후부터는 피고기업 전체의 기여도에 따른 액수로 했다.

국가·공단에 대해서는 NO_2와 건강피해간의 인과관계를 부정했기에 책임의 판단은 할 것까지도 없다고 했다. 그리고 중지에 대해서는 '원고들의 청구에서는 피고들이 어떠한 행위를 해야 하는지 명확하지 않고 피고들이 이행해야 할 의무의 내용이 특정돼 있다고는 말할 수 없다'고 해서 각하했다.

이 판결은 대기업의 공해책임을 명확히 했다는 점에서 '승소'이지만, 집단적 인과관계나 중지를 인정하지 않았고 도로공해를 부정했다는 사실 등 문제점을 남겼다.[55]

'승리화해'

1심판결을 받은 뒤 쌍방이 항소를 했다. '니시요도가와 공해환자와 가족의 모임'과 변호인단은 앞으로의 해결을 기업과 직접교섭에 두고 「해결요구 5개 항목」을 기업에 제시했다.

1. 피고기업들은 가해책임을 인정해 사죄하고, 원고의 손해에 대해 전면적인 손해배상을 해 해결금을 지불한다.
2. 피고기업들은 이산화유황, 이산화질소 및 부유입자상물질의 환경기준이 달성되도록 근본적인 공해대책을 실시한다.
3. 피고기업들은 원고 및 공해병인정환자들에게 적절한 치료, 건강의 회복, 장래의 생활을 보장하는 항구보상을 행한다.
4. 피고기업들은 장래 공해방지를 위해 자료의 공개, 피해 및 전문가 입회조사 등을 포함해 공해방지협정을 체결한다.
5. 피고기업들은 니시요도가와구를 공해가 없는 건강한 마을로 바꾸는 '니시요도가와 재생플랜'에 협조한다.

이 4번째 항목까지는 4대 공해재판 뒤의 화해조항과 마찬가지이지만 5번째 항목의 환경재생은 새로운 정책이었다. 다음 절에서 말하겠지만 이 환경재생은 그 뒤 운동의 중심이 됐고, 또 기업도 동의하게 됐다. 이 5번째 항목은 바로 받아들여지지 않았다. 1992년 8월 10일 지바가와사키 철강재판이 1심판결의 손해배상액보다 3배 이상의 해결금을 지불할 것으로 도쿄 고등재판소에서 화해했고, 이로써 니시요도가와 소송도 화해의 길로 가는 전망이 열렸다. 그러나 피고기업과의 대화는 난항이었다. 특히 간사이 전력은 매우 경직됐었다. 이 '공해문제 겨울시대'를 돌파한 것은 바깥의 사건이었다.

1992년 리우회의는 세계 인류의 목표를 지구환경보전을 위한 지속가능한
발전에서 찾고, 국내의 환경NGO에게 커다란 지원이 됐다. 게다가 1995년
고베대지진은 안전이야말로 제일의 정책목표가 되지 않으면 안 된다는 사
실을 보여줬다. 지진재해 후 극비의 화해교섭이 시작됐다. 이 소설과 같이
전개되었던 비밀교섭에 대해서는 모리와키 기미오가 『니시요도가와소송을
말한다』에서 솔직하게 말하였기에 여기서는 생략한다.[56]

1995년 3월 2일 원고·변호인단과 피고 10개 기업이 화해를 했다. 피고
기업은 화해성립을 하면서 사죄하고 대기오염의 책임을 인정하고 오늘날
지구환경문제라는 시야에서 환경대책에 최대한 노력해 갈 생각이며, 앞으
로 한층 지역주민과의 우호관계를 깊이 했으면 한다는 취지의 사죄문을 큰
소리로 읽었다. 그 뒤 오사카 지방재판소와 오사카 고등재판소에서 화해법
정이 열렸다. 제2차 소송 이후의 소송에 대해서 오사카 지방재판소의 이가
키 도시오 재판장은 이 이상 재판에서 싸우면 시일이 걸리고, 그 사이에 환
자원고가 다수 사망하는 것을 고려해 화해를 권고했고, 그것이 성립됐다며
다음과 같은 요지의 화해조항을 제시했다.

1. 피고들 목록기재의 피고 9사(아사히글라스가 회사갱생절차 중이기에)는 원고
들에게 대기오염과 그 건강영향을 둘러싼 장기에 걸친 우호관계를 수립
하는 취지로 해결금 33억 2000만 엔을 일괄해 1995년 3월 20일까지, 원고
들 소송대리인변호사 이세키 가즈히코 사무소 앞으로 지참 또는 송금해
지불한다. 다만 원고들은 위 해결금 중 금 12억 5000만 엔을 원고들의 환
경보건, 생활환경의 개선, 니시요도가와 지역의 재생 등의 실현에 사용하
는 것으로 한다.

2. 원고들은 그 나머지 청구를 포기한다.

3. 원고들 및 피고회사 9사는 본 화해에 의해 원고들의 공해건강피해보
상법에 근거한 수급자격에 어떠한 영향이 없다는 사실을 상호 확인한다.

4. 피고회사 9사는 향후에도 공해방지대책에 노력할 것을 원고들에게

확인한다.

5. 원고들 및 피고회사 9사는 본 화해조항에 정한 것 외에 본건과 관련해 달리 어떠한 채권채무가 없다는 사실을 상호 확인한다.

6. 소송비용은 원고들 및 피고회사 9사 각자의 부담으로 한다.

게다가 제1차 소송의 오사카 고등재판소는 지방재판소와 마찬가지 취지의 화해 성립을 선언하고 다음과 같은 화해조항을 제시했다.

'제1심 피고회사 9사는 제1심 원고들에 대해 대기오염과 그 건강영향을 둘러싼 장기에 걸친 분쟁을 종결하고, 장래에 걸친 우호관계를 수립하는 취지에서 해결금으로 금 6억 7000만 엔을 일괄해 1995년 3월 20일까지 제1심 원고들 소송대리인변호사 이세키 가즈히코 사무소 앞으로 지참 또는 송금해 지불한다. 다만 제1심 원고들은 위 해결금 중 금 2억 5000만 엔을 제1심 원고들의 환경보전, 생활환경의 개선, 니시요도가와 지역의 재생 등의 실현에 사용하기로 한다.'(이하 지방재판소의 화해조항과 같기에 생략)

이 화해에 있어서 니시요도가와 공해소송원고인단, 동 변호인단, 니시요도가와 공해환자와 가족의 모임, 판결행동간담회는 성명을 내고, '피고기업에게 법적 책임을 인정케한 승리의 화해를 얻어냈고 사죄를 받아낼 수 있었습니다'라며 '승리화해'로 선언했다. 보상금이 전 소송의 기업보상이 1심 판결의 약 10배인 39억 9000만 엔으로 기업에게 공해대책을 약속케 하고, 더욱이 그 중에는 새롭게 '니시요도가와 지역재생'을 위한 자금으로 15억 엔을 내놓게 한 것은 획기적인 것이었다. 재판에만 의존하지 않고 공해근절을 위한 주민운동으로 여론에 호소해 소비자단체나 환경운동조직과 연대한 것이 성과를 낳은 것일 것이다.[57]

1995년 7월 5일 남아 있던 2~4차 소송의 판결이 나왔다. 손해배상에 대해서는 국가·공단은 국도43호선과 한신고속도로 이케다(池田)선의 주변

50m 이내에 사는 18명의 환자(원고수로는 21명)에게 총액 6557만 9997엔을 지불하라고 명했다. 그리고 중지에 대해서는 위 원고에게 '당사자적격이 인정되지만 현상의 대기오염으로는 도로의 공공성도 감안해 중지 필요성은 인정되지 않는다'고 했다. 이 판결에서는 자동차의 배기가스에 포함된 NO_2오염이 공장의 SO_2오염과 산술적으로 영향을 미쳐 도로 주변 주민에게 건강장애를 일으키고 있다는 사실을 처음으로 인정했다. 또 제1심에서는 문전박대를 했던 중지청구에 대해 원고적격을 인정했지만 공공성과 형량해 각하한 것으로, 1심판결에 비해 피해자에게는 일보전진이라고 해도 좋다.

판결 후 얼마 안 돼 7월 29일에 오사카 고등재판소 제6민사부 사사이 다쓰야 재판장은 화해권고를 냈다. 그 골자는 다음과 같다.

1. 당면 실시하는 도로 주변 환경, 생활환경개선책으로서 국도43호선의 차선 감축이나 버스정류소의 휴게시설 설치, 우타지마바시 다리 교차점의 지하보도와 엘리베이터 설치 등 7개 항목의 확인

2. 원고들의 마을만들기 지원, 지자체의 관계기관과 연대해 종합적인 환경대책을 실시한다.

3. 광촉매를 통한 질소산화물의 감축실험, 미세입자(PM2.5)를 포함한 부유입자상물질의 실태조사를 실시

4. 공해대책을 계속해서 협의하는 '니시요도가와 지구연도환경에 관한 연락회'(연락회라 약칭한다)를 설치한다.

이를 받아들임으로써 원고는 앞의 2~4차 소송판결의 손해배상금 6557만 9997엔을 포기했다. 이렇게 해서 제소 이래 21년째에 전면해결이 실현됐다. 앞으로 도로공해에 관해서는 '연락회', 니시요도가와의 환경재생에 대해서는 '공해지역재생센터(아오조라 재단)'이 노력하기로 했다. 메이지 이래 일본의 근대화 가운데 가장 심각한 공해지역이었던 니시요도가와의 주민은 공해와 싸워 성과를 얻었고, 지역재생으로 가는 첫걸음을 내딛게 된 것이다.

2 중지와 확대생산자책임을 요구하며

니시요도가와 재판투쟁의 전면해결은 다른 대기오염재판에 큰 영향을
주었다. 앞에서 거론한 6건에 더해 니시요도가와의 '승리화해' 뒤에 시작된
도쿄 대기오염재판을 더해 원고인단·변호인단은 함께 운동을 하고, 판결
이나 화해사항을 계단을 오르는 듯 쌓고 쌓아 모든 소송에서 원고가 승리
하였다. 각각의 운동은 특징이 있고 그 경과가 똑같지는 않다. 따라서 니시
요도가와와 마찬가지로 소개해야 하지만 본론은 운동사가 아니기에 여기서
는 그 개략은 앞의 〈표 7-8〉(617쪽)에 넘기고 다른 재판이 니시요도가와의
성과를 넘은 점, 따라서 도로공해, 특히 중지를 인정할 것인지 여부, 또 국
가·공단뿐만이 아니라 자동차산업의 책임을 명확히 할 수 있었는지에 대
해 말하고자 한다.

니시요도가와 재판이 1심판결을 토대로 해 기업과의 교섭을 통해 기업을
화해의 테이블로 나오게 해 승소 이상의 성과를 얻은 것은 다른 재판에도
영향을 미쳐, 가와사키 공해재판은 제1차 판결 후 1996년 12월에 일본강관
이하 12개사 사이에서 '승리화해'를 했다. 하루를 두고 구라시키도 마찬가
지로 화해를 통해 기업의 손해배상을 얻어내었다. 아마가사키의 경우는 더
욱 서둘러 판결에 앞서 기업과의 손해배상을 1999년 1월 17일에 화해로 해
결하였다. 나고야 남부의 경우에는 약간 사정이 달라 1차 판결 후에 기업과
국가를 일괄해서 화해를 했다. 모두 기업이 사죄를 하여 판결보다도 적극적
인 화해사항을 획득하였다. 주목해야 할 것은 그 중에 개인의 건강장애에
대한 배상뿐만 아니라 환경보전이나 공해지역의 재생에 보상금의 일부를
충당하는 것을 규정한 것이다.

일본을 대표하는 산업지역의 대기업은 니시요도가와 공해재판의 결과를
보고 과거에 일으켰던 심각한 공해의 책임은 피하기 어렵고, 여기서 싸우기
보다도 이 기회에 사죄를 하고 향후 지역에서 공존과 지역재생에 협력을
하기로 함으로써 막을 내리고 싶다고 생각했을 것이다. 이미 기업이 환경정

책을 실시하는 것은 국제·국내적으로 상식화되고, 사회적 비용의 일부는 시장화했을 뿐만 아니라 환경기기의 제조나 폐기물처리는 비즈니스로서 일대 산업화가 시작되고 있었다. 에너지·자원절약기술은 공해방지뿐만 아니라 비용절약을 통한 기업간 경쟁의 중요한 무기가 됐다. 이와 같은 변화 속에서 지금까지도 공해피해자나 지원자와 대립하기보다는 해결로 나아가는 길을 선택한 것일 것이다.

그러나 이 대기오염재판은 4대 공해재판과 달리 복합오염형 도시공해여서, 공장·사업소의 오염물 이외의 오염물 특히 자동차배기가스오염의 책임을 추궁하였다. 자동차배기가스오염의 책임을 누가 질 것인가는 고정발생원의 경우와 달리 복잡한 문제가 있다. 일본에서는 제5장에서 말한 바와 같이 책임은 도로를 건설·관리하는 국가·공단에게 요구하였다. 더욱이 진행형으로 더욱 나빠지는 공해이며 배상을 요구하는 것만으로는 피해를 막는 것은 불가능하다. 이 때문에 재판에서는 중지가 요구되고 있다. 재판소는 자동차배기가스 특히 NO_2, SPM과 호흡기질환자와의 인과관계를 명확히 할 뿐만 아니라 피해와 도로의 공공성의 비교형량을 통해 수인한도를 정하도록 하기에 기업의 공해보다도 복잡해진다.

게다가 중지의 내용도 고정발생원의 경우에 비하면 니시요도가와의 도로공해의 화해조항에서 보듯이 복수(複數)의 대책의 선택을 강요당하기 때문에 판정은 복잡해진다. 니시요도가와 재판의 판결에서는 중지의 원고적격은 인정됐지만 공공성 우위라고 해 중지가 각하됐다. 여기서는 그 밖의 재판의 도로공해에 관한 해결이 니시요도가와 재판과 비교해서 얼마나 다르고, 그것이 일본의 자동차공해대책에 미친 영향과 의의를 살펴보고자 한다.

가와사키 대기오염 공해소송

1994년 1월의 1심 승리판결 후 가와사키 소송의 원고인단·변호인단과 지원단체는 니시요도가와 소송의 경우와 마찬가지로, 피고의 중심이었던 일본 강관, 도쿄 전력, 도넨(東燃)과 교섭을 계속했다. 니시요도가와의 기업의 화해를 지렛대로 삼아 교섭을 해 도쿄 고등재판소·요코하마 지방재판소 가와사키 지부의 권고에 의해 1996년 12월 25일 앞의 3사를 포함한 13개사와의 사이에 화해를 성립시켰다. 화해조항의 조문은 동일하게 6개 항목으로 구성되었고 해결금은 1차, 2차~4차를 합산해 31억 엔이었다.

원고는 이 일부를 니시요도가와와 마찬가지로 '마을만들기기금'으로 해서 '가와사키의 환경과 마을만들기'를 테마로 조사와 운동을 시작하기로 했다. 이 화해는 피고가 일본을 대표하는 거대기업이며, 그들이 사죄를 해서 화해하고, 앞으로의 공해대책에 노력을 맹세한 의의는 매우 크다.

1998년 8월 5일 남은 도로공해를 중심으로 2차~4차 소송에 대해 요코하마 지방재판소 가와사키 지부는 판결을 내렸다. 판결은 NO_2와 SPM과 건강피해와의 관계를 다음과 같이 적극적으로 인정하였다.

'본건 지역에서의 이산화질소는 1969년경 이후는 본건 지역에서 단체*로 지정질병을 발병 또는 악화시키는 위험성이 있었다.'

더욱이 SOx와의 관계는 다음과 같이 판시했다.

'본 지역에서의 대기오염은 1969년경부터 1974년경까지 사이는 이산화질소 및 이산화유황에 의해, 1965년경 이후는 이산화질소를 중심으로 부유입자물질 및 이산화유황의 부가적 작용으로 인해 본건 지역에 주거하는 사람에게 지정질병을 발병 또는 악화시키는 위험성이 있었다.[58]'

니시요도가와와 달리 가와사키의 대기오염은 더욱 진행되고 있는 사실을 확인했다. 상가(相加)작용**에 대해서는 1975년경 이래 NO_2의 도로 주변지역에 대한 본건 도로의 기여율은 약 45%로, SO_2의 기여율은 약 10%로 하고, 명확히 도로 끝에서 50m의 도로 주변지역 주민의 건강장애가 NO_2를

---

* 單体: 홑원소 물질
** 두 가지 이상의 약물을 함께 투여했을 때 그 작용이 각 작용의 합과 같은 현상

주체로 하는 도로공해라는 사실을 인정했다. 이는 NO$_2$의 기준완화, 더욱이 공건법 개정의 기준이 된 중공심 답신의 NO$_2$피해배제의 논리를 뒤집는 획기적인 판시였다. 이 결정적인 판시에도 불구하고 이 판결은 다음과 같이 중지를 각하했다.

'이산화질소의 환경기준에 대해 신환경기준 이상으로 옛 환경기준이 상당하다는 것은 인정되지 않고 또 환경기준은 어느 정도의 안전을 내다보고 설정돼 있는 것이기 때문에 그 값을 넘는다고 즉시 건강피해가 발생하는 것도 아니다. 또 본건 도로의 도로 끝에서 50m의 도로 주변지역 이외의 지역에 거주하는 원고들에게는 원래 본건 도로에서의 대기오염물질의 배출로 인한 피해는 수인한도 내이며, 또 본건 도로 끝에서 50m의 도로 주변지역에 거주하는 사람에게는 본건 도로에서의 대기오염물질 배출의 위험성은 절박한 것이 아니라 본건 도로가 갖는 공공성을 희생해서까지 본건 도로에서의 대기오염물질의 배출을 중지시켜야 할 긴급성이 인정되지 않기에 원고들의 중지청구는 이유가 없다.'

NO$_2$단체로 인한 건강장애를 인정하고, 더욱이 SO$_2$와의 상가작용으로 인한 도로공해를 시인한 판시가 이 최후의 중지에서는 뒤집혀졌다. 논리모순이라고 말할 수밖에 없지만, 재판소에서 오사카공항 최고재판소 판결 이래 어떻게 공공사업의 공공성이 주민의 인권보다 중요한지를 보여준 결론이다.

가와사키 소송의 원고인단·변호인단과 지원단체는 니시요도가와 소송의 경우와 마찬가지로 강력한 교섭을 거듭해 화해를 지향했다. 이 교섭의 결과, 건설성, 환경성, 통산성, 운수성, 가나가와현, 가와사키시로 구성된 '가와사키남부지역도로연도환경대책검토회'(1998년 7월)를 설치했다. 이에 대응할 국가 차원의 조직으로서 '협의회'가 설치돼 1999년 1월에는 본건 지역을 대상으로 '가와사키남부지역의 도로환경개선을 위한 도로정비방침'을 발표했다. 이 가운데 도로공해대책으로서 33개 항목의 메뉴를 4000억 엔의 규모로 실현할 방침을 내놓았다.[59]

1999년 5월 20일 가와사키 공해재판 원고인단은 국가·수도고속도로공단과의 사이에서 재판소의 화해에 응했다. 이 '화해조항'의 첫머리에 국가·공단이 현재도 아직 본건 지역이 환경기준을 상회하는 고농도의 오염지역이 되고 있다는 사실을 인정해 '환경기준 달성을 향해 진지하게 노력한다'고 결의표명을 했다는 것이 중요하다. 화해조항은 니시요도가와의 화해조항에서 보인 도로구조의 개선 등은 마찬가지지만 로드 프라이싱의 수도고속도로 적용에 대한 검토가 제시되었다. 그리고 앞으로의 대책은 앞에서 말한 '가와사키시 남부지역의 연도환경개선을 위한 도로정비방침'에 따른다고 하였다.

이 화해에 대해 변호인단의 시노하라 요시히토는 다음과 같이 평가하였다.

'기업화해에 있어서 해결금의 일부를 지역재생과 마을만들기기금에 갹출한 원고인단의 뜻의 숭고함은 국가화해에서의 배상금 요구에 구애되기보다 공해의 근절, 환경재생과 마을만들기, 비인정환자의 구제문제를 우선시킨다는 이번의 결단에서 다시 한 번 실증되게 됐다.[60]'

아마가사키 공해재판

다이쇼시대(1912-26) 이래 중화학공업화의 중심도시인 아마가사키시는 대기오염을 비롯한 공해가 심각했다. 이 때문에 전후 가장 일찍이 대기오염조사가 시작됐다. 국립공중위생원(스즈키 다케오 주사)의 입체적인 대기오염조사가 늦어져, 1957년 5월에 역전층의 발생과 SO_2가 0.3ppm을 넘는 상황이 확인되었다. 이 역사적 오염지에서는 니시요도가와 지역과 마찬가지로 공해에 '익숙해져' 시민의 관심이 희박했지만, 공장 이적지에 현이 건설한 이세지구의 주택(1000호)에 이사 온 새로운 시민은 대기오염의 피해에 놀랐다. 독자적인 「공해일기」를 통해 오염과 아동의 천식과의 관련을 명확히 해 간사이 전력이나 시에 공해대책을 요구했다. 1970년 8월에 이세 지구는 시에 공해대책을 요구했다. 같은 달 이세 지구공해대책준비회의의 가토 쓰네요 등의 제안으로 '아마가사키에서 공해를 없애는 시민의 모임'이 발족됐다[61].
그 뒤 이들 운동의 결과, 아마가사키시는 독자적인 공해환자의 구제조치를
취했고, 1973년에는 그것을 공건법에 넘겨 구제가 추진됐다. 그런데 공건법
개정으로 인해 아마가사키는 대기오염지역에서 해제됐다. 이에 항의해 새
삼 대기오염의 책임을 묻기 위해 1988년 12월 26일 공건법인정환자 483명
(나중에 제2차 소송 15명을 넣어 498명)이 원고가 되어 간사이 전력 외 8개사와 국
가 · 한신고속도로공단을 피고로 해 손해배상 117억 엔과 중지를 청구하는
재판을 했다.

　이 재판은 니시요도가와 소송의 영향을 받아 기업과 직접교섭한 결과, 1
심 판결 전인 1999년 2월에 기업과 화해했다. 이 화해조항은 니시요도가와
와 서로 다르고, 기업의 사죄, 앞으로의 공해방지대책에 대한 노력을 확인
하고 해결금 24억 2000만 엔을 취득해 청구를 취하했다. 이 해결금 가운데
9억 2000만 엔은 환경보건, 생활환경의 개선, 아마가사키의 재생의 실현에
사용하는 것으로 하였다.

　2000년 1월 고베 지방재판소는 판결을 내렸다. 그에 따르면, 1970년 3월
부터 현재까지 국도43호선 주변의 적어도 50m 범위에서 자동차배기가스로
인해 형성된 국소적인 대기오염은 그 범위 내에 거주 또는 통근하던 원고
들(사망환자를 포함)의 기관지천식 또는 천식성기관지염의 발생 또는 악화에
대해 고도의 개연성이 인정된다. 또 국도43호선과 한신고속도로3호선, 오사
카니시노미야(西宮)선은 2층 구조로 돼 있기 때문에 양 도로의 관리자인 피
고 국가 및 한신고속도로공단은 국가배상법 2조 1항에 의해 공동불법행위
책임을 진다. 그래서 손해배상은 국가가 2억 1183만 8400엔, 공단이 1억
2102만 610엔을 지불해야 한다. 더욱이 국도43호선 주변 50m 이내에 거주
하는 이 중 기관지천식에 걸린 24명에 대해서는 PM2.5로 인한 대기오염이
라는 사실이 명확해 부작위청구권을 갖는다. 피고는 양 도로의 공용(供用)으
로 인해 일일 평균치 $0.15mg/m^3$의 부유입자상물질이 측정되는 정도의 대
기오염을 형성하지 않을 의무를 진다고 했다.[62]

이렇게 해서 처음으로 PM2.5로 인한 대기오염방지의 중지가 인정됐다. 다만 공건법을 통한 나머지 3대 질병과 PM2.5의 인과관계는 인정하지 않고, 또 과거에 측정된 수준의 NO₂와 공건법 지정 4대 질병의 발병 또는 악화 간의 인과관계는 부정했다. 원고·변호인단은 비밀리에 법무성·건설성·환경성과 교섭을 거듭했다. 국가는 '중지는 절대 인정하지 않는다'는 강경한 태도였다. 이 때문에 '원고로서는 중지(조문)에 집착하기보다 고령화한 환자의 목숨을 우선하는 단계로 왔다'고 생각해 변호인단에 '더 이상 중지에 집착하지 않는다'⁶³고 제안해, 고뇌에 찬 결단으로 화해로 나아갔다.

2000년 12월 8일 오사카 고등재판소는 화해 전문(前文)과 조항을 제시했다. 이 전문에는 자동차배기가스에서는 PM2.5와 디젤배기가스입자(DEP)의 건강영향조사연구가 시작돼 도로 주변에서 자동차배출가스의 억제를 위한 시책 검토가 진척되고 있기 때문에 이 당사자 쌍방이 장래를 보고 보다 나은 도로 주변 환경의 실현을 지향해 노력하는 것이 가장 타당한 해결이라고 하였다.

화해조항에는 (1)환경청의 자동차배출가스 저감을 위해 중공심의 답신에 입각해 디젤차의 새 장기목표를 2005년까지 경유의 저유황화, DPF내구성시험 등 특히 대형차의 교통규제에 대해서는 로드 프라이싱의 시행 등 대형차교통량 규제를 검토한다. 또 한신고속도로공단에 관해서는 한신고속도로3호선의 아마가사키 동입로(東入路)에 주변정비를 실시한다. 건설성은 국도43호의 보도공간에 장애인불편해소시설(엘리베이터)을 설치, 도로녹화를 추진하고자 하였다. 앞으로 교섭창구로서 '아마가사키남부지역도로연도환경개선에 관한 연락회'를 설치한다. 이 화해조항의 내용을 감안해 원고는 손해배상청구를 포기했다.

원고인단은 오랜 재판투쟁과 원고의 고령화로 인해 중지판결을 포기하고 실질적인 도로 주변 대책을 중심으로 한 화해를 선택했다. 그러나 교통량의 증대, 특히 대형차의 저감을 위한 규제는 어려웠고, 화해조항을 국가·공단은 지키지 않았다. 이 때문에 2002년 10월 원고 21명이 총무성 공해등 조정위원회에 피고가 화해조항을 추진하도록 알선을 신청했다. 다음 해 6월 알선안이 제시됐다. 거기서는 (1) 대형차의 교통량 저감을 위한 종합적인 조사의 실시, (2) 환경 로드 프라이싱의 시행 등이 제언되고 양자는 이를 받아들였다. 이를 통해 로드 프라이싱의 시행 등이 추진됐지만, 대형차의 교통량 저감은 좀처럼 실현되지 못했다. 2013년 6월 13일 아마가사키 공해환자·가족 모임은 47번째의 연락회에서 국도43호선의 장애인불편해소시설이 완성되는 것을 기회로 합의서에 조인하고, 운동을 종결했다. 놀랄 만큼 장기에 걸친 운동이었다.

나고야 남부 대기오염공해 중지 등 청구사건

아마가사키의 제소에 이어서 1989년 3월 나고야 남부의 공건법 인정환자와 1명의 비인정환자를 포함한 145명이 신일본제철, 주부 전력 외 기업 9개사와 국가를 상대로 손해배상과 중지청구의 재판을 제기했다. 그 뒤 제2차 100명, 제3차 47명의 제소가 있었고, 원고는 292명이 됐다. 중지 요건은 NO₂가 옛 환경기준, SOₓ와 SPM은 환경기준을 넘지 않도록 현황의 개선을 요구하는 추상적 부작위였다.

2000년 11월 27일, 나고야 지방재판소는 판결을 내렸다. 이 개요는 다음과 같다.

(1) 1961년부터 1978년까지의 대기오염물질 가운데 SO_2가 본건 지역에서 공건법의 지정질병의 원인물질이며, 그것이 원고들 110명의 질병이 됐다고 인정한 다음 피고회사가 배출한 SO_x도 일정 정도 위 대기오염에 기여했다고 하고, 그 한도로 각 피고회사에 공동불법행위로 인한 손해배상을 명했다.

(2) 국도23호선 주변 20m 범위에서는 SPM이 위 지역 내에 거주하는 사람의 기관지천식의 원인이 됐다고 인정해, 위 도로의 관리자인 피고 국가에게 원고 3명에 대한 국가배상법 2조 1항에 근거하는 손해배상의무

를 인정했다.

　(3) 피고 국가에게 국도23호선 주변 20m 이내에 거주하는 원고 1명과
의 관계에 있어서, SPM의 일정 농도를 넘는 오염이 될 배출을 해서는
안 된다는 취지를 명했다.

이 판결은 아마가사키 공해재판 판결에 비해 도로공단의 중지를 인정한
점에서는 획기적이었다. 중지의 조건인 비교형량에서 원고가 SPM에 장기
노출되어 생명, 신체의 회복이 불가능할 정도의 피해를 받고 있는 데 비해
피해발생방지대책이 효과적이었다고는 말할 수 없고, 대기오염조사조차 게
을리 했던 점. 중지청구를 인정해도 교통에 대한 손실은 사회적 곤란을 불
러올 정도가 아니고 대응할 수 있다고 해 중지를 인정했다. 이 경우의 조건
은 아마가사키의 경우와 마찬가지로 PM2.5와 DEP 기준의 달성이었다.[64]

이들 4가지 판결을 통해 공건법 해제의 기초가 된 중공심의 「답신」의 골
자의 일부가 부정됐다는 점은 커다란 전환이라고 해도 좋을 것이다. NO_2의
4대 질병에 대한 인과관계는 여전히 부정됐지만, PM2.5와 DEP라는 SPM
이 기관지천식의 발생과 악화를 불러일으킨다는 점은 인정했다. 이에 따라
자동차배기가스대책과 자동차교통량 감축대책이 요구돼 공건법의 지역지
정의 요건의 변경도 필요하게 됐다.

1심 판결을 받고 원고·피고 모두 상고했다. 나고야 고등재판소는 다른
대기오염재판의 동향을 보고 이 이상 분쟁을 길게 끌고 가는 것은 피해자
에게도 피고에게도 불이익이라고 해 화해를 권고했다. 다른 재판에서는 기
업과의 화해부터 진행되고 있었지만, 여기서는 기업과 국가를 일괄해서 쌍
방과 2차·3차를 포함한 원고와의 화해에 들어갔다.

2001년 8월 8일 일괄화해가 성립됐다. 먼저 기업 10개사와의 화해는 해
결금 7억 3360만 9597엔을 일괄해 지불하기로 하고, 원고는 이 일부를 환경
보건, 생활환경 개선, 나고야 남부지역의 재생 등의 실현을 위해 사용한다.
그리고 피고회사는 앞으로도 공해방지·환경보전대책에 노력함과 동시에

환경정보를 공개하도록 했다. 이에 따라 원고는 그 나머지 청구(중지)를 포기했다.

이어서 국가와의 화해에서는 중지는 없어졌지만, 국토교통성과 환경성은 NO$_2$와 SPM의 환경기준의 조속한 달성을 목표로 교통부하의 경감, 대기오염의 경감을 도모할 것을 약속했다. 양측의 구체적인 대책은 아마가사키 등과 마찬가지로, 차량에 DPF의 장착을 도모할 것, 도로구조의 개혁, 개정 NO$_x$법에 근거한 대책을 추진할 것 등이 요구됐다. 앞으로의 공해대책의 추진을 위해 원고들과 국토교통성 및 환경성은 '나고야 남부지역 도로연도 환경개선에 관한 연락회'를 설치하기로 했다[65]. 이렇게 해서 중지는 사실상, 앞으로의 연락회에 위임됐다. 이와 같이 도로공해대책에 대한 주민참여가 모든 지역에서 인정됐다.

도쿄 대기오염 공해재판

1996년 5월 31일 원고 102명이 디젤차의 자동차제조사 7개사와 국가·공단·도쿄도를 피고로 손해배상과 중지를 요구해 제소했다. 이 소송은 지금까지의 4가지 재판의 성과 위에 하는 것이었지만, 크게 다른 성격을 갖고 있었다. 그것은 자동차제조사를 처음으로 피고로 삼은 것이다. 지금까지의 재판이 오염자부담원칙을 통해 배상을 포함한 구제를 요구한 데 비해, 이는 그것에 더해 확대생산자책임원칙을 통한 대책을 요구하는 것이었다. 오염물질은 NO$_2$와 SPM이지만, 특히 PM2.5에 집중하고 자동차제조사도 디젤차를 생산하고 있는 도요타 등 7개사로 하였다.

2002년 10월의 1심 판결은 기대에 못미쳤다. 간선도로 주변(도로 끝에서 50m)의 원고 7명의 기관지천식에 대해 도로를 연원(煙源)으로 하는 자동차배출가스와의 인과관계를 인정해 국가·도쿄도·공단에게 손해배상을 인정했지만, 원고가 요구한 도로망 전체의 면적(面的)인 오염은 인정하지 않았다. 자동차제조사에게는 오염방지의 사회적 책임은 인정했지만, 건강장애를 방지할 의무는 없다고 해 무죄가 됐다. 중지에 대해서는 대기오염물질의 오염

농도에 대해 중지기준을 제시하고 있지 않기에 부적법하다고 각하했다.[66]

이래서는 소송을 한 의의가 없어지기 때문에 원고인단은 지지단체와 더불어 전면해결을 위해 피고와의 교섭에 힘을 쏟았다. 원고 변호인단은 2심 결심 직전, 2000년 6월경에 화해를 지향하는 방침을 정하고 피고와 교섭해 2007년 6월 22일 도쿄 고등재판소에서 화해가 성립됐다.

변호인단 부단장인 니시무라 다카오는 화해와 그 뒤의 내용을 다음과 같이 정리하였다.[67]

①의료비구제제도의 창설 … 도내에 1년 이상 주소를 가진 기관지천식환자로 비흡연 등의 요건을 충족하는 사람을 대상으로 수입제한 등 일절 없이 당해 질병의 보험진료에 드는 자기부담분 전액을 지원한다. 1972년에 창설된 미성년의 천식환자구제제도가 이에 따라 전 연령의 기관지천식환자로 확대됐다. 2010년 4월 말 현재, 인정신청자는 4만 9249명을 넘는다. 이 비용은 도가 3분의 1, 국가가 3분의 1, 제조사와 수도고속도로공단이 각 6분의 1이라는 것이 원안이며, 국가는 당초 거부했지만 당시 아베 수상의 판단으로 60억 엔, 수도고속공단 5억 엔을 갹출했다.

②공해대책의 실시 … (가)PM2.5의 환경기준은 중공심의 토의를 거쳐 2009년 9월에 고시됐다. 신기준은 연평균치 15μg/㎥ 이하, 일평균치인 98 백분위(percentile)값 35μg/㎥ 이하이다. (나)대형화물자동차의 통행금지규제 … 도는 토요일 22시부터 일요일 7시까지 순환선인 7호선 안쪽 지역에서 적재량 5t 이상의 대형화물자동차의 통행금지의 확대를 요구. (다)기타 … 저농도탈황장치의 지하고속도로 도입, 도로녹화, 국지오염대책.

③일시금 지불 … 자동차제조사는 일시금 12억 엔을 사회적 책임을 진다는 의미에서 원고에게 지불했다.

1978년 니시요도가와 소송으로 시작돼 2007년 도쿄 소송으로 끝난 30년의 긴 이야기는 마친다. 이는 '공해는 끝났다'고 해 대기오염지역의 해제 -

피해자구제제도를 폐지한 것을 부활하고, 전진시키기 위한 이야기였다. 일단 제도를 폐지한 경우에 그것을 부활시키는 것이 얼마나 어려운지, 피해자가 재생을 위해 얼마나 노력해야 하는지를 가르쳐준다.

이로써 드디어 기업의 사회적 비용의 내부화가 진전되고, 자동차의 사회적 비용의 일부가 내부화되기 시작한 것이다. 경제학자가 공해문제의 해결을 '사회적 비용의 내부화'라는 이론 한 줄로 끝낼 일이, 현실에서 이루어지기 위해서는 얼마나 많은 사람들의 피와 땀의 노력이 필요한지, 제도의 설계와 설정에 얼마나 큰 지혜와 힘이 필요한지를 이 경험은 명확히 하였다. 더욱이 이는 끝없는 이야기인 것이다.

3 환경재생을 추구하며

공해지역 복구 · 복원에서 종합적 지역재생으로

제1장에서 말한 바와 같이 공해지역 복구의 정책 전개의 역사는 광업법의 생성과정이었다. 1939년 3월의 광업법 개정으로 광업의 배상은 금전배상을 원칙으로 하고, 일정한 경우에는 지반침하된 지역의 원상회복을 인정하는 것으로 했다. 이 경우의 비용은 오염자부담원칙에 근거한 사업자부담이었다. 그러나 사업자의 부담이 너무 무겁다는 사업자의 요구로 전후는 공공사업으로서 일반 광해지(鑛害地)의 복구가 행해졌다. 내용은 제1장과 같다.

1970년 〈농용지의 토양오염방지 등에 관한 법률〉이 제정돼 카드뮴 등의 중금속으로 오염된 토양의 복원이 공공사업으로 실시되게 됐다. 이 경우의 비용부담은 앞의 광해지 복구의 원칙이 적용돼 가해기업이 일부 부담하게 됐다. 더욱이 이 공해지역복원사업이 확대돼 〈공해방지사업비사업자부담법〉이 제정됐다. 이것도 법률의 명칭대로 공해지역의 복원은 공공사업으로 행하고, 그 일부를 원인자부담으로 하였다. 제3장에서 말한 바와 같이 농지에 한정되었던 토양복원은 〈토양법〉에 의해 드디어 공장이전적지를 이용할 경우의 복원에 대해 원칙은 지주였지만 원인자가 분명한 경우는 비용부담을 시키는 형태로 정화·복원이 되었다.

이와 같이 피해자의 오랜 운동의 성과로 공해지역의 정화·복원에 대해서는 제도가 생겼지만, 공해로 인해 오염되고 쇠퇴한 지역 전체의 재생에는 없었다. 서장의 〈그림 1〉(14쪽)의 '환경문제의 전체상'에서 말한 바와 같이, 공해가 발생하는 것은 그 지역의 자연이나 사회가 침해되거나 변용(變容)하는 행위가 방치돼 생활의 질이 악화되고, 기본적 인권의 침해가 누적된 결과로 발생하는 것이다. 미나마타병이나 욧카이치 공해가 전형이다. 그래서 공해대책은 피해자구제로 끝나는 것이 아니라 지역의 자연과 사회를 정상적인 상태로 재생하지 않으면 그 원인을 없애는 것은 불가능하다. 따라서 환경을 재생해 안전하고 비차별의 민주주의가 보장돼 어메니티가 있는 마을만들기를 하지 않으면 공해대책은 끝나지 않는 것이다.

또 공해를 예방하기 위해서는 공장이나 사업소를 중심으로 한 거리가 아니라 자연환경이나 경관을 보전하고, 어메니티가 있는 거리(살기좋은 거리)를 유지 또는 창조해야만 한다. 일본에서 환경보전·재생의 운동이 시작된 것은 4대 공해재판이 종료된 전후부터였다. 가장 여론을 움직인 것은 제6장에서 말한 수향수도(水鄉水都)의 보전·재생운동이었다. 오사카의 나카노시마를 지키는 모임과 오사카 도시환경회의(오사카를 좋게 하는 모임)의 오사카의 원풍경·수도(水都)재생운동, 오타루 운하를 지키는 모임 운동, 야나가와시의 인공수로를 유지해 정화한 운동, 비와코 호수의 합성세제 금지와 정화운동, 신지코 호수·나카우미의 간척중지운동, 가스미가우라 정화운동 등이 연대하면서 추진됐다.[68]

워터프론트를 지키는 운동으로는 세토나이카이 해 환경보전의 주민운동이 해안출입권을 제창해, 암석해안과 모래해변의 복원을 요구했다. 매립에 반대해 갯벌을 지키는 운동으로는 쓰레기매립지로 예정돼 있던 나고야시의 후지마에 갯벌, 게이요항 계획으로 상실될 뻔한 산반제(1200ha) 등이 가까스로 주민운동의 힘으로 보전됐다. 이들은 고도성장정책 이래 공공사업에 의해 파괴되기 직전의 자연과 경관을 주민운동이 지켜낸 사례이다.

구미의 경우에는 20세기를 통하는 전쟁과 경제성장정책으로 인해 역사적 문화유산·거리모습 등의 경관이나 자연의 파괴가 인간사회의 가치를 근본부터 뒤집고, 돌이킬 수 없는 절대적 손실을 주었다. 특히 1970년대 이후 공업에서 서비스업으로의 산업구조의 변화와 국제화로 인한 도시의 위기가 진행되고 새삼 자연·거리모습의 복원이나 지역문화를 주체로 한 도시정책이 시작됐다. 미국의 샌프란시스코시는 쇠퇴하는 임해공업이나 항만사업을 대신해, 워터프론트의 공장이나 창고 건물을 재이용해 상업·연구·예능문화시설로 개조했다. 특히 주택지역이나 공원으로 개조하는 정책이 추진됐다. 보스턴시도 똑같은 워터프론트 재생사업을 추진해 도심에서의 워터프론트를 시민이 접근하기 쉽게 하고 하천변의 고속도로를 지하로 매설했다. 뉴욕시도 마찬가지로 워터프론트를 개조했다.[69]

이탈리아의 포 강 유역에서는 농약과 화학비료로 오염된 갯벌을 바다나 습지로 되돌리고 있다[70]. 라벤나시는 석유화학콤비나트의 확장을 중지하고 공해대책을 추진하는 한편, 습지와 산림으로 구성된 6가지 스테이션을 가진 팔코(공원)를 만들어 시민의 환경교육의 장소로 삼고 있다. 볼로냐시는 교외도시의 개발을 중지해 도심의 역사적 거리를 보존하고 협동조합과 하나된 장인(職人)산업과 예능문화, 교육의 도시로서의 재생을 추진했다[71]. 1985년, 이탈리아 정부는 역사적 유산을 보호하는 국가의 의무를 강조한 헌법 9조에 근거해 갈라소법(경관법)을 제정했다. 이는 경관보전을 위해 산악, 하천, 해안의 개발을 제한하는 획기적인 법률이다. 그리고 밀라노시와 같이 도시 전체를 팔코화하는 정책을 추진했다[72].

영국에서는 정부와 NGO가 협동해 만든 그랜드 워크 트러스트가 쇠퇴지역을 재생하는 사업을 추진하였다. 탄광지역이나 오래된 공업지역 등 약 4000건이 넘는 사업을 하고 있다[73].

독일에서는 프랑스군의 기지를 개방해 에콜로지컬 커뮤니티를 만드는 사업이 프라이부르크시 보봉 지구나 트리아시 신페트리스부르크 지구에서 추진되고 있다. 특히 프라이부르크시는 EU의 그린시티로 유명하다. 주민의 원전반대운동을 기반으로 해 태양광발전이나 바이오에너지를 이용해 지역 내의 재생에너지사업을 추진하였다. 또 지역 내의 자동차교통을 제한해 도시전차를 통한 대중교통을 충실히 하고 있다[74]. 이와 같은 도시정책은 리우 회의의 지속가능한 발전을 원칙으로 하고, EU의 지속가능한 도시플랜 (Sustainable Cities Plan)으로 통합되고 있다.[75]

이들 선진사례는 일본의 환경운동이나 연구자에 큰 영향을 주었다. 제2차 공해재판을 추진한 니시요도가와, 가와사키, 아마가사키, 나고야 남부의 원고 변호인단과 지원단체는 일본환경회의가 제창하는 환경재생에서 배우고, 피해자구제에서부터 환경재생에 이르는 운동을 전개하게 됐다. 지금까지 자연환경보전이나 가로모습보전이라는 환경보전운동과 공해반대·피해자구제운동 사이의 연대는 거의 없었다. 그러나 재판의 종결이 다가옴에 따라 양측이 접근하기 시작했다.

공해지역재생센터(통칭 아오조라 재단)의 활동

복합형 대기오염재판은 화해에서 원고의 주장으로 지역재생을 위한 배상을 해결금의 일부로 충당할 것을 체결했다. 전전의 시사카지마(벳시) 대기오염사건에서는 피해농민 단체는 오염자인 스미토모 금속광업이 갹출한 배상금을 개인에게 분배하지 않고 중학교, 여학교, 농업학교 등의 교육시설, 실험농장 등 지역의 발전에 사용했다. 이는 이 운동이 공공심(公共心)이 높다는 것을 보여준 것으로 유명하다. 대기오염재판의 원고가 거액의 배상금 일부를 환경재생을 위해 갹출한 것은 이 유명한 전전의 농민의 공익성이 높았던 데 필적하는 것이라고 해도 좋을 것이다.

원고의 지역재생활동은 각각 달랐다. 니시요도가와의 원고는 15억 엔의 지역재생자금 중 5억 엔으로 공해지역재생재단을 만들었다. 산업공해재판 이지만 4가지 재판과 보조를 맞춰온 구라시키시의 미즈시마 공해재판의 원고가 이에 큰 영향을 받아 '미즈시마 지역환경재생재단(미즈시마 재단)'을 만들었다[76]. 그러나 다른 3가지 소송의 원고인단은 똑같은 환경재생재단을 만들지 않았다. 가와사키의 경우에는 일본환경회의의 회원에게 요청해 '가와사키 환경프로젝트21'을 만들어 2년간의 조사연구 뒤에 그 성과를 발표했다[77]. 아마가사키의 경우에는 '아마가사키 남부재생연구실'을 만들어 조사연구를 계속하였다. '아마가사키 남부재생플랜'이라는 운하를 살린 마을만들기가 제시되었다. 이 피해자의 운동에 자극을 받아 현과 시는 1000ha의 산림을 100년 걸쳐서 만드는 계획을 세웠다. 나고야 미나미구의 경우는 『미나미구 공해사』를 출판해 앞으로의 마을만들기의 지침으로 삼고 있다.

여기서는 대표로 '아오조라 재단'의 활동을 간단히 소개하고, 과제를 말하고자 한다.

1996년 9월 11일 '아오조라 재단'은 환경청 소관의 재단법인으로 설립됐다. 설립 때 이사장 모리와키 기미오는 그 취지를 다음과 같이 말했다.

'단순한 환경의 보전, 창조, 복원과는 달리, 환자의 건강회복, 주민의 건강, 지역의 어메니티(쾌적한 삶), 지역문화 등을 시야에 넣겠습니다. 경제우선의 지역개발로 훼손된 커뮤니티기능의 회복과 육성을 통해 주민, 행정, 기업 3사가 대립관계가 돼 있는 구조를 본래 있어야 할 관계로 새로 구축해 가는 것도 중시하겠습니다. 국제정치의 무대에서 NGO의 활동이 눈에 띄는 것처럼 어디까지나 중간적 존재로서 국가의 외부단체인 재단법인과는 선을 그은, 주민운동에서 시작해 지역주민의 지지를 받는 새로운 재단법인을 지향하겠습니다.[78]'

재단은 활동내용을 ①공해가 없는 마을만들기, ②공해의 경험을 전한다, ③자연이나 환경에 대해 배운다, ④공해환자의 사는 보람 만들기로, 4가지 분야에 두었다. 이 4가지 활동분야 가운데 착실히 성과를 내고 있는 것이 공해의 경험을 전하기 위한 자료의 수집·공개와 환경학습이다. 2006년 3월에 '니시요도가와·공해와 환경자료관'(에코뮤즈)이 발족됐다. 전후의 공해사건도 자료가 흩어져 사라지고 있고, 초기의 공해문제의 경험자도 적어지

고 있다. 이 자료관은 니시요도가와 공해의 자료나 이야기꾼을 양성하는 것
만이 아니라 전국의 공해재판이나 주민운동의 기록을 모으고 있다. 환경학
습에서는 대기오염의 지표생물조사나 야생조류조사 등이 정기적으로 실시
되고 있고, 귀중한 지역환경 데이터가 돼 있다.

아오조라 재단은 2001년 11월 20~21일에 '환경재생을 위한 국제워크숍'
을 기타큐슈시에서 개최했다. 재단으로서는 최초의 국제활동이었다. 이 워
크숍은 다음 3가지 과제를 내걸었다.

(1) 공해로 인한 피해자를 전면적으로 구제하고, 피해의 사전 방지조
치를 강구할 것.

(2) 환경파괴형의 개발사업(공공사업 등)을 중지할 것.

(3) 사람들의 생활과 자연환경이 조화를 이루는 아름다운 지역만들기
를 추진할 것.

이 회의에는 이탈리아 노스트라나 영국의 그랜드 워크 트러스트의 활동
가가 출석했고, 한편 인도 보팔의 피해자, 중국에서 공해재판을 추진하고
있던 연구자 등 다채로운 참가자를 받아 성공리에 끝났다[79]. 이에 따라 아오
조라 재단은 세계에 열린 환경NGO조직으로서 인정됐다. 특히 아시아의 환
경단체는 아오조라 재단을 일본의 공해의 교훈에서 배우는 센터로 평가하
게 됐다.

아오조라 재단은 4가지 활동이나 국제교류활동을 통해 환경재생과 마을
만들기의 조사·연구·교육·운동 조직으로 평가되고 정착됐다[80]. 그러나
과제도 많다. 경영체로서는, 지금의 저금리시대에서는 기금의 과실로 조달
하기란 불가능하다. 공공기관의 재정긴축 때문에 사업에 대한 공적 보조금
이 감소하는 추세다. 운동체가 아니기 때문에 회원이 늘기를 바랄 수 없고
회비로 유지되기도 어렵다. 이 때문에 어떻게 하든 기금을 까먹게 된다. 귀
중한 공해 해결금만 감소하게 된다. 이들은 지금 일본의 NGO가 처한 공통
된 문제점으로, 즉효적인 해결책이 없기 때문에 경비를 절약해 자원봉사자

의 원조를 얻어가야 될 것이다.

　아오조라 재단은 발족을 하면 지역재생의 마스터플랜을 수립했다. 그것은 하나의 꿈을 그린 것이기 때문에 그대로 실현되지 않는 것은 당연한지도 모르지만, 현실에는 아직 '수도(水都)재생'에 대한 꿈을 향해 전체가 움직이고 있다고는 말할 수 없다. 화해를 통해 기업은 지구재생을 향해 협동해야 한다고 했지만 그러한 움직임은 적다. 이는 그 뒤에도 산업구조나 에너지원의 변화가 극심하고, 중화학공업이 정체해 공장 가운데에는 연구시설로 바뀌는 경우도 생겼다. 신규투자는 해외로 향하고 지역성을 상실해간다는 객관적인 조건도 있다. 원래 일본의 기업은 중역 가운데 지역주민을 넣어 지역과의 협력을 도모하는 제도가 없고 기업주의에 철저하기 때문에 지역재생에 어떻게 협력할 것인가 하는 방향성이 나오지 않는 것일 것이다. 또 오사카시 또는 오사카부의 정책이 여전히 경제성장주의로, 어메니티가 있는 자연이 풍요로운 환경과 문화가 있는 지역을 지향하고 있지 않은 것이 큰 원인일 것이다. 유럽이라면 아오조라 재단과 같은 내발적 거리만들기 운동이 움직이게 되면 지자체는 그것을 지원해 실현을 도모할 것이다. 일본의 지자체는 NGO에 업무를 위탁하지만 거리만들기에 대해 전면적으로 협동해서 성공한 사례는 적다. 오사카시·오사카부는 '수도재생'을 위해 NGO의 활동과 협동하고 있지 않다. 여기에는 오사카 시민의 환경의식에도 문제가 있는지도 모르겠다. 오사카시의 워터프론트는 여전히 경제성장의 수단으로 생각되고 있다. 니시요도가와의 공해피해자가 이끌었던 공공심이 생겨나고, 아름다운 '수도'를 만들기 위해서는 지자체가 '살기 좋은 도시(어메니티가 있는 마을)'를 만들기 위한 정책으로 전환해야만 될 것이다.

주

1 『経団連月報』24巻 5号 (1976年 5月号), p.29.

2 『経団連月報』24巻 6号 (1976年 6月号), pp.66-69.

3 『経団連月報』29巻 2号 (1981年 2月号), pp.28-33.

4 이하 일본환경회의 제5회 대회(가와사키시)에서의 기조보고, 토론, 결의 등의 전체 모습은 日本環境会議編 『岐路にたつ環境行政—公建制度の問題点と改革』(東研出版, 1985年)에 수록돼 있다.

5 공건법 개혁과정이나 제1종 지역의 실태자료에 대해서는 環境庁公健法研究会編 『改正公健法ハンドブック』(エネルギージャーナル社, 1988年)에 있다. 환경청의 의향이나 평가가 있지만 비교적 객관적인 자료다.

6 국민건강보험 진료보수명세서에는 1000명당 공건법 지정 4대질병의 수진률은 오사카 14.2에 비해 아오모리 14.1 등 오염지역과 비오염지역의 신규수진률에 유의한 상관은 없다고 하였다. 그러나 이는 역학데이터로 채택되지 않았다. 환경청의 조사(A)는 환경보전부의 조사보고서에서 1971-73년에 걸쳐 9개 도부현, 33개 지역, 47개 초등학교의 전체 아동 및 일부 초등학교의 동거성인을 대상으로 했다. 조사방법은 앞에서 말한 지금까지의 지정지역에서 면접 실시하는 영국의 BMRC가 아니라 대상자가 직접 기입하는 미국의 ATS방식으로 실시했다. ATS는 많은 수의 조사가 가능하지만 BMRC와 같이 피해지역의 실태에 맞는 조사는 아니다. 그 결과, 유증률은 대도시일수록 높은 경향이 나왔다. 오염물질로는 SO_2보다 PM, PM보다 NO_2에 통계적 유의한 관련성이 보였다. 기침·가래계 증상과 SO_2, PM 사이에 유의한 상관이 보이는 경우가 많고, NO_2는 비교적 적었다. 환경청조사(B)는 대기보전국의 조사보고에서 저농도의 NO_2가 건강에 미치는 영향을 ATS방식으로 1980-84년 28개 도부현 51개 지역 150개 교를 뽑아 과거 3년간의 NO_2, NO, SO_2 및 PM의 데이터와 건강영향의 상관에 대해 조사했다. 유효회답수 20만 4265명으로 이 가운데 거주력은 3년 이상이 16만 7165명(81.8%)이었다. 조사결과는 아동건강영향조사에서는 '지속성 가래' '천식 같은 증상(남자만)' '천식 같은 증상 - 현재'가 NO_2와의 관련을 인정하고, 성인건강영향조사에서는 '지속성 가래'가 NO_2와 연관이 있다는 것을 인정하고, NO_2농도가 높아지는 데 따라 '지속성 가래'의 유증률이 급증했다. 그러나 아동의 '지속성 가래'에 대해서는 '천식증상' 등의 합병증이 많고 현시점에서 건강영향으로 의의를 두는 데는 문제가 있다고 했다. 성인의 경우 '지속성 가래'에 NO_2와 유의성이 인정됐지만, 건강영향지표로 사용된 예는 없고, 그 의의를 찾기는 앞으로 보다 검토할 필요가 있다고 하였다.

7 中公審環境保健部会 「大気汚染と健康被害との関係の評価等に関する専門委員会報告」(1981年 4月), p.5.

8 앞의 「専門委報告書」, p.255.

9 鈴木武夫·塚谷恒雄·田尻宗昭 「中公審の大気汚染疫学報告書を読む」(『公害研究』 1986年 秋号, 16巻 2号)

10 스즈키 다케오는 「이산화질소 기준완화 취소소송」(도쿄 고등재판소, 1987년 2월 5일)에서 공소대리인으로부터 「답신」 가운데 이 2가지 조건을 충족시키는 질병이 있는지 질문을 받고는 다음과 같이 답했다. '저는 이것을 쓴 사람에게 거꾸로 그것을 질문하고 싶습니다. 대기오염 이외의 질병을 부가해도 좋습니다. 그로부터 질병이라는 것을 이렇게 표현할 수 있는지 이 원

문을 쓰게 된 사람에게 질문하고 싶습니다. 사고 이외는 있을 수 없습니다.' 특히 '현실을 알지 못하는 사람이 머릿속에 떠올린 것일 겁니다.' 공소대리인이 다짐하듯이 '그렇기 때문에 의학적 진실에 반하는 문장이라는 것이네요'라고 하자 스즈키는 '저는 그렇게 생각합니다'라고 단호하게 말하였다.(「二酸化窒素環境基準緩和取消訴訟─鈴木武夫証人の証言」『公害研究』1987年 夏号, 17巻 1号), pp.26-31.

11 東京都衛生局『複合大気汚染に係る健康影響調査』(1986年 5月), p.158.

12 「중앙공해대책심의회 제36회 총회회의록」이것을 보면 반대의사를 낸 사람은 시미즈 요이치(마이니치신문사 논설위원), 와타나베 후사에(주부연합회위원), 기하라 게이이치(지바 대학 교수), 가토 간지(전국시장회 환경보전대책특별위원회 위원장), 나미키 료(전국지역부인단체 연락협의회 간사)이다. 찬성론자는 다치(館), 모리시마(森島) 두 작업소위원을 제외하면 사쿠라이 하루히코(게이오 대학 의학부 교수), 하시모토 미치오(전 쓰쿠바 대학 교수), 나가노 히토시(국립요양소 미나미후쿠오카 병원장, 사카베 산지로(일본상공회의소 환경위원회 위원장), 가토 이치로(전 도쿄 대학 총장)이었다.

13 앞의 『改正公健法ハンドブック』, p.181.

14 지방단체의 의견은 그 전부를 보고한 것은 아니다. 일부 의견이 소개되었다. 앞의 『改正公健法ハンドブック』, pp.55-64.

15 「公害健康被害補償法第2条第4項に基づく地方公共団体意見聴取結果について」(앞의 『改正公健法ハンドブック』, p.63) 참조.

16 『経団連月報』1987年 4月号 (25巻 4号)

17 앞의 『改正公健法ハンドブック』, pp.186-189.

18 앞의 『改正公健法ハンドブック』, pp.191-193.

19 이 항은 『衆議院環境委員会議事録』(1987年 8月 18日)에 따른다.

20 이 항의 참고인의 의견은 『衆議院環境委員会議事録』(1987年 8月 22日)에 따른다.

21 「衆議院環境委員会議事録」(1987年 8月 5日)

22 공건법 개정심의가 한창일 때, 산도 아키코 참의원 환경특별위원회 위원장이 골프를 치러 가기 위해 결석했다. 산도 의원은 위원장을 사직했지만 여당이 다수인 것에 안주해 중대한 공건법 개정을 대충대충 다루고 있다는 것을 보여 피해자의 강한 반발을 샀다.

23 「参議院環境特別委員会議事録」(1987年 9月 4日)

24 「参議院環境特別委員会議事録」(1987年 9月 18日)

25 참의원에서 구쓰누기 다케코 의원은 「답신」의 공정에 의문을 제기한 이유로 경단련 공해대책협력재단이 모리시마 아키오에게 5500만 엔의 연구비를 지출해 공건법의 연구를 시키고 있다는 것을 들었다. 그는 이 연구비의 수수를 부정했고 나도 그렇게 믿었다. 그러나 소위원회의 결론은 납득이 가지 않는다.

26 清水誠 「公害健康被害補償法の本質的問題─専門委員会報告をどう受けとめるか」(『公害研究』1986年 秋号, 16巻 2号)

27 OECD의 1977년 리뷰에 있었던 어메니티(생활의 질)를 어떻게 회복할 것인가 하는 과제는 당시 환경청에 있던 가토 사부로가 「어메니티연(硏)」을 만들어 선구적으로 행정화하려고 했지만, 각 부처의 손발이 잘 맞지 않았다고 한다. 加藤三郎『豊かな都市環境を求めて』(日本環境衛生センター, 1986年)

28 초안과 제정법 사이에 약간의 차이가 있지만 거의 변화가 없다. 또 ' 및'이라는 말이 남발돼 있는 바와 같이 조건부 규정이 많이 사용되었다.

29 환경영향평가법의 제정이 연기된 사정이나 일본의 법제의 문제점에 관해서는 原科幸彦『環境
   アセスメントとは何か—対応から戦略へ』(岩波新書, 2011年)
30 『経団連月報』(1992年 9月号)
31 日弁連「『環境基本法』制定に対する要望書」『環境と公害』1992年 秋号 (22巻 2号). 日本環境会
   議編『環境基本法を考える』(実教出版, 1994年)에 일변련의 제언 등 게재.
32 磯野弥生「環境基本法シンポジウムのまとめ」(『環境と公害』1993年 冬号, 22巻 3号)
33 앞의『環境基本法を考える』
34 日本社会党「環境基本法案」앞의『環境基本法を考える』, pp.266-281.
35 『衆議院環境委員会議事録』(1993年 5月 18日). 리우선언 제1원칙의 원문은 다음과 같다.
   Human being are at the center of concern for sustainable development.
   They are entitled to a healthy and productive life in harmony with nature.
36 『衆議院環境委員会議事録』(1993年 4月 27日, 5月 11日, 5月 18日)
37 『衆議院環境委員会議事録』(1993年 4月 27日)
38 『衆議院環境委員会議事録』(1993年 5月 18日)
39 위와 같음.
40 『衆議院本会議議事録』(1993年 4月 20日)
41 宮本憲一「環境基本法をめぐって」앞의 (제8장)『環境政策の国際化』에 수록.
42 그 뒤 2000년, 2006년에 발표된 환경기본계획에서도 구체적으로 어디에 어떻게 계획되고, 그
   것이 누구에 의해 실현됐으며 그 성과는 무엇인가 등의 구체적인 예가 쓰여 있지 않다. 추상
   적인 이념이나 제도적 관계가 쓰여 있을 뿐이다.『環境白書』와 마찬가지로 관청 내부 문서가
   돼 있다.
43 宮本憲一 앞의 (제2장)『環境経済学新版』, pp.200－203.
44 환경기본법의 평가는 環境法政策学会『総括 環境基本法の10年』(商事法務, 2004年) 참조.
45 환경정책의 원동력은 시민의 환경의식이 높음과 자발적인 환경보전운동에 있다. 어떻게 해서
   시민이 환경정책에 관여하게 되느냐에 대해 졸고(拙稿)「住民自治と環境教育」(前掲『環境経
   済学新版』, pp.349-374) 참조.
46 공건법은 제6장에서 말한 바와 같이 과거분의 보상이나 위자료는 없다는 등의 결함이 있었다.
   「전국공해환자의모임연락회」는 아동보상수당의 신설 등을 요구하였다. 앞의 (제7장)『西淀川
   公害を語る』, pp.129-136 참조.
47 임시행정조사회 제3부회는 1982년 12월 16일에 초안으로서 공건법 제1종 지역지정해제의 요
   건 재검토를 정리했다. 이에 대해서 '당면, 니시요도가와 재판 이건 아니다'고 생각한「전국공
   해환자의모임연락회」는 전국에서 동원을 해 연말연시에 걸쳐 수차례 임조회의에 대한 요청과
   항의집회를 열었다. 정부는 공건법의 개정을 추진하기 위해 임조 제3부의「보조금 등의 정리
   합리화에 대하여」에서 검토시켰다. 모리와키 기미오에 의하면 최종답신까지 4차례나 고쳐 쓰
   게 했다고 한다. 이 다시 쓰기로「공건법의 손해배상으로서의 성격, 제도의 유지, 오염원인자
   의 공해방지의무를 명기시킨 것이 큰 수확이었다고 말할 수 있습니다.」(앞의『西淀川公害を語
   る』, p.192)
48 제2차 공해재판에 대해서는 각각의 상세한 기록이나 평가가 발표돼 있고, 이론적으로는 4대
   공해재판과 마찬가지로 산업공해에 대해서는 역할을 통한 인과관계, 공동불법행위, 입지의 과
   실이 초점이며, 도로공해에 대해서는 공공성으로 인한 수인한도와 건강침해라는 인격권의 비
   교형량이 중심이기에 공건법 개정의 토대가 된「답신」을 둘러싼 판결의 평가를 중심으로 결

론적인 부분에 대해서만 소개했다.

49 마쓰무라 아키오 변호사의 담화. 앞의 『西淀川公害を語る』, p.215.

50 앞의 『西淀川公害を語る』, p.218.

51 「裁判長期化と広がる支援」(앞의 『西淀川公害を語る』제7장). 환자회의 행동은 판결 전까지 6개월간이라고 해도 지역에서의 요청(조기판결)행동 44회, 생협 등 각종 단체의 집회에서의 호소 186회나 됐다. 「조기결심과 공정한 재판을 요구하는 100만 명 서명」은 1995년 3월 2일의 피고기업과의 화해까지 130만 명분을 모았다. 놀랄만한 행동력이다.

52 大阪地判 1991年 3月 29日 『判例時報』 1383号, 大阪地方裁判所 第9民事部 『大阪西淀川有害物質排出規制請求事件判決』(1991年 3月 29日).

53 아와지 다케히사는 판결의 이 부분을 다음과 같이 비판하였다. '이 종(種)이 역학적으로 관련성을 부정할 수 없는 증거가 적지 않다고 한다면 그것에 의해 인과관계를 긍정할 수도 있다고 말하지 않으면 안 된다.' 淡路剛久 「西淀川大気汚染公害訴訟の法的検討」(『公害研究』 1991年 夏号, 21巻 1号)

54 앞의 『判例時報』 1383号, 앞의 『大阪西淀川有害物質排出規制等請求事件判決』

55 당시 '공해재판 겨울의 시대'라고 언론은 평하였고, 아사카와 미즈토시 변호사에 의하면 관련 공동성의 입증이 매우 어려워 '어쩌면 질지도 모른다'고 생각했던 것처럼 모리와키 기미오도 판결이 나올 때까지 '진다'고 생각했다고 한다. 그러나 여론은 반드시 기업 측에 서 있는 것이 아니고 또 니시요도가와의 공해의 심각성은 누가 봐도 인정하지 않을 수 없었기에 입증이 다소 부족하더라도 패소가 된다고는 생각하지 않았던 것 아닐까. 앞의 『西淀川公害を語る』「首の皮一枚の勝利」, pp.250　254.

56 판결을 훨씬 넘어선 보상금인 40억 엔을 1000만 엔만 나눈다는 금액이 기업에서 제시된 이유는 지금도 명확하지 않다. 국제적으로도 환경정책이 정치·경제의 중심목표가 되고, 더욱이 재해의 책임이 추궁된 단계에서 기업이 여기서 커다란 전환을 사회에 보이고자 생각했던 것일 것이다. 그리고 그 동기 속에는 원고인단이 제시한 니시요도가와 재생이라는 공익사업에 함께 함으로써 시민으로서의 기업이라는 새로운 방향성을 보이고 싶었던 것일 것이다. 당시 고베 제강의 사원으로 소송을 담당했던 야마기시 기미오는 니시요도가와의 소송은 미나마타병이나 이타이이타이병과 같이 명백한 회사의 배출물로 인한 것이 아니라 '불순'한 것이었지만 '전체로서의 책임, 전체로서의 해결이라는 점을 생각했을 때 이 결과는 좋았다고 생각한다'고 말하였다. 그리고 이 화해의 성과는 '아오조라 재단'의 설립에 있다는 사실을 말하였다. 山岸公夫 「被告企業からみた西淀川訴訟」(앞의 (제7장) 除本理史·林美帆編 『西淀川公害の四〇年』)

57 入江智恵子 「大気汚染公害反対運動と消費者運動の合流」(앞의 除本·林編 『西淀川公害の四〇年』)

58 横浜地裁川崎支判 1994年 1月 25日 『判例時報』 1481号 「川崎大気汚染公害訴訟第2次−4次横浜地裁川崎支部判決要旨」. 이하도 판결요지에서 인용. 이 판결의 평가는 篠原義仁 「8.5川崎公害判決と今後の展望」(『環境と公害』 1998年 秋号, 28巻 2号)

59 篠原義仁 『自動車排出汚染とのたたかい』(新日本出版社, 2002年), p.152.

60 前掲篠原 『自動車排出汚染とのたたかい』, p.156.

61 加藤恒雄 『はじまりは団地の「公害日記」から―尼崎公害運動(1968−1977)奮闘記』(ウインかもがわ, 2005年). 이는 전후 시민운동의 전형이다. 우이 준은 이 「공해일기」를 시민의 독창적인 과학이라고 절찬하였다.

62 神戸地判 2000年 1月 31日 『判例時報』 1726号.

63 松光子 「和解交渉についての原告団長の手記」(2000年 12月 28日) (平野孝編 『尼崎大気汚染公害事件史』(尼崎公害患者家族の会, 2005年), pp.887-889. 특히 이 『尼崎大気汚染公害事件史』는 아마가사키 공해문제연구의 제1급 자료이다.

64 名古屋地判 2000年 11月 27日 『判例時報』 1746号

65 南区公害病患者と家族の会 『南区の公害史』 資料編에 따른다. 이 공해사는 주민의 손에 의한 것으로 4권으로 구성돼 있고, 나고야 임해공업지대의 조성 등의 역사적 자료가 모여 있어 미나미구뿐만 아니라 나고야 전역의 공해문제의 귀중한 기록이다.

66 東京地判 2002年 10月 29日 『判例時報』 1885号

67 西村隆雄 「東京大気汚染公害裁判」(日弁連公害対策 · 環境保全委員会編 『公害 · 環境訴訟と弁護士の挑戦』(法律文化社, 2010年)

68 수도재생에 관련된 주민단체는 1985년 당시 전국에서 270개 단체가 넘었다. 이 무렵 지금까지 물정책의 원칙이었던 치수(治水), 이수(利水), 보수(保水)에 더해, 친수(親水)가 주장되게 됐다. 「수향(水郷) · 수도(水都) 마쓰에 선언, 1985」에서는 친수권의 확립이 제창됐다. 宮本憲一 「都市における親水権」(앞의 〈제5장〉 『日本の環境政策』) 참조.

69 199년 베네치아에서 「워터프론트 - 새로운 도시의 프론티어」라는 심포지엄이 열려 세계 18개국 53개 워터프론트 개발이 보고되고, 도쿄, 오사카, 고베의 대규모 개발은 에너지와 물 등의 자원낭비형 개발이며, 수변풍경과의 조화를 취한 경관의 관점이 결여돼, 지구환경 파괴를 수반하고 있다고 비판을 받았다. 이에 대해 앞으로의 워터프론트의 틀을 보여준 것으로서 샌프란시스코의 미션베이의 재개발계획이 소개됐다. 宮本憲一 『都市をどう生きるか―アメニティへの招待』(小学館, 1984年, 増訂小学館ライブラリー版, 1995年) 참조.

70 井上典子 「イタリア, ポー · デルタ地域における環境再生型地域計画」(『環境と公害』 1999年冬号, 28巻 3号)

71 チェルベッラーティ著, 加藤晃規監訳 『ボローニャの試み』(香匠庵, 1966年), 佐々木雅幸 『創造都市への挑戦』(岩波書店, 2001年)

72 宗田好史 「イタリア · ガラッソ法と景観計画」(『公害研究』 1988年 夏号, 第18巻 1号). 篠塚昭次 · 早川和男 · 宮本憲一編 『都市の風景』(三省堂, 1987年). 이탈리아의 파르코 등 유럽 · 미국 · 일본의 환경재생사업에 대해서는 宮本憲一 「環境再生という公共事業」(宮本憲一 『維持可能な社会に向かって』 岩波書店, 2006年).

73 小山善彦 「英国の地域再生とグランドワーク」(앞의 『環境と公害』 第28巻 3号).

74 喜多川進 「軍用地のエコロジカルなコミュニティへの転換」(『環境と公害』 1999年 冬号, 28巻 3号)

75 アルマンド · モンタナーリ 「サステイナブル · シティの経験と挑戦」(『環境と公害』 2004年 冬号, 33巻 3号)

76 이 재단의 활동은 다음 문헌을 참조. 財団法人水島地域環境再生財団 『水島地域の再生のために―現状と課題』(2006年), 難波田隆雄 · 早川正樹 · 岸本友也 「倉敷市水島地域における環境再生 · まちづくりの取り組みと課題」(『環境と公害』 2009年 冬号, 38巻 3号).

77 가와사키의 환경재생은 임해부의 중화학공업지역의 재편과 자동차교통의 개선이라는 2대 사업을 포함하였다. 이미 임해공업지대는 축소과정에 들어가 있지만 생산이라는 것보다는 리사이클링의 공정을 중심으로 한 산업연관사업으로 바뀌려고 하였다. 아마가사키와 마찬가지로 이 지역이 쇠퇴지역으로 버려질 것인지 녹지와 수환경이 아름다운 도시로 재생될 수 있을지

는 세기의 대사업이다. 永井進・寺西俊一・除本理史編著『環境再生』(有斐閣, 2002年). 그 후의
기록은 篠原義仁編著『よみがえれ靑い空——川崎公害裁判からまちづくりへ』(花伝社, 2007年)

78 앞의『西淀川公害を語る』, p.325.

79 あおぞら財団『環境再生に向けたNGO国際会議報告集』 2001年.

80 오사카시환경회의(오사카를 좋게 하는 모임) 등의 오사카에 있어서 환경재생운동과 아오조
라 재단의 관계 등에 대해서는 除本理史「公害反対運動から『環境再生のまちづくり』へ」(앞
의『西淀川公害の40年』). 이 책은 공해반대운동에서 아오조라 재단의 활동에 이르는 역사 가
운데 가장 중요한 공해교육, 지역의료, 임해부개발, 소비자운동과의 연대에 대해 다루었고,
또한 귀중한 증언을 게재하였다. 니시요도가와 공해소송의 제1급의 책이다.

제 10 장

공해는 끝나지 않았다 – 보론

버블이 붕괴된 1990년대 후반 이래, 일본 경제는 장기침체에 들어갔다. 이 시기에 종신고용이나 사내복지를 해왔던 일본적 경영은 변해, 총평(總評) 해체 이후 노동운동은 정치·경제를 바꾸는 사회운동으로서의 힘을 잃었 다. 일본 재정은 만성 적자상태에 떨어진데다 잘못된 감세정책도 있어서 공 공부문은 상대적으로 현저히 후퇴했다. 전후 일본 자본주의가 크게 변화를 시작한 것이다. 이미 말한 바와 같이 정부의 공해대책은 공건법의 개정, 환 경기본법의 제정으로 환경정책의 무대를 내려와 다음 단계로 접어들었다. 국민의 관심도 공해문제에서 환경문제로 더욱이 지구환경문제 특히 온난화 문제에 중점이 옮겨졌다. 과거에는 공해·환경문제에 무관심하거나 반대했 던 기업도 여론의 강한 반대와 규제의 강화로 인해 공해·환경정책을 취하 지 않을 수 없게 됐다. 게다가 제7장에서 본 바와 같이, 오일쇼크 이래 자원 의 급등은 산업구조를 바꿨을 뿐만 아니라 자원 특히 에너지절약과 리사이 클기술을 개발해 환경산업이라는 새로운 산업부문의 발전을 낳았다. 리우 회담 이후 환경정책의 국제화에 따라 지구환경 비즈니스는 기업에 있어서 도 새로운 시장이 됐다. 환경과학에 대한 관심은 급격히 증대하고 자연과 학뿐만 아니라 사회과학의 전 분야에서 환경 연구·교육의 분야가 생겨났 다. 반세기 전에는 공해연구위원 7명으로 발족됐지만, 환경경제·정책학회만 1400명의 회원을 둘 정도가 됐다. '환경연구는 전성기'가 됐다. 확실히 공해·환경문제를 둘러싼 조건은 변화하고 새로운 단계에 들어갔다고 말해도 좋을 것이다. 전후 일본 자본주의의 변모와 맞물려 이 「전후일본공해사론」은 앞장에서 본론을 종료한 것이다.

이와 같은 변화한 상황에서 '공해는 끝났다'는 여론이 형성되고, 정부와 기업은 제7장 이하에서 보이는 바와 같이 전후 독자적으로 형성된 제도나 정책에 종지부를 찍으려 했다. 그러나 공해·환경파괴를 낳은 시스템은 약간 변용됐지만 기본적으로는 바뀌지 않고 있다. 더욱이 불황이 계속되는 만큼 정부나 기업은 경제성장에 집착하고 새로운 '생활의 질'을 향상시키고자 하는 시스템으로의 이행은 보이지 않는다. 이미 다른 졸저에서 지적한 바와 같이, 고베대지진 전후인 1995년이 시스템 전환의 기회였지만 그 시기를 놓쳤다. '잃어버린 20년'이라는 것은 경제성장을 잃어버린 것이 아니라 시스템 전환의 기회를 잃어버린 시기이다. 그 이후 미일동맹의 강화라는 국제적 지위의 변화나 국가주의적 개혁은 공해·환경파괴를 재연할 기회를 많이 만들고 있다.

공해는 끝나지 않았다. 오히려 스톡공해가 발생해 환경문제(어메니티와 같은 생활의 질의 악화)로 연속·확대되면서 계승되고 있다고 해도 과언이 아니다. 그런 의미에서 이 책에 이어 공해를 포함한 「일본환경사론」이 준비되어야만 할 것이다. 이 장에서는 그 문제를 논하지 않고 '공해는 끝났다'고 하는 인식이 잘못됐다는 사실을 누가 보더라도 명확한 3가지 문제에 대해 언급하고 싶다. 다만 이것은 보론이며 본론에서 다룬 바와 같은 상세한 정책형성과정은 다루지 않고 과제를 보여주는 현상분석에 머물고자 한다.

제1절 미나마타병문제의 해결을 요구하며

1 제3의 정치적 해결까지의 경과

제7장에서 말한 바와 같이 미나마타병은 제1차 소송의 승소와 보상협정을 통한 해결의 길을 열었음에도 불구하고, 세계불황 속에서 '환자 줄이기'라고 알려진 상황으로 '좌초'됐다. 이 때문에 제2, 3차 미나마타병소송으로 인해 미나마타병의 병상(病像)을 헌터러셀증후군과 같은 중증환자의 기준이 아니라, '미나마타병'이라는 세계 최초의 환경재해의 병상의 확립과 지금까지 장기에 걸쳐 공해대책을 방해한 정부·지자체의 법적 책임을 묻는 것으로 이행했다. 이미 말한 바와 같이 제2차 소송에서는 원고가 주장하는 병상이 인정됐고, 제3차 소송에서는 그와 동시에 정부, 지자체의 책임이 명백해졌다. 본래라면 이 단계에서 미나마타병대책이 근본적으로 전환했어야 했다. 그것은 정부의 1977년 기준을 중지하고, 역학적 조건과 사지말초 등의 유기수은중독의 일반증상이 있는 사람을 미나마타병이라 인정하고, 협정을 취하지 않고 병상이나 피해의 역사 등에 따른 보상액을 사법의 판단에 근거해 결정하고, 시라누이 전역과 아가노가와 강의 상류를 포함한 오염 가능 지역의 주민에게 건강조사를 실시해야 했다. 그러나 짓소와 쇼와 전공의 경영상황나 재정상황 등 지불능력이 있는 경영자·행정관은 공해(환경재해)의 인식을 갖고 있지 않았고, 의학자·의사의 편견에 의존해 전환의 기회를 잃었다. 거기에는 당시의 국민이나 미디어의 공해반대 여론이나 운동이 약해진데다 구마모토현이나 미나마타시가 대응을 잘못한 것도 있었다고 해도 과언이 아니다.

제3차 소송을 받아들여 도쿄, 오사카, 교토 등 각지에서 국가배상소송이 행해졌다. 국가·지자체의 책임에 대해서는 판결이 나뉘었지만, 병상에 대한 사법의 판단은 제2차 소송 이후 일관되게 정부의 판단기준과는 달리, 하라다 마사즈미, 후지노 다다시나 시라기 히로쓰구 등의 미나마타 병상론을

지지하는 것이었다. 인정이 거부된 환자의 조직과 그 변호인단은 정부·지
자체의 상소에 대응해 격렬한 운동을 전개했다. 재판소는 화해를 제안했지
만 정부는 이에 응하지 않았다. 연구자도 일본환경회의를 중심으로 정부에
미나마타병문제의 인식을 새롭게 하고, 해결을 촉진하기 위한 국제심포지
엄을 미나마타에서 열었다. 이 회의에는 쓰루 시게토, 다케우치 다다오, 하
라다 마사즈미, 오이시 부이치를 비롯해 일본의 연구자 16명, 외국의 연구
자 C. M. 쇼와 L. T. 카란 등 11명이 참가해 미나마타병연구의 도달점을 명
확히 했다. 이와 같은 미나마타병에 관한 학제적인 국제 심포지엄은 처음이
었다. 이 회의에서 정부가 고집하던 1977년 판단기준은 잘못됐고, 1971년의
차관통보도 되돌아가 미나마타병환자를 전면 구제해야 한다는 것이 분명해
져서 여론에 강한 자극을 주었다.[4]

1995년 12월 15일 무라야마 도미이치 내각은 각의결정을 통해 정치적 해
결을 위한 「미나마타병대책에 대하여」를 발표했다. 간사이 소송을 제외한
다른 소송의 원고인단·변호인단과 관계환자조직은 이에 합의했다. 다음해
인 1996년 9월에 짓소와의 사이에 협정서도 만들어졌다. 이 정치적 해결에
있어서 무라야마 수상은 다음과 같은 담화를 냈다.

'해결에 있어서 나는 슬픔과 무념의 생각 중에 돌아가신 분들에게 깊
은 애도를 표하며 다년에 걸쳐 필설(筆舌)로 다하기 어려운 고뇌를 강요
받으신 많은 분들의 치유하기 어려운 심정을 생각하면 진심으로 죄송하
다는 마음뿐입니다.'

해결책으로는 종합대책의료사업의 대상자와 새로운 대상자에게 일시금
260만 엔, 의료비·의료수당의 지급, 또 5개 단체에 가산금 49억 4000만 엔
의 급부를 인정했다. 이에 따라 약 1만 2000명이 구제대상이 됐다. 정부는
이와 함께 짓소 지원책을 실시했다. 이 정치적 해결이 살아 있는 가운데 구
제를 바라며 그만 종지부를 찍기를 희망한 피해자가 바란 것이기 때문에,
그것을 비판해야 할 것이 아니라 피해의 전체상을 분명히 하기 위한 역학

조사를 하지 않고 증상에 따라 보상금이 아니라 일률적인 낮은 금액의 구제금이었다. 그리고 국가의 법적 책임은 명백히 하지 않고 앞의 무라야마 수상의 사과로 끝났다.[5]

이 모호한 해결에 따르지 않았던 간사이 소송은 계속됐다. 2004년 10월 15일 최고재판소는 국가와 구마모토현의 국가배상책임을 인정하는 판결을 내렸다. 또 병상에 대해서는 역학조건이 있어서 혀끝의 2점 식별 등 복합감각장애가 있거나 가족에게 인정환자가 있으면 사지말초우위나 입 주변의 감각장애만으로도 메틸수은중독증이라고 했다. 판결에서는 1977년 판단조건을 부정한 것은 아니지만 사실상의 부정으로 사법 독자의 판정을 내렸다. 배상에 대해서는 국가·현의 책임을 4분의 1로 해 등급제를 채택했다.[6]

이 최고재판소의 판결을 받아들인 환경성은 2005년 4월 「향후의 미나마타병대책에 대하여」의 방침을 발표했지만, 판결원고의 의료비의 지급, 신보건수첩의 신청접수 등 종합대책의료사업의 확충에 머물렀다. 판결이 '미나마타병'이 아니라 '메틸수은중독'으로 돼 있고, 최고재판소 판결은 1977년 판단조건을 부정한 것은 아니라고 했다. 이는 궤변이라고 말할 수 있는 것이다[7]. 이에 앞서 2월에는 미나마타시라누이 환자회가 결성됐고, 10월 3일 최고재판소 판결에 의한 진단기준을 바탕으로 조기화해를 통한 일시금, 의료비, 요양수당의 지급을 지향함과 동시에 사법구제제도를 요구해 제소했다. 당초 50명이었던 원고는 각지에 운동이 확산돼 약 3000명으로 확대되고, 2011년 3월에 국가를 포함한 피고들과의 화해를 실현했다. 배상금은 후술하는 구제법과 마찬가지로 일시금 210만 엔, 단체가산금 등이 구마모토·오사카·도쿄의 각 지역에서 결정됐다. 이 소송의 의의는 사지말초성뿐만 아니라 전신성의 감각장애를 병상으로 인정했다는 사실, 가해자와 피고자측의 의사(医師) 동수(同數)를 포함한 제3자위원회방식을 취해 의사단을 통한 공통진단서를 공적 진료와 대등한 진료자료로 인정한 사실, 대상지역의 확대나 1969년 이후 출생자에서도 구제대상을 냈다는 사실이다.[8]

이 '노 모어(no more) 미나마타 소송'과 평행해 인정신청을 요구하는 피해

자는 수만 명에 이르렀다. 미나마타병에 대한 정부의 대책을 요구하는 여론
이 다시 불붙었다. 이 때문에 정부와 민주당이 교섭하는 등 정치적 해결이
다시 도모되게 됐다.

2009년 7월 15일, 〈미나마타병피해자의 구제 및 미나마타병문제의 해결
에 관한 특별조치법〉(미나마타병 특조법이라고 약칭한다)이 제정됐다. 그 전문은
다음과 같다.

'(전략) 2004년의 소위 간사이 소송 최고재판소 판단판결에서 국가 및
구마모토현이 장기에 걸쳐서 적절한 대응을 취하지 못하고 미나마타병
의 피해의 확대를 방지하지 못한 것에 대해 책임을 인정한 바이며 정부
로서 그 책임을 인정하고 사죄해야만 한다. (중략) 이러한 사태를 이대
로 간과할 수가 없어, 공해건강피해의 보상 등에 관한 법률에 근거한 판
단조건을 충족시키지 못하는 경우의 구제를 필요로 하는 쪽을 미나마타
병피해자로 받아들여, 그 구제를 도모하기로 한다.'

정부로서의 성의와 미나마타병문제의 최종적 해결을 도모한다는 메시지
였다. 무라야마 내각의 정치적 해결과 비교하면 반년 기한의 대책이 아니라
법률이어서 정부의 시행에 대한 책임이 있는 점에서는 진전된 것이지만, 미
나마타병에 대한 법적 책임을 다하고 있다고는 말할 수 없다. 어디까지나
공건법을 보완하는 3년 시한입법이었다. 가장 큰 문제점은 이것으로 피해
자의 완전구제가 되지 않을 뿐만 아니라 미나마타병문제의 해결이라는 목
적을 내걸면서도 짓소의 구제법이 되고 있는 점이었다.

우선 피해자의 구제조치로는 대상을 다음의 조건으로 하였다. 통상 일어
날 수 있을 정도를 넘는 메틸수은에 노출될 가능성이 있는 사람 가운데 사
지말초의 감각장애, 전신성의 감각장애를 가진 사람, 기타 사지말초우위의
감각장애를 가진 사람에게 준하는(입 주위의 촉각 또는 병각(病覺)의 감각장애, 혀의 2
점식별감각의 장애, 구심성시야협착의 소견이 있는) 사람으로 하였다. 이럴 가능성이
있는 사람으로는, 각 현이 오염지역으로 정한 대상지역에 구마모토현은

1968년 이전, 니가타현은 1965년 이전에 1년 이상 살고, 어패류를 많은 먹었다고 인정되는 사람이라고 돼 있다. 이는 최고재판소의 판결을 받아들여 병상론을 1977년 판단조건으로 바꾼 것처럼 보이지만, 이들 대상자를 공건법의 '미나마타병'으로는 인정하지 않고, '미나마타피해자'라며 모호하게 인정하였다. 더욱이 이에 근거해 대상지역의 전 주민의 건강조사를 하지 않고 3년간의 기한으로 신청한 사람을 검사해 인정하는 것으로 돼 있었다. 정부의 법적 책임은 모호한 상태이다.

이 대상자에게는 일시금 1인당 210만 엔, 단체가산금 31억 5000만 엔, 요양비(의료비의 자기부담분 등), 요양수당을 지급하기로 했다. 1995년 정치적 해결 때의 대상자 1인 260만 엔과 비교해 일시금은 50만 엔 감액된 것이다. 그리고 문제는 전번과 똑같이 증상과 관계없이 일률적인 보상이라는 사실이다. 배상이 아니라 위로금이다. 앞서 말한 '노 모어 미나마타소송'의 화해와 비교하면, 판정검토회가 현이 설치하는 모임이 된 점, 대상지역이나 대상연도가 한정된 점으로 법률이 피해자에 있어서는 '노 모어 미나마타'의 화해조건에 비해 제약조건이 많다고 말할 수 있다. 신청은 3년 만에 접수를 종료했는데, 약 6만 명이 신청했다.

이 법률의 최대 논점은 짓소의 분사화(分社化)였다. 조문 제8조부터 제42조까지의 규정은 대부분 그것에 맞춰져 있었다. 짓소는 액정사업 등 업적이 회복된 때즈음부터 보상의무를 잘라버릴 계획을 세워, 2000년에 「당사의 재생에 대하여」에서 분사화구상을 보였다. 1995년 정치적 해결로 구제는 끝났다는 인식에서 그 이상의 구제에 응하기 위해서는 이 분사화계획의 실행을 정부가 인정하는 것이 짓소의 조건이었다. 그러나 실제로는 피해자의 구제가 종료되지 않았다. 구제가 끝나지 않은 가운데 법률에 의해 면책을 받는 일은 있어서는 안 되는 것이다.

배상을 위한 특정사업회사를 본체에서 분리해 본사의 재생·발전을 도모했다는 점에서 유명한 것은 미국의 석면사건으로, 약 1만 건의 소송과 거액의 배상요구를 받은 맨빌이 파산법을 개정해 살아남은 예이다. 짓소의 경

우는 미나마타병에 책임을 지고 파산해야 할 회사가 지역경제 유지를 위해
국가지원을 통해 살아남은 특이한 사례였다. 이 법률에 의해 지정을 받은
지정사업자가 조치법 제9조에 근거한 사업재편계획을 제출해 그것을 환경
성장관이 인가한 경우 새 회사의 설립이 인정됐다. 2010년 3월 31일에 보상
업무 이외의 사업기능재료, 가공품, 화학품분야의 영업을 양도받은 JNC주
식회사(자본금 311억 5000만 엔, 종업원 3303명)가 짓소의 자회사로 발족했다. 짓소
의 홈페이지에는 JNC는 그 수익으로 보상을 완수하는 회사라고 했다. 그러
나 JNC의 홈페이지에는 회사의 사업목적에 미나마타병의 보상에 대해서는
일절 언급이 없었다. 자회사라는 것은 정관뿐이고, 사업 본체는 JNC로 옮
겨져, 짓소는 수십 명의 관리부문만으로 보상금의 스티커를 발부하는 세틀
먼트*가 된 것이다.

　분사화에 대해서는 많은 평가가 있었는데, '미나마타병 막내리기, 짓소
면책입법'이라고 해 연구자, 문화·예술인 등 112명이 항의성명을 냈다(2009
년 7월 8일). 그러한 경위도 있어서 환경성 종합환경정책국은 「미나마타병피
해자의 구제 및 미나마타병문제의 해결에 관한 특별조치법 제9조에 근거한
사업재편계획의 인가에 대하여」라는 문서를 발표했다(2010년 12월 15일), 사업
재편계획의 중점은 보상협정의 장래에 걸친 이행과 공적 지원에 관계되는
차입금채무의 변제에 지장이 없는가 하는 것이다. 이 계획에서는 2014년까
지 사업회사로부터의 배당 335억 엔, 법인세 등의 환급익 69억 엔 합계 404
억 엔으로, 보상금 86억 엔, 공적지원에 관계되는 차입금채무변제 302억 엔
합계 388억 엔을 충당하는 것으로 예정한다는 것이다. 2015년도 이후도 매
년 20억 엔의 보상과 차입금채무변제 수십 억 엔의 지불은 경상이익(14년도
180억 엔)으로 마련할 수 있다고 하였다. 또 하나의 지역경제진흥에 대해서
도, 사업계획으로는 설비투자계획의 약 40%가 미나마타 제조소로 쏠려, 5

* settlement: 주민복지 향상을 위한 사회사업

년간 이 지구에 50명의 인원증가를 계획하고 있다고 하였다. 이와 같은 조건정비로 정부는 새 회사의 설립을 인정한 것이다.

이에 부수된 분사화에 대한 비판에 대해서 앞의 문서에서는 환경성의 생각이 드러났다. 짓소 주식회사가 사라질 우려에 대해서는 법률에는 그 규정은 일절 없다고 하고, 국가의 책임에 대해서는 최고재판소의 판결을 충분히 염두에 두고 행정을 추진하고 있다고 했다. 그러나 '공해의 보상은 원인기업이 책임을 져야 하는 것이 대원칙'이라고 해, 국가의 배상책임은 부정하였다. 더욱이 수익으로 보상이나 변제금을 지불할 수 없게 될 경우의 주식양도의 시기에 대해서는 검토하지 않고 있다는 것이다. 시라누이카이 해 연안주민의 전원 건강조사에 대해서는 현실적으로 불가능하다며 신청을 철저하게 하도록 한다는 것이다.

환경성이 분사화를 인정한 것은 보상금이나 채무변제를 위한 짓소의 재정기반을 강화하기 위해 시행된 것이라고 말하였다. 그러나 실제는 짓소가 '보상금회사'라는 이미지를 버리고 화학회사로서의 발전을 위해 기업을 새롭게 해 국제적인 평가를 받아 확대하고자 하는 것이 본심일 것이다. 그러나 격렬한 국제경쟁과 리먼쇼크 이후의 경제의 불안정한 상황에서 통상이익이 유지될 것인지 여부는 불투명하다. 피해자의 고령화가 심화되고 있기 때문에 미나마타병 피해자의 대상연한을 1968년 이전에 두면 빠른 기회에 보상은 감소하고 곧 완수된다고 생각하고 있을런지는 모르겠지만, 반드시 완수할 수 있으리라는 보장은 없다. 앞서 말한 바와 같이 미나마타병문제를 오늘날과 같이 심각하게 만든 책임의 일단은 국가에 있다. 오염자부담원칙에 따른다고는 하지만, 국가도 피해의 발생과 심각화에는 오염자로서의 공동책임이 있다. 최종적으로는 피해자구제의 책임을 국가가 져야 할 것이다.[9]

2 '특조법' 이후의 분쟁

국가는 '특조법(特措法)'을 통해 미나마타병문제를 최종 해결한다고 했지만 그 목적은 달성되지 못했다.

2013년 4월 16일 최고재판소는 행정이 미나마타병환자로 인정되지 못한 피해자 두 사람을 공건법을 통해 미나마타병이라고 인정하라는 판결을 내렸다. 이 판결에서는 1977년 판단조건을 부정하고 그 범위 내라고 해도 사지말초의 감각장애와 역학조건으로 충분히 근거가 있기 때문에 인정할 수 있다고 한 것이다. 그러나 실제는 행정의 인정조건을 사법이 부정했기 때문에 국가는 어떻게든 대응했어야 했지만, 판단조건이 부정되고 있지 않다는 궤변을 늘어놓으며 어떤 조치도 취하지 않았다.

그러자 반년 뒤 10월 30일 국가의 공해건강피해보상 불복심사회는 구마모토현에서 미나마타병 인정신청이 2번 기각된 시모다 요시오를 미나마타병으로 인정해 구마모토현의 처분을 취소했다. 미나마타병환자 다나카 지쓰코의 형부인 시모다는 이지만 지금까지의 미나마타병 인정지역에 들어가지 않은 산간부에 살았고, 사지말초가 심하지만 다른 증상이 없었기 때문에 국가의 1977년 판단조건에 맞지 않다고 해 인정을 거부당했던 것이다. 구마모토현 지사는 직권으로 이 결정을 인정하고 사죄했다. 국가 기관의 내부에서 이렇게 중요한 변경이 생긴 것은 앞서 4월의 최고재판소 판결의 영향이다.

이 반복된 국가 기준의 변경을 압박하는 사건에도 불구하고, 환경성은 이를 개별사례에 불과하다며 지금까지의 인정기준은 바꾸지 않겠다고 말했다. 이미 2012년 7월에 〈미나마타병특조법〉의 적용은 폐지됐다. 이 때문에 인정을 기각당하거나 신청할 수 없었던 피해자는 재판을 제기했다. 아베 신조 수상은 미나마타(수은)협약의 체결에 관련된 회의에서 '미나마타병을 완전히 해결했다'고 말했지만 그것은 〈미나마타병특조법〉으로 해결했다고 생각한 오류로, 분쟁은 계속되고 있는 것이다.

왜 공식발견 뒤 60년 가까운 세월이 흘러서도 분쟁이 해결되지 않는가. 일반 시민에게는 전혀 이해되지 않는 것 아닌가. 이 오랜 기간, 짓소와 정부·지자체는 법적 책임을 완전히 다하지 않고, 다수의 피해자는 미나마타병이 아니라 '가짜환자'라고 불리는 등 차별을 당하고, 정당한 보상을 받지 못했던 것이다.

분쟁이 해결되지 못한 원인은 지금까지 보아온 바와 같이, 정부가 사법의 판단과는 다른 1977년 판단조건을 고집해 피해자 대부분을 미나마타병으로 인정하지 않고, 1995년과 2009년에 모호한 정치해결을 취했기 때문이다. 이는 다음에 말하는 석면사고의 구제나 원전사고의 보상문제에도 통한다. 그래서 다소 중복되지만, 앞으로의 해결방향과 그를 위한 이론적인 문제를 말하고자 한다.

우선 첫째는 정부가 미나마타병의 병상을 잘못 인식하고 있기 때문이다. 미나마타병은 어패류에 축적된 유기수은을 입으로 섭취함으로써 일어나는 신경질환이다. 그 증상은 사지말초의 감각장애에서 시작돼 운동실조, 평형기능장애, 구심성시야협착, 보행장애 등을 초래한다. 이 가운데 공통되게 보이는 증후는 사지말단만큼 강한 양측성 감각장애이다. 사법의 판단은 역학적 조건(유기수은에 오염된 고기를 섭취한 경력)과 사지말초 등의 감각장애가 있으면 종합판단해 미나마타병으로 인정하였다. 이에 비해 행정의 기준은 원칙적으로 앞의 증후의 조합, 가령 감각장애가 있고, 또 운동장애가 인정되는 등 4가지 증후의 조합이 없으면 미나마타병으로 인정하지 않았다. 이 병상론의 대립은 미나마타병이란 무엇인가라는 기본적인 인식의 차이였다.

1959년 구마모토 대학 미나마타병연구반은 피해자의 증상이 노동재해인 헌터러셀증후군과는 다른 점을 발견해 유기수은중독이라고 발표했다. 당시 정부도 짓소도 이를 채택하지 않고 잘못된 원인설을 보이며, 더욱이 위로금계약으로 피해자의 운동을 종식시키려고 했다. 구마모토 대학 연구반은 그 뒤에도 연구를 계속해 결국 원인물질이 아세트알데히드의 제조공정에서 나오는 사실을 밝혀내 1963년에는 학회에 보고했다. 그러나 짓소도 정부도 이를 인정하지 않고 대책을 미뤄온 결과, 1965년에 제2의 미나마타병이 니가타에서 발생했다. 정부는 짓소가 알데히드의 생산을 중지한 1986년에서야 미나마타병을 공해로 인정한 것이다. 인간의 생명·건강보다도 경제성장을 제일로 한 짓소나 정부의 압력에 대항한 구마모토 대학 연구반의

업적은 획기적인 것이다. 그러나 이 초기의 연구는 노동재해로서의 유기수
은중독증이 기준이 되었다. 미나마타병은 유기수은이 먹이연쇄를 통해 생
물농축을 하고, 고기에 축척돼 그것을 먹은 주민의 뇌신경이 침범을 당해
발병하거나 모체를 통해 태아에게 발병한 환경재해인 공해이다. 하라다 마
사즈미가 말하는 바와 같이 일본에서 처음 발견된 것으로 노동재해와는 다
르다. 따라서 현장에서 피해자를 진찰하고, 역학조사를 하고, 병리학적인
진단을 거듭해서 병상을 확정했다. 태아성 미나마타병에는 사지말초 증상
이 없는 사람도 있는 것과 같이, 미나마타병은 노동재해와는 다른 환경재
해의 성격을 갖고 있다는 사실이 명확하다. 그런데 정부의 1977년 판단기
준은 환경재해로서의 미나마타병의 병상을 인정하지 않고 초기의 노동재
해 유사병상론을 고집한 결과, 짓소의 이익과 행정상의 사정으로 환자를
잘라버렸던 것이다.

둘째는 공해환자를 구제하는 기본법인 공건법에 문제가 있었다. 4대 공
해재판의 결과, 경제단체나 정부는 이 이상 피해의 구제를 방치해 공해재판
이나 분쟁이 이어질 것을 두려워해 행정으로 구제하는 길을 추구했다. 특히
미나마타병환자와 지원단체는 기업과 격렬한 직접교섭을 해 폭력문제도 일
어났다. 이 '불난 곳'의 소란과 같은 분쟁을 조속히 진정시키고자 하는 동기
가 있어 충분한 논의를 하지 않고 서둘러 만들었다. 이 세계 최초의 공건법
은 노동재해보상법과 나란히 공해의 피해를 구제하는 법률로서 많은 공해
피해자를 구제했다. 그러나 정책적인 목적으로 서둘러 만들었기에 결함이
있었다. 이에 대해서는 제7장에서 밝혔는데, 특히 대기오염대책(제1종)보다
도 그 이전에 지자체 등에서 구제조례가 없었던 제2종의 건강피해의 구제
에 대해서는 결함이 있었다. 제정 당시, 이미 구마모토 대학 제2차 연구반
이 「10년 후의 미나마타병」의 연구를 발표하였는데, 노동재해에서 유추된
병상과는 다른 환경재해로서의 광범위한 신경장애나 태아성 미나마타병이
분명했다. 공건법은 당연히 이와 같은 변화에 대응해 시라누이카이 해의 건
강조사를 해서 병상을 확정했어야 했다.

1971년 차관통달에서는 오이시 환경성 장관의 의심되는 사람은 구제한
다는 생각 아래, 역학적 조건과 사지말초의 감각장애로 미나마타병으로 인
정할 수 있는 판단기준을 제시했다. 제1차 소송판결 직후의 협정에 의해 보
상이 결정됐는데, 이는 1차 소송 원고를 기준으로 한 것으로 중증환자를 대
상으로 했다. 이는 노동재해의 기준과 다르지 않은 조건이었다. 그 뒤 인정
환자는 협정을 통한 구제를 요구했고, 공건법의 구제는 요구하지 않았다.
제2차 소송의 단계에서 헌터러셀증후군에서는 판정되지 않은 공해환자가
사법으로 인정되었다. 솔직히 이 단계에서 판결에 따라 행정이 공건법의 판
단기준으로 바꿨어야만 했다. 그런데 이 무렵부터 사법의 판단과 행정의 판
단이 서로 맞지 않아 오늘날까지 온 것이다.

셋째는 병상을 둘러싼 의학의 대립만이 아니라 경제·재정적인 지원능
력에서 오는 판단이 병상의 인식을 그르치게 했다. 제7장에서 말한 바와 같
은 세계불황으로 인한 짓소의 경영위기, 그것을 지원하는 국가·지자체의
재정위기가 판단조건을 그르치게 했다고 해도 과언이 아니다. 재판의 진전
등 피해자의 자각과 지원의 여론과 운동으로 잠재해 있던 환자가 드러났음
에도, 보상제도의 틀을 이해하지 못하는 의학자가 인정으로 인해 짓소의 경
영과 재정부담의 증대를 두려워했다고밖에 생각할 수 없는 판단조건을 만
들었다. 그리고 사법과는 다른 행정의 판단은 관료주의의 악폐 속에 현실에
맞지 않아도 '행정의 근간'이라고 고집했던 것이다. 이는 1959년의 유기수
은중독원인설을 화학공업회와 통산성이 부정해 1968년까지 '원인불명'이라
고 한 관료기구가 말하는 '행정의 근간'의 사수가 2번째 실정을 계속해가고
있다고 해도 과언이 아니다.

최고재판소에 이어 국가 기관인 불복심사회가 사실상 1977년 판단조건
을 부정했기 때문에 '특조법'의 '미나마타병피해자'는 '미나마타병'으로 인
정해야 한다. 행정은 체면을 지키는 것이 아니라 피해자의 인권회복을 위해
서도 1977년 판단기준을 멈추고, 감각장애가 있고 오염된 고기를 일정기간
섭취해 명확히 역학적 조건이 충족되는 피해자를 미나마타병으로 인정해야

할 것이다. 그 위에 피해자에게 어떠한 구제책이 필요한지, 피해자를 포함해 전문가로부터 널리 의견을 듣는 것이다. '특조법'을 개정해 피해자의 신청을 무기한으로 하는 개혁안을 다시 제안해도 좋지 않을까. 2014년 3월 7일 환경성은 「공해건강피해보상 등에 관한 법률에 근거한 미나마타병의 인정에 있어서의 종합적 검토에 대하여」를 환경보건부장 명의로 발표했다. 이는 최고재판소 판결에 의해 1977년 판단기준을 정정하지 않으면 안 돼서 나온 것이다. 그러나 이 새 판단에서는 역학적인 오염상황과 인과관계 조건이 엄격해 환자의 구제로 이어지지 않을 가능성이 크다. 또한 이것과 연계시키려는 듯 짓소에 의한 구제를 종료시키려는 움직임도 있다. 이래서는 정부의 환경정책에 대한 국민의 불신은 깊어지고, 피해자의 재판이 계속돼 분쟁은 끝나지 않을 것이다.

제2절 끝없는 석면재해

1 역사적 실패

2005년 6월 29일 용기 있는 3명의 중피종환자가 지원단체와 함께 구보타를 고발하게 됨으로써 구보타의 석면재해뿐만 아니라 100년 이상에 걸친 석면의 피해가 비로소 명백히 드러났다. 그 뒤 연구조사도 있어서 2013년 3월 현재 구보타 아마가사키 공장 석면피해자 453명, 사망자 410명(그중 종업원 사망자 163명, 요양 중 21명, 주민사망자 247명, 요양 중 23명)이라는 놀랄만한 피해가 밝혀졌다. 구보타는 독성이 강한 청석면(크로시도라이트)을 1957~75년에 약 9만t, 백석면(크리소타일)을 1954~2001년에 146만t을 사용했다. 종업원 중 석면사망자는 1978년도의 1명에서 매년 발생했다. 구보타는 상수도배수관이나 도입관 등의 석면파이프를 제조했는데, 종업원 527명 중, 석면질병자 184명(35%), 그중 사망자 163명(31%)이라는 가공할 만큼 고율의 노동재해를 냈다. 고도성장시대의 산업전사의 '옥쇄'*라고 해도 좋을 비극이다. 이와 같은 잔혹한 노동현장이 장기에 걸쳐 방치된 것은 중피종이나 암의 발생에 시간이 걸려 인식하지 못했던 것도 있지만, 이미 구미에서는 위험이 드러나 있었기에 허용할 만한 것은 아니었다. 그 느슨한 노동환경에서 확산된 석면이 주변 주민을 덮친 것이다. 나라 의대 구루마타니 노리오 교수 등의 역학조사로 구보타 주변 2㎞에 다수의 공해환자가 발견됐다[10]. 2013년 7월 현재, 종업원의 사상자를 넘는 270명의 주민피해자가 발견됐고, 그 중 247명이 사망했다. 이탈리아의 카자레 몬페라토(Casale Monferrato)의 에터닛** 공장의 공해에 필적하는 세계적인 사건이었다. 정말 구보타 쇼크라고 할 만한 이 사고로 인해 일본 국내외에 석면피해재해에 대한 관심이 높아졌다. 현재 아직도 구보타는 법적 책임을 인정하지 않고 위로금으로 노동재해보상 만큼인 2500~4600만 엔을 피해자에게 지불하였다. 정부는 석면재해의 공포가 확산되는 것에 대응하지 않을 수 없어, 2006년 2월 〈석면으로 인한 건강피해의 구제에 관한 법률〉을 제정했다. 이는 노동재해의 인정에서 빠진 사람을 빠짐없이 구제할 목적으로 제정됐다. 그리고 석면 사용을 전면 금지했다. 이 법률은 서둘러 분쟁처리 목적으로 만들어졌기 때문에 후술하는 바와 같이 문제가 많았다. 아스베스터스(asbestos, 석면)는 천연적으로 산출되는 섬유상의 광물질로, 그 종류는 많지만 일반적으로 사용되고 있는 것은 독성이 강한 크로시도라이트(청석면), 아모사이트(갈석면)과 크리소타일(백석면)의 3가지 종류이다. 이 석면의 초미세한 섬유(머리까락의 5,000분의 1의 두께)가 대기 중에 흩어져 그것을 흡입하면 폐조직을 찔려 심각한 질환이 된다.

'석면 관련 질환은 문자 그대로 석면분진을 흡입함으로써 발병하는 질환으로 석면폐(진폐의 일종), 폐암, 중피종(흉막이나 복막에서 생기는 악성 종양)과 흉막

---

* 玉碎: 옥이 아름답게 깨지는 것처럼, 명예나 충의를 소중히 하여 떳떳하게 죽는 것을 말함.
** Eternit: 석면과 시멘트를 혼합한 슬레이트재를 말함.

의 비악성 병변(암은 아니다)인 흉막플라크(벽측흉막의 국소성비후(肥厚)), 흉막염, 미만성흉막비후와 그 특수한 병태(病態)인 원형(円形)무기폐가 있다[1].'

석면질환의 특징은 노출되고 나서 15~40년이 지나 발병한다. 결국 인체나 상품 등에 축적돼 일정 기간을 지나 장애가 생기기 때문에 대기오염공해와 같은 플로 공해와는 달리 스톡재(공)해이다. 이 질환 가운데 폐암은 다양한 원인이 있지만, 중피종(메조텔리오마)은 석면에 노출되지 않으면 발병하지 않는다고 생각해도 좋을 정도의 특이한 관련성(80%)이 있다. 현재의 의료수준에서는 악성중피종을 완치할 치료법은 없고 발병해서 거의 수년 사이에 사망한다. 매우 잔혹한 질병으로 예방 이외에 막을 방법이 없다.

석면은 '기적의 광물'이라고 불릴 정도로 섬유와 같이 자유롭게 가공이 가능해 내열성, 내화성, 방음성, 내마모성, 내약품성, 절연성, 내부식성 등이 뛰어난 물리적 성격을 갖고 있다. 더욱이 값이 싼 경제적 성질을 갖고 있기 때문에 3000종류에 이르는 상품을 만들어내고 있다. 산업적으로는 조선, 자동차, 철도, 전력, 기계, 화학, 건축, 수도관 등 모든 업종에서 사용되고 있다. 그중 약 70~80%는 건축재로 사용되고 있다. 일본에서는 약 1000만t 사용됐고 오늘날도 그것은 건축재 등의 상품에 축적되고 있어 해체를 할 때는 영향을 받을 가능성이 있다. 고대 이래 사용되고 있는 석면이 대량으로 사용된 것은 산업혁명 이후이며, 특히 고도성장을 한 전후에 많이 사용됐다[12].

나는 구보타 쇼크를 들었을 때 크게 반성을 했다. 그것은 석면재해의 무서움을 이미 알고 있었음에도 이 예방에 충분한 움직임을 취하지 않았기 때문이다. 1982년에 뉴욕시의 재정조사를 하고 있을 때 「뉴욕타임스」는 1면에 석면을 다루던 최대 기업인 맨빌이 노동재해의 재판 때문에 파산신청을 했는데, 이를 위장도산으로 의심해 고발을 당했다는 내용을 다루었다. 그 어수선한 분위기 속에서 나는 스즈키 고노스케 교수의 소개로 뉴욕 시립대학 의학부 마운트사이나이 환경과학연구소장 I. J. 셀리코프 교수와 회견했다. 셀리코프 교수는 1964년에 의학사에 남을 유명한 「석면 노출과 종

양」이라는 논문을 써서 석면피해를 학계에 정설화해 사회문제화했을 뿐만
아니라, 노동자가 제소하는 재판에는 적극적으로 증인으로 출석해 구제활
동에 종사하는 휴머니스트였다[3]. 아주 바쁜 상황이었음에도 불구하고 그는
비전문가인 나를 위해 충분히 시간을 내서 강의를 하고 유익한 자료를 주
었다. 셀리코프에 의하면 미국에서는 1940년부터 1980년 사이에 석면을 사
용한 공장의 노동자는 2750만 명이 넘고, 이 가운데 약 700만 명이 이미 사
망했는데, 생존자 가운데 석면을 원인으로 한 암(중피종을 포함)의 과잉사망자
는 매년 8500명에서 1만 9000명이 나오고 있다고 했다. 그것으로 추계하면
일본에서도 석면을 원인으로 하는 암으로 인한 과잉사망자는 4000~5000명
을 넘지 않을까. 그런데 일본에서는 적어도 석면의 피해가 사회문제화되지
않았다. 아주 이상하니 내가 일본으로 돌아가면 실상을 조사해달라고 말했
다. 받은 자료에는, 당시 미국의 재판에서는 382억 달러의 배상액이 추정돼
있고, 국민경제에 있어서도 소홀히 할 수 없는 상황이라고 했다. 나는 귀국
해서 바로 오사카 대학 위생학 고토 시게루 교수를 만나 왜 석면문제가 일
본에서는 사회문제화되고 있지 않은지 물었다. 그는 석면재해에 대해서는
충분히 인식하고 있고, 독일의 함부르크의 조선소 주변 주민에게 피해가 나
오고 있어 일본에서도 노동재해뿐만 아니라 공해환자가 나오고 있을지도
모른다고 말했다. 그리고 오사카부의 센난 지구에 오래전부터 석면공장이
있어서 피해가 나오고 있는데, 그곳은 조사하기 어려울지도 모르겠다고 말
했다. 함께 조사연구해보자고 했지만 나도 다른 연구가 있어 그것으로 끝나
버렸다. 1985년에 셀리코프로부터 받은 자료를 사용해 나는 「석면재해는
보상받을 수 있는가[4]」라는 소론을 『공해연구』에 발표했다. 이를 읽은 센난
지구의 의사 가지모토 마사하루로부터 석면환자를 진단해 대책을 세우도록
관공서에 계속 고발했는데, 현지에서는 석면으로 먹고 사는 사람들이 많기
때문에 정신이상자 취급을 받고 있다는 긴 편지가 왔다. 그 뒤 다지리 무네
아키가 중심이 돼, 미국 항공모함 미드웨이 수리사건, 더욱이 학교의 석면
붕괴사건 등이 있어서 사회문제화할 기회가 있었지만 2~3년 만에 사라져

버렸다. 내게 있어서는 일찍부터 석면의 위험은 알고 있었음에도 불구하고
현장에 대한 조사연구를 하지 않고 방치해 구보타 쇼크를 받아들인 것이다.
부끄러운 일이었다. 그래서 황급히 현장으로 달려가 역사를 조사했다.

석면이 인체에 매우 유해하다는 것은 상당히 일찍부터 알고 있었다. 세
계적으로는 석면폐는 1900년대 초두, 석면폐암은 1950년대, 중피종은 1960
년대에 의학적 지식이 확립돼 있었다.

일본에서도 일찍부터 조사 연구하고 있었다. 1937~40년에 후생성 보험
원에 의한 대규모 조사가 센난 지구 등에서 실시돼, 「석면공장에 있어서 석
면폐의 발생상황에 관한 보고서」가 1940년에 나왔다[5]. 그에 따르면 오사카
부, 나라현 19개 공장 1024명, 센난 지구 14개 공장 650명을 조사해 그중
251명에게 X선검사를 해보니, 석면폐 65명(25.9%), 석면폐의(疑) 등을 발견
하였고, 10~15년 종사자가 60%, 15~20년 83.3%, 20~25년이 100%가 병
에 걸린 것으로 보았다. 이 보고서에서는 '공장의 위생상태는 매우 열악해
방진설비는 거의 설치돼 있지 않고, 방진마스크나 거즈마스크도 사용하고
있지 않다'고 보고되었다. 작업시간은 10~12시간이며, 2~3시간의 연장은
보통이고 공휴일은 월 2회밖에 없었다. 이 보고는 국제적으로도 귀중한 보
고라고 할 수 있다.

전후에도 1952~56년 호라이 요시쓰구 교수의 조사에서 석면폐 발생의
보고가 있었다. 1960년 첫 사례가 된 석면합병폐암의 보고였다. 정부는
1960년에 〈진폐법〉을 제정해 석면을 유해물질로 인정했다. 그러나 1970년
석면 등 46종류 취급사업장 총점검으로 석면취급 150개 사업장 중 30%가
옛 안전위생규칙을 지키고 있지 않은 사실이 판명됐다. 1970년대 전반에는
석면폐암이나 중피종의 발생이 보고되었다. 1971년에는 특정화학물질 등
예방규칙을 제정해 석면취급현장에서의 국소배기장치의 설치 의무화나 옥
내작업장에서의 석면분진농도의 환경측정 실시 의무화 등이 행해졌다.
1972년 ILO, WHO는 석면의 암원성(癌原性)을 인정하고 1974년 직업암협약
이 생겼다. 이렇게 해서 석면의 위험이 높아지자 1975년 특화칙(特化則)을

개정하고, 1976년 특별감독지도계획에 의해 규제를 시작했다. 이 계획에서
는 석면함유량 5%의 석면뿜칠 금지, 그 철거를 계획하고 더욱이 예방을 위
해 크로시도라이트의 신규도입 규제를 알리고, 대체화를 촉진하기로 했다.
1986년 ILO는 청석면금지협약을 채택했다. 일본은 이미 규제를 시작했다
고 하면서도 1984년 11개 공장이 사용을 하고 있었고, 1987년에서야 사용하
지 않게 됐다. 그러나 똑같이 위험한 갈석면은 1989년 19개 사업소가 1만
3000t을 사용했다. 이처럼 한편은 국제적인 압력도 있어서 규제의 규칙을
만들고 있었지만, 그것이 현실에 효과를 거둘 수 있는지 여부를 알아보는
모니터링은 하고 있지 않았다. '업자의 노력의무'로 돼 있었지만, 그것도 예
외규정이 많았다. 건축기준법에서는 사실상, 1989년까지 석면뿜칠을 인정
하고 있었기 때문에 1987년에 학교에서 문제가 일어났다. 학교 등 공공시설
에 석면뿜칠의 철거는 늦어지고 민간은 철거비용이 든다고 해서 대부분이
철거되지 않았다.

1987년 백석면으로 인한 중피종이 발견됐다. 청석면뿐만 아니라 백석면
의 사용을 어떻게 중지시킬 것인가가 문제였다. 1983년 아이슬란드, 1984년
노르웨이, 1986년 덴마크, 스웨덴이 원칙적으로 금지했다. 그러나 정부는
청석면에 비해 백석면은 암 발생률이 낮다고 해 관리사용을 추진했다. 이
때문에 1980년대는 연평균 30만t을 사용해 선진국 중 가장 많았다. 환경성
은 다른 나라에 환경피해가 있다는 사실을 알고, 1980~83년 건강영향조사
에 근거해 환경모니터링을 시작했다. 1984년에 이 조사를 집약해보니 평균
치 0.41~12.31개/L로, 국민에게 미치는 위험성은 작다고 했다. 그 뒤에도
희망하는 지자체에서 모니터링을 했지만, 한정된 관측점의 오염지가 기준
치 이하로 문제가 없다며 석면을 대량 사용한 구보타나 니치아스 등의 공
장 주민의 건강조사는 구보타 쇼크가 터질 때까지 행해지지 않았다.

1993년 독일, 이탈리아, 1996년 프랑스, 1999년 EU와 영국이 석면의 사
용을 전면금지했다. 그러나 일본은 1995년에 청·갈석면의 재고가 공식적
으로는 없어졌지만, 백석면의 수입은 1995년 19만t을 넘다가 그 이후 감소

했는데, 그래도 2000년 9만t, 2004년 원칙금지로 대체품을 추진한다면서 8000t을 수입했다. 당시에도 업계의 반대가 있었지만, 구보타 쇼크의 압력으로 2006년 드디어 전면금지가 됐다. 북유럽보다는 약 20년이 늦어졌고, 다른 유럽 여러 나라에 비해 늦어진 것은 10년 이상이다. 〈표 10-1〉과 같이 다른 나라가 금지를 시작했을 때부터 일본은 선진국 중 세계에서 가장 많이 사용을 했던 것이다. 따라서 피해의 절정기는 2020년대가 될 것으로 예측된다.

구보타 쇼크와 그 후 기업과 정부의 대응으로 피해는 한꺼번에 드러나게 됐다. 이는 공해의 법칙과 같은 것으로, 피해가 사회적으로 인정돼 구제제도가 제정되면 비로소 피해의 전체상이 모습을 드러내는 것이다. 〈표 10-2〉와 같이 석면노동재해 인정환자는 1994년까지는 불과 203명, 1995년부터 2004년까지 10년간도 654명(연평균 65명)에 불과했다. 이는 축적기간인 탓도 있지만, 피해자가 차별을 받아 드러나지 않았기 때문이었다. 그런데 구보타 쇼크가 있은 2005년에는 1년간에 그때까지의 10배 이상인 715명이 인정됐고, 더욱이 2006년이 되자 30배 가까운 1784명이 인정됐다. 2005~12년에 노동재해인정환자는 9079명(연평균 1135명)을 넘어섰다. 한편, 구제법의 2006~13년 인정환자는 9067명(연평균 1133명)이었다. 둘을 합쳐 1만 8146명이어서 연간 약 2000명을 넘는 인정환자(그 대부분이 사망자가 된다)가 나올 가능성이 있다는 사실을 보여주었다. 도쿄 공대 교수 무라야마 다케히코는 앞으로 40년 사이에 중피종 사망자만 약 10만 명을 넘을 것이라고 추정하였다[6]. 헬싱키 기준에서는 석면폐암은 그 2배라고 하기 때문에 약 30만 명의 사망자가 추정될 수 있다. WHO는 석면질환으로 인한 세계 사망자는 수백만 명을 넘지 않을까 예측하였다. 정말 사상 최대의 산업재해이다.

2 복합형 스톡재해의 책임

석면재해의 첫 번째 특징은 복합형의 사회적 재해라는 사실이다. 생산과

표 10-1 각국의 석면소비량

(단위: t)

	1930	1960	1970	1980	1990	2000	2003	2004	2005	2006	2007
중국	315	81,288	172,737	150,000	185,748	382,315	491,954	537,000	515,000	541,000	626,000
인도	1,847	23,652	49,792	96,892	118,964	145,030	192,033	190,000	255,000	240,000	302,000
일본	11,193	92,483	319,473	398,877	292,701	85,440	23,437	8,180	-31	-875	58
한국	-	361	36,664	466,641	76,083	30,124	23,799	14,600	6,480	4,700	1,100
태국	-	6,433	21,272	58,756	116,652	109,600	132,983	166,000	176,000	141,000	86,500
미국	192,454	643,462	668,129	358,708	32,456	1,134	4,634	1,870	576	-1,610	916
영국	23,217	163,019	149,895	93,526	15,731	268	22	2,150	-1		187
프랑스	-	83,385	152,357	125,549	63,571	40	-	-	-374	40	169
이탈리아	6,942	73,322	132,358	180,529	62,407	-	-	-23	-20	-5	-29
러시아	38,332	453,384	680,589	1,470,000	2,151,800	449,239	429,020	321,000	315,000	293,000	280,000
브라질	136	26,906	37,710	195,202	163,238	172,560	78,403	66,900	139,000	134,000	93,800
세계 전체	388,541	2,178,681	3,543,889	4,728,619	3,963,873	2,035,150	2,108,943	2,100,000	2,260,000	1,990,000	2,080,000

주: 소비량=(산출량+수입량)-수출량
출처: U.S., Geological Survey, Worldwide Asbestos Supply and Consumption Trends from 1900 to 2003, ibid. 2007.

표 10-2 중피종·석면폐암 보상·구제상황

	~1994	~2004	2005	2006	2007	2008	2009	합계
인정사망자수	11,055	21,039	2,733	3,150	3,204	3,510	3,468	48,159
노동재해보험	203	653	715	1,784	1,002	1,062	1,019	6,438
선원보험		1	6	23	12	9	9	60
신법노동재해시효구제				842	95	112	95	1,144
신법사망후구제				1,477	292	463	737	2,969
신법생존중구제				632	453	528	479	2,092
보상·구제합계	203	654	721	4,758	1,854	2,174	2,339	12,703

주: 『勞働衛生センター情報』 2009年 1~2月号, p.74.

정에서 노동재해, 가족이나 공장 주변 주민의 공해, 유통과정에서 생기는 석면의 원료나 제품을 운반하는 교통노동자나 하역노동자의 노동재해, 소비(생활)과정에서의 공해(뿜칠한 석면이 벗겨져 떨어져서 생긴 피해, 석면함유 상품을 섭취해서 생긴 공해), 건축재 등의 산업폐기물처리로 일어나는 노동재해·공해, 건조물, 구조물해체, 수리로 일어나는 노동재해·공해 등, 이와 같이 경제의 전 과정에서 발생하고, 원인이 복합적이기 때문에 복합형 재해이다.

두 번째는 스톡(축적)형 재해이다. 석면의 피해는 노출된 때부터 15~40년이 지나 발병한다. 석면 사용량의 70~80%는 건축재인데, 건축재에 포함돼 있는 석면은 관리·해체 때에 처리를 잘못하면 건설노동자, 시설의 이용자나 주변 주민에게 흡착된다. 결국 약 500만t이 함유돼 있다고 알려진 석면건축재가 있는 한 재해발생의 가능성이 있다. 이는 고베대지진때 해체나 폐기물운반을 맡았던 건축노동자나 자원봉사자에게서 이미 중피종으로 인한 사망자가 5명이나 나왔다는 사실로 명확해진 것이다.

이와 같은 복합형 스톡형 재해(공해)는 폐기물재해, 방사능공해 또는 장래 예측되는 프레온가스로 인한 암이나 온실가스로 인한 재해와 마찬가지이다. 이와 같이 생산이나 사업활동을 정지시켜도 유해물이 축적돼 장기에 걸쳐 재해가 발생하는 현상을 스톡공·재해라고 불러도 좋을 것이다.

스톡재해는 발생원인이 경제의 전 과정에 걸쳐 있고, 발생원인자는 복수인데다 피해가 드러나기까지 장기간을 거치기 때문에 센난 지구의 기업과 같이 이미 규제를 받아 폐업을 했거나 자동차산업과 같이 공정을 폐지한 경우가 많다. 피해자의 경우도 장기간을 거쳐 어디서 노출됐는지 기억이 없는 경우가 있다. 이와 같은 특징이 있기 때문에 공해(환경)정책의 원칙인 오염자부담원칙을 적용하기 어렵다. 피해의 원인이 복합적이고 원인기업이 복수인 경우나 도산, 폐업을 한 경우에는 책임을 회피한다. 석면섬유업자의 경우에는 영세기업이 많고, 경제적 부담을 줄 경우에는 지불능력이 있는 기업을 택해 연대보상을 해야 한다. 또 복합형 스톡재해는 규제를 오랜 기간에 걸쳐 게을리 한 국가·지자체의 책임이 크다. 이 때문에 오염자부담원칙만으로는 책임추궁이 곤란하다. 그래서 스톡재해는 오염자부담원칙을 확대해 책임원리를 만드는 것(일본형 오염자부담원칙)과 동시에 새로운 책임원리로서 확대생산자책임원칙과 '예방의 원칙'을 적용할 필요가 있다. 그러한 책임원리를 염두에 두면서 석면재해의 책임을 검토해보자.

석면피해의 책임은 우선 첫째로 그 안전관리를 하지 않은 기업에 있다. 현재 석면노동재해가 발생한 사업소는 7590곳으로, 전 도도부현에 미치고 있다. 석면은 앞서 말한 바와 같은 고도성장기의 대량 고열에너지를 사용하는 중화학공업, 전력(특히 원전)에서 사용됐다. 화재나 재해위험도가 큰 인구밀집지역에 고층 시멘트빌딩을 중심으로 내화목조주택에 이르기까지 건축재로 사용됐다. 게다가 군함, 전차, 항공기, 대포, 로켓 등 근대무기나 우주이용기기에 사용됐다. 전후 1980년대까지는 유럽·미국·일본에서 대량 사용되었고, 그 이후 고도성장을 하고 있는 아시아에서 석면이 사용됐다. 그 과정에서 안전이 무시 또는 경시돼 관리·사용됐다. 그것은 이 물질이 갖고 있는 탁월한 물리적 성격이 있고, 더욱이 그 성격에 비해 가격이 아주 저렴했기 때문이다. 대체품의 가격은 시기나 대상에 따라 다른데, 1980년대부터 대체된 비닐론이 kg당 400~500엔(크라레, KURARAY CO.,LTD)인데 비해 석면은 50~60엔이며 더욱이 비닐론은 보수성(保水性)을 높이기 위해 보조재가 필요했다.

여기서 주의해야 하는 것은 석면을 전면금지한 이후에도 경제적으로 지장이 나오지 않는다는 사실이다. 사용금지 이후 잠수함, 전력, 철강, 화학 등의 일부에서 예외적인 사용이 인정됐지만, 정부의 「석면 등의 전면금지에 관계되는 적용제외제품의 대체화 등 검토회보고서」(2008년 4월)에는 그것들도 2011년에는 대체품을 사용할 수 있다고 돼 있다. 큰 재해를 일으킬 수 있는 석면은 대체할 수 있음에도 불구하고 왜 계속 사용됐던 것일까. 그것은 물리적 특성만이 아니라, 석면이 아주 값싸고 석면을 다루는 노동자의 임금비용도 값쌌기 때문이다. 센난 지구를 전형으로 하는 영세기업의 노동자, 건축현장의 우두머리를 포함한 하청노동자, 수리공, 운송업, 해상하역자 등의 현장 노동자는 모두 저임금노동자이다.

복합형 스톡재해의 경우에는 직접생산과정에서 석면에 노출된 책임만이 아니라, 석면직물이나 건축재 등을 주문한 기업이나 상사·금융업자 등의 연대책임이 물린다. 그러나 요코하마 지방재판소의 석면건설노동자의 소송 판결에서 부정됐던 바와 같이 건설노동자의 재해에 대해 건축재업자나 상사의 연대책임은 공동불법행위와 달리 개별연관이 명확하지 않은 경우가 있다. 그렇지만 민사적 책임을 묻기는 어렵다고 해도 공건법과 같이 행정제도에서 민사책임을 물려 기금제도로 갹출하게 할 수 있다면 해결할 수 있지 않을까.

석면의 규제가 늦어진 것은 기업의 책임뿐만이 아니라 노동조합에게도 책임이 있다. 일본의 산업별조합은 사실상 기업조합이어서 석면 관련 노동자가 횡으로 연대돼 있지 않다. 1993년에 연합 산하의 석면제조사 관련 노조는 '석면업에 종사하는 사람의 연락협의회'를 결성해 석면이용규제법안을 준비하고 있던 옛 사회당에게 법안반대의 진정을 했다. 이 협의회의 요망서에는 '석면은 관리해 사용할 수 있다, 규제법은 관련 산업에 일하는 사람의 생활기반을 빼앗을지도 모른다' 등 기업단체인 일본석면협회와 마찬가지 반대이유를 내세우며 법안의 상정을 저지했다. 석면 관련 종사원이 입은 노동재해의 비참한 상황을 그들은 동지의 피해로 보지 않았던 것이다.

둘째는 정치의 책임이다. 정부는 2005년 9월 29일 「정부의 과거 대응의 검증(보족)」에서 다음과 같이 말하였다.

'검증 결과, 전체적으로 각각의 시점에서 당시의 과학적 지식에 따라 관계 부처가 대응하고 있었고, 행정의 부작위가 있었다고는 할 수 없지만, 당시에는 예방적 접근(완전한 과학적 확실성이 없어도 심각한 피해를 줄 우려가 있는 경우에는 대책을 늦춰서는 안 된다는 생각)이 충분히 인식돼 있지 않았다는 사정에 더해, 개별적으로는 관계 부처간의 연대가 반드시 충분하지 않은 등 반성해야 할 점도 보였다.[17]'

정말 시원치 않은 무책임한 검증이었다. 앞서 말한 바와 같이 미국이나 캐나다에서는 금지되지는 않았다고 해도 유럽에서는 일본보다 일찍 금지됐다. 앞의 〈표 10-1〉을 보아도 알 수 있듯이 유럽 여러 나라는 말할 것도 없이 전면금지하고 있지 않던 미국과 캐나다도 1980년대 후반부터 1990년대에 걸쳐 대폭 감축하고 있었지만, 그 시대에 일본은 세계 최고의 소비를 하였고, 2000년대에 들어서도 구보타 쇼크까지는 계속해서 사용하고 있었던 것이다. 사용금지의 법률을 만들지 않은 정치가의 책임은 무겁다. 그러나 각각의 단계에서 규제의 규칙이 있었음에도 불구하고 그것을 완전히 이행하지 않았던 행정은 부작위였다고 해도 과언이 아니다. 이는 센난 석면의 제1진 1심이나 제2진 1심, 동 공소심의 판결에서 지적된 바이다. 또 후생성에 노동재해의 지식이 축적돼 있었음에도 불구하고 환경성이 그것을 공해대책에 살리지 않았다는 섹셔널리즘도 부작위라고 해도 좋지 않을까.

2006년 2월 〈석면으로 인한 건강피해의 구제에 관한 법률〉은 빠짐없이 구제할 것을 목적으로 시행됐다. 그러나 공건법과 같이 민사적인 배상을 행정이 대행한다는 것은 아니었다. 프랑스와 같이 정부의 책임을 명확히 하고 있지 않았기에 사회보장적인 구제도 아니었다. 공해의 경험으로 하루빨리 제정된 것은 좋지만 분쟁을 확대하지 않기 위한 치안대책의 성격이 강한 것이 아닌가. 그 후의 역학조사는 석면노동재해환자가 나온 공장 또는 석면을 대량으로 사용한 공장의 주변을 철저하게 조사하는 것이 아니었다. 신청한 주민에 한정된 건강조사에 머물렀다. 이 때문에 2012년 가을에 오사카 니시나리구의 펌프공장에서 중피종의 주민이 발견됐다. 이 모호한 성격 때문에 빠짐없이 구제할 수가 없었다. 구제법에서 대상은 당초, 중피종과 폐암에 한정됐다. 그 후 석면폐 등이 들어갔지만 노동재해에 비해 대상이 한정됐다. 또 중피종에 비해 폐암의 인정이 적었다. 노동재해와 비교해 가장 문제가 되는 것은 보상금이 적었다는 것이다. 노동재해의 경우, 휴업보상은 월 33만 엔, 유족연금 연 270만 엔, 취학지원비 월 1.2만 엔(보육원, 초등학교) 등이 지급되지만, 구제법에는 그와 같은 보상은 없고, 사망자의 장례비와 유족특별지급금으로 300만 엔이 지급되는 데 머물렀다. 의료비자기부담금이 보상되는 것은 중피종환자에게는 큰 지원이라고는 하지만, 법에 따르면 노동재해보상의 약 10분의 1정도의 보상이다. 이 구제금은 오염자부담원칙으로 원인자에게 부담시키기가 어렵기 때문에 264만 사업자를 대상으로 일률 노동재해보험료의 100분의 0.05의 요율로 4년간 약 300억 엔을 징수하였다. 또 석면 관련 제조사에서 1951~2004년간 누계 1만 이상 사용한 구보타 등 4개사에게는 특별징수금으로 1년당 3억 3800만 엔을 징수하였다. 최근 구제법에 의한 신청이 줄어들고 있는데, 법의 결함으로 인한 것인지, 새로운 발굴이 행해지지 않고 있기에 다시 잠재화할 가능성이 있어 검토가 필요해졌다.

3 국제비교

일본의 석면피해구제의 틀의 문제점을 명확히 하기 위해 우선 전형적인 두 개 나라를 비교해 보자. 미국이 정부의 구제법을 의회에 몇 번이나 상정했지만 제정되지 않았다. 시장원리를 존중하는 국가답게 자주자책(自主自責)이 원칙으로, 국가배상은 없고 피해자는 재판을 통해 배상을 요구하였다. 오염자부담원칙만이 아니라 확대생산자책임원칙의 성격이 강했기 때문에 석면 상품을 만든 모든 기업이 피고가 되었다. 조금 오래된 자료이긴 하지만, 2002년의 란드 연구소*의 자료에서는 석면재판은 6만 건, 원고 60만 건, 피고기업은 83개 업종 6000개사, 이미 지불한 보상금은 540억 달러(5조 4000억 엔)였다.

〈표 10-3〉과 같이 중피종의 보상액은 11만 달러(1달러 100엔으로 해서 1억 1000만 엔)이다. 장래 2200억 달러(동 22조 엔)의 보상이 될 것으로 추정되었다. 재

---

* RAND Corporation. 시스템 분석·개발을 주로 하는 미국의 싱크탱크

표 10-3 미국의 재판을 통한 보상액 평균

석면폐	
경도	100,000
중도	400,000
폐암	
끽연자	600,000
이전의 끽연자	975,000
무끽연자	1,100,000
중피종	1,100,000

주: Antonio Sato, Gael Salazar eds, "Asbestos" (2009, N.Y.)

판을 통한 해결은 시장원리로는 타당한 해결같지만, 피해자가 손에 쥐는 것은 50~60% 정도로 나중에는 변호사보수 등 재판비용이나 공적 체당*으로의 변제 등으로 다뤄져 버린다. 변호사에게는 성공하면 큰 수입이 되기에 많은 소송이 제기되지만, 피해자가 이렇게 해서 완전히 구제될지는 의문이다. 또 파산한 회사는 별도 회사를 만들어 보상과 본건 사업을 분리하는데, 파산 이후의 보상금은 급감하였다. 이 때문에 공적구제제도를 요구하는 목소리가 강했다.[18]

프랑스의 경우에는 최고재판소에서 프랑스 정부의 석면재해의 책임이 확정돼 정부는 2000년에 피해자를 빠짐없이 구제하는 석면피해자보상기금(Fonds d'indeminisation des victimes de l'amiante, FIVA라고 약칭한다)이 제정됐다. 재원은 사회보장금이 90%, 국가가 10%씩 갹출했다. 노사의 부담을 통한 사회보험을 기반으로 하였다. 결국 오염자부담원칙이 아니라 '사회적 리스크'로서 모든 기업과 노동자가 조금씩 폭넓게 부담을 하였다. 이 제도는 〈표 10-4〉와 같이 보상금의 대상을 넓게 잡았다. 중피종은 평균 11만 5360유로(1557만 엔)였다. 지금까지 신청된 총 건수 4만 7210건(2008년 현재), 일본과 달

---

* 나중에 돌려받기로 하고 남의 빚 등을 갚아줌.

표 10-4 FIVA의 장애별 보상액(창설시부터의 평균액)

(단위: 유로)

질환	피해자생존	피해자사망	평 균
석면폐	22,662	74,544	35,427
폐암	89,668	134,992	120,131
흉막비후	19,068	26,131	19,490
중피종	97,114	121,333	115,360
기타	22,729	104,417	47,714
흉막플라크	18,714	20,078	18,777
총평균	26,035	115,634	45,779

주: 高村学人「フランスにおけるアスベスト被害者補償基金の現状と課題」(『環境と公害』2009
年 春号)

리 중피종보다도 폐암의 인정이 많다. 공적 제도로서는 뛰어난 FIVA도 재
판이 약 1000건 일어나고 있다. 이는 보상금이 적은 것도 있지만, 행정적 구
제로는 가해자의 책임이 불명확해지기 때문에 재판으로 법적 책임을 명확
히 하고자 한다는 것이었다.[19]

이 2가지 전형적인 사례를 비교해보면 일본의 구제법은 프랑스의 구제제
도에 비해 국가의 책임이 모호하다. '빠짐없는 구제'라는 점에서는 FIVA에
비해 구제법은 대상이 한정되고, 보상금도 적다. 일본의 구제법은 사회보장
적인 관점에서 보면 모호한 제도이다.

여기서는 상세한 것은 언급하지 않지만, 일본에서는 센난 석면재판, 수도
권 석면건축노동재해재판 등 석면재해의 재판이 시작되고 있었다. 미국의
재판과 달리 일본은 국가배상을 요구하였다. 이는 앞에서 말한 바와 같이
복합형 스톡재해이기 때문에 기업책임을 추궁하기 어렵다는 사실, 일찍부
터 조사가 돼 피해를 알 수 있었음에도 불구하고 국가·지자체의 대책이
늦어졌다는 사실 등에 따른 것이다. 지금 미나마타병과 마찬가지로 국가는
책임을 인정하지 않고 재판소의 판단도 2개로 나뉘어져 있지만, 2014년 10
월 최고재판소 판결은 국가의 책임을 인정했다. 미국의 경우는 확대생산자

책임원칙이 적용돼 널리 기업의 책임이 추궁되고 있지만, 일본은 기업의 연대책임이 아직 재판소에서 인정되지 않고 있다.

이와 같이 일본의 석면대책은 이제 막 시작됐다. 우선 첫째로 구제법의 개혁이 필요할 것이다. 대상을 노동재해와 마찬가지로 확대하고, 채택이 적은 폐암의 인정 등 검토가 필요하다. 보상금액도 노동재해만큼, 혹은 공해의 경우는 노동재해 이상으로 해야 한다. 우두머리 등 노동재해의 대상에도 문제가 있어 앞으로의 석면함유 시설의 노후화로 인한 해체(지진재해와 같은 비상시도 포함해서)에 따른 건설노동자 등의 피해예방을 포함해 생각하면 지금의 구제법을 개혁할 것이 아니라 석면대책기본법과 같은 종합대책법이 요구된다고 하겠다.

둘째는 앞서 말한 오사카의 니시나리구의 공장 주변의 공해발생에서 보는 바와 같이 전국의 역학조사가 필요하다. 현재 환경성의 '역학'조사는 오사카부 센난 지역, 효고현 아마가사키 지역, 사가현 도스 지역, 요코하마시 쓰루미구, 기후현 하시마시, 나라현, 기타큐슈 모지구 7개 지역의 공장관계자 및 주변 주민의 희망자 3648명에 한해 검사를 하였다. 이 조사결과에서는 공장에서 본인이나 가족이 일한 경험이 없는 주변 주민 1669명에게서 흉막플라크가 발견되었다. 흉막플라크는 흉막에 생기는 불규칙한 백판(白板) 모양의 흉막으로, 그 자체만으로는 폐기능장애를 동반하지 않지만 석면에 노출되어야만 발생하는 것으로, 석면질환의 대부분은 흉막플라크를 동반해 프랑스에서는 보상대상이 되고 있다. 충격적인 것은 공장 주변의 신청주민의 약 20%에 환경재해가 인정됐다는 사실이다. 지금의 조사는 희망자만을 대상으로 하고 있어 본래의 역학조사라고는 말할 수 없다. 노동재해 인정환자가 많은 사업소나 석면사용이 많았던 사업소에서는 역학조사가 필요하지 않은가.

셋째로 국가의 대책으로는 빠짐없는 구제가 불가능하다. 또 국가의 책임이나 확대생산자책임원칙에 의한 책임의 추궁이 돼 있지 않다. 그런 의미에서는 재판을 통해 책임을 추궁하고 구제를 추진해야 할 것이다.

국제적으로는 50개국이 원칙적으로 석면을 금지하고 있는데, 러시아 이
외에서는 〈표 10-1〉과 같이 아시아가 향후 석면문제의 초점이 되고 있다.
2005년 구보타 쇼크의 영향으로 한국은 2009년에 전면금지를 하고, 일본과
마찬가지의 석면구제법을 제정했다. 학제적인 연구팀이 생겨 조사나 구제
활동도 활발히 하였다. 한국은 16개의 석면광산이 있었지만, 1970년대 이후
는 원재료를 수입해 가공하였다. 1993년에는 118개 공장, 종업원 1476명, 석
면은 건축재 82%, 마찰재 11%, 직물 5%, 기타 2% 등에 사용됐다. 1981년
청석면 수입을 금지했다. 주요 공장은 일본의 니치아스의 자회사 다이이치
(第一) 화학으로 일본의 공해수출이다. 1990년대 후반에 규제가 엄격해지자
공장은 인도네시아로 이전했다. 석면피해는 조사 중이지만 중피종으로 인
한 사망은 1991~2006년 334명, 노동재해인정은 1997~2007년 60사례(폐암
41, 중피종 19)이다. 공장 주변 주민의 환경재해가 문제가 되고 있다. 건물의
약 3분의 1에 석면이 사용됐기 때문에 향후 해체시의 예방이 큰 문제이다.
재판사례는 아직 적다.

대만은 과거에는 석면공장의 분진이 심각했다. 또 선박의 해체로 인한
피해도 나왔다. 1989년 석면을 특정물질로 지정해 규제하였다. 현재 석면의
사용은 교육연구, 건축재의 지붕재, 틈새보전재, 브레이크 라이닝 4종 이외
에는 금지하였다. 석면공장은 1980년대까지 니치아스 등 일본의 자본이 들
어왔지만 지금은 철수했고, 대만 기업도 중국이나 동남아시아로 이전하였
다. 중피종은 1979~2005년에 423건이 보고되었다. 다만 노동재해의 급부를
받고 있는 것은 12건. 환경재해의 보고는 없고, 구제법도 없다.

중국은 백석면 광산 50개소, 매장량 9061만t, 그 90%가 서부 소수민족의
주거지이다. 2008년에는 광산에서의 산출 41만t, 수입 22만t, 합계 63만t으
로 세계 최대로 소비하였다. 때늦었지만, 2002년 청석면의 사용은 금지하였
다. 석면뿜칠은 없다. 백석면은 작업관리를 완전하게 하면 안전하다는 방침
이었지만, 규제기준이 느슨하고, 국가안전생산감독관리당국이 밝힌 바로는
기준을 지킨 것이 10% 정도였다. 질병예방 및 방지센터의 리타오 소장에

의하면[20], 중국에는 중피종의 역학데이터가 없었다. 그가 1994년 이래 학술
논문이나 정부보고를 정밀 조사한 바로는 1956년 이후 45년간 2547건의 중
피종이 보고되었다. 대부분의 경우 진단 후 약 1년 안에 사망했다. 석면광
산노동자는 2만 4000명, 석면 관련 노동자는 약 1000만 명이라고 한다. 전
국직업보고시스템에 의하면 1949년 이후 석면폐환자는 1만 300명, 전체 분
진환자의 1.54%이다. 중피종환자는 2006년 이후 늘어나고 있다. 중국에서
는 노동재해의 조사·연구와 구제가 이제 시작됐으며, 환경재해는 전혀 보
고가 없다. 석면을 금지하지 않는 이유는 생산을 정지하면 실업이 생기는
점, 특히 광산이 집중돼 있는 서부에서는 지역경제, 재정에 중대한 피해가
생기는 점, 대체품의 가격이 15~40배 비싸 경제적 손실이 크다는 점이었
다. 일본이 가장 많이 사용했던 때의 2배의 사용량이며, 앞으로 급격히 피
해가 증대할 것으로 생각된다.

이 밖에 인도, 태국, 인도네시아, 베트남에서는 대량의 백석면을 관리해
사용하고 있다. 생산이 금지되지 않는 이유는 중국과 마찬가지로 고용에 영
향을 미치는 점, 대체품이 비싸고 경제적 손실을 불러일으키는 점을 이유로
들고 있다. 고도성장을 위해 종업원·가족 더욱이 주변 주민의 생명·건강
을 무시하고 있기 때문에 10~40년 뒤에는 심각한 석면피해자가 나올 게
틀림없다. 캐나다와 러시아는 백석면은 관리사용하면 안전을 보장할 수 있
다고 해 크리소타일협회를 만들어 캠페인을 벌이고 있지만, 이 이상 아시아
각국이 석면금지를 게을리하면 예상하지 못할 피해보고가 나오지 않을까.

제3절 후쿠시마 원전사고 - '역사의 교훈'이 왜 무시됐는가

1 사상 최대·최악의 스톡공해

후쿠시마 제1원전사고로 인해 2개시 7개정 3개촌의 15만 명이 넘는 주민

이 강제로 분산됐고, 커뮤니티를 버렸다. 그리고 그 가운데 많은 사람들이 고향으로 돌아갈 수 없어 유랑민이 됐다. 아마 영구히 폐지될 지자체도 생길 것이다. 과거에 아시오 광독사건에서 정부는 최후까지 저항했던 야나카촌을 치수대책이라는 명목으로 폐촌하고, 촌민은 나스노 등지로 강제이주되든지 유랑민이 됐다. 후쿠시마 제1원전사고는 이 비참한 아시오 광독사건 이래 주민의 강제소개와 지자체의 폐지여서 일본 역사상 최악의 공해라고 해도 과언이 아니다. 이번에 널리 퍼진 방사능은 도쿄 전력에 의하면 90경 베크렐(요오드131과 요오드131로 환산한 세슘137의 합계)이다. 그것은 체르노빌의 방산량(放散量)의 6분의 1이라고는 하지만, 오염지역의 인구·재산의 집중·집적도가 높기 때문에 체르노빌보다는 훨씬 큰 피해가 생겼다. INES(국제원자력사고등급)는 체르노빌 원전사고와 마찬가지로 최악의 등급7로 후쿠시마 원전사고를 평가하였다. 아마 폐로까지의 처리기간을 넣는다면 지금까지의 사회적 재해사상 최대의 경제적 피해가 되지 않을까.

오시마 겐이치와 요케모토 마사후미는 지금까지의 체르노빌 등의 원전사고와 비교해 후쿠시마 제1원전사고의 특징을 3가지로 들었다.

'첫째는 세계 최초로 지진과 쓰나미로 일어난 대형 사고라는 점이다. (중략) 둘째는 사고를 일으킨 원전의 수가 복수라는 사실이다. (중략) 셋째는 사고의 일정한 수습에 매우 오랜 시간을 요한다는 사실이다.[21]'

후쿠시마 원전사고는 지진·쓰나미라는 자연재해와 도쿄 전력이 안전대책을 게을리 했기 때문에 생긴 사회적 재해가 복합돼 일어났다. 이 삼중재해이기 때문에 사고수습이 어렵고 부흥의 전망이 서지 않는다. 그런데 최초의 동기는 자연재해였지만 '예상외'는 아니었다. 지진이나 쓰나미가 이 지역에서는 반복해 발생하고 있었던 것이다. 재해의 위험성에 대해서는 연구자인 이시하시 가쓰히코나 국회의원인 요시이 히데가쓰가 정확히 경고를 했고[22], 도쿄 전력 자체도 이번의 쓰나미와 같은 거대한 재해가 일어날 예측은 하고 있었던 것이다. 이 같은 경고를 무시했기 때문에 일어난 재해였다.

아직 사고의 상세한 원인조차 확정되지 않았지만 요시다 후미가즈는 후쿠시마 제1원전은 '결함원전'이라고 정의하고, 안전대책의 절약이라는 결함으로서 4가지를 들었다. ①지진으로 송전선이 이미 쓰러짐, ②원전컨트롤실이 단전으로 제어불능, ③벤트와 필터의 미비, ④비상용전원이 쓰나미로 작동하지 않았다. 이들의 실패는 명확하다.[23]

지금까지 보았듯이 전후의 산업개발의 중심은 임해부에 공장이나 에너지시설을 집중 집적시키는 것이었다. 그것은 기업의 경제적 메리트는 크지만, 지진, 태풍이나 쓰나미로 인해 괴멸적인 피해를 입을 가능성이 있다는 사실이 이세만 태풍 등으로 증명됐다. 그럼에도 불구하고 방재기술을 과신해 개발이 계속됐다. 후쿠시마 제1원전은 그 뒤 지하수오염을 포함해서 임해부의 리스크 등 사전의 환경조사가 불충분해 명백한 '입지과실'이다. 최근 후술하는 도쿄 전력의 배상불능을 어떻게 할 것인가 하는 것에서부터 이 재해를 천재로 배상의 책임을 완화시키고자 하는 논설이 있지만[24], 이 사고는 명백히 인재이며 공해이다. 도쿄 전력의 책임은 철저하게 따져 밝혀야 하며 또 국책민영화로 원전입지에서 시작해서 규제를 행한 정부의 책임은 심각하다.

사고발생부터 3년의 세월이 흘렀지만 수습될 기미가 보이지 않는다. 오염수의 제거는 점점 난제가 생기고 있다. 아베 수상은 도호쿠의 부흥이 진전되지 않는 상황에서 무모한 올림픽을 유치하기 위해 '오염수는 완전히 제어되었다'고 내뱉었지만 사실은 반대이다. 이대로는 방사능오염수의 방류는 피하기 어렵지 않은가. 드디어 처리가 시작된 4호기의 사용후연료봉은 처리만 해도 2년이 걸린다고 하는데, 폐로공사는 수십 년 걸릴 것이다. 그 사이에 지진·태풍·호우 등의 재해로 인한 사고, 작업의 실패가 없다고는 말할 수 없다. 제염을 안전한 추가피폭량 연간 1밀리시버트 이하의 상황을 유지하기 위한 작업량도 계획되어 있지 않다. 더욱이 제염된 토양을 쌓아둘 장소가 없기 때문에 2013년도 예산의 76%가 사용불가능한 상황이다. 방사능은 인체, 대기, 토양, 산림, 하천, 해수에 축적되고 누적된다. 석면피해와 마찬가지로 스톡(축적)형 공해이어서 현재뿐만 아니라 몇 세기에 걸쳐 피해는 계속되는 것이다. 아마 일본인이 지금까지 경험하지 못한 장기간 피해 발생과 그 뒤처리가 시작된 것이다.

사고의 원인에 대해서는 아직 알 수 없는 부분이 있다. 조사를 계속해야 한다. 당면 대책은 사고의 수습과 피해의 구제이다. 공해대책은 '피해로 시작돼 피해로 끝난다'고 하듯이 우선 피해실태를 명백히 하고 그 책임을 명확히 해서 배상에서 시작해 환경재생에 이르는 피해의 구제를 추진해야 할 것이다. 이번의 피해는 지금까지 말해온 공해의 사회적 특징인 생물적 약자·사회적 약자에게 피해가 집중되고 돌이킬 수 없는 절대적 손실이 생겼다. 그러나 방사능으로 인한 대규모 공해라는 최초의 사례이기에 피해실태가 아직 충분히 파악되고 있지 않다. 원전사고로 인한 직접적인 생명·건강의 피해에 대해서는 직접·관련 사망자가 약 800명으로 추정되었다. 건강피해는 방사능의 경우는 장기간에 걸치기 때문에 후쿠시마현에서는 피폭자의 건강진단이 계속되고 있다. 이미 아동에게 갑상선암환자가 발견되고 있지만, 당국은 후쿠시마 원전과의 인과관계를 부정하였다. 체르노빌 사고와 같이 시간이 경과함에 따라 암 발생 등의 건강장애가 많아진다는 경험에서 말하면,[25] 앞으로 장기에 걸쳐 건강피해가 발생한다고 해도 과언이 아니다. 산업에 대한 피해는 제조업, 농림어업, 상업, 관광업 등 전 산업에 발생하였다. 지역이미지도 피해를 입어 이들의 생업에는 치명적인 영향이 나오고 있다. 이 피해도 지속되고 특히 오염수처리가 어려워 해양의 피해는 심각하지 않을까.

이번의 피해는 복합형 스톡재해이기에 일상생활의 피해가 가장 크다. 더욱이 지금까지의 공해에는 없던 피해로서, 장기간의 도피, 특히 커뮤니티, 즉 고향의 상실이 문제이다. 생명·건강이라는 인격권의 피해, 피난에 따른 실업·생업의 상실, 피난처의 생활보장, 특히 전혀 새로운 문제인 커뮤니티, 즉 고향의 상실이라는 피해이다. 정말 환경권·어메니티권의 회복이 피해구제를 위한 새로운 권리침해의 보상이라는 과제가 되었다. 아마 이 새로운 인권침해, 환경파괴, 자치권의 침해는 새로운 배상이론 특히 환경재생·생활재건을 위한 새로운 지역재생의 이론을 필요로 할 것이다.

경제적 피해는 아직 전체 모습이 불명확하다. 원전사고 피해총액은 6~8조 엔이 넘는다고 한다. 그 밖에 토양의 제염비용이나 중간저장시설의 비용 등이 예정돼 있다[26]. 이들을 넣으면 100조 엔이 넘는 막대한 비용이 될 것이라는 추계도 있다. 원자력손해배상분쟁심사회는 2011년 8월에 「중간지침」을 내 2013년 12월까지 4가지 추보(追補)를 내고 보상의 범위를 제시하였다. 귀환곤란구역(오쿠마정, 후타바정은 전역)에는 1인 1000만 엔의 위자료, 그 이외의 대상지역에는 1인 매달 10만 엔의 위자료를 지불하였다. 귀환곤란구역에서 취업 불가능한 30대 남자, 지은 지 36년 된 가옥에 살던 4인 가구가 이주할 경우의 손해배상은 8875만 엔부터 1억 475만 엔의 시산이 제시되었다. 이 1인 매달 10만 엔의 위자료에 대해서는 고향상실이 고려되지 않았다는 비판이 있다. 1월 17일 현재 약 3조 엔의 손해배상금이 지불되었지만, 재판이 시작되고 있어 이 판결에 따라서는 배상의 내용에 큰 변화가 생길 것이다.

이 방대한 손해배상에 대해 도쿄 전력이 부담할지 여부는 심각한 문제이다. 국가의 지원시스템은 다음과 같다. 자금은 국가가 금융기관에서 차입해 원자력손해배상지원기구를 통해 5조 엔을 상한으로 도쿄 전력에 필요액을 지원한다. 도쿄 전력이나 다른 전력회사 등 총 11개사는 주로 전력요금수입을 기구에 변제해 간다. 도쿄 전력의 경영이 정상화되면 도쿄 전력은 이익에서 변제금을 지불한다. 국가는 이미 3조 8000억 엔의 지원을 결정했고 더욱이 이미 1조 3000억 엔의 제염비용을 예산조치하였다. 둘을 합하면 5조 엔이 되는데, 이를 도쿄 전력이 변제할 수 있을 것인가. 제염사업의 비용은 모두 도쿄 전력이 부담하기로 됐지만, 도쿄 전력은 지금까지의 청구비용 404억 엔 중 67억 엔(17%)밖에 지불하지 않았다. 가네코 마사루는 도쿄전력은 사실상 경영파산이기 때문에 국유화는 피할 수 없지만, 이해관계로 인해 그마저도 진척되지 않는 상황이 되었다고 말하였다. 도쿄 전력만으로 문제

가 정리되는 것이 아니라 전력개혁을 해야만 될 상황에 와 있다는 것이다.[27]

이번의 사고책임을 지면 당연히 도쿄 전력은 파산한다. 그러나 국가는 자금을 지원해 도쿄 전력을 지탱하였다. 마치 미나마타병문제에서 국가가 짓소를 지원했던 것과 마찬가지이다. 짓소와 마찬가지로 도쿄 전력을 분사화해 보상을 맡길 회사를 만들고, 도쿄 전력을 살리는 방안도 나오고 있다. 그러나 지금과 같은 상태로는 분사화해도 이 거대한 손해를 부담할 수 있다고는 생각할 수 없다. 이 모호한 상황에서 도쿄 전력의 생존은 전력요금을 올리든지 가시와자키 원전을 재개하든지에 달렸다. 이 만큼의 피해를 내고 원전을 재개한다는 것은 기업윤리에 어긋나지만 정부도 원전재개를 향해 움직이고 있다. 결국 배상을 비롯해 손해보전이 소비자의 요금부담이나 국민의 세금을 통해 채워나가는 것이다. 국책인 원전은 국민의 부담으로 만들어졌지만, 파산해도 국민의 부담으로 구제된다는 무책임한 체계인 것이다. 이를 경제적으로 허용할 수 있을 것인가. 우선 도쿄 전력의 책임을 철저히 추궁하지 않으면 안 될 것이다.

2 원전제로의 시스템을

원전사고로 인해 지금까지의 에너지정책, 그와 관련된 산업정책 특히 온실가스 감축정책은 모두 파탄에 이르렀다. 민주당 정부는 무모하게도 2012년 7월 오이 발전소 3호기, 4호기의 재가동에 들어갔다. 그러나 국민의 원전제로의 여론과 운동에 눌려 2030년대에 원전제로의 실현을 지향하는 안을 냈다. 그러나 경단련 등은 반대 의견을 보였다. 아베 자민당 내각은 전(前) 내각의 원전제로계획을 버리고 원전재개와 원전수출에 착수했다. 일찍이 겪어보지 못한 이런 공해를 앞에 두고 사고의 수습조차 되지 않는 현실에서 원전의존의 에너지정책으로 복귀한다는 것은 무모하다는 말밖에 할 수가 없다. 독일 정부는 후쿠시마 사고에 충격을 받아 '안전한 에너지공급에 관한 윤리위원회'의 보고를 근거로 해서 2022년까지 원전 전폐(全廢)에

착수했다[28]. 나는 이 미래를 응시한 정책이 올바르다고 생각한다. 현재 일본
은 거의 모든 원전이 멈춘 상황에서 에너지위기가 오고 있지 않다. 국민 다
수가 원전제로를 바라고 있다. 내가 원전제로가 필요하고 가능하다고 생각
하는 이유는 다음과 같다.

첫째는 일본은 자연재해가 많이 발생하는 나라로, 이번 후쿠시마 사고가
다시 발생하는 것과 같은 위험을 피하기 어렵다. 지금까지의 리스크론은
확률론으로, 원전사고는 비행기사고에 비해 발생가능성이 무한히 작다는
것이었다. 그러나 한없이 제로에 가까운 확률이라고 해도 일단 발생하면
그 피해는 무한에 가까울 정도로 크고, 또한 완전히 수습할 수 있다는 보
증이 없다. 이러한 재해에 대해서는 확률론으로 안전을 보증해서는 안 되
는 것이다.

둘째는 원전의 비용이 다른 에너지에 비해서 싸지 않다. 원전도입론의
최대 논거는 에너지자원이 빈약한 일본에서는 비용이 싼 원전이 꼭 필요하
다는 것이었다. 그러나 오시마 겐이치에 의하면 지금까지의 비용은 발전에
직접 필요한 비용만이었지만, 실제로는 〈표 10-5〉와 같이 연구개발비용과
입지대책비용 등의 정책비용이 없으면 운용불가능하다. 그것을 고려하면
화력이나 수력보다도 비싸진다. 결국 세금에 의한 정부의 지원으로 원자력

표 10-5 발전의 실제비용(1970~2010년도 평균)

(단위: 엔/kW시)

	발전에 직접 필요한 비용	정책비용		합계
		연구개발비용	입지정책비용	
원자력	8.53	1.46	0.26	10.25
화력	9.87	0.01	0.23	9.91
수력	7.09	0.08	0.02	7.19
일반수력	3.86	0.04	0.01	3.91
양수	52.04	0.86	0.16	53.07

주: 大島堅一 『原発のコスト』, p.112.

발전이 운영되고 있는 것이다. 만약 이것에 이번과 같은 사고비용 또는 후
술하는 방사능폐기물처리(백엔드비용)를 넣으면 원자력발전이 경제적으로 부
합하지 않는 것은 명백하다.[29]

셋째는 방사능폐기물의 처리나 리사이클링이 불가능한 산업이라는 사실
이다[30]. 이는 원자력이 과학기술적으로 치명적인 결함을 갖고 있다는 사실
을 보여준다. '화장실 없는 고급아파트'와 같다는 비유가 딱 맞는 것이다.
독일의 윤리위원회가 원전폐지를 주장하는 가장 큰 이유도 이것이다. 설령
사고가 없고 안전하다고 해도 플루토늄239의 반감기는 2만 4000년이라고
하고, 방사능폐기물은 10만 년 이상에 걸쳐 피해를 낼 가능성을 갖고 있다.
이 정도로 심각한 스톡공해는 없다. 종합자원에너지조사회는 백엔드비용이
18조 8000억 엔이라고 하지만, 이 비용이 설령 산입된다고 해도 방사능폐기
물이 미래세대에 미치는 영향을 무시할 수는 없다. 이는 시장의 논리로 판
단해야 할 일이 아니라 미래세대에 대한 책임의 윤리문제이다. 이 문제를
해결하기 위해 재처리사업을 통해 부담을 줄이는 안이 사업화되고, 일본에
서도 시험조업을 하고 있지만 실패를 거듭하고 있어 실용화될 전망은 없다.
거액의 시험비는 그냥 버리는 돈이 된 것이다.

넷째는 이 위험한 원자력발전에 의존하지 않아도 가장 안전하고 환경에
부하가 적은 대체에너지 특히 재생가능에너지의 개발이 진전되고 있다는
사실이다. 독일이 원전제로에 들어간 것은 전 정권시대에 원전의 폐기에 대
한 합의형성이 진전된 것과 더불어 재생가능에너지에 대한 개발과 보급이
진전됐기 때문이다. 일본은 태양전지나 지역발전 등에서는 최고수준의 기
술과 생산력을 갖고 있으면서도 그것을 경제적으로 보급하는 제도가 결여
돼 있고, 특히 태양전지의 도입보조금을 폐지하는 등의 실패로 인해 재생가
능에너지는 전체 에너지공급의 1%밖에 안 되는 상황으로 떨어졌다. 이번
의 사고로 인해 재생가능에너지의 개발은 필수조건이 됐고, 고정가격매수
제도가 도입된 결과, 태양전지의 보급계획이 주택만이 아니라 사업용으로
서도 나아가고 있다. 그러나 실현은 늦어지고 있다. 이 재생가능에너지의

개발에 있어서는 가격지지제도만이 아니라 분산된 공급원이 자립가능하도록 발전과 송전의 분리가 필요하며 9개 전력의 독점체제를 개혁하지 않으면 안 된다. 또 독일의 전례를 보면 공급 주체가 협동조합이나 자치공사와 같이 분권화해 지역에 분산된 시스템이 필요하다.[31]

지금까지 원전은 대도시권에서 멀리 떨어져 과소지에 분산돼 있었지만, 그 에너지는 대도시권에 공급돼왔다. 원전이 들어선 지자체는 그와 관련된 고용, 고정자산세나 원전교부금에 의존해왔다. 이 때문에 원전의 철수나 폐지가 불가능하고, 원전시설의 상각기간이 지나 세수나 교부금이 격감하면 지역산업의 발전이 없기 때문에 두 번 세 번 원전을 유치하지 않을 수 없었다. 다른 나라에서 예를 볼 수 없을 정도로 원전기지가 집중·집적해 이번과 같은 4기의 원자로가 동시에 사고를 일으키는 유례없는 사건이 된 것은 이 원전입지정책의 특이성에 있다. 이번처럼 원전재개를 이상하게 서두르는 이유는, 도쿄 전력을 비롯한 전력회사가 안전보다도 영업이익을 우선하고 있기 때문인 동시에 원전입지라는 마약에서 벗어나지 못하는 지자체의 강한 바람이 있기 때문이다. 그러나 원전의존의 지역경제는 농어업이나 제조업이 발전하지 않고 극단적으로 전력회사, 거기에 기생하는 건설업이나 서비스업에 특화돼 자립성이 없다. 이제부터 탈출해 자립경제를 이루는 것이 원전이 없어질 경우의 지자체의 목표가 된다.[32]

실제로는 원전 지자체만이 아니라 도호쿠 지역을 비롯한 일본의 지방권은 도쿄권에 인재, 에너지를 비롯한 자원을 공급하고, 도쿄 일극집중의 이상한 경제를 지탱해 온 것이다. 이번의 지진재해부흥은 이 구조를 새롭게 해 도호쿠 지방의 자립을 추진하는 기회로 삼아야 한다. 그렇게 하기 위해서는 도쿄 등 대도시의 경제에 의존해 공장유치 등의 외래형 개발을 중지하고 지역의 재생가능한 에너지와 식량 등의 자원과 인재의 자급 등을 축으로 한 내발적 발전을 도모해야만 될 것이다. 그러기 위해서는 우선 생활과 생업의 재건을 추진하고, 원전사고의 배상, 커뮤니티의 재생에서 출발해야 된다[33]. 그리고 과거 공해대책을 전진시켜왔듯이 원전재개를 저지하는

지자체를 만들어 지금 전국에서 수십 건이 제소되고 있는 원전중지 재판을
승리로 이끌어야 한다.

3 왜 공해는 되풀이되는가

　후쿠시마 원전사고는 일본의 정치, 경제, 과학기술의 결함을 모두 드러냈
다고 해도 과언이 아니다. 이 책에서 명확하게 해왔던 일본의 정치·경제시
스템(중간시스템)이 궁극의 공해라고 할 만한 원자력발전의 공해를 일으켰다
고 해도 좋을 것이다. 원전은 대량생산·유통·소비·폐기의 경제를 지탱
하는 결함에너지였다. 안전보다 이익을 첫째로 하는 시장제도의 결정체라
고 해도 좋을 기업운영을 국책으로 보호한다는 전후 일본자본주의의 진수
가 원전의 입지와 운영이었다. 더욱이 이 기반에는 미일원자력협정과 미국
의 핵전략의 틀이 있다. 확대생산자책임론에서 말하면 당연히 뒤따라야 할
원전설비를 공급한 GE의 책임이 문제가 되지 않는 것도 이 미일관계의 소
산이 아닐까.

　제2장에서 말한 바와 같이 고도경제성장을 지탱한 정관재학 복합체가 공
해발생을 조장하고, 규제나 구제를 잘못하게 만들어왔다. 그 시스템이 원전
의 도입에서 오늘날의 사고까지의 '안전신화'를 만들어온 것이다. 이미 말
한 바와 같이 히로시마·나가사키 원폭이라는 유일한 피폭국인 일본은 원
자력의 도입에는 신중했다. 그러나 냉전하의 미국의 전략전환도 있어서 일
본의 보수정치가는 장래의 핵전력 보유를 생각해 원자력의 평화이용이라는
목적을 내걸고 도입을 계획했고, 이에 좁은 전문가 근성으로 협력한 과학자
의 움직임으로 원전이 설치됐다. 그 이후에도 반대여론과 운동으로 인해 보
급은 진전을 보지 못했으나 오일쇼크로 인한 에너지정책의 전환 때문에 전
원(電源)3법이 만들어지고 원전의 입지가 진전됐다. 그 뒤 스리마일 섬 사고
나 체르노빌 사고로 인해 선진국에서는 원전억제가 진행되던 중에 일본 정
부와 기업은 '안전신화'를 만들어 앞에서 말한 정책보조금을 통해 원전의

발전비용을 낮추고, 달리 예를 볼 수 없는 대규모 집중입지를 추진한 것이다. 이 사이, 정관재학 원전복합체의 움직임에 의해 규제는 완화되고, 안전점검은 전혀 듣지 않았다. 각지에서 사고가 일어나고 재판도 발생했지만, 석면과 마찬가지로 원전에 대해서는 다른 공해문제와 같이 행정이나 사법도 점검장치로서의 기능은 하지 않았던 것이다.

과학기술분야에서는 많은 원자력 과학·기술자가 '원전마피아'에 속해 있었다. 과학이 무능했던 것이 아니다. 다카기 진자부로, 구메 산시로, 안자이 이쿠로, 고이데 히로아키를 비롯해 원자력과학자 가운데는 박해 또는 무시를 당하면서도 원전의 위험성을 주장해왔다. 또 사회과학분야에서도 쓰루 시게토를 편집장으로 한 「공해연구」가 발간 당초부터 원전의 위험성과 국책의 오류와 재생가능에너지로의 전환을 일관되게 주장해왔다. 미국의 환경학자로서도 가장 저명한 미래자원연구소의 알렌. V. 크네제는 『공해연구』 1974년 여름호의 「특집＝원자력발전과 공해」에 기고해 다음과 같은 의견을 기술하였다.

'이 문제는 … 사회가 원자력과학기술자들과 파우스트적 거래를 해야 할 것인지 여부에 관련된 문제이다. 만약 대규모 핵분열에너지생산과 같은 과혹한 기술이 채택된다면 그것은 위험물질의 계속적 감시와 고도로 복잡한 관리라는 부담을 얻게 될 것이다. 더욱이 그것이 본질적으로는 영원히 계속되는 것이다. 이 부담을 지지 않는다면 그 보복으로 지금껏 겪어보지 못한 대참사가 발생할지도 모른다. 핵분열의 사용기간은 관련 문제의 타임스케줄부터 해서 불과 한순간뿐이다. 2,30년간뿐이라고 해도 다시는 번복할 수 없는 부담이 주어지게 될 것이다.[34]'

크네제는 핵에너지의존형 경제를 발전시켜나갈 것인지 여부는 비용편익분석을 사용해 판단해서는 안 된다고 했다. 그것은 깊은 윤리적 문제를 포함하고 있기 때문이라고 하였다. 마치 그로부터 40년 뒤 독일의 윤리위원회의 판단을 예언하였다. 당시는 태양광이나 지열에너지의 연구개발은 노력하고 있지 않았지만, 그 대체방법 쪽이 원자력이나 화석연료에너지보다도 매력적이라고 하였다.

우리 공해연구위원회의 연구자는 크네제와 마찬가지로 파우스트적 거래로 영혼을 원전에 팔지 않고 내외의 논문만이 아니라 일본의 원전이나 방사능폐기물처리장의 현장을 조사연구해 구체적으로 원전의 위험성과 거기에 의존하는 에너지정책의 오류를 지적하고 재생가능에너지의 발전을 주장해왔다. 쓰루 시게토, 나가이 스스무, 쓰카타니 쓰네오, 특히 젊은 하세가와 고이치나 오시마 겐이치가 그 대표적 논객이다. 이들 사회과학자의 논문은 오늘날의 원전사고나 방사능폐기물처리의 위험을 예언하고, 특히 재생가능에너지로의 전환을 구체적으로 주장해왔지만, 여론의 주도권을 잡지 못하고 오늘날의 사고를 맞았다. 앞의 석면공해와 마찬가지로 위험이 예지됐고, 대체방법을 제언했음에도 불구하고 대사고·공해를 막지 못했다. 과학에 힘은 있어도 과학자에게 칼이 없었다. 공해의 역사적 교훈을 알고 있었지만 그것을 현실화할 수 없었던 것이다.

'원전마피아'에 속하는 과학자가 우리보다 견고한 힘을 갖고 있는 것은, 원자력이용이라는 것이 맴포드가 말하는 거대주의과학이며 '금전적 권력복합체의 과학'[35]이기 때문이다. 연구에는 대량의 자금이 드는 분야이다. 그러한 대규모 자금은 정부나 대기업만이 부담할 수 있다. 그리고 그렇기 때문에 대학에 원자력 관계 학부를 만들면 그 출신 인재의 고용이 중요해지고, 그것은 정부나 전력회사를 비롯한 원자력 관련 기업에 취직을 구한다. 원자력의 이용과 더불어 학회가 만들어지고, 그 운영의 주류파는 유력대학·연구기관의 수장이 된다. 이러한 조직과 자금의 루트가 만들어지면 원전반대 또는 원자력개발에 회의적인 연구자에게는 연구비가 지급되지 않고, 대학의 보직에도 나가지 못하게 된다. 사회과학자는 이러한 것에서는 자유롭지만 원자력에 비판적인 연구자는 발언의 장이 좁아지고, 정부나 기업의 연구회로부터 소외당한다. 또 다른 공해문제에서는 공해연구위원회나 일본환경회의의 발언권은 컸지만, 석면이나 원자력 등 스톡공해에 대해서는 마찬가지로 나가지 못했다. '원전마피아'의 힘에 진 것이다.

그러나 문제는 이제부터이다. 석면, 원전도 이제는 피해실태를 해명하는 문 앞에 서 있는 것이다. 피해실태, 책임의 명확화, 구제, 특히 환경과 커뮤니티의 재생을 향해 연구조사와 정책제언을 해야만 한다. 그리고 그런 절대 되돌릴 수 없는 거대한 손실을 낳는 원전재해가 두 번 다시 발생하지 않도록 예방원칙을 최대한 사용하고, 원전제로를 향해 그리고 재생가능에너지의 보급을 축으로 하는 에너지정책의 수립, 더욱이 유지가능한 내발적 발전의 전략을 제시해야만 된다.

주

1 가령 1990년대에 경제계를 대상으로 한 『エコロジー』라는 잡지가 창간됐고, 또한 『地球環境 ビジネス』(エコビジネスネットワーク編, 二期出版)가 격년 출판된 것 등이 상징적이다. 실학 서로서 환경 관련 출판물이 다수 서점 앞에 진열되게 됐다.
2 나는 1995년 고베대지진, 오키나와의 기지폐쇄를 요구하는 운동, 옴진리교 그룹의 사린사건은 전후 사회의 붕괴를 알리는 것이라는 계시를 받아, 이 기회에 '정관재 유착'이라 할 수 있는 '경제대국'의 '부(負)의 시스템'을 개혁하고, '일본병'을 극복할 새로운 시스템을 만들어야 된 다고 생각했다. 그래서 '유지가능한 사회'로의 전환을 제시하기 위해 『日本社会の可能性』(岩波 書店, 2000年)을 출판했다. 그러나 내가 제안한 '공동 경제·사회시스템'과는 반대로 신자유주 의적 개혁이 앞서갔다.
3 이 좌초라는 말은 미나마타 시장으로서 처음 미나마타병환자에게 다가가서, '모아이'*의 정신 으로 '미나마타 사회'의 전환을 도모한 요시이 마사즈미가 고군분투한 책 『離礁』**(水俣旭印 刷所, 1997年)이라는 말에서 계시를 받았다. 요시이 전 시장에 의해 처음으로 미나마타시는 환경도시로서의 재생의 싹이 생겼다.
4 都留重人編 『水俣病事件における真実と正義のために──水俣病国際フォーラム(1988年)の記録』 (勁草書房, 1989年). 이는 영문도 합본돼 있어 미나마타병에 관한 종합적인 연구로서는 가장 뛰어난 것 중의 하나일 것이다.

---

* 배를 서로 붙들어 매는 것을 의미
** 이초: 좌초된 배가 다시 뜸.

5   이 정치적 해결에 이르기까지의 소송과 정치적 해결의 내용에 대해서는 다음 문헌을 참조. 水俣病訴訟弁護団編 『水俣から未来を見つめて―水俣病訴訟弁護団の記録』(熊本日日新聞情報文化センター, 1997年)

6   『環境と公害』(2005年 秋号, 35巻 2号)는 이 판결에 대한 평론을 '특집 미나마타병 문제는 끝나지 않았다 ― 다시금 해결로 나아가길 요구한다'고 해서 宇沢弘文, 原田正純, 宮本憲一, 宇井純 등에 의한 논고를 게재하였다.

7   최고재판소 판결을 받아들여 구마모토현은 곧바로 대응해 정부에게 요청서를 냈다. 그에 따르면 야쓰시로카이 해 연안지역의 주민건강조사와 요양비대상자를 3만 4000명으로 예상해 연간 34억 엔의 예산을 제시했다. 그러나 국가는 이 요청을 거부했다. 이 때문에 현은 가장 중요한 신규신청자의 요양비의 신청접수를 철회했다. 지자체로서는 당연한 대응이었는데, 정부가 거부함으로 인해 해결은 다시 멀어졌다. 어떻게 정부가 지역의 실태를 무시함으로써 분쟁을 수렁으로 빠지게 하고 있는가를 보여주는 사건이었다. 宮本憲一 「水俣病問題の残された責任」 (앞의 『環境と公害』)

8   ノーモア・ミナマタ訴訟記録集編集委員会編, 『ノーモア・ミナマタ訴訟たたかいの軌跡―すべての水俣病被害者の救済を求めて―』(日本評論社, 2012年)

9   짓소 분사화에 관한 비판에 대해서는 「特集・水俣病事件の現在とチッソ分社化(『環境と公害』 2009年 秋号, 39巻 2号)를 참조.

10   車谷典男, 熊谷信二 「アスベストの近隣ばく露による中皮腫発生の疫学」(『最新医学』2007年 62巻1号), pp.35-43. 세계의 석면공해(주변노출) 등의 비교연구에 대해서는 다음 문헌을 참조. 車谷典男・熊谷信二 「アスベストと中皮腫―特に近隣曝露の人体影響」(『政策科学』別冊 「アスベスト問題特集号」立命館大学政策科学会, 2008年)

11   森永謙二編『職業性石綿ばく露と石綿関連疾患―基礎知識と労災補償』(三信図書, 2002年)

12   K. Miyamoto, An Exploration of Measures Against Industrial Asbestos Accidents, K. Miyamoto, K. Morinaga, K. Mori eds., *Asbestos Disaster, Lessons from Japan's Experience*, Springer, 2011, pp.19-46. 宮本憲一 「アスベスト災害対策を検討する」(앞의 『政策科学』別冊 「アスベスト問題特集号」)

13   I. J. Selikoff, Asbestos and Disease (Academic Press, 1978)

14   宮本憲一 「アスベスト災害は償いうるか」(『公害研究』1985年 夏号, 15巻 1号)

15   兵庫医科大学内科学 第三講座 『日本の石綿肺研究の動向』(1981年), 大阪の労働衛生史研究会 『大阪の労働衛生史』(1983年)

16   村山武彦 「アスベスト汚染による将来リスクの定量的予測に関する一考察」(『環境と公害』2002年 秋号, 32巻 2号)

17   環境省 「政府の過去の対応の検証(補足)」(2005年 9月 29日)

18   맨빌의 분사화로 인해 보상금이 제한을 받게 된 것은 다음 논문 참조. 村山武彦 「分社化による被害補償の実際と課題―ジョンズ マンヴィル社の例」(『環境と公害』 2009年 秋号, 39巻 2号). 이 현실에 대해서 미국의 환경보전그룹(Environmental Working Group, EWG)은 석면의 즉시 전면금지를 요구함과 동시에 50년간 유효한 정당한 구제제도를 요구하였다. EWG, "Asbestos: Think Again" Oct. 2005.

19   高村学人 「フランスにおけるアスベスト被害者補償基金の現状と課題―司法システムと福祉国家レジームの相互規定関係に着目して」(『環境と公害』2009年 春号, 38巻 4号)

20   이 중국의 석면문제는 2010년 12월 리쓰메이칸 대학 주최 「아시아・석면문제국제학술회의」

에서 중국질병·예방 및 방지센터 소장 리타오의 보고와 立命館大学アスベスト研究会가
2009년 가을에 Department of Occupational Safety and Health Supervision에서 청취한 결과
에 의한다. 특히 아시아의 석면문제는 『政策科学』「アスベスト問題特集号·アジア編」과「ア
スベスト問題特集号·2011年度版」(立命館大学政策科学会)를 참조

21 大島堅一·除本理史『原発事故の被害と補償』(大月書店, 2012年), pp.21-22.

22 石橋克彦『大動乱の時代─地震学者は警告する』(岩波新書, 1994年). 요시이 히데가쓰의 2006년
중의원예산위원회 등의 질문은 재해의 위험을 정확히 예측하고 있다. 吉井英勝『原発抜き·地
域再生の温暖化対策へ』(新日本出版社, 2010年)

23 吉田文和 「日本の原発·エネルギー政策」(本間慎·畑明郎編 『福島原発事故の放射能汚染』(世
界思想社, 2012年)

24 安念潤司「賠償責任の範囲限定を」(『日本経済新聞』2013年 9月 25日)

25 매우 면밀하고 뛰어난 체르노빌의 피해조사보고서가 번역 출판됐다. アレクセイ·V. ヤブロ
コフ他著, 星川淳監訳『調査報告 チェルノブイリ被害の全貌』(岩波書店, 2013年)

26 앞의 大島·除本『原発事故の被害と補償』 참조. 大島堅一『原発のコスト─エネルギー転換へ
の視点』(岩波新書, 2011年)에서는 피해총액은 원상회복비용을 제하고 8조 5040억 엔으로 추
정하였다.

27 金子勝『原発は不良債権である』(岩波ブックレット, 2012年)

28 이 보고의 일본어 번역 전문은 다음 저서에 수록돼 있다. Ethik-Kommission Sichere
Energieversorgung ed., *Deutschlands Energiewende ─Ein Gemeinschaftswerk für die
Zukunft*, Berlin, 2011. 安全なエネルギー供給に関する倫理委員会, 吉田文和, ミランダ·シュ
ラーズ監訳『ドイツ脱原発倫理委員会報告』(大月書店, 2013年). 이 윤리위원회의 일원이었던
베를린 자유대학의 미란다 슈라즈(Miranda Schreurs)의 다음 논문은 독일의 원전제로와
재생에너지로 가는 길을 간결하고 보여주었다. 「原子力なしの低炭素エネルギー革命の推進」
(『環境と公害』2012年 夏号, 42巻 1号)

29 오시마 겐이치는 유가증권보고서 등을 바탕으로 지금까지 시도되지 않았던 원전의 비용을 처
음으로 명확히 해 원전폐지 후의 재생가능에너지의 발전을 제언했다.『再生可能エネルギーの
政治経済学』(東洋経済新報社, 2010年). 원전사고 이후 이 성과를 다시 정리하고, 다음 2가지의
계몽적인 저작으로 원전이 경제적으로도 부합하지 않는 에너지이며, 재생에너지로의 전환의
가능성을 제시했다. 앞의 大島堅一『原発のコスト』, 동『原発はやっぱり割に合わない』(東洋経
済新報社, 2012年)

30 일찍부터 핵연료리사이클시설의 문제를 다뤄, 탈원자력사회를 제언한 사람은 후나바시 하루
토시와 하세가와 고이치이다. 船橋晴俊·長谷川公一·飯島伸子『核燃料リサイクル施設の社
会学─青森県六ヶ所村』(有斐閣, 2012年). 무쓰오가와라 개발은 제7장에서 말한 바와 같이 신
전총(新全総)의 실패를 덮기 위해 핵연료사이클시설의 유치로 나아갔다. 원자력개발의 가장
중요한 뒤처리가 시모키타 반도에 밀어붙여진 것이다. 船橋晴俊·茅野恒秀·金山行孝編著
『「むつ小川原開発·核燃料サイクル施設問題」研究資料集』(東信堂, 2013年)은 이 전후사(戦後
史) 가운데서도 가장 중대한 사회문제를 연구하기 위해 40년에 걸쳐 모은 자료집이다. 또
원자력사회의 위험을 지적하고 탈원자력사회를 일찍부터 사회학의 입장에서 제안한 것은
長谷川公一『脱原子力社会の選択』(新曜社, 1996年, 増補版2011年) 동『脱原子力社会へ』(岩波
新書, 2011年)이다.

31 植田和弘『緑のエネルギー原論』(岩波書店, 2013年). 植田和弘·梶山恵司編著 『国民のための

エネルギー原論』(日本経済新聞社, 2011年). 일본에서는 이다시가 지자체로서 개발을 추진하였다. 諸富徹「再生可能エネルギーで地域を再生する」『世界』(2013年 10月号). 독일의 재생가능에너지개발을 통한 지역자립에 대한 조사보고로서 寺西俊一・石田信隆・山下英俊編著『ドイツに学ぶ地域からのエネルギー転換』(家の光協会, 2013年).

32 岡田知弘・川瀬光義・にいがた自治体研究所編 『原発に依存しない地域づくりの展望』(自治体研究社, 2013年)는 가시와자키 원전을 예로 들어 원전 없는 지역발전의 길을 제시하였다.

33 清水修二 『原発になお地域の未来を託せるか』(自治体研究社, 2011年). 시미즈 슈지는 후쿠시마 원전의 입지 때부터 그것이 위험을 수반할 뿐만 아니라 지역개발에 도움이 되지 않는 사실을 고발해왔다. 이번 사태를 예언해 온 귀중한 지역연구자이다.

34 アレン・V. クネーゼ「ファウスト的取引き」(『公害研究』1974年 夏号, 4巻 1号).

35 ルイス・マンフォード, 生田勉・木原武一訳『権力のペンタゴン─機械の神話二部』(河出書房新社, 1990年)

종장
유지가능한 사회

제1절 시스템개혁의 정치경제학

1 성장인가 정상상태(定常狀態)인가

리우회의에서 채택된 지속가능한 발전(Sustainable Development)은 중대한 이념의 전환이었지만, 과학적 토론을 충분히 거치지 않고 지구환경·자원의 한계와 현대문명의 기저에 있는 자본주의 시장경제와의 모순을 회피하기 위한 정치적 타협으로 등장한 개념이었다. 따라서 정책당국자는 지구환경의 유지를 최우선으로 해서 그 틀 속에서 경제나 사회의 발전을 생각해가는 것이 아니라, 시장경제의 성장을 전제로 선진국의 과학기술의 발전이나 개도국에 대한 사회개발 원조를 통해 폐해를 제거하고 지구환경을 지속해갈 수 있다는 개념으로 삼았다. 이 때문에 리우회의로부터 20년 이상을 거쳐 북반부의 선진국이나 남반구의 개도국이나 시장원리에 의해 경제성장경쟁을 계속한 결과, 온실가스를 비롯해 오염물이 증대하고 자연자원의 황폐나 생태계의 고갈이 그치지 않고 있다. 2013년의 COP18*의 결말과 같이

---

* 제18차 기후변화당사국총회

리우회의 이후 가장 큰 성과였던 교토의정서는 충분한 성과를 거두지 못한 채 막을 내리고 말았다. 한편 유지가능한 발전에 동의한 개도국의 가장 큰 조건이었던 선진국 GDP의 0.7%를 빈곤의 해소 등 사회개발에 갹출하는 약속은 아직도 지켜지지 않고 있다. 개도국이 온실가스 배출의 국제협정에 동의하지 않는 것은 이런 선진국의 사회개발의 지연에 대한 항의인 것이다.

이 40년간은 공해반대·환경보전의 여론과 환경정책을 통해 자원절약·공해방지의 기술개발이 진전되고, 산업구조도 크게 바뀌었다. 환경산업이 비즈니스로 크게 발전하고 기업경영이나 회계에 환경보전비용이 산입되게 됐다. 또 환경정책의 수단도 종래의 직접규제보다도 부과금, 환경세나 배출권거래제도 등 경제적 수단으로 중점이 옮겨지고 있다. 공해·환경정책이 시장제도를 이용하면 효과적으로 진전된다는 것을 보여주고 있다.

그러나 일본의 경험에서 알 수 있듯이, 시장이 자동적·자발적으로 이들의 개혁을 나아가게 한 것이 아니라, 사회적 압력이 있었고 제도화돼 나아간 것이며 지금까지 보아온 바와 같이 불황이나 사회적 압력이 약해지면 퇴조해버린다. 특히 예방이나 축적성 환경파괴의 방지에는 시장제도는 대응이 되지 않든지 불충분하다. 석면재해, 원전재해 더욱이 온실가스에 의한 기후틀짜기의 변동 등을 보면 시장경제의 한계도 명백해졌다.

드리제크(J. S. Dryzek)가 말한 바와 같이 시장제도는 이익의 극대화를 추구해서 무한히 경제성장을 추구하는 경제장치이며, 경쟁을 통한 소득의 불평등을 내재하고 있기 때문에 필연적으로 빈부격차나 사회문제를 낳는다. 이 불만이나 분쟁이 소득분배구조를 바꾸지 않고 해소하기 위해서는 정부가 GDP의 파이를 키우는 경제성장정책을 늘 내걸고 정권안정을 도모하지 않을 수 없는 것이다. 그러나 이와 같은 무한한 경제성장을 통해 지구환경은 지켜질 수 없는 것이다.[1]

볼딩(K. E. Boulding)은 '끝없는 성장을 믿는 것은 경제학자이든지 미치광이 정도이다'라고 말했다. 이는 명언으로, 신고전파 경제학자를 비롯한 경제학자 대부분이 무한한 경제성장을 믿고 있다. 지금 지구환경보전을 위해

경제성장을 중지하자거나 경제성장률을 대폭 감축하자, 특히 대량생산의
기술혁신을 제어하는 국제협정을 맺자고 한다면 각국 정부나 지배계급은
이같이 제안하는 쪽을 미치광이의 환상이라고 볼지도 모르겠다. 현물공여
가 없는 상품경제의 도시사회에서 건강하고 문화적인 최저생활 수준을 유
지하기 위해서는 일정한 화폐소득수준이 필요한 것은 전후의 경험을 되돌
아보면 말할 것도 없다.

그렇지만 현재 우리들 1인당 소득수준이 외환시장에서 측정되고, 구미와
비슷한 단계에서 자신의 생활을 되돌아보면, 주택이나 생활환경이 가난하
고, 한편 자연이나 아름다운 거리모습을 잃어버리고, 가정의 단란함이나 예
술·문화를 누리는 시간(여가)이 없는 데 절망하지 않을 수 없다. 21세기에
들어서 경제성장은 국제경쟁에서 이기기 위한 기업의 업적향상으로 바꿔치
기 됐고, 그것은 부정기 고용이나 젊은층의 취직난 등 새로운 빈곤과 빈
부·지역격차를 부르고 있다. 이를 성장을 통한 번영이라고 말할 수 있을
까. 전후 세계사상 이례적인 경제성장을 이룬 일본의 경험이야말로 경제성
장이 생활의 질의 향상이나 안정과 같지 않다는 사실을 분명히 했다고 해
도 좋을 것이다. 지금의 시스템 그대로 글로벌화, 고령화, 저출산화로 인구
의 급속한 감소가 계속되면 이 사회가 지속할 수 있을지 의문이 들지 않을
수 없을 것이다.

경제학자가 모두 끝없는 경제성장을 신봉하고 있는 것은 아니다. 고전파
경제학을 종합한 밀(J. S. Mill)은 『경제학원리』에서 수확체감의 법칙을 통해
이윤율은 최저한으로 향하고 자본이 정지상태를 향하는 경향을 기술한 뒤
에 「정상상태(stationary state)에 대하여」라는 장을 썼다. 그는 자본 및 부의
정상상태는 종국에는 피할 수 없는 것이어서 필요에 의해 정상상태에 들어
가기 전에 자신이 좋아하는 정상상태에 들어가는 것을 후세 사람들에게 간
절히 바란다고 기술하였다. 밀은 이 정상상태를 추진하는 이유를 다음과 같
이 말하였다.

　'자본 및 인구의 정상상태라는 것이 반드시 인간적 진보의 정지상태를 의미하는 것은 아니라는 사실은 새삼스럽게 말할 필요도 없을 것이다. 정상상태에 있어서도 모든 종류의 정신적 문화나 도덕적·사회적 진보를 위한 여지가 있다는 사실은 종래와 변함없고, 또 '인간적 기술'을 개선할 여지도 종래와 변함없을 것이다. 그리고 기술이 개선될 가능성은 인간의 마음이 입신영달을 위한 술수를 위해 없애지 못할 것이기 때문에 훨씬 커질 것이다. 산업적 기술조차도 종래와 마찬가지로 열심히 또한 성공적으로 연구되고, 그 경우에 있어서 유일한 차이라고 한다면 산업상의 개량이 단지 부의 증대라는 목적에만 봉사한다는 것을 그만두고, 노동을 절약한다는 그 본래의 효과를 낳게 되는 것뿐일 것이다.[3]'

　멋진 예언이다. 유감스럽게도 밀이 후세에 간절히 바랐던 정상상태의 자발적 이행은 아직도 실현되지 않고, 지구는 위기에 직면하였다. 정상상태의 경제는 지금까지의 시스템이나 통념의 전환을 요구할 것이다. 그것은 지금까지의 GDP 성장을 사회의 진보가 아니라, 생활의 질의 향상이나 인간의 능력의 향상을 목적으로 하는 경제이다.

2 생활의 예술화

　이 밀의 이론을 계승해 쓰루 시게토는 「'성장'이 아니라 '노동의 인간화'를」이라는 논문에서 소득을 얻기 위한 노동(labor)을 삶의 보람이나 아름다움을 위한 일(work)로 바꿈으로써 GNP주의에서 벗어나야 한다고 생각하였다. 지금까지의 경제학이 output의 크기에 초점을 맞추고 있는 데 비해, 어떠한 노동이나 생산요소를 투입할 것인가 하는 input의 틀에 주목하였다. 결국 노동의 틀이 바뀌면 제로성장 또는 마이너스성장이라고 해도 사람들은 만족하고 생활의 풍요로움을 달성할 수 있다는 것이다.[4] 바이츠제커(E. U. von Weizsäcker)도 『지구환경정책』에서 고용돼 돈을 벌기 위해 하는 노동

(Arbeit)과 가사노동이나 환경보전의 자원봉사활동과 같은 자발적인 일 (Eigenwerk)을 나눠, 후자가 증대하는 것 같은 '환경의 세기'를 지향했다⁵. 쓰루는 최후의 영문저작 『환경의 정치경제학』의 마지막 장 「생활의 예술화 (Art of Living)」에서 새로운 라이프스타일을 제창하고 오늘날 환경의 위기는 대량생산·유통·폐기의 라이프스타일의 변혁 이외에는 해결책이 없는데, 그것은 지금까지의 성장주의의 GDP경제학의 소멸 이외에 없다고 하였다. 그러기 위해서는 생활수준을 1인당 GDP의 양과 같은 일의적(一義的) 개념으로 평가할 것이 아니라, 소재적인 개념, 센(A. Sen)이 말하는 기능주의적 잠재적 가능성이 있는 개념으로 평가해야 된다고 해 다음 4가지 면에서 검토를 하였다.

첫째는 미샨(E. J. Mishan)이 말하는 바와 같이 지구자원의 희소성, 자연미 가령 해안과 같은 일반적으로 시장의 평가로는 무시당하는 소비의 대상이나 문화의 향기와 같은 것을 적극적으로 시장감정에 짜넣는다. 둘째는 도시계획을 통해 감축할 수 있는 통근비용이나 수험제도의 개혁으로 필요 없게 된 입시학원 등을 제도재건으로 없앰으로써 현재의 생활비용이나 낭비되는 시간을 줄인다. 셋째는 갈브레이스(J. K. Galbraith)가 말하는 바와 같이 완성품을 만들지 않고 끝없이 개조를 해서 신형 상품을 생산해 수요를 자유로이 재량껏 해서 소비지출을 증대시키는 행위를 줄인다. 넷째는 어느 규범적인 사려에 우선권을 주기 위해서, 일반적으로 받아들여지고 있는 생산성에 역행하는 기술, 슈마허(E. F. Schumacher)가 말하는 인간의 얼굴을 한 기술, 즉 중간기술을 채택한다.

쓰루는 슈마허의 제안을 인용해 '인간 본래의 참된 필요에 적합하고, 우리를 둘러싼 자연의 건강과 세계가 부여하는 새로운 생활양식을 개발한다'고 하였다. 이 새로운 라이프스타일은 생활을 예술화하는 데 있고, 그렇게 하기 위해서 '루비콩 강을 건너자'고 말하였다⁶. 이는 로맨틱하고 공상적인 제언처럼 보이지만, 대량생산·대량소비의 피안(彼岸)을 지향해야 할 라이프스타일이다.

　사회학자 미타 무네스케는 『현대사회의 이론』에서 소비=욕망의 자유로
운 변화 속에 유지가능한 발전의 실현을 지향하는 길이 있다고 하였다. 미
타는 공업사회에 비해 오늘의 관리·정보사회는 자원소비량이 적어지고,
자유로운 욕망으로 인해 자발적으로 시장을 확대해 상품서비스를 선택하기
때문에 유효수요의 한계나 생산의 무정부성이 사라졌다고 했다. 그리고 그
는 바타유*의 사고에 따라서 사람들이 대량소비의 극한에 멈춰서서 아침
노을의 아름다움을 선택하도록 욕망을 바꾸면 미래사회는 멸망하지 않고
유지가능하게 된다고 했다. 확실히 요즘 사람들의 욕망에는 자연과의 공생
이나 환경중시의 경향이 보인다. 그러나 사람들은 미타가 말하는 바와 같
이 자유로운 소비의 선택권을 갖고 있지는 않다. 갈브레이스가 정의한 '의
존효과'에 의해 대량의 선전·광고에 지배되고 있는 것이다. 정보사회는 개
인에게 있어 정보의 선택도를 크게 하고, 낭비를 없앤 것처럼 보이고, 대량
의 정보유통을 통해 정보의 선택에 구속되는 낭비시간이 많아지고 있다. 휴
대전화나 스마트폰에 많은 시간을 빼앗기는 젊은이의 모습을 보면 욕망이
아침노을의 아름다움보다는 쓸모없는 정보에 빼앗기고 있는 것으로 생각된
다. 욕망이 소비의 근저에 있고 그것이 계속 바뀌는 것에 유지가능한 발전
을 본다는 미타의 이론은 참고가 되지만, 대량소비시스템을 바꾸지 않는 한
대중이 자유로이 욕망을 선택할 수는 없지 않을까.
　일본의 생활의 질이 나쁜 것은 사회의 니즈(필요)보다도 시장의 디멘드(수
요)가 지배하고 있기 때문일 것이다. 교육·연구·복지·의료·환경 등의
사회서비스는 부분적으로 민영화돼 시장의 수요가 되고 있지만, 바이츠제
커가 『민영화의 한계』에서 쓴 것과 같이 사회서비스 분야는 시장에 맡기기
보다는 공공서비스에 맡기는 쪽이 좋은 분야가 많다8. GDP에서 차지하는
공공부문의 비율은 미국과 일본이 30% 정도로 선진국 중 가장 적다. 게다

---

* 프랑스의 사상가·사회학자·작가

가 정부는 더욱 민영화를 추진하고자 하였다. 공해·환경정책의 후퇴도 여기에 원인이 있다. GDP의 0.6%인 일본의 고등교육에 대한 공적 지출은 OECD가입국의 평균 1.2%의 절반이다. 이는 대학의 연구나 교육의 수준을 저하시킬 뿐만 아니라 가정의 교육비 부담을 세계 제일로 만드는 원인이 되고 있다. 일본의 유지가능한 발전의 과제는 사회적 필요를 충족하기 위해 공공부문 특히 기초적 지차체의 강화에 있다.

2008년의 리먼쇼크 이후의 세계불황은 금융·정보자본주의의 모순을 명확히 했고, 위기로부터의 재생을 환경이나 복지산업을 발전시키는 그린 뉴딜의 제언을 낳았다. 영국 정부의 지속가능발전위원회의 잭슨(Tim Jackson)은 『성장없는 번영』에서 지금까지의 경제성장으로 환경이 위기에 빠지고, 한편 빈곤문제가 해결되지 않는 역사적 경험에서 성장에 의존하지 않는 번영의 길을 제시하고자 하였다. 특히 그는 선진국의 경제성장은 한계에 왔다며, 델리(H. E. Daly)의 유지가능한 발전의 경제학과 마찬가지로 환경의 흡수력이나 재생력의 제약 안에서 경제를 유지해야 할 것이라고 말하였다. 그는 이번 세계대불황은 환경문제만이 아니라 현재 경제제도의 결함이 드러났고, 사람들이 지금까지의 신자유주의에 의한 시장원리주의에 만족하지 않게 됐으며, 금융자본주의 자체가 공적 구제를 받고 있는 현실을 보면 공공부문이 확대해 가는 것에 대한 저항감이 적어지고, 시스템개혁의 기회가 왔다고 했다. 불황을 회복하기 위해 국제경쟁을 강화해 경제성장을 하면 인건비가 내려가고, 점점 고용이 줄어들며, 격차가 늘어난다. 그는 그러한 길이 아니라 환경산업이나 환경보전의 공공사업을 통해 내수형 불황대책을 생각하였다. 잭슨은 자본주의를 파기해야 한다거나 자본주의는 끝났다는 것이 아니라, 자본주의적인 요소를 상대적으로 낮추도록 하는 사회를 지향하고, 성장 없는 번영이 가능하다고 말하였다. 그리고 우리들의 유일한 선택은 혁명은 아니지만 변혁을 위한 일이라고 해, 첫째로 인간활동의 환경적 연대를 달성해야 한다. 둘째로 무정한 성장을 말하는 무지한 경제학을 굴복시키는 것이 절실하게 필요하다. 셋째로 소비중심주의의 사회적 윤리를 바로잡기

위해서 제도로 전환해야 된다고 말하였다.[9]

2008년 이후의 대불황 때에는 그린 뉴딜이 유행했지만 즉효약은 되지 못했다. 1929년 세계대공황과 달리, 중국 등 개도국의 시장이 세계경제를 지탱하고, 각국의 재정·금융완화와 재정위기가 계속되고 있다. 잭슨이 말하는 바와 같이 이제는 선진국은 성장의 한계에 왔고, 밀이 말하는 바와 같이 자발적으로 정상상태에 들어가 그 조건 아래서 생활의 질을 유지 또는 향상시키는 시스템을 만들어야 할 것이다. 미국 이외의 선진국은 무조건 인구가 줄고, 생산연령인구가 줄기 때문에 정상상태는커녕 빈곤상태에 들어갈 가능성이 있다. 문제는 개도국 특히 이제 개도국이라고는 말할 수 없게 된 중국은 어떻게 유지가능한 발전을 할 것인가. 지구의 미래는 개도국의 경제발전 - 성장의 방식에 걸려 있다.

인도의 간디(M. K. Gandhi)는 인도의 독립에 있어서 『참된 독립으로 가는 길』에서 다음과 같이 독립 후의 인도의 길을 제시하였다. 영국은 번영했는지는 모르지만 세계의 절반을 개발해 얻은 것이다. 만약 인도가 마찬가지 길을 걷는다면 지구는 몇 개가 있어도 소용없고, 세계는 파멸한다. 인도는 독립했을 때에는 유럽의 비문명적인 근대화의 길로 나아가지 않는다. 그리고 그는 근대화를 통해 생긴 대도시는 필요 없는 성가신 것으로, 사람들은 행복해지지 않는다고 말했다. 거기서는 도적단이나 사창가가 넘쳐나고, 가난한 인간들은 부자들에게 약탈당한다. 따라서 독립 후의 인도 사회는 작은 마을을 단위로 해 자급자족의 지역을 네트워크로 묶는 사회를 이상으로 생각했다[10]. 이는 탁월한 식견으로, 구미가 걸어온 근대화에 대한 대안적인 아시아의 길이라고 해도 좋을 것이다. 그러나 현실은 인도 자체도 1990년대에 이 길을 포기했다. 중국을 비롯해 아시아는 구미의 근대화·공업화·도시화의 길을 앞선 나라의 10배 이상의 초스피드로 나아가고 있다. 그러나 이렇게 해서는 지구가 몇 개가 있어도 부족하다. 지금부터라도 늦지 않으니 새로운 아시아의 유지가능한 발전으로 전환했으면 한다. 그러기 위해서는 일본의 근대화, 전후 고도성장의 교훈을 분명히 밝히고, 성공만이 아니라 실패에서 배워 대안적인 내발적 발전의 길을 생각해내야 할 것이다.

제2절 주변부터 유지가능한 사회를

1 유지가능한 사회와 유지가능한 도시계획

리우회의 후 유지가능한 발전(=지속가능한 발전)이라는 방식이 지향하는 사회는 어떠한 것인가를 두고 국내·국제적으로 연구자나 환경NGO 사이에 논쟁이 시작됐다. 일본에서는 1994년 3월, 환경NGO가 공동해서 국외로부터도 인도의 현대 간디라고 불리는 바후구나(S. L. Bahuguna) 등 환경운동의 지도자를 불러, 고베에서 제1회 유지가능한 사회 전국집회를 열었다. 나는 실행위원장으로서 토론을 집약해 유지가능한 사회를 다음과 같이 정의하였다. 그 뒤 약간 수정한 것을 아래에 게재한다. 유지가능한 사회란 다음에 드는 5가지의 인류 과제가 종합적으로 실현되는 사회이다.

(1) 평화를 유지한다. 특히 핵전쟁을 방지한다.

(2) 환경과 자원을 보전·재생하고, 지구는 인간을 포함한 다양한 생태계의 환경이 되도록 유지·개선한다.

(3) 절대적 빈곤을 극복하고, 사회적·경제적인 불공정을 제거한다.

(4) 민주주의를 국제·국내적으로 확립한다.

(5) 기본적 인권과 사상·표현의 자유를 달성하고, 다양한 문화의 공생을 추진한다.

이들은 매우 상식적인 제언이며, 일본인이라면 일본국 헌법의 정신에 있어 전혀 혁명적인 이념이 아니라고 말할지도 모르겠다. 그러나 실현은 쉽지 않다. 다른 국제적 NGO의 유지가능한 사회의 이념도 같은 것이 많다. 가령

WTO나 서미트에서 격렬하게 반대운동을 하고 있는 국제문화포럼은 유지
가능한 사회를 위한 10가지 원칙을 발표하였다. 항목을 열거한다. ①신민주
주의(생명계 민주주의) ②지방주권주의(Subsidiarity) ③지속가능한 환경 ④커먼
즈(공유재산)의 관리 ⑤문화·경제·생물의 다양성 ⑥인권 ⑦일과 생활의 보
장 ⑧먹을거리의 안정공급과 안전성 ⑨공정(경제·성·지역의 격차 시정) ⑩예방
의 원칙. 국제문화포럼은 기업의 글로벌화의 원칙과는 반대로, 이들을 글로
벌화하는 것이 유지가능한 사회라고 하였다.[11]

1990년대를 통해 냉전 후 세계에는 낙관적인 공기가 생겨, 20세기는 전
쟁과 환경파괴의 세기였지만 21세기는 평화와 환경의 시대가 된다는 희망
스런 말이 나왔다. 그러나 세기의 뚜껑을 열자 9·11테러에서 이라크전쟁
으로 유지가능한 사회는커녕 환경·문화의 파괴와 민주주의의 위기라고 해
도 좋을 상황이 시작되었다. 바이츠제커는 2004년 독일연방 외무국의『국
제환경기구를 향하여』라는 환경문제 심포지엄에서 현실을 다음과 같이 말
하였다. 냉전시에는 자본이 각국 정부와 의회와의 합의를 얻으려고 노력했
다. 이 일은 각국의 주체성에 따라 자본을 규제할 수 있고, 환경정책을 추진
할 수 있었다. 그러나 냉전 종결 후는 글로벌화로 합의 없는 비용경쟁에 들
어가 기업은 정부에 압력을 넣어 법인세를 완화했다. OECD의 법인세 평균
세율은 1996년의 37.6%에서 2004년 29.0%로 감소했다. 마찬가지로 부유한
개인에 대한 소득세는 인하되고, 그 대신 기본적 공공서비스를 대상으로 한
소비세가 인상됐다. 중국을 포함한 세계 모든 나라의 빈부격차가 확대됐다.
국가는 가난한 사람과 환경의 이익을 옹호함에 있어서 보다 약체화되고 있
다. 세계 속의 사람들은 이제 정부가 부의 재분배, 공공재의 보전, 민주적
다수파의 희망을 고려하는 것 등에 실패하고 있다고 느끼고 있다. 많은 나
라에서는 민주주의의 지지가 약화되고 있다.[12]

바이츠제커는 비극적인 현 상황을 말한 뒤, 환경정책의 글로벌 거버넌스
를 위해서는 우선 지역의 거버넌스에서 시작해야 한다고 하였다. 확실히 경
제의 글로벌화는 환경의 위기를 가속화하고, 세계적으로는 유지가능한 사회

의 실현은 절망적으로 보인다. 그러나 지구환경의 위기는 기다릴 수 없는 상
황이다. 어떻게 할 것인가. 바이츠제커가 말하는 바와 같이, 자기 지역에서
부터 유지가능한 세계를 만들어가는 것 이외에는 방법이 없다. EU는 경제
국제화의 첨단을 달렸지만 그에 따라 국민국가의 통치능력이 약화될 것을
내다보고, 지자체가 내정의 주역이 되는 개혁을 행했다. 1985년 EU는 「유럽
지방자치헌장」을 내놓고 각국으로부터 비준을 얻었다. 이 헌장에서는 접근
성과 보완성의 원칙에 따라 내정의 근간을 기초적 지자체에 위임하고, 광역
지자체는 그것을 보완하는 체제를 제창했다. 이 헌장은 신자유주의의 '작은
정부론'의 분권화론이 공공부문의 축소 - 효율화를 목적으로 하고 있는 데
비해, 주민참여라는 민주주의를 기본으로 하였다. EU는 환경정책을 위해
농업·농촌의 개혁을 추진했지만, 시민운동의 압력에 의해 도시의 개혁을
추진하게 됐다. 1993년부터 협의를 시작해, 1994년에는 「지속가능성을 지향
하는 유럽 제 도시헌장」을 지방자치단체나 관련 600개 단체가 토의 끝에 조
인했다. 1996년에 Sustainable Cities(지속가능한 도시) 프로젝트를 발표했다. 약
1000개 도시가 유지가능한 도시 캠페인에 참가해 정보를 교류하였다. 더욱
이 2001~2010년 사이에 주요사업의 하나로서 '도시환경에 관한 테마 설정
전략'을 자리매김했다. 여기서는 도시교통, 도시관리, 도시건축, 도시디자인
4가지가 전략적 가치를 가진다고 자리매김하였다. 나는 EU의 유지가능한
도시(지속가능한 도시)의 의의가 다음 5가지 과제를 따라잡는 바에 있다고 생각
한다.[13]

첫째는 도시 내의 자연자원의 유지가능한 관리와 재생을 추진한다. 태양
광, 풍력, 바이오에너지 등 재생가능에너지와 열병합 발전으로 지역 내의
에너지를 자급한다. 건축물에 가능한 한 자연소재를 사용한다. 지역 내 완
전순환을 추진한다.

둘째는 도시경제와 사회시스템의 개혁이다. 시당국은 비즈니스에 대해
다음과 같이 경제를 관리한다. ①환경비즈니스의 촉진, 환경규제, 환경세,
환경촉진보조정책, 기타 경제적 수단을 사용해 환경제품이나 환경보전서비

스 시장을 창출한다, ②제품의 안전성이나 경제과정에서 환경기준의 개선, ③환경관리의 수단을 통해 환경산업을 진흥하고, 고용을 확대하는 방법을 추진한다, 나아가 법률이나 정책을 통해 건강의 개선을 추진한다.

셋째는 유지가능한 교통정책이다. 특히 자동차교통의 억제·공공수송기관의 충실이다. 노선전차·지하철·트롤리버스*를 유효하게 사용하고, 보행이나 자전거 이용을 추진한다. 자동차의 연료과세나 도로교통료(로드 프라이싱)를 도입해 수요관리를 실시한다. 나아가 직주근접(職住近接)으로 교통시간을 절약하고, 여행의 필요도 감소시키는 도시를 만든다.

넷째는 공간계획이다. 공간계획시스템은 유지가능한 도시에서는 반드시 필요하다. 도시를 콤팩트하게 해서 근교농촌의 농지·산림 등의 녹지를 보전한다. 주변 농산어촌의 먹을거리 등의 농림어업산물을 가능한 한 도시에서 소비되게 함으로써 도시와 농촌의 지역 내 공생을 도모한다.

다섯째는 환경문제의 관리 및 도시의 조직화에 관련된 의사결정의 과정에 주민참여를 보증하는 것, 참여는 주민에게 자료와 정보를 제공함으로써 촉진돼야 한다.

2008년 대불황 때문에 환경보다도 경기회복에 관심이 옮겨갈 우려가 있었지만, 유럽에서는 유지가능한 도시가 정착되고 있다고 해도 좋을 것이다. 일본에서는 도시재생이 초고층빌딩이 난립한 것처럼 도시정책의 기본에 유지가능한 사회를 지향한다는 기본명제가 들어가 있지 않다. 시정촌 합병과 농촌의 과소화로 인해 지역의 재건이 바람직하지만, 지금 정부가 계획하고 있는 것과 같이 보조금이나 감세정책으로 교외에서 도심으로 인구·시설을 움직여서 위로부터 인위적으로 획일적인 콤팩트시티를 만드는 안에는 반대한다. 유럽의 유지가능한 도시는 오랜 자치체인 도시의 역사의 소산이기 때문에 곧바로 일본에서 채택될 수 없을지도 모르지만, 이 EC의 정책과 그

---

* 무궤도 버스

대표적인 도시인 프라이부르크, 볼로냐, 암스테르담, 코펜하겐 등의 개혁의
원리와 다음에 말하는 일본의 내발적 발전의 원칙이 융합되는 것 같은 정
책이 바람직하다.

2 유지가능한 내발적 발전(Sustainable Endogenous Development)

1970년대 고도성장정책을 위해 추진돼 온 지역개발이 실패하는 과정에
서 그에 반대하는 주민의 여론과 운동 속에서 정부나 경제계의 중앙집권적
이고 외래형 개발(Exogenous Development)과는 반대로 지역에 뿌리를 둔 내발
적 발전이 진전되기 시작했다[4]. 그 첫 사례로 유명한 것이 오이타현의 유후
인정(현 유후시)과 다이센정(현 히타시)의 지역개발이다. 거점개발의 우등생인
오이타현은 오이타·쓰루사키 지구에 콤비나트를 유치했다. 당초 격렬한
공해반대운동이 있자 당국은 다른 콤비나트 지역의 결함을 시정하고자 생
각해 '농공양전(農工兩全)'*을 목적으로 내세웠다. 그러나 거점개발방식의 논
리의 재탕인 그 이론은 공업화의 파급효과로 배후지를 근대화한다는 것이
었다. 개발한 결과, 배후지에는 일본 제일의 과소 농촌지역이 생겨났다. 그
래서 이 현의 개발은 기대에 미치지 못해 지역 독자적인 개발이 추진됐다.
유후인정은 관광협회의 온천업자 나카야 겐타로와 미조구치 군페이가 중심
이 돼 지역의 농업이나 전통공예의 산물을 먹을거리와 토산물로 살려 농업
과 관광업이 공존해 발전하는 길을 추진하고, 한편으로는 일본영화제와 같
은 대도시의 문화를 주체적으로 살리는 이벤트를 실시하고, 소 사육이나 산
림보전의 비용에 시민의 자금을 도입했다. 그 결과, 연 400만 명의 관광객
을 불러모으기에 이르렀다. 다이센정에서는 정장이었던 야하타 하루미가
쌀농사를 그만두고 환경에 적합한 매실·복숭아·밤 등의 산촌농업에 중점

---

* 농업과 공업이 양립하는 개발

으로 두고 농산물을 가공해 농민이 자주적으로 가격을 설정할 수 있는 1.5
차 산업(본격적 제조업은 아니라는 의미)이나 바이오기술을 발전시켰다. 이곳의
개혁은 농민소득의 향상과 더불어 농민이 공동으로 휴일을 갖고, 스포츠나
문화를 누린다는 인권의 확립을 지향했다. 그리고 연 100만 명의 구매자를
모아 농산물을 직매하였다. 나중에 오이타현 히라마쓰 모리히코 지사는 이
들의 성공에 자극받아 '일품일촌'운동이라고 이름붙여 국제적인 보급활동
을 했다[15]. 후술하는 바와 같이 내발적 발전의 성공사례는 일품일촌이 아니
라 일촌다품(一村多品)이다[16]. 어쨌든 정부의 개발정책에 반대해서 지역의 산
업이나 문화에 뿌리내린 개발을 추진하는 운동이 전국으로 확산됐다. 나가
노현 사카에촌, 나가노현 이다시, 아이치현 아스케정(현 도요타시), 시마네현
히키미정, 에히메현 우치코정, 고치현 우마지촌, 미야자키현 아야정, 오키나
와현 요미탄촌 등은 전국의 내발적 발전의 모범으로 유명해졌다. 이들은 과
소화를 추진하던 정부의 지역개발에 대항하는 대안의 지역정책이었다.

　이 경우 주의해야 할 것으로는, 메이지유신 이래 구미를 따라붙고자 했
던 정부나 대기업의 획일적인 위로부터의 개발에 반대해 각지에서 지역의
자주적인 발전의 역사를 세웠다는 것이다. 가령 메이지유신 때 수도기능을
도쿄에 빼앗긴 교토시가 전통공예와 첨단기술을 결합시킨 독자적인 근대화
노선을 밟으면서 본사기능을 지역에 두는 산업을 육성했다. 가나자와시는
막부체제하의 대번(大藩)의 성을 중심으로 한 도시였지만, 유신으로 인해 급
격히 쇠퇴하자 독자적인 산업혁명을 해서 장섬유(長繊維)와 방직산업을 중
심으로 발전했다. 전재(戰災)의 영향이 거의 없었던 것도 있지만 두 도시 모
두 전통공예가 근대산업으로 계승되고, 학술·교육도시이자 문화의 향기
높은 관광도시이기도 하다. 이에 비해 전후의 부흥과정에서는 대부분의 도
시가 획일적인 도시계획을 실시했고, 더욱이 최근의 시정촌합병으로 인해
도시인지 농촌인지 알 수 없는 지역이 늘어나고 있다. 그러나 그 가운데서
도 독자적인 환경과 문화를 가진 도시도 성장하였다. 이러한 정부의 지역개
발과는 다른 독자적으로 발전해 온 지역의 경험을 집약하면 다음과 같은

내발적 발전의 정책원리를 제시할 수가 있다.

첫째로 내발적 발전의 목적은 환경보전의 틀 속에 경제개발을 생각해 안전하고 고용이 안정적이며 자연이나 아름다운 가로모습을 보전하고 살기 좋은 도시(어메니티가 있는 거리)를 만들고, 복지나 학술·교육·문화의 향상을 도모한다. 무엇보다도 지역주민의 인권을 확립해나간다. 지금까지의 개발 목적은 소득의 향상과 인구의 증대라는 경제성장이 중심이었다. 그에 비해 내발적 발전은 종합적으로 생활의 질을 추구하며, 소득과 인구의 증대는 개발의 결과로 실현되는 경우도 있지만 그것을 직접적인 목적으로 하지는 않는다. 일본은 앞으로 인구도 감소하고, 소득도 정체되는 정상상태에 들어갈 가능성이 높다. 따라서 지금까지와 같은 지역 간 경쟁을 그만두고, 지역 간 협조, 특히 도시와 주변농촌의 공생과 연대가 필요하다.

둘째는 개발방법은 지역 내의 자원, 기술, 전통문화를 가능한 한 살리고, 지역 내 시장을 확대하며, 산업개발을 특정업종에 한정하지 않고 복잡한 산업구성을 만들고 모든 단계에서 부가가치를 만들어 그것을 지역에 환원시킬 수 있는 지역 내 또는 광역의 산업연관을 도모한다. 결국 일품일촌과는 반대이다. 그리고 개발을 통해 생기는 사회적 잉여(이윤, 조세, 저축)를 지역 내에 재투자 또는 재이용한다. 그 경우 생산력을 위한 시설투자를 할 뿐만 아니라 교육, 연구, 복지, 의료, 예술, 문화 등 주민의 생활의 질의 향상에 사회적 잉여를 사용하는 것이 바람직하다. 지금까지의 개발은 외부에서 공장·사업소를 유치하는 것이었다. 이 때문에 이윤은 도쿄 등 대도시권의 본사로 흡수되고, 조세 특히 법인관계세나 고액소득자의 소득세는 국세로 정부에 납세된다. 또 저축은 도쿄나 대도시권에서 이용돼 지역에 환원되기 어렵다. 이렇게 해서 지방이 외래형(외발형) 개발을 하면 할수록 사회적 잉여는 도쿄로 일극집중되는 한편 지방은 쇠퇴하는 것이다. 내발적 발전은 편협한 지역주의가 아니다. 현대는 글로벌화한 정보·금융자본주의이며, 국제·국내적으로 분업화가 진전되고 있기 때문에 지역 독자의 자치는 없는 상황으로 다른 지역과의 관련은 피할 수 없다. 특히 농산촌의 경우에는 노동력, 특히 젊은이나 자금도 부족하다. 아무래도 도시의 원조가 필요하다. 또 국고보조금사업 등 국가의 지원도 필요하다. 이와 같은 경우 무조건 국가나 기업의 개발이나 지원을 받아들이지 않고 어디까지나 지역의 자주적인 계획 안에 도시의 힘이나 국가의 보조금을 이용해야 한다. 내발적 발전에 성공하고 있는 곳은 국가의 보조금의 획일적인 기준에 따르지 않고 지역의 필요에 맞춰 그것들을 잘 이용하였다.

셋째로 내발적 발전의 주체는 지역의 기업, 협동조합 등의 산업조직, NPO 등의 사회적 기업, 주민 그리고 지자체이다. 대기업이나 국가의 공공사업에 지역의 운명을 맡기는 것이 아니라, 지역의 조직이 주체가 돼 가령 대기업이 진출할 경우에는 토지·자원·노동력의 이용에 대해 협정을 맺어 이익이 도쿄로 모두 흡수되지 않도록 한다. 지방재정의 위기와 공무원의 감축으로 인해 지자체의 행재정능력이 현저히 약해지고 있다. 따라서 지자체와 민간조직이 협력하는 거버넌스를 통해 나아갈 수 있게 된다. 이 경우 주민의 통치능력과 더불어 지자체 직원의 코디네이터로서의 질이 문제가 될 것이다. 맨포드가 말하는 바와 같이 주민의 지적 참여야말로 지역개발이다. 이러한 내발적 발전의 방식은 간디의 이념의 현대판이라고 해도 좋을 것이다. 이는 앞으로의 동일본대지진 뒤의 부흥의 원칙이 될 뿐만 아니라, 개도국의 개발에 있어서도 참고가 될 것이다.

내발적 발전은 외래형 개발에 비해 훨씬 유지가능한 발전에 가깝다. 그러나 똑같지는 않다. 앞으로는 유지가능한 사회에 적합한지 여부, 특히 에너지의 소비, 폐기물의 리사이클, 온실가스의 배출량 등 지구환경보전을 고려한 계획이 필요할 것이다. 이를 위해서는 환경영향평가, 특히 사회적·문화적 종합영향평가를 해야만 된다. 시가 환경생활협동조합이 시작한 '유채꽃프로젝트'가 농촌이 시도할 만한 유지가능한 사회의 모델이 될 것이다. 이는 제7장에서 이미 말한 비와코 호수 보전을 위한 비누운동의 발전이다. 시가현 아이토정(현 히가시오미시)의 휴경밭에 유채꽃을 심어 채종유로 학교급식 등의 식용유를 만들고 그 폐유로 비누나 비료를 만들었다. 그러나 폐유

의 양이 늘어나 이를 바이오연료로 만드는 것이 고안됐다. 이것이 독일에서
실시되고 있는 것을 알고 그 기술을 응용해 1998년에 시작(試作)에 성공했
다. 이를 자동차, 기선, 농업기계 등의 연료로 사용하였다. 이 유채꽃프로젝
트는 휴경밭의 이용을 고민하던 지역이 받아들여 지금은 200개소 이상의
지역에서 추진되고, 한국 등에서도 실시되고 있다. 브라질이나 미국의 바이
오연료가 식량문제를 낳는 것과 달리, 이는 완전순환이다. 이 프로젝트는
주변 산림의 간벌재나 가축의 분뇨 등을 바이오연료로 하는 계획과 종합된
다. 이는 다른 재생가능에너지의 개발과 종합화되면 에너지의 지역자급을
앞당기게 될 것이다[7].

　동일본대지진은 전후 일본의 전환기가 오고 있다는 사실을 보여주었다.
본래라면 정부는 미래를 향해 유지가능한 사회를 만드는 검토를 시작해야
할 것이다. 그러나 사태는 거꾸로 움직이고 있다. 정부는 개헌을 지향해 전
후 민주주의는 위기에 빠지고 있다. 유지가능한 사회를 만들 것인가 그렇지
않으면 전전과 같은 아시아에서의 패권국가를 지향해 미국과의 동맹을 강
화할 것인가, 일본인의 지혜와 행동이 시험대에 올라 있다.

주

1　J. S. Dryzek, *Rational Ecology : Environment and Political Economy*, N. Y. : B. Blackwell,
　 1987, pp.72-73.

2　K. E. Boulding, "The Economics of Knowledge and the Knowledge of Economics",
　 American Economic Review, Papers and proceedings 56, 1966.

3　J. S. Mill, *Principle of Political Economy, with Some of Their Applications to Social
　 Philosophy*, London : George Routlege and Sons limited. 1891, Book IV. pp.494-498 (末永茂
　 喜訳『経済学原理』第4分冊, 岩波文庫, 1961年, pp.101-111). 인용에 있어서 쓰에나가의 번역
　 으로는 '정지(停止)상태'라고 돼 있는 것을 '정상(定常)상태'로 했다.

4　都留重人「「成長」ではなく「労働の人間化」を!」(『世界』1994年 4月号)

5　E. U. von Weizsäcker, *Erdpolitik : Ökologische Realpolitik an der Schwelle zum Jahrhundert der Umwelt*, Darmstadt: Wissenschaftliche Buchgesellschaft, 1990 (宮本憲一・楠田貢典・佐々木建監訳『地球環境政策―地球サミットから環境の21世紀へ』有斐閣, 1994年, 第17章)

6　S. Tsuru, *The Political Economy of Environment*, Athlone Press, 1999, p.235.

7　見田宗介『現代社会の理論―情報化・消費化社会の現在と未来』(岩波新書, 1996年)

8　E. U. von Weizsäcker, O. R. Young and M. Finger eds., *Limits to Privatization: How to Avoid too Much of Good Thing*, London: Earthscan, 2005, p.3.

9　T. Jackson, *Prosperity without Growth-Economics for a Finite Planet*, London: Earthscan, 2009.

10　M. K. *Gandhi, Hind Swaraj*, 1910(田中俊哉訳『真の独立への道』, 岩波文庫, 2001)

11　サステイナブル・ソサエティ全国研究交流集会実行委員会　『第1回サステイナブル・ソサエティ全国研究交流集会記念論文集』1994年. 英訳は, *Proceedings on International Conference on a Sustainable Society*.
The International Forum on Globalization, *Alternatives to Economic Globalization: A Better World is possible*, San Francisco: Berrett-Koehler Publisher, 2004 (翻訳グループ「虹」訳『ポストグローバル社会の可能性』緑風出版, 2006), pp.130-165.

12　E. U. von Weizsäcker, "UNEO- May Serve to Balance Public and Private Goods" A. Rechkmmered., *UNEO-Towards an International Environment Organization: Approaches to a Sustainable Reform of Global Environmental Governance*, Baden-Baden: Nomos Verlagsgesellschaft, 2005, pp.39-42.

13　Commission of the European Communities, *European Sustainable Cities*, Luxembourg EU, 1996.
이 EU Sustainable Cities의 형성에 대해서는 佐無田光「欧州サステイナブル・シティの展開」『環境と公害』(2001年 夏号, 31巻 1号). 또 이 플랜에 참여한 로마 대학 몬타나리 교수의「サステイナブル・シティの経験と挑戦―欧州連合におけるその役割―」(『環境と公害』2004年 冬号, 33巻 3号)에서는 도시의 산업이나 환경의 역사적 변화 가운데 유지가능한 도시계획의 의의를 명확히 하였다. 특히 제5차 EC환경행동프로그램에서는 사회의 모든 구성원의 참여를 포함한 '책임공유'의 개념을 도입해 지역커뮤니티의 환경거버넌스를 통해 환경정책이 보다 효과적으로 나아갈 수 있다고 기술하였다. 네덜란드의 유지가능한 도시와 국토계획에 대해서는 다음 문헌을 참고했으면 한다. 角橋徹也 『オランダの持続可能な国土・都市づくり』(学芸出版社, 2009年)

14　일본에 있어서 내발적 발전론은 1979년 유엔 대학의 위촉을 받아 上智大学 国際研究所「内発的発展論と新しい国際秩序」라는 공동연구를 시작한 것이 출발점이라고 한다. 나는 앞의 (제1장)『地域開発はこれでよいか』등에서 정부와 재계의 지역개발정책에 반대해 지역의 주체성에 의한 대안적인 지역개발을 주장했기 때문에 이 연구에 참여했지만 지역론으로서 독자적인 이론을 세웠다. 이 주재자였던 쓰루미 가즈코는 '내발적 발전이란 서구를 모델로 하는 근대화론이 초래하는 다양한 폐해를 치유 또는 예방하기 위한 사회변화의 과정이다'라고 말하였다. 또 국제경제학의 니시카와 준은 내발적 발전을 '경제의 패러다임 전환을 필요로 해 경제인 대신에 인간의 전인적 발전을 궁극적인 목적으로 삼고 있다' 등 4가지를 들었다. 鶴見和子他編『内発的発展論』(東京大学出版会, 1989年). 내발적 발전론을 지역정치학 가운데 자리매김한 노작은 中村剛治郎『地域政治経済学』(有斐閣, 2004年)이다. 여기서는 가나자와시를 내발적 발전의 모델로 삼았다. 지역 내 재투자론으로서 지역정책의 전망을 보인 것은 岡田知弘『地域づく

りの経済学入門』(自治体研究社, 2005年). 또 내발적 발전을 지역경영론으로 도시와 농촌을 종합해 제시한 것은 遠藤宏一 『現代自治体政策論』(ミネルヴァ書房, 2009年).

15 平松守彦 『地方からの発想』(岩波新書, 1990年).

16 유후인의 나카야 겐타로는 '일품일촌'을 비판하고 '일인일품(一人一品)'이 아니면 안 된다고 말하였다. 농촌의 내발적 발전에서 구체적인 업적을 올리고 있는 호보 다케히코는 '일품일촌'을 충실히 행하고 있는 곳은 실패사례가 많아지고 있다고 지적하였다. 保母武彦 『内発的発展論と日本の農山村』(岩波書店, 1996年). 일품일촌의 제창이 과소 마을에 희망을 준 공적은 크지만 지속해서 발전한다는 것은 '일촌다품(一村多品)'으로 산업과 관련하고 있는 곳이다.
    앞의 (제7장) 藤井絢子・菜の花プロジェクトネットワーク編著 『菜の花エコ革命』.

후기

역사는 미래의 이정표

2014년 5월 21일 후쿠이 지방재판소는 오이 원전 3, 4호기의 재개를 중지시키는 판결을 내렸다. 이 판결에서는 공법, 사법을 불문하고 모든 법분야에서 최고의 가치를 가진 인격권을 근거로 해서, 확실한 근거도 없이 낙관적 전망으로 성립된 취약한 안전성으로 지탱되고 있는 원전의 재개를 인정하지 않았다. 오사카공항 공해재판에서는 국가의 대리인이 인격권을, 중지를 위한 실정법상의 근거가 아니라며 원고의 주장을 빈정거린 사실을 생각하면 이 사법의 권위를 보여준 가슴 후련한 판결은 반세기 가까운 공해재판의 도달점을 보여준 것이다.

최근의 중앙정부의 동향은, 일본 내에서는 후쿠시마 원전사고가 처리될 기미가 보이지 않는 상황에서 원전의 재개·수출을 인정하고, 국외에서는 중국을 적대시하는 정책으로 집단적 자위권의 용인 등 전후 헌법체제를 파괴하려고 하였다. 어떻게 하면 평화와 인권을 지킬 수 있을까. 중앙의 정계·언론을 보고 있으면 절망하지 않을 수 없다. 지금부터 반세기 전에『무서운 공해』를 출판했을 시기도 환경보전에 대해서는 마찬가지 상황이었다. 1960년대 초두, 지옥도와 같은 도시의 환경파괴를 어떻게 하면 방지할 수 있을까, '산자수명(山紫水明)'의 환경재생 등은 꿈같은 이야기가 아닐까 하는 시대였다. 그러나 국민의 기본적 인권을 지키려는 여론과 운동이 거세게 일어나고, 그것이 중앙정부의 방침에 반대해 지방자치의 권리를 활용해 지자체를 혁신하고, 삼권분립을 통한 사법의 자립에 기대해 공해재판을 일으켰다. 이것이 공해 해결의 문을 열었던 것이다. 그 시대와 지금의 사회상황은 다르지만, 민주주의 헌법이 존속하는 한은 이 전후 공해사의 교훈은 살아 있다. 복지를 지키는 지자체의 정치와 사법의 정의에 근거한 재판이 이 혼미에서 벗어나는 길이 아닐까.

동 시대사를 쓰기는 어렵다. 자신을 포함해 등장하는 인물이 현대사의 무대 위에서 분주하게 뛰어다니고 있는 것이다. 이 책을 『공해사』가 아니라 『공해사론』으로 한 것은, 많은 현장에 있었기 때문에 주관적인 평가에 치우칠 우려가 있었다는 것, 학술적인 분야를 정치경제학의 관점에서 재단하고 있다는 점에서 역사의 다양성의 묘사가 결여돼 있다고 우려한 때문이다. 특히 중시한 공해재판의 소개에서는 법률관계자의 눈으로 보면 이론(異論)이 많지 않을까 생각한다. 이 책에서 쓴 바와 같이 일본 서민의 대부분은 재판을 나랏님의 일로 여기지 자기 생활의 권리를 지켜주는 제도라고는 생각하지 않았다. 에두르는 판결 문장을 보는 한, 재판관의 의식도 일상성에서 먼 것 아닌가. 그렇긴 해도 공해재판은 문제해결에 큰 역할을 했을 뿐만 아니라 공해론을 전진시켰다. 이 일을 법률전문가 말고도 알았으면 싶어 감히 문외한의 손으로 공해재판을 소개했다.

이 책의 계획은 1989년 『환경경제학』(이와나미서점)을 출판한 직후에 당시 건재했던 야스에 료스케 사장에게 이야기를 했다. 그로부터 20년 이상 착수가 되지 않고 더욱이 전전사(戰前史)는 연기하지 않을 수 없게 됐다. 이는 현상분석의 과제에 휘둘리고 있었기 때문이다. 이렇게 20년이 늦어진 것은 체력·지력이 크게 쇠퇴해 모았던 방대한 자료의 절반도 검토하지 못했기 때문이다. 다행히 이 50년 사이에 그때마다 공해의 현상을 분석한 저서나 논문이 있었기에 길은 다 왔으나 준비한 주제로 불완전하게 끝난 면이 있다. 농약·화학비료문제, 산업폐기물문제 등은 남겨두었다. 또 공해방지기술문제도 정리되지 못했다. 이제는 이것들에 노력할 계획은 서 있지 않지만 전전의 주요 공해문제의 에피소드는 모은 자료를 쓸모없이 버리는 일이 아까워 모두 단편적이지만 써볼까 한다.

이 책은 무엇보다도 공해문제로 함께 힘들게 싸운 분들에게 드리고 싶다. 이미 돌아가셔서 만나뵙지도 못하는 쓰루 시게토, 쇼지 히카루, 가이노 미치타카, 스즈키 다케오, 시데이 쓰나히데 등 여러 선생님, 서장에서도 쓴 고인이 된 시미즈 마코토, 하나야마 유즈루, 우이 준, 하라다 마사즈미, 다지리 무네아키, 그리고 현역인 시바타 도쿠에, 우자와 히로후미(2014년 사망-역자주), 아와지 다케히사, 오카모토 마사미, 기하라 게이이치, 데라니치 슌이치, 나가이 스스무, 이소야 야요이, 호보 다케히코, 나카무라 고지로, 하라시나 사치히코, 오쿠보 노리코, 다카무라 유카리, 하세가와 고이치, 요시무라 료이치, 무라야마 다케히코, 오시마 겐이치, 야마시타 에이슌, 요케모토 마사후미, 사무타 히카루, 오자키 히로나오 여러분, 그 밖에 매월같이 얼굴을 맞대던 동지라고 해도 좋을 공해연구위원회 분들의 업적에 의거해 이 책이 만들어졌다고 해도 과언이 아니다. 이 공해연구위원회에 협력하고 있던 친구인 우에다 가즈히로, 요시다 후미카즈, J. 삭스, A. 몬타나리, H. 와이트너, 김정욱 님 등에게 이 기회를 빌어 감사를 전한다.

또 전국의 많은 변호사 특히 함께 공해재판에서 싸워온 도요타 마코토, 노로 한, 한도 가쓰히코, 고(故) 기무라 야스오, 다키 시게오, 구보이 가즈마사, 무라마쓰 아키오, 아사카와 미쓰토시 님 등 그 밖의 많은 분들과의 작업을 통해 공해론은 전진했다. 이들 여러분에게 감사드린다. 특히 전국공해변호인단연락회의에는 많은 현장에서 행동을 함께 하고, 가르침을 얻었다는 점도 덧붙이고자 한다.

지난 날 미시마시에서 석유콤비나트 저지 50주년 기념집회에 초대돼 150명이 넘는 시민이 고(故) 마스무라 세이지, 니시오카 아키오 등 미시마·누마즈의 환경을 지킨 선인(先人)을 칭송하는 광경을 보고 감동을 받았다. 당시 피해자나 시민운동가는 전문가보다도 현장을 조사해 과학적인 인식과

제언을 하는 사람이 많았다. 이미 전국의 많은 피해자나 활동가는 돌아가셨
지만 그 사람들과의 교류는 일생의 보물이라고 해도 과언이 아니다.

이제 20년 이상을 기다려 출판에 착수해주신 이와나미서점의 후의에 마
음으로부터 감사드린다. 학술출판의 사정이 나쁜 때에 이와 같이 분량 많은
책을 냄으로써 많은 폐를 끼치는 것은 아닌가 생각한다. 특히 편집을 담당
한 오쓰카 시게키 님에게는 나의 능력이 시들어감에 따라 기억이 틀린 것
등이 많아 내용의 정밀조사에 상당한 시간을 할애해주셔서 단기간에 출판
을 이뤄내주셨다. 그 두터운 정에 마음으로부터 고마움을 전한다.

『환경경제학 신판』에 이어서 경단련월보(経団連月報), 의회의사록이나 공
해기술사(史)의 자료수집, 원고의 전자화 그리고 연표나 색인작성에 대해
교토 대학 대학원 종합생존학관 연구원인 구로자와 미유키 님의 도움을 받
았다. 그 도움이 없었다면 출판으로 이어지지 못했을 것이다. 고맙다.

2014년 7월
미야모토 겐이치

〈전후 일본공해사 연표〉

년	공해문제 · 공해재판	여론과 운동 · 대책
1946	**2** 일본질소비료, 아세트알데히드 · 초산공장의 폐수를 무처리로 미나마타 만에 배출. 또 아세틸렌 잔사폐수를 하치반 저류조에 무처리 배출. **10** 아시오 동산 광독으로 인한 와타라세가와 강 연안의 논보리농사 피해, 6,000여 정보, 피해중심지는 군마현 야마다군 모리타촌.	**8. 16** 경제단체연합회 창립.
1947		**9. 1** 노동재해보상보험법 시행.
1948	**6** 도쿄도 내 만 · 하천 가운데 메구로가와 강 · 간다가와 강 · 시부야가와 강 · 샤쿠지이가와 강 · 스미다가와 강이 도시폐수로 인해 오염이 뚜렷하다는 보고가 있었음.	**4. 9** 정부, 규슈와 야마구치지방에 있어서 광해대책을 각의 결정. **5** 고치현 내에 펄프공장 설치로 피해를 입은 지역, 반대 진정이나 결의. **6** 도야마현의 광독피해지, 농작물피해에 대처하기 위한 '진즈가와 강 광해대책협의회' 결성.
1949	**6~8** 홋카이도 이시카리가와 강 오수피해 조사, 도의 의뢰로 실시돼 벼농사에 미치는 피해가 현저한 것으로 판명.	**8. 13** 도쿄도, 공장공해방지조례 제정. **9 상순** 군마현 안나카정에서 나카주쿠 지구농민, 도호 아연 안나카 정련소의 배소로, 황산공장 신설계획에 반대해 구민대회에서 반대결의.
1950		**1. 8** 군마현의 도호 아연의 공해피해지구 주민, '피해구역농민대회'를 열어, 공장확장 반대 결의.
1951	**9** 도호 아연 안나카 제련소, 아연광배소 · 황산공장의 조업개시와 더불어 피해를 일으키고, '광해는 없다'는 그때까지의 발언이 근거가 없는 사실이었다는 것을 증명. **12** '요코하마 천식' 발생. 또 이해부터 1960년에 걸쳐 가와사키시 다이시 지구에 대기오염으로 인한 농작물피해가 뚜렷해지다.	**2~4** 오이타현 사이키시에 입지예정인 고코쿠 인견펄프공장에 사이키만 연안 어민 4만 5,000명이 격렬한 반대를 개시.
1952	**10** 구마모토현 미나마타시 햣켄항 내만에서 조개류, 거의 대부분 사멸.	
1953	**7. 10** 나가노현 하에서 농약 폴리돌 살포에 따른 폴리돌중독자 속출 문제화, 이날 사망자 1명 발생. **12. 15** 나중에 미나마타병으로 인정되는 환자, 미나마타시에서 발생. 이 단계에서는 원인불명.	
1955	**1. 17** 도쿄에 스모그가 자욱이 끼다. 이 즈음 스모그의 출현 빈발.	**10. 1** 도쿄도에 매연방지조례, 전후 일본에서 최초. **12. 19** 원자력기본법과 원자력위원회설치법 공포. 1956년 1월 1일 시행.
1956	**5. 1** 미나마타병, 원인불명의 기병 발생으로 미나마타보건소가 공표. 이 해 50명 발병, 11명 사망. **7** 미 공군 및 일본의 항공자위대의 제트기로 기지 주변의 아동의 교육에 영향이 발생. 전국 7개 기지의 7개 학교 · PTA · 교육위원회, 문부성에 진정.	**1. 1** 원자력위원회 · 원자력국, 총리부에 발족(위원장 : 쇼리키 마쓰타로).
1957	**12. 1** 도야마현 의학회에서 하기노 의사, 이타이이타이병의 광독설 발표	**8. 30** 구마모토현, 판매를 목적으로 하는 미나마타만내 어획금지를 결정.
1958	**4. 6** 도쿄도 에도가와구 혼슈 제지 에도가와 공장에서 검은 오염수 유출이 확인됨. **11** 니가타 · 오사카 · 도쿄 등에서 지반침하, 중대 문제화.	**6. 10** 지바현 우라야스정에서 정민대회. 우라야스 어업조합의 어민 중 약 700명, 혼슈 제지 에도가와 공장에 오수문제로 국회 · 도청에 진정하고 돌아가는 길에, 이 공장에 들어가 농성. **12. 16** 공공용수역의 수질보전에 관한 법률 및 공장배수 등의 규제에 관한 법률, 중의원 상공위에서 수정가결. 25일 공포.
1959	**1. 16** 도쿄에 짙은 스모그. 도심의 시계 600m. 전년 11월 이래 30회 발생해 예년보다 1% 증가. **7. 22** 구마모토 대학의 미나마타병 종합연구팀, 미나마타병의	**5** 아마가사키시, 대기오염의 예보를 계획. 일본 최초 시도라고 보도. **8. 12** 미나마타시 어민 3000여 명, 미나마타병으로 인한 어업피

원인은 수은이라고 결론. 다음날 각 신문보도.

해보상액 1억 엔 등을 요구해 신일본질소비료 미나마타 공장과 제2회 교섭. 교섭 거부를 맞아 100여 명의 어민, 공장 안으로 난입.
10 신일본질소 부속종합병원 호소카와 원장의 고양이실험, 아세트알데히드초산공장 폐수로 인해 고양이 미나마타병을 발증.
10. 24 신일본질소비료, 구마모토 대학의 유기수은설에 대해 반론 「미나마타병 원인물질로서의 유기수은설에 대한 견해」 제1보를 발표.
11. 13 후생성 식품위생조사회 미나마타 식중독부회, 후생성 장관으로부터 해산을 명받음.
12. 27 '미나마타병 환자가족상조회', 조정안을 수락. 30일 "위로금계약"에 조인.
그해 후생성·농림성, 유기인제로 인한 위험방지 통달의 실시에 대해 통지.

1960

5 욧카이치항산 고기는 이상한 냄새 때문에 반품됨.
12 오사카시의 어업, 하천어장은 오염 때문에 거의 대부분 상실하고, 이 해에는 요도가와 강의 극히 일부가 남기만 함.
- 아마가사키에서 공해의 호소 280건.
그해 오사카시는 스모그 165일 발생. 지옥의 모습.

4. 12 도쿄 공대 교수 기요우라 라이사쿠, 도쿄에서 열린 미나마타 종합조사연구연락회에서 「미나마타만의 어패류에서 추출된 고독성 물질에 대하여」를 발표(아민설).
4. 23 욧카이치시 시오하마 지구자치회, 소음·매연·진동이 심하다고 시에 진정.

1961

3. 21 구마모토 대학 다케우치 교수, 병리해부를 통해 태아성미나마타병환자의 존재를 확인.
6. 24 일본정형외과학회에서 하기노 미노루, 요시오카 긴이치와 연명해서 가마오카 광산의 카드뮴으로 인한 이타이이타이병 발생설을 발표.
9. 10 제7회 국제신경의학회(로마)에서 구마모토 대학 우치다·다케우치·모이치카, 고베대 기타무라, 미나마타병의 원인물질은 메틸수은화합물이라고 발표.
12 욧카이치에서 이 해부터 다음해에 걸쳐 천식성환자 다발.
- 이 해에 있어서도 이시카리가와 강에 보내는 공장폐수는 무처리에 가깝고, 수질오염은 허가기준을 대폭 웃돎.

6 건설국, 지반침하의 백서 「지반침하와 그 대책」을 정리.
9 욧카이치시 시오하마 지구연합자치회, 공해문제로 지구주민의 설문조사를 취합해 그 결과를 발표. 「공해로 인한 인체영향은 환자와 아이들에게 뚜렷하다」 등.

1962

1 고치시 내에서 고치펄프 공장폐수가 유입되는 강의 입구 하천 주변 주민, 악취와 금속이 녹스는 피해로 고통을 겪음.

2. 17 전 일본질소 공장장 하시모토 히코시치, 미나마타시장에 당선.
10. 2 욧카이치시 주위를 공장에 둘러싸인 아메이케정 자치회, 전 세대 이주를 시에 진정.
12. 1 매연배출규제 등에 관한 법률 시행(공포는 11·29). 공해방지대책법으로서는 수질보전법·공해배수법에 이어 3번째.
12 사카이시 교직원노조, 임해공업지 조성 반대에 노력. 시당국, 조합간부를 해고, 정직처분.
그해 레이첼·카슨의 "Silent Spring" 출판. 일본어역(아오키 료이치 역 「생과 사의 묘약(生と死の妙薬)」)의 출판은 1964년.

1963

2. 16 구마모토 대학 이루카야마 교수, 「수은화합물을 신일본질소 공장의 슬러지에서 추출. 미나마타병의 원인이 공장 폐액에 있다고 하는, 거의 최종적 증명」이라고 발표.
5. 19 기타큐슈시에 시계 10m라고 하는 극단적인 스모그 발생.
6. 10~12. 19 욧카이치시 로쿠로미정·구스정·다카하마 3개 구 등에서 정체불명의 가스가 흘러 주민이 고통을 당함.
12. 5 오사카 시내나 요도가와 강 연변 교토 오사카간 등에 지금시즌 최대 스모그. 통근 열차운행표에 문제가 생겨 34명이 부상.

2 신일본질소, 구마모토 대학 교수 이루카야마의 발표에 대해 「미나마타병의 원인은 공장으로 인한 것이 아니다. 경제기획청의 결론을 기다리는 단계이다」라고 반론.
7. 1 욧카이치시 공해대책협의회(약칭 공대협(公対協)) 결성.
7. 12 각의, 신산업도시 13개소, 공장정비특별지구 6개소를 결정.
8. 20 욧카이치시 아케보노정의 부인 등, 미쓰비시 화성 공장 앞에서 농성, 항의 개시.
11. 25~29 정부 위탁의 공해특별조사단(구로카와 조사단), 욧카이치시에서 조사를 실시.
12. 15 미시마시에 콤비나트 진출 반대를 위한 '석유콤비나트대책시민간담회' 결성.

1964

3. 25 욧카이치에 관한 구로카와공해조사단의 보고서, 욧카이치의 대기오염을 문제로 삼고 매연규제법을 적용하도록 권고하고, 국회에 제출.
4. 2 욧카이치에서 사흘간의 격심한 스모그 뒤, 천식환자 사망.
5. 4 미시마에 있는 국립유전학연구소 마쓰무라 세이지를 단장으로 하는 마쓰무라 조사단, 시즈오카현으로의 석유화학콤비나

3. 15 '석유콤비나트 진출반대 누마즈시·미시마시·시미즈정 연락협의회' 결성.
4 도카이도신칸센 주변에서 신칸센 공사의 소음 및 진동으로 인한 공해를 호소하는 목소리 높음. 도쿄 시나가와구에서는 30세대가 도카이신칸센 피해대책협의회를 결성.
4. 1 후생성 환경위생국에 공해과 신설.

트 진출에 따른 공해발생에 대해 보고서를 정리.
6. 4 니가타에 미나마타병환자 발생(이때는 병명 불명).
6. 17 구라사키시 후쿠다정에서 골풀 40㏊ 말라죽음. 미즈시마 콤비나트에서 나오는 배출가스로 인함.

1965
1 니가타 대학, 미나마타병 의심이 있는 환자 파악.
3 미육군, 오키나와에서 대게릴라훈련 중, 기노자 중학교 주변에 독가스 사용. 학생 전원이 목이 찌르는 듯한 통증 · 눈물 · 비통 · 재치기 · 호흡곤란 등의 고통을 호소. 농작물에도 피해.
5. 20 욧카이치시에서 공해인정제도가 발족돼, 제1회 인정심사. 18명을 인정. 그 중 14명이 입원환자.
5 니가타 대학, 미나마타병 의심이 있는 환자 제3호를 발견.
5 시즈오카현 다고노우라 어항의 준설작업 중, 황화수소 발생. 인근 주민 사이에 큰 문제가 됨. 제지공장 배수가 원인.
6. 12 니가타대학, 니가타현 내 아가노가와 강 유역에 있어서 미나마타병증상 환자의 집단발생을 발표. 16일 조사 개시.
7. 24 도쿄만의 "유메노시마"에서 도쿄도 고토구 · 스미다구 · 주오구 등 일부에 악취가 흘러들어감. 파리 박멸을 위한 쓰레기고르기 작업이 원인.
10. 22 오카야마 대학 교수 고바야시 준 · 도야마의 의사 하기노 노보루, 일본공중위생학회에서 「이타이이타이병은 상류광산의 폐인,이라고 발표.

1966
4. 1 니가타 대학 의학부 쓰바키 다다오 교수, 일본내과학회에서 「니가타의 미나마타병은 공장의 폐수으로 발생,이라고 발표.

1967
3. 17 기타큐슈시에 있어서 40세 이상의 여성 6,000명에 대한 대기오염의 인체영향조사 결과 발표. 규슈대학에 의한 조사. 대기오염도가 높은 도바타구에서 많은 주민이 만성기관지염 및 천식 증상에 괴로워하고 있는 것으로 판명.
5 고치시내의 가가미가와 강에서 고치펄프 폐액으로 인한 것으로 보이는 고기의 대량폐사 발생.
6. 12 니가타현 아가노강 수은중독사건의 피해자인 구와노 다다미 씨 등 3가족 13명, 가노세 전공(과거 쇼와 전공 가노세 공장)을 상대로, 니가타 지방재판소에 손해배상청구소송을 제기(니가타 미나마타병소송).
9. 1 욧카이치시의 공해인정환자 9명, 시내 석유화학콤비나트 6개사를 상대로 손해배상청구소송을 제기(욧카이치 공해소송).

4. 24 쇼지 히카루 · 미야모토 겐이치 『무서운 공해』 출판.
6. 11 도쿄 전력, 주민의 반대 때문에 시즈오카현 누마즈시 우시부세 지구 진출계획을 철회.
8. 1 시즈오카현 내 진출예정인 석유화학콤비나트의 공해예견으로, 정부파견의 구로카와 조사단과 지역의 마쓰무라 조사단 및 주민대표가 회견. 구로카와 조사단의 보고서의 모호함이 드러남.
9. 1 중의원 지방행정위원회에서 간다 후생성 장관, 시즈오카현에서의 구로카와 조사단 보고에 관해 그 조사가 불충분했다는 사실을 인정.
9. 13 누마즈시에서 석유화학콤비나트의 진출에 반대하는 주민, 총궐기대회. 2만수천 명이 참가. 이 때문에 누마즈시의회, 9월 30일에 콤비나트 반대를 결의. 주민운동의 승리이며, "자본의 논리"를 최초로 좌절시킨 것으로 불림.
10. 1 도카이도신칸센 영업 개시.

1. 5 공업용수법 시행령 발효. 오구치의 지하수 퍼올리는 것을 전면금지.
1 쇼와전공 가노세 공장, 아세트알데히드 생산부문을 폐쇄.
6. 1 공해방지사업단법 공포.
6. 30 노동재해법 개정안, 국회에서 가결. 피고용자에 대한 노사보험 전면적용의 길 열림.
10. 22 오사카부 사업장 공해방지조례 제정.

8 도쿄도 세타가야구의 순환선인 7호선 주변 주민에게 천식 발생 눈에 띔. 이 때문에 동(同)구와 동구 의사회, 조사 개시.
9. 30 도야마 지방특수병대책위 · 후생성위원회 · 문부성연구회가 합동회의. 이타이이타이병의 원인은 카드뮴 플러스 알파로 최종보고를 정리, 해산.
11. 1 욧카이치시 구키 시장, '공해수업은 편향교육에 이용될 우려가 있다'고 발언.
11. 22 쇼와전공 이사 안도, 후생성에 대해 '니가타현의 유기수은중독사건의 원인은 농약이라고 반론서를 제출.
11 도야마현 네이군 후추정에 이타이이타이병 피해자에 의한 '이타이이타이병대책협의회' 결성.
그해 농림성, 유기수은의 살포를 1966년부터 3년 계획으로 중지 행정지도.

2. 19 쇼와전공 전무이사, NHK-TV에 나와 '가령 국가의 결론이 니가타미나마타병의 원인을 쇼와 전공이라고 해도 거기에 따르지 않는다'고 발언. 재해피해자 이것을 듣고 격렬한 분노를 표명.
2. 27 경단련, 공해대책소위원회를 열어, 정부가 정리한 공해대책기본법안이 산업계에 너무 엄격하다는 사실을 정부에 제의키로 결정.
4. 18 후생성의 니가타현 아가노강유역 유기수은중독사건의 특별연구팀, 원인을 쇼와전공 가노세공자의 공장폐수라고 결론.
8. 1 공공용 비행장 주변에 있어서 항공기소음으로 인한 장애의 방지 등에 관한 법률 공포, 시행.
8. 3 공해대책기본법 공포, 시행.
9. 2 후생성, 니가타 아가노강의 수은중독사건에 관해, 원인을 쇼와 전공 가노세 공장으로 하는 공식견해를 과학기술청에 제출.
9. 25 건설성, 광역공해대책조사의 결과를 발표. 이치하라 · 지

		바 · 도쿠야마 · 난요 지구는 20년 뒤에는 생활에 적합하지 않을 정도가 된다고 경고. 다만 욧카이치 지구의 결과에 대해서는 지역에 미치는 영향이 크다는 사실을 이유로 공표하지 않음.
		12. 25 욧카이치시청의 부시장에 미쓰비시 유화 총무부장 가토 간지가 취임.
		그해 DDT, BHC 등 농약의 잔류허용량을 설정.
1968	3. 9 도야마현 진즈가와 강유역의 이타이이타이병환자와 유족 28명, 미쓰이 금속 가미오카 광업소를 상대로 손해배상소송 제기 (이타이이타이병 소송).	1. 12 미나마타병대책시민회의(구마모토의 미나마타병환자지원단체) 결성.
	6. 2 규슈 대학 구내에 미군 이타즈케 기지의 F4C팬텀전투기가 추락.	1. 21 니가타미나마타병 대표단, 미나마타를 방문.
	7. 8 니가타미나마타병환자 21명, 쇼와전공을 상대로 약 4000만 엔의 위자료청구 제2차 소송 제기.	5. 8 후생성, 도야마현 진즈가와 강유역의 이타이이타이병에 대해, '원인은 미스이 금속광업 가미오카 광업소에서 배출된 카드뮴이며, 동 병을 공해병으로 하고, 그 치료나 예방책을 추진한다'라는 견해를 발표.
	9 미나마타지구의 미나마타병환자는 지금까지 111명(사망자 42명) 인정. 그러나 이밖에 많은 미인정환자가 있다는 사실, 점차 드러남.	7. 10 업계 · 경단련, 공해대책위원회를 개최. 생활환경심의회가 답신한 아황산가스환경기준에 대해 너무 엄격하다고 결론. 반론 준비를 개시.
	10. 8 도야마현 진즈가와 강유역의 이타이이타이병환자 352명, 미쓰이 금속광업소를 상대로 총액 5억 7030만 5453엔의 손해배상청구소송(제2차 소송)을 제기.	7. 15 생활환경심의회, 아황산가스농도의 허용한도에 대해, 후생성 장관에게 답신. 1시간마다 0.1ppm 이하, 일일평균 0.05ppm 이하. 다만 완화조건이 있음.
		8. 30 짓소 제조조합, 정기대회에서 '아무 것도 하지 않은 것을 부끄럽게 여기고, 미나마타병과 싸울' 것을 결의.
		9. 26 미나마타병에 관해 정부, 정식견해 발표. 미나마타시의 미나마타병의 원인은 짓소 미나마타 공장의 공장폐수, 니가타의 경우는 쇼와 전공 가노세 공장의 폐수가 기반.
		9 짓소 사장 에토, 환자가정을 사죄방문.
		9 '이타이이타이병대책연락회의' 결성(이대협 · 변호인단 · 이대회의에 의함).
		10. 4 욧카이치에 '욧카이치공해인정환자의모임' 발족.
		11. 7 원자력위원회, 동력로 · 핵연료개발사업단의 원자로의 설치허가신청에 대해, 안전성은 충분하다고 사토 수상에 답신.
		12. 1 소음규제법 시행. 대기오염방지법 시행.
1969	4. 2 미군 요코다 기지의 소음으로 주변 5개시 4개 정 약 2만 5000세대의 주민이 피해를 받고 있다는 사실, 도쿄도 공해연구소의 조사로 판명.	2. 7 일본원전 도카이, 국산 제1호 원자로에서 우라늄연료봉의 파손이 속출한 것을 직장신문에 쓴 동 연구소 직원을 3개월 정직처분 전배. 1966년 이후 매년 사고가 계속된 것을 '부외비(部外秘)'로 해왔음.
	5. 9 도쿄지방에서 스모그주의보가 종일 해제되지 않음. 전국에서 최초의 사태.	2. 12 '황산화물로 인한 대기오염방지를 위한 대기 연구소 환경기준', 각의결정. 공해대책기본법에 근거한 환경기준 제1호.
	6. 14 구마모토의 미나마타병환자 28세대 112명, 짓소에 대해 6억 4239만 엔의 손해배상청구소송을 제기(구마모토미나마타병소송).	2. 28 후생성, 미나마타병에 관한 제3자기관에 대해 '위원 선출은 후생성에 일임하고, 결론적으로는 일절 이의 없이 따른다'하는 확약서를 '미나마타병환자가족상조회'에 제출했으면 한다고 요청. 문안은 짓소가 작성.
	11. 14 이타이이타이병소송 제4차 소송 제기. 원고는 4명, 제1차 소송 이후 원고 430명, 배상청구액 7억 100만 엔.	3. 29 후지시의회, 오전 0시반 개회. 시민 수백 명(일설에는 2700명)이 개회 저지, 대기 중이던 기동대와 대치. 의장, 혼란에 당황해 폐회를 선언. 이 때문에 화력발전소 문제심의 처리하지 못한 채 정례의회 폐쇄에 이름.
	12. 15 오사카국제공항의 항공기소음에 괴로워하던 인근 주민 28명, 국가를 상대로 야간 이착륙금지와 손해배상의 지불 및 장래청구를 구해, 소송제기(오사카국제공항 소음소송).	4. 1 지자체재정의 공해대책비 급증으로 인한 궁핍 경향이 강해짐. 지방재정백서에 나타난 경향임.
		4. 25 미나마타병보상처리위원회(소위 제3자기관) 발족. 환자가족상조회의 3분의 2세대의 희망. 위원에 지쿠사 · 미요시 시게오 · 가사마쓰 쇼 3명을 선임.
		5. 23 정부, 최초의 『공해백서』를 각의결정.
		5. 26 미나마타병환자소송파, 소송비용 200만 엔의 보조를 미나마타시에 요청, 시로부터 거부당함.
		5. 27 미나마타시 시의회, 보상처리위의 대체비용 480만 엔을 가결.
		6. 14 도시계획법 시행.
		7. 2 도쿄도 공해방지조례 공포.
		8. 23 하치반 제철노조, 결성 이래 처음으로 운동방침에 공해문

1970

2 오사카국제공항에서 길이 3km의 B활주로 사용 개시. 소음 증대.

4. 7 요코다 기지 주변의 소음, 지하철 내부에 필적할 정도라는 사실, 도쿄도 공해연구소에 의해 밝혀짐. 행정당국의 수도정비국은 소극적.

4. 16 니가타미나마타병소송 제1차~3차 원고 28가족 49명의 피해자, 니가타 지방재판소에 대해 종래 위자료청구액 1억 2120만 9996엔을 2억 엔 정도로 늘리는 신청(청구확장 신청)을 행함.

5. 21 도쿄도 신주쿠구 야나기정에서 납중독 문제화. 분교 보건생협의사단이 야나기정 교차점 부근 주민을 검진한 결과, 배기가스로 인한 납이 체내에 이상 축적되고 있다고 발표.

5. 25 도야마현 구로베시의 닛코 미카이치 제련소 주변 용지의 토양에서 최고 53.2ppm의 카드뮴 검출. 현의 발표. 26일에는 동 제련소 근처 농가 2층의 먼지에서 1,670ppm의 카드뮴 검출.

7. 18 도쿄에 광화학스모그, 스기나미구를 중심으로 11개구 8개 시에 걸쳐 발생.

11. 6 후지시 공해대책시민협의회장 등 21명, 시즈오카현 지사와 제지 4사를 상대로 퇴적오물공해주민소송을 제기.

12. 28 후생성, 1969년도 아황산가스조사 결과를 발표. 전국 211개 지점 가운데 83개 지점이 환경기준을 초과.

1971

1 소·돼지·닭고기에 BHC나 디엘드린이 잔류하고 있는 것으로 판명. 나가노현 미나미사쿠군의 일본농촌의학연구소의 조사.

제를 다룸.

9. 30 짓소, 구마모토 지방재판소에 답변서·준비서를 제출. '회사칙에 과실 없고, 책임 없고, 따라서 손해배상은 지불하지 않는다'고 함.

10 .1 제4회 국제농의학회의, 나가노현 우스다에 개최. DDT의 독성을 논의.

12. 15 공해에 관계되는 건강피해의 구제에 관한 특별조치법 공포.

1. 28 농림성, 각 도도부현에 대해 목초·사료작물 축사에 BHC·DDT 사용금지를 지시.

2. 21 도쿄도 내 전기도금공장 가운데, 기준 이상의 시안을 배출하고 있던 166개 공장, 도 위생국이 적발.

3.8~16 국제사회과학평의회 주최 국제공해심포지엄, 일본에서 개최(후지시·욧카이치시 시찰, 미나마타 방문 등도 일정에 포함). 12일에 국제사회과학평의회는 '세계의 사회과학자가 공해문제해결을 위해 힘을 합쳐간다'는 것을 주장하는 환경권 제창의 「도쿄결의」를 발표.

4. 8 요코하마 국립대학 공학부 교수 기타가와 데쓰조, 니가타미나마타병재판에서 피고측 증인으로 출정. 공장배수설을 부정하고, 지진으로 유출됐다고 하는 수은농약설을 증언.

5. 27 미나마타 보상 타결. 후생성의 보상처리위원회의 제2차 알선안을 '일임파' 환자가 받아들임. 사망자 일시금 320~400만 엔. 생존자 일시금 80~200만 엔. 연금 17~38만 엔.

5. 30 오사카부 다카이시 시내의 37개 자치회, 센보쿠 임해공업지대로의 기업유치 반대 서명운동 개시.

6. 1 공해분쟁처리법 공포.

6. 17 오이타현 우스키시, 오사카 시멘트의 공장유치반대운동을 전개했던 시민들의 청원을 채택해 전국 최초의 「공해추방도시선언」.

7. 8 니가타미나마타병재판 제27회 구두변론에서 요코하마국립대 교수 기타카와 데쓰오, '농약설'이 가설이었던 것을 인정.

7. 15 공해전문 국부과를 가진 지방공동단체는 37개 도도부현·125개 시정촌. 전년 동기보다 9개현·70개 시정촌 증가.

8. 9 시즈오카현 다고노우라항에서 '퇴적오물공해추방 스루가만을 되돌려라 연안주민항의집회' 개최.

8. 17 농림성, BHC나 DDT의 벼농사 전면 사용금지를 통달.

9. 17 니혼 강관, 게이힌 제철소의 오기시마 앞바다 매립지 이전으로 가나가와현·가와사키시·요코하마시의 요구를 받아들임. 아황산가스의 착지도 0.012 ppm.

9. 22 일본변호사연합회의 공해심포지엄, 니가타에서 개최. 환경권의 입법화를 제안.

10. 7 개발에서 고도나 문화재·풍토를 지키는 것을 목적으로 한, 문화인 등이 중심이 된 '고도보존연맹' 발족.

11. 1 공해분쟁처리법 시행.

11. 1 공장배수규제법 시행령 개정 시행. 이에 따라 공장배수규제법에 근거한 단속권한은 도도부현 지사에게 위임됨.

11. 20 경단련, 공해죄법안에 반대를 표명. 21일 일본상공회의소도 동조 표명.

11. 24 공해국회(제64 임시국회) 시작.

11. 28 오사카에서 짓소의 주주총회, 미나마타병환자·한주주주 등 약 1300명 출석. 고함 속 5분 만에 종료.

11. 29 최초의 공해 메이데이. 전국 150개소 80만 명이 참가.

12. 18 개정공해대책기본법·공해죄법 등 공해·환경 14법 가결 성립. 공해대책기본법의 「경제와의 조화」 조항 삭제. 공해국회 종료.

1. 29 도쿄도, 「도민을 공해에서 방위하는 계획」 발표. 약 2조 엔으로 10년 전의 환경으로 되돌리는 계획.

2. 4 쇼와 전공, 오이타 임해공장지대로의 진출 단념을 발표.

2. 8 PCB가 새나 물고기에 축적돼 있다고 에히메 대학 조교수 다쓰카와 료 등이 발표. PCB로 인한 환경오염이 확인된 것은 최초.

5. 12 광화학스모그, 전년보다 2개월 일찍 발생. 도쿄·사이타마 등 6개소에서 '눈이 아프다'는 호소 속출.

6. 30 이타이이타이병소송 제1차 소송에 판결. 환자측, 승소. 주인은 미쓰이 가미오카 광업소가 배출한 카드뮴이라고 판정. 위자료요구액 6200만 엔에 대해 판결에서는 계 5700만 엔. 판결 직후, 원고인단·변호인단·지원자 등, 가미오카 광업소를 대상으로 기후지방재판소의 손으로 동 소장실의 비품 및 제품의 강제집행을 실시.

7. 20 오이타현 우스키시의 오사카 시멘트 진출반대재판(어업권확인청구·공유수면매립면허취소청구·집행정지가처분) 판결. 원고인 어민 등 승소 '어업권포기는 무효이며, 오이타현의 매립면허는 취소한다'고 판결.

9. 29 니가타미나마타병재판에 판결. 환자측 승소. 이타이이타이병판결에 이어 역학적 인과관계의 입증을 확립. 쇼와전공의 과실을 단정해 기업책임도 언급. 한편 배상액은 환자의 등급 나누기를 세분화해 청구의 절반인 2억 7000만 엔밖에 인정하지 않음.

1972 3. 29 미나마타병환자 발생구역, 아마쿠사에까지 이르는 사실이 구마모토대학 제2차 미나마타병연구팀의 조사로 판명.

3. 31 군마현 오타시의 와타라세가와 광독근절기성동맹회, 고가 광업소에 대해, 약 4억 7000만 엔의 배상청구를 결정하고(26일), 중공심에 조정신청.

4. 1 군마현 안나카시의 카드뮴오염 피해자 108명, 도호 아연에 대해 약 6억 엔의 청구소송을 제기(11월 25일에 106명·약 6억 1500만 엔으로 정정).

6. 6 가고시마 임해공업지대에서 아황산가스농도, 대기오염방지법이 정한 긴급조치기준 0.2ppm을 초과.

7. 24 욧카이치시공해소송에 판결. 피고 6개사의 공동불법행위를 인정, 환자측 승소.

8. 9 도야마이타이이타이병 제1차 공소심에 나고야 고등재판소 가나자와지부의 판결. 환자측의 주장, 거의 전면적으로 인정돼 환자측 승소.

8. 10 도야마이타이이타이병환자들, 미쓰이 금속공업 본사와 교섭해 카드뮴을 원인으로 인정하게 해, 공해방지협정과 토양오염보상 등에 관한 서약서에 조인을 쟁취.

8. 22 미쓰이 금속광업, 도야마이타이이타이병 제2차 이후 소송에 대해서도 제1차 판결에 따를 것으로 기가 꺾여, 전 소송은 사실상 ая 종결.

9. 5 도쿄도·가나가와현·지바현, 도쿄만의 공동조사 결과, 도쿄만은 확실히 '죽음의 바다'에 가까워지고 있다고 발표.

11. 30 욧카이치시 이소즈 지구의 공해인정환자들, 공해소송의 피고 6개사로부터 약 5억 7000만 엔의 보상액답을 얻어, 조인. 첫 교섭부터 3개월. 그 동안 기업측은 교섭을 2번 회피.

1973 1. 20 미나마타병 새 인정환자와 미인정환자 31세대 141명, 짓소에 대해 제2차 손해배상청구소송(16억 8000만 엔)을 제기.

3. 18 짓소, 공소취포기를 판결에 앞서 발표.

3. 20 미나마타병소송에 원고인 측에 승소판결.

5. 10 오이타현 신산업도시 성인의 만성기관지염 유증율, 도쿄·오사카의 오염지구와 비슷한, 현 의사회 조사.

5. 22 구마모토 대학 제2차 미나마타 연구팀, 구마모토현 아마쿠사군 아리아케정에 제3차 미나마타병이 발생한 사실을 시사하는 보고서를 구마모토현에 제출. 오염원의 의심은 일본합성화학공업.

6. 21 '니가타미나마타병 공투회의'와 쇼와 전공의 보상교섭에 관해 협정서에 조인. 사망자·중증자에게 일시금 1500만 엔, 기타 환자에 일률적으로 1000만 엔 외에 모든 환자에게 연간 50만 엔의 연금. 환자측 요구 전면 실현.

공해반대투쟁에 밀린 결정.

5. 10 〈공해방지사업비사업자부담법〉 시행.

6. 9 고치시에서 고치펄프회사의 폐액피해에 항의해온 주민들, 동사 배수관을 생콘크리트로 봉쇄. 미온적인 공해행정에 대한 주민의 불만이 폭발(고치 생콘크리트사건).

7. 1 환경청 발족.

7. 14 도호아연 안나카 카드뮴피해 300세대, 도호아연에 7억 7000만 엔을 청구.

9. 14 중앙공해대책심의회 발족, 회원 80명. 회장 와다치 기요오.

11. 1 미나마타병의 인정환자가 보상교섭을 요구해 짓소미나마타 지사 앞에서 농성 개시.

12. 24 고치 펄프 생콘크리트사건으로 고치 지검, 배수관에 생콘크리트를 투입한 주민 2명을 위력업무방해로 기소.

12 .28 환경청, 중공심 답신에 근거해 항공기소음대책에 대한 당면 조치를 강구할 때 지침을 설정. 오사카국제공항은 오후 10시부터 오전 7시까지, 도쿄국제공항은 오후 11시부터 오전 7시까지의 발착은 원칙적으로 하지 않는다 등.

1. 7 공해소송을 담당하는 변호사들, '전국공해변호단연락회의'를 결성.

1. 11 짓소본사, 자주교섭을 요구하는 신인정 미나마타병환자들을 피해, 회사 입구를 쇠창살로 봉쇄.

3. 4 경단련, '공해의 무과실손해배상책임법안은 산업에 대한 영향 심대하다'는 의견서를 정부·자민당에 제출.

3. 6 원자력위원회의 원자로안전전문심사회, 후쿠이현 오이정과 미하마정에 간사이 전력이 계획 중인 원전에 대해 설치해도 안전하다는 결론을 냄.

3. 9 아시오 광독으로 토지로부터 추방당해, 홋카이도 아바시리 지청 사로마정으로 이주했던 도치키현 옛 야나카촌 출신자 6세대 20명, 60년 만에 귀향.

6. 3 서울年 18개 대학의 젊은 연구자들에 의한 민간의 세토나이카이 오염종합조사단(호시노 요시노 단장), 공장 연안의 오염의 실태를 조사한 결과를 발표. '방치하면 세토나이는 죽음의 바다'라는 「세도나이카이오염종합조사보고」를 공표.

6. 5~16 유엔 주최의 인간환경회의 개최(스톡홀름). "인간환경선언"을 채택하고 폐회.

6. 22 자연환경보전법 공포.

6. 22 개정도시계획법 공포.

6. 22 개정대기오염방지법 및 개정수질오염방지법 (소위 공해무과실책임법) 공포.

9. 17 아오모리현의 로카쇼촌, 무쓰 오가와하라개발의 각의결정에 반발, 주민궐기집회를 개최.

10. 1 노동안전법 시행.

2. 1 폐기물처리 및 청소에 관한 법 공포, 시행.

5. 8 이산화황의 환경기준 개정.

5. 26 미나마타시어협, 미나마타만 주변의 어획금지를 자주적으로 결정.

6. 15 공해건강피해보상법안, 각의결정.

6. 25 전국 각지의 어민, 일제히 집회나 시장폐쇄를 실시, PCB나 수은오염의 확산에 항의.

7. 6 전국에서 모인 어민 2000명, 도쿄에서 공해피해위기돌파 전국어민총궐기대회를 개최.

7. 9 미나마타병환자의 제1차 소송파, 자주교섭파 등 제2차 소송파 등 어떤 파에도 속하지 않는 환자를 제외하고, 짓소와의 보상교섭 교섭파, 보상협정 조인.

7. 31 질소산화물의 배출기준, 각의결정. 24시간 1일평균치 0.02 ppm. 전력·철강·석유업계의 대형연소시설이 규제대상.

7. 28 광화학스모그 피해자, 4년간에 10만 명 이상. 1973년만 해도 1만 84556명에 이름. 아사히신문사 조사.
10. 6 일본농촌의학회에서 BHC로 인한 모유나 인체의 오염은 아직도 계속되고, 오히려 늘어나는 경향이 있다고 발표.
10. 19 오이타현 우스키시의 어민 등이 제기한 오사카시멘트 진출반대의 어업권확인·공공수면매립면허취소소송의 공소심에 판결. 1심과 마찬가지로 어민측의 승소. 1심제소 이래 약 3년만. 11월 2일, 피고의 상소포기에 의해 승소확정.
12. 17 오사카부 센난군 주민 61명, 동 지구에 건설예정인 간사이전력 다나가와 제2화력발전소 건설에 반대해 건설중지소송을 제기.

8. 10 질소산화물배출기준 설정.
8. 27 이카타 원전소송.
10. 2 세토나이카이 환경보전임시조치법 공포.
10. 5 공해건강피해보상법 공포.
10. 16 화학물질의 심사 및 제조 등의 규제에 관한 법률공포. PCB 오염이 계기.
10. 25 메이저와 사우디아라비아, 원유공급량 10% 감축을 통보(제1차 석유위기).
11. 7 도쿄지검, 도에 대해 도(都)공해방지조례의 국가기준에 대한 "법률이 정하는 기준을 웃도는 강한 규제를 정한 '상회조례'의 기준"은 결정방법에 오류가 있기에 도조례에 위반한 기업이라도 국가의 기준을 넘지 않으면 재판에서는 무죄가 된다'고 통고.
11. 29 닛산 자동차 이와고에 아라타 사장, '석유위기 중에 배기가스규제는 완화해야 한다'는 견해를 발표.

1974
2. 27 오사카공항공해소송에 판결. 손해배상만 인정, 중지를 인정하지 않는 등 주민측에 엄한 내용. 원고 주민들 28명에게 일본항공과 전일공 본사를 방문, 판결이 인정하지 않는 오전 9시 이후 감편 약속을 얻음. 오사카국제공항 주변의 주민단체, 공항철거를 요구하는 1만 명 서명을 바탕으로 조정을 신청.
3. 13 정부, 오사카공항공해소송판결에 불만, 공소
3. 30 나고야지구 신칸센 연선 주민 575명, 국철에 대한 중지청구와 손해배상청구소송을 제기. 최초의 신칸센 민사소송.
5. 11 와타라세가와 강 연안의 아시오 동산 광독피해농민, 고가광업과의 화해조정을 수락. 15억 5000만 엔의 보상금.
5. 16 일본 주변의 해양오염 발생건수는 1년간(1973년)에 2460건. 1971년의 1.5배. 약 84%는 기름이 원인. 해상보안청의 발표.
5. 30 후지시 주민제기 퇴적오물소송에 판결. 원고주민, 전면적 패소
9. 1 원자력선(船) 무쓰, 태평양에서 방사선 누출사고를 일으킴. 그 뒤 기항반대운동 때문에 10월 15일까지 표류하다 모항에 귀항.
9. 5 수은·PCB로 인한 수역오염의 결과, 어획규제의 필요지역은 전국에서 26개소. 환경청 발표.
9. 5 오키나와현에서 석유저장기지에 반대하는 '긴 만을 지키는 모임'의 지역 어민 6명, 야라 지사를 상대로 매립면허무효확인청구소송을 제기.
9. 30 도쿄도민의 대기오염으로 인한 건강피해율은 일본 최대. 도쿄도 발표.
11. 14 8년 넘긴 문제인 도쿄도 스기나미 청소공장 건설, 도와 지주측 사이에 용지의 약 90%에 관한 화해성립(25일에는 지역주민의 반대기성동맹 모두 양해성립해 화해에 조인).
11. 18 도쿄지방재판소의 알선으로 스기나미구 청소공장 건설을 둘러싼 지역주민과 도와의 화해조항 정리, 양자가 동의. 엄격한 규제조치나 건설계획·운영에 주민참여, 주민측의 조업정지권 등을 포함.
11. 29 도쿄에서 '깨끗한 하천과 생명을 지키는 합성세제추방전국집회' 개최. 약 700명이 참가.
12. 14 전국의 하천·호소의 수질, 여전히 심각한 오염. 호소 70%·하천 40%가 불합격. 환경청 조사.
12 .18 구라시키시 미시마 콤비나트 미쓰비시 석유 미시마 제유소에서 중유유출 대사고 발생. 월말까지 세토나이해에서 기이 수도까지 확산. 유출중유는 12월 22일 현재 4만여kL. 어업피해 44억 엔. 최대급의 기름유출사고.

3. 15 국립공해연구소, 쓰쿠바학원도시에 개소
6. 5 자연보호헌장, 자연보호헌장제정국민회의에서 채택.
6. 7 환경청, 1973년 5월부터 현안인 제3미나마타병문제(아리아케정)로 '환자발생은 없다'고 결론.
6. 11 닛산자동차, 배기가스 1976년도 규제는 기술적으로 불가능하다고 해 연기와 규제완화를 환경청에 요망.
6. 18 자동차업계, 자동차배기가스의 1976년도 규제에, 전적 반대의견을 표명. 미키 환경청 장관, '기술적으로 1976년도 규제는 곤란하다'고 발표.
7. 12 환경청, 제4미나마타병(도쿠야마)문제에서도 '환자발생은 없다'고 결론.
7. 30 석유화학콤비나트 등의 보안대책의 근본적 재검토를 하고 있던 고압가스·화약류보안심의회, '주변 주택과의 보안거리를 최저 50m까지 확대, 대형화학공장의 보안규제 강화' 등을 내용으로 하는 답신을 통산성 나카소네 장관에게 보냄.
8. 9 미쓰이금속광업 가미오카광업소와 이타이이타이병피해자단체와의 협정이 근거해 비용은 기업부담·인선(人選)은 주민단체인 '공해조사단'이 결성됨. 피해주민의 선임한 전문가조사단을 기업부담으로 발생원에 보내, 종합조사를 행하게 한 것. 전국에서 최초의 사례.
9. 1 공해건강피해보상법 시행. 공해건강피해구제특별조치법은 폐지.
9. 11 미나마타병인정신청자협의회, 미나마타병인정업무촉진검토위원회의 좌장 구로이와 요시고로 등 검진담당의에 대한 공개질문장을 발송.
9. 13 도쿄도 공해국, 7대 도시 자동차배기가스규제문제조사단 청문회에서 도유 저공해차의 실례를 들며, 제조사 9개사를 추궁.
9. 22 전구 9대 전력이 계획중인 화력발전소 건설에 반대하는 반화력전국주민운동교류회, 부젠시에서 개최.
9. 24 7대 도시의 단체장, 자동차배기가스대책에 관해 '정부는 1976년도 규제실현을 관철해야 한다'고 표명.
10. 21 7대 도시 자동차배기가스규제문제조사단, '1976년도 규제는 기술적으로 가능하다'는 보고서를 제출.
10. 23 환경청 대기보전국장 가스가, 7대 도시 자동차배기가스규제문제조사단의 보고서를 '비과학적'이라고 비판.
10. 24 환경청, 행정불복심사를 신청한 미나마타병환자 163명 중 11명에게만 부작위를 인정하는 판결. 그밖에 대해서는 신청을 기각.
12. 2 환경청, 자동차배기가스 1976년규제에 따라, 업계의 주장을 대폭 받아들인 기본방침을 결정.
12. 5 중공심 대기오염부회, 자동차배기가스 1976년도규제에 관해, 2년 연기 등 대폭후퇴의 보고서를 작성.
12. 26 쓰 지검, 염소유출사고의 일본에어로질 욧카이치 공장을 공해죄법으로 기소 1971년 7월 동법 시행령 이래 최초 제소
12. 27 중공심 종합부회, 대기부회답신안을 심의, 자동차배기가

1975

1. 5 무질서한 개발의 결과, 국토의 80% · 해안선의 40%가 자연파괴. 환경청 발표.

1. 13 하마모토 쓰기노리, 사토 다케하루 등 미나마타병인정환자 5명, 짓소 미나마타공장 담당 중역을 살인 · 상해죄로 고소. 최초의 형사책임 추구.

3 지반침하, 5년 전에 비해 배증. 또 지방으로 확대되는 실태. 39개 지역 32개 도도부현에 적신호.

3. 14 미나마타병환자동맹의 환자 114명, 짓소중역과 동사 미나마타공장 중역을 살인 · 상해죄로 고소.

6. 6 가와사키시를 중심으로 가나가와현 · 도쿄 · 사이타마 · 지바에서 이날만 약 2,500명에게 광화학스모그피해 발생. 이 해 최고의 피해자수.

6. 17 도쿄도의 순환선 7호선(환7) 연도주민의 피해실태 정리. 대상자의 70%가 불건강을 호소. 도쿄도 위생국 조사.

6 초저주파공기진동으로 인한 두통이나 구토를 호소하는 사례, 수도권에서 증가. '들리지 않는 소리'로 인한 새로운 공해.

7 도쿄도가 매수한 에도가와구의 일본화학공업 이전적지가 육가크롬으로 오염된 사실이 판명돼 문제화.

8 도쿄도 에도가와구의 공장이전적지의 육가크롬오염의 현저화를 계기로 전국 6개사 8개 공장에서 114만t의 슬래그 중 75만t이 무처리라는 사실 판명.

11. 27 오사카공항공해소송의 공소심 판결, 원고 주민측의 전면 승소(오사카 고등재판소).

12. 2 정부, 오사카공항소송에 대한 오사카고등재판소 판결에 불복, 최고재판소에 상고할 것을 각의결정.

12. 27 도로구 지구의 만성비소중독증인정환자 11명, 스미토모금속광산에 대한 1억 7350만 엔의 손해배상청구소송을 제기.

1976

3. 31 고치시 펄프공장 공해문제로 주민이 공장의 배수관을 막는 사건에 대한 고치 지방재판소 판결. 공해기업의 범죄성은 인정하면서도 피해주민 2명에 벌금형.

4. 28 아키시마 · 후사 · 다치카와 주민 41명이 미국 요코다 기지 소음문제로 '제1차 요코다기지 소음공해소송'을 도쿄 지방재판소 하치오지 지부에 제소.

6. 7 도쿄에서 제1회「전국공해피해자총행동의 날」개최.

8. 30 국도43호선 주변 주민 152명이, 국가 · 한신고속도로공단에 소음과 배기가스의 중지와 손해배상, 장래보상을 구해, 고베 지방재판소에 제소. 현재 사용되고 있는 국도를 대상으로 하는 공해재판은 전국에서 최초.

9. 8 아쓰기 기지 주변 주민 92명이 제1차 아쓰기 기지소음소송을 제기.

1977

5. 27 비와코 호수에서 대규모 적조 발생. 인함유 합성세제 배수가 원인(부영양화). 합성세제를 사용하지 않는 "비누운동" 시작.

6. 28 데시마 주민이 다카마쓰 지방재판소에 산폐처분장 건설의 중지소송을 제소.

8. 29 하리마 탄에서 대규모 적조 발생. 양식 방어새끼 330만 마리 폐사. 피해액 30억 엔.

9. 5 후지시의 다고노우라항의 '퇴적오염공해'의 공소심에서 도쿄고등재판소가 원고측의 주장을 일부 인정, 피고 4개 기업에 대해 준설비용의 일부를 지불하도록 명하는 판결.

11 .17 제2차 요코다 기지소음공해소송 제소. 국가를 상대로 야간

스 1976년도규제의 2년 연기 등 답신안대로 대폭후퇴답신을 환경청에 제출.

1. 24 짓소, 미나마타병환자에 대한 보상지불로 경영부진이라고 해, 정부에 구제융자를 요청.

1 『분케이슌주(문예춘추)』 2월호에 고다마 다카야,「이타이이타이병은 환상의 공해병인가」를 씀.

2. 22 정부, 자동차배기가스 1976년도규제문제로 잠정규제치의 허용한도와 적용시기를 모두 대폭완화. 계속생산차에 대한 완전 적용은 1977년 3월 1일부터.

2. 24 환경청, 배기가스 1976년규제를 고시.

3. 11 자민당 의원 고사카 젠타로, 도야마현에서 '이타이이타이병의 카드뮴원인설은 의문'이라고 발언.

3. 19 국민의 90%가 대규모개발에 의문. 환경청의 환경모니터 전국의식조사 결과에서.

3. 25 '전국공해병환자의 모임연락회' 최초 모임, 도쿄에서 개최. 5월 26일, 공해건강피해보상의 개선을 환경청에 신청.

6. 3 중국정부환경조사단, 처음으로 일본방문.

7. 29 신칸센소음에 대해 환경청, 환경기준을 고시. 주택용지에서 70폰 이하, 상공업용지에서 75폰 이하.

7~8 도쿄도 고토구 일본화학공업의 종업원 461명 중 62명이 비중격천공, 18명이 비중격궤양 발견됨(육가크롬중독). 또 1974년 9월까지 8명이 육가크롬으로 인한 폐암사망병으로 사망한 경우도 판명.

9. 1 도요타자동차공업, 환경청청문회에 '1978년부터 자동차배기가스 0.25%규제는 기술적으로 절대불가능하다'고 단언.

9 사카이시의 긴키 중앙병원 원장 세라 요시즈미, 오사카부내의 석면산업에 종사했고, 18년 사이에 사망한 노동자 61명의 사인 중 태반 18명이 폐암으로 사망했다고 발표.

10. 12 9월말이 제1기 계획의, 전국 가성소다공장의 수은법에서 격막법으로의 제조전환, 미달성이 14개사 17개 공장으로 판명. 아사히신문사 조사.

12. 9 가성소다공장에 있어서 수은법에서 격막법으로의 전환달성은 36개 공장 중 15개 공장. 환경청 발표.

12. 12 운수성의 행정지도를 통한 오사카공항의 오전 9시 이후 국내선 발착편, 이날 이후 폐지.

3. 12 환경청 장관, 운수성 장관에 대해 '환경보전상, 긴급을 요하는 신칸센철도진동대책에 대하여' 권고, 상한을 70데시벨로 함.

4. 1 나가노현 나기소정 쓰마고주쿠 보전지구보존조례 제정. 6월에 보존지구 · 보존계획을 정해 국가에 신청.

4. 6 자민당 정무조사회 환경부회가 이타이이타이병과 카드뮴의 원인관계를 의문시하는 보고서를 발표.

5. 11 환경청, 환경영향평가법안의 이번 국회 제출을 단념.

12. 18 환경청, 승용차의 1978년도 배기가스규제를 고시. 당시로서는 세계에서 가장 엄격한 기준.

그해 「유채꽃프로젝트」, 전신인 「비누운동」의 사전조짐. 폐식용유 회수, 시가현 내 400개소에서 개시.

1. 19 자민당, 원자력안전위원회의 설치를 결정.

4. 2 〈소나무해충피해대책특별조치법〉 공포. 소나무고사대책으로 대규모 항공살포 시작.

5 BPMC · MEP복합제(스미버서유제)의 공중살포 후의 농업자 사망사건 다수.

6. 11 국가가 한신고속도로(히가시혼정 공구)의 공사착공을 강행. 주민들의 '국도43호선 공해대책아마가사키연합회'의 반발로 공사중지.

6. 15 이시하라 신타로 환경청 장관, 국도43호선 공해 현지시찰. '묵시록적인 참상'이라고 코멘트.

의 이착륙금지와 손해배상을 청구.

7. 1 환경청, 기획조정국 환경보건부장 이름으로 「후천성미나마타병의 판단조건에 대하여」를 통지. 인정에 복수의 증상의 조합이 필요하게 됨.
11. 4 제3차 전국종합개발계획 각의결정(후쿠다 다케오 내각). 「정주권구상」을 내걸고, 대도시로의 인구와 산업의 억제를 의도함.
그해 OECD리포트 『일본의 환경정책』이 「공해대책에 있어서 지방자치단체의 이니셔티브」를 평가.

1978

4. 20 '니시요도가와 공해환자와 가족의 모임'이 기업·국가·한신고속도로공단을 상대로 오염물배출 중지와 손해배상을 구해, 오사카 지방재판소에 니시요도가와 공해재판 제1차 소송을 제기.
4. 22~23 제1회 전국 마을경관 세미나(나고야시 아리미쓰, 아스케정) 개최. 이후 매년 전국 각지에서 개최.
5. 29 에히메현 나가하마 해수욕장소송(전국 최초의 해안출입권소송)에서 마쓰야마 지방재판소가 해안출입권을 인정하지 않는 사법판단.
10. 19 가가와현 데시마의 산폐처분장계획으로 주민과 데시마관광 등 사이에 화해성립. 무해폐기물의 지렁이양식에 한정. 가가와현이 감독을 약속.

1. 12 미나마타 보상금의 지불 등으로 경영위기에 빠진 짓소의 구제책이 정부의 미나마타병관계각료회의에서 결정.
6. 16 환경청, 「미나마타병의 인정에 관계되는 업무의 촉진에 대하여」(신차관통지)를 관계 현시(県市)에 통지. 미나마타병의 인정은 복수증상의 조합으로 개연성이 높은 경우로 봄.
7. 3 환경청, 이산화질소의 신환경기준을 고시. 1시간치의 일평균 98%치 0.02ppm 이하에서 0.04~0.06ppm으로 완화.
7. 11 즈시 시장·요코하마 시장·가나가와현 지사 연명으로 방위시설청 장관·미국 대사·미군에 대해 이케고 폭약고 전면반환요구서를 제출. 이후 82년까지 매년 계속.
7. 14 원자력안전위원회 설립. 원자력위원회에서 분리 독립.
10. 4 국제석유자본, 대일석유공급 감축을 통고(제2차 석유쇼크).

1979

6. 8~9 '공해연구위원회'(1963년 4월 발족) 회원들이 중심이 돼, '일본환경회의' 도쿄에서 개최, 열린 학회로 발족.
3. 22 구마모토지방재판소, 미나마타병 형사재판에서 짓소의 요시오카 전 사장, 니시다 전 공장장에 대해, 업무상과실치사상으로 유죄판결.
3. 28 구마모토지방재판소, 구마모토미나마타병 제2차 소송에서 원고 미인정환자 14명 가운데, 12명을 미나마타병으로 인정, 짓소에 총액 1억 5000만 엔의 위자료의 지불을 명함.

2. 14 미나마타병의 인정업무 추진에 관한 임시조치법 시행. 환경청, 미나마타병임시인정심사회의 위원에 쓰바키 다다오 교수 등 10명을 선출.
3. 8 도쿄도와 일본화학공업이 투기크롬슬래그의 처리에 협정서 조인. 처리방법은 도에 따르고, 비용은 회사부담.
6. 29 오타루시가 이다 가쓰유키 홋카이도 대학 조교수에 위탁한 「오타루 운하와 그 주변지구 환경정비구상」 공표, 운하매립 폭의 축소 등.
10. 16 시가현에서 「비와호부영양화방지조례」 가결.
10. 무쓰오가와라(아오모리현), 국가석유비축기지의 입지 결정.
11. 철강, 토목, 건축 등의 업계단체에 의해 '일본프로젝트산업협의회'(JAPIC) 설립. 도쿄만 횡단도로 등 대규모 프로젝트를 제안.

1980

5. 21 미나마타병미인정환자 85명이 구마모토 지방재판소에 구마모토미나마타병 제3차 소송(제1진)을 제소. 최초의 국가배상청구소송.
9. 11 나고야신칸센 공해소송 제1심 판결. 국철에 5억 3000만 엔의 손해배상지불을 명하지만, 감속운전 등의 중지청구와 장래의 손해배상청구는 기각. 원고 피고 모두 공소.

5. 20 환경영향가법안, 5년 연속 국회제출 보류.
5. 24~27 전국거리모습보전연맹 「제3회 전국거리모습세미나」를 오타루와 하코다테에서 개최, 「오타루·하코다테선언」을 채택.

1981

5. 17 '전국공해환자의 모임연락회'(1973년 결성)를 모체로 해 '전국공해환자의 모임연락회' 발족. 참가단체 37개 단체, 약 2만 5000세대.
7. 13 요코타 기지소음공해소송 1심 판결. 손해배상에 대해서는 일부 인정됐지만 장래의 손해배상과 항공기소음발생행위의 중지청구는 각하.
12. 16 오사카국제공항 야간비행금지 등 청구사건에서 최고재판소, 야간비행의 중지청구와 장래의 손해배상을 각하하고, 과거의 손해배상은 인정하는 판결.

5. 20 임시행정조사회 설치.
4. 28 환경영향평가법안이 각의결정돼, 국회에 제출됐지만 계속 심의가 돼 1983년 11월 28일에 폐안됨.
10. 화학물질심사규제법으로 DDT, 딜드린, 알드린, 엔드린을 '특정화학물질'로 지정, 전면사용 금지.

1982

2. 26 가데나 기지폭음소송 제소. 원고 601명이 야간비행 및 엔진조정의 금지, 손해배상을 구하는 재판을 나하 지방재판소에 제소.
3. 18 가와사키공해재판 제1차 제소(원고 119명).
3. 30 도호 아연 안나카 제련소 주변 농가의 15억여 엔 배상청구소송의 마에바시 지방재판소 판결에서 원고 104명 중 83명의 청구를 용인. 포괄청구방식은 부정.

9. 30 세이부 유통그룹의 스스미 세이지, 오타루 운하보존문제에서 '운하 매립되면, 운하지구 재개발에는 협력할 수 없다'고 발언.

6. 21 니가타미나마타병의 미인정환자 94명, 국가와 쇼와전공을 피고로 하는 니가타미나마타병 제2차 소송을 제소. 원고단은 최종적으로 234명.

7. 21 아키시마·후사·다치카와 주민 604명, 미국 요코다 기지의 소음발생 중지와 손해배상을 구해 도쿄지방재판소 하치오지지부에 제소(제3차 요코다 기지 소음공해소송).

10. 20 제1차 아쓰기 기지 소음소송의 1심 판결. 야간조기 비행중지, 소음도달의 금지청구를 각하. 과거의 손해배상청구만 일부 인용.

10. 28 간사이 거주 미인정환자 36명이 미나마타병 간사이 소송 제소(오사카 지방재판소). 현외 환자로는 최초. 짓소·국가·현에 총액 11억 4000만 엔의 손해배상을 요구.

1983

1. 10 공건법 개정문제로 전국공해환자의 모임 연합회의 600명이 임시행정조사회에 직소 농성.

2. 8 나카우미·신지코 호수의 담수화를 생각하는 모임이 부영양화방지조례의 제정을 시마네현에 직접청구.

2. 26 가데나기지 주변의 주민 305명, 야간비행중지와 손해배상을 구하는 재판을 나하 지방재판소 오키나와지부에 제기(제2차 가데나 기지 폭음소송).

11. 9 구라시키 시내의 공해환자들 61명이 미즈시마콤비나트의 8개사에 대기오염물질의 배출중지와 16억 3000만 엔의 손해배상을 구하는 '구라시키 공해소송'을 오카야마 지방재판소에 제소.

5. 16 고도기술공업집적지개발촉진법(테크노폴리스법) 제정. 전국 28개 지역을 지정.

1984

1. 30 오사카공항공해 제4·5차 소송에서 오사카 지방재판소 민사2부는 직권을 통해 원고·주민과 피고·국가 쌍방에, 소송비용을 포함한 화해총액 13억 엔으로 화해안을 제시.

2. 5 오사카공항소송 제4·5차 소송의 화해교섭에서 도요나카·가와니시 양시의 원고주민(약 3800명)측은 오사카 지방재판소가 제시한 화해안의 수락을 결정.

3. 17 오사카국제공항공해 제4·5차 소송의 화해가 성립.

3. 28 미야자키 지방재판소 노베오카 지부에서 도로쿠 소송 판결. 청구액의 70%를 인정.

5. 2 도쿄·가나가와현 거주 환자 6명, 미나마타병 도쿄소송 제소(도쿄 지방재판소). 짓소·자회사·국가·현에 총액 1억 1880만 엔의 손해배상을 청구.

7. 7 니시요도가와 공해재판 제2차소송(원고 470명) 제소. 피고 등은 제1차 소송과 마찬가지. 이후 1985년 5월 15일 제3차(143명), 1992년 4월 제4차(1명) 원고 추가.

7. 27 호소수질보전특별조치법 공포.

9. 12 '나카우미·신지호의 담수화에 반대하는 주민단체연락회' 결성.

11. 12 즈스 시장에 도미노 후보, 당선.

1985

3 1970년부터 행해져온 도쿄 대학 자주 강좌 공해원론 폐강.

4. 12 나고야신칸센 공해소송공소심 판결. 중지청구는 기각되고, 손해배상에 대해서는 총액 3억 82000만 엔으로 대폭 감액. 원고(26일)·피고(25일) 쌍방 모두 판결을 불복하고 공소.

6 1967년에 일어난 농약 니솔중독으로 인한 사망사고의 재판이 오사카 고등재판소에서 행해져, 화해. 제조사와 국가의 책임은 묻지 않았지만 닛폰소다는 1250만 엔의 원고를 지불.

8. 16 구마모토미나마타병 제2차 소송 후쿠오카고등재판소 판결에서 원고승소. 원고 5명 중 4명을 인정. 손해배상액은 600만~1,000만엔. 짓소, 상고 단념을 표명(8월 29일).

2. 23 환경청, 최초의 조사로 석면분진의 대기오염은 낮은 수준이라고 보고. 규제조치를 보류.

10. 29 오타루 운하보존파의 시민이 「오타루재생포럼」을 결성.

11. 25 다나베시의 덴진자키의 내셔널 트러스트운동, 목표인 4ha분 포함해 약 2억 엔으로 매입, 등기완료. 덴진자키 보전시민협의회 발표.

11 중순 요코야마 국립대학 환경과학센터의 가토 다쓰오 교수 등의 그룹이 '식물 등에 잔류농약의 해 이상으로 농약 살포하는 농민이나 그 주변 주민은 농약의 휘발가스를 오랜 기간에 걸쳐 들이마시고 있어 건강피해는 심각하다'고 농약의 안이한 사용에 경고.

1986

4. 26 소련에서 운전정지작업 중 체르노빌 원전 4호기에서 출력폭주사고가 발생. 원자로와 건물지붕이 폭발·불꽃이 치솟아, 대량의 방사능방출이 열흘 넘어 계속됨. 원전 주변 30km권에서 12만명이 강제 피난되고, 원전개발사상 최악의 사고가 됨. 노심축적량의 약 10%, 1400경 베크렐의 방사능이 방출됨.

4. 28 나고야신칸센 공해소송원고단·변호단과 국철 사이에 화해성립. 국철은 소음을 75폰 이하로 최대한 노력, 화해금 4억 8000만 엔에 합의.

7. 17 국도43호선 소송 1심판결. 고베 지방재판소, 도로 주변 20m 이내에 사는 원고 121명의 피해를 인정, 총액 1억 5000만 엔의 배상

8. 16 홋카이도 자연보호단체연합이 「시레토코 원시림을 지키는 심포지엄」을 열어, 벌채계획의 중지를 어필.

10. 30 중공심은 임시총회를 열어 '41개 공해지정지구를 전면해제, 신규 인정하지 않는다'는 답신. 전국공해환자의 모임 연합회의 500명이 농성 항의.

10. 30 도쿄도 지사는 국가의 대기오염지정지구 해제, 신규인정 폐지를 비판하는 담화를 표명.

을 인용. 도로공해에서 최초 판단. 중지와 장래분의 배상청구는 각하.
9. 22 안나카시의 도호 아연 안나카 정련소에 의한 카드뮴공해 문제가 도쿄 지방재판소에서 화해성립. 화해금은 총액 4억 5000만 엔.

1987	3. 30 구마모토 지방재판소, 구마모토미나마타병 제3차 소송(제1진) 판결에서 원고승소. 처음으로 국가와 구마모토현의 국가배상법상 책임을 인정.	6. 30 제4차 전국종합개발계획 각의결정. '다극분산형 국토의 구축'을 내걸지만, 공항이나 신칸센의 고속교통망을 비롯한 대규모 개발을 추진, 당국 일극집중이 심화돼 지방에서는 리조트법으로 인한 난개발을 초래. 9. 26 공해건강피해보상법(1973년 10월 제정)을 일부개정해 공해건강피해의 보상 등에 관한 법률(약칭, 공건법)을 공포. 제1종 지역을 모두 해제하고, 신규의 공해병환자인정을 중단. 기존의 인정환자의 보상은 계속. 그해 일본석면협회, 청석면 사용중지의 자율규제. 1992년, 갈석면도 자율규제.
1988	9. 30 도로쿠 공해소송 제1진 공소심. 후쿠오카 고등재판소 미야자키 지부는 원고승소의 판결. 11. 17 가와사키 제철 지바 제철소의 오염물질로 건강피해를 입은 환자들이 손해배상을 구한 재판에서 지바지방재판소는 원고 환자·유족 46명에게 손해배상을 인정하고, 중지청구는 기각. 12. 16 후쿠오카국제소음소송 제1심 판결. WECPNL75 이상의 소음은 수인한도를 넘는 위법상태라고 인정. 12. 26 아마가사키시의 공해인정환자와 그 유족이 국가·한신고속도로공단과, 전력·철강 등 기업 9개사를 상대로, 대기오염물질의 배출중지와 총액 약 117억 엔의 손해배상을 요구해 제소.	3. 1 개정공해건강보상법 시행. 지정지역을 해제하고 대기오염으로 인한 신규피해자인정을 중단. 5. 13 참의원 본회의, 〈특정물질의 신규 등에 의한 오존층의 보호에 관한 법률〉(〈오존층보호법〉) 가결 성립. 6. 1 시마네·돗토리의 양현은 나카우미·신지호 담수화사업 동결을 농수성에 회답. 10. 7 「지구환경과 대기오염을 생각하는 전국시민집회」(CASA) 발족. 11. 30 환경청, 석면사용공장 주변의 대기오염실태조사에서 기준 30배 초과 공장이 있다고 보고. 석면의 환경농도의 법적 규제방침 결정.
1989	3. 8 비와호환경권소송 판결. 오쓰 지방재판소,「정수(淨水)향수권」을 물리치고, 개발공사의 중지도 인정하지 않아 주민측 전면 패소. 3. 15 요코다 기지소음공해소송(제3차) 제1심 판결. 야간비행의 중지청구는 각하. 손해배상은 WECPNL75 이상을 기준으로 용인. 건강피해도 인정. 3. 31 나고야 남부의 공해병인정환자 1명과 비인정환자를 포함한 145명이 기업 11개사와 국가를 상대로 손해배상과 배출가스 중지를 요구하는 재판을 제소.	2. 15 중앙공해대책심의회, 지하수의 수질보전을 위해 카드뮴, PCB 등을 포함한 배수의 지하침투 금지, 트리크로로에틸렌, 테트라크로로에틸렌도 규제대상으로 하는 답신을 제출. 9. 14 환경청이 수질오염방지법을 개정. 지하수의 환경기준항목에 트리크로로에틸렌, 테트라크로로에틸렌 등을 지정.
1990	9. 28 미나마타병 도쿄소송에서 도쿄지방재판소가 화해권고. 10. 5 짓소는 화해권고 수락. 국가는 거부.	3. 31 미나마타만 등 공해방지사업에 퇴적오물처리를 통한 매립지가 완성(총공사비 485억 엔). 8. 6 니가타현 마키 정장선거에서 원전 동결을 공약한 사토 간지가 재선. 상대후보도 '동결'을 공약.
1991	3. 13 제1, 제2차 고마쓰 기지소음소송 제1심 판결. 3. 29 니시요도가와대기오염공해사건 오사카 지방재판소 판결. 공동불법행위책임을 처음으로 인정, 71명에 관해 배상을 명함. 중지청구는 각하.	4. 23 경단련이 「지구환경헌장」을 제정. 환경문제에 관한 경영방침의 수립 등을 촉진.
1992	2. 20 국도43호선 재판소송 공소심, 오사카 고등재판소 판결. 국가·공단에 손해배상을 명하는 원고승리 판결. 다만 중지청구에 대해서는 기각. 3. 31 니가타미나마타병 제2차 소송 제1진에 대한 니가타 지방재판소 판결. 미인정환자의 대부분을 미나마타병으로 인정.	5. 9 유엔기후변화협약 채택. 1994년 3월 21일 발효. 6. 3 브라질, 리우데자네이루 교외 리우 센트로 회의장에서 지구서미트(환경과 개발에 관한 유엔회의) 개최. 6. 14 환경개발선언(리우선언) 채택. 11. 9 나가라가와 강 하구둑에 관해 건설성과 반대파의 첫 대화가 실현. 11. 27 일본농촌의학회의 연구팀이 농가의 반수에 피부알레르기가 발생하고 있다고 발표.
1993	1. 20 최고재판소에서 후쿠오카 공항소음소송의 판결. 손해배상 인용, 중지는 각하. 2. 25 요코다 기지소음공해소송(제1·2차) 최고재판소 판결. 중지는 기각. 2. 25 제1차 아쓰기 기지소음소송 최고재판소 판결. 중지는 기각.	5. 28 일본은 유엔기후변화협약을 정식으로 수락, 21번째 당사국이 됨. 6. 16 가나가와현 마나즈루정이 건축의 기준이 되는 '미의 원칙'을 정한 마을만들기조례를 제정. 11. 19 환경기본법의 공포, 같은 날 시행.

1994	1. 20 후쿠오카공항소음소송 최고재판소 판결. 과거의 피해보상을 인정, WECPNL80 이상을 기준으로 함. 야간비행중지 인정하지 않음. 1. 25 가와사키 공해재판 제1차 소송 1심 판결. 피고기업 12개사에 손해배상을 명하면서도 국가 · 도로공단에 대한 손해배상청구는 기각. 2. 24 가데나 기지폭음소송 1심 판결. WECPNL80 이상에 대해 8억745만엔의 손해배상이 명해졌지만 비행중지청구나 장래분의 손해배상청구는 기각. 7. 11 오사카 지방재판소, 미나마타병 간사이 소송 판결. 국가 · 구마모토현의 책임을 인정하지 않고, 59명 중 42명을 미나마타병 인정. 총액 2억 7600만 엔의 배상을 짓소에 명함. 11. 30 와카노우라 경관보전소송에서 와카야마 지방재판소는 역사적 경관을 인정하지 않음.	2. 22 가와사키시 환경기본계획의 수립. 환경문제를 종합적으로 다뤄, 시민참여와 전 청의 횡단적 체제가 특징. 지방자치단체의 환경기본계획 수립의 모델이 됨. 5. 1 요시이 마사즈미 미나마타시장이 미나마타병 희생자위령식에서 처음으로 희생자에 사죄하고, '모아이나오시'를 제창. 7. 1 제조물책임법 공포. 제조사의 과실을 입증하지 않아도 결함의 증명이 가능하게 됨. 12. 16 제1차 '환경기본계획' 각의결정.
1995	1. 17 고베대지진(효고현 남부지진). 사망자 6432명(관련사 포함), 행방불명자 3명. 도시직하형 지진으로 인프라 등 응급 · 복구활동에 필요한 각종 기능도 상실. 전국에서 자원봉사자가 구원에 나서 '자원봉사자 원년'이 되기도. 2 빌딩 해체가 많은 고베대지진의 재해지에서 석면의 비산상황의 악화가 환경청의 대기조사에서 판명. 3. 2 니시요도가와 공해소송에서 원고와 피고기업 9개사 사이에 화해성립. 공해책임을 인정해 사죄, 해결금 39억 9000만 엔의 지불, 그 중 15억 엔은 지역재생에 사용, 공해방지대책 등. 7. 5 오사카니시요도가와 대기오염공해 제2차~제4차 소송에서 오사카 지방재판소는 이산화질소가 공장배연과 상승적으로 건강영향을 미치고 있다고 처음으로 인정, 환자 18명에 대해 국가 등에 손해배상을 명함. 중지청구는 기각. 8월 2일 국가와 공단은 공소 7. 7 국도43호 소송의 최고재판소 판결. 국가와 한신고속도로공단에 손해배상을 명한 2심을 지지, 상고를 기각. 최초로 도로소음공해로 도로관리자의 배상책임이 확정. 9 미 군인에 의한 소녀 폭행사건이 발생. 같은 해 10월 21일에는 주최자 발표 8만 5000명이 참가하는 「오키나와현민총궐기대회」 개최.	1. 30 환경청, 고베대지진 피해지에서 석면 등 유해물질의 비산에 대해 긴급현지조사 실시를 발표. 환경청, 건설성, 노동성, 빌딩해체에 있어서 석면비산방지대책을 지자체 등에 통지. 3. 20 도쿄도 내의 도영 지하철 3호선 전차 내에서 독가스 사린이 살포돼 16개 역에서 11명이 사망, 5500명이 부상. 통근 중, 출장 중이던 피해자의 노동재해가 인정됨. 12. 15 정부, 미나마타병에 관한 관계각료회의에서 약 260억 엔의 짓소지원책을 포함한 미나마타병문제의 최종해결책을 정식 결정. 약 1만 명의 피해자에 대해 미나마타병으로 인정하지 않은 채 일시금 등의 구제조치를 취함. 무라야마 수상 '장기간 요한 사건이솔직히 반성한다' 등의 수상 담화.
1996	2. 23 니가타미나마타병 제2차 소송 제1진, 도쿄 고등재판소에서 화해성립. 27일, 제2~제8진도 니가타지방재판소에서 화해. 4. 10 신요코다 기지소송을 공소 제기. 원고 3138명(나중에 추가돼 5,917명)이 미 정부와 국가를 상대로 미군기의 야간 · 이른 아침 비행중지와 손해배상을 요구. 미군기지소송에서 미정부를 피고로 한 것은 처음. 5. 22 구마모토미나마타병 제3차 소송 1~6진 원고, 짓소와 화해해 국가와 현에 소송을 취하. 전국공해환자의 모임 연락회, 2개 고등판소, 3개 지방재판소에서 소송 종결. 5. 31 도쿄대기오염공해재판 제1차 제소(도쿄 지방재판소, 원고 102명). 처음으로 미인정환자가 다수 제소, 자동차제조사와 지자체의 공해책임을 물음. 12. 25 가와사키대기오염소송에서 원고단과 피고기업과의 화해성립. 기업측이 사죄하고, 해결금 31억 엔을 지불.	2. 7 '니시요도가와 공해소송원고인단'이 피고기업과의 화해금의 일부를 기금으로 재단법인 '공해지역재생센터'를 설립.
1997		6. 9 환경영향평가법이 제정. 전면시행 1999년 6월 12일. 12. 11 지구온난화방지교토회의에서 온실가스감축목표를 포함한 「교토의정서」 채택.
1998	1. 12 환경청, 나가노신칸센에 관한 소음측정조사 결과 발표, 환경기준의 달성률이 46%였다는 사실이 판명. 4 오사카부 노세정의 쓰레기처리시설 '도요노군 미화센터' 부지 내의 토양에서 1g당 8500pg, 조정지의 오니에서는 2만 3000pg의 다이옥신이 검출됨. 5. 22 가데나 기지폭음소송 2심 판결. 과거분 손해배상을 인정하	3. 31 하시모토 류타로 내각이 제5차 전국종합개발계획 「21세기의 국토 그랜드디자인」을 각의결정. 6. 19 교토의정서의 채택을 받아들여 지구온난화대책추진본부가 「지구온난화대책추진대강」을 수립.

고, 중지청구는 기각.
7. 29 니시요도가와 공해소송에 대해 원고와 국가 · 도로공단과의 화해성립. 3차에 의한 '연도환경에 관한 연락회' 설치 등.
8. 5 가와사키 공해재판 2~4차 소송 1심 판결(요코하마 지방재판소). 자동차배기가스의 건강피해, 도로공해의 하자를 인정하고, 국가 · 도로공단에 원고 48명에 대한 손해배상을 명함. 중지청구는 기각.
그해 시가현 환경생협이 「유채프로젝트」를 시작.

1999
2. 17 고베지방재판소가 아마가사키공해재판의 화해안을 제시. 원고와 피고기업 쌍방이 수락해, 판결 전에 화해성립. 피고기업은 24억 2000만 엔의 해결금 지불. 국가 · 공단과의 재판은 계속.
5. 12 와타라세가와 강 연안 광독오염밭의 토지개량사업 완료, 준공기념비 제막식과 준공식.

2000
1. 31 아마가사키 공해재판, 고베 지역재판소 판결. 원고측 완전 승소. 국가 · 한신고속도로공단에 손해배상과 일정 농도 이상의 부유입자상물질의 배출중지를 명함. 도로공해로 최초로 중지청구를 인정한 판단.
11. 27 나고야 남부대기오염공해소송 제1심 판결. 건강피해를 인정하고 국가와 기업 10개사에 손해배상을 명하고, 자동차배기가스의 배출중지를 인정. 원고 · 피고 모두 공소.
6. 2 〈순환형사회형성추진기본법〉 공포.
6. 6 도요시마 사건공해조정 최종합의 성립. 마나베 가가와현 지사가 도요시마를 방문, 사죄.
8. 3 스미타 노부요시 시마네현 지사, 국영나카우미간척사업(1985년 개시)의 무기한 동결을 표명.

2001
4. 27 미나마타병 간사이 소송 공소심 판결. 국가 · 구마모토현의 책임을 인정, 1심 판결을 변경. 국가가 상고.
8. 8 나고야 남부대기오염소송, 화해. 기업은 해결금 7억 3360만 9597엔을 지불, 공해방지대책에 노력하기로 함. 원고와 국토교통성과 환경성은 '나고야남부지역도로연도환경 개선에 관한 연락회'를 설치. 원고는 중지청구를 포기.
1. 6 환경성설치법의 시행(공포는 1999년 7월 16일)

2002
5. 31 신요코다 기지소음공해소송 1심 판결. 국가에 24억 엔의 손해배상을 명하지만 비행중지와 장래분의 손해배상은 인정하지 않음.
10. 16 제3차 아쓰기 기지소음소송 1심 판결. WECPNL75 이상을 기준으로 인정. 총액 27억 4600만 엔의 손해배상의 지불을 국가에 명함.
10. 29 도쿄 대기오염공해재판 제1심 판결. 원고 7명에게 건강피해를 인정, 국가 · 도로공단에 손해배상 명령. 자동차제조사의 법적 책임은 면책. 중지는 각하. 국가 · 공단 · 자동차제조사 · 원고 공소.
8. 29 도쿄 전력에 의한 원전사고 은폐가 발각. 도쿄 전력은 허위기재 가능성을 인정하고 사죄, 풀서멀계획의 조기실시를 단념.
12. 13 농수성, 신지호 · 나카우미 간척사업(시마네현)의 중지를 결정.

2003
4. 4 후생성, 백석면 수입 · 제조 · 판매 등 원칙금지 발표. 2004년 10월 실시.
6. 11 개정농약단속법의 시행. 무등록농약 · 판매금지농약의 판매규제 등을 강화(일부 2004년 6월 11일 시행).

2004
10. 15 미나마타병 간사이 소송 최고재판소 판결. 국가 · 구마모토현의 책임을 인정, 45명 중 37명에 대해 배상을 명함. 행정패소가 확정.
6. 18 〈경관법〉의 공포. 시행은 같은 해 12월 27일. 지자체의 경관조례 효력을 일정 정도 높임.

2005
2. 17 가데나 폭음소송의 지방재판소 판결. 원고 3881명에게 약 28억 엔의 배상금을 인정. 비행중지는 인정하지 않음.
6. 30 구보타 옛 간자키 공장에서 종업원 및 출입업자 계 78명 외 주변 주민 5명도 중피종 발병, 2명 사망이라고 보도.
10 미나마타병 시라누이 환자회의 제1진 50명이 짓소와 국가 · 구마모토현에 손해배상을 구해 도쿄, 구마모토, 오사카 지방재판소에 제소(노모어 · 미나마타 국가배상소송).
11. 30 신요코다 기지소음공해소송 2심 판결. 비행중지는 인정하지 않고, WECPNL75 이상으로 한 1심의 손해배상의 범위를 인정, 국가에 32억 엔의 배상을 명함.
2. 16 교토의정서 발효.
4. 22 환경성, 규슈신칸센 야쓰시로 - 가고시마 주오 역 사이에 소음측정으로 환경기준 달성률이 54%에 머물고 있다고 하고, 국토교통성과 구마모토 · 가고시마 양현에 소음대책의 강화 요청.
6. 9 이시하라 산업이 토양보강재 '페로실트'의 회수철거를 표명.
10. 13 환경성, 석면 기인 사망자수를 5년에 1.5만 명이라고 최초로 시산.
12. 21 〈대기오염방지법시행령 · 시행규칙〉의 개정. 석면의 비산방지조치의 확충 · 강화.

2006
3. 27 〈석면으로 인한 건강피해의 구제에 관한 법률〉 시행.

2007
8. 8 도쿄 대기오염공해재판의 화해가 성립. 천식의료비구제제도의 창설, 국가 · 도쿄도가 새로운 공해대책을 실시, 자동차제조사가 12억 엔의 해결금을 지불.

2009		7. 15 〈미나마타병피해자의 구제 등에 관한 특별조치법〉 제정. 감각장애와 역학적 조건이 있는 것을 '미나마타병피해자'라 명명하고, 일시금 210만 엔을 지급. 짓소의 분사화를 인정. 특조법은 3년 기한.
		8. 11 미나마타병피해자의 구제 및 미나마타병문제의 해결에 관한 특별조치시행령이 공포 · 시행됨.
2011	3. 노모어 미나마타 소송에서 국가와 화해. 배상금은 일시금 210만 엔, 단체가산금 등이 구마모토 · 오사카 · 도쿄 각 지역에서 결정.	3. 11 동일본대지진, 산리쿠 앞바다 진원으로 M9.0. 지진 · 쓰나미로 이와테, 미야자키, 후쿠시마 3개현에 괴멸적 피해. 도쿄 전력 후쿠시마 제1원전의 노심냉각시스템 정지로 최초의 「원자력긴급사태선언」 발령.
		3. 12 후쿠시마 제1원전에서 폭발. 다량의 방사성물질이 확산, 식품이나 건강에 대한 불안이 전국으로 확산. 도쿄 전력은 1~3호기의 노심용융(멜트다운)을 5월에 인정. 주변 주민 14만 명의 피난 장기화.
		12. 30 동일본대지진의 인적 피해는 사망자 1만 5844명, 행방불명자 3451명. 피난자는 12월 15일 현재 33만 4786명.
2013	4. 16 최고재판소에서 행정이 미나마타병환자로 인정되지 않았던 2명의 피해자를 공건법에 의한 미나마타병으로 인정, 1명에 대해서는 오사카 고등재판소에 심리의 재검토를 명하는 판결. 「1977년 판단조건」에 정한 증상의 조합이 인정되지 않는 경우에 대해서도 미나마타병으로 인정할 여지가 있다는 판단을 보임.	

출처: 飯島伸子編著 『新版公害 · 労災 · 職業病年表』(すいれん舎, 2007年), 環境総合年表編集委員会編 『環境総合年表─日本と世界』(すいれん舎, 2010年) 및 본론의 서술을 자료로 구로사와 미유키가 작성.

찾아보기

924

이 책에 표기된 지명의 일본식
한자는 이곳에 밝힌다.

가나자와(金沢)시
가네요(摂代)
가노세(鹿瀬)정
가누키(香貫)
가데나(嘉手納)
가마이시(釜石)
가메노쿠비(亀ノ首)
가메이도(亀戸)
가미오카(神岡)
가사이우라(葛西浦)
가스미가우라(霞ヶ浦)
가스미야세키(霞が関)
가시와자키(柏崎)
가쓰베(勝部)
가케하시가와(梯川) 강
가키타가와(柿田川) 강
가타하마(片浜)
가호(嘉穂)군
가호쿠(河北)
간나베(神南辺)정
간다가와(神田川) 강
간사이(関西)
간자키가와(神崎川) 강
간즈가와(神通川) 강
간토(関東)
게이요(京葉)
게이한(京阪)
고가와라(小川原)
고노하나(此花)구
고로자와(源五郎沢)
고리야마(郡山)
고이(五井)
고이(五井)
고카쇼(五個荘)정

고토(江東)구
고토부키(寿)정
교도(共同)
교바시(京橋) 다리
구라시키(倉敷)
구로베(黒部)시
구마(球磨)군
구마노(熊野)
구마노가와(熊野川) 강
구스(楠)정
구시마(串間)시
구죠(九条)
기노완(宣野湾)시
기이(紀伊) 반도
기즈가와(木津川) 강
기타큐슈(北九州)
긴키(近畿)

나고(名護)시
나라(奈良)
나리타(成田)
나마즈타(鯰田)
나스노(那須野)
나카가와(中川)
나카고(中郷)
나카노시마(中之島)
나카쓰(中津)
나카우미(中海)
난세이(南西)
난코쿠(南国)시
네리마(練馬)
네야가와(寝屋川) 강
노다치(野立)
노베오카(延岡)
노토(能登) 반도
누마즈(沼津)
니시(西)구
니시(西)정
니시나리(西成)구
니시요도가와(西淀川) 강

니주다이바시(廿代橋) 다리
니치난(日南)
니하마(新居浜)

다고노우라(田子の浦)
다마가와(多摩川) 강
다마노(玉野)시
다이센(大山)정
다이쇼(大正)구
다카라즈카(宝塚)시
다카시바무쓰미(高芝むつみ)
다카오카(高岡)
다카이(高石)시
다카이시(高石)
다카하라가와(高原川) 강
다카하마(高浜)
덴진바시(天神橋) 다리
도마코마이(苫小牧)
도마코마이히가시(苫小牧東)
도바타(戸畑)구
도바타(戸畑)시
도사보리가와(土佐堀川) 강
도스(鳥栖)
도야마(富山)
도오(道央)
도요(東矛)
도요나카(豊中)시
도지마가와(堂島川) 강
도카이(東海)
도카이도(東海道)
도쿠라(利倉)
도쿠야마(徳山)
도토(同東)
도호쿠(東北)

라이코가와(来光川) 강
로카쇼(六ヶ所)촌
롯카쇼무(六ヶ所)촌

마가사키(尼崎)시

마쓰모토(松本)
마쓰야(松屋)정
마쓰에(松江)시
마쓰우라가와(松浦川) 강
모리구치(守口)시
모리타(毛里田)촌
모지(門司)구
무라사키가와(紫川) 강
무로란(室蘭)
무쓰(陸奧)
무쓰오가와라(むつ小川原)
무코가와(武庫川)정
미나마타(水俣)
미나미(南)구
미나미모토(南元)정
미나미후쿠오카(南福岡)
미노베(美濃部) 도정
미도리(水鳥)
미시마(三島)
미야즈(宮津)시
미에(三重)
미즈시마(水島)

벳시(別子)
보소(房総)
비젠(備前)시
빙고(備後)

사도시마(佐渡島)
사이키(佐伯)
사카에(栄)촌
사카이(堺)시
사카이센보쿠(堺泉北)
사카타(酒田)시
산로쿠(三六)
산리즈카(三里塚)
삼보(三宝)
샤쿠지이가와(石神井川) 강
세타가와(瀬田川) 강
세토나이(瀬戸内)

센난(泉南)
센리(千里)
센보쿠(泉北)
스기나미(杉並)구
스나가와(砂川)
스루가(駿河)
스미다가와(隅田川) 강
스와(諏訪)
스이타(吹田)시
스즈카(鈴鹿)
시나노가와(信濃川) 강
시라누이카이(不知火海)
시로야마(城山)
시리나시가와(尻無川) 강
시모키타(下北)
시모다바시(下田橋) 다리
시모야마(下山)
시모카누키(下香貫)
시무라바시(志村橋) 다리
시미즈(清水)
시부시(志布志)
시사카지마(四板島)
시오하마(塩浜)
시즈우라(静浦)
시카마(飾磨)
신가시가와(新河岸川) 강
신오쿠보(新大久保)
쓰(津)
쓰나기(津奈木)
쓰루미(鶴見)구
쓰루사키(鶴崎)
쓰지도(辻堂)
쓰키노우라(月ノ浦)
쓰키지(築地)

아가노가와(阿賀野川) 강
아나기(柳)정
아라카와(荒川) 강
아리마쓰(有松)정
아마가사키(尼崎)시

아마노하시다테(天橋立)
아마쿠사(天草)
아사쿠사바시(浅草橋) 다리
아사히(旭)
아사히카와(旭川)
아스케(足助)정
아시야(芦屋)시
아시오(足尾)
아시키타(芦北)
아시타카(愛鷹)
아쓰타(熱田)구
아야(綾)정
아와세(泡瀬)
아이노우라가와(相浦川) 강
아이토(愛東)정
아지가와(安治川) 강
아카시(明石)
아타미(熱海)
안나카(安中)시
야나가와(柳川)시
야나기(柳)정
야나카(谷中)촌
야마자키가와(山崎川) 강
야마토가와(大和川) 강
야쓰시로카이(八代海)
야쓰오(八尾)정
야오(八尾)시
에노구치가와(江ノ口川) 강
에도가와(江戸川) 강
엔세이(遠星)
오노가와(雄野川) 강
오무타(大牟田)시
오와다(大和田)
오와세(尾鷲)
오이(大飯)
오이타(大分)
오제(尾瀬)
오쿠마(大熊)정
오타루(小樽)
오타케(大竹)

오토에(音江)
오하라(大原)정
온가가와(遠賀川) 강
와슈(鷲羽) 산
와타라세(渡良瀬川) 강
와타라세가와(渡良瀬川) 강
요나구니(与那国) 섬
요도가와(淀川) 강
요미탄(読谷)촌
욧카이치(四日)시
우나즈키(宇奈月)
우라야스(浦安)
우라토(浦戸)
우마야바시(隅田川厩橋) 다리
우마지(馬路)촌
우베(宇部)시
우사카(鵜坂)
우시부세(牛臥)
우치나다(内灘)
우치코(内子)정
우키마바시(浮間橋)
우타지마바시(歌島橋) 다리
유후인(湯布院)정
이다(飯田)시
이다가와(井田) 강
이마즈(今津)
이사하야(諫早)
이세(伊勢) 만
이세(抗瀬) 지구

이소즈(磯津)
이시가키(石垣)
이시카리가와(石狩) 강
이에시마(家島)
이요나가하마(伊矛長浜)
이요미시마(伊予三島)시
이즈카(飯塚)정
이즈하라(厳原)정
이케다(池田)시
이쿠노(生野)
이타미(伊丹)시
이타바시(飯橋)
이탄(伊丹)

조반(常磐)
주부(中部)
주지바시(忠治橋) 다리
주쿄(中京)
진즈가와(神通) 강

텐진바시(天神橋) 다리

포포(保保)

하리마(播磨)
하마데라(浜寺)
하마사카(浜坂)정
하시리(走井)
하시마(羽島)시

하야마(葉山)
하치노헤(八戸)
하치로(八郎)
하치반(八幡)시
하코네(箱根)
한신(阪神)
헤노코(辺野古)
효고(兵庫)
후시미(伏見)
후지마에(藤前)
후지사와(藤沢)시
후지시(志布志)
후추(婦中)정
후쿠로(袋)
후타바(双葉)정
휴가(日向)
히가시미카와(東三河)
히가시스루가(東駿河)
히가시시노자키(東条崎)정
히가시오미(東近江)시
히가시오사카시(東大阪)시
히나가(日永)
히메지(姫路)시
히미(氷見)시
히비키나다(響灘)
히키미(匹見)정
히타(日田)시
히타치(日立)
히토이치(一日)

저자 약력

미야모토 겐이치(宮本憲一)
1930년생. 나고야 대학 경제학부 졸업. 가나자와 대학 조교수, 오사카 시립대학 교수, 리쓰메이칸 대학 교수, 시가 대학 학장을 거쳐 현재 오사카 시립대학 명예교수, 시가 대학 명예교수. 전공은 재정학과 환경경제학. 주요 저서는 『무서운 공해』(공저, 이와 나미신서, 1964년), 『사회자본론』(유히카쿠, 1967년), 『일본사회의 가능성』(이와나미 서점, 2000년), 『지속가능한 사회를 향하여』(이와나미서점, 2006년), 『환경경제학 신판』(이와나미서점, 2007년) 등이 있다.

역자 약력

김해창
경성대학교 환경공학과 교수. 부산대 대학원 경제학(환경경제학) 박사. (재)희망제 작소 부소장, 국제신문 환경전문기자 역임. 현 탈핵에너지교수모임 공동집행위원장, 부산시 원자력안전대책위원회 위원. 고리1호기폐쇄부산범시민운동본부 공동집행위 원장 역임. 주요 저서로 『탈핵으로 가는 길 Q&A-고리1호기 폐쇄가 시작이다!』 (2015, 해성), 『안전신화의 붕괴-후쿠시마원전사고는 왜 일어났는가?』(2015, 미세 움)(공역), 『저탄소 대안경제론』(2014, 미세움), 『저탄소경제학』(2013, 경성대 출판 부), 『일본 저탄소사회로 달린다』(2009, 이후) 등이 있다.